中国农作物蔬菜果树植保全书

ZHONGGUO ZHIBAO TUJIAN

中国植保图鉴

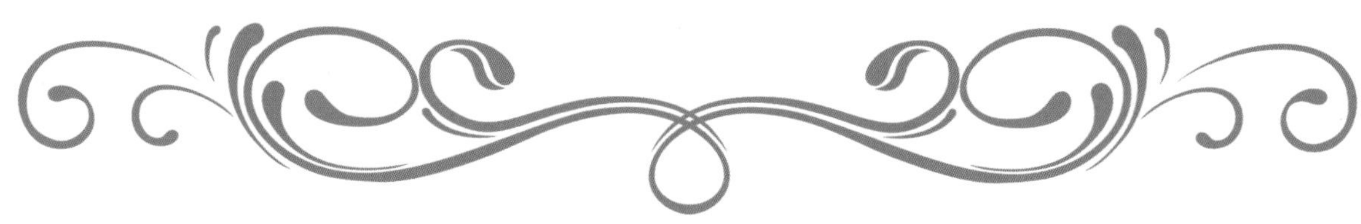

张玉聚 等 主编

中国农业出版社
北 京

编写说明

1.本书所有农药之间用“、”连接是指每次选择一种施用，需混合施用的彼此间由“+”连接。

2.书中多处提出亩用水量，多数标明为40～60 kg/亩，但目前农药的用水量在中国很难统一，未标注的，可参见下列数据：

喷药种类	喷头型号	压力(kg/cm^2)	用水量(kg/亩)
苗前除草剂	2、3、4	2～3	30～60
苗后除草剂	1.5、2、3	3～4	15～30
杀虫剂、植物生长调节剂、杀菌剂、杀螨剂、杀蚜剂	1、1.5、2	4～5	10～15

3.书中多倍液未注明用量，其用量与其他一并列举的固体药剂兑水量相同。

4.昆虫翅脉标志方法如下：

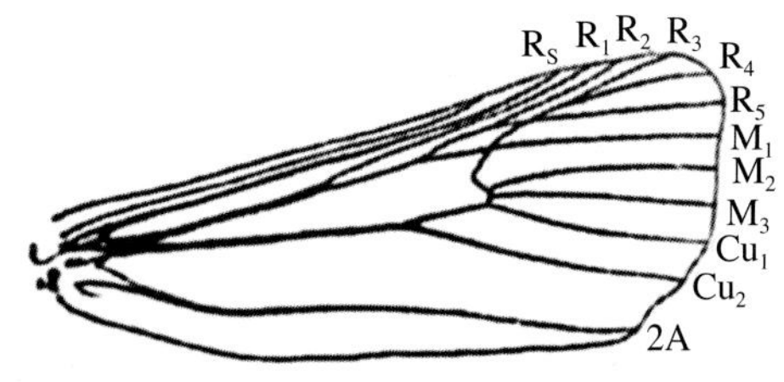

《中国植保图鉴》

编 委 会

前 言

我国农业病虫草害种类多且发生危害严重，是我国农业安全生产的主要制约因素。据专业机构估计的数据，水稻、小麦和玉米等主要作物病虫害在我国常年发生面积是作物播种面积的2～3倍，可造成15%～20%的产量损失。农业病虫草害不仅造成严重的产量损失，对农产品品质亦有严重影响。谷物受病虫危害后，往往形成虫蚀粒、病粒和霉粒等，严重影响外观、色泽、口味和营养等指标。有些病原菌还可产生生物毒素，含量超标可致人畜中毒。因此，做好农业病虫草害的预防与控制，对于农产品增收提质、提高农民收入、保障国家粮食安全具有重大意义。

正确诊断识别与监测预警是农业病虫草害精准防控的基础。近年来，我国虽然在农业病虫草害的监测预警与防控技术研究方面取得了丰硕成果，但是由于病虫草害发生危害的复杂性，在生产实践中还时常存在对病虫草害诊断识别不准、农药误用滥用、病虫草害得不到有效控制等突出问题，不仅造成严重的产量损失，还给农业生态环境安全带来威胁。因此，生产上迫切需要农业病虫草害诊断识别类工具书籍的推广和病虫草害防控技术最新成果的普及。

为了更好地推广普及病虫草害诊断识别与防控技术有关知识，我们组织国内权威专家，在查阅有关国内外文献基础上，结合自身多年的科研工作实践，在过去编著出版的《农业病虫草害防治新技术精解》《中国植保技术原色图解》等书的基础上进行了精简、修订和补充完善，命名为《中国植保图鉴》。

全书分为上、下两篇。上篇为15种主要大田作物，下篇为42种园艺作物。共收录重要病虫草害900余种。对每种重要病虫草害发生各个阶段的形态特征进行了描述，详细介绍了作物不同生长阶段的化学防治方法，包括药剂种类和推荐剂量。图片清晰准确、叙述通俗易懂、图文并茂、方便实用。

本书各章节均有主要负责人。杨共强：玉米和花生病虫草害；任应党：水稻病虫草害；李彤：小麦病虫草害；苏旺苍：杂草防治；秦艳红、李绍建、高素霞、文艺：蔬菜和果树；练云：大豆病虫草害；周娟、陈贺、马欢：全书的农药应用部分，重点负责农药安全应用技术。

本书在编纂过程中，得到了中国农业科学院、南京农业大学、西北农林科技大学、华中农业大学、山东农业大学、河南农业大学，以及河南、山东、河北、黑龙江、江苏、湖北、广东等省份农科院和植保站专家的支持和帮助；有关专家提供了很多形态诊断识别照片和自己多年的研究成果。在此一并致谢。

由于我国地域辽阔，环境条件复杂，农作物病虫草害区域分化明显，因此书中提供的化学防治方法的实际防治效果和对作物的安全性会因特定的使用条件而有较大差异。书中内容仅供读者参考，建议在先行先试的基础上再大面积推广应用，避免出现药效或药害问题。由于作者水平有限，书中内容不当之处，敬请读者批评指正。

编　者

2023年3月20日

目　录

上篇

大田作物

第一章　水稻病虫草害原色图解

一、水稻病害

水稻是我国重要粮食作物之一，每年水稻种植面积约3 500万hm^2，约占粮食作物播种面积的29%，无论种植面积和产量，在我国粮食作物中都居首位。水稻病虫害严重影响着水稻的丰产与丰收。

稻田病害种类较多，已发现的有70多种，对于水稻生产影响严重。其中，稻瘟病、水稻纹枯病、水稻白叶枯病、水稻胡麻斑病、水稻恶苗病、水稻细菌性条斑病等发生较重。

1. 稻瘟病

分布为害　我国各水稻产区均有稻瘟病发生。流行年份一般减产10%～20%，严重的减产40%～50%，甚至颗粒无收。

症　状　由稻梨孢（*Piricularia oryzae*，属无性型真菌）引起。主要为害叶片、茎秆、穗部。根据为害时期、部位不同分为苗瘟、叶瘟、节瘟、穗颈瘟、谷粒瘟。苗瘟：发生于3叶期前，由种子带菌所致。病苗基部灰黑，上部变褐，卷缩而死，湿度较大时病部产生大量灰黑色霉层。叶瘟：分蘖至拔节期为害较重。表现分慢性型、急性型、白点型、褐点型几种。慢性型病斑：开始在叶上产生暗绿色小斑，逐渐扩大为梭形斑，常有延伸的褐色坏死线，病斑中央灰白色，边缘褐色，外有淡黄色晕圈，潮湿时叶背有灰色霉层，病斑较多时连片形成不规则大斑（图1-1）。急性型病斑：在叶片上形成暗绿色近圆形或椭圆形病斑，叶片两面都产生褐色霉层（图1-2）。白点型病斑：嫩叶发病后，产生白色近圆形小斑，不产生孢子（图1-3）。褐点型病斑：多在老叶上产生针尖大小的褐点，只产生于叶脉间，较少产孢子（图1-4）。节瘟：常在抽穗后发生，初在稻节上产生褐色小点，后渐绕节扩展，使病部变黑，易折断。穗颈瘟：初形成褐色小点，发展后使穗颈部变褐，也造成枯白穗（图1-5）。谷粒瘟：产生褐色椭圆形或不规则斑，可使稻谷变黑。有的颖壳无症状，护颖受害变褐，使种子带菌（图1-6）。

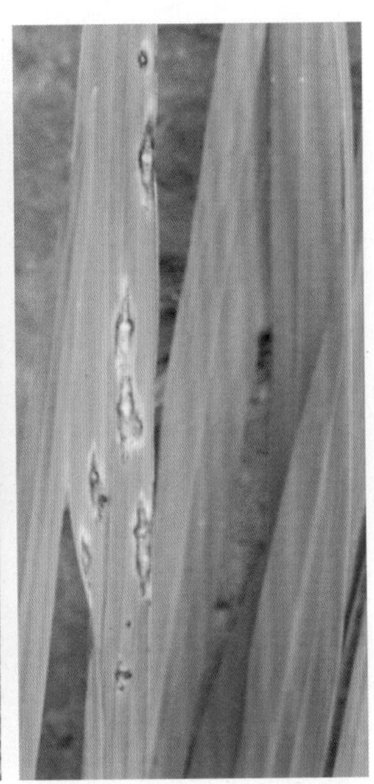

图1-1　稻瘟病叶瘟慢性型病斑

图1-2　稻瘟病叶瘟急性型病斑

图1-3　稻瘟病叶瘟白点型病斑

图1-4　稻瘟病叶瘟褐点型病斑

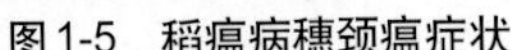

图1-5 稻瘟病穗颈瘟症状

图1-6 稻瘟病谷粒瘟症状

发生规律 病菌以分生孢子和菌丝体的形式在稻草和稻谷上越冬。翌年产生的分生孢子借风雨传播到稻株上，萌发侵入寄主向邻近细胞扩展发病，形成中心病株。病部形成的分生孢子继续靠风雨传播，造成再侵染。播种带菌种子可引起苗瘟。适温高湿，有雨、雾、露的条件下利于发病。适宜温度才能形成附着孢并产生侵入丝，穿透稻株表皮，在细胞间蔓延摄取养分。阴雨连绵、日照不足或时晴时雨，或早晚有云雾或结露条件，病情扩展迅速（图1-7）。同一水稻品种在不同生育期抗性表现也不同，秧苗四叶期、分蘖期和抽穗期易感病，圆秆期发病轻，同一器官或组织在组织幼嫩期发病重。穗期以始穗时抗病性弱。放水早或长期深灌根系发育差，抗病力弱发病重。阴雨连绵，光照不足，田间湿度大时，利于病原菌分生孢子的形成、萌发和侵入。山区雾大露重，光照不足，稻瘟病的发生为害比平原严重。偏施、迟施氮肥，不合理的稻田灌溉，均能削弱水稻抗病能力。

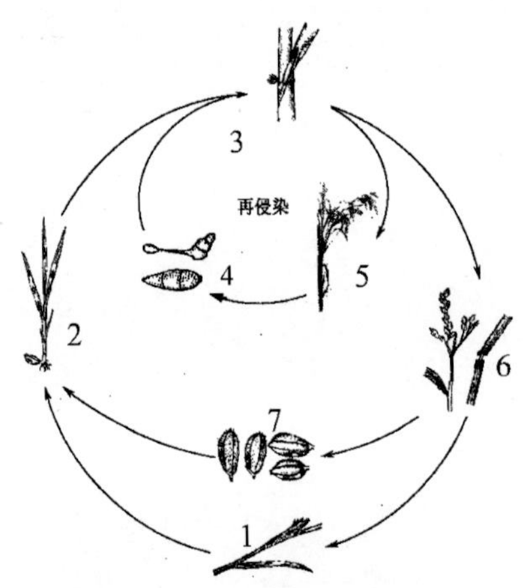

图1-7 稻瘟病病害循环

1.病菌在病残体上越冬 2.苗瘟 3.叶瘟 4.分生孢子 5.穗颈瘟 6.节瘟 7.谷粒瘟

防治方法　种植抗病品种，及时处理病稻草；配方施肥，浅水分蘖，移苗晒田。

病害发生前期（7月上、中旬），可喷施9%吡唑醚菌酯微囊悬浮剂56～73 mL/亩*、0.5%几丁聚糖水剂50～90 mL/亩，喷施6%低聚糖素水剂62～83 mL/亩、5%氨基寡糖素可溶液剂75～100 mL/亩、40%三环唑悬浮剂45～55 mL/亩、75%百菌清可湿性粉剂100～130 g/亩、50%氯溴异氰尿酸可溶粉剂50～60 g/亩、70%甲基硫菌灵水分散粒剂80～140 g/亩、1.8%辛菌胺水剂80～100 mL/亩。

防治叶瘟：于7月下旬发病初期，田间见急型病斑，可用16%春雷霉素·稻瘟酰胺（稻瘟酰胺15%＋春雷霉素1%）悬浮剂60～100 mL/亩、30%稻瘟·三环唑（三环唑20%＋稻瘟酰胺10%）悬浮剂83～100 mL/亩、30%肟菌·戊唑醇（戊唑醇20%＋肟菌酯10%）悬浮剂36～45 mL/亩、25%噻呋·嘧菌酯（噻呋酰胺5%＋嘧菌酯20%）悬浮剂30～40 mL/亩、2 000亿CFU/g枯草芽孢杆菌可湿性粉剂5～6 g/亩、2亿CFU/mL沼泽红假单胞菌PSB-S悬浮剂300～600 mL/亩、10亿芽孢/g解淀粉芽孢杆菌B7900可湿性粉剂100～120 g/亩、20亿孢子/g蜡质芽孢杆菌可湿性粉剂150～200 g/亩、20%春雷霉素水分散粒剂13～16 g/亩、5%多抗霉素水剂75～95 mL/亩、0.15%梧宁霉素（四霉素）水剂48～60 mL/亩、1%申嗪霉素悬浮剂60～90 mL/亩，兑水30～40 kg喷雾，注意喷匀、喷足。

防治穗瘟：于孕穗末期至抽穗期，可喷施30%稻瘟灵颗粒剂400～800 g/亩、30%稻瘟灵展膜油剂267～400 mL/亩、20%稻瘟酰胺悬浮剂50～70 mL/亩、45%咪鲜胺微乳剂40～50 mL/亩、45%丙环唑水乳剂15～20 mL/亩、70%氟环唑水分散粒剂8～12 g/亩、60%肟菌酯水分散粒剂9～12 g/亩、250 g/L嘧菌酯悬浮剂20～40 mL/亩、16%春雷霉素·稻瘟酰胺（稻瘟酰胺15%＋春雷霉素1%）悬浮剂60～100 mL/亩、25%噻呋·嘧菌酯（噻呋酰胺5%＋嘧菌酯20%）悬浮剂30～40 mL/亩，兑水50～60 kg喷雾，注意喷匀、喷足。

2. 水稻纹枯病

分布为害　水稻纹枯病为我国水稻三大病害之一。在我国各水稻产区均有发生，长江流域和南方稻区发生较重，尤其以密植矮秆杂交稻的高产田发生最为普遍且严重。

症　　状　由立枯丝核菌（*Rhizoctonia solani*，属无性型真菌）引起。苗期至穗期都可发病。叶鞘染病：在近水面处产生暗绿色水浸状边缘模糊小斑，后渐扩大呈椭圆形或云纹形，中部呈灰绿或灰褐色，湿度低时中部呈淡黄或灰白色，中部组织破坏呈半透明状，边缘暗褐。发病严重时数个病斑融合形成大病斑，呈不规则状云纹斑（图1-8）。叶片染病：病斑也呈云纹状，边缘褪黄，发病快时病斑呈污绿色，叶片很快腐烂（图1-9）。湿度大时，病部长出白色网状菌丝，后汇聚成白色菌丝团，形成菌核，菌核深褐色，易脱落。高温条件下病斑上产生一层白色粉霉层即病菌的担子和担孢子（图1-10）。为害后期，田间稻株不能抽穗，抽穗的秕谷较多，千粒重下降（图1-11）。

图1-8　水稻纹枯病为害叶鞘症状

*　为非法定计量单位，1亩≈666.667 m²。——编者注

图1-9　水稻纹枯病为害叶片症状

图1-10　水稻纹枯病为害后期白色菌丝、黑色菌核

图1-11　水稻纹枯病为害田间症状

发生规律　病菌主要以菌核状态在土壤中越冬，也能以菌丝体状态在病残体上或在田间杂草等其他寄主上越冬。水稻拔节期病情开始激增，病害横向、纵向扩展，抽穗前以叶鞘为害为主，抽穗后向叶片、穗颈部扩展。

翌年春灌时菌核漂浮于水面与其他杂物混在一起，插秧后菌核黏附于稻柱近水面的叶鞘上，条件适宜时生出菌丝侵入叶鞘组织为害，气生菌丝又侵染邻近植株(图1-12)。早期落入水中的菌核也可引发稻株再侵染。早稻菌核是晚稻纹枯病的主要侵染源，菌核数量是引起发病的主要原因。水稻纹枯病易在高温、高湿条件下发生和流行。生长前期雨日多、湿度大、气温偏低，病情扩展缓慢，中、后期湿度大、气温高，病情迅速扩展，后期高温干燥抑制了病情。气温20℃以上，相对湿度大于90%时，开始发生纹枯病，气温在28 ~ 32℃，遇连续降雨，病害发展迅速。气温降至20℃以下，田间相对湿度小于85%时，发病迟缓或停止发病。长期深灌，偏施、迟施氮肥，水稻郁闭，徒长，促进纹枯病发生和蔓延。

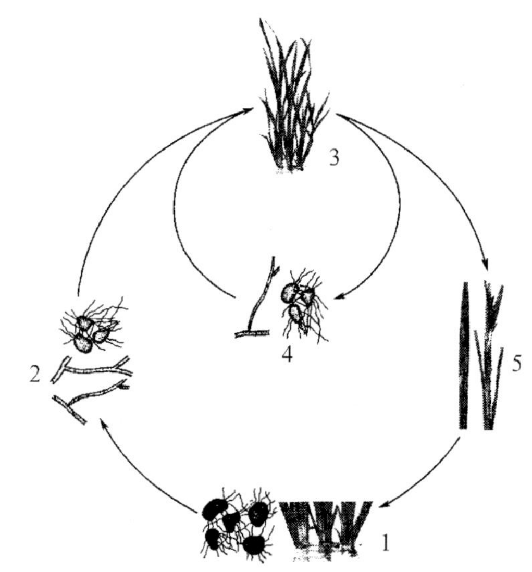

图1-12　水稻纹枯病病害循环
1.菌核在病残体上越冬　2.菌核及菌丝　3.病株　4.菌丝及菌核再侵染　5.病叶、病株

防治方法　清除菌源，加强肥水管理。药剂防治一般掌握发病初期施药，每100 kg种子用19%噻呋酰胺干拌种剂1 000 ~ 1 600 g拌种。在分蘖盛期田块丛发病率为3% ~ 5%或拔节到孕穗期丛发病率达10%时，用药防治，第一次施药后7 ~ 10 d，病情仍有发展时需再次防治。

发病初期：可用9%吡唑醚菌酯微囊悬浮剂58 ~ 66 mL/亩、60%肟菌酯水分散粒剂9 ~ 12 g/亩、80%嘧菌酯水分散粒剂15 ~ 20 g/亩、20%氟酰胺可湿性粉剂100 ~ 125 g/亩、40%菌核净可湿性粉剂200 ~ 250 g/亩、45%代森铵水剂50 mL/亩、50%氯溴异氰尿酸可溶粉剂50 ~ 60 g/亩、36%三氯异氰尿酸可湿性粉剂60 ~ 90 g/亩、86.2%氧化亚铜可湿性粉剂28 ~ 37 g/亩、25%络氨铜水剂125 ~ 184 g/亩、8%井冈霉素A水剂80 ~ 100 mL/亩、28%井冈霉素A可溶粉剂12.5 ~ 19.0 g/亩、4%嘧啶核苷类抗菌素水剂250 ~ 300 mL/亩、1%申嗪霉素悬浮剂50 ~ 70 g/亩、1.5%多抗霉素水剂100 ~ 125 mL/亩、6%低聚糖素水剂8 ~ 16 mL/亩、0.4%蛇床子素可溶液剂365 ~ 415 mL/亩、70%甲基硫菌灵可湿性粉剂100 ~ 140 g/亩、25%多菌灵可湿性粉剂200 g/亩等，兑水40 ~ 50 kg均匀喷施。

分蘖盛期：田块丛发病率为3% ~ 5%时，可于田间撒施4%噻呋酰胺颗粒剂448 ~ 700 g/亩、1%粉唑醇颗粒剂2 000 ~ 3 000 g/亩，也可以喷施40%噻呋酰胺悬浮剂12.5 ~ 15.0 mL/亩、40%苯醚甲环唑15 ~ 20 mL/亩、30%氟环唑悬浮剂20 ~ 25 mL/亩、60%肟菌酯水分散粒剂9 ~ 12 g/亩、80%嘧菌酯水分散粒剂15 ~ 20 g/亩、20%氟酰胺可湿性粉剂100 ~ 125 g/亩、50%氯溴异氰尿酸可溶粉剂50 ~ 60 g/亩、36%三氯异氰尿酸可湿性粉剂60 ~ 90 g/亩、10亿CFU/g解淀粉芽孢杆菌B7900可湿性粉剂15 ~ 20 g/亩、100亿芽孢/g枯草芽孢杆菌可湿性粉剂75 ~ 100 g/亩、20亿孢子/g蜡质芽孢杆菌可湿性粉剂150 ~ 200 g/亩、3%多抗霉素可湿性粉剂100 ~ 200倍液、2%嘧啶核苷类抗生素水剂500 ~ 600 mL/亩、5%井冈霉素可溶性粉剂100 ~ 150 g/亩、12.5%井冈·蜡芽菌水剂120 ~ 160 mL/亩、3%井冈·嘧苷素水剂200 ~ 250 mL/亩，兑水30 ~ 40 kg均匀喷施。

拔节到孕穗期：丛发病率达10%时喷药防治，病情仍有发展时，需间隔7 ~ 10 d再喷药1次。可用35%噻呋·咪鲜胺（噻呋酰胺10%＋咪鲜胺25%）悬浮剂50 ~ 60 mL/亩、38%噻呋·肟菌酯（肟菌酯7.6%＋噻呋酰胺30.4%）悬浮剂15 ~ 20 mL/亩、40%噻呋·己唑醇（噻呋酰胺20%＋己唑醇20%）悬浮剂8 ~ 12 mL/亩、25%噻呋·嘧菌酯（噻呋酰胺5%＋嘧菌酯20%）悬浮剂30 ~ 40 mL/亩、12%井冈·嘧菌酯（井冈霉素A9%＋嘧菌酯3%）可湿性粉剂50 ~ 70 g/亩、30%三环·氟环唑（氟环唑6%＋三环唑24%）悬浮剂60 ~ 80 mL/亩、30%肟菌·戊唑醇（肟菌酯10%＋戊唑醇20%）悬浮剂30 ~ 50 mL/亩、32.5%苯甲·嘧菌酯（嘧菌酯20%＋苯醚甲环唑12.5%）悬浮剂30 ~ 40 mL/亩，兑水30 ~ 40 kg均匀喷雾。

3. 水稻白叶枯病

分布为害　除新疆外，水稻白叶枯病在我国其他稻区均有发生，在华东、华中和华南稻区发生较普遍。

症　　状　由水稻黄单胞菌水稻致病变种（*Xanthomonas oryzae* pv. *oryzae*，属细菌）引起。苗期、分蘖期受害最重，叶片最易染病。叶枯型：从叶尖或叶缘开始，先出现暗绿色水浸状线状斑，很快沿线状斑形成黄白色病斑，然后沿叶缘两侧或中脉扩展，变成黄褐色，最后呈枯白色，病斑边缘界限明显（图1-13）。急性凋萎型：苗期至分蘖期，病菌从根系或茎基部伤口侵入维管束时易发病。心叶失水青枯，凋萎死亡，其余叶片也先后青枯卷曲，然后全株枯死，也有仅心叶枯死的植株。褐斑或褐变型：病菌通过剪叶或伤口侵入，在气温低或其他不利发病条件下，病斑外围出现褐色坏死反应带。为害严重时，田间一片枯黄（图1-14）。

图1-13 水稻白叶枯病叶枯型

图1-14 水稻白叶枯病为害田间症状

发生规律 病菌主要在稻种、稻草和稻桩上越冬，重病田稻桩附近土壤中的细菌也可越年传病。播种病谷，病菌可通过幼苗的根和芽鞘侵入。病稻草和稻桩上的病菌，遇到雨水就渗入水流中，秧苗接触带菌水，病菌从水孔、伤口侵入稻体。用病稻草催芽，覆盖，秧苗、扎秧把等，有利病害传播。早、中稻秧田期，由于温度低，菌量较少，一般看不到症状，直到孕穗前后才暴发（图1-15）。病斑上的溢脓，可借风、雨、露水和叶片接触等再侵染。本病最适宜流行的温度为26 ~ 30℃，20℃以下或33℃以上病害停止发生、发展。雨水多、湿度大，特别是台风、暴雨导致稻叶上产生大量伤口，给病菌扩散提供极为有利的条件；秧苗淹水，本田深水灌溉，串灌、漫灌，施用过量氮肥等均有利发病；品种抗性有显著差异，大面积种植感病品种，有利病害流行。

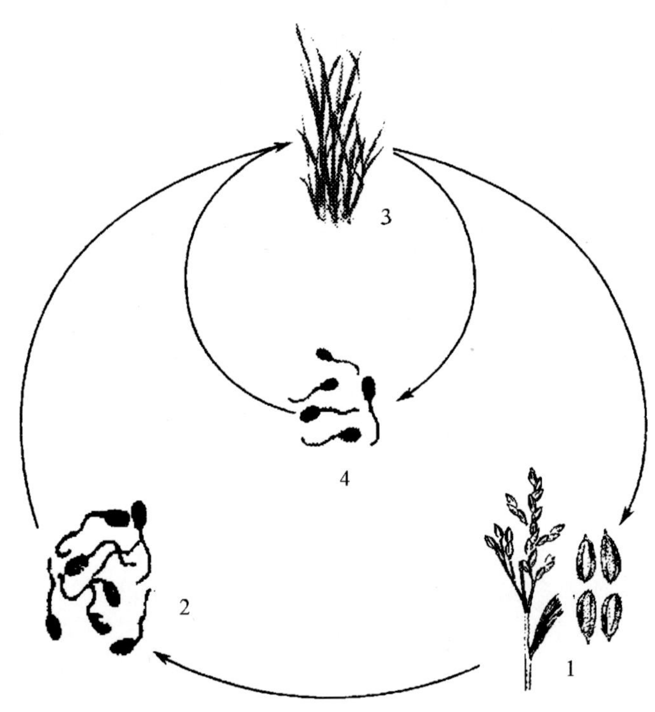

图1-15 水稻白叶枯病病害循环
1.带菌种子和病残体 2.细菌 3.病株 4.病菌再侵染

防治方法 不从病区引种；种植抗病品种；提倡施用酵素菌沤制的堆肥，加强水肥管理，浅水勤灌，雨后及时排水，分蘖期排水晒田，秧田严防水淹。妥善处理病稻草，不让病菌与种、芽、苗接触，清除田边再生稻株或杂草。善管肥水，健全排灌系统，实行排灌分家，不准串灌、漫灌和严防涝害；按叶色变化科学用肥，配方施肥，使禾苗稳生稳长，壮而不过旺，绿而不贪青。

发现中心病株后，及时喷药防治，可用60亿芽孢/mL解淀粉芽孢杆菌Lx-11悬浮剂500 ~ 650 g/亩、100亿芽孢/g枯草芽孢杆菌可湿性粉剂50 ~ 60 g/亩、3%中生菌素水剂400 ~ 533 mL/亩、50%氯溴异氰尿酸可溶粉剂40 ~ 60 g/亩、36%三氯异氰尿酸可湿性粉剂60 ~ 90 g/亩、30%噻森铜悬浮剂70 ~ 85 mL/亩、20%噻菌铜悬浮剂100 ~ 130 g/亩、30%金核霉素可湿性粉剂1 500 ~ 1 600倍液、1.2%辛菌胺（辛菌胺醋酸盐）水剂463 ~ 694 mL/亩，兑水30 ~ 40 kg均匀喷雾，每隔7 ~ 10 d喷1次，连续2 ~ 3次。

4. 稻曲病

分布为害　稻曲病已扩展到河北、长江流域及南方各稻区，不少地方已造成较大损失。

症　　状　由稻绿核菌（*Ustilaginoidea virens*，属无性型真菌）引起。只为害谷粒。病粒比正常谷粒大3～4倍，整个病粒被菌丝块包围，颜色初呈橙黄，后转墨绿；表面初呈平滑，后显粗糙龟裂，其上布满黑粉状物，此即为病菌厚垣孢子（图1-16）。

图1-16　稻曲病为害谷粒症状

发生规律　以菌核的形式在地面或以厚垣孢子在稻粒上越冬。翌年菌核萌发产生厚垣孢子，再由厚垣孢子生小孢子及子囊孢子初侵染。侵染时期以水稻孕穗至开花期侵染为主（图1-17）。抽穗扬花期遇雨及低温发病重。抽穗早的品种发病较轻，施氮过量或穗肥过重则加重病害发生，连作地块发病重。

防治方法　选用抗病品种，加强栽培管理。发病时摘除病粒烧毁；改进施肥技术，施足基肥，增施农家肥，少施氮肥，配施磷、钾肥，慎用穗肥；浅水勤灌，后期干干湿湿，适时适度搁田；避免病田留种，深耕翻埋菌核。

水稻破口前5～8 d和齐穗期：各喷药1次，对稻曲病的防效最为理想，这个时段是稻曲病防治的最佳时期。

水稻破口前5～8 d：可用80％波尔多液可湿性粉剂60～75 g/亩、70％碱式硫酸铜水分散粒剂25～45 g/亩、15％络氨铜水剂250～360 mL/亩、30％琥胶肥酸铜可湿性粉剂83～100 g/亩、10％混合氨基酸

图1-17　稻曲病病害循环

1.越冬菌核及厚垣孢子　2.厚垣孢子萌发产生分生孢子　3.子囊孢子　4.健株　5.病株　6.厚垣孢子再侵染

铜水剂250～375 mL/亩、86.2%氧化亚铜可湿性粉剂1500～2 000倍液、14%硫酸四氨络合铜乳油250～300 mL/亩、60%肟菌酯水分散粒剂9～12 g/亩、40%嘧菌酯可湿性粉剂15～20 g/亩、240 g/L噻呋酰胺悬浮剂13～23 mL/亩、2亿CFU/mL嗜硫小红卵菌HNI-1悬浮剂200～400 mL/亩、10亿CFU/g解淀粉芽孢杆菌B7900可湿性粉剂15～20 g/亩、20亿孢子/g蜡质芽孢杆菌可湿性粉剂150～200 g/亩、10亿芽孢/g枯草芽孢杆菌可湿性粉剂100～125 g/亩、24%井冈霉素A水剂25～30 mL/亩、1%蛇床子素水乳剂150～175 mL/亩、1%申嗪霉素悬浮剂60～90 mL/亩，兑水30～40 kg均匀喷雾，可以有效控制病害的发展。

水稻齐穗期，病害发生后期：可用60%三环·氟环唑（氟环唑15%＋三环唑45%）可湿性粉剂32～40 g/亩、75%肟菌·戊唑醇（肟菌酯25%＋戊唑醇50%）水分散粒剂10～15 g/亩、75%戊唑·嘧菌酯（嘧菌酯25%＋戊唑醇50%）可湿性粉剂10～15 g/亩、25%噻呋·嘧菌酯（噻呋酰胺5%＋嘧菌酯20%）悬浮剂30～40 mL/亩、30%啶氧·丙环唑（啶氧菌酯10%＋丙环唑20%）悬浮剂34～38 mL/亩、40%己唑·多菌灵（己唑醇10%＋多菌灵30%）悬浮剂40～60 mL/亩、30%苯甲·丙环唑（苯醚甲环唑＋丙环唑）乳油20 mL/亩、30%己唑·稻瘟灵乳油60～80 mL/亩、20亿孢子/g蜡质芽孢杆菌可湿性粉剂150～200 g/亩、10亿芽孢/g枯草芽孢杆菌可湿性粉剂100～125 g/亩、60%肟菌酯水分散粒剂9～12 g/亩、40%嘧菌酯可湿性粉剂15～20 g/亩、24%腈苯唑悬浮剂15～20 mL/亩、45%咪鲜胺水乳剂30～40 mL/亩、50%咪鲜胺锰盐可湿性粉剂25～30 g/亩、240 g/L噻呋酰胺悬浮剂13～23 mL/亩，兑水40～50 kg均匀喷施。

5. 水稻恶苗病

分布为害 水稻恶苗病广泛分布于世界各水稻产区，在我国各地发生较多。

症　状 由串珠镰孢菌（*Fusarium moniliforme*，属无性型真菌）引起。秧苗期到抽穗均可发病。苗期发病，感病重的稻种多不发芽或发芽后不久即死亡；轻病种发芽后，植株细高，叶狭窄，根少，全株淡黄绿色，一般高出健苗1/3左右，部分病苗移栽前后死亡（图1-18）。枯死苗上有淡红色或白色霉状物。本田内病株表现为拔节早，节间长，茎秆细高，少分蘖，节部弯曲变褐，有不定根。剖开病茎，内有白色菌丝（图1-19、图1-20）。

图1-18 水稻恶苗病徒长苗症状

图1-19 水稻恶苗病茎部不定根

图1-20 水稻恶苗病为害后期枯死症状

发生规律 主要以菌丝和分生孢子在种子内外越冬，其次是带菌稻草。病菌在干燥条件下可存活2～3年，而在潮湿的土面或土中存活的极少。病谷所长出的幼苗均为感病株，重者枯死，轻者病菌在植株体内半系统扩展（不扩展到花器），刺激植株徒长。在田间，病株产生分生孢子，经风雨传播，从健株伤口侵入，引起再侵染。抽穗扬花期，分生孢子传播至花器上，导致种子带菌（图1-21）。移栽时，若遇高温或中午阳光强烈，发病多。伤口是病菌侵染的重要途径，种子受机械损伤或秧苗根部受伤时，多易发病。旱秧比水秧发病重，一般籼稻较粳稻发病重，糯稻发病轻，晚稻发病重于早稻。

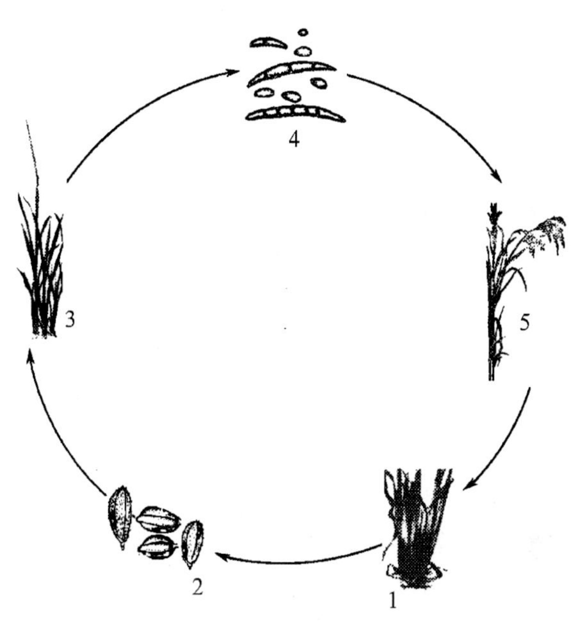

图1-21 水稻恶苗病病害循环
1.病菌在病残体上越冬 2.带菌种子
3.侵入幼苗 4.分生孢子 5.病株

防治方法 选栽抗病品种，清除病残体，及时拔除病株并销毁，病稻草收获后作燃料或沤制堆肥。不要用病稻草作为种子消毒或催芽时的投送物或捆秧把。无论在秧田或本田中发现病株，应结合田间管理及时拔除，并集中晒干烧毁或放入鱼塘中喂鱼。

由于水稻恶苗病的最主要初侵染源是带菌种子，因此，建立无病留种田和进行种子处理是预防此病的关键。稻种在消毒处理前，最好先晒1～3 d然后消毒。

种子处理：每100 kg种子可用25 g/L咯菌腈悬浮种衣剂400～668 mL、0.25%戊唑醇悬浮种衣剂2 000～5 000 g、2%苯甲·咪鲜胺（咪鲜胺1.4%＋苯醚甲环唑0.6%）种子处理悬浮剂500～665 mL、25%噻虫·咯·霜灵（噻虫嗪22.2%＋精甲霜灵1.7%＋咯菌腈1.1%）种子处理悬浮剂400～600 mL、5%精甲·咯·嘧菌（嘧菌酯2.5%＋咯菌腈1%＋精甲霜灵1.5%）种子处理悬浮剂500～1 000 mL、22%噻虫·咯菌腈（噻虫嗪20%＋咯菌腈2%）种子处理悬浮剂750～1 000 mL、32%戊唑·吡虫啉（吡虫啉30.9%＋戊唑醇1.1%）种子处理悬浮剂600～900 mL、10%精甲·戊·嘧菌（戊唑醇4%＋精甲霜灵2%＋嘧菌酯4%）悬浮种衣剂200～300 mL等试剂包衣；也可以用450 g/L咪鲜胺水乳剂360～480倍液、25%氰烯菌酯悬浮剂200～300倍液浸种；每1 kg种子用24.1%肟菌·异噻胺（肟菌酯6.9%＋异噻菌胺17.2%）种子处理悬浮剂15～25 mL、11%氟环·咯·精甲（精甲霜灵3.6%＋咯菌腈2.55%＋氟唑环菌胺4.85%）种子处理悬浮剂3～4 mL拌种。

6. 水稻胡麻斑病

分布为害 水稻胡麻斑病在全国各稻区均有发生，是引起晚稻后期穗枯的主要病害之一。

症　　状 由稻平脐蠕孢（*Bipolaris oryzae*，属无性型真菌）引起。从秧苗期至收获期均可发病，主要为害叶片。种子芽期受害：芽鞘变褐，芽未抽出，子叶枯死。叶片染病：初为褐色小点，渐扩大为椭圆斑，如芝麻粒大小，病斑中央褐色至灰白，边缘褐色，周围有深浅不同的黄色晕圈，严重时连成不规则大斑。病叶由叶尖向内干枯，死苗上产生黑色霉状物（图1-22）。叶鞘染病：病斑初椭圆形，暗褐色，边缘淡褐色，水渍状，后变为中心灰褐色的不规则大斑。穗颈和枝梗发病：受害部暗褐色，造成穗枯。谷粒染病：早期受害的谷粒灰黑色扩散至全粒造成秕谷。后期受害病斑小，边缘不明显。病重谷粒质脆易碎。气候湿润时，上述病部长出黑色绒状霉层，即病原菌分生孢子梗和分生孢子（图1-23～图1-25）。

图1-22 水稻胡麻斑病为害幼苗叶片症状

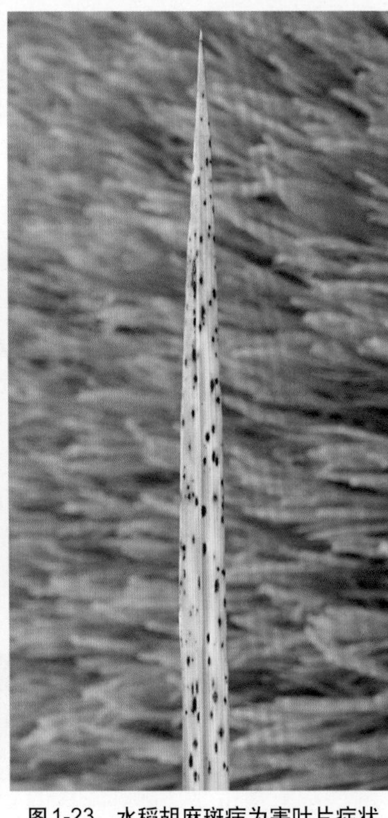

图1-23 水稻胡麻斑病为害叶片症状

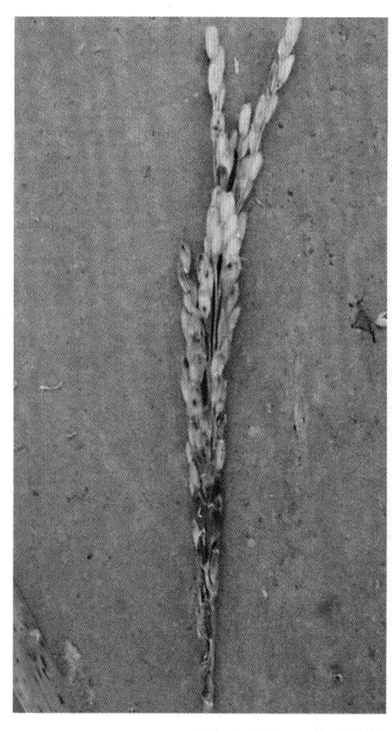

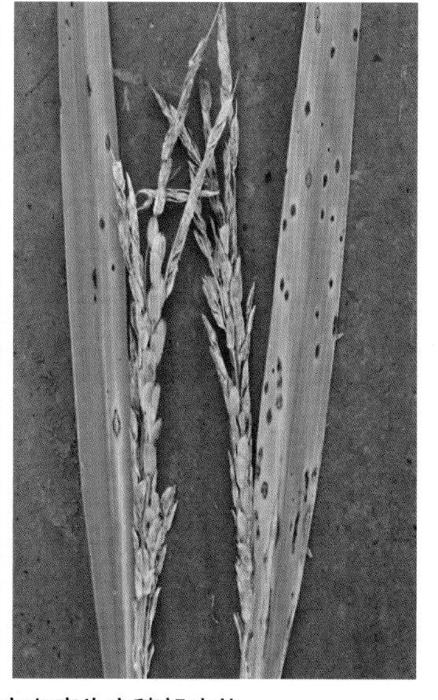
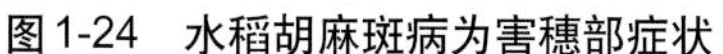

图1-24　水稻胡麻斑病为害穗部症状

图1-25　水稻胡麻斑病为害田间症状

发生规律　病菌以菌丝体在病残体或附在种子上越冬，成为翌年初侵染源。病斑上的分生孢子在干燥条件下可存活2～3年，潜伏菌丝体能存活3～4年，菌丝翻入土中经一个冬季后失去活力。带病种子播后，潜伏菌丝体可直接侵害幼苗，分生孢子可借风吹到秧田或本田，萌发菌丝直接穿透侵入或从气孔侵入，条件适宜时很快出现病症，并形成分生孢子，借风雨传播再侵染。旱秧田发病重。粳稻、糯稻比籼稻易感病，迟熟品种比早熟品种发病重；在水稻生育期中，其抗性差异也很大，苗期和孕穗至抽穗期最易感病，而谷粒则以灌浆期最易受感染。高温、高湿环境下最易诱发胡麻斑病；暴风雨之后或长期干旱后下雨也易诱发病害。土地贫瘠、有机质少，漏肥沙性田、嫌气缺氧田以及偏施化肥田都易感病。同时肥料施用不当，全期氮素缺乏、营养不良或前期施氮过量但后期短缺，都会导致稻田早衰；具有适量的氮素，但钾或硅缺乏的稻田或氮肥施用过量时都易诱发病害。

防治方法　科学管理肥水，施足基肥，注意氮、磷、钾肥的配合施用。无论秧田或本田，当稻株因缺氮发黄而开始发病时，应及时施用硫酸铵、腐熟的人粪尿等速效性肥料；如缺钾而发病，应及时排水增施钾肥。深耕改土，深耕能促使根系发育良好，增强稻株吸水、吸肥能力，提高抗病性。沙质土应增施有机肥，用腐熟堆肥作基肥；对酸性土壤要注意排水，并施用适量石灰，以促进有机物质的正常分解，改变土壤酸度。

喷药可以抑制此病的蔓延，重点应放在抽穗至乳熟阶段，以保护剑叶、穗颈和谷粒不受侵染。在水稻破口前4～7 d和齐穗期各喷1次，防效较好。

种子消毒：每10 kg种子用2%苯甲·咪鲜胺（咪鲜胺1.4%＋苯醚甲环唑0.6%）种子处理悬浮剂50～65 mL、5%精甲·咯·嘧菌（嘧菌酯2.5%＋咯菌腈1%＋精甲霜灵1.5%）种子处理悬浮剂500～1 000 mL、22%噻虫·咯菌腈（噻虫嗪20%＋咯菌腈2%）种子处理悬浮剂750～1 000 mL，包衣；用80%乙蒜素乳油2 000倍液、50%甲基硫菌灵可湿性粉剂500倍液＋50%福美双可湿性粉剂500倍液，浸种48 h，浸后捞出催芽、播种；或用25%咪鲜胺乳油2 000～3 000倍液，浸种72 h，捞出直接催芽、播种；或用30%苯噻硫氰乳油1 000倍液浸种6 h，浸种时常搅拌，捞出再用清水浸种，然后催芽、播种。

在水稻破口前4～7 d和齐穗期各喷1次，可用70%丙森锌可湿性粉剂60～100 g/亩、75%肟菌·戊唑醇（肟菌酯25%＋戊唑醇50%）水分散粒剂10～15 g/亩、75%戊唑·嘧菌酯（嘧菌酯25%＋戊唑醇50%）可湿性粉剂10～15 g/亩、25%噻呋·嘧菌酯（噻呋酰胺5%＋嘧菌酯20%）悬浮剂30～40 mL/亩、30%啶氧·丙环唑（啶氧菌酯10%＋丙环唑20%）悬浮剂34～38 mL/亩、40%己唑·多菌灵（己唑醇10%＋多菌灵30%）悬浮剂40～60 mL/亩、30%苯甲·丙环唑（苯醚甲环唑＋丙环唑）乳油20 mL/亩、30%己唑·稻瘟灵乳油60～80 mL/亩、50%异菌脲可湿性粉剂60～100 g/亩，兑水50～60 kg喷雾。也可用70%丙森锌可湿性粉剂60～100 g/亩、80%代森锰锌可湿性粉剂800倍液喷雾防治，间隔5～7 d再喷1次，能有效控制胡麻叶斑病的扩展。

7. 水稻烂秧病

症　状 分为两类，一类是由无性型真菌禾谷镰刀菌（*Fusarium graminearum*）、尖孢镰刀菌（*Fusarium oxysporum*）、立枯丝核菌（*Rhizoctonia solani*）、稻德氏霉（*Drechslera oryzae*）引致的水稻立枯病。另一类是由鞭毛菌亚门真菌层出绵霉（*Achlya prolifera*）、稻腐霉（*Pythium oryzae*）引致的水稻绵腐病。烂秧是秧田中发生的烂种、烂芽和死苗的总称。烂种：播种后不能萌发的种子或播后腐烂不发芽。绵腐型烂芽：低温高湿条件下易发病，发病初在根、芽基部的颖壳破口外产生白色胶状物，渐长出绵毛状菌丝体，后变为土褐或绿褐色，幼芽黄褐枯死，俗称“水杨梅”。立枯型烂芽：开始零星发生，后成簇、成片死亡，初在根芽基部有水浸状淡褐斑，随后长出绵毛状白色菌丝，也有的长出白色或淡粉红霉状物，幼芽基部缢缩，易拔断，幼根变褐腐烂。青枯型死苗：多发生于2叶至3叶期，叶尖不吐水，心叶萎蔫呈筒状，下叶随后萎蔫筒卷，幼苗污绿色，枯死，俗称“卷心死”，病根色暗，根毛稀少。黄枯型死苗：从下部叶开始，叶尖向叶基逐渐变黄，再由下向上部叶片扩展，最后茎基部软化变褐，幼苗黄褐色枯死，俗称“剥皮死”（图1-26）。

图1-26　水稻烂秧病黄枯型死苗

发生规律 导致水稻烂秧造成立枯病、绵腐病的病原真菌，均属土壤真菌。能在土壤中长期营腐生生活。镰刀菌多以菌丝和厚垣孢子在多种寄主的残体上或土壤中越冬，条件适宜时产生分生孢子，借气流传播。丝核菌以菌丝和菌核的形式在寄主病残体或土壤中越冬，靠菌丝在幼苗间蔓延传播。腐霉菌以菌丝或卵孢子在土壤中越冬，条件适宜时产生游动孢子囊，游动孢子借水流传播。水稻绵腐病腐霉菌寄生性弱，只在稻种有伤口，如种子破损、催芽热伤及冻害情况下，病菌才能侵入种子或幼苗，随后孢子随水流扩散传播，遇寒潮可造成毁灭性损失。低温烂秧与绵腐病的症状区别是明显的。生产上低温缺氧易引致发病，寒流、低温阴雨、秧田水深、有机肥未腐熟等有利发病。烂种多由贮藏期受潮、浸种不透、换水不勤、催芽温度过高或长时间过低所致。烂芽多因秧田水深缺氧或暴热、高温烫芽等引发。青、黄苗枯一般是由于在3叶期前后缺水造成的，如遇低温袭击或冷后暴晴则加快秧苗死亡。

防治方法 改进育秧方式，秧田应选在背风向阳、肥力中等、排灌方便、地势较高的平整田块，秧畦要干耕、干作、水耥，提倡施用日本酵素菌沤制的堆肥或充分腐熟有机肥，改善土壤中微生物结构。芽期以扎根立苗为主，保持畦面湿润，不能过早上水，遇霜冻，短时灌水护芽。1叶展开后可适当灌浅水，2叶至3叶期灌水以减小温差，保温防冻。寒潮来临要灌“拦腰水”护苗，冷空气过后转为正常管理。施肥要掌握基肥稳，追肥少而多次，先量少后量大，提高磷钾比例。秧苗生长慢，叶色黄，遇连阴雨天，更要注意施肥。

精选种子：选成熟度好、纯度高且干净的种子，浸种前晒种。

种子处理：一般要先晒种和选种，然后消毒。每100 kg种子可用25%噻虫·咯·霜灵（噻虫嗪22.2%＋精甲霜灵1.7%＋咯菌腈1.1%）悬浮种衣剂300 ～ 600 mL包衣；也可以每100 kg种子用11%氟环·咯·精甲（精甲霜灵3.6%＋咯菌腈2.55%＋氟唑环菌胺4.85%）种子处理悬浮剂300 ～ 400 mL拌种；80%乙蒜素乳油6 000 ～ 10 000倍液，浸种。

苗床处理：苗期刚发病时即应施药防治。秧田发现发病株或发病中心，应立即喷药防治。可用3%甲霜·恶霉灵水剂420 ～ 540 mL/m^2、0.75%甲霜·福美双微粒剂0.7 ～ 0.9 g/m^2、20%咪锰·甲霜灵可湿性粉剂0.8 ～ 1.2 g/m^2、20%恶霉灵·稻瘟灵微乳剂400 ～ 600 mL/m^{2}喷施苗床。

对于绵腐烂秧，可用95%敌磺钠可溶性粉剂1 000倍液、25%甲霜灵可湿性粉剂800 ～ 1 000倍液，在秧苗1叶1心至2叶期喷雾。由立枯菌、绵腐菌混合侵染引起的烂秧，可喷洒30%恶霉灵可湿性粉剂500 ～ 800倍液，喷药时应保持薄水层。

8. 水稻条纹叶枯病

分布为害　水稻条纹叶枯病在我国各稻区均有发生，山东南部、云南中部、江苏、安徽和河南等地受害较重。

症　　状　由水稻条纹叶枯病病毒［*Rice stripe virus*，RSV，属水稻条纹病毒组（别称柔线病毒组）病毒］引起。心叶受害，基部出现褪绿黄白斑，后扩展成与叶脉平行的黄色条纹，条纹间仍保持绿色。分蘖期发病，先在心叶下1叶基部出现褪绿黄斑，后扩展形成不规则黄白色条斑，老叶不显病。拔节后发病，在剑叶下部出现黄绿色条纹，各类型稻均不枯心，但抽穗畸形，结实很少（图1-27）。

图1-27　水稻条纹叶枯病田间症状

发生规律　本病毒仅靠灰飞虱传染，病毒在带毒灰飞虱体内越冬，成为主要初侵染源。在大、小麦田越冬的若虫，羽化后在原麦田繁殖，然后迁飞至早稻秧田或本田传毒为害并繁殖，早稻收获后，再迁飞至晚稻上为害，晚稻收获后，迁回冬麦上越冬（图1-28）。水稻在苗期到分蘖期易感病，植株叶龄长，其潜育期也较长，与植株生长和抗性逐渐增强有关。条纹叶枯病目前在长江中下游稻区和淮河流域稻区发生较重。发病有两个明显高峰期，第一高峰期在7月中旬；第二高峰期为7月底至8月初。

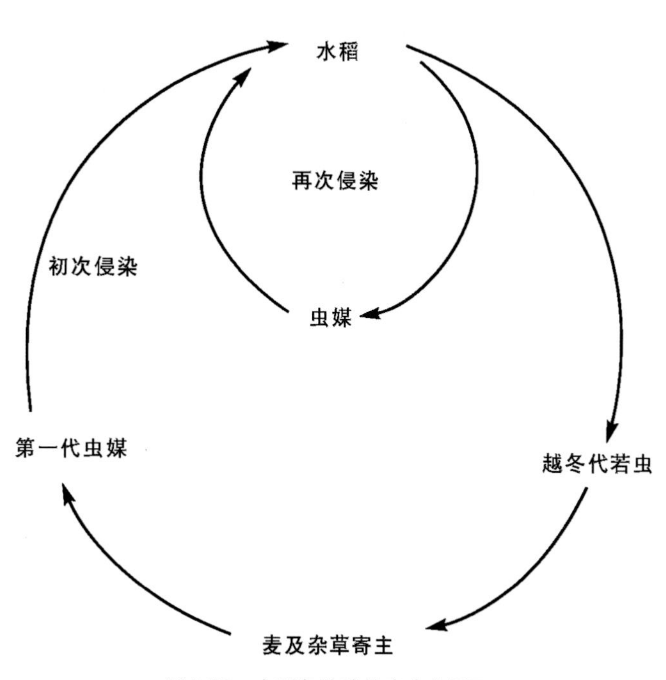

图1-28　水稻条纹叶枯病病害循环

防治方法　调整稻田耕作制度和作物布局。种植抗（耐）病品种。调整播期，移栽期避开灰飞虱迁飞期。收割麦子和早稻要背向秧田和大田稻苗，减少灰飞虱迁飞。加强管理，促进分蘖。

灰飞虱兑水稻直接为害不重，主要以传播水稻条纹叶枯病病毒为害。在病害流行区以治虫防病为目标。早稻秧田平均有成虫18头/m^2，晚稻秧田有成虫5头/m^2，本田前期平均每丛有成虫1头以上时，就应施药防治。

可用10%吡虫啉可湿性粉剂20 g/亩＋2%宁南霉素水剂300 mL/亩、48%毒死蜱乳油80 mL/亩、35%吡·异可湿性粉剂70 ～ 90 g/亩、25%噻虫嗪可湿性粉剂10 g/亩、10%吡虫啉可湿性粉剂1 000倍液。

病害发生初期，可用4%宁南霉素水剂133 ～ 167 mL/亩、2%香菇多糖水剂50 ～ 60 mL/亩、0.36%苦参碱可溶液剂45 ～ 60 g/亩、50%氯溴异氰尿酸可溶粉剂55 ～ 69 g/亩、20%吗胍·乙酸铜（乙酸铜10%＋盐酸吗啉胍10%）可湿性粉剂150 ～ 250 g/亩、3.95%三氮唑核苷可湿性粉剂45 ～ 75 g/亩、6%菌毒清·三十烷醇可湿性粉剂40 mL/亩、40%三氯异氰尿酸可湿性粉剂30 g/亩＋10%吡虫啉可湿性粉剂30 g/亩、31%吗啉胍·三氮核苷唑可溶性粉剂600 ～ 900倍液，兑水50 ～ 60 kg均匀喷雾。

9. 水稻细菌性条斑病

分布为害　20世纪60年代初，水稻细菌性条斑病仅在华南局部地区发生流行，但80年代以来，此病不仅在华南稻区死灰复燃，而且迅速向华中、西南、华东稻区蔓延，目前病区已超过11个省份。

症　　状　由稻生黄单胞菌条斑致病变种（*Xanthomonas oryzae* pv. *oryzicola*）引起。主要为害叶片。病斑初为暗绿色水浸状小斑，很快在叶脉间扩展为暗绿至黄褐色的细条斑，病斑两端呈浸润型绿色。病斑上常溢出大量串珠状黄色菌脓，干后呈胶状小粒。发病严重时条斑融合成不规则黄褐至枯白大斑，与白叶枯类似，对光看，可见许多半透明条斑（图1-29）。

图1-29　水稻细菌性条斑病为害叶片症状

发生规律　病菌主要在病种子和病草上越冬，借雨水、流水等传播，从叶片气孔和微伤口侵入，在薄壁组织的细胞间繁殖扩展。高温多湿特别是台风、暴雨频繁的年份易诱发本病；杂交稻比常规稻易发病；糯稻比籼稻和粳稻明显抗病；偏施氮肥会加重发病。

防治方法　选用抗（耐）病杂交稻，对零星发病的新病田，早期摘除病叶并烧毁，减少菌源。加强本田管理，应用“浅、薄、湿、晒”的科学排灌技术，避免深水灌溉和串灌、漫灌，防止涝害。

药剂浸种：先将种子用清水预浸12 ～ 24 h，再用85%三氯异氰尿酸可湿性粉剂300 ～ 500倍液浸种12 ～ 24 h，捞起洗净后催芽播种；或用50%代森铵水剂500倍液浸种12 ～ 24 h，洗净药液后催芽。

在暴风雨过后及时排水施药，发现中心病株后，可用50%氯溴异氰尿酸可湿性粉剂50 ～ 60 g/亩、5%噻霉酮悬浮剂35 ～ 50 mL/亩、0.3%四霉素水剂50 ～ 65 mL/亩、3%辛菌胺醋酸盐可湿性粉剂

213 ～ 267 g/亩、40%噻唑锌悬浮剂50 ～ 75 mL/亩、10%丙硫菌唑（丙硫唑）悬浮剂90 ～ 100 mL/亩、20%噻菌铜悬浮剂125 ～ 160 g/亩、21.4%络铜·柠铜（络氨铜15%＋柠檬酸铜6.4%）水剂400 ～ 600倍液、60亿芽孢/mL解淀粉芽孢杆菌Lx-11悬浮剂500 ～ 650 g/亩、80亿芽孢/g甲基营养型芽孢杆菌Lw-6可湿性粉剂80 ～ 120 g/亩、36%三氯异氰尿酸可湿性粉剂60 ～ 80 g/亩、3%中生菌素可湿性粉剂800 ～ 900倍液等药剂喷施防治。病情蔓延较快或天气对病害流行有利时，应间隔7 ～ 10 d喷1次，连续喷药2 ～ 3次。

10. 水稻谷枯病

症　状　初在颖壳顶端或侧面出现小斑，渐发展为边缘不清晰的椭圆斑，后病斑融合为不规则大斑，扩展到谷粒大部分或全部区域，后变为枯白色，其上散生许多小黑点。谷粒被害早的植株其花器被毁或形成秕谷（图1-30 ～图1-32）。

图1-30　水稻谷枯病为害颖壳症状

图1-31　水稻谷枯病后期形成秕谷

图1-32　水稻谷枯病为害田间症状

发生规律 以分生孢子器在稻谷上越冬，次年释放出分生孢子借风雨传播，水稻抽穗后，侵害花器和幼颖。花期遇暴风雨，稻穗相互摩擦，造成伤口有利病菌侵入。生产上氮肥施用过量或迟施氮肥或冷水灌田，利于病害发生。

防治方法 选用无病种子，消毒种子，合理施肥，采用配方施肥技术，改造冷水田。抽穗期结合防治穗瘟喷药保护。

种子消毒：用56℃温汤浸种5 min。用85%三氯异氰尿酸可湿性粉剂300 ~ 500倍液、80%乙蒜素乳油2 000倍液、70%甲基硫菌灵可湿性粉剂1 000倍液浸种2 d。

抽穗期结合防治穗瘟喷药保护，在孕穗期（破肚期）和齐穗期，喷施75%肟菌·戊唑醇（肟菌酯25%＋戊唑醇50%）水分散粒剂10 ~ 15 g/亩、75%戊唑·嘧菌酯（嘧菌酯25%＋戊唑醇50%）可湿性粉剂10 ~ 15 g/亩、25%噻呋·嘧菌酯（噻呋酰胺5%＋嘧菌酯20%）悬浮剂30 ~ 40 mL/亩、30%啶氧·丙环唑（啶氧菌酯10%＋丙环唑20%）悬浮剂34 ~ 38 mL/亩、40%己唑·多菌灵（己唑醇10%＋多菌灵30%）悬浮剂40 ~ 60 mL/亩、30%苯甲·丙环唑（苯醚甲环唑＋丙环唑）乳油20 mL/亩、13%三环唑·春雷霉素350 ~ 400倍液，注意喷匀、喷足。

11. 水稻叶鞘腐败病

症　状 由稻帚枝霉（*Sarocladium oryzae*，属无性型真菌）引起。幼苗染病，叶鞘上生褐色病斑，边缘不明显。分蘖期染病，叶鞘上或叶片中脉上初生针头大小的深褐色小点，向上、下扩展后形成菱形深褐色斑，边缘浅褐色。孕穗至抽穗期染病，剑叶叶鞘先发病且受害严重，叶鞘上生褐色至暗褐色不规则病斑，中间色浅，边缘黑褐色较清晰。湿度大时病斑内外现白色至粉红色霉状物（图1-33）。

图1-33　水稻叶鞘腐败病为害叶鞘症状

发生规律 该病种子带菌率59.7%，侵染方式分3种：一是种子带菌，种子发芽后病菌从生长点侵入，随稻苗生长而扩展；二是从伤口侵入；三是从气孔、水孔等自然孔口侵入。发病后病部形成分生孢子借气流传播，再侵染。病菌侵入和在体内扩展的最适温度为30℃，低温条件下水稻抽穗慢，病菌侵入机会多；高温时病菌侵染率低，但病菌在体内扩展快，发病重。

防治方法 合理施肥，防止积水，一般田要浅水勤灌，使水稻生育健壮，提高抗病能力。

及时治虫控病：播种前用药剂处理稻种。病害常发区应掌握幼穗分化至孕穗期，根据病情、苗情、天气情况喷药保护1 ~ 2次。

浸种处理：用40%三氯异氰尿酸可湿性粉剂300 ~ 600倍液、80%乙蒜素乳油6 000 ~ 10 000倍液、50%多菌灵可湿性粉剂800倍液浸种12 h，捞出洗净，催芽、播种。

必要时可喷洒24%腈苯唑悬浮剂15 ~ 20 mL/亩、50%苯菌灵可湿性粉剂1 500倍液、50%多菌灵可湿性粉剂100 g/亩、40%嘧菌酯可湿性粉剂15 ~ 20 g/亩、60%肟菌酯水分散粒剂9 ~ 12 g/亩、70%甲基硫菌灵可湿性粉剂100 g/亩、40%异稻瘟净乳油50 mL/亩，兑水50 ~ 60 kg均匀喷施，发生严重时，间隔15 d再喷1次。

12. 水稻细菌性谷枯病

症　状　由颖壳假单胞菌（*Pseudomonas glumae*，属假单胞杆菌属细菌）引起。主要为害谷穗、谷粒，水稻齐穗后，乳熟期的绿色穗直立，染病谷粒初现苍白色似缺水状萎凋，渐变为灰白色至浅黄褐色，内外颖的先端或基部变成紫褐色，护颖也呈紫褐色。每个受害穗染病谷粒10 ～ 20粒，发病重的一半以上谷粒枯死，受害严重的稻穗呈直立状而不弯曲，若能结实则多为萎缩畸形，谷粒一部分或全部变为灰白色或黄褐色至浓褐色，病部与健部界线明显（图1-34、图1-35）。

图1-34　水稻细菌性谷枯病为害谷粒初期症状

图1-35　水稻细菌性谷枯病为害谷穗症状

发生规律　谷粒带菌，播种带病谷粒，遇适宜的发病条件，即抽穗期高温多日照、降水量少时易发病，品种不同抗病性差异明显。

防治方法 加强检疫，防止病区扩大。选用抗病品种。

在5%抽穗时喷洒2%宁南霉素水剂250倍液、2%香菇多糖水剂50 ~ 60 mL/亩、12%松脂酸铜乳油500倍液、50%氯溴异氰尿酸可溶粉剂55 ~ 69 g/亩、3%辛菌胺醋酸盐可湿性粉剂213 ~ 267 g/亩、53.8%氢氧化铜干悬浮剂1 200倍液。

13. 水稻细菌性褐条病

症　　状 由燕麦（晕疫）假单胞菌（*Pseudomonas avenae*，属细菌）引起。苗期和成株期均可受害，苗期染病，在叶片或叶鞘上出现褐色小斑，后扩展呈紫褐色长条斑，有时与叶片等长，边缘清晰。病苗枯萎或病叶脱落，植株矮小。成株期染病，先在叶片基部中脉发病，初为水浸状黄白色，后沿脉扩展上达叶尖，下至叶鞘基部形成黄褐至深褐色的长条斑，病组织质脆易折，后全叶卷曲枯死（图1-36）。叶鞘染病呈不规则斑块，后变为黄褐色，最后全部腐烂。心叶发病，不能抽出，死于心苞内，拔出有腐臭味，用手挤压有乳白至淡黄色菌液溢出。

图1-36　水稻细菌性褐条病为害叶片症状

发生规律 病菌在病残体或种子上越冬，翌年借水流、暴风雨传播蔓延，从稻苗伤口或自然孔口侵入，特别是秧苗受伤或受淹后发病重。高温、高湿、阴雨有利于发病。偏施氮肥，发病重。

防治方法 建立合理排灌系统，防止大水淹没稻田，及时排水。增施有机肥，氮、磷、钾肥合理配合施用，增强植株抗病力。

药剂防治方法参见水稻细菌性条斑病。

14. 水稻矮缩病

症　　状 由水稻矮缩病毒（*Rice dwarf virus*，RDV，属植物呼肠弧病毒组病毒）引起。在苗期至分蘖期感病后，植株矮缩，分蘖增多，叶片浓绿，僵直，生长后期病株不能抽穗结实。病叶症状表现为两种类型。白点型：在叶片上或叶鞘上出现与叶脉平行的虚线状黄白色点条斑，以基部最明显。扭曲型：在光照不足情况下，心叶抽出呈扭曲状，随心叶伸展，叶片边缘出现波状缺刻，色泽淡黄（图1-37、图1-38）。

图1-37　水稻矮缩病为害幼苗症状

发生规律 该病毒可由黑尾叶蝉、二条黑尾叶蝉和电光叶蝉传播。病毒在黑尾叶蝉体内越冬，黑尾叶蝉在看麦娘上以若虫形态越冬，翌春羽化迁回稻田为害，早稻收割后，迁至晚稻上为害，晚稻收获后，迁至看麦娘、冬稻等38种禾本科植物上越冬。水稻在分蘖期前较易感病。冬春暖、伏秋旱利于发病。

图1-38　水稻矮缩病为害幼苗后期死苗症状

防治方法 选育和选种抗（耐）病品种。在早期发现病情后及时治虫，并加强肥水管理，促进健苗早发，可减少病害。收割早稻时，要有计划地分片集中收割，并从四周向中央收割。

以治虫防病为主，重点做好黑尾叶蝉两个迁飞高峰期的防治，特别注意做好在黑尾叶蝉集中取食而水稻又处于易感期的早、晚稻秧田和返青分蘖期的防治。在病毒流行区，早稻秧田每平方米有叶蝉成虫9头以上，双季晚稻秧田露青后，每平方米有成虫18头以上，一般每隔4 ~ 5 d喷1次药，连续2 ~ 3次。

可用10%异丙威可湿性粉剂200 g/亩、25%速灭威可湿性粉剂150 g/亩、50%杀螟松乳油和40%稻瘟净乳油各50 mL/亩、25%甲萘威可湿性粉剂250 g/亩、25%噻嗪酮可湿性粉剂100 g/亩，兑水50 kg均匀喷雾，防治叶蝉。

在病害发生初期，可以喷施30%毒氟磷可湿性粉剂45 ~ 75 g/亩、0.06%甾烯醇微乳剂30 ~ 40 mL/亩、2%香菇多糖水剂100 ~ 120 mL/亩、0.5%几丁聚糖水剂167 ~ 500 mL/亩、1.8%辛菌胺醋酸盐水剂80 ~ 100 mL/亩、8%宁南霉素水剂45 ~ 60 mL/亩、31%寡糖·吗呱（氨基寡糖素1%＋盐酸吗啉胍30%）可溶粉剂25 ~ 50 g/亩、22%低聚·吡蚜酮（吡蚜酮20%＋低聚糖素2%）悬浮剂20 ~ 30 mL/亩、5.9%辛菌·吗啉胍（盐酸吗啉胍5%＋辛菌胺0.9%）水剂150 ~ 250 mL/亩、40%烯·羟·吗啉胍（烯腺嘌呤0.002%＋羟烯腺嘌呤0.002%＋盐酸吗啉胍39.996%）可溶粉剂125 ~ 150 g/亩，兑水均匀喷雾。

15. 水稻菌核秆腐病

症　　状 由小黑菌核病菌（*Helminthosporium sigmoideum*，属无性型真菌）引起，是小球菌核病菌的变种。还可引起稻小球菌核病和小黑菌核病。两病单独或混合发生，症状相似，侵害下部叶鞘和茎秆，初在近水面叶鞘上产生褐色小斑，后扩展为黑色纵向坏死线及黑色大斑，上生稀薄浅灰色霉层，病鞘内常有菌丝块。小黑菌核病不形成菌丝块，黑线也较浅，病斑继续扩展使茎基成段变黑软腐，病部腐烂呈灰白色或红褐色（图1-39）。剥检茎秆，腔内充满灰白色菌丝和黑褐色小菌核。

图1-39　水稻菌核秆腐病为害茎秆症状

发生规律 种植抗病品种，冬季结合治螟挖毁稻桩，可以减少田间越冬菌核。春耕插秧前宜结合防治纹枯病捞除菌核，加强肥水管理。

在水稻圆秆拔节期和孕穗期菌核病初发期，用80%嘧菌酯水分散粒剂15 ~ 20 g/亩、60%肟菌酯水分散粒剂9 ~ 12 g/亩、9%吡唑醚菌酯微囊悬浮剂58 ~ 66 mL/亩、50%多菌灵可湿性粉剂75 g/亩、5%井冈霉素水剂100 mL/亩、50%异稻瘟净乳油100 mL/亩，兑水50 ~ 60 kg喷雾；或用40%稻瘟灵乳油1 000倍液、70%甲基硫菌灵可湿性粉剂125 ~ 140 g/亩、50%腐霉利可湿性粉剂1 500倍液、50%乙烯菌核利可湿性粉剂1 000 ~ 1 500倍液、50%异菌脲或40%菌核净可湿性粉剂1 000倍液喷施。

16. 水稻稻粒黑粉病

分布为害 水稻稻粒黑粉病在我国主要稻区均有发生，以浙江、江苏、安徽、江西、湖南、四川、河南等稻区发生较多。

症　　状 由狼尾草腥黑粉菌（*Tilletia barclayana*，属担子菌亚门真菌）引起。在水稻近黄熟时症状才较明显。主要为害穗部，一般仅个别小穗受害。病菌先在病粒内部生长，破坏籽粒结构，颖壳仅出现颜色变暗的症状。病谷的米粒全部或部分被破坏，成熟时内、外颖间开裂，露出圆锥形黑色角状物，破裂后散出黑色粉末，黏附于开裂部位（图1-40）。

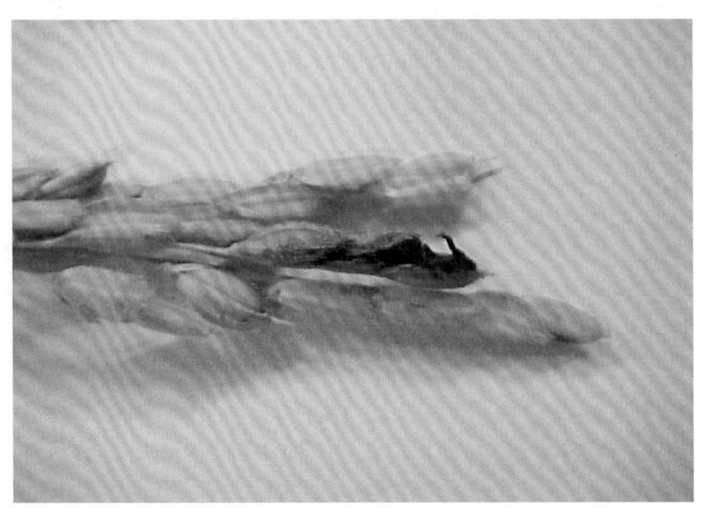

图1-40　水稻稻粒黑粉病为害病穗

发生规律 病菌以厚垣孢子在种子内和土壤中越冬。种子带菌和土壤带菌是主要菌源。该菌厚垣孢子抗逆力强，在自然条件下能存活1年，在贮存的种子上能存活3年，在55℃恒温水中浸10 min仍能存活，经过5个月以上休眠，气温高于20℃，湿度大，通风透光，厚垣孢子即萌发，产生担孢子及次生小孢子。借气流传播到抽穗扬花的稻穗上，侵入花器或幼嫩的种子，在谷粒内繁殖产生厚垣孢子。水稻孕穗至抽穗开花期及杂交稻制种田父母本花期相遇差的，发病率高，发病重。此外雨水多或湿度大，施用氮肥过多也会加重该病发生。

防治方法 实行检疫，严防带菌稻种传入无病区。选用抗病品种。实行2年以上轮作，病区家禽、家畜粪便沤制腐熟后再施用，防止土壤、粪肥传播。加强栽培管理，避免偏施、过施氮肥，制种田通过栽插苗数、苗龄调节出秧整齐度，使花期相遇。孕穗后期喷洒赤霉素等均可减轻发病。

种子消毒：先将稻种用清水预浸24 ~ 48 h（以吸饱水而未露白冒芽为度），取出后稍晾干，若气温在15 ~ 20℃，将预浸稻种放入50%多菌灵可湿性粉剂800倍液或70%甲基硫菌灵可湿性粉剂500倍液中浸48 h，再捞出用清水冲洗净后，催芽、播种。

于水稻始穗期和齐穗期各喷1次药，用17.5%烯唑·多菌灵（烯唑醇7.5%＋多菌灵10%）可湿性粉剂60 ~ 70 g/亩、35%噻呋·咪鲜胺（噻呋酰胺10%＋咪鲜胺25%）悬浮剂50 ~ 60 mL/亩、38%噻呋·肟菌酯（肟菌酯7.6%＋噻呋酰胺30.4%）悬浮剂15 ~ 20 mL/亩、25%噻呋·嘧菌酯（噻呋酰胺5%＋嘧菌酯20%）悬浮剂30 ~ 40 mL/亩、70%甲基硫菌灵可湿性粉剂80 ~ 120 g/亩＋65%代森锌可湿性粉剂100 g/亩、32.5%苯甲·嘧菌酯（嘧菌酯20%＋苯醚甲环唑12.5%）悬浮剂30 ~ 40 mL/亩、75%戊唑·嘧菌酯（嘧菌酯25%＋戊唑醇50%）可湿性粉剂10 ~ 15 g/亩、80%嘧菌酯水分散粒剂15 ~ 20 g/亩，兑水50 ~ 60 kg均匀喷雾。

17. 水稻干尖线虫病

症　　状 由贝西滑刃线虫（*Aphelenchoides besseyi*，属线形动物门，别称稻干尖线虫）引起。苗期症状不明显，偶在4 ~ 5片真叶时出现叶尖灰白色干枯，扭曲干尖的症状（图1-41）。病株孕穗后干尖更严重，剑叶叶尖端渐枯黄，半透明，扭曲干尖，变为灰白或淡褐色，病健部界限明显。湿度大，有雾露存在时，干尖叶片展平呈半透明水渍状，随风飘动，露干后又复卷曲。

图1-41　水稻干尖线虫为害叶片症状

发生规律　成虫和幼虫潜伏在稻谷的颖壳及米粒之间越冬。此病主要靠种子传播。种子内线虫在浸种催芽时开始活动，播种后线虫游离水中，由芽鞘、叶鞘缝隙侵入稻株体内，附着在生长点、腋芽、新生嫩叶的细胞外部，吸取细胞汁液。播种后半个月内低温多雨有利发病。孕穗期，大量集中在幼穗颖壳内外为害穗粒。

防治方法　建立无病留种田，防止带线虫的水灌入。收获前检验种子，确保无病，然后单收、单打、单藏，留作种子用。种子处理和土壤处理可有效预防干尖线虫病。

种子处理：温汤浸种，先将稻种预浸于冷水中24 h，然后放在45 ～ 47℃温水中5 min，再放入52 ～ 54℃温水中浸10 min，取出立即冷却，催芽后播种；或用6%杀螟丹水剂1 000 ～ 2 000倍液、每100 kg种子用12%氟啶·戊·杀螟（杀螟丹4.8%＋戊唑醇2.4%＋氟啶胺4.8%）种子处理可分散粉剂87 ～ 130 g、20%氰烯·杀螟丹（杀螟丹10%＋氰烯菌酯10%）可湿性粉剂800 ～ 1 600倍液、17%杀螟·乙蒜素（乙蒜素12%＋杀螟丹5%）可湿性粉剂200 ～ 400倍液、18%咪鲜·杀螟丹（杀螟丹10%＋咪鲜胺8%）可湿性粉剂800 ～ 1 000倍液浸种24 ～ 48 h，捞出催芽、播种。

土壤处理：用10%苯线磷（克线磷）颗粒剂250 g，拌细土10 kg，在秧苗2 ～ 3叶期撒施1次。

18. 水稻霜霉病

症　　状　由大孢指疫霉（*Sclerophthora macrospora*，属鞭毛菌亚门真菌）引起。秧田后期开始显症，分蘖盛期症状明显。叶片上发病，初生黄白小斑点，后形成表面不规则条纹，斑驳花叶（图1-42）。

病株心叶淡黄、卷曲，不易抽出，下部老叶渐枯死，根系发育不良，植株矮缩。受害叶鞘略松软，表面有不规则波纹或产生皱折、扭曲，分蘖减少。重病株不能孕穗，轻病株能孕穗但不能抽出，包裹于剑叶叶鞘中，或从侧部拱出成拳状，穗小不实、扭曲畸形。

图1-42　水稻霜霉病为害叶片症状

发生规律 病菌以卵孢子随病残体在土壤中越冬。翌年卵孢子萌发侵染杂草或稻苗。卵孢子借水流传播，水淹条件下卵孢子产生孢子囊和游动孢子，游动孢子活动停止后很快产生菌丝侵害水稻。秧苗期是水稻主要感病期，大田病株多从秧田传入。秧田水淹、暴雨或连阴雨发病严重，低温有利于发病。

防治方法 选地势较高地块做秧田，建好排水沟。清除病源，拔除杂草、病苗。

在秧田和本田病害发生初期，可用25%甲霜灵可湿性粉剂800 ～ 1 000倍液、90%霜脲清可湿性粉剂400倍液、72%克露（霜脲清·代森锰锌）可湿性粉剂700倍液、64%杀毒矾（恶霜灵·代森锰锌）可湿性粉剂600倍液、58%甲霜灵·锰锌或70%乙磷·锰锌可湿性粉剂600倍液、72.2%霜霉威水剂800倍液，喷雾防治。

19. 水稻黄萎病

症　　状 由类菌原体（MLO）引起。病株叶色均褪绿成为浅黄色，叶片变薄，质地也较柔软，植株分蘖猛增，呈矮缩丛生状，根系发育不良。苗期染病的植株矮缩不能抽穗；后期染病的发病轻，主要表现为分蘖增多，簇生，个别病株出现高节位分枝，叶片似竹叶状（图1-43）。

图1-43　水稻黄萎病为害植株症状

发生规律 病原主要在黑尾叶蝉体内和几种杂草上越冬，成为翌年初侵染源。长江中下游稻区早稻染病后于7月中旬后显症。7月后孵化的叶蝉从早稻田病株上获毒，迁飞到双季晚稻上传毒，引致晚稻发病。越冬代若虫从晚稻病株上获取毒源后越冬。生产上，生长后期染病的，减产较少。但染病稻茬长出的再生稻苗或再生稻仍可发病，成为侵染源。

防治方法 选种抗病、抗虫品种。注意结合传毒介体昆虫（3种叶蝉）生活史调整播种和插秧时间，把易染病的苗期与叶蝉活动高峰期调整开。

必要时可在育秧期、返青分蘖期喷洒杀虫剂，可喷施10%吡虫啉可湿性粉剂2 500倍液、2.5%高效氟氯氰菊酯乳油2 000倍液、20%异丙威乳油500倍液、30%乙酰甲胺磷乳油或50%杀螟松乳油1 000倍液。

20. 水稻黄叶病

症　　状 由水稻黄叶病毒或暂黄病毒（*Rice transitory yellowing virus*，RTYV，属病毒）引起。苗期发病以顶叶及下一叶为主，先在叶尖出现淡黄色褪绿斑，渐向基部发展，形成叶肉黄化、叶脉深绿的斑驳花叶或条纹状花叶，以后全叶变黄，向上纵卷，枯萎下垂。植株矮缩，不分蘖，根系短小（图1-44、图1-45）。分蘖后发病的不能正常抽穗结实。拔节后发病抽穗迟，穗形小，结实差。品种间症状大致相似，仅色泽有差异。矮秆籼稻上多为金黄色，粳稻上色泽淡黄花叶不明显，糯稻上色泽灰黄或淡黄，有的品种呈紫色。

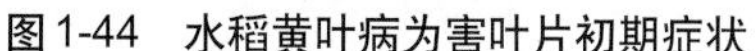
图1-44　水稻黄叶病为害叶片初期症状

图1-45　水稻黄叶病为害叶片后期症状

发生规律　水稻黄叶病由黑尾叶蝉、二点黑尾叶蝉、二条黑尾叶蝉传播。能终身传毒，不经卵传递。病毒在介体昆虫体内，再生稻、看麦娘等植株上越冬，翌年传至早稻，成为初侵染源。收获后叶蝉迁飞至二季稻上传毒，二季稻收获后，病毒又随介体在冬季寄主上越冬。介体昆虫数量多，带毒率高，发病重。一般籼稻比粳稻、糯稻发病轻，杂交稻耐病性最好。夏季少雨、干旱，促进叶蝉繁殖，有利于活动取食，还缩短了循回期和潜育期，有利于病害流行。

防治方法　加强农业防治，尽量减少单、双季稻混栽面积，切断介体昆虫辗转为害的途径。深翻地，减少越冬寄主和越冬虫源。合理布局，连片种植，尽可能种植熟期相近的品种，减少介体迁移传病。早播要种植抗病品种。收获时要背向割稻。

治虫防病：在传毒之前消灭介体昆虫，早稻在越冬代叶蝉迁飞前移栽，在越冬代叶蝉迁移期和稻田一代若虫盛孵期防治。双季稻区在早稻大量收割期至叶蝉迁飞高峰前后防治。晚稻秧田，从真叶开始注意，结合网捕防治。药剂可选用25%噻嗪酮可湿性粉剂25 g/亩、25%速灭威可湿性粉剂100 g/亩，兑水50 kg喷洒，每隔3 ～ 5 d喷洒1次，连防2 ～ 3次。

二、水稻虫害

稻田虫害种类较多，已发现水稻虫害有50多种，严重地影响着水稻的丰产与丰收。为害较重的害虫有三化螟、二化螟、稻纵卷叶螟、稻飞虱等。其中，三化螟主要分布在河南南部、山东烟台以南各稻区；二化螟主要分布在长江流域及以南稻区；稻纵卷叶螟以华南、长江中下游稻区受害最为严重；稻飞虱以黄河流域、长江流域及以南各省份发生量大。

1. 三化螟

分　　布　三化螟（*Scirpophaga incertulas*）主要分布在河南南部、山东烟台以南各稻区，是我国南方稻区主要害虫之一。

为害特点 幼虫钻入稻茎蛀食为害，造成枯心苗。苗期、分蘖期幼虫啃食心叶，心叶受害或失水纵卷，稍褪绿或呈青白色，外形似葱管，称作假枯心，把卷缩的心叶抽出，可见断面整齐，多可见到幼虫，生长点遭破坏后，假枯心变黄死去成为枯心苗，这时其他叶片仍为青绿色。受害稻株蛀入孔小，孔外无虫粪，茎内有白色细粒虫粪（图1-46）。

图1-46 三化螟为害水稻症状

形态特征 雌成虫体长10 ~ 13 mm，前翅黄白色，中央有一小黑点；雄成虫体长8 ~ 9 mm，前翅淡灰褐色，中央小黑点较小，自翅尖指向后缘仅中部有1条暗褐色斜纹，外缘有小黑点7 ~ 9个。卵常叠成3层长椭圆形卵块，表面覆盖有黄褐色绒毛。幼虫多4龄，3龄开始体呈黄绿色，前胸背板后缘中线两侧各有一扇形斑或新月形斑，体表看起来较干糙（图1-47）。蛹灰白色至黄绿色或黄褐色，被白色薄茧，前有羽化孔。雄蛹较细瘦，腹部末端较尖，后足伸达第七、第八腹节，接近腹末；雌蛹较粗大，腹部末端圆钝，后足仅达第六节。

发生规律 河南1年发生2 ~ 3代，安徽、浙江、江苏、云南3代（高温年份可生4代），广东5代，台湾6 ~ 7代，南亚热带地区10 ~ 12代。以老熟幼虫的形式在稻茬内越冬。翌春气温高于16℃时，越冬幼虫陆续化蛹、羽化。成虫白天潜伏在稻株下部，黄昏后飞出活动，有趋光性。羽化后1 ~ 2 d即交尾，把卵产在生长旺盛的稻叶叶面或叶背。分蘖盛期和孕穗末期产卵较多，拔节期、齐穗期、灌浆期较少。初孵幼虫被称作“蚁螟”，蚁螟在分蘖期爬至叶尖后吐丝下垂，随风飘荡到邻近的稻株上，在距水面2 cm左右的稻茎下部咬孔钻入叶鞘，后蛀食稻茎形成枯心苗。在孕穗期或即将抽穗的稻田，蚁螟在包裹稻穗的叶鞘上咬孔或从叶鞘破口处侵入，蛀害稻花，经4 ~ 5 d，幼虫达到2龄，此时稻穗已抽出，开始转移到穗颈处咬孔向下蛀入，再经3 ~ 5 d把茎节蛀穿或把稻穗咬断，形成白穗。老熟幼虫转移到健株上，在茎内或茎壁咬一羽化孔，仅留一层表皮，后化蛹。羽化后破膜钻出。在热带可终年繁殖。生产上，单、双季稻混栽或中稻与一季稻混栽区三化螟为害重。栽培上基肥充足，追肥及时，稻株生长健壮，抽穗迅速整齐的稻田受害轻，而追肥过晚或偏施氮肥，稻易死亡，不利其发生。寄生性天敌主要有卵期的稻螟赤眼蜂、黑卵蜂类、螟卵啮小蜂，幼虫期的多种茧蜂、多种姬蜂及线虫捕食性天敌有青蛙、隐翅虫、蜘蛛和鸟类等。

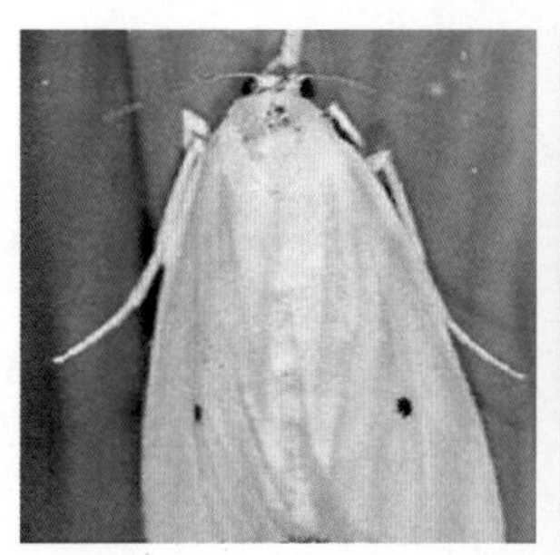

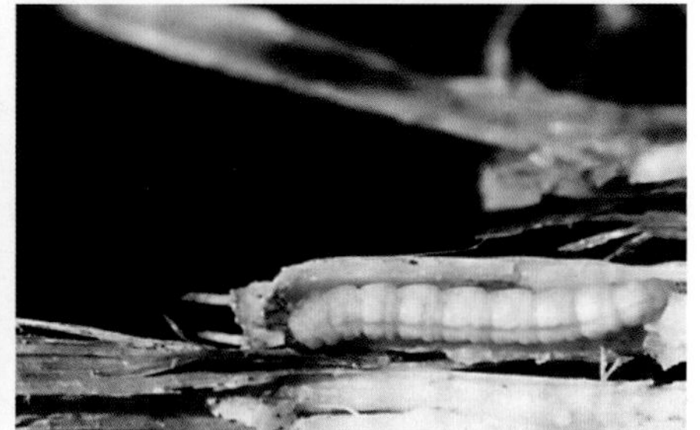

图1-47 三化螟成虫、幼虫

防治方法 适当调整水稻布局，避免混栽，选用生长期适中的品种。调节栽秧期，采用抛秧法，使易遭蚁螟为害的生育阶段与蚁螟盛孵期错开。掌握幼虫孵化盛期至低龄幼虫期的防治关键时期。

在幼虫孵化始盛期，可用30%乙酰甲胺磷乳油150 ~ 200 mL/亩、29%杀虫双水剂140 ~ 150 mL/亩、480 g/L毒死蜱乳油80 ~ 100 mL/亩、10%溴氰虫酰胺可分散油悬浮剂20 ~ 26 mL/亩、80%杀虫单可溶粉剂35 ~ 50 g/亩、40%三唑磷乳油50 ~ 80 mL/亩、200 g/L丁硫克百威乳油200 ~ 250 mL/亩、35%氯虫苯甲酰胺水分散粒剂4 ~ 6 g/亩、40%辛硫磷乳油100 ~ 125 mL/亩、2%甲氨基阿维菌素乳油25 ~ 50 mL/亩、10%喹硫磷乳油100 ~ 125 mL/亩、50%二嗪磷乳油60 ~ 80 mL/亩、50%杀螟硫磷乳油49 ~ 100 mL/亩，兑水50 kg均匀喷雾，也可以用3%克百威颗粒剂2 000 ~ 3 000 g/亩，拌毒土撒施。

在水稻破口期，2 ~ 3龄幼虫期，可用30%乙酰甲胺磷乳油150 ~ 200 mL/亩、480 g/L毒死蜱乳油80 ~ 100 mL/亩、200 g/L丁硫克百威乳油200 ~ 250 mL/亩、35%氯虫苯甲酰胺水分散粒剂4 ~ 6 g/亩、

10%溴氰虫酰胺可分散油悬浮剂20～26 mL/亩、58%吡虫·杀虫单（杀虫单55.5%＋吡虫啉2.5%）可湿性粉剂50～85 g/亩、30%辛硫·三唑磷（辛硫磷15%＋三唑磷15%）乳油90～110 mL/亩、40%氯虫·噻虫嗪（氯虫苯甲酰胺20%＋噻虫嗪20%）水分散粒剂10～12 g/亩、30%唑磷·毒死蜱（毒死蜱15%＋三唑磷15%）水乳剂40～60 mL/亩、15%阿维·三唑磷（三唑磷14.7%＋阿维菌素0.3%）微乳剂60～90 mL/亩、20%毒·辛（辛硫磷16%＋毒死蜱4%）乳油125～150 mL/亩、50%井·噻·杀虫单（井冈霉素7%＋杀虫单36%＋噻嗪酮7%）可湿性粉剂80～120 g/亩、55%杀单·苏云菌（苏云金杆菌1%＋杀虫单54%）可湿性粉剂35～100 g/亩，兑水50 kg均匀喷雾。当虫口密度较大时，应连续喷药2次，间隔5～7 d。

2. 二化螟

分　　布　二化螟（*Chilo suppressalis*）是对我国水稻为害最严重的常发性害虫之一。国内各稻区均有分布，比三化螟和大螟分布广，主要在长江流域及以南稻区发生较重，北方稻区也发生严重。

为害特点　幼虫钻蛀稻株，取食叶鞘、稻苞、茎秆等。水稻分蘖期受害，出现枯心苗和枯鞘；孕穗期、抽穗期受害，出现枯孕穗和白穗；灌浆期、乳熟期受害，出现半枯穗和虫伤株，秕粒增多，易倒折。幼虫蛀入稻茎后，剑叶尖端变黄，严重的心叶枯黄而死，受害茎上有蛀孔，孔外虫粪很少，茎内虫粪多，呈黄色，稻秆易折断（图1-48）。

图1-48　二化螟为害水稻症状

形态特征　成虫：雄蛾体长10～13 mm，翅展20～24 mm，头、胸部背面淡褐色。前翅近长方形，黄褐色或灰褐色，翅面密布不规则褐色小点，外缘有7个小黑点，中室顶角有紫黑色斑点1个，其下方有斜行排列的同色斑点3个；后翅白色，近外缘渐带淡黄褐色。雌蛾体长10～14 mm，翅展22～36 mm。头、胸部黄褐色（图1-49），前翅黄褐或淡黄褐色，翅面褐色小点不多，外缘亦有7个小黑点，后翅白色，有绢丝状光泽。卵椭圆形，扁平，初产时乳白色，渐变为茶褐色，近孵化时变为灰黑色。卵块略呈长椭圆形，卵粒排列呈鱼鳞状。老龄幼虫长18～30 mm，头部淡红褐色或淡褐色（图1-50）。胸、腹部淡褐色，前胸盾板黄褐色，背线、亚背线和气门线暗褐色。腹足趾钩为异序全环，亦有缺环。蛹体圆筒形。棕色至棕红色，后足不达翅芽端部。

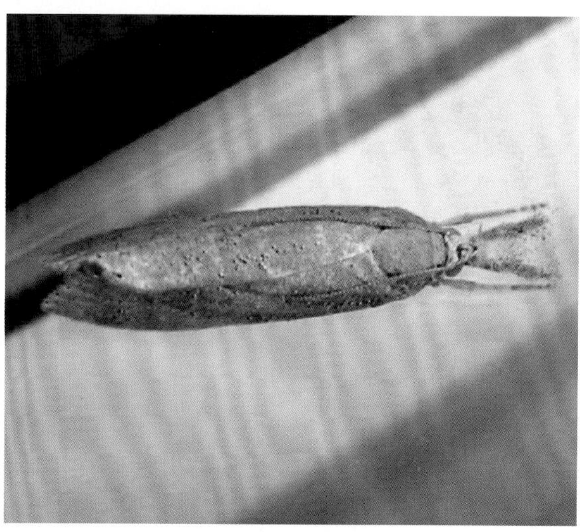

图1-49　二化螟成虫

图1-50 二化螟幼虫

发生规律 1年发生1～5代，由北往南递增，东北地区1～2代，黄淮流域2代，长江流域和广西、广东地区发生2～4代，海南5代。多以4～6龄幼虫于稻桩、稻草及田边杂草中滞育越冬，未成熟的幼虫春季可以取食田间及周边绿肥、油菜、麦类等作物。越冬幼虫抗逆性强，冬季低温对其影响不大。气温在15～16℃时开始活动、羽化，长江中下游一般在4月中、下旬至5月上旬开始发生虫害。但由于越冬环境复杂，所以越冬幼虫化蛹、羽化时间极不整齐，常持续约2个月。越冬代及随后的各个世代发生期跨度较长，可有多次发蛾高峰，造成世代重叠现象，防治适期难以掌握。成虫趋光性强，多在夜间羽化。喜选择植株较高、剑叶长而宽、茎秆粗壮、叶色浓绿的稻株产卵，卵产于叶片表面。初孵幼虫多在上午孵化，之后大都沿稻叶向下爬或吐丝下垂，从心叶、叶鞘缝隙或叶鞘外蛀入，先群集于叶鞘内取食内壁组织，2龄后蛀入稻茎为害。幼虫有转株为害的习性，在食料不足或水稻生长受阻时，幼虫分散为害，转株频繁，为害加重。幼虫老熟后多在受害茎秆内（部分在叶鞘内侧）结薄茧化蛹。蛹期耗氧量大，灌水淹没会引起大量死亡。寄生性天敌主要有卵期的稻螟赤眼蜂、松毛虫赤眼蜂，幼虫期有多种姬蜂、多种茧蜂及线虫、寄生蝇，其中，卵寄生蜂最重要。捕食类天敌有蜘蛛、蛙类、隐翅虫、猎蝽、鸟类等。

防治方法 合理安排冬作物，晚熟小麦、大麦、油菜、留种绿肥要注意安排在虫源少的晚稻田中，可减少越冬的基数。对稻草中含虫多的田块要及早处理，可把基部切除10～15 cm后烧毁。灌水杀蛹，即在二化螟初蛹期采用烤、搁田或灌浅水，以降低化蛹的部位，进入化蛹高峰期时，突然灌深水10 cm以上，经3～4 d，大部分老熟幼虫和蛹会被灌死。掌握幼虫孵化盛期至低龄幼虫期的防治关键时期。

幼虫孵化盛期至低龄幼虫期，用24%甲氧虫酰肼悬浮剂20～30 mL/亩、50%呋虫胺可溶粒剂16～20 g/亩、35%氯虫苯甲酰胺水分散粒剂4～6 g/亩、20%二嗪磷超低容量液剂200～250 mL/亩、5%环虫酰肼悬浮剂70～110 mL/亩、50%丙溴磷乳油80～120 mL/亩、22%氰氟虫腙悬浮剂40～50 mL/亩、40%三唑磷乳油50～80 mL/亩、95%乙酰甲胺磷可溶粒剂60～80 g/亩、10%溴氰虫酰胺可分散油悬浮剂20～26 mL/亩、150 g/L茚虫威悬浮剂5～10 mL/亩、3%阿维菌素微乳剂15～20 mL/亩、5%甲氨基阿维菌素微乳剂15～20 g/亩、20%阿维·三唑磷乳油60～90 mL/亩、2%多杀霉素微乳剂150～200 mL/亩、1%印楝素水分散粒剂90～120 g/亩、80亿孢子/g金龟子绿僵菌CQMa421可湿性粉剂60～90 g/亩、8 000 IU/μL苏云金杆菌悬浮剂200～400 mL/亩、20%唑磷·乙酰甲乳油100～125 mL/亩、25%阿维·毒死蜱乳油80～100 mL/亩，兑水50～75 kg均匀喷施；也可以用150亿孢子/g球孢白僵菌颗粒剂500～600 g/亩、0.1%呋虫胺颗粒剂10～15 kg/亩、9%杀螟丹颗粒剂600～1 000 g/亩、5%甲萘威颗粒剂2 500～3 000 g/亩，拌毒土撒施；也可以用1.22 mg/个二化螟性诱剂（顺-13-十八碳烯醛0.12 mg/个+顺-11-十六碳烯醛1.0 mg/个+顺-9-十六碳烯醛0.1 mg/个）挥散芯，诱捕（2～3个挥散芯/亩）。

在水稻分蘖盛期、低龄幼虫期，可用24%甲氧虫酰肼悬浮剂20～30 mL/亩、50%呋虫胺可溶粒剂16～20 g/亩、35%氯虫苯甲酰胺水分散粒剂4～6 g/亩、20%二嗪磷超低容量液剂200～250 mL/亩、5%环虫酰肼悬浮剂70～110 mL/亩、50%丙溴磷乳油80～120 mL/亩、22%氰氟虫腙悬浮剂40～50 mL/亩、40%三唑磷乳油50～80 mL/亩、95%乙酰甲胺磷可溶粒剂60～80 g/亩、10%溴氰虫酰胺可分散油悬浮剂20～26 mL/亩、30%氰虫·甲虫肼（甲氧虫酰肼12%+氰氟虫腙18%）悬浮剂20～30 mL/亩、20%阿维·甲虫肼（甲氧虫酰肼15%+阿维菌素5%）悬浮剂20～30 mL/亩、22%阿维·杀虫双（杀虫双20%+阿维菌素2%）微囊悬浮剂20～30 mL/亩、60%氯虫·吡蚜酮（氯虫苯甲酰胺10%+吡蚜酮50%）水分散粒剂15～20 g/亩、25%甲氧·茚虫威（茚虫威10%+甲氧虫酰肼15%）悬浮剂30～40 mL/亩、20%唑磷·毒死蜱（毒死蜱10%+三唑磷10%）乳油75～100 mL/亩，兑水50～75 kg均匀喷施，也可大水量泼浇（兑水400 kg）；保持3～5 cm浅水层持续3～5 d可提高防效。

3. 稻纵卷叶螟

分　　布　稻纵卷叶螟（*Cnaphalocrocis medinalis*）在我国东北地区至海南的各稻区均有分布，其中华南、长江中下游稻区受害最为严重。

为害特点　幼虫缀丝纵卷水稻叶片成虫苞，形成白色条斑，造成白叶，导致水稻千粒重下降，秕粒增加，从而造成减产（图1-51）。

图1-51　稻纵卷叶螟为害水稻症状

形态特征　雌成蛾体、翅黄褐色（图1-52），前翅前缘暗褐色，外缘具暗褐色宽带，后翅也有2条横线，内横线短，不达后缘。雄蛾体稍小，色泽较鲜艳。卵近椭圆形，扁平，中部稍隆起，表面具细网纹，初白色，后渐变浅黄色。末龄幼虫体黄绿色至绿色（图1-53），头褐色，老熟时为橘红色。蛹圆筒形，末端尖削，具钩刺8个，初浅黄色，后变红棕色至褐色（图1-54）。

图1-52　稻纵卷叶螟成虫

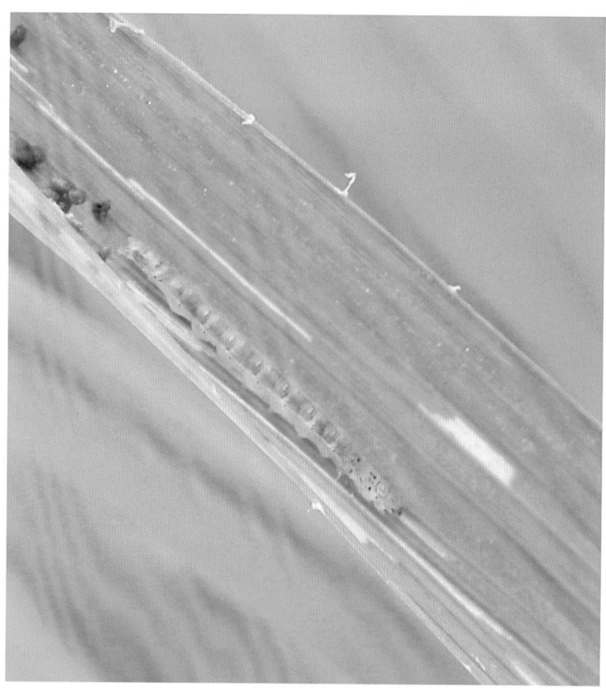

图1-53　稻纵卷叶螟幼虫

图1-54 稻纵卷叶螟蛹

发生规律 东北地区1年发生1 ~ 2代，长江中下游至南岭以北5 ~ 6代，海南南部10 ~ 11代，南岭以南以蛹和幼虫越冬，南岭以北有零星蛹越冬。越冬场所为再生稻、稻桩及湿润地段的李氏禾、双穗雀麦等禾本科杂草。该虫有远距离迁飞习性，在我国北纬30°以北地区，任何虫态都不能越冬。每年春季，成虫随季风由南向北而来，随气流下沉和雨水拖带降落，成为非越冬地区的初始虫源。秋季，成虫随季风回迁到南方繁殖，以幼虫和蛹越冬。如在安徽该虫不能越冬，每年5—7月成虫从南方大量迁来成为初始虫源，在稻田内发生4 ~ 5代，各代幼虫为害盛期：第1代在6月上、中旬；第2代在7月上、中旬；第3代在8月上、中旬；第4代在9月上、中旬；第5代在10月中旬。生产上第1、第5代虫量少，一般第2、第3代为害重。成虫白天在稻田里栖息，遇惊扰即飞起，但飞不远，夜晚活动、交配，把卵产在稻叶的正面或背面，单粒居多，少数2 ~ 3粒串生在一起，成虫有趋光性和趋向嫩绿稻田产卵的习性，喜欢吸食蚜虫分泌的蜜露和花蜜。1龄幼虫不结苞；2龄时爬至叶尖处，吐丝缀卷叶尖或近叶尖的叶缘，即“卷尖期”；3龄幼虫纵卷叶片，形成明显的束腰状虫苞，即“束叶期”；3龄后食量增加，虫苞膨大，4 ~ 5龄频繁转苞为害，被害叶上虫苞呈枯白色，整个稻田白叶累累。老熟幼虫多爬至稻丛基部，在无效分蘖的小叶或枯黄叶片上吐丝结成紧密的小苞，在苞内化蛹，蛹多在叶鞘处或株间及地表枯叶的薄茧中。6—9月雨日多，湿度大，利其发生，田间灌水过深，施氮肥偏晚或过多，引起水稻徒长，为害重。稻纵卷叶螟天敌很多，特别是寄生性天敌，卵期有稻螟赤眼蜂、拟澳洲赤眼蜂；幼虫和蛹期有卷叶螟绒茧蜂、螟蛉绒茧蜂、扁股小蜂、多种瘤姬蜂等。

防治方法 注意合理施肥，特别要防止偏施氮肥或施肥过迟，防止前期稻苗猛发徒长，后期贪青迟熟，提高稻苗耐虫力或缩短受害期。掌握幼虫孵化盛期至低龄幼虫期的防治关键时期。

防治适期为幼虫盛孵期或3、4龄幼虫高峰期。可用5%甲氨基阿维菌素水分散粒剂15 ~ 20 g/亩、3.2%阿维菌素乳油12 ~ 16 mL/亩、5%氯虫苯甲酰胺超低容量液剂30 ~ 40 mL/亩、30%茚虫威悬浮剂6 ~ 8 mL/亩、50%丙溴磷乳油80 ~ 100 mL/亩、40%毒死蜱乳油75 ~ 100 mL/亩、5%环虫酰肼悬浮剂75 ~ 110 mL/亩、10%四氯虫酰胺悬浮剂10 ~ 20 g/亩、10%溴氰虫酰胺可分散油悬浮剂20 ~ 26 mL/亩、1%苦皮藤素水乳剂30 ~ 40 mL/亩、20%多杀霉素微乳剂15 ~ 20 mL/亩、30亿PIB/mL甘蓝夜蛾核型多角体病毒悬浮剂30 ~ 50 mL/亩、80亿孢子/g金龟子绿僵菌CQMa421可湿性粉剂60 ~ 90 g/亩、16 000 IU/mg苏云金杆菌可湿性粉剂200 ~ 300 g/亩、25%抑食肼可湿性粉剂50 ~ 100 g/亩、400亿孢子/g球孢白僵菌水分散粒剂30 ~ 35 g/亩、3%阿维·氟铃脲可湿性粉剂50 ~ 60 g/亩，兑水50 ~ 75 kg均匀喷施；也可以用0.2%噻虫胺颗粒剂20 ~ 30 kg/亩，拌毒土撒施。

在水稻穗期，幼虫1 ~ 2龄高峰期，可用5%甲氨基阿维菌素水分散粒剂15 ~ 20 g/亩、3.2%阿维菌素乳油12 ~ 16 mL/亩、5%氯虫苯甲酰胺超低容量液剂30 ~ 40 mL/亩、50%丙溴磷乳油80 ~ 100 mL/亩、40%毒死蜱乳油75 ~ 100 mL/亩、5%环虫酰肼悬浮剂75 ~ 110 mL/亩、10%四氯虫酰胺悬浮剂10 ~ 20 g/亩、10%溴氰虫酰胺可分散油悬浮剂20 ~ 26 mL/亩、3%阿维·氟铃脲可湿性粉剂50 ~ 60 g/亩、40%氰虫·甲虫肼（甲氧虫酰肼20%＋氰氟虫腙20%）悬浮剂15 ~ 20 mL/亩、9.8%甲维·茚虫威（茚虫威8.5%＋甲氨基阿维菌素1.3%）可分散油悬浮剂10 ~ 15 mL/亩、85%氯虫苯·杀虫单（氯虫苯甲酰胺5%＋杀虫单80%）水分散粒剂30 ~ 40 g/亩、10万OB/mg·16 000 IU/mg苏云·稻纵颗（苏云金杆菌16 000 IU/mg＋稻纵卷叶螟颗粒体病毒10万OB/mg）可湿性粉剂50 ~ 100 g/亩，兑水50 ~ 75 kg均匀喷施，为害严重时，间隔5 ~ 7 d再喷施1次，连喷2 ~ 3次。

4. 稻飞虱

分　　布 水稻飞虱有褐飞虱（*Nilaparvata lugens*）、灰飞虱（*Laodelphax striatellus*）、白背飞虱（*Sogatella furcifera*）等，主要分布在吉林、辽宁、河北、河南、山西、陕西、宁夏、甘肃、四川、云南、西藏，尤以黄河流域、长江流域及以南的各省份发生量大。

为害特点　成、若虫群集于稻丛下部刺吸汁液，使稻株失水或感染菌核病。排泄物常导致霉菌滋生，影响水稻光合作用和呼吸作用，情况严重时可使稻株干枯（图1-55）。

图1-55　稻飞虱为害水稻症状

形态特征　褐飞虱：长翅型前翅端部超过腹末（图1-56）；短翅型前翅端部不超过腹末（图1-57）。体色分为深色型和浅色型。前者头与前胸背板、中胸背板均为褐色或黑褐色；后者全体黄褐色，仅胸部腹面和腹部背面较暗。卵呈香蕉状，初产时乳白色，半透明。若虫共5龄，1龄若虫后胸后缘平直，2龄若虫后胸两侧略向后伸。3～5龄若虫腹部第四、第五节各有一对较大的淡色斑，第七至第九节淡色斑呈“山”字形。低龄若虫体色淡，呈灰白色或淡黄色。高龄若虫有浅色型和深色型两类，前者体色灰白，体上斑纹较模糊；后者黄褐色，斑纹清晰。

图1-56　褐飞虱长翅型

图1-57　褐飞虱短翅型

灰飞虱：长翅型雌虫体长3.3～3.8 mm（图1-58），短翅型体长2.4～2.6 mm，体浅黄褐色至灰褐色，头顶稍突出，前胸背板、触角浅黄色。小盾片中间黄白色至黄褐色，两侧各具半月形褐色条斑纹，中胸背板黑褐色，前翅较透明，中间生1褐翅斑。卵初产时乳白色略透明，后期变浅黄色，香蕉形。末龄若虫前翅芽较后翅芽长，若虫共5龄。

图1-58　灰飞虱成虫

白背飞虱：长翅型雄虫体长3.2～3.8 mm，浅黄色，有黑褐斑。头顶前突，前胸、中胸背板侧脊外方复眼后具一新月形暗褐色斑，中胸背板侧区黑褐色，中间具黄纵带，前翅半透明，端部有褐色晕斑；翅面、颜面、胸部、腹部腹面黑褐色。长翅型雌虫虫体多黄白色，具浅褐斑。卵新月形。若虫共5龄，末龄若虫灰白色，长约2.9 mm。

发生规律 褐飞虱：海南1年发生12 ~ 13代，世代重叠常年繁殖，无越冬现象。广东、广西、福建南部年发生8 ~ 9代，3—5月迁入；贵州南部6 ~ 7代，4—6月迁入；赣江中下游、贵州、福建中北部、浙江南部5 ~ 6代，5—6月迁入；江西北部、湖北、湖南、浙江、四川东南部、江苏、安徽南部4 ~ 5代，6月至7月上、中旬迁入；江苏北部、安徽北部、山东南部2 ~ 3代，7—8月迁入；北纬35°以北的其他稻区1 ~ 2代，也于7—8月迁入。羽化后不久飞翔力强，能随高空水平气流迁移，春、夏两季向北迁飞时。成虫对嫩绿水稻趋性明显，雄虫可多次交配，24 ~ 27℃时，羽化后2 ~ 3 d开始交配。成、若虫喜阴湿环境，喜欢栖息在距水面10 cm以内的稻株上。水稻生长后期，大量产生长翅型成虫并迁出，1 ~ 3龄是翅型分化的关键时期。褐飞虱迁入的季节，若有雨日多、雨量大则利其降落，易大量发生，田间阴湿，生产上偏施、过施氮肥，稻苗浓绿，密度大及长期灌深水，利其繁殖，水稻受害重。

灰飞虱：北方稻区1年发生4 ~ 5代，江苏、浙江、湖北、四川等长江流域稻区发生5 ~ 6代，福建7 ~ 8代，田间世代重叠。以3 ~ 4龄若虫在麦田、紫云英或沟边杂草上越冬。在稻田出现时间远比褐飞虱、白背飞虱早。华北稻区越冬若虫在4月中旬至5月中旬羽化，在迟嫩麦田繁殖1代后迁入水稻秧田和直播本田、早栽本田或玉米地，6—7月大量迁入本田为害，9月初水稻抽穗期至乳熟期第四代若虫数量最大，为害最重；南方稻区越冬若虫在3月中旬至4月中旬羽化，5—6月早稻中期发生较多。

白背飞虱：新疆、宁夏1年发生1 ~ 2代，东北地区2 ~ 3代，淮河以南3 ~ 4代，长江流域4 ~ 7代，岭南7 ~ 10代，海南南部11代，属迁飞性害虫。最初虫源是从南方迁来。迁入期从南向北推迟，有世代重叠。该虫长翅型成虫飞翔力强，当田间每代种群增长2 ~ 4倍，田间虫口密度高时即迁飞转移。

防治方法 实施连片种植，合理布局，防止田间长期积水，浅水勤灌，适时搁田；合理施肥，防止田间封行过早、稻苗徒长荫蔽，增加田间通风透光度。在低龄若虫期及时喷药防治，控制其为害。

在水稻苗床，每100 kg种子可用70%噻虫嗪种子处理可分散粉剂100 ~ 200 g/100 kg浸种；也可以用7%吡蚜·甲虫肼（甲氧虫酰肼2%+吡蚜酮5%）颗粒剂450 ~ 800 g/亩、6%氯虫·吡蚜酮（吡蚜酮4.9%+氯虫苯甲酰胺1.1%）颗粒剂119 ~ 158 g/m^2（育苗盘），撒施。

在水稻孕穗期或抽穗期、2 ~ 3龄若虫高峰期，可用65%呋虫胺水分散粒剂8 ~ 12 g/亩、50%氟啶虫酰胺水分散粒剂8 ~ 10 mL/亩、70%噻虫嗪水分散粒剂1.0 ~ 1.5 g/亩、60%吡蚜酮水分散粒剂10 ~ 15 g/亩、25%环氧虫啶可湿性粉剂16 ~ 24 g/亩、50%噻虫胺水分散粒剂12 ~ 16 g/亩、48%噻虫啉悬浮剂10 ~ 14 mL/亩、20%烯啶虫胺可溶液剂20 ~ 30 mL/亩、70%吡虫啉水分散粒剂3 ~ 4 g/亩、30%醚菊酯悬浮剂20 ~ 25 mL/亩、10%三氟苯嘧啶悬浮剂10 ~ 16 mL/亩、10%哌虫啶悬浮剂25 ~ 35 mL/亩、20%仲丁威微乳剂20 ~ 250 mL/亩、40%毒死蜱乳油75 ~ 100 mL/亩、80亿孢子/g金龟子绿僵菌CQMa421可湿性粉剂60 ~ 90 g/亩、50亿孢子/g球孢白僵菌悬浮剂40 ~ 50 mL/亩、200万CFU/mL耳霉菌悬浮剂150 ~ 230 mL/亩、20%吡虫·三唑磷乳油100 ~ 120 mL/亩、10%噻嗪·吡虫啉可湿性粉剂30 ~ 50 g/亩，兑水50 kg均匀喷雾；也可以用5%噻虫胺颗粒剂400 ~ 500 g/亩、1%呋虫胺颗粒剂1 300 ~ 1 800 g/亩、3%噻虫嗪颗粒剂200 ~ 300 g/亩，拌毒土撒施。

在水稻圆秆期、孕穗期、抽穗期、孕穗末期，或灌浆乳熟期，可用25%噻嗪·异丙威可湿性粉剂100 ~ 120 g/亩、50%氟啶虫酰胺水分散粒剂8 ~ 10 mL/亩、30%醚菊酯悬浮剂20 ~ 25 mL/亩、10%三氟苯嘧啶悬浮剂10 ~ 16 mL/亩、10%哌虫啶悬浮剂25 ~ 35 mL/亩、20%仲丁威微乳剂20 ~ 250 mL/亩、40%毒死蜱乳油75 ~ 100 mL/亩、80亿孢子/g金龟子绿僵菌CQMa421可湿性粉剂60 ~ 90 g/亩、50亿孢子/g球孢白僵菌悬浮剂40 ~ 50 mL/亩、200万CFU/mL耳霉菌悬浮剂150 ~ 230 mL/亩、50%呋虫·噻虫嗪（呋虫胺30%+噻虫嗪20%）水分散粒剂4 ~ 6 g/亩、70%吡蚜·呋虫胺（呋虫胺20%+吡蚜酮50%）水分散粒剂8 ~ 11 g/亩、36%噻虫·毒死蜱（毒死蜱27%+噻虫嗪9%）微囊悬浮—悬浮剂10 ~ 20 mL/亩、30%吡蚜·哌虫啶（吡蚜酮27%+哌虫啶3%）悬浮剂15 ~ 20 mL/亩、63%噻嗪·呋虫胺（噻嗪酮56%+呋虫胺7%）水分散粒剂15 ~ 20 g/亩、19%氯虫·三氟苯（氯虫苯甲酰胺10.7%+三氟苯嘧啶8.3%）悬浮剂15 ~ 20 mL/亩、50%二嗪磷乳油75 ~ 100 mL/亩、45%杀螟硫磷乳油55 ~ 90 mL/亩、25%甲萘威可湿性粉剂200 ~ 260 g/亩，兑水50 kg均匀喷施，兼治二化螟、三化螟、稻纵卷叶螟等。

5. 稻弄蝶

分　　布　稻弄蝶主要有直纹稻弄蝶（*Parnara guttata*）、隐纹稻弄蝶（*Pelopidas mathias*），广泛分布各幼稻区。

为害特点　虫爬至叶片边缘或叶尖处吐丝缀合叶片，做成圆筒状纵卷虫苞，潜伏在其中为害。

形态特征　直纹稻弄蝶：成虫体和翅黑褐色，前翅具7 ～ 8个半透明白斑（排成半环状），后翅中间具4个白色透明斑（图1-59）。卵褐色，半球形。末龄幼虫头浅棕黄色，头部正面中央有“山”形褐纹，体黄绿色（图1-60）。蛹淡黄色，近圆筒形。

图1-59　直纹稻弄蝶成虫

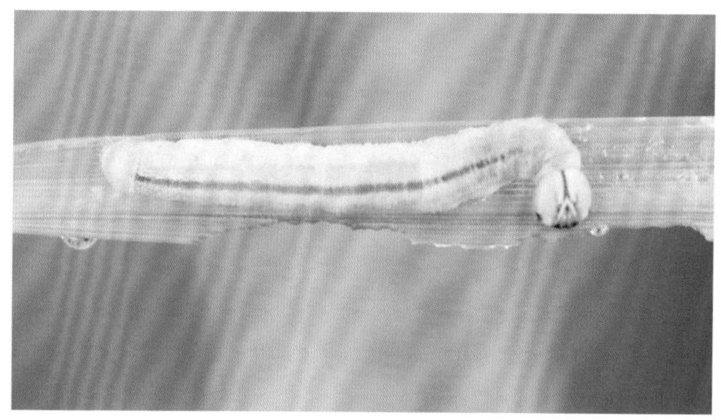

图1-60　直纹稻弄蝶幼虫

隐纹稻弄蝶：成虫体长17 ～ 19 mm，形似直纹稻苞虫（图1-61），但前翅白斑较小，后翅无斑纹，反面有不明显的白斑4 ～ 6个，排列成弧形；卵扁球形，直径1 mm，顶端略平，表面光滑；幼虫体长33 ～ 37 mm，嫩绿色（图1-62），头部正面有红褐色“八”字纹，背线淡黄色；蛹，长24 ～ 33 mm，淡绿色，头部凸出且尖（图1-63）。

图1-61　隐纹稻弄蝶成虫

图1-62　隐纹稻弄蝶幼虫

图1-63　隐纹稻弄蝶蛹

发生规律 我国每年发生2 ～ 8代，南方稻区以老熟幼虫在背风向阳的游草等杂草中结苞越冬，北方稻区难以发现越冬虫态，可能由南方迁入。华南一年发生6 ～ 7代，以8—9月发生的第4、第5代虫量较大，为害晚稻；浙江1年发生4 ～ 5代，江苏和安徽发生4代，主要为害连晚、单晚稻和中稻。一般在时晴时雨，尤其是白天下雨夜间晴的天气易发生，高温干旱则少发生。成虫喜食花蜜，趋向在分蘖期生长旺盛的稻株上产卵。幼虫共5龄，各龄幼虫均有吐丝结苞习性，白天潜伏稻苞内取食，傍晚或阴雨天爬出苞外取食。5龄为暴食期，食量超过幼虫总食量的80%。

防治方法 冬春及时铲除田边、沟边、塘边杂草的残株。利用幼虫结苞不活泼的特点，人工采苞灭幼虫。

检查每百丛稻株有虫10头左右的田块，应在2龄幼虫占50%左右时喷药防治。可用5%甲氨基阿维菌素水分散粒剂15 ～ 20 g/亩、3.2%阿维菌素乳油12 ～ 16 mL/亩、40%毒死蜱乳油75 ～ 100 mL/亩、25%喹硫磷乳油1 500倍液、2.5%溴氰菊酯乳油2 000倍液、8 000 IU/mg苏云金杆菌可湿性粉剂100 ～ 400 g/亩、95%乙酰甲胺磷可溶粒剂60 ～ 80 g/亩，兑水50 ～ 60 kg/亩均匀喷施，发生量大时，可间隔7 ～ 10 d再喷1次。

6. 福寿螺

分　　布 福寿螺（*Ampullaria gigas*）分布在广东、广西、福建、海南、台湾等省份。

为害特点 孵化后稍长即开始啮食水稻等水生植物，尤喜幼嫩部分。咬食水稻主蘖及有效分蘖，致有效穗减少而造成减产。

形态特征 贝壳外观与田螺相似，具一螺旋状的螺壳，颜色随环境及螺龄不同而异，有光泽和若干细纵纹，头部具2对触角，螺体左边具1条粗大的肺吸管。成螺壳厚（图1-64），壳高7 cm，幼螺壳薄，雌雄同体，异体交配。卵圆形，初产卵粉红色至鲜红色，卵的表面有一层不明显的白色粉状物，5 d后变为灰白色至褐色，这时卵内已孵化成幼螺（图1-65）。卵块椭圆形，卵于夜间产在水面以上干燥物体或植株的表面，初孵幼螺落入水中，吞食浮游生物等。

图1-64 福寿螺成体

图1-65 福寿螺卵

发生规律 广州1年发生3代，各代螺重叠发生。

防治方法 当稻田每平方米有螺2头以上时，应马上防治。在水稻移植后24 h内于雨后或傍晚每亩施用70%杀螺胺可湿性粉剂25 ～ 30 g/亩、50%杀螺胺乙醇胺盐可湿性粉剂70 ～ 80 g/亩、6%四聚乙醛颗粒剂400 ～ 500 g/亩拌毒土20 ～ 25 kg撒施，施药后保持3 ～ 4 cm水层3 ～ 5 d。

7. 稻水象甲

分　　布 稻水象甲（*Lissorhoptrus oryzophilus*）分布在河北、广西、广东、台湾等省份。

为害特点 幼虫钻食新根，造成水稻插秧后缓秧慢，甚至造成漂秧。

形态特征 雌成虫体表被覆浅绿色至灰褐色鳞片。从前胸背板端部至基部有一大口瓶状暗斑由黑鳞片组成（图1-66）。卵圆柱形，乳白色。幼虫体白色，共4龄。蛹白色。

发生规律　1年发生1代，并存在不完全世代的第2代。以成虫在山坡、荒地、田埂等有覆盖的场所越冬。越冬成虫于4月中旬开始活动，4月下旬开始取食，至5月下旬可见大量成虫。5月下旬稻田可见成虫，插秧后的水田内有成虫。6月上旬开始见卵，连续发生至8月上旬，到8月中旬才搜查不到幼虫，7月中旬即有土茧，8月下旬起，越冬场所有成虫活动，10月末至11月初，成虫进入越冬状态。

防治方法　水稻收获后，还有很多成虫残留在稻茬或稻田土层内越冬，应及时翻耕土地，可降低其越冬存活率。稻水象甲的防治指标为30头/m^2。第一代成虫羽化盛期在7月末到8月上旬，是防治成虫的关键时期。

图1-66　稻水象甲成虫

可用30％醚菊酯悬浮剂25 ～ 35 mL/亩、40％哒螨灵悬浮剂25 ～ 30 mL/亩、40％三唑磷乳油60 ～ 80 mL/亩、40％氯虫·噻虫嗪（氯虫苯甲酰胺20％＋噻虫嗪20％）水分散粒剂8 ～ 10 g/亩、20％辛硫·三唑磷（辛硫磷10％＋三唑磷10％）乳油50 ～ 80 mL/亩、35％敌畏·马（马拉硫磷9％＋敌敌畏26％）乳油40 ～ 50 mL/亩、48％毒死蜱乳油50 mL/亩、20％三唑磷乳油60 ～ 100 mL/亩、20％丁硫克百威乳油30 mL/亩、40％甲基异柳磷乳油50 mL/亩，兑水50 kg均匀喷施；也可以用5％丁硫克百威颗粒剂2 000 ～ 3 000 g/亩、0.4％氯虫苯甲酰胺颗粒剂700 ～ 1 000 g/亩，拌毒土撒施。

8. 黑尾叶蝉

分　　布　黑尾叶蝉（*Nephotettix bipunctatus*）分布于我国各稻区，尤以长江流域发生较多。

为害特点　成、若虫均以针状口器刺吸稻株汁液，被害处呈褐色斑点状，严重时植株发黄或枯死，甚至倒伏；但通常情况下，黑尾叶蝉吸食为害往往不及其传播水稻病毒病的为害严重。

形态特征　成虫体黄绿色（图1-67），头与前胸背板等宽。雄虫额唇基区黑色，前唇基及颊区为淡黄绿色；雌虫颜面为淡黄褐色。前翅淡蓝绿色，前缘区淡黄绿色。卵长茄形。若虫共4龄。

发生规律　年发生代数随地理纬度而异，每年发生4 ～ 8代。以若虫，少量以成虫在冬闲田、绿肥田、田边等处的杂草上越冬。长江流域以7月中旬至8月下旬发生量较大；华南稻区则在6月上旬至9月下旬有较大发生量。该虫喜高温干旱，6月气温稳定回升后，虫量显著增多，至7—8月高温季节达发生高峰。

图1-67　黑尾叶蝉成虫

防治方法　种植抗性品种；尽量避免混栽，减少桥梁田；加强肥水管理，提高稻苗健壮度，防止稻苗贪青徒长。调查成虫迁飞和若虫发生情况，及时喷洒70％吡虫啉水分散粒剂3 ～ 4 g/亩、50％噻虫胺水分散粒剂12 ～ 16 g/亩、40％毒死蜱乳油75 ～ 100 mL/亩、2.5％高效氟氯氰菊酯乳油2 000倍液、20％异丙威乳油500倍液、30％乙酰甲胺磷乳油或50％杀螟松乳油1 000倍液、25％噻嗪酮可湿性粉剂1 500 ～ 2 000倍液、2.5％溴氰菊酯乳油2 000倍液、

25%速灭威可湿性粉剂600 ~ 800倍液、90%杀虫单原粉1 000倍液，兑水50 kg，均匀喷施。

9. 中华稻蝗

分　　布 中华稻蝗（*Oxya chinensis*）国内各稻区均有分布。

为害特点 成、若虫食叶形成缺刻，严重时全叶被吃光，仅留叶脉。

形态特征 成虫体黄绿、褐绿、绿色，前翅前缘绿色，余淡褐色（图1-68）。卵长圆筒形，中间略弯，深黄色，胶质卵囊褐色。1龄虫体灰绿色，2龄绿色，3龄浅绿色，4龄翅芽呈三角形，末龄翅芽超过腹部第三节。

发生规律 每年发生1 ~ 2代，各地均以卵块的形式在田埂、荒滩、堤坝等处或杂草根际、稻茬株间越冬。3月下旬至5月上旬越冬卵孵化，6月上、中旬至8月上、中旬羽化。

图1-68　中华稻蝗成虫

防治方法 冬春季铲除田埂草皮或开垦荒地，破坏其越冬场所，效果明显。

抓住蝗蝻未扩散前集中在田埂、地头、沟渠边等杂草上以及蝗蝻扩散前期大田田边5 m范围内稻苗上的有利时机，及时用药。稻田防治指标为平均每丛有蝗蝻1头。注意防治应在若虫3龄前进行。可用5%甲氨基阿维菌素水分散粒剂15 ~ 20 g/亩、3.2%阿维菌素乳油12 ~ 16 mL/亩、2.5%溴氰菊酯乳油4 000倍液、2.5%高效氯氟氰菊酯乳油4 000倍液、40%毒死蜱乳油75 ~ 100 mL/亩、95%乙酰甲胺磷可溶粒剂60 ~ 80 g/亩，兑水50 kg均匀喷施。

10. 稻棘缘蝽

分　　布 稻棘缘蝽（*Cletus punctiger*）分布于各稻区。

为害特点 成、若虫喜在水稻灌浆至乳熟期的稻穗及穗茎上群集为害，造成秕粒。

形态特征 成虫体黄褐色，狭长，刻点密布（图1-69）。头顶中央具短纵沟，头顶及前胸背板前缘具黑色小粒点。卵似杏核，具珠泽。若虫共5龄，3龄前长椭圆形，4龄后长梭形，5龄体黄褐色带绿，腹部具红色毛点。

发生规律 每年发生2 ~ 3代，以成虫在杂草根际处越冬，越冬成虫3月下旬出现，4月下旬至6月中、下旬产卵，若虫5月上旬至6月底孵化，6月上旬至7月下旬羽化，6月中、下旬开始产卵。第2代若虫于6月下旬至7月上旬始孵化，8月初羽化，8月中旬产卵。第3代若虫8月下旬孵化，9月底至12月上旬成虫羽化，11月中旬至12月中旬逐渐蛰伏越冬。

防治方法 清除田边附近杂草，调节播种期，使水稻穗期避开稻绿蝽发生高峰期。

图1-69　稻棘缘蝽成虫

在低龄若虫期，可喷洒95%乙酰甲胺磷可溶粒剂60 ~ 80 g/亩、50%丙溴磷乳油80 ~ 120 mL/亩、50%马拉硫磷乳油1 000倍液、2.5%氯氟氰菊酯乳油2 000 ~ 5 000倍液、2.5%溴氰菊酯乳油2 000倍液、3%阿维菌素微乳剂15 ~ 20 mL/亩，兑水50 kg均匀喷施。

11. 稻眼蝶

图1-70　稻眼蝶成虫

为害特点　稻眼蝶（*Mycalesis gotama*）幼虫食稻叶，多沿叶缘蚕食形成缺刻，行动迟缓。

形态特征　成虫体褐色，翅面暗褐色，前翅有大小不一的椭圆形白心黑斑（图1-70），黑斑四周有橘红色晕；后翅有2组近圆形白心黑斑。卵球形，淡黄色，表面有微细网纹。末龄幼虫体草绿色，近纺锤形，头部有1对长角状突起，形似龙头，腹部末端有1对后伸的尾角。蛹初绿色，后渐变灰绿至褐色，腹部背面弓起，似驼背。

发生规律　1年发生4～6代，以蛹和幼虫的形式在稻田、河边杂草上越冬。成虫于上午羽化，不太活泼，畏强光，白天多隐藏在稻丛、竹林、树阴等荫蔽处，早晨、傍晚外出活动，交尾也多在此时进行。卵散产，多产于稻叶上。老熟后即吐丝，将尾部固定于叶上，然后蜷曲体躯，倒悬蜕皮化蛹。一般山林、竹园、房屋边的稻田受害较重。

防治方法　利用幼虫假死性，震落后捕杀或放鸭啄食。

在2龄幼虫为害高峰期喷药防治，可用5%甲氨基阿维菌素水分散粒剂15～20 g/亩、3.2%阿维菌素乳油12～16 mL/亩、5%氯虫苯甲酰胺超低容量液剂30～40 mL/亩、50%丙溴磷乳油80～100 mL/亩、40%毒死蜱乳油75～100 mL/亩、3%阿维·氟铃脲可湿性粉剂50～60 g/亩、40%氰虫·甲虫肼（甲氧虫酰肼20%＋氰氟虫腙20%）悬浮剂15～20 mL/亩、85%氯虫苯·杀虫单（氯虫苯甲酰胺5%＋杀虫单80%）水分散粒剂30～40 g/亩、90%杀单·乙酰甲可溶粉剂60～80 g/亩、10.2%阿维·杀虫单微乳剂100～150 mL/亩、10%甲维·三唑磷乳油100～140 mL/亩、25%杀单·毒死蜱可湿性粉剂150～200 g/亩、2%阿维菌素乳油20～30 mL/亩、35%乙酰甲胺磷·毒死蜱乳油60～80 mL/亩、30%乙酰甲胺磷乳油150～200 mL/亩，兑水50 kg均匀喷施。

12. 稻瘿蚊

图1-71　稻瘿蚊为害稻株症状

分　　布　稻瘿蚊（*Orseoia oryzae*）分布于广东、广西、云南、海南、福建、江西、湖南、贵州等地。

为害特点　幼虫吸食生长点的汁液，致受害稻苗基部膨大，随后心叶停止生长且由叶鞘部伸长，形成淡绿色中空的葱管（图1-71）。

形态特征　成虫体形状似蚊，浅红色，前翅透明具4条翅脉。卵长椭圆形，初白色，后变橙红色或紫红色。末龄幼虫体纺锤形，蛆状，幼虫共3龄。蛹椭圆形，浅红色至红褐色。

发生规律　每年发生6～13代，以幼虫的形式在田边、沟边等处的杂草上越冬。越冬代成虫于3月下旬至4月上旬出现，该虫从第2代起世代重叠，很难分清代数，但各代成虫盛发期较明显。7—10月，中稻、单季晚稻、双季晚稻的秧田和本田很易遭受严重为害。

防治方法　防治稻瘿蚊的策略是“抓秧田，保本田，控为害，把三关，重点防住主害代”。及时铲除稻田游草及落谷再生稻，减少越冬虫源。调整播种期和栽插期，避开成虫产卵高峰期。秧田用药，于秧起针到二叶期或移栽前5 ~ 7 d，用3%氯唑磷颗粒剂1 kg/亩、10%灭线磷颗粒剂1.2 ~ 1.5 kg/亩、8%噻嗪·毒死蜱颗粒剂1.25 ~ 1.5 kg/亩、3%克百威颗粒剂2 ~ 3 kg/亩，拌土10 ~ 15 kg均匀撒施。

在成虫盛发至卵孵化高峰期，可用48%毒死蜱乳油250 ~ 300 mL/亩、5%甲氨基阿维菌素水分散粒剂15 ~ 20 g/亩、40%三唑磷乳油200 ~ 250 mL/亩、3.2%阿维菌素乳油12 ~ 16 mL/亩，兑水50 ~ 60 kg，均匀喷施。

13. 稻管蓟马

分　　布　稻管蓟马（*Haplothrips aculeatus*）分布在全国各地。

为害特点　成虫和若虫为害水稻、茭白等禾本科作物的幼嫩部位，吸食汁液，叶片上出现无数白色斑点或产生水渍状黄斑，严重的内叶不能展开，嫩梢干缩，籽粒干瘪，影响产量和品质（图1-72）。

图1-72　稻管蓟马为害稻株症状

形态特征　雌成虫体黑褐色至黑色，略具光泽；前足胫节和跗节黄色（图1-73）；触角第一、第二节黑褐色，第三节黄色；翅透明，鬃黄灰色。头长大于宽，口锥宽平截；前胸横向，前节内侧具齿；翅发达，中部收缩，呈鞋底形，无脉，有5 ~ 7根间插缨。腹部第二至七节背板两侧各有1对向内弯曲的粗鬃。雄成虫较雌成虫小而窄，前足腿节扩大，前跗节具三角形大齿。卵肾形，初产白色，稍透明，后变黄色。

发生规律　山西1年7 ~ 9代，贵州8代，世代重叠，稻管蓟马在广东无明显的越冬现象，早稻秧田和本田偶见发生，但数量很少。在江苏以成虫的形式在稻桩、树皮下、落叶或杂草中越冬，第2年春暖后开始活动，水稻播种后转移为害水稻。稻管蓟马在稻田的发生数量，穗部多于叶部，早稻穗期又重于晚稻穗期。成虫活泼，稍受惊即飞散。阳光盛时，多隐藏在稻株茎部叶鞘内或卷叶内，黄昏或阴天多外出。

图1-73　稻管蓟马成虫

防治方法　冬春季清除杂草，特别是秧田附近的游草及其他禾本科杂草等越冬寄主，降低虫源基数；同一品种、同一类型田应集中种植，改变插花种植现象；受害水稻生长势弱，适当增施肥料可使水稻迅速恢复生长，减少损失。

药剂防治：一般在秧田卷叶率在10%～15%或百株虫量在100 ~ 200头，本田卷叶率在20%～30%或百株虫量在200 ~ 300头时，进行化学防治。可用95%乙酰甲胺磷可溶粒剂60 ~ 80 g/亩、40%三唑磷乳油50 ~ 80 mL/亩、50%丙溴磷乳油80 ~ 120 mL/亩、3%阿维菌素微乳剂15 ~ 20 mL/亩、2.5%高效氟氯氰菊酯乳油2 000 ~ 2 500倍液，兑水均匀喷施。

14. 稻绿蝽

为害特点　稻绿蝽（*Nezara viridula*）成虫和若虫吸食稻株汁液，影响作物生长发育，造成减产。

形态特征　成虫全绿型，长椭圆形，青绿色（越冬成虫暗赤褐色）。头近三角形，触角5节，复眼黑，单眼红。前胸背板边缘黄白色，侧角圆，稍突出，小盾片长三角形，前翅稍长于腹末。足绿色，跗节3节。腹下黄绿或淡绿色，密布黄色斑点（图1-74）。卵杯形，初产黄白色，后转红褐，顶端有盖，周缘白色。若虫共5龄，1龄若虫腹背中央有3块排成三角形的黑斑，后期呈黄褐色，胸部有1橙黄色圆斑。

2龄若虫体黑色。3龄若虫体黑色，第一、第二腹节背面有4个对称的白斑。4龄若虫头部有"T"字形黑斑。5龄若虫体绿色，触角4节（图1-75）。

图1-74　稻绿蝽成虫

图1-75　稻绿蝽5龄若虫

发生规律　北方稻区1年发生1代，四川、江西发生3代，广东发生4代（少数区域5代）。以成虫在杂草、土缝、灌木丛中越冬。卵成块产于寄主叶片上，规则地排成3～9行。1～2龄若虫有群集性，若虫和成虫有假死性，成虫有趋光性和趋绿性。

防治方法　冬季清除田园杂草地被，消灭部分成虫。同一作物集中连片种植，避免混栽套种。灯光诱杀成虫。

药剂防治适期在2、3龄若虫盛期，对达到防治指标（水稻百蔸虫量8.7～12.5头），且离收获期1个月以上、虫口密度较大的田块，可用40%三唑磷乳油50～80 mL/亩、50%丙溴磷乳油80～120 mL/亩、3%阿维菌素微乳剂15～20 mL/亩、2.5%高效氟氯氰菊酯乳油2 000倍液、40%毒死蜱乳油75～100 mL/亩，均匀喷施。

三、水稻各生育期病虫害防治技术

（一）水稻病虫害综合防治历的制订

在水稻栽培管理过程中，应总结本地水稻病虫害的发生特点和防治经验，制订病虫害防治计划，适时田间调查，及时采取防治措施，有效控制病虫杂草的为害，保证丰产、丰收。

稻田病虫害的综合防治工作历见表1-1，各地应根据自己的情况采取具体的防治措施。

表1-1　稻田病虫害的综合防治历

生育期	日期	主要防治对象	次要防治对象
秧苗至移栽期	4月下旬至6月中旬	二化螟、三化螟、稻管蓟马、稻飞虱、稻瘿蚊；恶苗病、苗瘟、细菌性条斑病	烂秧病、条纹叶枯病、黑条矮缩病
分蘖至拔节期	7月中旬至8月上旬	三化螟、二化螟、稻纵卷叶螟、纹枯病、叶瘟、白叶枯病	稻瘿蚊、稻秆潜蝇、稻飞虱、稻弄蝶、稻螟
孕穗成熟期	8月中旬至9月	二化螟、稻纵卷叶螟、穗颈瘟、稻曲病	稻飞虱、稻螟、稻粒黑粉病、胡麻斑病

（二）育秧移栽期病虫害防治技术

育秧期或水稻直播田的播种期，是病虫害防治的一个重要时期，是培育壮苗、夺取高产的重要环节（图1-76、图1-77）。

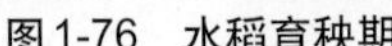

图1-76 水稻育秧期

图1-77 水稻移栽期

这一时期主要病害有烂秧病、恶苗病，同时苗瘟、纹枯病等病害开始侵染为害。在生产上应结合农业措施，进行种子处理，适时药剂防治。

苗床处理：可用3%甲霜·恶霉灵水剂420 ～ 540 mL/m^2、0.75%甲霜·福美双微粒剂0.7 ～ 0.9 g/m^2、20%咪锰·甲霜灵可湿性粉剂0.8 ～ 1.2 g/m^2、20%恶霉灵·稻瘟灵微乳剂400 ～ 600 mL/m^2喷施苗床。

对绵腐烂秧，可用95%敌磺钠可溶性粉剂1 000倍液、25%甲霜灵可湿性粉剂800 ～ 1 000倍液，在秧苗1叶1心至2叶期喷雾。对立枯菌、绵腐菌混合侵染引起的烂秧，可喷洒30%恶霉灵可湿性粉剂500 ～ 800倍液，喷药时应保持薄水层。

种子处理：每100 kg种子用25 g/L咯菌腈悬浮种衣剂400 ～ 668 mL、0.25%戊唑醇悬浮种衣剂2 000 ～ 5 000 g、2%苯甲·咪鲜胺（咪鲜胺1.4%＋苯醚甲环唑0.6%）种子处理悬浮剂500 ～ 665 mL、25%噻虫·咯·霜灵（噻虫嗪22.2%＋精甲霜灵1.7%＋咯菌腈1.1%）种子处理悬浮剂400 ～ 600 mL、5%精甲·咯·嘧菌（嘧菌酯2.5%＋咯菌腈1%＋精甲霜灵1.5%）种子处理悬浮剂500 ～ 1 000 mL、22%噻虫·咯菌腈（噻虫嗪20%＋咯菌腈2%）种子处理悬浮剂750 ～ 1 000 mL、32%戊唑·吡虫啉（吡虫啉30.9%＋戊唑醇1.1%）种子处理悬浮剂600 ～ 900 mL、10%精甲·戊·嘧菌（戊唑醇4%＋精甲霜灵2%＋嘧菌酯4%）悬浮种衣剂200 ～ 300 mL、22%噻虫·咯菌腈（噻虫嗪20%＋咯菌腈2%）种子处理悬浮剂750 ～ 1 000 mL包衣；也可以用450 g/L咪鲜胺水乳剂3 600 ～ 4 800倍液、25%氰烯菌酯悬浮剂2 000 ～ 3 000倍液浸种；每1 kg种子用24.1%肟菌·异噻胺（肟菌酯6.9%＋异噻菌胺17.2%）种子处理悬浮剂15 ～ 25 mL、11%氟环·咯·精甲（精甲霜灵3.6%＋咯菌腈2.55%＋氟唑环菌胺4.85%）种子处理悬浮剂3 ～ 4 mL拌种。用48%毒死蜱乳油800倍液或3.2%阿维菌素乳油1 500倍液浸秧根后，用塑料膜覆盖5 h后移栽，可防治稻瘿蚊。

当秧田里发现绵腐病时，及时喷洒95%敌磺钠可溶性粉剂1 000倍液、25%甲霜灵可湿性粉剂800 ～ 1 000倍液。对立枯菌、绵腐菌混合侵染引起的烂秧，可喷洒30%恶霉灵可湿性粉剂500 ～ 800倍液，喷药时应保持薄水层。

这一时期为害严重的害虫有稻瘿蚊、负泥甲、蝼蛄等。在生产上应结合农业措施，进行种子处理，适时药剂防治。

蝼蛄是水稻旱育苗苗床主要害虫，因其在土壤中窜行，造成幼苗根系松动，导致幼苗水分抽干而死亡。主要用溴氰菊酯防治，具体用法：48%毒死蜱乳油1 000倍液，在发现蝼蛄后用喷壶均匀浇到苗床上。

（三）分蘖至拔节期病虫害防治技术

水稻分蘖至拔节期气温较高（图1-78），有利于各种病害的发生与发展。该期叶瘟、水稻纹枯病是防治的重点，其他病害也不能忽视。

图1-78　水稻分蘖至拔节期生长情况

叶瘟发病初期，用40％稻瘟灵乳油1 000倍液、50％四氯苯酞可湿性粉剂1 000倍液、40％敌瘟磷乳剂1 000倍液、50％异稻瘟净乳剂500 ～ 800倍液、20％三环唑可湿性粉剂1 000倍液、25％咪鲜胺乳油40 ～ 60 mL/亩、16％春雷霉素·稻瘟酰胺（稻瘟酰胺15％＋春雷霉素1％）悬浮剂60 ～ 100 mL/亩、30％稻瘟·三环唑（三环唑20％＋稻瘟酰胺10％）悬浮剂83 ～ 100 mL/亩、30％肟菌·戊唑醇（戊唑醇20％＋肟菌酯10％）悬浮剂36 ～ 45 mL/亩、25％噻呋·嘧菌酯（噻呋酰胺5％＋嘧菌酯20％）悬浮剂30 ～ 40 mL/亩、2 000亿CFU/g枯草芽孢杆菌可湿性粉剂5 ～ 6 g/亩、2亿CFU/mL沼泽红假单胞菌PSB-S悬浮剂300 ～ 600 mL/亩、10亿芽孢/g解淀粉芽孢杆菌B7900可湿性粉剂100 ～ 120 g/亩、20亿孢子/g蜡质芽孢杆菌可湿性粉剂150 ～ 200 g/亩、20％春雷霉素水分散粒剂13 ～ 16 g/亩、5％多抗霉素水剂75 ～ 95 mL/亩、0.15％四霉素水剂48 ～ 60 mL/亩、1％申嗪霉素悬浮剂60 ～ 90 mL/亩，间隔期为7 ～ 10 d，连喷2 ～ 3次。可兼治胡麻斑病。

防治水稻纹枯病，在发病初期用9％吡唑醚菌酯微囊悬浮剂58 ～ 66 mL/亩、60％肟菌酯水分散粒剂9 ～ 12 g/亩、80％嘧菌酯水分散粒剂15 ～ 20 g/亩、20％氟酰胺可湿性粉剂100 ～ 125 g/亩、40％菌核净可湿性粉剂200 ～ 250 g/亩、45％代森铵水剂50 mL/亩、50％氯溴异氰尿酸可溶粉剂50 ～ 60 g/亩、36％三氯异氰尿酸可湿性粉剂60 ～ 90 g/亩、86.2％氧化亚铜可湿性粉剂28 ～ 37 g/亩、25％络氨铜水剂125 ～ 184 g/亩、8％井冈霉素A水剂80 ～ 100 mL/亩、28％井冈霉素A可溶粉剂12.5 ～ 19 g/亩、4％嘧啶核苷类抗菌素水剂250 ～ 300 mL/亩、1％申嗪霉素悬浮剂50 ～ 70 g/亩、1.5％多抗霉素水剂100 ～ 125 mL/亩、6％低聚糖素水剂8 ～ 16 mL/亩、0.4％蛇床子素可溶液剂365 ～ 415 mL/亩、70％甲基硫菌灵可湿性粉剂100 ～ 140 g/亩、25％多菌灵可湿性粉剂200 g/亩等，兑水40 ～ 50 kg均匀喷施。

在叶瘟和纹枯病混发时，可以在发病初期用35％噻呋·咪鲜胺（噻呋酰胺10％＋咪鲜胺25％）悬浮剂50 ～ 60 mL/亩、38％噻呋·肟菌酯（肟菌酯7.6％＋噻呋酰胺30.4％）悬浮剂15 ～ 20 mL/亩、40％噻呋·己唑醇（噻呋酰胺20％＋己唑醇20％）悬浮剂8 ～ 12 mL/亩、25％噻呋·嘧菌酯（噻呋酰胺5％＋嘧菌酯20％）悬浮剂30 ～ 40 mL/亩、12％井冈·嘧菌酯（井冈霉素A9％＋嘧菌酯3％）可湿性粉剂50 ～ 70 g/亩、30％三环·氟环唑（氟环唑6％＋三环唑24％）悬浮剂60 ～ 80 mL/亩、30％肟菌·戊唑醇（肟菌酯10％＋戊唑醇20％）悬浮剂30 ～ 50 mL/亩、32.5％苯甲·嘧菌酯（嘧菌酯20％＋苯醚甲环唑12.5％）悬浮剂30 ～ 40 mL/亩，兑水30 ～ 40 kg均匀喷施。

该期二化螟、三化螟、稻纵卷叶螟、稻飞虱是防治重点，但其他病虫的为害也不能忽视。

在水稻分蘖盛期，害虫正值低龄幼虫期，用30％乙酰甲胺磷乳油150 ～ 200 mL/亩、29％杀虫双水剂140 ～ 150 mL/亩、480 g/L毒死蜱乳油80 ～ 100 mL/亩、10％溴氰虫酰胺可分散油悬浮剂20 ～ 26 mL/亩、80％杀虫单可溶粉剂35 ～ 50 g/亩、40％三唑磷乳油50 ～ 80 mL/亩、200 g/L丁硫克百威乳油200 ～ 250 mL/亩、35％氯虫苯甲酰胺水分散粒剂4 ～ 6 g/亩、40％辛硫磷乳油100 ～ 125 mL/亩、2％甲氨基阿维菌素乳油25 ～ 50 mL/亩、10％喹硫磷乳油100 ～ 125 mL/亩、50％二嗪磷乳油60 ～ 80 mL/亩、50％杀螟硫磷乳油49 ～ 100 mL/亩，兑水50 kg均匀喷雾，也可以用3％克百威颗粒剂2 000 ～ 3 000 g/亩，拌毒土撒施；保持3 ～ 5 cm浅水层，持续3 ～ 5 d可提高防效。对二化螟、三化螟、稻纵卷叶螟有较好的防治效果，可兼治稻瘿蚊等。

在分蘖期到圆秆拔节期，稻飞虱平均每丛稻有虫1头，或孕穗、抽穗期，每丛有虫10头左右时，可用65％呋虫胺水分散粒剂8 ～ 12 g/亩、50％氟啶虫酰胺水分散粒剂8 ～ 10 mL/亩、70％噻虫嗪水分散粒剂1.0 ～ 1.5 g/亩、60％吡蚜酮水分散粒剂10 ～ 15 g/亩、25％环氧虫啶可湿性粉剂16 ～ 24 g/亩、50％噻虫胺水分散粒剂12 ～ 16 g/亩、48％噻虫啉悬浮剂10 ～ 14 mL/亩、20％烯啶虫胺可溶液剂20 ～ 30 mL/亩、70％吡虫啉水分散粒剂3 ～ 4 g/亩，兑水75 kg均匀喷施或加水300 ～ 400 kg泼浇。

（四）破口至抽穗期病虫害防治技术

水稻破口至抽穗期易感多种病害（图1-79），兑水稻生长威胁较大的有纹枯病、穗颈瘟、胡麻斑病、白叶枯病、稻曲病等。

图1-79 水稻抽穗期生长情况

纹枯病丛发病率达10%时，可用4%噻呋酰胺颗粒剂448 ~ 700 g/亩、1%粉唑醇颗粒剂2 000 ~ 3 000 g/亩，也可以喷施40%噻呋酰胺悬浮剂12.5 ~ 15.0 mL/亩、40%苯醚甲环唑15 ~ 20 mL/亩、30%氟环唑悬浮剂20 ~ 25 mL/亩、60%肟菌酯水分散粒剂9 ~ 12 g/亩、80%嘧菌酯水分散粒剂15 ~ 20 g/亩、20%氟酰胺可湿性粉剂100 ~ 125 g/亩、50%氯溴异氰尿酸可溶粉剂50 ~ 60 g/亩、36%三氯异氰尿酸可湿性粉剂60 ~ 90 g/亩、10亿CFU/g解淀粉芽孢杆菌B7900可湿性粉剂15 ~ 20 g/亩、100亿芽孢/g枯草芽孢杆菌可湿性粉剂75 ~ 100 g/亩、20亿孢子/g蜡质芽孢杆菌可湿性粉剂150 ~ 200 g/亩、3%多抗霉素可湿性粉剂100 ~ 200倍液、2%嘧啶核苷类抗生素水剂500 ~ 600 mL/亩、5%井冈霉素可溶性粉剂100 ~ 150 g/亩、12.5%井冈·蜡芽菌水剂120 ~ 160 mL/亩、3%井冈·嘧苷素水剂200 ~ 250 mL/亩，兑水50 ~ 60 kg喷雾。

防治胡麻斑病：可用75%肟菌·戊唑醇（肟菌酯25%＋戊唑醇50%）水分散粒剂10 ~ 15/亩、75%戊唑·嘧菌酯（嘧菌酯25%＋戊唑醇50%）可湿性粉剂10 ~ 15 g/亩、25%噻呋·嘧菌酯（噻呋酰胺5%＋嘧菌酯20%）悬浮剂30 ~ 40 mL/亩、30%啶氧·丙环唑（啶氧菌酯10%＋丙环唑20%）悬浮剂34 ~ 38 mL/亩、40%己唑·多菌灵（己唑醇10%＋多菌灵30%）悬浮剂40 ~ 60 mL/亩、30%苯甲·丙环唑（苯醚甲环唑＋丙环唑）乳油20 mL/亩、30%己唑·稻瘟灵乳油60 ~ 80 mL/亩、50%异菌脲可湿性粉剂60 ~ 100 g/亩兑水50 ~ 60 kg喷雾，兑水50 ~ 60 kg喷雾。

稻曲病发生严重的地区，可用80%波尔多液可湿性粉剂60 ~ 75 g/亩、70%碱式硫酸铜水分散粒剂25 ~ 45 g/亩、15%络氨铜水剂250 ~ 360 mL/亩、30%琥胶肥酸铜可湿性粉剂83 ~ 100 g/亩、10%混合氨基酸铜水剂250 ~ 375 mL/亩、86.2%氧化亚铜可湿性粉剂1 500 ~ 2 000倍液、14%硫酸四氨络合铜乳油250 ~ 300 mL/亩、60%肟菌酯水分散粒剂9 ~ 12 g/亩、40%嘧菌酯可湿性粉剂15 ~ 20 g/亩、240 g/L噻呋酰胺悬浮剂13 ~ 23 mL/亩、2亿CFU/mL嗜硫小红卵菌HNI-1悬浮剂200 ~ 400 mL/亩、10亿CFU/g解淀粉芽孢杆菌B7900可湿性粉剂15 ~ 20 g/亩、20亿孢子/g蜡质芽孢杆菌可湿性粉剂150 ~ 200 g/亩、10亿芽孢/g枯草芽孢杆菌可湿性粉剂100 ~ 125 g/亩24%井冈霉素A水剂25 ~ 30 mL/亩、1%蛇床子素水乳剂150 ~ 175 mL/亩、1%申嗪霉素悬浮剂60 ~ 90 mL/亩，兑水30 ~ 40 kg均匀喷雾，可以有效控制病害扩展。

水稻破口至抽穗期易受多种虫害，兑水稻生长威胁较大的有稻纵卷叶螟、稻飞虱、三化螟、二化螟，根据气候特点，及时化学防治，减少产量损失。

在水稻破口期，三化螟、二化螟正值2 ~ 3龄幼虫期，可用24%甲氧虫酰肼悬浮剂20 ~ 30 mL/亩、50%呋虫胺可溶粒剂16 ~ 20 g/亩、35%氯虫苯甲酰胺水分散粒剂4 ~ 6 g/亩、20%二嗪磷超低容量液剂

200 ～ 250 mL/亩、5%环虫酰肼悬浮剂70 ～ 110 mL/亩、50%丙溴磷乳油80 ～ 120 mL/亩、22%氰氟虫腙悬浮剂40 ～ 50 mL/亩、40%三唑磷乳油50 ～ 80 mL/亩、95%乙酰甲胺磷可溶粒剂60 ～ 80 g/亩、10%溴氰虫酰胺可分散油悬浮剂20 ～ 26 mL/亩、150 g/L茚虫威悬浮剂5 ～ 10 mL/亩、3%阿维菌素微乳剂15 ～ 20 mL/亩、5%甲氨基阿维菌素微乳剂15 ～ 20 g/亩、20%阿维·三唑磷乳油60 ～ 90 mL/亩、2%多杀霉素微乳剂150 ～ 200 mL/亩、1%印楝素水分散粒剂90 ～ 120 g/亩、80亿孢子/g金龟子绿僵菌CQMa421可湿性粉剂60 ～ 90 g/亩、8 000 IU/μL苏云金杆菌悬浮剂200 ～ 400 mL/亩、20%唑磷·乙酰甲乳油100 ～ 125 mL/亩、25%阿维·毒死蜱乳油80 ～ 100 mL/亩，兑水50 ～ 75 kg均匀喷雾；也可以用150亿孢子/g球孢白僵菌颗粒剂500 ～ 600 g/亩、0.1%呋虫胺颗粒剂10 ～ 15 kg/亩、9%杀螟丹颗粒剂600 ～ 1 000 g/亩、5%甲萘威颗粒剂2 500 ～ 3 000 g/亩，拌毒土撒施；也可以用1.22 mg/个二化螟性诱剂（顺-13-十八碳烯醛0.12 mg/个＋顺-11-十六碳烯醛1.0 mg/个＋顺-9-十六碳烯醛0.1 mg/个）挥散芯，2 ～ 3个挥散芯/亩诱捕。

防治稻飞虱：可用65%呋虫胺水分散粒剂8 ～ 12 g/亩、50%氟啶虫酰胺水分散粒剂8 ～ 10 mL/亩、70%噻虫嗪水分散粒剂1.0 ～ 1.5 g/亩、60%吡蚜酮水分散粒剂10 ～ 15 g/亩、25%环氧虫啶可湿性粉剂16 ～ 24 g/亩、50%噻虫胺水分散粒剂12 ～ 16 g/亩、48%噻虫啉悬浮剂10 ～ 14 mL/亩、20%烯啶虫胺可溶液剂20 ～ 30 mL/亩、70%吡虫啉水分散粒剂3 ～ 4 g/亩、30%醚菊酯悬浮剂20 ～ 25 mL/亩、10%三氟苯嘧啶悬浮剂10 ～ 16 mL/亩、10%哌虫啶悬浮剂25 ～ 35 mL/亩、20%仲丁威微乳剂20 ～ 250 mL/亩、40%毒死蜱乳油75 ～ 100 mL/亩、80亿孢子/g金龟子绿僵菌CQMa421可湿性粉剂60 ～ 90 g/亩、50亿孢子/g球孢白僵菌悬浮剂40 ～ 50 mL/亩、200万CFU/mL耳霉菌悬浮剂150 ～ 230 mL/亩、20%吡虫·三唑磷乳油100 ～ 120 mL/亩、10%噻嗪·吡虫啉可湿性粉剂30 ～ 50 g/亩，兑水50 kg均匀喷施；也可以用5%噻虫胺颗粒剂400 ～ 500 g/亩、1%呋虫胺颗粒剂1 300 ～ 1 800 g/亩、3%噻虫嗪颗粒剂200 ～ 300 g/亩，拌毒土撒施。

（五）孕穗成熟期病虫害防治技术

水稻孕穗成熟期的病害为害也较重（图1-80），其中，为害较重的病害主要为穗瘟，有时水稻白叶枯病、稻曲病、水稻胡麻斑病发生也很严重。生产上应注意田间调查，及时采取防治措施。防治时可参考上述药剂。

图1-80　水稻孕穗成熟期生长情况

水稻生长中、后期（孕穗灌浆期）的主要虫害防治，是夺取水稻高产、优质的关键措施之一。如何根据水稻穗期虫害发生特点，巧妙地实施总体防治措施，有效地控制虫害的发生与为害，成为水稻生产上的重要环节。这一时期的主要害虫有二化螟、稻纵卷叶螟、稻飞虱、稻弄蝶。

水稻穗期通常与幼虫1 ～ 2龄高峰期重叠，用24%甲氧虫酰肼悬浮剂20 ～ 30 mL/亩、50%呋虫胺可溶粒剂16 ～ 20 g/亩、35%氯虫苯甲酰胺水分散粒剂4 ～ 6 g/亩、20%二嗪磷超低容量液剂200 ～ 250 mL/亩、5%环虫酰肼悬浮剂70 ～ 110 mL/亩、50%丙溴磷乳油80 ～ 120 mL/亩、22%氰氟虫腙悬浮剂40 ～ 50 mL/亩、40%三唑磷乳油50 ～ 80 mL/亩、95%乙酰甲胺磷可溶粒剂60 ～ 80 g/亩、10%溴氰虫酰胺可分散油悬浮剂20 ～ 26 mL/亩、30%氰虫·甲虫肼（甲氧虫酰肼12%＋氰氟虫腙18%）悬浮剂20 ～ 30 mL/亩、20%阿维·甲虫肼（甲氧虫酰肼15%＋阿维菌素5%）悬浮剂20 ～ 30 mL/亩、22%阿维·杀虫双（杀虫双20%＋阿维菌素2%）微囊悬浮剂20 ～ 30 mL/亩、60%氯虫·吡蚜酮（氯虫苯甲酰胺10%＋吡蚜酮50%）水分散粒剂15 ～ 20 g/亩、25%甲氧·茚虫威（茚虫威10%＋甲氧虫酰肼15%）悬浮剂30 ～ 40 mL/亩、20%唑磷·毒死蜱（毒死蜱10%＋三唑磷10%）乳油75 ～ 100 mL/亩，兑水50 ～ 75 kg均匀喷施，也可兑水400 kg大水量泼浇；保持3 ～ 5 cm浅水层持续3 ～ 5 d可提高防效。为害严重时，间隔5 ～ 7 d再喷1次，连喷2 ～ 3次，可有效防治二化螟、稻纵卷叶螟的为害。

可用25%噻嗪·异丙威可湿性粉剂100 ～ 120 g/亩、50%氟啶虫酰胺可水分散粒剂8 ～ 10 mL/亩、30%醚菊酯悬浮剂20 ～ 25 mL/亩、10%三氟苯嘧啶悬浮剂10 ～ 16 mL/亩、10%哌虫啶悬浮剂25 ～ 35 mL/亩、20%仲丁威微乳剂20 ～ 250 mL/亩、40%毒死蜱乳油75 ～ 100 mL/亩，兑水75 kg喷雾或加水300 ～ 400 kg泼浇，防治稻飞虱。

防治稻弄蝶：可用5%甲氨基阿维菌素水分散粒剂15 ～ 20 g/亩、3.2%阿维菌素乳油12 ～ 16 mL/亩、40%毒死蜱乳油75 ～ 100 mL/亩、25%喹硫磷乳油1 500倍液、2.5%溴氰菊酯乳油2 000倍液、8 000 IU/mg苏云金杆菌可湿性粉剂100 ～ 400 g/亩、95%乙酰甲胺磷可溶粒剂60 ～ 80 g/亩，兑水50 ～ 60 kg/亩均匀喷雾，发生量大时，可间隔7 ～ 10 d再喷1次。

四、稻田杂草防治技术

水稻栽培方式多种多样，有水育秧田、旱育秧田、湿润育秧田、水直播田、旱直播田、移栽田等，应针对各地特点，选择正确的杂草防治策略和除草剂安全高效应用技术。

（一）水稻秧田杂草防治

1. 秧田杂草的发生特点

秧田杂草种类很多，但为害较大的主要是稗草、莎草科杂草，以及节节菜、陌上菜、眼子菜等主要杂草。一般来说，稗草的为害最为普遍而且严重，它与水稻很难分清，不易人工剔除，常常作为“夹心稗”移入本田；另外在秧田为害较为普遍的是莎草科杂草，如扁秆藨草等，其块茎发芽生长极快，不仅严重影响秧苗的生长，而且影响拔秧的速度和质量；牛毛毡、藻类也形成某些地区性的严重为害（图1-81）。

图1-81　水稻秧田生长情况

秧田杂草的发生时间：稗草、异型莎草、牛毛毡一般在播后7 d内陆续发生，而扁秆藨草、眼子菜等杂草要在播后10 d左右才开始发生。

稗草的发生受气温影响很大。一般田间气温在10℃以上时，在湿润的表土层内，稗草种子就能吸水萌发，随着气温的升高，萌发生长加快。据调查，在华北地区稗草从4月中旬就开始出土，5月上旬达到出土的高峰，之后由于秧苗的生长，形成荫蔽的秧床，使杂草的发生量下降。稗草的发生历期（17.3 ~ 17.6℃）分别为针前期5 d、针期2 d、1叶期1 d、2叶期4 ~ 5 d、3叶期5 ~ 6 d、4叶期5 ~ 7 d。莎草科杂草，扁秆藨草的越冬块茎发芽较快，但一般平均气温在10℃以上时才能发芽，气温高发芽生长也加快。

我国目前育秧田类型主要有水育秧田、湿润（半干旱）育秧田和旱育秧田3种（图1-82）。不同育秧方式，因其水层管理的差异，杂草种类和发生规律亦不尽相同。

水育秧田

湿润（半干旱）育秧田

旱育秧田

图1-82　水稻育秧类型对比

（1）水育秧田。在育秧过程中，秧板经常保持水层，由于稗草及其他湿生杂草种子萌发需要足够的氧气，因此能有效地抑制杂草的发生；但水分充足，秧苗生长迅速，秧苗较嫩弱，扎根不牢，如播后芽前遇低温，易倒秧、烂秧。水育秧田仅在南方各省份早春气温较高且比较稳定的稻田使用。

（2）湿润（半干旱）育秧田。湿润（半干旱）育秧田是我国使用面积较大、历史较长的育秧方式。在播种出苗的一段时间内，秧板不建水层，采取沟灌渗水的方式维持秧板湿润状态，供应稻种发芽所需水分，直到1叶1心期，才建立稳定的水层，并适当地落干晒田。在这种湿润、薄水条件下，秧苗生长缓慢，但较为苗壮，有利于培育壮苗；但是，在湿润（半干旱）育秧田中，杂草种类及数量均大大增加，尤其是稗草及湿生杂草的种子，在湿润无水层的条件下，较深层的种子也能取得所需氧气而萌发出土，不仅增加了杂草的数量，而且由于萌发深度不一，发生期和高峰期亦有延长。秧板满水以后，虽然抑制了部分稗草及湿生杂草的萌发，但水生的双子叶杂草如节节菜、水苋菜等很快萌发，秧田出现第二次出草高峰。

（3）旱育秧田。旱育秧田是近年来推广的省地、省水、省工的育秧方式，目前已普遍应用。整地时施足底肥，苗床做好后浇透水、播种，播量较湿润（半干旱）育秧田大。播后盖经筛的细土，然后盖膜。出苗后（播种后8 ~ 10 d）揭膜，之后正常管理。旱育秧田杂草种类增加，易出现大量湿生和旱生杂草，包括大量一年生禾本科杂草和莎草科杂草，各地杂草种类差异较大。

2.秧田杂草的防治技术

(1) 水育秧田杂草防治技术。水育秧田比较有利于杂草的发生（图1-83），要加强秧田杂草的防治，加强水层管理，促进秧苗生长迅速、健壮，如播后芽前遇低温，易倒秧、烂秧，除草剂药害加重。

图1-83 水育秧田水稻生长与杂草发生情况

水育秧田可以用下列除草剂种类和施药方法防治杂草。

30%丙·苄可湿性粉剂60 ~ 90 g/亩或10%苄嘧磺隆可湿性粉剂6 ~ 25 g/亩 + 30%丙草胺乳油50 ~ 75 mL/亩，在播后2 ~ 4 d用药，掌握在稗草萌芽至立针期施药除草效果最佳。施药时要有浅水层，并保持4 ~ 6 d。

2.5%五氟磺草胺油悬剂30 ~ 50 mL/亩，在水稻秧苗2叶期，兑水15 ~ 30 kg均匀喷施，掌握在稗草1.5 ~ 2.5叶期最好，施药前要排干水，施药后1 d及时灌水，并保持3 ~ 5 cm水层5 ~ 7 d。

17.2%苄·哌丹可湿性粉剂200 ~ 250 g/亩或10%苄嘧磺隆可湿性粉剂10 ~ 20 g/亩 + 50%哌草丹乳油25 ~ 30 mL/亩，在水稻秧田立针期，兑水40 kg均匀喷施，水育秧田施药前将田水排干喷药，秧苗2叶1心期保持畦面湿润，3叶期后灌水上畦面。播种前，秧厢畦面应尽量平整，秧苗立针期前，秧板保持湿润，不积水是确保安全用药的主要关键技术。种子未扎根出苗前，如遇大雨积水淹没种子，则应立即排水护种保苗，重新施药。

45%苄·禾敌细粒剂180 g/亩拌毒土15 kg，在水稻秧苗2叶1心期，均匀撒施。施药后应注意保持水层，缺水时应缓灌补水，切勿排水；施药后田间水层不宜过深，严禁水层淹过水稻心叶。

32%苄·二氯可湿性粉剂60 ~ 75 g/亩，秧苗2叶1心期，稗草2叶期时施药最佳，排干田间水层后，兑适量水均匀喷施，施药后1 d田间建立并保持水层。注意要用准药量，如草量、草龄较大时要适当加大用药量。

（2）湿润（半干旱）育秧田杂草防治技术。湿润育秧田（图1-84）是一种重要的育秧方法。可以进行播前和播种后苗前土壤处理及苗期茎叶处理。秧田杂草的防治策略：第一，防除秧田稗草是防除稻田稗草的关键所在，要抓好秧田稗草的防除；第二，秧田早期必须抓好以稗草为主兼治阔叶杂草；第三，加强肥水管理，促进秧苗早、齐、壮，防止长期脱水、干田是秧田杂草防除的重要农业措施。

图1-84　湿润（半干旱）育秧田水稻生长与杂草发生情况

生产中，湿润（半干旱）育秧田通常在播后芽前和苗期施药除草。

播种前处理，在整好苗床（秧板）后，以喷雾法（个别药剂用撒施法）将配制好的药剂（或药土）施于床面。间隔适当时间，润水播种，用药液量通常为30 ～ 40 kg/亩。

播后苗前处理，露地湿润（半干旱）育秧田，由于播后苗前不具有水层，厢（床、畦）面裸露难以维持充分湿润，因此用药量要比覆盖湿润（半干旱）育秧田提高20%～ 30%。用药种类，应选择水旱兼用或兑水分要求不严格的丁恶混剂、杀草丹、哌草丹、苄嘧磺隆和丁草胺等，以保持稳定的药效；而丙草胺和禾草特，兑水分条件要求比较严格，不宜在这种育秧田的播后苗前施用。

常用除草剂品种及应用技术如下：

20%丁·噁（丁草胺+噁草酮）乳油100 ～ 150 mL/亩，配成药液喷施，施药后2 ～ 3 d播种。秧板和苗床不积水，勿露籽，适当盖土。

17.2%苄·哌丹可湿性粉剂200 ～ 250 g/亩或10%苄嘧磺隆可湿性粉剂10 ～ 20 g/亩+50%哌草丹乳油25 ～ 30 mL/亩，在水稻秧田立针期，兑水40 kg均匀喷施，水育秧田施药前将田水排干喷药，秧苗2叶1心期保持畦面湿润，3叶期后灌水上畦面。

45%苄·禾敌细粒剂180 g/亩拌细土15 kg，在水稻秧苗2叶1心期，均匀撒施。施药后应注意保持水层，缺水时应缓灌补水，切勿排水；施药后田间水层不宜过深，严禁水层淹过水稻心叶。

32%苄·二氯可湿性粉剂60 ～ 75 g/亩，秧苗2叶1心期，稗草2叶期时施药最佳，排干田间水层后，兑适量水均匀喷雾，施药后1 d田间建立并保持水层。注意要用准药量，如杂草数量和草龄较大时要适当加大用药量。

噁草酮：以12%乳油100 ～ 150 mL/亩，或25%乳油50 ～ 75 mL/亩，配成药液喷施，施药后2 ～ 3 d播种。

丁草胺：以60%乳油80 ～ 100 mL/亩，配成药液喷施，施药后2 ～ 3 d播种。可以有效防除稗草、莎草等一年生禾本科和莎草科杂草，也能防治部分阔叶杂草。秧田使用丁草胺的关键技术为播前施药，在齐苗前秧板上切忌积水，否则会产生严重的药害，影响出苗率和秧苗的素质；秧田要平，秧苗1叶1心期施药时，要灌浅水层，灌不到水的地段除草效果差，深灌的地段易产生药害（丁草胺在秧田施用安全性差，在未探明其安全使用技术之前，一般不宜在秧田中大量推广使用丁草胺）。

禾草特：在稗草1.5 ～ 2.0叶期，用96%禾草特乳油100 ～ 150 mL/亩，拌细土或细沙撒施，主要防除稗草，其次抑制牛毛毡和异型莎草。当气温稳定在12 ～ 15℃、阴雨天数多、日照不足的情况下，使用禾草特后7 d左右，水稻秧苗幼嫩叶首先出现褐色斑点，然后所有叶片均会出现斑点，天气转晴、气温升高，斑点将自然消失。禾草特施药后如遇大雨易形成药害，水层太深，漫过秧心，易造成药害。秧苗生长过弱施药时也易产生药害。

苯达松：在稻苗3 ～ 4叶期，用48%苯达松水剂100 ～ 150 mL/亩，配成药液，排干水层后喷施，药后1 d复水。可以防除莎草科杂草、鸭舌草、矮慈姑、节节菜等。

丁草胺＋丙草胺：在水稻播种后2 d用60%丁草胺乳油60 mL/亩＋30%丙草胺乳油60 mL/亩，配成药液喷雾，常规管理，可以有效防除一年生禾本科、莎草科和阔叶杂草。二者复配除草效果好，而且对作物安全。

丁草胺＋禾草特：在水稻播种后2 d用60%丁草胺乳油60 mL/亩＋96%禾草特乳油100 mL/亩，配成药液喷雾，常规管理，可以有效防除一年生禾本科、莎草科和阔叶杂草。二者复配虽没有增效作用，但可以扩大杀草谱，而且对作物安全。

（3）旱育秧田杂草防治技术。部分地区水源较缺、水源没有保证时，农民常采用旱育秧的方式（图1-85）。旱育苗床的杂草多为旱地杂草，种类复杂，为害较大，在防治上要抓好适期。生产中，通常在播后芽前和苗期施药除草。

图1-85 旱育秧田水稻生长与杂草发生情况

旱育苗床，在播种盖土后苗前施药，可以用下列除草剂：

20%丁·恶（丁草胺+噁草酮）乳油，以20%乳油100 ～ 150 mL/亩，配成药液喷施，施药后2 ～ 3 d播种。注意播种时勿露籽，适当盖土。

35.75%苄·禾可湿性粉剂100 ～ 120 g/亩或10%苄嘧磺隆可湿性粉剂10 ～ 20 g/亩+50%禾草丹乳油25 ～ 30 mL/亩，施药适期在播种当天至1叶1心期，覆膜秧田宜在秧苗1叶1心期施药，施药时，板面保持湿润，但不可积水或有水层，待秧苗长到2叶1心期后才可灌浅水层。

30%丙·苄可湿性粉剂60 ～ 90 g/亩或10%苄嘧磺隆可湿性粉剂6 ～ 25 g/亩+30%丙草胺乳油50 ～ 75 mL/亩，在播后2 ～ 4 d用药。用药量要准确，施药前要盖土均匀，不能露籽，施药要均匀。

在水稻发芽出苗后，稗草1 ～ 3叶期，可以用下列除草剂：

32%苄·二氯可湿性粉剂60 ～ 75 g/亩，秧苗2叶1心期，稗草2叶期时施药最佳，排干田间水层后，对适量水均匀喷施，药后一天田间建立并保持水层。注意要用准药量，如草量、草龄较大时要适当加大用药量。

2.5%五氟磺草胺油悬剂40 ～ 60 mL/亩，秧苗2叶1心期，稗草2叶期时施药最佳，施药前要排干水，施药后一天及时灌水，并保持水层，注意要用准药量，如草龄较大时要适当加大用药量。

（二）水直播稻田杂草防治

水直播稻田省去了育秧移栽的环节，因而具有省水、省田、省工、省时的特点，另外还可以推迟水稻播期以避开灰飞虱的迁入为害高峰，控制条纹叶枯病的发生（图1-86）。但由于直播稻前期采取干干湿湿管理，秧苗与杂草同步生长，田间旱生杂草与湿生甚至水生杂草混生，草相复杂、草害严重，除草难度大，很大程度上制约了直播稻发展。

图1-86　水直播稻田杂草发生情况

1. 水直播稻田杂草的发生特点

水直播稻田杂草发生时间长，整个出草时间在50多天，基本上与水稻同步生长。直播田稗草及千金子数量明显高于移栽田；杂草密度大，杂草与水稻的共生期长，且前期秧苗密度低，杂草个体生长空间相对较大，有利于杂草生长，为害秧苗。经过大量观察，直播稻田杂草具有两个明显的萌发高峰。水稻播后3～5 d就有杂草出土，水稻播后10～15 d出现第一个出草高峰，以稗草、千金子、马唐、鳢肠等湿生杂草为主；水稻播后20～25 d出现第二个出草高峰，主要是异型莎草、球花碱草、鸭舌草、水蓼、节节菜等莎草科和阔叶类杂草。

2. 水直播稻田杂草的防治技术

化学除草是水直播稻田除草最有效的手段，水直播稻田除草通常采用“一封二杀三补”的治草策略。

“一封”主要是指在水稻播种后到出苗前，利用杂草种子与水稻种子的土壤位差，针对杂草基数较大的田块，选择一些杀草谱宽、土壤封闭效果好的除草剂或配方来全力控制第一个出草高峰的出现。可选用的药剂主要有：

36%丁·恶乳油150～180 mL/亩、16%丙草·苄可湿性粉剂100 g/亩、30%丙草胺（含安全剂）乳油100 mL/亩＋10%苄嘧磺隆可湿性粉剂10～20 g/亩；土表均匀喷雾，对前期杂草可以取得理想的防效。浸种后露白播种，以加快水稻出苗，争取齐苗提前，拉大出苗与出草的时间差，促进秧苗先于杂草形成种群优势，在一定程度上达到压低杂草基数和抑制杂草生长的效果。直播稻播后7～20 d是杂草萌发第一个高峰期，其出草量一般会占总出草量的65%。因此，控制第一出草高峰是直播稻田化学除草的关键。

“二杀”是指在水稻叶期、杂草叶期前后，此时田间已建立水层，这时期除草意义重大，既可有效防除前期残存的大龄杂草，同时又可有效控制第二个出草高峰。可选用的除草剂主要有：50%二氯喹啉酸可湿性粉剂30～50 g/亩，兑水30 kg，进行茎叶喷雾处理，可以有效防除稗草；10%氰氟草酯乳油40～60 mL/亩，兑水30 kg，进行茎叶喷雾处理，可以有效防除千金子；2.5%五氟磺草胺油悬剂40～60 mL/亩，兑水30 kg，茎叶喷雾处理，可有效防除稗草、莎草科杂草及部分阔叶杂草；32%苄·二氯可湿性粉剂60～75 g/亩，秧苗2叶1心期，稗草2叶期时施药最佳，可以有效防治稗草、莎草科杂草和双子叶杂草。

施药时排干田间水层，施药后2～3 d田间建立并保持水层。注意要用准药量，如草量、草龄较大时要适当加大用药量。

“三补”指对那些恶性杂草和有第二出草高峰的杂草，应根据“一封”“二杀”后的除草效果，于播后30～35 d有针对性地选择相关除草剂挑治或补杀。这时草龄往往较大，适用的高效又安全的除草剂较少，用药量应适当加大。

防除千金子，可以用10%氰氟草酯乳油80～100 mL/亩；防除稗草、莎草及部分阔叶杂草，可用2.5%五氟磺草胺油悬剂60～80 mL/亩；防除空心莲子草等阔叶杂草、莎草，可以用20% 2甲4氯钠盐水剂250～300 mL/亩或选用20%氯氟吡氧乙酸乳油40～60 mL/亩。

以上药剂均兑水30 kg后，在茎叶处喷雾处理，施药时排干田间水层，施药后2～3 d田间建立并保持水层。

加强水层管理以水控制杂草的发生，在水层管理上，2叶期前坚持湿润灌溉，促进出苗扎根，2叶期开始建立浅水层。既促进秧苗生长，又抑制杂草生长。

（三）旱直播稻田杂草防治

水稻旱直播栽培是近年来发展起来的一种栽培方式，具有有效节约育秧成本、减轻劳动强度、避开稻飞虱为害高峰等独特优势，省工、投资少、节水抗灾能力强等优点。近年来，北方地区常年出现季节性干旱，导致水稻生产不稳定，有些年份个别地区甚至出现水田弃耕现象，所以在北方地区发展抗旱抗灾的旱直播稻具有较好的前景。但是，旱稻草相复杂、草害严重，除草难度大，严重影响着旱稻的发展（图1-87）。

图1-87　旱直播稻田杂草发生情况

1. 旱直播稻田杂草的发生特点

由于旱直播稻田前期无水，以湿润为主，田间旱生杂草与湿生杂草混生，草相复杂，杂草种类一般多于移栽稻田，杂草为害严重，且有2 ~ 3个出草高峰，防除杂草难度加大，严重影响秧苗素质及水稻产量，因此，能否科学掌握直播田杂草发生规律、明确直播稻田杂草防除技术，对促进直播稻发展具有非常重要的现实意义。

旱直播稻田的杂草不齐，一般可以分为3个出草高峰，第一个出草高峰一般在水稻播后5 ~ 7 d，主要有稗草、千金子、马唐、牛筋草、鳢肠等禾本科杂草，出草数量占整个生育期的50%以上；第二个出草高峰一般在播后15 ~ 20 d，主要杂草为异型莎草、陌上菜、鸭舌草等莎草科杂草以及一些阔叶杂草；第三个出草高峰，一般在播后20 ~ 30 d，主要杂草为萤蔺、水莎草。

2. 旱直播稻田杂草的防治技术

化学除草是旱直播稻田除草最有效的手段，旱直播稻田除草通常采用“一封二杀三补”的治草策略。针对旱直播稻田杂草种类多、为害重、出草早、出草期长的特点，一次施药除草效果较差，应做到“一封二杀三补”。

“一封”就是在播后苗前进行土壤处理。这是旱直播稻田杂草防除的最关键一步，封闭的好坏直接影响整个季节的田间除草效果，应选用杀草谱广、土壤封闭效果好的除草剂。

36%丁 · 恶乳油150 ~ 180 mL/亩，是生产上应用最广的旱直播田封闭除草剂，在旱直播稻播种后出苗前土表均匀喷雾，可以有效防治稻田多种一年生禾本科杂草和阔叶杂草。施药后3 ~ 5 d内遇大雨应及时排水，以免影响水稻的安全性。

也可以施用20%吡嘧 · 丙草胺可湿性粉剂80 ~ 120 g/亩、16%丙草 · 苄可湿性粉剂100 g/亩、或30%丙草胺（含安全剂）乳油100 mL/亩 + 10%苄嘧磺隆可湿性粉剂10 ~ 20 g/亩，在旱直播稻播种后出苗前土表均匀喷雾，此类药兑水稻安全，有效防治一年生禾本科杂草、阔叶杂草和莎草科杂草。

“二杀”是指在水稻3叶期、杂草2 ~ 3叶期前后，这时期杂草已经出苗且处于幼苗期，易于取得较好的防治效果，应对前期未能有效除草的田块及时施药防治。既可有效防除前期残存的大龄杂草，同时又可有效控制第二个出草高峰。可以选用的除草剂主要有：2.5%五氟磺草胺油悬浮剂60 ~ 80 mL/亩，兑水30 kg，在茎叶处喷雾处理，可以有效防除稗草、千金子、鳢肠等多种一年生禾本科杂草、阔叶杂草和莎草科杂草；该药兑水稻安全，但不宜在水稻立针期施药，低温下施药兑水稻的安全性下降，易发生药害。

2.5%五氟磺草胺油悬浮剂60 ~ 80 mL/亩＋10%苄嘧磺隆可湿性粉剂10 ~ 15 g/亩，兑水30 kg，在茎叶处喷雾处理，可以有效防除稗草等多种一年生禾本科杂草、阔叶杂草和莎草科杂草。

50%二氯喹啉酸可湿性粉剂30 ~ 50 g/亩，兑水30 kg，在茎叶处喷雾处理，可以有效防除稗草。

10%氰氟草酯乳油40 ~ 60 mL/亩，兑水30 kg，在茎叶处喷雾处理，可以有效防除千金子。

32%苄·二氯可湿性粉剂60 ~ 75 g/亩，秧苗2叶1心期，稗草2叶期时施药最佳，可以有效防除稗草、莎草科杂草和阔叶杂草。

“三补”主要是对未防除的恶性杂草和第二、第三出草高峰的杂草，在水稻生长期有针对性地选择相关除草剂挑治或补杀。挑治、补治残草，这时草龄往往较大，适用的高效又安全的除草剂较少，应注意药效和安全性。

防除千金子，可以用10%氰氟草酯乳油80 ~ 100 mL/亩；防除空心莲子草等阔叶杂草、莎草，可以用20% 2甲4氯钠盐水剂250 ~ 300 mL/亩，或选用20%氯氟吡氧乙酸乳油40 ~ 60 mL/亩，兑水30 kg，在茎叶处喷雾处理。

（四）水稻移栽田杂草防治

1. 水稻移栽田杂草的发生特点

移栽稻田的特点是秧苗较大，稻根入土有一定的深度，抗药性强，但其生育期较秧田长，一般气温适宜时，杂草种类多，交替发生，因此施用药剂的种类和适期也不同。一年生杂草的种子因水层隔绝了空气，大多在1 cm内表土层中的种子才能获得足够的氧气而萌发；一般这类杂草在水稻移栽后3 ~ 5 d，稗草率先萌发，1 ~ 2周内达到萌发高峰。多年生杂草的根茎较深，在10 cm以上，出土高峰在移栽后2 ~ 3周（图1-88）。

图1-88　移栽田水稻生长情况

2. 水稻移栽田杂草的防治技术

根据各种杂草的发生特点，兑水稻移栽田杂草的化学防除策略是狠抓前期，挑治中、后期。通常是在移栽前或移栽后的前（初）期采取土壤处理，在移栽后的中、后期采取土壤处理或茎叶处理。前期（移栽前至移栽后10 d），以防除稗草及一年生阔叶杂草和莎草科杂草为主，中、后期（移栽后10 ~ 25 d）则以防除扁秆藨草、眼子菜等多年生莎草科杂草和阔叶杂草为主。具体的施药时间可以分为移栽前、移栽后前期和移栽后中、后期3个时期。

对于矮慈姑等多年生恶性杂草发生严重的田块，在水稻移栽前一天，施用10%苄嘧磺隆可湿性粉剂15 ~ 20 g/亩+60%丁草胺乳油100 ~ 150 mL/亩，以药土法撒施。可以有效防除矮慈姑及其他多种阔叶杂草和莎草等。

移栽前1 ~ 2 d，用50%莎扑隆可湿性粉剂200 ~ 400 g/亩，制成药土撒施或配成药液泼浇，并搅拌于3 ~ 5 cm表土层中。此药剂主要用于防除扁秆藨草、异型莎草、萤蔺等莎草科杂草较多的稻田。

在水稻移栽后施用除草剂，除必须排干水层喷洒到茎叶上的几种除草剂外，其他都应在保水条件下施用，并且大部分药剂施药后需要在5 ~ 7 d内不排水、不落干，缺水时应补灌至适当深度。

扑草净、噁草酮、丁恶混剂和莎扑隆，在移栽前施用效果最好。因为移栽前施用可借拉板耪平将药剂混匀，并附着于泥浆土的微粒下沉，形成较为严密的封闭层，比移栽后施用效果好且安全。水稻移栽前施用除草剂，多是在拉板耪平时，将已配制成的药土、药液或原液，就混浆水分别以撒施法、泼浇法或甩施法施到田里。撒施药土的用量为20 kg/亩，泼浇药液的用量为30 kg/亩。

移栽后前期封闭土表的处理方法已被广泛应用。移栽后的前期是各种杂草种子的集中萌发期，此时用药容易获得显著效果。但这一时期又恰是水稻的返青阶段，因此使用除草剂的技术要求严格，防止产生药害。施药时期，早稻一般在移栽后5 ~ 7 d，中稻在移栽后5 d左右，晚稻在移栽后3 ~ 5 d。此外，还应根据不同药剂的特性、不同地区的气候适当提前或延后。药剂安全性好，施药期间气温较高，杂草发芽和水稻返青扎根较快，可以提前施药；反之，则适当延后。施药方法，主要采用药土撒施或药液泼浇。大部分除草剂还可结合追肥掺拌化肥撒施。

水稻移栽后的中、后期，如有稗草、莎草科杂草，以及眼子菜、鸭舌草、矮慈姑等阔叶杂草发生，可于水稻分蘖盛期至末期施用除草剂防治。

水稻田除草剂种类较多，使用方法差别较大，下面分别介绍一些常用除草剂的应用技术。

丁草胺：在移栽前1 ~ 2 d，也可在移栽后5 ~ 7 d，用60%丁草胺乳油100 ~ 150 mL/亩，制成药土撒施或配成药液泼浇。

噁草酮：在水稻移栽前2 ~ 3 d，用12%噁草酮乳油100 ~ 150 mL/亩或25%噁草酮乳油50 ~ 75 mL/亩；也可在移栽后5 ~ 7 d，用12%噁草酮乳油100 ~ 150 mL/亩，制成药土撒施或配成药液泼浇。

禾草丹：在移栽前2 ~ 3 d或水稻移栽后3 ~ 7 d，用50%禾草丹乳油200 ~ 400 mL/亩，制成药土撒施或配成药液泼浇，还可用原液或加等量水配成母液甩施。在有机质含量过高或稻草还田的地块，最好不用禾草丹，以免造成水稻矮化。

莎扑隆：移栽前1 ~ 2 d，用50%莎扑隆可湿性粉剂200 ~ 400 g/亩，制成药土撒施或配成药液泼浇，并搅拌于3 ~ 5 cm表土层中。在移栽后5 d左右，用50%莎扑隆可湿性粉剂100 ~ 200 g/亩，制成药土撒施。此药剂处理主要用于防除扁秆藨草、异型莎草、萤蔺等莎草科杂草较多的稻田。

苄嘧磺隆：对于矮慈姑等发生严重的田块，在水稻移栽前一天，施用10%苄嘧磺隆可湿性粉剂15 ~ 20 g/亩，以药土法撒施，可以有效防除矮慈姑及其他多种阔叶杂草、莎草。水稻移栽后，于一年生阔叶杂草和部分莎草科杂草2叶期左右，可单用10%苄嘧磺隆可湿性粉剂15 ~ 26 g/亩，制成药土撒施，施药期间田间保持水层2 d左右。试验表明，水稻移栽后1 ~ 8 d施药，此时杂草出芽前至2 ~ 3叶期，除草效果最好；在插秧后15 d施药，除草效果开始下降。试验表明，以10%苄嘧磺隆可湿性粉剂15 g/亩，可以有效地防除稻田中的节节菜、鸭舌草、矮慈姑、益母草、眼子菜等阔叶杂草，平均除草效果达96%；兑水莎草、萤蔺等多年生莎草科杂草也有一定的除草效果，平均防效为71.0%，对稗草的防效较差。该药兑水稻安全，且兑水稻分蘖有一定的促进作用。持效期一般为45 ~ 57 d；正常情况下施药，对后茬小麦、油菜的生长无不良影响。

吡嘧磺隆：在稗草发生较少的稻田，于一年生阔叶杂草和部分莎草科杂草2叶期左右、稗草1.5 ~ 2.0叶期，可单用10%吡嘧磺隆可湿性粉剂10 ~ 18 g/亩，制成药土撒施。据试验结果，施药后在土表淋水或灌一定深度的水层，可以明显提高防除效果。

禾草特：在移栽后5 ~ 10 d，用96%禾草特乳油100 ~ 200 mL/亩制成药土撒施或配成药液泼浇。

哌草丹：在移栽后3 ~ 7 d，用50%哌草丹乳油150 ~ 250 mL/亩制成药土撒施或配成药液泼浇。

乙氧氟草醚：大苗移栽田，在移栽后5 ~ 7 d，用24%乙氧氟草醚乳油10 ~ 20 mL/亩配成细药沙撒施或兑水洒施，对稗草、异型莎草、鸭舌草、水苋菜、益母草、节节菜等一年生杂草有90%以上的除草效果。施药时要有一定水层，在施药田块内由于土地高低不平，往往水深处易发生药害，尤其在秧苗小、水浸到稻叶时药害更为严重，而水浅处可能由于受药量少导致除草效果差。试验表明，不论水层深浅，小秧苗的药害比老壮秧苗药害重；处在深水层的秧苗药害比浅水层的重，尤其是小苗处于深水层，叶片常浸在水中，药害严重，但大苗在浅水层下用药，对秧苗的生长无明显的影响。施药后1 d排水会降低药效，而施药后4 d排水不影响药效。该药剂在田间分解快，对后茬无残留影响。用药量为有效成分2.0 ～ 2.5 g/亩，在插秧后3 ～ 5 d内用药的田块内，水稻株高、植株及根的鲜重和对照相近，并无抑制分蘖的现象；但用量有效成分达5 g/亩的田块，其水稻分蘖比对照减少3.2% ～ 12.7%。插秧后4 d内用药防除稗草效果达100%，主要是由于此时稻田内稗草种子刚萌芽，幼芽都浸在水内易被杀死；如在插秧后8 d施药，部分稗草已顶出水面，防除效果明显降低；如在插秧后15 d施药，大部分稗草已顶出水面，防除效果很差。

甲羧除草醚：在移栽后4 ～ 6 d，用80%甲羧除草醚可湿性粉剂150 ～ 200 g/亩，制成药土撒施或配成药液泼浇。

杀草胺：在移栽后3 ～ 5 d，用60%杀草胺乳油60 ～ 120 mL/亩制成药土撒施或配成药液泼浇。

环庚草醚：在移栽后5 d左右，用10%环庚草醚乳油13 ～ 20 mL/亩制成药土撒施。施药时必须保持一定的水层，3 ～ 5 d内不能排水，否则除草效果将下降。试验表明，用10%环庚草醚乳油13 ～ 20 mL/亩，在水稻移栽后4 ～ 6 d兑水洒施，对稗草的防治效果在84.5% ～ 96.4%，防除异型莎草的效果在88% ～ 92%，对鸭舌草、节节菜防效较差，对眼子菜、矮慈姑无效。在水稻插秧后3 ～ 4 d施药，此时稗草、异型莎草刚刚萌芽，草苗尚未顶出水面，防除效果较好，待杂草长大后伸出水面，防除效果将明显下降。

丙草胺：水稻移栽后5 ～ 7 d，用50%丙草胺乳油60 mL/亩制成药土撒施。

莎稗磷：在水稻移栽后4 ～ 8 d，用莎稗磷（有效成分）30 g/亩配成药土撒施或配成药液喷施。可以有效防除一年生禾本科和莎草科杂草。施药时保持水层3 ～ 6 cm，田间保水4 ～ 5 d。

二氯喹啉酸：在水稻移栽后7 ～ 15 d、稗草2 ～ 3叶期，用50%二氯喹啉酸可湿性粉剂40 g/亩，制成药土撒施或配成药液泼浇，药液喷雾效果最好。如药量加大50%，能防除4 ～ 6 叶大稗草。二氯喹啉酸施药时兑水层管理要求不太严格，田间保持3 ～ 6 cm水层、浅水层、排干水均可，但施药时排干田间水层的除稗效果最佳。杀稗持效期一般可达28 ～ 35 d，基本上可以达到一次施药控制整个生育期内的稗草为害。

苯达松：在移栽后10 ～ 20 d，用48%苯达松水剂150 ～ 250 mL/亩，以药液喷雾法施入，喷药前一天排水，喷药后一天复水。此药兑水稻比较安全，如扁秆藨草发生比较严重，可以适当加大药量。

2甲4氯钠盐：在水稻移栽后15 ～ 25 d，用20% 2甲4氯钠盐水剂140 ～ 280 mL/亩，以药液喷雾法施入。喷药前一天排水，喷药后一天灌水。

丁草胺+噁草酮：在水稻移栽前2 ～ 3 d，用60%丁草胺乳油80 mL/亩 + 25%噁草酮乳油40 mL/亩或20%丁恶（丁草胺和噁草酮的混剂）乳油100 ～ 150 mL/亩，制成药土撒施或配成药液泼浇。

丁草胺 + 苄嘧磺隆：在移栽后5 ～ 7 d，用60%丁草胺乳油80 ～ 100 mL/亩 + 10%苄嘧磺隆可湿性粉剂15 ～ 20 g/亩制成药土撒施，可以有效防除稗草、牛毛毡、扁秆藨草、雨久花、慈姑、萤蔺等多种杂草。在粳稻移栽田施用，兑水稻分蘖稍有抑制作用。

苄嘧磺隆 + 哌草丹：在移栽后5 ～ 7 d，用50%哌草丹乳油150 mL/亩 + 10%苄嘧磺隆可湿性粉剂15 ～ 20 g/亩制成药土撒施。

苄嘧磺隆 + 禾草丹：在移栽后5 ～ 7 d，用50%禾草丹乳油200 mL/亩 + 10%苄嘧磺隆可湿性粉剂15 ～ 20 g/亩制成药土撒施。

苄嘧磺隆 + 环庚草醚：在移栽后5 ～ 7 d，用10%环庚草醚乳油10 ～ 15 mL/亩 + 10%苄嘧磺隆可湿性粉剂15 ～ 20 g/亩制成药土撒施。

异丙甲草胺 + 苄嘧磺隆：在移栽后5 ～ 7 d，用72%异丙甲草胺乳油15 mL/亩 + 10%苄嘧磺隆可湿性粉剂15 ～ 20 g/亩制成药土撒施。异丙甲草胺与苄嘧磺隆混用在除草谱上表现出明显的互补性。在以禾本科和莎草为主的地区，单用异丙甲草胺就能有效地防除主要的一年生杂草；但在草相复杂、阔叶杂草种类和数量较多的地区，异丙甲草胺与苄嘧磺隆混用可以表现出优秀的除草效果。二者混用兑水稻安全。

乙草胺 + 苄嘧磺隆：在移栽后5 ～ 7 d，用50%乙草胺乳油15 mL/亩 + 10%苄嘧磺隆可湿性粉剂15 ～ 20 g/亩制成药土撒施。

丁草胺+吡嘧磺隆：在移栽后5 ~ 7 d，用60%丁草胺乳油80 ~ 100 mL/亩+10%吡嘧磺隆可湿性粉剂10 ~ 15 g/亩制成药土撒施。

吡嘧磺隆+哌草丹：在移栽后5 ~ 7 d，用50%哌草丹乳油150 mL/亩+10%吡嘧磺隆可湿性粉剂10 ~ 15 g/亩制成药土撒施。

吡嘧磺隆+禾草丹：在移栽后5 ~ 7 d，用50%禾草丹乳油200 mL/亩+10%吡嘧磺隆可湿性粉剂10 ~ 15 g/亩制成药土撒施。

吡嘧磺隆+环庚草醚：在移栽后5 ~ 7 d，用10%环庚草醚乳油10 ~ 15 mL/亩+10%吡嘧磺隆可湿性粉剂10 ~ 15 g/亩制成药土撒施。

异丙甲草胺+吡嘧磺隆：在移栽后5 ~ 7 d，用72%异丙甲草胺乳油15 mL/亩+10%吡嘧磺隆可湿性粉剂10 ~ 15 g/亩制成药土撒施。

乙草胺+吡嘧磺隆：在移栽后5 ~ 7 d，用50%乙草胺乳油15 mL/亩+10%吡嘧磺隆可湿性粉剂10 ~ 15 g/亩制成药土撒施。

克草胺+苄嘧磺隆：南方大苗移栽田，于移栽后5 ~ 7 d，用25%克草胺乳油80 ~ 100 mL/亩+10%苄嘧磺隆可湿性粉剂15 ~ 20 g/亩制成药土撒施或配成药液喷施、泼浇。

克草胺+吡嘧磺隆：南方大苗移栽田，于移栽后5 ~ 7 d，用25%克草胺乳油80 ~ 100 mL/亩+10%吡嘧磺隆可湿性粉剂10 ~ 15 g/亩制成药土撒施或配成药液喷施、泼浇。

禾草特+噁草酮：移栽后5 ~ 7 d，用96%禾草特乳油100 ~ 150 mL/亩+25%噁草酮乳油50 mL/亩制成药土撒施或配成药液泼浇。

禾草特+苄嘧磺隆：在移栽后7 ~ 10 d、稗草3叶期左右，用96%禾草特乳油100 mL/亩+10%苄嘧磺隆可湿性粉剂15 ~ 20 g/亩制成药土撒施或配成药液泼浇。

禾草特+吡嘧磺隆：在移栽后7 ~ 10 d、稗草3叶期左右，用96%禾草特乳油100 mL/亩+10%吡嘧磺隆可湿性粉剂10 ~ 15 g/亩制成药土撒施或配成药液泼浇。

丁西（丁草胺+西草净）：在早稻移栽后3 ~ 5 d、晚稻移栽后2 ~ 4 d，用5.3%丁西颗粒剂400 ~ 600 g/亩，配成药土撒施于田中，施药时要求水层3 ~ 5 cm，保水8 ~ 10 d，放干田水后换上干净水，施药时及施药后田中不要有泥露出水面。可以有效防除稗草、眼子菜、牛毛毡、陌上菜、异型莎草、四叶萍、丁香蓼、萤蔺等杂草，对节节菜、鸭舌草、矮慈姑也有一定的防效。施药期间断水易发生药害。

稗草是稻田重要杂草（图1-89），要及时防治。水稻移栽田稗草幼苗期杂草防治，稗草1 ~ 5叶期内，用50%二氯喹啉酸可湿性粉剂30 ~ 40 g/亩，兑水40 kg在田中无水层但湿润状态下喷雾，施药后24 ~ 48 h复水。稗草5叶期后应加大剂量。

图1-89 水稻移栽田稗草发生情况

水稻移栽田稗草3 ~ 5叶期，可以用2.5%五氟磺草胺油悬剂60 ~ 80 mL/亩；施药前排干水，施药后24 ~ 72 h上水，保水5 ~ 7 d。

部分水稻移栽田鸭舌草发生严重（图1-90）。在水稻移栽后早稻7 ~ 9 d、晚稻6 ~ 12 d，以25%苄·磺·乙可湿性粉剂（苄嘧磺隆1.3% + 甲磺隆0.3% + 乙草胺23.4%）20 ~ 25 g/亩或8%苄·甲磺·异丙甲细颗粒剂（苄嘧磺隆0.8% + 甲磺隆0.16% + 异丙甲草胺7.2%）75 ~ 105 g/亩，配成药液喷施。可以有效防除萤蔺、牛毛毡、异型莎草、鸭舌草、节节菜、陌上菜、四叶萍等多种阔叶杂草，对矮慈姑也具有较强的抑制作用。兑水稻株高有一定的影响，而处理后20 d能基本恢复。也可以用48%苯达松水剂100 ~ 200 mL/亩 + 20%氯氟吡氧乙酸乳油40 ~ 50 mL/亩或20% 2甲4氯钠盐水剂140 ~ 280 mL/亩，以药液喷雾法施入，喷药前一天排水，喷药后一天复水。此药兑水稻比较安全，如扁秆藨草发生比较严重，可以适当加大药量。

图1-90 水稻移栽田鸭舌草发生情况

部分水稻移栽田眼子菜发生较重（图1-91），防除眼子菜，要抓好水稻分蘖盛期至分蘖末期（一般在移栽后20 ~ 30 d），眼子菜基本出齐，大部分叶片3 ~ 5叶期（叶片由茶褐色转为绿色），保持浅水层，毒土法施药。用5.3%丁西颗粒剂（丁草胺4% + 西草净1.3 %）400 ~ 600 g/亩，配成药土撒施于田中，施药时要求水层3 ~ 5 cm，保水8 ~ 10 d，放干田水后换上干净水，施药时及施药后田中不要有泥露出水面。在移栽后5 ~ 7 d，用50%乙草胺乳油15 mL/亩 + 10%吡嘧磺隆可湿性粉剂10 ~ 15 g/亩，制成药土撒施。施药时要求水层3 ~ 5 cm，保水8 ~ 10 d。

图1-91 水稻移栽田眼子菜发生情况

部分水稻移栽田空心莲子草发生严重（图1-92），田间空心莲子草幼苗期，用20%氯氟吡氧乙酸乳油50 mL/亩、48%苯达松水剂150 mL/亩 + 56% 2甲4氯钠盐原粉30 ~ 60 g/亩，以药液喷雾法施入。喷药前一天排水，喷药后一天灌水。混用比单用苯达松成本低，比单用2甲4氯钠盐安全。

图1-92　水稻移栽田空心莲子草发生情况

第二章 小麦病虫草害原色图解

我国是世界最大的小麦生产国和消费国，小麦是中国第三大粮食作物，对保障国家粮食安全具有重要意义。近年我国小麦生产连续丰收，种植面积稳定在2 390万hm^2，总产量逐年提高。小麦单产从1978年的1 840 kg/hm^2提高到2017年的5 410 kg/hm^2，在全球范围内已处在较高水平。对我国小麦生产贡献最大的省份依次是河南、山东、河北、安徽和江苏等，这5个省份小麦产量占全国小麦总产量的75%。

小麦病虫害发生为害严重，全世界记载的小麦病害有200多种，我国发生较重的有小麦锈病、小麦纹枯病、小麦赤霉病、小麦白粉病等20多种；小麦虫害有100多种，发生较重的有小麦蚜虫（简称麦蚜）、麦叶螨、吸浆虫等10多种；麦田杂草种类有200多种，严重发生的有猪殃殃、播娘蒿、荠菜、婆婆纳、佛座、牛繁缕、看麦娘、野燕麦等10多种。20世纪80年代以前，小麦病虫害主要以条锈病、赤霉病、麦蚜、麦叶螨为主；白粉病、纹枯病也逐渐发展成为小麦的重要病害，发生面积和为害程度明显上升；小麦茎基腐病、小麦全蚀病、吸浆虫也日益严重。病虫草害的为害不仅造成严重的产量损失，而且影响着小麦的品质。

一、小麦病害

我国报道的小麦病害有50多种，其中小麦白粉病、纹枯病、锈病发生最重。

1. 小麦白粉病

分布为害 小麦白粉病是一种世界性病害，在各地小麦产区均有分布为害。被害麦田一般减产10%左右，严重地块损失高，在20%～30%，个别地块甚至减产50%以上。

症　　状 由禾本科布氏白粉菌（*Blumeriagraminis* f.sp.*tritici*，属子囊菌门真菌）引起。在苗期至成株期均可为害。该病主要为害叶片，严重时也可能为害叶鞘、茎秆和穗部。病部初产生黄色小点，而后逐渐扩大为圆形或椭圆形的病斑，表面生一层白粉状霉层（分生孢子），霉层逐渐变为灰白色，最后变为浅褐色，其上生有许多黑色小点（闭囊壳）（图2-1～图2-3）。

图2-1　小麦白粉病为害叶片症状

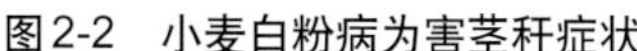

图2-2　小麦白粉病为害茎秆症状

图2-3　小麦白粉病为害穗部症状

发生规律　小麦白粉病菌的越夏方式有两种：一种是以分生孢子在夏季气温较低地区的自生麦苗或夏播小麦上继续侵染繁殖或以潜伏态度过夏季；另一种是以病残体上的闭囊壳在低温、干燥的条件下越夏。在以分生孢子越夏的地区，秋苗发病较早、较重，在无越夏菌源的地区则发病较晚，且发病较轻或不发病。秋苗发病以后一般均能越冬，病菌越冬的方式有两种：一种是以分生孢子的形态越冬；另一种是以菌丝状潜伏在病叶组织内越冬。影响病菌越冬率高低的主要因素是冬季的气温，其次是湿度。越冬的病菌先在植株底部叶片上呈水平方向扩展，以后依次向中部和上部叶片发展（图2-4）。

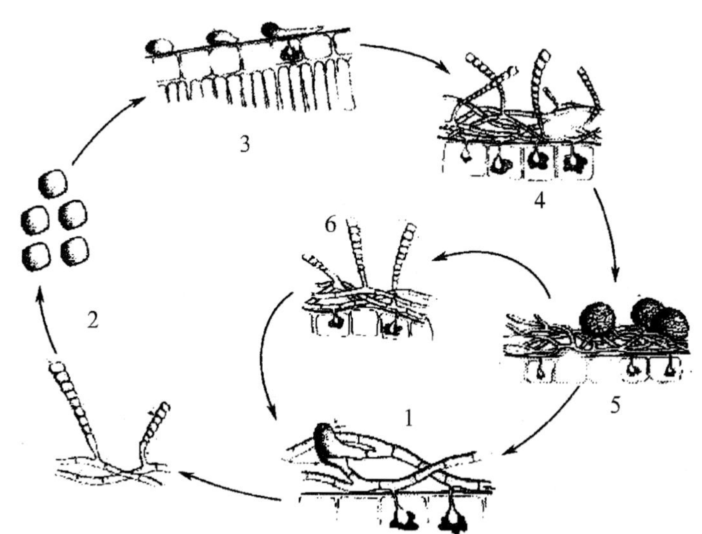

图2-4　小麦白粉病病害循环过程

1.菌丝体越冬　2.分生孢子　3.早春侵染小麦　4.分生孢子经气流传播再侵染
5.闭囊壳或菌丝在自生麦苗上越夏　6.分生孢子

影响春季流行因素：①菌源，主要由当地菌源多少决定；②温度，温度高，始病期就早，潜育期短病情发展快；③雨量，春季降雨量较多且分布均匀，病害发生较重；④日照，在春季发病期间日照少、阴天多，则病害发生较重；⑤肥料，氮肥过多，发病重；⑥水浇地比旱地发病重，但极旱条件下，发病重；⑦种植过密田块发病严重。

防治方法 在白粉病菌越夏区或秋苗发病重的地区，可适当晚播以减少秋苗发病率，避免播量过高，造成田间群体密度过大；控制氮肥用量，增加磷、钾肥特别是磷肥用量。

小麦播种期，可以通过拌种控制麦田病原基数，可以用下列杀菌剂：2%烯唑醇可湿性粉剂按种子重量1%～2%拌种，每100 kg种子用1.5%三唑醇悬浮剂种衣剂30～45 g、6%戊唑醇悬浮种衣剂（重量/容量）3～4 g或2.5%咯菌腈悬浮剂100～200 mL，兑适量水，加入种子均匀搅拌，应在拌种后及时播种，堆闷时间过长影响发芽和出苗。

小麦孕穗末期至抽穗初期，小麦白粉病开始普遍发病为害，应及时施用20%戊唑·嘧菌酯悬浮剂10～20 mL/亩、40%丙硫菌唑·戊唑醇悬浮剂30～50 mL/亩、25%丙环唑乳油35～50 mL/亩、12.5%烯唑醇可湿性粉剂45～60 g/亩、30%苯醚甲环唑·丙环唑乳油15～20 mL/亩、25%吡唑醚菌酯悬浮剂30～40 mL/亩，兑水30～40 kg均匀喷雾，兼治小麦纹枯病。

在小麦的抽穗扬花期，白粉病发生较普遍时，可以用12.5%腈菌唑乳油15～30 mL/亩、12.5%粉唑醇悬浮剂30～60 mL/亩、25%丙环唑乳油40～60 mL/亩、12.5%烯唑醇可湿性粉剂45～60 g/亩、30%苯醚甲环唑·丙环唑乳油15～20 mL/亩、30%醚菌酯悬浮剂30～40 mL/亩等，兑水30～40 kg均匀喷雾，均匀喷施，间隔7 d再喷1次。

在小麦灌浆期，白粉病大面积发生时，应及时采取有效的防治措施，防治不好将严重地影响小麦产量。可以用12%腈菌·酮（腈菌唑·三唑酮）乳油25～30 mL/亩、12.5%烯唑醇可湿性粉剂40～60 g/亩、6%戊唑醇微乳剂200 mL/亩、12.5%腈菌唑乳油20～30 mL/亩等，兑水40 kg喷雾，可有效控制为害。

2. 小麦纹枯病

分布为害 小麦纹枯病发生普遍而严重。在长江中下游和黄淮平原麦区逐年加重。小麦纹枯病对产量影响极大，一般减产10%～20%，严重地块减产50%左右，个别地块甚至绝收。

症　状 由禾谷丝核菌（*Rhizoctonia cerealis*）、立枯丝核菌（*Rhizoctonia solani*）引起，两者均属无性型真菌，以前者为主病因。小麦各生育期均可受害，呈现烂芽、病苗死苗、花秆烂茎、倒伏、枯孕穗等多种症状（图2-5～图2-9）。①病苗死苗：主要在小麦3～4叶期发生，在第一叶鞘上呈现中央灰白、边缘褐色的病斑，严重时因抽不出新叶而死苗。②花秆烂茎：返青拔节后，下部叶鞘产生中部灰白色、边缘浅褐色的云纹状病斑，多个病斑相连接，形成云纹状的花秆。田间湿度大时，病叶鞘内侧及茎秆上可见蛛丝状的白色菌丝体，以及由菌丝纠缠形成的黄褐色菌核。③倒伏：由于茎部腐烂，后期极易造成倒伏。④枯孕穗：发病严重的主茎和大分蘖常抽不出穗，形成“枯孕穗”，有的虽能够抽穗，但结实减少，籽粒秕瘦，形成“枯白穗”。

图2-5 小麦纹枯病为害茎基部症状

图2-6 小麦纹枯病云纹斑花秆状

图2-7 小麦纹枯病菌茎基部的白色菌丝体

图2-8 小麦纹枯病菌在茎秆上的菌核

图2-9 小麦纹枯病为害后期形成的白穗

发生规律 以菌核和菌丝体的形式在田间病残体中越夏越冬，并作为第二年的初侵染源，其中菌核的作用更为重要。小麦纹枯病是典型的土传病害，带菌土壤可以传播病害，混有病残体和病土且未腐熟的有机肥也可以传病。此外，农事操作也可传播。土壤中的菌核和病残体长出的菌丝接触寄主后，形成附着胞或侵染垫，产生侵入丝直接侵入寄主或从根部伤口侵入。冬麦区小麦纹枯病在田间的发生过程可分为以下5个阶段（图2-10）：①冬前发病期。土壤中越夏后的病菌侵染麦苗，在3叶期前后始见病斑，整个冬前分期内，病株率一般在10%以下，早播田块有些在10%～20%。侵染以接触土壤的叶鞘为主，冬前这部分病株是后期形成白穗的主要来源。②越冬静止期。麦苗进入越冬阶段，病情停止发展，冬前发病株可以带菌越冬，并成为春季早期发病的重要侵染来源之一。③病情回升期。本期以病株率的增加为主要特点，时间一般在2月下旬至4月上旬。随着气温逐渐回升，病菌开始大量侵染麦株，病株率明显增加，激增期在分蘖末期至拔节期，此时病情严重度不高，多为1～2级。④发病高峰期。一般发生在4

月上、中旬至5月上旬。随着植株拔节与病菌的蔓延发展，病菌向上发展，严重度增加。高峰期在拔节后期至孕穗期。⑤病情稳定期。抽穗以后，茎秆变硬，气温也升高，阻止了病菌继续扩展。一般在5月上、中旬，病斑高度与侵染茎数都基本稳定，病株上产生菌核，而后落入土壤，重病株因失水枯死，田间出现枯孕穗和枯白穗。小麦纹枯病靠病部产生的菌丝向周围蔓延扩展引起再侵染。田间发病有两个侵染高峰，第一个是在冬前秋苗期；第二个则是在春季小麦的返青拔节期。

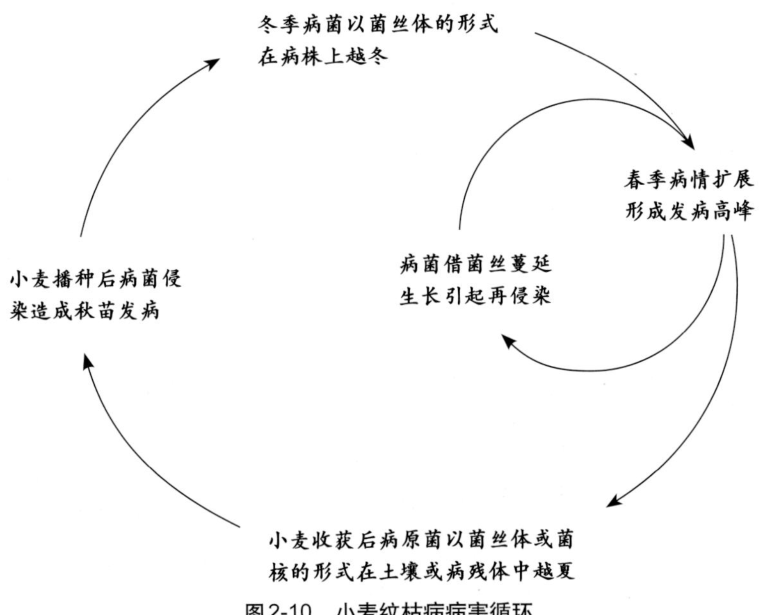

图2-10 小麦纹枯病病害循环

影响小麦纹枯病发生流行的因素包括品种抗性、气候因素、耕作制度、栽培技术等。

（1）品种抗病性。20世纪60年代以前，我国北方麦区小麦品种以当地的农家品种为主，品种遗传上存在异质性。20世纪70年代以来，各地在品种推广上趋于单一化，大量推广矮秆品种。生产上推广的品种绝大多数为感病品种，只有极少数表现耐病或中抗，缺乏免疫和高抗品种。感病品种的大面积推广，是当前小麦纹枯病严重发生的原因之一。

（2）耕作与栽培措施。小麦地连作年限长，土壤中菌核数量多，有利于菌源积累，发病重。另外小麦早播气温较高，纹枯病发病重，适期迟播纹枯病发生轻。

（3）灌溉条件的改善。播种密度的增高，化肥特别是速效氮肥施用量的增加有利于纹枯病发生流行。高产田块纹枯病重于一般田块。

（4）气候条件。不同发病阶段对气象因子的反应有显著差异。一般冬前高温多雨有利于发病，春季气温已基本满足纹枯病发生的要求，湿度成为发病的主导因子。3月至5月上旬的雨量与发病程度密切相关。

（5）土壤条件。小麦纹枯病发生与土壤类型也有一定关系。沙壤土地区纹枯病重于黏土地区，黏土地区纹枯病重于盐碱土地区。中性偏酸性土壤发病较重。

防治方法 小麦纹枯病的发生与农田生态状况关系密切，在病害控制上应以改善农田生态条件为基础，结合药剂防治。

农业防治：种植抗（耐）病品种，加强栽培管理，促进小麦生长健壮。适期播种，避免过早播种，以减少冬前病菌侵染麦苗的机会。合理掌握播种量，创造不利于病菌生长发育的条件。避免过量施用氮肥，平衡施用磷、钾肥，特别是重病田要增施钾肥，以增强麦株的抗病能力。带病残体的粪肥要经高温腐熟后再施用。

种子处理：每100 kg种子可用2.5%咯菌腈悬浮剂100 ～ 200 mL，兑适量水，加入种子均匀搅拌，拌种后应及时播种，堆闷时间过长影响发芽和出苗。或每100 kg种子用4%咯菌·嘧菌酯（咯菌腈2.5%＋嘧菌酯1.5%）种子处理微囊悬浮剂100 ～ 150 g，小麦播种期拌种施药。将药剂按1 ∶（50 ～ 100）兑水稀释搅拌均匀后拌种，拌种时务必使药液均匀分布到种子表面，晾干后播种。种子包衣，100 kg种子可用3%苯醚甲环唑悬浮种衣剂200 ～ 300 mL，一般包衣剂设定为1 ∶（50 ～ 150），按确定的操作药种比计算兑水量，将制剂兑水调制成均匀的悬浮乳液。按确定的操作药种比采用机械包衣或手工包衣，包衣播种后应有良好覆土。或每100 kg种子用23%吡虫·咯·苯甲悬浮种衣剂，600 ～ 800 g，加入适量水稀释并搅拌成均匀药浆［药浆种子比为1 ∶（50 ～ 100）］，将种子与药浆充分搅拌，晾干后即可播种。每100 kg种子也可用15%噻呋·呋虫胺（噻呋酰胺7.5%＋呋虫胺7.5%）种子处理可分散粉剂，按制剂用药量3 300 ～ 5 000 g，加适量清水后，充分搅拌均匀，直到药液均匀分布到种子表面，于阴凉处晾干后播种。

春季是病害的发生高峰期，在小麦返青拔节期应根据病情发展及时喷雾防治。以分蘖末期施药防效最好，拔节期次之，孕穗期较差。

在小麦分蘖末期纹枯病零星发生，病株率达5%时，应及时施药防治。20%噻呋·吡唑酯悬浮剂37.5 ~ 50.0 mL/亩、70%甲基硫菌灵可湿性粉剂50 ~ 75 g/亩、24%井冈霉素水剂40 ~ 60 mL/亩、3%多抗霉素可湿性粉剂60 ~ 120 g/亩 + 2%嘧啶核苷类抗生素水剂150 ~ 200 mL/亩，兑水60 ~ 75 kg喷雾，或兑水7.5 ~ 10.0 kg低容量喷雾。

在小麦孕穗期，纹枯病发生较普遍时，应通过适当加大药量来及时防治。可用240 g/L噻呋酰胺悬浮剂15 ~ 30 mL/亩、24%井冈霉素水剂60 ~ 80 mL/亩、70%甲基硫菌灵可湿性粉剂75 ~ 100 g/亩 + 15%三唑酮可湿性粉剂50 ~ 100 g/亩、10%井冈·蜡芽菌（井冈霉素·蜡质芽孢杆菌）悬浮剂200 ~ 260 g/亩、28%井·酮（井冈霉素·三唑酮）可湿性粉剂60 ~ 100 g/亩、30%苯醚甲环唑·丙环唑乳油15 ~ 20 mL/亩，兑水60 ~ 75 kg喷雾。

3. 小麦锈病

分布为害 在我国发生的小麦锈病有3种，即条锈、叶锈和秆锈。小麦条锈病主要发生于西北、西南、黄淮等冬麦区和西北春麦区，在流行年份可减产20% ~ 30%，严重地块甚至绝收；小麦叶锈病以西南和长江流域发生较重，华北和东北部分麦区也较重；小麦秆锈病在华东沿海、长江流域和福建、广东、广西的冬麦区及东北、内蒙古等春麦区发生、流行（图2-11）。

图2-11 小麦叶锈病为害叶片症状

症　　状 小麦叶锈病病菌为小麦隐匿柄锈菌（*Puccinia recondita*），小麦条锈病病菌为条形柄锈菌（*Puccinia striiformis*），小麦秆锈病病菌为禾柄锈菌（*Puccinia graminis*），均属担子菌门柄锈菌属。叶锈病主要为害叶片，产生疱疹状病斑，夏孢子堆为橘红色，呈不规则散生，一般多发生在叶片的正面，少数可穿透叶片，成熟后表皮开裂一圈，散出橘黄色的夏孢子（图2-12）。

图2-12 小麦叶锈病为害叶片症状

条锈病主要发生在叶片上，叶片初发病时夏孢子堆鲜黄色，与叶脉平行，且排列成行，像缝纫机轧过的针脚一样，呈虚线状，后期表皮破裂，出现铁锈色粉状物（图2-13）。

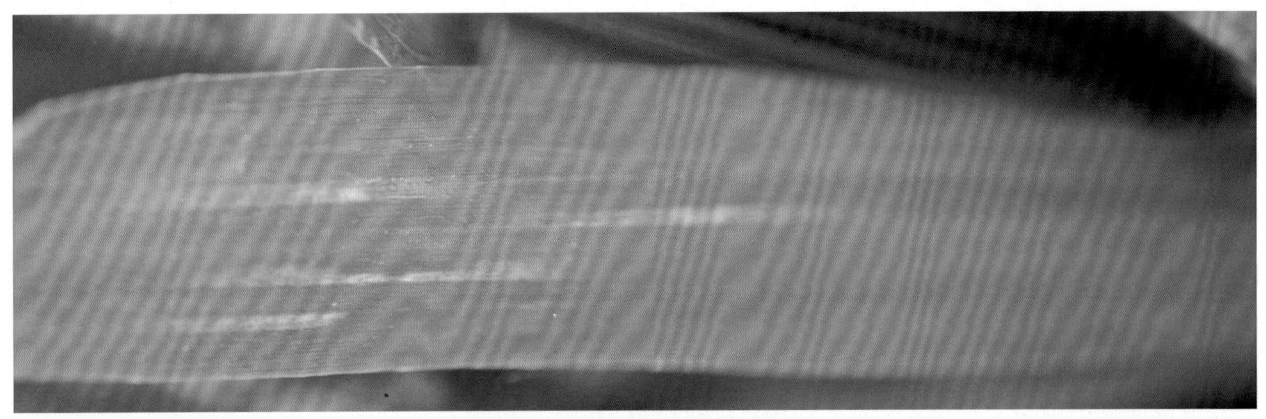

图2-13 小麦条锈病为害叶片症状

秆锈病主要为害茎秆和叶鞘，夏孢子堆最大，隆起高，褐黄色，不规则散生，常连接成大斑，成熟后表皮易破裂，表皮大片开裂且向外翻成唇状，散出大量锈褐色粉末（图2-14）。

发生规律 叶锈病菌是一种多孢型转主寄生的病菌。在小麦上形成夏孢子和冬孢子，冬孢子萌发产生担孢子，在唐松草和小乌头上形成锈孢子和性孢子。以夏孢子世代完成其生活史。该菌夏孢子萌发后产生芽管从叶片气孔侵入，在叶面上产生夏孢子堆和夏孢子，多次重复侵染。秋苗发病后，病菌以菌丝体的形式潜伏在叶片内或少量以夏孢子的形式越冬，冬季温暖地区，病菌不断传播蔓延。北方春麦区，由于病菌不能在当地越冬，病菌从外地传来，引起发病。冬小麦播种早，出苗早，发病重。一般9月上、中旬播种的易发病，冬季气温高，雪层厚，覆雪时间长，土壤湿度大，发病重。毒性强的小种多，能使小麦抗病性丧失，造成大面积发病。

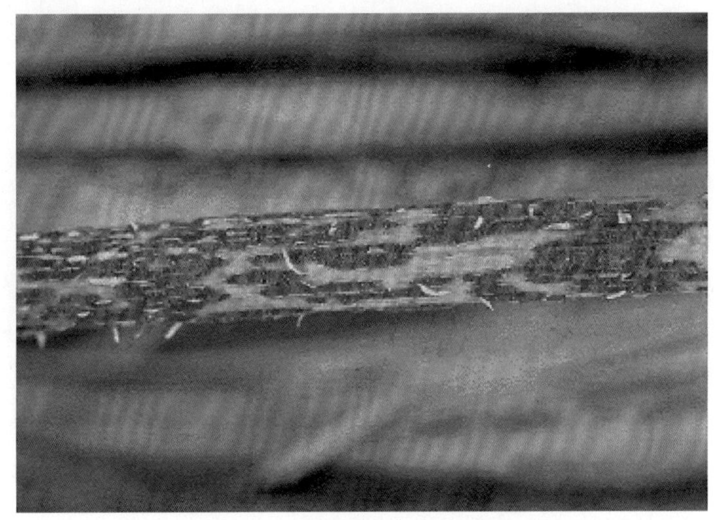

图2-14 小麦秆锈病为害茎秆症状

小麦条锈病菌主要以夏孢子的形式在小麦上完成周年的侵染循环，是典型的远程气传病害。其侵染循环可分为越夏、侵染秋苗、越冬及春季流行4个环节。秋季越夏的菌源随气流传播到冬麦区后，遇适宜的温湿度条件即可侵染冬麦秋苗，秋苗开始发病的时间多在冬小麦播后1个月左右。秋苗发病迟早及多少，与菌源距离和播期早晚有关，距越夏菌源近、播种早则发病重。翌年小麦返青后，越冬病叶中的菌丝体复苏扩展，当旬均温上升至5℃时显症产孢，如遇春雨或结露，病害扩展蔓延迅速，引致春季流行，成为该病主要为害时期。在具有大面积感病品种的前提下，越冬菌量和春季降雨成为流行的两大重要条件。

秆锈菌只以夏孢子世代在小麦上完成侵染循环。研究表明，我国小麦秆锈菌是以夏孢子世代在南方为害秋苗并越冬，在北方春麦区引起春夏流行，通过菌源的远距离传播，构成周年侵染循环。翌年春、夏季，越冬区菌源自南向北、向西逐步传播，造成全国大范围的春、夏季流行。由于大多数地区无或极少有本地菌源，春、夏季广大麦区秆锈病的流行几乎都是外来菌源所致，所以田间发病都是以大面积同时发病为特征，无真正的发病中心。但在外来菌源数量较少、时期较短的情况下，在本地繁殖1～2代后，田间可能会出现一些“次生发病中心”。小麦品种间抗病性差异明显，该菌小种变异不快，品种抗病性较稳定，近20年来没有大的流行。一般来说，小麦抽穗期的气温可满足秆锈菌夏孢子萌发和侵染的要求，决定病害是否流行的主要因素是湿度。对东北和内蒙古春麦区来说，如华北地区发病重，夏孢子数量大，而当地5—6月气温偏低，小麦发育迟缓，同时6—7月降雨日数较多，就有可能大流行。北部麦区播种过晚，秆锈病发生重；麦田管理不善，追施氮肥过多过晚，则加重秆锈病发生。

防治方法 小麦叶锈病应采取以种植抗病品种为主，栽培防病和药剂防治为辅的综合防治措施。

选育推广抗（耐）病良种，精耕细作，消灭杂草和自生麦苗，控制越夏菌源；在秋苗易发生锈病的地区，避免过早播种，可显著减轻秋苗发病，减少越冬菌源；合理密植和适量适时追肥，避免过多过迟施用氮肥。锈病发生时，南方多雨麦区要开沟排水；北方干旱麦区要及时灌水，可补充因锈菌破坏叶面而蒸腾掉的大量水分，减轻产量损失。

药剂拌种是控制菌量的重要手段。每100 kg种子可用12.5%烯唑醇可湿性粉剂60 ~ 80 g、24%唑醇·福美双悬浮种衣剂160 ~ 200 g拌种，拌种时将药液稀释，然后将药液喷洒到种子上，边喷边拌，拌后闷种4 ~ 6 h播种。

小麦返青拔节期后，发现中心病株时，及时防治，可用11%环氟菌胺·戊唑醇（戊唑醇9.5%＋环氟菌胺1.5%）悬浮剂20 ~ 40 mL/亩、30%氟环·嘧菌酯（氟环唑15%＋嘧菌酯15%）悬浮剂，40 ~ 45 mL/亩、15%三唑酮可湿性粉剂50 ~ 100 g/亩、25%丙环唑乳油35 ~ 50 mL/亩、12.5%烯唑醇可湿性粉剂45 ~ 60 g/亩、30%苯醚甲环唑·丙环唑（丙环唑15%＋苯醚甲环唑15%）微乳剂15 ~ 20 mL/亩、33%纹霉净（三唑酮·多菌灵）可湿性粉剂50 g/亩，兑水30 ~ 40 kg均匀喷雾，间隔8 ~ 10 d，连续喷2 ~ 3次。

孕穗期前后发生中心病团，且发病较多时，可用25%三唑酮可湿性粉剂40 ~ 50 g/亩、25%戊唑醇水乳剂60 ~ 70 mL/亩、25%腈菌唑乳油45 ~ 50 mL/亩、12.5%烯唑醇可湿性粉剂30 ~ 50 g/亩、12.5%氟环唑悬浮剂48 ~ 60 mL/亩、40%氟硅唑乳油10 ~ 20 mL/亩等，兑水40 ~ 50 kg均匀喷雾，间隔8 ~ 10 d，连续喷2次。

4. 小麦全蚀病

分布为害 小麦全蚀病是一种毁灭性的典型根部病害，广泛分布于世界各地。而今已扩展到我国西北、华北、华东等地。

症　　状 由禾顶囊壳（*Gaeumannomyces graminis*，属子囊菌门真菌）引起。只侵染根部和茎基部。幼苗感病，初生根部根茎变为黑褐色，严重时病斑连在一起，使整个根系变黑死亡。分蘖期地上部分无明显症状，重病植株表现稍矮，基部黄叶多。拔出麦苗，用水冲洗麦根，可见种子根与地下茎都变成了黑褐色。在潮湿情况下，根茎变色，部分形成基腐性的“黑脚”症状（图2-15）。最后造成植株枯死，形成“白穗”（图2-16 ~图2-18）。

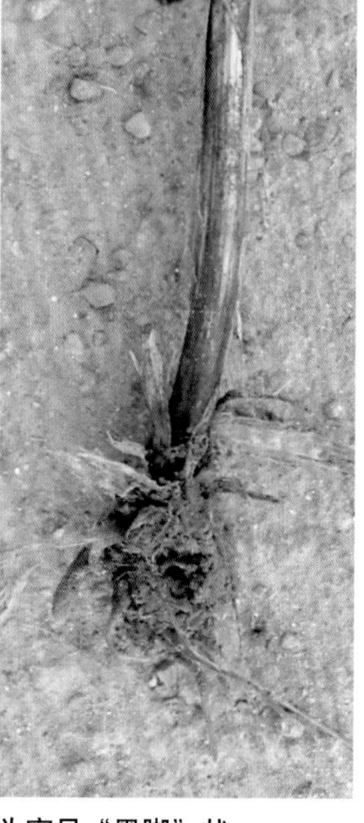

图2-15 小麦全蚀病为害呈“黑脚”状

图2-16 小麦全蚀病为害病健株比较情况

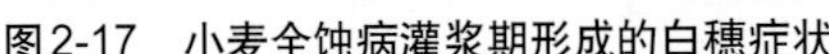

图2-17 小麦全蚀病灌浆期形成的白穗症状

图2-18 小麦全蚀病后期田间受害症状

小麦扬花期前后，田间发病比较严重，可用30%苯醚甲环唑·丙环唑（丙环唑15%＋苯醚甲环唑15%）微乳剂20 ～ 30 mL/亩、25%丙环唑乳油30 ～ 40 mL/亩、12.5%烯唑醇可湿性粉剂40 ～ 60 g/亩、25%腈菌唑乳油50 ～ 60 mL/亩、5%己唑醇悬浮剂30 ～ 40 mL/亩、40%氟硅唑乳油10 ～ 20 mL/亩、20%烯肟·戊唑醇悬浮剂10 ～ 20 mL/亩、12.5%粉唑醇悬浮剂30 ～ 50 mL/亩，兑水40 ～ 50 kg均匀喷雾。

发生规律 小麦全蚀病菌是土壤寄居菌，以潜伏菌丝的形式在土壤中的病残体上腐生或休眠，是主要的初侵染菌源。除土壤中的病菌外，混有病菌的病残体和种子亦能传病，小麦整个生育期均可感染，但以苗期侵染为主。病菌可由幼苗的种子根、胚芽以及根颈下的节间侵入根组织内，也可通过胚芽鞘和外胚叶进入寄主组织内。12 ～ 18℃的土温有利于侵染。因受温度影响，冬麦区有年前、年后两个侵染高峰，冬小麦播种越早，侵染期越早，发病越重，全蚀病以初侵染为主，再侵染不重要。小麦、大麦等寄主作物连作，发病严重，一年两熟地区小麦和玉米复种，有利于病菌的传递和积累，土质轻松、碱性，有机质少，氮、磷缺乏的土壤发病均重。不利于小麦生长和成熟的气候条件，如冬春低温和成熟期的干热风，都可使小麦受害加重。小麦全蚀病有明显的自然衰退现象，一般表现为上升期、高峰期、下降期和控制期4个阶段，达到病害高峰期后，继续种植小麦和玉米，全蚀病衰退，一般经1 ～ 2年即可控制为害。

防治方法 小麦全蚀病的防治应以农业措施为基础，充分利用生物、化学的防治手段达到保护无病区，控制初发病区，治理老病区的目的。药剂防治以种子处理为主来预防。

种子处理：可用22%苯甲唑·吡虫啉·萎锈灵（苯醚甲环唑1.4%＋萎锈灵6.6%＋吡虫啉14%）种子处理悬浮剂1 000 ～ 2 000 g或22%苯醚·咯·噻虫（噻虫嗪20%＋苯醚甲环唑1%＋咯菌腈1%）种子处理悬浮剂400 ～ 666 mL、23%吡虫·咯·苯甲（吡虫啉20%＋咯菌腈1%＋苯醚甲环唑2%）悬浮种衣剂600 ～ 800 g、10%硅噻菌胺悬浮种衣剂310 ～ 420 mL种子、3%苯醚甲环唑悬浮种衣剂400 ～ 600 mL种子、2.5%咯菌腈悬浮种衣剂200 mL＋3%苯醚甲环唑悬浮种衣剂200 mL、2.5%咯菌腈悬浮剂100 ～ 200 mL拌麦种100 kg；或用25%丙环唑乳油（种子重量的0.1%～0.2%）、12.5%烯唑醇可湿性粉剂（种子重量的0.2%）拌种。

在拌种的基础上，在返青拔节期用药剂灌根，可以用5亿芽孢/g荧光假单胞杆菌可湿性粉剂100 ～ 150 g/亩、或30%苯醚甲环唑·丙环唑乳油20 ～ 30 g/亩、1.5%多抗霉素可湿性粉剂80 ～ 160 g/亩＋25%腈菌唑乳油45 ～ 54 mL/亩、40%氟硅唑乳油20 ～ 30 mL/亩、2.5%咯菌腈悬浮剂20 ～ 40 mL/亩，兑水80 ～ 100 kg，顺麦垄淋浇于小麦基部。

5. 小麦黑穗病

分布为害　小麦黑穗病包括散黑穗病、腥黑穗病，是小麦上的重要病害。在世界各国麦区均有发生，我国主要分布在华北、西北、东北、华中和西南各省份。

症　　状　小麦散黑穗病菌，有性世代为散黑粉菌（*Ustilago nuda*），属担子菌门真菌。黑穗病主要发生在穗部。病穗比健穗抽穗早，初抽出时病穗外包有一层浅灰色的薄膜，后薄膜破裂消失，露出黑色粉末（图2-19、图2-20）。

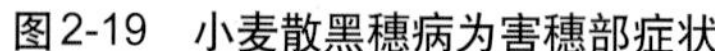

图2-19　小麦散黑穗病为害穗部症状

图2-20　小麦散黑穗病为害田间症状

腥黑穗病发生于穗部，抽穗前症状不明显，抽穗后至成熟期症状明显。病株全部籽粒变成菌瘿，菌瘿较健粒短胖。初为暗绿色，后变为灰白色，内部充满黑色粉末，最后菌瘿破裂，散出黑粉，并有鱼腥味（图2-21、图2-22）。

图2-21　小麦腥黑穗病为害穗部症状

图2-22　小麦腥黑穗病为害麦粒症状

小麦腥黑穗病菌：病原主要有2种，即网腥黑粉菌（*Tilletia caries*）、光腥黑粉菌（*Tilletia foetida*），均属担子菌门真菌。

发生规律　小麦散黑穗病菌属花器侵染类型，一年只有一次侵染（图2-23）。病穗散出冬孢子时期，恰值小麦开花期，冬孢子借风力传送到健花柱头上。当柱头刚刚开裂并有湿润分泌物时，孢子发芽产生菌丝和单核分枝菌丝，亲和性单核菌丝结合后产生双核侵染菌丝，多在子房下部或籽粒的顶端冠基部穿透子房壁表皮直接侵入，并穿透果皮和珠被，进入珠心，潜伏于胚部细胞间隙。当籽粒成熟时，菌丝体变为厚壁休眠菌丝，以菌丝的状态潜伏于种子胚里。这种内部带病种子播种后，胚里的菌丝随着麦苗生长，直到生长点，以后随着植株生长而伸展，形成系统侵染。在孕穗期到达穗部，在小穗内继续生长发育，到一定时期，菌丝变成冬孢子，成熟后散出，被风传到健穗的花器上萌发侵入，以菌丝状态潜伏于种子胚内越冬，造成下一年发病。

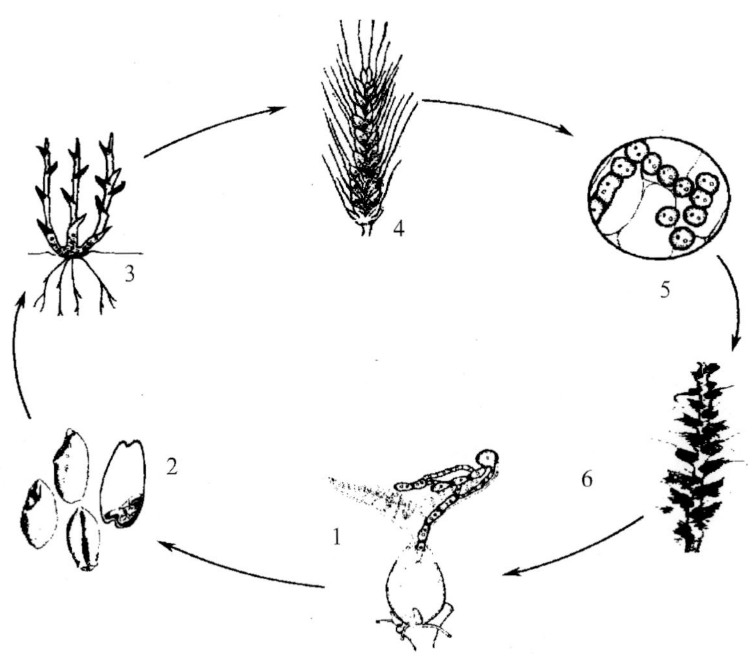

图2-23　小麦散黑穗病病害循环
1.冬孢子萌发侵入小麦子房　2.菌丝在种胚中越冬
3.侵染幼苗　4.麦穗　5.麦粒内形成冬孢子　6.病穗后期

小麦腥黑穗病病菌以厚垣孢子的形式附在种子外表或混入粪肥、土壤中越冬或越夏。腥黑穗病是一种单循环系统侵染的病害（图2-24），其侵染来源有3个方面：①种子带菌。小麦在脱粒时，碾碎了病粒，使冬孢子附着在种子表面，或有菌瘿及菌瘿的碎片混入种子，均可成为种子传病的来源。②粪肥带菌。打麦场上的麦糠、碎麦秸及尘土混入肥料，或用带菌麦草饲喂牲畜，带菌种子饲喂家禽，通过消化道后，冬孢子未死亡，使粪肥成为侵染来源。③土壤带菌。病粒落入田间或靠近打麦场的麦田，在打场时，由风吹入冬孢子，造成土壤传染。一般以种子带菌为主。种子带菌亦是病害远距离传播的主要途径。粪肥和土壤传病是次要的，但在某些局部地区也可能起主要作用。如山东及吉林的扶余等地区，习惯上用土壤和麦种同时播种，粪肥传病则是主要的。在麦收后寒冷而干燥的地区，如内蒙古春麦区，病菌冬孢子在土壤中存活的时间较长，土壤传病的作用较大。播种带菌的小麦种子，当种子发芽时，冬孢子也随即萌发，由芽鞘侵入幼苗，并到达生长点，菌丝随小麦生长而发展，到小麦孕穗期，病菌侵入幼穗的子房，破坏花器，形成黑粉，使整个花器变成菌瘿。

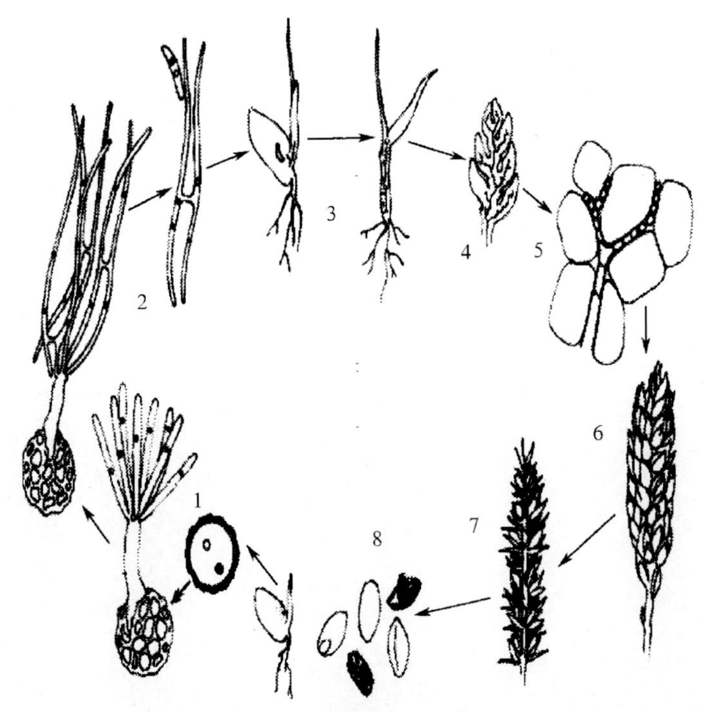

图2-24　小麦腥黑穗病病害循环
1.冬孢子及其萌发　2.H形双核菌丝　3.小麦苗期　4.小麦穗期
5.冬孢子　6.健穗　7.病穗　8.冬孢子在种子内休眠

防治方法 小麦黑穗病的防治应采用以加强检疫和种子处理为主，农业防治和抗病品种为辅的综合防治措施。加强检疫工作，防止病害随种子或商品粮传入我国。播种的种子要在精选后严格消毒，田间管理时应注意施用无病肥，及时拔除病株等。适期播种，播种不宜过深。施用腐熟的有机肥。以土壤和粪肥传播为主的病害，可采用与非寄主作物实行1 ~ 2年轮作或1年水旱轮作，并施无病肥。

药剂拌种是防治小麦黑穗病最经济有效的措施。可用22%苯甲唑·吡虫啉·萎锈灵（苯醚甲环唑1.4% + 萎锈灵6.6% + 吡虫啉14%）种子处理悬浮剂1 000 ~ 2 000 g或22%苯醚·咯·噻虫（噻虫嗪20% + 苯醚甲环唑1% + 咯菌腈1%）种子处理悬浮剂400 ~ 666 mL、23%吡虫·咯·苯甲（吡虫啉20% + 咯菌腈1% + 苯醚甲环唑2%）悬浮种衣剂600 ~ 800 g、10%硅噻菌胺悬浮种衣剂310 ~ 420 mL、3%苯醚甲环唑悬浮种衣剂 400 ~ 600 mL、2.5%咯菌腈悬浮种衣剂200 mL + 3%苯醚甲环唑悬浮种衣剂+ 200 mL、2.5%咯菌腈悬浮剂100 ~ 200 mL、2%戊唑醇湿拌剂2 ~ 3 g、75%萎锈·福美双可湿性粉剂180 ~ 210 g。

6. 小麦秆黑粉病

分布为害 小麦秆黑粉病是小麦上的重要病害。在世界各国麦区均有发生，我国主要分布在华北、西北、东北、华中和西南各省份。

症　状 由小麦条黑粉菌（*Urocystis tritici*，属担子菌门真菌）引起。主要为害茎秆、叶片、穗。茎秆上产生条纹状黑褐色冬孢子堆，病株分蘖多，有时无效分蘖可达百余个。叶片上产生条纹状黑褐色冬孢子堆，易扭曲、干枯。为害严重时多不抽穗，卷曲在叶鞘内，或穗小畸形，粒少粒秕（图2-25、图2-26）。

图2-25 小麦秆黑粉病为害田间症状

图2-26 小麦秆黑粉病为害茎秆症状

发生规律 以冬孢子团的形式散落在土壤中或以冬孢子的形式黏附在种子表面及肥料中越冬或越夏，成为该病初侵染源。以土壤传播为主，土壤中越冬的冬孢子，萌发后从幼苗芽鞘侵入，并进入生长点，为系统侵染病害，1年只能侵染1次。

防治方法 小麦黑穗病的防治应采用以加强检疫和种子处理为主，农业防治和抗病品种为辅的综合防治措施。适期播种，播种不宜过深。施用腐熟的有机肥。

药剂拌种是防治小麦秆黑粉病最经济有效的措施。可用22%苯甲唑·吡虫啉·萎锈灵（苯醚甲环唑

1.4%＋萎锈灵6.6%＋吡虫啉14%）种子处理悬浮剂1 000 ～ 2 000 g或22%苯醚·咯·噻虫（噻虫嗪20%＋苯醚甲环唑1%＋咯菌腈1%）种子处理悬浮剂400 ～ 666 mL、23%吡虫·咯·苯甲（吡虫啉20%＋咯菌腈1%＋苯醚甲环唑2%）悬浮种衣剂600 ～ 800 g、10%硅噻菌胺悬浮种衣剂310 ～ 420 mL、3%苯醚甲环唑悬浮种衣剂400 ～ 600 mL、2.5%咯菌腈悬浮种衣剂200 mL＋3%苯醚甲环唑悬浮种衣剂＋200 mL、2.5%咯菌腈悬浮剂100 ～ 200 mL、2%戊唑醇湿拌剂2 ～ 3 g、75%萎锈·福美双可湿性粉剂180 ～ 210 g。

7. 小麦赤霉病

分布为害 小麦赤霉病别名麦穗枯、烂麦头、红麦头，是小麦的主要病害之一。小麦赤霉病在全世界普遍发生，主要分布于潮湿和半潮湿区域，尤其气候湿润多雨的温带地区受害比较严重。

症　　状 该病由多种镰刀菌引起。从幼苗到抽穗都可受害，其中为害最严重的是穗腐（图2-27）。小麦扬花时，初在颖片上产生水浸状浅褐色斑，渐扩大至整个小穗，小穗枯黄。湿度大时，病斑处产生粉红色胶状霉层，后期其上产生密集的蓝黑色小颗粒。用手触摸，有凸起的感觉，籽粒干瘪并伴有白色至粉红色霉（图2-28、图2-29）。

图2-27　小麦赤霉病为害田间症状

图2-28　小麦赤霉病为害穗部症状

图2-29　小麦赤霉病病粒和健粒比较

发生规律　小麦赤霉病病菌腐生能力强，在北方地区麦收后可继续在麦秸、玉米秆、豆秸、稻桩、稗草等植物残体上存活，并以子囊壳、菌丝体和分生孢子的形式在各种寄主植物的残体上越冬。土壤和带病种子也是重要的越冬场所。病残体上的子囊壳、分生孢子以及带病种子是下一个生长季节的主要初侵染源。种子带菌是造成苗枯的主要原因，而土壤中如有较多的病菌则有利于产生茎基腐症状。小麦抽穗后至扬花末期最易受病菌侵染（此时正遇病残体上子囊孢子产生的高峰期），乳熟期以后，除非遇上特别适宜的阴雨天气，一般很少侵染。

子囊孢子借气流和风雨传播，孢子落在麦穗上后萌发产生菌丝，先在颖壳外侧蔓延，后经颖片缝隙进入小穗内并侵入花药。侵入小穗内的菌丝往往将花药残骸或花粉粒作为营养并不断生长繁殖，进而侵害颖片两侧薄壁细胞以至胚和胚乳，引起小穗凋萎（图2-30）。小穗被侵染后，条件适宜，3 ～ 5 d即可表现症状。然后菌丝逐渐向水平方向的相邻小穗扩展，也向垂直方向扩展，穿透小穗轴进而侵害穗轴输导组织，导致侵染点以上的病穗出现枯萎。潮湿条件下病部可产生分生孢子，借气流和雨水传播，再侵染。小麦赤霉病虽然是一种多循环病害，但因病菌侵染寄主的方式和侵染时期比较严格，穗期靠产生分生孢子再侵染次数有限，作用也不大。穗枯的发生程度主要取决于花期的初侵染量和子囊孢子的连续侵染。对于成熟期参差不齐的麦区，早熟品种的病穗有可能为中晚熟品种和迟播小麦的花期侵染提供一定数量的菌源。迟熟、颖壳较厚、不耐肥品种发病较重；田间病残体菌量大发病重；地势低洼、排水不良、黏重土壤，偏施氮肥、密度大，田间郁闭发病重。

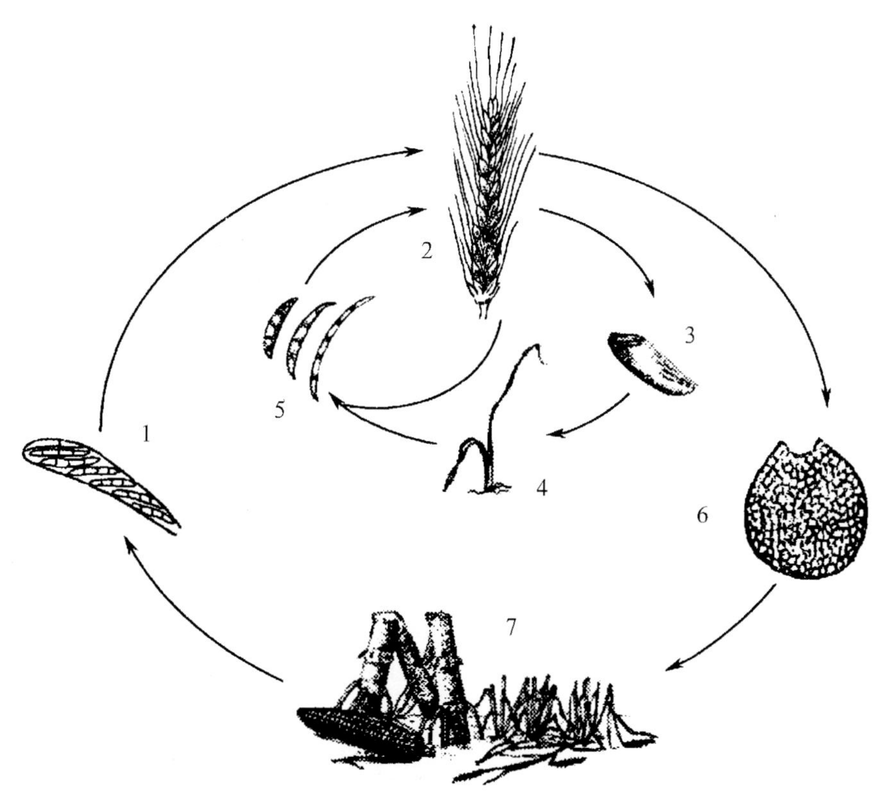

图2-30　小麦赤霉病病害循环
1.子囊孢子　2.病穗　3.病粒　4.枯苗
5.分生孢子再侵染　6.子囊壳　7.病残体

防治方法　防治小麦赤霉病应采取以农业防治和减少初侵染源为基础，充分利用抗病品种，及时喷洒杀菌剂的综合防治措施。播种时要精选种子，播种量不宜过大，合理施肥。

种子处理是防治芽腐和苗枯的有效措施。可用50%多菌灵可湿性粉剂100 ～ 200 g、15%粉锈灵可湿性粉剂160 g湿拌100 kg种子，或每100 kg种子用22%苯甲唑·吡虫啉·萎锈灵（苯醚甲环唑1.4%＋萎锈灵6.6%＋吡虫啉14%）种子处理悬浮剂1 000 ～ 2 000 g、23%吡虫·咯·苯甲（吡虫啉20%＋咯菌腈1%＋苯醚甲环唑2%）悬浮种衣剂600 ～ 800 g、2%戊唑醇湿拌剂2 ～ 3 g或75%萎锈·福美双可湿性粉剂180 ～ 210 g。

小麦扬花初期，田间有零星发病是防治小麦赤霉病的防治适期，间隔7 ～ 10 d再喷1次，连喷2 ～ 3次。可用70％甲基硫菌灵可湿性粉剂75 ～ 100 g/亩、50％多菌灵可湿性粉剂40 ～ 60 g/亩、28％烯肟·多菌灵（烯肟菌酯7％＋多菌灵21％）可湿性粉剂50 ～ 100 g/亩、40％唑醚·咪鲜胺（咪鲜胺30％＋吡唑醚菌酯10％）水乳剂30 ～ 35 mL/亩、40％唑醚·戊唑醇（戊唑醇30％＋吡唑醚菌酯10％）悬浮剂15 ～ 25 mL/亩、200 g/L氟唑菌酰羟胺悬浮剂50 ～ 65 mL/亩、24％咪鲜·嘧菌酯（嘧菌酯8％＋咪鲜胺16％）悬浮剂40 ～ 60 mL/亩、28％丙硫菌唑·多菌灵（多菌灵25％＋丙硫菌唑3％）悬浮剂120 ～ 150 mL/亩、45％甲基硫菌灵·苯醚甲环唑（甲基硫菌灵42％＋苯醚甲环唑3％）可湿性粉剂40 ～ 60 g/亩、25％氰烯菌酯悬浮剂100 ～ 200 mL/亩、41％甲硫·戊唑醇（甲基硫菌灵34.2％＋戊唑醇6.8％）悬浮剂50 ～ 75 mL/亩，兑水30 ～ 40 kg喷雾。

8. 小麦叶枯病

分布为害 小麦叶枯病是引起小麦叶斑和叶枯类病害的总称。世界上报道的叶枯病病原菌有20多种。我国以雪霉叶枯病、链格孢叶枯病、壳针孢类叶枯病、黄斑叶枯病等病害在各产麦区为害较大，已成为我国小麦生产上的一类重要病害，多雨年份和潮湿地区发生尤其严重（图2-31）。

图2-31 小麦叶枯病为害田间症状

症　　状 小麦雪霉叶枯病由雪腐格氏霉（*Gerlachia nivalis*）引起；链格孢叶枯病由细链格孢（*Alternaria tenuis*）引起；针孢类叶枯病病菌为小麦壳针孢（*Septoria tritici*）；黄斑叶枯病病菌为小麦德氏霉（*Drechslera tritici-repentis*），均属无性型真菌。黄斑叶枯病：主要为害叶片，可单独形成黄斑。叶片染病初期生黄褐色斑点，后扩展为椭圆形至纺锤形大斑，病斑中央色深，有不大明显的轮纹，边缘有边界不明显，外围生黄色晕，后期病斑融合，导致叶片变黄干枯（图2-32、图2-33）。

图2-32 小麦黄斑叶枯病初期症状

图2-33　小麦黄斑叶枯病后期症状

雪霉叶枯病：主要为害叶片、叶鞘。病斑初为水渍状，后扩大为近圆形或椭圆形大斑，边缘灰绿色，中央污褐色。病斑表面常形成砖红色霉层，潮湿时病斑边缘有白色菌丝薄层，有时产生黑色小粒点（图2-34）。

图2-34　小麦雪霉叶枯病为害叶片症状

链格孢叶枯病：主要为害叶片和穗部。初期在叶片上形成较小的黄色褪绿斑，后扩展为中央灰褐色，边缘黄褐色长圆形病斑，潮湿时病斑上可产生灰黑色霉层（图2-35）。

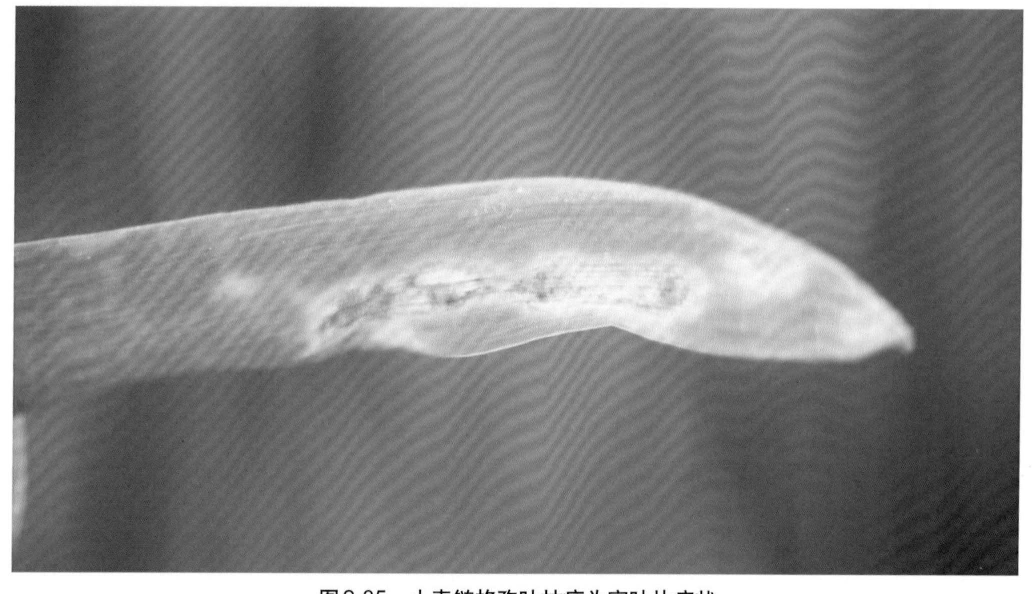

图2-35　小麦链格孢叶枯病为害叶片症状

发生规律 几种叶枯病菌多以菌丝体潜伏于种子内，或以孢子附着于种子表面，或以菌丝、分生孢子器、子囊壳的形式在病残体中越夏或越冬。种子和田间病残体上的病菌为苗期的主要初侵染来源。一般感病较重的种子，常常还未出土就腐烂而死。病轻者可出苗，但生长衰弱。病组织及残体所产生的分生孢子或子囊孢子借风雨传播，直接侵入或由伤口和气孔侵入寄主。如温度和湿度条件适宜，发病后不久病斑上便又产生分生孢子或子囊孢子，多次再侵染，致使叶片上产生大量病斑，干枯死亡。尽管多数叶枯病病菌在整个生育期均可为害，但以抽穗后灌浆期发生较重，是主要为害时期。

发病条件 小麦叶枯病的发病程度与气象因素、栽培条件、菌源数量等诸多因素有关。

气候因素：潮湿多雨和比较冷凉的气候条件有利于小麦雪霉叶枯病的发生。14 ~ 18℃适宜菌丝生长、分生孢子和子囊孢子的产生，18 ~ 22℃则有利于病菌侵染和发病。4月下旬至5月上旬降雨量对病害发展影响很大，若此期降雨量超过70 mm则发病严重，40 mm以下则发病较轻。苗期受冻，幼苗抗逆力弱，叶枯病往往发生较重。小麦开花期到乳熟期潮湿（空气相对湿度>80%）并配合较高的温度（18 ~ 25℃）有利于各种叶枯病的发展和流行。

栽培条件：氮肥施用过多，冬麦播种偏早或播量偏大，造成植株群体过大，田间郁闭，发病重；东北地区，春小麦过迟播种，幼苗根腐叶枯病也重。麦田灌水过多，或生长后期大水漫灌，或地势低洼排水不良，有利于病害发生。

菌源数量：种子感病程度重，带菌率高，播种后幼苗感病率和病情指数也高。有研究报道东北地区，种子感病程度与根腐叶枯病病苗率和病情指数之间呈高度正相关。

防治方法 使用健康无病种子，适期适量播种；施足基肥，氮、磷、钾配合使用，以控制田间群体密度，改善通风透光条件。控制灌水，雨后还要及时排水。小麦扬花期至灌浆期是防治叶枯病的关键时期。

在小麦扬花至灌浆期，结合白粉病、锈病等病害的防治，可以用70%甲基硫菌灵可湿性粉剂75 ~ 100 g/亩、50%多菌灵可湿性粉剂40 ~ 60 g/亩、28%烯肟·多菌灵（烯肟菌酯7%＋多菌灵21%）可湿性粉剂50 ~ 100 g/亩、40%唑醚·咪鲜胺（咪鲜胺30%＋吡唑醚菌酯10%）水乳剂30 ~ 35 mL/亩、40%氟硅唑乳油6 000 ~ 8 000倍液喷雾。

9. 小麦颖枯病

分布为害 20世纪70年代以来，小麦颖枯病在中国局部地区零星发生，且往往与根腐叶斑病、叶斑病等叶枯性病害混合发生，未引起注意。近几年来，小麦颖枯病的发生和为害日益严重。目前，该病害在国内冬、春麦区均有发生。一般叶片受害率50%～98%，颖壳受害率10%～80%，一般减产1%～7%，严重者在30%以上，严重影响了小麦的产量和质量。

症　状 小麦颖枯病病菌为颖枯壳针孢（*Septoria nodorum*），属无性型真菌。小麦从种子萌发至成熟期均可受害，但主要发生在小麦穗部和茎秆上，叶片和叶鞘也可受害。穗部症状在乳熟期最明显，多在穗的顶端或上部小穗上先发生。初在颖壳上产生深褐色斑点，后变枯白色，扩展到整个颖壳，并在其上长满菌丝和小黑点（分生孢子器），病重的不能结实。病斑在叶的正、背面都可发生，但以正面为多。有的叶片受侵染后无明显病斑，而全叶或叶的大部变黄；剑叶被害多卷曲枯死。叶鞘发病后变黄，上生小黑点，常使叶片早枯。茎节受害呈褐色病斑，其上也生细小黑点（图2-36、图2-37）。

图2-36 小麦颖枯病为害麦穗症状

图2-37　小麦颖枯病为害麦粒症状

发生规律　冬麦区病菌在病残体或附在种子上越夏，秋季侵入麦苗，以菌丝体的形式在病株上越冬。春麦区以分生孢子器和菌丝体的形式在病残体上越冬，次年条件适宜，释放出分生孢子侵染春小麦，借风、雨传播。高温多雨条件有利于颖枯病发生和蔓延。连作田发病重。春麦播种晚，偏施氮肥，生育期延迟加重病害发生。

防治方法　选用无病种子，清除病残体，麦收后深耕灭茬。消灭自生麦苗，降低越夏、越冬菌源，实行2年以上轮作。春麦适时早播，施用充分腐熟有机肥，增施磷、钾肥，加强田间管理，开沟排水，降低地下水位，控制颖枯病的为害。

种子处理：用50%多福混合粉（多菌灵：福美双为1 ： 1）500倍液浸种48 h或用50%多菌灵可湿性粉剂、70%甲基硫菌灵可湿性粉剂、40%拌种双可湿性粉剂，按种子量0.2%拌种。

重病区，在小麦抽穗期喷洒70%甲基硫菌灵可湿性粉剂75 ～ 100 g/亩、50%多菌灵可湿性粉剂40 ～ 60 g/亩、24%咪鲜·嘧菌酯（嘧菌酯8%＋咪鲜胺16%）悬浮剂40 ～ 60 mL/亩、28%丙硫菌唑·多菌灵（多菌灵25%＋丙硫菌唑3%）悬浮剂120 ～ 150 mL/亩、45%甲基硫菌灵·苯醚甲环唑（甲基硫菌灵42%＋苯醚甲环唑3%）可湿性粉剂40 ～ 60 g/亩，间隔7 ～ 10 d喷施1次，连喷2 ～ 3次。

10. 小麦黑颖病

分布为害　小麦黑颖病是一种细菌性病害，在我国东北、西北、华北、西南麦区均有发生。主要为害穗部，在孕穗开花期受害较重，造成植株提早枯死，穗形变小，籽粒干秕，减产10%～ 30%。

症　　状　由油菜单胞菌小麦致病变种（*Xanthomonas campestris* pv. *translucenes*，属细菌）引起。主要为害小麦叶片、叶鞘、穗部、颖片及麦芒。穗部染病，穗上病部为褐色至黑色的条斑，多个病斑融合在一起后颖片变黑发亮。颖片染病后引起种子感染。致病种子皱缩或不饱满。发病轻的种子颜色变深。叶片染病，初呈水渍状小点，渐沿叶脉向上、下扩展为黄褐色条状斑。穗轴、茎秆染病，产生黑褐色长条状斑。湿度大时，以上病部均产生黄色细菌脓液（图2-38 ～图2-40）。

图2-38　小麦黑颖病为害叶片和叶鞘症状

图2-39　小麦黑颖病为害颖片症状

图2-40　小麦黑颖病为害后期症状

发生规律 种子带菌是该病主要初侵染源，其次病残体和其他寄主也可带菌，病菌也能在田间病残组织内存活并传病，但病残组织腐解后，病菌即难生存。在小麦生长季节，病菌从种子进入导管，后到达穗部，产生病斑。病部溢出菌脓具大量病原细菌，借风雨、昆虫及接触传播，从气孔或伤口侵入，进行多次再侵染。高温高湿利于该病扩展，因此小麦孕穗期至灌浆期降雨频繁，温度高发病重。

防治方法 建立无病留种田，选用抗病品种。合理轮作倒茬，清除病残物和杂质。

种子处理：可采用防治小麦散黑穗病变温浸种法，28 ～ 32℃浸4 h，再在53℃水中浸7 min。或用14%络氨铜水剂200 g/100 kg拌种，晾干后播种。

小麦孕穗期即发病初期，开始喷洒多粘类芽孢杆菌KN-035亿CFU/g悬浮剂400 ～ 600 mL/亩、1亿CFU/g枯草芽孢杆菌微囊粒剂90 ～ 150 g/亩，或用20%噻唑锌悬浮剂100 ～ 150 mL/亩效果也很好，每隔7 ～ 10 d喷1次，连续喷2 ～ 3次，防病增产效果显著。

11. 小麦黄矮病

分布为害 目前，小麦黄矮病主要分布在西北、华北、东北、华中、西南及华东等冬麦区、春麦区及冬春麦混种区，对小麦种植有较大影响。

症　　状 黄症病毒属（*Luteovirus*）中的大麦黄矮病毒（*Barley yellow dwarf virus*，BYDV）引起。主要表现为叶片黄化，植株矮化。叶片典型症状是新叶发病从叶尖渐向叶基扩展变黄，黄化部分占全叶的1/3 ～ 1/2，叶基仍为绿色，且保持较长时间，有时出现与叶脉平行但不受叶脉限制的黄绿相间条纹（图2-41）。

图2-41　小麦黄矮病叶片受害症状

发生规律 此病的侵染循环在冬麦区和冬春麦混种区是有差异的。冬麦区5月中、下旬，各地小麦逐渐进入黄熟期，麦蚜因植株老化，营养不良，产生大量有翅蚜向越夏寄主（次生麦苗、野燕麦、虎尾草等）迁移，在越夏寄主上取食、繁殖和传播病毒。秋季小麦出苗后，麦蚜又迁回麦地，特别是在田边的小麦上取食、繁殖和传播病毒，并以有翅成蚜、无翅成蚜、若蚜的形式在麦苗基部越冬，有些地区的麦蚜也产卵越冬。冬前感病的小麦是翌年早春的发病中心。冬、春麦混种区如甘肃河西走廊一带，5月上旬，麦蚜逐渐产生有翅蚜，向春小麦、大麦、玉米、糜子、高粱及禾本科杂草上迁移。晚熟春麦、糜子和自生麦苗是麦蚜和大麦黄矮病毒的主要越夏场所。9月下旬，冬小麦出苗后，麦蚜又迁回麦田，在冬小麦上产卵越冬，大麦黄矮病毒也随之传到冬小麦麦苗上，并在小麦根部和分蘖节里越冬。在干旱、半干旱地区，秋季天旱，温度高，降温迟，接着春季温度回升快，春旱的年份，就是重病流行年；秋季多雨而春季旱，一般为轻病流行年；如秋、春两季都多雨，则发病较轻；秋季旱而春季多雨，则可能中度发生，小麦品种间对黄矮病的抗病性有差异。大流行年份的气候特点是冬春雨雪少，7月气温低，10月气温高；冬季温暖，早春气温回升快，对麦二叉蚜的生长有利，病毒传播快。此外，土地肥沃的麦田比薄瘠的麦田发病轻，冬灌的比不冬灌的发病轻，迟播的比早播的发病轻。阳坡重、阴坡轻，旱地重、水浇地轻；粗放管理重、精耕细作轻，瘠薄地重。

防治方法 选用抗病丰产品种。加强栽培管理，重病区应着重改造麦田蚜虫的适生环境，清除田间杂草，减少毒源寄主。增施有机肥，扩大水浇面积，创造不利于蚜虫繁殖，而有利于小麦生长发育的生态环境，以减轻为害，因地制宜地合理调整作物布局，春麦区适当早播，合理密植，当麦蚜开始在冬小麦根际附近越冬时冬灌，有显著的治蚜效果。田间如发现植株有明显矮化、丛生、花叶等病状时，应立即拔除，及早改种其他作物，以免贻误农时。

药剂拌种：可用22%苯甲唑·吡虫啉·萎锈灵（苯醚甲环唑1.4%＋萎锈灵6.6%＋吡虫啉14%）种子处理悬浮剂1 000 ～ 2 000 g或22%苯醚·咯·噻虫（噻虫嗪20%＋苯醚甲环唑1%＋咯菌腈1%）种子处

理悬浮剂400 ~ 666 mL拌麦种100 kg。

根据各地虫情，在10月下旬至11月中旬喷1次药，以防止麦蚜在田间蔓延、扩散，减少麦蚜越冬基数。冬麦返青后到拔节期防治1 ~ 2次，就能控制麦蚜与小麦黄矮病的流行。春麦区根据虫情，在5月上中旬喷药效果较好。秋苗期喷雾重点防治未拌种的早播麦田，春季喷雾重点防治发病中心麦田及蚜虫早发麦田，可喷施10%可湿性粉剂30 ~ 40 g/亩、25%噻虫嗪水分散粒剂10 ~ 20 g/亩、75%噻虫胺水分散粒剂5 ~ 10 g/亩，兑水10 ~ 20 kg/亩喷施。

12. 小麦黄花叶病

分布为害　小麦黄花叶病主要分布于我国四川、陕西、江苏、浙江、湖北、河南等省份。近年来该病在河南、陕西等地不断扩大蔓延，成为不少麦区的新问题。

症　　状　由小麦黄花叶病毒（*Wheat yellow mosaic virus*，WYMV）引起。病毒粒体为线状。该病在冬小麦上发生严重。染病后冬前不表现症状，到春季小麦返青期才出现症状，染病株在小麦4 ~ 6 叶后的新叶上产生褪绿条纹，少数心叶扭曲畸形，以后褪绿条纹增加并扩散。病斑联合成长短不等、宽窄不一的不规则条斑，形似梭状，老病叶渐变黄、枯死。病株分蘖少、萎缩、根系发育不良，重病株明显矮化（图2-42、图2-43）。

图2-42　小麦黄花叶病为害植株症状

图2-43　小麦黄花叶病为害田间症状及不同品种抗性比较

发生规律　小麦黄花叶病毒的自然传播介体为禾谷多黏菌（*Polymyxa graminis*）。另据报道，病株汁液摩擦也可传病，但是对发病影响不大。禾谷多黏菌是禾谷类植物根部表皮细胞内的一种严格寄生菌，病毒在其休眠孢子囊内越夏，秋播后随孢子囊萌发传至游动孢子，当游动孢子侵入小麦根部表皮细胞时，病毒即进入小麦体内。多黏菌在小麦根部细胞内可发育成变形体并产生游动孢子再侵染。土壤中的休眠孢子囊可随耕作、流水等方式扩大为害范围。春季多雨低温、地势低洼、重茬连作、土质沙壤、播种偏早等条件均会使病情加重。

防治方法　选用抗病品种。轮作倒茬。与非禾本科作物轮作3～5年，适当迟播。避开病毒侵染的最适时期，减轻病情。发病初期及时追施速效氮肥和磷肥，促进植株生长，减少为害和损失。施用的农家肥要充分腐熟，提倡施用酵素菌沤制的堆肥。麦收后应尽可能清除病残体，避免通过病残和耕作措施传播蔓延。

13. 小麦胞囊线虫病

分布为害　此病是世界禾谷类作物上重要病害，目前已发现该病在河南、河北、山东、湖北、安徽、北京、山西、甘肃、青海等10多个省份均有分布。

症　状　由燕麦胞囊线虫（*Heterodera avenae*，属于线形动物门异皮线虫属）引起。受害小麦幼苗矮黄，根系短分叉，后期根系被寄生呈瘤状，露出白亮至暗褐色粉粒状胞囊，胞囊老熟易脱落，仅在成虫期出现。线虫为害后，病根常受立枯丝核菌等次生性土壤真菌为害，致使根系腐烂（图2-44、图2-45）。

图2-44　小麦胞囊线虫病为害后期田间症状

图2-45　小麦胞囊线虫病为害根部症状

发生规律　病原线虫主要以胞囊的形式在土壤中越冬、越夏。以2龄幼虫从根尖紧靠生长点的延长区侵入，在根内移行至维管束中柱，用口针刺吸维管束细胞吸取营养。此后，定居于薄壁组织中。雌成虫孕卵后，体躯急剧膨大，撑破寄主根表皮，露于根表。线虫主要经土壤传播。农具、人、畜黏带的土壤以及水流等也可传播线虫（图2-46）。在幼虫孵化期恰逢天气凉爽而土壤湿润，沙质土壤、缺肥地块、灌溉条件差的地块会受害重。

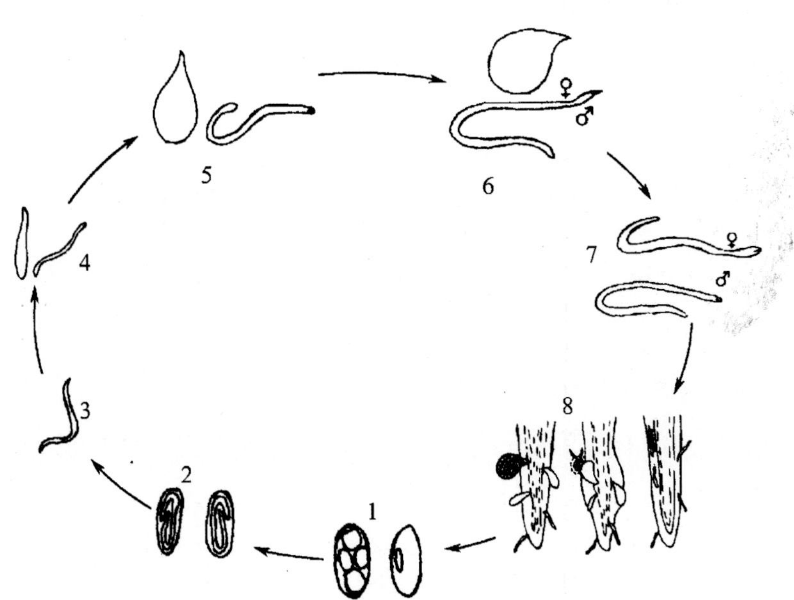

图2-46　小麦胞囊线虫生活史

1.卵　2.一龄幼虫　3.二龄幼虫　4.三龄幼虫　5.四龄幼虫　6.成虫　7.经4次蜕皮后的成虫　8.受害根

防治方法　选用抗（耐）病品种。与麦类及非麦类作物隔年或3年轮作。春麦区适当晚播，要平衡施肥，提高植株抵抗力。施用土壤添加剂，控制根际微生态环境，使其不利于线虫生长和寄生。

药剂拌种：可用17%克百·多菌灵（克百威7%＋多菌灵10%）悬浮种衣剂药种比1：(40～50）拌麦种。

在小麦返青时施用0.5%阿维菌素颗粒剂2.5～3.0 kg/亩、3%辛硫磷颗粒剂1.5 kg/亩、3%克百威颗粒剂2～5 kg/亩、10%克线磷颗粒剂

200 g/亩处理土壤，也可用杀线虫内吸型颗粒剂沟施或种衣剂拌种、闷种，控制早期侵染。

14. 小麦根腐病

分布为害　小麦根腐病分布在全国各地，东北、西北春麦区发生较重，黄淮海冬麦区也很普遍。

症　　状　由麦根腐平脐蠕孢（*Bipolaris sorokiniana*）及多种镰孢菌如禾谷镰孢（*Fusarium graminearum*）、燕麦镰孢（*Fusarium avenaceum*）、黄色镰孢（*Fusarium culmorum*）引起，均属无性型真菌。全生育期均可引起发病，苗期引起根腐，成株期引起叶斑、穗腐或黑胚。苗期染病种子带菌严重的不能发芽，轻者能发芽，但幼芽脱离种皮后即死在土中，有的虽能发芽出苗，但生长细弱。幼苗染病后在芽鞘上产生黄褐色至褐黑色梭形斑，边缘清晰，中间稍褪色，扩展后引起种根基部、根间、分蘖节和茎基部褐变（图2-47），病组织逐渐坏死，上生黑色霉状物，最后根系朽腐，麦苗平铺在地上，下部叶片变黄，逐渐黄枯而亡。成株期染病叶片上出现梭形小褐斑，后扩展为长椭圆形或不规则形浅褐色斑，病斑两面均生灰黑色霉，病斑融合成大斑后枯死，严重的整叶枯死。叶鞘染病产生边缘不明显的云状斑块，与其连接叶片黄枯而死。小穗发病出现褐斑和白穗。

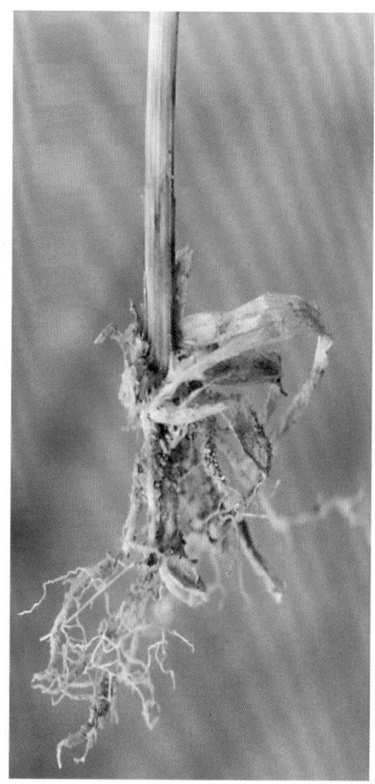

图2-47　小麦根腐病为害茎基部症状

发生规律　病菌以菌丝体和厚垣孢子的形式在病残体和土壤中越冬，成为翌年的初侵染源。该菌在土壤中存活2年。生产上播种带菌种子也可引致苗期发病。幼苗受害程度随种子带菌量增加而加重，如侵染源多则发病重；在种子带菌为主的条件下，种子被害程度较其带菌率对发病影响更大；生产上土壤温度低或土壤湿度过低或过高均易发病，土质瘠薄或肥水不足抗病力下降及播种过早或过深发病重。

防治方法　选用抗根腐病的品种。种植不带黑胚的种子。施用腐熟的有机肥，麦收后及时耕翻灭茬，使病残组织当年腐烂，以减少下年初侵染源。进行轮作换茬，适时早播、浅播。土壤过湿的要散墒后播种，土壤过干则应采取镇压保墒等农业措施减轻受害。

药剂拌种，可用22%苯甲唑·吡虫啉·萎锈灵（苯醚甲环唑1.4%＋萎锈灵6.6%＋吡虫啉14%）种子处理悬浮剂1 000～2 000 g或22%苯醚·咯·噻虫（噻虫嗪20%＋苯醚甲环唑1%＋咯菌腈1%）种子处理悬浮剂400～666 mL、10%硅噻菌胺悬浮种衣剂310～420 mL种子、3%苯醚甲环唑悬浮种衣剂400～600 mL种子、2.5%咯菌腈悬浮种衣剂200 mL＋3%苯醚甲环唑悬浮种衣剂200 mL、2.5%咯菌腈悬浮剂100～200 mL、2%戊唑醇湿拌剂2～3 g、75%萎锈·福美双可湿性粉剂180～210 g拌麦种100 kg，防效在60%以上。

在发病初期及时喷药防治。可选择50%异菌脲可湿性粉剂60～100 g/亩、15%三唑酮乳油40～60 mL/亩＋50%多菌灵可湿性粉剂50～60 g/亩兑水喷雾，效果较好。

15. 小麦细菌性条斑病

分布为害　小麦细菌性条斑病是小麦上的主要病害之一。分布在北京、山东、新疆、西藏等地，小麦发病株率在85%～100%，平均病株率98%，减产20%～30%，并且造成品质和等级下降。

症　　状　由野油菜黄单胞菌波形致病变种（*Xanthomonas campestris* pv.*undulosa*，属细菌）引起。主要为害叶片，严重时也可为害叶鞘、茎秆、颖片和籽粒。被害叶片初期呈水渍状半透明斑点或条斑，再沿叶脉向上下扩展，变成长条状，呈现油渍发亮褐色斑（图2-48），常出现小颗粒状细菌脓。以抽穗和扬花期最重，使被害株提前枯死，穗形变小，籽粒干秕，造成减产。

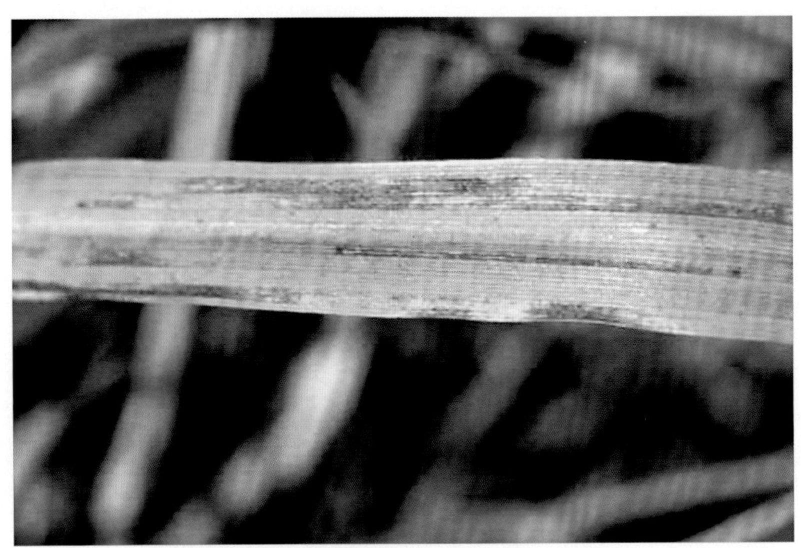

图2-48 小麦细菌性条斑病为害叶片症状

发生规律 病菌随病残体在土中或在种子上越冬，翌春从寄主的自然孔口或伤口侵入，经3 ~ 4 d潜育即发病，在田间经暴风雨传播蔓延，多次再侵染。在5—7月大的暴风雨次数多，造成叶片产生大量伤口，致细菌多次侵染，易流行成灾。生产上冬麦较春麦易发病，一般土壤肥沃，播种量大，施肥多且集中（尤其是施氮肥较多），致植株密集，枝叶繁茂，通风透光不良则发病重。

防治方法 选用抗病品种，建立无病留种田。适时播种，冬麦不宜过早。春麦要种植生长期适中或偏长的品种，采用配方施肥技术。收获后应及时耕翻灭茬，增加土壤有机质，提高土壤的熟化过程。增施有机肥，不偏施氮肥，合理密植，防止倒伏。提高灌水质量，切忌大水漫灌。

种子处理：多粘类芽孢杆菌拌种或用种子重量0.2%的70%敌磺钠可溶性粉剂拌种。

发病前或发病初期可用4%春雷霉素可湿性粉剂600 ~ 800倍液、3%中生菌素水剂400 ~ 533 mL/亩、5亿CFU/g多粘类芽孢杆菌悬浮剂400 ~ 600 mL/亩、20%噻唑锌悬浮剂100 ~ 125 mL/亩，兑水50 kg叶面喷雾，间隔7 ~ 10 d喷1次，共喷2 ~ 3次。

16. 小麦雪腐病

症　状 由肉孢核瑚菌（*Typhula incarnata*，属担子菌门真菌）引起。主要为害小麦幼苗的根、叶鞘和叶片，一般易发生在有雪覆盖或刚刚融化的麦田。病株上初生浅绿色水渍状病斑，布满灰白色松软霉层，后产生大量黑褐色的菌核。病部组织腐烂，病叶极易破碎（图2-49、图2-50）。

图2-49 小麦雪腐病为害麦苗症状

图2-50　小麦雪腐病为害麦苗田间症状

发生规律　病菌腐生能力差，只能以寄生状态和休眠状态存活，小麦在秋冬之交（10月中、下旬至11月上旬，土壤高湿度，土壤温度2 ~ 10℃时）为主要感染期，菌核萌发产生的担孢子放射至空中可随气流传播侵染幼苗，由菌核产生的菌丝也可直接侵染麦苗，并蔓延为害，直至雪层下温度降到0℃以下，才暂时停止蔓延。早春从积雪融化起病菌继续为害，小麦返青后，症状最为典型和明显，此时病部产生明显的菌丝层和菌核。当温度上升到15℃以上时，病菌便停止为害，并以菌核的形式在土壤中越夏。冬季积雪时间长，土壤不结冻，土温0℃左右时易发病，连作地发病重。

防治方法　各地应根据具体情况，与玉米、棉花、大豆等作物轮作；伏耕灭茬，施足基肥，氮、磷、钾肥合理搭配，适当提早追肥，促使早化雪，注意排除田间多余雪水，适期播种，都可减轻发病。冬灌时间不宜过迟，以防积雪后致土壤湿度过大。积雪融化后要及时做好开沟排水和春耙工作。

种子处理：用种子重量0.3%的40%多菌灵超微可湿性粉剂拌种，防效可在90%以上。

降雪前10 d左右，可用50%异菌脲可湿性粉剂50 ~ 100 g/亩、25%多菌灵可湿性粉剂150 ~ 200 g/亩，兑水40 kg均匀喷洒。

17. 小麦秆枯病

分布为害　小麦秆枯病在我国华北、西北、华中、华东地区均有发生，部分地区发病较严重。发病率一般在10%左右，个别重病田块发病率在50%以上。

症　状　由禾谷绒座壳（*Gibellina cerealis*，属子囊菌门真菌）引起。自苗期到抽穗结实期均可发病，主要发生在茎秆和叶鞘上。麦苗出土后1个月便可出现症状，在叶片、叶鞘内，出现黑色粪状物，四周有梭形的褐色白斑（图2-51）。病株拔节后，在叶鞘上形成有明显边缘的褐色云斑，病斑中间有黑色或灰黑色的虫粪状物，叶鞘内有一层白色菌丝。有的茎秆内也充满菌丝。叶片下垂卷曲。抽穗后茎秆与叶鞘间的菌丝层变为灰黑色，形成许多针尖大小的小黑点突破叶鞘。此时茎基部被病斑包围而干缩甚至倒折，形成枯白穗和秕粒。

图2-51　小麦秆枯病为害茎秆症状

发生规律 病菌随病残体在土壤中越夏，成为初侵染源。小麦播种后，病菌萌发侵染小麦幼苗的芽鞘和叶鞘，到春季，病菌自下而上，由外层到深层发展。以土壤带菌为主，未腐熟粪肥也可传播。病原菌在土壤中存活3年以上。小麦在出苗后即可被侵染，植株间一般互不侵染。田间湿度大，地温10 ~ 15℃时适宜秆枯病发生。小麦3叶期前容易染病，叶龄越大，抗病力越强。一般早播麦田发生轻，当土壤湿度大、施肥不足、土壤瘠薄、栽培不良、植株生长衰弱时，发病均较重。

防治方法 选用抗（耐）病品种，各地可因地制宜选择适宜的品种。及时清除田间病残体，集中沤肥或烧毁，深翻土地。轮作倒茬，避免苗期土壤过湿，合理施肥，增强小麦抗病能力，重病田实行3年以上轮作。混有麦秸的粪肥要充分腐熟或加入酵素菌沤制。适期早播，土温降至侵染适温时小麦已超过3叶期，抗病力增强。

药剂拌种，用50%福美双可湿性粉剂500 g拌麦种100 kg，40%多菌灵可湿性粉剂100 g加水3 kg拌麦种50 kg，50%甲基硫菌灵可湿性粉剂按种子重量的0.2%拌种，可以减轻病害。

18. 小麦霜霉病

分布为害 小麦霜霉病主要分布在我国山东、河南、四川、安徽、浙江、陕西、甘肃、西藏等省份。由于病株多不能抽穗或穗而不实，所以造成部分发病地块的严重减产。

症　状 由孢指疫霉小麦变种（*Sclerophthora macrospora*，属鞭毛菌亚门真菌）引起。通常在田间低洼处或水渠旁零星发生。该病在不同生育期出现症状不同。苗期染病病苗矮缩，分蘖稍增多，叶片淡绿或有轻微条纹状花叶。返青拔节后染病叶色变浅，并出现黄白条形花纹，叶片变厚，皱缩扭曲，病株矮化，不能正常抽穗或穗从旗叶叶鞘旁拱出，弯曲成畸形龙头穗（图2-52）。病株茎秆粗壮，表面覆一层白霜状霉层。

图2-52　小麦霜霉病为害叶片症状

发生规律 病菌以卵孢子的形式在土壤内的病残体上越冬或越夏。卵孢子在水中经5年仍具发芽能力。一般休眠5 ~ 6个月后发芽，产生游动孢子，在有水或湿度大时，萌芽后从幼芽侵入，成为系统性侵染。卵孢子发芽适温19 ~ 20℃，孢子囊萌发适温16 ~ 23℃，游动孢子发芽侵入适宜水温为18 ~ 23℃。小麦播后芽前麦田被水淹超过24 h，翌年3月又遇有春寒，气温偏低时利于该病发生，地势低洼、稻麦轮作田易发病。

防治方法 种植抗病品种；实行轮作，发病重的地区或田块，应实行与非禾谷类作物时1年以上轮作；健全排灌系统，严禁大水漫灌，雨后及时排水防止湿气滞留，发现病株及时拔除以减少菌源积累。

药剂拌种，播前每50 kg小麦种子用25%甲霜灵可湿性粉剂100 ~ 150 g加水3 kg拌种，晾干后播种。或用40%敌磺钠粉剂或50%萎锈灵粉剂，按种子重量的0.7%拌种。

必要时在播种后，喷洒58%甲霜灵·锰锌可湿性粉剂800 ~ 1 000倍液、72%霜脲·锰锌可湿性粉剂600 ~ 700倍液、69%烯酰·锰锌可湿性粉剂900 ~ 1 000倍液、72.2%霜霉威水剂800倍液。

19. 小麦白秆病

分布为害 小麦白秆病是西藏冬小麦的主要病害之一，在我国四川北部、青海、甘肃高寒麦区也有发生。平均发病率为37.3%，染病植株的千粒重降低34.8%，种子发芽率轻者降低10%～20%，重者无发芽力。

症　状 由小麦壳月孢（*Selenophoma tritici*，属无性型真菌）引起。主要为害叶片和茎秆。小麦各生育阶段均可发病。常见有系统性条斑和局部斑点两种症状。条斑型：叶片染病从叶片上基部产生与叶脉平行向叶尖扩展的水渍状条斑，初为暗褐色，后变草黄色。边缘色深，黄褐色至褐色，每个叶片上常生2～3个条斑。条斑愈合，叶片即干枯。叶鞘染病病斑与叶斑相似，常产生不规则的条斑，条斑从茎节起扩展至叶片基部，轻时出现1～2个条斑，灰褐色至黄褐色，严重时叶鞘枯黄（图2-53）。茎秆上的条斑多发生在穗颈节，少数发生在穗颈节以下1～2节，症状与叶鞘相似。

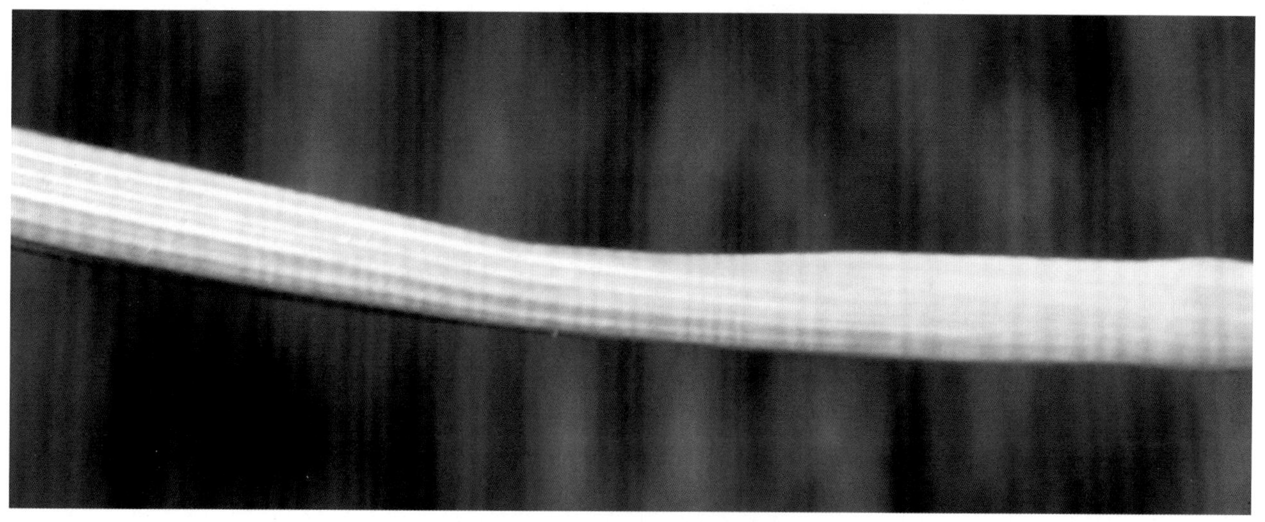

图2-53　小麦白秆病为害茎秆症状

发生规律 病菌以菌丝体或分生孢子器的形式在种子和病残体上越冬或越夏。在青藏高原低温干燥的条件下，种子种皮内的病菌可存活4年，其存活率随贮藏时间下降。土壤带菌也可传病，但病残体一旦翻入土中，其上携带的病菌只能存活2个月。在田间早期病害出现后，病部可产生分生孢子器，释放出大量分生孢子，侵入寄主的组织，使病害扩展。该病害流行程度与当地种子带菌率高低、小麦品种的抗病程度及小麦拔节后期开花至灌浆阶段温湿度高低和田间小气候有关。在青藏高原7、8月多雨，气温偏低易于该病流行。向阳的山坡地，气温较高，湿度低，通风良好则发病轻；背阴的麦田，温度偏低，湿度偏大则发病重。

防治方法 对小麦实行检疫，防止该病进入无病区。建立无病留种田，选育抗病品种。对病残体多的或靠近场面的麦田，要实行轮作，以减少菌源。

种子处理：用25%三唑酮可湿性粉剂20 g或40%拌种双粉剂5～10 g、25%多菌灵可湿性粉剂20 g拌10 kg种子，拌后闷种20 d或用28～32℃冷水预浸4 h后，置入52～53℃温水中浸7～10 min，也可用54℃温水浸5 min。浸种时要不断搅拌种子，浸后迅速移入冷水中降温，晾干后播种。

田间出现病株后，可喷洒50%甲基硫菌灵可湿性粉剂800倍液、50%苯菌灵可湿性粉剂1 500倍液。

20. 小麦炭疽病

症　状 由禾生炭疽菌（*Colletotrichum graminicola*，属无性型真菌）引起。主要为害叶鞘和叶片。叶鞘染病，麦株基部叶鞘先发病，初生褐色病变，产生1～2 cm长的椭圆形病斑，边缘暗褐色，中间灰褐色，后沿叶脉纵向扩展成长条形褐斑，致病部以上叶片发黄枯死。叶片染病，形成近圆形至椭圆形病斑。后期病部连成一片，致叶片早枯。以上病部均有小黑粒点，即病原菌的分生孢子盘。茎秆染病，产生梭形褐色病斑（图2-54）。

图2-54 小麦炭疽病为害叶片症状

发生规律 病菌以分生孢子盘和菌丝体在寄主病残体上越冬或越夏，也可附着在种子上传播。播种带菌的种子或幼苗根及极颈或基部的茎接触带菌的土壤，即可染病。侵染后10 d病部就可出现分生孢子盘。在田间气温25℃左右，湿度大，有水膜的条件下有利于病菌侵染和孢子形成。杂草多的连作地，肥料不足、土壤碱性地块利于发病。小麦品种间抗病性差异明显。

防治方法 选用抗病的小麦品种。实行与非禾本科作物3年以上轮作。收获后及时清除病残体或深翻。发病重的地区或地块，可喷洒50%多菌灵可湿性粉剂500倍液、70%甲基硫菌灵乳油800倍液，病害为害严重时，可间隔10 ～ 15 d再喷1次，连喷2 ～ 3次。

21. 小麦黑胚病

症　　状 由根腐离蠕孢（*Bipolaris sorokiniana*，属无性型真菌）引起。主要为害种子，严重降低种子的发芽率和发芽势。幼苗的株高、鲜重、干重等都有减低。含有黑胚粒的小麦，商品价值降低。罹病种子胚部变褐色或黑褐色，严重的种胚皱缩（图2-55）。除胚端外，种子的腹沟、种背等部位也有黑褐色斑块，变色面积甚至可超过种子表面积的1/2。

发生规律 病菌的分生孢子在小麦乳熟后期开始侵染籽粒和种胚，随着种子成熟，黑胚率增高。在乳熟期至蜡熟期降水多，常诱发黑胚病大发生。田间空气相对湿度在90%以上、易结露时发病也重。偏施氮肥的高水肥地块发病重于旱地，雨后收获的种子重于雨前收获的。颖壳口松的品种多发。

防治方法 栽培轻病的品种，加强田间管理，实施健身栽培，种子药剂拌种，在灌浆至成熟期田间喷药保护。

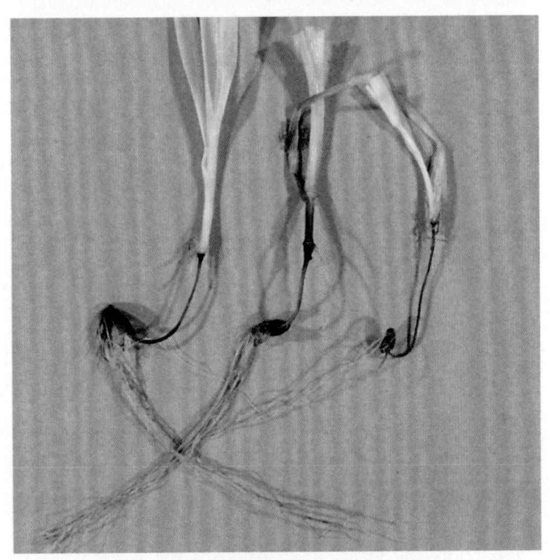

图2-55 小麦黑胚病为害种子症状

22. 小麦褐斑病

症　　状 由禾生壳二孢（*Ascochyta graminicola*，属无性型真菌）引起。主要为害下部叶片。初生圆形至椭圆形褪绿病斑，后变紫褐色，无轮纹，后期病部产生黑色小粒点（图2-56），即病原菌的分生孢子器。该病西北麦区发生较多。

图2-56　小麦褐斑病为害叶片症状

发生规律　病菌以菌丝体和分生孢子器的形式在病残体上越冬或越夏，翌年产生分生孢子，借风雨传播初侵染和再侵染。植株生长茂密，天气潮湿或田间湿度大易发病，基部接近地面叶片发病重。

防治方法　发病重地区应避免在低洼处种植小麦。合理密植，雨后及时排水，防止湿气滞留，可减轻发病。

23. 小麦眼斑病

症　　状　由铺毛拟小尾孢（*Pseudocercosporella herpotrichoides*，属无性型真菌）引起。主要为害距地面15 ～ 20 cm植株基部的叶鞘和茎秆，病部产生典型的眼状病斑，病斑初浅黄色，具褐色边缘，后中间变为黑色，长约4 cm，上生黑色虫屎状物（图2-57）。病情严重时病斑常穿透叶鞘，扩展到茎秆上，严重时形成白穗或茎秆折断。

图2-57　小麦眼斑病为害茎基部症状

发生规律　病菌以菌丝的形式在病残体中越冬或越夏，成为主要初侵染源。分生孢子靠雨水飞溅传播，传播半径1 ～ 2 m，孢子萌发后从胚芽鞘或植株近地面叶鞘直接穿透表皮或从气孔侵入，气温6 ～ 15℃，湿度饱和利其侵入。冬小麦发病重于春小麦。

防治方法　与非禾本科作物轮作。收获后及时清除病残体和耕翻土地，促进病残体迅速分解。适当密植，避免早播，雨后及时排水，防止湿气滞留。

必要时在发病初期喷洒36%甲基硫菌灵悬浮剂800倍液、50%多菌灵可湿性粉剂500倍液。

24.小麦麦角病

症　状 由麦角菌（*Claviceps purpurea*，属子囊菌亚门真菌）引起。主要为害穗部，产生菌核，造成小穗不实而减产。被侵染的小花在开花期分泌黄色蜜露状黏液（含有大量分生孢子），子房逐渐膨大，但不结麦粒，而是形成病原菌的菌核露出颖壳外（图2-58）。菌核紫黑色，麦粒状、刺状或角状，依寄主种类而不同。

发生规律 病菌主要以菌核的形式落于土壤中或混杂在种子间越冬。菌核在土壤中可存活1年。在干燥条件下，混杂在种子间的菌核寿命可长达15年。菌核在土壤中经一段时间的休眠后，在春季或初夏萌发，产生许多肉眼可见的红褐色子座。随春播麦种进入土壤的菌核，当年春季不萌发，至翌年春季才萌发。病原菌子囊孢子发生期大致与麦株开花期相吻合。子囊孢子随气流或雨水飞溅传播，落在小麦花器上，萌发后产生侵染菌丝，从胚珠基部侵入，然后在子房壁细胞间隙和胚珠细胞内扩展。几天后在子房表面长出菌丝体、子实层和含有大量分生孢子的蜜露状黏液。天气较冷凉，高湿，花期延长，麦角病发生较重。开颖授粉的品种和雄性不育系发病率较高。

图2-58　小麦麦角病为害麦穗症状

防治方法 清选种子，汰除菌核。病田与玉米、豆类、高粱等非寄主作物轮作1年。病田深耕，将菌核翻埋于下层土壤，距地表至少4 cm。早期清除田间、地边的禾本科杂草，减少潜在菌源。

25.小麦冻害

症　状 冻害较轻麦田：主要表现为叶色暗绿，叶片像用开水烫过一样，以后逐渐枯黄。受冻麦苗，一般先从生长锥表现症状。受冻的生长锥初期表现为不透明状，以后细胞解体萎缩变形。麦株主茎及大分蘖的幼穗受冻后，仍能正常抽穗和结实，但穗粒数明显减少。冻害较重的麦田：主茎、大分蘖幼穗及心叶冻死，其余部分仍能生长。冻害严重的麦田：小麦叶片、叶尖呈水烫一样地硬脆，后青枯或青枯成蓝绿色，茎秆、幼穗皱缩死亡（图2-59～图2-61）。

图2-59　小麦冻害田间症状

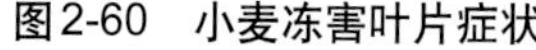
图2-60　小麦冻害叶片症状

图2-61　小麦冻害穗部症状

病　　因　小麦春季冻害分早春冻害和晚霜冻害两种类型。生产上后者发生较多，且受害重。晚霜冻害是晚霜引致突然降温，对小麦形成低温伤害。尤其是暖冬年份，播种偏早、播量偏大的春性品种，受害重。北方的小麦冻害，主要发生在3月下旬至4月上、中旬，其为害程度与降温幅度、持续时间、降温陡度有关。降温幅度和陡度大，低温持续时间长，受害重。对小麦来说，进入拔节后，抗寒性明显下降。突然降温后麦株体温下降到0℃以下时，细胞间隙的水首先结冰。如温度继续降低，细胞内也开始结冰，造成细胞脱水凝固而死。

防治方法　注意选用适合当地的抗寒小麦品种。提高播种质量，播种深度掌握在3 ~ 5 cm。

适时浇好冻水：一要看温度，日均温3 ~ 10℃时开始浇冻水。二要看墒情，当沙土地土壤相对湿度低于60%，壤土地低于70%，黏土地低于80%时，要浇水。三要看苗情，麦苗长势好、底墒足或稍旺的田块，可适当晚浇或不浇，防止群体过旺、过大。四要适量，浇水量不宜过大。一般当天浇完，地面无积水即可。使土壤持水量达到80%。

早春补水：当早春干土层厚度大于3 cm时，要及时补水，改善土壤墒情，解除干土层威胁，减轻冻害降低死苗率。培育冬前壮苗，冬春镇压。在拔节至孕穗期，晚霜来临前浇水或叶面喷水，可提高近地面叶片温度。

小麦受冻后采取补救措施，及时加强水肥管理。对叶片受冻、幼穗没有受冻的麦田，应抢早浇水，防止幼穗脱水死亡。幼穗已受冻麦田，应追施速效氮肥，每亩追施硝酸铵10 ~ 13 kg或碳酸氢铵20 ~ 30 kg，并结合浇水、中耕松土，促使受冻麦苗尽快恢复生长。一般不要毁种、刈割或放牧，要设法挽救。

提倡于小麦拔节至灌浆期喷洒0.001%芸苔素内酯水剂2 000 ~ 4 000倍液，隔10 d喷洒1次，连续喷洒2次，可提高小麦抗旱、抗干热风能力。

26. 小麦倒伏

症　　状　在小麦生育中、后期，发生局部或大部分倒伏，严重影响小麦成熟，降低千粒重，造成减产（图2-62）。据调查倒伏会造成每亩平均减产35 kg，直接影响小麦大面积高产、稳产。

病　　因　一是气候因素：在小麦灌浆末期，先后阴雨，伴随阵风或大风，可造成小麦大面积倒伏。二是栽培措施不当：如播种量过大，返青起身期追肥浇水致基部节间拉长，特别是第一节间茎秆中糖分积累减少，茎壁变薄，减弱了抗倒能力。生产上，在5月下旬小麦穗部重量增加，浇了麦黄水的高产田，土壤松软，遇风后均会发生不同程度倒伏。三是品种间对倒伏能力有一定差异。

图2-62　小麦倒伏田间症状

防治方法 选用抗倒伏的小麦品种，高产麦区以选用抗逆性强，综合性状好抗倒的品种为主。各高产品种搭配比例协调，做到布局合理，达到灾害年份不减产，风调雨顺年份更高产的效果。

播种前种子用40%矮壮素75 mL/亩兑水后均匀拌种，晾干后播种。也可用多效唑100 ～ 300 mg/kg喷洒在麦种上，晾干后播种。

科学肥水：高产麦田一定要及时浇好越冬水、拔节水、灌浆水，一般不浇返青水和麦黄水。春季返青起身期以控为主，控制肥水，到小麦倒二叶露尖，拔节后再浇水，酌情追肥。

防病治虫，推广化控：对小麦纹枯病、白粉病、蚜虫等采取预防为主、综合防治的措施。一旦达到防治指标，及时喷药，增加小麦抗逆力和抗倒伏能力。必要时在小麦起身期拔节前喷洒15%多效唑粉剂50 ～ 60 g/亩（兑水40 ～ 50 kg），可有效地控制旺长，缩短基部节间。也可在冬小麦返青起身期使用20%壮丰安乳剂小麦专用型30 ～ 40 mL/亩，兑水25 ～ 30 kg均匀喷施。对小麦生长发育有明显抑制作用和较好的抗倒伏效果。

二、小麦虫害

小麦是我国第二大重要农作物，栽培广泛。小麦主要虫害有30多种，为害较重的有麦蚜、麦叶螨、吸浆虫、地下害虫等，严重影响着小麦的丰产与丰收。

1. 小麦蚜虫

分　　布 麦蚜是我国小麦的重要害虫之一，其种类主要包括麦长管蚜（*Macrosiphum avenae*）、麦二叉蚜（*Schizaphis graminum*）、禾谷缢管蚜（*Rhopalosiphum padi*）3种。

为害特点 麦蚜前期集中在叶正面或背面，后期集中在穗上刺吸汁液（图2-63），致受害株生长缓慢，分蘖减少，千粒重下降；同时，分泌的蜜露会诱发煤污病。

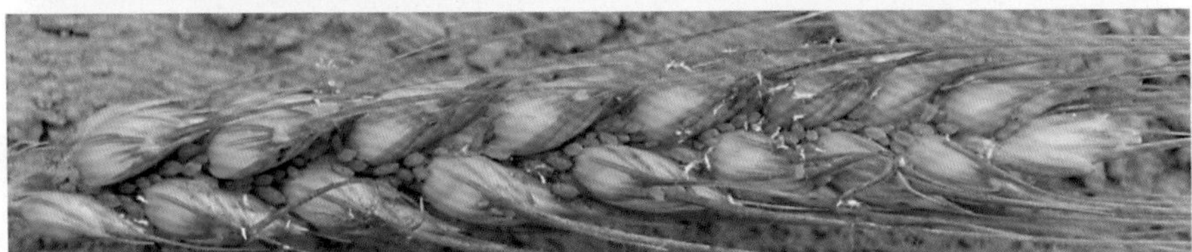

图2-63 麦蚜为害叶片及麦穗症状

形态特征 麦长管蚜：无翅孤雌蚜体长卵形，草绿色至橙红色，头部略显灰色，腹侧具灰绿色斑。有翅孤雌蚜体椭圆形，绿色；触角黑色。腹管长圆筒形，黑色，尾片长圆锥状（图2-64）。

图2-64 麦长管蚜

麦二叉蚜：无翅孤雌蚜体卵圆形，淡绿色，背中线深绿色，腹管浅绿色，顶端黑色。中胸腹部具短柄。触角6节，尾片长圆锥形。有翅孤雌蚜体长卵形，体绿色，背中线深绿色。头、胸黑色，腹部色浅。触角黑色共6节，前翅中脉二叉状（图2-65）。

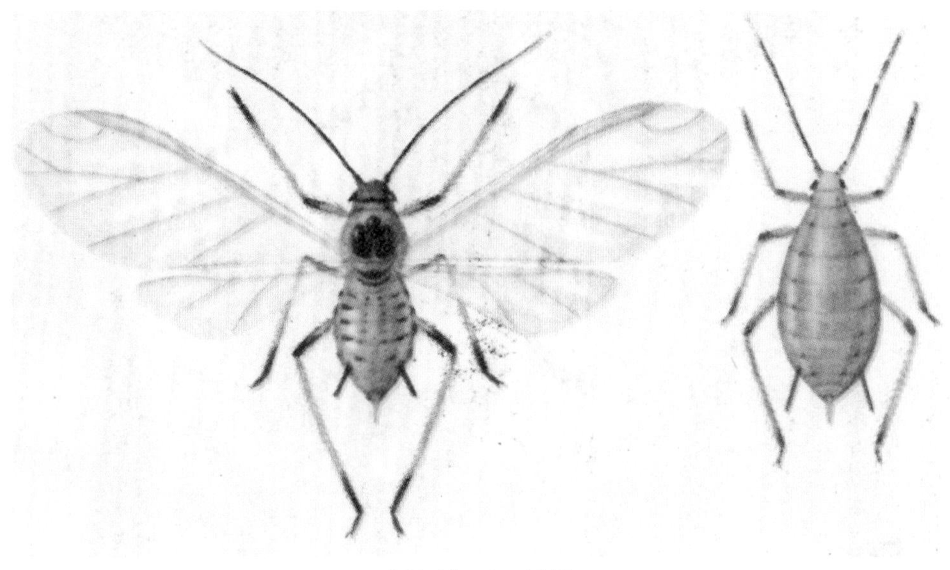

图2-65　麦二叉蚜

发生规律　1年发生20～30代，多数地区的麦蚜以无翅孤雌成蚜和若蚜的形式在麦株根际或四周土块缝隙中越冬。该虫在我国中部和南部属不全周期型，即全年孤雌生殖不产生性蚜世代，夏季高温季节在山区或高海拔的阴凉地区麦类自生苗或禾本科杂草上生活。在麦田春、秋两季出现两个高峰，夏、冬季蚜量少。秋季冬麦出苗后从越夏寄主上迁入麦田短暂繁殖，出现小高峰，为害不重。11月中、下旬后，随气温下降开始越冬。春季返青后，气温高于6℃开始繁殖，低于15℃繁殖率不高，气温高于16℃，麦苗抽穗时转移至穗部，麦蚜田间数量迅速上升，直到灌浆和乳熟期蚜量达高峰，气温高于22℃，产生大量有翅蚜，迁飞到阴凉地带越夏。5月中旬，小麦抽穗扬花，麦蚜繁殖极为迅速，至乳熟期达到高峰，对小麦为害最严重。麦长管蚜性喜光照，较耐潮湿，特嗜穗部，主要分布在寄主上部叶片，是黄矮病的主要传病媒介昆虫，9月上旬均温14～16℃进入发生盛期，9月底出现性蚜，10月中旬开始产卵，11月中旬旬均温4℃时进入产卵盛期并以此卵越冬。翌年3月中旬进入越冬卵孵化盛期，历时1个月，4月中旬开始迁移，6月中旬又产生有翅蚜，迁飞到冷凉地区越夏。

防治方法　适时集中播种。冬麦适当晚播，春麦适时早播。合理施肥浇水。主要抓好苗期及麦蚜发生初期的防治。

防治苗期麦蚜，可用40%乙酰甲胺磷乳油100 mL/亩，兑水15～25 kg，拌麦种150～250 kg，拌后堆闷12 h后播种，或用10%吡虫啉可湿性粉剂200～400 g拌小麦种子100 kg，也可用35%丁硫克百威种子处理剂以种子重量0.8%的药剂拌种，还可兼治其他地下害虫。

小麦苗期，田间蚜虫发生初期，华北地区可于4月上、中旬，发现中心株时，及时施药防治，可用10%吡虫啉可湿性粉剂30～50 g/亩、50%抗蚜威可湿性粉剂20～30 g/亩、10%吡虫·灭多威乳油60～80 mL/亩、25%吡虫啉·噻嗪酮可湿性粉剂16～20 g/亩、3.15%阿维·吡虫啉乳油25～35 mL/亩、25%吡蚜酮可湿性粉剂16～20 g/亩，兑水40～50 kg均匀喷雾。

防治穗期麦蚜，在扬花灌浆初期，百株蚜量超过500头，应及时在田间喷药，可用速效性与持效期长的药剂配合施用，可用5%高氯·吡虫啉乳油20～50 mL/亩、7.5%氯氟·吡虫啉悬浮剂30～35 mL/亩，兑水40～50 kg均匀喷雾。如发生严重时，间隔7～10 d，再喷1次。

2. 麦叶螨

分　　布　麦叶螨主要有两种，麦圆叶爪螨（*Penthaleus major*）和麦岩螨（*Petrobia latens*）。麦圆叶爪螨分布在我国29° N—37° N地区；麦岩螨分布在34° N—43° N地区，主害区在长城以南、黄河以北干旱、高燥麦区。有些地区两者混合发生、混合为害。

为害特点　以成、若虫吸食麦叶汁液，受害叶上出现细小白点，后麦叶变黄，麦株生育不良，植株矮小，严重的全株干枯（图2-66）。

图2-66 麦叶螨前期发生为害症状

形态特征 麦圆叶爪螨（图2-67）：成虫体卵圆形，黑褐色。足、肛门周围红色。卵椭圆形，初暗褐色，后变浅红色。若螨共4龄。1龄称幼螨，3对足，初浅红色，后变草绿色至黑褐色。2～4龄若螨4对足，体似成螨。

麦岩螨（图2-68）：成虫体纺锤形，两端较尖，紫红色至褐绿色。4对足，其中第一、第四对特别长。卵有两种类型：越夏型卵圆柱形，卵壳表面有白色蜡质；非越夏型卵球形，粉红色，表面生数十条隆起条纹。若虫共3龄。

图2-67 麦圆叶爪螨

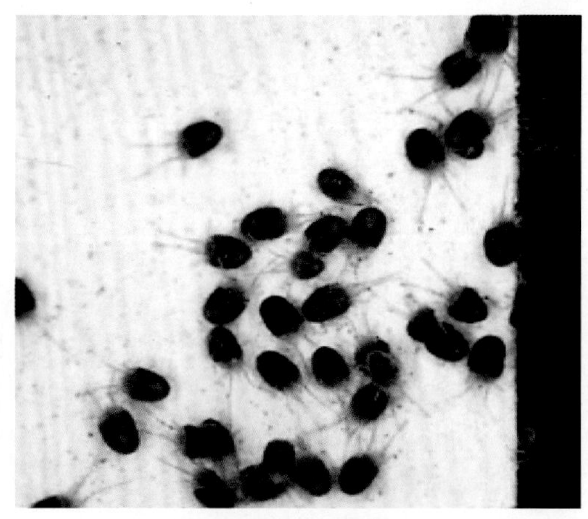

图2-68 麦岩螨

发生规律 麦圆叶爪螨1年发生2～3代，即春季繁殖1代，秋季1～2代，完成1个世代46～80 d，以成、若虫和卵的形式在麦株及杂草上越冬，冬季几乎不休眠，耐寒力强，翌春2、3月越冬螨陆续孵化为害。3月中、下旬至4月上旬虫口数量大，4月下旬大部分死亡，成虫把卵产在麦茬或土块上。10月越夏卵孵化，为害秋播麦苗。喜潮湿，多在8：00—9：00以前和16：00—17：00以后活动。多行孤雌生殖，每雌产卵20多粒；春季多把卵产在小麦分蘖丛或土块上，秋季多产在须根或土块上，多聚集成堆，每堆数十粒，卵期20～90 d，越夏卵期4～5个月。生长发育适温8～15℃，相对湿度高于70%，水浇地易发生。

麦岩螨年生3～4代，以成虫和卵越冬，翌春2—3月成虫开始繁殖，越冬卵开始孵化，4—5月田间虫量多，5月中、下旬后成虫产卵越夏，10月上、中旬越夏卵孵化，为害秋苗，喜干旱，白天活动，以15：00—16：00最盛，遇雨或露水大时，即潜伏麦丛或土缝中不动。完成一个世代需24 ~ 46 d。多行孤雌生殖。把卵产在麦田中硬土块或小石块及秸秆或粪块上，成、若虫亦群集，有假死性。

防治方法　收后及时浅耕灭茬；冬春灌溉，及时清理田边杂草。主要抓好发生初期的防治，可以有效地控制叶螨的为害。

在叶螨发生初期，用5%阿维菌素悬浮剂5 ~ 10 mL/亩、20%甲氰菊酯乳油40 ~ 50 mL/亩、4%联苯菊酯微乳剂30 ~ 50 mL/亩、20%哒螨灵乳油20 ~ 40 mL/亩、73%炔螨特乳油30 ~ 50 mL/亩、5%噻螨酮乳油50 ~ 65 mL/亩，兑水40 ~ 50 kg均匀喷雾。

3. 麦叶蜂

分　　布　麦叶蜂（*Dolerus tritici*）主要分布在华东、华北、东北地区以及甘肃、安徽等省份。

为害特点　幼虫为害麦叶，从叶边缘向内咬食成缺刻，重者可将麦叶全部吃光。

形态特征　成虫体大部黑色略带蓝光，前胸背板、中胸前盾片、翅基片锈红色，翅膜质透明略带黄色，头壳具网状刻纹。小盾片黑色近三角形，有细稀刻点。触角线状9节。卵肾脏形，表面光滑，浅黄色。幼虫共5龄，末龄幼虫体圆筒状，胸部稍粗，腹末稍细，各节具横皱纹（图2-69、图2-70）。蛹淡黄到棕黑色。

发生规律　1年发生1代，以蛹在土中20 cm左右处结茧越冬。翌年3—4月成虫羽化，交尾后用产卵器沿叶背主脉处锯一裂缝，边锯边产卵，卵粒成串，卵期10 d左右，4月中旬至6月中旬进入幼虫为害期，4月中旬是幼虫为害最盛期。幼虫老熟后入土做土茧越夏，10月化蛹越冬。成虫喜在9：00—15：00活动，飞翔能力不强，夜晚或阴天隐蔽在小麦、大麦根际处，成虫寿命2 ~ 7 d。幼虫共5龄，1 ~ 2龄幼虫日夜在麦叶上取食，3龄后畏强光，3龄后白天隐蔽在麦株下部或土块下，夜晚出来为害。进入4龄后，食量剧增，幼虫有假死性，遇振动即落地。喜湿冷，忌干热。冬季气温高，土壤水分充足，翌春湿度大温度低，3月雨小，有利于该虫发生，沙质土壤麦田比黏性土受害重。

图2-69　麦叶蜂成虫

图2-70　麦叶蜂末龄幼虫

防治方法　老熟幼虫在土中时间长，将尚未化蛹的休眠幼虫翻到地面，破坏其化蛹越冬场所，杀死幼虫。如能采取水旱轮作，可得到根治。掌握幼龄幼虫期做好防治，可有效地控制为害。

在幼虫发生期至3龄幼虫前，喷洒50%辛硫磷乳油50 mL/亩、10联苯菊酯乳油40 ~ 50 mL/亩、1.8%阿维菌素乳油15 mL/亩。宜选择在傍晚或10：00前喷施，可提高防治效果。

4. 蝼蛄

分　　布　在全国各地，为害农作物常见种有东方蝼蛄（*Gryllotalpa orientalis*）和华北蝼蛄（*Gryllotalpa unispina*）。

为害特点　蝼蛄为多食性害虫，蝼蛄成虫和若虫在土中咬食刚播下的种子和幼芽，或将幼苗根、茎部咬断，使幼苗枯死，受害的根部呈乱麻状。蝼蛄在地下活动，将表土穿成许多隧道，使幼苗根部透风和土壤分离，造成幼苗因失水干枯致死，缺苗断垄，严重的甚至毁种。

形态特征 华北蝼蛄：成虫身体比较肥大（图2-71），体黄褐色，全身密布黄褐色细毛；前胸背板中央有一凹陷不明显的暗红色心脏形斑；前翅黄褐色，覆盖腹部不到一半，后翅纵卷成筒形附于前翅之下；腹部圆筒形、背面黑褐色，有7条褐色横线；足黄褐色，前足发达，中后足细小，后足胫节背侧内缘有距1～2个或没有。卵椭圆形，初产时黄白色，较小。若虫共13个龄期，初龄若虫头小，腹部肥大，行动迟缓，全身乳白色，渐变土黄色，以后每蜕1次皮，颜色随之加深，5龄以后，与成虫体色、体形相似（图2-72）。

图2-71 华北蝼蛄成虫

图2-72 华北蝼蛄若虫

东方蝼蛄：成虫灰褐色，全身密被细毛，头圆锥形，触角丝状，前胸背板卵圆形，中间具一明显的暗红色长心脏形凹陷斑。前足为开掘足，后足胫节背面内侧具3～4个刺，腹末具1对尾须（图2-73）。卵椭圆形，初乳白色，孵化前为暗紫色。若虫与成虫相似（图2-74）。

图2-73 东方蝼蛄成虫

图2-74 东方蝼蛄若虫

发生规律　华北蝼蛄：3年左右完成1代。以成虫和8龄以上若虫的形式越冬。翌春4月下旬、5月上旬越冬成虫开始活动,6月开始产卵,6月中、下旬孵化为若虫,10—11月以8 ～ 9龄若虫越冬。来年4月上、中旬越冬若虫开始活动为害，秋季以大龄若虫越冬。第3年春季，大龄若虫越冬后开始活动为害，8月上、中旬若虫老熟，羽化为成虫。经过补充营养成虫进入越冬期。成虫昼伏土中，夜间活动。有趋光性，从4月至11月为蝼蛄的活动为害期，以春、秋两季为害最严重。

东方蝼蛄：在江西、四川、江苏、陕南、山东等地，1年发生1代；在陕北、山西、辽宁等地两年发生1代。以成虫或若虫的形式在地下越冬。翌春，随着地温上升而逐渐上移，到4月上、中旬进入表土层活动。5月中旬至6月中旬温度适中，作物正处于苗期，此期是蝼蛄为害的高峰期。6月下旬至8月下旬天气炎热，开始转入地下活动，东方蝼蛄已接近产卵末期。9月上旬以后，天气凉爽，大批若虫和新羽化的成虫又上升到地面为害，形成第2次为害高峰。10月中旬以后，随着天气变冷，蝼蛄陆续入土越冬。

防治方法　夏收后，及时翻地，破坏蝼蛄的产卵场所；秋收后，大水灌地，使向深层迁移的蝼蛄，被迫向上迁移，在结冻前深翻，把翻上地表的害虫冻死。

种子处理：可以有效地防治蝼蛄等地下害虫，保苗效果可长达20 d，100 kg种子可用40%辛硫磷乳油72 ～ 96 g、35%克百威种子处理乳剂222 ～ 286 g、47%丁硫克百威种子处理乳剂143 ～ 200 g拌种。

在蝼蛄为害严重的地块，也可将药剂撒于播种沟内，然后耙地，可用20%毒死蜱微囊悬浮剂550 ～ 650 g/亩、3%辛硫磷颗粒剂3 ～ 4 kg/亩、1.1%苦参碱粉剂2.0 ～ 2.5 kg/亩。

小麦生长期被害，也可用50%辛硫磷乳油500 ～ 1 000倍液浇灌。

5. 蛴螬

分　　布　蛴螬是鞘翅目金龟甲总科幼虫的总称，其成虫通称金龟子。蛴螬在我国分布很广，各地均有发生，但以我国北方发生较普遍。据资料记载，我国蛴螬的种类有1 000多种，其中，华北大黑鳃金龟、暗黑鳃金龟、铜绿丽金龟、黑绒金龟为优势虫种。

为害特点　蛴螬的食性很杂，是多食性害虫，为害作物幼苗、种子及幼根、嫩茎。蛴螬主要在地下为害，咬断幼苗根茎，切口整齐，造成幼苗枯死；或蛀食块根、块茎，造成孔洞，使作物生长衰弱，影响产量和品质。同时，被蛴螬造成的伤口有利于病菌的侵入，诱发其他病害。成虫金龟子主要取食植物地上部的叶片，有的还为害花和果实。

形态特征　华北大黑鳃金龟（*Holotrichia diomphalia*）：成虫长椭圆形，黑色或黑褐色（图2-75），有光泽。鞘翅上散生小刻点。卵初产时长椭圆形，乳白色，表面光滑，孵化前呈球形，壳透明。老熟幼虫身体弯曲近C形（图2-76），体壁较柔软，多皱纹。头部前顶毛每侧3根呈1纵列，其中两根紧挨于冠缝旁。肛门孔3裂缝状。肛腹片后部覆毛区中间无刺毛列只有钩毛群。蛹：裸蛹，初为白色，最后变为黄褐色至红褐色。

图2-75　华北大黑鳃金龟成虫

图2-76　华北大黑鳃金龟幼虫

暗黑鳃金龟（*Holotrichia parallela*）：成虫初羽化时鞘翅乳白色、质软，后变红褐色（图2-77），之后鞘翅硬化变为黑褐色或黑色，无光泽。初产卵乳白色，长椭圆形，半透明。老熟幼虫头部前顶毛每侧1根，位于冠缝两侧。肛门孔3裂缝状。肛腹片后部覆毛区中间无刺毛列，只有钩毛群，其上端有2个单排或双排的钩毛，呈V形排列，中间具裸区（图2-78）。蛹为离蛹，初化蛹乳白色，后变黄白色。

图2-77 暗黑鳃金龟成虫

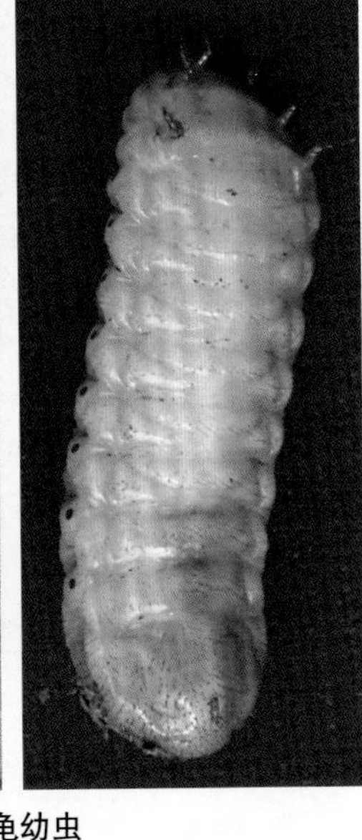

图2-78 暗黑鳃金龟幼虫

铜绿丽金龟（*Anomala corpulenta*）：成虫略小，头、前胸背板、小盾片和鞘翅铜绿色（图2-79），发光。雄虫腹面黄褐色，雌虫腹面黄白色。初产卵乳白色，长椭圆形。老熟幼虫（图2-80）肛腹片后部覆毛区中间的刺毛列由长针状刺毛组成，每列多为15 ～ 18根，两列刺毛尖大部彼此相遇和交叉，两刺毛列平行，只后端稍岔开些，刺毛列前边远没有达到钩毛群的前缘（图2-81）。初化蛹乳白色，后变淡黄色。

图2-79 铜绿丽金龟成虫

图2-80 铜绿丽金龟幼虫

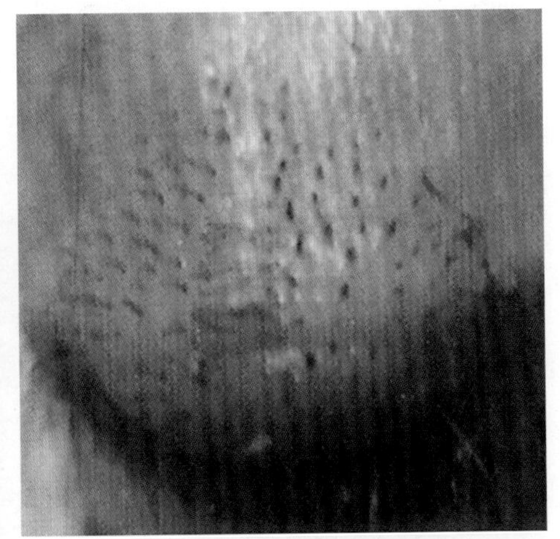

图2-81 铜绿丽金龟幼虫肛腹片

黑绒金龟（*Maladera orientalis*）：成虫体卵圆形，前狭后宽，黑色或黑褐色，有丝绒般闪光。唇基黑色，光泽强，前缘与后缘微翘起，中间纵隆。前胸背板横宽，两侧中段外扩，密部细刻点，侧缘列生褐色刺毛。鞘翅侧缘微弧形，边缘具稀短细毛，纵肋明显（图2-82）。卵椭圆形，乳白色，光滑。老熟幼虫两侧颊区触角基部上方具一圆形暗斑（伪单眼）（图2-83），肛腹片后部覆毛区满布顶端尖弯的刺毛，前缘双峰状，中间裸区楔状，楔尖朝向尾部，将覆毛区一分为二，刺毛列位于覆毛区后缘，由16 ～ 22根锥刺毛组成，呈横弧状态排列，其中间隔开宽些（图2-84）。蛹为离蛹。

图2-82　黑绒金龟成虫

图2-83　黑绒金龟幼虫

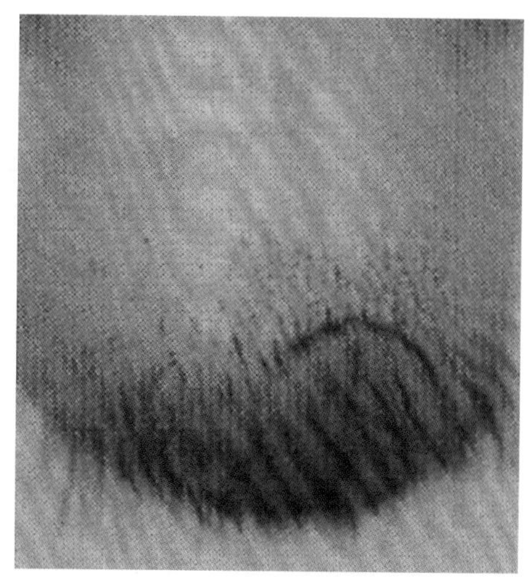

图2-84　黑绒金龟幼虫肛腹片

发生规律　华北大黑鳃金龟：在辽宁两年完成1代，黑龙江2～3年完成1代，以成虫和幼虫的形式交替越冬。东北南部越冬成虫5月中、下旬出土为害，随之产卵，幼虫盛发期在7月中旬，8月上、中旬化蛹，10月中、下旬以3龄幼虫越冬。

暗黑鳃金龟：在黄淮地区1年发生1代，以老熟幼虫的形式在地下20～40 cm处越冬，少数成虫也可越冬。越冬幼虫春季不为害，5月中旬化蛹，成虫期在6月上旬至8月上旬，盛发期在7月中旬前后，幼虫为害盛期在8月中、下旬。

铜绿丽金龟：每年发生1代，以幼虫的形式越冬。在辽宁5月上、中旬越冬幼虫出土为害，6月中、下旬化蛹，成虫产卵盛期7月上、中旬，8—9月幼虫盛发取食花生、甘薯等，至10月中旬以老熟幼虫越冬。黄淮流域越冬幼虫3月下旬至4月上旬开始活动为害，5—6月化蛹，成虫发生在5月下旬至8月上旬，6月中旬为害最盛。7—9月为幼虫为害期，10月上旬3龄幼虫入土越冬。

黑绒金龟：我国长江以北地区1年发生1代，以成虫越冬。4—6月为成虫活动期，5日平均气温10℃以上开始大量出土。6—8月为幼虫生长发育期。

防治方法　多施腐熟的有机肥料，合理控制灌溉，或及时灌溉，促使蛴螬向土层深处转移，避开幼苗最易受害时期。播种前拌种，或在播种或移栽前处理土壤，可以有效地减少虫量；或者在发生为害期药剂灌根，可有效地防治害虫为害。

播种前拌种，用50%辛硫磷乳油500 mL，加水20～25 kg，拌种子250～300 kg。种子包衣：15%甲拌·多菌灵（甲拌磷10%＋多菌灵5%）悬浮种衣剂药种比为1：（37～45）或100 kg种子用17%克·酮·多菌灵悬浮种衣剂（克百威4.3%＋三唑酮1.5%＋多菌灵11.2%）1 667～2 000 g包衣。

在播种或移栽前处理土壤，用50%辛硫磷乳油200～250 mL/亩，加10倍水，喷于25～30 kg细土上拌成毒土，或用48%毒死蜱乳油500～1 000 mL/亩加25～30 kg细土拌成毒土；也可用3%克百威颗粒剂、5%二嗪磷颗粒剂2.5～3.0 kg/亩处理土壤，顺垄条施，随即浅锄，或以同样用量的毒土撒于种沟或地面，随即耕翻，或结合灌水施入。

在已发生蛴螬为害且虫量较大时，用3.5%丁烯氟腈·溴乳油90～120 mL/亩、40%氯·辛乳油250 mL/亩、48%毒死蜱乳油200 mL/亩、40%辛硫磷乳油500 mL/亩、30%毒死·辛乳油（10%毒死蜱＋20%辛硫磷）400～600 mL/亩兑水40～50 kg灌根，每株灌150～250 mL。

6. 金针虫

分　　布　我国金针虫有60多种，为害小麦的有20多种，其中为害较重的有沟金针虫（*Pleonomus canaliculatus*）、细胸金针虫（*Agriotes fuscicollis*）。沟金针虫分布区极广，自内蒙古、辽宁，直至长江沿岸的扬州、南京，西至陕西、甘肃等省份均有分布，主要发生在旱地平原地段。细胸金针虫分布在黑龙江沿岸至淮河流域，西至陕西、甘肃等省份，主要发生在水湿地和低洼地。

为害特点　金针虫以幼虫的形式终年在土中生活为害。为多食性地下害虫，主要为害多种作物的种子、幼苗和幼芽，能咬断刚出土的幼苗，也可钻入幼苗根茎部取食为害（图2-85 ~图2-87），造成缺苗断垄。

图2-85 金针虫为害小麦症状

图2-86 沟金针虫为害麦苗症状

图2-87 金针虫为害小麦田间症状

形态特征 沟金针虫：成虫深栗褐色，扁平，密生金黄色细毛，体中部最宽，前后两端较狭（图2-88）。卵乳白色，近似椭圆形。幼虫黄褐色，体形扁平，较宽，胴部背面中央有一明显的纵沟，尾节粗短，深褐色无斑纹（图2-89）。蛹体细长，乳白色，近似长纺锤形（图2-90）。

图2-88 沟金针虫成虫

图2-89 沟金针虫幼虫

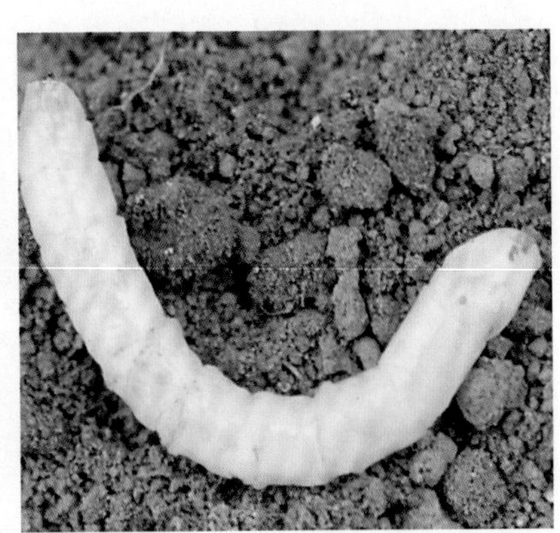

图2-90 沟金针虫蛹

细胸金针虫：成虫黄褐色，体中部与前后部宽度相似，体形细长，密生灰色短毛，有光泽（图2-91）。卵乳白色，近似椭圆形。幼虫淡黄褐色，细长，圆筒形，胴部背面中央无纵沟，尾节圆锥形，背面基部两侧各有褐色圆斑一个，并有4条深褐色纵沟（图2-92）。蛹乳白色，近似长纺锤形。

图2-91　细胸金针虫成虫

图2-92　细胸金针虫幼虫

发生规律　沟金针虫：3年完成1代，以成虫和幼虫的形式在土壤中深20 ～ 80 cm处越冬。翌年3月开始活动，4月为活动盛期。4月中旬至6月上旬为产卵期，幼虫期很长，直到第3年8—9月在土中化蛹。在一年中，它有两个主要为害时期，即春季为害期（3月中旬至5月上旬，以4—5月最重）和秋季为害期（9月下旬至10月上旬）。

细胸金针虫：多数2年完成1代，也有1年或3 ～ 4年完成1代的。仅以幼虫在土层深处越冬。翌年3月上、中旬开始出土，为害返青麦苗或早播作物，4—5月为害最盛，成虫期较长，有世代重叠现象。较耐低温，故秋季为害期也较长。

防治方法　换茬时精耕细耙，有机肥要充分腐熟后再施用。播种期时处理土壤可减轻为害，也可在金针虫发生期用药剂灌根防治。

播种或定植时，可用3%克百威颗粒剂3 kg、3%丁硫克百威颗粒剂3 kg拌100 kg种子，或用48%毒死蜱乳油（药：种子为1 ： 50）拌种；也可用5%辛硫磷颗粒剂1.5 ～ 2.0 kg/亩拌细干土100 kg撒施在播种（定植）沟（穴）中，然后播种或定植。

在金针虫已发生为害且虫量较大时，可用50%杀螟硫磷乳油800倍液、50%丙溴磷乳油1 000倍液、25%亚胺硫磷乳油800倍液、1.8%阿维菌素乳油3 000倍液、5%氟啶脲乳油1 500液、5%氟虫脲乳油4 000倍液、50%甲萘威可湿性粉剂600倍液等药剂灌根防治。

7. 黏虫

分　　布　黏虫（*Mythimna separata*）是世界性的害虫，我国20多个省份都有发生，轻发年发生40万～ 50万亩，中发年发生100万～ 200万亩，重发年300万～ 400万亩。

为害特点　幼虫食叶，大发生时可将作物叶片全部食光（图2-93），造成严重损失。

图2-93　黏虫为害小麦叶片症状

形态特征　成虫：体长15 ～ 17 mm，翅展36 ～ 40 mm，头部及胸部灰褐色，触角丝状。腹部暗褐色，前翅灰黄褐色、黄色或橙色，变化较多；内线不显，只有几个黑点，环纹、肾纹褐黄色，界限不显著，肾纹后端有一小白点，两侧各有一个小黑点；后翅暗褐色，向基部渐浅（图2-94）。卵：扁圆形，有光泽，表面有网状纹，卵块状排列成行。幼虫：初孵体长2 mm，老熟幼虫体长30 mm左右，头部淡黄褐色，有暗褐色网状花纹，咀嚼式口器，上唇略呈长方形（前缘中部凹陷）。幼虫蜕皮5次共6龄，1 ～ 3龄幼虫取食嫩叶，体灰褐稍带绿色，4龄后虫口密度大，光照足时黑绒色，密度小时淡黄绿色（图2-95）。胸、腹部圆筒形，5条明显纵带，背中线白色，边缘有黑线，亚背线蓝褐色。蛹：初化蛹时乳白色，后变红褐至黑褐色，胸背有多列横皱纹，腹背5 ～ 7节上沿各脊有一列线状尖刻若锯齿，腹末有3对尾刺，中间两根较粗直，两侧的小而弯。

图2-94　黏虫成虫

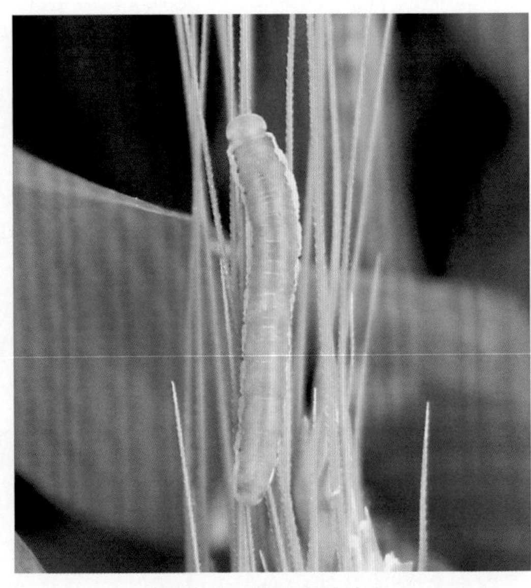

图2-95　黏虫老龄幼虫

发生规律　每年发生世代数全国各地不一，从北至南世代数：东北、内蒙古年生2～3代，华北中南部3～4代，江苏淮河流域4～5代，长江流域5～6代，华南6～8代。黏虫属迁飞性害虫，在湖南、江西、浙江一带，以幼虫和蛹的形式在稻桩、田埂杂草、绿肥田、麦田表土下等处越冬；在广东、福建南部终年繁殖，无越冬现象。北方春季出现的大量成虫系由南方迁飞所至。成虫产卵于叶尖或嫩叶、心叶皱缝间，常使叶片成纵卷。初龄幼虫仅能啃食叶肉，使叶片呈现白色斑点；3龄后可蚕食叶片形成缺刻，5～6龄幼虫进入暴食期。幼虫共6龄，老熟幼虫在根际表土1～3 cm做土室化蛹。成虫昼伏夜出，傍晚开始活动。黄昏时觅食，半夜交尾产卵，黎明时寻找隐蔽场所。成虫对糖醋液趋性强，产卵趋向黄枯叶片。

发生条件　虫发生的数量与为害程度受气候条件、食料营养及天敌的影响很大，如环境适合，发生就严重，反之，为害较轻。①气候条件：温湿度对黏虫的发生影响很大，雨水多的年份黏虫往往大发生。成虫产卵适温为15～30℃，最适温为19～25℃，相对湿度为90%左右。不同温湿度对幼虫的成活和发育影响也很大，特别是对1龄幼虫的影响更为明显。②食物营养的关系：成虫卵巢发育需要大量的碳水化合物，主要是糖类。早春蜜源植物多的地区，第一代幼虫多。幼虫喜食禾本科植物，取食后发育较快，而且蛹重较大，成虫也较健壮。

防治方法　防治黏虫的关键措施是做好预测预报，防治幼虫于3龄以前，有条件的地区，最好消灭蛾卵阶段的黏虫。

在卵孵化盛期至幼虫3龄前，及时喷洒苏云金杆菌乳剂200 mL/亩、2.5%氯氟氰菊酯乳油12～20 mL/亩、2.5%溴氰菊酯乳油10～15 mL/亩、50%马拉硫磷乳油1 000～1 500倍液、50%辛硫磷乳剂1 000倍液喷施效果均好。

8. 吸浆虫

分　　布　在我国小麦上发生的吸浆虫有麦红吸浆虫（*Sitodiplosis mosellana*）和麦黄吸浆虫（*Comtarinia tritci*）两种。麦红吸浆虫主要分布在黑龙江、内蒙古、吉林、辽宁、宁夏、甘肃、青海、河北、山西、陕西、河南、山东、安徽、江苏、浙江、湖北及湖南等平原麦区；麦黄吸浆虫主要分布在山西、内蒙古、河南、湖北、陕西、四川、甘肃、青海、宁夏等高纬度地区。

为害特点　该虫主要以幼虫为害小麦花器和乳熟籽粒，吸食浆液，造成瘪粒而减产。一般被害麦地减产30%～40%，严重者减产70%～80%，甚至绝收。

形态特征　麦红吸浆虫：雌成虫体橘红色，复眼大，黑色，前翅透明，有4条发达翅脉，后翅退化为平衡棍，触角细长，念珠状（图2-96）。卵长卵形，浅红色。幼虫体椭圆形，橙黄色（图2-97）。蛹：裸蛹，橙褐色。

图2-96　麦红吸浆虫成虫

图2-97　麦红吸浆虫幼虫

麦黄吸浆虫：雌体鲜黄色，产卵器伸出时与体等长。雄虫体腹部末端的把握器基节内缘无齿。卵呈香蕉形，末端有透明带状附属物。幼虫体黄绿色，体表光滑，前胸腹面有剑骨片。蛹鲜黄色。

发生规律　两种吸浆虫每年发生1代，以末龄幼虫的形式在土壤中结圆茧越夏和越冬。翌年小麦进入拔节期，越冬幼虫破茧上升到表土层；小麦孕穗时，再结茧化蛹；小麦开始抽穗，开始羽化出土，当天交配后把卵产在未扬花的麦穗上，各地成虫羽化期与小麦进入抽穗期一致。小麦抽穗扬花期为害较重。如雨水充沛、气温适宜常会引起吸浆虫的大发生。

防治方法　施足基肥，春季少施化肥，使小麦生长发育整齐健壮。小麦孕穗期是防治该虫的关键时期。

在小麦播种前撒毒土防治土中幼虫，于播前处理土壤。用5%毒死蜱颗粒剂1 ～ 2 kg/亩加20 kg干细土，拌匀制成毒土撒施在地表。

小麦孕穗期，可用50%辛硫磷乳油150 mL/亩、48%毒死蜱乳油100 ～ 125 mL/亩加20 kg细土制成毒土，均匀撒在地表，然后锄地，把毒土混入表土层中，如施药后灌一次水，效果更好。

这时期也可结合防治麦蚜，喷施50%马拉硫磷乳油35 mL/亩、10%联苯菊酯乳油30 ～ 50 mL/亩、2.5%溴氰菊酯乳油2 000倍液防治成虫等。该虫卵期较长，发生严重时可连续防治2次。

9. 麦茎蜂

分　　布　麦茎蜂（*Cephus pygmaeus*）分布全国各地。

为害特点　幼虫钻蛀茎秆，严重的整个茎秆被食空，老熟幼虫钻入根茎部，从根茎部将茎秆咬断或仅留少量表皮连接，断面整齐，受害小麦很易折倒。

形态特征　成虫全体黑色发亮（图2-98），头部黑色，复眼发达，触角丝状共19节，端部数节稍肥大。口器咀嚼式，上唇黑褐色，上腭端部黑褐色，中部米黄色，基部黑色。翅痣色深明显。卵：初产卵白色透亮，长椭圆形，将孵化时变成水渍状透明圆形。幼虫体乳白色，前进时呈S形白色或淡黄褐色，头部淡棕色，胸足退化呈圆形肉疣状突起，体多皱褶。蛹：裸蛹，外被薄茧。

发生规律　1年发生1代，以老熟幼虫在茎基部或根茬中结薄茧越冬。翌年4月化蛹，5月中旬羽化，5月下旬进入羽化期持续20多天，羽化后雌蜂把卵产在茎壁较薄的麦秆里，产卵时用产卵器把麦茎锯一小孔，把卵散产在茎的内壁上。幼虫孵化后取食茎壁内部，3龄后进入暴食期，常把茎节咬穿或整个茎秆被食空，逐渐向下蛀食到茎基部，麦穗变白，幼虫老熟后在根茬中结透明薄茧越冬。

图2-98　麦茎蜂成虫

防治方法　卵、幼虫隐蔽在麦茎内为害，越冬幼虫在根茬潜伏，麦收后碾压根茬，机耕深翻，重害区应在大面积集中连片倒茬上下功夫，在成虫羽化盛期前撒施毒沙。麦茎蜂为单食性害虫，各地应有计划地实行大面积连片轮作倒茬，大片不种麦，改种豆类、薯类、玉米等。

土壤处理：夏初冬麦二水前、春麦头水前撒施5%毒死蜱颗粒剂1 ～ 2 kg/亩，加细沙土30 kg。或用5%辛硫磷颗粒剂2.5 ～ 4.0 kg对细沙土20 ～ 30 kg，于小麦抽穗前孕穗初期（成虫出土盛期）在灌水或雨前均匀撒施于麦田。

在小麦抽穗前孕穗期成虫出土盛期，可用48%毒死蜱乳油25 mL/亩兑水50 kg，间隔7 ～ 10 d喷1次，连喷2次。

10. 麦种蝇

分　　布　麦种蝇（*Hylemyia coarctata*）在我国的新疆、甘肃、宁夏、青海、陕西、内蒙古、山西、黑龙江等省份均有分布。

为害特点　幼虫侵入茎基部蛀食，引起心叶枯死，重者缺苗断垄甚至翻耕改种，从而造成减产（图2-99）。

形态特征　雄成虫体暗灰色（图2-100）。头银灰色，额窄，额条黑色。复眼暗褐色，在单眼三角区的前方，间距窄，几乎相接，触角黑色。胸部灰色，腹部上下扁平，狭长细瘦，较胸部色深。翅浅黄色，具细黄褐色脉纹，平衡棒黄色。足黑色。雌虫体灰黄色。卵长椭圆形，腹面略凹，背面凸起，一端尖削，另一端较平，初乳白色，后变浅黄白色，具细小纵纹。幼虫体蛆状（图2-101），乳白色，老熟时略带黄色。围蛹纺锤形（图2-102），初为淡黄色，后变黄褐色，两端稍带黑色，羽化前黑褐色，稍扁平，后端圆形有突起。

图2-99　麦种蝇为害麦株症状

图2-100　麦种蝇成虫

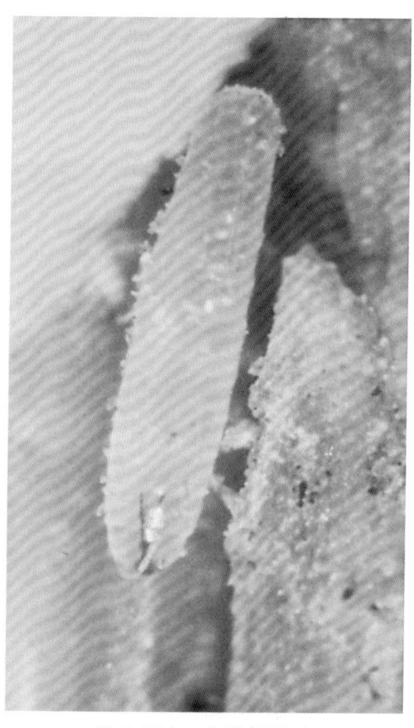

图2-101　麦种蝇幼虫

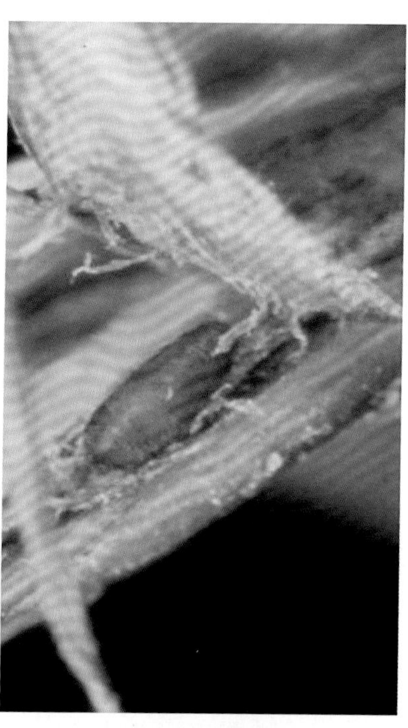

图2-102　麦种蝇蛹

发生规律　1年发生1代，以卵的形式在土内越冬。翌年3月越冬卵孵化为幼虫，初孵幼虫栖息在植株茎秆、叶及地面上，先在小麦茎基部钻一小孔，钻入茎内，头部向上，蛀食心叶组织成锯末状。幼虫耐饥力强，每头幼虫只为害一株小麦，无转株为害习性。幼虫活动为害盛期在3月下旬至4月上旬。4月中旬幼虫爬出茎外，钻入6～9 cm土中化蛹，4月下旬至5月上旬为化蛹盛期。6月初蛹开始羽化，6月中旬为成虫羽化盛期，7—8月为成虫活动盛期。雌虫9月中旬开始产卵，每雌产卵9～48粒，产卵后即死亡，10月雌虫全部死亡。

防治方法　提倡与其他作物轮作2～3年，可有效控制麦种蝇的为害。

药剂拌种：每100 kg种子用3%克百威颗粒剂3 kg、3%丁硫克百威颗粒剂3 kg拌种，或用48%毒死蜱乳油按药种比1 ∶ 50拌种，能有一定的防治效果。

土壤处理：小麦播种前耕最后一次地时，用48%毒死蜱乳油100 ~ 125 mL/亩或50%辛硫磷乳油250 mL/亩，加水5 kg，拌细土20 kg撒施，边撒边耕，可防成虫在麦地产卵。

春季幼虫开始为害时，用50%辛硫磷乳油150 mL/亩、48%毒死蜱乳油100 ~ 125 mL/亩，加水50 kg喷地面，然后翻入地内。4月中、下旬，幼虫爬出茎外将钻入土内化蛹时，可用50%辛硫磷乳油200 ~ 500 mL/亩加水50 kg喷雾，以防幼虫钻入土内化蛹。

11. 麦黑斑潜叶蝇

分　　布 麦黑斑潜叶蝇（*Cerodonta denticornis*）分布在甘肃、台湾等省份。

为害特点 以幼虫潜食叶肉，潜痕弯曲窄细（图2-103）。

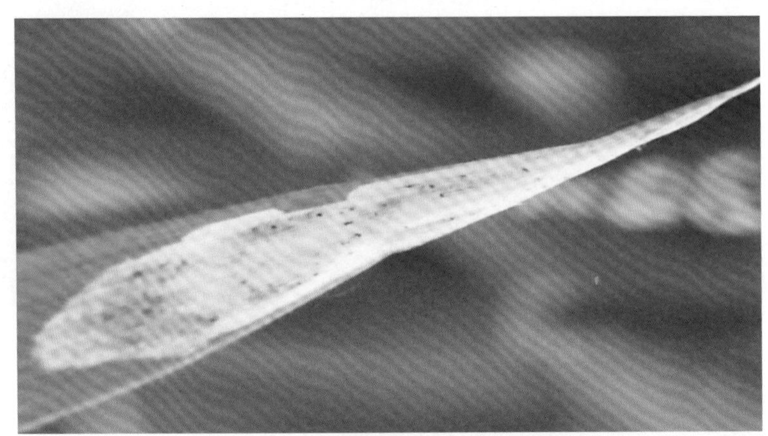

图2-103 麦黑斑潜叶蝇为害叶片症状

形态特征 成虫体黄褐色（图2-104）。头部黄色，间额褐色，单眼三角区黑色，复眼黑褐色，具蓝色荧光。触角黄色，触角芒不具毛。胸部黄色，背面具一“凸”字形黑斑块，前方与颈部相连，后方至中胸后盾片中部，黑斑中央具“V”字形浅洼；小盾片黄色，后盾片黑褐色。翅透明浅黑褐色。平衡棍浅黄色。幼虫体乳白色，蛆状（图2-105）。腹部端节下方具1对肉质突起，腹部各节间散布细密的微刺。蛹浅褐色，体扁，前后气门可见。

图2-104 麦黑斑潜叶蝇成虫

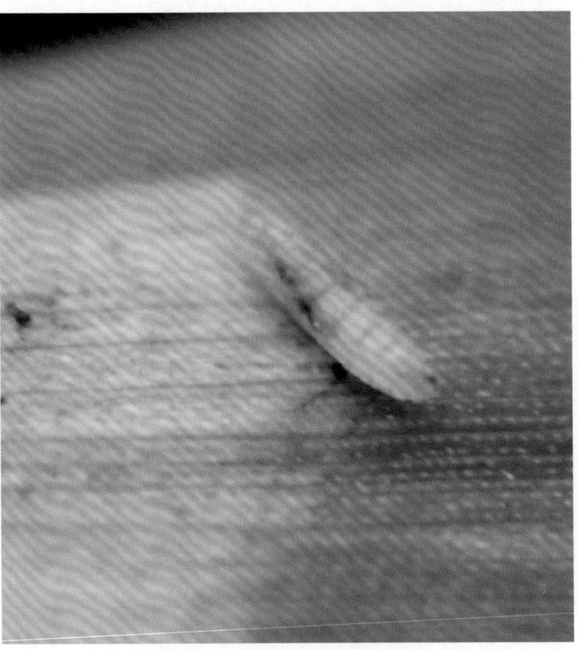

图2-105 麦黑斑潜叶蝇幼虫

发生规律 发生代数不详，可能以蛹的形式越冬。4月上、中旬时成虫开始在麦田活动，把卵产在麦叶上，幼虫孵化后潜入叶肉为害，造成麦叶部分干枯。幼虫老熟后，由虫道爬出，附着在叶表化蛹和羽化。4月下旬在春麦苗上发生普遍，9月发生在自生麦苗上。

防治方法 以消灭成虫为主，于小麦返青时，成虫发生期，用50%辛硫磷乳油150 mL/亩、48%毒死蜱乳油100 ~ 125 mL/亩，加水50 kg喷地面，消灭成虫，防其产卵。

12. 小麦皮蓟马

为害特点　小麦皮蓟马（*Haplothrips tritici*）成、若虫以锉吸式口器，锉破植物表皮，吮吸叶汁。小麦孕穗期，成虫即从开缝处钻入花器内为害，影响小麦扬花，严重时造成小麦白穗。为害麦粒，麦粒灌浆乳熟期，成虫和若虫先后或同时，躲藏在护颖与外颖内吸取麦粒的浆液，致使结实不饱满，麦粒空瘪（图2-106）。同时还由于蓟马刮食破坏细胞组织，麦粒上出现褐色斑块，降低了面粉质量，减少出粉率。

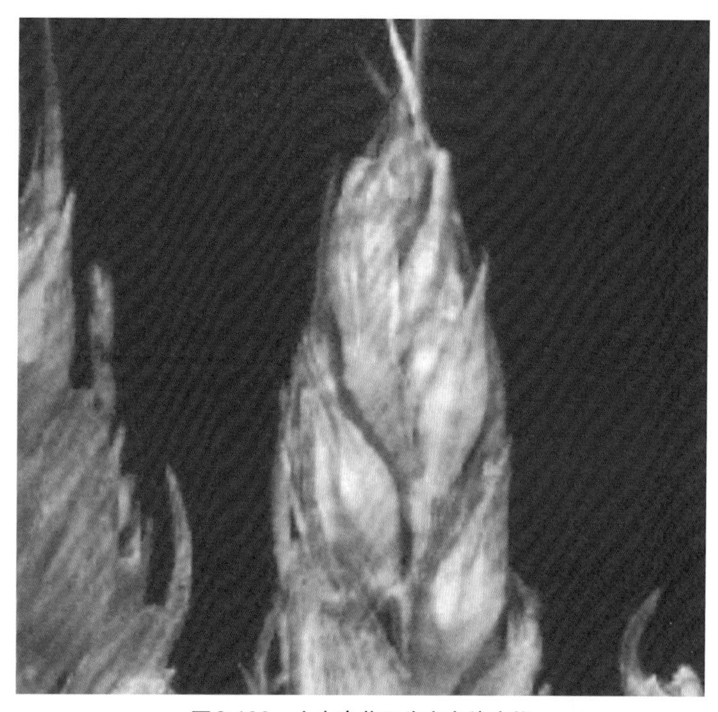

图2-106　小麦皮蓟马为害麦穗症状

形态特征　成虫全体黑色（图2-107），头部略呈长方形与前胸相辖。复眼分离，触角8节。前翅仅有一条不明显的纵脉，并不延至顶端。腹部末端成管状，端部有6根细长的尾毛，尾毛间各生1根短毛。卵乳黄色，长椭圆形。若虫初孵化时淡黄色，后逐渐转变为橙色、鲜红色（图2-108），触角及尾管黑色，无翅。前蛹及伪蛹，体色淡红，四周着生白色绒毛。

图2-107　小麦皮蓟马成虫

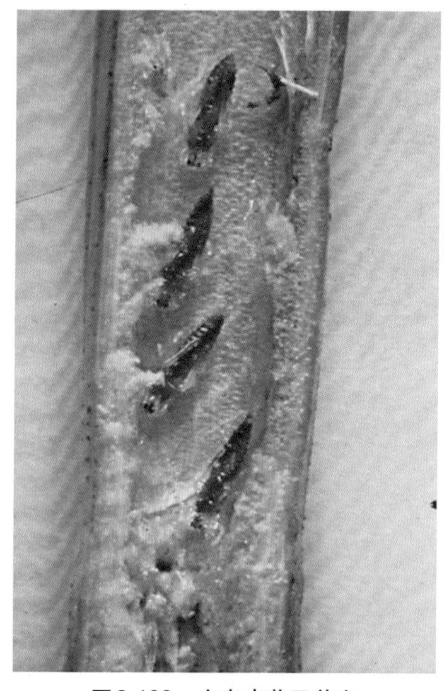

图2-108　小麦皮蓟马若虫

发生规律　1年发生1代，以若虫在麦根或场面地下10 cm处越冬，1 ~ 5 cm处密度最大。翌年日均温8℃时开始活动，约5月中旬进入化蛹盛期，5月中、下旬羽化，6月上旬进入羽化盛期，羽化后进入麦田，在麦株上部叶片内侧叶耳、叶舌处吸食汁液，后从小麦旗叶叶鞘顶部或叶鞘缝隙处侵入尚未抽出的麦穗上，为害花器，有时一个旗叶内群集数十头至数百头成虫。6月上、中旬冬麦全部抽穗，成虫大量向春麦上迁飞，6月中旬达高峰，高峰期比冬麦晚半个月，但发生密度春麦往往大于冬麦。小麦灌浆期是为害最严重的阶段。

防治方法　实行合理的轮作倒茬。适时早播。秋季或麦收后及时深耕，清除麦场四周杂草，破坏其越冬场所，可降低越冬虫口基数。

小麦孕穗期，大量蓟马迁飞到麦穗上为害产卵，是防治成虫的有利时期，及时喷洒20%丁硫克百威乳油、10%吡虫啉可湿性粉剂、1.8%阿维菌素乳油、10%虫螨腈乳油2 000倍液。

小麦扬花期是防治初孵若虫的有利时期。可用75%乙酰甲胺膦可溶性粉剂60 g/亩、1.8%阿维菌素乳油2 000倍液兑水30 kg喷雾，注意防治初孵若虫。

13. 麦穗夜蛾

分　　布 麦穗夜蛾（*Apamea sordens*）分布在内蒙古、甘肃、青海等省份。

为害特点 初孵幼虫先取食穗部花器和子房，个别取食颖壳内壁幼嫩表面，食尽后转移为害，2～3龄后在籽粒里取食潜伏，4龄后幼虫转移至旗叶上吐丝缀连叶缘成筒状，日落后寻找麦穗取食，仅残留种胚，致使小麦不能正常生长和结实（图2-109）。

图2-109 麦穗夜蛾为害麦穗症状

形态特征 成虫全体灰褐色（图2-110），前翅有明显黑色基剑纹，在中脉下方呈燕飞形，环状纹、肾状纹银灰色，边黑色；基线淡灰色双线，亚基线、端线浅灰色双线，锯齿状；亚端线波浪形浅灰色；前翅外缘具7个黑点，缘毛密生；后翅浅黄褐色。卵圆球形，卵面有花纹。末龄幼虫头部具浅褐黄色“八”字纹。虫体灰黄色，腹面灰白色。蛹黄褐色或棕褐色。

图2-110 麦穗夜蛾成虫

发生规律 1年发生1代，以老熟幼虫在田间或地埂表土越冬。翌年4月越冬幼虫出蛰活动，4月底至5月中旬幼虫化蛹，6—7月成虫羽化，6月中旬至7月上旬进入羽化盛期，白天隐蔽在麦株或草丛下，黄昏时飞出活动，取食小麦花粉或油菜。初孵幼虫先取食穗部的花器和子房，吃光后转移，4龄进入暴食期，将小麦旗叶吐丝缀连成筒状，9月中旬幼虫开始在麦茬根际松土内越冬。

防治方法 麦收时要注意杀灭麦株底下的幼虫，以减少越冬虫口基数。

诱杀成虫：利用成虫趋光性，在6月上旬至7月下旬安装黑光灯诱杀成虫。

在4龄前及时喷洒80%敌敌畏乳油1 000～1 500倍液、50%辛硫磷乳油1 000倍液，4龄后白天潜伏，应在日落后喷洒上述杀虫剂防治。

14. 秀夜蛾

分　　布 秀夜蛾（*Amphipoea fucosa*）分布东北、华北、西北、西藏高原、长江中下游及华东麦区。

为害特点 一般会导致小麦减产10%～20%，严重时减产40%～50%。幼虫喜在水浇地、下湿滩地及黏壤土地块为害，3龄前钻茎为害，4龄后从麦秆的地下部咬烂入土，栖息在薄茧内继续为害附近麦株，致小麦呈现枯心或全株死亡，造成缺苗断垄。

形态特征 成虫头部、胸部黄褐色（图2-111），腹背灰黄色，腹面黄褐色，前翅锈黄至灰黑色，环纹、肾纹白色至锈黄色，上生褐色细纹，边缘暗褐色，亚端线色浅，外缘褐色，缘毛黄褐色。后翅灰褐色，缘毛、翅反面灰黄色。卵半圆形，初白色，3～4 d后变为褐色。末龄幼虫体灰白色，头黄色，四周具黑褐色边，从中间至后缘生黑褐色斑4个，从前胸后缘至腹部第九节的背中线两侧各具红褐色宽带1条。蛹棕褐色，2根尾刺，末端呈弯钩状。

图2-111　秀夜蛾成虫

发生规律　北方春麦区1年发生1代，以卵的形式越冬。翌年5月上、中旬开始孵化，3龄前幼虫蛀茎为害，4龄后从麦秆地下部咬烂入土，继续为害他株，5月下旬至6月下旬进入为害盛期，老熟幼虫为害后于6月下旬至7月上、中旬化蛹，化蛹处多在被害株附近地下1 ~ 3 cm土表。7月下旬至8月中旬进入羽化盛期，成虫盛发后随即进入产卵盛期。

防治方法　合理轮作，深翻土地除茬灭卵，集中烧毁可减少虫源。翻地深度超过15 cm，翌年初孵幼虫大部分不能出土。在小麦3叶期浇水，这时正值初孵幼虫为害盛期，浇水后可减轻为害。除掉根茬，将麦根除掉集中烧毁，减少越冬卵量。

灯光诱杀：在成虫盛发期，大面积设置20 W黑光灯诱杀成虫在产卵之前。

发生严重地区或田块，随播种施4%辛硫磷颗粒剂或5%毒死蜱颗粒剂1 ~ 2 kg/亩，对初孵幼虫防效在80%以上。

幼虫期可用48%毒死蜱乳油200 mL/亩、40%辛硫磷乳油500 mL/亩、30%毒死·辛乳油（10%毒死蜱＋20%辛硫磷）400 ~ 600 mL/亩兑水40 ~ 50 kg灌根。

15. 麦秆蝇

分　　布　麦秆蝇（*Meromyza saltatrix*）主要分布在新疆、内蒙古、宁夏以及河北、河南、山西、陕西、甘肃部分地区。

为害特点　幼虫钻入小麦等寄主茎内蛀食为害，初孵幼虫从叶鞘或茎节间钻入麦茎或在幼嫩心叶及穗节基部1/5 ~ 1/4处呈螺旋状向下蛀食，形成枯心、白穗、烂穗，致使小麦不能结实。

形态特征　成虫体为浅黄绿色，复眼黑色，有青绿色光泽。单眼区褐斑较大，边缘越出单眼之外。胸部背面具3条黑色或深褐色纵纹，中间一条纵纹前宽后窄，直连后缘棱状部的末端，两侧的纵纹仅为中纵纹的一半或一多半，末端具分叉。触角黄色，基部黄色。足黄绿色。后足腿节膨大（图2-112）。卵纺锤形，白色，表面具纵纹10条。末龄幼虫体黄绿色或淡黄绿色，头端有一黑色口钩，呈蛆形。蛹属围蛹，蛹壳透明，体色初期淡，后期黄绿。

图2-112　麦秆蝇成虫

发生规律　内蒙古等春麦区年生2代，冬麦区年生3 ~ 4代，以幼虫的形式在寄主根茎部或土缝中或杂草上越冬。春麦区翌年5月上、中旬始见越冬代成虫，5月底至6月初进入发生盛期，6月中、下旬为产卵高峰期，6月下旬是幼虫为害盛期，为害20 d左右。第1代幼虫于7月中、下旬麦收前大部分羽化并离开麦田，把卵产在多年生禾本科杂草上。麦秆蝇在内蒙古仅1代幼虫为害小麦，成虫羽化后把卵产在叶面基部。冬麦区第1、第2代幼虫于4—5月为害小麦，第3代转移到自生麦苗上，第4代转移到秋苗上为害。河南一年有两个为害高峰期。幼虫老熟后在为害处或野生寄主上越冬。该虫产卵和幼虫孵化需较高湿度，小麦茎秆柔软、叶片较宽或毛少的品种，产卵率高，为害重。

防治方法 选用抗虫品种是防治麦秆蝇最经济有效的途径，各地应加强对当地品种的鉴定并引进、培育适应当地的抗虫良种。春麦适当早播，冬麦适当晚播以避开成虫产卵为害。加强小麦的栽培管理，因地制宜、深翻土地、增施肥料、适时早播、适当浅播、合理密植及时灌排。精耕细作，都对麦秆蝇繁殖为害不利。精细收获，铲除杂草，可减少其越夏场所。

掌握越冬代成虫发生情况，是药剂防治的关键。可用1.8%阿维菌素乳油2 500倍液、10%吡虫啉可湿性粉剂2 500倍液、40%乙酰甲胺磷乳油2 000倍液、10%联苯菊酯乳油1 000倍液喷雾，隔6 ～ 7 d后喷第二次药。每亩喷对好的药液50 ～ 75 L，把卵控制在孵化之前。

三、小麦各生育期病虫草害防治技术

（一）小麦病虫草害综合防治历的制订

小麦栽培管理过程中，应总结本地小麦病虫草害的发生特点和防治经验，制订病虫害防治计划，适时田间调查，及时采取防治措施，有效控制病、虫、草的为害，保证丰产、丰收。

病虫草害的综合防治工作历见表2-1，各地应根据自己的情况采取具体的防治措施。

表2-1 麦田病虫草害的综合防治历

生育期	日期	主要防治对象	次要防治对象	防治措施
播种期	10月	地下害虫、黑穗病、全蚀病、赤霉病、锈病	白粉病、病毒病、根腐病、叶枯病、蚜虫、红蜘蛛、吸浆虫	土壤处理、药剂拌种
冬前期	11月中、下旬	杂草	麦蚜、红蜘蛛	喷施除草剂
返青期	2月下旬至3月上旬	杂草	麦蚜、红蜘蛛	喷施除草剂
拔节期至孕穗期	3月上旬至4月上旬	病毒病、锈病、红蜘蛛、吸浆虫、麦茎蜂	白粉病、纹枯病、叶枯病、根腐病、麦秆蝇、控制其旺长	喷施杀菌剂、杀虫剂、杀螨剂及植物激素
抽穗至灌浆期	4月中旬至5月上旬	赤霉病、白粉病、颖枯病、叶枯病、吸浆虫、麦蚜	根腐病、黏虫、麦叶蜂	喷施杀菌剂、杀虫剂
成熟期	5月中、下旬	麦蚜、白粉病	黏虫、赤霉病、病毒病	施用杀虫剂、杀菌剂、微肥

（二）播种期病虫害防治技术

播种期是防治病虫害的关键时期。这一时期防治的主要虫害有地老虎、蛴螬、蝼蛄、金针虫等地下害虫，土壤处理可以防治小麦吸浆虫越冬幼虫，药剂拌种可以减少地下害虫及其他苗期害虫的为害。

小麦病害如黑穗病、赤霉病、根腐病，主要是靠种子或土壤带菌传播的，而且从幼苗期就开始侵染，所以对于这些病害，种子处理是最有效的防治措施。另外，通过适当的药剂拌种，可以减轻苗期白粉病、锈病、纹枯病、叶枯病、病毒病等多种病害的为害。

还可以通过施用激素和微肥，培育壮苗，增强植株的抗病力。

药剂拌种的常用方法：

可以用50%辛硫磷乳油500 mL加水20 ～ 25 kg，拌种子250 ～ 300 kg；或用48%毒死蜱乳油500 mL加水15 ～ 20 kg，拌种200 kg，堆闷2 ～ 3 h后播种。防治蝼蛄、蛴螬、金针虫等地下害虫。

可以用3%苯醚甲环唑悬浮种衣剂200 ～ 400 mL拌种100 kg、12.5%烯唑醇可湿性粉剂60 ～ 80 g拌麦种50 kg；或用2%戊唑醇按种子重量的0.10% ～ 0.15%拌种，边喷边拌，闷种4 ～ 6 h后播种，可以防治小麦黑穗病、赤霉病等病害。

用10%硅噻菌胺悬浮种衣剂310 ～ 420 mL、3%苯醚甲环唑悬浮种衣剂400 ～ 600 mL、2.5%咯菌腈悬浮种衣剂200 mL + 3%苯醚甲环唑悬浮种衣剂200 mL、2.5%咯菌腈悬浮剂100 ～ 200 mL，拌麦种100 kg，对小麦全蚀病有较好的防效。

为了兼顾多种病虫害的防治，可以用22%苯甲唑·吡虫啉·萎锈灵（苯醚甲环唑1.4% + 萎锈灵6.6% + 吡虫啉14%）种子处理悬浮剂1 000 ～ 2 000 g、或22%苯醚·咯·噻虫（噻虫嗪20% + 苯醚甲环唑1% + 咯菌腈1%）种子处理悬浮剂400 ～ 666 mL、23%吡虫·咯·苯甲（吡虫啉20% + 咯菌腈1% + 苯醚甲环唑2%）悬浮种衣剂600 ～ 800 g拌麦种100 kg。

为调节小麦生长、提高发芽能力，增强小麦抗病性能，可用0.001%芸苔素内酯乳油10 mL拌麦种10 ～ 20 kg。

土壤处理：在地下害虫或小麦吸浆虫发生严重的地区，用5%毒死蜱或3%辛硫磷颗粒剂3 ～ 4 kg/亩，在犁地前均匀撒施在地面，随犁地翻入土中。对一些地下害虫有一定的防治效果。

（三）苗期病虫害防治技术

小麦苗期的病虫害相对较轻，但在有些年份因气温相对偏高，蚜虫、红蜘蛛、白粉病、锈病也有发生，可根据情况具体的防治。

可喷洒50%辛硫磷乳油800倍液20 ～ 30 kg/亩，防治蚜虫、红蜘蛛等，用15%三唑酮可湿性粉剂60 ～ 70 g/亩、12.5%烯唑醇可湿性粉剂32 ～ 48 g/亩，兑水20 ～ 30 kg喷雾，兼治小麦白粉病、锈病等。

这时期的小麦较弱，用药时要严格控制用量注意避免产生药害。11月中旬土壤干旱时，应浇越冬水，以增加土壤水分，稳定地温，对小麦安全越冬有利，使小麦免受冻害。

11月中、下旬或2月下旬至3月上旬，麦田杂草大量发生，是麦田杂草防治的关键时期。

（四）拔节至孕穗期病虫害防治技术

拔节至孕穗期是预防小麦病虫害的一个关键时期（图2-113）。

图2-113　小麦返青拔节期病虫为害情况

早春，气温开始回升，病虫开始活动，干旱时，麦田红蜘蛛发生为害，蚜虫也开始发生，锈病、白粉病也开始入侵，应加强田间的预测、预报。对于小麦吸浆虫发生严重的地区，要进行蛹期防治。

这一时期病虫防治以红蜘蛛为主，可预防和兼治蚜虫、白粉病、锈病、纹枯病。

红蜘蛛虫口数量大时，喷洒1.8%阿维菌素乳油2 000 ～ 4 000倍液，视虫情隔10 ～ 15 d再喷1次。

小麦纹枯病病株率达5%，可用5%井冈霉素水剂200 mL/亩、70%甲基硫菌灵可湿性粉剂50 ～ 75 g/亩，兑水40 ～ 50 kg均匀喷雾。

锈病为害时，每亩用12.5%烯唑醇可湿性粉剂每亩用药15 ～ 30 g，兑水50 ～ 70 kg喷雾，或兑水10 ～ 15 kg低容量喷雾。可兼治白粉病等其他病害。

该期是小麦病虫害发生前期，为了有效地预防未来小麦病虫害的发生，可以喷施70%吡虫啉水分散性粒剂4 ～ 6 g/亩＋10%苯醚甲环唑水分散粒剂30 ～ 50 g/亩＋0.001%芸薹素内酯水剂10 ～ 20 mL/亩，兑水50 ～ 80 kg喷施，可以有效防治蚜虫小麦锈病、白粉病、纹枯病。

结合小麦病害的防治，喷洒15%多效唑粉剂50 ～ 60 g/亩（兑水40 ～ 50 kg），可有效控制旺长，缩短基部节间，防治小麦倒伏。

（五）抽穗至灌浆期病虫害防治技术

抽穗至灌浆期是蚜虫、红蜘蛛、白粉病、赤霉病的重要发生期（图2-114），应注意田间调查，及时防治，控制病虫为害，减少损失。

图2-114　小麦抽穗至灌浆期病虫为害情况

该期防治的重点是赤霉病，同时兼治蚜虫、麦叶蜂、小麦锈病、白粉病，可以结合天气预报，特别是小麦芽花期降雨，更应在花期前后及时喷药，该期可以用70%甲基硫菌灵可湿性粉剂75 ～ 120 g/

亩+40%氟硅唑乳油6～8 mL/亩+10%联苯菊酯乳油1 000～2 000倍液+0.001%芸苔素内酯水剂10～20 mL/亩，达到兼治多种病虫害的目的。

田间小麦赤霉病等开始发生期，可以用48%氰烯·戊唑醇悬浮剂40～60 g/亩、40%丙硫菌唑·戊唑醇悬浮剂30～50 mL/亩、50%多·霉威可湿性粉剂800～1 000倍液、42%甲·醚（甲基硫菌灵·苯醚甲环唑）可湿性粉剂40～60 g/亩、36%多·咪鲜（多菌灵·咪鲜胺）可湿性粉剂40～60 g/亩兑水40～50 kg喷雾。

麦蚜发生期，可用3%啶虫脒乳油1 500～3 000倍液、1.8%阿维菌素乳油2 000～4 000倍液、50%抗蚜威可湿性粉剂1 500～3 000倍液、2.5%溴氰菊酯乳油3 000倍液。

麦田红蜘蛛发生较重时，用1.8%阿维菌素乳油1 500～3 000倍液、20%哒螨灵可湿性粉剂10～20 g/亩、73%炔螨特乳油30～50 mL/亩、5%噻螨酮乳油50～66 mL/亩，兑水40～50 kg均匀喷雾，可有效地防治麦蜘蛛。

防治麦叶蜂，可用50%辛硫磷乳油1 500倍液、5%高效氯氰菊酯乳油1 000倍液喷雾。

小麦锈病、白粉病发生较重时，可用15%三唑酮可湿性粉剂30～40 g/亩、25%戊唑醇水乳剂25～33 mL/亩、25%粉唑醇悬浮剂16～20 mL/亩、12.5%烯唑醇可湿性粉剂25～30 g/亩、25%丙环唑乳油40 mL/亩、12.5%氟环唑悬浮剂45～60 mL/亩、25%腈菌唑乳油45～54 mL/亩、40%氟硅唑乳油6～8 mL/亩，兑水40～50 kg均匀喷雾。

小麦纹枯病发生较重时，可用5%井冈霉素水剂200 mL/亩、2%嘧啶核苷类抗生素水剂150～200 mL/亩兑水40～50 kg均匀喷雾。

（六）麦田杂草防治技术

近年来，麦田杂草发生严重，麦田杂草种类较多、草相差异较大。同时，各地小麦的生长情况和栽培模式不同，除草剂的应用历史不同。另外，还要考虑土质、环境条件等因素，应针对不同情况正确地选择麦田除草剂品种。

1. 南方稻麦轮作麦田禾本科杂草防治

长江流域稻麦轮作田，主要是看麦娘等禾本科杂草和牛繁缕等阔叶杂草，但以禾本科杂草为主，看麦娘、日本看麦娘、菵草等杂草发生严重，另外，还有少量的早熟禾、硬草、雀麦、棒头草、长芒棒头草、蜡烛草、纤毛鹅观草、节节麦、碱茅等，这些禾本科杂草发生早，在水稻收割小麦播种后很快形成出苗高峰，难于控制，严重地为害小麦的生长。部分地区的农民防治方法不当，常引起后茬作物的药害，也有些农民施药2～3次（播后芽前施封闭药，冬前施药、返青期补治），生产上应在小麦苗后冬前及时防治，正确地选用除草剂种类和施药方法，一次施药有效地控制杂草的为害。

在南方部分麦田，前茬水稻腾茬早、雨水大，在播前就有大量看麦娘等杂草出土的田块（图2-115），需要在播前灭茬除草，可以在播前4～7 d施药防治，可以用下列除草剂：

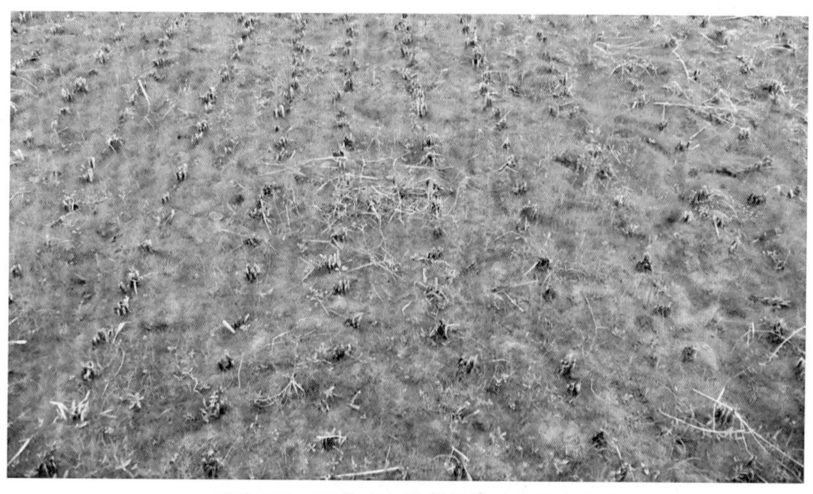

图2-115 稻茬小麦播种前发生大量杂草

41%草甘膦水剂100 mL/亩，兑水30 kg，均匀喷施，防治已出苗杂草，播后视草情再用其他麦田除草剂。该期施用草甘膦后，最好间隔7 ～ 14 d，不要马上播种小麦。延长施药与播种的间隔时间，一方面，可以提高杀草效果；另一方面，田间有机质下降，草甘膦分解缓慢，间隔期太短，易发生药害。

在小麦冬前期，对于信阳等长江流域稻作麦区，是麦田防治杂草的最好时期，这一时期杂草基本出齐，且多处于幼苗期（图2-116），防治目标明确，应视杂草的生长情况，于11月中、下旬至12月上旬施药，防治一次即可达到较好的防治效果。

对于以看麦娘等禾本科杂草为主的地块，在杂草发生较早的时期，且大量杂草已出苗时，可以用6.9%精噁唑禾草灵水乳剂75 ～ 100 mL/亩、10%精噁唑禾草灵乳油75 ～ 100 mL/亩、50%异丙隆可湿性粉剂120 ～ 150 g/亩＋6.9%精噁唑禾草灵水乳剂50 ～ 100 mL/亩、70 %氟唑磺隆水分散粒剂3 ～ 5 g/亩＋助剂10 g/亩、15%炔草酯可湿性粉剂30 ～ 50 g/亩、5%唑啉·炔草酯乳油60 ～ 100 mL/亩，兑水30 kg均匀喷施。

图2-116 小麦冬前苗期杂草发生为害情况

对于以日本看麦娘、茵草等为主的地块，尽量在杂草基本出齐且处于幼苗期时及时施药，可以用3%甲基二磺隆油悬剂25 ～ 30 mL/亩（并加入助剂）、7.5%啶磺草胺水分散粒剂12 g/亩，兑水喷施。

对于以看麦娘、猪殃殃、婆婆纳、牛繁缕、碎米荠、大巢菜等杂草为主的地块，可以用6.9%精噁唑禾草灵水乳剂50 ～ 75 mL/亩＋10%苯磺隆可湿性粉剂15 ～ 20 g/亩＋20%氯氟吡氧乙酸乳油40 ～ 60 mL/亩、10%精噁唑禾草灵乳油50 ～ 75 mL/亩＋10%苄嘧磺隆可湿性粉剂30 ～ 40 g/亩＋20%氯氟吡氧乙酸乳油40 ～ 60 mL/亩、70%氟唑磺隆水分散粒剂4 ～ 5 g/亩＋助剂10 g/亩＋10%苄嘧磺隆可湿性粉剂30 ～ 40 g/亩＋20%氯氟吡氧乙酸乳油40 ～ 60 mL/亩、15%炔草酯可湿性粉剂18 ～ 22 g/亩＋10%苄嘧磺隆可湿性粉剂30 ～ 40 g/亩，兑水30 kg均匀喷雾。

对于以日本看麦娘、茵草、猪殃殃、婆婆纳、牛繁缕、碎米荠、大巢菜等为主的地块，可以用70%氟唑磺隆水分散粒剂4 ～ 5 g/亩＋助剂10 g/亩＋10%苄嘧磺隆可湿性粉剂30 ～ 40 g/亩＋20%氯氟吡氧乙酸乳油40 ～ 60 mL/亩，兑水30 kg均匀喷雾。

2. 旱田麦田禾本科杂草防治

在小麦冬前期，部分麦田野燕麦、硬草发生较多，在小麦出苗后21 ～ 35 d，即11月中、下旬，而豫北等中北部麦区应在2月下旬至3月上旬小麦返青期施药防治。温度适宜，禾本科杂草基本出苗且多为幼苗时施药，是杂草防治的最好时期，应及时采取防治措施。

对于以野燕麦为主的地块，豫南等中南部麦区在冬前苗期，豫北等中北部麦区在小麦返青期，在杂草发生较早的时期，且大量杂草已出苗时（图2-117），可以用下列除草剂：

6.9%精噁唑禾草灵水乳剂75 ～ 100 mL/亩、10%精噁唑禾草灵乳油75 ～ 100 mL/亩、15%炔草酯可湿性粉剂30 ～ 50 g/亩、5%唑啉·炔草酯乳油60 ～ 100 mL/亩，兑水30 kg均匀喷施。

图2-117　小麦苗期田间野燕麦发生为害情况

在小麦冬前期以及11月下旬、小麦返青期（2月下旬至3月上旬），部分麦田节节麦发生较多在小麦出苗后21 ~ 35 d，即11月中、下旬，禾本科杂草基本出苗且多为幼苗时施药最好。温度适宜，是杂草防治的最好时期，应及时采取防治措施。可以用3%甲基二磺隆油悬剂25 ~ 30 mL/亩＋助剂、70%氟唑磺隆水分散粒剂4 ~ 5 g/亩＋助剂，兑水30 ~ 45 kg，均匀喷施，可以取得较好的除草效果。注意不要施药太早或太晚，低温下施药效果差，对小麦的安全性降低，会出现黄化、枯死现象。

在小麦冬前期，部分麦田雀麦、多花黑麦草发生较多，在小麦冬前期以及11月下旬、小麦返青期（2月下旬至3月上旬），禾本科杂草基本出苗且多为幼苗时施药最好。可以用7.5%啶磺草胺水分散粒剂9 ~ 12 g/亩、3%甲基二磺隆油悬剂25 ~ 30 mL/亩＋助剂，兑水30 ~ 45 kg均匀喷施，可以取得较好的除草效果。

沿黄稻麦轮作田，硬草发生量大，一般年份在小麦播种14 d后开始大量发生，个别干旱年份发生较晚。在小麦返青后开始快速生长，难于防治，常造成严重为害。生产上应主要抓好冬前期防治；因为沿黄稻作麦区温度较低，小麦返青期及时防治也能收到较好的防治效果。

在小麦冬前期，是沿黄稻作麦区杂草防治的最好时期，对于水稻收获后整地播种的小麦，在小麦出苗后21 ~ 35 d，即11月上、中旬，硬草幼苗时施药最好（图2-118）。

图2-118　小麦冬前苗期硬草较大时发生为害情况

小麦冬前期11月中旬至12月上旬，麦田杂草基本出齐且处于幼苗期，温度适宜，对于沿黄稻作麦区是杂草防治的最好时期，应及时采取防治措施。

对于以硬草为主的地块，可以用15%炔草酯可湿性粉剂30 ~ 50 g/亩、50%异丙隆可湿性粉剂150 ~ 175 g/亩、3%甲基二磺隆油悬剂25 ~ 30 mL/亩+助剂、7.5%啶磺草胺水分散粒剂9 ~ 12 g/亩、5%唑啉·炔草酯乳油60 ~ 100 mL/亩，兑水30 ~ 45 kg均匀喷施，可以取得较好的除草效果。注意不要施药太晚，低温下施药效果差，对小麦的安全性降低，会出现黄化、枯死现象。部分地区农民为了争取农时和墒情，习惯将小麦种子撒播于水稻行间，这种小麦栽培模式下麦田除草剂不宜施药过早，应在水稻收获后让小麦充分炼苗，生长14 ~ 21 d后麦苗恢复健壮生长时施药，施药过早小麦易于发生药害、小麦黄化，生长受抑制。

对于沿黄稻作麦区以硬草、播娘蒿、荠菜为主的地块（图2-119），在小麦冬前期，是杂草防治的最好时期，对于水稻收获后整地播种的小麦，在小麦出苗后35 ~ 49 d，即11月中、下旬，可以用50%异丙隆可湿性粉剂100 ~ 150 g/亩+10%苄嘧磺隆可湿性粉剂30 ~ 40 g/亩、15%炔草酯可湿性粉剂30 ~ 50 g/亩+10%苯磺隆可湿性粉剂粉15 ~ 20 g/亩、70%氟唑磺隆水分散粒剂4 ~ 5 g/亩+助剂10 g/亩+10%苄嘧磺隆可湿性粉剂30 ~ 40 g/亩、3%甲基二磺隆油悬剂25 ~ 30 mL/亩+助剂+10%苯磺隆可湿性粉剂15 ~ 20 g/亩，兑水30 ~ 45 kg，均匀喷施。注意不要施药太晚，低温下施药效果差，对小麦的安全性降低，会出现黄化、枯死现象。

图2-119 小麦冬前苗期硬草和其他阔叶杂草发生为害情况

在小麦返青期，沿黄稻作麦区小麦返青较慢，一般在3月上、中旬开始施药。这一时期天气多变、气温不稳定，应根据天气情况选择药剂及时施药。

对于硬草、播娘蒿、荠菜、牛繁缕为主的地块，可以用10%精噁唑禾草灵乳油75 ~ 100 mL/亩+10%苄嘧磺隆可湿性粉剂30 ~ 40 g/亩+20%氯氟吡氧乙酸乳油40 ~ 60 mL/亩、15%炔草酯可湿性粉剂40 ~ 60 g/亩+10%苄嘧磺隆可湿性粉剂30 ~ 40 g/亩+20%氯氟吡氧乙酸乳油40 ~ 60 mL/亩、3%甲基二磺隆油悬剂25 ~ 30 mL/亩+助剂+10%苄嘧磺隆可湿性粉剂30 ~ 40 g/亩+20%氯氟吡氧乙酸乳油40 ~ 60 mL/亩，兑水30 ~ 45 kg均匀喷施。硬草较大密度较高时，会降低除草效果，施药时应适当加大施药水量和药剂量。

3. 猪殃殃、播娘蒿、荠菜等混生麦田杂草防治

在华北冬小麦产区，近几年麦田杂草群落发生了较大的变化，猪殃殃等恶性杂草逐年增加，麦田杂草主要是猪殃殃、佛座、播娘蒿、荠菜，另外还会有麦家公、米瓦罐等。这类作物田杂草难于防治，必须针对不同地块的草情选择适宜的除草剂种类和适宜的施药时期，否则，就不能达到较好的除草效果。一般年份在小麦播种后14 ~ 21 d杂草开始发生，个别干旱年份发生较晚，多数于11月中旬至12月上旬基本出苗，幼苗期易于防治；在小麦返青后开始快速生长，难于防治，常对小麦造成严重的危害。生产上主要应抓好冬前期防治。

在小麦冬前期，11月中、下旬是防治的最佳时期，此时杂草基本出齐且杂草处于幼苗期，温度适宜（图2-120），应及时施药除草。可以用10%苯磺隆可湿性粉剂15 ~ 20 g/亩+20%氯氟吡氧乙酸乳油30 ~ 40 mL/亩、15%噻磺隆可湿性粉剂15 ~ 20 g/亩+20%氯氟吡氧乙酸乳油30 ~ 40 mL/亩、50 g/L双氟磺草胺悬浮剂5 ~ 10 mL/亩+20%氯氟吡氧乙酸乳油30 ~ 40 mL/亩，兑水30 ~ 45 kg均匀喷施，可以有效防治杂草，基本上可以控制小麦整个生育期的杂草为害。根据杂草种类和大小适当调整除草剂用量。

图2-120　小麦冬前期田间猪殃殃、播娘蒿发生为害情况

在小麦冬前期杂草较大时或在小麦返青期，对于猪殃殃、播娘蒿等阔叶杂草发生较多、较大（防治适期已过）且小麦未封行的麦田，应在11月下旬至12月上旬、2月下旬至3月上旬气温较高、杂草青绿旺盛时（图2-121）及时施药。可以使用10%苯磺隆可湿性粉剂15 ~ 20 g/亩+10%乙羧氟草醚乳油10 ~ 15 mL/亩+20%氯氟吡氧乙酸乳油30 ~ 40 mL/亩、15%噻磺隆可湿性粉剂15 ~ 20 g/亩+10%乙羧氟草醚乳油10 ~ 15 mL/亩+20%氯氟吡氧乙酸乳油30 ~ 40 mL/亩、10%苯磺隆可湿性粉剂15 ~ 20 g/亩+40%唑草酮干悬浮剂3 ~ 4 g/亩+20%氯氟吡氧乙酸乳油30 ~ 40 mL/亩、50 g/L双氟磺草胺悬浮剂5 ~ 10 mL/亩+40%唑草酮干悬浮剂3 ~ 4 g/亩+

图2-121　小麦冬前晚期或返青期田间猪殃殃、播娘蒿发生为害情况

20%氯氟吡氧乙酸乳油30 ～ 40 mL/亩，兑水30 ～ 45 kg均匀喷施，可以有效防治杂草，基本上可以控制小麦整个生育期的杂草为害。因为这一时期天气多变、气温不稳定，应根据天气情况选择药剂及时施药。田间小麦未封行、猪殃殃不高时，可以用苯磺隆或噻磺隆加乙羧氟草醚或唑草酮；对猪殃殃发生较多较大的地块，最好再加入20%氯氟吡氧乙酸乳油30 ～ 40 mL/亩。但小麦冬前期不能施药太晚、小麦返青期不能施药太早，否则效果下降，安全性差；同时小麦返青后不能施药过晚，小麦拔节后施药，对小麦会有一定程度的药害。

在小麦返青期，对于猪殃殃发生较多的地块防治适期已过，杂草较大、小麦已经封行（图2-122），应在2月下旬至3月上旬尽早施药。一般情况下可以用15%噻磺隆可湿性粉剂10 ～ 15 g/亩＋20%氯氟吡氧乙酸乳油40 ～ 60 mL/亩、50 g/L双氟磺草胺悬浮剂5 ～ 10 mL/亩＋20%氯氟吡氧乙酸乳油40 ～ 60 mL/亩，兑水30 ～ 45 kg均匀喷施，一般情况下可以达到较好的防治效果。

图2-122　南部麦区小麦返青期猪殃殃发生情况

4. 麦家公、婆婆纳等阔叶杂草混生麦田杂草防治

在黄淮海冬小麦产区，部分除草剂应用较多的麦区，近几年麦田杂草群落发生了较大的变化，麦家公、婆婆纳、佛座发生量较大，防治比较困难（图2-123），必须针对不同地块的草情和生育时期选择适宜的除草剂种类和适宜的施药剂量，否则就不能达到较好的除草效果。一般年份麦家公、婆婆纳在小麦播种后14 ～ 21 d开始发生，多数于11月达到出苗高峰，小麦返青期麦家公、婆婆纳快速生长，3月逐渐

开花成熟。防治时应抓好冬前期杂草的防治，在小麦返青后开始快速生长，难以防治。

图2-123　小麦田麦家公、婆婆纳等杂草发生为害情况

小麦冬前期，在中南部麦区，气温较高的11月中、下旬至12月上旬；在华北麦区的10月下旬至11月上、中旬，适期播种的小麦田中，麦家公、婆婆纳、播娘蒿、猪殃殃等阔叶杂草大量出苗，且杂草较多时（图2-124），应及时防治。可以使用10%苯磺隆可湿性粉剂15 ~ 20 g/亩 + 40%氟唑草酮干悬浮剂2 ~ 4 g/亩、15%噻磺隆可湿性粉剂15 ~ 20 g/亩 + 40%氟唑草酮干悬浮剂2 ~ 4 g/亩、10%苯磺隆可湿性粉剂15 ~ 20 g/亩 + 10%乙羧氟草醚乳油10 ~ 15 mL/亩、15%噻磺隆可湿性粉剂15 ~ 20 g/亩 + 10%乙羧氟草醚乳油10 ~ 15 mL/亩，兑水30 ~ 45 kg均匀喷施，可以有效防治杂草，基本上可以控制小麦整个生育期的杂草为害。该期施药应注意墒情、杂草大小和施药时期，适当调整药剂种类和剂量；该期不能施药过晚，在气温低于8℃时，除草效果降低，对小麦的安全性较差或出现药害现象。

图2-124　小麦冬前期麦家公、婆婆纳等杂草发生为害情况

在小麦返青期，对于麦家公、婆婆纳发生较多的地块来说防治适期已过，麦家公、婆婆纳入春后即开花成熟，难以防治；对前期未能实现有效防治的麦田，应在2月下旬至3月上旬尽早施药，以尽量减轻杂草的为害。对于田间小麦未封行、麦家公和婆婆纳等杂草较小时（图2-125），一般情况下可以用10%苯磺隆可湿性粉剂15 ~ 20 g/亩 + 40%氟唑草酮干悬浮剂3 ~ 4 g/亩、15%噻磺隆可湿性粉剂15 ~ 20 g/

图2-125　小麦返青期麦家公、婆婆纳等杂草发生为害情况

亩＋40%氟唑草酮干悬浮剂3～4 g/亩、10%苯磺隆可湿性粉剂15～20 g/亩＋10%乙羧氟草醚乳油10～15 mL/亩、15%噻磺隆可湿性粉剂15～20 g/亩＋10%乙羧氟草醚乳油10～15 mL/亩、10%苯磺隆可湿性粉剂15～20 g/亩＋25%溴苯腈乳油100～150 mL/亩，兑水30～45 kg均匀喷施。应根据草情和后茬作物调整药剂种类和剂量。因为这一时期天气多变、气温不稳定，应根据天气情况选择药剂及时施药。麦家公等杂草较大时，除草效果下降或没有除草效果。

5. 泽漆、播娘蒿、荠菜等混生麦田杂草防治

在华北冬小麦产区，特别是中北部除草剂应用较多的地区，近几年麦田杂草群落发生了较大的变化，泽漆等恶性杂草逐年增加。麦田杂草主要是泽漆、播娘蒿、荠菜，另外还会有狼紫草、麦家公、米瓦罐等（图2-126）。这类作物田杂草难以防治，必须针对不同地块的草情选择适宜的除草剂种类和适宜的施药时期。泽漆多在10—11月发生，但有一部分在2—3月发芽出苗。对于雨水较多或墒情较好的年份应抓好冬前期防治，但一般在小麦返青期防治效果更好。

图2-126　小麦田泽漆发生为害情况

在小麦冬前期，正常播种的麦田中，如果田间泽漆等杂草大量发生，播娘蒿、荠菜、麦家公、狼紫草等发生较多（图2-127），可以于11月中、下旬施药防治。可以施用10%苯磺隆可湿性粉剂15 ～ 20 g/亩＋20%氯氟吡氧乙酸乳油30 ～ 40 mL/亩、15%噻磺隆可湿性粉剂15 ～ 20 g/亩＋20%氯氟吡氧乙酸乳油30 ～ 40 mL/亩、10%苯磺隆可湿性粉剂15 ～ 20 g/亩＋10%乙羧氟草醚乳油10 ～ 15 mL/亩＋20%氯氟吡氧乙酸乳油30 ～ 40 mL/亩，兑水30 kg均匀喷施，可以有效地阻止泽漆等杂草继续为害。注意不要施药太早，泽漆未出齐时药效不好；也不要施药过晚，气温下降后药效下降，对小麦的安全性不好，易发生药害。

图2-127　小麦冬前期田间泽漆发生为害情况

对于泽漆、播娘蒿、荠菜、麦家公、狼紫草等杂草发生较多的田块（图2-128），应抓好小麦返青期的防治，一般在3月上、中旬开始施药。因为这一时期天气多变、气温不稳定，应根据天气情况选择药剂及时施药。一般情况下可以用10%苯磺隆可湿性粉剂15 ～ 20 g/亩＋20%氯氟吡氧乙酸乳油40 ～ 60 mL/亩、15%噻磺隆可湿性粉剂15 ～ 20 g/亩＋20%氯氟吡氧乙酸乳油40 ～ 60 mL/亩，兑水30 kg均匀喷施，可以有效地防治泽漆等杂草。

图2-128　小麦返青期田间泽漆发生为害情况

对于泽漆发生较重，田间播娘蒿、荠菜、麦家公、婆婆纳、佛座等杂草发生较多的田块，应在小麦返青期及早防治，一般在3月上旬开始施药。这一时期天气多变、气温不稳定，应根据天气情况选择药剂及时施药。

第三章　玉米病虫草害原色图解

玉米是我国第一大粮食品种，占粮食种植面积的42%，我国玉米种植面积较大的省份有黑龙江、吉林、山东、河南、河北、内蒙古、辽宁等。2019年，全国每年种植面积达4 497万hm^2，玉米产量2.57亿t，消费量为2.75亿t。病虫草害是影响玉米生产的主要灾害，导致常年损失15%～30%。

据报道，全世界玉米病害80多种，我国就有30多种，其中叶部病害10多种，根茎部病害6种，穗部病害3种，系统性侵染病害9种。目前发生普遍而又严重的病害有弯孢霉叶斑病、灰斑病、病毒病、茎腐病、纹枯病、大斑病、小斑病、丝黑穗病等，以上病害常常造成严重的经济损失。

虫害是影响玉米生产的主要灾害，导致常年损失6%～10%。为害较严重的害虫有亚洲玉米螟、玉米蚜、二点委夜蛾、劳氏黏虫、小地老虎等。玉米田杂草为害严重，全国玉米田杂草有22科、100多种，如马唐、牛筋草、狗尾草、稗草、藜、反枝苋、苘麻、打碗花、苣荬菜、小蓟、苍耳、铁苋、鸭跖草等杂草为害严重。

一、玉米病害

1. 玉米大斑病

分　　布　玉米大斑病分布较广，主要发生在东北、华北春玉米种植区和南方海拔高、气温较低的山区。

症　　状　由玉米大斑凸脐蠕孢（*Exserohilum turcicum*，属无性型真菌）引起。主要为害玉米的叶片。下部叶片先发病，在叶片上先出现水渍状青灰色斑点，然后沿叶脉向两端扩展，形成边缘暗褐色、中央淡褐色或青灰色的大斑，后期病斑常纵裂。严重时病斑融合，叶片变黄枯死（图3-1、图3-2）。

图3-1　玉米大斑病为害叶片症状

图3-2　玉米大斑病为害叶片田间症状

发生规律　残留在病叶组织中的菌丝体及分生孢子在地表和玉米秸垛内越冬，成为第二年发病的初侵染来源。玉米生长季节，越冬菌源产生孢子，随雨水飞溅或气流传播到玉米叶片上。在华北地区，春玉米6月上旬，夏玉米7月中旬。7—8月温度偏低，多高温，日照不足有利于病害发生。

防治方法　选用抗病品种，适期早播避开病害发生高峰。在心叶末期到抽雄期是防治的关键时期，防治指标：在抽雄前后，当田间病株率在70%以上，病叶率达20%时，开始喷药防治。

在玉米心叶期，处于病害发生前期时，可喷施30%吡唑醚菌酯悬浮剂30 ～ 40 mL/亩等药剂保护。

在心叶末期到抽雄期，可用30%唑醚·戊唑醇（戊唑醇20%＋吡唑醚菌酯10%）悬浮剂20 ～ 40 mL/亩、240 g/L氯氟醚·吡唑酯（吡唑醚菌酯140 g/L＋氯氟醚菌唑100 g/L）乳油50 ～ 60 mL/亩、43%唑醚·氟酰胺（氟唑菌酰胺14%＋吡唑醚菌酯29%）悬浮剂15 ～ 30 mL/亩、19%丙环·嘧菌酯（丙环唑11.8%＋嘧菌酯7.2%）悬乳剂30 ～ 40 mL/亩、50%腐霉利可湿性粉剂40 ～ 80 g/亩、50%噻菌灵悬浮剂26 ～ 54 mL/亩、25%咪鲜胺乳油60 ～ 100 mL/亩，兑水40 ～ 50 kg喷施，间隔10 d喷1次，连喷2 ～ 3次。

2. 玉米小斑病

分　　布　玉米小斑病是国内外普遍发生的病害。在温暖潮湿的玉米产区发病较重。

症　　状　由玉蜀黍平脐蠕孢（*Bipolaris maydis*，属无性型真菌）引起。主要为害叶片，叶片上的病斑为椭圆形或纺锤形，较大，不受叶脉限制，灰色至黄褐色，病斑边缘褐色或边缘不明显，后期略有轮纹；或出现黄褐色坏死小斑点，有黄色晕圈，表面霉层很少。多数病斑连片，病叶变黄枯死（图3-3）。

图3-3　玉米小斑病为害叶片症状

发生规律 以休眠菌丝体和分生孢子的形式在病残体上越冬，成为翌年发病初侵染源。分生孢子借气流传播，玉米孕穗、抽穗期降水多、湿度高，容易造成小斑病的流行（图3-4）。低洼地、过于密植荫蔽地、连作田发病较重。

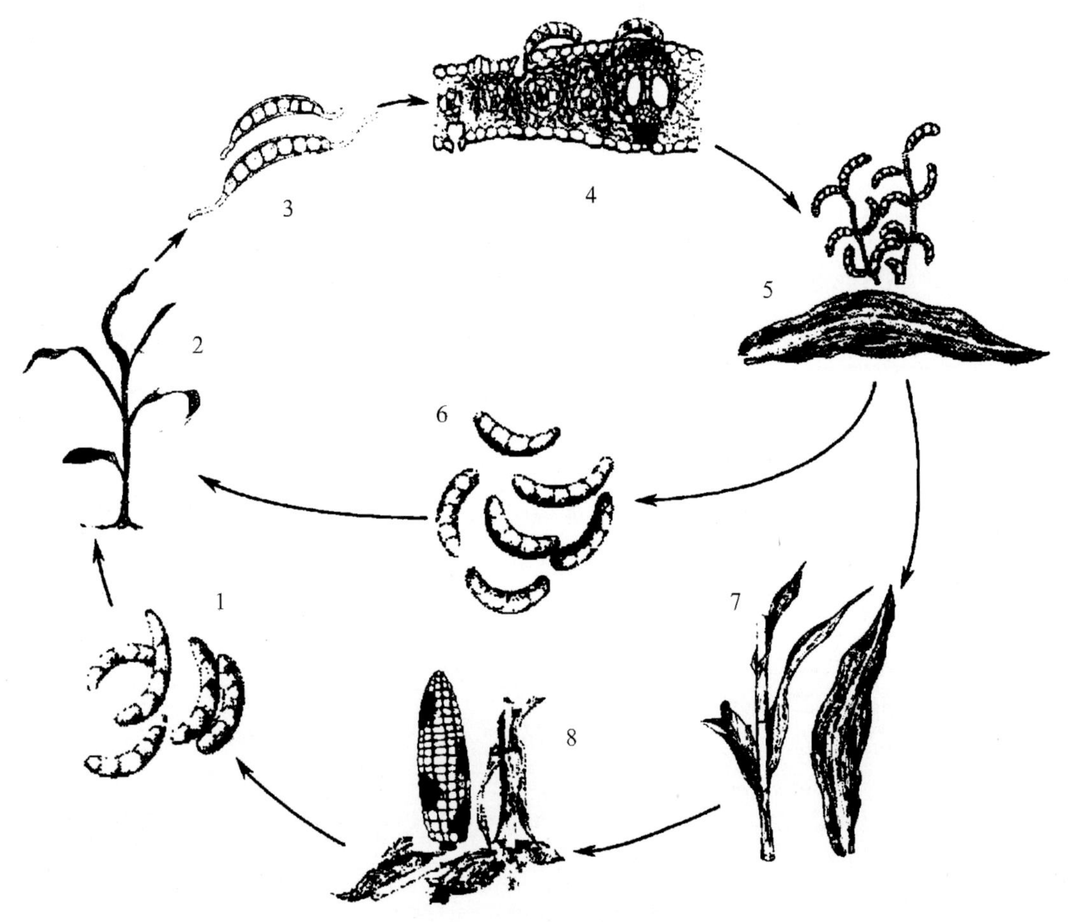

图3-4 玉米小斑病病害循环

1.分生孢子 2.被侵染植株 3.分生孢子在寄主组织上萌发产生芽管 4.侵染叶片 5.产生分生孢子梗和分生孢子 6.分生孢子释放再侵染 7.病叶 8.病菌在病残体上越冬

防治方法 选用抗病品种，清洁田园，深翻土地，控制菌源。适期早播，合理密植，避免脱肥。玉米心叶末期到抽雄期是防治的关键时期。

病害发生前期，可用30%吡唑醚菌酯悬浮剂30 ~ 40 mL/亩、50%多菌灵可湿性粉剂500 ~ 600倍液+75%百菌清可湿性粉剂500 ~ 800倍液等药剂均匀喷施。

病害发生初期，可用22%嘧菌·戊唑醇（戊唑醇14.8%+嘧菌酯7.2%）悬乳剂30 ~ 40 mL/亩、19%丙环·嘧菌酯（丙环唑11.8%+嘧菌酯7.2%）悬乳剂30 ~ 40 mL/亩、43%唑醚·氟酰胺（氟唑菌酰胺14%+吡唑醚菌酯 29%）悬浮剂15 ~ 30 mL/亩、2%嘧啶核苷类抗生素水剂300 ~ 400 mL/亩、50%腐霉利可湿性粉剂40 ~ 80 g/亩、50%噻菌灵悬浮剂26 ~ 54 mL/亩，兑水40 ~ 50 kg均匀喷施，间隔7 ~ 10 d喷1次，连续喷2 ~ 3次。

3. 玉米锈病

分　　布 玉米锈病在我国华南、西南、东北、华东与西北地区都有发生。

症　　状 由玉米柄锈菌（*Puccinia sorghi*，属担子菌门真菌）引起。主要侵害叶片，严重时也为害茎秆。发病初期在叶片基部散生或聚生淡黄色斑点，后凸起形成红褐色疱斑，后期病斑形成黑色疱斑（图3-5）。发生严重时，叶片上布满孢子堆，造成大量叶片干枯，植株早衰，籽粒不饱满，导致减产。茎秆受害，症状同叶片（图3-6）。

图3-5　玉米锈病为害叶片症状

发生规律　病菌以夏孢子越冬。翌年借气流传播成为初侵染源。田间叶片染病后，产生夏孢子可在田间借气流传播，再侵染，蔓延扩展。5月下旬见玉米锈菌冬孢子，7月达到高峰，9月中旬又一高峰出现；6月底见夏孢子，8月中旬达高峰，6月中旬至7月中旬为玉米锈病的侵染期，玉米锈病从7月中旬开始发病，夏孢子靠气流传播，重复侵染，8月底为发病盛期。

防治方法　种植抗病品种。适当早播，合理密植，中耕松土，浇适量水，合理施肥。在7月中旬，田间病株率达6%时开始喷药防治。

图3-6　玉米锈病为害茎秆症状

7月中旬，病害发生初期，可用20%三唑酮乳油40 ～ 45 mL/亩、12.5%烯唑醇可湿性粉剂16 ～ 32 g/亩、12.5%氟环唑悬浮剂48 ～ 60 mL/亩、40%氟硅唑乳油7.5 ～ 9.4 mL/亩、50%粉唑醇可湿性粉剂8 ～ 12 g/亩、5%己唑醇悬浮剂20 ～ 30 mL/亩、25%丙环唑乳油30 ～ 40 mL/亩、25%戊唑醇可湿性粉剂60 ～ 70 g/亩、25%联苯三唑醇可湿性粉剂50 ～ 80 g/亩、20%萎锈灵乳油150 ～ 300 mL/亩、25%邻酰胺悬浮剂200 ～ 320 mL/亩、30%醚菌酯悬浮剂30 ～ 50 mL/亩、25%啶氧菌酯悬浮剂65 mL/亩、20%唑菌胺酯水分散性粒剂80 g/亩、25%肟菌酯悬浮剂25 ～ 50 mL/亩、6%氯苯嘧啶醇可湿性粉剂30 ～ 50 g/亩，兑水40 ～ 50 kg喷雾，间隔10 d左右喷1次，连施2 ～ 3次。

4. 玉米瘤黑粉病

分　　布　玉米瘤黑粉病分布极广，在我国南、北方玉米产区均有发生。

症　　状　由玉米黑粉菌（*Ustilago maydis*，属担子菌门真菌）引起。只感染幼嫩组织。苗期发病，常在幼苗茎基部生瘤，病苗茎叶扭曲畸形，明显矮化，可造成植株死亡。成株期发病，叶和叶鞘上的病瘤常为黄、红、紫、灰杂色疮痂病斑，成串密生或呈粗糙的皱褶状，在叶基近中脉两侧最多，一般在形成冬孢子前干枯（图3-7、图3-8）。雌穗受害多在上半部或个别籽粒生瘤，病瘤一般较大，常突破苞叶外露（图3-9）。雄穗抽出后，部分小穗感染常长出长囊状或角状的小瘤，多几个聚集成堆，一个雄穗可长出几个至十几个病瘤。雌穗受害多在上半部或个别籽粒生瘤，病瘤一般较大，常突破苞叶外露（图3-10）。

图3-7 玉米瘤黑粉病为害叶片症状

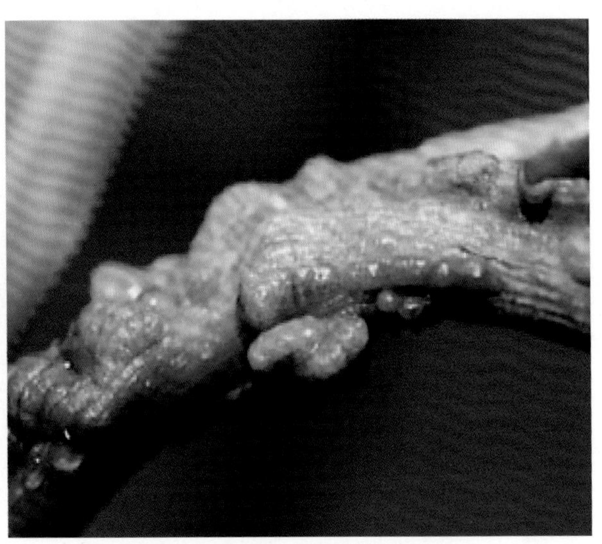

图3-8 玉米瘤黑粉病为害叶鞘症状

图3-9 玉米瘤黑粉病为害雌穗症状

图3-10 玉米瘤黑粉病为害雄穗症状

发生规律 病菌在土壤、粪肥或病株上越冬，成为翌年初侵染源。种子带菌进行远距离传播。春季气温回升，在病残体上越冬的冬孢子萌发产生担孢子，随风雨、昆虫等传播，引致苗期和成株期发病形成肿瘤，肿瘤破裂后冬孢子还可进行再侵染。该病在玉米抽穗开花期发病最快，直至玉米老熟后才停止侵害。

防治方法 种植抗病品种。施用充分腐熟有机肥。抽雄前适时灌溉，勿受旱。清除田间病残体，在病瘤未变之前割除深埋。玉米苗期喷施药剂可有效预防病害的发生和发展，也可在抽雄期喷施药剂防治。

种子处理：可用20%福·克（克百威5%+福美双15%）悬浮种衣剂按1：（40～50）（药种比）拌种；或每100 kg种子用44%氟唑环菌胺悬浮种衣剂30～90 mL、20%萎锈灵乳油500 mL、30 g/L苯醚甲环唑悬浮种衣剂6～9 mL、2%戊唑醇湿拌种剂2～3 g、25%三唑醇种子处理干粉剂30～45 g拌种；也可每100 kg种子用25 g/L咯菌腈悬浮种衣剂5.0～7.5 mL浸种。

在玉米抽雄前，喷施40%苯醚甲环唑悬浮剂12.5～15.0 mL/亩、12.5%烯唑醇可湿性粉剂750～1 000倍液、25%丙环唑乳油500～1 000倍液、25%咪鲜胺乳油500～1 000倍液、30%氟菌唑可湿性粉剂2 000倍液，间隔7～10 d，防治2～3次，可有效减轻病害。

5. 玉米纹枯病

分　布　20世纪80年代以来，玉米纹枯病在一些地区为害日趋严重。在辽宁、河北、四川、浙江等省份部分地区为害较重。

症　状　由立枯丝核菌（*Rhizoctonia solani*，属无性型真菌）引起。主要为害叶鞘，也可为害茎秆和苞叶，严重时引起果穗受害。发病初期多在基部1～2茎节叶鞘上产生暗绿色水渍状病斑，后扩展融合成不规则或云纹状大病斑。病斑中部灰褐色，边缘深褐色，由下向上蔓延扩展。严重时根茎基部组织变为灰白色，次生根黄褐色或腐烂（图3-11）。多雨、高湿持续时间长时，病部长出稠密的白色菌丝体（图3-12），菌丝进一步聚集成多个菌丝团，形成小菌核（图3-13）。为害苞叶，症状同茎秆（图3-14）。

图3-11　玉米纹枯病为害茎秆症状

图3-12　玉米纹枯病后期白色菌丝团

图3-13　玉米纹枯病黑色菌核

图3-14　玉米纹枯病为害苞叶症状

发生规律　菌丝和菌核在病残体或土壤中越冬。翌春条件适宜，菌核萌发产生菌丝侵入寄主，之后病部产生气生菌丝，在病组织附近不断扩展。在玉米拔节期开始发病，抽雄期发展快，吐丝灌浆期受害最重。

防治方法　种植抗病品种。秋季深翻土地，合理密植，避免偏施氮肥。玉米拔节期、抽雄期是防治的关键时期。

种子处理：可用20%福·克（克百威5%＋福美双15%）悬浮种衣剂1：（40～50）（药种比）拌种，或每100 kg种子用44%氟唑环菌胺悬浮种衣剂30～90 mL、20%萎锈灵乳油500 mL拌种，也可每100 kg种子用30 g/L苯醚甲环唑悬浮种衣剂6～9 mL、25 g/L咯菌腈悬浮种衣剂5.0～7.5 mL浸种。

在玉米拔节期，喷施1次保护剂，可用50%多菌灵可湿性粉剂70～80 g/亩、50%甲基硫菌灵可湿性粉剂70～80 g/亩等药剂。

在玉米抽雄期，可用5%井冈霉素水剂100～150 mL/亩、23%噻氟菌胺悬浮剂14～25 mL/亩、24%噻酰菌胺悬浮剂10～20 mL/亩、20%氟酰胺可湿性粉剂100～125 g/亩、25%邻酰胺悬浮剂200～320 mL/亩、25%嘧菌酯悬浮剂60～90 mL/亩、0.3%多氧霉素水剂3 000～6 000 mL/亩、5%有效霉素水剂100～150 mL/亩，兑水40～50 kg均匀喷施，间隔7～10 d喷1次，连喷2～3次，重点喷施玉米基部。

6. 玉米弯孢霉叶斑病

分　　布　玉米弯孢霉叶斑病是20世纪80年代中、后期在华北地区发生的一种为害较大的新病害，现在玉米各产区均有发生。

症　　状　由弯孢霉（*Curvularia lunata*，属无性型真菌）引起。主要为害叶片，叶部病斑初为水浸状褪绿半透明小点，后扩大为圆形、椭圆形、梭形或长条形，中心灰白色，边缘黄褐或红褐色，外围有淡黄色晕圈，并具有黄褐相间的断续环纹。潮湿条件下，病斑正反两面均可产生灰黑色图纸状物（图3-15）。

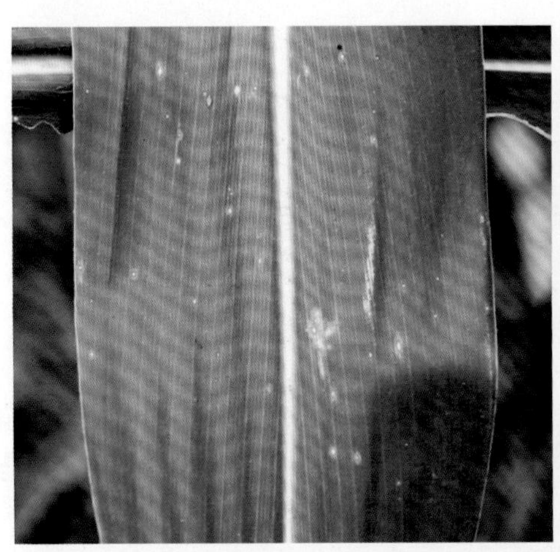

图3-15　玉米弯孢霉叶斑病为害叶片症状

发生规律　以菌丝体的形式潜伏于病残体组织中越冬，也能以分生孢子状态越冬。苗期抗性较强，13叶期较易感病，此病属于成株期病害。在华北地区，该病的发病高峰期是8月中旬至9月上旬，于玉米抽雄后。种植密度过大，地势低洼，易形成高湿小气候，有利于病菌滋生，病害发生严重。

防治方法　清洁田园，玉米收获后及时清理病株和落叶，采用集中处理或深耕深埋的方式，减少初侵染来源。玉米抽雄期是预防该病的关键时期。

7月上旬，病害发生前期，用50%多菌灵可湿性粉剂600倍液＋70%代森锰锌可湿性粉剂600倍液等药剂均匀喷施，可有效减轻为害。

7月中、下旬，当发病率在5%～7%时，可用10%苯醚甲环唑水分散粒剂50 g/亩、30%氟菌唑可湿性粉剂30 g/亩、0.5%氨基寡糖素水剂100 mL/亩、40%双胍三辛烷基苯磺酸盐可湿性粉剂60 g/亩、70%甲基硫菌灵可湿性粉剂600倍液、40%氟硅唑乳油8 000～10 000倍液、50%异菌脲可湿性粉剂1 000倍液均匀喷雾，间隔10 d喷1次，连喷2～3次。

7. 玉米褐斑病

分　　布　玉米褐斑病主要发生在四川、云南、贵州、广东、广西、江苏、陕西、河南、山东、河北、吉林等地区。

症　　状　由玉蜀黍节壶菌（*Physoderma maydis*，属鞭毛菌亚门真菌）引起。主要为害叶片、叶鞘和茎秆，叶片与叶鞘相连处易染病。叶片、叶鞘染病后病斑圆形至椭圆形，褐色或红褐色，病斑易密集成行，小病斑融合成大病斑，病斑四周的叶肉常呈粉红色，后期病斑表皮易破裂，散出褐色粉末（图3-16～图3-18）。

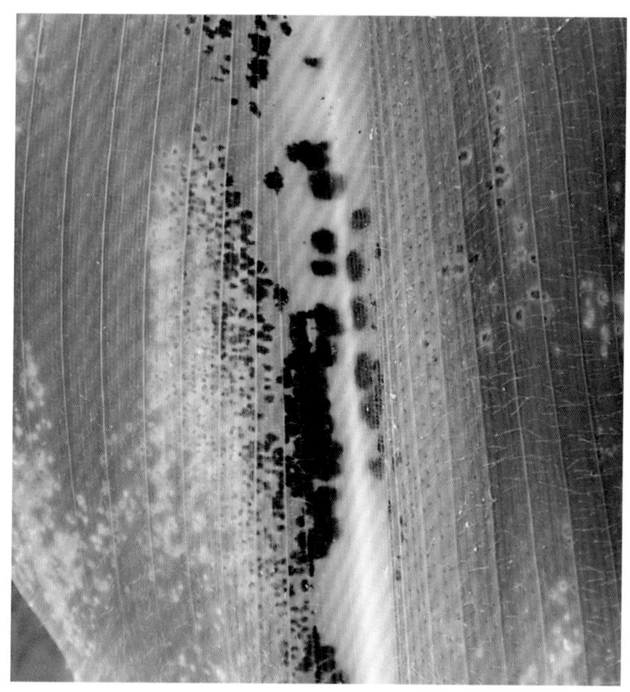

图3-16　玉米褐斑病为害叶片症状

图3-17　玉米褐斑病为害茎秆症状

发生规律　以休眠孢子囊的形式在病残体上或土壤中越冬。翌年产生分生孢子借风雨传播到叶片上侵入为害。7—9月气温高、湿度大，长时间降雨易诱发此病。密度大的田块、低洼潮湿的田块发病较重。

防治方法　收获后彻底清除病残体，及时深翻。选用抗病品种。适时追肥、中耕锄草，促进植株健壮生长，提高抗病力。栽植密度适当，提高田间通透性。

在病害发生初期，可喷施50%多菌灵可湿性粉剂500倍液、70%甲基硫菌灵可湿性粉剂500～600倍液等药剂保护。

在玉米10～13叶期，发病初期，用25%嘧菌酯悬浮剂60～90 mL/亩、30%醚菌酯悬浮剂30～50 mL/亩、50%异菌脲可湿性粉剂500～1 000倍液、10%苯醚甲环唑水分散粒剂1 000～1 500倍液、40%腈菌唑水分散粒剂6 000～7 000倍液、50%苯菌灵可湿性粉剂1 500倍液、25%丙环唑乳油500～1 000倍液、25%咪鲜胺乳油500～1 000倍液、30%氟菌唑可湿性粉剂2 000倍液喷施。

图3-18　玉米褐斑病为害叶鞘症状

8. 玉米灰斑病

图3-19 玉米灰斑病为害叶片症状

症　　状 由玉蜀黍尾孢菌（*Cercospora zeae-maydis*，属无性型真菌）引起。主要为害叶片，也可侵染叶鞘和苞叶。初在叶面上形成无明显边缘的椭圆形至矩圆形灰色至浅褐色病斑，后期变为褐色。扩展的病斑初期呈褐色，当病菌开始在叶背产孢时，病斑变成灰色长条病斑，与叶脉平行。该病最典型的特征是成熟病斑具有明显的平行边缘，病斑不透明。严重时病斑汇合连片，叶片枯死，叶片两面产生灰色霉层（分生孢子梗和分生孢子），叶背产生的多。湿度大时，病斑背面生出灰色霉状物，即病菌分生孢子梗和分生孢子（图3-19）。

发生规律 病菌以菌丝体、子座的形式在病残体上越冬，成为翌年田间的初次侵染来源。该菌在地表病残体上可存活7个月，但埋在土壤中病残体上的病菌则很快丧失生命力。第二年春季，从子座组织上产生分生孢子，借风雨传播，再侵染。分生孢子着落在叶表后萌发产生芽管，芽管在气孔表面形成附着胞，然后通过侵染钉进入气孔。一般7—8月多雨的年份易发病。该病多在温暖、湿润的山区和沿海地带发生。

防治方法 选用抗病品种，播种时施足底肥，及时追肥，防止后期脱肥。搞好轮作倒茬。

在发病初期，喷洒50%多菌灵可湿性粉剂600倍液、70%甲基硫菌灵乳油800倍液，或30%唑醚·戊唑醇（戊唑醇20%＋吡唑醚菌酯10%）悬浮剂20 ～ 40 mL/亩、240 g/L氯氟醚·吡唑酯（吡唑醚菌酯140 g/L＋氯氟醚菌唑100 g/L）乳油50 ～ 60 mL/亩、30%肟菌·戊唑醇（肟菌酯10%＋戊唑醇20%）悬浮剂40 ～ 50 mL/亩，对叶片均匀喷雾，每7 ～ 10 d施药1次，连续施药2 ～ 3次。

9. 玉米青枯病

图3-20 玉米青枯病为害植株症状

分　　布 玉米青枯病在我国东北、华北、华东、西南、西北等地区的15个省份发现其为害。

症　　状 由以下几种菌引起：瓜果腐霉（*Pythium aphanidermatum*）、肿囊腐霉（*Pythium inflatum*）、禾生腐霉菌（*Pythium graminicola*），均属鞭毛菌门真菌；禾谷镰孢（*Fusarium graminearum*）、串珠镰孢（*Fusarium moniliforme*），均属无性型真菌；禾谷镰孢有性世代（*Gibberella zeae*）称玉蜀黍赤霉，串珠镰孢有性世代（*Gibberella fujikuroi*）称藤仓赤霉，均属子囊菌门真菌。在玉米灌浆期开始发病，乳熟末期至蜡熟期进入显症高峰。从始见病叶至全株显症，常见有2种类型。青枯型：叶片自下而上突然萎蔫，迅速枯死，叶片灰绿色、水烫状。黄枯型：叶片逐渐变黄而死（图3-20）。

发生规律　该病是土传病害，禾谷镰孢以菌丝和分生孢子，瓜果腐霉、肿囊腐霉和禾生腐霉菌以卵孢子的形式在病残体组织内外、土壤中存活越冬。带病种子和病残体产生子囊壳，翌年3月中旬释放的子囊孢子是主要初侵染源，从根部伤口侵入。玉米抽雄期至成熟期高温、高湿是茎腐病发生流行的重要条件。串珠镰孢在高湿时不发病，而腐霉菌只在高湿条件下才发病。土壤质地黏重，地势低洼、透水性差，地下水位高的地块发病就重。

防治方法　选育和使用抗病品种。增施底肥农家肥及钾肥、硅肥。平整土地，合理密植，及时防治黏虫、玉米螟和地下害虫。玉米抽雄期至成熟期是防治该病的关键时期。

种子处理：用50%甲基硫菌灵可湿性粉剂500 ～ 1 000倍液浸种2 h，清水洗净后播种。

在玉米抽雄期，病害发生初期，用30%吡唑醚菌酯悬浮剂30 ～ 50 mL/亩，或50%多菌灵可湿性粉剂600倍液＋25%甲霜灵可湿性粉剂500倍液、70%甲基硫菌灵可湿性粉剂800倍液＋40%乙膦铝可湿性粉剂300倍液、50%腐霉利可湿性粉剂1500倍液＋72.2%霜霉威盐酸盐水剂800倍液＋50%福美双可湿性粉剂600倍液喷淋根茎，间隔7 ～ 10 d喷1次，连喷2 ～ 3次。

10. 玉米细菌性茎腐病

症　　状　由菊欧文氏菌玉米致病变种（*Erwinia chrysanthemi* pv. *zeae*，属细菌）引起。主要为害中部茎秆和叶鞘。叶鞘上初现水渍状腐烂，病组织开始软化，散发出臭味。叶鞘上病斑不规则形，中央灰白色，边缘黑褐色，病、健组织交界处水渍状尤为明显（图3-21）。湿度大时，病斑向上下迅速扩展；严重时，植株常在发病后3 ～ 4 d病部以上倒折，溢出黄褐色腐臭菌液。干燥条件下扩展缓慢，但病部也易折断，造成不能抽穗或结实。

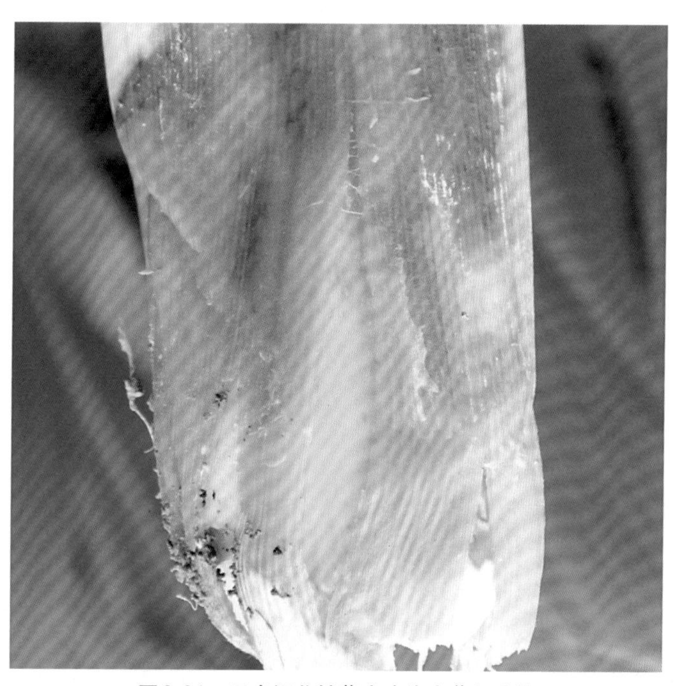

图3-21　玉米细菌性茎腐病为害茎秆症状

发生规律　病菌在土壤中病残体上越冬，翌年从植株的气孔或伤口侵入。玉米60 cm高时组织柔嫩易发病，害虫为害造成的伤口利于病菌侵入。此外，害虫携带病菌同时起到传播和接种的作用，如玉米螟、棉铃虫等虫口数量大则发病重。高温高湿利于发病；均温30℃左右，相对湿度高于70%即可发病；地势低洼或排水不良，密度过大，通风不良，施用氮肥过多，伤口多发病重。

防治方法　实行轮作，尽可能避免连作。收获后及时清洁田园，妥善处理病残株，减少菌源。加强田间管理，严禁大水漫灌，雨后及时排水，防止湿气滞留。田间发现病株后，及时拔除，携出田外沤肥或集中烧毁。及时治虫防病，苗期开始注意防治玉米螟、棉铃虫等害虫。

在玉米喇叭口期，喷洒47%春雷霉素·氧氯化铜可湿性粉剂700倍液、50%氯溴异氰尿酸可溶性粉剂1 200倍液有预防效果。

11. 玉米粗缩病

分　　布 玉米粗缩病近年在河北、山东、陕西、山西、辽宁、天津等省份暴发成灾，严重威胁玉米生产。

症　　状 由玉米粗缩病毒（*Maize rough dwarf virus*，MRDV）引起。玉米粗缩病病株严重矮化，仅为健株高的1/3 ~ 1/2，叶色深绿，宽短质硬，呈对生状，叶背面侧脉上现蜡白色突起物，粗糙明显。有时叶鞘、果穗苞叶上具蜡白色条斑。病株分蘖多，根系不发达易拔出。雄穗败育或发育不良，花丝不发达，结实少，重病株多提早枯死或无收（图3-22）。

图3-22　玉米粗缩病为害植株症状

12. 玉米矮花叶病毒病

分　　布 玉米矮花叶病毒病在我国河南、陕西、甘肃、河北、山东、山西、辽宁、北京、内蒙古均有发生。

症　　状 由玉米矮花叶病毒（*Maize dwarf mosaic virus*，MDMV，属马铃薯Y病毒组）引起。幼苗染病心叶基部出现椭圆形褪绿小点，断续排列呈条点花叶状，并发展成黄绿相间的条纹症状，后期病叶叶尖的叶缘变红紫、干枯。病叶鞘、病果穗的苞叶也呈现花叶状（图3-23）。

图3-23　玉米矮花叶病毒病为害植株症状

发生规律　该病毒主要在雀麦、牛鞭草等寄主上越冬，是该病重要初侵染源，带毒种子发芽出苗后也可成为发病中心。传毒主要靠蚜虫的扩散传播。生产上大面积种植感病玉米品种和有对蚜虫活动有利的气候条件，即5—7月凉爽、降雨不多，蚜虫迁飞到玉米田吸食传毒，大量繁殖后辗转为害，易造成该病流行。

防治方法　因地制宜，合理选用抗病杂交种或品种，在田间尽早识别并拔除病株。适期播种和及时中耕锄草，可减少传毒寄主，减轻发病。

病害发生初期，可喷施20%盐酸吗啉胍·乙酸铜可湿性粉剂500倍液、10%混合脂肪酸乳油100倍液、0.5%菇类蛋白多糖水剂250 ～ 300倍液喷洒叶面。

在传毒蚜虫迁入玉米田的始期和盛期，及时喷洒50%抗蚜威可湿性粉剂2 000 ～ 3 000倍液、10%吡虫啉可湿性粉剂1 500 ～ 2 000倍液。

13. 玉米丝黑穗病

分　　布　玉米丝黑穗病在华北、东北、华中、西南、华南和西北地区普遍发生。

症　　状　由丝孢堆黑粉菌（*Sporisorium reilianum*，属担子菌门真菌）引起。侵染幼苗的系统性病害，其症状有时在生长前期就有表现，但典型症状一般在穗期出现。生长前期5叶期后症状表现为病苗节间缩短，株型较矮，茎秆基部膨大，下粗上细，叶片簇生，叶色暗绿挺直。雄穗受害后，多数情况下局部小穗变为黑粉包，穗形不变（图3-24）。雌穗被害后，大多数变为一个基部膨大、端部较尖、较为短小、不能抽丝的圆锥形菌瘤。苞叶一般不破，黑粉也不外露。玉米乳熟后，有些苞叶变黄破裂散出黑粉。可看到内部有乱丝状的寄主维管束组织，故名丝黑穗病（图3-25）。

图3-24　玉米丝黑穗病为害雄穗症状

图3-25　玉米丝黑穗病为害雌穗症状

发生规律　冬孢子在土壤中越冬，有些混入粪肥或黏附在种子表面越冬。带菌土壤是最重要的初侵染来源，种子带菌是远距离传播的重要途径。1年只侵染1次。主要在玉米2 ～ 3叶期侵染为害，7叶期后不再侵染。冬孢子萌发产生的担子和担孢子，结合生成侵染丝，从幼芽或幼根侵入，很快扩展到茎部沿生长点生长，花芽开始分化时，菌丝则进入花器原始体，侵入雌穗和雄穗，最后破坏雄花和雌花。

防治方法　种植抗病杂交种，适当迟播。及时拔除病株。采用“乌米净”种衣剂包衣，这是目前最有效的方法。

每100 kg种子可用4%戊唑·噻虫嗪（戊唑醇0.5%＋噻虫嗪3.5%）种子处理悬浮剂6 ～ 9 mL，或5.4%戊唑·吡虫啉（吡虫啉5%＋戊唑醇0.4%）悬浮种衣剂1 ：30 ～ 1 ：50（药种比）、20%吡·戊·福美双（吡虫啉5%＋戊唑醇0.6%＋福美双14.4%）悬浮种衣剂1 ：50 ～ 1 ：60(药种比)、20.6%丁·戊·福美双（丁硫克百威7%＋戊唑醇0.6%＋福美双13%）悬浮种衣剂1 ：50 ～ 1 ：60(药种比)、7.5%戊唑·克百威（克百威7%＋戊唑醇0.5%）悬浮种衣剂1 ： 40 ～ 1 ： 50（药种比）、7.5%克·戊·福美双（克百威35%＋戊唑醇3%＋福美双25%）悬浮种衣剂1 ： 200 ～ 1 ： 300（药种比）、15%吡·福·烯唑醇（吡虫啉5%＋福美双9.6%＋烯唑醇0.4%）悬浮种衣剂1 ： 40 ～ 1 ： 60（药种比）、24%苯醚·咯·噻虫（噻虫嗪22.4%＋咯菌腈0.8%＋苯醚甲环唑0.8%）悬浮种衣剂500 ～ 667 mL（100 kg种子）、8%丁硫·戊唑醇（丁硫克百威7.4%＋戊唑醇0.6%）悬浮种衣剂1 ： 40 ～ 1 ： 60（药种比）、8%苯甲·毒死蜱（毒死蜱7.25%＋苯醚甲环唑0.75%）悬浮种衣剂1537 ～ 2 000 g（100 kg种子）包衣，也可每100 kg种子用22.4%氟唑菌苯胺种子处理悬浮剂200 ～ 300 mL、12.5%烯唑醇可湿性粉剂60 ～ 80 g拌种，效果均佳。

14. 玉米干腐病

症　状 由玉米狭壳柱孢（*Stenocarpella maydis*）、大孢狭壳柱孢（*Stenocarpella macrospora*）、干腐色二孢（*Diplodia frumenti*）引起，均属无性型真菌。在玉米生育后期发生较重。症状以茎秆和果穗最为明显。茎秆被害，多在植株近基部4 ～ 5节或病穗附近的茎秆节间产生褐色、紫红色或黑褐色的斑块，叶鞘和茎秆之间常有白色菌丝相连。严重时病节髓部碎裂，组织腐败，极易倒折。果穗被害，穗轴空松，易于折断。剥去苞叶，籽粒变为暗褐色，失去光泽，粒间常有大量白色的菌丝体（图3-26）。病穗与苞叶之间也长满白色菌丝体，以致苞叶与果穗粘连，不易剥离。

图3-26　玉米干腐病为害穗部症状

发生规律 以菌丝体和分生孢子器的形式在种子和病株残体上越冬。在病株残体上越冬的分生孢子器，条件适宜会产生大量的分生孢子，借气流和雨水传播发病。在田间条件下，侵染和发病高峰期出现在果穗成熟期及以后阶段，延迟收获会加重发病。玉米成熟期连续降雨，特别是早期干旱，吐丝后14 ～ 21 d又遇高温多湿天气，病害更易流行。

防治方法 要建立无病留种田，收获后及时清洁田园，深翻灭茬，清除病残，减少菌源。避免偏施氮肥，提高抗病性。注意合理密植，及时防治病虫害等均可减轻发病。

播前用200倍液福尔马林浸种1 h或用50%多菌灵可湿性粉剂或70%甲基硫菌灵可湿性粉剂100倍液浸种24 h后，用清水冲洗晾干后播种。

抽穗期发病初，喷洒50%多菌灵可湿性粉剂800倍液、70%甲基硫菌灵可湿性粉剂1 000倍液、25%苯菌灵乳油800倍液，重点喷果穗和下部茎叶，间隔7 ～ 10 d施1次，防治2 ～ 3次。

15. 玉米穗腐病

症　状 由多主枝孢（*Cladosporium herbarum*）、草酸青霉（*Penicillium oxalicum*）、粉红聚端孢（*Trichothecium roseum*）引起，均属无性型真菌。果穗及籽粒均可受害，被害果穗顶部或中部变色，并出现粉红色、蓝绿色、黑灰色或暗褐色、黄褐色霉层，即病原的菌丝体、分生孢子梗和分生孢子。病粒无光泽，不饱满，质脆，内部空虚，常为交织的菌丝所充塞。果穗病部苞叶常被密集的菌丝贯穿，黏结在一起贴于果穗上不易剥离。仓储玉米受害后，粮堆内外长出疏密不等、各种颜色的菌丝和分生孢子，并散出发霉的气味（图3-27）。

图3-27　玉米穗腐病为害穗部症状

发生规律　病菌以菌丝体的形式在种子、病残体上越冬，为初侵染病源。病原主要从伤口侵入，分生孢子借风雨传播。温度在15～28℃，相对湿度在75%以上，有利于病原的侵染和流行。高温多雨以及玉米虫害发生偏重的年份，穗腐和粒腐病也较重发生。玉米粒没有晒干，入库时含水量偏高或贮藏期仓库密封不严，库内湿度升高，也利于各种霉菌腐生蔓延，引起玉米粒腐烂或发霉。

防治方法　选用抗病品种；适当调节播种期，尽可能使玉米孕穗至抽穗期，不要与雨季相遇；发病后注意开沟排水，防止湿气滞留，可减轻受害程度。玉米吐丝授粉期至玉米乳熟期继续拔除病株，彻底扫残。适度密植，不用病株喂牛，防止粪肥带菌；清洁田园，处理田间病株残体等。同时秋季深翻土地，减少病原来源。

药剂拌种可以减少病原的初侵染，生长期注意防治玉米螟、棉铃虫和其他虫害，减少伤口受到侵染的机会。

二、玉米虫害

虫害是影响玉米生产的主要灾害，常年损失6%～10%。为害较严重的害虫有亚洲玉米螟、玉米蚜、黏虫、小地老虎等。其中亚洲玉米螟在我国各玉米产区均有发生；玉米蚜主要分布在华北、东北、西南、华南、华东等地；在黄淮海平原、华北平原及东南、西北、西南的河谷洼地等潮湿土壤地是小地老虎的重发区。

1. 亚洲玉米螟

分　　布　亚洲玉米螟（*Ostrinia furnacalis*）分布广泛，我国各玉米产区均有发生。

为害特点　初龄幼虫蛀食嫩叶形成排孔花叶。3龄后幼虫蛀入玉米茎秆，为害花苞、雄穗及雌穗，受害玉米营养及水分输导受阻，长势衰弱、茎秆易折，雌穗发育不良，影响结实（图3-28～图3-30）。

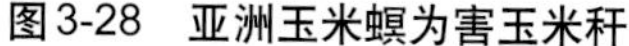

图3-28　亚洲玉米螟为害玉米秆

图3-29　亚洲玉米螟为害玉米秆后期

图3-30 亚洲玉米螟为害雌穗

形态特征 成虫体翅为黄褐色。雌蛾前翅鲜黄色，翅基2/3处有棕色条纹及一条褐色波纹，外侧有黄色锯齿状线（图3-31）。雄蛾略小，翅色稍深；头、胸、前翅黄褐色，胸部背面淡黄褐色；前翅内横线暗褐色，波纹状；后翅淡褐色，中央有一条浅色宽带（图3-32）。卵扁椭圆形，鱼鳞状排列成卵块，初产乳白色，半透明，后转黄色。幼虫头和前胸背板深褐色，体背为淡灰褐色、淡红色或黄色等（图3-33、图3-34）。蛹黄褐至红褐色，臀棘显著，黑褐色（图3-35）。

图3-31 亚洲玉米螟雌虫

图3-32 亚洲玉米螟雄虫

图3-33 亚洲玉米螟幼虫

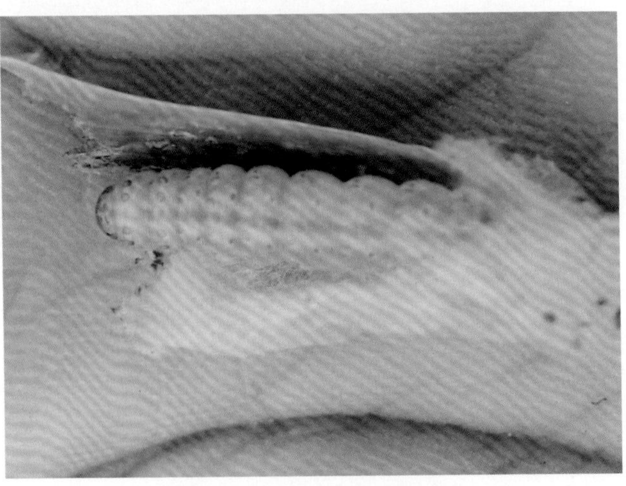

图3-34 亚洲玉米螟老熟幼虫

发生规律　东北及西北地区一年发生1～2代，黄淮及华北平原发生2～4代，江汉平原发生4～5代，广东、广西及台湾地区发生5～7代，西南地区发生2～4代，均以老熟幼虫的形式在寄主被害部位及根茬内越冬。在北方越冬幼虫5月中、下旬进入化蛹盛期，5月下旬至6月上旬越冬代成虫盛发，在春玉米上产卵。第1代幼虫在6月中、下旬盛发为害，此时春玉米正处于心叶期，为害很重。第2代幼虫7月中、下旬为害夏玉米（心叶期）和春玉米（穗期）。第3代幼虫在8月中、下旬进入盛发期，为害夏玉米穗及茎部。在春、夏玉米混种区发生严重。

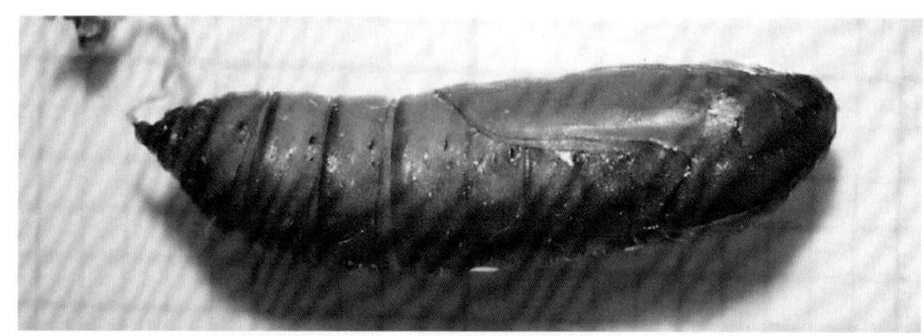

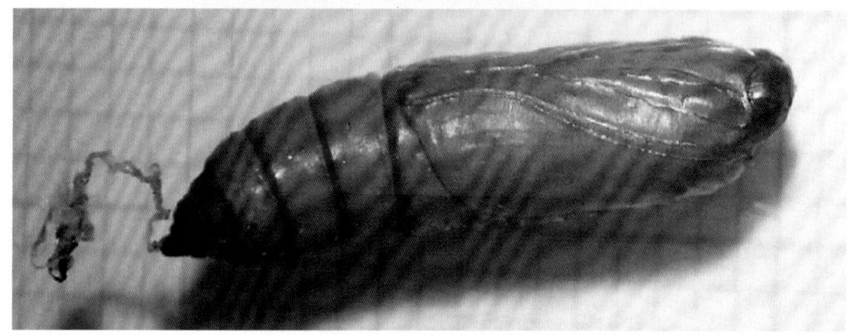

图3-35　亚洲玉米螟蛹

防治方法　在成虫羽化前的冬春季节，采用铡、轧、沤、烧、泥封等方法处理玉米秸和穗轴，消灭越冬幼虫。防治亚洲玉米螟的最佳适期为心叶末期，也就是大喇叭口期，这是防治玉米螟的关键时期。

在2～3龄幼虫期，可用40%辛硫磷乳油75～100 mL/亩、30%乙酰甲胺磷乳油180～240 mL/亩、20%哒嗪硫磷乳油75～100 mL/亩、2.5%溴氰菊酯乳油20～30 mL/亩、5.7%氟氯氰菊酯乳油30～40 mL/亩、10%四氯虫酰胺悬浮剂20～40 g/亩、20%氟苯虫酰胺悬浮剂8～12 mL/亩、80%氟苯·杀虫单（杀虫单76.4%+氟苯虫酰胺3.6%）可湿性粉剂75～100 g/亩、5%阿维菌素水乳剂15～20 mL/亩、1%甲维盐乳油5～10 mL/亩、8 000 IU/mL苏云金杆菌可湿性粉剂100～200 g/亩、400亿孢子/g球孢白僵菌可湿性粉剂100～200 g/亩、5%氯虫苯甲酰胺悬浮剂16～20 mL/亩、10%四氯虫酰胺悬浮剂20～40 g/亩，兑水40～50 kg均匀喷雾。

玉米心叶末期，可用5%辛硫磷颗粒剂200～240 g/亩、3%克百威颗粒剂2～3 kg/亩、5%丙硫克百威颗粒剂2～3 kg/亩拌细土15～20 kg灌心。

穗期防治，花丝蔫须后，剪掉花丝，用90%晶体敌百虫800～1 000倍液、50%辛硫磷乳油1 000倍液滴于雌穗顶部，效果亦佳。

2. 玉米蚜

分　布　玉米蚜（*Rhopalosiphum maidis*）主要分布在华北、东北、西南、华南、华东等地区。

为害特点　苗期玉米蚜群集于心叶为害，植株生长停滞，发育不良，甚至死苗（图3-36）。玉米抽穗后，移向新生的心叶并在其中繁殖，在展开的叶面可见到一层密布的灰白色脱皮壳，这是玉米蚜为害的主要特征。穗期除刺吸汁液外，玉米蚜还密布于叶背、叶鞘和穗部的穗苞或花丝上取食，其排泄的“蜜露”，还会黏附叶片，引起煤污病，常在叶面形成一层黑色的露状物，影响光合作用，千粒重下降，造成减产（图3-37～图3-41）。

图3-36　玉米蚜为害幼苗症状

图3-37 玉米蚜为害穗部症状

图3-38 玉米蚜为害茎秆症状

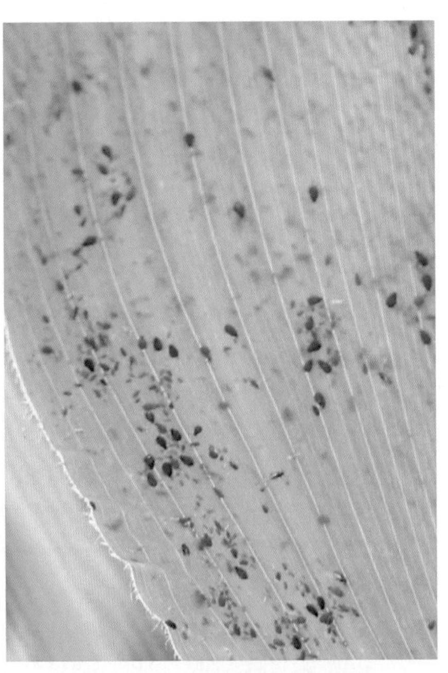
图3-39 玉米蚜为害叶片症状

图3-40 玉米蚜为害雄穗症状

图3-41 玉米蚜为害雌穗

形态特征 有翅孤雌蚜长卵形（图3-42），体深绿色，披薄白粉，附肢黑色，复眼红褐色，体表有网纹。腹管长圆筒形，端部收缩，腹管具覆瓦状纹。尾片圆锥状，具毛4～5根。无翅孤雌蚜长卵形，头、胸黑色发亮，腹部黄红色至深绿色（图3-43）。触角6节比身体短。腹部2～4节各具1对大型缘斑。卵椭圆形。

图3-42 有翅孤雌蚜

图3-43 无翅孤雌蚜

发生规律　1年发生20代左右，以成、若蚜的形式在麦类及早熟禾、看麦娘等禾本科杂草的心叶里越冬。翌年3—4月随着气温上升，开始在越冬寄主上活动、繁殖为害。6月下旬至7月初玉米蚜由其他寄主迁往夏玉米，在7月下旬初大量迁入，抽雄前玉米蚜在心叶为害，7月底至8月上旬玉米进入抽雄期，玉米蚜迅速增殖。8月上旬至中旬进入盛期，百株蚜量在万头以上。8月下旬末天敌大量出现，气候干燥凉爽，蚜量急剧下降，9月上旬百株蚜量下降到500头左右。此时玉米蚜数量迅速下降，集中在雌穗苞叶或下部叶片，玉米收获前产生有翅蚜迁飞其他寄主。

防治方法　及时清除田间地头杂草。玉米播种前药剂拌种可减少玉米蚜的为害，在玉米拔节期，发现中心蚜株喷药防治，可有效控制玉米蚜的为害。

玉米播种前，用4%戊唑·噻虫嗪（戊唑醇0.5%＋噻虫嗪3.5%）种子处理悬浮剂6 ~ 9 mL（100 kg种子）、5.4%戊唑·吡虫啉（吡虫啉5%＋戊唑醇0.4%）悬浮种衣剂1 ： 30 ~ 1 ： 50（药种比）、20%吡·戊·福美双（吡虫啉5%＋戊唑醇0.6%＋福美双14.4%）悬浮种衣剂1 ： 50 ~ 1 ： 60（药种比）、20.6%丁·戊·福美双（丁硫克百威7%＋戊唑醇0.6%＋福美双13%）悬浮种衣剂1 ： 50 ~ 1 ： 60（药种比）、7.5%戊唑·克百威（克百威7%＋戊唑醇0.5%）悬浮种衣剂1 ：（40 ~ 50）（药种比）、7.5%克·戊（克百威7%＋戊唑醇0.5%）悬浮种衣剂1 ： 200 ~ 1 ： 300（药种比）、15%吡·福·烯唑醇（吡虫啉5%＋福美双9.6%＋烯唑醇0.4%）悬浮种衣剂1 ：（40 ~ 60）（药种比）、24%苯醚·咯·噻虫（噻虫嗪22.4%＋咯菌腈0.8%＋苯醚甲环唑0.8%）悬浮种衣剂500 ~ 667 mL（100 kg种子）对种子包衣。

在玉米拔节期，发现中心蚜株喷药防治，可有效控制玉米蚜的为害。可喷施30%乙酰甲胺磷乳油150 ~ 200 mL/亩、48%毒死蜱乳油15 ~ 25 mL/亩、50%抗蚜威可湿性粉剂20 ~ 40 g/亩、10%吡虫啉可湿性粉剂10 ~ 20 g/亩，兑水40 ~ 50 kg均匀喷雾。

当有蚜株率在30% ~ 40%，出现“起油株”时应全田普治，可用2.5%高效氯氟氰菊酯乳油12 ~ 20 mL/亩、4.5%高效氯氰菊酯乳油40 ~ 60 mL/亩、2.5%溴氰菊酯乳油10 ~ 15 mL/亩、25%噻虫嗪水分散粒剂8 ~ 10 g/亩、25%吡蚜酮可湿性粉剂16 ~ 20 g/亩、10%烯啶虫胺水剂10 ~ 20 mL/亩，兑水40 ~ 50 kg均匀喷雾，为害严重时，可间隔7 ~ 10 d再喷1次。

3. 稻蛀茎夜蛾

分　　布　稻蛀茎夜蛾（*Sesamia* inferens）在我国辽宁以南的水稻和玉米种植区域均有分布。

为害特点　幼虫蛀食玉米的生长点、茎秆和果穗，分别造成枯心苗、茎秆折断和烂苞（图3-44 ~图3-47）。

图3-44　稻蛀茎夜蛾为害图

图3-45　稻蛀茎夜蛾为害茎

图3-46 稻蛀茎夜蛾为害雌穗

图3-47 稻蛀茎夜蛾为害雌穗

形态特征 成虫体长10 ~ 15 mm，头胸部淡黄褐色，腹部淡黄色。前翅长方形，淡褐黄色，翅中部从翅基部至外缘有明显的暗褐色放射状纵纹，翅边缘暗褐色具缘毛，纵纹上各有2个小黑点。后翅银白色，雄蛾触角栉齿状，雌蛾触角丝状（图3-48）。幼虫体粗壮，头红褐色，胴体低龄为粉红色，高龄颜色变浅，腹侧边每节左右各一黑点，8 ~ 10个组成一排（图3-49）。蛹初化时淡黄色，后变为黄褐色，背面颜色较深（图3-50）。

图3-48 稻蛀茎夜蛾雌虫

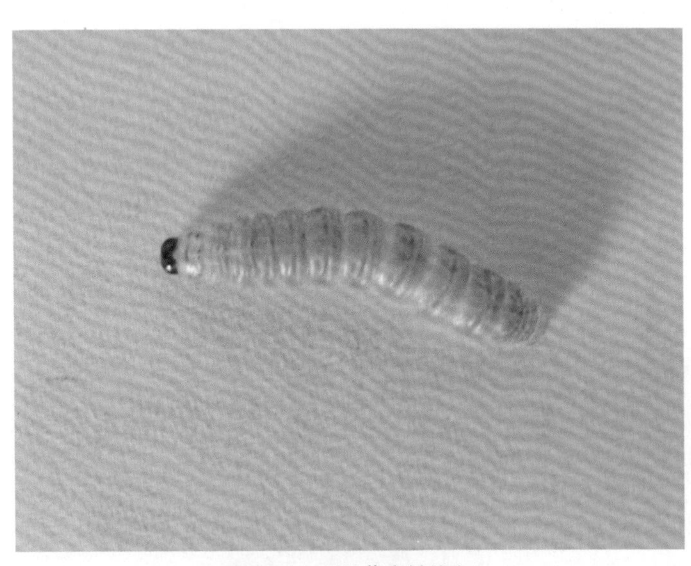
图3-49 稻蛀茎夜蛾幼虫

图3-50 稻蛀茎夜蛾蛹

发生规律 在华北南部1年发生4代，在华北北部1年发生3代，以老熟幼虫的形式在玉米或水稻残桩内或近地面土壤中越冬，次年3月中旬化蛹，4月上旬交尾产卵，3 ~ 5 d达高峰期，4月下旬为孵化高峰期。

防治方法 春季在大螟化蛹羽化前处理完玉米秸秆。

在初见枯心苗和田间孵化始盛期，及时喷洒30%乙酰甲胺磷乳油125 ~ 227 mL/亩、48%毒死蜱乳油70 ~ 90 mL/亩、2.5%高效氯氟氰菊酯乳油25 ~ 50 mL/亩、2.5%溴氰菊酯乳油20 ~ 30 mL/亩、1%甲氨基阿维菌素苯甲酸盐乳油5 ~ 10 mL/亩兑水40 ~ 50 kg，间隔5 ~ 7 d喷1次，一般防治2 ~ 3次即可。

玉米心叶期，可用3%呋喃丹颗粒剂3 kg/亩，1.5%辛硫磷颗粒剂0.50 ~ 0.75 kg/亩拌土施于心叶或叶鞘内。

4. 桃蛀螟

分　　布　桃蛀螟（*Dichocrocis punctiferalis*）分布于东北、华东、中南和西南地区的大部分省份，西北和台湾地区也有分布，是一种杂食性害虫。

为害特点　幼虫蛀食玉米的雌穗、茎秆，造成空秆、烂穗，引起籽粒霉烂（图3-51），玉米产量严重受损，玉米被害株率在30%～80%，其种群数量和为害程度在不同年份或一些地区，已经超过了亚洲玉米螟成为玉米螟生产的主要害虫。

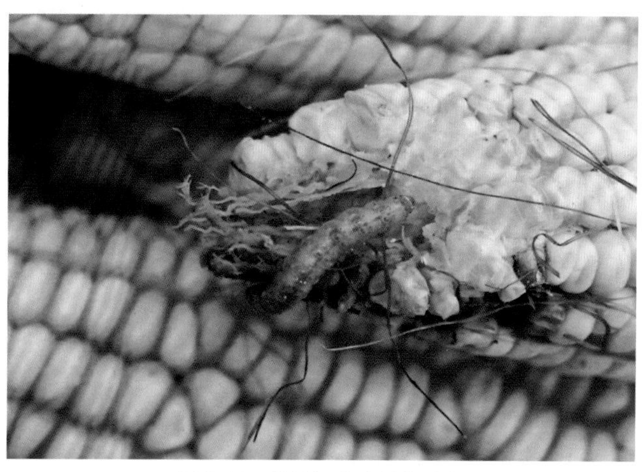

图3-51　桃蛀螟为害穗部症状

形态特征　成虫体长11～13 mm，翅展20～26 mm，鲜草黄色。下唇须两侧黑色。前胸两侧有各带一黑点的披毛，腹部背面与侧面有成排的黑斑。前后翅草黄色，前翅有黑斑25个左右，后翅约有10个黑斑（图3-52）。雌蛾腹部末端呈圆锥形，雄蛾腹部末端较钝，且有黑色毛丛。卵椭圆形，稍扁平。初产时乳白色，后变米黄色，孵化前呈暗红色。末龄幼虫体长22～25 mm，体背淡红色，头部暗褐色，前胸背板深褐，体各节有粗大的灰褐色瘤点。腹足趾钩双序缺环（图3-53）。蛹褐色到深褐色，腹部第5、第6、第7节背面前缘各生1列小齿，臀棘细长，上生的钩刺1丛。

图3-52　桃蛀螟成虫

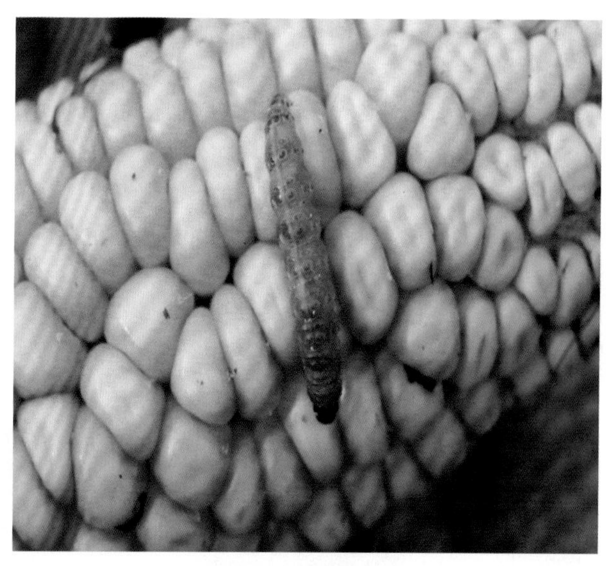

图3-53　桃蛀螟幼虫

发生规律　在华北地区1年发生3～4代，长江流域4～5代。以末代老熟幼虫的形式在病残株和仓储库缝隙中越冬。高粱、玉米、向日葵的秸秆里也有少部分越冬幼虫。华北地区越冬代幼虫4月开始化蛹，5月上、中旬羽化。第1代成虫及产卵盛期在7月上旬，7月中旬发生第2代幼虫，8月中、下旬是第3代幼虫发生期，9—10月出现第4代幼虫，10月中、下旬以老熟幼虫越冬。

防治方法　冬前高粱、玉米要脱空粒，并及时处理高粱、玉米、向日葵等寄主的秸秆、穗轴及向日葵盘。

成虫产卵盛期，喷洒40%辛硫磷乳油75～100 mL/亩、30%乙酰甲胺磷乳油180～240 mL/亩、10%四氯虫酰胺悬浮剂20～40 g/亩、20%氟苯虫酰胺悬浮剂8～12 mL/亩、80%氟苯·杀虫单（杀虫单76.4%＋氟苯虫酰胺3.6%）可湿性粉剂75～100 g/亩、5%阿维菌素水乳剂15～20 mL/亩、1%甲维盐乳油5～10 mL/亩、8 000 IU/mL苏云金杆菌可湿性粉剂100～200 g/亩、400亿孢子/g球孢白僵菌可湿性粉剂100～200 g/亩、5%氯虫苯甲酰胺悬浮剂16～20 mL/亩，间隔7～10 d喷施1次，连喷2次。

5. 二点委夜蛾

分　　布　二点委夜蛾（*Athetis lepigone*）分布于河北、山东、河南、安徽、江苏、山西和北京的黄淮海夏玉米种植区，同时在陕西、辽宁和湖北等地区也有分布。

图3-54　二点委夜蛾为害症状

为害特点　幼虫躲在玉米幼苗周围的碎麦秸下或在2 ～ 5 cm深的表土层中，啃食幼苗茎秆、茎基部的幼嫩组织，包括气生根和主根，形成圆形或椭圆形孔洞，造成玉米倒伏，地上部玉米心叶萎蔫枯死，造成缺苗断垄（图3-54）。该虫喜欢隐蔽、潮湿的环境，小麦—玉米轮作区多见于小麦收割后秸秆还田地块，卵在麦秸下或潮湿的土表层孵化率高。

形态特征　卵呈馒头状或圆球形，带有光泽，卵粒较大，直径0.5 ～ 0.6 mm，卵壳表面隆起贯穿两极，隆起间具梯形纹（图3-55）。幼虫亦为土灰色，昼伏夜出，具C形假死性。老熟幼虫体长1.5 ～ 2.0 cm，体色灰黄，头部褐色，幼虫各体节背面具一个倒三角形深褐色斑纹；气门黑色，气门上线黑褐色，气门下线白色；腹部背面有两条褐色背侧线，到胸节处消失，每节对称分布有4个呈梯形的白色中间有黑点的毛瘤（图3-56）。蛹长1 cm左右，翅芽中前部有两个点状黑纹，化蛹初期虫体淡黄褐色，逐渐变为褐色，在土茧内化蛹，蛹为被蛹，纺锤形，蛹长1 ～ 2 cm（图3-57）。成虫体长1.0 ～ 1.2 cm，翅展2 cm，雌成虫虫体会略大于雄虫，头、胸、腹灰褐色，前翅灰褐色，有暗褐色细点；内线、外线暗褐色，环纹为一黑点；肾纹小，有黑点组成的边缘，外侧中凹，有一白点，每翅上粗看具两个黑点；外线波浪形，翅外缘有一列黑点。后翅白色微褐，端区暗褐色（图3-58）；腹部灰褐色。雄蛾外生殖器的抱器瓣端半部宽，背缘凹，中部有一钩状突起；阳茎内有刺状阳茎针。

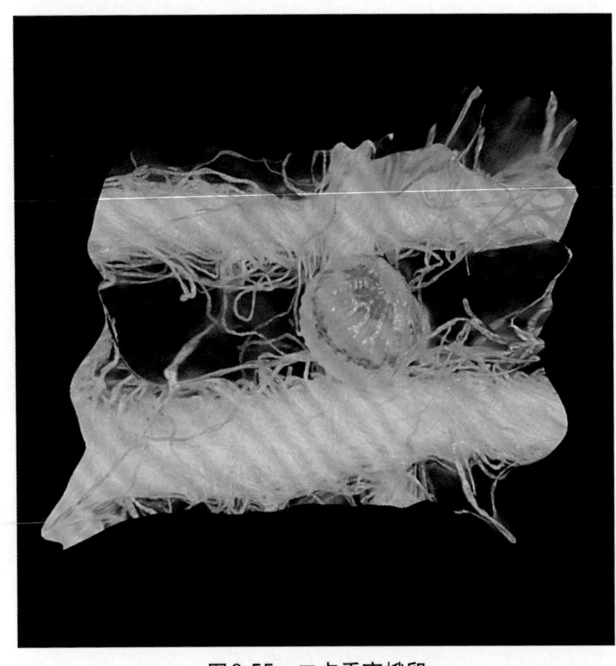

图3-55　二点委夜蛾卵

图3-56　二点委夜蛾幼虫

图3-57　二点委夜蛾蛹

图3-58　二点委夜蛾成虫

发生规律　二点委夜蛾在黄淮海地区每年发生4代，其中越冬代成虫在4—5月陆续羽化，未形成明显的高峰，第1代成虫高峰在6月上、中旬，第2代成虫高峰在7月中、下旬，8月下旬9月初为第3代成虫高峰期。10月后幼虫老熟并停止取食，身体开始缩短，入土或借助麦秸和麦糠纤维做一丝质土茧。

防治方法　在小麦收割后清除田块内的秸秆或粉碎秸秆进行防治。

玉米播种前，可以用40%溴酰·噻虫嗪（噻虫嗪20%＋溴氰虫酰胺20%）种子处理悬浮剂6～9 mL（100 kg种子）、7.5%戊唑·克百威（克百威7%＋戊唑醇0.5%）悬浮种衣剂1：(40～50)（药种比）、7.5%克·戊（克百威7%＋戊唑醇0.5%）悬浮种衣剂1：(200～300)（药种比）对种子包衣。

幼虫一般隐蔽于覆盖物之下，最好用毒饵诱杀，采用50%辛硫磷乳油40 mL/亩也可40.7%毒死蜱乳油或90%敌百虫按100 mL药、500 mL水、5 kg诱饵（麦麸或棉饼，炒香最好）的比例配兑，亩用2.5～3.0 kg为宜；或用50%辛硫磷乳油50 g/亩，拌棉籽饼5 kg；也可用90%晶体敌百虫0.5 kg加水3～4 kg，喷在50 kg碾碎炒香的棉籽饼或麦麸上，选用有效农药喷雾或配成毒饵、毒土顺垄撒施均有较好的防治效果。

田间出现为害时，可以用200 g/L氯虫苯甲酰胺悬浮剂10～20 mL/亩、5%甲氨基阿维菌素可溶粒剂10～15 g/亩，兑水喷雾。

6. 小地老虎

分　　布　小地老虎（*Agrotis ypsilon*）分布范围广，是杂食性害虫，成虫具迁飞习性，在我国北方不能越冬，1月0℃等温线为其越冬界限，10℃等温线以南为春季小地老虎的虫源地，我国玉米种植区均有分布。

图3-59　小地老虎为害症状

为害特点　成虫昼伏夜出，卵多产于干枯杂草和土块上，寄主丰盛时产于寄主植物上，表面粗糙多毛者，落卵量大，幼虫一般6龄，1～2龄躲于寄主植物心叶取食，3龄开始扩散为害，昼伏夜出，4龄以上幼虫多在玉米茎基部咬孔或咬穿造成枯心苗或者整株倒伏死苗（图3-59）。

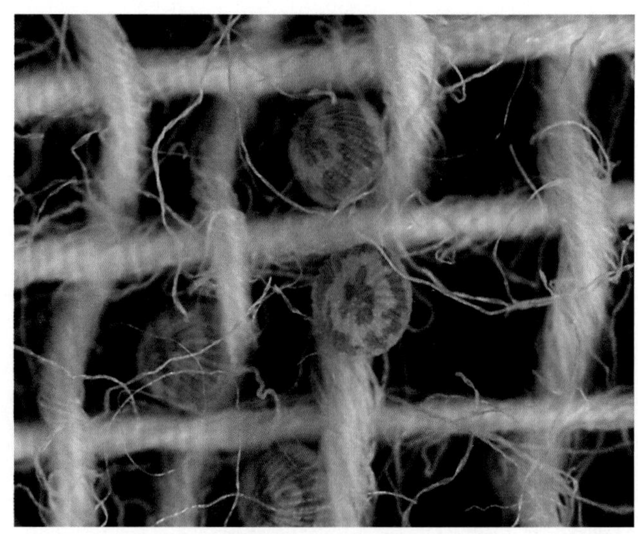

图3-60 小地老虎卵

形态特征 卵半球形，直径约0.61 mm，表面有纵横交错的隆起线纹，初产时乳白色，孵化前为褐色（图3-60）。高龄幼虫体长4.1 ~ 5.0 cm，体稍扁，暗褐色，体表粗糙，布满龟裂状的皱纹和黑色小颗粒，背面中央有2条淡褐色纵带。头部唇基形状为等边三角形。腹部1 ~ 8节4个毛片，后方的2个较前方的2个大1倍以上，腹部末节臀板有2条深褐色纵带（图3-61）。蛹长1.8 ~ 2.4 cm，暗褐色，腹部第四至第七节基部有圆形刻点，背面的大而色深，腹端具1对臀棘（图3-62）。成虫体长1.6 ~ 2.3 cm，翅展4.2 ~ 5.4 cm，深褐色，前翅暗褐色，具有显著的肾状斑、环形纹、棒状纹和2个黑色剑状纹。在肾状纹外侧有一明显的尖端向外的楔形黑斑。在亚缘线上侧有2个尖端向内的楔形黑斑。雌虫触角丝状（图3-63），雄虫双栉状（端半部为丝状）（图3-64）。

图3-61 小地老虎幼虫

图3-62 小地老虎蛹

图3-63 小地老虎雌虫

图3-64 小地老虎雄虫

发生规律 其世代数的多少，由各观测地点年积温决定，南岭以南地区1年发生6 ~ 7代；长江以南，南岭以北地区1年发生4 ~ 5代；江淮、黄淮地区1年发生4代；黄河、海河地区1年发生3 ~ 4代；东北中北部、内蒙古北部、甘肃西部1年发生1 ~ 2代。

防治方法 主要是种子处理，量少时清晨在有断苗附近，拨开土块捕杀。

玉米播种前，可以用7.5%戊唑·克百威（克百威7%＋戊唑醇0.5%）悬浮种衣剂1 ：（40 ~ 50）（药种比）、7.5%克·戊（克百威7%＋戊唑醇0.5%）悬浮种衣剂1 ：（200 ~ 300）（药种比）、600 g/L噻虫胺·吡虫啉（吡虫啉240 g/L＋噻虫胺360 g/L）种子处理悬浮剂400 ～ 600 mL（100 kg种子）、48%溴氰虫酰胺种子处理悬浮剂60 ～ 120 mL（100 kg种子）、50%氯虫苯甲酰胺380 ～ 530 mL（100 kg种子）、40%溴酰·噻虫嗪（噻虫嗪20%＋溴氰虫酰胺20%）300 ～ 600 mL（100 kg种子）对种子包衣。

幼虫3龄前用喷雾、喷粉或撒毒土防治；3龄后田间出现断苗时，可用毒饵诱杀。

喷雾：每公顷可选用50%辛硫磷乳油750 mL或2.5%溴氰菊酯乳油或40%氯氰菊酯乳油300 ～ 450 mL、90%晶体敌百虫750 g，兑水750 L喷雾。毒饵诱杀：90%晶体敌百虫0.5 kg或50%辛硫磷乳油500 mL，加水2.5 ～ 5.0 L，喷在50 kg碾碎炒香的棉籽饼、豆饼或麦麸上，于傍晚在受害作物田间每隔一定距离撒一小堆，或在作物根际附近围施，每公顷用75 kg。毒草：可用90%晶体敌百虫0.5 kg，拌砸碎的鲜草75 ～ 100 kg，每公顷用225 ～ 300 kg。

7. 东方黏虫

分　布　东方黏虫（*Mythimna separata*）成虫具远距离迁飞习性，在我国北方不能越冬，我国各地均有分布。

为害特点　东方黏虫幼虫受惊有假死和潜入土中的习性，幼虫暴食玉米叶片，造成减产，大发生时将玉米叶片吃光，只剩叶脉，造成严重减产甚至绝收（图3-65）。成虫昼伏夜出，多在作物中、下部枯黄叶尖与叶鞘内产卵。

图3-65　东方黏虫为害症状

形态特征　卵馒头形，初产时白色，颜色逐渐加深近孵化时为黑色。幼虫头顶有八字形黑纹，头部褐色黄褐色至红褐色，初孵幼虫有群集习性，2 ～ 3龄幼虫灰褐色或弱暗红色，4龄以上的幼虫多为灰黑色，身上有5条背线，又名“五色虫”。腹足外侧有黑褐纹，气门上有明显的白线（图3-66）。蛹红褐色，腹部5 ～ 7节背面前缘各有一列齿状点刻，臀棘上有4根刺。成虫体长1.7 ～ 2.0 cm，淡灰褐色或黄褐色，雄蛾色较深。前翅有两个土黄色圆斑，外侧圆斑的下方有一小白点，白点两侧各有一小黑点，翅顶角有1条深褐色斜纹（图3-67）。

图3-66　东方黏虫幼虫

图3-67　东方黏虫成虫

发生规律 我国由南至北每年发生2～8代，其中，东北地区每年发生2～3代，华北地区每年发生3～4代。

防治方法 及时清理田间地头的杂草，降低成虫产卵栖境。

东方黏虫3龄前可用20%哒嗪硫磷乳油800～1 000倍液，或30%乙酰甲胺磷乳油500～1 000倍液、4.5%高效氯氰菊酯乳油20～30 mL/亩，均匀喷雾；高龄幼虫时用48%毒死蜱乳油15～20 mL或0.5%甲维盐30～40 mL，兑水30 kg于叶面喷雾。

8. 劳氏黏虫

分　　布 劳氏黏虫（*Leucania loreyi*）已知在广东、福建、台湾、四川、江西、湖南、湖北、浙江、江苏、山东、河南等省份均有分布。

为害特点 成虫夜间活动，交配产卵，有强烈的趋光性。幼虫白天潜伏，夜出活动，有假死习性。玉米抽穗前躲藏于心叶内，抽穗后藏于叶鞘筒、苞叶筒或苞叶与子实筒之间。幼虫5～6龄为暴食期，除取食叶片外，也取食玉米籽粒、苞叶和雌雄穗，受害严重的地块叶片被食殆尽，几乎见不到花丝。幼虫数量玉米田多于高粱田。

形态特征 幼虫有6个龄期，个别有7龄，体色变化较大，为绿至黄褐色不等，杂以黑、白、褐等色的纵线5条，头部黄褐至棕褐色（图3-68）。蛹尾端有1对向外弯曲叉开的毛刺，其两侧各有一细小弯曲的小刺，小刺基部不明显膨大（图3-69）。成虫体长1.4～2.0 cm，翅展3.3～4.4 cm。头部和胸部灰褐至黄褐色，翅基片有两根暗条，尖端灰色；腹部褐白色，雄蛾侧毛簇暗褐白色。前翅褐白色或灰黄色，前缘和内缘暗褐色，无环纹及肾纹，翅脉白色，带褐色条纹，翅脉有少量的褐色点，中室基部下方有一黑色条杖，中室下角有一白点，外缘部位的翅脉上有一系列黑点，缘毛灰褐色；后翅白色并微有紫色光泽，翅脉及外缘为褐色；后翅反面前缘为褐色，端线为一系列黑点。雄蛾外生殖器抱握器冠部钝圆形，端面无刚毛，但有显著次生毛基，端面外侧有刚毛3根，抱握腹向内侧合拢，四周有显著刚毛3根，抱器较小，其上着生密毛，抱器腹突不明显，抱器背无显著的感觉毛（图3-70）。

图3-68 劳氏黏虫幼虫

图3-69 劳氏黏虫蛹

图3-70 劳氏黏虫成虫

发生规律　我国由南至北每年发生2～8代，华北南部地区每年发生3～4代，翌年3月底至4月上旬越冬老熟幼虫化蛹，5月上旬羽化为成虫。

防治方法　可参考东方黏虫的防治方法。

9. 甜菜夜蛾

分　　布　甜菜夜蛾（*Spodoptera exigua*）具迁飞习性，在我国全境内均有分布。

为害特点　幼虫啃食玉米表皮叶肉，造成网状半透明的窗斑；3龄后分散为害，造成孔洞或缺刻；严重时吃光玉米叶片，仅剩叶脉和叶柄（图3-71）。

图3-71　甜菜夜蛾为害症状

形态特征　卵多产于植株叶背和叶柄，卵块多层，圆球状，白色，成块产于叶面或叶背，粒数不等，排成1～3层，外覆白色绒毛（图3-72）。幼虫具假死和畏光习性，一般为5龄，少数6龄。初孵幼虫群集在叶背卵块附近啃食叶肉，3龄开始分群为害，4龄后食量大增，中、老龄幼虫具自残习性。高龄幼虫体长约2.2 cm，体色一般为绿色，但其体色和斑纹常因环境或取食对象不同而发生变化，有绿色、暗绿色、黄褐色、褐色至黑褐色，背线有或无，颜色亦各异。较明显的特征为，腹部气门下线为明显的黄白色纵带，有时带粉红色，纵带直达腹部末端，不弯到臀足上，各节气门后上方具一明显白点，虫体腹部略大于头胸部（图3-73）。老熟幼虫一般入表土3～5 cm或在枯枝落叶中做土茧化蛹。甜菜夜蛾成虫体长0.8～1.0 cm，翅展1.9～2.5 cm，灰褐色，头、胸有黑点，前翅灰褐色，基线仅前段可见双黑纹；内横线双线黑色，波浪形外斜；剑纹为一黑条；环纹粉黄色，黑边；肾纹粉黄色，中央褐色，黑边；中横线黑色，波浪形；外横线双线黑色，锯齿形，前、后端的线间白色；亚缘线白色，锯齿形，两侧有黑点，外侧在M_1处有一个较大的黑点；缘线为一列黑点，各点内侧均衬白色。后翅白色，翅脉及缘线黑褐色（图3-74）。成虫有很强的趋光性和趋化性，昼伏夜出，白天潜伏于植株叶间、枯叶杂草或土缝等荫蔽的场所，夜间活动频繁。

图3-72　甜菜夜蛾卵

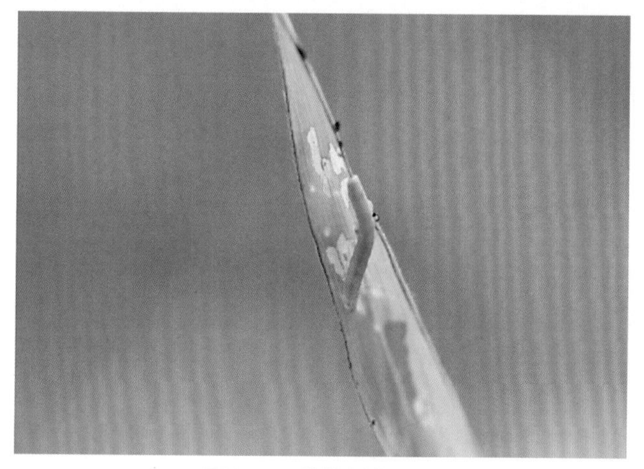

图3-73　甜菜夜蛾幼虫

图3-74　甜菜夜蛾成虫

发生规律　甜菜夜蛾在东北发生4代，华北北部4 ～ 6代，中南地区每年发生5 ～ 11代，西北地区每年发生4 ～ 5代，西南地区每年发生5 ～ 8代。

防治方法　在玉米播种前，可以用7.5%戊唑·克百威（克百威7% + 戊唑醇0.5%）悬浮种衣剂1 ：40 ～ 1 ：50（药种比）、48%溴氰虫酰胺种子处理悬浮剂60 ～ 120 mL（100 kg种子）、50%氯虫苯甲酰胺380 ～ 530 mL（100 kg种子）、40%溴酰·噻虫嗪（噻虫嗪20% + 溴氰虫酰胺20%）300 ～ 600 mL（100 kg种子）对种子包衣。

在玉米苗期喷施20%哒嗪硫磷乳油800 ～ 1 000倍液、30%乙酰甲胺磷乳油500 ～ 1 000倍液、4.5%高效氯氰菊酯乳油20 ～ 30 mL/亩等药剂防治。

10. 玉米蓟马

分　布　玉米蓟马主要有玉米黄呆蓟马（*Anaphothrips obscurus*）、禾蓟马（*Frankliniella tenuicornis*）、稻管蓟马（*Haplothrips aculeatus*）3种，在全国大部分地区均有发生，在黄淮海夏玉米种植区为害较重。

为害特点　玉米蓟马成、若虫锉吸玉米幼嫩部位汁液，对玉米造成严重为害，受害株一般叶片扭曲成"马鞭状"，生长停滞，严重时玉米直接枯黄死亡（图3-75、图3-76）。玉米黄呆蓟马为害后，玉米叶背面出现不连续的银白色条斑，伴随有黑色虫粪，叶正面与银白色斑相对的部位呈黄色，受害严重的叶背如涂了一层银粉，端半部变黄枯干。禾蓟马成、若虫在玉米心叶内活动为害，多发生在大喇叭期前后，也可在伸展的叶片正面为害，导致叶片出现成片的银灰色或黄色斑。干旱有利于玉米蓟马发生。

图3-75　玉米蓟马为害症状1

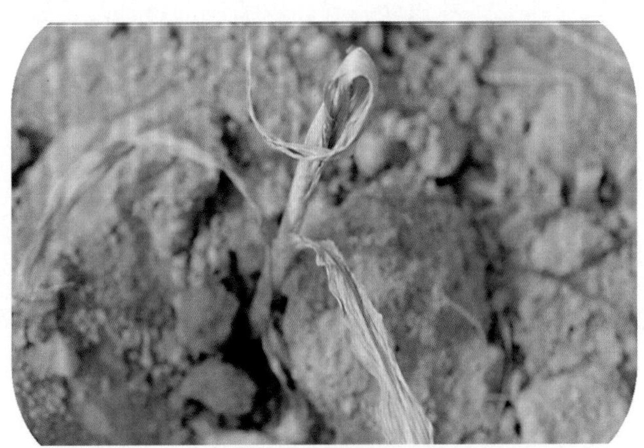

图3-76　玉米蓟马为害症状2

形态特征　蓟马科成虫体细长（0.10 ～ 0.15 mm），身上有六角形花纹或棘，体白色至褐色或黑色。头狭，触角9节（有时因愈合而节数减少），生于眼前方。口器刺吸式，呈圆锥形，不对称；右侧上腭退化；下腭变形为螯针；下腭及下唇均有分节的用于感觉的凸起须。有或无翅，翅膜质长条形，翅脉少，有缘毛（后缘者较长）。休息时翅覆于腹上，不折叠。足跗节有胞状器，以利攀爬（图3-77）。若虫似成虫，灰或黄色，无翅。

图3-77　玉米蓟马成虫

发生规律　玉米蓟马生活周期短，发生代数多，世代重叠严重，以成虫的形式在麦田及禾本科枯草基部等处越冬，早春由小麦向春播玉米上转移，在6月上、中旬严重为害晚播春玉米，春玉米上的玉米蓟马成虫转移至夏播玉米后，苗期和喇叭口期发生数量最大，主要在玉米苗期造成为害。

防治方法　玉米播种前，可以用7.5%戊唑·克百威（克百威7% + 戊唑醇0.5%）悬浮种衣剂

1：(40～50)（药种比）、7.5%克·戊（克百威7%+戊唑醇0.5%）悬浮种衣剂1：(200～300)（药种比）、600 g/L噻虫胺·吡虫啉（吡虫啉240 g/L+噻虫胺360 g/L）种子处理悬浮剂400～600 mL（100 kg种子）对种子包衣。

有机磷和氨基甲酸酯类对蓟马有较好防效而菊酯类药剂对蓟马无效。用40%毒死蜱乳油1 000倍液、10%吡虫啉可湿性粉剂2 000倍液对心叶喷雾有较好防效。

11. 双斑长跗萤叶甲

分　布　双斑长跗萤叶甲（*Monolepta hieroglyphica*）分布范围广，我国的黑龙江、吉林、辽宁、内蒙古、新疆、宁夏、甘肃、陕西、山西、河北、河南、山东、浙江、江苏、湖北、湖南、福建、四川、云南、贵州、广东、广西、台湾等省份均有分布。

为害特点　幼虫为害玉米苗期，取食根系造成玉米生长不正常；成虫在玉米心叶期开始为害，取食玉米叶片，抽雄吐丝以后群集取食雄穗、花丝，玉米结实后取食幼嫩籽粒，使玉米大量减产（图3-78、图3-79）。

图3-78　双斑长跗萤叶甲为害症状（昌吉农委　摄）

图3-79　双斑长跗萤叶甲为害症状（周至农委　摄）

形态特征　双斑长跗萤叶甲卵为椭圆形，初产卵为淡黄色，卵壳表面呈六边形的网纹状，宽约为0.04 cm，长约为0.06 cm。成虫体长0.36～0.48 cm，宽0.20～0.25 cm，长卵形，棕黄色有光泽。头、前胸背板色较深，有时呈橙红色，鞘翅淡黄色，每个鞘翅各有一近于圆形的淡色斑，周缘为黑色，淡色斑的后外侧常不完全封闭，黑色带纹向后突伸成角状，有些个体黑色带纹模糊不清或完全消失。前胸背板横宽，长宽之比约为2：3，密布细刻点，鞘翅被密而浅细的刻点，侧缘稍膨出，端部合成圆形，鞘翅基半部缘折，鞘翅及小盾片一般黑色，足胫节端半部与跗节黑色，腹端外露。头部二角形的额区稍隆，复眼较大，卵圆形。触角11节，长度约为体长的2/3。后胫节端部具有一长刺，后跗第1节很长，超过其余3节之和（图3-80）。

发生规律　在我国北方每年发生1代，以滞育卵的形式在土壤中越冬，翌年5月开始孵化，孵化不整齐。幼虫全部生活在土中，一般靠近根部距土表3～8 cm，以植物的根系为食。幼虫期约30 d，老熟幼虫做土室化蛹，经过7～10 d羽化，成虫7月初开始，一直延续至10月。

防治方法　清除杂草，减少春季过渡寄主，降低双斑萤叶甲种群数量，减轻为害。田间发生量大时，在清晨成虫飞翔能力弱的时间，可用20%哒嗪硫磷乳油800～1 000倍液、30%乙酰甲胺磷乳油500～1 000倍液、4.5%高效氯氰菊酯乳油20～30 mL/亩、48%毒死蜱乳油15～20 mL/亩、0.5%甲维盐30～40 mL/亩，兑水30 kg于叶面喷雾。

图3-80　双斑长跗叶甲成虫

三、玉米各生育期病虫害防治技术

（一）玉米病虫害综合防治历的制订

玉米栽培管理过程中，应总结本地玉米病虫害的发生特点和防治经验，制订病虫害防治计划，适时田间调查，及时采取防治措施，有效控制病虫的为害，保证丰产、丰收。

玉米田病虫害的综合防治工作历见表3-1，各地应根据自身的情况采取具体的防治措施。

表3-1　玉米田病虫草害综合防治历

生育期	日期	主要防治对象	次要防治对象
播种期	4月下旬至6月中旬	地下害虫、茎基腐病、瘤黑粉病、丝黑穗病、杂草	纹枯病、全蚀病、褐斑病、病毒病
苗期	5月下旬至6月下旬	病毒病、棉铃虫、耕葵粉蚧、叶螨、杂草	丝黑穗病、蛀茎夜蛾
喇叭口期至抽雄期	6月中旬至8月上旬	叶斑病、茎基腐病、瘤黑粉病、纹枯病、玉米螟、玉米蚜、黏虫	弯孢霉叶斑病、褐斑病、禾蓟马、棉铃虫
穗期至成熟期	7月中旬至9月下旬	锈病、圆斑病	亚洲玉米螟、灰斑病

（二）玉米播种期病虫害防治技术

播种期是防治病虫害的关键时期（图3-81）。玉米茎基腐病是典型的土传病害；玉米瘤黑粉病、玉米丝黑穗病、玉米纹枯病、玉米褐斑病主要是靠种子或土壤带菌传播的，而且从幼苗期就开始侵染。所以对于这些病害，种子处理是最有效的防治措施。

图3-81　玉米播种期

药剂拌种可防治玉米茎基腐病、丝黑穗病、瘤黑粉病、纹枯病，同时兼治全蚀病、褐斑病。

这一时期防治的主要虫害有蛴螬、蝼蛄、金针虫、玉米耕葵粉蚧等地下害虫，药剂拌种可以减少地下害虫为害。

药剂拌种或种子包衣是防治种传或土传病害、防治地下害虫和苗期害虫的常用方法。可用4%戊唑·噻虫嗪（戊唑醇0.5%＋噻虫嗪3.5%）种子处理悬浮剂6～9 mL（100 kg种子）、5.4%戊唑·吡虫啉（吡虫啉5%＋戊唑醇0.4%）悬浮种衣剂1：（30～50）（药种比）、20%吡·戊·福美双（吡虫啉5%＋

戊唑醇0.6%＋福美双14.4%）悬浮种衣剂1 ：（50 ～ 60）（药种比）、20.6%丁·戊·福美双（丁硫克百威7%＋戊唑醇0.6%＋福美双13%）悬浮种衣剂1 ：（50 ～ 60）（药种比）、7.5%戊唑·克百威（克百威7%＋戊唑醇0.5%）悬浮种衣剂1 ：（40 ～ 50）（药种比）、7.5%克·戊（克百威7%＋戊唑醇0.5%）悬浮种衣剂1 ：（200 ～ 300）（药种比）、15%吡·福·烯唑醇（吡虫啉5%＋福美双9.6%＋烯唑醇0.4%）悬浮种衣剂1 ：（40 ～ 60）（药种比）、24%苯醚·咯·噻虫（噻虫嗪22.4%＋咯菌腈0.8%＋苯醚甲环唑0.8%）悬浮种衣剂500 ～ 667 mL（100 kg种子）、8%丁硫·戊唑醇（丁硫克百威7.4%＋戊唑醇0.6%）悬浮种衣剂1 ：（40 ～ 60）（药种比）、8%苯甲·毒死蜱（毒死蜱7.25%＋苯醚甲环唑0.75%）悬浮种衣剂1 537 ～ 2 000 g（100 kg种子）、20.3%福·唑·毒死蜱（毒死蜱5%＋福美双15%＋戊唑醇0.3%）悬浮种衣剂1 667 ～ 2 500 mL（100 kg种子）对种子包衣。

（三）玉米苗期病虫害防治技术

玉米苗期（图3-82）是防治病毒病、蚜虫等害虫的有利时期。

图3-82 玉米苗期生长情况

防治玉米病毒病，喷施5%菌毒清水剂500倍液、15%三氮唑核苷可湿性粉剂500 ～ 700倍液、0.5%菇类蛋白多糖水剂300倍液抑制该病的发生。

玉米苗期以防治玉米旋心虫、蛀茎夜蛾等害虫为主，兼防蛴螬、金针虫、地老虎、蝼蛄等地下害虫和蚜虫、灰飞虱等传播病毒的害虫。

对发生玉米旋心虫、蛀茎夜蛾的田块，用400亿孢子/g球孢白僵菌可湿性粉剂100 ～ 200 g/亩、5%氯虫苯甲酰胺悬浮剂16 ～ 20 mL/亩、10%四氯虫酰胺悬浮剂20 ～ 40 g/亩、20%氟苯虫酰胺悬浮剂8 ～ 12 mL/亩、80%氟苯·杀虫单（杀虫单76.4%＋氟苯虫酰胺3.6%）可湿性粉剂75 ～ 100 g/亩、5%阿维菌素水乳剂15 ～ 20 mL/亩、30%乙酰甲胺磷乳油180 ～ 240 mL/亩、2.5%溴氰菊酯乳油20 ～ 30 mL/亩，兑水40 ～ 50 kg均匀喷雾。

发生蚜虫时，可用30%乙酰甲胺磷乳油150 ～ 200 mL/亩、48%毒死蜱乳油15 ～ 25 mL/亩、50%抗蚜威可湿性粉剂20 ～ 40 g/亩、10%吡虫啉可湿性粉剂10 ～ 20 g/亩，兑水40 ～ 50 kg均匀喷雾防治。

在玉米5叶期，灰飞虱向玉米田迁飞之前，用25%噻嗪酮可湿性粉剂25 ～ 30 g/亩，兑水50 ～ 60 kg喷雾防治，对灰飞虱有很好的效果。

用50%辛硫磷乳油200 ～ 250 mL/亩加细土25 ～ 30 kg拌匀后顺垄条施，或用3%辛硫磷颗粒剂4 kg/亩兑细沙混合条施防治地下害虫。

（四）玉米喇叭口期至抽雄期病虫害防治技术

玉米喇叭口期是叶斑病、茎基腐病、纹枯病的重要发生期，应注意田间调查，及时防治，控制病害，减少损失（图3-83）。

图3-83 玉米喇叭期至抽雄期生长情况

防治叶斑病，可用50%甲基硫菌灵可湿性粉剂500倍液、50%多菌灵可湿性粉剂500倍液、30%唑醚·戊唑醇（戊唑醇20%＋吡唑醚菌酯10%）悬浮剂20～40 mL/亩、240 g/L氯氟醚·吡唑酯（吡唑醚菌酯140 g/L＋氯氟醚菌唑100 g/L）乳油50～60 mL/亩、43%唑醚·氟酰胺（氟唑菌酰胺14%＋吡唑醚菌酯29%）悬浮剂15～30 mL/亩、30%吡唑醚菌酯悬浮剂30～40 mL/亩、19%丙环·嘧菌酯（丙环唑11.8%＋嘧菌酯7.2%）悬乳剂30～40 mL/亩，可兼治茎基腐病。

该期是害虫的重要发生期，以防治玉米螟、黏虫为主，兼治条螟、玉米蚜、红蜘蛛。应注意田间调查，及时防治，控制害虫为害，减少损失。

在心叶初期，用30%乙酰甲胺磷乳油180～240 mL/亩、20%哒嗪硫磷乳油200～250 mL/亩、5%氯虫苯甲酰胺悬浮剂16～20 mL/亩、10%四氯虫酰胺悬浮剂20～40 g/亩、20%氟苯虫酰胺悬浮剂8～12 mL/亩、80%氟苯·杀虫单（杀虫单76.4%＋氟苯虫酰胺3.6%）可湿性粉剂75～100 g/亩、5%阿维菌素水乳剂15～20 mL/亩、30%乙酰甲胺磷乳油180～240 mL/亩、2.5%溴氰菊酯乳油20～30 mL/亩、5.7%氟氯氰菊酯乳油30～40 mL/亩，兑水30 kg均匀喷雾防治玉米螟。

在心叶末期，用10%二嗪磷颗粒剂0.4～0.6 kg/亩、8 000 IU/mL苏云金杆菌可湿性粉剂100～200 g/亩、1.5%辛硫磷颗粒剂0.50～0.75 kg/亩拌细土灌心，防治玉米螟。

（五）玉米抽穗期至成熟期病虫害防治技术

7月中旬以后，玉米进入穗期及灌浆期（图3-84），是玉米丰产、丰收的关键时期。该期应加强预测预报，及时防治病虫害，在防治策略上以治疗为主，具有针对性，确保丰收。

防治玉米锈病：田间病株率达6%时开始喷药防治。可用20%三唑酮乳油40～45 mL/亩、12.5%烯唑醇可湿性粉剂16～32 g/亩、12.5%氟环唑悬浮剂48～60 mL/亩、40%氟硅唑乳油7.5～9.4 mL/亩、25%丙环唑乳油30～40 mL/亩、25%戊唑醇可湿性粉剂60～70 g/亩、25%联苯三唑醇可湿性粉剂50～80 g/亩、25%邻酰胺悬浮剂200～320 mL/亩、30%醚菌酯悬浮剂30～50 mL/亩、25%啶氧菌酯悬浮剂65 mL/亩、20%唑菌胺酯水分散性粒剂80 g/亩、25%肟菌酯悬浮剂25～50 mL/亩、6%氯苯嘧啶醇可湿性粉剂30～50 g/亩，兑水40～50 kg喷雾，间隔10 d左右喷1次，连防2～3次。

防治玉米圆斑病：可喷施30%唑醚·戊唑醇（戊唑醇20%＋吡唑醚菌酯10%）悬浮剂20～40 mL/亩，或240 g/L氯氟醚·吡唑酯（吡唑醚菌酯140 g/L＋氯氟醚菌唑100 g/L）乳油50～60 mL/亩、30%肟菌·戊唑醇（肟菌酯10%＋戊唑醇20%）悬浮剂40～50 mL/亩，对叶片均匀喷雾，每7～10 d施药1次，连续施药2～3次。

图3-84 玉米抽穗期至成熟期生长情况

四、玉米田杂草防治技术

近几年来，随着农业生产的发展和耕作制度的变化，玉米田杂草的发生出现了很多变化。农田肥水条件普遍提高，杂草生长旺盛，但部分田也有灌溉条件较差的情况；小麦普遍采用机器收割，麦茬高，麦糠和麦秸多，影响玉米田封闭除草剂的应用效果，但也有部分玉米田在小麦收获前实行了行间点播；玉米田除草剂单一品种长期应用，部分地块香附子等恶性杂草大量增加。目前，不同地区、不同地块的栽培方式、管理水平和肥水差别逐渐加大，在玉米田杂草防治中应区别对待各种情况，选用适宜的除草剂品种和配套的施药技术。

玉米播后苗前施药的优点：可以有效防除杂草于萌芽期和造成为害之前，由于早期控制了杂草，可以推迟或减少中耕次数；因为田中没有作物，施药方便，也便于机械化操作；因为作物尚未出土，可供选用的除草剂较多，对玉米安全性较高，价位也较低；施药混土能提高对土壤深层出土的一年生大粒阔叶杂草和某些难防治的禾本科杂草的防治效果。播后苗前施药的缺点：使用药量与药效受土壤质地、有机质含量、pH制约；在沙质土，遇大雨可能将某些除草剂（如嗪草酮、利谷隆）淋溶到玉米种子上产生药害；播后苗前土壤处理，土壤必须保持湿润才能使药剂发挥作用，如在干旱条件下施药，除草效果比较差，甚至无效。

玉米播后苗前施药受很多条件的限制，有的玉米田是由于三夏大忙或人们在小麦收获前趁墒将玉米点播在小麦行间等原因，未能在播后芽前施用除草剂；同时，芽前施药不能有效控制杂草为害的玉米田，在玉米生长期化学除草可以作为杂草防治上的一个补充时期，也是玉米田杂草防治的一个重要时期。玉米生长期施药的优点：受土壤类型、土壤湿度的影响相对较小；看草施药，针对性强。生长期施药的缺点：有很多除草剂杀草谱较窄；喷药时对周围敏感作物易造成飘移危害；有些药剂对玉米生长期易产生药害；在干旱少雨、空气湿度较小和杂草生长缓慢的情况下，除草效果不佳；除草时间越拖延，减产越明显。

（一）南部多雨玉米田杂草防治

南部多雨玉米田，在上茬收获后经常将土地翻耕平整（图3-85）；同时，该区降水量偏大，常年降水量在1 000 mm以上，杂草发生严重。

图3-85 南部多雨玉米田栽培模式图

具备较好的水浇条件、墒情很好。以前未用过除草剂或施用除草剂历史较短，田间主要杂草为马唐、狗尾草、藜、反枝苋等。这些地块杂草防治比较有利，可以在玉米播后芽前用下列除草剂。

900 g/L乙草胺乳油80 ～ 120 mL/亩、900 g/L乙草胺乳油80 ～ 100 mL/亩＋38％莠去津悬浮剂75 ～ 100 mL/亩，兑水40 kg均匀喷施。部分时期，施药期间墒情较差时，还可以选用下列除草剂配方：50%异丙草胺乳油200 mL/亩＋38%莠去津悬浮剂75 ～ 100 mL/亩、50%异丙草胺乳油200 mL/亩＋40%氰草津悬浮剂100 mL/亩、720 g/L异丙甲草胺乳油100 ～ 200 mL/亩＋38%莠去津悬浮剂75 ～ 100 mL/亩、72%异丙甲草胺乳油200 mL/亩＋40%氰草津悬浮剂100 mL/亩，兑水40 kg均匀喷施，也可以选用目前市场上常见的40%乙·莠（乙草胺：莠去津为2 ： 1）悬浮剂200 ～ 300 mL/亩。该类除草剂混用配方或混剂，主要被芽吸收，可以有效防治一年生禾本科杂草和阔叶杂草，封闭除草效果突出，施药应在杂草出苗前施药。虽然该类除草剂对墒情要求较高，墒情差除草效果差；但是，该类除草剂较耐雨水冲刷，多雨地区或年份除草效果突出。田间尚有其他杂草时，应混用其他除草剂，或在苗后防治。生产上用药量应过量，施药后如遇持续低温及土壤高湿，对玉米会产生一定的药害，表现为苗后茎叶皱缩、生长缓慢，随着温度的升高，一般会逐步恢复正常；生长期茎叶喷施，特别是高温干旱情况下会产生烧伤斑。

（二）华北干旱高麦茬玉米田播后芽前杂草防治

随着农业生产的发展，小麦机械化收割日益普遍，田间麦茬较高、麦秸和麦糠较多（图3-86），改变了玉米田的环境条件和杂草发生规律，20世纪90年代以前的传统封闭除草剂施药方法效果下降。该类玉米田杂草出苗受麦茬影响，一般杂草发生量有所减少，较无麦茬田块出苗较晚、出苗不齐，但后期进入雨季后仍会发生大量杂草。在该类麦田前期施药效果不好，这主要是因为麦收后受麦茬和麦糠的影响，杂草出草较晚、气温较高、土壤干旱，特别是麦茬和麦秸表面，中午温度较高，施用的除草剂在麦茬和麦秸表面易于高温蒸发光解，影响除草效果；生产上，应相应推迟除草剂的施药时期，并根据田间实际情况调整除草剂的种类和用量。

图3-86 干旱高麦茬玉米田麦茬变化情况图

在小麦机器收割后急于施用除草剂，也没有条件灭茬处理的田块，应尽可能充分灌水，该类玉米田播后芽前选用除草剂时，尽可能选用理化性能稳定、根茎叶均能吸收、比较耐旱的除草混剂，施药时尽可能加大水量，使药剂能喷淋到土表。

部分地区和农户（图3-87），在麦收后急于施用除草剂，特别是北方干旱高麦茬田块，将会影响除草效果；同时，麦茬田间有不同草龄杂草时，传统的封闭除草剂效果较差。对于这类田块，一方面要施用耐旱、耐麦茬、耐高温不挥发、根茎叶吸收方便的除草剂；另一方面要考虑杀死出苗的杂草，在玉米播后芽前可以用下列除草剂配方：90%莠去津水分散粒剂90 ～ 110 g/亩＋8%烟嘧磺隆可分散油悬浮剂35 ～ 50 mL/亩、90%莠去津水分散粒剂90 ～ 110 g/亩＋40%硝磺草酮悬浮剂20 ～ 25 mL/亩，兑水30 ～ 45 kg喷透喷匀。

图3-87　干旱高麦茬玉米田玉米播后芽前田间密生杂草情况

（三）华北地区玉米播后芽前田间有少量杂草的防治

我国北方部分地区，玉米播后芽前田间有少量杂草发生（图3-88），在播后芽前选用除草剂时，尽可能选用根、茎、叶均能吸收，且能杀死较大杂草的除草剂，施药时尽可能加大水量，使药剂能喷淋到土表。

玉米播后芽前田间发生有部分杂草，田间主要杂草为马唐、狗尾草、藜、反枝苋等的田块，可以在玉米播后芽前用下列除草剂：50%乙草胺乳油100 ～ 150 mL/亩＋38%莠去津悬浮剂100 ～ 150 mL/亩＋4%烟嘧磺隆悬浮剂50 ～ 100 mL/亩、50%乙草胺乳油100 ～ 150 mL/亩＋38%莠去津悬浮剂150 ～ 200 mL/亩、90%莠去津水分散粒剂90 ～ 110 g/亩＋40%硝磺草酮悬浮剂20 ～ 25 mL/亩，兑水30 kg均匀喷施。

图3-88 玉米播后芽前田间杂草生长情况

（四）东北地区玉米播后芽前田间有大量阔叶杂草的防治

北方地区，特别是东北除草剂应用较多的地区，近年来田间阔叶杂草较多，特别是小蓟、苣荬菜等杂草发生较重，在玉米播种前田间杂草开始大量发生，生产上施药时应加以考虑，仅用一般的芽前除草剂难以达到除草效果。这类地块一般整地较早，播种前有大量阔叶杂草发生（图3-89）。

这类地块施药时应考虑防治已出苗的小蓟、大蓟、抱茎苦荬菜、苦荬菜、苣荬菜、苦苣菜、山苦荬、散生木贼、问荆、草问荆、节节草，还要考虑封闭防治马唐、狗尾草、金狗尾草、虎尾草、画眉草、牛筋草、稗草、千金子、扁蓄、腋花蓼、酸模叶蓼、叉分蓼、藜、小藜、灰绿藜、刺藜、地肤、碱蓬、猪毛菜、凹头苋、刺苋、反枝苋、繁穗苋、苋菜、千穗谷、绿苋、腋花苋、青葙、马齿苋、铁苋、苘麻、野西瓜苗、龙葵、苦职、假酸浆、曼陀罗、苍耳、野塘蒿、小白酒草、飞廉、一年蓬、蒺藜、鸭跖草等杂草。可以在玉米播后芽前用下列除草剂：900 g/L乙草胺乳油80 ～ 100 mL/亩＋90％莠去津水

图3-89 玉米播后芽前田间阔叶杂草生长情况

分散粒剂90 ~ 130 g/亩+87.5% 2, 4-滴异辛酯乳油45 ~ 50 mL/亩、50%异丙草胺乳油100 ~ 200 mL/亩+38%莠去津悬浮剂150 ~ 300 mL/亩+56% 2甲4氯钠盐可湿性粉剂75 ~ 100 g/亩、72%异丙甲草胺乳油100 ~ 120 mL/亩+40%氰草津悬浮剂200 ~ 300 mL/亩+720 g/L 2, 4-滴二甲胺盐水剂80 ~ 120 mL/亩，兑水喷施。最好在灌水或降雨后施药，施药时要适当加大水量至60 kg/亩以上，均匀喷施。该类除草剂混用配方或混剂，主要被根系或茎叶吸收，也能为芽吸收，可以有效防治一年生禾本科杂草和阔叶杂草，封闭除草效果突出，应在杂草出苗前施药。虽然该类除草剂对墒情要求相对较低，但墒情差时除草效果也下降；该类除草剂不耐雨水冲刷，遇到多雨年份除草效果下降，后期杂草会发生较多。东北地区土壤有机质含量较高，施用时应用高剂量；南方地区推荐施用低限量。

（五）玉米2 ~ 4叶期南方墒好多雨田杂草防治

在黄淮海流域中、南部及以南地区，如河南的驻马店、漯河、南阳，安徽北部，江苏北部等地，一般农业生产条件较好的地区或农户，在上茬收获后将土地翻耕平整无杂物，具备较好的水利条件、墒情很好，常年降水量较大，采用封闭除草剂一般可以达到较好的除草效果（图3-90）。但部分年份，由于降雨或其他原因未能及时施药的地块，应在玉米苗后2 ~ 4叶期及时施药。

图3-90　玉米幼苗期田间杂草生长情况

田间主要杂草为马唐、狗尾草、金狗尾草、虎尾草、画眉草、牛筋草、稗草、千金子、扁蓄、腋花蓼、酸模叶蓼、叉分蓼、藜、小藜、灰绿藜、刺藜、地肤、碱蓬、猪毛菜、凹头苋、刺苋、反枝苋、繁穗苋、苋菜、千穗谷、绿苋、腋花苋、青葙、马齿苋、铁苋、苘麻、野西瓜苗、龙葵、苦职、假酸浆、曼陀罗、苍耳、野塘蒿、小白酒草、飞廉、一年蓬、蒺藜、鸭跖草等。可以在玉米苗后2 ~ 4叶期施用下列除草剂：900 g/L乙草胺乳油80 ~ 100 mL/亩、900 g/L乙草胺乳油80 ~ 100 mL/亩＋90%莠去津水分散粒剂90 ~ 110 g/亩、720 g/L异丙甲草胺乳油100 ~ 200 mL/亩＋90%莠去津水分散粒剂90 ~ 110 g/亩，也可以选用目前市场上常见的40%乙·莠（乙草胺：莠去津为1 ：1或2 ：1）悬浮剂150 ~ 200 mL/亩，兑水40 kg均匀喷施。该类除草剂混用配方或混剂，主要被芽吸收，可以有效防治一年生禾本科杂草和阔叶杂草，封闭除草效果突出，应在杂草出苗前施药。虽然该类除草剂对墒情要求较高，墒情差除草效果差，但是该类除草剂较耐雨水冲刷，遇到多雨年份除草效果突出。

（六）玉米2 ~ 4叶期田间杂草较多时杂草防治

部分玉米地块由于天旱或其他原因未能在玉米播后芽前及时施药，田间发生大量杂草（图3-91）。生产上应结合灌水或降雨，在玉米苗后2 ~ 4叶期及时施药。

图3-91 玉米2 ~ 4叶期田间杂草生长情况

田间杂草较多，主要杂草为马唐、狗尾草、虎尾草、画眉草、牛筋草、稗草、千金子、腋花蓼、扁蓄、藜、小藜、灰绿藜、刺藜、地肤、反枝苋、繁穗苋、苋菜、绿苋、马齿苋、铁苋、苘麻、龙葵、苍耳、蒺藜、鸭跖草等。可以在玉米苗后2 ~ 4叶期施用下列除草剂：900 g/L乙草胺乳油80 ~ 100 mL/亩＋

90%莠去津水分散粒剂90 ～ 130 g/亩＋8%烟嘧磺隆可分散油悬浮剂35 ～ 50 mL/亩、27%烟·硝·莠去津（莠去津20%＋烟嘧磺隆2%＋硝磺草酮5%）可分散油悬浮剂150 ～ 200 mL/亩、30%烟·莠去津（莠去津25%＋烟嘧磺隆5%）可分散油悬浮剂72 ～ 80 mL/亩、25%苯唑氟草酮·莠去津（莠去津22%＋苯唑氟草酮3%）可分散油悬浮剂150 ～ 200 mL/亩、50%异丙草胺乳油100 ～ 200 mL/亩＋38%莠去津悬浮剂150 ～ 300 mL/亩＋40%硝磺草酮悬浮剂20 ～ 25 mL/亩，兑水40 kg均匀喷施。

最好在灌水或降雨后施药，施药时要适当加大喷药水量至45 ～ 60 kg/亩，均匀喷施。尽量避开干旱与正午时施药，不然玉米叶片可能会出现少量枯黄斑块。烟嘧磺隆和砜嘧磺隆可能会对玉米产生药害，应在玉米2 ～ 4叶期施药，5叶期后施药易发生药害。施药时不能与有机磷或氨基甲酸酯类杀虫剂混用，也不能在前后间隔7 d内施用，如需防治虫害，可以用其他杀虫剂替代。部分玉米品种如甜玉米、糯玉米和爆裂玉米等品种也不宜施用。该类除草剂混用配方或混剂，主要被根系或茎叶吸收，也能被芽吸收，可以有效防治一年生禾本科杂草和阔叶杂草，封闭除草效果突出，应在杂草出苗前施药。虽然该类除草剂对墒情要求相对较低，但墒情差时除草效果也下降；该类除草剂不耐雨水冲刷，遇到多雨年份除草效果下降，后期杂草会发生较多。

（七）玉米5 ～ 7叶期香附子较多时杂草防治

对于前期施用封闭除草剂未能有效防治香附子的田块，该期香附子基本上全部出苗，且香附子处于幼苗期，是一个有利防治的时期（图3-92）。

图3-92　玉米5 ～ 7叶期田间香附子发生情况

可以在玉米苗后5 ～ 7叶期施用下列除草剂：900 g/L乙草胺乳油80 ～ 100 mL/亩＋90%莠去津水分散粒剂90 ～ 130 g/亩＋12%氯吡嘧磺隆可分散油悬浮剂17 ～ 25 mL/亩、900 g/L乙草胺乳油80 ～ 100 mL/亩＋90%莠去津水分散粒剂90 ～ 130 g/亩＋720 g/L2，4-滴二甲胺盐水剂80 ～ 120 mL/亩＋8%烟嘧磺隆可分散油悬浮剂35 ～ 50 mL/亩、50%异丙草胺乳油100 ～ 200 mL/亩＋38%莠去津悬浮剂150 ～ 300 mL/亩＋56% 2甲4氯钠盐可湿性粉剂75 ～ 100 g/亩＋40%硝磺草酮悬浮剂20 ～ 25 mL/亩，兑水40 kg均匀喷施，也可兑水30 kg定向喷施，对香附子茎叶喷施，勿喷施到玉米心叶，可以达到较好的除草效果，还能兼治其他阔叶杂草。施药时应重点喷施到香附子茎叶上，尽量少喷施到玉米上。施药时应严格控制施药适期，宜在玉米5 ～ 8叶期，以6 ～ 7叶期最佳，不宜过早和过晚，否则易发生药害；施药温度过高（32℃以上），也易发生药害。施药时应选择墒情良好、无风晴天施药，注意不能飘移至其他阔叶作物上，否则，会发生严重的药害。

（八）玉米5 ～ 7叶期田旋花、小蓟等阔叶杂草较多时杂草防治

对于前期施用封闭除草剂，却未能有效防治田旋花、小蓟等阔叶杂草的地块，特别是东北地区发生比较严重，应在玉米苗后5 ～ 7叶期及时防治（图3-93）。

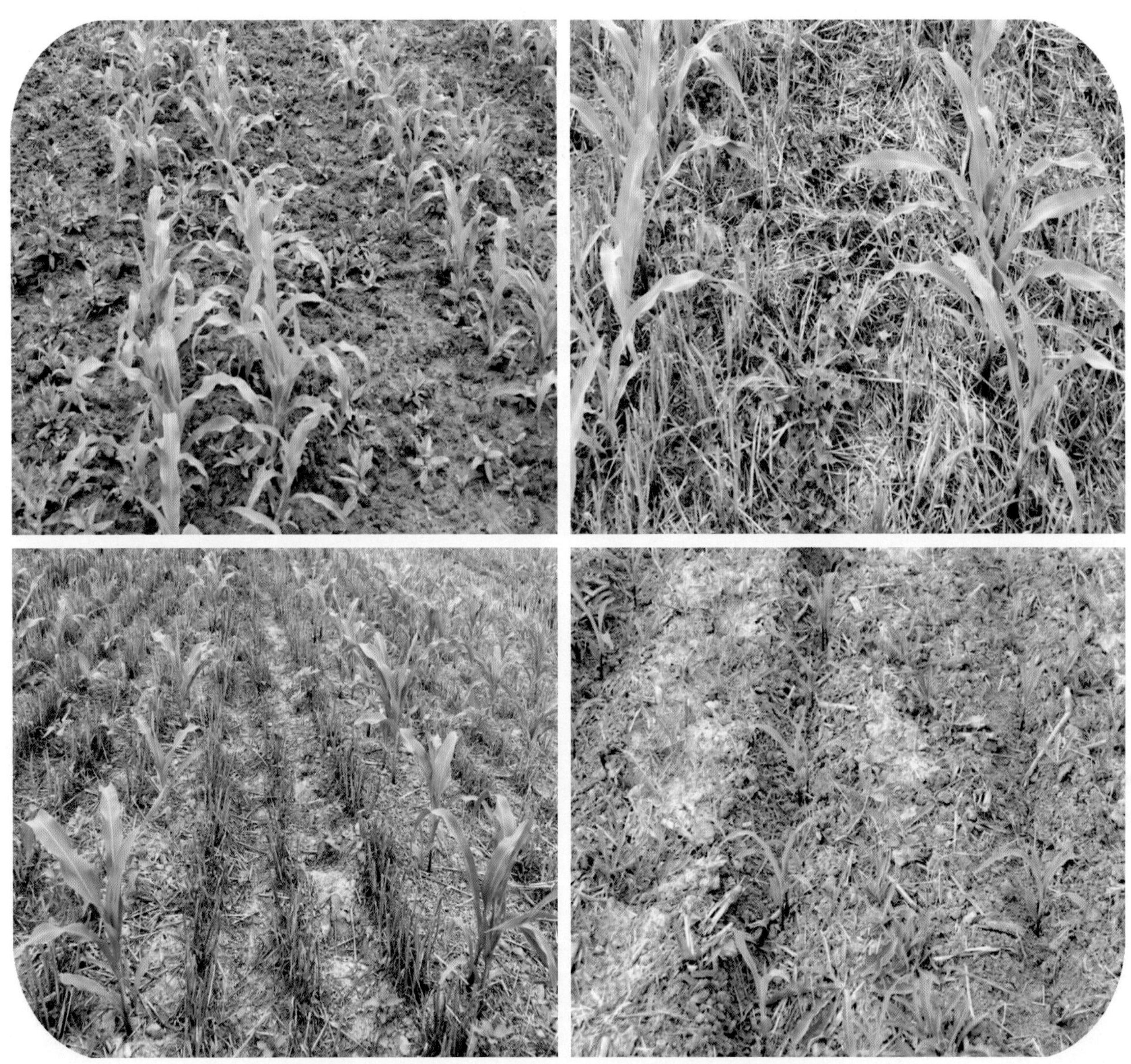

图3-93 玉米5 ～ 7叶期田间田旋花等阔叶杂草发生情况

可以在玉米苗后5 ～ 7叶期施用下列除草剂：56% 2甲4氯钠盐可溶性粉剂80 ～ 120 g/亩、72% 2, 4-滴丁酯乳油30 ～ 50 mL/亩、48%麦草畏乳油15 ～ 20 mL/亩、20%氯氟吡氧乙酸乳油30 ～ 50 mL/亩，兑水30 kg，对茎叶喷施。施药时应重点喷施到茎叶上，尽量少喷施到玉米上。施药时应严格施药适期，2甲4氯钠盐、2，4-滴丁酯、麦草畏、氯氟吡氧乙酸宜在玉米5 ～ 7叶期，以5 ～ 6叶期最佳，不宜过早和过晚，否则易发生药害；施药温度过高（32℃以上），也易发生药害。施药时应选择无风晴天施药，注意不能飘移至其他阔叶作物上，否则会发生严重的药害。2, 4-滴丁酯、麦草畏等最好不在玉米和阔叶作物混种地区施用。

（九）玉米5 ～ 7叶期杂草较多时杂草防治

部分玉米地块由于干旱或其他原因，未能在玉米播后芽前或2 ～ 4叶期及时施药除草，田间发生大量杂草（图3-94）。生产上应结合灌水或降雨，在玉米苗后及时施药。

图3-94　玉米5 ～ 7叶期田间杂草发生情况

对于前期未能开展化学除草，田间杂草较少、杂草较小的田块（图3-95），可以在玉米5 ～ 7叶期，雨季来临之前及时施药。喷施兼有杀草和封闭效果的除草剂，既能除去田间已出苗的杂草，又能进行封闭不再出草。

田间主要有马唐、狗尾草、牛筋草、稗草、藜、小藜、灰绿藜、刺藜、反枝苋、马齿苋、铁苋、苘麻等杂草。可以在玉米苗后5 ～ 7叶期施用下列除草剂：50%乙草胺乳油100 ～ 150 mL/亩＋38%莠去津悬浮剂100 ～ 120 mL/亩、50%异丙草胺乳油100 ～ 200 mL/亩＋38%莠去津悬浮剂100 ～ 120 mL/亩、72%异丙甲草胺乳油100 ～ 200 mL/亩＋38%莠去津悬浮剂100 ～ 120 mL/亩、48%甲草胺乳油100 ～ 200 mL/亩＋38%莠去津悬浮剂100 ～ 120 mL/亩、60%丁草胺乳油100 ～ 200 mL/亩＋38%莠去津悬浮剂100 ～ 120 mL/亩，也可以选用目前市场上常见的40%乙·莠（乙草胺：莠去津为1 ：1）悬浮剂150 ～ 250 mL/亩，兑水40 ～ 60 kg定向喷施。该类除草剂混用配方或混剂，主要被芽、根系和茎叶吸收，可以有效防治一年生禾本科杂草和阔叶杂草，该类除草剂混用配方或混剂，可以有效防治一年生禾本科杂草和阔叶杂草。施药时要注意压低喷头，最好不要将药液喷施到玉米茎叶，否则易发生药害。

图3-95　玉米5 ～ 7叶期田间杂草发生较少的情况

对于前期未能开展化学除草，田间杂草较多、杂草较大的田块（图3-96），可以在玉米6 ～ 7叶期后，雨季来临之前及时施药。喷施兼有杀草和封闭效果的除草剂，既能除去田间已出苗的杂草，又能封闭不再出草。该期玉米已经较高，可以选用部分除草剂定向喷雾。

对于田间马唐、狗尾草、牛筋草、稗草、藜、小藜、灰绿藜、刺藜、反枝苋、马齿苋、铁苋、苘麻等杂草。可以在玉米苗后6～7叶期后用下列除草剂：50％乙草胺乳油100～150 mL/亩＋38％莠去津悬浮剂100～120 mL/亩＋20％百草枯水剂150～200 mL/亩、50％异丙草胺乳油100～200 mL/亩＋38％莠去津悬浮剂100～120 mL/亩＋20％百草枯水剂150～200 mL/亩、72％异丙甲草胺乳油100～200 mL/亩＋38％莠去津悬浮剂100～120 mL/亩＋20％百草枯水剂150～200 mL/亩、48％甲草胺乳油100～200 mL/亩＋38％莠去津悬浮剂100～120 mL/亩＋20％百草枯水剂150～200 mL/亩、60％丁草胺乳油100～200 mL/亩＋38％莠去津悬浮剂100～120 mL/亩＋20％百草枯水剂150～200 mL/亩，也可以选用市场上常见的40％乙·莠（乙草胺：莠去津为1：1）悬浮剂150～250 mL/亩＋20％百草枯水剂150～200 mL/亩，兑水40～60 kg定向喷施。可以有效防治一年生禾本科杂草和阔叶杂草，兼有杀草和封闭双重功能。施药时要注意压低喷头，戴上防护罩定向喷施，不要将药液喷施到玉米茎叶，否则易发生药害。

图3-96 玉米6～7叶期后田间杂草发生较多的情况

图3-97 玉米6～7叶期田间杂草发生较多的情况

对于田间杂草较多（图3-97），除有香附子外还有马唐、狗尾草、牛筋草、稗草、藜、小藜、灰绿藜、刺藜、反枝苋、马齿苋、铁苋、苘麻等杂草的地块。可以在玉米苗后6～7叶期后用下列除草剂：50％乙草胺乳油100～150 mL/亩＋38％莠去津悬浮剂100～120 mL/亩＋4％烟嘧磺隆悬浮剂75～100 mL/亩、50％异丙草胺乳油100～200 mL/亩＋38％莠去津悬浮剂100～120 mL/亩＋4％烟嘧磺隆悬浮剂75～100 mL/亩、72％异丙甲草胺乳油100～200 mL/亩＋38％莠去津悬浮剂100～120 mL/亩＋4％烟嘧磺隆悬浮剂75～100 mL/亩、48％甲草胺乳油100～200 mL/亩＋38％莠去津悬浮剂100～120 mL/亩＋4％烟嘧磺隆悬浮剂75～100 mL/亩、60％丁草胺乳油100～200 mL/亩＋38％莠去津悬浮剂100～120 mL/亩＋4％烟嘧磺隆悬浮剂75～100 mL/亩、50％乙草胺乳油100～150 mL/亩＋38％莠去津悬浮剂100～120 mL/亩＋25％砜嘧磺隆干悬浮剂4～5 g/亩、50％异丙草胺乳油100～200 mL/亩＋38％莠去津悬浮剂100～120 mL/亩＋25％砜嘧磺隆干悬浮剂4～5 g/亩、72％异丙甲草胺乳油100～200 mL/亩＋38％莠去津悬浮剂100～120 mL/亩＋25％砜嘧磺隆干悬浮剂4～5 g/亩、48％甲草胺乳油100～200 mL/亩＋38％莠去津悬浮剂100～120 mL/亩＋25％砜嘧磺隆干悬浮剂4～5 g/亩、60％丁草胺乳油100～200 mL/亩＋38％莠去津悬浮剂100～120 mL/亩＋25％砜嘧磺隆干悬浮剂4～5 g/亩，也可以选用目前市场上常见的40％乙·莠（乙草胺：莠去津为1：1）悬浮剂

150 ～ 250 mL/亩，兑水40 ～ 60 kg定向喷施。可以有效防治香附子、禾本科杂草和阔叶杂草，兼有杀草和封闭双重功能。施药时要注意压低喷头、戴上防护罩定向喷施，不要将药液喷施到玉米茎叶，否则易发生药害。

（十）玉米8 ～ 10叶（株高50 cm）以后香附子较多的情况

对于前期施用封闭除草剂未能防治香附子的田块（图3-98），香附子等杂草发生量不太大（图3-99），在玉米60 cm以后，且玉米茎基部老化、发紫色后，可以用41%草甘膦水剂100 ～ 150 mL/亩，兑水30 kg，对香附子茎叶定向喷施，可以有效防治香附子。施药时要注意施药时应选择无风天气，定向喷雾时注意不能将药液喷施到玉米茎叶，否则易发生药害。

图3-98 玉米6 ～ 7叶期后田间杂草发生较多的情况

图3-99 玉米8叶期后田间香附子发生情况

如果杂草发生量较大、玉米基部嫩绿时不能用草甘膦（图3-100），否则易发生药害；但可以用20%百草枯水剂150～200 mL/亩，兑水30 kg，对香附子茎叶定向喷施，该药主要是对香附子地上部分产生触杀性效果，施药时应喷细喷匀。施药时要注意在玉米60 cm以后，施药时应选择无风天气，定向喷雾时注意不能将药液喷施到玉米茎叶，否则易发生药害。

图3-100　玉米8叶期后田间香附子发生较重的情况

（十一）玉米8～10叶（株高50 cm）以后杂草较多的情况

在玉米生长中期，对于前期未能开展化学除草或施药效果较差未能控制杂草为害的田块，可以在玉米8叶期后，玉米株高超过60 cm时，定向喷施20%百草枯水剂150～200 mL/亩；玉米茎基部老化、发紫色后，可以用41%草甘膦水剂100 mL/亩，兑水40 kg定向喷施；如果田间杂草未封地面，也可以用50%乙草胺乳油100～150 mL/亩＋41%草甘膦水剂100～150 mL/亩，兑水40 kg，定向喷施；对于前期未用含有莠去津除草剂的田块也可以用50%乙草胺乳油100～150 mL/亩＋38%莠去津悬浮剂75 mL/亩＋41%草甘膦水剂100～150 mL/亩，兑水40 kg定向喷施。既能除去田间已出苗的杂草，又能封闭不再出草。施用草甘膦时要注意在玉米株高60 cm以上，且玉米茎基部老化、发紫色后，施药时应选择无风天气，定向喷雾时注意不能将药液喷施到玉米茎叶上，否则易发生药害。

第四章　大豆病虫草害原色图解

大豆是植物蛋白食品及饲料的主要原料来源，也是榨油的原料之一。我国目前种植面积750多万hm^2，占粮食作物总面积的6.7%，占粮食作物总产量的2.5%。其中，黑龙江、河南、安徽、吉林、山东、河北、辽宁、江苏等省份种植面积较大，约占全国种植面积的75%，产量约占总产量的80%。

一、大豆病害

大豆病害严重影响着大豆生产，目前我国已报道的病害有50多种。其中为害较重的有紫斑病、炭疽病、胞囊线虫病、灰斑病、菌核病等。

1. 大豆灰斑病

分　布　大豆灰斑病主要分布在黑龙江、吉林、辽宁、河北、山东、安徽、江苏、四川、广西、云南等省份，尤以黑龙江最为严重。

症　状　由大豆尾孢菌（*Cercospora sojina*，属无性型真菌）引起。主要为害叶片，也能侵染茎、荚。叶片的病斑初为红褐色斑点（图4-1），逐渐扩展成圆形、椭圆形，中央灰色，边缘红褐色的蛙眼状病斑。发病严重时，病斑融合，叶片干枯脱落。茎上病斑椭圆形，中央褐色，边缘深褐色或黑色，中部稍凹陷（图4-2）。荚上病斑圆形或椭圆形，边缘红褐色，中央灰色（图4-3）。

图4-1　大豆灰斑病为害叶片症状

图4-2　大豆灰斑病为害茎部症状

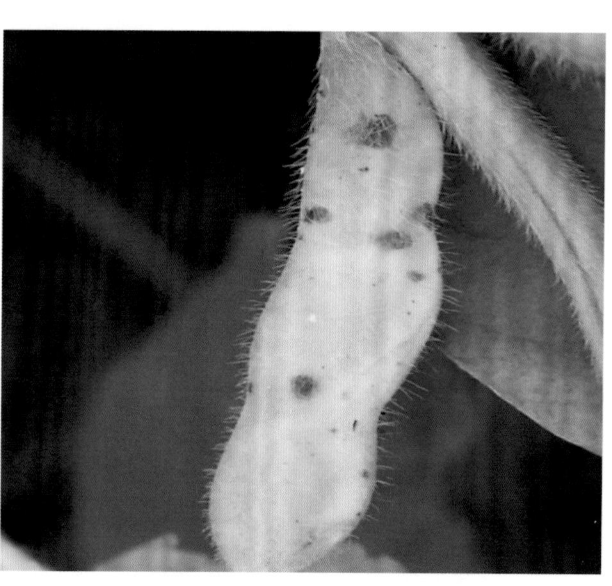

图4-3　大豆灰斑病为害豆荚症状

发生规律 以菌丝体或分生孢子的形式在病残体或种子上越冬。病残体上产生的分生孢子是主要的初侵染源，在田间主要靠气流传播。带菌种子长出幼苗的子叶即见病斑，温暖潮湿时病斑上产生大量分生孢子，借风雨传播再侵染。花后降雨多，湿气滞留或夜间结露持续时间长很易大发生。

防治方法 清除病残体，收获后及时翻耕，减少越冬菌量。合理密植，加强田间管理，控制杂草，降低田间湿度。最佳防治时期是大豆开花结荚期。

种子处理：每100 kg种子可用62.5 g/L精甲·咯菌腈（咯菌腈25 g/L＋精甲霜灵37.5 g/L）悬浮种衣剂300 ～ 400 mL、25%丁硫·福美双（丁硫克百威6%＋福美双19%）悬浮种衣剂2 000 ～ 2 500 g、38%多·福·毒死蜱（毒死蜱8%＋多菌灵10%＋福美双20%）悬浮种衣剂1 250 ～ 16 667 g包衣。

大豆开花期，病害发生初期，可用250 g/L吡唑醚菌酯乳油30 ～ 40 mL/亩、250 g/L嘧菌酯悬浮剂40 ～ 60 mL/亩、75%百菌清可湿性粉剂700 ～ 800倍液＋50%多菌灵可湿性粉剂100 g/亩、50%异菌脲可湿性粉剂100 g/亩、70%甲基硫菌灵可湿性粉剂100 ～ 150 g/亩、1%武夷霉素水剂100 ～ 150 mL/亩，间隔10 d左右喷施1次，防治2 ～ 3次。在荚和籽粒易感病期再喷药1次，以控制籽粒上的病斑。

2. 大豆褐斑病

症　　状 由大豆壳针孢（*Septoria glycines*，属无性型真菌）引起。只为害叶片，子叶病斑不规则形，暗褐色，上生很细小的黑点。真叶病斑棕褐色，轮纹上散生小黑点，病斑受叶脉限制呈多角形，严重时病斑愈合成大斑块，致叶片变黄脱落（图4-4）。

图4-4　大豆褐斑病为害叶片症状

发生规律 以孢子器或菌丝体的形式在病组织或种子上越冬，成为翌年初侵染源。种子带菌引致幼苗子叶发病，在病残体上越冬的病菌会释放出分生孢子，借风雨传播，先侵染底部叶片，后重复侵染而向上蔓延。温暖多雨，夜间多雾，结露持续时间长发病重。

防治方法 选用抗病品种。实行3年以上轮作。

病害发生初期，可用250 g/L吡唑醚菌酯乳油30 ～ 40 mL/亩、250 g/L嘧菌酯悬浮剂40 ～ 60 mL/亩、75 %代森锰锌水分散粒剂100 ～ 133 g/亩＋50%多菌灵可湿性粉剂100 g/亩、50%异菌脲可湿性粉剂100 g/亩、70%甲基硫菌灵可湿性粉剂100 ～ 150 g/亩＋75%百菌清可湿性粉剂700 ～ 800倍液，间隔10 d左右喷施1次，防治2 ～ 3次。

3. 大豆紫斑病

分　　布 大豆紫斑病在我国大豆产区普遍发生，常于大豆结荚前后发病。

症　　状 由菊池尾孢（*Cercospora kikuchii*，属无性型真菌）引起。主要为害豆荚和豆粒，也为害叶和茎。豆荚病斑近圆形，灰黑色，边缘不明显（图4-5）。豆粒上的病斑紫色，形状不定，仅限于种皮，不深入内部（图4-6）。叶片上的病斑初为紫色圆形小点，散生，扩展后形成多角形褐色或浅灰色斑，生有黑色霉状物（图4-7）。茎秆上形成长条状或梭形红褐色病斑，严重的整个茎秆变成黑紫色。

图4-5　大豆紫斑病为害豆荚症状

图4-6　大豆紫斑病为害豆粒症状

发生规律　菌丝体潜伏在种皮内或以菌丝体和分生孢子的形式在病残体上越冬，成为翌年的初侵染源。种子带菌，引起子叶发病，病苗或叶片上产生的分生孢子借风雨传播初侵染和再侵染。大豆开花期和结荚期多雨气温偏高，发病重。

防治方法　大豆收获后及时秋耕，加强田间管理，注意合理密植。开花始期、蕾期是防治紫斑病的关键时期。

种子处理：用80％乙蒜素乳油5 000倍液浸种，每100 kg种子用62.5 g/L精甲·咯菌腈（咯菌腈25 g/L＋精甲霜灵37.5 g/L）悬浮种衣剂300 ～ 400 mL、25％丁硫·福美双（丁硫克百威6％＋福美双19％）悬浮种衣剂2 000 ～ 2 500 g、38％多·福·毒死蜱（毒死蜱8％＋多菌灵10％＋福美双20％）悬浮种衣剂1 250 ～ 16 667 g包衣。

在大豆开花始期，喷施50％多菌灵可湿性粉剂800倍液＋75％代森锰锌水分散粒剂100 ～ 133 g/亩、65％甲硫·霉威（甲基硫菌灵52.5％＋乙霉威12.5％）可湿性粉剂1 000倍液、70％甲基硫菌灵悬浮剂800倍液＋80％代森锰锌可湿性粉剂500 ～ 600倍液、50％苯菌灵可湿性粉剂2 000倍液＋70％丙森锌可湿性粉剂800倍液等，每亩喷药液35 ～ 40 kg，均匀喷施。在结荚期、嫩荚期再各喷1次，效果更好。

图4-7　大豆紫斑病为害叶片症状

4. 大豆病毒病

分　　布　大豆病毒病在我国各大豆产区普遍发生。主要分布于山东、河南、江苏、四川、湖北、云南、贵州等省份。

症　　状　由大豆花叶病毒（*Soybean mosaic virus*，SMV，属马铃薯Y病毒组）引起。该病是整株系统侵染性病害，病株症状变化较大。常见的花叶类型：轻花叶型，叶片生长基本正常，只现轻微淡黄色斑块（图4-8）；重花叶型，叶片呈黄绿相间的花叶，皱缩畸形，叶脉弯曲，叶肉呈紧密泡状突起，暗绿色；皱缩花叶型，叶片呈黄绿相间的花叶，皱缩呈畸形，沿叶脉呈泡状突起，叶缘向下卷曲或扭曲，植株矮化（图4-9）。

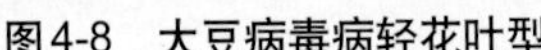

图4-8 大豆病毒病轻花叶型

图4-9 大豆病毒病皱缩花叶型

发生规律 东北及南方大豆栽培区，种子带毒是该病初侵染源，长江流域该毒原可在蚕豆、豌豆等冬季作物上越冬，也是初侵染源。该病的再侵染由蚜虫传毒完成。发病初期蚜虫一次传播范围较小，蚜虫进入发生高峰期传毒距离增加。品种抗病性不高，播种晚时，该病易流行。

防治方法 播种无毒或低毒的种子，适当注意调整播种期，使苗期避开蚜虫高峰。在蚜虫迁飞前喷药防治效果较好。

播种前，每100 kg种子可以用25%丁硫·福美双（丁硫克百威6%＋福美双19%）悬浮种衣剂2 000 ～ 2 500 g包衣，也可以用3%克百威颗粒剂5 ～ 6 kg/亩与大豆分层播种。

蚜虫迁飞前，用10%吡虫啉可湿性粉剂20 ～ 30 g/亩、3%啶虫脒乳油30 mL/亩、2.5%氯氟氰菊酯乳油40 mL/亩，兑水40 ～ 50 kg均匀喷施。

发病严重的地区，可在发病初期再喷洒1次，可用药剂有2%宁南霉素水剂100 ～ 150 mL/亩、0.5%菇类蛋白多糖水剂300倍液、20%丁子香酚水乳剂30 ～ 45 mL/亩。

5. 大豆炭疽病

分　　布 大豆炭疽病普遍发生于我国各大豆产区。

症　　状 由大豆小丛壳（*Glomerellaglycines*，属子囊菌亚门真菌）引起。大豆炭疽病主要为害茎和豆荚。茎上病斑近圆形或不规则形，初为暗褐色，后变灰白色，病斑包围茎后，造成茎枯死（图4-10）。豆荚上的病斑近圆形，红褐色，后变灰褐色，病斑上产生许多小黑点，排列成轮纹状（图4-11），即病菌的分生孢子盘。

图4-10 大豆炭疽病为害茎部症状

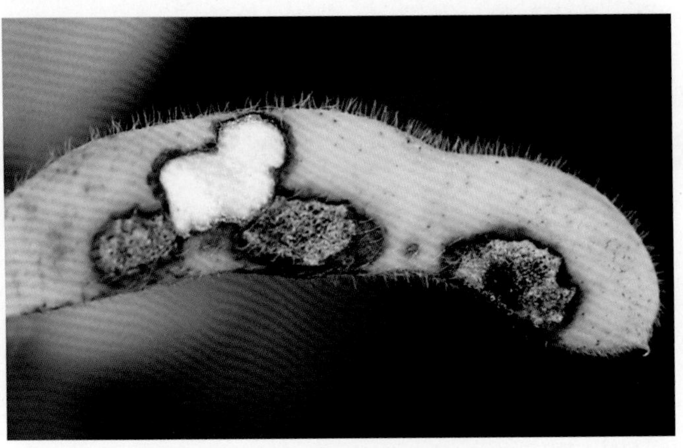

图4-11 大豆炭疽病为害豆荚症状

发生规律 以菌丝的形式在带病种子上或落于田间病株组织内越冬。翌年播种后直接侵染子叶，在潮湿条件下产生大量分生孢子，借风雨侵染传播。生产上苗期低温或土壤过分干燥，容易造成幼苗发病。成株期温暖潮湿条件利于该菌侵染。东北大豆产区7—9月、河南7—8月成株发病，若高温、多雨，炭疽病发生严重。

防治方法 及时排水，降低豆田湿度，避免施氮肥过多，收获后及时清除病残体、深翻。播种前种子处理是预防该病的有效措施，发生严重时在大豆开花后再喷药防治。

播种前种子处理：每100 kg种子可用62.5 g/L精甲·咯菌腈（咯菌腈25 g/L＋精甲霜灵37.5 g/L）悬浮种衣剂300 ～ 400 mL、25%丁硫·福美双（丁硫克百威6%＋福美双19%）悬浮种衣剂2 000 ～ 2 500 g、38%多·福·毒死蜱（毒死蜱8%＋多菌灵10%＋福美双20%）悬浮种衣剂1 250 ～ 16 667 g包衣。

在开花后，喷施250 g/L吡唑醚菌酯乳油30 ～ 40 mL/亩、250 g/L嘧菌酯悬浮剂40 ～ 60 mL/亩、75%百菌清可湿性粉剂700 ～ 800倍液＋50%多菌灵可湿性粉剂100 g/亩、50%异菌脲可湿性粉剂100 g/亩、75%代森锰锌水分散粒剂100 ～ 150 g/亩＋70%甲基硫菌灵可湿性粉剂100 ～ 150 g/亩、25%溴菌腈可湿性粉剂2 000 ～ 2 500倍液、47%春雷霉素·氧氯化铜可湿性粉剂600 ～ 1 000倍液、50%咪鲜胺可湿性粉剂1 000 ～ 1 500倍液、10%苯醚甲环唑水分散粒剂2 000 ～ 3 000倍液＋70%丙森锌可湿性粉剂100 g/亩，兑水50 kg喷雾。

6. 大豆胞囊线虫病

分　　布 大豆胞囊线虫病在我国主要分布在黑龙江、吉林、辽宁、内蒙古、山东、河北、山西、安徽、河南、北京等省份，尤以黑龙江西部、内蒙古东部的风沙、干旱、盐碱地发生普遍严重。

症　　状 由大豆胞囊线虫（*Heterodera glycines*，属线形动物门胞囊线虫属）引起。主要为害大豆根系。使根系发育不良，侧根少，须根多，须根上着生许多黄白色针头大小的颗粒（图4-12），肉眼可见，后期变为褐色脱落。被害根根瘤少，严重时根系变褐腐朽。病株地上部矮小，节间短，花芽少，枯萎，结荚少，叶片发黄。

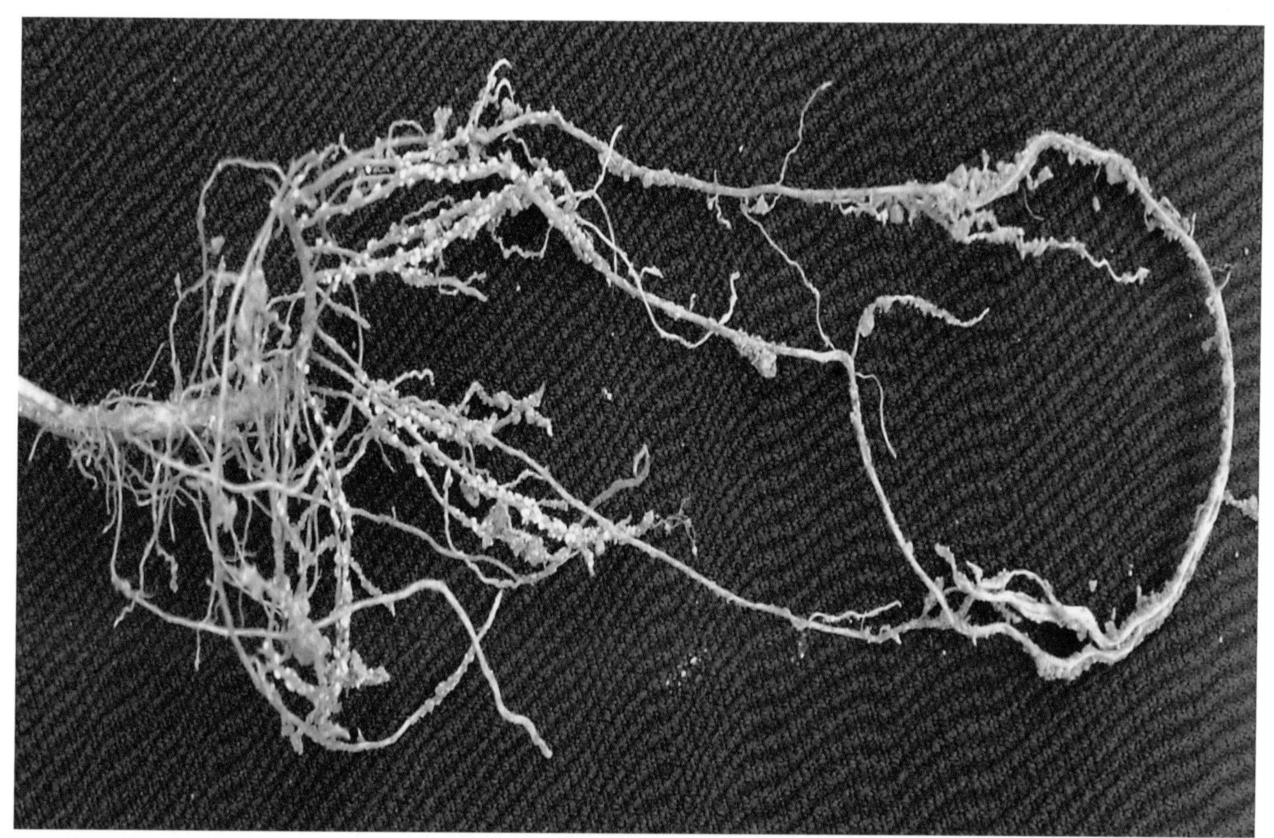

图4-12 大豆胞囊线虫病为害根部症状

发生规律 以内藏卵及1龄幼虫胞囊的形式在土壤里和寄主根茬内越冬；带有胞囊的土块夹杂在种子中也可越冬（图4-13）。春季气温变暖，卵开始孵化，2龄幼虫冲破卵壳进入土壤里，后钻入根部，在根皮层中发育为成虫。线虫在田间的传播，主要通过田间作业时农机具和人畜携带的胞囊土壤，此外农作物残枝、粪肥、水流及风雨等也可以传播胞囊。种子中的胞囊是大豆胞囊线虫病的远距离传播途径。

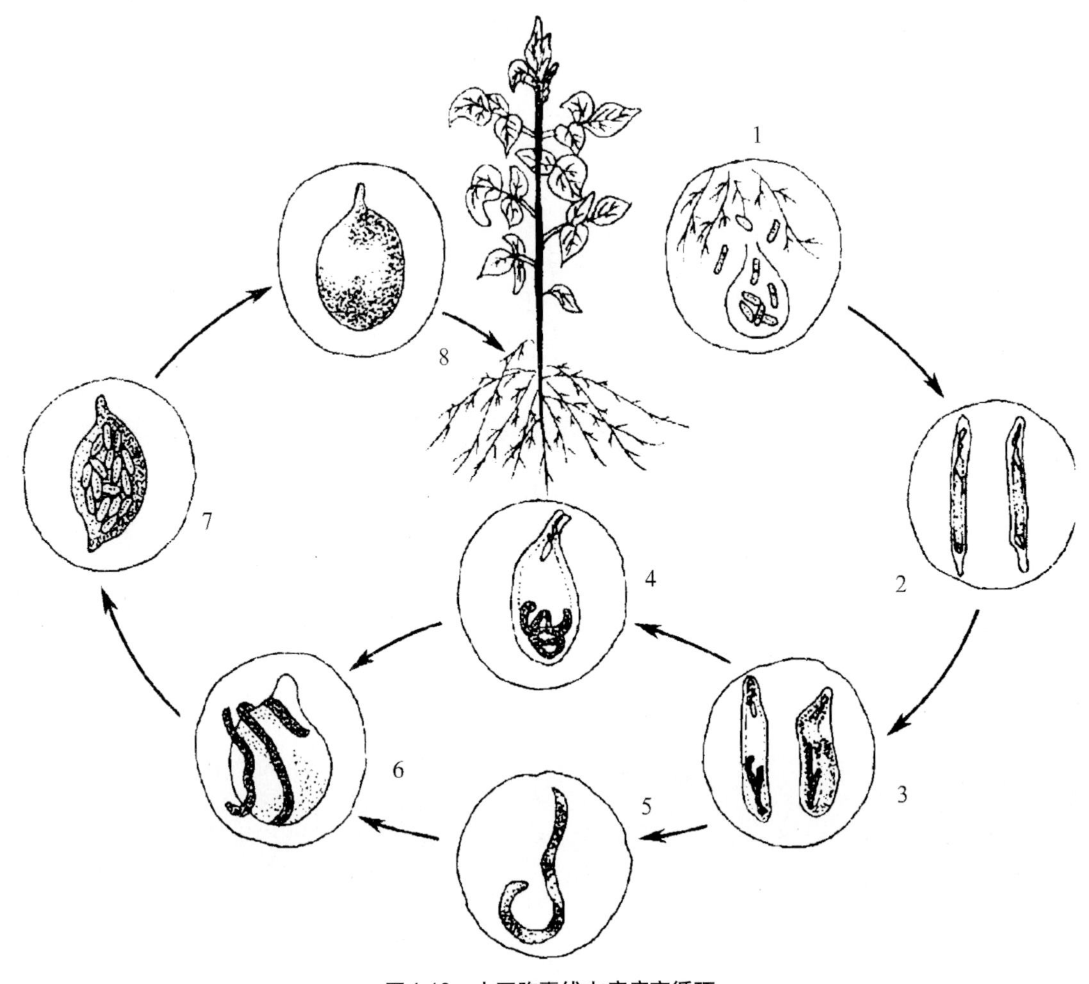

图4-13 大豆胞囊线虫病病害循环

1.2龄幼虫侵染大豆根部 2.3龄幼虫 3.4龄幼虫 4.雌成虫 5.雄成虫 6.繁殖 7.老熟雌成虫形成胞囊 8.以胞囊在土中越冬

防治方法 加强检疫，选用抗病品种，与禾本科作物轮作，增施底肥和种肥，促进大豆健壮生长，增强植株抗病力，可相对减轻损失。播种前种子处理是防治该病的有效措施。

种子处理：每100 kg种子用25%丁硫·福美双（丁硫克百威6%＋福美双19%）悬浮种衣剂2 000 ～ 2 500 g包衣，35%乙基硫环磷或35%甲基硫环磷按种子量的0.5%拌种，或用3%克百威颗粒剂4 kg/亩、10%灭线磷颗粒剂3.0 ～ 3.5 kg/亩、5%克线磷颗粒剂3 ～ 4 kg/亩拌适量细干土混匀，在播种时撒入播种沟内，不仅可以防治线虫，还可防治地下害虫等。

7. 大豆菌核病

分　　布 大豆菌核病在全国均有发生，以黑龙江、内蒙古地区发病重。

症　　状 由核盘菌（*Sclerotinia sclerotiorum*，属子囊菌亚门真菌）引起。从苗期至成熟期均可发病，花期受害重。苗期茎基部褐变，呈水渍状，湿度大时长出絮状白色菌丝。叶片上初生暗绿色水浸状斑，后扩展为圆形至不规则形斑，病斑中心灰褐色，边缘暗褐色，外有黄色晕圈。湿度大时产生絮状白色菌丝，叶片腐烂脱落。茎秆多从主茎中、下部分杈处开始发病，病部水浸状，褐色，后褪为浅褐色至近白色，病斑形状不规则，常环绕茎部向上、下扩展，易倒折（图4-14）。湿度大时在絮状菌丝处形成黑色菌核。

图4-14　大豆菌核病为害茎部症状

发生规律　以菌核的形式在土壤中、病残体内或混杂在种子中越冬，成为翌年初侵染源。菌核萌发产生子囊孢子，主要借气流传播蔓延初侵染，再侵染则通过病健部接触菌丝传播蔓延，条件适宜时，特别是大气和田间湿度高，菌丝迅速增殖，2 ~ 3 d后健株即发病。

防治方法　雨后及时排水，降低豆田湿度，避免施氮肥过多，及时清除或烧毁残茎以减少菌源。大豆开花结荚期（7月下旬）喷药防效最高，既可有效地控制发病率，亦可有效地降低发病程度。

在7月下旬，大豆开花结荚期，可用50%乙烯菌核利可湿性粉剂66 g/亩、50%腐霉利可湿性粉剂20 ~ 100 g/亩、40%菌核净可湿性粉剂50 ~ 60 g/亩、70%甲基硫菌灵可湿性粉剂30 ~ 150 g/亩、80%多菌灵可湿性粉剂100 g/亩、50%异菌脲可湿性粉剂66 ~ 100 g/亩、25%咪鲜胺锰盐乳油70 mL/亩，兑水40 ~ 50 kg均匀喷雾，发生严重时间隔7 d再喷1次。

8. 大豆细菌性斑点病

症　　状　由丁香假单胞菌大豆致病变种（*Pseudomonas syringae* pv. *glycinea*，属细菌）引起。为害幼苗、叶片、叶柄、茎及豆荚。幼苗染病，子叶生半圆形或近圆形褐色斑。叶片染病，初生褪绿不规则形小斑点，水渍状，扩大后呈多角形或不规则形，病斑中间深褐色至黑褐色，外围具一圈窄的褪绿晕环，病斑融合后形成枯死斑块（图4-15）。

图4-15　大豆细菌性斑点病为害叶片症状

发生规律　病菌在种子和病株残体上越冬，成为翌年发病的初侵染源。播种病种子能引起幼苗发病，病叶上的病原菌借风雨传播，引起多次再侵染。越冬后病叶上的病菌也可侵染幼苗和成株期叶片，发病后也可借风、雨传播。结荚后病菌侵入种荚，直接侵害种子。

防治方法　与禾本科作物实行3年以上轮作。施用充分腐熟的有机肥，调整播期，合理密植，清除病株残体。

发病初期可用50%氯溴异氰尿酸可湿性粉剂

50 ～ 60 g/亩、5%噻霉酮悬浮剂35 ～ 50 mL/亩、0.3%四霉素水剂50 ～ 65 mL/亩、3%辛菌胺醋酸盐可湿性粉剂213 ～ 267 g/亩、6%春雷霉素可湿性粉剂30 ～ 40 g/亩、40%噻唑锌悬浮剂50 ～ 75 mL/亩、20%噻菌铜悬浮剂125 ～ 160 g/亩，兑水40 ～ 50 kg喷雾，每隔10 ～ 15 d喷1次，连喷2 ～ 3次。

9. 大豆赤霉病

症　　状 由粉红镰孢（*Fusarium roseum*）、尖镰孢（*Fusarium oxysporum*）引起，均属无性型真菌。主要为害豆荚、籽粒和幼苗子叶。豆荚染病，病斑近圆形至不整形块状，发生在边缘时呈半圆形略凹陷斑，湿度大时，病部生出粉红色或粉白色霉状物（图4-16）。为害严重的豆荚裂开，豆粒被菌丝缠绕，表生粉红色霉状物（图4-17）。

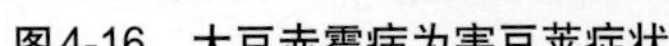
图4-16 大豆赤霉病为害豆荚症状

图4-17 大豆赤霉病为害豆粒症状

发生规律 以菌丝体的形式在病荚和种子上越冬，翌年产生分生孢子初侵染和再侵染。发病适温30℃，大豆结荚时遇高温多雨或湿度大发病重。

防治方法 播种选用无病种子。雨后及时排水，改变田间小气候，降低豆田湿度。种子收后及时晾晒，降低储藏库内湿度，及时清除发霉的豆子。

必要时喷洒50%多菌灵可湿性粉剂100 g/亩、50%异菌脲可湿性粉剂100 g/亩、75%代森锰锌水分散粒剂100 ～ 150 g/亩＋70%甲基硫菌灵可湿性粉剂100 ～ 150 g/亩、50%苯菌灵可湿性粉剂1 500倍液，间隔10 ～ 15 d喷施1次，连喷2次。

10. 大豆疫霉根腐病

症　　状 由大豆疫霉（*Phytophthora sojae*，属鞭毛菌亚门真菌）引起。大豆各生育期均可发病。出苗前染病，引起种子腐烂或死苗。出苗后染病，引致根腐或茎腐，造成幼苗萎蔫或死亡。成株染病，茎基部变褐腐烂，病部环绕茎蔓延，下部叶片叶脉间黄化，上部叶片褪绿，造成植株萎蔫，凋萎叶片悬挂在植株上（图4-18、图4-19）。

图4-18　大豆疫霉根腐病为害植株及根部症状

图4-19　大豆疫霉根腐病为害植株症状

发生规律　以卵孢子的形式在土壤中存活越冬，成为该病初侵染源。带有病菌的土粒被风雨吹散或溅到大豆上能引致初侵染，积水土中的游动孢子遇上大豆根以后，先形成休止孢子，后萌发侵入，产生菌丝在寄主细胞间蔓延，形成球状或指状吸器汲取营养，同时还可形成大量卵孢子。湿度高或多雨天气、土壤黏重，易发病。重茬地发病重。

防治方法　加强田间管理，及时深耕及中耕培土。雨后及时排除积水防止湿气滞留。

播种前，每100 kg种子用62.5 g/L精甲·咯菌腈（咯菌腈25 g/L＋精甲霜灵37.5 g/L）悬浮种衣剂300 ～ 400 mL、或25％丁硫·福美双（丁硫克百威6%＋福美双19%）悬浮种衣剂2 000 ～ 2 500 g包衣。必要时喷洒或浇灌25%甲霜灵可湿性粉剂800倍液、58％甲霜灵·代森锰锌可湿性粉剂600倍液、64％杀毒矾（恶霜灵·代森锰锌）可湿性粉剂500倍液、72%霜脲氰·代森锰锌可湿性粉剂600倍液、250 g/L吡唑醚菌酯乳油30 ～ 40 mL/亩、250 g/L嘧菌酯悬浮剂40 ～ 60 mL/亩。

11. 大豆枯萎病

症　　状　由尖镰孢菌豆类专化型（*Fusarium oxysporum* f. sp. *tracheiphilum*，属无性型真菌）引起。大豆枯萎病是系统性侵染的整株病害，染病初期叶片由下向上逐渐变黄至黄褐色萎蔫，病根及茎部维管束变为褐色，后期在病株茎的基部溢出橘红色胶状物（图4-20）。

图4-20 大豆枯萎病为害植株症状

发生规律 以菌丝体和厚垣孢子的形式随病残体在土壤中越冬，病菌从伤口侵入，在田间借助灌溉水、昆虫或雨水溅射传播蔓延。高温多湿条件下易发病。连作地、土质黏重的土地、植株根系发育不良发病重。品种间抗病性有一定的差异。

防治方法 因地制宜选用抗枯萎病的品种。重病地实行水旱轮作2～3年，不便轮作的可以覆塑料膜利用热力消毒土壤，施用酵素菌沤制的堆肥或充分腐熟的有机肥，减少化肥的施用量。

发病初期，喷洒50%甲基硫菌灵悬浮剂500倍液、25%多菌灵可湿性粉剂500倍液、10%双效灵水剂300倍液、50%琥胶肥酸铜可湿性粉剂500倍液，每穴喷淋对好的药液300～500 mL，间隔7 d施1次，共防治2～3次。

12. 大豆链格孢黑斑病

症　状 由链格孢（*Alternaria alternata*，属无性型真菌）引起。其主要为害叶片、种荚。叶片染病初生圆形至不规则形病斑，中央褐色，四周略隆起，暗褐色，后病斑扩展或破裂，叶片多反卷干枯，湿度大时表面会生有密集黑色霉层（图4-21），即病原菌分生孢子梗和分生孢子。荚染病生圆形或不规则形斑，密生黑霉。

图4-21 大豆链格孢黑斑病为害叶片症状

发生规律 病菌以菌丝体及分生孢子的形式在病叶或病荚上越冬，成为翌年初侵染源，在田间借风雨传播再侵染。大豆生育后期容易发病。

防治方法 收获后要及时清除病残体，集中深埋或烧毁。

发病初期喷洒80%代森锰锌可湿性粉剂500～600倍液、75%百菌清可湿性粉剂600倍液、50%噻菌灵可湿性粉剂600～800倍液、50%异菌脲可湿性粉剂600～800倍液、25%丙环唑乳油2 000～3 000倍液、25%咪鲜胺乳油1 000～2 000倍液，间隔7～10 d施1次，连续防治2～3次。

13. 大豆耙点病

症　　状 由山扁豆生棒孢（*Corynespora cassiicola*，属无性型真菌）引起。主要为害叶、叶柄、茎、荚及种子。叶片染病产生圆形至不规则形斑，浅红褐色，病斑四周多具浅黄绿色晕圈，大斑常有轮纹，造成叶片早落（图4-22）；叶柄、茎染病生长条形暗褐色斑；荚染病，病斑圆形，稍凹陷，中间暗紫色，四周褐色，为害严重的豆荚上密生黑色霉。

图4-22 大豆耙点病为害叶片症状

发生规律 病菌以菌丝体或分生孢子的形式在病株残体上越冬，成为翌年初侵染菌源，也可在休闲地的土壤里存活2年以上。多雨和相对湿度在80%以上时有利其发病。除为害大豆外还可侵染蓖麻、棉花、豇豆、黄瓜、菜豆、小豆、辣椒、芝麻、番茄、西瓜等多种作物。

防治方法 选种抗病品种，从无病株上留种并进行种子消毒。实行3年以上轮作，切忌与寄主植物轮作。秋收后及时清除田间的病残体，秋翻土地减少菌源。

药剂防治可参考大豆褐斑病。

14. 大豆荚枯病

症　　状 由豆荚大茎点菌（*Macrophoma mame*，属无性型真菌）引起。主要为害豆荚，也能为害叶片和茎。荚染病，病斑初呈暗褐色，后变苍白色，凹陷，上轮生小黑点（图4-23），幼荚常脱落，老荚染病萎垂不落，病荚大部分不结实，发病轻的虽能结荚，但粒小，易干缩，味苦。茎染病产生灰褐色不规则形病斑，上生无数小黑粒点，病部以上干枯。

图4-23 大豆荚枯病为害豆荚症状

发生规律 病菌以分生孢子器的形式在病残体上或以菌丝体的形式在病种子上越冬，成为翌年初侵染源。多年连作地，田间上年留存的病残体及周边的杂草上越冬菌量多，地势低洼积水，排水不良，早春气温回升早，夏秋连阴雨多，栽培过密，田间通风透光差，发病较重。

防治方法 收获后清除田间病残体及周边杂草，减少病源。深翻土壤，雨后排水，提倡轮作，合理密植，使用充分腐熟的有机肥。

种子处理：每100 kg种子可用62.5 g/L精甲·咯菌腈（咯菌腈25 g/L＋精甲霜灵37.5 g/L）悬浮种衣剂300 ～ 400 mL、25%丁硫·福美双（丁硫克百威6%＋福美双19%）悬浮种衣剂2 000 ～ 2 500 g包衣。

病害发生初期，可用80%代森锰锌可湿性粉剂500倍液＋70%甲基硫菌灵可湿性粉剂1 000倍液、75%百菌清可湿性粉剂600倍液＋50%咪鲜胺锰盐可湿性粉剂1 500 ～ 2 500倍液、20%咪鲜胺乳油1 500 ～ 2 000倍液、25%嘧菌酯悬浮剂1 000 ～ 2 000倍液等药剂均匀喷施。

15. 大豆霜霉病

症　　状 由东北霜霉（*Peronospora manschurica*，属鞭毛菌亚门真菌）引起。主要为害叶片、荚及豆粒。叶片上病斑多角形或不规则形，背面密生灰白色霜霉状物（图4-24）。豆荚病斑表面无明显症状，剥开豆荚，内部可见不定形的块状斑，其上可见灰白色霉层。豆粒病粒表面全部或大部分变白，无光泽，其上黏附一层黄灰色或白色霉层。

图4-24　大豆霜霉病为害叶片正、背面症状

发生规律 以卵孢子的形式在种子、病荚和病叶内越冬。翌年成为初侵染源。卵孢子越冬后产生游动孢子侵染胚芽，进入生长点，后蔓延至真叶及腋芽形成系统感染。大豆开花后叶片较易感病，病部产生的孢子囊随风、水传播后引起再侵染。

防治方法 选用抗病品种，中耕除草，将病株残体清除到田外销毁以减少菌源，排除积水。播种前种子处理可减轻霜霉病的发病率，大豆开花期是防治霜霉病的关键时期。

种子处理：播种前每100 kg种子用62.5 g/L精甲·咯菌腈（咯菌腈25 g/L＋精甲霜灵37.5 g/L）悬浮种衣剂300 ～ 400 mL、25%丁硫·福美双（丁硫克百威6%＋福美双19%）悬浮种衣剂2 000 ～ 2 500 g包衣。

大豆开花期，喷施75%百菌清可湿性粉剂500 ～ 800倍液＋25%甲霜灵可湿性粉剂800倍液、58%甲霜灵·代森锰锌可湿性粉剂600倍液、69%烯酰·锰锌可湿性粉剂900 ～ 1 000倍液、72%霜脲氰·代森锰锌可湿性粉剂800倍液，间隔7 ～ 10 d喷洒1次，连喷2 ～ 3次。

二、大豆虫害

目前我国大豆害虫已报道的有30多种，为害较重的有大豆食心虫、大豆蚜虫、大豆卷叶螟、豆荚螟等。其中大豆食心虫在东北、华北等地区为害较重；大豆蚜虫主要分布在东北、华北、华南、西南等地区；大豆卷叶螟主要发生在华北和东北地区。

1. 大豆食心虫

分　　布　大豆食心虫（*Leguminivora glycinivorella*）分布几乎遍布全国，在东北、华北、内蒙古等地区为害较重。

为害特点　幼虫爬行于豆荚上，蛀入豆荚，咬食豆粒（图4-25），造成大豆粒缺刻，重者豆粒被吃掉大半，被害粒变形，荚内充满粪便，品质变劣。

图4-25　大豆食心虫幼虫以及为害豆粒症状

形态特征　成虫黄褐至暗褐色，前翅暗褐色。沿前缘有10条左右黑紫色短斜纹，其周围有明显的黄色区；外缘在顶角下略向内凹陷；后翅浅灰色，无斑纹（图4-26）。卵椭圆形，略有光泽，初产乳白色，后转橙黄色。初孵幼虫黄白色，渐变橙黄色，老熟时变为红色，头及前胸背板黄褐色（图4-27）。蛹黄褐色，纺锤形。

图4-26　大豆食心虫成虫

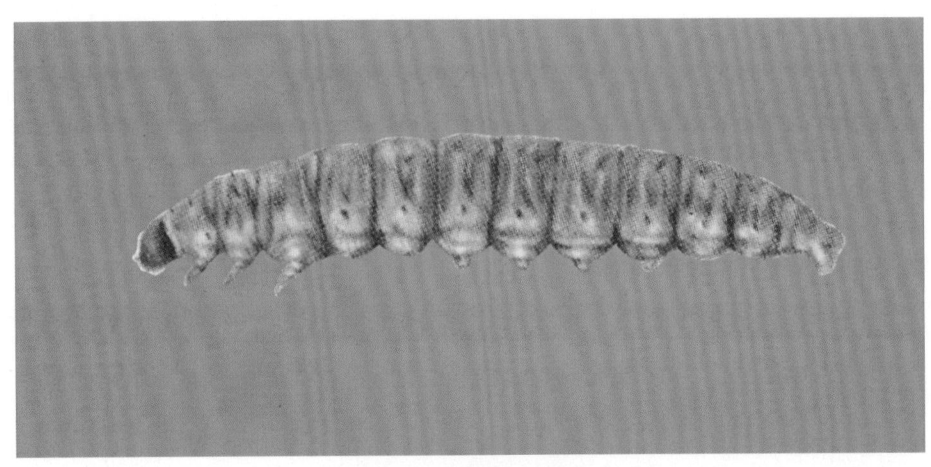

图4-27　大豆食心虫幼虫

发生规律与防治方法　化蛹期在豆茬地增加中耕次数，豆茬麦地收割后立即深翻细耙，杀死幼虫和蛹。8月中旬是大豆食心虫发蛾盛期，是喷药防治的关键时期。

在大豆开花结荚期、卵孵化盛期，用25 g/L高效氯氟氰菊酯微乳剂15 ～ 20 mL/亩、25 g/L溴氰菊酯乳油16 ～ 24 mL/亩、45%马拉硫磷乳油80 ～ 110 mL/亩、40%毒死蜱乳油80 ～ 100 mL/亩、14%氯虫·高氯氟（高效氯氟氰菊酯4.7%＋氯虫苯甲酰胺9.3%）微囊悬浮剂15 ～ 20 mL/亩，兑水40 ～ 50 kg均匀喷雾。

在害虫盛发期，用40%毒死蜱乳油80 ～ 100 mL/亩、14%氯虫·高氯氟（高效氯氟氰菊酯4.7%＋氯虫苯甲酰胺9.3%）微囊悬浮剂15 ～ 20 mL/亩、2.5%氯氟氰菊酯水乳剂16 ～ 20 mL/亩、10%溴氟菊酯乳油20 ～ 40 mL/亩，兑水40 ～ 50 kg喷雾。

2. 大豆蚜虫

分　　布　大豆蚜虫（*Aphis glycines*）主要分布在东北、华北、华南、西南等地区。

为害特点　成虫和幼虫吸食大豆嫩枝叶的汁液，造成大豆茎叶蜷缩（图4-28、图4-29），根系发育不良，生长停滞，植株矮小，分枝结荚减少。此外还可传播病毒病。

图4-28　大豆蚜虫为害叶片症状

图4-29　大豆蚜虫为害枝条症状

形态特征 有翅孤雌蚜长椭圆形，头、胸黑色，额瘤不明显，触角第3节具次生感觉圈3 ～ 8个，第6节鞭节为基部2倍以上；腹部圆筒状，基部宽，黄绿色，腹管基半部灰色，端半部黑色，尾片圆锥形。无翅孤雌蚜长椭圆形（图4-30），黄色至黄绿色，腹部第1、第7节有锥状钝圆形突起。

图4-30 大豆蚜虫无翅孤雌蚜

发生规律 1年发生10余代。以卵在鼠李的腋芽、枝干或隙缝里越冬。次年春季4月间，鼠李芽鳞露绿，开始孵化为干母。5月中、下旬鼠李开花前后产生有翅迁飞蚜，向豆田迁飞为害。6月末至7月初是豆田大豆蚜虫盛发前期，7月中、下旬为盛发期，可使大豆受害成灾。在越冬孵化、幼蚜成活和成蚜繁殖期，如雨水充沛，鼠李生长旺盛，则蚜虫成活率高，繁殖量大。

防治方法 及时铲除田边、沟边、塘边杂草，减少虫源。药剂拌种可以减少蚜虫的为害，也可在苗期、蚜虫盛发期喷药防治。

大豆种衣剂拌种：在播种前用35％多·福·克（克百威10%＋福美双10%＋多菌灵15%）悬浮种衣剂按药种比1 ：（50 ～ 67）对种子包衣，也可每100 kg种子用25％丁硫·福美双（丁硫克百威6%＋福美双19%）悬浮种衣剂2 000 ～ 2 500 g包衣，可防治苗期蚜虫，同时兼治苗期的某些其他害虫。

大豆生长期，田间蚜虫发生初期，可以用20%哒嗪硫磷乳油800倍液、22%噻虫·高氯氟（高效氯氟氰菊酯9.4%＋噻虫嗪12.6%）微囊悬浮剂4 ～ 6 mL/亩，兑水均匀喷雾。

3. 大豆卷叶螟

分　　布 大豆卷叶螟（*Sylepta ruralis*）是大豆的主要害虫，主要发生在华北和东北地区。

为害特点 幼虫蛀食大豆叶、花、蕾和豆荚。幼虫蛀入花蕾和嫩荚，被害蕾易脱落，被害荚的豆粒被虫咬伤后，蛀孔口有绿色粪便，虫蛀荚常因雨水灌入而腐烂。幼虫为害叶片时，常吐丝把两叶粘在一起，躲在其中咬食叶肉，残留叶脉（图4-31）。

图4-31 大豆卷叶螟为害田间症状

形态特征 成虫黄白色小蛾（图4-32），头部黄白，稍带褐色，两侧有白色鳞片。前翅黄褐色，后翅白色、半透明。卵椭圆形，黄绿色，表面有近六角形的网纹。幼龄幼虫黄白色，取食后可以透过虫体看到体内内脏，呈绿色（图4-33）。蛹淡褐色（图4-34），翅芽明显，蛹外有两层白色的薄丝茧。

图4-32 大豆卷叶螟成虫

图4-33 大豆卷叶螟幼虫

图4-34 大豆卷叶螟蛹

发生规律 1年发生2～3代，6月上旬出现越冬代成虫。幼虫为害盛期为7月下旬至8月上旬，8月中、下旬进入化蛹盛期。8月下旬至9月上旬又出现下一世代成虫，田间世代重叠，常同时存在各种虫态。

防治方法 及时清理田园内的落花、落蕾和落荚，以免转移为害。卵孵化盛期是防治大豆卷叶螟的关键时期。

在卵孵化盛期，用35%辛·唑乳油50 mL/亩、1.8%阿维菌素乳油20 mL/亩、5%氟虫脲乳油25 mL/亩、2%苏·阿维菌素可湿性粉剂25 g/亩、2.5%高效氟氯氰菊酯乳油35 mL/亩、10%高效氯氰菊酯乳油13 mL/亩、5%丁烯氟虫腈悬浮剂2～3 mL/亩、25%杀虫双水剂100 mL/亩、50%杀螟硫磷乳油40 mL/亩、15%茚虫威悬浮剂10 mL/亩、3%顺式氯氰菊酯乳油45～55 mL/亩兑水40～50 kg均匀喷雾，间隔10 d左右喷施1次，连喷2～3次。

4. 豆荚螟

分　　布 豆荚螟（*Etiella zinckenella*）是大豆重要害虫之一。分布地北起吉林、内蒙古，南至台湾、广东、广西、云南。在河南、山东为害最重。

为害特点 幼虫在豆荚内蛀食，被害籽粒轻则蛀成缺刻，重则蛀空。被害籽粒内充满虫粪，发褐霉烂（图4-35）。

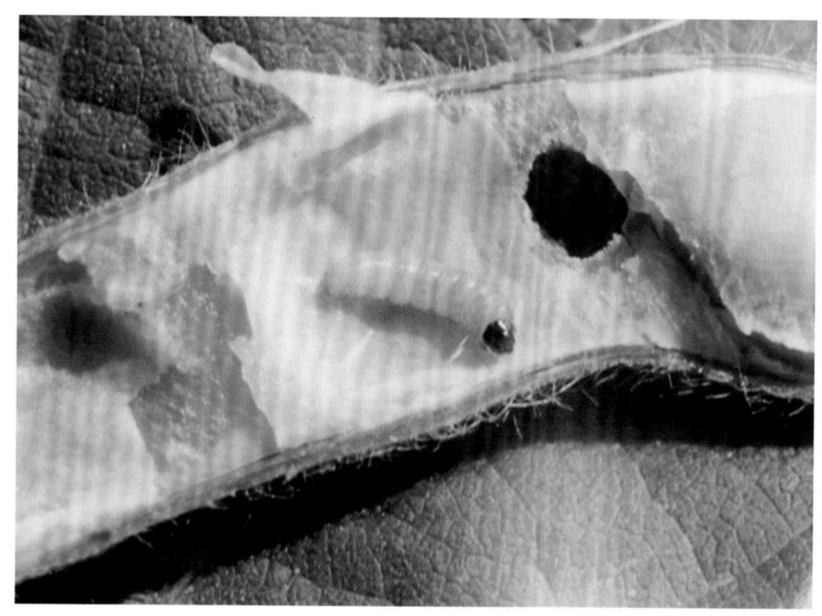

图4-35 豆荚螟为害豆荚症状

形态特征 成虫体暗黄褐色；前翅狭长，灰褐色，近翅基1/3处有1条金黄色隆起横带，外围有淡黄褐色宽带，前缘有1条白色纵带（图4-36）。卵椭圆形，初产白色，渐变红色，表面有网纹。幼虫5龄，初孵黄白色，渐变绿色（图4-37）。4～5龄幼虫前胸盾片中央有“人”字形黑纹。蛹体黄褐色。茧长椭圆形，白色丝质，外附有土粒。

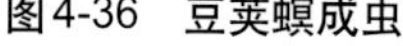

图4-36 豆荚螟成虫

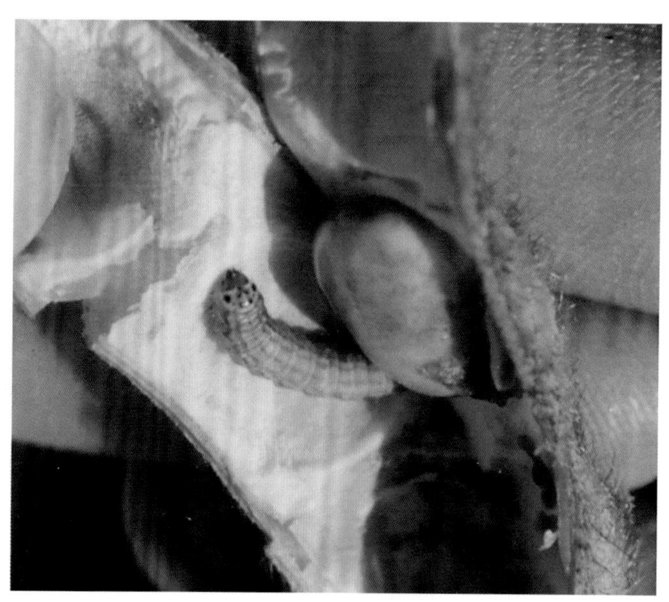

图4-37 豆荚螟幼虫

发生规律 1年发生6代，主要以蛹的形式在表土中越冬。翌年5月底至6月初始见成虫。第1代幼虫出现在6月上旬至下旬，第2代幼虫出现在7月上旬至中旬，第3代幼虫出现在7月下旬至8月上旬，第4代幼虫出现在8月中、下旬，第5代幼虫出现在9月上旬，第6代幼虫出现在9月下旬至10月上旬。10月中、下旬以蛹越冬。从第2代开始，世代重叠明显，其中以第2、第3、第4代为田间的主害代。

防治方法 适当调整播种期，使寄主结荚期与成虫产卵盛期错开，可压低虫源，减轻为害。防治豆荚螟的关键时期是大豆始花期至盛花期，即豆荚螟的卵孵化盛期至低龄幼虫期。

在始花期、卵孵盛期，用20%氰戊菊酯乳油20 ～ 40 mL/亩、35%辛·唑乳油50 mL/亩、1.8%阿维菌素乳油20 mL/亩、5%氟虫脲乳油25 mL/亩、2%苏·阿维菌素可湿性粉剂25 mL/亩、2.5%高效氟氯氰菊酯乳油35 mL/亩、10%高效氯氰菊酯乳油13 mL/亩、5%丁烯氟虫腈悬浮剂2 ～ 3 mL/亩、25%杀虫双水剂100 mL/亩，兑水45 kg均匀喷雾。

在大豆盛花期、低龄幼虫期，用2.5%氯氟氰菊酯乳油2 000倍液、10%氯氰菊酯乳油3 000倍液、80%敌敌畏乳油1 000倍液、20%三唑磷乳油700倍液、50%杀螟硫磷乳油1 000倍液、50%马拉硫磷乳油1 000倍液、2.5%溴氰菊酯乳油3 000倍液均匀喷雾，间隔7 ～ 10 d，重点喷蕾、花、嫩荚及落地花，连喷2 ～ 3次。

5. 豆天蛾

分　　布　豆天蛾（*Clanis bilineata tsingtauica*）分布广泛，各省份均有发生，在山东、河南等省份为害较重。

为害特点　幼虫食叶，为害轻时将叶片吃成网状，严重时将全株叶片吃光，使植株不能结荚。

形态特征　成虫体、翅黄褐色（图4-38），头及胸部有较细的暗褐色背线，腹部背面各节后缘有棕黑色横纹。前翅狭长，前缘近中央有较大的半圆形褐绿色斑；后翅暗褐色，基部上方有色斑。卵椭圆形，初产黄白色，后转褐色。老熟幼虫体黄绿色（图4-39），体表密生黄色小突起。蛹红褐色（图4-40）。

图4-38　豆天蛾成虫

图4-39　豆天蛾幼虫

图4-40　豆天蛾蛹

发生规律　每年发生1 ～ 2代，均以老熟幼虫的形式在9 ～ 12 cm土层越冬。翌年春暖时幼虫移动土表化蛹。北方第1代区豆天蛾6月中旬化蛹，7月上旬为羽化盛期，7月中、下旬至8月上旬为成虫产卵盛期，7月下旬至8月下旬为幼虫发生盛期，9月上旬幼虫老熟入土越冬。幼虫共5龄，幼虫4龄前白天多藏于叶背，夜间取食（阴天则全日取食）；4 ～ 5龄幼虫白天多在豆秆枝茎上为害，并常转株为害。

防治方法　合理间作，高秆作物有碍成虫在大豆上产卵，大豆与玉米等高秆作物间作，可显著减轻受害程度。

在3龄前幼虫期，用8 000 IU/mL苏云金杆菌可湿性粉剂100 ～ 150 g/亩、4.5%高效氯氰菊酯乳油

1 500倍液、20%氰戊菊酯乳油1 000 ~ 2 000倍液、80%敌敌畏乳油800倍液、25%甲氰菊酯乳油1 000倍液、45%马拉硫磷乳油1 000倍液、50%辛硫磷乳油1 500倍液、2.5%溴氰菊酯乳油5 000倍液、25%灭幼脲悬浮剂1 000倍液，兑水50 kg均匀喷洒。

6. 豆秆黑潜蝇

图4-41 豆秆黑潜蝇为害主茎症状

图4-42 豆秆黑潜蝇幼虫

分　布 豆秆黑潜蝇（*Melanagromyza sojae*）广泛分布于我国黄淮、南方等大豆产区。

为害特点 幼虫在大豆主茎、侧枝和叶柄内钻蛀为害（图4-41），造成茎秆中空，受害植株叶片发黄脱落，与健株相比明显矮化。成株期受害，造成花、荚、叶过早脱落，千粒重降低而减产。

形态特征 成虫为小型蝇，体色黑亮，腹部有蓝绿色光泽，复眼暗红色，触角3节。前翅膜质透明，具淡紫色光泽。卵长椭圆形，乳白色，稍透明。3龄幼虫额突起或仅稍隆起；口钩每颚具1端齿，体乳白色（图4-42）。蛹长筒形，黄棕色。

发生规律 黄河流域年发生4 ~ 5代，以蛹的形式在寄主根茬和秸秆中越冬。翌年6月中、下旬羽化与产卵。各代幼虫盛发期：第1代在7月上旬为害春大豆，第2代在7月末8月初，第3代在8月下旬为害春豆和夏豆；第4、第5代在9月上、中旬重叠发生为害晚大豆。

防治方法 清除落在地上的茎、叶和叶柄。增施基肥、提早播种、适时间苗。

在成虫盛发期至幼虫蛀食之前，可用50%辛硫磷乳油50 mL/亩、75%灭蝇胺可湿性粉剂5 000倍液、2.5%高效氟氯氰菊酯乳油3 000倍液、10%吡虫啉可湿性粉剂15 ~ 20 g/亩、40%乐果乳油50 ~ 75 mL/亩、1.8%阿维菌素乳油3 000倍液、5%丁烯氟虫腈悬浮剂1500倍液、50%杀螟松乳油1 000倍液、48%毒死蜱乳油100 mL/亩，兑水50 kg均匀喷施。

在大豆盛花期，平均每株有1头时，用90%灭多威可湿性粉剂4 000倍液、90%晶体敌百虫800 ~ 1 000倍液、2.5%溴氰菊酯乳油30 mL/亩、20%菊·马乳油30 mL/亩、18%杀虫双水剂200倍液、50%马拉硫磷乳油1 000倍液均匀喷雾，间隔7 ~ 10 d防治1次，连喷2次，效果更佳。

7. 豆芫菁

分　布 中国豆芫菁（*Epicauta chinensis*）、暗黑豆芫菁（*Epicauta gorhami*）广泛分布在全国各地。

为害特点 成虫为害叶片，将叶片咬成孔洞或缺刻，甚至吃光，只剩网状叶脉。

形态特征 中国豆芫菁：成虫体和足黑色（图4-43）；头红色，被黑色短毛，有时近复眼的内侧亦为

图4-43 中国豆芫菁成虫

黑色；前胸背板中央和每个鞘翅中央各有1条由灰白毛组成的纵纹。卵椭圆形，黄白色，表面光滑。1龄幼虫似双尾虫，体深褐色；2、3、4、6龄幼虫似蛴螬；5龄幼虫呈伪蛹状。蛹黄白色，复眼黑色。

暗黑豆芫菁：成虫体和足黑色；前胸背板中央和每个鞘翅中央各有1条由灰白毛组成的宽纵纹（图4-44），小盾片、翅（侧缘、端缘、中缝）、胸部腹面两侧和各足腿节、胫节均被白毛，以前足最密，各腹节后缘有1条由白毛组成的宽横纹；触角黑色，基部4节部分红色。雄虫前足腿节端半部腹面和胫节腹面密布金黄色毛，第一跗节基部细棒状，端部腹面向下强烈展宽呈斧状，雌虫的端部则不明显展宽。卵椭圆形，黄白色，表面光滑。幼虫复变态，各龄幼虫形态不同。1龄幼虫似双尾虫，体深褐色，胸足发达；2、3、4、6龄幼虫似蛴螬；5龄幼虫呈伪蛹状，全体被一层薄膜，光滑无毛，胸足呈乳突。蛹黄白色，复眼黑色。

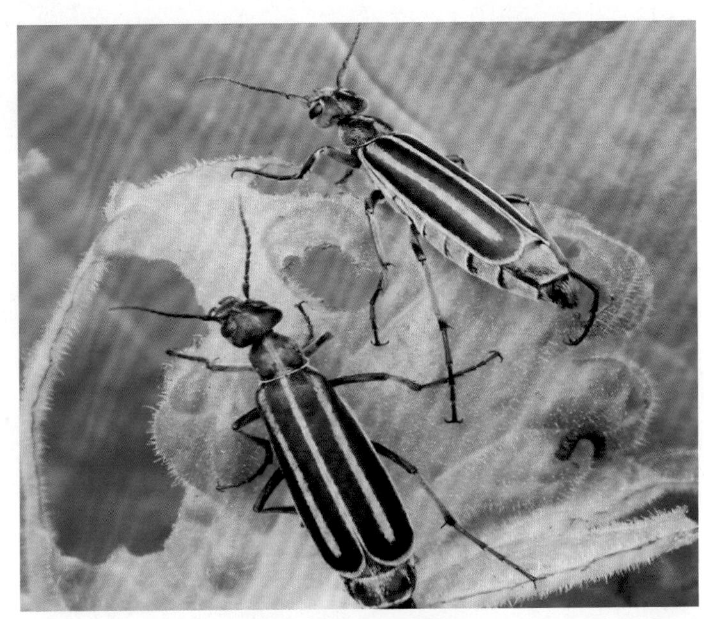
图4-44 暗黑豆芫菁成虫

发生规律 每年发生1～2代，以5龄幼虫（伪蛹）的形式在土中越冬。第1代于6月中旬化蛹，6月下旬至8月中旬为成虫发生与为害期；第2代成虫于5—6月出现，集中为害早播大豆，第1代成虫于8月中旬左右出现，为害大豆，9月下旬至10月上旬转移至蔬菜上为害，发生数量逐渐减少。

防治方法 在大豆收割后深翻细耙，消灭越冬幼虫。

在成虫始盛期，用20%氰戊菊酯或2.5%溴氰菊酯乳油2 500倍液、80%敌敌畏乳油或90%晶体敌百虫1 000～1 500倍液均匀喷雾。

8. 豆灰蝶

分　　布 豆灰蝶（*Plebejus argus*）广泛分布在全国各地。

为害特点 幼虫咬食叶片下表皮及叶肉，残留上表皮，严重的把整个叶片吃光，只剩叶柄及主脉。

形态特征 成虫雌雄异形。雄虫翅正面青蓝色（图4-45），具青色闪光，黑色缘带宽；前翅前缘多白色鳞片，后翅具1列黑色圆点与外缘带混合。雌虫翅棕褐色（图4-46）。卵扁圆形，初黄绿色，后变黄白色。幼虫头黑褐色，胴部绿色，背线色深。老熟幼虫体背面具2列黑斑。蛹长椭圆形，淡黄绿色，羽化前灰黑色。

图4-45 豆灰蝶雄成虫

图4-46　豆灰蝶雌成虫

发生规律　每年发生5代，以蛹的形式在土壤耕作层内越冬。翌年3月下旬羽化为成虫，4月底至5月初进入羽化盛期，在田间繁殖5代，9月下旬时老熟幼虫钻入土壤中化蛹越冬。

防治方法　秋、冬季深翻灭蛹。

幼虫孵化初期，喷洒25%灭幼脲悬浮剂500 ~ 600倍液，使幼虫不能正常蜕皮或变态而死亡。

百株有虫高于100头时，及时喷洒20%毒·辛乳油100 ~ 150 mL/亩、15%阿维·三唑磷乳油60 ~ 70 mL/亩、40%丙溴磷乳油80 ~ 100 mL/亩、5%氟铃脲乳油120 ~ 160 mL/亩、25%喹硫磷乳油50 ~ 100 mL/亩、2.5%溴氰菊酯乳油30 ~ 50 mL/亩，兑水40 ~ 50 kg均匀喷施。

9. 点蜂缘蝽

分　　布　点蜂缘蝽（*Riptortus pedestris*）分布较广，北起黑龙江，南抵台湾、海南、广东、广西、云南，偏南密度较大。

为害特点　成虫和若虫刺吸植株，影响植株生长。

形态特征　成虫体形狭长，黄褐至黑褐色。头在复眼前部成三角形，后部细缩如颈（图4-47）。头、胸部两侧的黄色光滑斑纹成点斑状或消失。前胸背板及前、中、后胸侧板具颗粒状黑色小突。前翅稍长于腹末，膜片淡棕褐色。腹部侧接缘稍外露，黄黑相间。腹下散生许多不规则的小黑点。卵橘黄色，半卵圆形。幼虫共5龄，1 ~ 4龄体似蚂蚁。5龄若虫形态与成虫相似，但翅较短（图4-48）。

图4-47　点蜂缘蝽成虫

图4-48　点蜂缘蝽若虫

发生规律 每年发生2～3代。成虫在枯枝落叶和草丛中越冬。成虫善于飞翔，动作迅速，早、晚温度低时稍迟钝。卵多散产于叶背、嫩茎和叶柄上，少数2枚在一起，每雌产卵21～49枚。若虫极活跃，孵化后先群集，后分散为害。

防治方法 冬季结合积肥，清除田间枯枝落叶，铲去杂草，及时堆沤或焚烧，可消灭部分越冬成虫。在成、若虫为害时，喷施2.5%溴氰菊酯乳油2 000～2 500倍液、10%吡虫啉可湿性粉剂1 000～1 500倍液、25%杀虫双水剂400倍液、20%氰戊菊酯乳油2 000倍液、2.5%高效氯氟氰菊酯乳油2 000～3 000倍液、90%晶体敌百虫600～800倍液。

10. 豆叶东潜蝇

分　　布 豆叶东潜蝇（*Japanagromyza tristella*）分布在北京、河南、河北、山东、江苏、福建、四川、陕西、广东、云南。

为害特点 幼虫在叶片内潜食叶肉，仅留叶表，在叶面上呈现直径1～2 cm的白色膜状斑块，每叶可有2个以上斑块（图4-49）。

图4-49 豆叶东潜蝇为害叶片症状

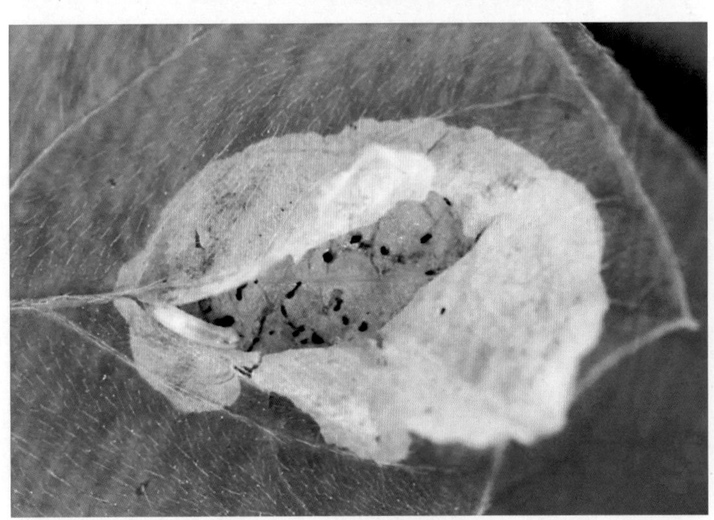

图4-50 豆叶东潜蝇幼虫

形态特征 成虫为小型蝇，具小盾前鬃及两对背中鬃，平衡棍非全黑色，体黑色；小盾前鬃长度较第一背中鬃之半稍长；平衡棍棕黑色，但端部部分白色。幼虫体黄白色，口钩每颚具6齿；咽骨背角两臂细长，腹角具窗，骨化很弱（图4-50）。蛹体红褐色，卵形，节间明显缢缩，体下方略平凹。

发生规律 每年发生3代以上，7—8月发生多，豆株上部嫩叶受害最重。幼虫老熟后入土化蛹，成虫多在上层叶片上活动，卵产在叶片内。多雨年份发生重。

防治方法 上茬收获后，清除田间及四周杂草，集中烧毁或沤肥；深翻地灭茬，促使病残体分解，减少虫源和虫卵寄生地。合理施肥，增施磷、钾肥；重施基肥、有机肥，有机肥要充分腐熟，合理密植，增加田间通风透光度。

害虫发生初期，幼虫未潜叶之前，可用2.5%高效氯氟氰菊酯乳油2 000～3 000倍液、2.5%高效氟氯氰菊酯乳油150～200倍液、25%噻虫嗪水分散粒剂6 000～8 000倍液、48%毒死蜱乳油1 000～1 500倍液、52.25%农地乐（毒死蜱·氯氰菊酯）乳油1 000～2 000倍液、5%氟虫脲乳油2 000～2 500倍液、40%乐果乳油1 000～1 500倍液、90%灭多威可溶性粉剂2 000～3 000倍液、15%茚虫威悬浮剂3 500～4 500倍液、24%甲氧虫酰肼乳油2 500～3 000倍液。

11. 筛豆龟蝽

分布为害 筛豆龟蝽（*Megacopta cribraria*）国内分布广泛，山东及以南各省份局部地区密度很高。

为害特点 以成虫及若虫在茎秆、叶柄和果荚上群集吸食汁液，影响植株生长发育，叶片枯黄，茎秆瘦短，株势早衰，豆荚不实。

形态特征　成虫体近卵圆形，淡黄褐色或黄绿色，密布黑褐色小刻点；复眼红褐色；前胸背板有一列刻点组成的横线；小盾片发达（图4-51）。卵略呈圆筒状，具卵盖。若虫淡黄绿色，密被黑白混生的长毛。幼虫共5龄，3龄后体形如龟状，胸腹各节两侧向外前方扩展呈半透明的半圆薄板。

发生规律　每年发生1 ～ 2代。以成虫的形式在寄主附近的枯枝落叶下越冬。4月上旬开始活动，4月中旬开始交尾，4月下旬至7月中旬开始产卵。成、若虫均有群集性。卵产于叶片、叶柄、托叶、荚果和茎秆上，呈2纵行，平铺斜置，共10 ～ 32枚，成羽毛状排列。

图4-51　筛豆龟蝽成虫

防治方法　上茬收获后，清除田间及四周杂草，集中烧毁或沤肥；合理施肥，增施磷、钾肥；重施基肥、有机肥，有机肥要充分腐熟合理密植。

若虫孵化初期，可喷施90%晶体敌百虫1 000倍液、50%辛硫磷乳油1 000倍液、5%顺式氯氰菊酯乳油1 000倍液、2.5%溴氰菊酯乳油1 000倍液、2.5%鱼藤酮乳油1 000倍液、2.5%高效氟氯氰菊酯乳油1 000倍液、48%毒死蜱乳油1 000 ～ 1 500倍液。

12. 斜纹夜蛾

分　　布　斜纹夜蛾（*Prodenia litura*）在长江流域及其以南地区密度较大，黄河、淮河流域间歇成灾。是一种间隙暴发为害的杂食性害虫。

为害特点　幼虫以食叶为主，也咬食嫩茎、叶柄，大发生时，常把叶片和嫩茎吃光，造成严重损失（图4-52）。

图4-52　斜纹夜蛾为害症状

形态特征　成虫体长16 ～ 20 mm，翅展36 ～ 41 mm（图4-53）。头胸灰褐色或白色，下唇须灰褐色，各节端部有暗褐色斑，胸部背面灰褐色，被鳞片及少数毛。前翅褐色，雄虫色较深，基线不显，亚基线灰黄色，波浪形；后翅银白色，半透明，微闪紫光，翅脉及外缘淡褐色。卵粒半球形，初产黄白色，后转淡绿，孵化前紫黑色。幼虫共6龄，老熟幼虫头部黑褐色，胸腹部颜色因寄主和虫口密度不同而异，有土黄色、青黄色、灰褐色或暗绿色，背线、亚背线和气门下线均为灰黄色及橙黄色（图4-54）。

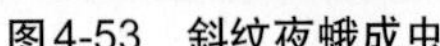

图4-53 斜纹夜蛾成虫

图4-54 斜纹夜蛾幼虫

发生规律 在我国华北地区每年发生4～5代，长江流域5～6代，福建6～9代。华北大部分地区以蛹的形式越冬，少数以老熟幼虫的形式入土作室越冬；在华南地区无滞育现象，终年繁殖；在黄河流域，8—9月是严重为害时期。第1代盛蛾期在6月中、下旬，第2代在5月下旬至6月上旬，第3至第5代分别发生于7月上、中旬、8月上、中旬和9月上、中旬，10—11月还可以发生第6代。斜纹夜蛾是一种喜温性害虫，其生长发育最适宜温、湿度条件为温度28～30℃，相对湿度75%～85%。田间水肥好，作物生长茂盛的田块，虫口密度往往较大。

防治方法 及时翻犁空闲田，铲除田边杂草。在幼虫入土化蛹高峰期，结合农事操作中耕灭蛹，降低田间虫口基数。在斜纹夜蛾化蛹期，结合抗旱灌溉，可以淹死大部分虫蛹，降低基数。

在卵块孵化到3龄幼虫前喷洒药剂防治，此期幼虫正群集叶背面为害，尚未分散且抗药性低，药剂防效高。可用1.8%阿维菌素乳油2 000倍液、5%氟啶脲乳油2 000倍液、10%吡虫啉可湿性粉剂1 500倍液、20%虫酰肼悬浮剂2 000倍液、52.25%农地乐（毒死蜱·氯氰菊酯）乳油1 000倍液、10%虫螨腈悬浮剂1 500倍液、20%氰戊菊酯乳油1 500倍液、2.5%溴氰菊酯乳油1 000倍液、20%甲氰菊酯乳油3 000倍液、48%毒死蜱乳油1 000倍液。每隔7～10 d喷施1次，连用2～3次。

13. 大灰象甲

分　　布 大灰象甲（*Sympiezomias velatus*）分布于东北、黄河流域和长江流域地区。

为害特点 成虫取食嫩尖和叶片，轻者把叶片食成缺刻或孔洞（图4-55），重者把幼苗吃成光秆，造成缺苗断垄。

图4-55 大灰象甲为害叶片症状

形态特征 成虫体灰黄色，有光泽，密被灰白色鳞片。头部和喙密被金黄色发光鳞片，喙粗且宽，具纵沟3条。鞘翅卵圆形，中间有一白色横带，每一鞘翅具10条刻点沟，中部有褐色云斑。后翅退化（图4-56）。卵长椭圆形，初产时乳白色，近孵化时乳黄色。初孵幼虫体乳白色。头部米黄色。蛹长椭圆形，乳黄色。

图4-56　大灰象甲成虫

发生规律　东北地区每2年发生1代，浙江每年发生1代。2年发生1代地区的大灰象甲，第1年以幼虫的形式越冬，第2年以成虫的形式越冬，越冬成虫大都在60 mm深的土中越冬，幼虫在40 cm左右深的土中越冬，均在耕作层以下。成虫不能飞，主要靠爬行移动。成虫4月中、下旬从土内钻出，群集于幼苗取食。幼虫6月下旬卵陆续孵化，幼虫孵出后落地，钻入土中。春季，越冬幼虫上升表土层继续取食，中午前后活动最盛；夏季，幼虫在早晨、傍晚活动，中午高温时潜伏。

防治方法　有条件的地方实行水旱轮作，可有效降低越冬幼虫数量，减轻为害。成虫不能飞翔并有假死性，可于成虫发生期实行人工捕杀。

在成虫出土为害期浇灌或喷洒药剂防治。用48%毒死蜱乳剂1 000倍液、10%氯氰菊酯乳油1 500倍液、2.5%高效氯氟氰菊酯乳油1 000倍液、4.5%高效顺反氯氰菊酯乳油3 000倍液、50%辛·氰乳油2 000 ～ 3 000倍液、90%晶体敌百虫1 000倍液等药剂均匀喷施。

三、大豆各生育期病虫害防治技术

大豆栽培管理过程中，病虫害严重影响着大豆的产量和品质，应总结本地大豆病害的发生特点和防治经验，制订病害防治计划，适时进行田间调查，及时采取防治措施，有效控制病害，保证丰产、丰收。

（一）播种期病虫害防治技术

播种前土壤处理：播前整地，包括播前进行的土壤耕作及耙、压等。播前灌溉，对于墒情不好的地块，有灌溉条件的，可在播前1 ～ 2 d灌水1次，浸湿土壤即可，以利播后种子发芽。

这一时期病害主要有根腐病、紫斑病、霜霉病、炭疽病等，播种期是其重要侵染阶段，有效地控制侵染可以减轻后期的为害。另外，在大豆胞囊线虫病发生地块或地区，在播种期种子处理或土壤处理是控制该病为害的最有效措施。

播种前种子处理：每100 kg种子可用62.5 g/L精甲·咯菌腈（咯菌腈25 g/L＋精甲霜灵37.5 g/L）悬浮种衣剂300 ～ 400 mL、25%丁硫·福美双（丁硫克百威6%＋福美双19%）悬浮种衣剂2 000 ～ 2 500 g、38%多·福·毒死蜱（毒死蜱8%＋多菌灵10%＋福美双20%）悬浮种衣剂1 250 ～ 16 667 g包衣；也可用40%福美双·萎锈灵胶悬剂250 mL拌100 kg种子；或用50%多菌灵可湿性粉剂或50%异菌脲可湿性粉剂按种子重量的0.5%拌种＋50%福美双可湿性粉剂按种子重量0.3%拌种，堆闷3 ～ 4 h后播种。可防治紫斑病、霜霉病、炭疽病等。

防治大豆胞囊线虫病：每100 kg种子用25%丁硫·福美双（丁硫克百威6%＋福美双19%）悬浮种衣剂2 000 ～ 2 500 g包衣；或用35%乙基硫环磷或35%甲基硫环磷按种子量的0.5%拌种；还可用3%克百威颗粒剂4 kg/亩、10%灭线磷颗粒剂3.0 ～ 3.5 kg/亩、5%克线磷颗粒剂3 ～ 4 kg/亩拌适量细干土混匀，在播种时撒入播种沟内，不仅可以防治线虫，还可防治地下害虫等。

这一时期的害虫主要为地下害虫，每100 kg种子可以用25%丁硫·福美双（丁硫克百威6%＋福美双19%）悬浮种衣剂2 000 ～ 2 500 g、38%多·福·毒死蜱（毒死蜱8%＋多菌灵10%＋福美双20%）悬浮种衣剂1 250 ～ 16 667 g包衣。也可用药剂拌种，可有效地控制地下害虫及苗蚜的为害，用3%克百威颗粒剂按种子量的0.5%～ 0.8%＋40%拌种双可湿性粉剂按种子量的0.3%～ 0.5%拌种，可以将药剂与少量细土混匀，将大豆种子用水稍微湿润，而后与药土拌匀，马上播种。大豆胞囊线虫病重的地块，还要用3%克百威颗粒剂2 ～ 3 kg/亩处理土壤。

为进一步促进出苗、多长根、增加耐旱能力，每20 kg种子可以用0.001%芸苔素内酯水剂10 mL或ABT生根粉（浓度为5 ～ 10μL/L）药液浸种2 h，捞出晾干播种。也可用一些微肥，如钼酸铵3.5 g/亩，锰、铜肥0.1%溶液拌种，增产效果明显。如能用根瘤菌拌种，增产更为显著。

（二）苗期病虫害防治技术

根据大豆不同生育期对环境的不同要求以及大豆不同生育时期的特性，采取相应的管理措施才能获得高产（图4-57）。

图4-57 大豆苗期生长情况

病虫害防治，对于大豆花叶病严重的地区，应及时防治蚜虫，以防止病毒侵染，可喷洒10%吡虫啉可湿性粉剂20 ～ 30 g/亩、3%啶虫脒乳油30 mL/亩、2.5%氯氟氰菊酯乳油40 mL/亩，兑水40 ～ 50 kg均匀喷施。在发病初期喷洒2%宁南霉素水剂100 ～ 150 mL/亩、0.5%菇类蛋白多糖水剂300倍液、20%丁子香酚水乳剂30 ～ 45 mL/亩。

对于一些生长过旺的豆田，可以喷施浓度为2×10^{-4}的多效唑溶液，并可以促分枝和花的形成。或喷洒0.001 6% 28-表高芸苔素内酯水剂800 ～ 1 600倍液、叶面宝8 000 ～ 10 000倍液或亚硫酸氢钠6 g/亩或0.2%硼砂溶液等叶面肥。

（三）开花结荚期病虫害防治技术

开花结荚期主要争取花多、花早、花齐，防止花荚脱落和增花、增荚。要看苗管理，保控结合，高产田以控为主，避免过早封垄郁闭，在开花末期达到最大叶面积为好（图4-58）。

图4-58　大豆开花结荚期生长情况

7月下旬以后大豆进入开花、结荚期，一般到9月成熟，这一时期病虫害种类多、为害重，是防治病害保证产量与品质的关键阶段。病害主要有紫斑病、霜霉病、菌核病、细菌性斑点病等，一般在大豆结荚至鼓粒期，根据病情喷施药剂。虫害主要有大豆卷叶螟、大豆造桥虫等，正是由于这些病、虫造成一般年份减产20%～30%，豆粒大量霉烂、残缺不整，应采取防治措施。

防治紫斑病、炭疽病、灰斑病等，大豆开花期，病害发生初期，可用250 g/L吡唑醚菌酯乳油30～40 mL/亩、250 g/L嘧菌酯悬浮剂40～60 mL/亩、75%百菌清可湿性粉剂700～800倍液＋50%多菌灵可湿性粉剂100 g/亩、50%异菌脲可湿性粉剂100 g/亩、70%甲基硫菌灵可湿性粉剂100～150 g/亩、1%武夷霉素水剂100～150 mL/亩，间隔10 d左右喷施1次，防治2～3次。在荚和籽粒易感病期再喷药1次，以控制籽粒上的病斑。

防治菌核病，可用50%乙烯菌核利可湿性粉剂66 g/亩、50%腐霉利可湿性粉剂20～100 g/亩、40%菌核净可湿性粉剂50～60 g/亩、70%甲基硫菌灵可湿性粉剂30～150 g/亩、80%多菌灵可湿性粉剂100 g/亩、50%异菌脲可湿性粉剂66～100 g/亩、25%咪鲜胺锰盐乳油70 mL/亩，兑水40～50 kg均匀喷雾，在7月下旬，大豆开花结荚期，发生严重时间隔7 d再喷施1次。

防治霜霉病，可用75%百菌清可湿性粉剂500～800倍液＋25%甲霜灵可湿性粉剂800倍液、58%甲霜灵·代森锰锌可湿性粉剂600倍液、69%烯酰·锰锌可湿性粉剂900～1 000倍液、72%霜脲氰·代森锰锌可湿性粉剂800倍液，间隔7～10 d喷洒1次，连喷2～3次。

防治大豆细菌性斑点病，可喷50%氯溴异氰尿酸可湿性粉剂50～60 g/亩、5%噻霉酮悬浮剂35～50 mL/亩、0.3%四霉素水剂50～65 mL/亩、3%辛菌胺醋酸盐可湿性粉剂213～267 g/亩、47%春雷霉素·氧氯化铜可湿性粉剂50～70 g/亩、40%噻唑锌悬浮剂50～75 mL/亩、20%噻菌铜悬浮剂125～160 g/亩，兑水40～50 kg喷雾，每隔10～15 d喷1次，连喷2～3次。

豆天蛾的防治一般要求在8月注意田间观察，尽早施药防治。大豆食心虫、豆荚螟应在大豆结荚期，结合有关单位的虫情预报，调查田间蛾、虫量，及时施药防治。用下列药剂防治：25 g/L高效氯氟氰菊酯微乳剂15 ～ 20 mL/亩、25 g/L溴氰菊酯乳油16 ～ 24 mL/亩、45%马拉硫磷乳油80 ～ 110 mL/亩、40%毒死蜱乳油80 ～ 100 mL/亩、14%氯虫·高氯氟（高效氯氟氰菊酯4.7%＋氯虫苯甲酰胺9.3%）微囊悬浮剂15 ～ 20 mL/亩，兑水40 ～ 50 kg均匀喷雾。

防治大豆卷叶螟、大造桥虫等害虫，可以用下列药剂：2%杀螟硫磷粉剂2.5 kg/亩、40%毒死蜱乳油80 ～ 100 mL/亩、14%氯虫·高氯氟（高效氯氟氰菊酯4.7%＋氯虫苯甲酰胺9.3%（微囊悬浮剂15 ～ 20 mL/亩，兑水50 kg喷雾。

应于花蕾期、初花期或开花后施药，20%苯肽胺酸可溶液剂300 ～ 400倍液，使用时注意喷雾均匀、周到，叶面喷施药剂能迅速进入植物体内，通过协同植物体内内源激素和改变细胞内抗氧化和防御物质，来促进营养物质输送到植物生长点；增强植物细胞的活力，促进叶绿素的合成，增强植物抗逆能力。

大豆初花期（分枝期），27.5%胺鲜·甲哌鎓（胺鲜酯2.5%＋甲哌鎓25%）水剂15 ～ 25 mL/亩，兑水30 kg于叶面均匀喷雾，可以控制大豆旺长，增加产量。

大豆初花至结荚初期施药，0.000 2%烯腺·羟烯腺（烯腺嘌呤0.000 1%＋羟烯腺嘌呤0.000 1%）水剂800 ～ 1 000倍液，通过刺激植物的细胞分裂，促进叶绿素的形成，增强植物的光合作用，取得增产的效果，注意均匀喷雾。整个生长期一般用药2 ～ 3次，每7 ～ 10 d施药1次。

（四）大豆鼓粒成熟期病虫害防治技术

鼓粒成熟期是大豆积累干物质最多的时期，也是产量形成的重要时期。促进养分向籽粒中转移，促使籽粒饱满增加粒重，适期早熟则是这个时期管理的重心。这个时期缺水会使秕荚、秕粒增多，百粒重下降。秋季遇旱无雨，应及时浇水，以水攻粒对提高产量和品质有明显影响。大豆黄熟末期为适收期。

病虫害防治：该时期豆天蛾、斜纹夜蛾、豆荚螟、赤霉病、荚枯病等发生为害较重，要重点喷药防治。

防治赤霉病、荚枯病等，可喷施250 g/L吡唑醚菌酯乳油30 ～ 40 mL/亩、250 g/L嘧菌酯悬浮剂40 ～ 60 mL/亩、75%百菌清可湿性粉剂700 ～ 800倍液＋50%多菌灵可湿性粉剂100 g/亩、50%异菌脲可湿性粉剂100 g/亩、70%甲基硫菌灵可湿性粉剂100 ～ 150 g/亩、50%苯菌灵可湿性粉剂1 500倍液、50%咪鲜胺锰盐可湿性粉剂1 500 ～ 2 500倍液等药剂。

防治大豆害虫，可喷施2.5%氯氟氰菊酯水乳剂16 ～ 20 mL/亩、40%毒死蜱乳油80 ～ 100 mL/亩、14%氯虫·高氯氟（高效氯氟氰菊酯4.7%＋氯虫苯甲酰胺9.3%）微囊悬浮剂15 ～ 20 mL/亩，兑水40 ～ 50 kg均匀喷雾。

四、大豆田杂草防治技术

我国的大豆栽培面积较广，各地自然条件复杂，用药形式多样。由于各地种植方式、耕作制度和栽培措施的差异，在大豆田形成了种类繁多的杂草群落，随着不同地区、不同地块的栽培方式、管理水平和肥水差别逐渐加大，在大豆田杂草防治中应注意区别对待，选用适宜的除草剂品种和配套的施药技术。

（一）以禾本科杂草为主的豆田播后芽前杂草防治

我国大豆种植区较为集中，但在大豆非主产区，部分地区或田块也有栽培大豆，这些豆田除草剂应用较少，豆田主要杂草为马唐、狗尾草、牛筋草、菟丝子、藜、反枝苋等，这类杂草比较好防治，生产中可以用酰胺类、二硝基苯胺类除草剂。

在大豆播后苗前施药时，由于大豆出苗较快，不能施药太晚。华北地区夏大豆出苗一般需2 ～ 4 d，东北地区春大豆出苗一般需要3 ～ 5 d，施用除草剂时宜在大豆播种3 d内施药且最好在播种的2 d内施药。可以用50%乙草胺乳油100 ～ 150 mL/亩、72%异丙甲草胺乳油150 ～ 200 mL/亩、72%异丙草胺乳油150 ～ 200 mL/亩、33%二甲戊乐灵乳油150 ～ 200 mL/亩，兑水50 ～ 80 kg，对土表喷雾。土壤有机质含量低、沙质土、低洼地、水分足则用药量低，反之用药量高。土壤干旱条件下施药要加大用水量或浅混土（2 ～ 3 cm），施药后如遇干旱，有条件的地方可以灌水。大豆幼苗期，遇低温、多湿、田间长期积水或药量过多，易受药害。其药害症状为叶片皱缩，待大豆长至3片复叶以后，即北方进入7月时，温度升高可以恢复正常生长，一般对产量无影响。

（二）草相复杂的豆田播后芽前杂草防治

黄淮海流域部分地区大豆种植较为集中，豆田除草剂应用较多，豆田杂草为害严重，特别是酰胺类、精喹禾灵系列药剂不能防治的阔叶杂草和莎草科杂草大量生长，为豆田杂草的防治带来了新的困难。

在大豆播后苗前施用除草剂时，最好在播种的2 d之内施药，可以用50%乙草胺乳油100 mL/亩+24%乙氧氟草醚乳油10 ～ 15 mL/亩、72%异丙草胺乳油150 mL/亩+15%噻磺隆可湿性粉剂8 ～ 10 g/亩，兑水50 ～ 80 kg，对土表喷雾。土壤有机质含量低、沙质土、低洼地、水分足则用药量低，反之用药量高。土壤干旱条件下施药要加大用水量或浅混土（2 ～ 3 cm），施药后如遇干旱，有条件的地方可以灌水。大豆幼苗期，遇低温、高湿、田间长期积水或药量过多，易受药害。乙氧氟草醚为芽前触杀性除草剂，除草效果较好，但施药必须均匀；否则，部分杂草死亡不彻底而影响除草效果。乙氧氟草醚对大豆易发生药害，生产上要严格掌握施药剂量。

（三）东北大豆产区播后芽前杂草防治

在东北大豆产区，豆田除草剂应用较多，豆田杂草为害严重，杂草比较难治，鸭跖草、小蓟、苣荬菜、龙葵、苘麻、苍耳等杂草发生严重，生产中应选用适当的除草剂配方。

在大豆播后苗前施用，应在播种的2 d之内施药，可以用72%异丙甲草胺乳油100 ～ 150 mL/亩+48%异噁草酮乳油50 ～ 75 mL/亩+80%唑嘧磺草胺可湿性粉剂3 ～ 4 g/亩、72%异丙甲草胺乳油100 ～ 150 mL/亩+48%异噁草酮乳油50 ～ 75 mL/亩+15%噻磺隆可湿性粉剂10 ～ 12 g/亩、50%乙草胺乳油100 ～ 150 mL/亩+48%异噁草酮乳油50 ～ 75 mL/亩+80%唑嘧磺草胺可湿性粉剂3 ～ 4 g/亩、50%乙草胺乳油100 ～ 150 mL/亩+48%异噁草酮乳油50 ～ 75 mL/亩+15%噻磺隆可湿性粉剂10 ～ 12 g/亩，兑水40 ～ 60 kg，对土表喷雾。

对于整地较早、田间有阔叶杂草的地块，在大豆播后苗前施药，可以用72%异丙甲草胺乳油100 ～ 150 mL/亩+48%异噁草酮乳油50 ～ 75 mL/亩+72% 2，4-滴异辛酯乳油50 ～ 75 mL/亩、50%乙草胺乳油100 ～ 150 mL/亩+48%异噁草酮乳油50 ～ 75 mL/亩+72% 2,4-滴异辛酯乳油50 ～ 75 mL/亩，兑水50 ～ 80 kg，对土表喷雾。

土壤有机质含量低、沙质土、低洼地、水分足则用药量低，反之用药量高。土壤干旱条件下施药要加大用水量或浅混土（2 ～ 3 cm），施药后如遇干旱，有条件的地方可以灌水。大豆幼苗期，遇低温、多湿、田间长期积水或药量过多，易受药害。其药害症状为叶片皱缩，待大豆长至3片复叶以后，温度升高可以恢复正常生长。施用2，4-滴丁酯易发生药害，施药时不宜过晚，在大豆发芽期及苗后施药药害严重，施药时要远离阔叶作物。

（四）大豆苗期以禾本科杂草为主的豆田

对于多数大豆田，特别是除草剂应用较少的地区或地块，马唐、狗尾草、牛筋草、稗草等发生为害严重，占杂草的绝大多数。防治时要针对具体情况选择药剂种类和剂量。

在大豆苗期，杂草出苗较少或雨后正处于大量发生之前（图4-59），盲目施用茎叶期防治禾本科杂草的除草剂，如精喹禾灵等，并不能达到理想的除草效果。

该期施药时，可以施用5%精喹禾灵乳油50 ～ 75 mL/亩+72%异丙甲草胺乳油100 ～ 150 mL/亩、5%精喹禾灵乳油50 ～ 75 mL/亩+33%二甲戊乐灵乳油100 ～ 150 mL/亩、12.5%稀禾啶乳油50 ～ 75 mL/亩+72%异丙甲草胺乳油100 ～ 150 mL/亩、24%烯草酮乳油20 ～ 40 mL/亩+50%异丙草胺乳油100 ～ 200 mL/亩，兑水30 kg均匀喷施。施药时视草情、墒情确定用药量。施药时尽量不喷到大豆叶片上。由于豆田干旱或中耕除草，使田间杂草较小、较少，大豆较大时，不宜施用该配方，否则，药剂过多喷施到大豆叶片，特别是高温、干旱、正午强光下施药易发生严重药害。

图4-59 在大豆苗期田间杂草较小、较少的情况

对于前期未能封闭除草的田块，在杂草基本出齐，且杂草处于幼苗期时应及时施药（图4-60）。

图4-60 大豆苗期禾本科杂草大量发生且处于幼苗期时发生为害情况

可以施用5%精喹禾灵乳油50 ～ 75 mL/亩、10.8%高效氟吡甲禾灵乳油20 ～ 40 mL/亩、10%喔草酯乳油40 ～ 80 mL/亩、15%精吡氟禾草灵乳油40 ～ 60 mL/亩、10%精噁唑禾草灵乳油50 ～ 75 mL/亩、12.5%稀禾啶乳油50 ～ 75 mL/亩、24%烯草酮乳油20 ～ 40 mL/亩，兑水30 kg均匀喷施，可以有效防治多种禾本科杂草。施药时视草情、墒情确定用药量，草龄大、墒情差时适当加大用药量。施药时注意不能飘移到周围禾本科作物上，否则会发生严重的药害。

对于前期未能有效除草的田块，在杂草较多、较大时（图4-61），应适当加大药量和水量，喷透喷匀，保证杂草均能接受到药液。

图4-61 大豆生长期禾本科杂草发生为害严重的情况

可以用5%精喹禾灵乳油75 ～ 125 mL/亩、10.8%高效氟吡甲禾灵乳油40 ～ 60 mL/亩、10%喔草酯乳油60 ～ 80 mL/亩、15%精吡氟禾草灵乳油75 ～ 100 mL/亩、10%精噁唑禾草灵乳油75 ～ 100 mL/亩、12.5%稀禾啶乳油75 ～ 125 mL/亩、24%烯草酮乳油40 ～ 60 mL/亩，兑水45 ～ 60 kg均匀喷施，施药时视草情、墒情确定用药量，可以有效防治多种禾本科杂草，但天气干旱、杂草较大时，杂草死亡时间相对缓慢（图4-62）。杂草较大、密度较高、墒情较差时，适当加大用药量和喷液量，否则杂草接触不到药液或药量较小，影响除草效果。在马唐较大时施药效果较差，施药后7 d茎叶黄化，死亡较慢，但节点坏死，生长受到抑制，以后逐渐枯萎死亡。

图4-62　10.8%高效氟吡甲禾灵乳油防治马唐的效果比较

（五）大豆苗期以香附子、鸭跖草或马齿苋、铁苋等阔叶杂草为主的豆田

在大豆主产区，除草剂应用较多的地区或地块，前期施用乙草胺、异丙甲草胺或二甲戊乐灵等封闭除草剂后，马齿苋、铁苋、打碗花等阔叶杂草或香附子、鸭跖草等恶性杂草发生较多的地块（图4-63），杂草防治比较困难，应抓住有利时机及时防治。

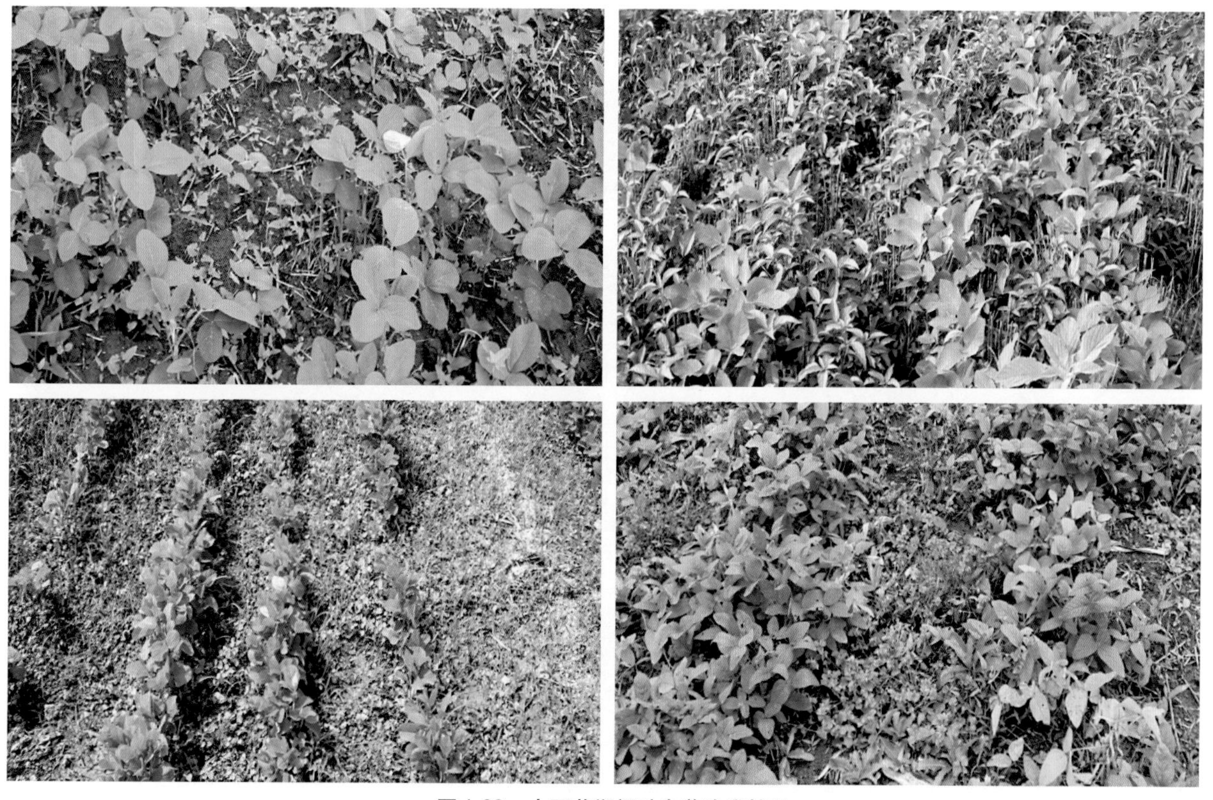

图4-63　大豆苗期阔叶杂草为害情况

在马齿苋、铁苋、打碗花、香附子等基本出齐，且杂草处于幼苗期时（图4-64）应及时施药。

图4-64 大豆苗期阔叶杂草和香附子严重为害的情况

具体施用的药剂：10%乙羧氟草醚乳油10 ~ 30 mL/亩、48%苯达松水剂150 mL/亩、25%三氟羧草醚水剂50 mL/亩、25%氟磺胺草醚水剂50 mL/亩、24%乳氟禾草灵乳油20 mL/亩，兑水30 kg均匀喷施。该类除草剂对杂草主要表现为触杀性除草效果，施药时务必喷施均匀。宜在大豆2 ~ 4片羽状复叶时施药，大豆田施药会产生轻度药害，过早或过晚均会加大药害。施药时视草情、墒情确定用药量。

在东北地区，大豆苗期鸭跖草、龙葵、铁苋等杂草发生较重（图4-65），应及时施药。

图4-65 大豆苗期鸭跖草为害情况

具体施用的药剂：10%乙羧氟草醚乳油10 ～ 30 mL/亩＋48%异噁草酮水剂、48%苯达松水剂150 mL/亩、25%三氟羧草醚水剂50 mL/亩、25%氟磺胺草醚水剂50 mL/亩、24%乳氟禾草灵乳油20 mL/亩，兑水30 kg/亩均匀喷施。宜在大豆2 ～ 4片羽状复叶时施药，大豆田施药会产生轻度药害，过早或过晚均会加大药害。

（六）大豆苗期以禾本科杂草和阔叶杂草混合发生的豆田

部分大豆田，前期未能及时施用除草剂或除草效果不好时，苗期发生大量杂草（图4-66），生产上应针对杂草发生种类和栽培管理情况，正确地选择除草剂种类和施药方法。

图4-66　大豆苗期禾本科杂草和阔叶杂草混合发生为害情况

在南方及华北夏大豆田（图4-67），对于以马唐、狗尾草为主，并有藜、苋少量发生的地块，在大豆2 ～ 4片羽状复叶期、杂草基本出齐且处于幼苗期时应及时施药。

图4-67　大豆苗期禾本科杂草和阔叶杂草混合发生为害情况

具体施用的药剂：5%精喹禾灵乳油50 ～ 75 mL/亩＋48%苯达松水剂150 mL/亩、10.8%高效氟吡甲禾灵乳油20 ～ 40 mL/亩＋25%三氟羧草醚水剂50 mL/亩、5%精喹禾灵乳油50 ～ 75 mL/亩＋24%乳氟禾草灵乳油20 mL/亩，兑水30 kg均匀喷施。施药时视草情、墒情确定用药量。草大、墒差时适当加大用药量。

在东北春大豆田（图4-68），苗期马唐、狗尾草、稗草、龙葵、鸭跖草等发生严重，在大豆2 ~ 4片羽状复叶期、杂草基本出齐且处于幼苗期时应及时施药。

图4-68 大豆苗期禾本科杂草和阔叶杂草混合发生为害情况

具体施用的药剂：5%精喹禾灵乳油50 ~ 75 mL/亩＋48%苯达松水剂150 mL/亩、10.8%高效氟吡甲禾灵乳油20 ~ 40 mL/亩＋25%三氟羧草醚水剂50 mL/亩、5%精喹禾灵乳油50 ~ 75 mL/亩＋24%乳氟禾草灵乳油20 mL/亩，兑水30 kg均匀喷施。施药时视草情、墒情确定用药量。草龄大、墒差时适当加大用药量。

第五章　花生病虫草害原色图解

花生是主要的油料作物。我国目前种植面积290多万hm^2，占油料作物总面积的27%。我国花生的种植区域分布非常广泛，南起海南岛，北到黑龙江，东至台湾地区，西达新疆，都有种植花生，但主要集中在山东、河南、河北、安徽等省份，占全国花生产量的60%以上，我国花生种植以农业自然区为基础可划分为6个花生产区，北方大花生区、南方春秋两熟花生区、长江流域春夏花生交作区、云贵高原花生区、东北部早熟花生区、西北内陆花生区。

一、花生病害

花生是我国重要油料作物之一。据报道，我国已发现的花生病害有30多种，为害较重的有叶斑病、茎腐病、锈病、病毒病等。

1. 花生叶斑病

分　　布　花生叶斑病包括褐斑病和黑斑病，在花生各产区均有发生。

症　　状　褐斑病：由落花生尾孢（*Cercospora arachidicola*，属无性型真菌）引起。褐斑病主要为害叶片，初为褪绿小点，后扩展成近圆形或不规则形小斑，病斑较黑斑病大而色浅，叶正面呈暗褐或茶褐色，背面颜色较浅，病斑周围有亮黄色晕圈（图5-1）。湿度大时病斑上可见灰褐色粉状霉层，即病菌分生孢子梗和分生孢子。

图5-1　花生褐斑病为害叶片症状

黑斑病：由球座尾菌（*Cercospora personata*，属无性型真菌）引起。黑斑病主要为害叶片、叶柄、茎和花柄。叶斑现于叶正背两面，圆形或近圆形，暗褐色或黑色，病斑扩展后融合成大型不规则斑块，病斑背面有小黑点，排列呈同心轮纹状（图5-2）。叶柄、茎和花柄染病，产生线形或椭圆形病斑，深褐色至黑褐色，有时外围具浅黄色水渍状晕圈（图5-3）。

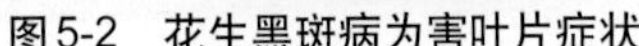

图5-2 花生黑斑病为害叶片症状

图5-3 花生黑斑病为害茎部症状

发生规律 病菌以子座或菌丝团的形式在病残体上越冬，也可以子囊腔在病组织中越冬。翌年遇适宜条件，产生分生孢子借风雨传播，孢子落到花生叶片上，遇适宜温度和水滴，萌发产生芽管，直接穿透表皮进入组织内部，产生分枝型吸器汲取营养。春花生田有两个明显的发病高峰：第一发病高峰在开花下针期，为6月中、下旬。第二发病高峰在花生的中、后期，为8月中、下旬。夏花生只有1个发病高峰，在8月下旬至9月上旬，发病程度轻于春花生。秋季多雨、气候潮湿，病害重；少雨干旱年份发病轻。土壤瘠薄、连作田易发病。老龄化器官发病重；底部叶片较上部叶片发病重。

防治方法 花生收获后，要清除田间病残体，及时耕翻，合理密植，降低湿度，加强田间管理，及时排水，提高抗病力。花生开花初期是防治叶斑病的关键时期。

花生开花初期，当田间病叶率为10%～15%时，可用250 g/L吡唑醚菌酯乳油30～40 mL/亩、20%嘧菌酯水分散粒剂60～80 g/亩、80%代森锰锌可湿性粉剂600～800倍液＋70%甲基硫菌灵可湿性粉剂1 000倍液、75%百菌清可湿性粉剂100 g/亩＋50%多菌灵可湿性粉剂100 g/亩等，兑水40～50 kg均匀喷雾。

花生叶斑病发病中期（图5-4），可喷施80%代森锰锌可湿性粉剂60～75 g/亩＋70%甲基硫菌灵可湿性粉剂1 000倍液、6%戊唑醇微乳剂160～200 mL/亩、50%苯菌灵可湿性粉剂1 000倍液、12.5%烯唑醇可湿性粉剂800～1 500倍液、29%戊唑·嘧菌酯（戊唑醇18%＋嘧菌酯11%）悬浮剂20～30 mL/亩、27%噻呋·戊唑醇（噻呋酰胺9%＋戊唑醇18%）悬浮剂40～45 mL/亩、60%唑醚·代森联（代森联55%＋吡唑醚菌酯5%）水分散粒剂60～100 g/亩、325 g/L苯甲·嘧菌酯（嘧菌酯200 g/L＋苯醚甲环唑125 g/L）悬浮剂35～50 mL/亩、20%烯肟·戊唑醇（戊唑醇10%＋烯肟菌胺10%）悬浮剂30～40 mL/亩，间隔15 d施药1次，连续防治2～3次。

图5-4 花生叶斑病为害田间症状

2. 花生网斑病

分　　布　花生网斑病在我国各花生产区均有发生。

症　　状　由花生亚隔孢壳菌（*Didymella arachidicola*，属无性型真菌）引起。主要发生在花生生长的中、后期，主要为害叶片，茎、叶柄也可受害。植株下部叶片先发病，在叶片正面产生褐色小点或星芒状网纹，病斑扩大后形成近圆形褐色至黑褐色大斑，边缘呈网状不清晰，表面粗糙，着色不均匀，病斑背面初期和中期不表现症状（图5-5）。叶柄和茎受害，初为一褐色小点，后扩展为长条形或椭圆形病斑，中央略凹陷，严重时引起茎、叶枯死（图5-6）。严重时，全田染病（图5-7）。

图5-5　花生网斑病为害叶片症状

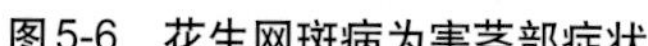

图5-6　花生网斑病为害茎部症状

图5-7　花生网斑病为害后期田间症状

发生规律　以菌丝和分生孢子器的形式在病残体上越冬。翌年条件适宜时从分生孢子器中释放分生孢子，借风雨传播初侵染。分生孢子产生芽管穿透表皮侵入，菌丝在表皮下呈网状蔓延。病组织上产生分生孢子多次再侵染。在冷凉、潮湿条件下，病害发生严重，在适宜温度下，保持高湿时间越长发病越重。一般雨后10 d左右便出现1次发病高峰。连作田比轮作田发病重，水浇地和涝洼地比旱地和干燥地发病重。

防治方法　花生收获后要尽量清除田间病残体，适时播种，合理密植，施足基肥。花生开花期病害发生初期是喷药防治，可有效防治网斑病。

发病初期，喷洒250 g/L吡唑醚菌酯乳油30 ～ 40 mL/亩、70%代森锰锌可湿性粉剂600倍液＋12.5%烯唑醇可湿性粉剂600 ～ 1 000倍液、50%多菌灵可湿性粉剂500 ～ 600倍液＋75%百菌清可湿性粉剂700 ～ 800倍液、80%代森锰锌可湿性粉剂600 ～ 800倍液＋70%甲基硫菌灵可湿性粉剂1 500倍液、25%多·锰锌（代森锰锌16.7%＋多菌灵8.3%）可湿性粉剂100 ～ 200 g/亩、60%唑醚·代森联（代森联55%＋吡唑醚菌酯5%）水分散粒剂60 ～ 100 g/亩、325 g/L苯甲·嘧菌酯（嘧菌酯200 g/L＋苯醚甲环唑125 g/L）悬浮剂35 ～ 50 mL/亩，间隔10 ～ 15 d施1次，连防2 ～ 3次，防效较好。

3. 花生茎腐病

分　　布　花生茎腐病在各花生产区均有发生，以山东、江苏、河南、河北、陕西、辽宁、安徽、海南、广东等省份发生较重。

症　　状　由棉色二孢（别称棉壳色单隔孢，*Diplodia gossypina*，属无性型真菌）引起。多发生在花生生长的前期，主要为害花生的茎基部、根部和茎部，也为害子叶。苗期子叶感病，病部变为黑褐色，呈干腐状，蔓延到茎基部后，茎基部变黑褐色、腐烂，病株叶片变黄，萎蔫下垂，数天后即可枯死（图5-8）。病株主茎和侧枝的茎基部逐渐变黑枯死，潮湿时病部密生许多小黑点，病株易从地面病部折断，导致病株枯死。

图5-8　花生茎腐病为害茎基部症状

发生规律　病菌以菌丝和分生孢子器的形式在花生种子或土壤中的病残体上越冬，成为翌年的初侵染源。花生茎腐病的病菌是一种弱寄生菌，主要从伤口侵入，尤其是从阳光直射和土表高温造成的灼伤侵入，也可直接侵入，但直接侵入潜育期长、发病率低。病菌在田间主要借流水、风雨传播，也可靠人、畜、农具在农事活动中传播（初侵染和再侵染）。调运带菌的荚果、种子可使病害远距离传播。病菌侵染的最有利时期是苗期，其次是结果期。河南、山东6月中旬为发病高峰，7月底至8月初为发病的又一次高峰。花生生长后期分枝易被病菌侵染，造成枝条死亡。

防治方法　花生收获后及时清除田间遗留的病株残体，增施肥料。播种前药剂浸种是预防花生茎腐病的有效措施，花生齐苗后和开花前是防治的关键时期。

种子处理：每100 kg种子用38%苯醚·咯·噻虫（噻虫嗪32%＋苯醚甲环唑3%＋咯菌腈3%）悬浮种衣剂355 ～ 426 g或15%甲拌·多菌灵（多菌灵8%＋甲拌磷7%）悬浮种衣剂按1 ：(40 ～ 50)（药种比）包衣；也可用50%拌种双可湿性粉剂按0.3% ～ 0.5%种子量浸种，或以种子量的0.2% ～ 0.3%掺土拌种。

花生齐苗后和开花前，喷洒70%甲基硫菌灵可湿性粉剂1 000倍液、65%代森锌可湿性粉剂500 ～ 600倍液＋50%多菌灵可湿性粉剂600 ～ 800倍液、50%苯菌灵可湿性粉剂1 500倍液，发病严重时，可间隔7 ～ 10 d再喷1次。或对发病集中的植株，用50%多菌灵可湿性粉剂500 ～ 600倍液、70%甲基硫菌灵可湿性粉剂800倍液灌根，从每穴花生主茎顶部灌200 ～ 250 mL药液，顺茎蔓流到根部，防治效果很好。

4. 花生锈病

分　　布　花生锈病主要分布在广东、广西、福建、海南等东南沿海地区和江苏北部、山东、河南、河北、湖北、辽宁等地区。东南沿海地区发病最重。

症　　状　由落花生柄锈菌（*Puccinia arachidis*，属担子菌亚门真菌）引起。主要在叶片上发生，也能侵染叶柄、茎及果柄。叶片发病，初为针头大小淡黄色小点，后逐渐扩大变为红褐色突起（图5-9），表皮纵裂，露出红褐色粉末。病斑周围有一个不太明显的黄色晕圈（图5-10）。被害植株多先从底叶开始发病，逐渐向上蔓延，叶色变黄，最后干枯脱落，整株枯死。

图5-9　花生锈病为害叶片初期症状

图5-10　花生锈病为害叶片后期症状

发生规律　南方花生产区，锈病可于春花生、夏花生和秋花生以夏孢子的形式辗转侵染，也可在秋花生落粒长出的自生苗上以及病残体、花生果上越冬，成为来年的初侵染源。夏孢子可借气流、风雨传播，在叶片具有水膜的条件下再侵染。花生生长期的温度都能满足病菌孢子发芽需要，高湿、温差变化大，易引起病害的流行。氮肥过多，密度过大，通风透光不良能加重病害发生。春花生早播发病轻，迟播发病重；秋花生早播发病重，反之则轻。旱地花生和小畦种植的病害轻于水田和大畦花生。

防治方法　合理密植，及时中耕除草，做好排水沟，降低田间湿度。增施磷、钾肥。清洁田园，及时清除病蔓及自生苗，秋花生于白露后播种。花生开花期是防治花生锈病的关键时期。

花生开花期，可喷施75%百菌清可湿性粉剂500倍液、240 g/L噻呋酰胺悬浮剂30 ~ 40 mL/亩、70%代森锰锌可湿性粉剂800倍液＋25%三唑酮可湿性粉剂800倍液等药剂预防。

病害发生初期，可喷施25%三唑酮可湿性粉剂600 ~ 800倍液、10%苯醚甲环唑水分散粒剂2 000 ~ 2 500倍液、12.5%烯唑醇可湿性粉剂1 000 ~ 2 000倍液、25%丙环唑乳油500 ~ 1 000倍液、325 g/L苯甲·嘧菌酯（嘧菌酯200 g/L＋苯醚甲环唑125 g/L）悬浮剂35 ~ 50 mL/亩、45%苯并烯氟菌唑·嘧菌酯（苯并烯氟菌唑15%＋嘧菌酯30%）水分散粒剂17 ~ 23 g/亩、19%啶氧·丙环唑（啶氧菌酯7%＋丙环唑12%）悬浮剂70 ~ 88 mL/亩，喷药时加入0.2%展着剂（如洗衣粉等）有增效作用。每隔10 d左右喷1次，连喷3 ~ 4次。

5. 花生根腐病

症　　状　由多种镰孢菌引起，包括腐皮镰孢（*Fusarium solani*）、尖孢镰孢、粉红镰孢（*Fusarium.roseum*）、三线镰孢（*Fusarium.tricinctum*）、串珠镰孢等，均属无性型真菌。该病俗称“鼠尾”、烂根。幼苗出土后即可发病。先在茎基部近土面处出现湿润状黄褐色斑，后变为黑褐色，地上部失水萎蔫，逐步枯死。地下部根皮变褐色（图5-11），与髓部分离，主根粗短或细长，侧根很少，形似鼠尾状，近地面主茎上，常生出大量须根。严重时从表现症状至枯死仅需2 d。始花期受害，植株矮小，黄化，叶片由下而上逐渐变黄干枯。根茎表面皱折，由黄变褐，髓部呈淡褐色水渍状，后枯萎死亡。

图5-11 花生根腐病为害根部症状

发生规律 病菌在土壤、病残体和种子上越冬，成为翌年初侵染源。病菌主要借雨水、农事操作传播，从伤口或表皮直接侵入，病株产生分生孢子再侵染。苗期多阴雨、湿度大发病重。连作田、土层浅、沙质地易发病。

防治方法 深翻平整土地，增加活土层，提高土壤排水与蓄水能力；开沟排水，轻病地实行两年轮作；重病地实行3～5年轮作，增施无病有机肥，中耕培土，增强植株抗病能力。增肥改土，精细整地，提高播种质量。

种子处理：播前翻晒种子，剔除变色、霉烂、破损的种子，然后每100 kg种子用25%噻虫·咯·霜灵（精甲霜灵1.7%＋咯菌腈1.1%＋噻虫嗪22.2%）种子处理悬浮剂575～800 mL、400 g/L萎锈·福美双（福美双200 g/L＋萎锈灵200 g/L）种子处理悬浮剂200～300 mL、27%苯醚·咯·噻虫（噻虫嗪22.6%＋咯菌腈2.2%＋苯醚甲环唑2.2%）悬浮种衣剂400～600 mL、30%萎锈·吡虫啉（吡虫啉25%＋萎锈灵5%）悬浮种衣剂75～100 mL、6%咯菌腈·精甲霜·噻呋（噻呋酰胺3%＋咯菌腈1%＋精甲霜灵2%）种子处理悬浮剂750～1 000 mL、11%精甲·咯·嘧菌（精甲霜灵3.3%＋咯菌腈1.1%＋嘧菌酯6.6%）悬浮种衣剂327～490 mL包衣，或用15%甲拌·多菌灵（多菌灵8%＋甲拌磷7%）悬浮种衣剂1：(40～50)（药种比）对种子包衣也可用种子重量1%的50%多菌灵可湿性粉剂或每100 kg种子用350 g/L精甲霜灵种子处理乳剂40～80 mL拌种。

及时施药预防控病，齐苗后加强检查，发现病株随即采用喷雾或淋灌办法施药封锁中心病株。可选用80%代森锰锌可湿性粉剂60～75 g/亩＋70%甲基硫菌灵可湿性粉剂1 000倍液、6%戊唑醇微乳剂160～200 mL/亩、50%苯菌灵可湿性粉剂1 000倍液、12.5%烯唑醇可湿性粉剂800～1 500倍液、29%戊唑·嘧菌酯（戊唑醇18%＋嘧菌酯11%）悬浮剂20～30 mL/亩、27%噻呋·戊唑醇（噻呋酰胺9%＋戊唑醇18%）悬浮剂40～45 mL/亩、60%唑醚·代森联（代森联55%＋吡唑醚菌酯5%）水分散粒剂60～100 g/亩、325 g/L苯甲·嘧菌酯（嘧菌酯200 g/L＋苯醚甲环唑125 g/L）悬浮剂35～50 mL/亩等药剂，间隔7～15 d施1次，连喷2～3次，交替施用，喷足淋透。

6. 花生焦斑病

症　　状 由落花生小光壳（*Leptosphaerulina crassiasca*，属子囊菌亚门真菌）引起。主要为害叶片，先从叶尖或叶缘发病，病斑楔形或半圆形，由黄变褐，边缘深褐色，周围有黄色晕圈（图5-12），后变灰褐色，枯死破裂，状如焦灼，上生许多小黑点，即病菌子囊壳。叶片中部病斑初与黑斑病、褐斑病相似，后扩大成近圆形褐斑。该病常与叶斑病混生，有明显胡麻斑状。茎及叶柄染病，病斑呈不规则形（图5-13），浅褐色，水渍状，上生病菌的子囊壳。

图5-12 花生焦斑病为害叶片症状

图5-13 花生焦斑病为害茎部症状

发生规律 病菌以子囊壳和菌丝体的形式在病残体上越冬或越夏，遇适宜条件释放子囊孢子，借风雨传播，侵入寄主。病斑上产生新的子囊壳，放出子囊孢子再侵染。田间湿度大、土壤贫瘠、偏施氮肥的地块发病重。黑斑病、锈病等发生重，焦斑病发生也重。

防治方法 施足基肥，增施磷、钾肥，适当增施草木灰。雨后及时排水降低田间湿度。播种密度不宜过大。

花生开花初期，可用80%代森锰锌可湿性粉剂600 ～ 800倍液＋70%甲基硫菌灵可湿性粉剂1 000倍液、75%百菌清可湿性粉剂100 g/亩＋50%多菌灵可湿性粉剂100 g/亩、60%唑醚·代森联（代森联55%＋吡唑醚菌酯5%）水分散粒剂60 ～ 100 g/亩、325 g/L苯甲·嘧菌酯（嘧菌酯200 g/L＋苯醚甲环唑125 g/L）悬浮剂35 ～ 50 mL/亩等，兑水40 ～ 50 kg均匀喷雾。

花生焦斑病发病期，可喷施70%甲基硫菌灵可湿性粉剂1 000倍液、6%戊唑醇微乳剂160 ～ 200 mL/亩、50%苯菌灵可湿性粉剂1 000倍液、12.5%烯唑醇可湿性粉剂800 ～ 1 500倍液、10%苯醚甲环唑水分散粒剂2 000 ～ 2 500倍液，每隔15 d施药1次，连续防治2 ～ 3次。

7. 花生炭疽病

症　状 由平头刺盘孢（*Colletotrichum truncatum*，属无性型真菌）引起。下部叶片发病较多。先从叶缘或叶尖发病。从叶尖侵入的病斑沿主脉扩展呈楔形、长椭圆或不规则形；从叶缘侵入的病斑呈半圆形或长半圆形，病斑褐色或暗褐色，有不明显轮纹，边缘黄褐色（图5-14），病斑上着生许多不明显小黑点，即病菌分生孢子盘。

图5-14 花生炭疽病为害叶片症状

发生规律 病菌以菌丝体和分生孢子的形式在病株残体上越冬。第二年分生孢子借雨水传播，引起初次侵染。发病后病斑上产生分生孢子，通过雨水、昆虫传播多次侵染。高湿高温、排水不良的地块发病重。

防治方法 清除病株残体，深翻土壤，加强栽培管理，合理密植，增施磷钾肥，清沟排水。

病害发生初期，可喷施70%甲基硫菌灵可湿性粉剂800倍液＋70%代森锰锌可湿性粉剂600～800倍液、50%咪鲜胺锰盐可湿性粉剂800～1 000倍液、25%多·锰锌（代森锰锌16.7%＋多菌灵8.3%）可湿性粉剂100～200 g/亩、60%唑醚·代森联（代森联55%＋吡唑醚菌酯5%）水分散粒剂60～100 g/亩、325 g/L苯甲·嘧菌酯（嘧菌酯200 g/L＋苯醚甲环唑125 g/L）悬浮剂35～50 mL/亩等药剂，间隔7～15 d喷1次，连喷2～3次，交替喷施。

8. 花生病毒病

分　布　花生病毒病主要有条纹病毒病、斑驳病毒病、黄花叶病、普通花叶病等，是我国北方花生的重要病害。

症　状　分别由花生条纹病毒（*Peanut stripe virus*，PSV，属马铃薯Y病毒组）、黄瓜花叶病毒CA株系（*Cucumber mosaic virus*-CA，CMV-CA）、花生矮化病毒病Mi株系（*Peanut stunt virus*-Mi，PSV-Mi）引起。

条纹病毒病（图5-15）：花生染病后，先在顶端嫩叶上出现褪绿斑块，后发展成深浅相间的轻斑驳状，沿叶脉形成断续的绿色条纹或呈现橡叶状花斑的斑驳症状，发病早的植株矮化。

图5-15　花生条纹病毒病病叶

斑驳病毒病（图5-16）：全株性系统侵染病害，植物感染病毒后往往全株表现症状。病株的症状主要表现在叶片上，即叶片出现黄绿与深绿相嵌的斑驳。

图5-16　花生斑驳病毒病病叶

黄花叶病（图5-17）：花生出苗后即见发病。染病株中等变矮，初在顶端嫩叶上现褪绿黄斑，叶片卷曲，后发展为黄绿相间的黄花叶症状，有的出现网状明脉或绿色条纹。

图5-17　花生黄花叶病病叶

普通花叶病（图5-18）：病株开始在顶端嫩叶上出现叶脉颜色变浅的症状，有的出现褪绿斑，后发展成绿色与浅绿相间的普通花叶病症状，沿侧脉出现辐射状小的绿色条纹及小斑点，叶片狭长，叶缘呈波状扭曲。

图5-18　花生普通花叶病病叶

发生规律　病毒在花生的种仁内越冬。带毒种子在田间形成的病苗成为初侵染源。病害的传播靠蚜虫，以有翅蚜传毒为主。地膜春花生在5月中、下旬至6月上旬发病，露地春花生在5月下旬至6月上、中旬发病，夏花生在6月下旬至7月上旬发病。花生出苗后的有翅蚜高峰期是斑驳病毒的侵染高峰期。

防治方法　选用无病种子。地膜覆盖栽培花生不但可以提高地温，保水保肥，疏松土壤，改善土壤环境，而且可以驱避蚜虫，减少传毒，是防病增产的重要措施。播种期处理种子，在花生4片真叶期喷施药剂可有效地控制病害传播。

播种时，每100 kg种子可用25%噻虫·咯·霜灵（精甲霜灵1.7%＋咯菌腈1.1%＋噻虫嗪22.2%）种子处理悬浮剂575 ～ 800 mL、27%苯醚·咯·噻虫（噻虫嗪22.6%＋咯菌腈2.2%＋苯醚甲环唑2.2%）悬浮种衣剂400 ～ 600 mL、30%萎锈·吡虫啉（吡虫啉25%＋萎锈灵5%）悬浮种衣剂75 ～ 100 mL、15%

甲拌·多菌灵（多菌灵8%＋甲拌磷7%）悬浮种衣剂1：（40～50）（药种比）包衣，或用3%克百威颗粒剂2.5～3.0 kg/亩、10%辛硫磷颗粒剂0.5 kg/亩盖种。

在花生4片真叶时，25%噻虫嗪水分散粒剂4～8 g/亩、10%吡虫啉可湿性粉剂2 000～2 500倍液、3%啶虫脒乳油1 000～2 000倍液、50%抗蚜威可湿性粉剂1 800倍液，间隔7 d施1次，连喷3次，可有效地控制花生蚜和病毒病的发生程度。

在病害发生初期，也可喷施2%宁南霉素水剂100～150 mL/亩、0.5%菇类蛋白多糖水剂300倍液、20%丁子香酚水乳剂30～45 mL/亩、5%菌毒清水剂200～300倍液、20%盐酸吗啉胍·乙酸铜可湿性粉剂500倍液等药剂，每隔5～7 d喷1次，连续喷2～3次。

9. 花生冠腐病

症　状　由黑曲霉（*Aspergillus niger*，属无性型真菌）引起。主要为害茎基部，多发生在生长前期，也可以侵染果仁和子叶（图5-19）。茎基部生病后初期生黄褐色病斑，逐渐扩大，皮层纵裂，组织干腐破碎，呈纤维状。在潮湿情况下，病部很快长出黑色霉层。病部内维管束和髓部呈紫褐色。病株易从病部折断或逐渐失水萎蔫枯死。

图5-19　花生冠腐病为害果仁症状

发生规律　以菌丝和分生孢子的形式在土壤中病残体上及病种子上越冬。一般常在苗期、团棵期为害，在植株生长出木质茎和主根以后，此病就不再继续发生。一般种子质量差、带菌率高、苗弱发病较重；高温高湿、排水不良、土壤有机质少、耕作粗放、常年连作的地块发病都重。

防治方法　精选种子，选饱满无病、没有霉变的种子，播种不宜过深，不施未腐熟有机肥，雨后及时排除积水。播种前种子处理是防治花生冠腐病的有效措施，花生齐苗后和开花前是防治该病的关键时期。

种子处理：每100 kg可用38%苯醚·咯·噻虫（噻虫嗪32%＋苯醚甲环唑3%＋咯菌腈3%）悬浮种衣剂355～426 g，或用15%甲拌·多菌灵（多菌灵8%＋甲拌磷7%）悬浮种衣剂1：(40～50)（药种比）包衣，也可用占种子重量0.2%～0.5%的50%多菌灵可湿性粉剂拌种或药液浸种。

花生齐苗后和开花前，喷洒50%多菌灵可湿性粉剂600 ~ 800倍液、70%甲基硫菌灵可湿性粉剂600 ~ 1 000倍液、50%苯菌灵可湿性粉剂1 500倍液，发病严重时，间隔7 ~ 10 d再喷1次。

对发病集中的植株，可用50%多菌灵可湿性粉剂或70%甲基硫菌灵可湿性粉剂以800倍液灌根，从花生主茎顶部灌200 ~ 250 mL/穴，顺茎蔓流到根部，防治效果很好。

10. 花生青枯病

症　状　由青枯劳尔氏菌（*Ralstohia solanacearum*，属细菌）引起。从苗期到收获期均可发生，花期最易发病。主要侵染根部，致主根根尖变色软腐，病菌从根部维管束向上扩展至植株顶端。横切病部发现，呈环状排列的维管束变成深褐色，用手捏压时溢出浑浊的白色细菌脓液。地上部叶片初为青色，后逐渐萎蔫（图5-20、图5-21），后期整株枯萎。

图5-20　花生青枯病为害植株症状

图5-21　花生青枯病为害田间症状

发生规律　病菌主要在土壤中、病残体及未充分腐熟的堆肥中越冬，成为翌年主要初侵染源。主要靠土壤、流水、农具、人畜和昆虫等传播。花生播种后日均气温20℃以上，5 cm深处土温稳定在25℃以上6 ~ 8 d开始发病，旬均气温高于25℃，旬均土温30℃时进入发病盛期。春花生在4—5月降水量120 ~ 150 mm，秋花生在9月降水量达150 ~ 200 mm时，发病严重。

防治方法　选用抗病品种，大力推广水旱轮作或花生与冬小麦轮作。增施无病有机肥料，改善灌溉条件，及时开沟排水，高畦栽培，避免雨后积水。及时拔除病株并集中处理。清除病残体也有较好的防治效果。

由于此病是一种维管束病害，发病后用药剂防治，通常难以达到治疗效果，目前尚无很好的药剂，应该在病害发生前和发病初期喷药预防。可用85%三氯异氰尿酸可溶性粉剂500倍液、50%氯溴异氰尿酸可溶性液剂40 g/亩（兑水40 ~ 50 kg）、740%噻唑锌悬浮剂700 ~ 800倍液、3%中生菌素可湿性粉剂700 ~ 800倍液、20%噻菌铜悬浮剂300 ~ 700倍液喷淋根部，间隔7 ~ 10 d喷1次，连喷3 ~ 4次防治。

11. 花生根结线虫病

症　状　花生根结线虫主要有2个种：北方根结线虫（*Meloidogyne hapla*）、花生根结线虫（*Meloidogyne arenaria*），均属植物寄生线虫。主要为害根和果壳。病株生长缓慢或萎黄不长，植株矮小，始花期叶片变黄瘦小，叶缘焦枯，提早脱落。花小且开花晚，结果少或不结果。还可侵害果壳、果柄和根颈，果壳受害形成初为乳白色，后为褐色突起的小瘤。果柄和根茎形成葡萄状虫瘿簇。剖开根部可见乳白色针头大小的雌成虫（图5-22、图5-23）。

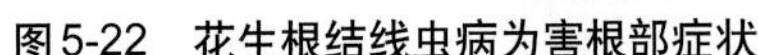

图5-22　花生根结线虫病为害根部症状

图5-23　花生根结线虫病根部根结症状

发生规律　1年发生3代。以卵和幼虫的形式在土壤中的病根、病果壳虫瘤内外越冬，也可混入粪肥越冬。翌年气温回升，卵孵化变成1龄幼虫，蜕皮后为2龄幼虫，然后出壳活动，从花生根尖处侵入，在细胞间隙和组织内移动。线虫侵染盛期为5月中旬至6月下旬。干旱年份易发病，雨季早、雨水大、植株恢复快发病轻。沙壤土或沙土、瘠薄土壤发病重。

防治方法　清洁田园，深刨病根，集中烧毁。铲除杂草，重病田可改为夏播。修建排水沟。忌串灌，防止水流传播。花生播种期种子处理和土壤处理是防治根结线虫病的有效措施。

花生播种时，用5%克百威颗粒剂1.5 kg/亩、3%氯唑磷颗粒剂4 ~ 5 kg/亩随药剂同时播入播种沟内，或用20%灭线磷颗粒剂1 ~ 2 kg/亩以“施药混土—点种—覆土”方法施用效果较好，也可用90%棉隆粉剂4.5 g/亩、80%氯化苦乳剂2.25 ~ 4.50 kg/亩、80%二溴氯丙烷粉剂2 kg/亩，在播种前10 ~ 15 d开沟施药。

12. 花生白绢病

分　　布　花生白绢病广泛分布于世界各花生产区，在我国以长江流域和南方产区发生较多。

症　　状　由齐整小核菌(*Sclerotium rolfsii*，属无性型真菌)引起。主要为害茎部、果柄及荚果。发病初期茎基部组织呈软腐状，表皮脱落，严重的整株枯死。土壤湿度大时可见白色绢丝状菌丝覆盖病部和四周地面（图5-24），后产生油菜籽状白色小菌核（图5-25），最后变为黄土色至黑褐色。根茎部组织染病，呈纤维状，终致植株干枯而死（图5-26）。

图5-24　花生白绢病为害根部产生的白色菌丝

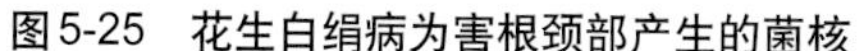

图5-25 花生白绢病为害根颈部产生的菌核

图5-26 花生白绢病为害植株症状

发生规律 以菌核或菌丝的形式在土壤中或病残体上越冬。翌年菌核萌发，产生菌丝，从植株根茎基部的表皮或伤口侵入，也可侵入子房柄或荚果。在田间靠流水或昆虫传播蔓延。高温、高湿、土壤黏重、排水不良、低洼地及多雨年份易发病。雨后马上转晴，病株迅速枯萎死亡。

防治方法 收获后及时清除病残体，深翻。施用腐熟有机肥，改善土壤通透条件。春花生适当晚播，苗期清棵蹲苗，整治排灌系统。

种子处理：每100 kg种子可用6%咯菌腈·精甲霜·噻呋（噻呋酰胺3%+咯菌腈1%+精甲霜灵2%）种子处理悬浮剂750 ~ 1 000 mL、22%咯菌腈·噻虫胺·噻呋（噻虫胺20%+咯菌腈0.7%+噻呋酰胺1.3%）种子处理悬浮剂480 ~ 580 mL、11%吡虫啉·咯菌腈·嘧菌酯（嘧菌酯1.7%+吡虫啉9%+咯菌腈0.3%）种子处理悬浮剂1.4 ~ 1.8 kg、30%萎锈·吡虫啉（吡虫啉25%+萎锈灵5%）悬浮种衣剂75 ~ 100 mL、38%苯醚·咯·噻虫（噻虫嗪32%+苯醚甲环唑3%+咯菌腈3%）悬浮种衣剂355 ~ 426 g，15%甲拌·多菌灵（多菌灵8%+甲拌磷7%）悬浮种衣剂1 ：（40 ~ 50）（药种比）包衣，也可用占种子重量0.2%～0.5%的50%多菌灵可湿性粉剂拌种或药液浸种。

在花生下针期，可用240 g/L噻呋酰胺悬浮剂20 ~ 25 mL/亩、20%氟酰胺可湿性粉剂75 ~ 125 g/亩、60%氟胺·嘧菌酯（氟酰胺30%+嘧菌酯30%）水分散粒剂30 ~ 60 g/亩、27%噻呋·戊唑醇（噻呋酰胺9%+戊唑醇18%）悬浮剂40 ~ 45 mL/亩、28%多菌灵·井冈霉素悬浮剂1 000 ~ 1 500倍液、20%萎锈灵乳油1 000 ~ 2 000倍液、50%苯菌灵可湿性粉剂、50%异菌脲可湿性粉剂1 000 ~ 2 000倍液、50%腐霉利可湿性粉剂喷淋植株根茎部，每株喷淋100 ~ 200 mL药液，间隔7 ~ 15 d施用1次，交替施用2 ~ 3次，前密后疏，喷匀淋透。也可以用0.5%噻呋酰胺颗粒剂3 000 ~ 4 000 g/亩，拌细土撒施。

二、花生虫害

据报道，我国已发现的花生虫害有50多种，为害较严重的有花生蚜、叶螨及蛴螬等。其中，花生蚜在山东、河南、河北等地区为害较重；叶螨分布在各花生产区；地下害虫蛴螬以我国北方发生较普遍。

1. 花生蚜

分　布 花生蚜（*Aphis medicaginis*）分布在全国各地。山东、河南、河北受害重。

为害特点 成、若虫群集在花生嫩叶、嫩芽、花柄、果针上吸汁，致使叶片变黄蜷缩、生长缓慢或停止（图5-27），植株矮小，影响花芽形成和荚果发育，造成花生减产，还会传播花生病毒病。

图5-27 花生蚜为害症状

图5-28 无翅胎生蚜

形态特征 有翅胎生雌蚜体黑绿色，有光泽。触角6节。翅基、翅痣、翅脉均为橙黄色。无翅胎生雌蚜体较肥胖（图5-28），黑色至紫黑色，具光泽。卵长椭圆形，初浅黄色，后变草绿色至黑色。若蚜黄褐色，体上具薄蜡粉，尾片黑色很短。

发生规律 1年发生20 ~ 30代。主要以无翅胎生雌蚜和若蚜的形式在背风向的山坡、地堰、沟边、路旁的荠菜等十字花科及宿根性豆科杂草或豌豆上越冬，少量以卵的形式越冬。翌年早春在越冬寄主上大量繁殖，后产生有翅蚜，向麦田内的荠菜迁飞，形成第一次迁飞高峰。其在花生幼苗期迁入花生田，5月底至6月下旬花生开花结荚期是该蚜虫为害盛期。

防治方法 春季在其第一次迁飞之后，结合沤肥，清除杂草；并在"三槐"上喷洒杀虫剂，以消灭虫源。播种时进行土壤处理，可减少蚜虫的为害。一般年份在5月下旬至6月上旬开展田间蚜量调查，当有蚜株率达30%时，平均每穴花生蚜量在20 ~ 30头，达指标时，即应防治。

播种时施药。用25%甲·克（克百威20%＋甲拌磷5%）悬浮种衣剂1 ：（25 ~ 35）（药种比）、15%甲拌·多菌灵（多菌灵8%＋甲拌磷7%）悬浮种衣剂1 ：（40 ~ 50）（药种比），或每亩100 kg种子用30%噻虫嗪种子处理悬浮剂200 ~ 400 mL、22%咯菌腈·噻虫胺·噻呋（噻虫胺20%＋咯菌腈0.7%＋噻呋酰胺1.3%）种子处理悬浮剂480 ~ 580 mL、30%吡·萎·福美双（吡虫啉15%＋福美双7.5%＋萎锈灵7.5%）种子处理悬浮剂667 ~ 1 000 mL、11%吡虫啉·咯菌腈·嘧菌酯（嘧菌酯1.7%＋吡虫啉9%＋咯菌腈0.3%）种子处理悬浮剂1.4 ~ 1.8 kg、30%萎锈·吡虫啉（吡虫啉25%＋萎锈灵5%）悬浮种衣剂75 ~ 100 mL、38%苯醚·咯·噻虫（噻虫嗪32%＋苯醚甲环唑3%＋咯菌腈3%）悬浮种衣剂355 ~ 426 g包衣；也可以用3%克百威颗粒剂1.5 ~ 2.0 kg/亩拌干细土20 ~ 25 kg沟施，药效可维持40 ~ 50 d。

在有翅蚜向花生田迁移高峰后2 ~ 3 d，用10%吡虫啉可湿性粉剂2 000倍液、32%联苯·噻虫嗪（噻虫嗪15%＋联苯菊酯17%）悬浮剂5 ~ 6 mL/亩、50%马拉硫磷乳油50 mL/亩、50%抗蚜威可湿性粉剂10 g/亩、25%亚胺硫磷乳油1 000倍液、50%喹硫磷乳油1 500 ~ 2 000倍液，兑水40 ~ 50 kg喷雾防治。

2. 叶螨

分　　布 我国为害花生的叶螨有朱砂叶螨（*Tetranychus cinnabarinus*）、二斑叶螨（*Tetranychus urticae*）、截形叶螨（*Tetranychus truncatus*）等，分布在各花生产区。

为害特点 成、若螨聚集在叶背面刺吸汁液，叶正面现黄白色斑，后叶面出现小红点，为害严重的，红色区域扩大，状似火烧（图5-29）。

图5-29　叶螨为害花生叶片症状

形态特征　雌成螨椭圆形，体色常随寄主而异，多为锈红色至深红色，体背两侧各有1对黑斑，肤纹突三角形至半圆形。雄成螨前端近圆形，腹末稍尖，体色较雌成螨淡。卵球形，淡黄色，孵化前微红。幼螨3对足。若螨4对足，与成螨相似（图5-30）。

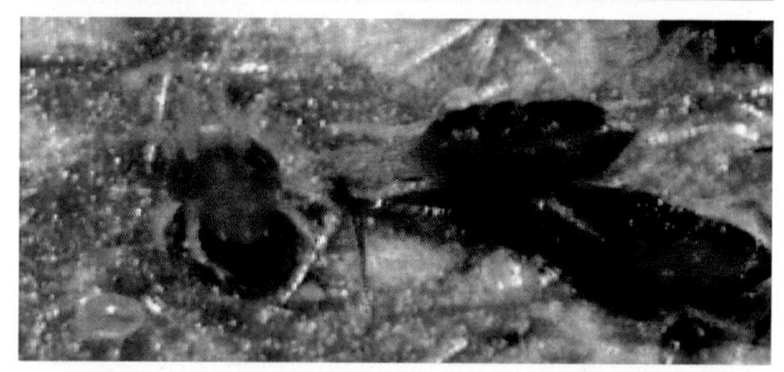

图5-30　二斑叶螨、截形叶螨、朱砂叶螨雌成螨

发生规律　每年生10～20代，在华北地区以雌成螨的形式在杂草、枯枝落叶及土缝中越冬；在华中地区各种虫态均可在杂草及树皮缝中越冬。翌春气温在10℃以上，即开始大量繁殖。3—4月先在杂草或其他寄主上取食，5月中旬迁入花生田为害，6月上旬至8月中旬进入发生为害盛期。

防治方法　铲除田边杂草，清除残株败叶，注意灌溉，增加湿度，制造不利于叶螨发育繁殖的环境。

在叶螨发生的早期，可使用杀卵效果好、残效期长的药剂，如使用5%噻螨酮乳油1 500倍液、20%四螨嗪可湿性粉剂3 000倍液、10%喹螨醚乳油3 000倍液。

当田间种群密度较大，并已经造成一定为害时，使用速效杀螨剂。可用15%哒螨·酮乳油3 000倍液、5%唑螨酯悬浮剂3 000倍液、20%三氯杀螨醇乳油1 500倍液、1.8%阿维菌素乳油2 000～4 000倍液、10%虫螨腈乳油3 000倍液、20%双甲脒乳油1 000倍液、20%复方浏阳霉素乳油1 000～1 200倍液、73%炔螨特乳油1 000倍液、20%甲氰菊酯乳油1 500倍液、2.5%联苯菊酯乳油1 500倍液，间隔7～10 d再喷1次。为了提高药效，可在上述药液中混加300倍液的洗衣粉或300倍液的碳酸氢铵，喷药时应采取淋洗式，务求喷透喷全。

3. 蛴螬

分　　布　蛴螬是鞘翅目金龟甲总科幼虫的总称。其成虫通称金龟子。蛴螬在我国分布很广，各地均有发生，但在我国北方发生较普遍。资料记载，我国蛴螬的种类有1 000多种，为害花生的有40多种。其中，大黑鳃金龟、暗黑鳃金龟、铜绿丽金龟为优势虫种。

为害特点　蛴螬的食性很杂（图5-31），是多食性害虫，为害作物种子、幼苗、幼根、嫩茎。蛴螬主要在地下为害，咬断幼苗根茎，切口整齐，造成幼苗枯死，或蛀食块根、块茎，造成孔洞，使作物生长衰弱，影响产量和品质。同时，被蛴螬造成的伤口有利于病菌的侵入，诱发其他病害。成虫金龟子主要取食植物地上部的叶片，有的还为害花和果实。

图5-31　蛴螬为害花生果实症状

形态特征与发生规律 见第二章二、5.蛴螬的相关内容。

防治方法 多施腐熟的有机肥料，合理控制灌溉或及时灌溉，促使蛴螬向土层深处转移，避开幼苗最易受害时期。播种前拌种，或在播种或移栽前土壤处理，可以有效减少虫量；或者在发生为害期药剂灌根，也可有效的防治害虫的为害。

播种前拌种：用25%甲·克（克百威20%＋甲拌磷5%）悬浮种衣剂1 ：（25 ～ 35）（药种比）、15%甲拌·多菌灵（多菌灵8%＋甲拌磷7%）悬浮种衣剂1 ：（40 ～ 50）（药种比），或每100 kg种子用13%丁硫·噻虫嗪（噻虫嗪3%＋丁硫克百威10%）微囊悬浮剂3 000 ～ 5 000 mL、30%吡虫·毒死蜱（吡虫啉7.5%＋毒死蜱22.5%）种子处理微囊悬浮剂1 330 ～ 2 000 mL包衣。

播种时土壤处理：用3%阿维·吡虫啉（吡虫啉1.5%＋阿维菌素1.5%）颗粒剂2 000 ～ 3 000 g/亩、50%辛硫磷乳油200 ～ 250 mL/亩，加10倍水，喷于25 ～ 30 kg细土上拌匀成毒土，或用2%甲基异柳磷粉2 ～ 3 kg/亩加25 ～ 30 kg细土拌成毒土；也可用3%克百威颗粒剂、5%二嗪磷颗粒剂2.5 ～ 3.0 kg/亩处理土壤，顺垄条施，随即浅锄，或以同样用量的毒土撒于种沟或地面，随即耕翻，或结合灌水施入。

在花生开花扎根期、蛴螬初发时，用3.5%氟腈·溴乳油90 ～ 120 mL/亩、40%氯·辛乳油250 mL/亩、48%毒死蜱乳油200 mL/亩、40%辛硫磷乳油500 mL/亩、30%毒·辛（10%毒死蜱＋20%辛硫磷）乳油400 ～ 600 mL/亩，兑水40 ～ 50 kg灌根，每株灌150 ～ 250 mL；或用150亿个孢子/g球孢白僵菌可湿性粉剂250 ～ 300 g/亩、10%二嗪磷颗粒剂900 ～ 1 200 g/亩、5%吡虫啉颗粒剂500 ～ 1 000 g/亩、15%毒死蜱颗粒剂1 000 ～ 1 250 g/亩、5%丁硫克百威颗粒剂3 000 ～ 5 000 g/亩，拌细土沟施、穴施。

4. 花生新珠蚧

为害特点 花生新珠蚧（*Neomargarodes gossypii*）是近年来在花生上新发现的一种突发性害虫，主要寄主是花生、大豆、棉花及部分杂草等。幼虫在根部为害，刺吸花生根部吸取营养，致侧根减少，根系衰弱，生长不良，植株矮化，叶片自下而上变黄脱落。前期症状不明显，开花后逐渐严重，轻者植株矮小、变黄、生长不良；重者花生整株枯萎死亡，地下部根系腐烂，结果少而秕，收获时荚果易脱落（图5-32）。严重影响花生的产量和品质，一般田块减产10%～ 30%，严重地块在50%以上。

图5-32 花生新珠蚧发生为害情况

形态特征 雌成虫（图5-33）：体长4.0 ～ 8.5 mm，宽3 ～ 6 mm。体粗壮，阔卵形，背面向上隆起，腹面较平。体柔韧，乳白色，多皱褶，密被黄褐色柔毛，特别是前足间毛长且密。触角短粗，塔状，6节。前足为开掘足，特别发达，爪极粗壮且坚硬，黑褐色。雄成虫（图5-34）：体长2.5 ～ 3.0 mm，棕褐色。复眼朱红色，很大。触角黄褐色栉齿状。胸部宽大，前胸背板宽大，黑褐色，前缘白色，两侧生有许多褐色长毛；中胸背板褐色，前盾片隆起呈圆球形，盾片中部套折形成一横沟，翅基肩片1对。腹部各节背面各具1对褐色横片，第6、第7腹节的褐色横片狭小。前翅发达，前缘黄褐色，中段呈齿状，后缘臀角处有一指状突出物，翅脉为2条不明显的纵脉；后翅退化成平衡棒。卵：椭圆形或卵圆形，长0.50 ~ 0.55 mm，宽0.30 ~ 0.35 mm，乳白色。3龄雄若虫：小型珠体脱壳后变成3龄雄若虫，其外形似雌成虫，但个体较小，体长约2.5 mm，触角较宽，显微特征表现为无阴门，体腹面后部缺无中心孔的多格孔。蛹体长而扁，长约3 mm，初为乳白色，以后渐变为黄褐色。触角、足、翅芽外露。

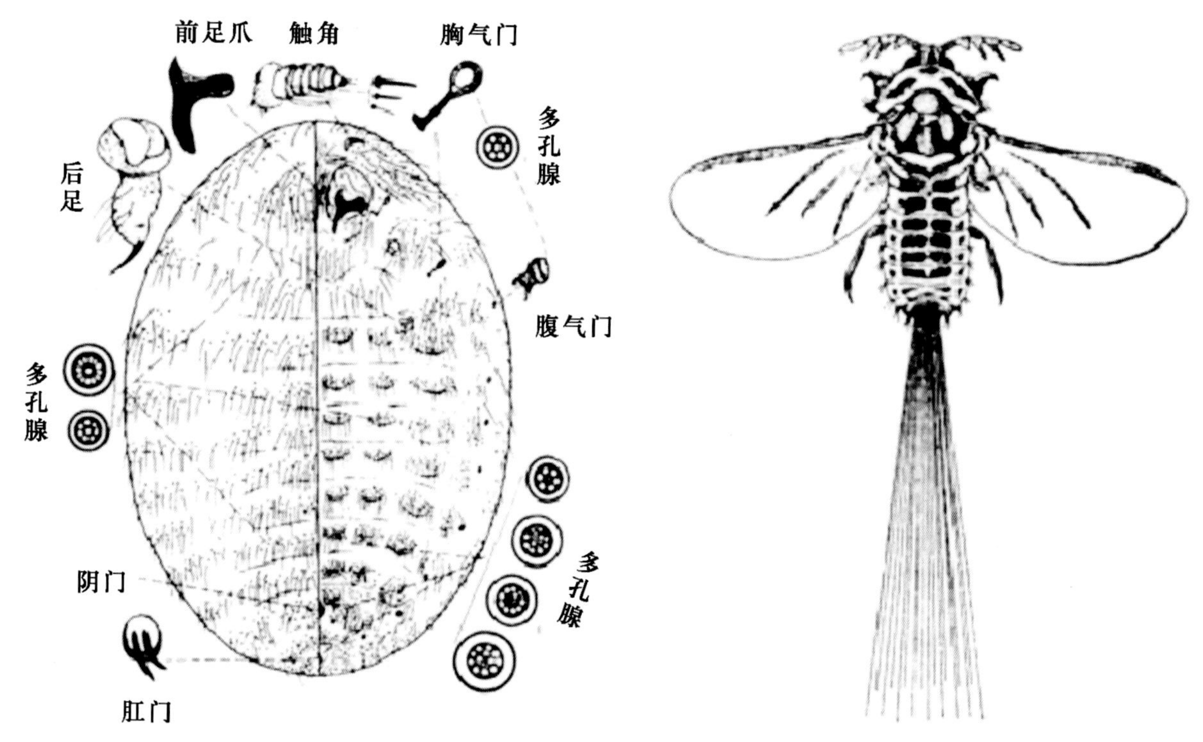

图5-33　花生新珠蚧雌成虫

图5-34　花生新珠蚧雄成虫

发生规律　1年发生1代，以2龄幼虫（球体）的形式在10 ~ 20 cm深的土中越冬。翌年4月雌成虫出壳，之后钻入土中，5月开始羽化为成虫，并且交配产卵，交配后雄成虫死去，等产卵后雌成虫也相继死亡。卵期20 ~ 30 d，6月上旬开始孵化，6月下旬至7月上旬是1龄幼虫孵化盛期。幼虫期是防治的最佳时期。1龄幼虫在土表寻找到寄主后，钻入土中，将口针刺入花生根部，并固定下来吸食为害。经过1次蜕皮后变为2龄幼虫，呈圆珠状，并且失去活动能力。在大量吸食花生根部营养的同时，球体逐渐膨大，颜色逐渐由浅变深。7月上、中旬是2龄幼虫为害盛期，8月上旬逐渐形成球体，9月花生收获时大量球体脱离寄主，随着腐烂的花生根系脱落，留在土壤中开始准备越冬。少量球体随花生带入场内，混入种子或粪肥中越冬以向外传播。该球体生存能力极强，若当年条件不适宜，可休眠到第2、第3年，待条件适宜时继续发生为害。

防治方法　花生新珠蚧主要为害花生、大豆、棉花等作物。因此，与小麦、玉米、芝麻、瓜类等非寄主作物轮作，可减少土壤中越冬虫源基数，减轻为害。6月在幼虫孵化期结合深中耕除草，可破坏其卵室，消灭部分地面爬行的幼虫。6月中旬是1龄幼虫孵化期，此时结合天气情况，及时浇水，抑制地面爬行幼虫活动，可杀死部分幼虫。若浇水时结合施药，效果更好。施药防治时要抓好防治适期。

播种期防治，花生播种时，每50%辛硫磷颗粒剂2.5 kg对细土30 ~ 50 kg配成毒土盖种。也可以用40%甲基异柳磷乳油或48%毒死蜱乳油200 ~ 250 mL加适量水，拌细土30 ~ 40 kg配成毒土撒施。还可以用种子量0.2%的50%辛硫磷乳油拌种，防治效果均较好，同时还能兼治地下害虫等害虫。

生长期防治最佳施药时间在6月下旬至7月上旬，若施药过晚，其珠形体外壳已经加厚，极难用药治理。可以用50%辛硫磷乳油200 ~ 300 mL/亩、3%甲基异柳磷颗粒剂2.5 ~ 3.0 kg加细土30 ~ 50 kg制成毒土，顺垄撒于花生棵基部，然后覆土浇水。也可以用50%辛硫磷乳油1 000 ~ 1 200倍液、26%辛·吡乳油500 ~ 1 000倍液、40%甲基异柳磷乳油1 500倍液直接喷洒到花生根部，效果很好。

三、花生各生育期病虫害防治技术

花生栽培管理过程中，很多病虫害发生严重，生产上应总结本地花生病虫害的发生特点和防治经验，制订病虫害防治计划，适时进行田间调查，及时采取防治措施，有效控制病虫害，保证丰产、丰收。

（一）播种期病虫害防治技术

花生春播时间大约在4月下旬至6月上旬（图5-35），麦套花生一般在小麦收获前10 ~ 20 d点播，夏花生于麦收后及时点播，播种期病虫害防治是以保苗为目的，主要防治对象是地下害虫、根结线虫病、花生茎腐病、花生冠腐病等。

图5-35 花生播种

预防茎腐病等土传、种传病害和苗期病害，可以采用种子处理和土壤处理的方式。可以用25%多菌灵可湿性粉剂100倍液，倒入50 kg种子浸种，以种子量的0.2% ~ 0.3%掺土拌种，还可用2.5%咯菌腈悬浮种衣剂按1 ：300（药种比）包衣处理，也可用种子重量0.2% ~ 0.5%的50%多菌灵可湿性粉剂拌种或药液浸种6 ~ 12 h，中间翻动2 ~ 3次，使药液被种子吸收；用50%拌种双可湿性粉剂0.3% ~ 0.5%种子量浸种，0.2%的50%福美双粉剂拌种，或用45%三唑酮·福美双可湿性粉剂、40%三唑酮·多菌灵可湿性粉剂按种子量0.2% ~ 0.3%拌种，可有效预防花生茎腐病、冠腐病等多种病害的发生。

对于经常发生花生根结线虫病的地区或田块，花生播种时用5%克百威颗粒剂1.5 kg/亩、5%苯线磷颗粒剂1 kg/亩、3%氯唑磷颗粒剂4 ~ 5 kg/亩随药剂同时播入播种沟内。对于蛴螬、金针虫、蝼蛄等地下害虫发生严重的地块，可以用50%辛硫磷乳油按1 ：1 000（药种比）的比例拌种（用20 mL药剂，加水1 kg，配成药液，均匀拌干种子20 kg），也可用40%甲基异柳磷乳油按1 ：（1 200 ~ 1 500）（药种比）的比例拌种，拌后晾干播种。

（二）幼苗期病虫害防治技术

花生幼苗期在5月至6月下旬（图5-36），这一时期主要防治对象为冠腐病、叶斑病、病毒病、蚜虫、红蜘蛛、棉铃虫、黏虫等病虫害，应注意调查，适时进行化学防治。

图5-36 花生幼苗期生长情况

防治花生冠腐病、叶斑病等：可以喷洒50%多菌灵可湿性粉剂600 ～ 800倍液、70%甲基硫菌灵可湿性粉剂600 ～ 1 000倍液、50%苯菌灵可湿性粉剂1 500倍液，发病严重时，间隔7 ～ 10 d再喷1次。

在花生苗期控制蚜虫的发生为害，同时还能有效地控制病毒病等病害的传播为害。在田间有少量蚜虫时，可以喷施10%吡虫啉可湿性粉剂1 000 ～ 2 500倍液、3%啶虫脒乳油1 000 ～ 2 000倍液、50%抗蚜威可湿性粉剂1 800倍液、40%乙酰甲胺磷乳油1 500倍液等内吸性较好、持效期较长的杀虫剂，以保证较长的防治效果。在田间蚜虫较多时，可以用40%氧乐果乳油1 000倍液、50%辛硫磷乳油1 500倍液、50%马拉硫磷乳油或50%杀螟松乳油1 000倍液、20%氰戊菊酯乳油1 000 ～ 1 500倍液、2.5%溴氰菊酯乳油1 000 ～ 3 000倍液，间隔7 d喷施1次，连喷3次，可有效地控制花生蚜和病毒病的发生程度。

防治花生田的红蜘蛛：喷洒20%三氯杀螨醇乳油1 500倍液、20%三氯杀螨砜乳油800倍液、10%浏阳霉素乳油1 000倍液、73%炔螨特乳油3 000倍液、20%哒螨灵乳油3 000倍液、10%虫螨腈乳油2 000倍液、1.8%阿维菌素乳油5 000倍液、20%双甲脒乳油1 000 ～ 1 500倍液，间隔7 ～ 10 d再喷1次。

（三）开花结果期病虫害防治技术

花生于7月上旬开始进入开花期，于9月成熟收获。开花结果期，以叶斑病、锈病、青枯病为主防对象，蛴螬、蚜虫、红蜘蛛也时有为害，应注意调查，及时采取防治措施（图5-37）。

图5-37　花生开花结果期

花生叶斑病田间病叶率在10% ～ 15%时，开始喷施6%戊唑醇微乳剂在100 ～ 200 mL/亩、50%多菌灵可湿性粉剂50 ～ 100 g/亩、70%甲基硫菌灵可湿性粉剂50 ～ 80 g/亩，兑水40 ～ 50 kg；也可喷施25%联苯三唑醇可湿性粉剂600 ～ 800倍液 + 80%代森锰锌可湿性粉剂600 ～ 800倍液、50%苯菌灵可湿性粉剂500倍液 + 70%百菌清可湿性粉剂600 ～ 800倍液、12.5%烯唑醇可湿性粉剂1 000 ～ 2 000倍液，每隔15 d施药1次，连续防治2 ～ 3次。可兼治网斑病。

防治花生锈病：可喷施15%三唑酮可湿性粉剂600倍液、12%松脂酸铜乳油600倍液、95%敌锈钠可湿性粉剂600倍液、75%百菌清可湿性粉剂500倍液、50%福美锌可湿性粉剂400倍液、15%三唑醇可湿性粉剂1 000倍液，每隔10 d左右喷1次，连喷3 ～ 4次。

防治花生青枯病：可用85%三氯异氰尿酸可溶性液剂500倍液、72%农用链霉素可溶性粉剂2 000 ～ 4 000倍液、25%络氨铜水剂500倍液、77%氢氧化铜可湿性粉剂500倍液喷淋根部，间隔7 ～ 10 d喷1次，连喷3 ～ 4次防治。

防治蛴螬为害花生荚果：可用90%晶体敌百虫500倍液、50%辛硫磷乳油800倍液、25%甲萘威可湿性粉剂800倍液、48%毒死蜱乳油1 000倍液进行灌根，每穴灌100 ～ 250 mL/亩。

四、花生田杂草防治技术

近几年来，随着农业生产的发展和耕作制度的变化，花生田杂草的发生出现了很多变化。农田肥水条件普遍提高，杂草生长旺盛，但部分田也有灌溉条件较差的情况；小麦普遍采用机器收割，麦茬高、麦糠和麦秸多，影响花生田封闭除草剂的应用效果，但也有部分花生田在小麦收获前实行了行间点播；花生田除草剂单一品种长期应用，部分地块香附子等恶性杂草大量增加。由于不同地区、不同地块的栽培方式、管理水平和肥水差别逐渐加大，在花生田杂草防治中应区别对待各种情况，选用适宜的除草剂品种和配套的施药技术。

花生播种期是杂草防治中的一个重要时期，但花生多于沙地种植，芽前施药有较大的局限性。播前、播后苗前施药的优点：可以防除杂草于萌芽期和造成为害之前；由于早期控制了杂草，可以推迟或减少中耕次数；播前施药混土能提高对土壤深层出土的一年生大粒阔叶杂草和某些难防治的禾本科杂草的防治效果；还可以改善某些药剂对花生的安全性。播前、播后苗前施药的缺点：使用药量与药效受土壤质地、有机质含量、pH制约；在沙质土，遇大雨可能将某些除草剂（如乙氧氟草醚、乙草胺）淋溶到种子上产生药害；播后苗前土壤处理，土壤必须保持湿润才能使药剂发挥作用，如在干旱条件下施药，除草效果差，甚至无效。

花生生长期化学除草特别重要。苗后茎叶处理具有的优点：受土壤类型、土壤湿度的影响相对较小；看草施药，针对性强。苗后茎叶处理具有的缺点：生长期施用的多种除草剂杀草谱较窄；喷药时对周围敏感作物易造成飘移为害；有些药剂高温条件下应用除草效果好，但同时对花生也易产生药害；干旱少雨、空气湿度较小和杂草生长缓慢的情况下，除草效果不佳；除草时间越拖延，花生减产越明显；苗后茎叶处理必须在大多数杂草出土，且具有一定能截留药液的叶面积时施用，但通常此时花生已明显遭受草害。

（一）地膜覆盖花生田芽前杂草防治

我国部分地区，特别是部分沙土地区、山区丘陵或城郊，春季地膜花生还有一定的面积。田间如不进行化学除草，往往严重影响花生的生长、顶烂地膜（图5-38）。这类地块多为沙质土，墒情差，晚上和阴天温度极低，白天阳光下温度极高，为保证除草剂的药效和安全增加了难度。这些地块必须进行化学除草，但化学除草效果又较差。生产上选择除草剂品种时，应尽量选择受墒情和温度影响较小的品种，以保证药效；药量选择时，应尽量降低用量，必须考虑药效和安全两方面的需要。

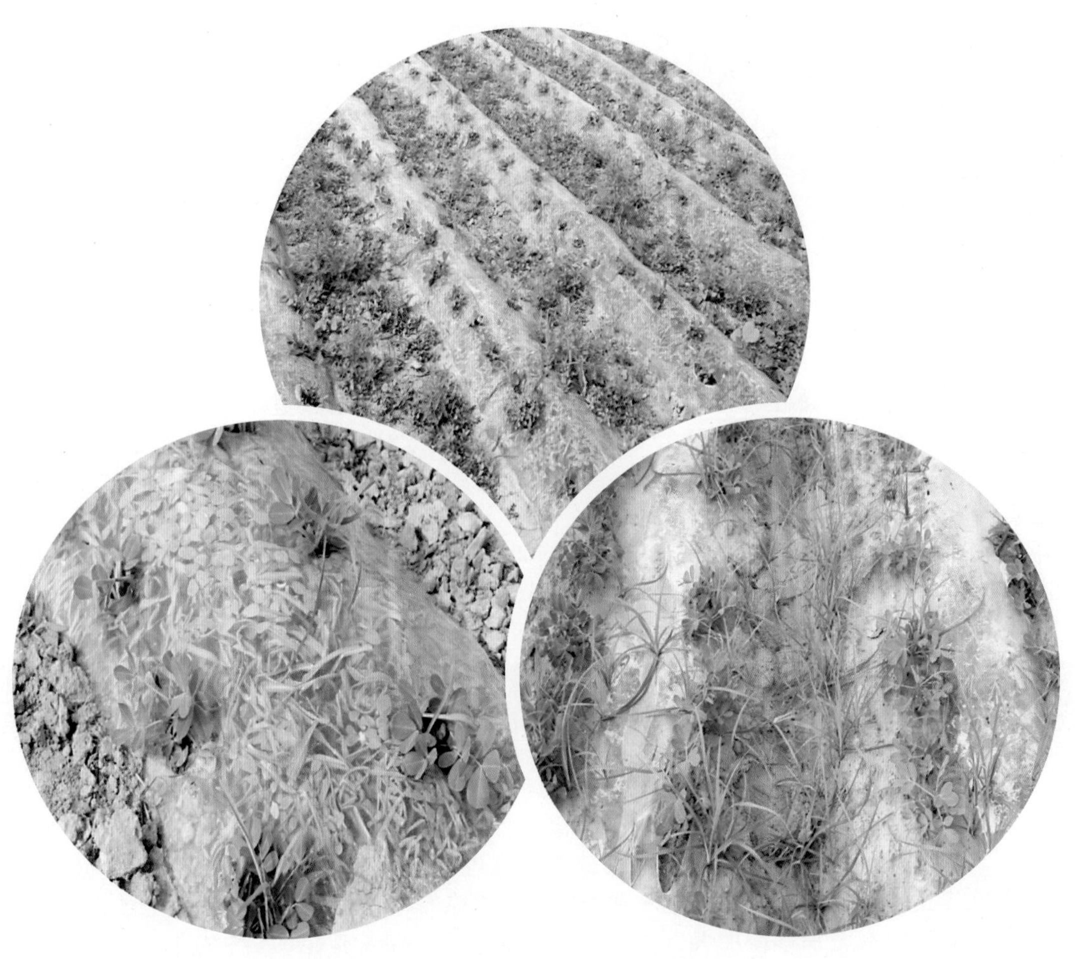

图5-38 地膜覆盖花生田杂草为害情况

对于一般地膜花生田，以马唐、狗尾草、藜等杂草为主，应在播种后、覆膜前（图5-39）及时施药，可以用33%二甲戊乐灵乳油100 ～ 150 mL/亩、48%氟乐灵乳油100 ～ 150 mL/亩（施药后需浅混土）、50%乙草胺乳油75 ～ 120 mL/亩、72%异丙甲草胺乳油100 ～ 150 mL/亩，在花生播种后、覆膜前（花生芽前），兑水45 kg均匀喷施，氟乐灵施药后应及时混土。

图5-39　地膜覆盖花生田播种和施药时期

对于田间有大量禾本科杂草和阔叶杂草发生的地块，可以用50%乙草胺乳油75 ～ 100 mL/亩＋20%噁草酮乳油100 mL/亩、50%乙草胺乳油75 ～ 100 mL/亩＋50%扑草净可湿性粉剂50 g/亩、33%二甲戊乐灵乳油75 ～ 100 mL/亩＋20%噁草酮乳油100 mL/亩、33%二甲戊乐灵乳油75 ～ 100 mL/亩＋50%扑草净可湿性粉剂50 g/亩、72%异丙草胺乳油75 ～ 100 mL/亩＋20%噁草酮乳油100 mL/亩、72%异丙草胺乳油75 ～ 100 mL/亩＋50%扑草净可湿性粉剂50 g/亩，在花生播后芽前，兑水45 kg均匀喷施。

对于田间有大量禾本科杂草、阔叶杂草和香附子发生的地块，可以用33%二甲戊乐灵乳油75 ～ 100 mL/亩＋24%甲咪唑烟酸水剂30 mL/亩、72%异丙草胺乳油75 ～ 100 mL/亩＋24%甲咪唑烟酸水剂30 mL/亩，在花生播后芽前，兑水45 kg/亩均匀喷施。

（二）正常栽培条件花生田播后芽前杂草防治

部分生产条件较好的花生产区，习惯于麦收后翻耕平整土地后播种花生（图5-40），这些地区花生播后芽前是杂草防治的一个最有利、最关键的时期。

图5-40 南部产区花生栽培模式

华北花生栽培区（图5-41），降雨量少、土壤较旱，对于以前施用除草剂较少，田间常见杂草种类为马唐、狗尾草、牛筋草、稗草、藜、苋的田块，在花生播后芽前，可以用50%乙草胺乳油150 ~ 200 mL/亩、33%二甲戊乐灵乳油200 ~ 250 mL/亩、72%异丙甲草胺乳油200 ~ 250 mL/亩，兑水45 kg均匀喷施。

图5-41 华北夏花生田播种和施药情况

对于田间有大量禾本科杂草和阔叶杂草发生的地块，可以用50%乙草胺乳油100 ~ 200 mL/亩+20%噁草酮乳油100 mL/亩、33%二甲戊乐灵乳油150 ~ 200 mL/亩+50%扑草净可湿性粉剂50 g/亩、72%异丙草胺乳油150 ~ 250 mL/亩+20%噁草酮乳油100 mL/亩、72%异丙草胺乳油150 ~ 250 mL/亩+50%扑草净可湿性粉剂50 g/亩，在花生播后芽前，兑水45 kg/亩均匀喷施。

对于田间有大量禾本科杂草、阔叶杂草和香附子发生的地块，可以用50%乙草胺乳油100 ~ 200 mL/亩+24%甲咪唑烟酸水剂20 ~ 30 mL/亩、33%二甲戊乐灵乳油150 ~ 200 mL/亩+24%甲咪唑烟酸水剂20 ~ 30 mL/亩、72%异丙草胺乳油150 ~ 200 mL/亩+24%甲咪唑烟酸水剂20 ~ 30 mL/亩，在花生播后芽前，兑水45 kg，均匀喷施。

驻马店等河南中、南部及其以南花生栽培区（图5-42），降水量较大、杂草发生严重。对于以前施用除草剂较少，田间常见杂草种类为马唐、狗尾草、牛筋草、稗草、藜、苋的田块，在花生播后芽前，可以用50%乙草胺乳油200 ～ 250 mL/亩、33%二甲戊乐灵乳油200 ～ 250 mL/亩、72%异丙甲草胺乳油200 ～ 250 mL/亩，兑水45 kg均匀喷施。

图5-42 华北夏花生田播种和施药情况

对于田间有大量禾本科杂草和阔叶杂草发生的地块，可以用50%乙草胺乳油200 ～ 250 mL/亩、48%二甲戊乐灵乳油150 ～ 250 mL/亩、72%异丙草胺乳油200 ～ 300 mL/亩，同时加入下列任意一种药剂：24%乙氧氟草醚乳油20 mL/亩、20%噁草酮乳油100 mL/亩、50%扑草净可湿性粉剂50 g/亩，在花生播后芽前，兑水45 kg均匀喷施。

对于田间有大量禾本科杂草、阔叶杂草和香附子发生的地块，可以用50%乙草胺乳油100 ～ 200 mL/亩＋24%甲咪唑烟酸水剂30 mL/亩、33%二甲戊乐灵乳油150 ～ 200 mL/亩＋24%甲咪唑烟酸水剂30 mL/亩、72%异丙草胺乳油150 ～ 200 mL/亩＋24%甲咪唑烟酸水剂30 mL/亩，在花生播后芽前，兑水45 kg/亩，均匀喷施。该区经常有降雨，在花生播后芽前施用酰胺类、二硝基苯胺类除草剂、乙氧氟草醚、噁草酮易发生药害，特别是遇低温高湿情况更易发生药害，施药时应注意墒情和天气预报。乙氧氟草醚、噁草酮为触杀性芽前除草剂，施药时要喷施均匀。扑草净对花生安全性差，不要随意加大剂量，否则易发生药害。

（三）花生2 ～ 4片羽状复叶期田间无草或中耕锄地后杂草防治

黄淮海中、北部夏花生产区是花生主产区，为争取时间和墒情，习惯在小麦收获前几天将花生点播于小麦行间；也有一部分地块在小麦收获后点播，由于三夏大忙，无法灭茬和施药除草，花生田除草必须在生长期进行。同时，对于播后芽前除草而未能有效防治的地块，也需要在生长期再次除草。

花生点播于小麦行间的田块，可以在花生苗期结合锄地、中耕灭茬，除去已出苗杂草，同时采用封闭除草的方法施药，可以有效防治花生田杂草。这种方法成本低廉、除草效果好，基本上可以控制整个生育期内杂草的为害。可用50%乙草胺乳油120 ～ 150 mL/亩、72%异丙草胺乳油150 ～ 200 mL/亩、72%异丙甲草胺乳油150 ～ 200 mL/亩，在花生幼苗期、封行前，兑水45 kg，均匀喷施，宜选用墒情好、阴天或17：00后施药，如在高温、干旱、强光条件下施药，花生会产生触杀性药斑，但一般情况下对花生生长影响不大。

对于田间有大量禾本科杂草、阔叶杂草和香附子发生的地块，可以用50%乙草胺乳油100 ～ 200 mL/亩＋24%甲咪唑烟酸水剂30 mL/亩、33%二甲戊乐灵乳油150 ～ 200 mL/亩＋24%甲咪唑烟酸水剂30 mL/亩、72%异丙草胺乳油150 ～ 200 mL/亩＋24%甲咪唑烟酸水剂30 mL/亩，兑水45 kg均匀喷施。

在小麦收获7 ～ 14 d后灭茬浇地。花生田墒情较好、长势良好情况下施药对花生比较安全；田间干旱、麦收后花生长势较弱时施药易发生药害。

（四）花生生长期田间禾本科杂草的防治

前期未能及时化学除草并遇到阴雨天气时，田间往往发生大量杂草，乃至形成草荒，应及时除草。

在花生苗期锄地、中耕灭茬后，特别是中耕后遇雨，田间有禾本科杂草少量出苗后，过早盲目施用茎叶期防治禾本科杂草的除草剂，如精喹禾灵等，并不能达到理想的除草效果；该期可以采用除草和封闭兼备的除草方法，可以有效防治花生田杂草。这种方法封杀兼备、除草效果好，可以控制整个生育期内杂草的为害。该期施药时，可以施用5%精喹禾灵乳油50 ～ 75 mL/亩＋50%乙草胺乳油150 ～ 200 mL/亩、5%精喹禾灵乳油50 ～ 75 mL/亩＋33%二甲戊乐灵乳油150 ～ 250 mL/亩、12.5%稀禾啶乳油50 ～ 75 mL/亩＋72%异丙甲草胺乳油150 ～ 250 mL/亩、24%烯草酮乳油20 ～ 40 mL/亩＋50%异丙草胺乳油150 ～ 250 mL/亩，兑水30 kg均匀喷施。

施药时视草情、墒情确定用药量。草大、墒差时适当加大用药量。花生田干旱或中耕除草，使田间杂草较小较少，但花生较大时，不宜施用该配方，否则，药剂过多喷施到花生叶片，特别是在高温、干旱、正午强光下施药易发生严重的药害，降低除草效果，宜选用墒好、阴天或17：00后施药。

对于前期未能封闭除草的田块，在杂草基本出齐，且杂草处于幼苗期时应及时施药。可以施用5%精喹禾灵乳油50 ～ 75 mL/亩、10.8%高效氟吡甲禾灵乳油20 ～ 40 mL/亩、10%喔草酯乳油40 ～ 80 mL/亩、15%精吡氟禾草灵乳油40 ～ 60 mL/亩、10%精噁唑禾草灵乳油50 ～ 75 mL/亩、12.5%稀禾啶乳油50 ～ 75 mL/亩、24%烯草酮乳油20 ～ 40 mL/亩，兑水30 kg均匀喷施，可以有效防治多种禾本科杂草。施药时视草情、墒情确定用药量，草大、墒差时适当加大用药量。施药时注意不能飘移到周围禾本科作物上，否则，会发生严重的药害。

对于前期未能有效除草的田块，在花生田禾本科杂草较多较大时（图5-43），应适当加大药量和施药水量，喷透喷匀，保证杂草均能接受到药液。可以施用5%精喹禾灵乳油75 ～ 125 mL/亩、10.8%高效氟吡甲禾灵乳油40 ～ 60 mL/亩、10%喔草酯乳油60 ～ 80 mL/亩、15%精吡氟禾草灵乳油75 ～ 100 mL/亩、10%精噁唑禾草灵乳油75 ～ 100 mL/亩、12.5%稀禾啶乳油75 ～ 125 mL/亩、24%烯草酮乳油40 ～ 60 mL/亩，兑水45 ～ 60 kg均匀喷施，施药时视草情、墒情确定用药量，可以有效防治多种禾本科

图5-43　花生田禾本科杂草发生严重的情况

杂草；但天气干旱、杂草较大时死亡时间相对缓慢。杂草较大、杂草密度较高、墒情较差时，适当加大用药量和喷液量，否则杂草接触不到药液或药量较小，影响除草效果。

（五）花生生长期田间阔叶杂草、香附子的防治

在花生主产区，除草剂应用较多的地区或地块，前期施用芳氧基苯氧基丙酸类、环己烯酮类、乙草胺、异丙甲草胺或二甲戊乐灵等除草剂后，马齿苋、铁苋、打碗花等阔叶杂草或香附子、鸭跖草等恶性杂草发生较多的地块（图5-44），杂草防治比较困难，应抓住有利时机及时防治。

图5-44　花生生长期阔叶杂草发生为害情况

在马齿苋、铁苋、打碗花、香附子等基本出齐，且杂草处于幼苗期时应及时施药。可以用10%乙羧氟草醚乳油10 ～ 20 mL/亩、48%苯达松水剂150 mL/亩、25%三氟羧草醚水剂50 mL/亩、25%氟磺胺草醚水剂50 mL/亩、24%乳氟禾草灵乳油20 mL/亩，兑水30 kg均匀喷施。该类除草剂对杂草主要表现为触杀性除草效果，施药时务必喷施均匀。宜在花生2 ～ 4片羽状复叶时施药，施药会产生轻度药害，过早或过晚均会加大药害。施药时视草情、墒情确定用药量。

在香附子发生严重的花生田（图5-45），在香附子等杂草基本出齐，且杂草处于幼苗期时应及时施药，可以用24%甲咪唑烟酸水剂30 mL/亩，兑水45 kg均匀喷施，对香附子等多种杂草具有较好的防治效果。在香附子较大时，可以用24%甲咪唑烟酸水剂30 mL/亩＋10%乙羧氟草醚乳油10 ～ 20 mL/亩、24%甲咪唑烟酸水剂30 mL/亩＋48%苯达松水剂150 mL/亩、24%甲咪唑烟酸水剂30 mL/亩＋25%三氟羧草醚水剂50 mL/亩、24%甲咪唑烟酸水剂30 mL/亩＋25%氟磺胺草醚水剂50 mL/亩、24%甲咪唑烟酸水剂30 mL/亩＋24%乳氟禾草灵乳油20 mL/亩，兑水30 kg均匀喷施，对香附子的防治效果较好。该类除草剂对杂草主要表现为触杀性除草效果，施药时务必喷施均匀。宜在花生2 ～ 4片羽状复叶时施药，施药过晚或施药剂量过大时易对后茬产生药害。

图5-45 花生生长期香附子发生为害情况

（六）花生生长期田间禾本科杂草和阔叶杂草等混生田的杂草防治

部分花生田，前期未能及时施用除草剂或除草效果不好时，苗期发生大量杂草（图5-46），生产上应针对杂草发生种类和栽培管理情况，正确地选择除草剂种类和施药方法。

图5-46 花生生长期禾本科杂草和阔叶杂草混合发生为害情况

部分花生田（图5-47），在花生生长前期或雨季来临之前，对于马唐、狗尾草、马齿苋、藜、苋发生的地块，在花生2～4片羽状复叶期，杂草基本出齐且处于幼苗期时应及时施药，可以用杀草、封闭兼备的除草剂配方。具体药剂：5%精喹禾灵乳油50 mL/亩+48%苯达松水剂150 mL/亩+50%乙草胺乳油150～200 mL/亩、10.8%高效氟吡甲禾灵乳油20 mL/亩+25%三氟羧草醚水剂50 mL/亩+50%乙草胺乳油150～200 mL/亩、10.8%高效氟吡甲禾灵乳油20 mL/亩+25%三氟羧草醚水剂50 mL/亩+72%异丙甲草胺乳油150～250 mL/亩、5%精喹禾灵乳油50 mL/亩+24%乳氟禾草灵乳油20 mL/亩+50%乙草胺乳油150～200 mL/亩、5%精喹禾灵乳油50 mL/亩+48%苯达松水剂150 mL/亩+72%异丙甲草胺乳油150～250 mL/亩、5%精喹禾灵乳油50 mL/亩+48%苯达松水剂150 mL/亩+33%二甲戊乐灵乳油150～250 mL/亩，兑水30 kg均匀喷施，施药时视草情、墒情确定用药量。对于香附子发生较多的田块，还可以在上述除草剂配方之中，加入24%甲咪唑烟酸水剂30 mL/亩，但不宜施药过晚，与后茬间隔期达不到3～4个月时，易对后茬产生药害。

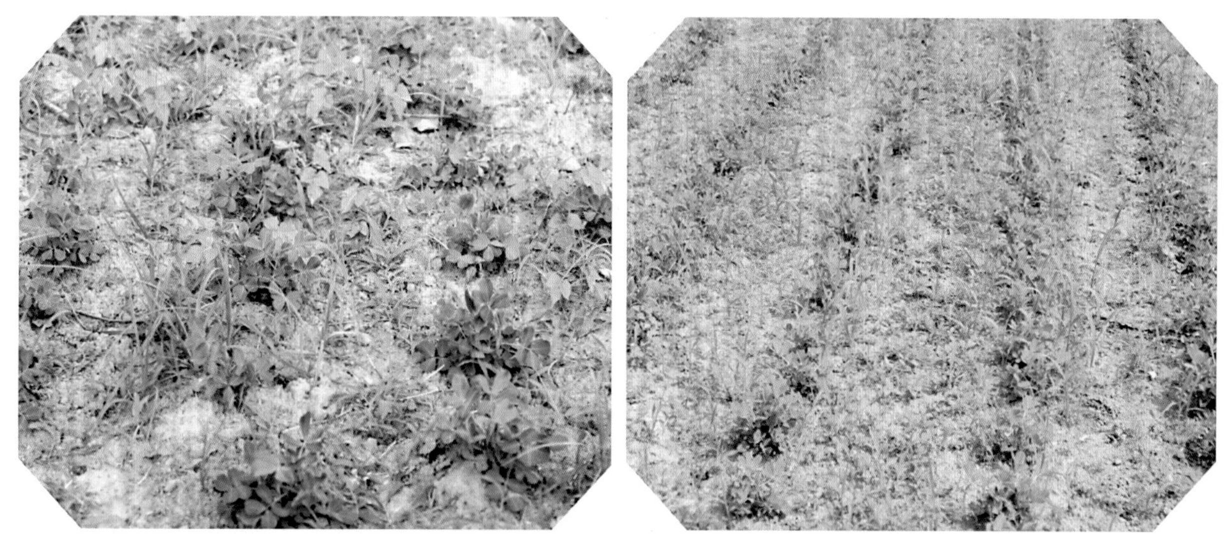

图5-47　花生苗期禾本科杂草和阔叶杂草混合发生较轻的情况

部分花生田（图5-48），对于以马唐、狗尾草为主，并有藜、苋少量发生的地块，在花生2～4片羽状复叶期，杂草大量发生且处于幼苗期时应及时施药，可以用5%精喹禾灵乳油50～75 mL/亩+48%苯达松水剂150 mL/亩、10.8%高效氟吡甲禾灵乳油20～40 mL/亩+25%三氟羧草醚水剂50 mL/亩、5%精喹禾灵乳油50～75 mL/亩+24%乳氟禾草灵乳油20 mL，兑水30 kg/亩均匀喷施，宜在花生2～4片羽状复叶时施药，施药时视草情、墒情确定用药量。

图5-48　花生苗期禾本科杂草和阔叶杂草混合发生为害情况

如果田间杂草密度不太高，田间未完全封行，可以将防治阔叶杂草的除草剂与防治禾本科杂草的除草剂混用；如果密度较大，尽量分开施药或仅施用防治禾本科杂草的除草剂，以确保除草效果和对作物的安全性。

（七）花生5片羽状复叶期以后田间密生香附子的防治

对于前期施用酰胺类除草剂进行封闭化学除草或生长期施用一般除草剂防治杂草，而田间发生大量香附子的田块，应分情况对待。对于田间香附子较小、花生未封行时（图5-49），可以施用48%苯达松水剂150 ～ 200 mL/亩或48%苯达松水剂100 ～ 120 mL/亩＋24%三氟羧草醚乳油25 ～ 35 mL/亩。

图5-49　花生5片羽状复叶期后田间香附子发生情况

对于田间香附子较大、花生已封行时（图5-50），最好选用人工除草的方法。该期施用苯达松、三氟羧草醚等易对花生发生药害，同时，药液不能喷洒到杂草上，导致没有药效；该期施用甲咪唑烟酸除草效果下降，且易对后茬作物产生药害。

图5-50　花生5片羽状复叶期后田间密生大量香附子和阔叶杂草

第六章　甘薯病虫草害原色图解

一、甘薯病害

甘薯是我国重要的薯类作物，我国已发生甘薯病害30多种，其中发生普遍并为害较重的有黑疤病、软腐病、茎线虫病等。甘薯黑疤病在华北，黄淮海流域，长江流域，南方的夏、秋薯区发生较重；茎线虫病以山东、河北、河南、北京、天津等地发病较重。

1. 甘薯黑疤病

分　　布　甘薯黑疤病是甘薯上的一种严重病害。在华北，黄淮海流域，长江流域，南方的夏、秋薯区发生较重。

症　　状　由甘薯长喙壳菌（*Ceratocystis fimbriata*，属子囊菌亚门真菌）引起。生育期或贮藏期均可发生，主要侵害薯苗、薯块，不为害绿色部位。薯苗染病茎基白色部位产生黑色近圆形稍凹陷斑，严重时病斑包围苗基部形成黑根，后茎腐烂，植株枯死。薯块染病初呈黑色小圆斑，扩大后呈不规则形、轮廓明显略凹陷的黑绿色病疤，病部组织坚硬，病薯黑绿色，具苦味（图6-1）。

发生规律　以子囊孢子的形式在贮藏窖或苗床及大田的土壤中越冬，成为翌年的初侵染源。病菌能直接侵入幼苗根和茎基，也可从薯块上的伤口、皮孔、根眼侵入，发病后频繁侵染。地势低洼、土壤黏重的重茬地或多雨年份易发病，窖温高、湿度大、通风不好时发病重。

防治方法　选用抗病品种。建立无病留种田，入窖种薯认真精选，严防病薯混入传播蔓延。

苗床管理，在前3 d将床温提高到35 ～ 38℃，以后床温不低于28 ～ 30℃，以促进伤口愈合。剪除黑根，离炕面3 cm左右剪苗，可除去容易感病的地下白色部分。种薯处理是预防黑斑病的关键措施。

种薯处理，温汤浸种，水温在58 ～ 60℃时将精选的种薯下薯；或用50%多菌灵可湿性粉剂800倍液、80%乙蒜素乳油1 500倍液、70%甲基硫菌灵可湿性粉剂800 ～ 1 600倍液浸种5 min，可有效防治黑疤病。

图6-1　甘薯黑疤病为害薯块症状

2. 甘薯软腐病

症　　状　由匍枝根霉（*Rhizopus stolonifer*，属接合菌亚门真菌）引起。多发生在甘薯贮藏期，主要为害薯块。薯块染病，病部变为淡褐色水浸状，病组织软腐，破皮后流出黄褐色汁液，后在病部表面长出大量灰白色霉层，上生黑色小粒点。若表皮未破，水分蒸发，薯块干缩并僵化（图6-2）。

图6-2 甘薯软腐病为害薯块症状

发生规律 该菌存在于空气中，附着在被害薯块上或在贮藏窖内越冬，由伤口侵入。病部产生孢子囊和孢囊孢子，借气流传播再侵染，薯块有伤口或受冻易发病。

防治方法 防止薯块受冻和破皮，控制好窖内温度、湿度。入窖前精选健薯，必要时用硫黄熏蒸。

甘薯软腐病是贮藏期的病害，因此薯块收获后要晾晒2 ～ 3 d，使薯块失去一部分水分，使薯面和伤口干燥，可抑制薯块表面一部分病菌，有利于贮藏。甘薯进窖后，要加强日常管理，保持窖内处于适宜的温度（10 ～ 14℃），及时打开窖门通风换气，降低湿度。

3. 甘薯茎线虫病

分　　布 甘薯茎线虫病是一种毁灭性病害，山东、河北、河南、北京、天津等地发病较重。

症　　状 由马铃薯腐烂茎线虫（*Ditylenchus destructor*，别称破坏性茎线虫）引起。主要为害薯块和茎蔓。该虫侵害近地面的茎蔓，使茎蔓呈现淡褐色干腐状病斑，严重受害时，植株叶片发黄、株形矮小，结薯少，生长不良。块根染病因侵染源不同，可表现糠心型或糠皮型，糠心型内部薯肉呈褐白相间的干腐状，病薯表皮产生黑色龟裂（图6-3）。

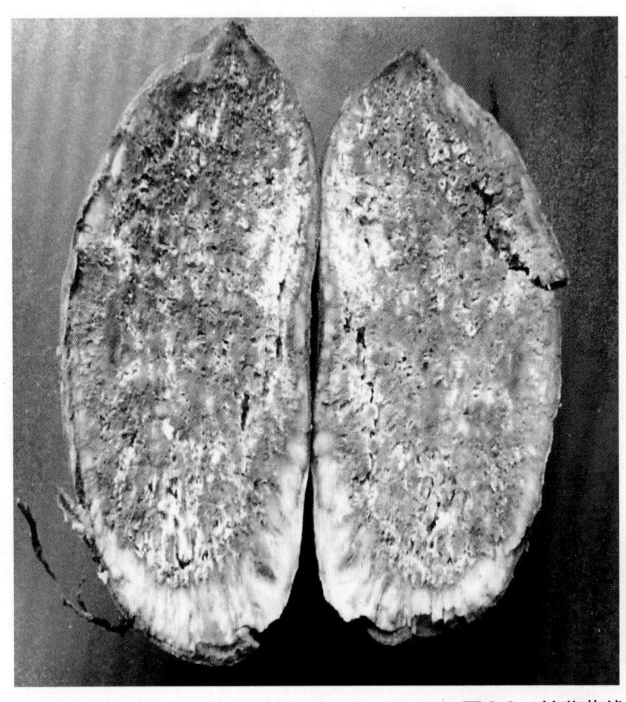
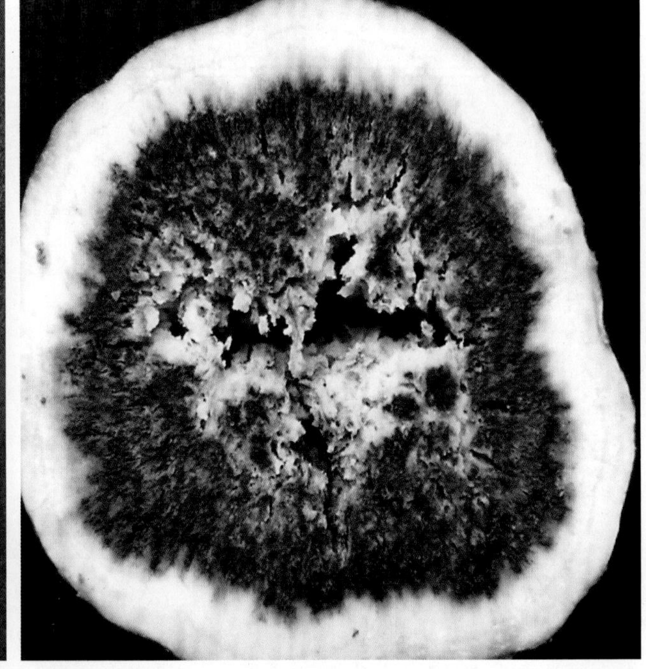

图6-3 甘薯茎线虫病为害薯块症状

发生规律 卵、幼虫和成虫在土壤和粪肥中越冬，也可随收获的病薯块在窖内越冬，成为翌年的初侵染源。在生长期和贮藏期都能发病。用病薯育苗，线虫从薯苗茎部附着点侵入。结薯期，线虫由蔓进入新薯块顶部。病土和肥料中的病原线虫从秧苗根部的伤口侵入或从薯表面直接侵入。

防治方法 收获后及时清除病残体，以减少菌源。种薯上苗床前，需精选，用51 ~ 54℃温水浸种10 min，取出后剔除变色薯块，上苗床后，加强管理，培育无病壮苗。种薯处理和土壤处理是防治茎线虫病的关键措施。

在甘薯移栽时用药，5%丁硫克百威颗粒剂3 600 ~ 5 400 g/亩、10%丙溴磷颗粒剂2 000 ~ 3 000 g/亩，用细土拌匀，用开沟法沟施、穴施，均匀撒于沟内，20%三唑磷微囊悬浮剂1 500 ~ 2 000 mL/亩蘸根，防治甘薯茎线虫。

4. 甘薯病毒病

症　　状 由甘薯羽状斑驳病毒（*Sweet potato feathery mottle virus*，SPFMV）、甘薯潜隐病毒（*Sweet potato latent virus*，SPLV）、甘薯黄矮病毒（*Sweet potato yellow dwarf virus*，SPYDV）、甘薯明脉病毒（*Sweet potato vein clearing virus*，SPVCV）引起。症状可分4种类型，一是叶片褪绿斑点型，发病初期叶片产生明脉或轻微褪绿半透明斑，后期斑点四周变为紫褐色或形成紫环斑（图6-4）。二是花叶型，苗期染病初期叶脉呈网状透明，后沿叶脉形成黄绿相间的不规则花叶斑纹（图6-5）。三是叶片皱缩型，病苗叶片少，叶缘不整齐或扭曲，有与中脉平行的褪绿半透明斑。四是薯块龟裂型，薯块上产生黑褐色或黄褐色龟裂纹，排列成横带状或贮藏后内部薯肉木栓化，剖开病薯可见肉质部具黄褐色斑块。

图6-4 甘薯病毒病叶片褪绿斑点型

图6-5 甘薯病毒病花叶型

发生规律 苗、薯块均可带毒，从而远距离传播。经由机械或蚜虫、烟粉虱及嫁接等途径传播。其发生和流行程度取决于种薯、种苗带毒率和各种传毒介体种群数量、活力、传毒效能及甘薯品种的抗性。

防治方法 选用抗病毒病品种及其脱毒苗。用组织培养法使茎尖脱毒，培养无病种薯、种苗。大田发现病株及时拔除并补栽健苗。加强薯田管理，提高抗病力。

田间主要通过机械或蚜虫、烟粉虱及嫁接等途径传播。其发生和流行程度取决于种薯、种苗带毒率和各种传毒介体种群数量、活力、传毒效能及甘薯品种的抗性。凡上年病毒病发生严重，则甘薯带毒率高，种苗带毒也高，从而田间发病率也高。移栽后短期内气候干旱，返苗慢，生长势弱，发病重，干旱对蚜虫取食活动有利，传毒概率高，发病重。

抓好田间蚜虫、烟粉虱的防治，用10%吡虫啉可湿性粉剂20 ~ 30 g/亩、用20%噻嗪酮乳油1 500倍液、3%啶虫脒乳油30 mL/亩、2.5%氯氟氰菊酯乳油40 mL/亩，兑水40 ~ 50 kg均匀喷施。

发病的地块，可用2%宁南霉素水剂100 ~ 150 mL/亩、0.5%菇类蛋白多糖水剂300倍液、20%丁子香酚水乳剂30 ~ 45 mL/亩，可在发病初期再喷洒1次，间隔7 ~ 10 d施1次，连用3次，可有效控制病毒病的蔓延。

5. 甘薯紫纹羽病

症　　状 由桑卷担菌（*Helicobasidium mompa*，属担子菌亚门真菌）引起。主要发生在大田期，为害块根或其他地下部位。病株表现：萎黄，块根、茎基的外表生有病原菌的菌丝，白色或紫褐色，似蛛网状，病症明显。块根由下向上，从外向内腐烂，后仅残留外壳，须根染病的皮层易脱落（图6-6）。

图6-6 甘薯紫纹羽病为害薯块症状

发生规律 以菌丝体、根状菌索和菌核的形式在病根上或土壤中越冬。条件适宜时，根状菌素和菌核产生菌丝体，菌丝体集结形成的菌丝束，在土里延伸，接触寄主根后即可侵入为害，一般先侵染新根的柔软组织，后蔓延到主根。低洼潮湿、积水的地区发病重。

防治方法 不宜在发生过紫纹羽病的地块栽植甘薯，最好选择禾本科茬口。提倡施用酵素菌调制的堆肥，发现病株及时挖除烧毁，收获时病株残体集中烧毁或深埋。提高土壤肥力和改良土壤结构，以提高土壤保水保肥能力。

发病初期及时喷淋或浇灌250 g/L吡唑醚菌酯乳油30 ～ 40 mL/亩、250 g/L嘧菌酯悬浮剂40 ～ 60 mL/亩、50%多菌灵可湿性粉剂600倍液、70%甲基硫菌灵可湿性粉剂800倍液、50%苯菌灵可湿性粉剂1 500倍液。

6. 甘薯蔓割病

症　　状 由尖镰孢菌甘薯专化型（*Fusarium oxysporum* f.sp *batatas*，属无性型真菌）引起。主要为害茎蔓和薯块。苗期染病主茎基部叶片先变黄，茎基部膨大纵向开裂，露出髓部，横剖可见维管束变为黑褐色，裂开处呈纤维状。薯块染病薯蒂部呈腐烂状，横切病薯上部，维管束呈褐色斑点，病株叶片从下向上逐渐变黄后脱落，最后全蔓干枯而死（图6-7）。

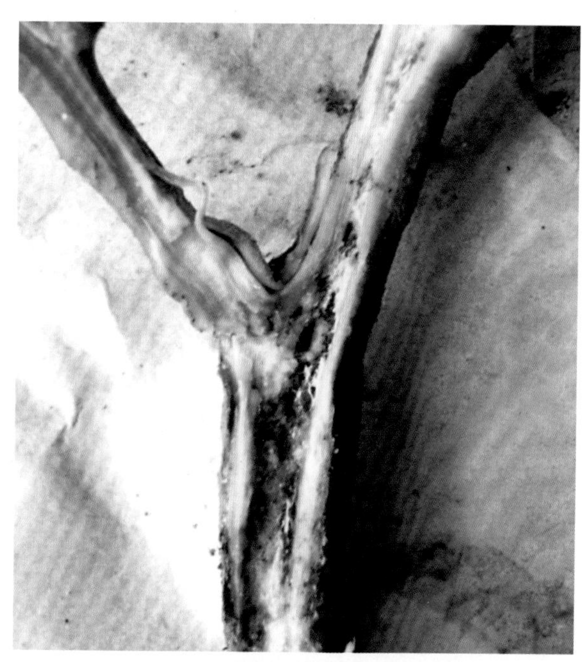

图6-7 甘薯蔓割病维管束褐变症状

发生规律 以菌丝和厚垣孢子的形式在病薯内或附着在土中病残体上越冬，成为翌年初侵染源。多从伤口侵入，沿导管蔓延。病薯、病苗能远距离传播，近距离传播主要靠流水和农具。降雨次数多，降雨量大利于该病流行。连作地、沙地或沙壤土地块发病重。

防治方法 选用抗病品种，严禁从病区调运种子、种苗。重病区或田块与水稻、大豆、玉米等实行3年以上轮作。发现病株及时拔除，集中深埋或烧毁。

结合防治黑疤病，温汤浸种，培养无病苗，也可用70%甲基硫菌灵可湿性粉剂700倍液浸种。必要时喷洒250 g/L吡唑醚菌酯乳油30 ～ 40 mL/亩、250 g/L嘧菌酯悬浮剂40 ～ 60 mL/亩、50%多菌灵可湿性粉剂600倍液、70%甲基硫菌灵可湿性粉剂800倍液、50%苯菌灵可湿性粉剂1 500倍液。

7. 甘薯斑点病

症　　状 由甘薯叶点霉（*Phyllosticta batatas*，属无性型真菌）引起。主要为害叶片，叶斑圆形至不规则形，初呈红褐色，后变为灰白色至灰色，边缘稍隆起，斑面上散生小黑点。严重时叶斑密布或连合，致叶片局部或全部干枯（图6-8）。

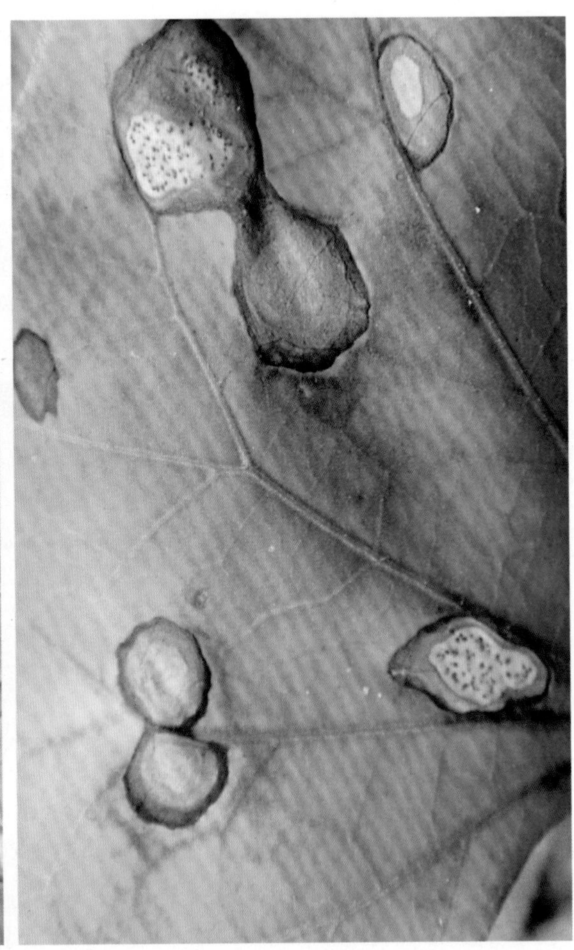

图6-8 甘薯斑点病为害叶片症状

发生规律 北方以菌丝体和分生孢子器的形式随病残体遗落土中越冬，翌年散出分生孢子传播蔓延。在我国南方，周年种植甘薯的温暖地区，病菌辗转传播为害，无明显越冬期。分生孢子借雨水溅射初侵染和再侵染。生长期雨水频繁，空气和田间湿度大或植地低洼积水，易发病。

防治方法 收获后及时清除病残体烧毁。重病地避免连作。选择地势高燥地块种植，雨后清沟排渍，降低湿度。

于病害始期及时连续喷洒250 g/L吡唑醚菌酯乳油30 ～ 40 mL/亩、250 g/L嘧菌酯悬浮剂40 ～ 60 mL/亩、70%甲基硫菌灵可湿性粉剂800倍液＋80%代森锰锌可湿性粉剂800倍液、70%甲基硫菌灵可湿性粉剂1 000倍液＋75%百菌清可湿性粉剂1 000倍液、50%苯菌灵可湿性粉剂1 500倍液＋65%代森锌可湿性粉剂400 ～ 600倍液，间隔10 d左右施1次，连续防治2 ～ 3次，注意喷匀喷足。

二、甘薯虫害

1. 甘薯天蛾

分　　布 甘薯天蛾（*Herse convolvuli*）近年在华北、华东等地区为害日趋严重。

为害特点 幼虫咬食叶片，能将叶片吃光，只剩下薯蔓，还可为害嫩茎。

形态特征 成虫体翅暗灰色（图6-9），肩板有黑色纵线，腹部背面灰色，顶角有黑色斜纹，前翅灰褐色，内、中、外的横线为锯齿状的黑色细线，后翅淡灰色，有4条暗褐色横带。卵球形，淡黄绿色。老熟幼虫体色有两种：一种体背土黄色，侧面黄绿色，杂有粗大黑斑，体侧有灰白色斜纹，气孔红色，外有黑轮；另一种体绿色，头淡黄色，斜纹白色，尾角杏黄色。蛹朱红色至暗红色（图6-10）。

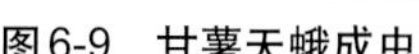

图6-9 甘薯天蛾成虫

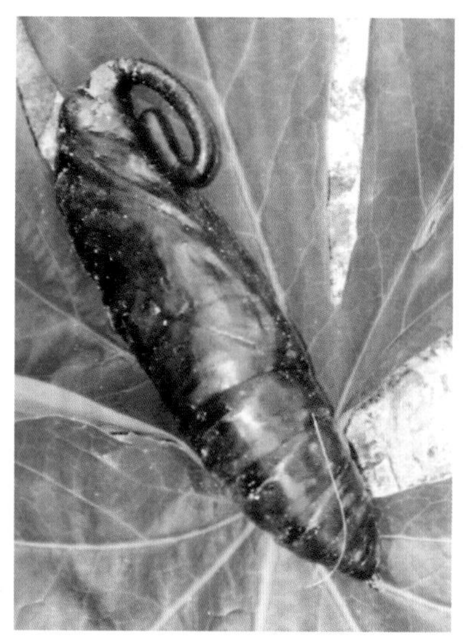

图6-10 甘薯天蛾蛹

发生规律 东北及华北地区每年2代，江淮流域3 ~ 4代，福建4 ~ 5代。老熟幼虫在土中5 ~ 10 cm深处做室化蛹越冬。成虫于5月出现，8—9月发生数量较多，为害最重。

防治方法 冬、春季多耕耙甘薯田，破坏其越冬环境；早期结合田间管理，捕杀幼虫。

田间发现害虫为害后，用16 000 IU/mg苏云金杆菌可湿性粉剂100 ~ 150 g/亩、40%毒死蜱乳油80 ~ 100 mL/亩、14%氯虫·高氯氟（高效氯氟氰菊酯4.7%＋氯虫苯甲酰胺9.3%）微囊悬浮剂15 ~ 20 mL/亩、2.5%氯氟氰菊酯水乳剂16 ~ 20 mL/亩、10%溴氰菊酯乳油20 ~ 40 mL/亩，兑水喷雾。

2. 甘薯麦蛾

分　　布 甘薯麦蛾（*Brachmia macroscopa*）近年来在我国有为害加重的趋势，主要分布在华北、华东、华中、华南、西南等地区。

为害特点 幼虫吐丝啃食新叶、幼芽，使叶片成网状，幼虫钻入芽中，虫体长大后啃食叶肉，仅剩下表皮，致被害部变白，后变褐枯萎，发生严重时仅残留叶脉（图6-11）。

图6-11 甘薯麦蛾为害叶片症状

形态特征 成虫体为黑褐色的小蛾子（图6-12），头顶与颜面紧贴深褐色鳞片，前翅狭长，具暗褐色（混有灰黄色）的鳞粉，翅和翅脉绿色，近中央有白色条纹，后翅菜刀状，暗灰白色。卵椭圆形，初产乳白色，后变淡褐色，表面有细网纹。幼虫纺锤形，头部浅黄色，躯体淡黄绿色（图6-13）。蛹纺锤形，黄褐色。

图6-12 甘薯麦蛾成虫

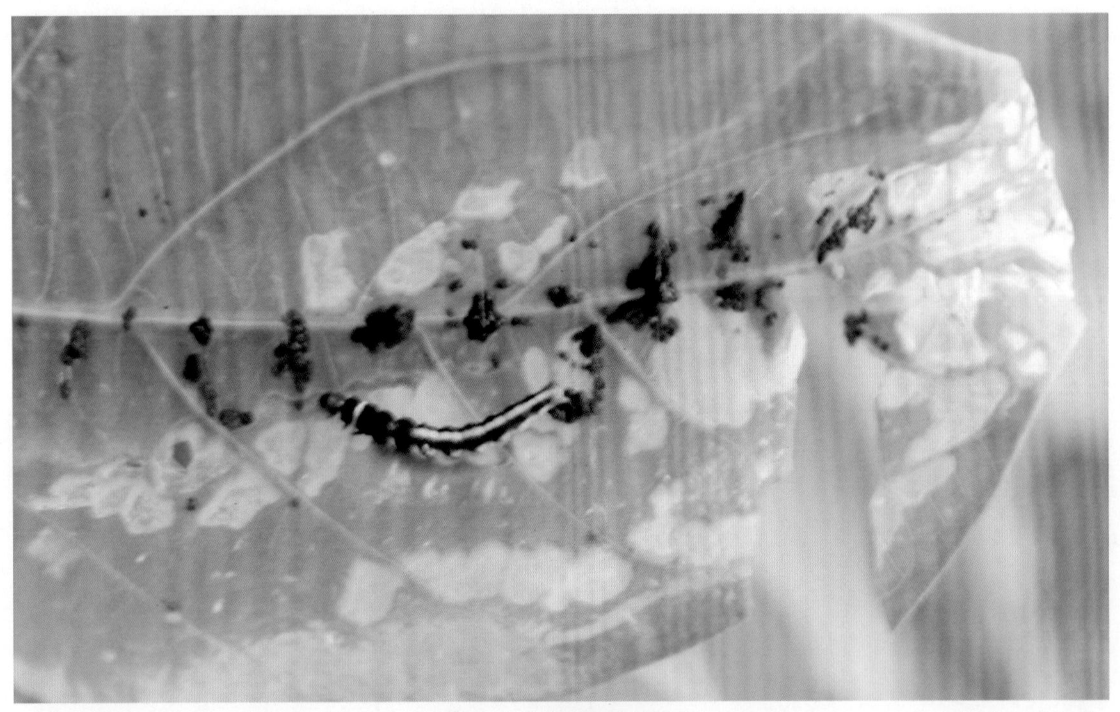

图6-13 甘薯麦蛾幼虫

发生规律 华北、浙江年发生3～4代，江西、湖南5～7代，福建、广东8～9代，该虫以蛹在田间残株和落叶中越冬，越冬蛹于6月上旬开始羽化，6月下旬在田间即见幼虫卷叶为害，8月中旬第2代幼虫出现，9月发生第3代幼虫，10月后老熟幼虫化蛹越冬。7—9月为发生高峰期。

防治方法 秋后要及时清洁田园，处理残株落叶，清除杂草，田园内初见幼虫卷叶为害时，要及时捏杀新卷叶中的幼虫或摘除新卷叶。

应在幼虫发生初期施药，喷药时间以16：00—17：00为宜，此时防治效果较好。首选药剂以40%毒死蜱乳油80 ~ 100 mL/亩、25 g/L高效氯氟氰菊酯微乳剂15 ~ 20 mL/亩、25 g/L溴氰菊酯乳油16 ~ 24 mL/亩、45%马拉硫磷乳油80 ~ 110 mL/亩、14%氯虫·高氯氟（高效氯氟氰菊酯4.7%＋氯虫苯甲酰胺%）微囊悬浮剂15 ~ 20 mL/亩、50%亚胺硫磷乳油500 ~ 800倍液、50%倍硫磷乳油1 000倍液，每亩喷对好的药液50 kg。

3. 甘薯茎螟

分　　布　甘薯茎螟（*Omphisa anastomosalis*）主要分布在福建、台湾、海南、广东、广西等地区。

为害特点　幼虫在薯茎内部钻蛀为害，被害薯茎因连续受到刺激，逐渐膨大，形成木质化中空、纵向隆起的虫瘿，虫瘿上部容易折断，造成缺株。部分幼虫也会从外露的薯块或薯蒂侵入薯块，蛀食成隧道，影响薯块生长。

形态特征　成虫头、胸、腹部灰白色（图6-14）。下唇须伸向头部前方，复眼大且黑。前翅浅黄色，翅基褐色，中央具网状斑纹，多不规则，近外缘处生有波状横纹2条，雄虫体色常较雌虫深。卵扁椭圆形，浅绿色，后变为黄褐色，表生小红点。初孵幼虫头部黑色，2龄后变为黄褐色，老熟时呈红褐色。蛹浅黄色至棕红色，头部突出。

图6-14　甘薯茎螟成虫

发生规律　1年发生4 ~ 5代。以老熟幼虫的形式在冬薯茎内或残留在田间的薯块、遗藤内越冬。翌春3月上旬化蛹，3月下旬出现成虫。4月上旬至5月中旬出现第1代幼虫，5月下旬至7月上旬出现第2代幼虫，7月中旬至8月中旬出现第3代幼虫，9月中旬至10月下旬出现第4代幼虫，11月上旬出现第5代幼虫，老熟后越冬。

防治方法　甘薯茎螟食性较专一，大面积轮作，对该虫有重要的抑制作用。收薯后，及时彻底地把薯田及其周围的薯藤、坏薯集中烧毁，可减少虫源。

薯苗药剂处理。剪苗栽插前1 ~ 2 d，用20%三唑磷微囊悬浮剂800 ~ 1 000倍液蘸根或浸苗1 ~ 2 min后扦插。在成虫羽化高峰后5 ~ 7 d，把未受精的雌蛾1 ~ 2头装在诱虫器中，于成虫盛发期诱杀有效。

4. 甘薯叶甲

为害特点　甘薯叶甲（*Colasposoma dauricum*）成虫食害薯苗，幼虫在地下啃食薯根或薯块，薯块表层有弯曲隧道。

形态特征 成虫体长6 mm，短卵圆形，蓝黑、蓝绿、紫铜或红黑色，具有光泽（图6-15）。卵长圆形，淡黄绿色。老熟幼虫体短圆筒形，胸腹部黄白色。蛹椭圆形。乳白色，腹部末端有刺6根。

发生规律 1年发生1代，幼虫在寄主田内地下15 ～ 25 cm处做土室越冬。翌年春在土室化蛹、羽化。6月中旬出现幼虫，下旬为成虫为害盛期。成虫飞翔力弱，幼虫喜湿。

防治方法 根据当地种植习惯合理轮作，可有效地控制虫源；秋季翻耕，消灭越冬幼虫。

成虫进入高峰期或虫量骤增时，可用40%毒死蜱乳油80 ～ 100 mL/亩、25 g/L高效氯氟氰菊酯微乳剂15 ～ 20 mL/亩、25 g/L溴氰菊酯乳油16 ～ 24 mL/亩、45%马拉硫磷乳油80 ～ 110 mL/亩，兑水均匀喷雾。

图6-15 甘薯叶甲成虫

三、甘薯田杂草防治技术

近年来，我国各地甘薯种植区域自然条件差异较大、栽培管理模式不同，生产上应根据各地实际情况正确选择除草剂的种类和施药方法。

（一）甘薯移栽田杂草防治

甘薯生产中基本上都是育苗移栽，于移栽前2 ～ 3 d喷施土壤封闭性除草剂，一次施药可保持整个生长季节不受杂草为害影响。

可以施用50%乙草胺乳油150 ～ 200 mL/亩、72%异丙甲草胺乳油175 ～ 250 mL/亩、72%异丙草胺乳油175 ～ 250 mL/亩、20%萘丙酰草胺乳油200 ～ 300 mL/亩、33%二甲戊乐灵乳油150 ～ 200 mL/亩，兑水40 kg均匀喷施。对于墒情较差或沙土地，可以用48%氟乐灵乳油150 ～ 200 mL/亩或48%地乐胺乳油150 ～ 200 mL/亩，施药后及时浅混土2 ～ 3 cm，该药易挥发，混土不及时会降低药效。

对于一些长期施用除草剂的田块，铁苋、马齿苋等阔叶杂草较多，可以用33%二甲戊乐灵乳油100 ～ 150 mL/亩 + 25%噁草酮乳油100 ～ 150 mL/亩、50%乙草胺乳油100 ～ 150 mL/亩 + 25%噁草酮乳油100 ～ 150 mL/亩、72%异丙甲草胺乳油150 ～ 200 mL/亩 + 25%噁草酮乳油100 ～ 150 mL/亩、72%异丙草胺乳油150 ～ 200 mL/亩 + 25%噁草酮乳油100 ～ 150 mL/亩、33%二甲戊乐灵乳油100 ～ 150 mL/亩 + 24%乙氧氟草醚乳油20 ～ 30 mL/亩、50%乙草胺乳油100 ～ 150 mL/亩 + 24%乙氧氟草醚乳油20 ～ 30 mL/亩、72%异丙甲草胺乳油150 ～ 200 mL/亩 + 24%乙氧氟草醚乳油20 ～ 30 mL/亩、72%异丙草胺乳油150 ～ 200 mL/亩 + 24%乙氧氟草醚乳油20 ～ 30 mL/亩，兑水40 kg均匀喷施，可以有效防治多种一年生禾本科杂草和阔叶杂草。生产中应均匀施药，施药2 d后移栽，否则易产生药害。

（二）甘薯生长期杂草防治

在甘薯苗期锄地、中耕后，田间禾本科杂草少量出苗后（图6-16），过早盲目施用茎叶期防治禾本科杂草的除草剂，如精喹禾灵等，并不能达到理想的除草效果。该期可以采用除草和封闭兼备的除草方法，特别是在甘薯未封行前，可以有效防治甘薯田杂草。这种方法封杀兼备，除草效果好，可以控制整个生育期内杂草的为害。

图6-16　甘薯田少量禾本科杂草发生情况

在甘薯未封行前，定向喷施，尽量让药剂少喷施到甘薯心叶，可以施用10%精喹禾灵乳油50 ~ 75 mL/亩 + 33%二甲戊乐灵乳油150 ~ 200 mL/亩、12.5%稀禾啶乳油50 ~ 75 mL/亩 + 72%异丙甲草胺乳油150 ~ 200 mL/亩、24%烯草酮乳油20 ~ 40 mL/亩 + 50%异丙草胺乳油150 ~ 200 mL/亩，兑水30 kg均匀喷施。施药时视草情、墒情确定用药量。尽量不要把药剂喷施到甘薯叶片上。甘薯较大时，不宜施用该配方，否则，药剂过多喷施到甘薯叶片，特别是在高温、干旱、正午强光的条件下施药，易发生严重的药害，降低除草效果。宜选用墒好、阴天或17时后施药。

对于前期未能采取化学除草或化学除草失败的甘薯田（图6-17），应在田间杂草基本出苗且杂草处于幼苗期时及时施药防治。

图6-17　甘薯田禾本科杂草发生为害情况

甘薯田防治一年生禾本科杂草，如稗草、狗尾草、野燕麦、马唐、虎尾草、看麦娘、牛筋草等，应在禾本科杂草3 ~ 5叶期，施用10%精喹禾灵乳油40 ~ 60 mL/亩、10.8%高效氟吡甲禾灵乳油20 ~ 40 mL/亩、24%烯草酮乳油20 ~ 40 mL/亩、12.5%稀禾啶机油乳剂40 ~ 50 mL/亩，兑水25 ~ 30 kg，配成药液喷洒。在气温较高、雨量较多的地区，杂草生长幼嫩，可适当减少用药量；相反，在气候干旱、土壤较干地区，杂草幼苗老化耐药，要适当增加用药量。防治一年生禾本科杂草时，用药量可稍减少，而防治多年生禾本科杂草时，用药量应适当增加。

对于前期未能有效除草的田块，在甘薯田禾本科杂草较多且较大时（图6-18），应适当加大药量和施药水量，喷透喷匀，保证杂草均能接受到药液。

图6-18　甘薯田禾本科杂草发生严重的情况

田间杂草较大时，可以施用10％精喹禾灵乳油50～100 mL/亩、10.8％高效氟吡甲禾灵乳油40～60 mL/亩、10％喔草酯乳油60～80 mL/亩、15％精吡氟禾草灵乳油75～100 mL/亩、10％精噁唑禾草灵乳油75～100 mL/亩、12.5％稀禾啶乳油75～125 mL/亩、24％烯草酮乳油40～60 mL/亩，兑水45～60 kg均匀喷施，施药时视草情、墒情确定用药量，可以有效防治多种禾本科杂草，但天气干旱、杂草较大时死亡时间相对缓慢。杂草较大、杂草密度较高、墒情较差时，适当加大用药量和喷液量，否则杂草接触不到药液或药量较小，影响除草效果。

第七章　高粱病虫害原色图解

一、高粱病害

我国的高粱病害大约有30种，其中为害较重的有丝黑穗病、炭疽病、紫斑病等。

1.高粱炭疽病

症　状　由禾生炭疽菌（*Colletotrichum graminicola*）引起。苗期至成株期均可染病。苗期染病为害叶片，导致叶枯，造成高粱死苗。叶片病斑梭形，中间红褐色，边缘紫红色，病斑上密集小黑点，严重的造成叶片局部或大部分枯死（图7-1）。叶鞘染病病斑较大，椭圆形，后期也密生小黑点。还可为害穗轴\枝梗或茎秆，造成腐败。

图7-1　高粱炭疽病为害叶片症状

发生规律　病菌随种子或病残体越冬。翌年田间发病后，苗期发病可造成死苗。借气流传播，从而多次再侵染，不断蔓延扩展或引起流行。多雨的年份或低洼高湿田块普遍发生，致叶片提早干枯死亡。北方高粱产区炭疽病发生早的，7—8月气温偏低、雨量偏多，病菌可流行为害，导致大片高粱早期枯死。

防治方法　实行配方施肥，合理密植，及时处理病残体，收获后及时翻耕，实行大面积轮作，施足充分腐熟的有机肥。种子处理是防治炭疽病的有效措施，孕穗期是防治的关键时期。

种子处理，用40%福美·拌种灵（福美双20%+拌种灵20%）可湿性粉剂1：（200～333）（药种比）拌种，可防治苗期种子传染。

高粱孕穗期，可喷洒250 g/L吡唑醚菌酯乳油30～40 mL/亩、250 g/L嘧菌酯悬浮剂40～60 mL/亩、70%甲基硫菌灵可湿性粉剂800倍液+80%代森锰锌可湿性粉剂600倍液、50%多菌灵可湿性粉剂800倍液、50%苯菌灵可湿性粉剂1 500倍液、25%溴菌腈可湿性粉剂500倍液等药剂。

2.高粱紫斑病

症　状　由高粱尾孢（*Cercospora sorghi*，属无性型真菌）引起。主要为害叶片和叶鞘。叶片染病初生椭圆形至长圆形紫红色病斑，边缘不明显，有时产生淡紫色晕圈（图7-2）。湿度大时病斑背面产生灰色霉层。叶鞘染病病斑较大，椭圆形，紫红色，边缘不明显（图7-3）。

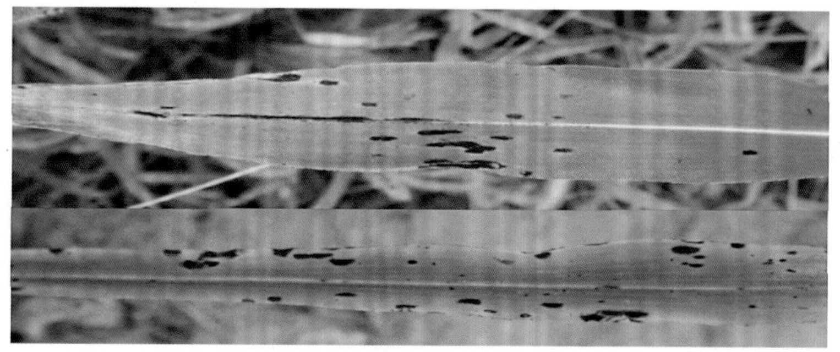

图7-2　高粱紫斑病为害叶片症状

发生规律 以菌丝块或分生孢子的形式随病残体越冬，成为翌年初侵染源。苗期即可发病，病斑上产生分生孢子通过气流传播，重复侵染，使病菌不断扩散，严重时高粱叶片从下向上提前枯死。

防治方法 收获后及时处理病残体，田间深翻，把病残体翻入土壤深层，实行大面积轮作，施足充分腐熟的有机肥，尽早打去植株下部的1～2片老叶。

高粱孕穗期、病害发生初期，开始喷洒250 g/L吡唑醚菌酯乳油30～40 mL/亩、250 g/L嘧菌酯悬浮剂40～60 mL/亩、70%甲基硫菌灵可湿性粉剂800倍液+80%代森锰锌可湿性粉剂600倍液、50%多菌灵可湿性粉剂800倍液+80%代森锰锌可湿性粉剂600倍液、50%苯菌灵可湿性粉剂1 500倍液+65%代森锌可湿性粉剂600倍液。

图7-3 高粱紫斑病为害叶鞘症状

3. 高粱黑穗病

高粱黑穗病包括丝黑穗病、散黑穗病、坚黑穗病。

症　状 丝黑穗病：由高粱丝轴黑粉菌（*Sphacelotheca reiliana*，属担子菌亚门真菌）引起。发病初期病穗穗苞很紧，下部膨大，旗叶直挺，剥开可见内生白色棒状物，即乌米。苞叶里的乌米初期小，指状，逐渐长大，后中部膨大为圆柱状，较坚硬。乌米在发育进程中，内部组织由白变黑，后开裂，乌米从苞叶内外伸，表面被覆的白膜破裂，露出黑色丝状物及黑粉（图7-4）。

图7-4 高粱丝黑穗病病穗

散黑穗病：由高粱轴黑粉菌（*Sphacelotheca cruenta*，属担子菌亚门真菌）引起。主要为害穗部。病株稍有矮化，茎较细，叶片略窄，分蘖稍增加，抽穗较健穗略早。病株花器多被破坏，子房内充满黑粉。病粒破裂以前由一层白色至灰白色薄膜包裹着，孢子成熟以后膜破裂，黑粉散出，黑色的中柱露出来（图7-5）。

坚黑穗病：由高粱坚轴黑粉菌（*Sphacelotheca sorghi*，属担子菌亚门真菌）引起。主要为害穗部，穗期显症，病株不矮化，为害穗部，只侵染子房，形成一个坚实的冬孢子堆。一般全穗的籽粒都变成卵形的灰包，外膜较坚硬，不破裂或仅顶端稍裂开，内部充满黑粉。病粒受压后散出黑色粉状物，中间留有一短且直的中轴。

发生规律 以种子带菌为主。散落在土壤中的病菌能存活1年，冬孢子深埋土内可存活3年。散落于土壤或粪肥内的冬孢子是主要侵染源。冬孢子萌发后，双核菌丝侵入幼芽，种子萌发时是最易侵染期。春播时，土壤温度偏低

图7-5 高粱散黑穗病病穗

或覆土过厚，幼苗出土缓慢易发病。

防治方法 选用抗病品种，与其他作物实行3年以上轮作，秋季深翻灭菌，适时播种，提高播种质量，使幼苗尽快出土，拔除病穗，集中深埋或烧毁。

温水浸种：用45 ～ 55℃温水浸种5 min后闷种，待种子萌发后播种，既可保苗又可降低发病率。

种子处理：用60 g/L戊唑醇悬浮种衣剂1 ：（100 ～ 667）（药种比）包衣，40%福美·拌种灵（福美双20%＋拌种灵20%）可湿性粉剂1 ：（200 ～ 333）（药种比）拌种，80%萎锈灵乳油按种子重量的0.8%拌种，闷种4 h，晾干后播种。

4. 高粱大斑病

症　　状 高粱大斑病致病菌有性态被称为玉米毛球腔菌（*Setosphaeria turcica*），属子囊菌亚门真菌，无性态为蠕孢菌（*Helminthosporium turcicum*），属于无性型真菌。主要为害叶片。叶片染病先出现水渍状青灰色斑点，然后沿叶脉向两端扩展，形成边缘紫红色、中央淡褐色的大斑（图7-6）。严重时病斑融合，叶片变黄枯死。潮湿时病斑上有大量灰黑色霉层。

图7-6　高粱大斑病为害叶片症状

发生规律 病菌以菌丝体的形式在田间地表和病残体中越冬，成为翌年发病的初侵染源。生长季节，越冬菌源产生孢子，随雨水飞溅或气流传播到玉米叶片上，适宜温、湿度条件下萌发入侵。7月中旬为发病盛期。连茬地及离村庄近的地块，由于越冬菌源量多，初侵染发生得早而多，再侵染频繁，易流行。

防治方法 选用抗病品种，适期早播避开病害发生高峰。施足基肥，增施磷、钾肥。做好中耕除草培土工作，摘除底部2 ～ 3片叶，降低田间相对湿度，使植株健壮，提高抗病力。收获后，清洁田园，将秸秆集中处理，经高温发酵用作堆肥。实行轮作倒茬制度，避免与玉米连作，秋季深翻土壤，深翻病残株，消灭菌源。

在发病初期喷洒250 g/L吡唑醚菌酯乳油30 ～ 40 mL/亩、70%甲基硫菌灵可湿性粉剂800倍液＋65%代森锌的可湿性粉剂400 ～ 500倍液、75%百菌清可湿性粉剂800倍液＋25%苯菌灵乳油800倍液、2%嘧啶核苷类抗生素水剂200倍液，间隔10 d施1次，连施2 ～ 3次。

5. 高粱瘤黑粉病

分布为害 高粱瘤黑粉病分布极广，在我国南、北方产区均有发生。发生普遍，但一般年份发生较轻，对产量影响不大，暴发年份能造成50%以上的减产，甚至绝收。

症　　状 由高粱黑粉菌（*Sphacelotheca sorghi*）引起。从幼苗到成株的各个器官都能感病，形成大小、形状不同的瘤状物。雌穗受害多在上半部或个别籽粒生瘤，病瘤一般较大，常突破苞叶外露（图7-7）。雄穗抽出后，部分小穗感染常长出长囊状或角状的小瘤，多几个聚集成堆，单个雄穗可长出几个至十几个病瘤。雌穗受害多在上半部或个别籽粒生瘤，病瘤一般较大，常突破苞叶外露。

图7-7　高粱瘤黑粉病为害雌穗症状

发生规律　病原以厚垣孢子的形式在土壤中及病株残体上越冬。春季气温上升以后，一旦湿度合适，在土表、浅土层、秸秆上或堆肥中越冬的病原厚垣孢子便萌发产生担孢子，随气流传播，形成肿瘤，陆续引起苗期和成株期发病，肿瘤破裂后冬孢子还可再侵染，蔓延发病。该病在抽穗开花期发病最快，直至老熟后才停止侵害。

防治方法　选用抗病品种。不要过多偏施氮肥，防止徒长。不施用含有病原或未经充分腐熟的农家粪肥。及时防治害虫，减少耕作机械损伤。在苗期结合田间管理，拔除病株并在田外集中处理。加强水肥管理，拔节至成熟期，将发病瘤在成熟破裂前切除深埋。

种子处理:可用60 g/L戊唑醇悬浮种衣剂1 ：(100 ～ 667)（药种比）或每100 kg种子用30 g/L苯醚甲环唑悬浮种衣剂6 ～ 9 mL包衣；40%福美·拌种灵（福美双20%＋拌种灵20%）可湿性粉剂1 ：(200 ～ 333)（药种比）拌种，也可每100 kg种子用20%萎锈灵乳油500 mL、2%烯唑醇可湿性粉剂4 ～ 5 g、2%戊唑醇湿拌种剂2 ～ 3 g拌种；30%苯噻硫氰乳油1 000倍药液浸种6 h，或每100 kg种子用25 g/L咯菌腈悬浮种衣剂5.0 ～ 7.5 mL浸种。

二、高粱虫害

高粱害虫有20多种，其中为害较严重的有高粱条螟、高粱蚜、高粱穗隐斑螟等。

1. 高粱条螟

分　　布　高粱条螟（*Chilo sacchariphagus*）分布在东北、华北、华东、华南等地区。

图7-8　高粱条螟为害症状

为害特点　以幼虫蛀害高粱茎秆，初孵幼虫群集于心叶内啃食叶肉，留下表皮，待心叶伸出时，心叶上可见网状小斑或很多不规则小孔，后从节的中间叶鞘蛀入茎秆，遇风时受害处呈刀割般折断（图7-8）。

形态特征　成虫：雄蛾浅灰黄色，头、胸背面浅黄色，下唇须向前方突出，复眼暗黑色，前翅灰黄色，中央具一小黑点，后翅色浅（图7-9）。雌蛾近白色。卵扁平椭圆形，表面具龟甲状纹，常排列为“人”字形双行重叠状卵块，初乳白色，后变深黄色。末龄幼虫体初乳白色，上生淡红褐色斑连成条纹（图7-10），后变为淡黄色。蛹红褐至黑褐色（图7-11）。

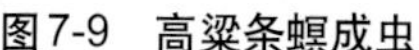

图7-9　高粱条螟成虫

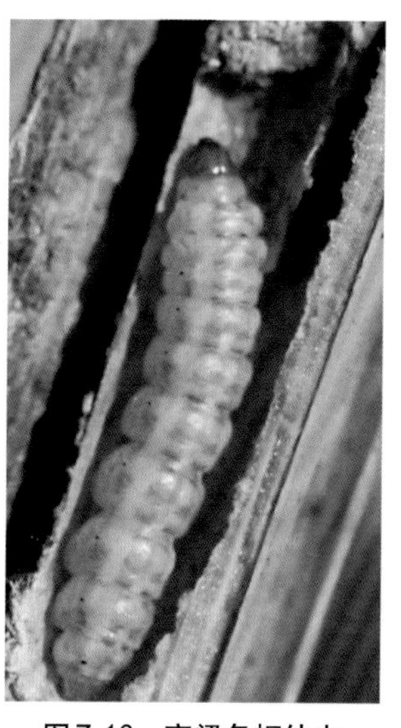

图7-10　高粱条螟幼虫

图7-11　高粱条螟蛹

发生规律　每年发生2～4代，末龄幼虫在高粱、玉米或甘蔗秸秆中越冬。高粱条螟幼虫在北方于5月中、下旬开始化蛹，于5月下旬至6月上旬羽化。第1代幼虫于6月中、下旬出现并为害心叶。第1代成虫于7月下旬至8月上旬盛发，于8月中旬进入第2代卵盛期，第2代幼虫于8月中、下旬为害夏玉米和夏高粱的穗部，有的留在茎秆内越冬。

防治方法　及时处理秸秆，以减少虫源。

成虫产卵盛期，用50%辛硫磷乳油50 mL兑20～50 kg水，每株10 mL灌心，1.3%乙酰甲胺磷颗粒剂或1%甲萘威颗粒剂7.5 kg/亩撒入喇叭口，或用50%杀螟硫磷乳油1 000倍液、16 000 IU/mg苏云金杆菌可湿性粉剂100～150 g/亩，喷施于穗部，亩喷50～70 L。

2. 高粱蚜

分　　布　高粱蚜（*Melanaphis sacchari*）分布在东北、华北。

为害特点　成、若蚜多聚集在高粱叶背刺吸汁液，并排出大量蜜露，滴落在茎叶上，油亮发光，致寄主养分大量消耗，影响光合作用和产品质量（图7-12）。

图7-12　高粱蚜为害叶片症状

形态特征　分为两性世代和孤雌胎生世代。前者雌蚜无翅，较小；雄蚜有翅，较小，触角上感觉孔较多。卵长卵圆形，初黄色，后变绿至黑色，有光泽。后者无翅孤雌胎生母蚜长卵形，米黄色至浅赤色，复眼大，棕红色。腹管褐色，圆筒形。尾片圆锥形，中部稍粗。有翅孤雌胎生母蚜，体长卵形，米黄色，具暗灰紫色骨化斑。

发生规律　1年发生16～20代。以卵的形式在杂草的叶鞘或叶背上越冬。翌年4月中、下旬，越冬卵陆续孵化为干母，为害杂草嫩芽，于5月下旬至6月上旬高粱出苗后，产生有翅胎生雌蚜，迁飞到高粱上为害，逐渐蔓至全田。7月中、下旬为害严重。9月上旬后，随气温下降和寄主衰老，有翅蚜迁回到杂草上，产生无翅产卵雌蚜，与此同时在夏寄主上产生有翅雄蚜，飞到杂草上与无翅产卵雌蚜交配后产卵越冬。

防治方法　冬麦区可在冬小麦中套种高粱，利用麦田中蚜虫天敌，控制高粱蚜，效果显著。

当田间蚜虫株率为30%～40%，出现起油株时，用5%甲拌磷颗粒剂200～400 g/亩，于高粱蚜盛发期适量混细土一次性均匀撒施用药。

必要时也可用20%哒嗪硫磷乳油800倍液、22%噻虫·高氯氟（高效氯氟氰菊酯9.4%＋噻虫嗪12.6%）微囊悬浮剂4～6 mL/亩，兑水均匀喷雾。

3. 高粱穗隐斑螟

分　　布　高粱穗隐斑螟（*Cryptoblabes gnidiella*）分布在华东、华南、中南地区。是黄淮平原春、夏高粱穗期主要害虫。

为害特点　成虫把卵散产在高粱穗小穗间或颖壳上，幼虫在穗上结网，食害嫩穗和籽粒。

形态特征　成虫体长8 ～ 9 mm，前翅狭长，紫褐色，布满暗褐小点（图7-13）。翅基前缘近基部的一半和内缘、中室朝外的各翅脉带深红色，前翅中央具2条下凹的宽黑纵纹及几条较细黑纹。外横线白色，横贯细黑纹间，翅外缘有小黑点6个。后翅灰白色，略透明。卵椭圆形，扁薄，中间稍隆，表面具皱纹。末龄幼虫体纺锤形，细长，低龄幼虫黄白色，长大后变为土黄色至草绿色或灰黑色（图7-14）。蛹黄褐色至红棕色，背面具刻点。

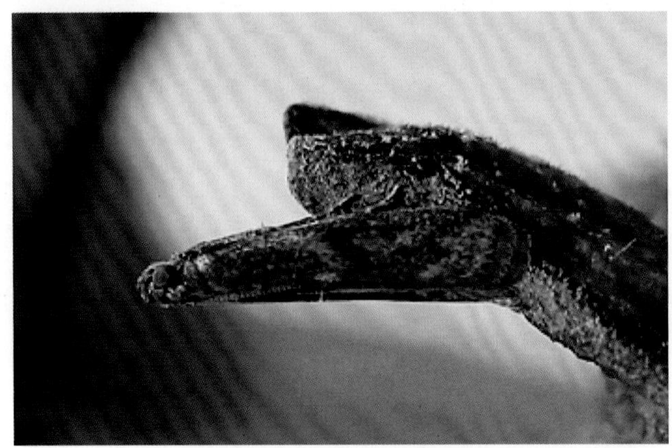

图7-13　高粱穗隐斑螟成虫

图7-14　高粱穗隐斑螟幼虫

发生规律　江苏、山东每年发生3代，老熟幼虫在高粱穗内或穗茎叶鞘处结茧越冬。于翌年6月下旬至7月上旬羽化为成虫。7月中旬进入第1代幼虫为害盛期，7月下旬幼虫老熟在穗内结茧化蛹，7月底至8月初成虫羽化，第2代幼虫为害盛期在8月中、下旬。第3代幼虫发生在9月上旬至10月。

防治方法　收获后及时处理秸秆，以减少虫源。

在高粱开花至乳熟期，喷洒40%毒死蜱乳油80 ～ 100 mL/亩、14%氯虫·高氯氟（高效氯氟氰菊酯4.7%＋氯虫苯甲酰胺9.3%）微囊悬浮剂15 ～ 20 mL/亩、2.5%氯氟氰菊酯水乳剂16 ～ 20 mL/亩、10%溴氰菊酯乳油20 ～ 40 mL/亩，兑水40 ～ 50 kg喷雾。

4. 桃蛀螟

分　　布　桃蛀螟（*Dichocrocis punctiferalis*）分布广泛。

为害特点　成虫把卵产在穗上，每穗产卵3 ～ 5粒，初孵幼虫蛀入幼嫩籽粒内，用粪便或食物残渣把口封住，在其内蛀害，吃空一粒又转一粒直至3龄前。3龄后吐丝结网缀合小穗，中间留有隧道，在里面穿行啃食籽粒，严重时把高粱粒蛀食一空（图7-15）。

图7-15　桃蛀螟为害高粱穗部症状

形态特征　成虫体黄至橙黄色，体、翅表面具许多似豹纹的黑斑点（胸背有7个，前翅25 ～ 28个，后翅15 ～ 16个）（图7-16）。卵椭圆形，表面粗糙布细微圆点，初乳白渐变橘黄、红褐色。幼虫体色多变，有淡褐、浅灰、浅灰蓝、暗红等色，腹面多为淡绿色。头暗褐，前胸盾片褐色，臀板灰褐，各体节毛片明显，灰褐至黑褐色，背面的毛片较大（图7-17）。蛹初淡黄绿后变褐色，臀棘细长，末端有曲刺6根。茧长椭圆形，灰白色。

图7-16　桃蛀螟成虫

图7-17　桃蛀螟幼虫

发生规律　每年发生1 ～ 5代，均以老熟幼虫的形式在玉米、向日葵、蓖麻等残株内结茧越冬。第1代幼虫于5月下旬至6月下旬先在桃树上为害，第2、第3代幼虫在桃树和高粱上都能为害。第4代幼虫则在夏播高粱和向日葵上为害，以第4代幼虫的形态越冬，翌年越冬幼虫于4月初化蛹，4月下旬进入化蛹盛期，4月底至5月下旬羽化，越冬代成虫把卵产在桃树上。多雨高湿年份，发生严重。紧穗重于半紧穗，散穗型最轻。晚播重于早播，夏播重于春播。

防治方法　冬季或早春及时处理向日葵、玉米等作物的秸秆，并刮除桃树老翘皮，清除越冬茧。

在1、2代卵高峰期，喷施16 000 IU/mg苏云金杆菌可湿性粉剂100 ～ 150 g/亩、40％毒死蜱乳油80 ～ 100 mL/亩、14％氯虫·高氯氟（高效氯氟氰菊酯4.7％＋氯虫苯甲酰胺9.3％）微囊悬浮剂15 ～ 20 mL/亩、2.5％氯氟氰菊酯水乳剂16 ～ 20 mL/亩、10％溴氟菊酯乳油20 ～ 40 mL/亩，兑水40 ～ 50 kg喷雾，5%高效氯氰菊酯乳油2 000倍液，间隔期7 ～ 10 d，连喷2 ～ 3次。

5. 高粱舟蛾

分　　布　高粱舟蛾（*Dinara combusta*）国内分布较多。

为害特点　幼虫咬食叶片，使其呈花叶状，重者成光秆，造成减产。

形态特征　成虫雄蛾翅展49 ～ 61 mm，雌蛾略大。头、胸背面淡黄色，翅基片和后胸深褐色，前者和后者各有1条红棕色横线，腹部背面褐黄色，每节两侧各有一黑色斑纹，前翅黄色，中脉至前缘有数条断续的细纵线。后翅黄色，中部向外缘部分黑褐色渐深（图7-18）。卵半球形，初产时深绿色，后变白色，近孵化时变为黑色。末龄幼虫头黑褐色，胴部蓝绿色，两侧各有1条白线，体被淡黄色长毛。蛹纺锤形，黑褐色，末端具臀棘1对。

图7-18　高粱舟蛾成虫

发生规律 1年发生1代。以蛹的形式在土下6.5 ～ 10.0 cm处越冬。成虫昼伏夜出，有趋光性。幼虫散栖，8月是为害盛期。8月中、下旬幼虫开始老熟，陆续入土做室化蛹越冬。该虫喜湿怕干，若7月湿度大，气温偏低，易大发生。黏土和壤土田的虫量显著少于沙土田。

防治方法 高粱收后的翻耕整地或冬灌，可消灭大量越冬蛹。高粱舟蛾卵粒较大，暴露于叶背；幼虫个体大，行动缓慢，适于人工捕杀防治。

在田间调查的基础上，抓住卵盛期和幼虫低龄盛期，顺垄逐棵采卵捉杀幼虫1 ～ 2遍，可有效压低虫口密度。可用4.5%高效氯氰菊酯2 000倍液、40%毒死蜱乳油80 ～ 100 mL/亩、14%氯虫·高氯氟（高效氯氟氰菊酯4.7%＋氯虫苯甲酰胺9.3%）微囊悬浮剂15 ～ 20 mL/亩、2.5%氯氟氰菊酯水乳剂16 ～ 20 mL/亩、50%辛硫磷乳油1 000倍液均匀喷施，兑水40 ～ 50 kg喷雾。

三、高粱各生育期病虫害防治技术

高粱从播种到成熟要经过苗期（播种至拔节）、拔节抽穗期和结实期（抽穗至成熟）3个阶段。由于各阶段的生育特点和生长中心不同，因此，应采取相应的技术措施，保证高粱的生长，以达到根系发达，叶片宽厚，叶色深绿，植株健壮。

（一）高粱苗期病虫害防治技术

高粱从出苗至拔节前为幼苗期或苗期。苗期地下根系生长较快，根增长迅速，到拔节时根数有20余条，入土深度可达1 m。地上部生长缓慢，株高平均日增量约1 cm，茎叶干重不到最大干重的10%～ 15%。所以，苗期是以根系生长为中心的生长发育阶段。因此，这一阶段的主攻方向是促进根系的生长。应采取有效措施，积极促进根系深扎横向伸展，增大根系的吸水、吸肥范围，使地上部生长苗壮，达到苗齐苗壮，这一阶段管理的主要目的是为中、后期生长发育打好基础。

高粱苗期主要有炭疽病、紫斑病、黑穗病、地老虎等病虫害发生为害。

种子处理：用50%福美双可湿性粉剂＋50%多菌灵可湿性粉剂按种子重量0.5%拌种，可防治苗期炭疽病、紫斑病等；60 g/L戊唑醇悬浮种衣剂按药种比1 ：（100 ～ 667）包衣，40%福美·拌种灵（福美双20%＋拌种灵20%）可湿性粉剂1 ：（200 ～ 333）（药种比）拌种，80%萎锈灵乳油按种子重量的0.8%拌种，闷种4 h，晾干后播种，可预防黑穗病。

药剂拌种是防治地下害虫的常用方法，可用50%辛硫磷乳油0.5 kg兑水20 ～ 25 kg，拌种子250 ～ 300 kg，或用40%甲基异柳磷乳油0.5 kg兑水15 ～ 20 kg，拌种200 kg，防治小地老虎、蛴螬、金针虫等地下害虫。

在种子拌种或包衣时，加入适量植物生长调节剂，可以促进种子发芽、促进幼苗生长。可以用0.01%芸苔素内酯乳油5 ～ 10 mL/L浸种或拌种，0.004%烯腺·羟烯腺可湿性粉剂100 ～ 150倍液浸种，能明显改善高粱苗期生长情况，提高高粱的抗病、抗逆能力。

（二）高粱拔节期至抽穗期病虫害防治技术

高粱拔节以后，逐渐进入挑旗、孕穗、抽穗时期，这一阶段的生长中心逐渐由根、茎、叶转向穗部，即由营养生长转入生殖生长。拔节以后，植株的营养器官（根、茎、叶）旺盛生长，幼穗也急剧分化形成，以后进入营养生长与生殖生长同时并进的阶段，这是高粱一生中生长最旺盛的时期。

该时期发生的病虫害主要有炭疽病、紫斑病、大斑病、蚜虫、玉米螟、条螟等。

可喷洒70%甲基硫菌灵可湿性粉剂600 ～ 800倍液＋80%代森锰锌可湿性粉剂600倍液、50%多菌灵可湿性粉剂500 ～ 600倍液、50%苯菌灵可湿性粉剂800 ～ 1 500倍液、25%溴菌腈可湿性粉剂500倍液等药剂防治炭疽病、紫斑病、大斑病等。

可喷洒20%哒嗪硫磷乳油800倍液、22%噻虫·高氯氟（高效氯氟氰菊酯9.4%＋噻虫嗪12.6%）微囊悬浮剂4 ～ 6 mL/亩防治蚜虫。

用50%马拉硫磷乳油50 mL加入20 ～ 50 kg水，每株10 mL灌心，1.3%乙酰甲胺磷颗粒剂或1%甲萘威颗粒剂7.5 kg/亩撒入喇叭口，或用16 000 IU/mg苏云金杆菌可湿性粉剂100 ～ 150 g/亩、40%毒死蜱乳油80 ~ 100 mL/亩、14%氯虫·高氯氟（高效氯氟氰菊酯4.7%+氯虫苯甲酰胺9.3%）微囊悬浮剂15 ~ 20 mL/亩、2.5%氯氟氰菊酯水乳剂16 ~ 20 mL/亩、10%溴氟菊酯乳油20 ~ 40 mL/亩，兑水40 ~ 50 kg喷雾，5%高效氯氰菊酯乳油2 000倍液，间隔期7 ~ 10 d，连喷2 ~ 3次喷施于穗部，亩喷50 ~ 70 L，可防治穗螟、玉米螟等害虫。

（三）高粱结实期病虫害防治技术

高粱的结实期指从抽穗到成熟的阶段，包括抽穗、开花、灌浆、成熟等生育期。

蚜虫是高粱生育后期的主要害虫，防治蚜虫要根据虫情及时打药。穗螟是后期为害穗部的主要害虫，防治要注意及早、灭净。黑穗病在高粱生育后期已无防治的办法，但为了减少病原，抽穗前后应将未散黑粉的病株拔除，带到田外深埋。

该时期桃柱螟、穗螟为害较重。可喷施16 000 IU/mg苏云金杆菌可湿性粉剂100 ~ 150 g/亩、40%毒死蜱乳油80 ~ 100 mL/亩、14%氯虫·高氯氟（高效氯氟氰菊酯4.7%+氯虫苯甲酰胺9.3%）微囊悬浮剂15 ~ 20 mL/亩、2.5%氯氟氰菊酯水乳剂16 ~ 20 mL/亩、10%溴氟菊酯乳油20 ~ 40 mL/亩，兑水40 ~ 50 kg喷雾，5%高效氯氰菊酯乳油2 000倍液，间隔期7 ~ 10 d，连喷2 ~ 3次喷施于穗部。

第八章　谷子病虫害原色图解

一、谷子病害

据报道，我国谷子病害有20多种，其中，为害较重的有白发病、瘟病、纹枯病、黑粉病等。

1. 谷子白发病

分　　布　谷子白发病是一种分布十分广泛的病害，在我国华北、西北、东北等地发生比较严重。

症　　状　由禾生指梗霜霉（*Sclerospora graminicola*，属鞭毛菌亚门真菌）引起。从发芽到出穗都可发病，并且在不同生育阶段和不同部位的症状也不一样。灰背：幼苗3～4叶时，病叶正面出现白色条斑，叶背长出灰白色霉层。白尖：当叶片出现灰背后，叶片干枯，但心叶仍能继续抽出，只是心叶抽出后不能正常展开，而是呈卷筒状直立，呈黄白色，以后逐渐变褐色呈枪杆状。"刺猬头"部分病株发展迟缓，能抽穗，或抽半穗，但穗变形，小穗受刺激呈小叶状，不结籽粒，内有大量黄褐色粉末（图8-1）。白发病"乱发"状：变褐色的心叶受病菌为害，叶肉部分被破坏成黄褐色粉末，仅留的维管束组织呈丝状，植株死亡（图8-2）。

图8-1　谷子白发病"刺猬头"症状

图8-2　谷子白发病"乱发"症状

发生规律　卵孢子在土壤中、未腐熟粪肥上或附在种子表面越冬，是主要初侵染源。种子发芽时土壤中卵孢子也正萌发，遇幼嫩组织直接侵入，引起死亡或定植其中随幼苗生长发育，陆续出现灰背、白尖、白发等。孢子囊和游动孢子借气流传播，再侵染。低温潮湿土壤中种子萌发和幼苗出土速度慢，容易发病（图8-3）。

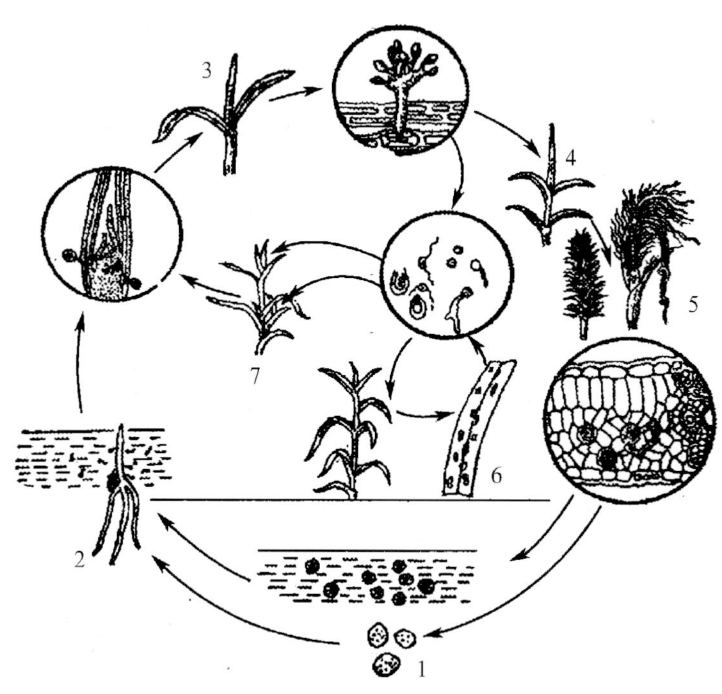

图8-3 谷子白发病病害循环

1.卵孢子越冬 2.卵孢子萌发从幼芽鞘侵入 3.灰背 4.白尖
5.白发、看老谷 6.再侵染引致局部症斑 7.再侵染引起系统发病

防治方法 选用抗病品种。田间及时拔除病株，减少菌源。种子拌种和土壤处理可以有效防治病害发生。

种子处理：可用35%甲霜灵拌种剂按种子重量的0.2%或12%甲·嘧·甲霜灵（甲基硫菌灵6%＋甲霜灵3%＋嘧菌酯3%）悬浮种衣剂按种子重量的0.3%～0.4%拌种。

土壤处理：可用75%敌磺钠可溶性粉剂500 g/亩与细土15～20 kg混匀，播种后覆土。

发病初期，及时喷洒64%噁霜·锰锌（噁霜灵8%＋代森锰锌56%）可湿性粉剂500倍液、69%安克·锰锌（烯酰吗啉9%＋代森锰锌60%）可湿性粉剂1 000倍液。

2. 谷子粒黑穗病

分　　布 我国各谷子产区均有发生，东北、华北地区发生较重。

症　　状 由谷子黑粉菌（*Ustilago crameri*，属担子菌亚门真菌）引起。主要为害穗部，抽穗后出现症状。病穗初为灰绿色，后变为灰色，较短，直立。病粒较健粒略大，颖片破裂、子房壁膜破裂散出黑粉（图8-4）。

发生规律 冬孢子附着在种子表面越冬，成为翌年初侵染源。种子萌发时，病菌从幼苗的胚芽鞘侵入，并扩展到生长点，最后侵入穗部，破坏子房，致病穗上籽粒变成黑粉粒。

防治方法 严格选种，剔除病穗并销毁。

种子处理：可用40%拌种双粉剂按种子量0.2%～0.3%、50%多菌灵可湿性粉剂或50%甲基硫菌灵可湿性粉剂按种子量0.2%、50%克菌丹可湿性粉剂按种子重量0.3%拌种；或用0.25%公主岭霉素可湿性粉剂50倍液浸泡12 h。

图8-4 谷子粒黑穗病为害穗部症状

3. 谷子瘟病

分　　布　谷子瘟病分布广泛，在各谷子产区均有分布。

症　　状　由谷梨孢（*Pyricularia setariae*，属无性型真菌）引起。在谷子的整个生育期均可发生，叶片上病斑为梭形，中央灰白色，边缘紫褐色，湿度大时叶背密生灰色霉层（图8-5）。茎节染病时最开始产生黄褐或黑褐色小斑，后渐绕全节一周，造成节上部枯死，易折断。叶鞘病斑长椭圆形，较大。穗颈染病初为褐色小点，后扩展为灰黑色梭形斑，严重时，绕颈一周造成全穗枯死。小穗染病穗梗变褐枯死，籽粒干瘪（图8-6）。

图8-5　谷子瘟病为害叶片症状

图8-6　谷子瘟病为害穗部症状

发生规律　分生孢子在病草、病残体和种子上越冬，成为翌年初侵染源。田间发病后，在叶片病斑上形成分生孢子，分生孢子借气流传播再侵染。播种过密，田间湿度大，降水多发病重。黏土、低洼地发病重。

防治方法　病草要处理干净，忌偏施氮肥，密度不宜过大，保证通风透光。叶瘟发生初期、抽穗期、齐穗期各喷药1次，可有效地防治谷子瘟病的为害。

可用250 g/L嘧菌酯悬浮剂40 ～ 60 mL/亩、2%春雷霉素可湿性粉剂750 ～ 1 000倍液、40%敌瘟磷乳油500 ～ 800倍液＋65%代森锰锌可湿性粉剂500倍液、80%代森锰锌可湿性粉剂600倍液＋50%四氯苯酞可湿性粉剂800倍液、45%代森铵水剂1 000倍液＋40%稻瘟净乳油600 ～ 800倍液、70%甲基硫菌灵可湿性粉剂2 000倍液喷雾防治。

4. 谷子锈病

症　　状　由谷子单胞锈菌（*Uromyces setariae-italicae*，属担子菌亚门真菌）引起。主要发生在谷子生长的中、后期，主要为害叶片，叶鞘上也可发生。初期在叶背面出现深红褐色小点，稍隆起，后表皮破裂，散出黄褐色粉末（图8-7）。后期叶背和叶鞘上产生黑色冬孢子堆，散生或聚生于寄主表皮下，表皮不易破裂。

图8-7　谷子锈病为害叶片症状

发生规律　以夏孢子和冬孢子的形式越夏、越冬，成为初侵染源，病菌借气流传播，高温多雨有利于病害发生。7—8月降雨多，发病重。氮肥过多，密度过大，发病重。

防治方法　种植抗病品种。清除田间病残体，适期早播避病，不宜过密。

发病初期，喷洒12.5％烯唑醇可湿性粉剂1 500 ～ 2 000倍液、20%三唑酮乳油800 ～ 1 000倍液、30%苯甲·丙环唑（苯醚甲环唑＋丙环唑）乳油20 mL/亩、75%肟菌·戊唑醇（肟菌酯25%＋戊唑醇50%）水分散粒剂10 ～ 15/亩、40 g/L氟硅唑乳油8 000 ～ 10 000倍液，发生严重时，间隔7 ～ 10 d再喷1次。

5. 谷子黑粉病

症　　状　由狗尾草黑粉菌（*Ustilago neglecta*，属担子菌亚门真菌）引起。主要为害穗部，一般部分或全穗籽粒染病，病穗短小，常直立。通常半穗发病，也有全穗发病的（图8-8）。

图8-8　谷子黑粉病为害穗部症状

发生规律　病菌以冬孢子的形式附着在种子表面越冬，成为翌年的初侵染源。冬孢子萌发产生菌丝，土温12 ～ 25℃时适于病菌侵入幼苗。土壤过干或过湿不利其发病。

防治方法　选用抗病品种，建立无病留种田。

6. 谷子纹枯病

症　　状　由立枯丝核菌（*Rhizoctonia solani*）引起。主要为害茎部叶鞘。发病初期在近地面叶鞘上产生近圆形或不规则形、褐色与灰白色相间的云纹状病斑。有时病斑融合形成较大的云纹形斑，边缘暗褐色，中间浅褐色（图8-9）。后期茎基部1 ～ 2节死亡，并在病斑上产生颗粒状小菌核。发病严重的地块影响灌浆，病株枯死。

图8-9　谷子纹枯病为害叶鞘症状

发生规律　以菌丝和菌核的形式在病残体或在土壤中越冬。

防治方法　选用抗纹枯病的品种。采用配方施肥技术，合理施肥，合理密植。

发病初期，可用5%井冈霉素水剂100 g/亩、9%吡唑醚菌酯微囊悬浮剂58 ～ 66 mL/亩、60%肟菌酯水分散粒剂9 ～ 12 g/亩、80%嘧菌酯水分散粒剂15 ～ 20 g/亩、20%氟酰胺可湿性粉剂100 ～ 125 g/亩、50%氯溴异氰脲酸可溶性粉剂40 g/亩，兑水40 ～ 50 kg喷施。

7. 谷子灰斑病

症　状 由粟尾孢（*Cercospora setariae*，属无性型真菌）引起。主要为害叶片。病斑椭圆形至梭形，中部灰白色，边缘褐色至深红褐色（图8-10）。病斑背面生灰色霉层，即病菌的子实体。

图8-10　谷子灰斑病为害叶片症状

发生规律 以子座或菌丝块的形式在病叶上越冬，翌年条件适宜，产生分生孢子，借气流传播蔓延。南方冬春温暖，雾大露重，易发生。

防治方法 实行轮作，加强田间管理。

发病初期，喷洒50%多菌灵可湿性粉剂500倍液、70%甲基硫菌灵可湿性粉剂800倍液、50%苯菌灵可湿性粉剂1 000 ～ 1 500倍液、25%嘧菌酯悬浮剂40 mL/亩、25%咪鲜胺乳油40 ～ 60 mL/亩，间隔7 ～ 10 d喷施1次，防治2 ～ 3次。

8. 谷子细菌性条斑病

症　状 由甘蓝黑腐黄单胞菌半透明致病变种（*Xanthomonas campestris* pv. *translucens*，属细菌）引起。主要为害叶片，叶片上产生与叶脉平行的深褐色短条状有光泽的病斑，周围有黄色晕圈，病斑边缘轮廓不明显，将病叶的横切面置于水滴中，在显微镜下观察，发现有很多细菌从叶脉处流出（图8-11）。

图8-11　谷子细菌性条斑病为害叶片症状

发生规律 病原细菌在病残体上越冬，从气孔侵入叶片。谷子生长前期如遇多雨多风的天气，病害发生严重。

防治方法 选用抗病品种，加强田间管理，防止传染。

发现中心病株后，及时喷药防治，可用60亿芽孢/mL解淀粉芽孢杆菌Lx-11悬浮剂500 ~ 650 g/亩、100亿芽孢/g枯草芽孢杆菌可湿性粉剂50 ~ 60 g/亩、3%中生菌素水剂400 ~ 533 mL/亩、50%氯溴异氰尿酸可溶粉剂40 ~ 60 g/亩、36%三氯异氰尿酸可湿性粉剂60 ~ 90 g/亩、30%噻森铜悬浮剂70 ~ 85 mL/亩、20%噻菌铜悬浮剂100 ~ 130 g/亩、30%金核霉素可湿性粉剂1 500 ~ 1 600倍液、1.2%辛菌胺（辛菌胺醋酸盐）水剂463 ~ 694 mL/亩，兑水30 ~ 40 kg均匀喷雾，间隔7 ~ 10 d喷1次，连续2 ~ 3次。

二、谷子虫害

谷子是我国古老的栽培作物之一，主要种植在华北、东北和西北地区，南方种植面积较小。我国已发现虫害近40种，其中为害严重的有粟灰螟、粟穗螟等。

1. 粟灰螟

分　　布 粟灰螟（*Chilo infuscatellus*）主要分布在东北、华北、甘肃、陕西、宁夏、河南、山东、安徽、台湾、福建、广东、广西等地。

为害特点 幼虫蛀食谷子茎秆基部。谷子苗期受害形成枯心苗，穗期受害遇风易折倒，谷粒空秕形成白穗（图8-12）。

图8-12 粟灰螟为害茎秆症状

形态特征 成虫淡黄褐色（图8-13），额圆形不突向前方，无单眼，下唇须浅褐色，胸部暗黄色；前翅浅黄褐色杂有黑褐色鳞片，中室顶端及中室里各具1个小黑斑；后翅灰白色，外缘浅褐色。卵扁椭圆形，初白色，后变灰黑色。末龄幼虫头红褐色或黑褐色，胸部黄白色（图8-14）。初蛹乳白色，羽化前变成深褐色。

图8-13　粟灰螟成虫

图8-14　粟灰螟幼虫及其为害状

发生规律　1年发生2～3代，以老熟幼虫的形式在谷茬内或谷草、玉米茬及玉米秆里越冬。幼虫于5月下旬化蛹，6月初羽化，6月中旬为成虫盛发期，随后进入产卵盛期，第1代幼虫在6月中、下旬为害；第2代幼虫在8月中旬至9月上旬为害。

防治方法　秋耕时，拾净谷茬、黍茬等，集中深埋或烧毁，播种期可因地制宜调节，设法使苗期避开成虫羽化产卵盛期，可减轻受害。

在卵孵化盛期至幼虫蛀茎前施药，用5%甲氨基阿维菌素水分散粒剂15～20 g/亩、3.2%阿维菌素乳油12～16 mL/亩、5%氯虫苯甲酰胺超低容量液剂30～40 mL/亩、50%丙溴磷乳油80～100 mL/亩、40%毒死蜱乳油75～100 mL/亩、5%环虫酰肼悬浮剂75～110 mL/亩、10%四氯虫酰胺悬浮剂10～20 g/亩、10%溴氰虫酰胺可分散油悬浮剂20～26 mL/亩、20%多杀霉素微乳剂15～20 mL/亩、16 000 IU/mg苏云金杆菌可湿性粉剂200～300 g/亩、3%阿维·氟铃脲（阿维菌素0.5%＋氟铃脲2.5%）可湿性粉剂50～60 g/亩，兑水50～75 kg均匀喷雾。也可用0.2%噻虫胺颗粒剂20～30 kg/亩，撒在谷苗根际，形成药带，效果也好。

2. 粟缘蝽

分　　布　粟缘蝽（*Liorhyssus hyalinus*）分布在全国各地。

为害特点　成、若虫刺吸谷子穗部未成熟籽粒的汁液，造成产量、质量降低。

形态特征　成虫体草黄色，有浅色细毛（图8-15）。头略呈三角形，头顶、前胸背板前部横沟及后部两侧、小盾片基部均有黑色斑纹，触角、足有黑色小点。腹部背面黑色，第5背板中央生一卵形黄斑，两侧各具较小黄斑1块，第6背板中央具黄色带纹1条，后缘两侧黄色。卵椭圆形，初产时血红色，近孵化时变为紫黑色。若虫初孵血红色，卵圆形，头部尖细，触角4节较长，胸部较小，腹部圆大，至5～6龄时腹部肥大，灰绿色，腹部背面后端带紫红色。

发生规律　华北1年发生2～3代，成虫潜伏在杂草丛、树皮缝、墙缝等处越冬。于翌春恢复活动，先为害杂草或蔬菜，7月间春谷抽穗后转移到谷穗上产卵。第2、第3代则产在夏谷和高粱穗上，成虫活动遇惊扰时迅速起飞，无风的天气喜在穗外向阳处活动。

防治方法　成虫发生期喷施95%乙酰甲胺磷可溶粒剂60～80 g/亩、50%丙溴磷乳油80～120 mL/亩、50%马拉硫磷乳油1 000倍液、2.5%氯氟氰菊酯乳油2 000～5 000倍液、2.5%溴氰菊酯乳油2 000倍液、3%阿维菌素微乳剂15～20 mL/亩，兑水50 kg均匀喷施。

图8-15　粟缘蝽成虫

3. 粟凹胫跳甲

分　　布　粟凹胫跳甲（*Chaetocnema ingenua*）分布在东北、华北、西北、内蒙古、新疆、河南、湖北、江苏、福建等地。

为害特点　幼虫和成虫为害刚出土的幼苗。幼虫由茎基部咬孔钻入，直至谷子枯心致死。当幼苗较高，表皮组织变硬时，幼虫爬到顶心内部，取食嫩叶，顶心被吃掉，不能正常生长，形成丛生，华北当地称“芦蹲”或“坐坡”。成虫则取食幼苗叶子的表皮组织，将其吃成条纹，白色透明，甚至干枯死掉。

形态特征　成虫体椭圆形，蓝绿至青铜色，具金属光泽（图8-16）。头部密布刻点，漆黑色。前胸背板拱凸，密布刻点。鞘翅上有由刻点整齐排列而成的纵线。各足基部及后足腿节黑褐色，其余各节黄褐色。后足腿节粗大。腹部腹面金褐色，具有粗刻点。卵长椭圆形，米黄色。末龄幼虫体圆筒形，头、前胸背板黑色。胸部、腹部白色，体面具椭圆形褐色斑点。裸蛹椭圆形，乳白色。

图8-16　粟凹胫跳甲成虫

发生规律　吉林南部一年生1代，少数区域2代，成虫在表土层中或杂草根际1.5 cm处越冬。翌年5月上旬气温高于15℃时越冬成虫在麦田出现，5月下旬至6月中旬迁至谷子田产卵，6月中旬至7月上旬进入第1代幼虫盛发期，第1代成虫于6月下旬开始羽化，7月中旬产第2代卵，第2代幼虫为害盛期在7月下旬至8月上旬，第2代成虫于8月下旬出现，10月入土越冬。气候干旱少雨的年份、早播春谷、重茬谷子易受害。

防治方法 适期晚播，避开成虫盛发期可减轻受害。间苗、定苗时注意拔除枯心苗，集中深埋或烧毁。

播种前用种子重量0.2%的35%克百威胶悬剂或50%辛硫磷乳油拌种。

土壤处理：播种时，用3%克百威颗粒剂2 kg/亩处理土壤。

在谷子出苗后4 ~ 5叶期或谷子定苗期喷洒30%醚菊酯悬浮剂25 ~ 35 mL/亩、40%哒螨灵悬浮剂25 ~ 30 mL/亩、40%三唑磷乳油60 ~ 80 mL/亩、40%氯虫·噻虫嗪（氯虫苯甲酰胺20%＋噻虫嗪20%）水分散粒剂8 ~ 10 g/亩、20%辛硫·三唑磷（辛硫磷10%＋三唑磷10%）乳油50 ~ 80 mL/亩、35%敌畏·马（马拉硫磷9%＋敌敌畏26%）乳油40 ~ 50 mL/亩、48%毒死蜱乳油50 mL/亩、20%三唑磷乳油60 ~ 100 mL/亩、20%丁硫克百威乳油30 mL/亩、40%甲基异柳磷乳油50 mL/亩，兑水50 kg均匀喷施，也可以用5%丁硫克百威颗粒剂2 000 ~ 3 000 g/亩、0.4%氯虫苯甲酰胺颗粒剂700 ~ 1 000 g/亩，拌毒土撒施。

第九章　绿豆病害原色图解

1. 绿豆白粉病

症　　状　由紫芸英单丝壳菌（*Sphaerotheca astragali*，属子囊菌亚门真菌）引起。为害叶片、茎秆和荚。叶片受害，表面散生白色粉状霉斑，发生严重时，叶片变黄，提早脱落（图9-1）。嫩荚受害，呈畸形，表面生白色粉状物，后期在白色粉状物中产生黑色的小粒点。

图9-1　绿豆白粉病为害叶片症状

发生规律　以闭囊壳的形式在土表病残体上越冬，翌年条件适宜则散出子囊孢子，借风雨传播初侵染。发病后，病部产生分生孢子，借风雨传播再侵染。在潮湿、多雨或田间积水时易发病；干、湿交替利于该病扩展，发病重。

防治方法　收获后及时清除病残体，集中深埋或烧毁。施用酵素菌沤制的堆肥或充分腐熟有机肥。

发病初期，可喷施75%肟菌·戊唑醇（肟菌酯25%＋戊唑醇50%）水分散粒剂10 ～ 15/亩、40%己唑·多菌灵（己唑醇10%＋多菌灵30%）悬浮剂40 ～ 60 mL/亩、30%苯甲·丙环唑（苯醚甲环唑15%＋丙环唑15%）乳油20 mL/亩、12.5%烯唑醇可湿性粉剂1 000 ～ 1 500倍液、6%氯苯嘧啶醇可湿性粉剂1 000 ～ 1 500倍液、25%丙环唑乳油2 000倍液、40%氟硅唑乳油6 000液、12.5%烯唑醇可湿性粉剂30 g/亩＋0.5%氨基寡糖素水剂30 mL/亩，兑水40 ～ 50 kg，防效均好。

2. 绿豆褐斑病

症　　状　由变灰尾孢（*Cercospora canescens*，属无性型真菌）引起。主要为害叶片，发病初期叶片上现水渍状褐色小点，扩展后形成边缘红褐色至红棕色、中间浅灰色至浅褐色的近圆形病斑（图9-2）。湿度大时，病斑上密生灰色霉层，病情严重时，病斑融合成片，很快干枯。荚果受害，病斑褐色，后期病斑扩大，荚果干枯（图9-3）。

图9-2 绿豆褐斑病为害叶片症状

图9-3 绿豆褐斑病为害荚果症状

发生规律 以菌丝体和分生孢子的形式在种子或病残体中越冬，成为翌年初侵染源。开花前后扩展较快，借风雨传播蔓延，经分生孢子多次再侵染。绿豆开花结荚期受害重，高温高湿有利于该病发生和流行，尤以秋季多雨、连作地或反季节栽培发病重。

防治方法 选无病株留种，收获后深耕。播前用45℃温水浸种10 min消毒。

发病初期，喷洒75%戊唑·嘧菌酯（嘧菌酯25%＋戊唑醇50%）可湿性粉剂10 ～ 15 g/亩、25%噻呋·嘧菌酯（噻呋酰胺5%＋嘧菌酯20%）悬浮剂30 ～ 40 mL/亩、65%甲硫·霉威（甲基硫菌灵52.5%＋乙霉威12.5%）可湿性粉剂1 000 ～ 1500倍液＋75%百菌清可湿性粉剂800倍液、80%代森锰锌可湿性粉剂800倍液＋70%甲基硫菌灵可湿性粉剂800倍液，间隔7 ～ 10 d喷1次，连续防治2 ～ 3次。

3. 绿豆炭疽病

症　　状　由菜豆炭疽菌（*Colletotrichum lindemuthianum*，属无性型真菌）引起。主要为害叶、茎及荚果。叶片染病初呈红褐色条斑，后变为黑褐色或黑色，并扩展为多角形网状斑（图9-4）。叶柄和茎染病病斑凹陷龟裂，呈褐锈色细条形斑，病斑连合形成长条状。豆荚染病初现褐色小点，扩大后呈褐色至黑褐色圆形或椭圆形斑，周缘稍隆起，四周常具红褐或紫色晕环，中间凹陷，湿度大时，溢出粉红色黏稠物（图9-5）。

发生规律　菌丝体潜伏在种子内或附在种子上越冬，也可以在病残体内越冬。播种带菌种子，幼苗染病，在子叶或幼茎上产出分生孢子，借雨水、昆虫传播。分生孢子萌发后产生芽管，从伤口或直接侵入，经4 ～ 7 d潜育出现症状并再侵染。在多雨、多露、多雾的冷凉多湿地区，种植过密、土壤黏重地发病重。

图9-4　绿豆炭疽病为害叶片症状

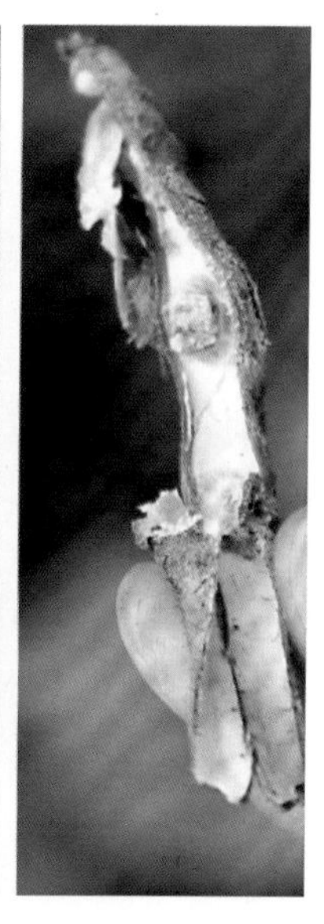

图9-5　绿豆炭疽病为害荚果症状

防治方法　选用抗病品种，实行2年以上轮作。

种子处理：用种子重量0.4%的50%多菌灵或福美双可湿性粉剂拌种；也可用40%多硫悬浮剂或60%多菌灵盐酸盐超微粉剂600倍液浸种30 min，洗净晾干后播种。

开花后、发病初期，喷洒9%吡唑醚菌酯微囊悬浮剂58 ～ 66 mL/亩、60%肟菌酯水分散粒剂9 ～ 12 g/亩、80%嘧菌酯水分散粒剂15 ～ 20 g/亩、80%代森锰锌可湿性粉剂600倍液＋50%多菌灵可湿性粉剂600倍液、75%百菌清可湿性粉剂600倍液＋70%甲基硫菌灵可湿性粉剂600 ～ 800倍液，隔7 ～ 10 d施1次，连续防治2 ～ 3次。

4. 绿豆轮斑病

症　　状　由小豆壳二孢（*Ascochyta phaseolorum*，属无性型真菌）引起。主要为害叶片。出苗后即可染病，但后期发病多。叶片染病，初生褐色圆形病斑，边缘红褐色。病斑上现明显的同心轮纹（图9-6），后期病斑上生出许多褐色小点。病斑干燥时易破碎，发病严重的叶片早期脱落，影响结实。

图9-6 绿豆轮斑病为害叶片症状

发生规律 以菌丝体和分生孢子器的形式在病部或随病残体遗落土中越冬或越夏，翌年条件适宜时产生分生孢子，借雨水溅射传播造成初侵染和再侵染。在生长季节，如天气温暖高湿或过度密植株间湿度大，均利于该病发生。

防治方法 重病地于生长季节结束时要彻底收集病残物烧毁，并深耕晒土，有条件时实行轮作。

发病初期，及早喷洒70％甲基硫菌灵可湿性粉剂1 000倍液＋75％百菌清可湿性粉剂1 000倍液、9％吡唑醚菌酯微囊悬浮剂58 ～ 66 mL/亩、60％肟菌酯水分散粒剂9 ～ 12 g/亩、80％嘧菌酯水分散粒剂15 ～ 20 g/亩、32.5％苯甲·嘧菌酯（嘧菌酯20％＋苯醚甲环唑12.5％）悬浮剂30 ～ 40 mL/亩，隔7 ～ 10 d施1次，共防治2 ～ 3次。

5. 绿豆锈病

症　状 由疣顶单胞锈菌（*Romyces appendiculatus*，属担子菌亚门真菌）引起。为害叶片、茎秆和豆荚，叶片染病散生或聚生许多近圆形小斑点，病叶背面现锈色小隆起，后表皮破裂外翻，散出红褐色粉末。秋季可见黑色隆起小、长点混生，表皮裂开后散出黑褐色粉末（图9-7）。发病重的，叶片早期脱落。

发生规律 南方该菌主要以夏孢子的形式越夏，成为初侵染源，一年四季辗转传播蔓延；北方主要以冬孢子的形式在病残体上越冬，翌年条件适宜时产生担子和担孢子。北方该病主要发生在夏、秋两季，绿豆进入开花结荚期，气温20℃ 以上，高湿、昼夜温差大及结露持续时间长易流行，秋播绿豆及连作地发病重。

防治方法 种植抗病品种。施用充分腐熟的有机肥。春播宜早，清洁田园，加强管理，适当密植。

发病初期，喷洒15％三唑酮可湿性粉剂1 000 ～ 1 500倍液、30％肟菌·戊唑醇（肟菌酯10％＋戊唑醇20％）悬浮剂30 ～ 50 mL/亩、25％丙环唑乳油2 000倍液、6％氯苯嘧啶醇可湿性粉剂1 000 ～ 1 500倍液、40％氟硅唑乳油8 000倍液，间隔15 d左右施1次，防治2 ～ 3次。

图9-7 绿豆锈病为害叶片症状

6. 绿豆病毒病

症　状 由黄瓜花叶病毒（*Cucumber mosaic virus*，CMV）、苜蓿花叶病毒（*Alfalfa mosaic virus*，AMV）、番茄不孕病毒（*Tomato aspermy virus*，TAV）引起。绿豆从出苗后到成株期均可发病。叶上出现斑驳或绿色部分凹凸不平，叶皱缩。有些品种出现叶片扭曲畸形或明脉，病株矮缩，开花晚（图9-8）。豆荚上症状不明显。

图9-8 绿豆病毒病为害叶片症状

发生规律 CMV在种子不带毒，主要在多年生宿根植物上越冬。由桃蚜、棉蚜等传毒，每当春季发芽后，蚜虫开始活动或迁飞，成为传播此病的主要媒介。AMV的传播与蚜虫发生情况关系密切，尤其是高温干旱天气不仅有利蚜虫活动，还会降低寄主抗病性。TAV主要靠汁液和桃蚜进行非持久性传毒。

防治方法 选用抗病毒病品种。

蚜虫迁入豆田时要及时喷洒常用杀蚜剂防治，可用10%吡虫啉可湿性粉剂2 000 ～ 2 500倍液、50%抗蚜威可湿性粉剂1 000 ～ 1 500倍液、3%啶虫脒乳油1 000 ～ 2 000倍液叶面喷施，以减少传毒。

也可在发病初期，喷洒0.5%菇类蛋白多糖水剂250 ～ 300倍液、2%宁南霉素水剂150 ～ 200倍液、15%三氮唑核苷可湿性粉剂500 ～ 700倍液，可有效控制病害的发生。

7. 绿豆根结线虫病

症　　状 由南方根结线虫（*Meloidogyne incognita*）引起。主要发生在绿豆植株的根部、侧根或须根上，须根或侧根染病后产生瘤状大小不等的根结。解剖根结，病部组织里有很多细小的乳白色线虫埋于其内。根结上一般可长出细弱的新根，致寄主再度染病，形成根结（图9-9）。地上部表现症状因发病的轻重程度不同而异，轻病株症状不明显，重病株生育不良，叶片中午萎蔫或逐渐黄枯，植株矮小，影响结实，发病严重时，全田枯死。

图9-9 绿豆根结线虫病为害根部症状

发生规律 该虫多在土壤5 ～ 30 cm处生存，常以卵或2龄幼虫的形式随病残体遗留在土壤中越冬，病土、病苗及灌溉水是主要传播途径。一般可存活1 ～ 3年，翌春条件适宜时，由埋藏在寄主根内的雌虫产出单细胞的卵，卵产下经几小时形成1龄幼虫，蜕皮后孵出2龄幼虫，离开卵块的2龄幼虫在土壤中移动寻找根尖，由根冠上方侵入定居在生长锥内，其分泌物刺激导管细胞膨胀，使根形成巨型细胞或虫瘿，别称根结，在生长季节根结线虫的几个世代以对数增殖，发育到4龄时交尾产卵，卵在根结里孵化发育，2龄后离开卵块，进入土中再侵染或越冬。

防治方法 加强检疫，选用抗病品种，与禾本科作物轮作，增施底肥和种肥，促进植株健壮生长，增强植株抗病力，可相对减轻损失。

选用呋喃丹含量高的种衣剂对种子包衣；或用35%乙基硫环磷或35%甲基硫环磷按种子量的0.5%拌种；也可用3%克百威颗粒剂5 ～ 6 kg/亩、5%涕灭威颗粒剂3 ～ 4 kg/亩，同种肥一起施入播种沟里，不仅可以防治线虫，还可防治地下害虫等。

8. 绿豆细菌性疫病

症　　状 由野油菜黄单胞菌（*Xanthomonas campestris*，属细菌）引起。主要为害叶片，严重时也可为害豆荚。叶片上病斑为圆形或不规则形的褐色疱状斑，初为水渍状（图9-10），后呈坏炭疽状，严重时木栓化。叶柄、豆荚受害症状同叶片。

图9-10 绿豆细菌性疫病为害叶片症状

发生规律 病菌在病残体和种子上越冬，借风雨、水流、昆虫传播，多从气孔、水孔或伤口处侵入叶片。多雨季节发病重；管理不当，肥力不足、偏施氮肥发病较重。

防治方法 实行轮作，选种无病种子。降低田间湿度。

种子处理：可用种子重量的0.3%的95%敌磺钠原粉、50%福美双可湿性粉剂拌种。

病害发生初期，可用30%噻森铜悬浮剂70 ~ 80 mL/亩（600 ~ 800倍液）50%福美双可湿性粉剂800倍液、77%氢氧化铜可湿性粉剂500倍液、50%琥胶肥酸铜可湿性粉剂500倍液等药剂均匀喷施。

第十章　棉花病虫草害原色图解

一、棉花病害

棉花是我国重要的经济作物，大部分省份都有种植。而棉花病害一直是制约棉花生产的主要因素之一。据报道，我国已发现的棉花病害有40多种，其中为害较重的有枯萎病、黄萎病、炭疽病、红腐病、立枯病、棉铃疫病等。

1. 棉花枯萎病

分　　布　棉花枯萎病是为害棉花最严重的病害之一，各主要产棉区均有发生。

症　　状　由尖孢镰孢萎蔫专化型（*Fusarium oxysporum* f.sp. *vasinfectum*，属无性型真菌）引起。枯萎病在子叶期即可表现症状，现蕾期达到发病高峰。常表现出不同的症状：①黄色网纹型：病叶叶脉褪绿变黄，叶肉仍为绿色，呈现黄色网纹状，最后叶片变褐枯死或脱落。②紫红型或黄化型：子叶或真叶呈紫红色或黄色，多在叶缘发生，无明显网纹，严重时全株枯死（图10-1）。③皱缩型：病株节间缩短，明显矮化，叶片深绿色，稍增厚，皱缩不平（图10-2）。④青枯型：多发生在暴雨后，全株叶片萎蔫下垂，青干枯死（图10-3）。病株维管束变为深褐色（图10-4）。

图10-1　棉花枯萎病紫红叶型

图10-2　棉花枯萎病皱缩型

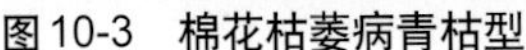
图10-3 棉花枯萎病青枯型

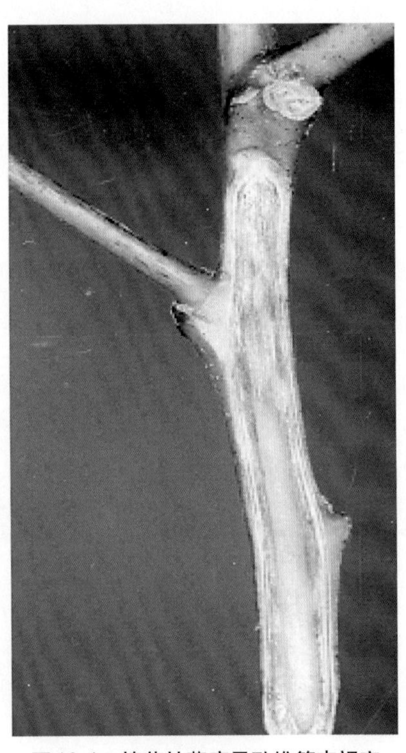
图10-4 棉花枯萎病导致维管束褐变

发生规律 病菌主要在种子、病残体或土壤及粪肥中越冬。带菌种子及带菌种肥的调运成为新病区的主要初侵染源。田间病株的枝叶残屑在湿度大的条件下长出孢子，借气流或风雨传播。病菌从棉株根部伤口或直接从根的表皮或根毛侵入，棉花苗期感病出现死苗，现蕾前后达到发病高峰（图10-5）。夏季大雨或暴雨后，地温下降易发病。

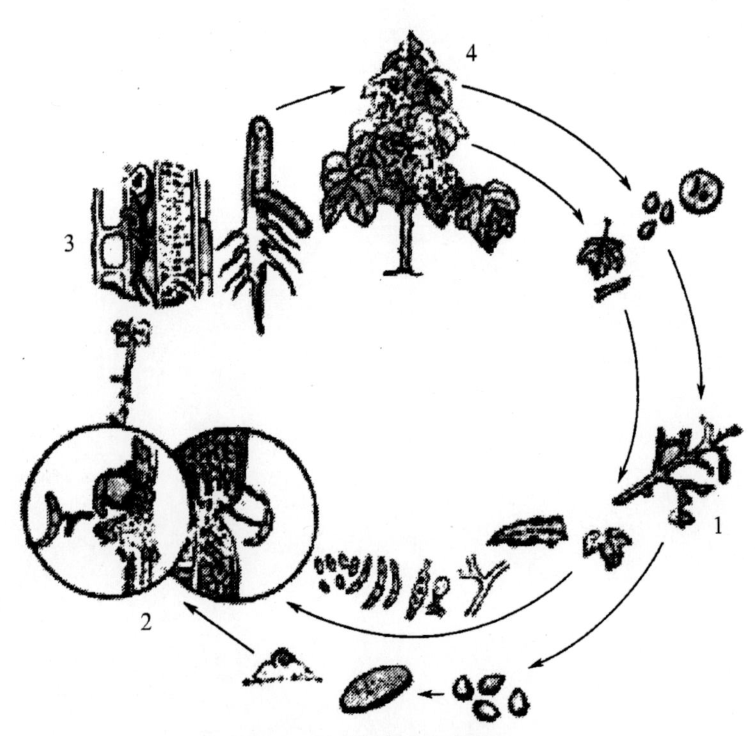

图10-5 棉花枯萎病病害循环

1.越冬病原菌 2.病菌侵入萌发

3.病菌进入维管束 4.发病

防治方法 种植抗病品种，棉田增施底肥和磷、钾肥，适期播种，合理密植，及时定苗，拔除病苗。种子处理和土壤处理是预防枯萎病的有效措施，病害发生初期和棉花开花期是防治的关键时期。

种子处理：每100 kg种子用2%戊唑醇种子处理可分散粉剂133.5 ～ 200.0 g拌种，防效较好；或棉种经硫酸脱绒后用0.2%乙蒜素药液、36%甲基硫菌灵悬浮剂170倍液，加温至55 ～ 60℃温汤浸种30 min，晾干后播种；也可每100 kg种子用20%多·福（多菌灵＋福美双）悬浮种衣剂1 000 ～ 2 000 g、22%苯甲唑·吡虫啉·萎锈灵（苯醚甲环唑1.4%＋萎锈灵6.6%＋吡虫啉14%）悬浮种衣剂、7.5%戊唑·克百威（克百威7%＋戊唑醇0.5%）悬浮种衣剂3 000 ～ 5 000 g包衣。

病害发生初期和棉花开花期是防治的关键时期。可用25%咪鲜胺乳油1 500倍液、50%多菌灵可湿性粉剂500倍液、32%乙蒜酮（乙蒜素30%＋三唑酮2%）乳油13 ～ 17 mL/亩、85%三氯异氰尿酸可溶性粉剂10 ～ 42 g/亩、1.26%辛菌胺水剂70 ～ 100倍液、1.26%辛菌胺水剂70 ～ 100倍液灌根，15 d后再灌1次。

在棉花开花期，可用70%甲基硫菌灵可湿性粉剂1 000 ～ 1 500倍液、14%络氨铜水剂1 500倍液、32%乙蒜酮（乙蒜素30%＋三唑酮2%）乳油40 ～ 60 mL/亩兑水40 ～ 50 kg灌根，每株100 mL，20 d后再灌1次，有较好的效果。

2. 棉花黄萎病

分　　布 棉花黄萎病在各产区均有发生。近年来，棉花黄萎病有加重的趋势，已成为棉花生长发育过程中发生最普遍、损失严重的重要病害。

症　　状 由大丽花轮枝孢（*Verticillium dahliae*，属无性型真菌）引起。一般在3 ～ 5片真叶期开始显症，生长中、后期棉花现蕾开花后田间大量发病。初在植株下部叶片上的叶缘和叶脉间出现浅黄色斑块，后逐渐扩展，叶色失绿变黄褐色，主脉及其四周仍保持绿色，病叶出现掌状斑驳，叶缘向下卷曲，叶片由下而上逐渐脱落（图10-6、图10-7）。纵剖病茎，木质部上产生浅褐色变色条纹。发病重的棉株茎秆、枝条、叶柄的维管束全都变色（图10-8）。

图10-6 棉花黄萎病为害植株症状

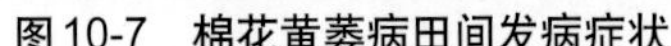

图10-7　棉花黄萎病田间发病症状

图10-8　棉花黄萎病导致维管束褐变

发生规律　以菌核的形式在土壤中越冬，也能在棉籽内外、病残体、带菌棉籽壳中越冬。侵入期主要在棉花2 ~ 6片真叶期，现蕾期零星发生，花铃期（7—8月）进入发病高峰期。多雨年份或适温高湿条件发病重。连作、施用未腐熟的带菌有机肥及缺少磷、钾肥的棉田易发病，大水漫灌常造成病区扩大。

防治方法　加强检疫，防止病害扩散，种植抗病品种。铲除零星病区、控制轻病区、改造重病区。播种前药剂拌种是防治黄萎病的有效措施，苗期和蕾铃期是防治的关键时期。

播种前进行药剂拌种，对未包衣的种子，每100 kg种子可用1 000亿芽孢/g枯草芽孢杆菌可湿性粉剂200 g浸种，50%多菌灵可湿性粉剂或70%甲基硫菌灵可湿性粉剂按种子重量的0.8%，或用12.5%烯唑醇可湿性粉剂或10%苯醚甲环唑水分散粒剂按种子重量的0.2%浸种，每100 kg种子用水2 ~ 3 kg。也可每7 kg种子用2%宁南霉素水剂100 mL或1%武夷霉素水剂200倍液浸种24 h后播种。

在棉花2 ~ 6片真叶期，可用1 000亿芽孢/g枯草芽孢杆菌可湿性粉剂20 ~ 30 g/亩、10亿芽孢/g解淀粉芽孢杆菌B7900可湿性粉剂100 ~ 125 g/亩、3%氨基寡糖素水剂80 ~ 100 mL/亩、80%乙蒜素乳油25 ~ 30 g/亩、70%甲基硫菌灵可湿性粉剂800倍液、50%多菌灵可湿性粉剂500 ~ 600倍液、36%三氯异氰尿酸可湿性粉剂80 ~ 100 g/亩喷雾，不但可较好地防治棉花黄萎病，而且对棉花苗期病害也有很好的作用。

在棉花蕾铃期，即黄萎病发生初期，可选用30%苯醚甲环唑·丙环唑（丙环唑15%＋苯醚甲环唑15%）乳油1 000倍液、25%丙环唑乳油1 000倍液＋45%代森铵水剂500倍液灌根，每株200 ~ 250 mL，每隔7 ~ 10 d施1次，灌根2 ~ 3次，对黄萎病有较好的防治效果，也可兼治棉花后期早衰及棉花红（黄）叶枯病。

3. 棉花炭疽病

分　　布　棉花炭疽病是棉花苗期和铃期最主要病害之一，我国南、北棉区发病均较严重。

症　　状　由棉炭疽菌（*Colletotrichum gossypii*，属无性型真菌）引起。苗期、成株期均可发病，主要为害棉苗和棉铃。种子发芽后出苗前受害可造成烂种；出苗后茎基部发生红褐色绷裂条斑，扩展缢缩造成幼苗死亡（图10-9、图10-10）。子叶边缘出现圆或半圆形黄褐斑，后干燥脱落使子叶边缘残缺不全（图10-11）。茎部病斑红褐至暗黑色，长圆形，中央凹陷，表皮破裂常露出木质部，遇风易折。棉铃染病初期呈暗红色小点，扩展后呈褐色病斑，病部凹陷（图10-12）。

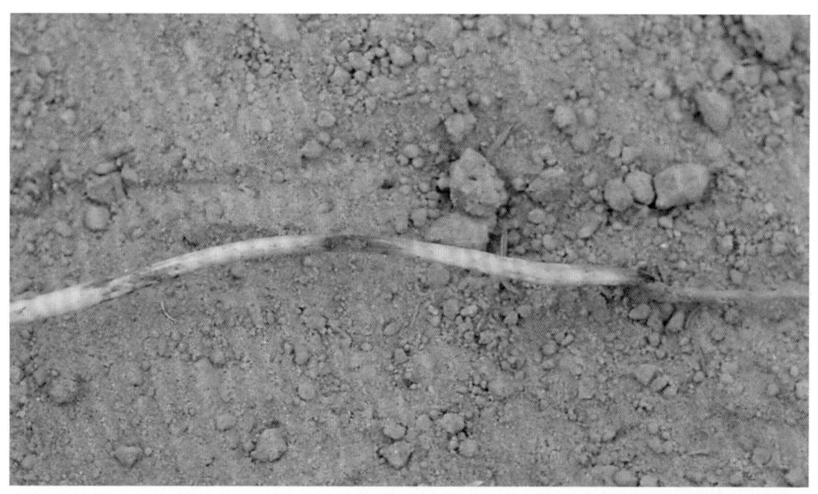

图10-9　棉花炭疽病为害根、茎部症状

图10-10　棉花炭疽病为害幼苗症状

图10-11　棉花炭疽病为害子叶症状

图10-12　棉花炭疽病为害棉铃症状

发生规律　以分生孢子和菌丝体的形式在种子或病残体上越冬，带菌种子是重要的初侵染源。翌年棉籽上的病菌侵染幼苗，并产生分生孢子借风雨、昆虫及灌溉水等扩散传播（图10-13）。苗期低温多雨、铃期高温多雨，病害易流行。

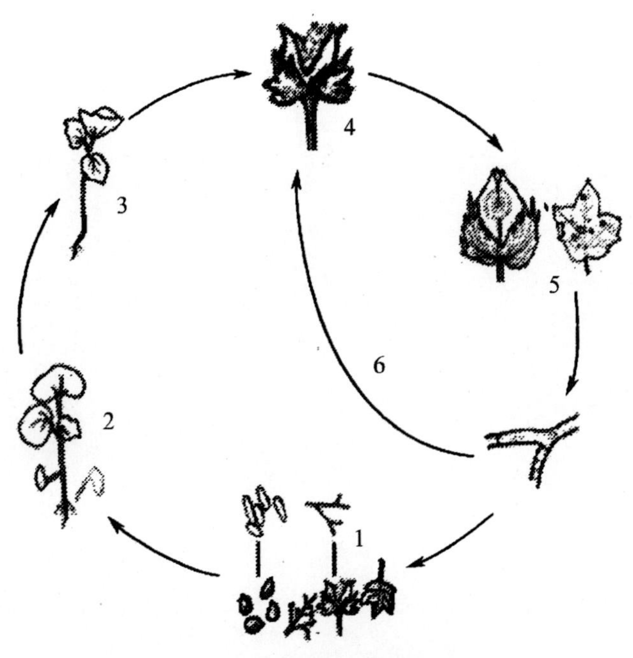

图10-13　棉花炭疽病病害循环
1.越冬病菌　2.病菌萌发侵染　3.幼苗萌发　4.病菌侵染棉铃　5.棉铃和叶片发病　6.再侵染

防治方法 适期播种，培育壮苗，合理密植降低田间湿度，适当早间苗，勤中耕，尤其雨后及时中耕。播种前的种子处理是预防炭疽病的有效措施，棉花幼苗期和棉花蕾期是防治的关键时期。

播种前处理种子，用70%甲基硫菌灵可湿性粉剂0.5 kg + 50%福美双可湿性粉剂0.5 kg拌100 kg棉籽、也可用45%溴菌·五硝苯（溴菌腈15% + 五氯硝基苯30%）粉剂500 ~ 800 g拌100 kg种子，或17%多·福（福美双12% + 多菌灵5%）悬浮种衣剂1 ：（30 ~ 35）（药种比）拌种，均有较好的防治效果。

在幼苗期，喷洒36%三氯异氰尿酸可湿性粉剂100 ~ 167 g/亩、70%甲基硫菌灵可湿性粉剂800倍液 + 70%百菌清可湿性粉剂600 ~ 800倍液、80%代森锰锌可湿性粉剂400 ~ 600倍液 + 50%苯菌灵可湿性粉剂1 500倍液、50%多菌灵可湿性粉剂800倍液，发生严重时可在7 d后再喷1次。

在棉花蕾期，棉铃炭疽病发生初期，可喷施75%肟菌·戊唑醇（肟菌酯25% + 戊唑醇50%）水分散粒剂10 ~ 15/亩、75%戊唑·嘧菌酯（嘧菌酯25% + 戊唑醇50%）可湿性粉剂10 ~ 15 g/亩、80%炭疽福美（福美双·福美锌）可湿性粉剂800 ~ 1 000倍液 + 24%腈苯唑悬浮剂800 ~ 1 200倍液、25%氟喹唑可湿性粉剂5 000倍液、25%溴菌清可湿性粉剂500倍液、40%氟硅唑乳油6 000 ~ 8 000倍液、5%亚胺唑可湿性粉剂600 ~ 700倍液等药剂保护，间隔7 ~ 10 d喷1次，连喷2 ~ 3次。

4. 棉花红腐病

分　　布 棉花红腐病是棉花主要病害之一，全国各棉区均有发生，长江流域、黄河流域棉区受害重，辽河流域也有发生。

症　　状 由串珠镰孢（*Fusarium moniliforme*）引起。苗期染病，幼芽出土前受害可造成烂芽。幼茎染病导管变为暗褐色，近地面的幼茎基部出现黄色条斑，后变褐腐烂，幼根、幼茎肿胀（图10-14）。子叶、真叶边缘产生灰红色不规则斑，湿度大时全叶变褐湿腐，表面产生粉红色霉层。棉铃染病后初生无定形病斑，初呈墨绿色，水渍状，遇潮湿天气或连阴雨时病情扩展迅速，遍及全铃，产生粉红色或浅红色霉层，棉花纤维腐烂成僵瓣状（图10-15）。

图10-14　棉花红腐病为害幼苗症状

图10-15 棉花红腐病为害棉铃症状

发生规律 病菌随病残体或在土壤中腐生越冬，翌年产生的分生孢子和菌丝体成为初侵染源。播种后即侵入为害幼芽或幼苗。棉铃期，分生孢子或菌丝体借风、雨、昆虫等媒介传播到棉铃上，从伤口侵入造成烂铃，病铃使种子内外部均带菌，形成新的侵染循环。苗期低温、高湿发病较重。铃期多雨低温、湿度大也易发病。

防治方法 清洁田园，及时清除田间的枯枝、落叶、烂铃等，集中烧毁，适期播种，加强苗期管理。及时防治铃期病虫害，避免造成伤口。种子处理是预防苗期红腐病的有效措施，棉花苗期和铃期发病时喷药防治可有效控制病害的发生。

种子处理，可用50%多菌灵可湿性粉剂按种子重量的0.5%拌种，也可以每100 kg种子用40%五氯·福美双（福美双20%＋五氯硝基苯20%）粉剂500 ～ 1 000 g、22.7%克·酮·多菌灵（克百威9.5%＋三唑酮1.2%＋多菌灵12%）悬浮种衣剂1 675 ～ 2 000 g、15%多·酮·福美双（三唑酮1%＋福美双4%＋多菌灵10%）悬浮种衣剂1 667 ～ 2 000 g包衣。

苗期、铃期发病初期，及时喷洒9%吡唑醚菌酯微囊悬浮剂58 ～ 66 mL/亩、60%肟菌酯水分散粒剂9 ～ 12 g/亩、80%嘧菌酯水分散粒剂15 ～ 20 g/亩、40%嘧菌酯可湿性粉剂15 ～ 20 g/亩、65%代森锌可湿性粉剂500 ～ 800倍液＋50%甲基硫菌灵可湿性粉剂800倍液、80%代森锰锌可湿性粉剂700 ～ 800倍液＋50%多菌灵可湿性粉剂800 ～ 1 000倍液、50%苯菌灵可湿性粉剂1 500倍液，每亩喷药液100 ～ 125 L，间隔7 ～ 10 d喷1次，连续喷2 ～ 3次，防效较好。

5. 棉花立枯病

症　　状 由立枯丝核菌（*Rhizoctonia solani*）引起。主要为害棉苗，幼苗出土前可造成烂种。出土后，幼茎基部初现纵褐条纹，条件适宜时迅速扩展绕茎一周，缢缩变细，出现茎基腐或根腐。棉苗失水较快（图10-16）。侵染子叶及幼嫩真叶形成不规则褐色坏死斑，后干枯穿孔。湿度大时病部可见稀疏白色菌丝体，并有褐色的小菌核黏附其上。

图10-16　棉花立枯病为害幼苗症状

发生规律　以菌丝体和菌核的形式在土壤中或病残体上越冬，第2年可直接侵入幼茎为害幼苗。棉苗子叶期最易感病（图10-17）。幼苗出土1个月内，如土温在15℃左右，阴湿多雨，立枯病会严重发生，造成大片死苗。

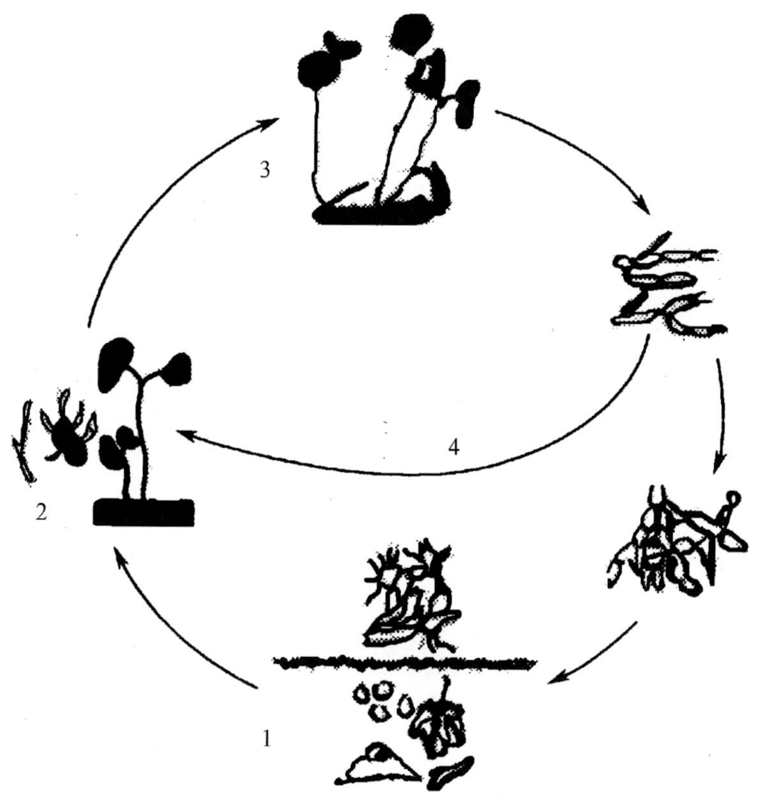

图10-17　棉花立枯病病害循环

1.越冬病菌　2.病菌萌发侵染幼苗　3.幼苗发病　4.再侵染

防治方法 秋季深翻棉田，可以将带病残枝败叶翻入土中，减少来年菌源；播前应精选种子并晒种，做到适期播种，提高播种质量。适当早间苗，适时早中耕。播种前药剂处理棉种，可以防止棉籽受病菌侵染。出苗后发病初期喷药防治，可有效控制病害的蔓延。

种子处理，播前先用硫酸脱绒，然后每100 kg种子用25 g/L咯菌腈种子处理悬浮剂600 ～ 800 mL、18%吡唑醚菌酯悬浮种衣剂27 ～ 33 mL、10%嘧菌酯悬浮种衣剂400 ～ 500 g、咯·霜灵（噻虫嗪22.2%＋精甲霜灵1.7%＋咯菌腈1.1%）悬浮种衣剂690 ～ 1 380 mL、咯·嘧菌（精甲霜灵3.3%＋咯菌腈1.1%＋嘧菌酯6.6%）悬浮种衣剂340 ～ 455 mL、400 g/L萎锈·福美双（福美双200 g/L＋萎锈灵200 g/L）悬浮种衣剂400 ～ 500 mL包衣；或用40%五氯硝基苯粉剂1 ：（70 ～ 100）（药种比）、50%多菌灵可湿性粉剂（每100 kg棉籽拌药0.5 kg）、20%噻菌铜悬浮剂1 000 ～ 1 500 g（100 kg种子）拌种，80%乙蒜素乳油5 000 ～ 6 000倍液浸种，可获得很好的防治效果。

出苗后病害始发期，可用25%吡唑醚菌酯悬浮剂30 ～ 36 mL/亩、80%代森锰锌可湿性粉剂50 ～ 75 g/亩＋50%多菌灵可湿性粉剂500倍液喷施，间隔7 ～ 8 d施1次，连喷2 ～ 3次；或用25%多菌灵可湿性粉剂500倍液＋65%代森锌可湿性粉剂500 ～ 800倍液喷施，间隔7 ～ 8 d施1次，连喷2 ～ 3次。

6. 棉铃疫病

分　　布 棉铃疫病是棉花铃期最严重的病害，我国南、北棉区每年均有不同程度的发病。

症　　状 由苎麻疫霉（*Phytophthora boehmeriae*，属鞭毛菌亚门真菌）引起。主要为害棉铃，多发生于中、下部果枝的棉铃上。多从棉铃苞叶下的铃面、铃缝及铃尖等部位开始发生，初生淡褐、淡青至青黑色水浸状病斑，不软腐，后期整个棉铃变为有光亮的青绿至黑褐色病铃（图10-18），多雨潮湿时，棉铃表面可见一层稀薄的白色霜霉状物。

图10-18 棉铃疫病为害棉铃症状

发生规律 在烂铃壳上越冬的病菌是翌年该病的初侵染源。随雨水溅散或灌溉等传播。铃期多雨、生长旺盛、果枝密集，则易发病。下部果枝上的棉铃及铃龄在30 ～ 50 d的棉铃最易发病。迟栽晚发，后期偏施氮肥的棉田发病重。

防治方法　避免过多、过晚施用氮肥，防止贪青徒长。及时去掉空枝、抹赘芽，打老叶；雨后及时开沟排水，中耕松土，合理密植，摘除染病的烂铃。8月上、中旬，棉花花铃期即病害发生初期是防治棉花疫病的关键时期。

棉花幼铃期，注意施药预防，可喷施下列药剂：75%百菌清可湿性粉剂600～800倍液、50%克菌丹可湿粉400～500倍液、70%代森锰锌可湿性粉剂600～800倍液、50%福美双可湿性粉剂500～1 000倍液等药剂预防。

棉花铃期发病初期，及时喷洒下列药剂：25%吡唑醚菌酯悬浮剂30～36 mL/亩、25%甲霜灵可湿性粉剂600倍液、58%甲霜灵·代森锰锌（甲霜灵10%＋代森锰锌48%）可湿性粉剂700倍液、72%霜脲氰·代森锰锌（霜脲氰8%＋代森锰锌64%）可湿性粉剂700倍液、69%烯酰吗啉·代森锰锌（烯酰吗啉9%＋代森锰锌60%）可湿性粉剂900～1 000倍液。间隔10 d左右施1次，视病情喷施2～3次。

7. 棉花黑斑病

症　　状　由大孢链格孢（*Alternaria macrospora*）、细极链格孢（*Alternaria tenuissima*）及棉链格孢（*Alternaria gossypina*）引起，三者均属无性型真菌。主要为害叶片。子叶染病，主要在未展开的黏结处或夹壳损伤处生出墨绿色霉层，子叶展平后染病，初生红褐色小圆斑，后扩展成不规则形至近圆形褐色斑，有的出现不明显的轮纹。湿度大时，病斑上长出墨绿色霉层，严重的每张叶片上病斑多至数十个，造成子叶枯焦脱落（图10-19）。染病真叶与染病子叶上症状相似，但病斑较大，四周有紫红色病变。

图10-19　棉花黑斑病为害叶片症状

发生规律　以菌丝体和分生孢子的形式在病叶、病茎上或棉籽的短绒上越冬，播种带菌棉籽后病叶及棉籽上的分生孢子借气流或雨水溅射传播，从伤口或直接侵入。早春气温低、湿度高易发病。棉花生长后期，植株衰弱，遇有秋雨连绵也会出现发病高峰。

防治方法　精选种子，及时整枝摘叶，雨后及时排水，防止湿气滞留。提倡采用地膜覆盖，可提高苗期地温减少发病。药剂拌种可以有效预防黑斑病的发生，7月中旬病害发生初期是防治的关键时期。

药剂拌种：用种子重量0.5%的50%多菌灵可湿性粉剂或40%拌种双可湿性粉剂拌种；也可用50%多菌灵可湿性粉剂1 000倍液浸种。

发病初期，及时喷洒25%吡唑醚菌酯悬浮剂30 ～ 36 mL/亩、3%多抗霉素可湿性粉剂150 ～ 300倍液、70%代森锰锌可湿性粉剂500倍液＋70%甲基硫菌灵可湿性粉剂800倍液、75%百菌清可湿性粉剂500倍液＋24%腈苯唑悬浮剂800 ～ 1200倍液、50%克菌丹可湿性粉剂300 ～ 350倍液＋25%氟喹唑可湿性粉剂5 000倍液、25%溴菌清可湿性粉剂500倍液、40%氟硅唑乳油3 000 ～ 4 000倍液、50%异菌脲可湿性粉剂1 000 ～ 1 500倍液，间隔10 ～ 15 d喷1次，直到棉花现蕾。

8. 棉花褐斑病

症　状　由棉小叶点霉（*Phyllosticta gossypina*）和马尔科夫叶点霉（*Phyllosticta malkoffii*）引起，均属无性型真菌。主要为害叶片。初生针尖大小紫红色斑点，后扩大成中间黄褐色，边缘紫褐色稍隆起的圆形至不规则形病斑，多个病斑融合在一起形成较大病斑，中间散生黑色小粒点。病斑中心易破碎脱落穿孔，严重的叶片脱落（图10-20）。

图10-20　棉花褐斑病为害叶片症状

发生规律　均以菌丝体和分生孢子器的形式在病残体上越冬。翌年，从分生孢子器中释放出大量分生孢子，通过风雨传播，湿度大时孢子萌发。棉花第一真叶刚长出时，遇低温降雨，幼苗生长弱，易发病。

防治方法　精细整地，精选种子，提高播种质量。及时整枝摘叶，雨后及时排水，防止湿气滞留，可减少发病。提倡使用地膜覆盖，可提高苗期地温减少发病。药剂拌种可以有效预防褐斑病的发生，7月中旬病害发生初期是防治的关键时期。

药剂防治可见棉花黑斑病。

9. 棉花角斑病

症　状　由油菜黄单胞菌锦葵致病变种（*Xanthomonas campestris* pv. *malvacearum*，属细菌）引起。该病不仅为害棉苗，同时也为害成株的茎叶及发育中的棉铃。子叶（图10-21）、真叶染病（图10-22），

叶背先产生深绿色小点，后扩展成油渍状，叶片正面病斑多角形，有时病斑沿脉扩展呈不规则条状，致叶片枯黄脱落。湿度大时，病部分泌出黏稠状黄色菌脓，干燥条件下变成薄膜或碎裂成粉末状。棉铃染病，初生油浸状深绿色小斑点，后扩展为近圆形或多个病斑融合成不规则形，褐色至红褐色，病部凹陷，幼铃脱落，成铃部分心室腐烂（图10-23）。

图10-21　棉花角斑病为害子叶症状

图10-22　棉花角斑病为害真叶症状

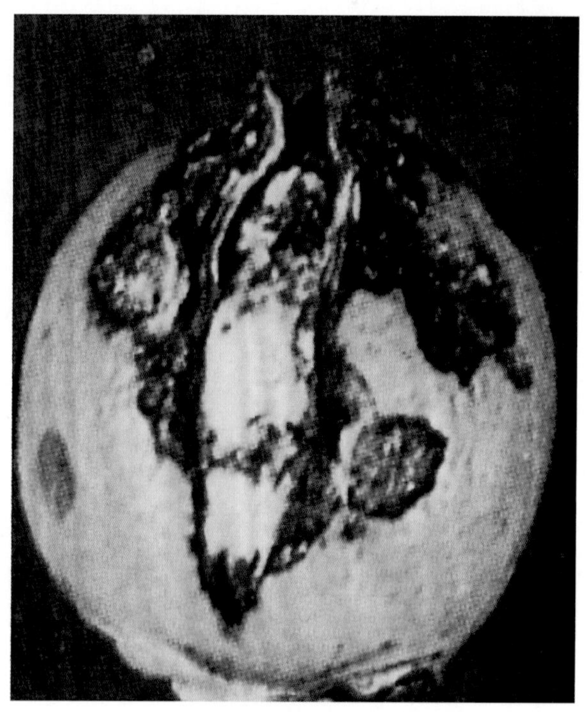

图10-23　棉花角斑病为害棉铃症状

发生规律 病原细菌主要在种子及土壤中的病铃等病残体上越冬，翌春棉花播种后借雨水飞溅及昆虫携带传播和扩散。该病以种子传播为主，种子带菌率6%～24%，在种子内部存活1～2年。一般现蕾以后，降雨愈多，尤其是暴风雨，病情发展愈快。一般在7—8月病害易流行。连作愈久，发病愈重。轻壤土发病率高于重壤土。

防治方法 选用抗病品种和无病种子。及时清除棉田病株残体，集中沤肥或烧毁。精选棉种，合理密植，雨后及时排水，防止湿气滞留，结合间苗、定苗发现病株及时拔除。实行轮作，稻棉轮作最好。种子处理是防治的关键。

种子处理：硫酸脱绒，将比重为1.8左右的浓硫酸倒入搪瓷盆中，在火炉上加热至110～120℃。棉籽曝晒或放在大铁锅内加温到20～30℃。放在缸或木槽内，加入加热后的浓硫酸70～100 mL/kg，将热硫酸徐徐倒入棉籽内，边倒边搅拌到棉籽乌黑发亮发黏，然后将棉籽堆好，加入种子量18%～20%的开水，继续翻动几分钟，取少量棉籽用清水冲洗检查，若短绒已脱净，立即用清水冲洗至水色不显黄色、水味不酸为止，捞除漂浮在水面上瘪籽、破籽，将下沉的饱满棉籽捞起摊开晾干待播。

病害发生初期，可用3%中生菌素水剂400～533 mL/亩、50%氯溴异氰尿酸可溶粉剂40～60 g/亩、36%三氯异氰尿酸可湿性粉剂60～90 g/亩、30%噻森铜悬浮剂70～85 mL/亩、20%噻菌铜悬浮剂100～130 g/亩、30%金核霉素可湿性粉剂1 500～1 600倍液、1.2%辛菌胺（辛菌胺醋酸盐）水剂463～694 mL/亩，兑水30～40 kg均匀喷雾，间隔7～10 d喷1次，连续2～3次。

10. 棉花轮纹病

症　　状 由大链格孢（*Alternaria macrospora*）、链格孢（*A. tenuissima*）引起，二者均属无性型真菌。为害子叶和真叶。子叶染病，主要在未展开的黏结处或夹壳损伤处生出墨绿色霉层。子叶展平后染病，初生红褐色小圆斑，后扩展成不规则形至近圆形褐色斑，有的现不明显的轮纹。湿度大时，病斑上长出墨绿色霉层，严重的每张叶片上病斑多至数十个，造成子叶枯焦脱落。真叶染病，与子叶上症状相似，但病斑较大，四周有紫红色病变（图10-24）。受伤时染病，病斑形状不规则，枯斑四周不见紫红色边缘。

图10-24　棉花轮纹病为害叶片症状

发生规律 病菌以菌丝体和分生孢子的形式在病叶、病茎上或棉籽的短绒上越冬，棉籽带菌率在47.5%～84%，尤其种壳上最多胚乳也带菌。棉籽播种后病叶及棉籽上的分生孢子借气流或雨水溅射传播，从伤口或直接侵入。早春气温低、湿度高易发病。棉花生长后期，植株衰弱，遇有秋雨连绵也会出现发病高峰。

防治方法 棉田要精细整地，种子要精选，提高播种质量。勤中耕，及时整枝摘叶，雨后及时排水，防止湿气滞留，可减少发病。提倡采用地膜覆盖，可提高苗期地温减少发病。

药剂拌种：用种子重量0.5%的50%多菌灵可湿性粉剂或40%拌种双可湿性粉剂拌种。还可用呋喃丹与50%多菌灵按1 ：0.5的药种比，加入少量聚乙烯醇黏着剂，配成棉籽种衣剂，用棉籽重量1%的种衣剂处理堆肥。

发病初期及时喷洒25%吡唑醚菌酯悬浮剂30 ～ 36 mL/亩、75%肟菌·戊唑醇（肟菌酯25%＋戊唑醇50%）水分散粒剂10 ～ 15/亩、75%戊唑·嘧菌酯（嘧菌酯25%＋戊唑醇50%）可湿性粉剂10 ～ 15 g/亩、70%代森锰锌可湿性粉剂500倍液＋40%氟硅唑乳油2 000 ～ 4 000倍液、75%百菌清可湿性粉剂500倍液＋70%甲基硫菌灵可湿性粉剂800倍液等。

11.棉花茎枯病

分　　布　棉花茎枯病是一种偶发性但严重时造成损失相当大的病害。曾在北方棉区各省份大发生，东北棉区、黄河流域及长江流域、沿江、沿海棉区发生较重。

症　　状　由棉壳二孢菌（*Ascochyta gossypii*，属无性型真菌）引起。棉花整个生育期均可发病，苗期、蕾期受害重。子叶、真叶染病，初生边缘紫红色、中间灰白色小圆斑，后病斑扩展或融合成不规则形病斑（图10-25）。有的病斑中央出现同心轮纹，其上散生黑色小粒点，即病原菌的分生孢子器。病部常破碎散落，湿度大时，幼嫩叶片出现水浸状病斑，后扩展迅速似开水烫过，萎蔫变黑，严重的干枯脱落，变为光秆而枯死。叶柄、茎部染病，病斑中央浅褐色，四周紫红色，略凹陷，表面散生小黑点，严重的茎枝枯折或死亡。

图10-25　棉花茎枯病为害叶片症状

发生规律　病菌以菌丝体或分生孢子的形式在棉花种子内外或随病残体在土壤或粪肥中越冬，翌春侵染棉苗，且在病部产生分生孢子器，释放出分生孢子借风雨、蚜虫传播，再侵染。出苗期、现蕾期气温稳定在20℃以上，连阴雨持续3 ～ 4 d，在3 ～ 5 d内该病可能发生或流行。生产上遇气温低、降雨多常引发该病大发生。棉蚜为害严重的棉田，连作、管理粗放的棉田一般发病也重。

防治方法　加强栽培管理，实行合理轮作，精耕细作，育苗移栽，合理施肥，促棉株健壮，提高抗病力。生产上注意及时防治蚜虫，以减少病害侵入。

种子处理：用种子重量0.5%的50%多菌灵可湿性粉剂或40%拌种双可湿性粉剂拌种。

防治该病结合治蚜，预测该病在雨后1 ～ 3 d将会流行，且蚜虫数量大时，喷洒25%吡唑醚菌酯悬浮剂30 ～ 36 mL/亩、75%肟菌·戊唑醇（肟菌酯25%＋戊唑醇50%）水分散粒剂10 ～ 15/亩、75%戊唑·嘧菌酯（嘧菌酯25%＋戊唑醇50%）可湿性粉剂10 ～ 15 g/亩、70%代森锰锌可湿性粉剂500倍液＋50%多菌灵可湿性粉剂800倍液等。

12. 棉铃黑果病

症　状　由棉色二孢（*Diplodia gossypina*，属无性型真菌）引起。主要为害棉铃。铃壳初淡褐色，全铃发软，后铃壳呈棕褐色，僵硬多不开裂，铃壳表面密生凸起的小黑点（病菌分生孢子器）。发病后期铃壳表面布满煤粉状物，棉絮腐烂呈黑色僵瓣状（图10-26）。

图10-26　棉铃黑果病为害棉铃症状

发生规律　病菌以分生孢子器的形式在病残体上越冬。翌年条件适宜时，产生分生孢子初侵染和再侵染。黑果病菌是引起棉花烂铃的初侵染病原之一。雨量大发病重。棉铃伤口多，如虫伤、机械伤、灼伤等可诱发棉铃黑果病大发生。

防治方法　尽可能避免棉铃损伤，及时防治铃期害虫；及时摘除剥晒病铃。

发病初期喷洒70%代森锰锌可湿性粉剂500倍液、70%甲基硫菌灵可湿性粉剂1 000倍液、50%多菌灵可湿性粉剂800倍液、50%苯菌灵可湿性粉剂1 000倍液、25%溴菌腈可湿性粉剂500倍液等药剂。

13. 棉花白霉病

症　状　由白斑柱隔孢（*Ramularia areola*，别称棉柱隔孢，属无性型真菌）引起。初在单个叶脉网间现直径3～4 mm白斑，后变为不规则多角形，病斑在叶片正面为浅绿色至黄绿色，叶背对应处生出很多白霜状的分生孢子梗和分生孢子，严重时病叶干枯脱落（图10-27）。

图10-27　棉花白霉病为害叶片症状

发生规律　病菌以菌丝体的形式在病残体上越冬。翌春条件适宜时产生分生孢子，分生孢子随气流传，引起初侵染。病部又产生分生孢子，不断地再侵染。气温25～30℃、多雨高湿利于该病扩展和蔓延。

防治方法　采收后及时清除病残体，深埋或沤肥。种植抗病或耐病品种。

发病初期喷洒70%代森锰锌可湿性粉

剂800倍液+50%苯菌灵可湿性粉剂1 500倍液、36%甲基硫菌灵悬浮剂600～700倍液，间隔7～10 d施1次，连喷2～3次。

14. 棉铃红粉病

症　状　由粉红单端孢（*Trichothecium roseum*，属无性型真菌）引起。棉铃受害，表面布满粉红色的绒状物，厚而紧密，空气潮湿时，绒状物变成白色，使棉铃不能开裂，纤维变褐黏结成僵瓣（图10-28）。与棉铃红腐病的区别：红粉病在铃壳和棉瓤上的霉层较厚，表现为粉红色松散的绒状物，天气潮湿时，霉层变成粉白色绒状物；而红腐病的霉层较薄而紧密。

图10-28　棉铃红粉病为害棉铃症状

发生规律　该真菌是弱寄生菌，主要在土壤中及铃壳、病残体上越冬。条件适宜时，多从棉铃伤口或裂缝处侵染。病铃上的病菌借风、雨、水流和昆虫传播造成再侵染，导致棉铃大量霉烂。红粉病发生所需温度偏低，发生期的旬平均温度为19.3～25.6℃，秋季多雨的气候是引起红粉病加剧为害的适宜条件。土壤黏重，排水不良，种植密度大，整枝不及时，施用氮肥过多，发病重。

防治方法　实行水旱轮作，减少菌量积累。合理施肥，施足基施，适施苗肥，重施蕾肥、花肥，增施磷、钾肥，增强植株抗病力。合理密植，及时整枝打杈，雨后及时开沟排水，降低田间湿度。

种子处理：用种子重量0.5%的40%拌种双可湿性粉剂拌种。

棉田刚出现烂铃时，喷施70%代森锰锌可湿性粉剂500～600倍液+25%甲霜灵可湿性粉剂600～800倍液、75%百菌清可湿性粉剂700～800倍液+50%多菌灵可湿性粉剂800～1 000倍液，隔10 d喷1次，连续2～3次。

15. 棉铃曲霉病

症　状　由黄曲霉（*Aspergillus flavus*）、烟曲霉（*Aspergillus fumigatus*）、黑曲霉（*Aspergillus niger*）引起，三者均属无性型真菌。主要为害棉铃。初在棉铃的裂缝、虫孔、伤口或裂口处产生水浸状黄褐色斑，接着产生黄绿色或黄褐色粉状物，填满铃缝处，造成棉铃不能正常开裂，连续阴雨或湿度大时，长出黄褐色或黄绿色绒毛状霉（病菌的分生孢子梗和分生孢子），棉絮受到不同程度污染或干腐变劣（图10-29）。

图10-29　棉铃曲霉病为害棉铃症状

发生规律　病菌以菌丝体的形式在土壤中的病残体上存活越冬。翌春产生分生孢子借气流传播，从伤口或穿透表皮直接侵入，曲霉菌为害棉铃能侵入种子，造成种子带菌，使种子成为该病重要初侵染源。在棉铃上营腐生的病菌分生孢子借风、雨传播蔓延，继续侵染有伤口、裂口的棉铃，使病害不断扩大。该病属高温型病害，病菌生长适温为33℃，气温高有利于发病。铃期病虫害多，棉铃损伤就多，伤口为病菌提供了侵染途径，有利于发病。

防治方法　加强棉田管理，注意合理密植，保持良好通风；采用配方施肥技术，合理施用有机肥，避免单施、过施氮肥；合理灌溉，严禁大水漫灌，雨后及时排水，防止湿气滞留。整枝打杈要及时，清除棉田枯枝烂叶或烂铃，集中深埋或烧毁，减少菌源。发现病铃及时摘除，把病铃迅速烘干或晾晒干裂，增加皮棉产量。

发病初期喷洒50%苯菌灵可湿性粉剂1 500倍液、50%异菌脲可湿性粉剂1 500倍液、70%代森锰锌可湿性粉剂400 ～ 500倍液、36%甲基硫菌灵悬浮剂600倍液。

16.棉铃软腐病

症　　状　由匍枝根霉（*Rhizopus stolonifer*，属接合菌亚门真菌）引起。主要为害棉铃。病铃初生深蓝色或褐色病斑，后扩大、软腐，产生大量白色丝状菌丝，渐变为灰黑色，顶生黑色小粒点即病菌子实体。剖开棉铃，呈湿腐状，影响棉花质量和纤维强度（图10-30）。

图10-30　棉铃软腐病为害棉铃症状

发生规律　病原以孢囊孢子的形式在病铃或其他寄主及附着物上腐生越冬。翌春条件适宜时产生孢子囊，释放出孢囊孢子，靠风雨传播，病菌则从伤口或生活力衰弱、遭受冷害等的部位侵入，该菌分泌果胶酶能力强，致病组织呈浆糊状，在破口处又产生大量孢子囊和孢囊孢子，再侵染。气温23 ~ 28℃、相对湿度高于80%时易发病；雨水多或大水漫灌，田间湿度大，整枝不及时，株间郁闭，棉铃伤口多发病重。软腐病为棉花烂铃的腐生性病害，其发生与虫害关系密切，多因虫伤引起。

防治方法　加强肥水管理，适当密植，增施农家肥和磷、钾肥适当密植，及时整枝或去掉下部老叶，保持通风透光。雨后及时排水，严禁大水漫灌，防止湿气滞留。及时收摘烂铃，可减少损失。

发病初期喷洒25%吡唑醚菌酯悬浮剂30 ~ 36 mL/亩、77%氢氧化铜可湿性微粒粉剂500倍液、50%琥胶肥酸铜可湿性粉剂500倍液、25%甲霜灵可湿性粉剂800 ~ 1 000倍液、90%霜脲清可湿性粉剂400倍液、72%霜脲清·代森锰锌可湿性粉剂700倍液、64%恶霜灵·代森锰锌可湿性粉剂600倍液、58%甲霜灵·锰锌或70%乙磷·锰锌可湿性粉剂600倍液、72.2%霜霉威水剂800倍液，每亩喷对好的药液60 L，隔10 d左右施1次，防治2 ~ 3次。

二、棉花虫害

棉花虫害一直是制约棉花生产的主要因素之一。我国已发现的棉花虫害有40多种，其中为害较重的有棉铃虫、棉蚜、棉叶螨、盲蝽等。

1. 棉铃虫

分　　布　棉铃虫（*Helicoverpa armigera*）广泛分布在我国各地，是棉田重要害虫。

为害特点　幼虫食害嫩叶成缺刻或孔洞（图10-31）；幼虫在苞叶内蛀食棉蕾，蛀孔处有粪便，蕾苞叶张开变成黄褐色脱落。青铃受害时，基部有蛀孔，粪便堆积在蛀孔之外，被害棉铃遇雨易霉烂脱落。

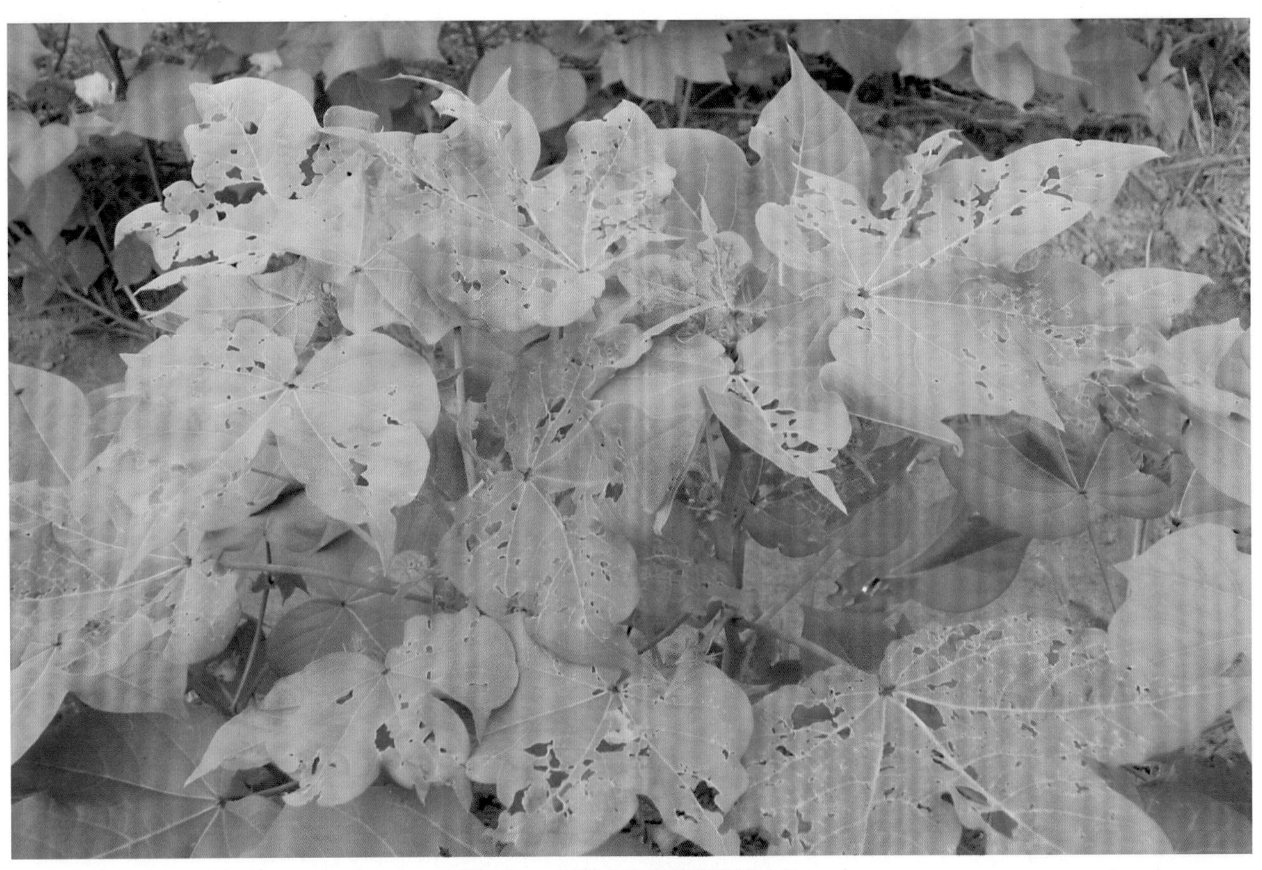

图10-31 棉铃虫为害棉花叶片症状

形态特征 成虫灰褐色，前翅具褐色环状纹及肾形纹（图10-32）。后翅黄白色或淡褐色，端区褐色或黑色，外缘中部内侧有灰白色月牙形斑。卵半球形（图10-33），乳白色，具纵横网格。老熟幼虫体色变化很大，有淡绿、淡红至红褐乃至黑紫色（图10-34）。蛹黄褐色（图10-35）。

图10-32 棉铃虫成虫

图10-33 棉铃虫卵

图10-34　不同体色棉铃虫幼虫

图10-35 棉铃虫蛹

发生规律 1年发生2～6代，以滞育蛹的形式在土中越冬。成虫于4月下旬始见，6月棉花现蕾后为发生盛期，第1代棉铃虫的卵主要产在棉株嫩头、嫩叶正面，现蕾早长势好的棉田着卵多，卵量大，受害重。第2代成虫于7月及8月上旬盛发，把卵产在棉株顶心、边心的嫩叶及嫩蕾苞叶上，蕾花多、生长旺盛棉田着卵多，第3代成虫于8月中、下旬盛发，卵多散产在嫩蕾、嫩铃苞叶上，第3代发生期长，发生量大，后期旺长、迟发棉田受害重。为害棉花期间降雨次数多且雨量分布均匀易大发生。

防治方法 田间结合整枝及时打顶，摘除边心及无效花蕾，并携至田外集中处理。第2代棉铃虫的防治指标为百株累计卵量138粒。第3代为百株低龄幼虫12头，第4代为百株低龄幼虫5头。越冬代成虫产卵盛期、低龄幼虫期、2～3代卵孵化盛期是防治棉铃虫的关键时期。

掌握在卵孵盛期至2龄幼虫时期喷药防治，以卵孵盛期喷药效果最佳。可用10%高效氯氰菊酯水乳剂30～50 mL/亩、12.5%高效氟氯氰菊酯悬浮剂8～12 mL/亩、25 g/L高效氯氟氰菊酯水乳剂60～80 mL/亩、25 g/L溴氰菊酯乳油90～109 g/亩、25 g/L联苯菊酯乳油100～120 g/亩、20%甲氰菊酯乳油30～40 mL/亩、480 g/L毒死蜱乳油94～125 mL/亩、75%乙酰甲胺磷可溶粉剂60～80 g/亩、500 g/L丙溴磷乳油75～125 mL/亩、40%辛硫磷乳油50～60 mL/亩、25%喹硫磷乳油100～140 mL/亩、10%灭多威可湿性粉剂180～240 g/亩、5%氯虫苯甲酰胺悬浮剂30～50 mL/亩、20%茚虫威乳油9～15 mL/亩、75%硫双威可湿性粉剂45～60 g/亩、20%氟铃脲悬浮剂30～40 g/亩、50 g/L氟啶脲乳油100～140 mL/亩、16 000 IU/mg苏云金杆菌可湿性粉剂100～150 g/亩、20亿PIB/mL甘蓝夜蛾核型多角体病毒悬浮剂50～60 mL/亩、600亿PIB/mL棉铃虫核型多角体病毒水分散粒剂2.0～2.5 g/亩、100亿孢子/mL短稳杆菌悬浮剂50.0～62.5 mL/亩、0.5%藜芦碱可溶液剂75～100 mL/亩、5%阿维菌素微乳剂30～45 mL/亩、480 g/L多杀霉素悬浮剂4.2～5.5 mL/亩、2%甲氨基阿维菌素苯甲酸盐乳油33～65 mL/亩、11%阿维·三唑磷（三唑磷10%+阿维菌素1%）微乳剂20～30 mL/亩、55%氯氰·毒死蜱（氯氰菊酯5%+毒死蜱50%）乳油50～75 mL/亩、55%丙·虱螨脲（虱螨脲5%+丙溴磷50%）乳油30～50 mL/亩，兑水40～50 kg均匀喷施，每隔7～10 d喷1次，共喷2～3次。

在2～3代卵孵盛期，可用12.5%高效氟氯氰菊酯悬浮剂8～12 mL/亩、25 g/L高效氯氟氰菊酯水乳剂60～80 mL/亩、25 g/L溴氰菊酯乳油90～109 g/亩、480 g/L毒死蜱乳油94～125 mL/亩、75%乙酰甲胺磷可溶粉剂60～80 g/亩、5%氯虫苯甲酰胺悬浮剂30～50 mL/亩、20%氟铃脲悬浮剂30～40 g/亩、50 g/L氟啶脲乳油100～140 mL/亩、16 000 IU/mg苏云金杆菌可湿性粉剂100～150 g/亩、20亿PIB/mL甘蓝夜蛾核型多角体病毒悬浮剂50～60 mL/亩、600亿PIB/mL棉铃虫核型多角体病毒水分散粒剂2.0～2.5 g/亩、100亿孢子/mL短稳杆菌悬浮剂50.0～62.5 mL/亩、5%阿维菌素微乳剂30～45 mL/亩、480 g/L多杀霉素悬浮剂4.2～5.5 mL/亩、2%甲氨基阿维菌素苯甲酸盐乳油33～65 mL/亩、11%阿维·三唑磷（三唑磷10%+阿维菌素1%）微乳剂20～30 mL/亩、55%氯氰·毒死蜱（氯氰菊酯5%+毒死蜱50%）乳油50～75 mL/亩、55%丙·虱螨脲（虱螨脲5%+丙溴磷50%）乳油30～50 mL/亩、11%阿维·三唑磷（三唑磷10%+阿维菌素1%）微乳剂20～30 mL/亩、55%氯氰·毒死蜱（氯氰菊酯5%+毒死蜱50%）乳油50～75 mL/亩、55%丙·虱螨脲（虱螨脲5%+丙溴磷50%）乳油30～50 mL/亩、3%阿维·氟铃脲（阿维菌素1%+氟铃脲2%）悬浮剂60～90 mL/亩、20%联苯·除虫脲（联苯菊酯4%＋除虫脲16%）悬浮剂30 ～ 50 mL/亩、38%氰虫·氟铃脲（氰氟虫腙28%＋氟铃脲10%）悬浮剂9 ～ 15 mL/亩、25%氯虫·啶虫脒（氯虫苯甲酰胺10%＋啶虫脒15%）可分散油悬浮剂10 ～ 13 mL/亩，兑水40 ～ 50 kg均匀喷施。喷药时，药液应主要喷洒在棉株上部嫩叶、顶尖以及幼蕾上，须做到四周打透。并注意多种药剂交替使用或混合使用，以避免或延缓棉铃虫产生抗药性。

2. 棉蚜

分　　布　棉蚜（*Aphis gossypii*），全国各地均有发生，为害严重，是棉花苗期重要害虫。

为害特点　以刺吸口器刺入棉叶背面或嫩头，吸食汁液。苗期受害，棉叶蜷缩，开花结铃期推迟；成株期受害，上部叶片蜷缩，中部叶片出现油光，下部叶片枯黄脱落，叶表有排泄的蜜露，易诱发霉菌（图10-36）。

图10-36　棉蚜为害叶片症状

形态特征　无翅胎生雌蚜体色有黄、青、深绿、暗绿等色（图10-37），触角长约为体长的一半。复眼暗红色。腹管较短，黑青色。体表被白蜡粉。有翅胎生雌蚜大小与无翅胎生雌蚜相近，体黄色、浅绿至深绿色。卵椭圆形，初产时橙黄色，后变漆黑色，有光泽。无翅若蚜共4龄，夏季黄色至黄绿色，春、秋季蓝灰色，复眼红色。有翅若蚜也是4龄，夏季黄色，秋季灰黄色，2龄后出现翅芽。

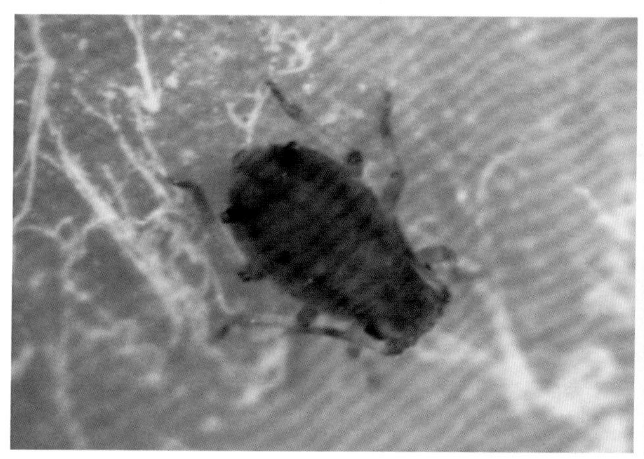

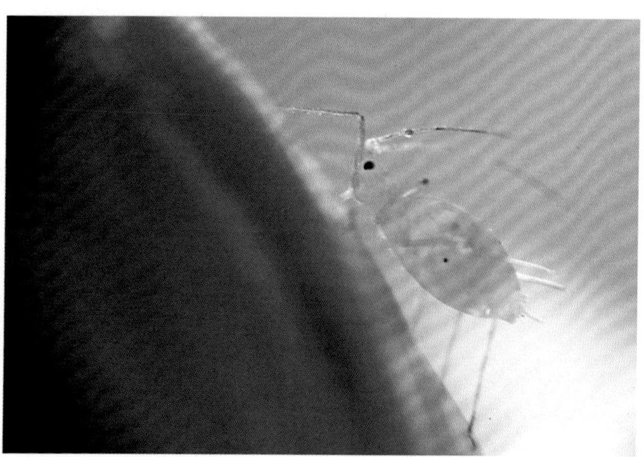

图10-37　棉蚜无翅胎生雌蚜

发生规律 1年发生10～30代，以卵在越冬寄主上越冬。棉蚜每年迁飞3～5次，第1次从越冬寄主和棉田迁移出现在4月中旬；第2次出现在5月下旬至6月上旬；伏蚜期迁飞出现2个高峰，7月中、下旬和8月中旬；秋末最后一次迁飞到越冬寄主时间出现在9月下旬至10月上旬。

防治方法 冬春两季铲除田边、地头杂草。防治指标为卷叶率10%或单株倒3叶蚜量为284头。播种时种子处理可以预防苗蚜；或在蚜虫发生初期喷药防治。

播种时种子处理：16%吡·萎·多菌灵（吡虫啉5%＋萎锈灵5%＋多菌灵6%）悬浮种衣剂2 000～4 000 g（100 kg种子）、20%吡·拌·福美双（吡虫啉5%＋福美双7.5%＋拌种灵7.5%）悬浮种衣剂1：（65～75）（药种比）、20%克百·多菌灵（克百威10%＋多菌灵10%）悬浮种衣剂3 000～5 000 g（100 kg种子）、35%苯甲·吡虫啉（吡虫啉32%＋苯醚甲环唑3%）悬浮种衣剂400～600 g（100 kg种子）对种子包衣；也可以用3%克百威颗粒剂20 g拌100 kg棉籽，再堆闷4～5 h后播种；也可每100 kg种子用35%甲基硫环磷乳油490～520 mL拌种、浸种，边喷边拌，堆闷24～26 h后播种。

在害虫发生期，棉苗3片真叶前，卷叶株率5%～10%；4片真叶后卷叶株率10%～20%各喷药1次，可用0.5%藜芦碱可溶液剂75～100 mL/亩、20%丁硫克百威乳油30～60 g/亩、70%吡虫啉水分散粒剂2.5～3 g/亩、40%毒死蜱乳油75～150 mL/亩、30%乙酰甲胺磷乳油150～200 mL/亩、25 g/L溴氰菊酯乳油8～12 g/亩、25 g/L高效氯氟氰菊酯乳油30～35 mL/亩、4.5%高效氯氰菊酯乳油22～45 mL/亩、22%噻虫·高氯氟（高效氯氟氰菊酯9.4%＋噻虫嗪12.6%）微囊悬浮剂10～15 mL/亩、20%吡虫啉·三唑磷（吡虫啉1%＋三唑磷19%）乳油15～20 mL/亩、2%阿维菌素乳油72～108 mL/亩、2.5%溴氰菊酯乳油20～40 mL/亩、25%噻虫嗪水分散粒剂4～8 g/亩、3%啶虫脒乳油20～40 mL/亩，兑水50～60 kg均匀喷雾。

3. 棉叶螨

分　　布 为害棉花的叶螨有朱砂叶螨（*Tetranychus cinnabarinus*），二斑叶螨（*Tetranychus urticae*）、截形叶螨（*Tetranychus truncatus*）等，全国各棉区均有发生，常与其他叶螨混合发生为害。

为害特点 成、若螨聚集在棉叶背面刺吸棉叶汁液，为害初期叶片正面出现黄白色斑点（图10-38），后来叶面出现红褐色斑块，为害严重的，红色区域扩大，致棉叶卷曲脱落，棉铃明显减少，发育不良。

图10-38 棉叶螨为害棉花叶片症状

形态特征与发生规律 可参见花生叶螨。

防治方法 铲除田边杂草，清除残株败叶，天气干旱时，注意灌溉。在越冬卵孵化盛期或若螨始盛发期是防治棉花叶螨的关键时期。

在越冬卵孵化盛期或若螨始盛发期，用30%乙唑螨腈悬浮剂5 ~ 10 mL/亩、20%哒螨灵可湿性粉剂10 ~ 20 g/亩、73%克螨特乳油25 ~ 35 mL/亩、5%噻螨酮乳油50 ~ 66 mL/亩、5%唑螨酯悬浮剂20 ~ 40 mL/亩、30%乙螨唑悬浮剂10 000 ~ 14 000倍液、20%四螨嗪可湿性粉剂3 000倍液、10%喹螨醚乳油3 000倍液（18 ~ 25 mL/亩），兑水50 ~ 60 kg均匀喷雾。

在6月上旬，成、若螨混发期，用10%联苯菊酯乳油30 ~ 40 mL/亩、20%甲氰菊酯乳油30 ~ 50 mL/亩、1.8%阿维菌素乳油10 ~ 15 mL/亩、25%阿维·甲氰（甲氰菊酯24%+阿维菌素1%）乳油4 000 ~ 5 000倍液、5%阿维·哒螨灵（哒螨灵4.8%+阿维菌素1%）、5%唑螨酯悬浮剂3000倍液、1.8%阿维菌素乳油2 000 ~ 4 000倍液、10%浏阳霉素乳油30 ~ 50 mL/亩、20%双甲脒乳油40 ~ 50 mL/亩，兑水50 ~ 60 kg均匀喷雾，间隔7 ~ 10 d喷1次，连喷2 ~ 3次。

4. 地老虎

分　　布 地老虎主要有小地老虎（*Agrotis ypsilon*）、黄地老虎（*Agrotis segetum*）、大地老虎（*Agrotis tokionis*），在黄淮海平原、华北平原及东南、西北、西南的河谷洼地等潮湿土壤地都是小地老虎的重发区。

为害特点 幼虫多从地面上咬断幼苗，若幼苗主茎已硬化可爬到上部为害生长点，是一种典型的杂食性害虫，几乎对所有旱地作物的幼苗均能取食为害，常使受害作物缺苗断垄，甚至毁种重播（图10-39）。

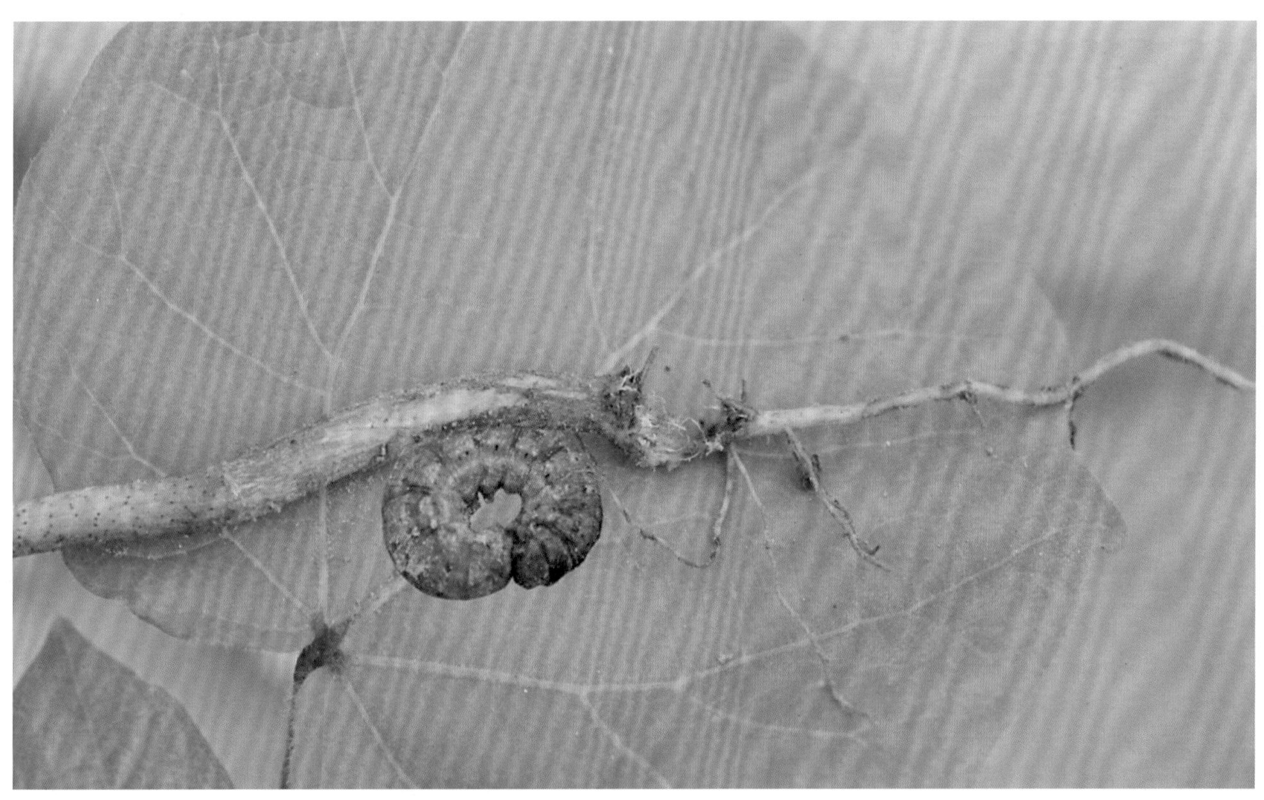

图10-39 地老虎为害棉花幼苗症状

形态特征 小地老虎：成虫全身深褐色（图10-40），有黑色斑纹，触角黄褐色。成虫的典型特征：前翅黑褐色，其内横线、外横线将前翅分为3段，中室端具有明显的肾形纹，外侧有一尖端向外的长三角形黑斑，与亚外缘线上的两个尖端向内的三角形黑斑相对。后翅灰白色，无斑纹，近后缘处褐色。卵半球形，刚产出时乳白色，渐变为淡黄至老黄色，临孵化前顶端变成黑色。幼虫初孵灰褐色（图10-41），取食嫩叶后变为绿色，入土后又变为灰褐色。老熟虫体形略扁，灰黑稍带黄色，小地老虎幼虫的典型特征是体表布满黑色圆形小突起。蛹赤褐色，有光泽。

图10-40 小地老虎成虫

图10-41 小地老虎幼虫

黄地老虎：成虫灰褐色至黄褐色（图10-42），前翅黄褐色，全面散生小褐点，各横线为双条曲线但多不明显，肾纹、环纹和剑纹明显，且围有黑褐色细边，其余部分为黄褐色；后翅灰白色，半透明。卵扁圆形，黄白色。幼虫头部黄褐色，体淡黄褐色体表颗粒不明显，体多皱纹而淡，臀板上有两块黄褐色大斑，中间断开，小黑点较多。蛹红褐色（图10-43）。

图10-42 黄地老虎成虫

图10-43 黄地老虎幼虫、蛹

大地老虎：成虫头部、胸部褐色（图10-44），前翅灰褐色，外横线以内前缘区、中室暗褐色，内横线波浪形，剑纹黑边窄小，环纹具黑边圆形褐色，后翅浅黄褐色。卵初淡黄色，后渐变为黄褐色，孵化前为灰褐色。幼虫黄褐色，体表多皱纹，头部褐色，有黑色纵纹1条。蛹初为浅黄色，后变为黄褐色。

发生规律 在我国各地每年发生世代数由南向北递减，由低海拔向高海拔递减。以第1代幼虫为害最严重，也是防治的重点时期。南岭以南地区1年6～7代，长江以南，南岭以北地区4～5代，江淮、黄淮地区4代，黄河、海河地区3～4代，东北中北部、内蒙古北部、甘肃西部1～2代。在南岭以南冬季能继续繁殖为害，在长江流域以老熟

图10-44 大地老虎成虫

幼虫、蛹及成虫的形式越冬。在江淮（33° N）以北地区不能越冬，春季越冬代成虫主要是由南向北迁飞而来，秋季再由北向南迁回到越冬区过冬，从而构成1年内大区间的世代循环。第1代幼虫为害盛期从北到南逐渐提早，黑龙江为6月中、下旬，辽宁5月下旬至6月上旬，北京为5月上、中旬，武汉4月中、下旬，福州3月中旬至4月上旬。地势低洼、湿润多雨的地区发生量大，各地多以第1代幼虫为害最重，但在北方7、8月移栽或直播的菜苗也可受害。一般沙壤土、壤土、黏壤土等土质疏松、保水性强的地区适于小地老虎发生，而高岗、干旱及黏土、沙土均不利发生。

防治方法　早春清除菜田及周围杂草。

播种时，用375 g/L硫双威悬浮种衣剂900 ～ 2 800 mL（100 kg种子）、10%辛硫·甲拌磷（辛硫磷6%＋甲拌磷4%）粉粒剂1 ：（13 ～ 17）（药种比）拌种；或每100 kg种子用48%溴氰虫酰胺种子处理悬浮剂60 ～ 120 mL包衣；也可用0.5%联苯菊酯颗粒剂2 000 ～ 4 000 g/亩（撒施）、0.3%苦参碱可湿性粉剂5 000 ～ 7 000 g/亩（穴施）、4%二嗪磷颗粒剂1 200 ～ 1 500 g/亩（撒施）。

地老虎1 ～ 3龄幼虫期抗药性差，且暴露在寄主植物或地面上，是药剂防治的适期。喷洒5%氯虫苯甲酰胺悬浮剂30 ～ 40 mL/亩、40.7%毒死蜱乳油90 ～ 120 mL/亩、2.5%溴氰菊酯乳油3 000倍液、50%辛硫磷乳油800倍液、50%杀螟硫磷乳油1 000 ～ 2 000倍液、5.7%氟氯氰菊酯水乳剂30 ～ 40 mL/亩，兑水50 ～ 60 kg喷雾。一般6 ～ 7 d后，可酌情再喷1次。

3 ～ 4龄幼虫时喷洒或浇灌或配成毒土，顺垄撒施，可选用3%氯唑磷颗粒剂2 ～ 5 kg/亩处理土壤，2.5%敌百虫粉剂1.5 ～ 2.0 kg加10 kg细土制成毒土，顺垄撒在幼苗根际附近，或用50%辛硫磷乳油0.5 kg加适量水喷拌细土125 ～ 175 kg制成毒土，顺垄撒施在幼苗根附近。

5. 棉大卷叶螟

分　　布　棉大卷叶螟（*Sylepta derogata*）分布除宁夏、青海、新疆未见报道外，其余省份均有。

为害特点　幼虫卷叶成圆筒状，藏身其中食叶，使叶面出现缺刻或孔洞。严重的吃光全部棉叶，继续为害棉铃内苞叶或嫩蕾，影响棉株生长发育。

形态特征　成虫淡黄色（图10-45），头、胸部背面有12个棕黑色小点排列成4行；前翅中室前缘具OR形褐斑，在R形斑下具一黑线，缘毛淡黄；后翅中室端有细长褐色环。卵扁椭圆形，初产乳白色，后变浅绿色。末龄幼虫体青绿色。蛹红褐色。

图10-45　棉大卷叶螟成虫

发生规律　辽宁1年发生3代，黄河流域4代，长江流域4 ～ 5代，华南5 ～ 6代，末龄幼虫在落叶、树皮缝、树桩孔洞、田间杂草根际处越冬。生长茂密的地块，多雨年份发生多。

防治方法　冬天深耕灌溉，清除枯枝落叶及杂草，可以消灭大部分的越冬虫源。在棉田管理时，幼虫卷叶结包时捏包灭虫。

在幼虫2龄以前，可用50%辛硫磷乳油1 000倍液、25%亚胺硫磷乳油800 ～ 1 000倍液、50%甲萘威可湿性粉剂500倍液、1.8%阿维菌素乳油3 000 ～ 5 000倍液、10%联苯菊酯乳油4 000 ～ 5 000倍液、2.5%溴氰菊酯乳油3 000 ～ 3 500倍液、20%甲氰菊酯乳油2 000倍液均匀喷雾。

6. 绿盲蝽

分　　布　绿盲蝽（*Lygocoris lucorum*）遍及全国各棉区。

为害特点　成、若虫刺吸棉株顶芽、嫩叶、花蕾及幼铃上汁液，幼芽受害形成仅剩两片肥厚子叶的“公”棉花。

形态特征　成虫体近卵圆形，扁平，绿色（图10-46）。前翅膜质，暗灰色，半透明。卵黄绿色，长口袋形。若虫共5龄。1龄若虫体淡黄绿色；2龄若虫体黄绿色；3龄若虫体绿色；4龄若虫体绿色；5龄若虫体绿色。

发生规律　长江流域1年发生5代，华南7～8代，以卵的形式在冬作豆类、苜蓿、木槿、蒿类等植物茎梢内越冬。越冬卵于4月上旬开始孵化，各代若虫发生期分别为4月上、中旬，5月下旬至6月上旬，6月下旬至7月上旬，8月上旬和9月上旬。10月上旬第5代成虫产卵越冬。

防治方法　早春越冬卵孵化前，清除棉田及附近杂草。

棉花成株期，成若虫为害初期，喷洒40%三唑磷乳油50～80 mL/亩、50%丙溴磷乳油80～120 mL/亩、3%阿维菌素微乳剂15～20 mL/亩、2.5%高效氟氯氰菊酯乳油2 000倍液、40%毒死蜱乳油75～100 mL/亩，兑水喷雾。

图10-46　绿盲蝽成虫

7. 赤须盲蝽

分　　布　赤须盲蝽（*Trigonotylus coelestialium*），分布在北京、河北、内蒙古、黑龙江、吉林、辽宁、山东、河南、江苏、江西、安徽、陕西、甘肃、青海、宁夏、新疆等省份。

为害特点　成、若虫刺吸叶片汁液或嫩茎及穗部，受害叶初现黄点，渐成黄褐色大斑，叶片顶端向内卷曲，严重的整株干枯死亡。

形态特征　成虫身体细长，鲜绿色或浅绿色（图10-47）。头略呈三角形，顶端向前突出，头顶中央具一纵沟，前伸不达头部中央；复眼银灰色，半球形。前翅略长于腹部末端，革片绿色，膜片白色透明。足浅绿或黄绿色，胫节末端及跗节暗色。卵口袋形，白色透明，卵盖上具突起。5龄若虫体长5 mm左右，黄绿色，触角红色，略短于体长，翅芽超过腹部第三节。

发生规律　华北地区年发生3代，以卵的形式越冬。翌年第1代若虫于5月上旬进入孵化盛期，5月中、下旬羽化。第2代若虫6月中旬盛发，6月下旬羽化。第3代若虫于7月中、下旬盛发，8月下旬至9月上旬，雌虫在杂草茎叶组织内产卵越冬。初孵若虫在卵壳附近停留片刻后，便开始活动取食。成虫于9时至17时最活跃，夜间或阴雨天多潜伏在植株中下部叶背面。

防治方法　参见绿盲蝽。

图10-47　赤须盲蝽成虫

8. 中黑盲蝽

分　　布　中黑盲蝽（*Adelphocoris suturalis*）在长江流域为害重。

为害特点　成、若虫刺吸棉苗子叶，棉苗顶芽焦枯变黑；为害顶芽枯死，幼叶被害展开的叶成为破烂叶；幼蕾受害由黄变黑；幼铃受害轻者受害部呈水浸状斑点，重者僵化脱落。

形态特征　成虫体褐色（图10-48），触角比身体长，前胸背板中央具2个小圆黑点，小盾片、爪片大部为黑褐色。卵茄形，浅黄色。若虫全体绿色，5龄时为深绿色，具黑色刚毛，触角和头部赭褐色，眼紫色，腹部中央色深。

图10-48　中黑盲蝽成虫

发生规律　黄河流域棉区1年发生4代，长江流域5～6代，以卵在苜蓿及杂草茎秆或棉叶柄中越冬。翌年4月，越冬卵孵化，初孵若虫在苜蓿等杂草上活动。第1代成虫于5月上旬出现、第2代6月下旬、第3代8月上旬、第4代9月上旬。

防治方法　参见绿盲蝽。

9. 苜蓿盲蝽

分　　布　苜蓿盲蝽（*Adelphocoris lineolatus*）分布在河北、山西、陕西、山东、河南、江苏、湖北、四川、内蒙古等省份。

为害特点　成虫、若虫刺吸寄主芽叶、花蕾、果实等的汁液，被害部位现黑点。

形态特征　成虫体黄褐色，被细毛（图10-49）。头顶三角形、褐色、光滑，复眼扁圆、黑色，喙4节，端部黑，后伸达中足基节。前胸背板胝区隆突，黑褐色，其后有黑色圆斑2个或不清楚。小盾片突出，有黑色纵带2条。前翅黄褐色，前缘具黑边，膜片黑褐色。卵浅黄色，香蕉形，卵盖有一指状突起。若虫黄绿色具黑毛，眼紫色（图10-50），翅芽超过腹部第三节，腺囊口“八”字形。

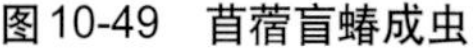

图10-49　苜蓿盲蝽成虫

图10-50　苜蓿盲蝽若虫

发生规律　在河南1年发生3～4代，湖北4代，以卵的形式在枯死的苜蓿秆、杂草秆、棉叶柄内越冬，4月上、中旬孵化，5月中旬第1代成虫出现，5月下旬开始迁到棉田为害。第2代若虫在6月中旬孵化，第3代若虫在7月中、下旬孵化，第4代若虫在8月下旬孵化。10月中旬成虫大部死亡。

防治方法　参见绿盲蝽。

10. 棉小造桥虫

分　　布 除西藏、新疆外，全国各植棉区均有棉小造桥虫（*Anomis flava*）为害。

为害特点 幼虫食害叶片，食成缺刻或孔洞，常将叶片吃光，仅剩叶脉。

形态特征 成虫头胸部橘黄色，腹部背面灰黄至黄褐色（图10-51）；前翅雌淡黄褐色，雄黄褐色。卵扁椭圆形，青绿至褐绿色，顶部隆起，底部较平。幼虫头淡黄色，体黄绿色（图10-52）。蛹红褐色。

图10-51 棉小造桥虫成虫

图10-52 棉小造桥虫幼虫

发生规律 黄河流域1年发生3 ~ 4代，长江流域5 ~ 6代，在南方以蛹的形式越冬，在北方尚未发现越冬虫态。第2、第3代幼虫为害棉花最重。第2代在8月上、中旬，第3代在9月上、中旬，有趋光性。

防治方法 成虫发生期，在田间用杨树枝把或黑光灯或高压汞灯诱杀成虫。

7—8月调查棉株上、中部的幼虫，当百株3龄前幼虫量达到100头时，喷药防治。可用10%高效氯氰菊酯水乳剂30 ~ 50 mL/亩、12.5%高效氟氯氰菊酯悬浮剂8 ~ 12 mL/亩、25 g/L高效氯氟氰菊酯水乳剂60 ~ 80 mL/亩、25 g/L溴氰菊酯乳油90 ~ 109 g/亩、25 g/L联苯菊酯乳油100 ~ 120 g/亩、480 g/L毒死蜱乳油94 ~ 125 mL/亩、75%乙酰甲胺磷可溶粉剂60 ~ 80 g/亩、75%硫双威可湿性粉剂45 ~ 60 g/亩、20%氟铃脲悬浮剂30 ~ 40 g/亩、50 g/L氟啶脲乳油100 ~ 140 mL/亩、16 000 IU/mg苏云金杆菌可湿性粉剂100 ~ 150 g/亩、2%甲氨基阿维菌素苯甲酸盐乳油33 ~ 65 mL/亩、11%阿维·三唑磷（三唑磷10%＋阿维菌素1%）微乳剂20 ~ 30 mL/亩、55%氯氰·毒死蜱（氯氰菊酯5%＋毒死蜱50%）乳油50 ~ 75 mL/亩，兑水40 ~ 50 kg均匀喷雾。

11. 棉田蓟马

分　　布 棉田蓟马主要有花蓟马（*Frankliniella intonsa*）、黄蓟马（*Thrips flavus*）两种。分布在我国河南以及南方广东等省份。

为害特点 棉苗真叶生出前，顶尖受害变为黑色后枯萎脱落，子叶变得肥大成为无头棉，不久即死亡。真叶出现后顶尖受害，形成枝叶丛生的多头棉，花蕾大大减少。

形态特征 花蓟马：成虫体褐色带紫（图10-53），头胸部黄褐色，前翅较宽短。二龄若虫体基色黄，复眼红，触角7节。

黄蓟马：成虫体浅黄色，触角7节（图10-54）。卵肾形。若虫黄色，初龄若虫黄色，无翅芽，3 ~ 4龄以后的若虫长出翅芽。

发生规律 花蓟马：在我国南方1年发生11 ~ 14代，以成虫的形式越冬。早春，主要在蚕豆花中为害繁殖，棉苗出土后迁入棉田为害。5—6月是为害盛期。

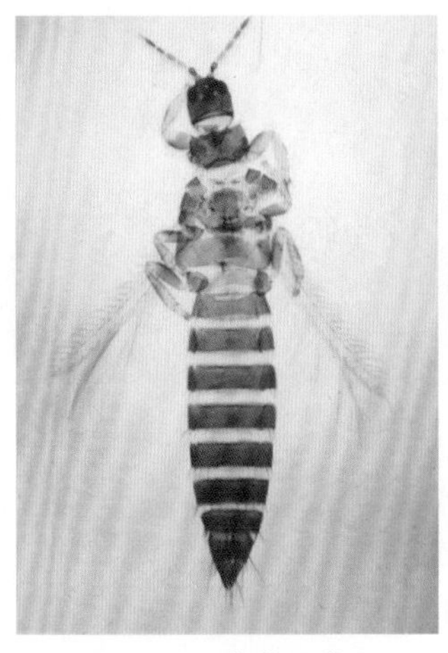
图10-53 花蓟马成虫

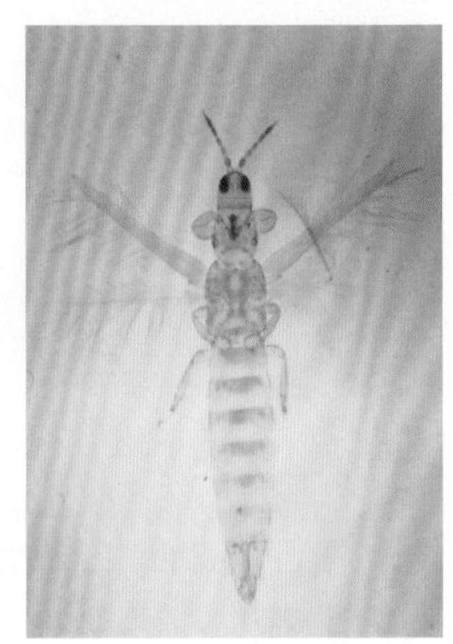
图10-54 黄蓟马成虫

黄蓟马：广州1年发生20 ~ 21代，世代重叠，无休眠期。河南年发生代数不清，成虫潜伏在土块、土缝下或枯枝落叶间越冬，少数以若虫的形式越冬。翌年4月开始活动，5—9月进入发生为害高峰期，秋季受害最重。

防治方法 冬春及时铲除田边地头杂草，结合间苗、定苗排除无头棉和多头棉。

播种前药剂拌种，用18.6%拌·福·乙酰甲（乙酰甲胺磷11.4%＋福美双3.6%＋拌种灵3.6%）悬浮种衣剂1 ：（13 ~ 17）（药种比）对种子包衣，可有效防治苗期蓟马，兼治地下害虫。

定苗后百株有虫15 ~ 30头或3片真叶前百株有虫10头，4片真叶后百株有虫20 ~ 30头，喷洒25%噻虫嗪水分散粒剂11 ~ 15 g/亩、25 g/L溴氰菊酯乳油20 ~ 40 mL/亩、26%氯氟·啶虫脒（高效氯氟氰菊酯2.5%＋啶虫脒23.5%）水分散粒剂6 ~ 8 g/亩、50%辛硫磷乳油、1.8%阿维菌素乳油2 000 ~ 4 000倍液、35%硫丹乳油2 000倍液、25%喹硫磷乳油1 000倍液，间隔7 ~ 10 d喷1次，连喷2 ~ 3次。

三、棉花各生育期病虫害防治技术

棉花栽培管理过程中，应总结本地棉花病虫害的发生特点和防治经验，制订病虫害防治计划，适时田间调查，及时采取防治措施，有效控制病虫害，保证丰产、丰收。

（一）播种育苗期病虫害防治技术

播种育苗期（图10-55）是防治棉花病虫害的有利时机。

这一时期的病害主要有立枯病、炭疽病、红腐病、猝倒病等；棉花枯萎病、黄萎病是靠种子和土壤传播，在苗期侵入的。

图10-55 棉花播种育苗期

预防枯萎病采用种子处理的方式，用2%戊唑醇种子处理可分散粉剂按1 ：（250 ~ 500）（药种比）拌种，或用0.3%的50%多菌灵胶悬剂在常温下浸种14 h，晾干后播种；也可用50%敌磺钠可溶性粉剂按种子重量的0.4%拌种，可有效控制枯、黄萎病，还可兼治立枯病。

对于炭疽病、红腐病发生严重的地区，可用40%拌种双可湿性粉剂或70%甲基硫菌灵可湿性粉剂0.5 kg拌100 kg棉籽，也可用10%多福（多菌灵·福美双）合剂1 kg与50 kg棉籽包衣，均有较好的防治效果。

这一时期的虫害主要有地下害虫，如蝼蛄、地老虎等，同时，以拌种防治苗蚜效果也较好。

棉花拌种防治虫害可以用以下几种配方：50%辛硫磷乳油400 ~ 800 mL加适量水，拌100 kg干棉种，先浸种再拌种，闷拌4 ~ 6 h播种，可防治多种地下害虫。

防治棉蚜，可用3%克百威颗粒剂20 kg拌100 kg棉籽，再堆闷4 ~ 5 h后播种。也可用10%吡虫啉可湿性粉剂20 g拌棉种10 kg。

（二）苗期病虫害防治技术

苗期（图10-56）主要防治的病害有炭疽病、红腐病、立枯病、黄萎病等。

图10-56 棉花苗期生长情况

在棉花2 ~ 6片真叶期，可用70%恶霉灵可湿性粉剂2 000倍液、70%甲基硫菌灵可湿性粉剂800倍液、50%多菌灵可湿性粉剂500 ~ 600倍液、50%敌磺钠可溶性粉剂800倍液喷雾，不但可较好地防治黄萎病，而且对棉花苗期病害也有很好的作用。发生严重时可在7 d后再喷1次。

出苗后如遇寒流阴雨，苗期立枯病有暴发的可能时，用20%甲基胂酸锌可湿性粉剂1 000倍液灌根，或用65%代森锌可湿性粉剂500 ~ 800倍液喷棉苗2 ~ 3次。

苗期为害严重的害虫主要为蚜虫、红蜘蛛、盲蝽蟓、蓟马、地老虎。

防治指标：苗蚜，3片真叶前卷叶株率5% ~ 10%，4片真叶后卷叶株率10% ~ 20%；棉叶螨，棉叶出现黄、白斑株率20%；棉蓟马,3片真叶前，百株有虫10头,4片真叶后，百株有虫20 ~ 30头；棉盲蝽，新被害株率3%，或百株有成、若虫1 ~ 2头；地老虎，定苗前，新被害株10%，定苗后，新被害株5%。

防治蚜虫：可用50%抗蚜威可湿性粉剂50 ~ 70 g/亩、35%硫丹乳油1 500倍液、20%灭多威乳油、44%丙溴磷乳油1 500倍液、10%吡虫啉可湿性粉剂3 000 ~ 4 000倍液、20%丁硫克百威乳油1 000 ~ 2 000倍液，40%毒死蜱乳油1 500倍液。还能兼治蓟马、棉盲蝽等害虫。

防治红蜘蛛：用10%浏阳霉素乳油1 000倍液、5%氟虫脲乳油1 500倍液、20%哒螨灵乳油3 000倍液均匀喷雾。

防治地老虎等地下害虫，可用2.5%敌百虫粉剂0.5 kg，拌鲜草50 kg，拌匀后每亩用15 ~ 20 kg；也可用48%毒死蜱乳油300 mL/亩，兑细沙土20 kg混合均匀，于傍晚撒在棉苗旁边。

（三）现蕾期病虫害防治技术

这一时期（图10-57）要注意防治枯萎病、褐斑病、黑斑病，还要预防角斑病。

图10-57　棉花现蕾期生长情况

防治枯萎病，用50%多菌灵可湿性粉剂1 000倍液、70%甲基硫菌灵可湿性粉剂1 000 ～ 1 500倍液、14%络氨铜水剂1 500倍液、30%琥胶肥酸铜可湿性粉剂1 500倍液灌根，每株100 mL，20 d后再灌1次，有较好的效果。

防治叶斑病，及时喷洒70%代森锰锌可湿性粉剂500倍液、75%百菌清悬浮剂500倍液、50%福美双可湿性粉剂250 ～ 300倍液、25%甲基胂酸锌可湿性粉剂5 000 ～ 8 000倍液、50%克菌丹可湿性粉剂300 ～ 350倍液，间隔10 ～ 15 d喷1次，直到棉花现蕾。

预防角斑病，可用30%琥胶肥酸铜可湿性粉剂500倍液、77%氢氧化铜可湿性粉剂500 ～ 800倍液、14%络氨铜水剂300倍液、27%碱式硫酸铜悬浮剂400倍液，每5 ～ 7 d喷1次，连喷3 ～ 4次。

这一时期主要虫害为棉铃虫、盲蝽蟓、棉叶螨、伏蚜等，注意田间调查，及时防治。

棉铃虫：百株累计卵显超过100粒或有幼虫10头时，可选用1.8%阿维菌素乳油3 000 ～ 5 000倍液、4.5%高效氯氰菊酯乳油60 ～ 100 mL/亩，兑水50 ～ 60 kg喷雾防治。喷药时从注意棉花顶尖、花蕾铃上着药均匀，才能保证药效。

伏蚜：当百株上、中、下三叶蚜量在1.0万～ 1.5万头时要用药剂防治。可选用10%吡虫啉可湿性粉剂10 ～ 15 g/亩、4.5%高效氯氰菊酯乳油30 ～ 60 mL/亩，兑水50 kg喷雾。

棉盲蝽：当棉花被害株率达到10%时，可选用10%吡虫啉可湿性粉剂5 ～ 7 g/亩、20%丁硫克百威乳油15 mL/亩，兑水40 ～ 50 kg，于傍晚喷药，保蕾铃效果较好。

棉叶螨：棉花红叶率达3%时，可选用1.8%阿维菌素乳油3 000 ～ 5 000倍液、20%哒螨灵乳油3 000倍液、20%双甲脒乳油1 000 ～ 1 500倍液喷雾，可起到良好的防治效果。

（四）蕾铃期病虫害防治技术

这一时期（图10-58）主要病害有炭疽病、红腐病、疫病等棉铃病害，应注意定期调查，及时防治。

图10-58 棉花蕾铃期生长情况

对于棉铃疫病发生严重的地区，及时喷洒65%代森锌可湿性粉剂300 ～ 350倍液、58%甲霜灵·代森锰锌可湿性粉剂700倍液、64%恶霜灵·代森锰锌可湿性粉剂600倍液、72%霜脲氰·代森锰锌可湿性粉剂700倍液，间隔10 d左右1次，视病情喷施2 ～ 3次。

对于炭疽病、红腐病发生严重的地区，可喷施50%甲基硫菌灵可湿性粉剂800倍液、50%多菌灵可湿性粉剂800 ～ 1 000倍液、50%苯菌灵可湿性粉剂1 500倍液、80%代森锰锌可湿性粉剂700 ～ 800倍液，间隔7 ～ 10 d施1次，连续喷2 ～ 3次，防效较好。同时兼治棉铃的其他病害。

这一时期主要害虫为棉铃虫、造桥虫等，应注意调查，及时防治。

棉铃虫：第3代卵盛期在7月中、下旬，防治指标为百株累计卵量40粒，或防治后百株残虫在5头以上；第4代卵盛期在8月下旬至9月上旬，防治指标为百株幼虫在10头以上。用1.8%阿维菌素乳油1 000 ～ 2 000倍液、20%灭多威乳油1 500倍液、20%抑食肼可湿性粉剂2 000倍液，对抗性棉铃虫有效。

棉小造桥虫：第1代幼虫为害盛期在7月中、下旬，第2代幼虫在8月上、中旬，第3代幼虫在9月上、中旬。防治指标：百株幼虫100头。用80%敌敌畏乳油1 000倍液、50%马拉硫磷乳油1 000倍液、50%甲萘威可湿性粉剂500倍液等药剂均匀喷雾。

四、棉花田杂草防治技术

近几年，随着农业生产的发展和耕作制度的变化，棉花田杂草的发生出现了很多变化，棉花栽培模式也多种多样。在棉花田杂草防治中应区别对待各种情况，选用适宜的除草剂品种和配套的施药技术。

（一）棉花苗床杂草防治

在棉花苗床（图10-59），主要杂草为马唐、狗尾草、牛筋草、藜、反枝苋，杂草比较好防治，生产中可以用酰胺类、二硝基苯胺类除草剂。

图10-59 棉花苗床杂草发生情况

在棉花苗床播种后覆膜前施药，施药量一般不宜过大，否则影响育苗质量。可以施用50%乙草胺乳油30 ~ 50 mL/亩、72%异丙甲草胺乳油75 ~ 100 mL/亩、72%异丙草胺乳油75 ~ 100 mL/亩+50%扑草净可湿性粉剂50 g/亩、33%二甲戊乐灵乳油50 ~ 75 mL/亩、50%乙草胺乳油40 mL/亩+24%乙氧氟草醚乳油10 mL/亩，兑水50 ~ 80 kg对土表喷雾。棉花幼苗期，遇低温、多湿、苗床积水或药量过多，易受药害。其药害症状为叶片皱缩，待棉花长至3片复叶以后，温度升高可以恢复正常生长，一般情况下基本对棉苗没有影响。

（二）地膜覆盖棉花直播田杂草防治

在春棉花直播地膜覆盖田（图10-60），杂草发生比较严重，膜下杂草常挤烂地膜，影响棉花生长，生产上需要施用芽前封闭除草剂。

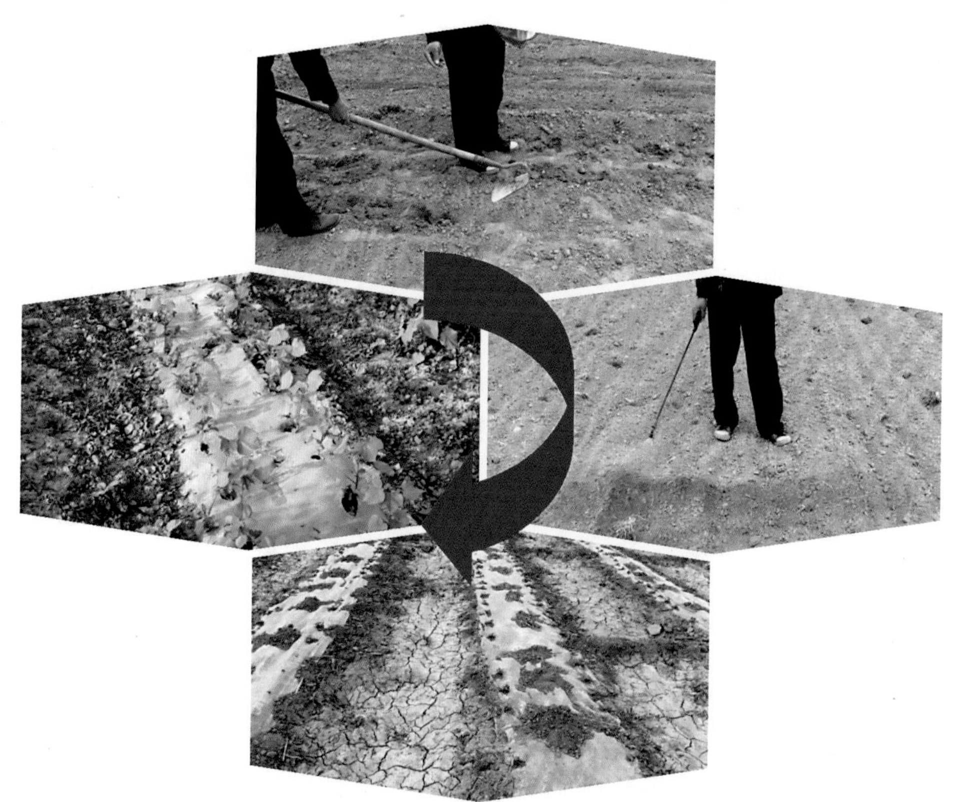

图10-60 春棉花直播地膜覆盖田栽培与施药情况

在春棉花直播地膜覆盖田，晚上和阴天温度极低，晴天时温度极高，对保证除草剂的药效和安全增加了难度。一般应严格控制施药剂量，施药量不宜过大，否则影响育苗质量。可以用50%乙草胺乳油75 ~ 125 mL/亩、72%异丙甲草胺乳油100 ~ 200 mL/亩、72%异丙草胺乳油100 ~ 200 mL/亩、33%二甲戊乐灵乳油100 ~ 150 mL/亩、50%乙草胺乳油75 mL/亩＋24%乙氧氟草醚乳油10 mL/亩、50%异丙草胺乳油100 mL/亩＋50%扑草净可湿性粉剂50 g/亩，兑水40 ~ 60 kg对土表喷雾。棉花幼苗期遇低温、多湿、苗床积水或药量过多，易受药害。其药害症状为叶片皱缩，待棉花长至3片复叶以后，温度升高可以恢复正常生长，一般情况下对棉苗基本上没有影响。

（三）棉花移栽田杂草防治

棉花育苗移栽是重要的栽培模式（图10-61）。部分生产条件较好的棉花产区，翻耕平整土地后播种棉花。对于这些地区，棉花移栽前是防治杂草最有效、最关键的时期。

图10-61　棉花育苗移栽与施药情况

华北棉花栽培区，降雨量少、土壤较旱，以前施用除草剂较少，且田间常见杂草种类为马唐、狗尾草、牛筋草、稗草、藜、苋的田块，在棉花移栽前，可以用50%乙草胺乳油150 ~ 200 mL/亩、33%二甲戊乐灵乳油200 ~ 250 mL/亩、72%异丙甲草胺乳油200 ~ 250 mL/亩，兑水45 kg均匀喷施。

对于田间有大量禾本科杂草和阔叶杂草发生的地块，可以用50%乙草胺乳油100 ~ 200 mL/亩、33%

二甲戊乐灵乳油150 ～ 200 mL/亩、72%异丙草胺乳油150 ～ 250 mL/亩，同时分别加入下列除草剂中的一种：20%噁草酮乳油100 mL/亩、24%乙氧氟草醚乳油20 ～ 40 mL/亩或50%扑草净可湿性粉剂50 g/亩，兑水45 kg均匀喷施，施药后移栽棉花，尽可能减少松动土层。

河南中、南部及其以南的棉花栽培区，降雨量较大、杂草发生严重。对于以前施用除草剂较少，田间常见杂草为马唐、狗尾草、牛筋草、稗草、藜、苋的田块，在棉花播后芽前，可用50%乙草胺乳油200 ～ 250 mL/亩、33%二甲戊乐灵乳油200 ～ 250 mL/亩、72%异丙甲草胺乳油200 ～ 250 mL/亩，兑水45 kg均匀喷施。

对于田间发生有大量禾本科杂草和阔叶杂草的地块，可以用50%乙草胺乳油200 ～ 250 mL/亩、33%二甲戊乐灵乳油150 ～ 250 mL/亩、72%异丙草胺乳油200 ～ 300 mL/亩，同时分别加入下列除草剂中的一种：24%乙氧氟草醚乳油20 ～ 40 mL/亩、20%噁草酮乳油100 ～ 150 mL/亩、50%扑草净可湿性粉剂50 g/亩，在棉花移栽前，兑水45 kg均匀喷施。施药时应注意墒情和天气预报。乙氧氟草醚、噁草酮为触杀性芽前除草剂，施药时要喷施均匀。扑草净对棉花安全性差，不要随意加大剂量，否则，易发生药害。

（四）棉花苗期杂草防治

棉花苗期是杂草防治的重要时期，如不及时防治往往形成草荒，严重影响棉花的前期生长（图10-62）。棉花田除草时必须结合田间杂草种类和发生情况，及早选择除草剂种类进行化学除草。

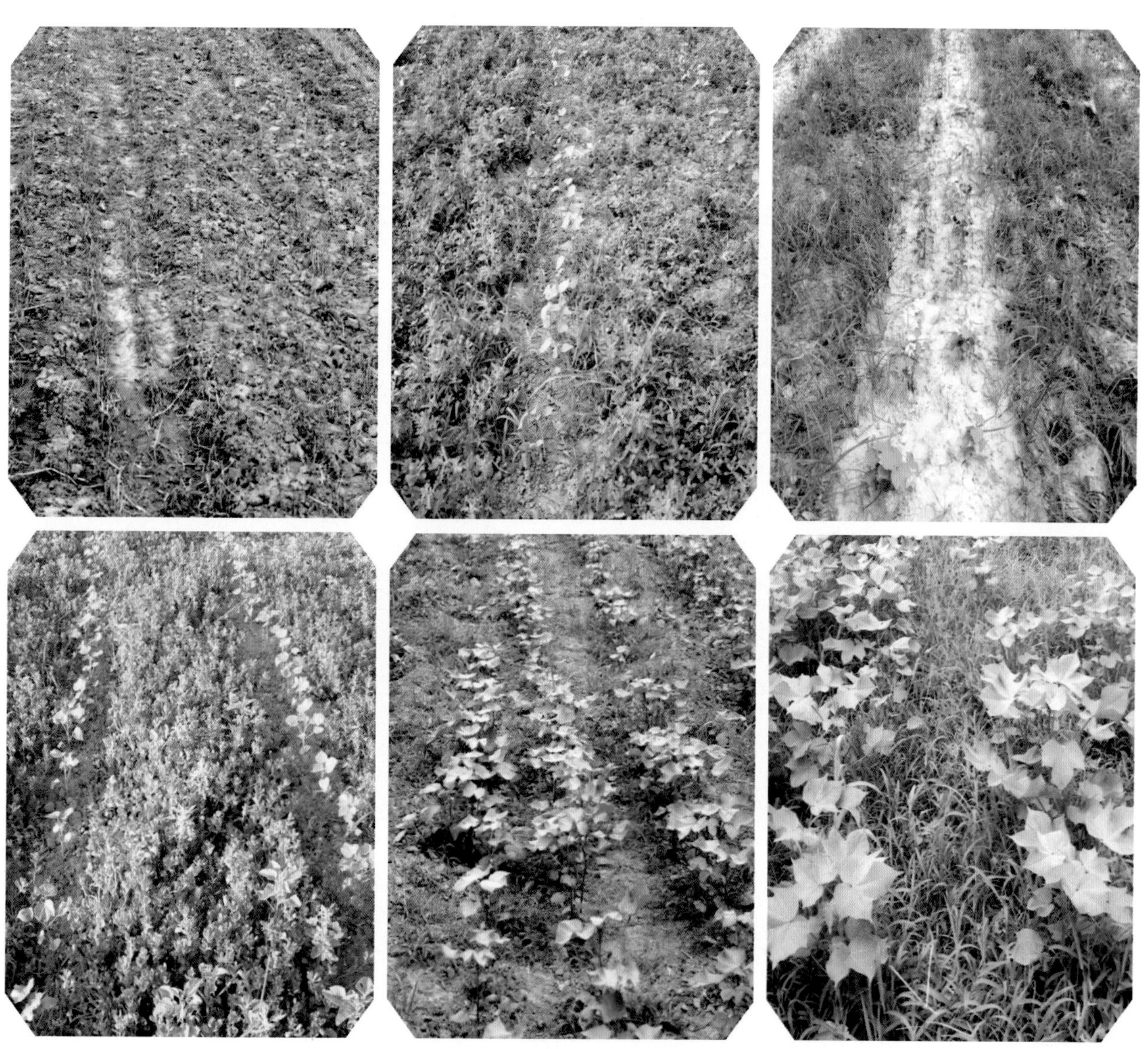

图10-62　棉花苗期杂草发生情况

棉花苗期（图10-63），可以在棉花苗期结合锄地、中耕灭茬，除去已出苗的杂草，同时采用封闭除草的方法施药，可以有效控制棉花田的杂草为害，这种方法成本低廉、除草效果好，基本上可以控制整个生育期内的杂草为害。

图10-63 棉花苗期田间灭茬除草情况

常用除草剂品种与用量：50%乙草胺乳油120 ～ 150 mL/亩、72%异丙草胺乳油150 ～ 200 mL/亩、72%异丙甲草胺乳油150 ～ 200 mL/亩、33%二甲戊乐灵乳油150 ～ 200 mL/亩。在棉花幼苗期封行前，兑水45 kg均匀喷施，宜选用墒好、阴天或17时后施药，如在高温、干旱、强光条件下施药，棉花会产生触杀性药斑，但一般情况下对棉花生长影响不大。

棉花苗期杂草较小（图10-64），田间有禾本科杂草，可以用兼有杀草和封闭除草的除草剂配方。

图10-64　棉花苗期田间杂草较少

常用除草剂品种与用量：5%精喹禾灵乳油50 ～ 75 mL/亩＋50%乙草胺乳油100 ～ 150 mL/亩、5%精喹禾灵乳油50 ～ 75 mL/亩＋33%二甲戊乐灵乳油150 ～ 200 mL/亩、12.5%稀禾啶乳油50 ～ 75 mL/亩＋72%异丙甲草胺乳油150 ～ 200 mL/亩、24%烯草酮乳油20 ～ 40 mL/亩＋50%异丙草胺乳油150 ～ 200 mL/亩，在棉花幼苗期封行前，兑水45 kg均匀喷施，宜选用墒好、阴天或17时后施药，如在高温、干旱、强光条件下施药，棉花会产生触杀性药斑，但一般情况下对棉花生长影响不大。

对于前期未能封闭除草的田块，在杂草基本出齐，且杂草处于幼苗期（图10-65）时应及时施药，可以施用5%精喹禾灵乳油50 ～ 75 mL/亩、10.8%高效氟吡甲禾灵乳油20 ～ 40 mL/亩、10%喔草酯乳油40 ～ 80 mL/亩、15%精吡氟禾草灵乳油40 ～ 60 mL/亩、10%精噁唑禾草灵乳油50 ～ 75 mL/亩、12.5%稀禾啶乳油50 ～ 75 mL/亩、24%烯草酮乳油20 ～ 40 mL/亩，兑水30 kg均匀喷施，可以有效防治多种禾本科杂草。施药时视草情、墒情确定用药量。草大、墒差时适当加大用药量。施药时注意不能飘移到周围禾本科作物上，否则会发生严重的药害。

图10-65　棉花田大量禾本科杂草发生情况

在棉花苗期，特别是前期施用过酰胺类封闭除草剂的田块，马齿苋、铁苋、打碗花、香附子等发生严重。因为棉花行间距较大，可以在杂草基本出齐且杂草处于幼苗期时（图10-66）定向喷施除草剂。具体药剂如下：10%乙羧氟草醚乳油10 ～ 30 mL/亩、48%苯达松水剂150 mL/亩、25%三氟羧草醚水剂50 mL/亩、25%氟磺胺草醚水剂50 mL/亩、24%乳氟禾草灵乳油20 mL/亩，兑水30 kg，选择晴天无风天气定向喷施。该类除草剂对杂草主要表现为触杀性除草效果，施药时务必喷施均匀。注意不要喷施到棉花叶片，否则会产生严重的药害。

图10-66　棉花生长期阔叶杂草发生为害情况

部分棉花田（图10-67），在棉花生长前期或雨季来临之前，对于有马唐、狗尾草、马齿苋、藜、苋发生的地块。因为棉花行间距较大，也可以在杂草基本出齐且杂草处于幼苗期时定向喷施除草剂，可以用杀草、封闭兼备的除草剂配方。具体施用5%精喹禾灵乳油50 mL/亩＋48%苯达松水剂150 mL/亩、10.8%高效氟吡甲禾灵乳油20 mL/亩＋25%三氟羧草醚水剂50 mL/亩、5%精喹禾灵乳油50 mL/亩＋24%乳氟禾草灵乳油20 mL/亩，同时分别加入下列除草剂之一，即50%乙草胺乳油100 ～ 150 mL/亩、72%异丙甲草胺乳油150 ～ 200 mL/亩、50%异丙草胺乳油150 ～ 200 mL/亩、33%二甲戊乐灵乳油150 ～ 200 mL/亩，兑水30 kg，选择晴天且无风的天气定向喷施，施药时视草情、墒情确定用药量。注意不要喷施到棉花叶片，否则会产生严重的药害。

图10-67　棉花苗期禾本科杂草和阔叶杂草混合发生情况

对于前期未能有效除草的田块，在棉花田禾本科杂草较多、较大时（图10-68），应适当加大药量和施药水量，喷透喷匀，保证杂草均能接受到药液。可以施用5%精喹禾灵乳油75 ~ 125 mL/亩、10.8%高效氟吡甲禾灵乳油40 ~ 60 mL/亩、10%喔草酯乳油60 ~ 80 mL/亩、15%精吡氟禾草灵乳油75 ~ 100 mL/亩、10%精噁唑禾草灵乳油75 ~ 100 mL/亩、12.5%稀禾啶乳油75 ~ 125 mL/亩、24%烯草酮乳油40 ~ 60 mL/亩，兑水45 ~ 60 kg均匀喷施，施药时视草情、墒情确定用药量，可以有效防治多种禾本科杂草，但天气干旱、杂草较大时死亡时间相对缓慢。杂草较大、杂草密度较高、墒情较差时适当加大用药量和喷液量，否则杂草接触不到药液或药量较小，影响除草效果。

图10-68　棉花田禾本科杂草发生严重的情况

（五）棉花田禾本科杂草和阔叶杂草等混生田杂草防治

部分棉花田，前期未能及时施用除草剂或除草效果不好时，在棉花生长中、后期雨季发生大量杂草，生产上应针对杂草发生种类和栽培管理情况，正确地选择除草剂种类和施药方法。

部分棉花田（图10-69），在棉花生长中、后期或雨季，对于有马唐、狗尾草、马齿苋、藜、苋发生的地块或香附子发生严重的田块（图10-70），可以用47%草甘膦水剂50 ~ 100 mL/亩，兑水30 kg，选择晴天且无风的天气定向喷施，施药时视草情、墒情确定用药量。注意不要喷施到棉花叶片，否则会产生严重的药害。

图10-69　棉花生长中、后期禾本科杂草和阔叶杂草混合发生情况

图10-70 棉花生长中、后期香附子发生为害情况

第十一章　油菜病虫草害原色图解

油菜是我国重要的油料作物，产区分布在全国各地。病虫害是制约油菜产量和品质提高的重要因素之一。我国发现的油菜病虫害有60多种，其中为害严重的病害有菌核病、霜霉病、白锈病、病毒病、黑斑病等，严重为害年份可造成产量损失30%以上；为害较重的害虫有小菜蛾、蚜虫、潜叶蝇等。

一、油菜病害

我国常见的油菜病害有菌核病、霜霉病、白锈病、病毒病、黑斑病等。

1. 油菜菌核病

分　布　油菜菌核病是世界性病害，我国所有油菜产区均有发生，长江中下游及东南沿海发病最重（图11-1）。

图11-1　油菜菌核病为害情况

症　状　由核盘菌（*Sclerotinia sclerotiorum*，属子囊菌亚门真菌）引起。主要为害茎部，叶片也可受害。茎部病斑初为水渍状（图11-2），淡黄褐色，扩展后为长椭圆形、长条形或成为绕茎的大斑，病健交界分明，湿度大时，病部软腐，表面生有白色絮状霉层，病斑迅速扩大，茎秆成段变白，皮层腐烂内部空心，秆腐。叶上病斑先为圆形、水渍状、暗青色，后扩大成圆形或不规则形，中心部分黄褐或灰褐色，外部暗青色，周围变黄（图11-3）。

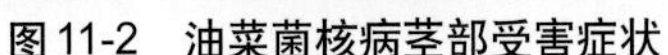

图11-2 油菜菌核病茎部受害症状

图11-3 油菜菌核病叶片受害症状

发生规律 病菌主要以菌核的形式混在土壤中或附着在采种株上或混杂在种子间越冬或越夏。我国南方冬播油菜区10—12月有少数菌核萌发，使幼苗发病，绝大多数菌核在翌年3—4月萌发，产生子囊盘。我国北方油菜区则在3—5月萌发。子囊孢子成熟后从子囊里弹出，借气流传播，侵染衰老的叶片和花瓣，长出菌丝体，致寄主组织腐烂变色。病菌从叶片扩展到叶柄，再侵入茎秆，也可通过病、健组织接触或沾附重复侵染。生长后期又形成菌核越冬或越夏（图11-4）。菌丝生长发育和菌核形成适温0 ~ 30℃，最适相对湿度为85%以上。在潮湿土壤中菌核能存活1年，干燥土中可存活3年。生产上，在菌核数量大时，病害发生流行取决于油菜开花期的降水量，旬降水量超过50 mm的发病重，小于30 mm则发病轻。此外，连作地或施用未充分腐熟有机肥、播种过密、偏施过施氮肥的地块易发病；地势低洼、排水不良或湿气滞留、植株倒伏、早春寒流侵袭频繁或遭受冻害发病重。

防治方法 选用抗病品种。避免偏施氮肥，雨后及时排水，防止湿气滞留。防治菌核病重点抓两个防治适期：一是3月上旬子囊盘萌发盛期，二是4月上、中旬油菜盛花期。

在油菜开花初期（图11-5），可用200 g/L氟唑菌酰羟胺悬浮剂50 ~ 65 mL/亩、40%菌核净可湿性粉剂120 g/亩、70%甲基硫菌灵可湿性粉剂35 ~ 40 g/亩、25%咪鲜胺锰盐乳油75 mL/亩、50%多菌灵可湿性粉剂100 ~ 150 g/亩，兑水40 ~ 50 kg均匀喷施。

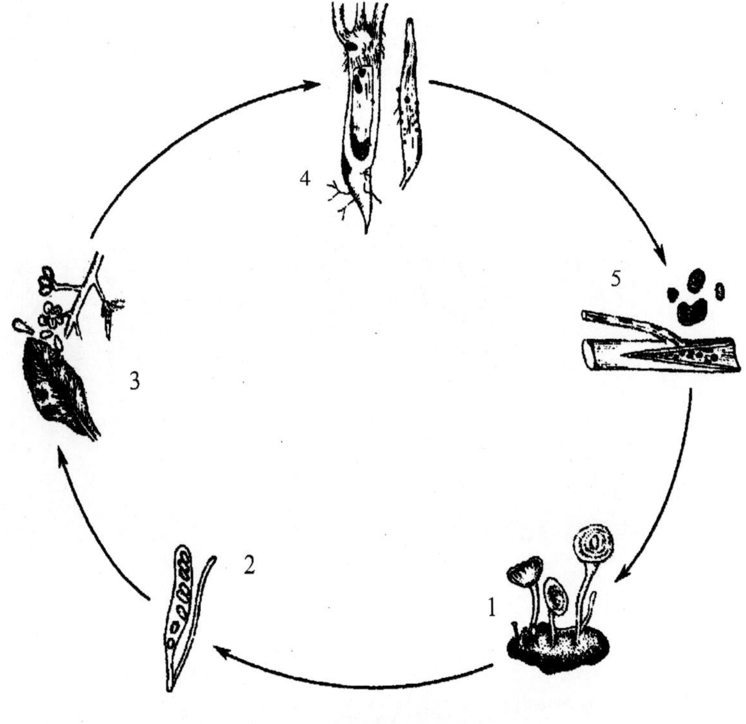

图11-4 油菜菌核病病害循环

1.菌核萌发产生子囊盘 2.子囊及子囊孢子
3.病叶、病花 4.病株 5.病菌在土壤、种子中越夏

图11-5　油菜开花初期菌核病为害症状

在油菜开花盛期（图11-6），喷施90%多菌灵水分散粒剂80～110 g/亩、50%腐霉利可湿性粉剂30～60 g/亩、50%啶酰菌胺水分散粒剂30～50 g/亩、45%异菌脲悬浮剂80～120 mL/亩、200 g/L氟唑菌酰羟胺悬浮剂50～65 mL/亩、40亿孢子/g盾壳霉ZS-1SB可湿性粉剂45～90 g/亩、36%丙唑·多菌灵（丙环唑2.5%＋菌灵33.5%）悬浮剂80～100 mL/亩、50%菌核·福美双（福美双40%＋菌核净10%）可湿性粉剂70～100 g/亩、50%腐霉·多菌灵（腐霉利19%＋多菌灵31%）可湿性粉剂80～90 g/亩，间隔7～10 d喷1次，喷药2～3次。

图11-6　油菜开花盛期菌核病为害症状

2. 油菜霜霉病

分　　布　油菜霜霉病分布于全国各油菜产区，其中，长江流域和东南沿海的冬油菜区发生普遍。

症　　状　由寄生霜霉（*Peronospora parasitica*，属鞭毛菌亚门真菌）引起。整个生育期都可发生，地上部分均可发病。叶片正面初生淡黄色不明显的病斑，扩大后呈多角形，叶背病部上长出白色的霜状霉（图11-7）。在茎枝上，病斑初为水渍状，后为不定形的黑色病斑，也长出白色的霜状霉，常引致茎、枝弯曲肿胀（图11-8）。抽薹后期和盛花期，花轴受害后，往往严重肿胀弯曲成"龙头状"。荚果受害，病部淡黄色，上生霜状霉，严重时荚果细小弯曲（图11-9）。

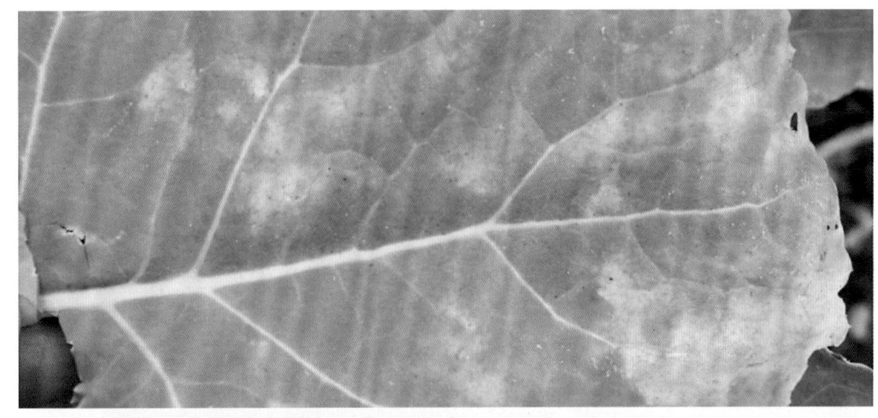

图11-7　油菜霜霉病为害叶片正、背面症状

图11-8　油菜霜霉病病茎

图11-9　油菜霜霉病病荚

发生规律　在冬油菜区，病菌以卵孢子的形式随病残体在土壤中、粪肥里和种子内越夏，秋季萌发后侵染幼苗，病斑上产生孢子囊再侵染。冬季病害扩展不快，并以菌丝的形式在病叶中越冬，翌春气温升高，又产生孢子囊借风雨传播再次侵染叶、茎及荚果，油菜进入成熟期，病部又产生卵孢子，可多次再侵染。远距离传播主要靠混在种子中的卵孢子。孢子囊形成适温8 ～ 21℃，侵染适温8 ～ 14℃，相对湿度为90%～95%，12 h附着孢形成。光照时间少于16 h，幼苗子叶阶段即可侵染，侵染程度与孢子囊数量呈正相关，孢子囊落到感病寄主上，温度适宜先产生芽管形成附着胞后长出侵入丝，直接穿过角质层侵入，有时也可通过气孔侵入，并在表皮细胞垂周壁之间中胶层区生长，后在细胞间向各方向分枝，在寄主细胞里又长出吸器。该病发生与气候、品种和栽培条件关系密切，气温8 ～ 16℃、相对湿度于90%、弱光利于该菌侵染。生产上低温多雨、高湿、日照少利于病害发生。长江流域油菜区冬季气温低，雨水少发病轻，春季气温上升，雨水多，田间湿度大易发病或引致该病在薹花期流行；连作、播种早、偏施过施氮肥或缺钾地块及密度大、田间湿气滞留地块易发病；低洼、排水不良、种植白菜型或芥菜型油菜的地块发病重。

防治方法　种植抗病品种。严格剔除病苗，当出现“龙头”时，及时剪除，集中烧毁。合理施肥、清沟排渍。油菜抽薹期和开花初期是防治的关键时期。

油菜抽薹期，可用65%代森锌可湿性粉剂100 ～ 150 g/亩、40%乙膦铝可湿性粉剂200 g/亩、25%甲霜灵可湿性粉剂50 ～ 75 g/亩，兑水40 ～ 50 kg均匀喷施，可有效预防病害的发生。

开花初期，可喷施75%百菌清可湿性粉剂1 000 ～ 1 200倍液＋25%甲霜灵可湿性粉剂500 ～ 600倍液、64%噁霜·锰锌可湿性粉剂500倍液、58%甲霜灵·锰锌可湿性粉剂500倍液、70%乙膦·锰锌可湿性粉剂500倍液，每亩喷配好的药液60 ～ 70 kg，连续防治2 ～ 3次，每次间隔约7 ～ 10 d，有较好防治效果。

3. 油菜白锈病

分　　布　油菜白锈病在西南、江苏、浙江、上海等油菜产区发生严重。

症　　状　由白锈菌（*Albugo candida*，属鞭毛菌亚门真菌）引起。主要为害叶片、茎。叶片染病初在叶片正面产生浅绿色小点，后渐变黄呈圆形病斑，叶背面病斑处长出白色漆状疱状物。病斑正面为浅黄绿色，周围有黄色晕圈。茎部病斑为长椭圆形、白色疱斑，病部肿大弯曲（图11-10）。

图11-10　油菜白锈病为害叶片正、背面症状

发生规律　白锈菌以卵孢子的形式在病残体中或混在种子中越夏，据试验结果，每克油菜种子中有卵孢子6 ～ 41个，多者高达1 500个，把卵孢子混入油菜种子中播种，发病率大幅度提高，且多引起系统侵染。越夏的卵孢子萌发产出孢子囊，释放出游动孢子侵染油菜引致初侵染。在被侵染的幼苗上形成孢子囊堆再侵染。冬季则以菌丝和孢子囊堆的形式在病叶上越冬，翌年春季气温升高，孢子囊借气流传播，在水湿条件下产生游动孢子或直接萌发侵染油菜叶、花梗、花及角果再侵染，油菜成熟时又产生卵孢子在病部或混入种子中越夏。白锈菌产生孢子囊的适温为8 ～ 10℃，萌发适温为7 ～ 13℃，低于0℃或高于25℃一般不萌发，

湿度要求95%～100%。潜育期约12 d，一般19～22 d。生产上连续降雨2～3 d孢子囊破裂达到高峰。在油菜4～6片真叶的10月中旬至11月下旬及抽薹至盛花期出现2个高峰期。

防治方法 种植抗病品种。严格剔除病苗，当出现“龙头”时，及时剪除，集中烧毁。合理施肥，清沟排渍。油菜抽薹期和开花初期是防治的关键时期。

油菜抽薹期，可用65%代森锌可湿性粉剂100～150 g/亩、40%乙膦铝可湿性粉剂200 g/亩、25%甲霜灵可湿性粉剂50～75 g/亩，兑水40～50 kg均匀喷施，可有效预防病害的发生。

在开花初期，可喷施75%百菌清可湿性粉剂1 000～1 200倍液＋25%甲霜灵可湿性粉剂500～600倍液、64%噁霜·锰锌可湿性粉剂500倍液、58%甲霜灵·锰锌可湿性粉剂500倍液、70%乙膦·锰锌可湿性粉剂500倍液，每亩喷配好的药液60～70 kg，连续防治2～3次，每次间隔约7～10 d，对白锈病有较好防治效果。

4. 油菜病毒病

分　　布 油菜病毒病在全国各油菜产区均有发生，一般冬油菜区较春油菜区发病重。

症　　状 油菜病毒病由芜菁花叶病毒（*Turnip mosaic virus*，TuMV），黄瓜花叶病毒（*Cucumber mosaic virus*，CMV）、烟草花叶病毒（*Tobacco mosaic virus*，TMV）等多种病毒单独或复合侵染引起的，其中芜菁花叶病毒是主要侵染源。不同类型油菜上的症状差异很大。甘蓝型油菜苗期症状：①黄斑和枯斑型，两者常伴有叶脉坏死和叶片皱缩，老叶先显症。前者病斑较大，淡黄色或橙黄色，病健分界明显。后者较小，淡褐色，略凹陷，中心有一黑点，叶背面病斑周围有一圈油渍状灰黑色小斑点（图11-11）。②花叶型，与白菜型油菜花叶相似，支脉和小脉半透明，叶片成为黄绿相间的花叶（图11-12），有时出现疱斑，叶片皱缩（图11-13）。

图11-11 油菜病毒病褐色枯死状

图11-12 油菜病毒病花叶状

图11-13 油菜病毒病皱缩状

成株期茎秆症状：①条斑型，病斑初为褐色至黑褐色梭形斑，后成长条形枯斑，连片后常致植株半边或全株枯死。病斑后期纵裂，裂口处有白色分泌物（图11-14）。②轮纹斑型，在梭形或椭圆形病斑中心，开始为针尖大的枯点，其周围有一圈褐色油渍状环带，整个病斑稍凸出，病斑扩大，中心呈淡褐色枯斑，上有分泌物，外围有2～5层褐色油渍状环带，形成同心圈。③点状枯斑型，茎秆上散生黑色针尖大的小斑点，斑周围稍呈油渍状，病斑连片后斑点不扩大。

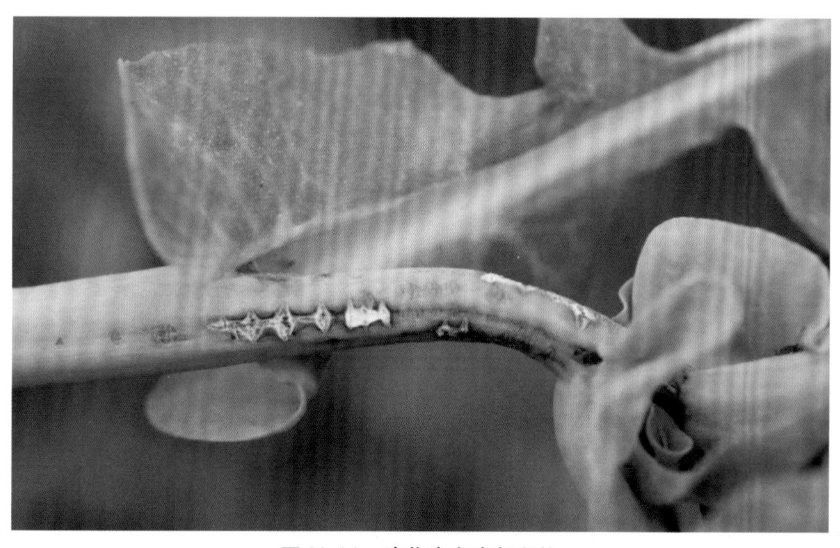

图11-14 油菜病毒病条斑状

发生规律 在我国冬油菜区，病毒在寄主体内越冬，翌年春天由桃蚜、菜缢管蚜、棉蚜、甘蓝蚜等害虫传毒，其中桃蚜和菜缢管蚜在油菜田十分普遍，冬油菜区由于终年长有油菜、春季甘蓝、青菜、小白菜、荠菜等十字花科蔬菜，成为秋季油菜重要毒源。此外，车前草、辣根等杂草及茄科、豆科作物也是病毒越夏寄主。春油菜区病毒还可在温室、塑料棚、阳畦栽培的油菜等十字花科蔬菜留种株上越冬。有翅蚜在越夏寄主上吸毒后迁往油菜田传毒，引起初次侵染。油菜田发病后再由蚜虫迁飞扩传，造成再侵染。冬季不种十字花科蔬菜地区，病毒在窖藏的白菜、甘蓝、萝卜上越冬，翌春发病后由蚜虫传到油菜上，秋季又把毒源传到秋菜上，如此循环，周而复始。此外病毒汁液接触也能传毒。油菜栽培区秋季和春季干燥少雨、气温高，利于蚜虫大发生和有翅蚜迁飞，该病易发生和流行。秋季早播或移栽、春季迟播的油菜易发病。白菜型、芥菜型油菜较甘蓝型油菜发病重。

防治方法 选用抗病品种。预防苗期感病，防止蚜虫传毒是防治本病的关键。早施苗肥，避免偏施氮肥，及时浇水灌溉，移栽前拔除病苗。油菜3～6叶期喷施药剂防治蚜虫，可以有效控制病害的蔓延。

田间防治蚜虫（图11-15），油菜3～6叶期治蚜很重要，应及时喷洒10%吡虫啉可湿性粉剂2 000～4 000倍液、3%啶虫脒乳油30 mL/亩、48%毒死蜱乳油1 000～1 500倍液、50%抗蚜威可湿性粉剂2 000～3 000倍液，每隔7 d左右喷1次，连治2～3次。如遇秋旱，油菜长出2片子叶后即需喷药防治，并注意防治周围作物蚜虫。或在病害发生早期（图11-16），喷洒2%宁南霉素水剂100～150 mL/亩、0.5%菇类蛋白多糖水剂300倍液、20%丁子香酚水乳剂30～45 mL/亩，间隔10 d施1次，连续防治2～3次。

图11-15 蚜虫为害初期

图11-16 油菜病毒病发生初期

5. 油菜黑斑病

分　　布　油菜黑斑病在全国各地均有发生，东北、华北等地区发病较重。

症　　状　由芸薹链格孢菌（*Alternaria brassicae*）、芸薹生链格孢（*Alternaria brassicicola*）、萝卜链格孢（*Alternaria raphani*）等引起，均属无性型真菌。主要为害叶、茎和荚果。幼苗发病先从下胚轴开始，继而子叶上出现黑褐色小斑点。叶片初生黑褐色隆起小斑，后扩大为黑褐色圆形病斑，常有同心轮纹，外周有黄白色晕圈。空气潮湿时，病斑上长出黑褐色霉状物，可致叶片枯死。叶柄、茎、果轴和荚果上病斑为椭圆形或长条形，黑褐色。发病早时，整株枯死（图11-17和图11-18）。

图11-17　油菜黑斑病茎部受害症状

图11-18　油菜黑斑病荚果受害症状

发生规律　病菌以菌丝和分生孢子的形式在种子内外越冬或越夏，种子带菌率60%，带菌种子造成种子腐烂和死苗。除种子外，病菌可在病残体上越夏，病残体上产孢时间可延续150多天，该病在南方周年均可发生，辗转为害，无明显越冬期。在北方主要靠病残体上的菌丝和孢子初侵染，产生大量孢子，产孢持续80多天，孢子由下部叶向上扩展至上位叶、花序及荚果。本病流行与品种、气候和栽培条件关系密切。白菜型油菜最易感病，甘蓝型较抗病，芥菜型油菜中植株矮、分枝低、生长茂密、叶面蜡层薄的品种不抗病，反之，则抗病。相对湿度高于90%，叶面保持48 ~ 72 h游离水适合该病发生和扩展。油菜开花期遇高温多雨，潜育期短，易发病；地势低洼连作地，偏施过施氮肥发病重。

防治方法　选用抗病品种。与瓜类、豆类、葱蒜类等蔬菜轮作2 ~ 3年，清理田园，将病残体集中烧毁或深埋，合理密植，施足底肥和磷、钾肥，适量灌水。采用配方施肥技术，避免偏施过施氮肥，注意增施钾肥。播种前处理种子可有效预防病害的蔓延，油菜开花期是防治黑斑病的关键时期。

种子处理：用占种子重量0.4%的50%福美双可湿性粉剂或占种子重量0.2% ~ 0.3%的50%异菌脲可湿性粉剂拌种，也可用50%多菌灵可湿性粉剂或75%百菌清可湿性粉剂按种子重量的0.3%拌种。

油菜开花期（图11-19），病害发生初期，及时喷洒75%百菌清可湿性粉剂800倍液+50%异菌脲可湿性粉剂1 500倍液、80%代森锰锌可湿性粉剂500倍液+50%多菌灵可湿性粉剂500倍液、12%松脂酸铜乳油600倍液、70%甲基硫菌灵可湿性粉剂600倍液、40%多硫胶悬剂500倍液，每隔7 ~ 10 d喷1次，连喷2 ~ 3次。

图11-19　油菜开花期黑斑病为害症状

6. 油菜根腐病

分　　布　油菜根腐病又名油菜立枯病，是油菜苗期主要病害之一，分布于河南、山东、四川、浙江、湖北等地。长江以南各省份发病普遍且严重。

症　　状　该病由多种真菌侵染引起。主要病原有细链格孢（*Alternaria tenuis*）、尖孢镰孢（*Fusarium oxysporium*）、德氏腐霉（*Pythium debaryanum*）、齐整小核菌（*Sclerotium rolfsii*）。根茎受害，在茎基部或靠近地面处出现褐色病斑，略凹陷，以后渐干缩，根茎部细缢，病苗折倒。成株期受害后，根茎部膨大，根上均有灰黑色凹陷斑，稍软，主根易拔断，断截上部常生有少量次生须根（图11-20、图11-21）。

图11-20　油菜根腐病为害根部症状

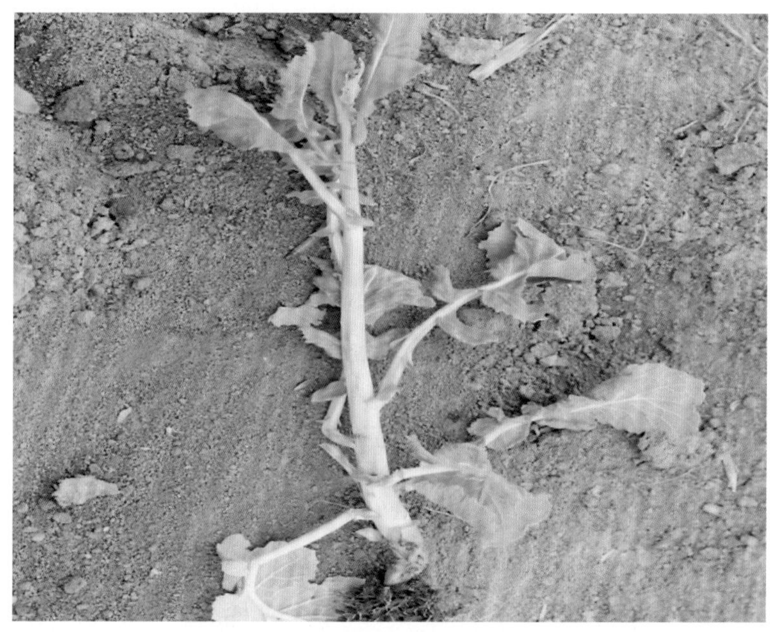

图11-21　油菜根腐病为害整株症状

发生规律　细链格孢主要以菌丝体和分生孢子的形式在病残体上或随病残体遗落土中越冬，翌年产生分生孢子初侵染和再侵染。该菌寄生性虽不强，但寄主种类多，分布广泛，在其他寄主上形成的分生孢子，也是该病的初侵染和再侵染源。雨季利于该病扩展。尖孢镰孢主要以菌丝体、分生孢子及厚垣孢子等形式随植株病残体在土壤中或种子上越夏或越冬，未腐熟的粪肥也可带菌。病菌可随雨水及灌溉水传播，从根部伤口或根尖直接侵入，侵入后经薄壁细胞到达维管束，在维管束中，病菌产生镰刀菌素等有毒物质，堵塞导管，致植株萎蔫枯死。德氏腐霉以卵孢子的形式在土壤中存活或越冬，翌年条件适宜时产生孢子囊，以游动孢子的形式或直接长出芽管侵入寄主。齐整小核菌以菌核的形式随病残体遗落土中越冬。翌年条件适宜时，菌核产生菌丝初侵染。病株产生的绢丝状菌丝延伸接触邻近植株或菌核借水流传播再侵染，使病害传播蔓延。连作或土质黏重、地势低洼的地块，或高温多湿的年份、季节发病重。

防治方法　实行轮作，及时翻耕晒垡，整畦挖沟，施用腐熟的农肥。苗龄3叶期后应及时间苗，去除病弱苗。苗床期土壤处理是预防油菜根腐病发生的关键。

苗床选定翻耕时施用石灰粉50 kg/亩；或在苗床整畦时，用70%敌磺钠可湿性粉剂1 kg/亩，对干细土30 kg，拌匀成药土，播种前撒施畦内，进行土壤处理。

及时检查，幼苗期发现病株及时喷药防治，可用70%甲基硫菌灵可湿性粉剂800 ~ 1 000倍液＋50%克菌丹可湿性粉剂300 ~ 500倍液、23%噻氟菌胺悬浮剂2 000 ~ 3 000倍液、50%异菌脲可湿性粉剂1 000 ~ 1 500倍液、50%乙烯菌核利可湿性粉剂600 ~ 800倍液、50%苯菌灵可湿性粉剂1 000 ~ 1 500倍液喷施，间隔10 ~ 15 d施1次，连续2 ~ 3次。

7. 油菜白斑病

分布为害 油菜白斑病在北方油菜区和长江中下游及湖泊附近油菜区均有发生与为害，多雨季节发病重，植株长势弱发病重，常造成减产和品质变劣。

症　状 由芥假小尾孢（*Pseudocercosporella capsellae*，属无性型真菌）引起。主要为害叶片，初在叶上出现灰褐色或黄白色圆形小病斑，后逐渐扩大为圆形或近圆形大斑，边缘带绿色，中央灰白色至黄白色，易破裂，湿度大时病斑背面产生浅灰色霉状物，严重时病斑融合形成大斑，致叶片枯死（图11-22）。

图11-22 油菜白斑病为害叶片正、背面症状

发生规律 主要以菌丝或菌丝块的形式附着在病叶上或以分生孢子的形式黏附在种子上越冬。于翌年产生分子孢子，借雨水飞溅传播到油菜叶片上，孢子发芽后从气孔侵入，引致初侵染。病斑形成后又可产生分生孢子，借风雨传播多次再侵染。此病对温度要求不严格，5 ～ 28℃均可发病，适温11 ～ 23℃，相对湿度高于62%，降雨16 mm以上，雨后12 ～ 16 d开始发病，此为越冬病菌的初侵染，病情不重。生育后期，气温低，旬均温11 ～ 20℃，遇大雨或暴雨，旬均相对湿度60%以上，经过再侵染，病害扩展开来，连续降雨可促进病害流行。气温偏低时，白斑病易流行，属低温型病害。在北方油菜区，该病盛发于8—10月，长江中下游及湖泊附近油菜区，春、秋两季均可发生，尤以多雨的秋季发病重。此外，还与品种、播期、连作年限、地势等有关，一般播种早、连作年限长、缺少氮肥或基肥不足、植株长势弱的地块发病重。

防治方法 实行3年以上轮作，注意平整土地，减少田间积水。适期播种，增施基肥，中熟品种以适期早播为宜，油菜收获后深翻土地，将病残株埋入土中。

发病初期（图11-23），喷洒50%苯菌灵可湿性粉剂1 500倍液、50%多菌灵可湿性粉剂600 ～ 800倍液＋70%代森锰锌可湿性粉剂800倍液、70%甲基硫菌灵可湿性粉剂800倍液、50%多菌灵·乙霉威可湿性粉剂1 000倍液、50%异菌脲可湿性粉剂800倍液，隔15 d左右施1次，共防2 ～ 3次。

图11-23 油菜白斑病田间受害症状

8. 油菜细菌性黑斑病

分布为害　油菜细菌性黑斑病在全国各油菜产区均有发生和为害，其中陕西汉中地区发生较重，常造成很大损失，影响油菜产量和品质。

图11-24　油菜细菌性黑斑病病叶

症　状　由丁香假单胞菌斑点致病变种（*Pseudomonas syringae* pv. *maculicola*，属细菌）引起。主要为害叶片、茎、花梗和荚果。叶片受害，初呈油渍状小斑，以后呈椭圆形或多角形，淡褐色或褐色，渐变为黑褐色斑（图11-24）。茎及花梗上病斑椭圆形至线形，水渍状，褐色或黑褐色，有光泽，斑点部分凹陷。荚果上产生圆形或不规则形黑褐色凹陷病斑。

发生规律　以菌丝的形式在种子内或以孢子混在种子中越夏。种子带菌率可高达60%，带菌种子造成种腐和死苗。除种子外，病菌可在病残体上越夏，病残体上产孢时间可延续到22周。病菌越冬主要在感病叶的病斑上，春暖后产生大量孢子，孢子由下部叶片传至上部叶片、花序、荚果，从下向上扩展，形成垂直的病害梯度。黑斑病的流行与品种、气候、栽培条件有明显关系。白菜型品种最感病，甘蓝型品种较抗病。油菜开花期高温多雨，发病较重。另外，地势低洼、连作地，高氮肥，特别是春季增施氮肥，会加重荚果发病。

防治方法　选用抗病的品种。加强田间栽培管理，清沟排渍，增施肥料，增强植株抗病性。收获后及时清除病残物，集中深埋或烧毁。

病害发生初期（图11-25），可用3%中生菌素水剂400 ~ 533 mL/亩、50%氯溴异氰尿酸可溶粉剂40 ~ 60 g/亩、36%三氯异氰尿酸可湿性粉剂60 ~ 90 g/亩、30%噻森铜悬浮剂70 ~ 85 mL/亩、20%噻菌铜悬浮剂100 ~ 130 g/亩、30%金核霉素可湿性粉剂1 500 ~ 1 600倍液、1.2%辛菌胺（辛菌胺醋酸盐）水剂463 ~ 694 mL/亩，兑水30 ~ 40 kg均匀喷雾，发生严重时，间隔7 ~ 10 d再喷1次。油菜对铜剂敏感，要严格掌握用药量，避免产生药害。

图11-25　油菜细菌性黑斑病为害初期症状

9. 油菜白粉病

分布为害　油菜白粉病在全国各油菜产区均有发生，南方油菜种植区全年均可发生，北方高温、高湿季节发病。发病严重时，叶片黄化早枯，种子瘦瘪，影响产量和品质。

症　状　由十字花科白粉菌（*Erysiphe cruciferarum*，属子囊菌亚门真菌）引起。主要为害叶片、茎、花器和种荚，产生近圆形放射状白色粉斑，菌丝体生于叶的两面，展生，后期白粉常铺满叶、花梗和荚的整个表面，即白粉菌的分生孢子梗和分生孢子，发病轻者病变不明显，植株生长、开花受阻，仅荚果稍变形；发病重的白粉状霉覆盖整个叶面，到后期叶片变黄、枯死，植株畸形，花器异常，直至植株死亡（图11-26 ~图11-28）。

图11-26 油菜白粉病为害叶片症状

图11-27 油菜白粉病为害茎部症状

图11-28 油菜白粉病为害荚果症状

发生规律 病菌主要以菌丝体或分生孢子的形式在十字花科蔬菜上辗转传播为害。北方主要以闭囊壳的形式在病残体上越冬，成为翌年初侵染源。条件适宜时子囊孢子被释放出来，借风雨传播，发病后，病部又产生分生孢子多次重复侵染，致病害流行。雨量少的干旱年份易发病，时晴时雨，高温、高湿交替有利该病侵染和病情扩展，发病重。

防治方法 选用抗病品种。采用配方施肥技术，适当增施磷、钾肥，增强寄主抗病力。

发病初期喷洒2%武夷菌素水剂200倍液、40%氟硅唑乳油8 000 ～ 10 000倍液、12%松脂酸铜乳油500倍液、25%三唑酮可湿性粉剂1 000 ～ 1 500倍液、60%多菌灵盐酸盐水溶性粉剂800 ～ 1 000倍液、50%硫黄悬浮剂300倍液、2%嘧啶核苷类抗生素水剂150 ～ 200倍液，视病情隔10 ～ 15 d喷施1次，共防治2 ～ 3次。

二、油菜虫害

害虫的为害是制约油菜产量提高的重要因素之一。其中为害较重的害虫有小菜蛾、蚜虫、潜叶蝇等。菜蛾、蚜虫、潜叶蝇均分布于全国各油菜产区，为害较重。

1. 小菜蛾

分　布 小菜蛾（*Plutella xylostella*）分布于全国各油菜产区（北起黑龙江，南至广东）。

为害特点 初龄幼虫取食叶肉，留下表皮，在菜叶上形成一个个透明的斑即“开天窗”；3 ～ 4龄幼虫可将菜叶食成孔洞和缺刻，严重时全叶被吃成网状（图11-29、图11-30）。

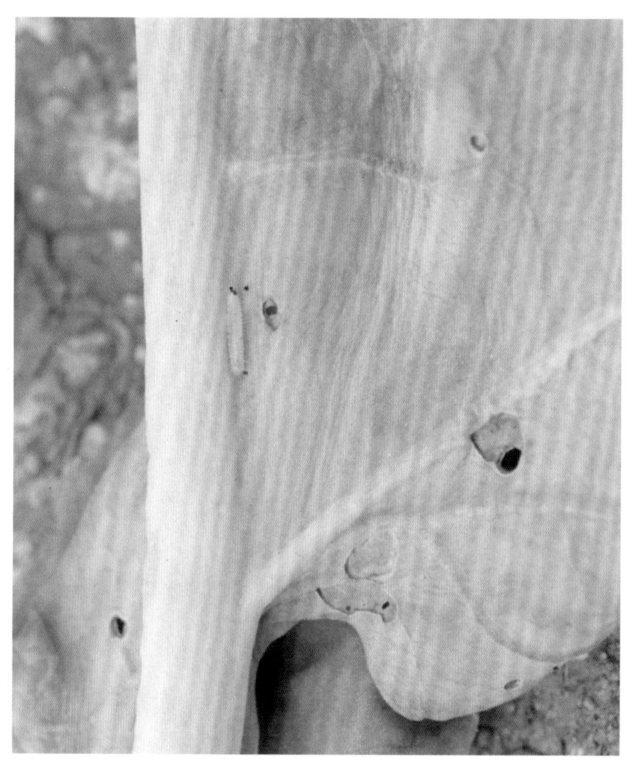
图11-29　小菜蛾为害叶片症状

图11-30　小菜蛾为害荚果症状

形态特征　成虫前后翅细长（图11-31），缘毛很长，前后翅缘呈黄白色三度曲折的波浪纹，两翅合拢时呈3个接连的菱形斑，前翅缘毛长，翘起如鸡尾。卵椭圆形，稍扁平，初产时淡黄色，有光泽。初孵幼虫深褐色，后变为绿色（图11-32）。蛹初化时绿色，渐变淡黄绿色，最后为灰褐色。茧呈纺锤形（图11-33）。

图11-31　小菜蛾成虫

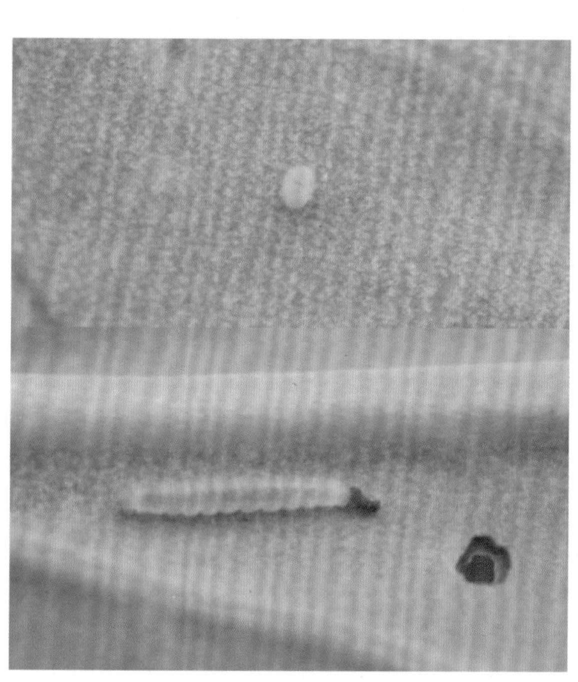
图11-32　小菜蛾卵、幼虫

图11-33　小菜蛾茧

发生规律　小菜蛾1年发生的代数因地而异。黑龙江2～3代，新疆4代，华北5～6代，长江流域9～14代，华南17代，台湾18～19代。长江流域及以南地区可终年发生，无越冬现象。多代地区世代重叠，幼虫、蛹、成虫各虫态均可越冬，无滞育现象。长江流域于4月至6月上旬和8月下旬至11月出现春秋两次为害高峰，一般秋季重于春季。北方于4—6月及8—9月出现两个为害盛期，以春季为主。成虫昼伏夜出，白天隐藏于植株荫蔽处，日落后开始取食、交尾、产卵，蛹多在晚上羽化，羽化的成虫当天即可交尾，交尾1～2 d产卵。成虫产卵对甘蓝、花椰菜、大白菜等有较强的趋性，卵多产于寄主叶背，靠近叶脉凹陷处，一般散产，偶尔有几粒或几十粒聚集在一起。成虫有趋光性，对黑光灯趋性强，成虫飞翔力不强，但可借风力远距离飞行。幼虫活跃，遇惊时扭动后退或吐丝下垂，幼虫共4龄，发育适温为20～26℃，幼虫期12～27 d，老熟幼虫在被害叶背或老叶上吐丝结网状茧化蛹，也可在叶柄、叶腋及杂草上作茧化蛹，蛹期约9 d。小菜蛾抗逆性强，对农药易产生抗性，造成防治上的困难。凡十字花科蔬菜连作的菜区，小菜蛾常猖獗成灾。

防治方法　选择抗（耐）虫品种，及时清理杂草，破坏小菜蛾成虫食物来源。小菜蛾老龄幼虫抗药性很强。因此，应用药剂防治应在卵孵化盛期至幼虫2龄期（图11-34）。

图11-34　小菜蛾为害荚果症状

可用10%高效氯氰菊酯水乳剂30～50 mL/亩、12.5%高效氟氯氰菊酯悬浮剂8～12 mL/亩、25 g/L高效氯氟氰菊酯水乳剂60～80 mL/亩、25 g/L溴氰菊酯乳油90～109 g/亩、25 g/L联苯菊酯乳油100～120 g/亩、20%甲氰菊酯乳油30～40 mL/亩、480 g/L毒死蜱乳油94～125 mL/亩、40%辛硫磷乳油50～60 mL/亩、5%氯虫苯甲酰胺悬浮剂30～50 mL/亩、20%茚虫威乳油9～15 mL/亩、20%氟铃脲悬浮剂30～40 g/亩、50 g/L氟啶脲乳油100～140 mL/亩、16 000 IU/mg苏云金杆菌可湿性粉剂100～150 g/亩、1.8%阿维菌素乳油30～40 mL/亩、2%甲氨基阿维菌素苯甲酸盐乳油33～65 mL/亩、2%阿维·苏云菌（苏云金杆菌1.9%＋阿维菌素0.1%）可湿性粉剂30～50 g/亩、3%阿维·氟铃脲（阿维菌素1%＋氟铃脲2%）悬浮剂60～90 mL/亩、20%联苯·除虫脲（联苯菊酯4%＋除虫脲16%）悬浮剂30～50 mL/亩、38%氰虫·氟铃脲（氰氟虫腙28%＋氟铃脲10%）悬浮剂9～15 mL/亩，兑水40～50 kg喷雾。由于小菜蛾易产生抗药性，因此应注意轮换交替用药。

2.油菜蚜虫

分　　布　我国油菜蚜虫有2种，即萝卜蚜（*Lipaphis erysimi pseudobrassicae*）、桃蚜（*Myzus persicae*），是为害油菜最严重的害虫，在全国都有发生。

为害特点　成、若蚜刺吸油菜叶片、茎秆及花轴汁液，叶片受害出现褪色斑点，严重的发黄卷缩、变形或枯死。嫩茎、花梗受害呈畸形，荚果发育不正常或枯死。此外还能传播油菜病毒病（图11-35）。

图11-35　油菜蚜虫为害荚果症状

形态特征　萝卜蚜：有翅胎生雌蚜头、胸黑色，腹部绿色。无翅胎生雌蚜体绿色或黑绿色，被薄粉。尾片有长毛4～6根。桃蚜：无翅孤雌蚜体淡色，头部深色，体表粗糙。有翅孤雌蚜头、胸黑色，腹部淡色（图11-36）。

发生规律　萝卜蚜：在我国北方地区1年发生10余代，南方达数十代；在温暖地区或温室，终年以无翅胎生雌蚜繁殖，无显著越冬现象；长江以北地区，在蔬菜上产卵越冬，翌春3—4月孵化为干母，在越冬寄主上繁殖几代后，产生有翅蚜，向其他蔬菜转移，扩大为害，无转换寄主的习性，到晚秋，部分产生性蚜，交配产卵越冬。寄主以十字花科为主，但尤喜白菜、萝卜等叶上有毛的蔬菜，因此，以秋季在白菜、萝卜上的发生最为严重。桃蚜：华北地区1年发生10余代；在南方则可多达40代，世代重叠极为严重。无翅胎生雌蚜在风障菠菜、窖藏白菜及温室内越冬，或在菜心里产卵越冬。加温温室内，该蚜终年在蔬菜上胎生繁殖，不越冬。于翌春4月下旬产生有翅蚜，迁飞至已定植的甘蓝、花椰菜上继续胎生繁殖，至10月下旬开始越冬。靠近桃树的亦可产生有翅蚜飞回桃树交配产卵越冬。在我国北方地区春、秋呈两个发生高峰。

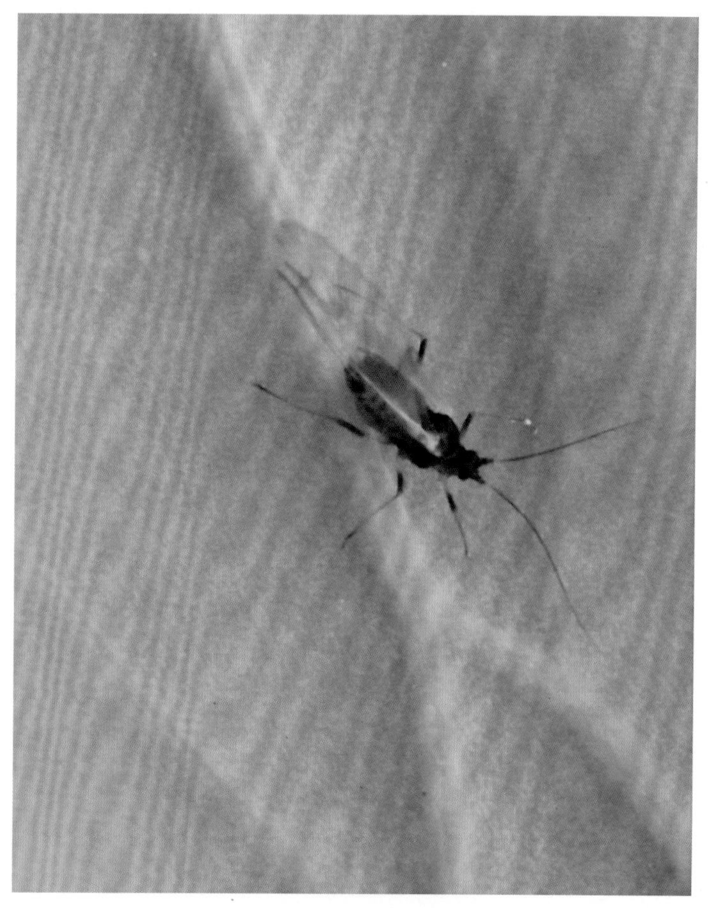

图11-36　桃蚜有翅孤雌蚜

防治方法　夏季少种十字花科蔬菜，结合间苗、清洁田园，以减少蚜源。

种子处理：用20%蚜灭磷可湿性粉剂1 kg拌种100 kg，可防苗期蚜虫。

苗期有蚜株率达10%，虫口密度为1 ～ 2头／株，抽薹开花期有10%茎枝或花序有蚜虫，每枝有蚜3 ～ 5头时开始喷药（图11-37），可用40%氧乐果乳油1 000 ～ 2 000倍液、50%马拉硫磷乳油1 000 ～ 2 000倍液、25%亚胺硫磷乳剂2 000倍液、40%水胺硫磷乳油1 500倍液、50%敌敌畏乳油1 000倍液、10%二嗪磷乳油1 000倍液、50%抗蚜威可湿性粉剂3 000倍液、2.5%溴氰菊酯乳剂3 000倍液、1.8%阿维菌素乳油3 000倍液、10%吡虫啉可湿性粉剂2 500倍液、5%丁烯氟虫腈悬浮剂1 500倍液等，间隔7 ～ 10 d施1次，连续防治2 ～ 3次。

图11-37　油菜蚜虫为害初期症状

3. 油菜潜叶蝇

分　布　油菜潜叶蝇（*Phytomyza nigricornis*）分布在全国各地。

为害特点　幼虫孵化后潜食叶肉，呈曲折蜿蜒的食痕，严重的潜痕密布，致叶片发黄、枯焦或脱落（图11-38）。

形态特征　成虫复眼、单眼三角区、后头及胸、腹背面大体为黑色，其余部分和小盾板基本为黄色（图11-39）。卵米色，稍透明。幼虫蛆状，初孵无色，渐变黄橙色（图11-40）。蛹卵形，腹面稍平，橙黄色（图11-41）。

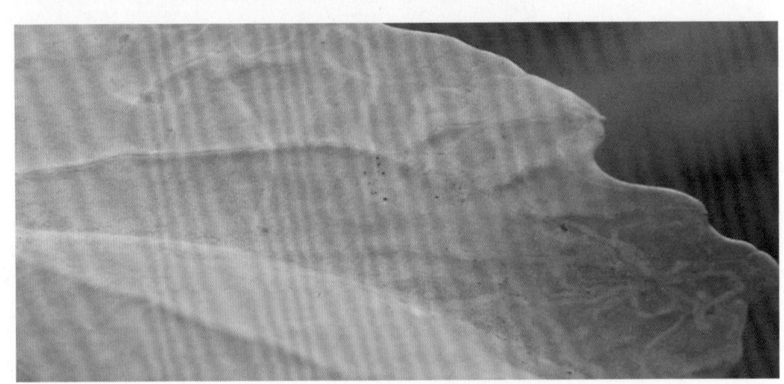
图11-38　油菜潜叶蝇为害症状

图11-39　油菜潜叶蝇成虫

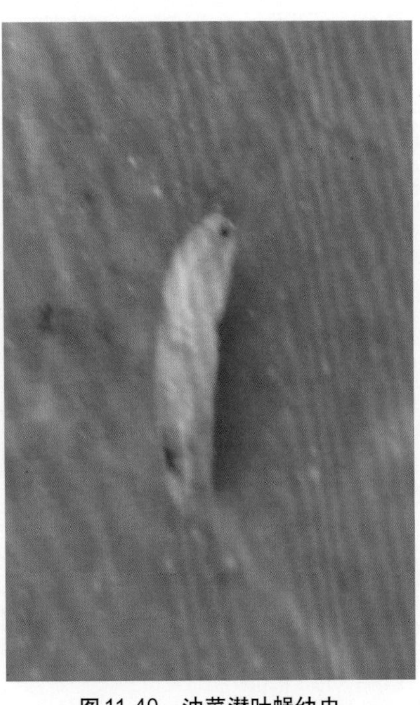
图11-40　油菜潜叶蝇幼虫

图11-41　油菜潜叶蝇蛹

发生规律 油菜潜叶蝇世代历期短，各虫态发育不整齐，世代严重重叠。在海南1年发生21 ~ 24代，广东14 ~ 17代，在海南、广东可周年发生，无越冬现象。北京地区发生10 ~ 11代，其中露地可完成6 ~ 7代，保护地4代左右，其繁殖速率随温度和作物不同而异。最适宜幼虫活动的温度为25 ~ 30℃，当气温超过35℃时，成虫和幼虫的活动受到抑制。另外，降雨和高湿均对蛹的发育不利，会使虫口密度降低，故夏季发生较轻，春、秋为害严重。成虫有飞翔能力，但较弱，对黄色趋性强。雌成虫以伪产卵器刺破叶片上表皮取食和产卵，喜在中、上部叶片而不在顶端嫩叶上产卵，下部叶片上落卵也少。幼虫孵出后潜入叶内为害，潜道随虫龄增加而加宽。老熟幼虫由潜道顶端或近顶端数1 mm处，咬破上表皮，爬出潜道，在叶片正面或滚落到地表、土缝中化蛹。在北方自然条件下不能越冬，可以各种虫态在温室内繁殖过冬。因此，北方温室成为翌年露地唯一的虫源。传播途径是通过温室育苗移栽露地，将虫源传到露地而蔓延为害，秋季露地育苗移栽保护地，再把露地虫源带入保护地，或成虫直接由露地转入邻近的保护地为害。

防治方法 清洁田园，收获后彻底清除残株落叶，深埋或烧毁，消灭虫源；深翻土壤，使土壤表层蛹不能羽化，以降低虫口基数；合理种植密度，增强田间通透性，及时疏间病虫弱苗、过密植株或叶片，促进植株生长，增强抗虫性。

在成虫发生高峰期，施用昆虫生长调节剂类药剂，可影响成虫生殖、卵的孵化和幼虫蜕皮、化蛹等。可用2%甲氨基阿维菌素苯甲酸盐乳油33 ~ 65 mL/亩、2%阿维菌素乳油72 ~ 108 mL/亩、2.5%溴氰菊酯乳油20 ~ 40 mL/亩、5%氟虫脲乳油2 000倍液、10%虫螨腈悬浮剂1 000倍液等药剂均匀喷雾。

幼虫发生初期，可用2%甲氨基阿维菌素苯甲酸盐乳油33 ~ 65 mL/亩、2%阿维菌素乳油72 ~ 108 mL/亩、2.5%溴氰菊酯乳油20 ~ 40 mL/亩、48%毒死蜱乳油1 500 ~ 2 000倍液、10%烟碱乳油1 000倍液、25%喹硫磷乳油1 000倍液，在发生高峰期5 ~ 7 d喷1次，连续防治2 ~ 3次。

4. 油菜菜蝽

分　布 菜蝽（*Eurydema dominulus*）、横纹菜蝽（*Eurydema gebleri*）分布在我国南北方油菜和十字花科蔬菜栽培区，吉林、河北居多。

为害特点 成虫和若虫刺吸蔬菜汁液，尤喜刺吸嫩芽、嫩茎、嫩叶、花蕾和幼荚。被刺处留下黄白色至微黑色斑点。幼苗子叶期受害萎蔫甚至枯死，花期受害则不能结荚或籽粒不饱满。此外，还可传播软腐病。

形态特征 菜蝽：成虫体长6 ~ 9 mm，宽3.2 ~ 5.0 mm，椭圆形，橙黄或橙红色，全体密布刻点。头黑色，侧缘上卷，橙黄或橙红色（图11-42）。前胸背板有6块黑斑，2块在前，4块在后。小盾板具橙黄或橙红Y形纹，交会处缢缩。翅革片具橙黄或橙红色曲纹，在翅外缘形成2块黑斑；膜片黑色，具白边。足黄、黑相间。腹部腹面黄白色，具4块纵列黑斑。卵桶状，近孵化时粉红色。末龄若虫头、触角、胸部黑色，头部具三角形黄斑，胸背具3块橘红色斑。

横纹菜蝽：成虫体椭圆形，橙黄或橙红色。头黑色，侧缘上卷，橙黄或橙红色（图11-43）。前胸背板有6块黑斑。小盾片具橙黄或橙红Y形纹，交会处缢缩，翅革片具橙黄或橙红色曲纹，在翅外缘形成2块黑斑；膜片黑色，具白边。足黄、黑相间。腹部腹面黄白色，具4块纵列黑斑。

图11-42　菜蝽成虫

图11-43 横纹菜蝽成虫

发生规律 北方1年发生2～3代，南方5～6代，各地均以成虫的形式在石块下、土缝、落叶、枯草中越冬。于翌春3月下旬开始活动，4月下旬开始交配产卵，5月上旬可见各龄若虫及成虫。越冬成虫历期很长，可延续到8月中旬，产卵末期延至8月上旬者，仅能发育完成1代。早期产的卵至6月中、下旬发育为第1代成虫，7月下旬前后出现第2代成虫，大部分为越冬个体；少数可发育至第3代，但难于越冬。5—9月为成、若虫的主要为害时期。卵多于夜间产在叶背，个别产在茎上，一般每雌虫产卵100多粒，单层成块。若虫共5龄，初孵若虫群集在卵壳四周，1～3龄有假死性。若、成虫喜在叶背面，早、晚或阴天，成虫有时爬到叶面。若虫期30～45 d，成虫寿命较长，有300余天。秋季油菜苗期及春、夏季开花结果期为主要为害期。

防治方法 成虫出蛰前彻底清除田间杂草、落叶；人工摘除卵块，减少越冬虫源。

在若虫3龄前喷洒40%三唑磷乳油50～80 mL/亩、50%丙溴磷乳油80～120 mL/亩、3%阿维菌素微乳剂15～20 mL/亩、2.5%高效氟氯氰菊酯乳油2 000倍液、40%毒死蜱乳油75～100 mL/亩等药剂2～3次，间隔7～10 d。

5. 大猿叶虫

分　　布 大猿叶虫（*Colajphellus browring*）分布于内蒙古、东北、甘肃、青海、河北、山西、山东、陕西、江苏及华南、西南地区各省份。

为害特点 成、幼虫喜食菜叶，在叶背或心叶内食叶成缺刻或孔洞。受害严重的叶片呈网状，只剩叶脉。成虫常群聚为害。

形态特征 成虫体长椭圆形，末端略尖，蓝黑色，略具金属光泽；体腹面沥青色，跗节稍带棕色；触角第三节长，端节明显加粗；鞘翅上具极粗深的皱状刻点，点间隆起，翅端尤明显（图11-44）。卵长椭圆形，表面光滑。末龄幼虫头黑色，具光泽，体灰黑色略带黄色，各节上的肉瘤大小不等，气门下线、基线上肉瘤明显。蛹半球状，黄褐色。

发生规律 长江以北一年生2代，长江流域2～3代，广西5～6代，成虫在菜田土缝、表土层15 cm深处枯枝落叶下越冬。越冬代成虫于翌年4月活动，迁往春油菜地为害、交配和产卵。5月第1代幼虫发生，为害期1个月，5月中旬即见第1代成虫。成虫多把卵产在根际附近土缝内、土块上或心叶里。每年4—5月、9—10月有两次为害高峰，幼虫孵化后爬到寄主叶片上取食，日夜活动，有假死性，受惊扰时分泌出黄色液体或卷曲落地，老熟后落地入土筑土室化蛹。

图11-44 大猿叶虫成虫及为害状

防治方法 收获后及时清洁田园，消灭越冬越夏成虫。成虫越冬前，在田间、地埂、畦埂处堆放菜叶杂草，引诱成虫，集中杀灭。利用成、幼虫假死性，震落扑杀。

在卵孵化率90%左右时，喷施40%三唑磷乳油50 ～ 80 mL/亩、50%丙溴磷乳油80 ～ 120 mL/亩、3%阿维菌素微乳剂15 ～ 20 mL/亩、2.5%高效氟氯氰菊酯乳油2 000倍液、40%毒死蜱乳油75 ～ 100 mL/亩、50%辛硫磷乳油1 000 ～ 1 500倍液。虫口数量大时，在卵孵化率30%和90%时各防治1次。

三、油菜各生育期病虫害防治技术

油菜栽培管理过程中，应总结本地油菜虫害的发生特点和防治经验，制订虫害防治计划，适时田间调查，及时采取防治措施，有效控制害虫的为害，保证丰产、丰收。

（一）播种期病虫害防治技术

播种期是防治虫害的关键时期。油菜黑斑病主要是靠种子或土壤带菌传播的，而且从幼苗期就开始侵染，所以对于这些病害，种子处理是最有效的防治措施。这一时期防治的主要虫害有蛴螬、蝼蛄、金针虫等地下害虫，土壤处理可以防治油菜蚜虫越冬幼虫，药剂拌种可以减少地下害虫及其他苗期害虫的为害。

种子处理预防病害，用种子重量0.4%的50%福美双可湿性粉剂或0.2%～0.3%的50%异菌脲可湿性粉剂拌种，也可用种子量0.3%的50%多菌灵可湿性粉剂或75%百菌清可湿性粉剂拌种。对苗期其他病害也有一定的控制作用。

种子处理防治地下害虫，用20%丁硫克百威乳油1 kg拌种100 kg，还可以防治苗期蚜虫。

（二）冬前苗期至返青期病虫害防治技术

这个时期的病虫害相对较轻，但在有些年份因气温相对偏高，病毒病、根腐病、蚜虫、菜螟也有发生，可根据具体情况选择防治方式（图11-45）。

图11-45　油菜冬前苗期至返青期

防治苗期蚜虫，控制病毒病，喷施2.5%溴氰菊酯乳剂3 000倍液、1.8%阿维菌素乳油3 000倍液、10%吡虫啉可湿性粉剂2 500倍液。同时兼治菜螟。间隔7 ～ 10 d施1次，连续防治2 ～ 3次。蚜虫多着生在心叶及叶背皱缩处，药剂难于全面喷到。

喷施75%百菌清可湿性粉剂800倍液＋50%异菌脲可湿性粉剂1 500倍液、80%代森锰锌可湿性粉剂500倍液＋50%多菌灵可湿性粉剂500倍液、70%甲基硫菌灵可湿性粉剂600倍液，对油菜白斑病有一定的防治效果（图11-46）。

图11-46 油菜蚜虫、病毒病、白斑病为害症状

（三）抽薹开花期病虫害防治技术

早春，气温开始回升，病菌、害虫开始活动，是预防病虫害的一个关键时期（图11-47）。这一时期的主要防治对象是菌核病、霜霉病、病毒病、黑斑病、白锈病、潜叶蝇、小菜蛾、菜蝽、秆潜蝇等（图11-48）。

图11-47 油菜抽薹开花期生长情况

图11-48　油菜抽薹开花期病虫害为害情况

在菌核病普遍发生的地区，可用90%多菌灵水分散粒剂80～110 g/亩、50%腐霉利可湿性粉剂30～60 g/亩、50%啶酰菌胺水分散粒剂30～50 g/亩、45%异菌脲悬浮剂80～120 mL/亩、200 g/L氟唑菌酰羟胺悬浮剂50～65 mL/亩、40亿孢子/g盾壳霉ZS-1SB可湿性粉剂45～90 g/亩、36%丙唑·多菌灵（丙环唑2.5%+菌灵33.5%）悬浮剂80～100 mL/亩、50%菌核·福美双（福美双40%+菌核净10%）可湿性粉剂70～100 g/亩、50%腐霉·多菌灵（腐霉利19%+多菌灵31%）可湿性粉剂80～90 g/亩，兑水40～50 kg均匀喷施。

当霜霉病病株率在20%以上时，可喷施25%甲霜灵可湿性粉剂500～700倍液、58%甲霜灵·代森锰锌（甲霜灵10%+代森锰锌48%）、可溶性粉剂300倍液，隔7～10 d施1次，连续防治2～3次。多雨时应抢晴喷药，并适当增加喷药次数。可兼治白锈病。

喷洒75%百菌清可湿性粉剂600倍液、50%异菌脲可湿性粉剂1 500倍液、12%松脂酸铜乳油600倍液，可防治黑斑病。

防治潜叶蝇、小菜蛾等，喷施10%氯氰菊酯乳油3 000倍液、5%氟虫脲乳油1 000 ～ 2 000倍液、5%氟啶脲乳油1 500 ～ 2 000倍液、2.5%氟氯氰菊酯乳油2 000 ～ 3 000倍液。

（四）绿熟期至成熟期病虫害防治技术

4月油菜进入绿熟期，是油菜丰产丰收关键时期。该期应加强预测预报，及时防治病虫害，在防治策略上以治疗为主，具有针对性，确保丰收。具体的防治药剂可参考抽薹开花期病虫害防治技术中提到的药剂（图11-49）。

图11-49 油菜绿熟期病虫为害情况

四、油菜田杂草防治技术

近年来，我国各地油菜种植区域自然条件差异较大、栽培管理模式不同（图11-50），生产上应根据各地实际情况正确地选择除草剂的种类和施药方法。

图11-50 油菜田杂草发生为害情况

（一）油菜播种期杂草防治

由于油菜粒小、播种浅，很多种封闭除草剂品种对油菜易产生药害，生产上应注意适当深播。

在油菜播种前，可以用48%氟乐灵乳油100 ～ 120 mL/亩，黏质土及有机质含量高的田块可以用120 ～ 175 mL/亩、48%地乐胺乳油100 ～ 120 mL/亩，黏质土及有机质含量高的田块用150 ～ 200 mL/亩，兑水40 ～ 50 kg，配成药液喷于土表，并随即混入浅土层中，干旱时要镇压保墒。施药3 ～ 5 d后播种油菜。

封闭除草剂主要靠位差选择性以保证对油菜的安全性，生产上应根据土质和墒情适当深播；同时，施药时要注意天气预报，如有降雨、降温等田间持续低温高湿情况，也易产生药害。可选用的除草剂：33%二甲戊乐灵乳油150 ～ 250 mL/亩、20%萘丙酰草胺乳油150 ～ 250 mL/亩、50%乙草胺乳油100 ～ 120 mL/亩、72%异丙甲草胺乳油120 ～ 150 mL/亩、72%异丙草胺乳油120 ～ 150 mL/亩，兑水40 kg均匀喷施，可以有效防治多种一年生禾本科杂草和播娘蒿、荠菜、牛繁缕、藜、苋、苘麻等阔叶杂草。施药时一定要根据条件调控药量，切忌施药量过大。药量过大、田间过湿，特别是遇到持续低温多雨条件下，幼苗可能会出现暂时的矮化、粗缩，多数能恢复正常生长；但严重时，会出现死苗现象。

（二）油菜移栽田杂草防治

油菜移栽前施药比较方便，且对油菜生长相对安全（图11-51）。

图11-51 油菜移栽田杂草防治情况

比较干旱的地区，可以在油菜移栽前，用48%氟乐灵乳油150 ～ 200 mL/亩、48%地乐胺乳油

150 ～ 200 mL/亩，兑水40 ～ 50 kg，配成药液喷于土表，并随即混入浅土层中，干旱时要镇压保墒。施药3 ～ 5 d后移栽油菜。

南方多雨地区，杂草发生严重，可以在油菜移栽前施用33%二甲戊乐灵乳油150 ～ 250 mL/亩、20%萘丙酰草胺乳油200 ～ 250 mL/亩、50%乙草胺乳油150 ～ 200 mL/亩、72%异丙甲草胺乳油200 ～ 250 mL/亩、72%异丙草胺乳油200 ～ 250 mL/亩，兑水40 kg均匀喷施，可以有效防治多种一年生禾本科杂草和部分阔叶杂草；对于禾本科杂草和阔叶杂草发生较多的地块，也可以在上述除草剂中加入10%胺苯磺隆可湿性粉剂10 ～ 20 g/亩。施药后移栽油菜，尽量少松动土层。

（三）油菜生长期杂草防治

对于前期未能采取有效的杂草防治措施，应在苗后前期及时化学除草。宜在油菜封行前、杂草3 ～ 5叶期，及时施用除草剂。

对于前期未能封闭除草的田块，田间易发生看麦娘等大量禾本科杂草，在杂草基本出齐，且杂草处于幼苗期（图11-52）时应及时施药。

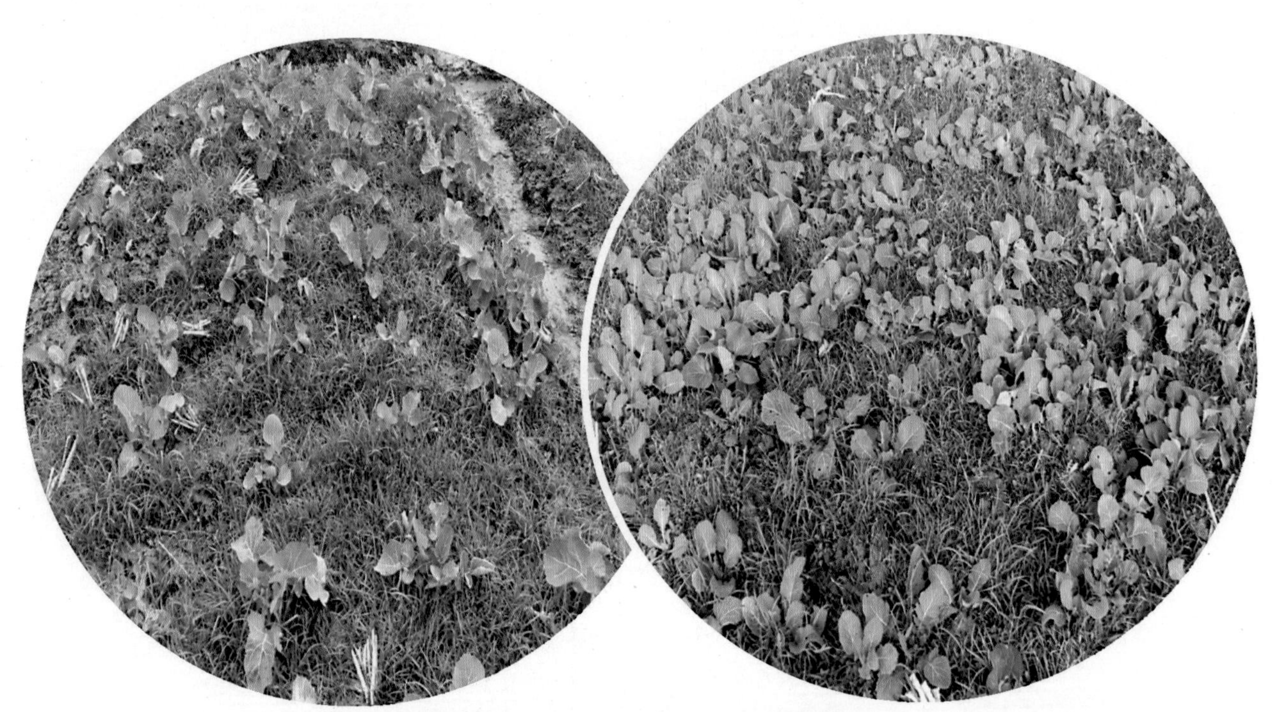

图11-52 油菜田禾本科杂草发生为害情况

可以施用5%精喹禾灵乳油50 ～ 75 mL/亩、10.8%高效氟吡甲禾灵乳油20 ～ 40 mL/亩、10%喔草酯乳油40 ～ 80 mL/亩、15%精吡氟禾草灵乳油40 ～ 60 mL/亩、10%精噁唑禾草灵乳油50 ～ 75 mL/亩、12.5%稀禾啶乳油50 ～ 75 mL/亩、24%烯草酮乳油20 ～ 40 mL/亩，兑水30 kg均匀喷施，可以有效防治多种禾本科杂草。施药时视草情、墒情确定用药量，草大、墒差时适当加大用药量。施药时注意不能飘移到周围小麦等禾本科作物上，否则会发生严重的药害。

对于前期未能有效除草，田间禾本科杂草较多较大的地块（图11-53），特别是日本看麦娘等发生严重的田块，应抓住苗后前期及时防治，并适当加大药量和施药水量，喷透、喷匀，保证杂草均能接触到药液。

可以施用5%精喹禾灵乳油75 ～ 125 mL/亩、10.8%高效氟吡甲禾灵乳油40 ～ 60 mL/亩、10%喔草酯乳油60 ～ 80 mL/亩、15%精吡氟禾草灵乳油75 ～ 100 mL/亩、10%精噁唑禾草灵乳油75 ～ 100 mL/亩、12.5%稀禾啶乳油75 ～ 125 mL/亩、24%烯草酮乳油40 ～ 60 mL/亩，兑水45 ～ 60 kg均匀喷施，施药时视草情、墒情确定用药量，可以有效防治多种禾本科杂草，但天气干旱、杂草较大时，死亡时间相对缓慢。杂草较大、杂草密度较高、墒情较差时，适当加大用药量和喷液量，否则杂草接触不到药液或药量较小，影响除草效果。

对于前期未能有效除草，田间牛繁缕等阔叶杂草较多的田块（图11-54），应抓住苗后前期及时防治。

图11-53　油菜田禾本科杂草发生严重的情况

图11-54　油菜田阔叶杂草发生严重的情况

可以施用10%草除灵乳油130 ~ 200 mL/亩，兑水45 ~ 60 kg，均匀喷施，施药时视草情、墒情确定用药量。在冬前苗期施用药剂对白菜型油菜药害较重，对甘蓝型油菜也有一定的药害，而在油菜越冬后返青期施用对油菜安全。

对于前期未能有效除草且田间看麦娘、牛繁缕等禾本科杂草和阔叶杂草发生较多的田块（图11-55），应抓住苗后前期及时防治。

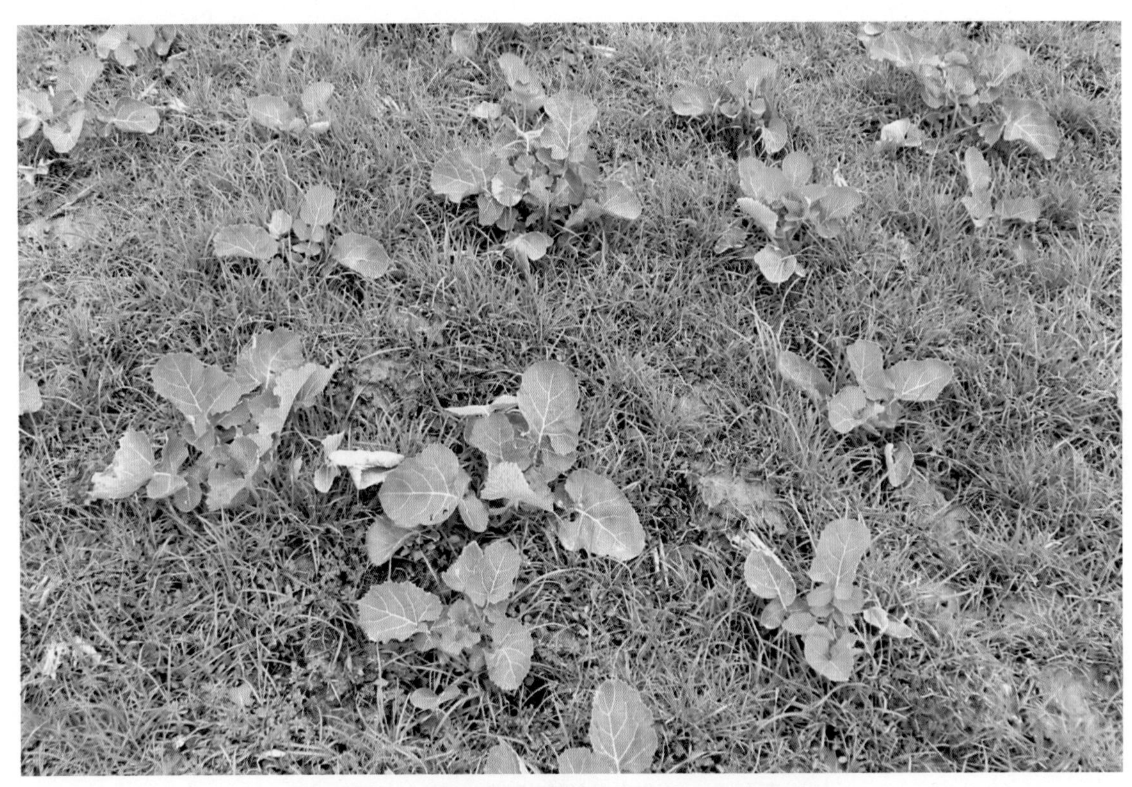

图11-55 油菜田禾本科杂草和阔叶杂草发生严重的情况

可以施用10%丙酯草醚乳油40 ~ 50 mL/亩、10%异丙酯草醚乳油30 ~ 50 mL/亩、10%胺苯磺隆可湿性粉剂10 ~ 20 g/亩，也可以用5%精喹禾灵乳油75 ~ 125 mL/亩、10.8%高效氟吡甲禾灵乳油40 ~ 60 mL/亩、10%喔草酯乳油60 ~ 80 mL/亩、15%精吡氟禾草灵乳油75 ~ 100 mL/亩、10%精噁唑禾草灵乳油75 ~ 100 mL/亩、12.5%稀禾啶乳油75 ~ 125 mL/亩、24%烯草酮乳油40 ~ 60 mL/亩 + 10%草除灵乳油130 ~ 200 mL/亩，兑水45 ~ 60 kg均匀喷施，施药时视草情、墒情确定用药量。

第十二章　芝麻病虫草害原色图解

一、芝麻病害

我国已发现的芝麻病害有20余种，为害较重的有茎点枯病、枯萎病等。

1. 芝麻茎点枯病

分布为害　芝麻茎点枯病在河南、山东、河北、湖北、江西、浙江、安徽、江苏、福建、台湾等芝麻产区都有发生，尤以在河南、湖北、江西和安徽等主产区为害严重，常年发病率10%～25%，严重时可达80%，发病重时，蒴果数减少8.7%～36.5%，千粒重降低4.27%～10.86%，含油量降低4.2%～12.6%（图12-1）。

症　　状　由菜豆壳球孢（*Macrophomina phaseoli*，属无性型真菌）引起。在芝麻整个生育期内均可发生，主要为害茎秆和根部，多在苗期和开花结果期发病。苗期染病，根部变褐，地上部萎蔫枯死，幼茎上密生黑色小点（图12-2、图12-3）。开花结蒴期染病，从根部开始发病，后向茎扩展，有时从叶柄基部侵入后蔓延至茎部。茎部初呈黄褐色水浸状，后很快扩展，绕茎一周，中心有银灰色光泽，其上密生黑色小粒点，表皮下及髓部产生大量小菌核，茎秆中空易折断（图12-4）。根部发病后，主根和支根逐渐变褐枯萎，皮层内布满黑色小菌核。病株叶片自下而上呈蜷缩萎蔫状，黑褐色，不脱落，植株顶端弯曲下垂。蒴果发病后呈黑褐色枯死状，病蒴上生出许多小黑点。

图12-1　芝麻茎点枯病田间为害情况

图12-2　芝麻茎点枯病为害幼苗症状

图12-3　芝麻茎点枯病为害幼苗根部症状

图12-4 芝麻茎点枯病为害茎部症状

发生规律 以菌核及分生孢子的形式在病残株和土壤中越冬，越冬菌核是翌年的初侵染源。幼苗出土后，可侵染幼苗。成株期主要以分生孢子的形式从伤口或茎基部、叶痕、梗部侵入（图12-5）。在整个生育期间有两个发病高峰，即苗期和开花期后，后者发病十分严重。

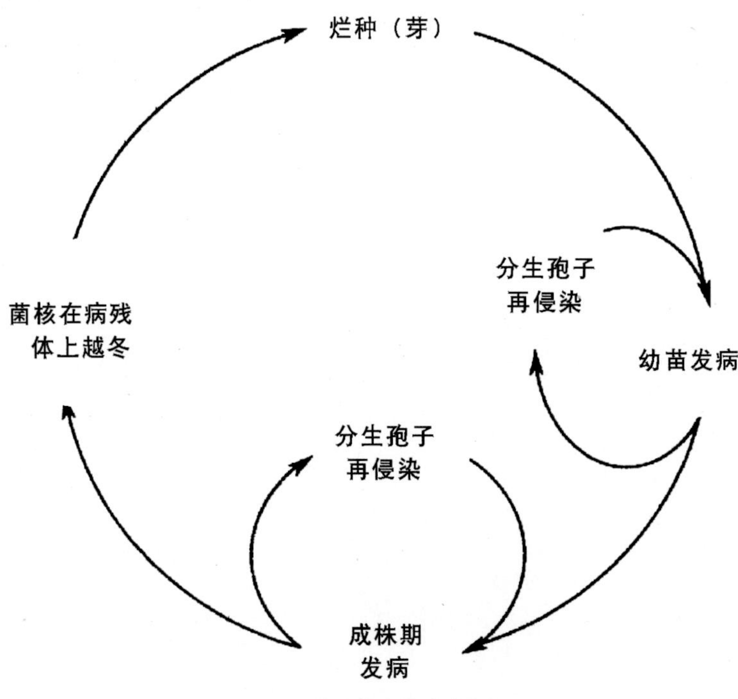

图12-5 芝麻茎点枯病病害循环

防治方法 种植抗病品种。注意防渍，尤其需注意花期后田间渍水，此时病菌极易侵染。施足基肥，增施磷、钾肥，及时中耕除草和间苗，防治虫害。种子处理可以有效预防茎点枯病蔓延，芝麻开花期和终花期是防治的关键时期。

种子处理：用50%福美双可湿性粉剂500 g拌100 kg种子，或用50%多菌灵可湿性粉剂或50%苯菌灵可湿性粉剂按种子重量0.2%拌种。

在芝麻开花期和终花期各喷药1次，可用50%多菌灵可湿性粉剂100 ~ 150 g/亩 + 80%代森锰锌可湿性粉剂100 ~ 150 g/亩、75%肟菌·戊唑醇（肟菌酯25% + 戊唑醇50%）水分散粒剂10 ~ 15/亩、75%戊唑·嘧菌酯（嘧菌酯25% + 戊唑醇50%）可湿性粉剂10 ~ 15 g/亩、70%甲基硫菌灵可湿性粉剂100 g/亩、50%异菌脲可湿性粉剂50 g/亩、12.5%烯唑醇可湿性粉剂50 g/亩、2%嘧啶核苷类抗生素水剂150 mL/亩，兑水40 ~ 50 kg均匀喷施，防效在85%以上。

2. 芝麻枯萎病

分　　布　芝麻枯萎病主要在我国河南、湖北、江西等地发生比较重，其他地区也有零星发生。

症　　状　由尖孢镰孢芝麻专化型（*Fusarium oxysporum* f.sp.*sesami*，属无性型真菌）引起。此病是一种维管束病害，整株表现症状（图12-6）。幼苗受害时，根部腐烂，枯死；成株受害时，叶片自上而下逐渐变黄枯萎，叶缘内卷，最后变褐枯死。有的整株枯死（图12-7），也有仅茎秆半边叶片或半片叶片变黄枯死，俗称“半边黄”（图12-8）。茎上病斑呈褐色，长条形，潮湿时病斑上出现粉红色霉层。剖开病茎，可见维管束变褐（图12-9）。发病株蒴果较小，歪嘴，提早开裂，种子瘦瘪。

图12-6　芝麻枯萎病为害情况

图12-7　芝麻枯萎病整株枯死症状

图12-8　芝麻枯萎病半边枝枯症状

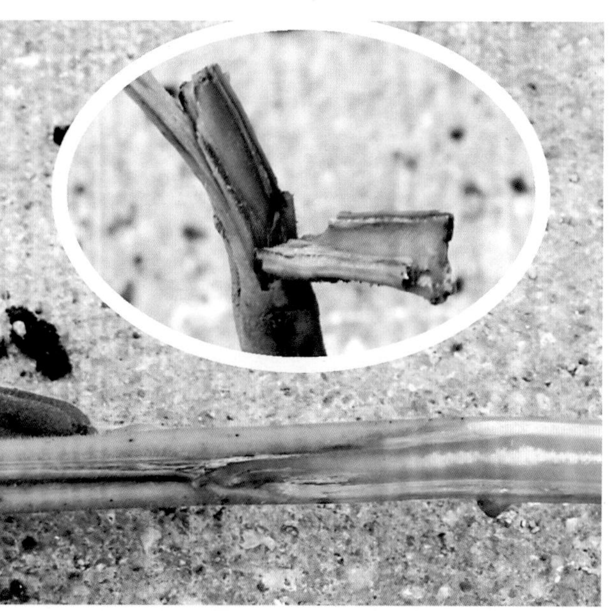

图12-9　芝麻枯萎病病茎维管束变褐症状

发生规律　以菌丝和分生孢子的形式在土壤、病株残体内或种子内外越冬。播种带菌种子，可引起幼苗发病，一般于7月上旬（2～4对真叶）开始发病，8月底为发病盛期。芝麻生长季节，病菌通过根毛、根尖和伤口侵入。

防治方法　种植抗病品种。病田轮作，清除田间病残体，减少发病来源。播种前种子处理和土壤处理是防治枯萎病的有效措施，7月上旬即芝麻2 ~ 4对叶期是防治的关键时期。

种子处理：可用70%甲基硫菌灵可湿性粉剂、50%多菌灵可湿性粉剂按种子重量的0.2% ~ 0.3%拌种，或用80%乙蒜素乳油1 000倍液浸泡半小时，浸泡时药液温度维持在55 ~ 60℃。

7月上旬、病害发生初期，可用2.5%咯菌腈悬浮剂1 000倍液、50%乙烯菌核利可湿性粉剂1 000倍液、85%三氯异氰尿酸可溶性粉剂10 ~ 42 g/亩、1.26%辛菌胺水剂70 ~ 100倍液、1.26%辛菌胺水剂70 ~ 100倍液、50%咪鲜胺锰盐可湿性粉剂1 500倍液、50%多菌灵可湿性粉剂1 000倍液＋70%敌磺钠可溶性粉剂1 000倍液灌根，每株500 ~ 700 mL药液。

3. 芝麻叶斑病

分布为害 芝麻叶斑病在我国河北、内蒙古、辽宁、吉林、甘肃、江苏、山东、安徽、福建、台湾、河南、湖北、陕西、湖南、广东、广西、四川、云南、黑龙江、贵州等省份均有发生。芝麻生长后期大量落叶，引起产量损失。

症　　状 由芝麻尾孢（*Cercospora sesami*，属无性型真菌）引起。主要为害叶片、茎及蒴果。叶部病斑常见有两种：一种多为圆形小斑，中间灰白色，四周紫褐色，病斑背面生灰色霉状物，后期多个病斑融合成大斑块，干枯后破裂，严重时引致落叶（图12-10、图12-11）。另一种为蛇眼状病斑，中间生一灰白色小点，四周浅灰色，外围黄褐色，圆形至不规则形（图12-12）。茎部染病，产生褐色不规则形斑，湿度大时病部生黑点（图12-13）。蒴果染病，生圆形浅褐色至黑褐色病斑，易开裂（图12-14）。

图12-10　芝麻叶斑病为害叶片初期症状

图12-11　芝麻叶斑病为害叶片后期症状

图12-12　芝麻叶斑病为害叶片蛇眼状病斑

图12-13　芝麻叶斑病为害茎秆症状

图12-14　芝麻叶斑病为害蒴果症状

发生规律　以菌丝的形式在种子和病残体上越冬，翌春产生新的分生孢子，借风雨传播，花期易染病。

防治方法　选用无病种子，收获后及时清洁田园，清除病残体，适时深翻土地。

在开花前发病初期，喷洒9%吡唑醚菌酯微囊悬浮剂58 ～ 66 mL/亩、60%肟菌酯水分散粒剂9 ～ 12 g/亩、80%嘧菌酯水分散粒剂15 ～ 20 g/亩、40%嘧菌酯可湿性粉剂15 ～ 20 g/亩、75%肟菌·戊唑醇（肟菌酯25%＋戊唑醇50%）水分散粒剂10 ～ 15/亩、75%戊唑·嘧菌酯（嘧菌酯25%＋戊唑醇50%）可湿性粉剂10 ～ 15 g/亩、70%甲基硫菌灵可湿性粉剂800倍液＋75%百菌清可湿性粉剂倍液，隔7 ～ 10 d施1次，连续防治2 ～ 3次。

4. 芝麻疫病

分布为害　芝麻疫病是一种毁灭性病害，主要分布在湖北、江西、河南、山东等省份。常在田间造成植株连片枯死，严重时发病率在30%以上。病株种子瘦瘪，产量和种子含油量均显著下降。

症　　状　由烟草疫霉（*Phytophthora nicotianae*，属鞭毛菌亚门真菌）引起。主要为害叶片、茎和蒴果。叶片染病，初现褐色水渍状不规则斑，湿度大时病斑迅速扩展呈黑褐色湿腐状（图12-15），病斑边缘可见白色霉状物，病健组织分界不明显。干燥时病斑为黄褐色，病斑收缩或成畸形，变薄、干缩易裂（图12-16）。茎部染病，初为墨绿色水渍状，后逐渐变为深褐色不规则形斑，环绕全茎后病部缢缩，边缘不明显，湿度大时迅速向上下扩展，严重的致全株枯死（图12-17、图12-18）。在潮湿条件下，病部有绵状菌丝长出（图12-19）。纵剖病茎检查发现，韧皮部和形成层为主要受害部位。生长点发病，嫩茎收缩变褐枯死，湿度大时易腐烂（图12-20）。蒴果染病，产生水渍状墨绿色病斑，后变褐凹陷，在潮湿条件下，长出绵状菌丝（图12-21）。

图12-15　芝麻疫病为害叶片初期症状

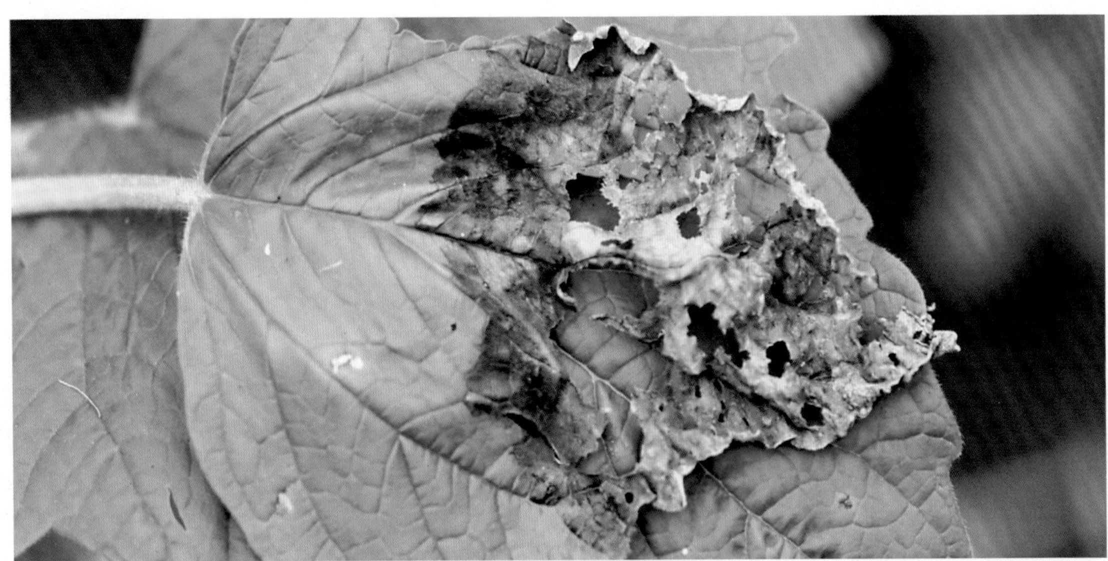

图12-16 芝麻疫病为害叶片后期症状

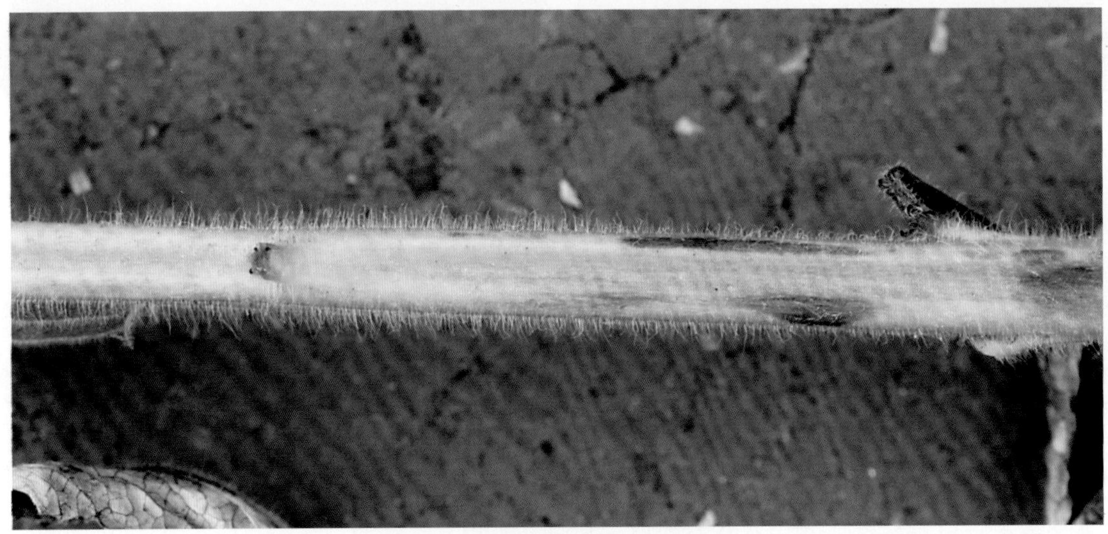

图12-17 芝麻疫病为害茎秆初期症状

图12-18 芝麻疫病为害茎秆后期症状

图12-19　芝麻疫病潮湿时茎部产生的绵状菌丝

图12-20　芝麻疫病为害嫩茎症状

图12-21　芝麻疫病为害蒴果症状

发生规律　以菌丝的形式在病残体上或以卵孢子的形式在土壤中越冬。病菌在苗期初侵染，从茎基部侵入，在潮湿的条件下，经2～3 d病部孢子囊大量出现，从裂开的表皮或气孔成束地伸出，并释放出游动孢子，经风雨、流水传播蔓延、再侵染，7月芝麻现蕾时，出现病株，8月上旬开始流行。高温、高湿病情扩展迅速，大暴雨后降温利于发病。土壤温度在28℃左右，病菌易侵染，引起发病；土温为37℃左右时，病害的出现延迟。

防治方法　选用抗病品种。雨后及时开沟排水，降低田间湿度，宽行条播，合理密植，通风透光。实行轮作，病地实行2年以上轮作。芝麻收获后及时清除田间病残株。

发病初期，及时喷洒75%百菌清可湿性粉剂600倍液、58%甲霜灵·代森锰锌可湿性粉剂600倍液、64%噁霜·锰锌可湿性粉剂500倍液、72%霜脲·锰锌可湿性粉剂800～900倍液、69%烯酰吗啉·代森锰锌可湿性粉剂1 000倍液、40%吡唑醚菌酯·氟吡菌胺（氟吡菌胺15%＋吡唑醚菌酯25%）悬浮剂30～40 mL/亩、45%霜霉·精甲霜（霜霉威37.5%＋精甲霜灵7.5%）可溶液剂60～80 mL/亩、40%霜脲·氰霜唑（霜脲氰32%＋氰霜唑8%）水分散粒剂30～40 g/亩、37.5%烯酰·吡唑酯（烯酰吗啉25%＋吡唑醚菌酯12.5%）悬浮剂40～60 g/亩、40%噁酮·吡唑酯（噁唑菌酮20%＋吡唑醚菌酯20%）悬浮剂12.5～25 mL/亩、52.5%噁酮·霜脲氰（噁唑菌酮22.5%＋霜脲氰30%）水分散粒剂30～40 g/亩、69%代森锰锌·精苯霜灵（代森锰锌65%＋精苯霜灵4%）水分散粒剂120～160 g/亩、40%氟吡菌胺·烯酰吗啉（氟吡菌胺10%＋烯酰吗啉30%）悬浮剂40～60 mL/亩、15%氟吡菌胺·精甲霜灵（氟吡菌胺10%＋精甲霜灵5%）悬浮剂30～38 mL/亩、40%噁酮·吡唑酯（吡唑醚菌酯20%＋噁唑菌酮20%）悬浮剂20～45 mL/亩、35%烯酰·氟啶胺（氟啶胺17.5%＋烯酰吗啉17.5%）悬浮剂60～70 mL/亩，兑水喷雾，间隔7～10 d喷1次，连喷2～3次。

5. 芝麻白粉病

症　　状　由菊科白粉菌（*Erysiphe cichoracearum*，属子囊菌门真菌）引起。主要为害叶片、叶柄、茎及蒴果。叶表面生白粉状霉，严重时白粉状物覆盖全叶，致叶变黄（图12-22、图12-23）。病株先为灰白色，后呈苍黄色。茎、蒴果染病亦产生类似症状。种子瘦瘪，产量降低。

图12-22　芝麻白粉病为害叶片初期症状

图12-23　芝麻白粉病为害叶片后期症状

发生规律　在南方终年均可发生，无明显越冬期，早春2、3月温暖多湿或露水重易发病。北方寒冷地区以闭囊壳的形式随病残体在土表越冬。翌年条件适宜时产生子囊孢子初侵染，病斑上产出分生孢子借气流传播再侵染。生产上土壤肥力不足或偏施氮肥，易发此病。

防治方法　加强栽培管理，注意清沟排渍，降低田间湿度。增施磷、钾肥，避免偏施氮肥或缺肥。

在发病初期，应该及时喷洒25%三唑酮可湿性粉剂600 ~ 800倍液、10%苯醚甲环唑水分散粒剂2 000 ~ 2 500倍液、12.5%烯唑醇可湿性粉剂1 000 ~ 2 000倍液、25%丙环唑乳油500 ~ 1 000倍液、325 g/L苯甲·嘧菌酯（嘧菌酯200 g/L＋苯醚甲环唑125 g/L）悬浮剂35 ~ 50 mL/亩、45%苯并烯氟菌唑·嘧菌酯（苯并烯氟菌唑15%＋嘧菌酯30%）水分散粒剂17 ~ 23 g/亩、19%啶氧·丙环唑（啶氧菌酯7%＋丙环唑12%）悬浮剂70 ~ 88 mL/亩，视病情隔10 ~ 15 d施1次，共防治2 ~ 3次。

6. 芝麻细菌性角斑病

分布为害　芝麻细菌性角斑病在芝麻产区普遍发生。芝麻生育后期多雨条件下发病重，使叶片提早脱落。

症　　状　由丁香假单胞菌芝麻致病变种（*Pseudomonas syringae* pv.*sesami*，属细菌）引起。主要为害叶片。苗期、成株均可发病。幼苗刚出土即可染病，近地面处的叶柄基部变黑枯死。成株叶片染病，病斑呈多角形，直径2 ~ 4 mm，黑褐色，前期有黄色晕圈，后期不明显。湿度大时，叶背溢有菌脓，干燥时病斑脱落或穿孔（图12-24、图12-25），造成早期落叶。茎秆和叶柄上的病斑条状，黑褐色。蒴果上的病斑圆形，褐色。

图12-24　芝麻细菌性角斑病为害叶片初期症状

图12-25　芝麻细菌性角斑病为害叶片后期症状

发生规律　病菌在种子和叶片上越冬。带菌种子是该病的主要初侵染源，病菌也可在病残体中越冬，病菌在土壤中能存活1个月，4 ~ 40℃条件下病菌可在病残体上存活165 d，在种子上能存活11个月，降雨多的年份发病重。病害多在7月雨后突然发生，8月中、下旬盛发，先从植株下部叶片发病，遇雨后逐渐向上和周围发展。多雨、湿度大时发病重，干旱条件下发病轻。降雨多的年份发病重。

防治方法　种子处理：用种子重量0.5%的96%硫酸铜或置入48 ~ 53℃温水中浸种30 min。

发病初期，及早喷洒100亿芽孢/g枯草芽孢杆菌可湿性粉剂50 ~ 60 g/亩、3%中生菌素水剂400 ~ 533 mL/亩、50%氯溴异氰尿酸可溶粉剂40 ~ 60 g/亩、36%三氯异氰尿酸可湿性粉剂60 ~ 90 g/

亩、30%噻森铜悬浮剂70 ～ 85 mL/亩、20%噻菌铜悬浮剂100 ～ 130 g/亩、30%金核霉素可湿性粉剂1 500 ～ 1 600倍液、1.2%辛菌胺（辛菌胺醋酸盐）水剂463 ～ 694 mL/亩，兑水30 ～ 40 kg均匀喷雾，间隔7 ～ 10 d喷1次，连续2 ～ 3次。

二、芝麻虫害

芝麻田虫害种类较多，芝麻荚野螟等对芝麻为害严重。一般减产在15%～ 30%，重者导致绝收。

1.芝麻荚野螟

分　　布 芝麻荚野螟（*Antigastra catalaunalis*）在我国各地均有分布，长江以南芝麻产区发生严重。

为害特点 幼虫吐丝，缠绕花、叶，取食叶肉，或钻入花心、嫩茎、蒴果里取食，常把种子吃光，蒴果变黑脱落，植株黄枯。

形态特征 成虫体灰褐色；前翅浅黄色，翅脉橙红色，内、外横线黄褐色（图12-26）。后翅黄灰色，翅上具不大明显的黑斑2个。卵长圆形，乳白色至粉红色。末龄幼虫头黑褐色，体绿色或黄绿色或浅灰至红褐色（图12-27）。蛹灰褐色（图12-28）。

图12-26　芝麻荚野螟成虫

图12-27　芝麻荚野螟幼虫

图12-28　芝麻荚野螟蛹

发生规律 1年发生4代，以蛹的形式越冬。于7月下旬至11月下旬出现成虫，有趋光性，但飞翔能力不强，白天隐蔽在芝麻丛中，夜间交配产卵，卵多产在芝麻叶、茎、花、蒴果及嫩梢处，有世代重叠现象。

防治方法 收获后及时清洁田园，消灭越冬蛹。清除田间及地边杂草。幼虫发生盛期是防治的关键时期。

在幼虫发生初期，可喷洒5%甲氨基阿维菌素水分散粒剂15 ～ 20 g/亩、3.2%阿维菌素乳油12 ～ 16 mL/亩、5%氯虫苯甲酰胺超低容量液剂30 ～ 40 mL/亩、30%茚虫威悬浮剂6 ～ 8 mL/亩、50%丙溴磷乳油80 ～ 100 mL/亩、40%毒死蜱乳油75 ～ 100 mL/亩、5%环虫酰肼悬浮剂75 ～ 110 mL/亩、10%四氯虫酰胺悬浮剂10 ～ 20 g/亩、10%溴氰虫酰胺可分散油悬浮剂20 ～ 26 mL/亩、1%苦皮藤素水乳剂30 ～ 40 mL/亩、20%多杀霉素微乳剂15 ～ 20 mL/亩、30亿PIB/mL甘蓝夜蛾核型多角体病毒悬浮剂30 ～ 50 mL/亩、2.5%氯氟氰菊酯乳油3 000倍液、20%甲氰菊酯乳油1 500 ～ 2 500倍液等药剂。

2. 芝麻天蛾

为害特点　芝麻天蛾（*Acherontia styx*）幼虫食害叶部，食量很大，严重时可将整株叶片吃光，有时也为害嫩茎和嫩荚，使芝麻不能结实或籽粒瘪小。

形态特征　成虫头、胸部褐黑色（图12-29），胸部有黑色条纹、斑点及黄色斑组成的骷髅状斑纹。前翅狭长，棕黑色，翅面混杂有微细白点及黄褐色鳞片，呈现天鹅绒光泽。后翅杏黄色，有2条粗黑横带。卵球形，淡黄色。幼龄幼虫体色较淡（图12-30），头、胸部有明显的淡黄色颗粒；老熟幼虫头部深绿色，两侧具黄、黑色纵条，前胸较小，体色青绿。

图12-29　芝麻天蛾成虫

图12-30　芝麻天蛾幼虫

发生规律　1年发生1～3代；末代蛹在土下6～10 cm深的土室中越冬。成虫于6月上旬出现，6月中、下旬产卵，7月中、下旬为幼虫为害盛期，8月上旬至9月上旬老熟幼虫入土化蛹越冬。

防治方法　幼虫盛发时是防治芝麻天蛾的关键时期，可用2.5%氯氟氰菊酯乳油3 000倍液、2.5%溴氰菊酯乳油24～40 mL/亩、5%甲氨基阿维菌素水分散粒剂15～20 g/亩、3.2%阿维菌素乳油12～16 mL/亩、5%氯虫苯甲酰胺超低容量液剂30～40 mL/亩，兑水50～75 kg均匀喷雾。

3. 鬼脸天蛾

为害特点　鬼脸天蛾（*Acherontia lachesis*）幼虫食害叶片和嫩茎，食量很大，严重时可将整株叶片吃光，使芝麻不能结实或籽粒瘪小。

形态特征　成虫胸部背面有骷髅状斑纹（图12-31），眼斑以上具灰白色大斑，腹部黄色，前翅狭长，棕黑色，翅面混杂有微细白点及黄褐色鳞片，呈现天鹅绒光泽。后翅杏黄色，有2条粗黑横带。末龄幼虫头黄绿色，外侧具黑色纵纹，身体黄绿色（图12-32）。

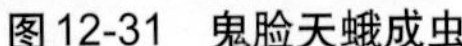

图12-31 鬼脸天蛾成虫

图12-32 鬼脸天蛾幼虫

发生规律 1年发生1代，末代蛹在土室中越冬。成虫于7月上旬出现，7月中旬产卵，7月下旬是幼虫为害盛期，8月上旬至9月上旬老熟幼虫入土化蛹越冬。

防治方法 幼虫盛发时是防治的关键时期，可用10%四氯虫酰胺悬浮剂10 ~ 20 g/亩、10%溴氰虫酰胺可分散油悬浮剂20 ~ 26 mL/亩、3%阿维·氟铃脲可湿性粉剂50 ~ 60 g/亩、40%氰虫·甲虫肼（甲氧虫酰肼20%＋氰氟虫腙20%）悬浮剂15 ~ 20 mL/亩、9.8%甲维·茚虫威（茚虫威8.5%＋甲氨基阿维菌素1.3%）可分散油悬浮剂10 ~ 15 mL/亩、85%氯虫苯·杀虫单（氯虫苯甲酰胺5%＋杀虫单80%）水分散粒剂30 ~ 40 g/亩、苏云·稻纵颗（苏云金杆菌16 000 IU/mg＋稻纵卷叶螟颗粒体病毒10万OB/mg）可湿性粉剂50 ~ 100 g/亩、2.5%溴氰菊酯乳油1 500 ~ 2 000倍液，均匀喷雾。

4. 短额负蝗

分　　布 短额负蝗（*Atractomorpha sinensis*）分布在全国各地。

为害特点 成虫及若虫食叶，影响作物生长发育。

形态特征 成虫体绿色或褐色（图12-33），体表有浅黄色瘤状突起；后翅基部红色，端部淡绿色。卵长椭圆形，黄褐至深黄色。若虫共5龄：1龄若虫草绿略带黄色，2龄若虫体色逐渐变绿，3龄若虫翅芽肉眼可见，4龄若虫后翅翅芽在外侧盖住前翅芽，5龄若虫前胸背面向后方突出较大，形似成虫。

发生规律 每年发生1 ~ 2代，以卵在沟边土中越冬。5月下旬至6月中旬为孵化盛期，7—8月羽化为成虫。

防治方法 在春、秋季铲除田埂、地边的杂草，把卵块暴露在地面晒干或冻死。

在测报基础上，抓住初孵幼虫在田埂、渠堰集中为害双子叶杂草且扩散能力极弱的特点，可用3.2%阿维菌素乳油12 ~ 16 mL/亩、2.5%溴氰菊酯乳油1 500 ~ 2 000倍液，均匀喷雾。

图12-33 短额负蝗成虫

三、芝麻田杂草防治技术

近年来，我国各地芝麻种植区域自然条件差异较大、栽培管理模式不同（图12-34），生产上应根据各地实际情况正确选择除草剂的种类和施药方法。

图12-34　芝麻田杂草发生为害情况

（一）芝麻播种期杂草防治

由于芝麻粒小、播种浅，很多种封闭除草剂品种对芝麻易产生药害，生产上应注意适当深播。

在芝麻播种前3 ～ 5 d，可以施用除草剂防止杂草的为害，可以用下列除草剂：48%氟乐灵乳油100 ～ 120 mL/亩（黏质土及有机质含量高的田块用120 ～ 175 mL/亩）、48%地乐胺乳油100 ～ 120 mL/亩（黏质土及有机质含量高的田块用150 ～ 200 mL/亩），兑水40 ～ 50 kg，配成药液喷于土表，并随即混入浅土层中，干旱时要镇压保墒。施药后3 ～ 5 d播种芝麻。

在芝麻播后芽前施药时，要注意芝麻适当深播，以防止药害的发生，可用除草剂：33%二甲戊乐灵乳油100 ～ 150 mL/亩、20%萘丙酰草胺乳油150 ～ 250 mL/亩、50%乙草胺乳油100 ～ 120 mL/亩、72%异丙甲草胺乳油120 ～ 150 mL/亩、96%精异丙甲草胺乳油50 ～ 75 mL/亩、72%异丙草胺乳油120 ～ 150 mL/亩，兑水40 kg，均匀喷施，可以有效防治多种一年生禾本科杂草和藜、苋、苘麻等阔叶杂草，对马齿苋和铁苋的防治效果较差。

封闭除草剂主要靠位差选择性以保证对芝麻的安全性，生产上应注意适当深播。同时，施药时要注意天气预报，如有降雨、降温等田间持续低温高湿情况，也易产生药害；因为芝麻田杂草防治的策略主要是控制前期草害，芝麻田中、后期生长高大密蔽，芝麻自身具有较好的控草作用，所以芝麻田除草剂用药量不宜太高。施药时一定要视条件调控药量，切忌施药量过大。药量过大、田间过湿，特别是在持续低温多雨的条件下幼苗可能会出现暂时的矮化、粗缩，多数能恢复正常生长。但严重时，会出现死苗现象（图12-35）。

图12-35　50%异丙甲草胺乳油不同剂量对芝麻药害情况

（二）芝麻生长期杂草防治

对于前期未能采取有效杂草防治措施的地块，在苗后时期应及时化学除草。宜在芝麻封行前、杂草幼苗期施用除草剂（图12-36）。

图12-36　芝麻田禾本科杂草发生为害情况

在芝麻封行前、禾本科杂草基本出齐，且多数禾本科杂草处在3～5叶期时，可以用下列除草剂：10.8%高效氟吡甲禾灵乳油20～40 mL/亩、24%烯草酮乳油20～40 mL/亩、12.5%稀禾啶机油乳剂50～100 mL/亩，兑水25～30 kg，配成药液喷洒。在气温较高、雨量较多地区，杂草生长幼嫩，可适当减少用药量；相反，在气候干旱、土壤较干地区，杂草幼苗老化耐药，要适当增加用药量。防治一年生禾本科杂草时，用药量可稍减少，而防治多年生禾本科杂草时，用药量应该适当增加。

对于前期未能有效除草的田块，在芝麻田禾本科杂草较多、较大时（图12-37），应适当加大药量和施药水量，喷透喷匀，保证杂草均能接受到药液。可以施用下列除草剂：10.8%高效氟吡甲禾灵乳油40 ～ 60 mL/亩、10%喔草酯乳油60 ～ 80 mL/亩、15%精吡氟禾草灵乳油75 ～ 100 mL/亩、10%精噁唑禾草灵乳油75 ～ 100 mL/亩、12.5%稀禾啶乳油75 ～ 125 mL/亩、24%烯草酮乳油40 ～ 60 mL/亩，兑水45 ～ 60 kg均匀喷施，施药时视草情、墒情确定用药量，可以有效防治多种禾本科杂草，但天气干旱、杂草较大时，死亡时间相对缓慢。杂草较大、杂草密度较高、墒情较差时，适当加大用药量和喷液量，否则会使杂草接触不到药液或药量较小，影响除草效果。

图12-37　芝麻田禾本科杂草发生严重的情况

第十三章　烟草病虫草害原色图解

烟草是我国的重要经济作物之一。2001年全国种植面积140多万hm^2。其中云南、贵州、河南种植面积较大，约占全国种植面积的50%。另外，四川、重庆、湖南、湖北、山东和陕西等地也有大面积种植。

一、烟草病害

据报道，我国已发现的烟草病害有70余种，其中为害较重的有炭疽病、病毒病、黑胫病、赤星病等。

1. 烟草赤星病

分　　布　烟草赤星病是烟叶成熟采收期的主要病害之一，在我国各烟区均有发生，黄淮、东北烟区的局部烟田为害较重。

症　　状　由链格孢菌（*Alternaria alternata*）引起。主要发生在打顶采烤期，可为害叶片、茎、花梗及蒴果等。叶片染病多从下部叶片开始，病斑初为黄褐色小斑点，后发展为褐色圆形或近圆形斑，出现赤褐色或深褐色的同心轮纹。病斑迅速扩展时，边缘出现黄色晕圈（图13-1）。病斑质脆、易破，严重时，病斑融合使叶片成为碎叶。

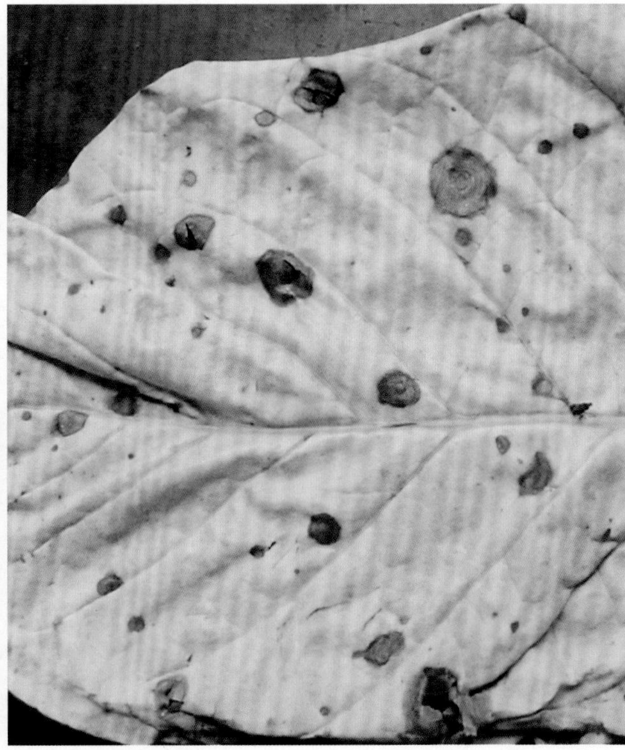

图13-1　烟草赤星病为害叶片症状

发生规律　病菌以菌丝体的形式在病残体上越冬。翌年产生分生孢子，借风雨、气流传播初侵染，为害下部叶片，形成分散的多个发病中心并向四周扩展，在病斑上再产生分生孢子，又由下雨传播再侵染（图13-2）。烟株幼苗期较抗病，叶片老化生理成熟期较感病。雨日多、湿度大是病害流行的重要因素，8—9月采收期遇雨常致赤星病大流行。种植密度大、田间荫蔽、采收不及时则发病重。

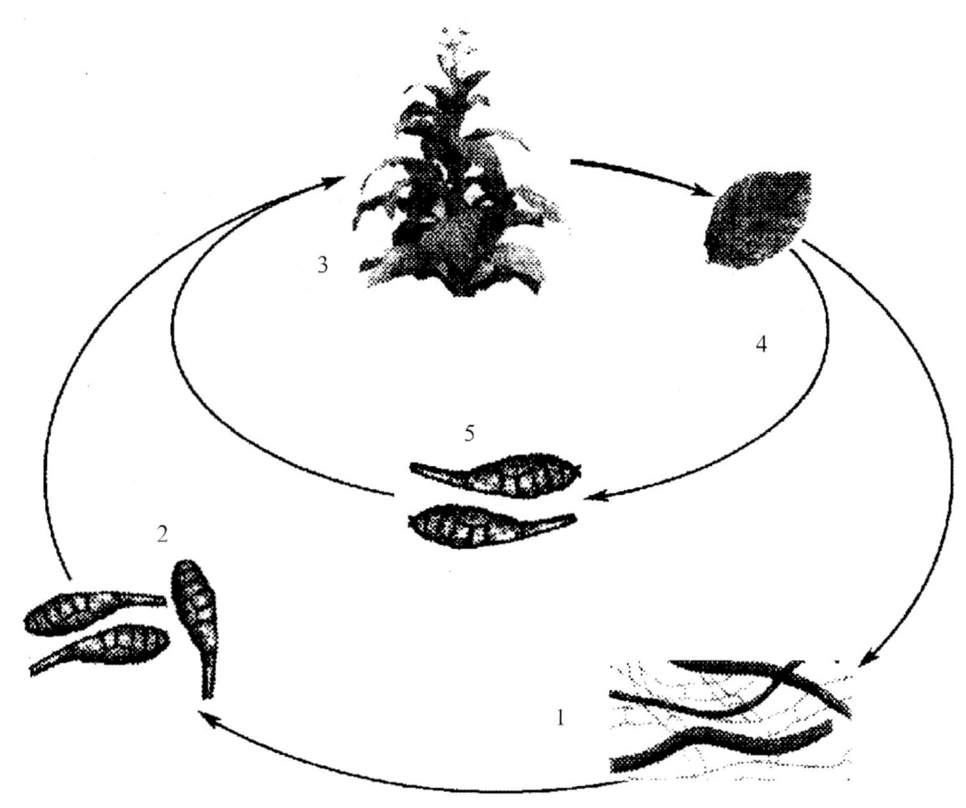

图13-2　烟草赤星病病害循环
1.以菌丝体越冬　2.分生孢子　3.侵染田间植株
4.叶片上的病斑　5.分生孢子再侵染

防治方法　选种抗病品种。利用薄膜早育苗、早移栽，使感病阶段避开雨季。及时采收成熟烟叶，并降低株行间温、湿度。烟草生理成熟期是防治赤星病的关键时期。

可用40%菌核净可湿性粉剂262.5 ~ 337.5 g/亩、10%多抗霉素可溶粒剂80 ~ 90 g/亩、5%香芹酚水剂35 ~ 50 mL/亩、30%苯醚甲环唑悬浮剂20.0 ~ 33.3 g/亩、12.5%腈菌唑微乳剂30 ~ 40 mL/亩、30%王铜悬浮剂120 ~ 150 mL/亩、80%代森锰锌可湿性粉剂120 ~ 140 g/亩、50%氯溴异氰尿酸可溶粉剂50 ~ 60 g/亩、42%三氯异氰尿酸可湿性粉剂30 ~ 50 g/亩、50%异菌脲可湿性粉剂100 ~ 125 g/亩、25%咪鲜胺乳油50 ~ 100 g/亩、50%咪鲜胺锰盐可湿性粉剂35 ~ 47 g/亩、2 000亿个/g枯草芽孢杆菌可湿性粉剂7.5 ~ 10.0 g/亩、105亿CFU/g多粘菌·枯草菌（枯草芽孢杆菌100亿CFU/g+多粘类芽孢杆菌5亿CFU/g）可湿性粉剂65 ~ 90 g/亩、10%春雷·咪锰（咪鲜胺锰盐8%+春雷霉素2%）可湿性粉剂70 ~ 80 g/亩、45%王铜·菌核净（菌核净20%+王铜25%）可湿性粉剂80 ~ 125 g/亩、19%噁霉·络氨铜（噁霉灵13%+络氨铜6%）水剂33 ~ 50 mL/亩、60%唑醚·代森联（代森联55%+吡唑醚菌酯5%）水分散粒剂60 ~ 100 g/亩，兑水均匀喷雾，每隔10 d喷1次，连续2 ~ 3次，防治效果较好。药液要喷布均匀，最好交替使用，以防产生抗药性。喷药后若遇雨，雨后需补喷。

2. 烟草黑胫病

分　布　烟草黑胫病是烟草生产上最具毁灭性的病害之一，在我国各主要产烟区均有不同程度发生，其中安徽、山东、河南为历史上的重病区。

症　状　由烟草疫霉菌（*Phytophthora nicotianae*，属鞭毛菌亚门真菌）引起。多发生于成株期，叶片发病后经主脉到叶基，再蔓延到茎部，造成茎中部腐烂（图13-3）。茎基部初呈水渍状黑斑，后向上下及髓部扩展，绕茎一周时，全株叶片突然萎蔫死亡（图13-4）。剖开病茎可见髓部变褐并干缩成碟片状，其中生有棉絮状的菌丝（图13-5）。

图13-3 烟草黑胫病为害叶片症状

图13-4 烟草黑胫病为害茎基部症状

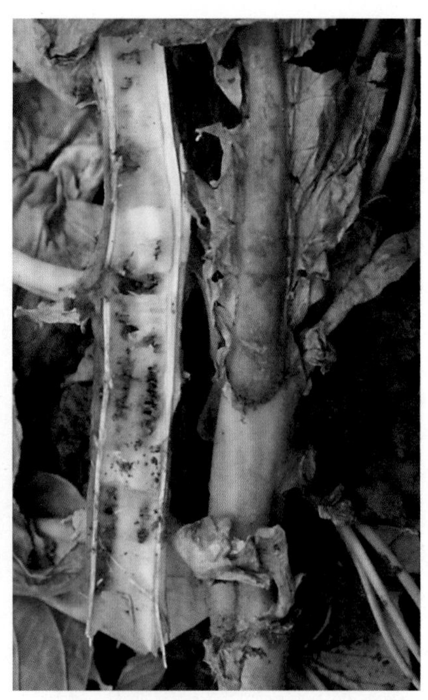
图13-5 烟草黑胫病病茎髓部变褐症状

发生规律 病菌以厚垣孢子和菌丝体的形式在土壤和粪肥中的病残体上越冬，翌年条件适宜时侵染烟株，病部产生大量孢子囊及游动孢子，通过雨水、风、农事操作等传播、再侵染（图13-6）。华南地区6月下旬至7月中旬，黄淮地区8月出现症状。降雨及田间土壤湿度大是黑胫病流行的关键性因素，在适温条件下，雨后相对湿度在80%以上保持3～5 d，病害即可流行。

防治方法 选种抗病品种。大力推广高起垄、高培土技术，烟田要求平整，防止积水。苗床处理可预防黑胫病的发生，6月下旬至7月中旬，病害发生初期是防治的关键时期。

育苗时苗床用25%甲霜灵可湿性粉剂10 g/m^2，拌10～12 kg干细土，播种时1/3撒在苗床表面，播种后其余2/3覆盖在种子上。20%噁霉·瘟灵（噁霉灵10%+稻瘟灵10%）微乳剂50～60 mL/亩，苗床浇洒、本田灌根。

烟苗移栽定植时，可用20%噁霉·稻瘟灵（噁霉灵10%+稻瘟灵10%）微乳剂50～60 mL/亩、70%敌磺钠可溶粉剂286～400 g/亩、10亿孢子/g木霉菌可湿性粉剂25～50 g/亩、80%三乙膦酸铝可湿性粉剂375～406 g/亩喷雾，58%甲霜灵·锰锌可湿性粉剂500～1 000倍液浇灌1次，15 d后再浇灌1次，防效较好。

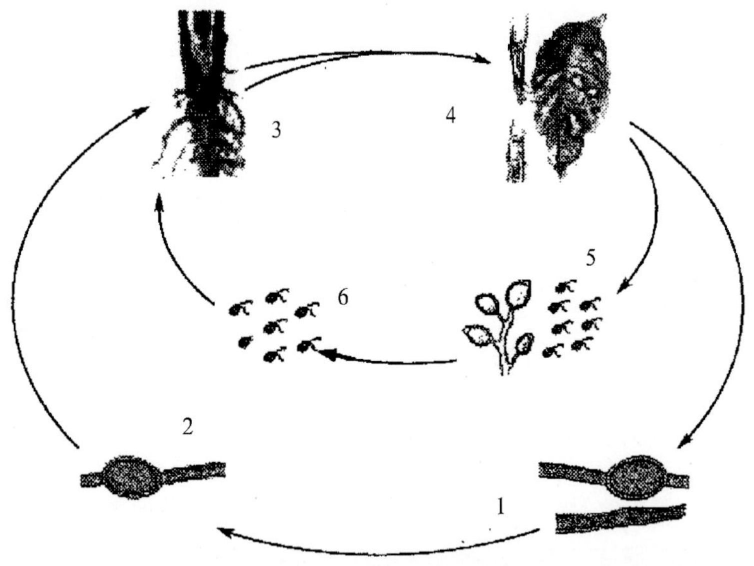

图13-6 烟草黑胫病病害循环

1.病菌在病残体中越冬 2.厚垣孢子萌发 3.病菌染茎基部 4.病茎、病叶 5.孢子囊和游动孢子 6.游动孢子再侵染

田间烟株发病前或发病初期，可用68%精甲霜·锰锌（精甲霜灵4%+代森锰锌64%）水分散粒剂100～120 g/亩、65%二氰·烯酰（烯酰吗啉50%+二氰蒽醌15%）水分散粒剂30～50 g/亩、51%霜霉·乙酸铜（霜霉威28%+乙酸铜23%）可溶液剂35～40 mL/亩、30%烯酰·咪鲜胺（烯酰吗啉15%+咪鲜

胺15%）悬浮剂75 ~ 90 mL/亩、48%霜霉·络氨铜（络氨铜23%＋霜霉威25%）水剂1 000 ~ 1 500倍液、64%噁霜·锰锌（噁霜灵8%＋代森锰锌56%）可湿性粉剂225 ~ 250 g/亩、72.2%霜霉威水剂600倍液、58%甲霜灵·代森锰锌可湿性粉剂600倍液、95%敌磺钠可溶性粉剂500倍液+25%甲霜灵可湿性粉剂1 500倍液、60%烯酰·锰锌可湿性粉剂600 ~ 800倍液、68%精甲霜·锰锌水分散粒剂100 ~ 120 g/亩、50%氟吗啉·三乙膦酸铝可湿性粉剂80 ~ 100 g/亩、2 000亿CFU/g枯草芽孢杆菌可湿性粉剂7.5 ~ 10.0 g/亩、200亿孢子/g解淀粉芽孢杆菌PQ21可湿性粉剂100 ~ 200 g/亩、100万孢子/g寡雄腐霉菌可湿性粉剂5 ~ 20 g/亩、20%辛菌胺醋酸盐水剂20 ~ 30 mL/亩、80%烯酰吗啉水分散粒剂20 ~ 25 g/亩、722 g/L霜霉威盐酸盐水剂100 ~ 167 mL/亩、70%代森锰锌可湿性粉剂175 ~ 226 g/亩，兑水40 ~ 50 kg喷雾，隔15 d再喷1次。

3. 烟草花叶病

分　布　烟草花叶病（普通花叶病、烟草黄瓜花叶病）是在世界各烟草产区广为分布的重要病害之一，是制约各国烟草生产的重要障碍。

症　状　烟草普通花叶病：由烟草花叶病毒（*Tobacco mosaic virus*, TMV）引起。烟草植株染病后，幼嫩叶片侧脉及支脉组织呈半透明状。叶脉两侧叶肉组织渐呈淡绿色。病毒在叶片组织内大量增殖，使部分叶肉细胞增大或增多，出现叶片薄厚不匀，颜色黄绿相间，呈花叶状。后花叶斑驳程度加大，并现大面积深褐色坏死斑，中下部老叶尤甚，发病重的叶片皱缩、畸形、扭曲，出现疱状斑(图13-7、图13-8)。

图13-7　烟草普通花叶病为害叶片症状

图13-8　烟草普通花叶病为害植株症状

烟草黄瓜花叶病：由黄瓜花叶病毒（*Cucumber mosaic virus*, CMV）引起。发病初期表现明脉，后在新叶上表现花叶，叶片变窄，伸直呈拉紧状，叶片茸毛稀少，失去光泽。有的病叶形成黄绿色或深黄色相间花叶，呈现疱斑，有的叶脉呈闪电状坏死，有的植株矮黄（图13-9、图13-10）。

图13-9 烟草黄瓜花叶病为害叶片闪电状坏死斑症状

图13-10 烟草黄瓜花叶病为害植株症状

发生规律 烟草普通花叶病能在多种植物上越冬。主要通过汁液传播，病健叶轻微摩擦造成微伤口，病毒即可侵入。田间通过病苗与健苗摩擦或农事操作再侵染（图13-11）。主要发生在苗床期至大田现蕾期。

烟草黄瓜花叶病毒主要在越冬蔬菜、多年生树木及农田杂草上越冬。可通过蚜虫和摩擦传播，有60多种蚜虫可传播该病毒。翌春通过有翅蚜迁飞传到烟株上。烟株在现蕾前旺长阶段较感病，现蕾后抗病力增强。大田蚜虫进入迁飞高峰后10 d左右，开始出现发病高峰。

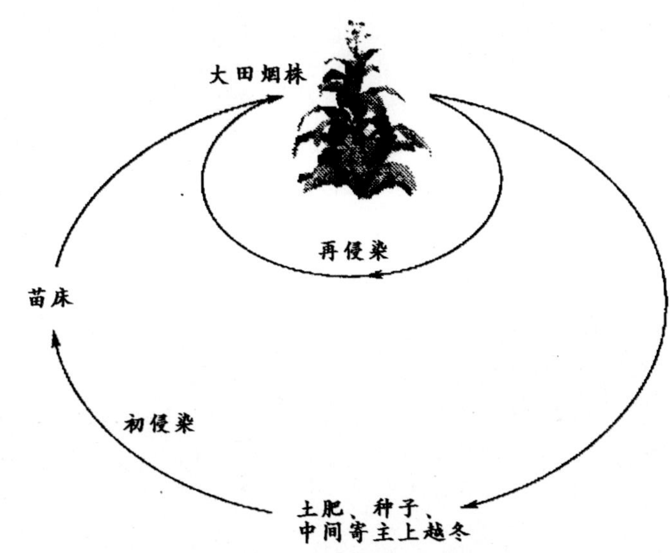

图13-11 烟草普通花叶病病害循环

防治方法 选种抗病品种。清除混杂在种子中的病残体，降低苗期感病率。铲除苗床及其附近的杂草或野生寄主，尽早拔除苗床和烟田早期发病的植株。避免施用未经充分腐熟的、混有病残体的肥料。大田蚜虫迁入高峰期前，即病害发生初期是防治的关键时期。

在发病前或发病初期喷药防治，可用0.06%甾烯醇微乳剂30 ~ 60 mL/亩、8%辛菌胺醋酸盐水剂30 ~ 50 g/亩、10%混合脂肪酸水乳剂600 ~ 1 000 mL/亩、1%香菇多糖水剂50 ~ 80 mL/亩、20%吗啉胍·乙铜（乙酸铜10% +盐酸吗啉胍10%）可湿性粉剂150 ~ 200 g/亩、1%氨基寡糖素水剂300 ~ 500 mL/亩、2%宁南霉素水剂300 ~ 400 mL/亩、6% 烯·羟·硫酸铜（烯腺嘌呤0.000 015% +羟烯腺嘌呤0.000 015% +硫酸铜6%）可湿性粉剂20 ~ 40 g/亩、4%嘧肽霉素水剂200 ~ 300 mL/亩、0.5%菇类蛋白多糖水剂150 ~ 200 mL/亩、31%氮苷·吗啉胍可溶粉剂25 ~ 50 g/亩，兑水40 ~ 50 kg均匀喷施，间隔7 ~ 10 d喷1次，共喷施4次。采收前14 d停止用药。

4. 烟草马铃薯Y病毒病

分　布 烟草马铃薯Y病毒病在我国各产烟区均有发生，在河南、山东、安徽、辽宁、湖北、湖南、四川等省份危害严重。近年来，其他省份有逐年加重趋势，该病已成为烟草主要病毒病害之一，各地应引起高度重视。

症　状　由马铃薯Y病毒（*Potato virus Y*，PVY，属于马铃薯Y病毒组）引起。病毒株系不同，表现出的症状也不同。主要有脉带花叶型、脉斑型和褪绿斑点型（图13-12）。脉带型：烟株上部叶片呈黄绿花叶斑驳，脉间色浅，叶脉两侧深绿，形成明显的脉带，严重时出现卷叶或灼斑，叶片成熟不正常，色泽不均，品质下降，烟株矮化。脉斑型：下部叶片发病，叶片黄褐，主侧脉从叶基开始呈灰黑或红褐色坏死，叶柄脆，摘下可见维管束变褐，茎秆上现红褐或黑色坏死条纹。褪绿斑点型：初期与脉带型相似，但上部叶片现褪绿斑点，后中下部叶产生褐色或白色小坏死斑，病斑不规则，严重时整叶斑点密集，形成穿孔或脱落。

图13-12　烟草马铃薯Y病毒病为害叶片症状

发生规律　马铃薯Y病毒可通过蚜虫、汁液摩擦、嫁接等方式传播。自然条件下以蚜虫传毒为主。介体蚜虫主要有棉蚜、烟蚜、马铃薯长管蚜等，以非持久性方式传毒。主要在农田杂草、马铃薯种薯和其他茄科植物上越冬（图13-13）。亚热带地区可在多年生植物上连续侵染，通过蚜虫迁飞向烟田转移，大田汁液摩擦传毒也是主要途径之一。幼嫩烟株较老株发病重。蚜虫为害重的烟田发病重。天气干旱易发病。

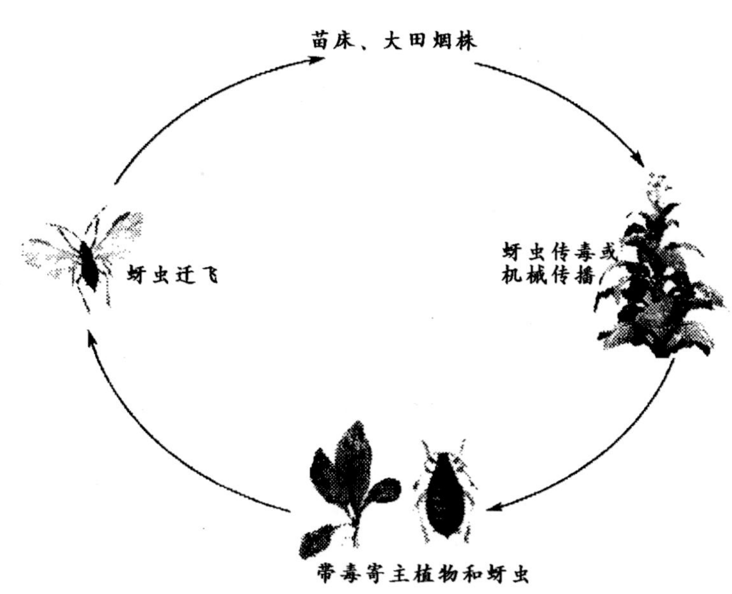

图13-13　烟草马铃薯Y病毒病病害循环

防治方法　防治烟蚜时可用击倒性较强的农药。如用50%抗蚜威可湿性剂3 000 ～ 4 000倍液、10%吡虫啉可湿性粉剂1 500 ～ 2 000倍液防治，每亩50 ～ 75 kg，均可取得较好的防治效果。

烟株发病初期，可用2%香菇多糖水剂34 ～ 43 mL/亩、50%氯溴异氰尿酸可溶粉剂45 ～ 60 g/亩、5%氨基寡糖素水剂40 ～ 50 mL/亩、40%混合脂肪酸水乳剂25 ～ 30 mL/亩、0.06%甾烯醇微乳剂30 ～ 60 mL/亩、80%盐酸吗啉胍可湿性粉剂50 ～ 64 g/亩、20%辛菌胺醋酸盐水剂20 ～ 30 mL/亩、24%甲诱·吗啉胍（甲噻诱胺8%＋盐酸吗啉胍16%）悬浮剂350 ～ 480倍液、6%寡糖·链蛋白（氨基寡糖素3%＋极细链格孢激活蛋白3%）可湿性粉剂75 ～ 100 g/亩、30%混脂·络氨铜（络氨铜1.5%＋混合脂肪酸28.5%）水乳剂40 ～ 50 mL/亩、6%烯·羟·硫酸铜（烯腺嘌呤0.000 015%＋羟烯腺嘌呤0.000 015%＋硫酸铜6%）可湿性粉剂20 ～ 40 g/亩、20%吗胍·乙酸铜（乙酸铜10%＋盐酸吗啉胍10%）可湿性粉剂150 ～ 200 g/亩、18%丙唑·吗啉胍（盐酸吗啉胍16%＋丙硫唑2%）可湿性粉剂进行喷施，每亩50 ～ 75 kg，间隔7 ～ 10 d1次，共喷施4次。

烟株发病初期，可用2%宁南霉素水剂200 ～ 250倍液、3.95%三氮唑核苷可湿性粉剂500 ～ 600倍液、20%盐酸吗啉胍·乙酸铜可湿性粉剂500倍液、1.5%植病灵乳油600 ～ 800倍液喷施，每亩50 ～ 75 kg，间隔7 ～ 10 d喷1次，共喷施4次。

5. 烟草蚀纹病毒病

分　　布　烟草蚀纹病毒病在全国各产烟区发生普遍。其中在河南、陕西、四川、安徽、云南、广东、贵州、辽宁等省份为害严重，其他地区也有加重趋势。

症　　状　由烟草蚀纹病毒（*Tobacco etch virus*，TEV，属马铃薯Y病毒组）引起。主要发生在成株期，茎、叶均可染病。发病初期叶片上产生小斑点，后形成白色条纹或多角形病斑，常沿脉扩展，后期病斑布满整个叶片，致叶枯焦脱落或残留叶脉而形成枯焦条纹状，支脉变黑而卷曲，整个叶片毁坏（图13- 14）。烟株染上此病毒后，7 d即可传到生长点，并在其上产生条状的枯死斑。

图13-14　烟草蚀纹病毒病为害叶片症状

发生规律　田间杂草和越冬蔬菜为主要初侵染源。经汁液摩擦及蚜虫传毒，主要靠烟蚜、桃蚜传毒。蚜虫发生数量大发病重。气温25℃，利于病毒增长，TEV浓度升高发病重。

防治方法　发生严重的地区，采用烟麦套种，能显著减轻发生程度。田间操作时，严格按照先无病田，后有病田的无病株，再操作有病烟株的原则进行；及时追肥、培土、灌溉等，提高烟株的抗病性。施足氮、磷、钾底肥，尤其是磷、钾肥。及时喷施多种微量元素肥料，提高烟株的抗病能力。盖银灰（或白）色地膜栽培，对于减缓或抑制大田期第一次蚜量高峰具有重要作用，明显减少有翅蚜的数量。

药剂防治可参考烟草马铃薯Y病毒病。

6. 烟草根结线虫病

分　　布　烟草根结线虫病在各烟区均有发生，其中在河南、山东、四川、重庆、云南、湖南、湖北、海南、广西等省份为害较重。

症 状 由南方根结线虫（*Meloidogyne incognita*）引起。从苗床期到大田期均可以发生。苗床期染病一般地上无明显症状。大田期染病，初从下部叶片的叶尖、叶缘开始褪绿变黄，后期中、下部叶片的叶尖、叶缘出现不规则褐色坏死斑并逐渐内卷（图13-15）。病株根部出现许多大小不一的根结，有时根结紧密连接在一起，形成一个大根结，在根结内可见乳白色粒状雌成虫（图13-16）。为害严重时，全田均可受害（图13-17）。

图13-15 烟草根结线虫病为害植株症状

图13-16 烟草根结线虫病为害根部症状

图13-17 烟草根结线虫病为害严重时田间症状

发生规律 以卵囊、幼虫及成虫的形式在病根残体、土壤和未腐熟的粪肥内越冬，翌年，卵孵化成2龄幼虫侵染为害。线虫随农事操作及灌水传播，连作田、沙壤土有利于线虫的繁殖为害。不合理轮作、套作容易发病。

防治方法 选种抗病品种。烟叶收获后，要深翻烟田，将翻出的残根拣出烧毁。施足无病虫的腐熟有机肥，培养壮苗。烟田收获后要灌水浸泡1个月或水旱轮作，效果更好。

苗床熏蒸：选用80%二氯异丙醚90 ～ 170 mL/亩兑水配成100倍液，施后覆土熏蒸7 ～ 14 d，然后栽烟苗或播种，土壤湿度大时效果更好。

大田移栽前可在准备栽烟的烟畦上开挖15 ～ 20 cm深的沟，用0.5％阿维菌素颗粒剂2 ～ 3 kg/亩、3％克百威颗粒剂3 kg/亩、3％氯唑磷颗粒剂4 kg/亩、10％克线磷颗粒剂2 ～ 3 kg/亩拌细沙或泥粉20 ～ 30 kg撒施，施药后覆土。施药后7 ～ 14 d栽烟。

7. 烟草炭疽病

症　状 由烟草炭疽菌（*Colletotrichum nicotianae*，属无性型真菌）引起。多发生于苗期，主要为害叶片，染病初为暗绿色水渍状小斑，后扩展为褐色圆斑，病斑中央稍凹陷，白至黄褐色，边缘明显，稍隆起，褐色（图13-18）。潮湿时病斑上产生轮纹和小黑点。干燥时染病组织老硬，病斑多为黄色或白色，无轮纹和黑点。病害严重时病斑融合成大斑，使烟叶扭缩或枯焦。

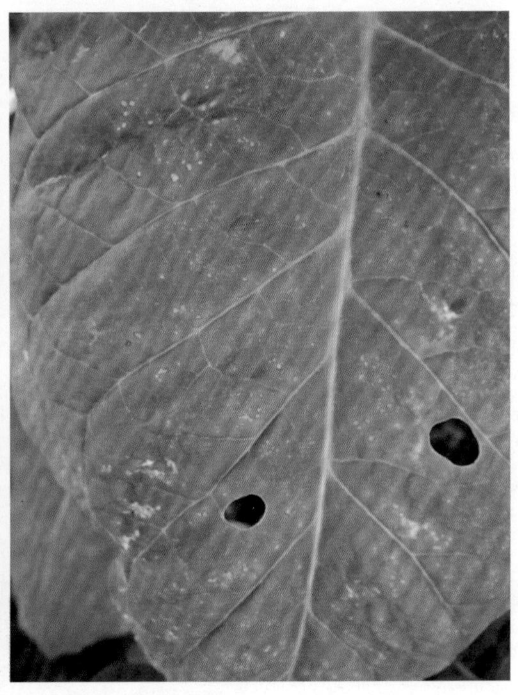

图13-18 烟草炭疽病为害子叶、真叶症状

发生规律 以菌丝体和分生孢子的形式随病残体遗留在土壤、粪肥上越冬，成为翌年苗床病害初侵染源。病菌靠风雨传播，分生孢子只有在潮湿情况下才产生，并且有水膜存在时，才能萌发侵染。苗期多雨，病害常比较重。苗床低湿或大水漫灌都会引起病害发生。大田土壤低湿，排水不良，成株发病亦重。

防治方法 选择地势较高，排灌方便，土质肥沃、疏松的无病沙壤土作苗床，并采用塑料薄膜覆盖育苗。苗床缺水时，要小水勤浇。种子处理是预防炭疽病的有效措施，烟苗移栽时是防治的关键时期。

种子处理：可用1％～ 2％硫酸铜、2％福尔马林溶液浸种消毒10 min，然后用清水洗净、晾干催芽后播种。

烟苗移栽前，可喷施70％代森锰锌可湿性粉剂500倍液、75％百菌清可湿性粉剂500倍液+50％多菌灵可湿性粉剂500倍液等药剂预防。

移栽后病害发生初期，可用25％咪鲜胺锰盐乳油1 000倍液、60％苯甲·福美双可湿性粉剂100 ～ 150 g/亩、75％肟菌·戊唑醇（肟菌酯25％+戊唑醇50％）水分散粒剂10 ～ 15/亩、75％戊唑·嘧菌酯（嘧菌酯25％+戊唑醇50％）可湿性粉剂10 ～ 15 g/亩、20％丙硫多菌灵悬浮剂100 ～ 125 mL/亩、50％甲基硫菌灵可湿性粉剂1 000倍液、24％腈苯唑悬浮剂900 ～ 1 200倍液、40％氟硅唑乳油4 000 ～ 6 000倍液，间隔7 ～ 10 d喷1次，连续2 ～ 3次，发生严重时可喷4 ～ 5次。

8. 烟草青枯病

分　布 烟草青枯病是我国南方烟区普遍发生的病害，在广东、广西、湖南和浙江等地发病较重。

症　　状　由青枯劳尔氏菌（*Ralstonia solanacearum*）引起。本病为典型的维管束病害，发病初期，病株多向一侧枯萎，拔出后可见发病的一侧支根变黑腐烂，未显症的一侧根系大部分正常。发病中期全部叶片萎蔫，条斑表皮变黑腐烂，根部也变黑腐烂，横剖病茎用力挤压切口，从导管溢出黄白色菌脓，病株茎和叶脉导管变黑（图13-19）。

发生规律　病菌落入土壤中或在堆肥中越冬。病菌多从根部伤口侵入，在田间病菌借灌溉水、雨水，以及人、畜、工具带菌传播。病害始见于烟草生长期，到烟草成熟期或还未成熟期病害达到高峰。

图13-19　烟草青枯病为害植株症状

防治方法　因地制宜选用抗青枯病的品种，健全排灌系统，防止串灌和雨水串流，以减少病原在田间的扩散传播。施氮肥时，要施用硝态氮，不要施用氨态氮。

发病初期，可用3 000亿个/g荧光假单胞杆菌可湿性粉剂585 ～ 660 g/亩、10亿CFU/g解淀粉芽孢杆菌B7900可湿性粉剂100 ～ 200 g/亩、50亿CFU/g多粘类芽孢杆菌可湿性粉剂1 000 ～ 1 500倍液、3 000亿活芽孢/g荧光假单胞杆菌可湿性粉剂560 ～ 660 g/亩、40%噻唑锌悬浮剂700 ～ 800倍液、3%中生菌素可湿性粉剂700 ～ 800倍液、52%氯尿·硫酸铜（硫酸铜2%＋氯溴异氰尿酸50%）可溶粉剂750 ～ 1 000倍液、20%噻菌铜悬浮剂300 ～ 700倍液、25%溴菌·壬菌铜（溴菌腈20%＋壬菌铜5%）微乳剂40 ～ 55 mL/亩、80%乙蒜素乳油5 mL/亩灌根，每株灌400 ～ 500 mL，间隔10 d灌1次，连灌2 ～ 3次。也可以用100亿芽孢/g枯草芽孢杆菌可湿性粉剂50 ～ 60 g/亩、42%三氯异氰尿酸可湿性粉剂30 ～ 50 g/亩、20%噻菌铜悬浮剂300 ～ 700倍液，喷淋或喷雾。

9. 烟草蛙眼病

分　　布　烟草蛙眼病在我国普遍发生，在湖南、河南、广西等地发生较严重。

症　　状　由烟草尾孢菌（*Cercospora nicotianae*，属无性型真菌）引起。主要为害叶片。病斑一般先出现在中、下部叶片，成熟的叶片比幼嫩叶片易感病。病斑圆形，中心白色，边缘深褐色，形似"蛙眼"（图13-20）。叶片上病斑数量多时，常连接成片，破裂干枯。湿度大时，病斑上产生灰色霉层。

图13-20　烟草蛙眼病为害叶片症状

发生规律　病菌主要随病株残余在土壤中越冬，为每年初次侵染的主要来源。分生孢子借风雨传播，散落于适宜的烟叶，从而侵染植株。高温多湿是蛙眼病流行的主要条件，阴雨连绵的天气，发病往往比较严重。地势低洼，土壤黏重，排水不良，种植过密，通风透光不良的烟田发病重。

防治方法　选用抗（耐）病品种，适时打顶采收，适时采收成熟烟叶，能防止和控制病害的发生和蔓延，减轻为害。合理轮作。烟苗移栽期是防治的关键时期。

在幼苗定植期，可喷施75%百菌清可湿性粉剂600 ~ 800倍液、50%多菌灵可湿性粉剂800 ~ 1 000倍液、70%代森锰锌可湿性粉剂500 ~ 600倍液等药剂预防。

在病害发生初期，可用9%吡唑醚菌酯微囊悬浮剂58 ~ 66 mL/亩、60%肟菌酯水分散粒剂9 ~ 12 g/亩、80%嘧菌酯水分散粒剂15 ~ 20 g/亩、50%甲基硫菌灵可湿性粉剂600倍液、40%菌核净可湿性粉剂1 000倍液喷雾，间隔7 ~ 10 d喷1次，连续2 ~ 3次，防治效果较好。

10. 烟草枯萎病

分　　布　烟草枯萎病是烟草的重要病害，在我国各烟草产区均有发生。

症　　状　由尖孢镰孢菌烟草专化型（*Fusarium oxysporum* f.sp. *nicoticmae*，属无性型真菌）引起。苗期、成株期均可发病，一般在旺长期至现蕾期症状较明显。多从烟草的根系侵入，并沿维管束系统扩展。有的仅在一侧发病，叶片小或主脉弯曲，病株顶部弯向一侧，剖开病茎、病根，可见木质部褐变。后期病株逐渐变黄萎蔫枯死（图13-21、图13-22）。

图13-21　烟草枯萎病为害幼苗症状

图13-22　烟草枯萎病为害成株症状

发生规律　病菌以厚垣孢子的形式在病残体内或土壤中越冬，翌年条件适宜时，萌发产生侵入丝，通过伤口或直接穿透根部细胞伸长区或分生区，向木质部扩展，并可侵染木质部薄壁组织。生长后期暴雨之后的高温晴日及沙土地利其发病。该病属积年流行病害，初侵染决定病情严重度，田间发病只有一个高峰。

防治方法　选用抗病品种，提倡与禾本科作物或棉花轮作。施用酵素菌沤制的堆肥或腐熟有机肥。注意防治线虫，可减轻发病。

苗床土壤消毒：播前14 d，用40%福尔马林50 mL/m^{2}兑水18 ~ 36 kg淋洒，盖薄膜密封3 ~ 5 d，去膜后待药液充分挥发后播种。

初见病株时，可用50%多菌灵水溶性粉剂1 000倍液、70%甲基硫菌灵可湿性粉剂600倍液、50%苯菌灵可湿性粉剂1 000倍液、50%异菌脲可湿性粉剂1 000 ~ 1 200倍液、25%咪鲜胺乳油1 500倍液、50%多菌灵可湿性粉剂500倍液、32%乙蒜酮（乙蒜素30%+三唑酮2%）乳油13 ~ 17 mL/亩、85%三氯异氰尿酸可溶性粉剂10 ~ 42 g/亩、1.26%辛菌胺水剂70 ~ 100倍液、1.26%辛菌胺水剂70 ~ 100倍液灌根，每株灌对好的药液400 ~ 500 mL，隔7 ~ 15 d灌1次，连灌2 ~ 3次。

11. 烟草灰霉病

症　　状　由灰葡萄孢菌（*Botrytis cinerea*，属无性型真菌）引起。烟苗成苗期在下部叶片即有发生，但多发生于大田中、后期的中、下部叶片上。除叶片受害外，可通过叶柄传染到茎部。叶片病斑初为水渍状，暗褐色（图13-23）。其后，病斑扩展，内侧有不清晰轮纹，且互相合并，呈不规则形，并沿主、侧脉发展，扩及叶尖和叶柄，又通过叶柄传至茎部。最后，病斑中央坏死，呈黑褐色薄膜状。天气晴朗时病斑干枯、破碎，仅剩叶脉，天气潮湿时病斑表面产生灰色霉状物。在不适宜的条件下，还可产生片状菌核。病叶采收后，病叶、健叶重叠堆放，健叶又可被污染，甚至腐烂。

图13-23　烟草灰霉病为害叶片症状

发生规律　病菌主要以菌核的形式随病株残体越冬或越夏。分生孢子抗旱力强，在温暖环境下分生孢子也可越冬。当条件适宜时，菌核萌发产生菌丝，再产生分生孢子梗和分生孢子。分生孢子借助风雨传播，并萌发芽管直接侵入造成初侵染。随后又在发病部位产生分生孢子而再侵染。植株生长衰弱最易于感病。生长茂密，排水不良，相对湿度在90%以上，甚至存在水滴情况下，病害容易发生和流行。

防治方法　加强田间管理，增强烟株抗性。施足基肥，及时追肥，注意配施磷、钾肥。开好排水沟，防止渍水，降低田间湿度。一般烟田及时打顶抹芽。烟草留种应经常清除附着于烟株叶片上穗部脱落枯残腐生的花器。

病害发生初期，可用75%百菌清可湿性粉剂600 ～ 800倍液+50%多菌灵可湿性粉剂800倍液、80%代森锰锌可湿性粉剂600 ～ 800倍液+70%甲基硫菌灵可湿性粉剂500 ～ 600倍液、40%嘧霉胺悬浮剂800 ～ 1 200倍液、75%肟菌 · 戊唑醇（肟菌酯25% + 戊唑醇50%）水分散粒剂10 ～ 15 g/亩、75%戊唑 · 嘧菌酯（嘧菌酯25% + 戊唑醇50%）可湿性粉剂10 ～ 15 g/亩等药剂均匀喷雾，每隔7 ～ 10 d喷洒1次，连喷2 ～ 3次。

12. 烟草碎叶病

症　状　由烟球腔菌（*Mycosphaerella nicotianae*，属子囊菌亚门真菌）引起。碎叶病为害烟叶的叶尖或叶缘部位。病斑不规则形，褐色，杂有不规则的白色斑，造成叶尖和叶缘处破碎。后期在病斑上散生小黑点，即病菌的子囊座，在叶片中部沿叶脉边缘也常出现灰白色闪电状的断续枯死斑，后期枯死斑常脱落，叶片上出现一个或数个多角形、不规则形的破碎的穿孔斑（图13-24）。

图13-24 烟草碎叶病为害叶片症状

发生规律 病菌以子囊座和子囊孢子的形式在病株残体上越冬，成为翌年的初侵染菌源。病害多发生于多雨的7—8月。病害一般在田间零星发生，对产量影响不大。

防治方法 收获后应及时将田间枯枝落叶烧毁，及时秋翻土地，将散落于田间的病株残体深埋土里，合理密植，增施磷、钾肥，促使烟株生长健壮，增强抗病力。

发病初期结合防治其他叶斑病害，及时喷洒百菌清等药剂，可减轻发病。

13. 烟草灰斑病

症　状 由交链孢菌（*Alternaria* sp.，属无性型真菌）引起。主要发生于移栽前后的烟苗叶片上。病斑初呈淡黄色点状，后扩大呈近圆形，中央白色至灰色，稍凹陷，边缘淡褐色。病斑上常着生黑色稀疏霉状物，但与炭疽病的小黑点不同（图13-25）。

图13-25 烟草灰斑病为害叶片症状

发生规律和防治方法 可参考烟草赤星病。

14. 烟草野火病

症　　状　由丁香假单胞菌烟草致病变种（*Pseudomonas syringae* pv. *tabaci*，属细菌）引起。主要为害叶片，多发生在烟草生长中、后期。叶片染病初为黑褐色水渍状小圆斑，后扩展，周围有宽的黄色晕圈，中心红褐色坏死，严重时病斑融合成不规则大斑，上有轮纹（图13-26）。天气潮湿或有水滴存在时，病部溢出菌脓，干燥后病斑破裂脱落。

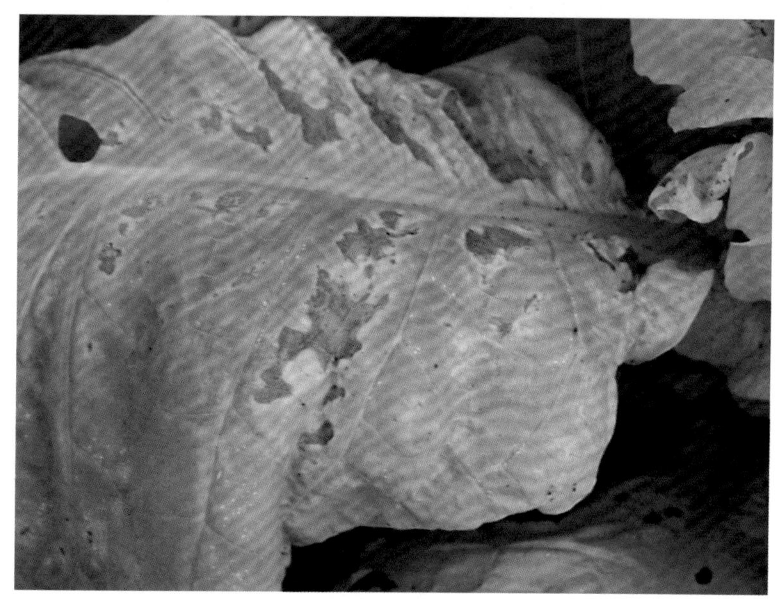

图13-26　烟草野火病为害叶片症状

发生规律　病残体及带菌种子是病菌的主要越冬场所。在田间病菌靠雨水或露水传播。从叶片气孔或伤口侵入。雨水多，雨量大，特别是暴风雨常引致野火病大发生。田间施氮过多，叶片幼嫩，贪青晚熟，湿度过大，打顶过早或过低发病较重。

防治方法　选用抗病品种，早期发现少量病叶，应及早摘去或提早采收脚叶，实行3～5年轮作，注意氮、磷、钾肥配合施用。

选用无病种子或对种子进行消毒，育苗前用0.2%硫酸铜液或0.1%硝酸银液消毒10 min，清水冲洗干净后播种。

初发病时，可用20%松脂酸铜水乳剂80～120 mL/亩、3%噻霉酮微乳剂90～100 g/亩、40%噻唑锌悬浮剂60～85 mL/亩、30%噻森铜悬浮剂60～80 mL/亩、6%春雷霉素可湿性粉剂41.7～55.6 g/亩、50%氯溴异氰尿酸可溶粉剂60～80 g/亩、46%氢氧化铜水分散粒剂30～45 g/亩、20%噻菌铜悬浮剂100～130 g/亩、77%硫酸铜钙可湿性粉剂400～600倍液、52%氧氯化铜·代森锌（代森锌15%+氧氯化铜37%）可湿性粉剂150～200 g/亩、3%中生菌素可湿性粉剂300～500倍液、新植霉素3 500～4 000倍液均匀喷施，间隔7～10 d喷施1次，连续2～3次，防治效果较好。

15. 烟草细菌角斑病

症　　状　由丁香假单胞杆菌角斑专化型（*Pseudomonassyringae* pv. *angulata*）引起。多发生在生长后期，主要为害叶片、蒴果、萼片、茎部等。叶片染病，在叶片上产生多角形至不规则形黑褐色病斑，边缘明显，周围没有明显黄色晕圈（图13-27）。湿度大时病部表面溢有菌脓，干燥条件下病斑破裂或脱落。

图13-27　烟草细菌角斑病为害叶片症状

发生规律　病菌在病残体或种子上越冬，也能在一些作物和杂草根系附近存活，成为翌年该病的初侵染源。田间的病菌主要靠风雨及昆虫传播。苗期即可染病，造成大片死苗。烟苗栽到大田后，随气温上升或6—8月多雨，尤其是暴风雨，造成烟株及叶片相互碰撞或摩擦，产生大量伤口，病菌通过伤口或从气孔、水孔侵入烟叶，引致发病。

防治方法 提倡与水稻、棉花、玉米等禾本科作物实行3年以上轮作。选用优良烟种。合理密植，避免偏施、过施氮肥，病害发生初期及早摘除病叶。

种子处理：可用6%春雷霉素可湿性粉剂41.7 ~ 55.6 g/亩、50%氯溴异氰尿酸可溶粉剂60 ~ 80 g/亩、46%氢氧化铜水分散粒剂30 ~ 45 g/亩、20%噻菌铜悬浮剂100 ~ 130 g/亩、3%中生菌素可湿性粉剂300 ~ 500倍液喷施，间隔7 ~ 10 d喷1次，连喷2 ~ 3次。

16. 烟草气候斑病

分　布 烟草气候斑病是由大气中的臭氧等引起的一种非侵染性病害，在我国的云南、河南、福建、湖北、湖南、安徽、广东、广西等省份为害严重，其他省份发生也相当普遍。

症　状 苗期、成株期均可发病。幼叶及正在伸展的叶片受害重，该病呈规律性分布，叶尖、叶基、叶中部组织上较集中，多沿叶脉两侧组织扩展（图13-28）。病斑初为针尖大小的水渍状灰白色或褐色小点，后可扩展为直径1 ~ 3 mm的近圆形大斑，中间坏死，四周失绿，严重时，多个病斑融合成大块枯斑，叶脉两侧的病斑呈不规则形焦枯，叶肉枯死，叶片脱落。在近成熟的中下部或底叶上病斑呈穿孔状，叶面上出现许多散生的细碎圆斑，后期也穿孔，但病斑边缘无深褐色的界限，区别于穿孔病。

图13-28　烟草气候斑病为害叶片症状

病　因 烟草是对大气污染较敏感的作物。随着工业生产的发展，空气中有毒物质不断出现。造成烟草气候斑病的主要原因是臭氧（O_3）的存在，当臭氧浓度在0.03 ~ 0.05 mg/kg，就会对烟草等富含叶绿素的植物组织产生不良影响，使叶尖上产生点痕、斑点或斑，叶绿体遭到破坏，尤其是栅栏组织最为敏感。臭氧是一种强氧化剂，当显症后，它能刺激寄主呼吸，同时抑制光合作用，当气孔开启后，臭氧通过气孔进入气腔，就会产生毒害。其次是工业废气如二氧化碳、硝酸过氧化乙酰等的污染。生产中，若低温持续时间长、阴雨天气多、日照少，易发病。其原因：一是温度逆转期间，高空的臭氧由于空气反气旋流动易沉降下来，导致地面臭氧浓度升高；二是叶片气孔开放时间长，根系发育不良，造成营养不足；三是在湿润田中种植烟草，土壤缺氮或氮肥过量，磷的供应不能满足烟草正常生理需求，易产生气候斑病。

防治方法 培育选用耐病品种。不要在城郊、有工业污染的地方或地块种植烟草。加强烟田管理，移栽后低温多雨要及时中耕，提温散湿，促根系发育，同时也要注意防止前期干旱；采用配方施肥技术，做到氮、磷、钾平衡供应，防止栽植过密，避免过于遮荫；必要时向叶面喷施抗氧剂。

发生初期喷洒65%代森锌可湿性粉剂或70%代森锰锌可湿性粉剂500倍液等，间隔7 ~ 10 d喷施1次，连喷2 ~ 3次，防病效果较好。

二、烟草虫害

为害烟草的害虫有60多种，其中为害较为严重的有烟青虫、烟粉虱、烟蚜、烟草潜叶蛾等。

1. 烟青虫

分　布　烟青虫（*Helicoverpa assulta*）在国内分布于东北、华北、东南、南部和西南各地，其中在黄淮烟区、西南烟区的四川、贵州等地为害较重。

为害特点　幼虫主要为害烟株顶端嫩叶，啃食成缺刻或孔洞，有时把叶片吃光，残留叶脉。为害生长点，使烟苗成为无头烟（图13-29）。

图13-29　烟青虫为害烟草症状

形态特征　成虫体黄褐至灰褐色，前翅的斑纹清晰（图13-30）。雄蛾前翅黄绿色，而雌蛾为黄褐至灰褐色。后翅近外缘有1条褐色宽带。卵半球形，初产时乳白色，后为灰黄色，近孵化时为紫褐色。老熟幼虫头部黄褐色。体色多变，有青绿、红褐或暗褐色等（图13-31）。被蛹纺锤形，暗红色，尾端具臀刺2根，基部相连。

发生规律　东北1年发生2代，河北2～3代，山东、河南、陕西1年发生3～4代，安徽、江苏、浙江4～6代，各地均以蛹的形式在土中越冬。黄淮烟区于5月中、下旬至6月上、中旬羽化，山东、河南1年有2个明显的为害高峰期，第1次在6月下旬至7月中旬，为害春烟；第2次在8月下旬至9月中旬，为害留种地夏烟。

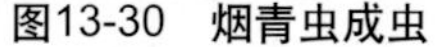

图13-30　烟青虫成虫

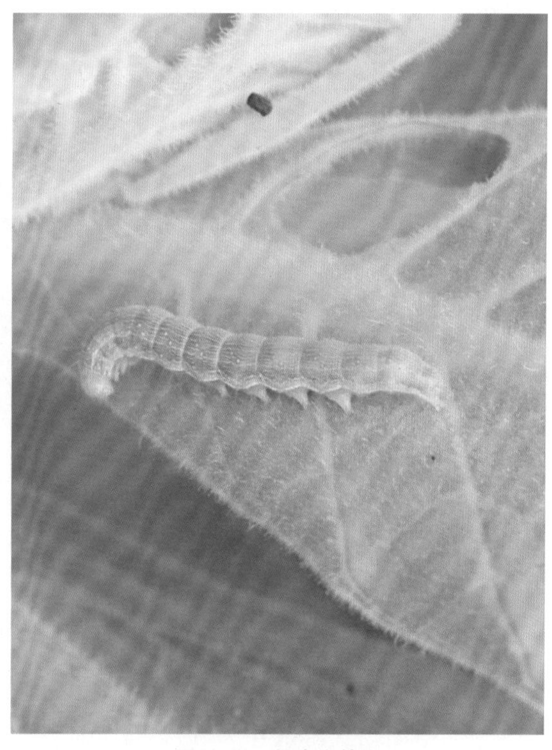

图13-31　烟青虫幼虫

防治方法　在产卵高峰期和幼虫盛孵期，结合田间打顶、打杈等农业管理措施，可有效地减少卵和幼虫量。烟青虫第2代2龄幼虫防治指标为百株虫量10.67头，受害株率为11.59%。在卵孵化盛期至3龄幼虫期是防治烟青虫的关键时期。

在卵孵化盛期至3龄幼虫期，用12.5%高效氟氯氰菊酯悬浮剂8 ～ 12 mL/亩、10%高效氯氟氰菊酯水乳剂4 ～ 8 mL/亩、30%醚菊酯水乳剂20 ～ 30 mL/亩、25 g/L溴氰菊酯乳油16 ～ 24 mL/亩、4.5%高效氯氰菊酯乳油20 ～ 40 mL/亩、2%苦参碱水剂20 ～ 30 mL/亩、10%烟碱乳油50 ～ 75 mL/亩、0.3%印楝素乳油60 ～ 100 mL/亩、5%甲氨基阿维菌素苯甲酸盐3 ～ 4 mL/亩、4%茚虫威微乳剂12 ～ 18 g/亩、40%辛硫磷乳油75 ～ 100 mL/亩、30%乙酰甲胺磷乳油150 ～ 200 mL/亩、10亿PIB/g甘蓝夜蛾核型多角体病毒可湿性粉剂80 ～ 100 g/亩、100亿孢子/mL短稳杆菌悬浮剂500 ～ 700倍液、600亿PIB/g棉铃虫核型多角体病毒水分散粒剂3 ～ 4 g/亩、16 000 IU/mg苏云金杆菌可湿性粉剂50 ～ 100 g/亩、60%氯虫·吡蚜酮（氯虫苯甲酰胺10%＋吡蚜酮50%）水分散粒剂8 ～ 10 g/亩、22%噻虫·高氯氟（高效氯氟氰菊酯9.4%＋噻虫嗪12.6%）微囊悬浮－悬浮剂5 ～ 10 mL/亩、10%甲维·高氯氟（高效氯氟氰菊酯7%＋甲氨基阿维菌素苯甲酸盐3%）微乳剂6 ～ 8 g/亩、10%阿维·甲虫肼（甲氧虫酰肼8%＋阿维菌素2%）悬浮剂30 ～ 45 mL/亩、5%高氯·甲维盐（甲氨基阿维菌素苯甲酸盐0.2%＋高效氯氰菊酯4.8%）微乳剂20 ～ 40 mL/亩，兑水40 ～ 50 kg均匀喷雾。

2. 烟粉虱

分　　布　烟粉虱（*Bemisia tabaci*）在黑龙江、吉林、河北、河南、湖北等地均有发生。

为害特点　成、若虫刺吸植物汁液，受害叶褪绿萎蔫或枯死。还会分泌蜜露，诱发煤污病，严重影响烟草的光合作用和商品价值。

形态特征　成虫体翅覆盖白蜡粉（图13-32），虫体淡黄至白色，复眼红色，前翅脉仅1条，不分叉，左右翅合拢呈屋脊状。卵有光泽，初产时淡黄绿色，孵化前转至深褐色（图13-33）。若虫长椭圆形，淡绿色至黄白色。伪蛹实为4龄若虫，处于3龄若虫蜕皮（硬化为“蛹壳”）之后，蛹壳椭圆形，黄色，扁平，背面中央隆起，周缘薄。

图13-32　烟粉虱成虫

图13-33　烟粉虱卵

发生规律　1年发生11 ～ 15代，世代重叠。在温室或保护地，烟粉虱各虫态均可安全越冬；在自然条件下，一般以卵或成虫的形式在杂草上越冬。在广东，3—12月均可发生，以5—10月最盛；在河北，6月中旬始见成虫，8—9月为害严重，10月下旬后显著减少，在温室蔬菜上越冬，不造成损失。

防治方法　幼苗上有虫时，在定植前清理干净，做到用于定植的烟苗无虫。注意安排茬口，合理布局，防止烟粉虱传播蔓延。

在烟粉虱发生初期，用20%丁硫克百威乳油40 ～ 60 mL/亩、30%乙酰甲胺磷乳油150 ～ 200 mL/亩、10%吡虫啉可湿性粉剂10 ～ 15 g/亩、2.5%联苯菊酯乳油25 mL/亩、0.36%苦参碱水剂40 mL/亩、5%丁烯氟虫腈悬浮剂25 mL/亩、3%啶虫脒乳油25 mL/亩、10.8%吡丙醚乳油40 mL/亩、25%噻虫嗪水分散粒剂2 g/亩、1.8%阿维菌素乳油13 mL/亩、10%虫螨腈悬浮剂25 mL/亩，兑水40 ～ 50 kg均匀喷雾，间隔10 d左右喷1次，连续防治2 ～ 3次。

3. 烟蚜

分 布 烟蚜（*Myzus persicae*）广布全国各产烟区。

为害特点 烟蚜以刺吸式口器插入叶肉、嫩茎、嫩蕾、花果吸食汁液，使烟株生长缓慢，叶片变薄。为害严重时，叶片蜷缩、变形，内含物减少。烤后叶片呈褐色，品质低劣，而且难于回潮，极易破碎。烟蚜分泌的蜜露，常诱发煤烟病（图13-34）。

图13-34 烟蚜为害烟叶症状

形态特征 有翅孤雌蚜：体色不一，有绿、黄绿、淡褐、赤褐色等，因寄主和龄期不同而异。翅透明，脉淡黄。无翅孤雌蚜：体色不一，有绿、黄绿、杏黄及赤褐色。腹部末端灰黑色。腹管圆柱形，末端略膨大，灰黑色（图13-35）。若虫与无翅胎生雌蚜体形相似，体色不一，翅基及胸部发达，有翅芽。淡粉红色，仅身体较小。卵长椭圆形，初产淡绿，渐变灰黑色。

发生规律 烟蚜每年发生的世代数因生态条件的差异而不同，黄淮烟区每年发生24 ~ 30代，西南、华南烟区发生30 ~ 40代，东北烟区发生10 ~ 20代。在山东、河南烟区，烟蚜一般以卵的形式在桃树上（也有成蚜在温室或越冬蔬菜上）越冬。以卵越冬的烟蚜，2月底至3月初孵化为干母，一般在桃树上繁殖3代。4月底至5月初出现有翅蚜，开始迁往烟草、早春作物和蔬菜上，在烟草上可繁殖15 ~ 17代。8—9月又迁往十字花科蔬菜上为害，可繁殖8 ~ 9代。10—11月气温渐低，在秋菜田内产生有翅雄性蚜及有翅性母蚜迁回桃树，有翅性母蚜产生雌蚜后与雄蚜交配产卵越冬。在西南、华南烟区及北方温室内，烟蚜终年以孤雌生殖方式繁殖。

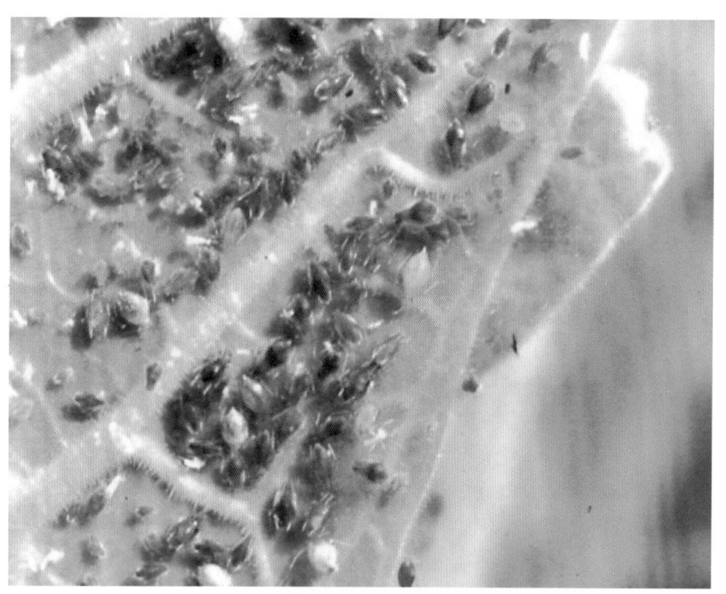

图13-35 烟蚜无翅孤雌蚜

防治方法 烟蚜在新发的顶叶和烟杈上群集为害较多。烟田管理过程中，及时人工打顶抹杈，将打下的顶叶和烟杈连同其上的蚜虫一同带到田外烧毁或深埋。

物理防治，烟蚜对银色光有忌避的习性。用银色反光塑料薄膜覆盖栽培烤烟，能驱赶烟田蚜虫，减轻为害。烟蚜对黄色物体有趋性，利用这一习性在烟田中装置黄色纸板，并在纸板上涂上胶，可将烟蚜诱集黏附到纸板上，然后集中消灭。

在烟蚜向烟田迁移盛期，及时喷洒10%吡虫啉可湿性粉剂10 ~ 20 g/亩、3%啶虫脒乳油30 ~ 40 mL/亩、5%阿维·吡虫啉（吡虫啉4.5% +阿维菌素0.5%）微乳剂20 ~ 40 mL/亩、15%啶虫·辛硫磷乳油55 ~ 70 mL/亩、25%噻虫嗪水分散粒剂4 ~ 8 g/亩、30%醚菊酯水乳剂20 ~ 30 mL/亩、50%吡蚜酮水分散粒剂10 ~ 20 g/亩、50%抗蚜威水分散粒剂16 ~ 22 g/亩、0.5%藜芦碱可溶液剂75 ~ 100 mL/亩、0.5%苦参碱水剂60 ~ 80 mL/亩、60%氯虫·吡蚜酮（氯虫苯甲酰胺10% +吡蚜酮50%）水分散粒剂8 ~ 10 g/

亩、32%联苯·噻虫嗪（噻虫嗪15%＋联苯菊酯17%）悬浮剂5 ～ 6 mL/亩，间隔7 ～ 10 d喷施1次。

4. 烟草潜叶蛾

分　　布　烟草潜叶蛾（*Phthorimaea operculella*）在我国各烟区均有分布，其中，云南、贵州、四川发生较重。

为害特点　幼虫潜入烟叶片内为害，叶片上出现线形隧道或受害处现亮泡状。苗期为害顶芽，致全株枯死。有的也蛀入叶柄和烟株的茎内，或侵害烟苗及晚烟的生长点。受害叶片调制后，潜痕呈黑褐或灰褐色，造成烟叶杂色、破裂，从而降低商品等级（图13-36）。

图13-36　烟草潜叶蛾为害叶片症状

形态特征　成虫体灰褐色。复眼黑褐色（图13-37）。触角黄褐色，丝状。前翅狭长，鳞毛黄褐色，杂有黑色鳞毛。在雌蛾的前翅臀区，黑色鳞毛密集形成一条较显著的黑色斑纹；在雄蛾的臀区，黑色鳞毛组成4个黑色斑点。后翅菜刀状，灰褐色，前缘微向上拱，顶角突出，缘毛灰褐色、长。卵椭圆形，初产时乳白色、半透明，后变为灰黄色，近孵化时为紫褐色，并带紫蓝色光泽。幼虫体黄白或淡绿色，老熟时体背粉红色或暗绿色（图13-38）。头部棕褐色，前胸背板及胸足暗褐色，臀板淡黄色。蛹圆锥形，棕褐色，臀棘周围背面有刚毛8根，腹面有稀生刚毛。蛹体外有土褐色的薄茧。

图13-37　烟草潜叶蛾成虫

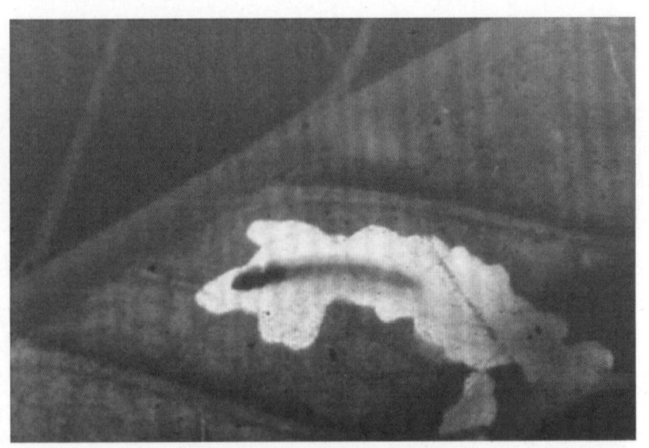

图13-38　烟草潜叶蛾幼虫

发生规律　在我国西南地区每年发生4 ～ 6代，有世代重叠现象。主要以幼虫的形式在田间的残枝败叶中或残留的薯块内越冬；室内主要在薯块内或墙缝中越冬。春季越冬代成虫出现后，首先在春播马铃薯或烟苗上繁殖。当春薯收获后，一部分虫体随薯块带进仓库内繁殖，为害夏贮薯块，此时气温高，发育快，繁殖力强，薯块受害极重；另一部分迁移到烟草大田繁殖为害。若防治不及时，后期发生重。在贵州烟区，每年7—8月最严重。成虫白天潜伏，夜间活动，有趋光性。卵多散产在脚叶主支脉间或茎基部。苗期多在顶端嫩茎内潜食。大田多集中在脚叶和下部叶上蛀食叶肉，仅留上、下表皮。老熟幼虫在土缝内、脚叶背面或露土薯块的芽眼处作茧化蛹；在室内则化蛹于薯堆间、薯块凹陷处、墙缝处等。

防治方法　移栽烟苗时，发现幼虫马上将其杀死。及时摘除脚叶，注意清除残株败叶和野生寄主，集中深埋或烧毁，以减少虫源。

在成虫盛发期，喷洒12.5%高效氟氯氰菊酯悬浮剂8 ～ 12 mL/亩、25 g/L高效氯氟氰菊酯水乳剂60 ～ 80 mL/亩、25 g/L溴氰菊酯乳油90 ～ 109 g/亩、480 g/L毒死蜱乳油94 ～ 125 mL/亩、75%乙酰甲胺磷可溶粉剂60 ～ 80 g/亩、5%氯虫苯甲酰胺悬浮剂30 ～ 50 mL/亩、20%氟铃脲悬浮剂30 ～ 40 g/亩、

50 g/L氟啶脲乳油100 ～ 140 mL/亩，兑水均匀喷雾，间隔7 ～ 10 d喷1次，连喷2 ～ 3次。

幼苗移栽前后，越冬蛾产卵至卵孵化前，用10%高效氯氰菊酯水乳剂30 ～ 50 mL/亩、12.5%高效氟氯氰菊酯悬浮剂8 ～ 12 mL/亩、25 g/L高效氯氟氰菊酯水乳剂60 ～ 80 mL/亩、25 g/L溴氰菊酯乳油90 ～ 109 g/亩、25 g/L联苯菊酯乳油100 ～ 120 g/亩、20%甲氰菊酯乳油30 ～ 40 mL/亩、480 g/L毒死蜱乳油94 ～ 125 mL/亩、75%乙酰甲胺磷可溶粉剂60 ～ 80 g/亩、500 g/L丙溴磷乳油75 ～ 125 mL/亩、40%辛硫磷乳油50 ～ 60 mL/亩、25%喹硫磷乳油100 ～ 140 mL/亩、10%灭多威可湿性粉剂180 ～ 240 g/亩、5%氯虫苯甲酰胺悬浮剂30 ～ 50 mL/亩，兑水喷施，间隔5 ～ 7 d喷1次，连喷2次。

三、烟草各生育期病虫害防治技术

烟草栽培管理过程中，很多病虫害发生严重，生产上应总结本地烟草病虫害的发生特点和防治经验，制订病虫害防治计划，适时田间调查，及时采取防治措施，有效控制病害，保证丰产、丰收。

（一）烟草育苗期病虫害防治技术

烟草育苗期（图13-39）最常见的病害有炭疽病、猝倒病、立枯病等，害虫主要是地下害虫（蝼蛄、地老虎、金针虫、蛴螬等）。

图13-39 烟草育苗期

选好苗床地，床土消毒，选地势较高，排水良好，土壤肥沃的沙壤土新垦地。温室或塑料大棚育苗要用无病土。若是熟土要充分翻晒后再用药剂消毒处理。方法：每平方米床土用70%五氯硝基苯和50%福美双，各8 g，拌土10 ～ 15 kg；或50%拌种双和70%代森锰锌，各8 g，拌土10 ～ 15 kg。施毒土前先把苗床底土淋湿透，取1/3毒土均匀撒于畦面上，播种后把其余2/3的毒土盖在种子上面，使种子夹在毒土中间，病菌难以接触，防效明显，药效可达40 d。

种子消毒处理：可用2%福尔马林100倍液浸种10 min，或50%多菌灵可湿性粉剂500倍液浸种20 min，或硝酸银1 000倍液浸种10 min，以上药剂浸种后用清水冲洗干净再催芽或晾干播种。或用种子重量0.2%的75%百菌清拌种。

药剂防治：发病初期可用1 ∶ 1.5 ∶ 200的波尔多液、25%甲霜灵可湿性粉剂800倍液、80%炭疽福美（福美双·福美锌）可湿性粉剂800倍液、70%代森锰锌可湿性粉剂800倍液、50%多菌灵可湿性粉剂1 000倍液喷雾，间隔10 ～ 15 d喷1次，连喷2 ～ 3次，交替使用最好。

发病初期可选用以下药灌根：70%琥胶肥酸铜可湿性粉剂400倍液、14%铬氨铜水剂300倍液、10%双效灵可湿性粉剂200倍液、70%代森锰锌可湿性粉剂500倍液。交替使用，间隔10 ～ 15 d灌1次，连灌2次。防治地下害虫，可用35%威百亩对苗床消毒，播种前一个月，施药前先将土壤锄松，整平，并保持潮湿，做到手握成团，落地散开。每平方米用药50 mL，兑3 L水稀释成60倍溶液，均匀浇洒地表面，让土层湿透4 cm。浇洒药液后，用聚乙烯地膜覆盖，严防漏气。如土温高于15℃，经过7 ～ 10 d后除去地膜，将土壤表层耙松，使残留药气充分挥发2 d以上即可播种或种植。如土温低于15℃，熏蒸时间需15 d或更长，散毒时需要将土壤充分耙松（2 ～ 3次），散毒时间5 d以上。

经常喷药防治苗床周围大棚和露地蔬菜作物上的蚜虫，尤其是在通风排湿前，以减少进入苗床的蚜虫数量。可以用10%吡虫啉可湿性粉剂3 000倍液、50%抗蚜威可湿性粉剂3 000倍液喷雾防治。

（二）烟草缓苗期病虫害防治技术

烟草缓苗期指烟苗移栽到成活这一时期（图13-40），该时期一般7 ～ 10 d，带土移栽或营养袋（盘）苗移栽往往无缓苗期。缓苗期是决定大田整齐度和株数的关键时期，越短越好。栽培管理要点：及时查苗补苗，保证全苗。由于移栽技术不当，或受烈日、多风、干旱的影响，或病、虫为害等，往往会造成死苗。必须抓紧在移栽后3 ～ 5 d内及时补苗，保证苗全苗匀。及时浅中耕，提高地温。

图13-40 烟草还苗期生长情况

该时期的病虫害主要有黑胫病、蛙眼病、花叶病、根结线虫病、烟蚜、烟粉虱及地下害虫。要及时喷药防治。

黑胫病：用14%络氨铜水剂200倍液、58%甲霜灵·锰锌（甲霜灵10%＋代森锰锌48%）可湿性粉剂500 ～ 1 000倍液浇灌1次，15 d后再浇灌1次，防效较好。

蛙眼病：可喷施75%百菌清可湿性粉剂600 ～ 800倍液、50%多菌灵可湿性粉剂800 ～ 1 000倍液、70%代森锰锌可湿性粉剂500 ～ 600倍液等药剂预防。

花叶病：可用20%吗啉胍·乙铜（乙酸铜10%＋盐酸吗啉胍10%）可湿性粉剂500 ～ 600倍液、3.95%

三氮唑核苷水剂500倍液、2%宁南霉素水剂200 ～ 350倍液、0.5%菇类蛋白多糖水剂300倍液均匀喷施，间隔7 ～ 10 d喷1次，共喷施4次。

根结线虫病：烟苗移栽时，用5%涕灭威颗粒剂2 ～ 3 kg/亩、3%氯唑磷颗粒剂4 kg/亩、10%克线磷颗粒剂2 ～ 3 kg/亩穴施，防效较好。

烟蚜：及时喷洒0.9%阿维菌素乳油2 000倍液、10%吡虫啉可湿性粉剂3 000 ～ 5 000倍液、3%啶虫脒乳油5 000倍液、20%氰戊菊酯乳油3 000 ～ 4 000 倍液、50%抗蚜威可湿性粉剂2 000 ～ 3 000倍液、40%氧乐果乳油1 500 ～ 2 000倍液，间隔7 ～ 10 d喷施1次。

烟粉虱：可用20%丁硫克百威乳油20 ～ 40 mL/亩、30%乙酰甲胺磷可溶性液剂200 ～ 400 mL/亩、10%吡虫啉可湿性粉剂13 g/亩、3%啶虫脒乳油25 mL/亩、10.8%吡丙醚乳油40 mL/亩、25%噻虫嗪水分散粒剂2 g/亩、1.8%阿维菌素乳油13 mL/亩，兑水40 ～ 50 kg均匀喷雾，间隔10 d左右1次，连续防治2 ～ 3次。

（三）烟草伸根期病虫害防治技术

伸根期指烟苗成活到团棵这一时期（图13-41），该时期约30 d。此时期与烟叶产量关系密切。管理要点：及时培土围垄。要求在移栽后20 ～ 25 d深中耕，并培土15 ～ 20 cm。及时追肥，保证营养充分。追肥可以少量浇水。及时消灭杂草。注意防涝，防积水。

图13-41　烟草伸根期生长情况

该时期发生的病虫害主要有灰霉病、烟青虫、棉铃虫、蚜虫等。

灰霉病：可用75%百菌清可湿性粉剂600 ～ 800倍液、50%多菌灵可湿性粉剂800倍液、50%甲基硫菌灵可湿性粉剂500 ～ 600倍液、40%嘧霉胺悬浮剂800 ～ 1 200倍液等药剂，兑水均匀喷雾，每隔7 ～ 10 d喷洒1次，连喷2 ～ 3次。

烟青虫、棉铃虫：用4.5%高效氯氰菊酯乳油20 ～ 30 mL/亩、2.5%溴氰菊酯乳油20 ～ 30 mL/亩、2.5%氯氟氰菊酯乳油20 ～ 30 mL/亩、25%甲萘威可湿性粉剂100 ～ 260 g/亩、5%顺式氰戊菊酯乳油10 ～ 15 mL/亩、35%硫丹乳油70 ～ 100 mL/亩、10%烟碱乳油50 ～ 75 mL/亩、0.5%苦参碱水剂60 ～ 80 mL/亩、0.7%印楝素乳油50 ～ 60 mL/亩、30%乙酰甲胺磷乳油120 ～ 200 mL/亩、15%茚虫威悬浮剂13 mL/亩、5%丁烯氟虫腈悬浮剂48 mL/亩、5%氟啶脲乳油40 mL/亩、5%伏虫隆乳油20 ～ 40 mL/亩，兑水40 ～ 50 kg均匀喷雾。

（四）烟草旺长期病虫害防治技术

旺长期指团棵到烟株现蕾这一时期（图13-42），该时期25 ～ 30 d。此时期是决定叶数、叶片大小、叶重的关键时期，是产量、品质形成的重要阶段。烟株应旺长而不徒长或疯长。栽培管理要点：及时浇好旺长水。注意防涝，防积水。

图13-42　烟草旺长期生长情况

及时防治病虫害。此时期是病虫害多发期。如炭疽病、青枯病、枯萎病、角斑病、烟青虫、棉铃虫、斜纹夜蛾、潜叶蛾等。

炭疽病：可用25%咪鲜胺锰盐乳油1 000倍液、50%甲基硫菌灵可湿性粉剂1 000倍液、70%乙膦铝·锰锌可湿性粉剂500倍液、50%克菌丹可湿性粉剂600 ～ 800倍液、24%腈苯唑悬浮剂900 ～ 1 200倍液、40%氟硅唑乳油4 000 ～ 6 000倍液、5%亚胺唑可湿性粉剂600 ～ 700倍液，间隔7 ～ 10 d喷施1次，连续喷2 ～ 3次，发生严重时可喷4 ～ 5次。

青枯病：可用3%中生菌素水剂400 ～ 533 mL/亩、20%敌磺钠可湿性粉剂600倍液、77%氢氧化铜可湿性粉剂400倍液、50%琥胶肥酸铜可湿性粉剂500倍液、50%代森铵水剂800倍液、14%络氨铜水剂300倍液、47%春雷霉素·氧氯化铜（春雷霉素2% +氧氯化铜45%）可湿性粉剂700 ～ 800倍液灌根，每株灌400 ～ 500 mL，间隔10 d灌1次，连灌2 ～ 3次。

枯萎病：可用50%多菌灵水溶性粉剂1 000倍液、14%络氨铜水剂600倍液、15%混合氨基酸铜、锌、锰、镁水剂400倍液、70%甲基硫菌灵可湿性粉剂600倍液、50%苯菌灵可湿性粉剂1 000倍液、50%异菌脲可湿性粉剂1 000 ～ 1 200倍液灌根，每株灌对好的药液400 ～ 500 mL，连灌2 ～ 3次，隔7 ～ 15 d灌1次。

角斑病：可用36%三氯异氰尿酸可湿粉粉剂60 ～ 90 g/亩、30%琥胶肥酸铜可湿性粉剂400 ～ 500倍液、77%氢氧化铜可湿性粉剂400 ～ 500倍液、12%松脂酸铜乳油600倍液、47%加瑞农（春雷霉素·氧氯化铜）可湿性粉剂800倍液喷施，间隔7 ～ 10 d喷1次，连喷2 ～ 3次。

烟青虫、棉铃虫、斜纹夜蛾可参考上述药剂防治。

潜叶蛾：喷洒50%辛硫磷乳油800倍液、25%喹硫磷乳油1 000 ～ 1 500倍液、2.5%溴氰菊酯乳油2 000 ～ 3 000倍液、50%马拉硫磷乳油1 000 ～ 1 500倍液、90%晶体敌百虫1 000倍液均匀喷雾，间隔7 ～ 10 d喷施1次，连喷2 ～ 3次。

（五）烟草成熟期病虫害防治技术

成熟期指烟株现蕾到烟叶采收完毕（图13-43），该时期50 ~ 60 d，保证各部位烟叶充分成熟是栽培管理的目标。具体应做好以下工作：及时打顶打杈，注意防旱、防涝、防积水，及时除草，及时防治赤星病、野火病、白粉病、菌核病、蚜虫等病虫害。

图13-43　烟草成熟期生长情况

赤星病：可用40%灰核宁（多菌灵+菌核净）可湿性粉剂500倍液、1.5%多抗霉素可湿性粉剂150倍液、45%大力（甲基硫菌灵+福美双）悬浮剂500倍液、50%异菌脲可湿性粉剂1 000倍液、10%多氧霉素可湿性粉剂1 000倍液、50%咪鲜胺锰盐可湿性粉剂150 ~ 200倍液、50%腐霉利可湿性粉剂1 000倍液、12%腈菌唑乳油1 500倍液喷施，每隔10 d施1次，连续2 ~ 3次，防治效果较好。

野火病：可用77%氢氧化铜可湿性粉剂500倍液、77%农用链霉素可溶性粉剂3 000 ~ 4 000倍液、30%琥胶肥酸铜可湿性粉剂500倍液、3%中生菌素可湿性粉剂500 ~ 1 000倍液、新植霉素500 ~ 1 000倍液均匀喷施，间隔7 ~ 10 d喷施1次，连续2 ~ 3次，防治效果较好。

白粉病：可用15%三唑酮可湿性粉剂1 000倍液、10%苯醚甲环唑水分散粒剂1 000 ~ 1 500倍液、12.5%烯唑醇可湿性粉剂1 000 ~ 2 000倍液、50%苯菌灵可湿性粉剂1 000倍液、25%咪鲜胺乳油500 ~ 1 000倍液、5%亚胺唑可湿性粉剂600 ~ 700倍液、40%氟硅唑乳油8 000 ~ 10 000倍液喷雾，间隔7 ~ 10 d喷1次，共喷2 ~ 3次，防治效果较好。

菌核病：可用40%菌核净可湿性粉剂1 000 ~ 1 500倍液、70%甲基硫菌灵可湿性粉剂500 ~ 800倍液、50%多菌灵可湿性粉剂500 ~ 800倍液、50%腐霉利可湿性粉剂1 500 ~ 2 000倍液，喷洒在烟株根茎部及周围土表，隔10 d左右喷1次，连续防治3 ~ 4次。

四、烟草田杂草防治技术

近年来，我国各地烟草种植区域自然条件差异较大、栽培管理模式不同（图13-44），生产上应根据各地实际情况正确地选择除草剂的种类和施药方法。

图13-44 烟草田栽培和杂草发生为害情况

（一）烟草苗床（畦）杂草防治

烟叶多为育苗移栽，苗床（畦）肥水大、墒情好，特别有利于杂草的发生，影响烟叶幼苗生长；同时，苗床（畦）地膜覆盖，白天温度较高，昼夜温差较大，烟苗瘦弱，除草剂对烟苗易造成药害。生产中可以使用过筛细土，以筛去杂草种子，也可以使用除草剂防治杂草为害。

在苗床整好播种，适当混土后施药，可以用20%萘丙酰草胺乳油75 ~ 100 mL/亩、72%异丙甲草胺乳油50 ~ 75 mL/亩、50%异丙草胺乳油50 ~ 75 mL/亩、33%二甲戊乐灵乳油40 ~ 60 mL/亩，兑水40 kg均匀喷施，可以有效防治多种一年生禾本科杂草和部分阔叶杂草。药量过大、田间过湿，温度过高或过低，特别是遇到持续低温多雨的天气，烟苗可能会出现暂时的矮化、粗缩，一般情况下能恢复正常生长，遇到膜内温度过高或寒流时，会出现死苗现象。

（二）烟草移栽田杂草防治

烟叶多为育苗移栽，生产上宜采用封闭性除草剂，一次施药保持整个生长季节没有杂草为害。可于移栽前3 ~ 5 d喷施土壤封闭性除草剂，移栽时尽量少翻动土层。具体除草剂品种和施药方法：33%二甲戊乐灵乳油150 ~ 200 mL/亩、50%萘丙酰草胺可湿性粉剂200 ~ 250 g/亩、50%乙草胺乳油150 ~ 200 mL/亩、72%异丙甲草胺乳油175 ~ 250 mL/亩、72%异丙草胺乳油175 ~ 250 mL/亩，兑水40 kg均匀喷施。

对于墒情较差或沙土地，可以用48%氟乐灵乳油150 ~ 200 mL/亩或48%地乐胺乳油150 ~ 200 mL/亩，施药后及时混土2 ~ 3 cm，该药易挥发，混土不及时会降低药效。

对于一些老烟田，特别是长期施用除草剂的烟田，铁苋、马齿苋等阔叶杂草较多，可以用33%二甲戊乐灵乳油100 ~ 150 mL/亩、20%萘丙酰草胺乳油200 ~ 250 mL/亩、50%乙草胺乳油100 ~ 150 mL/亩、

72%异丙甲草胺乳油150 ～ 200 mL/亩、72%异丙草胺乳油150 ～ 200 mL/亩，同时加入24%乙氧氟草醚乳油20 ～ 30 mL/亩、12%噁草酮乳油100 ～ 200 mL/亩、50%扑草净可湿性粉剂50 ～ 100 g/亩中的一种，兑水40 kg均匀喷施，可以有效防治多种一年生禾本科杂草和阔叶杂草。生产中应均匀施药，不宜随便改动配比，否则易发生药害。

移栽前土壤处理或苗后茎叶处理，用75%甲磺草胺干悬浮剂30 ～ 35 g/亩，兑水50 kg，均匀喷于土壤表面，或拌细潮土40 ～ 50 kg，施于土壤表面，可以有效防治一年生阔叶杂草、禾本科杂草和莎草科杂草。

（三）烟叶生长期杂草防治

对于前期未能采取化学除草或化学除草失败的烟田，应在田间杂草基本出苗，且杂草处于幼苗期时及时施药防治。烟田防治一年生禾本科杂草，如稗草、狗尾草、野燕麦、马唐、虎尾草、看麦娘、牛筋草等，应在禾本科杂草3 ～ 5叶期，可以用5%精喹禾灵乳油40 ～ 50 mL/亩、10.8%高效氟吡甲禾灵乳油20 ～ 30 mL/亩、24%烯草酮乳油20 ～ 30 mL/亩、12.5%稀禾啶机油乳剂40 ～ 50 mL/亩，兑水25 ～ 30 kg，配成药液喷洒。在气温较高、雨量较多地区，杂草生长幼嫩，可适当减少用药量；相反，在气候干旱、土壤较干地区，杂草幼苗老化耐药，要适当增加用药量。防治一年生禾本科杂草时，用药量可稍减少；防治多年生禾本科杂草时，用药量应适当增加。

在烟叶60 cm以上，特别是采摘下部烟叶后，如果田间杂草较多，可以施用25%砜嘧磺隆干燥悬浮剂4 ～ 5 g/亩、41%草甘膦水剂75 ～ 100 mL/亩、20%百草枯水剂150 ～ 200 mL/亩，兑水30 kg定向喷施，可以有效防治多种杂草。施药时应选择无风天气，注意不要喷施到烟叶上，否则易产生药害。

第十四章　甘蔗病虫害原色图解

我国是世界主要产糖国之一。1998—1999年，世界原糖总产量是1.287亿t，其中我国食糖总产量893.4万t，是世界第三产糖大国。1949年后，我国蔗糖业取得了很大的发展，甘蔗种植面积从1949年的160万亩发展到1998年的2 000万亩。

一、甘蔗病害

1. 甘蔗赤腐病

分布为害　甘蔗赤腐病在甘蔗产区普遍发生，为甘蔗主要病害，使甘蔗产量降低，轻则减产15%左右，重则在30%以上。受赤腐病为害的甘蔗，糖分减少27.6%，病部的红色素还影响蔗汁澄清。

症　　状　由镰形刺盘孢（*Colletotrichum falcatum*，属无性型真菌）引起。多发生在甘蔗生育后期，主要为害茎、叶，也侵害叶鞘、根部和种苗。茎秆发病初期外表症状不明显，但内部组织变红，在红色组织中夹杂有白色圆形或长圆形的斑块（图14-1）。赤斑可以蔓延至许多节。病茎外部失去光泽，蔗皮皱缩，无光泽，有明显的赤色病痕，表皮上生黑色小点，茎内组织腐败干枯，病茎上部叶片失水凋萎，甚至整株枯死。茎部被害后常有发酸气味，食之味酸。叶片中脉被害后，初生红色小斑，以后向上、下扩展成纺锤形或长条病斑，后期病斑中央组织变枯白色，边缘赤色，散生黑色小点，叶片常至病斑处折断（图14-2）。

图14-1　甘蔗赤腐病为害茎部症状

图14-2　甘蔗赤腐病为害叶片症状

发生规律　病原以菌丝体或分生孢子的形式在枯叶、宿根、蔗渣内或以厚垣孢子的形式在土壤中越冬，蔗种也能带菌传播。分生孢子借风雨或昆虫传播，萌发后从伤口侵入，也可从表皮直接侵入。伤口是病菌侵染的主要途径。甘蔗田如果经常积水，土壤太湿，酸度大，都能影响甘蔗生长，造成发病多。

防治方法　选用抗病性较强的品种。在甘蔗收获后，要烧毁蔗田的残茎枯叶。实行轮作换茬，加强管理，贮藏时的蔗种在霜前进窖。留种要选健壮生长、无病虫害的种蔗，尤其收获之前应重点防治蔗螟及其他病虫害。

播种前，用50%多菌灵可湿性粉剂500倍液或50%苯菌灵可湿性粉剂1 500倍液浸泡蔗种5 min，捞起滴干后即可播种。也可以将种甘蔗用1%硫酸铜溶液浸种2 h，再用石灰浆涂封蔗种两端切口处，也可用硫酸铜1份、生石灰3份、动物油0.4份、水15份，调拌成浆涂封，效果较好。

2. 甘蔗黄斑病

分布为害　我国各甘蔗种植区均有发生，为甘蔗的常见病害。发病植株叶片干枯，生长缓慢。发病严重的品种，枯叶面积25%～35%，造成产量和糖分损失。

症　　状　由散梗菌绒孢（*Mycovellosiella koepkei*，属无性型真菌）引起。主要为害蔗叶，发病初期，嫩叶产生黄色点状病斑，不规则形状，逐渐发展成黄斑。在适宜的温度和湿度条件下，小斑点连成不规则大病斑，黄色病斑形成后，在病斑正反面出现赤红色小点，逐渐扩大，使叶片大部分变为赤红色。严重时，全叶变赤黄色。病叶先从叶缘开始干枯，最后整个叶片自上而下枯死（图14-3）。

图14-3　甘蔗黄斑病为害叶片症状

发生规律　病原以菌丝体或分生孢子的形式在病叶组织里越冬，埋在土壤里病叶上的分生孢子能存活3周以上。条件适宜时，分生孢子借气流和雨传播，在叶面有水的条件下，孢子萌发，从气孔或直接穿透表皮侵入。病部可以产生大量的分生孢子，不断再侵染。7—9月高温多湿期间最易流行。暴风雨频繁，发病重。高温、高湿有利于病害流行。重施、偏施氮肥，生长茂密，通风透光不良，地下水位高，发病重。

防治方法　合理搭配不同成熟期的品种，及时剥除病叶、枯叶，以改善蔗田小气候，通风透光，降低蔗田湿度；病叶、枯叶要及时得到收集处理，以免病菌孢子飞扬传播。开通排水沟，及时排除渍水。注意氮、磷、钾肥合理配合施用，严防偏施、过施氮肥，病区在雨季到来之前，适当增施钾肥，提高抗病力。

田间发病后，及时对发病中心喷药，可用75%百菌清+70%甲基硫菌灵可湿性粉剂（1 ∶ 1）1 500倍液、40%三唑酮·多菌灵可湿性粉剂1 500倍液、30%氧氯化铜+70%代森锰锌（1 ∶ 1）1 000倍液、50%多菌灵可湿性粉剂1 000倍液、50%苯菌灵可湿性粉剂1 000倍液、12%松脂酸铜乳油600 ～ 800倍液，间隔7 ～ 10 d喷1次，连续3 ～ 4次。

3. 甘蔗眼斑病

分布为害　甘蔗眼斑病在江西、湖南、福建、台湾、广东、广西、云南、四川等地均有发生。是对甘蔗生产威胁性最大的病害，眼斑病除了影响甘蔗产量外，还会影响蔗糖含量。

症　　状　由甘蔗平脐蠕孢（*Bipolaris sacchari*，属无性型真菌）引起。主要为害叶片与蔗茎顶部。叶片受害，最初在嫩叶上出现水渍状小点，后扩展为长圆形病斑，其长轴与叶脉平行，病斑中央红褐色，周围具一草黄色狭窄晕圈，很像眼睛（图14-4）。随后病斑顶端出现一条与叶脉平行的坏死条纹，向叶尖方向伸延，使叶尖渐次枯死。茎受害，在适宜的条件下，感病品种的嫩叶与嫩茎很快枯死，从而发生梢腐（图14-5）。

图14-4 甘蔗眼斑病为害叶片症状

图14-5 甘蔗眼斑病为害茎部症状

发生规律 在春植蔗和秋植蔗兼种的地区，终年有甘蔗生长，病菌互相传播，不存在越冬现象。在单一春植蔗地区，病菌可在上季遗留于田间的病残体中越冬，引起初次侵染。分生孢子主要由气流传播，还可借人、畜和农具传播。从气孔或直接穿过泡状细胞侵染，侵染叶片较幼嫩部分。从4月开始发生，7—8月为发病高峰期。高湿持续时间长或连阴天多、晨雾重，易暴发流行，偏施、重施氮肥的蔗田发病重，秋冬植甘蔗比春植甘蔗发病重，靠近水沟边的蔗株发病重。

防治方法 选用抗病品种，推广种植春植蔗，易发病的品种不宜秋植。避免重施氮肥，适当增施钾肥，增强植株抗病力。防止田间积水，减少湿气滞留。除去干枯的病、老叶和无效分蘖，减少侵染源，使蔗田通风透光，减少病害的发生。

发病初期喷50%多菌灵可湿性粉剂、50%苯菌灵可湿性粉剂1 000倍液、1 ∶ 1 ∶ 100倍波尔多液、80%代森锌可湿性粉剂500倍液、70%甲基硫菌灵可湿性粉剂1 000倍液。

4. 甘蔗凤梨病

分布为害 甘蔗凤梨病在我国各植蔗省份均有发生，是甘蔗种苗的重要病害。除使下种的蔗种受害后不能萌芽外，还能使窖藏蔗种受害腐烂。

症　状 由奇异长喙壳（*Ceratocystis paradoxa*，属子囊菌亚门真菌）引起。主要为害蔗种，也可为害田间的蔗株。蔗种染病后，切口的两端开始变成红色，并散发出凤梨般的香味，故称凤梨病。不久切口逐渐变黑，并产生许多黑色的煤粉状物。病情发展到后期，茎内全部变黑（图14-6）。当所有薄壁细胞都被破坏后，种苗便形成空腔，只剩下维管束像一束头发残留其中。

发生规律　病原以菌丝体或厚垣孢子的形式潜伏在带病的组织里或落在土壤中越冬，是主要的初侵染菌源。在适宜的条件下从蔗种两端的切口侵入，引起初次侵染。菌丝生长在甘蔗髓部薄壁组织内，靠气流、土壤、灌溉水、切种刀和昆虫等传播，重复侵染。种苗在窖藏期间，通过接触传染，也能引起病菌蔓延。长期的低温和高湿是凤梨病严重发生的两个主导诱因。土壤黏重的蔗田，灌溉后立即整地种植，造成土壤板结或低洼积水，会引起凤梨病的大量发生。

防治方法　选用抗病品种。蔗田应精细整地、开沟排水，种蔗后要薄覆土。提倡选用无病的梢头苗，萌发迅速，发病轻。冬春栽植甘蔗时，采用地膜覆盖，提高地温，使甘蔗早生快发，减少发病。

播种前用2%石灰水或清水浸种1 d后播种，有利于萌芽，减少发病。

播种前可用50%多菌灵可湿性粉剂1 000倍液、70%甲基硫菌灵可湿性粉剂1 000倍液、50%苯菌灵可湿性粉剂1 000倍液浸泡蔗种5 min。

图14-6　甘蔗凤梨病为害茎部症状

5. 甘蔗虎斑病

分布为害　甘蔗虎斑病在世界各甘蔗产区均有分布，在我国主要分布于华南蔗区。是蔗株叶鞘部的重要病害，常因叶鞘枯死而影响蔗株生长，致使蔗茎产量降低。

症　　状　由立枯丝核菌（*Rhizoctonia solani*）引起。主要侵害叶鞘部，发病严重时可向叶片扩展。通常近地面的叶鞘先发病，由下而上、由外而内扩展。病斑红褐色，不规则形状，边缘颜色紫褐色，病、健部明显。病斑可互相连合为大斑块，外观呈虎皮斑状，故名虎斑病。被害叶鞘内侧亦呈红褐色。潮湿时斑面可见蛛丝状菌丝体或油菜籽状的菌核（图14-7）。

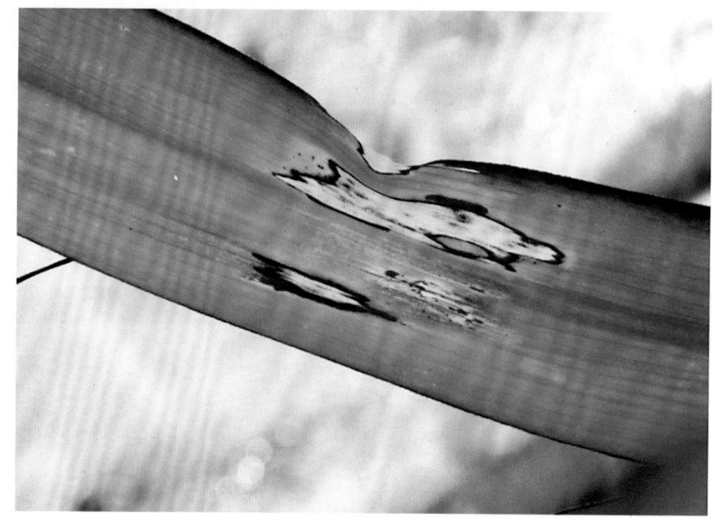
图14-7　甘蔗虎斑病为害叶片症状

发生规律　病菌以菌核和菌丝体的形式在土中越冬，遗落土中的菌核成为病害主要初侵染源。菌核借水流传播，接触寄主后萌发菌丝入侵致病。发病后病部上的菌丝体通过攀援蔓延不断再次侵染使染病部位得以蔓延扩大。高温多湿的天气和通透不良的蔗田环境易诱发该病。偏施、过施氮肥，植株体内氮素水平过高会加重发病。

防治方法　加强肥水管理。配方施肥，增施磷、钾肥，避免偏施氮肥；整治排灌系统，雨后清沟排渍降湿；适时剥叶，改善蔗田通透性，剥下的鞘叶及时带出田外烧毁。

及时喷药预防控病。常发病田结合剥叶，剥叶后及时喷施5%井冈霉素水剂1 500倍液、25%咪鲜胺乳油800 ~ 1 000倍液、20%甲基立枯磷乳油800 ~ 1 000倍液，着重喷施近地面的叶鞘部。药剂应交替施用，喷匀喷足。隔7 ~ 10 d喷1次，共喷2 ~ 3次。

6. 甘蔗梢腐病

分布为害 甘蔗梢腐病在广东、广西、福建、台湾、云南、四川、江西等地均有发生，零星发生，以华南蔗区发生最重。过去为零星发生病害，现发生呈越来越严重趋势，已成为甘蔗生长前、中期的主要病害，对甘蔗产量及抗风性造成一定影响。

症　　状 由藤仓赤霉（*Gibberella fujikuroi*，属子囊菌亚门真菌）引起。初期在幼嫩叶片基部出现褪绿黄化的斑块，斑块上出现红褐色的小点或条纹，后来条纹裂开，呈纺锤形裂口，裂口边缘变成锯齿状。叶片的基部比正常的狭小，略呈扭曲状并有皱褶。受害株外部节间常出现黑褐色横向如刀割的楔形裂口，形成梯级状。梢腐病发展到最严重时，梢头部腐烂使整株甘蔗枯死（图14-8）。

图14-8　甘蔗梢腐病为害梢头症状

发生规律 患病植株和土表上病残体里的病菌是主要的初侵染菌源。病菌的分生孢子随气流传播，落到梢头心叶上的分生孢子，遇有适宜的条件即萌发侵入甘蔗幼嫩叶片，潜育期大约1个月，病部产生分生孢子再侵染。高温高湿条件下发病重，特别是久旱遇雨或灌水过多的情况下，往往引起梢腐病的流行。植株生长瘦弱或偏施、过施氮肥，发病重。

防治方法 选用抗病品种。合理施用氮、磷、钾肥，避免偏施氮肥。及时排除蔗田积水，降低田间湿度。收获后及时清除留在蔗田的病叶、病株残体，集中烧毁，以减少侵染源。

发病初期喷施50%多菌灵可湿性粉剂1 000倍液、50%苯菌灵可湿性粉剂1 000倍液、30%碱式硫酸铜悬浮剂500倍液。隔7 ~ 10 d喷1次，连喷3 ~ 4次。喷药时要仔细喷在甘蔗梢头部，以提高防效。

二、甘蔗虫害

甘蔗白螟

分　　布 甘蔗白螟（*Tryporyza nivella*）广泛分布在我国各地，黄河以南较为常见。

为害特点 初孵幼虫从心叶侵入蔗株，心叶展开时出现横列孔洞，为害成株生长点，促使侧芽萌发，形成扫帚状的“扫把蔗”并使梢端枯萎。有的蛀害茎节（图14-9）。

图14-9　甘蔗白螟为害甘蔗症状

形态特征 成虫雌体长13 ~ 15 mm，翅展25 mm，雄蛾稍小。体白色，有光泽，前翅三角形。雌蛾腹部末端有鲜艳的金黄色尾毛。卵扁椭圆形，初浅黄色，后变橙黄，卵块椭圆形，覆盖橙黄色茸毛。末龄幼虫体，虫体肥大，乳黄色，具横皱纹，前胸背板浅橙黄色，胸足短小，腹足退化（图14-10）。蛹乳黄色，近孵化时银白色，腹末宽略呈圆形。

图14-10　甘蔗白螟幼虫

发生规律　广东、台湾1年发生4 ~ 5代，海南5代。以老熟幼虫的形式在蔗株梢部的隧道里越冬。成虫昼伏夜出，有趋光性。多把卵产在蔗苗叶背面。初孵幼虫行动活泼，常吐丝下垂借风飘荡分散，一般每株有1头幼虫。幼虫多从尚未展开的心叶基部蛀入，向下蛀害呈直道，心叶展开后呈现带状横列的蛀食孔。稍长大后为害生长点，田间出现“枯心苗”和“扫把蔗”。老熟幼虫化蛹在蔗茎里，羽化时冲破薄茧爬出。广东分别在4月上旬、6月下旬、7月下旬、9月上旬和10月下旬出现5次为害高峰。台湾主要在幼蔗期和秋植蔗的3—4月、10—12月有2个为害高峰。一般地势高、长势差的蔗田易受害。

防治方法　推广抗虫品种。秋耕时，拾净蔗茬等，集中深埋或烧毁，蔗草须在4月底以前铡碎或堆垛封泥，以减少越冬虫源。种植期可因地制宜调节，设法使苗期避开成虫羽化产卵盛期，减轻受害。

当蔗田每500株蔗株有1个卵块或千株蔗株累计有5个卵块时，可选用1.5%甲基对硫磷粉剂2 kg/亩、40%治螟磷乳油150 ~ 250 g/亩，拌细土15 ~ 20 kg，撒在谷苗根际处，形成药带，效果较好。

在幼虫孵化初期，可用30%乙酰甲胺磷乳油125 ~ 225 mL/亩、48%毒死蜱乳油70 ~ 90 mL/亩、80%敌百虫可溶液剂80 ~ 100 g/亩、40%水胺硫磷乳油75 ~ 150 mL/亩、25%喹硫磷乳油120 ~ 150 mL/亩、20%哒嗪硫磷乳油75 ~ 100 mL/亩、50%二嗪磷乳油80 ~ 120 mL/亩、10%杀螟腈可湿性粉剂100 ~ 200 g/亩、50%杀螟丹可溶性粉剂70 ~ 100 g/亩、30%多噻烷乳油600 ~ 1 000倍液、20%除虫脲悬浮剂1 500 ~ 2 000倍液、20%虫酰肼悬浮剂25 ~ 30 mL/亩、1%甲氨基阿维菌素苯甲酸盐乳油5 ~ 10 mL/亩，兑水40 ~ 50 kg均匀喷施。

第十五章　向日葵病虫害原色图解

我国向日葵栽培面积约为120万hm^2，总产量约为350万t。种植面积较大的有20个省份，主要分为5个产区：东北、内蒙古种植区，华北种植区，新疆种植区，黄河河套种植区，云贵高原种植区。

一、向日葵病害

病害是为害向日葵产量与质量的重要因素，有20多种，为害严重的主要有向日葵白粉病、向日葵褐斑病、向日葵锈病等。

1. 向日葵白粉病

症　　状　由单丝壳白粉菌（*Sphaerotheca fuliginea*）和二孢白粉菌（*Erysiphe cichoracearum*）引起，二者均为子囊菌亚门真菌。主要为害叶片，严重时茎秆也可受害。叶片受害后，初期叶面零星散布白色粉状霉，扩展后整叶盖满灰白色霉层，即病菌的菌丝和分生孢子，最后病叶变褐焦枯，引起早期凋落（图15-1）。茎秆发病，病斑灰褐色至黑褐色，不规则形状，病斑边缘不整齐，后期病部出现黑色小粒点，即病菌子囊壳。

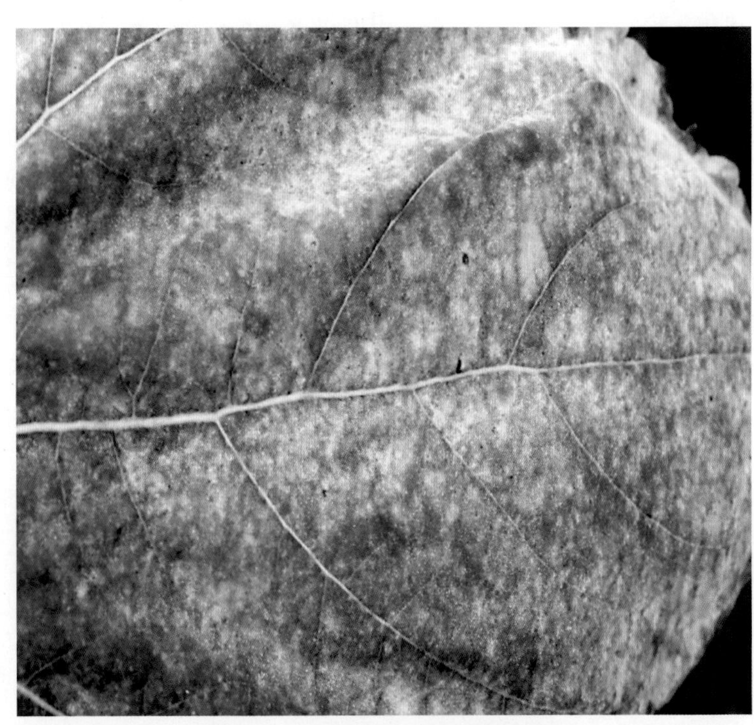
图15-1　向日葵白粉病为害叶片症状

发生规律　病原以闭囊壳的形式在病残体上越冬。条件适宜时放射子囊孢子，借气流传播，造成初侵染和再侵染。干旱年份发生重。栽植过密、通风不良或氮肥偏多，发病重。

防治方法　合理轮作。收获后彻底清除病株残叶，深翻土地。

必要时可喷施70%甲基硫菌灵可湿性粉剂70 ～ 90 g/亩、25%嘧菌酯悬浮剂60 ～ 90 mL/亩、30%醚菌酯悬浮剂30 ～ 50 mL/亩、20%三唑酮乳油40 ～ 45 mL/亩、12.5%烯唑醇可湿性粉剂16 ～ 32 g/亩、40%氟硅唑乳油7.5 ～ 9.4 mL/亩、50%粉唑醇可湿性粉剂8 ～ 12 g/亩、5%己唑醇悬浮剂20 ～ 30 mL/亩、12.5%腈菌唑乳油16 ～ 32 mL/亩、30%氟菌唑可湿性粉剂10 ～ 20 g/亩、50%烟酰胺水分散粒剂30 ～ 45 g/亩，兑水40 ～ 50 kg均匀喷雾，发生严重时，可间隔7 ～ 10 d再喷1次。

2. 向日葵褐斑病

症　　状　由向日葵壳针孢（*Septoria helianthi*，属无性型真菌）引起。为害子叶、叶片、叶柄和茎，以叶片受害为主。子叶受害，病斑初呈褐色小圆形，凹陷，后期散生有小黑点。真叶受害，初呈黄色小圆点，扩大后呈大的圆形、多角形或不规则形的褐斑，病斑周围有黄色晕环，上密生小黑点，最后病斑汇合成片，叶片干枯（图15-2）。茎和叶柄上的病斑黄褐色，狭条状，上很少有分生孢子器。

发生规律 病菌以分生孢子器或菌丝的形式在病残体上越冬。春季温湿度条件适宜时，分生孢子从分生孢子器中逸出，借风雨传播蔓延，造成初侵染和再侵染，扩大为害。品种间抗病性有差异。多雨年份，湿度大则发病重。通风透光差、排水不良、低洼地发病重。

防治方法 与禾本科等作物实行大面积轮作。注意通风透光，及时清沟排渍。收获后及时清洁田园，清除病残叶，将其集中烧毁或沤肥。加强栽培管理。施足基肥，及时追肥，干旱时灌溉，促使植株生长健壮，提高抗病能力。

图15-2 向日葵褐斑病为害叶片症状

发病初期，向日葵开花期，可用50%腐霉利可湿性粉剂40 ~ 80 g/亩、25%异菌脲悬浮剂120 ~ 200 mL/亩、40%多菌灵悬浮剂80 ~ 100 mL/亩、50%噻菌灵悬浮剂26 ~ 54 mL/亩、6%氯苯嘧啶醇可湿性粉剂30 ~ 50 g/亩、2%嘧啶核苷类抗生素水剂500 mL/亩，兑水40 ~ 50 kg均匀喷施。

3. 向日葵灰霉病

症　状 由灰葡萄孢（*Botrytis cinerea*，属无性型真菌）引起。主要为害花盘。发病初期病部湿腐，水渍状，湿度大时长出稀疏的灰色霉层，严重时花盘腐烂，不能结实（图15-3）。

发生规律 病原以菌丝、分生孢子或菌核的形式附随病残体上，或遗留在土壤中越冬。分生孢子随气流、雨水及农事操作传播蔓延。

防治方法 适期播种，使花盘期尽量避开雨季。合理密植，不宜过密，雨后及时排水，防止湿气滞留。发病初期可用50%腐霉利可湿性粉剂40 ~ 80 g/亩、25%异菌脲悬浮剂120 ~ 200 mL/亩、50%乙烯菌核利可湿性粉剂75 ~ 100 g/亩、50%苯菌灵可湿性粉剂66 ~ 100 g/亩、50%噻菌灵悬浮剂26 ~ 54 mL/亩、40%氟硅唑乳油7.5 ~ 9.4 mL/亩、20%嘧霉胺悬浮剂150 ~ 180 mL/亩、50%嘧菌环胺水分散粒剂60 ~ 96 g/亩、20%邻烯丙基苯酚可湿性粉剂40 ~ 65 g/亩，兑水40 ~ 50 kg，间隔7 ~ 10 d喷1次，连喷2 ~ 3次。

图15-3 向日葵灰霉病为害花盘症状

4. 向日葵细菌性叶斑病

症　状 由丁香假单胞菌向日葵致病变种（*Pseudomonas syringae* pv. *helianthi*，属细菌）引起。主要为害叶片。发病初期叶上出现水浸状小斑，渐扩展成暗褐色不规则形角斑，四周现较宽的褪绿晕圈。严重时，病斑汇合成大斑，叶焦枯，病斑中心破裂，甚至叶片干枯脱落（图15-4）。

发生规律 病菌在种子及病残体上越冬，借风雨、灌溉水传播蔓延。雨后易见此病发生和蔓延。

防治方法 实行轮作。注意田间卫生，清除病残体。

发病初期喷药防治，可用72%农用链霉素可溶性粉剂3 000 ~ 4 000倍液、70%琥·乙膦铝杀菌剂600 ~ 800倍液、77%氢氧化铜可湿性粉剂500 ~ 800倍液、14%络氨铜水剂300 ~ 500倍液、50%甲霜·铜可湿性粉剂600 ~ 700倍液、47%春·氧氯化铜可湿性粉剂700 ~ 800倍液、50%氯溴异氰尿酸可溶性粉剂1 200 ~ 1 500倍液，均匀喷施，每5 ~ 7 d喷1次，连喷3 ~ 4次。

图15-4 向日葵细菌性叶斑病为害叶片症状

5. 向日葵锈病

症　　状 由向日葵柄锈菌（*Puccinia helianthi*，属担子菌亚门真菌）引起。主要为害叶片，叶片发病初期在叶片背面出现的褐色小疱是病菌夏孢子堆，表面破裂后散出褐色粉末，即病菌的夏孢子。严重时夏孢子堆布满全叶，使叶片提早枯死。叶柄、茎秆、葵盘及苞叶上也可形成很多夏孢子堆。近收获时，病部出现黑色裸露的小疱，内生大量黑褐色粉末，即为病菌的冬孢子堆及冬孢子（图15-5）。

图15-5 向日葵锈病为害叶片症状

发生规律 病原以冬孢子的形式在病残体上越冬，成为翌年的初侵染源。条件适宜时，冬孢子萌发产生担孢子侵染幼叶，形成性子器。不久在病斑背面产生锈子器，器内充满锈孢子。锈孢子飞散传播，萌发并侵染叶片，形成夏孢子堆。夏孢子借气流传播，扩大再侵染范围。向日葵接近成熟时，在产生夏孢子的地方形成冬孢子堆，又以冬孢子越冬。5—6月多雨，发病重。7月中旬至8月中旬雨水多，病害发生严重。

防治方法 因地制宜采用抗病品种，实行轮作，合理增施磷肥，勤中耕，可减少发病。注意田间卫生，清除病残株，收获后深翻土地。

种子处理：播种前每100 kg种子用25%三唑醇种子处理干粉剂30 ~ 45 g拌种。

发病初期可用20%萎锈灵乳油100 ~ 200 mL/亩、25%邻酰胺悬浮剂200 ~ 320 mL/亩、30%醚菌酯悬浮剂30 ~ 50 mL/亩、12.5%烯唑醇可湿性粉剂16 ~ 32 g/亩，12.5%氟环唑悬浮剂48 ~ 60 mL/亩、50%粉唑醇可湿性粉剂8 ~ 12 g/亩、5%己唑醇悬浮剂20 ~ 30 mL/亩，兑水40 ~ 50 kg喷施，间隔7 ~ 10 d喷1次，连喷2次。

二、向日葵虫害

1. 向日葵斑螟

分　　布 向日葵斑螟（*Homoeosoma nebulella*）主要在我国的北部发生，近年来为害的范围有扩大的趋势。

形态特征 成虫体灰白色，触角丝状。前翅灰色微黄，近中央处有4个黑色斑点，内侧3个相连，外侧1个系由2个小斑点相连而成。静止时前后翅紧抱体躯两侧，像一粒灰色的向日葵种子。卵乳白色，长椭圆形，有光泽，具不规则浅网状纹。老熟幼虫体淡黄色。头及前胸背板淡黄褐色，前胸背板后缘有一弧形黑色带，中间断开（图15-6）。体背有3条紫褐色或棕褐色纵线。胸足及气门黑色。

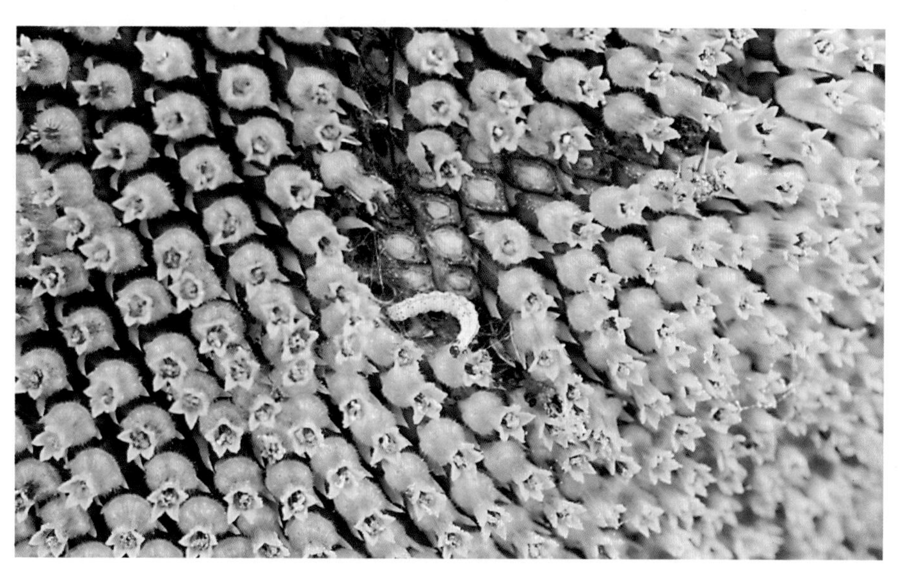

图15-6 向日葵斑螟幼虫及为害症状

发生规律 1年发生1 ~ 2代，老熟幼虫做茧在土中越冬。硬壳层形成快的品种受害轻或不受害，小粒油用种较大粒食用种受害轻。成虫白天潜伏，傍晚开始活动，在花盘上取食花蜜交配产卵。卵多散产在葵花花盘上的开花区内，在花药圈内壁、花柱和花冠内壁着卵量最多，筒状花和舌状花上着卵很少。1 ~ 2龄幼虫啃食筒状花，3龄后沿葵花籽实排列缝隙蛀食种子，把种仁部分或全部吃掉，形成空壳或蛀花盘，把花盘蛀成很多隧道，并在花盘子实上吐丝结网粘连虫粪及碎屑，状似丝毡。被害花盘多腐烂发霉，降低产量和质量。

防治方法 适当提早播种，可减轻或避免第1代幼虫为害。秋翻、冬灌可将大批越冬茧翻压入土，减少越冬虫。

成虫发生盛期，可喷洒2.5%氯氟氰菊酯乳油25 ~ 50 mL/亩、2.5%溴氰菊酯乳油20 ~ 30 g/亩、5.7%氟氯氰菊酯乳油30 ~ 40 mL/亩、30%乙酰甲胺磷乳油125 ~ 225 mL/亩、80%敌百虫可溶液剂80 ~ 100 g/亩，兑水40 ~ 50 kg。

成虫产卵盛期可喷洒40%乐果乳油75 ~ 100 mL/亩、40%嘧啶氧磷乳油150 ~ 300 mL/亩、25%仲丁威乳油200 ~ 250 mL/亩、50%杀螟丹可溶性粉剂70 ~ 100 g/亩、25%甲萘威可湿性粉剂200 ~ 300 g/亩，兑水40 ~ 50 kg。

低龄幼虫发生盛期，可喷洒20%虫酰肼悬浮剂25 ~ 30 mL/亩、1%甲氨基阿维菌素苯甲酸盐乳油5 ~ 10 mL/亩、8 000 IU/mL苏云金杆菌可湿性粉剂100 ~ 200 g/亩，兑水40 ~ 50 kg。

2. 棉铃虫

分　　布 棉铃虫广泛分布在我国各地，近年来为害十分猖獗，20世纪90年代以来多次大暴发（图15-7）。

图15-7　棉铃虫幼虫及为害症状

形态特征和发生规律 参考棉花虫害中棉铃虫部分。

防治方法 种植抗虫品种。深翻冬灌，减少虫源。

在越冬代成虫产卵盛期，可用20%虫酰肼悬浮剂60 ~ 100 mL/亩、5%氟啶脲乳油100 ~ 150 mL/亩、5%氟铃脲乳油100 ~ 150 mL/亩、25%丁醚脲乳油80 ~ 150 mL/亩、20%灭多威乳油80 ~ 100 mL/亩、25%甲萘威可湿性粉剂100 ~ 150 g/亩、75%硫双威可湿性粉剂60 ~ 70 g/亩等药剂，兑水40 ~ 50 kg均匀喷雾。

在低龄幼虫期，可用30%乙酰甲胺磷乳油100 ~ 150 mL/亩、48%毒死蜱乳油90 ~ 120 mL/亩、50%丙溴磷乳油64 ~ 80 mL/亩、40%水胺硫磷乳油75 ~ 150 mL/亩、25%喹硫磷乳油48 ~ 160 mL/亩、20%哒嗪硫磷乳油200 ~ 250 mL/亩，兑水50 kg均匀喷雾。

在第2至第3代卵孵盛期，可用2.5%氯氟氰菊酯乳油50 ~ 60 mL/亩、10%氯氰菊酯乳油40 ~ 60 mL/亩、52.25%农地乐（毒死蜱47.75%+氯氰菊酯4.5%）乳油60 ~ 70 mL/亩、5.7%氟氯氰菊酯乳油20 ~ 40 mL/亩、2.5%溴氰菊酯乳油30 ~ 50 mL/亩、1%甲氨基阿维菌素苯甲酸盐乳油20 ~ 30 mL/亩、1.8%阿维菌素乳油20 ~ 30 mL/亩，兑水50 ~ 60 kg均匀喷雾。

下篇

园艺作物

第十六章　大白菜病虫草害原色图解

一、大白菜病害

为害大白菜的病害有很多，据记载有50多种，其中霜霉病、软腐病、病毒病被称为大白菜的三大病害，分布最广、为害最大，在我国各地普遍发生。另外，黑腐病、黑斑病、炭疽病、根肿病、白斑病等，在各地均有不同程度的发生。

1. 大白菜霜霉病

分　　布　大白菜霜霉病在我国各白菜产区均有发生，在黄河以北和长江流域地区为害较重。

症　　状　由寄生霜霉（*Peronospora parasitica*）引起。菌丝无色，不具隔膜，吸器圆形至梨形或棍棒状。孢囊梗单生或2～4根束生，无色，无分隔，主干基部稍膨大。孢子囊无色，单胞，长圆形至卵圆形。各生育期均有为害，主要为害叶片。子叶发病时，叶背出现白色霉层，小苗真叶正面无明显症状，严重时幼苗枯死。成株期，叶正面出现灰白色、淡黄色或黄绿色周缘不明显的病斑，后扩大为黄褐色病斑，受叶脉限制而呈多角形或不规则形，叶背密生白色霉层。病斑多时相互连接，使病叶局部或整叶枯死（图16-1、图16-2）。

图16-1　大白菜霜霉病为害叶片症状

发生规律　以卵孢子的形式在病残组织里、土壤中或附着在种子上越冬，或以菌丝体的形式在留种株上越冬。翌春由卵孢子或休眠菌丝产生的孢子囊萌发芽管。经气孔或表皮细胞间侵入春菜寄主，春菜收后，卵孢子在田间休眠两个月后侵入秋菜。借助风雨传播，使病害扩大和蔓延。气温忽高忽低、昼夜温差大、白天光照不足、多雨露天气，霜霉病最易流行。土壤黏重、低洼积水、大水漫灌、连作菜田及生长前期病毒病较重的地块为害重。

防治方法　适期播种，要施足底肥，增施磷、钾肥。早间苗，晚定苗，适度蹲苗。小水勤灌，雨后及时排水。清除病苗，拉秧后要把病叶、病株置于田外深埋或烧毁。

种子处理：用58%甲霜灵·锰锌（甲霜灵10%+代森锰锌48%）可湿性粉剂、25%甲霜灵可湿性粉剂、50%福美双可湿性粉剂按种子重量的0.4%拌种。

发病前期，可用75%百菌清可湿性粉剂134 ~ 154 g/亩、70%丙森锌可湿性粉剂150 ~ 210 g/亩、80%代森锰锌可湿性粉剂800倍液、250 g/L吡唑醚菌酯乳油30 ~ 40 mL/亩、250 g/L嘧菌酯悬浮剂40 ~ 60 mL/亩、20%丙硫唑悬浮剂40 ~ 50 mL/亩等药剂预防保护。

图16-2 大白菜霜霉病田间为害后期症状

9月中旬发病初期是防治的关键时期，可用687.5 g/L氟菌·霜霉威（霜霉威盐酸盐625 g/L+氟吡菌胺62.5 g/L）悬浮剂60 ~ 75 mL/亩、20%氟吗啉可湿性粉剂1 000倍液、60%氟吗啉·代森锰锌（代森锰锌50%+氟吗啉10%）可湿性粉剂400 ~ 600倍液、69%烯酰吗啉·代森锰锌（烯酰吗啉9%+代森锰锌60%）可湿性粉剂1 000倍液、72.2%霜霉威盐酸盐水剂600倍液、25%甲霜灵可湿性粉剂600倍液、64%噁霜·锰锌（噁霜灵8%+代森锰锌56%）可湿性粉剂500倍液等药剂喷雾，间隔7 ~ 10 d喷1次，共喷2 ~ 3次。

2. 大白菜软腐病

分布为害 大白菜软腐病在全国均有分布，黄河以北地区发病严重，严重时发病率在50%以上，减产20%以上。

症　状 由胡萝卜软腐欧文氏菌胡萝卜软腐致病型（*Erwinia carotovora* pv. *carotovora*，属细菌）引起。多从包心期开始发病，病部软腐，有臭味（图16-3）。发病初时外叶萎蔫，继之叶柄基部腐烂，病叶瘫倒，露出菜球。有的茎基部腐烂并延及心髓，充满黄色黏稠物（图16-4）。也有少数菜株外叶湿腐，干燥时烂叶干枯呈薄纸状紧裹住菜球（图16-5），或菜球内、外叶良好，但中间菜叶自边缘向内腐烂。为害严重时，全田腐烂（图16-6）。

图16-3 大白菜软腐病为害幼苗症状

图16-4 大白菜软腐病为害茎基部症状

图16-5 大白菜软腐病为害后期干燥时症状

图16-6 大白菜软腐病为害田间症状

发生规律 病原菌在病残体、土壤、未腐熟的农家肥中越冬，为重要的初侵染菌源。通过雨水、灌溉水、肥料、土壤、昆虫等多种途径传播，由伤口或自然裂口侵入，不断发生再侵染（图16-7）。高温多雨有利于软腐病发生。高垄栽培不易积水，土壤中氧气充足，有利于根系和叶柄基部愈伤组织形成，可减少病菌侵染。

防治方法 病田避免连作，换种豆类、麦类、水稻等作物。清除田间病残体，精细翻耕整地，暴晒土壤，促进病残体分解。雨后及时排水，增施基肥，及时追肥。发现病株后及时挖除，病穴撒石灰消毒。

发病初期是防治的关键时期，可采用50%氯溴异氰尿酸可溶粉剂50～60 g/亩、30%噻森铜悬浮剂100～135 mL/亩、20%噻唑锌悬浮剂100～150 mL/亩、20%噻菌铜悬浮剂75～100 g/亩、88%水合霉素

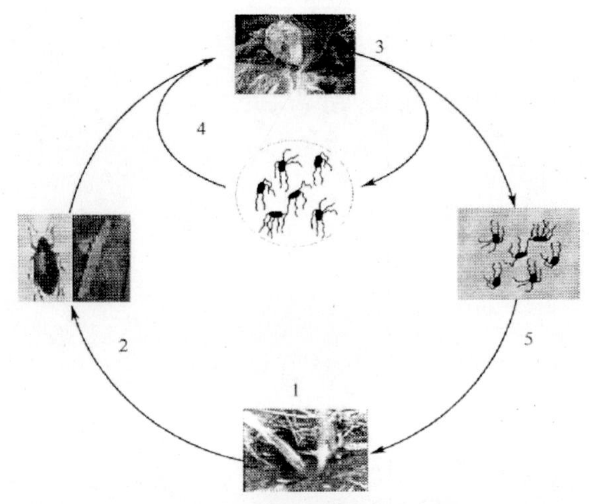

图16-7 大白菜软腐病病害循环
1.病菌在病残体上越冬 2.病原细菌的传播媒介：昆虫和雨水 3.病株 4.再侵染 5.细菌

可溶性粉剂1 500倍液、0.5%氨基寡糖素水剂600 ~ 800倍液+2%春雷霉素可湿性粉剂400 ~ 500倍液、1 000亿孢子/g枯草芽孢杆菌可湿性粉剂50 ~ 60 g/亩，药剂宜交替施用，间隔7 ~ 10 d喷1次，连续喷2 ~ 3次。重点喷洒病株基部及地表，使药液流入菜心，效果较好。

3. 大白菜病毒病

分布为害 大白菜病毒病在我国各蔬菜产区普遍发生，为害严重。多在夏、秋季发病较重。一般病株率为5% ~ 15%，严重时病株率在20%以上。

症　　状 由芜菁花叶病毒（*Turnip mosaic virus*, TuMV）、黄瓜花叶病毒（*Cucumber mosaic virus*, CMV）、烟草花叶病毒（*Tobacco mosaic virus*, TMV）3种病毒引起。苗期被害，叶片出现明脉且沿叶脉有褪绿现象，后变为淡绿与浓绿相间的花叶（图16-8），叶片皱缩不平，心叶扭曲，生长缓慢。成株期被害，叶片皱缩、凹凸不平，呈黄绿相间的花叶（图16-9），在叶脉上也有褐色的坏死斑点或条纹（图16-10），严重时，植株停止生长，矮化，不包心，病叶僵硬扭曲皱缩成团。

图16-8　大白菜病毒病为害幼苗花叶症状

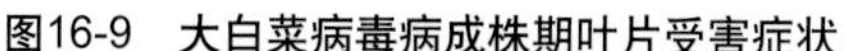

图16-9　大白菜病毒病成株期叶片受害症状

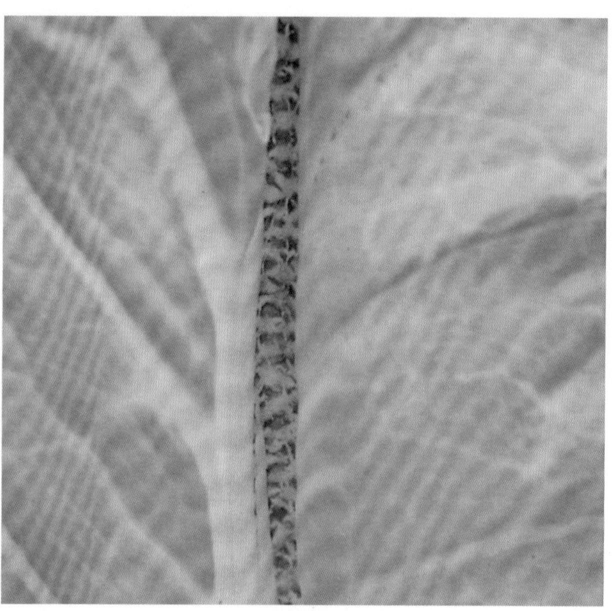

图16-10　大白菜病毒病为害叶脉症状

发生规律 病毒在窖藏的白菜、甘蓝的留种株或田间的寄主植物活体上越冬，还可在越冬菠菜和多年生杂草的宿根上越冬。翌年春季，主要靠蚜虫把病毒传到春季种植的蔬菜上（图16-11）。一般高温干旱的条件利于发病，苗期6片真叶以前容易受害发病，被害越早，发病越重。播种早的秋菜发病重，管理粗放，缺水、缺肥的田块发病重。

图16-11 大白菜病毒病病害循环
1.贮窖越冬 2.春季发病 3.蚜虫传播
4.菜田发病 5.秋苗发病 6.秋菜上再侵染

防治方法 深耕细作，彻底清除田边地头的杂草，及时拔除病株。施用充分腐熟的粪肥作为底肥，根据当地气候适时播种。苗期采取小水勤灌，一般“三水齐苗，五水定棵”，可减轻病毒病发生。在天旱时，不要过分蹲苗。

防治该病的关键是控制蚜虫的为害。苗期5～6叶期，可用20％噻嗪酮乳油1 500倍液、2.5％氯氟氰菊酯乳油40 mL/亩、10％吡虫啉可湿性粉剂1 000～1 500倍液、50％抗蚜威可湿性粉剂1 500倍液、3％啶虫脒乳油1 000～2 000倍液，喷药防治蚜虫。

发病初期，喷施20％盐酸吗啉胍乙酸铜可湿性粉剂500～700倍液、2％宁南霉素水剂100～150 mL/亩、0.5％菇类蛋白多糖水剂300倍液、20％丁子香酚水乳剂30～45 mL/亩，兑水喷施，间隔5～7 d喷1次，连续喷施2～3次。

4. 大白菜黑腐病

分　　布 大白菜黑腐病分布很广，发生普遍，保护地、露地都可发病，以夏秋高温多雨季发病较重。

症　　状 由黄单胞杆菌甘蓝黑腐致病变种细菌（*Xanthomonas campestris* pv. *campestris*）引起 。菌体杆状，极生单鞭毛，无芽孢，有荚膜，单生或链生，革兰氏染色阴性。各个时期都会发病。幼苗子叶发病，边缘水浸状，根髓部变黑，迅速枯死。成株期从叶片边缘出现病变，逐渐向内扩展，形成V形黑褐色病斑，周围变黄，与健部界线不明显。病斑内网状叶脉变为褐色或黑色（图16-12）。叶柄发病，沿维管束向上发展，可形成褐色干腐，叶片歪向一侧，半边叶片发黄。严重发病，植株多数叶片枯死或折倒（图16-13）。

图16-12 大白菜黑腐病为害叶片症状

图16-13 大白菜黑腐病为害叶柄症状

发生规律 病原细菌随种子和田间的病株残体越冬，也可在采种株或冬菜上越冬。带菌种子是最重要的初侵染来源。春季通过雨水、灌溉水、昆虫或农事操作传播到叶片上，由叶缘的水孔、叶片的伤口、虫伤口侵入。最易感病的生育期为莲座期到包心期。暴风雨后往往大发生。易积水的低洼地块和灌水过多的地块发病多。连作、施用未腐熟农家肥以及害虫严重发生等情况，都会加重发病。

防治方法 清洁田园，及时清除病残体，秋后深翻，施用腐熟的农家肥。适时播种，合理密植。及时防虫，减少传菌介体。合理灌水，雨后及时排水，降低田间湿度。减少农事操作造成的伤口。

播种前可用30％琥珀肥酸铜可湿性粉剂600～700倍液、3％中生菌素水剂300～500倍液、36％三氯异氰尿酸可湿性粉剂300倍液浸种15～20 min，捞出后用清水洗净，晾干后播种。

发病初期及时喷药防治，可选用6%春雷霉素可湿性粉剂25 ~ 40 g/亩、3%中生菌素水剂400 ~ 533 mL/亩、50%氯溴异氰尿酸可溶粉剂40 ~ 60 g/亩、36%三氯异氰尿酸可湿性粉剂60 ~ 90 g/亩、30%噻森铜悬浮剂70 ~ 85 mL/亩、20%噻菌铜悬浮剂100 ~ 130 g/亩、30%金核霉素可湿性粉剂1 500 ~ 1 600倍液、1.2%辛菌胺（辛菌胺醋酸盐）水剂463 ~ 694 mL/亩等，兑水喷施，间隔7 ~ 10 d喷1次，共喷2 ~ 3次，各种药剂应交替施用。

5. 大白菜黑斑病

分　　布　大白菜黑斑病近年为害呈上升趋势，成为白菜生产上的重要病害，分布广泛，发生普遍，秋季多雨发病严重。

症　　状　由芸薹链格孢菌（*Alternaria brassicae*）引起。多从外叶开始，病斑圆形，褐色或深褐色，有明显的同心轮纹，周缘有时有黄色晕圈，在高温高湿的条件下，病部穿孔，发病严重的，半叶或整叶枯死（图16-14）。叶柄上病斑呈纵条状，暗褐色，稍凹陷。潮湿时病斑上产生黑色霉状物。

图16-14　大白菜黑斑病为害叶片症状

发生规律　以菌丝体或分生孢子的形式在病残体、种子或冬贮菜上越冬。翌年产生孢子从气孔或直接穿透表皮侵入，借助风雨传播。秋菜初发期在8月下旬至9月上旬。9月下旬至10月上旬连续阴雨，病害即有可能流行。播种早、密度大、地势低洼、管理粗放、缺水缺肥、植株长势差、抗病力弱一般发病重。

防治方法　施用腐熟的优质有机肥，并增施磷、钾肥，病叶、病残体要及时置于田外深埋或烧毁。

种子处理：用50%异菌脲可湿性粉剂、50%腐霉利可湿性粉剂、50%福美双可湿性粉剂按种子重量的0.2% ~ 0.3%拌种。

发病初期可用70%丙森锌可湿性粉剂600 ~ 800倍液+50%乙烯菌核利可湿性粉剂600 ~ 800倍液、25%吡唑醚菌酯悬浮剂30 ~ 36 mL/亩、80%代森锰锌可湿性粉剂600 ~ 800倍液+70%甲基硫菌灵可湿性粉剂800倍液、20%唑菌胺酯水分散性粒剂1 000 ~ 1 500倍液、50%腐霉利可湿性粉剂1 000 ~ 1 500倍液+70%代森锰锌可湿性粉剂600 ~ 800倍液、50%异菌脲可湿性粉剂1 000 ~ 1 500倍液、50%福美双·异菌脲（福美双40%+异菌脲10%）可湿性粉剂800 ~ 1 000倍液、10%苯醚甲环唑水分散粒剂35 ~ 50 g/亩、30%戊唑·噻森铜（戊唑醇10%+噻森铜20%）悬浮剂50 ~ 70 g/亩，兑水均匀喷雾，隔5 ~ 7 d喷1次，连续喷2 ~ 3次。

6. 大白菜炭疽病

症　　状　由希金斯刺盘孢（*Colletotrichum higginsianum*，属无性型真菌）引起。叶片染病，病斑中央白色，边缘褐色水渍状，近圆形，稍凹陷，后期病斑白色至灰白色半透明纸状，易破裂穿孔（图16-15）。叶柄或叶脉染病，多形成椭圆形或梭形病斑，显著凹陷，黄褐至灰褐色，边缘色深，有的向两端开裂（图16-16）。病害严重时，整片叶和整个叶柄病斑密布，相互连接成不规则大斑，短期内使叶片萎黄枯死。

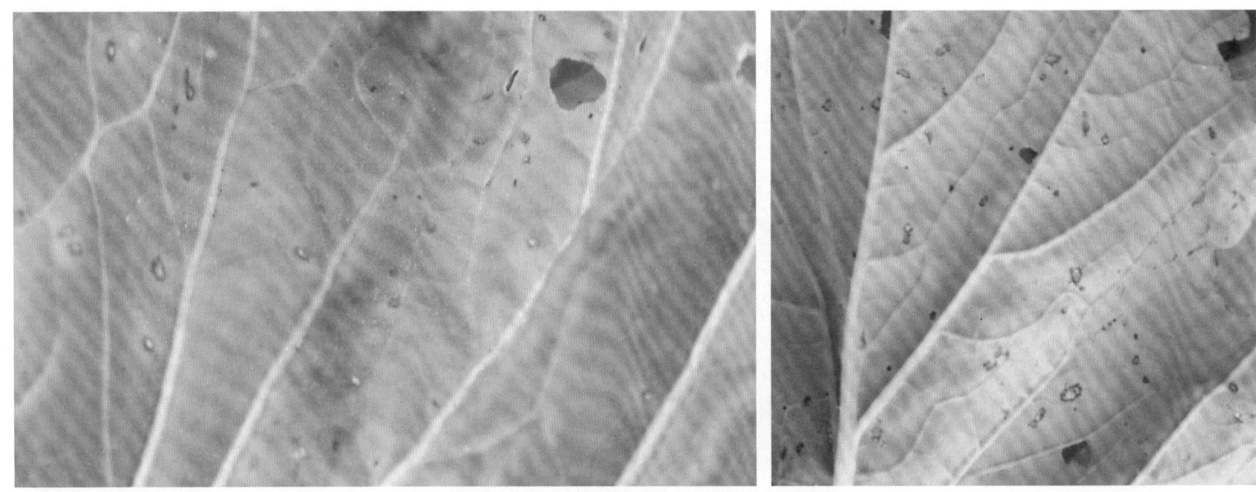

图16-15　大白菜炭疽病为害叶片症状

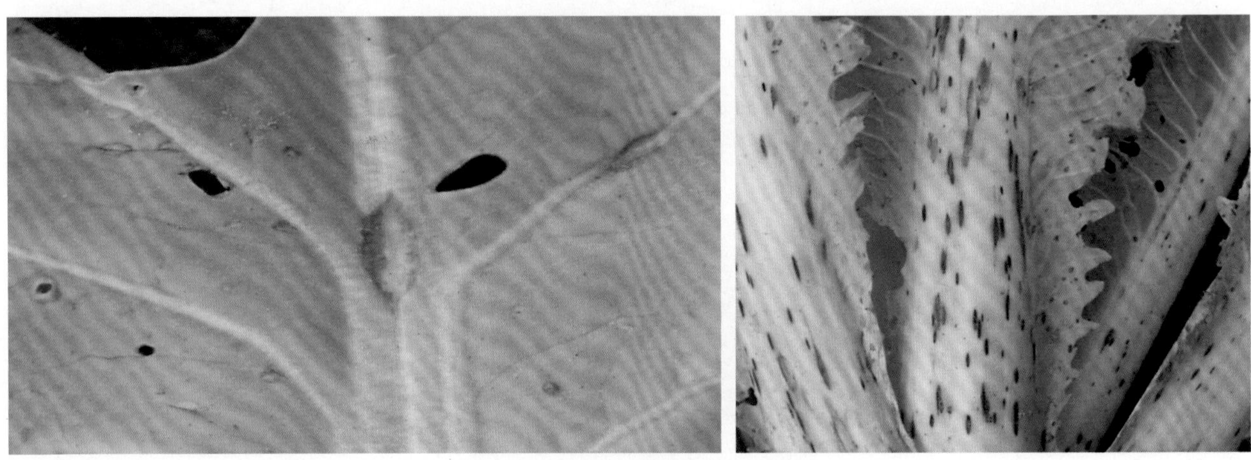

图16-16　大白菜炭疽病为害叶柄症状

发生规律　以菌丝体的形式随病残体在土壤中越冬，种子也能带菌。在田间经雨滴飞溅和风雨传播，从伤口或直接穿透表皮侵入，在北方早熟白菜先发病。7—9月高温多雨或降雨次数多则发病较重。一般早播白菜、种植过密、通风透光差的田块发病重；地势低洼、田间积水、管理粗放、植株生长衰弱的地块发病重。

防治方法　重病地与非十字花科蔬菜实行2年轮作。适时晚播，施足粪肥，增施磷、钾肥，合理灌水，雨后及时排水。注意田园清洁，收后深翻土地。

种子消毒：用种子重量0.3%～0.4%的50%多菌灵可湿性粉剂、25%溴菌腈可湿性粉剂、50%咪鲜胺锰盐可湿性粉剂拌种。

发病初期及时喷洒70%代森锰锌可湿性粉剂800倍液+70%甲基硫菌灵可湿性粉剂1 000倍液、25%吡唑醚菌酯悬浮剂30～36 mL/亩、70%代森锰锌可湿性粉剂800倍液+25%咪鲜胺乳油1 000倍液、50%咪鲜胺锰盐可湿性粉剂1 500倍液+70%代森锰锌可湿性粉剂800倍液、70%代森锰锌可湿性粉剂800倍液+10%苯醚甲环唑水分散粒剂1 000倍液、60%唑醚·代森联（代森联55%+吡唑醚菌酯5%）水分散粒剂40～60 g/亩，间隔7～10 d喷1次，连续喷2～3次。

7. 大白菜根肿病

症　状　由芸薹根肿菌（*Plasmodiophora brassicae*，属鞭毛菌亚门真菌）引起。苗期受害，严重时幼苗枯死。成株期，植株矮小，生长缓慢，基部叶片变黄萎蔫呈失水状，严重时枯萎死亡（图16-17）。主、侧根和须根形成大小不等的肿瘤，初期肿瘤表面光滑（图16-18），后变粗糙，进而龟裂。

图16-17　大白菜根肿病为害成株地上部症状

图16-18　大白菜根肿病为害根部症状

发生规律　以休眠孢子囊的形式在土壤中或黏附在种子上越冬，在田间主要靠雨水、灌溉水、昆虫和农具传播，远距离传播则主要靠大白菜病根或带菌泥土的转运。萌发产生游动孢子侵入寄主，经10 d左右根部长出肿瘤（图16-19）。土壤偏酸性，连作地、低洼地、“水改旱”菜地病情较重。

防治方法　重病地要和非十字花科蔬菜实行6年以上轮作，并铲除杂草。收菜后彻底清除病根，集中销毁。在低洼地或排水不良的地块栽培大白菜，要采用高畦或起垄的栽培形式。酸性土壤应适量施用石灰，将土壤酸碱度调节至微碱性。

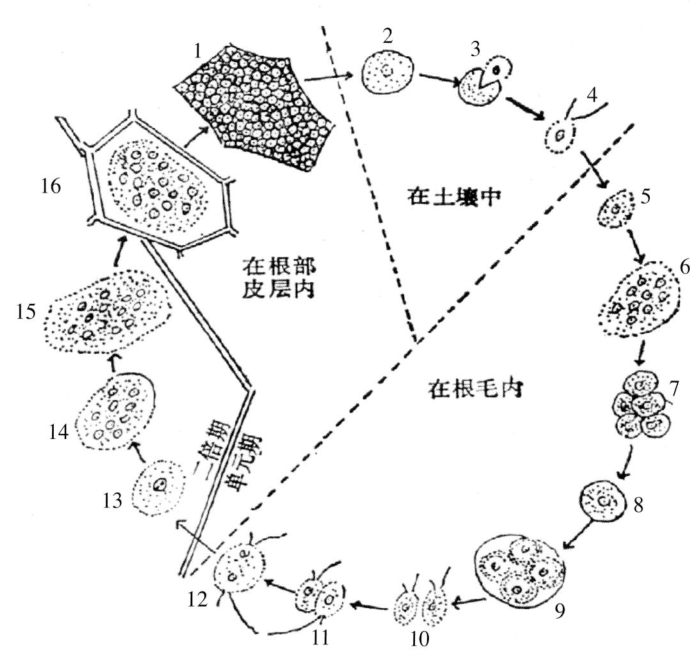

图16-19　大白菜根肿病病害循环
1.寄主细胞内的休眠孢子　2.休眠孢子　3.萌发　4.游动孢子　5.变形菌胞　6.单倍原生质团　7.配子囊（多个）　8.配子（单个）　9.配子分化　10.配子　11.配子配合　12.质配　13.核配　14.双倍原质团　15.无核期　16.减数分裂后的原质团

防治最佳时期为直播白菜播种至2～3叶期，可用50%氟啶胺悬浮剂267～333 mL/亩、100 g/L氰霜唑悬浮剂150～180 mL/亩、40%氟胺·氰霜唑（氰霜唑10%+氟啶胺30%）悬浮剂180～240 mL/亩、100亿个/g枯草芽孢杆菌可湿性粉剂400～500倍液、15%噁霜灵水剂500倍液、58%甲霜灵·代森锰锌可湿性粉剂400～500倍液、75%五氯硝基苯可湿性粉剂700～1 000倍液、50%氯溴异氰尿酸可溶性粉剂1 500倍液灌根，每穴250～500 mL，间隔10 d，连灌3次。

8. 大白菜白斑病

症　状　由白斑小尾孢（*Cercosporella albomaculans*，属无性型真菌）引起。主要为害叶片，发病初期，叶片上产生灰褐色的小斑点，后来扩展成圆形、近圆形或卵圆形的病斑，中央部分由灰褐色变为灰白色，在病斑周围有污绿色晕圈。在潮湿的条件下，病斑背面长有稀疏的淡灰色霉状物（图16-20）。发病后期病斑呈半透明状，组织变薄，容易破裂穿孔。发病严重时，病斑往往连成片，呈不规则形的大斑，最后叶片干枯。

图16-20 大白菜白斑病为害叶片症状

发生规律 主要以菌丝或菌丝块的形式附在地表的病叶上生存，或以分生孢子黏附在种子越冬，翌年借雨水飞溅传播到白菜叶片上，孢子萌发后从气孔侵入，引致初侵染，借风雨传播多次再侵染。在北方菜区，该病盛发于8—10月，长江中下游及湖泊附近菜区，春、秋两季均可发生，尤以多雨的秋季发病重。一般播种早、连作年限长、缺少氮肥或基肥不足、植株长势弱的发病重。

防治方法 发病严重的地块实行与非十字花科蔬菜轮作2年以上。选择地势较高、排水良好的地块种植。要注意平整土地，适期晚播，密度适宜，收获后深翻土地，施足经腐熟后的有机肥，增施磷、钾肥。雨后排水，及时清除病叶，收获后清除田间病残体并深翻土壤。

种子消毒：用50%多菌灵可湿性粉剂500倍液浸种1 h后捞出，用清水洗净后播种。

发病初期，可用75%百菌清可湿性粉剂600倍液+70%甲基硫菌灵可湿性粉剂800倍液、250 g/L吡唑醚菌酯乳油30 ~ 40 mL/亩、250 g/L嘧菌酯悬浮剂40 ~ 60 mL/亩、75%肟菌·戊唑醇（肟菌酯25% +戊唑醇50%）水分散粒剂10 ~ 15/亩、75%戊唑·嘧菌酯（嘧菌酯25% +戊唑醇50%）可湿性粉剂10 ~ 15 g/亩、70%代森锰锌可湿性粉剂800倍液+50%多菌灵可湿性粉剂500倍液、70%代森锰锌可湿性粉剂800倍液+50%苯菌灵可湿性粉剂1 000倍液、70%代森锰锌可湿性粉剂800倍液+50%异菌脲可湿性粉剂1 000倍液、70%代森锰锌可湿性粉剂800倍液+10%苯醚甲环唑水分散粒剂2 000倍液、40%多·硫悬浮剂600倍液、50%多菌灵·乙霉威可湿性粉剂1 000倍液、90%三乙膦酸铝可溶性粉剂400倍液等药剂喷雾，间隔7 ~ 10 d喷1次，连喷2 ~ 3次。

9. 大白菜褐斑病

症　　状 由芸薹生尾孢霉（*Cercospora brassicicola*，属无性型真菌）引起。子实体黑褐色至深褐色，球形至近球形。主要为害叶片。叶片发病，初生水浸状圆形或近圆形小斑点，逐渐扩展后呈浅黄白色，高湿条件下为褐色，近圆形或不规则形病斑，病斑大小不等。有些病斑受叶脉限制，病斑边缘为一个凸起的褐色环带，整个病斑隆起凸出叶表（图16-21）。

图16-21 大白菜褐斑病为害叶片症状

发生规律　病菌主要以菌丝体的形式在病残体上或随病残体在土壤中越冬，也可随种子越冬和传播。翌年越冬菌侵染白菜叶片引起发病，发病后，病部产生分生孢子借气流传播，再侵染。带菌种子可随调运做远距离传播。一般重茬地邻近的早熟白菜田块易发病。偏施氮肥、低洼、黏重、排水不良地块发病重。

防治方法　重病地与非十字花科蔬菜实行2年以上轮作。选择地势平坦、土质肥沃、排水良好的地块种植。收后深翻土壤，加速病残体腐烂分解。高畦或高垄栽培，适期晚播，避开高温多雨季节，控制莲座期的水肥。合理施肥，合理灌水，注意排除田间积水。

种子处理：用种子重量0.4%的50%多菌灵可湿性粉剂或50%敌菌灵可湿性粉剂拌种。

发病初期，可用70%甲基硫菌灵可湿性粉剂700倍液+80%代森锰锌可湿性粉剂800倍液、80%福美双·福美锌可湿性粉剂800倍液+50%多菌灵·乙霉威可湿性粉剂1 000倍液、90%多菌灵水分散粒剂80～110 g/亩、50%腐霉利可湿性粉剂30～60 g/亩、50%啶酰菌胺水分散粒剂30～50 g/亩、45%异菌脲悬浮剂80～120 mL/亩、200 g/L氟唑菌酰羟胺悬浮剂50～65 mL/亩、40亿孢子/g盾壳霉ZS-1SB可湿性粉剂45～90 g/亩、36%丙唑·多菌灵（丙环唑2.5%＋菌灵33.5%）悬浮剂80～100 mL/亩、50%菌核·福美双（福美双40%＋菌核净10%）可湿性粉剂70～100 g/亩、50%腐霉·多菌灵（腐霉利19%＋多菌灵31%）可湿性粉剂80～90 g/亩等药剂喷雾，每7 d喷1次，连续防治2～3次。

10. 大白菜菌核病

症　　状　由核盘菌（*Sclerotinia sclerotiorum*）引起。各地均有发生，田间及贮藏期均可为害。发病多从菜帮基部发病，扩展至整个叶片直至整株白菜。病部腐烂，表面长出白色棉絮状菌丝体和黑色菌核（图16-22）。

图16-22　大白菜菌核病为害症状

发生规律　病菌以菌核的形式在土壤中或混在种子间越冬。春、秋两季多雨潮湿，菌核萌发，产生子囊盘放射出子囊孢子，病菌借气流传播，病、健株接触也能传播，从生活力衰弱部位侵入，发病后，病部又长出新的菌核。菌核可迅速萌发，也可以在土壤中长期休眠。土壤高湿有利于菌核萌发。

防治方法　精选种子，清除混杂在种子间的菌核。发病地应与禾本科作物实行2年轮作，最好水旱轮作。收获后深翻土壤，把落于土壤表面的菌核深埋土中。施用粪肥，避免偏施氮肥，增施磷、钾肥。

发病初期，可用200 g/L氟唑菌酰羟胺悬浮剂50～65 mL/亩、40%菌核净可湿性粉剂120 g/亩、36%多菌灵·咪鲜胺可湿性粉剂35～40 g/亩、25%咪鲜胺锰盐乳油75 mL/亩、50%多菌灵可湿性粉剂100～150 g/亩、90%多菌灵水分散粒剂80～110 g/亩、50%腐霉利可湿性粉剂30～60 g/亩、50%啶酰菌胺水分散粒剂30～50 g/亩、45%异菌脲悬浮剂80～120 mL/亩、200 g/L氟唑菌酰羟胺悬浮剂50～65 mL/亩、40亿孢子/g盾壳霉ZS-1SB可湿性粉剂45～90 g/亩、36%丙唑·多菌灵（丙环唑2.5%＋菌灵33.5%）悬浮剂80～100 mL/亩等药剂喷雾，间隔7 d喷1次，连续防治2～3次，重点喷植株基部和地面。

11. 大白菜干烧心病

症　　状　为害大白菜叶球。结球初期发病，嫩叶边缘呈水渍状、半透明，脱水后萎蔫呈白色带状。结球后发病，植株外观正常，剥检叶球可见内叶叶缘部分变干黄化，叶肉呈干纸状，有带状病斑或不规则病斑，有时病斑扩展，叶组织呈水渍状，叶脉淡黄褐色，病处汁液发黏，无臭味（图16-23）。病、健部界限较为清晰，有时出现干腐或湿腐。贮藏期易诱发细菌感染，后干心、腐烂。

图16-23 大白菜烧心病为害叶片症状

病　　因 钙素缺乏引起的生理病害，也被称为球叶缺钙症。大白菜结球期生长量约占植株总量的70%，对钙素反应最敏感。当环境条件不适宜，造成土壤中可溶性钙的含量下降，植株对钙的吸收和运输受阻，而钙素在菜株内移动性差，外叶积累的钙不能被心叶利用，致使叶球缺钙而显症。在干旱年份蹲苗过度，使土壤缺水，不施或少施农家肥，过量施氮素化肥，用污水或咸水灌溉；菜田过量施用炉灰等肥料，使土壤板结、紧实等，发生均重。

防治方法 选土壤肥沃、含盐量低的园田，常年发病的低洼盐碱地在未改造之前不能种大白菜。

合理施肥：增施农家肥料，对长期使用氨态氮肥的土壤，要深耕施足基肥，改善土壤结构，提高保水保肥能力。控制氮素化肥用量，根据土壤肥力一般以每亩40 ～ 60 kg为宜；同时要增施磷、钾肥，做到三要素配合施用。

科学灌水：播种前应浇透水，苗期提倡小水勤浇，莲座期依天气、墒情和植株长势适度蹲苗，天气干旱也可不蹲苗。蹲苗后应浇足1次透水，包心期保持地面湿润。灌水后及时中耕，防止土壤板结、盐碱度上升。避免用污水和咸水浇田。

补施钙素：酸性土壤可适当增施石灰，调节酸碱度成中性，以利于根系对钙的吸收。在大白菜莲座末期，向心叶撒施1次钙粒肥（含8%氯化钙）或颗粒肥（含6.7%钙及协合效应元素），每株3 ～ 4 g。也可从莲座中期开始，对心叶喷施0.7%氯化钙加萘乙酸50 mg/kg混合液，每7 ～ 10 d喷1次，连续喷洒4 ～ 5次，均有一定防效。

二、十字花科蔬菜虫害

1. 菜青虫

分　　布 菜青虫为菜粉蝶（*Pieris rapae*）的幼虫，分布广泛，以华北、华中、西北和西南地区受害最重，是十字花科蔬菜的重要害虫。

为害特点 1 ～ 2龄幼虫在叶背啃食叶肉，留下一层薄而透明的表皮，3龄以上的幼虫食量明显增加，把叶片吃成孔洞或缺刻，严重时吃光叶片，仅剩叶脉和叶柄，影响植株生长发育和包心。如果幼虫被包进球里，虫在叶球里取食，同时还排泄粪便污染菜心，致使蔬菜商品价值降低（图16-24 ～图16-27）。

图16-24 菜青虫为害白菜症状

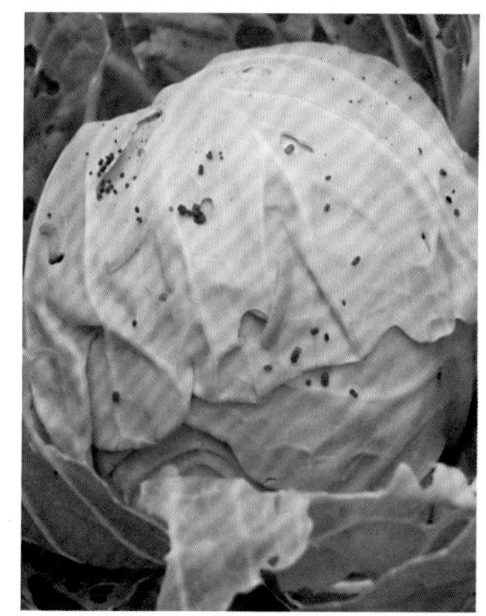
图16-25　菜青虫为害甘蓝症状

图16-26　菜青虫为害花椰菜症状

图16-27　菜青虫为害萝卜叶片症状

形态特征　成虫菜粉蝶，白色中型的蝴蝶（图16-28）。雌虫前翅前缘和基部大部分为灰黑色，翅的顶角有1个三角形黑斑，中央外侧有2个显著的黑色圆斑。雄虫前翅颜色比较白，翅的顶角处的三角形黑斑颜色浅而且比较小。卵直立，似瓶状，高约1 mm，初产时乳白色，后变为橙黄色，表面具纵脊和横格。幼虫共5龄，青绿色，背线淡黄色，腹面绿白色，体表密布有细小黑色毛瘤（图16-29）。蛹纺锤形，两头尖细，中间膨大有棱角凸起，初蛹多为绿色，以后有灰黄、青绿、灰褐、淡褐、灰绿等色（图16-30）。

图16-28　菜青虫成虫

图16-29　菜青虫幼虫

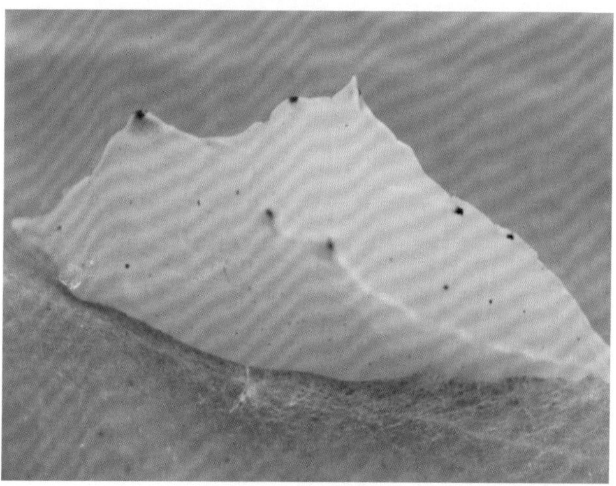
图16-30　菜青虫蛹

发生规律　由北向南每年发生的代数逐渐增加。黑龙江1年发生3～4代，辽宁、北京4～5代，江苏、浙江、湖北每年发生7～8代。均以蛹的形式越冬。翌年4月初开始羽化，在北方，有5—6月和9—10月共有2次发生高峰。

防治方法　及时清除残枝老叶，并深翻土壤，避免十字花科蔬菜连茬。加上地膜覆盖，提前早春定植期，提早收获，就可避开第2代幼虫为害。

幼虫发生盛期，可采用0.5%甲氨基阿维菌素苯甲酸盐微乳剂2 000～3 000倍液、10%高效氯氟氰菊酯水乳剂5～10 mL/亩、4.5%高效氯氰菊酯水乳剂45～56 mL/亩、50 g/L溴氰菊酯乳油20～30 mL/亩、0.5%苦参碱水剂60～90 mL/亩、15%茚虫威悬浮剂3 000～4 000倍液、5%氯虫苯甲酰胺悬浮剂30～50 mL/亩、20%茚虫威乳油9～15 mL/亩、20%氟铃脲悬浮剂30～40 g/亩、50 g/L氟啶脲乳油100～140 mL/亩，兑水均匀喷雾，隔7～10 d喷1次，连续喷2～3次。

2. 小菜蛾

分　　布　小菜蛾（*Plutella xylostella*）在我国各地均有分布，以南方各省份发生较多。

为害特点　幼虫剥食或蚕食叶片造成为害，初龄幼虫啃食叶肉，残留表皮，在菜叶上形成一个个透明斑；3～4龄幼虫将叶食成孔洞和缺刻，严重时叶片呈网状（图16-31～图16-33）。

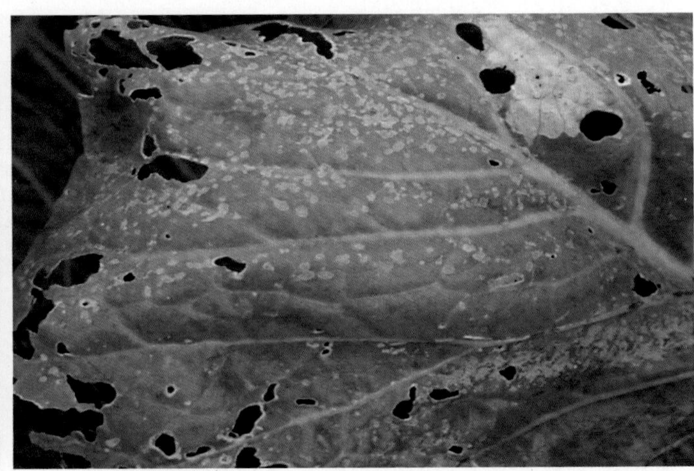

图16-31　小菜蛾为害甘蓝症状

图16-32　小菜蛾为害花椰菜症状

图16-33　小菜蛾为害萝卜叶片症状

形态特征　成虫体小（图16-34），触角前伸，两翅合拢后在体背有3个相连的土黄色斜方块。幼虫绿色，性情活泼（图16-35）。雄虫在腹部第6至第7节背面有1对黄色性腺。蛹在灰白色网状茧中，体色变化较大，呈绿、黑、灰黑、黄白色等（图16-36）。卵椭圆形，初产为乳白色，以后变为淡黄绿色（图16-37）。

图16-34　小菜蛾成虫

图16-35　小菜蛾幼虫

图16-36　小菜蛾蛹

图16-37 小菜蛾卵

发生规律　在东北1年发生3～4代，华北5～6代，长江流域9～14代。以蛹或成虫的形式在植株上越冬，翌年4月田间发现越冬代成虫。第1代幼虫于4月下旬出现，至5月中旬幼虫老熟。成虫昼伏夜出，黄昏后开始活动、交配、产卵，午夜活动最频繁。卵产于叶背面靠近主脉处有凹陷的地方。成虫飞翔时能力不强，但可借风力远距离传播。幼虫活泼，受惊吐丝下坠。冬季干燥和春季高温多雨发生重。在北方5—6月及8—9月呈现两个发生高峰，以春季为害重。

防治方法　合理安排茬口，常年发生严重地区，尽量避免小范围内十字花科蔬菜周年连作。收获后及时清除残枝落叶，并带出田外深埋或烧毁，深翻土壤，可消灭大量虫源，减轻为害。

在幼虫发生盛期可采用1%甲氨基阿维菌素苯甲酸盐乳油2 000～3 000倍液、5%氟啶脲乳油1 000～2 000倍液+20%甲氰菊酯乳油2 000～3 000倍液、0.5%甲氨基阿维菌素苯甲酸盐乳油2 000～3 000倍液+4.5%高效顺式氯氰菊酯乳油1 000～2 000倍液、5%氯虫苯甲酰胺悬浮剂30～50 mL/亩、20%茚虫威乳油9～15 mL/亩、20%氟铃脲悬浮剂30～40 g/亩、50 g/L氟啶脲乳油100～140 mL/亩，兑水喷施，隔7～10 d喷1次，连续喷2～3次。

在小菜蛾对菊酯类农药已产生抗性地区，可选用5%氯虫苯甲酰胺悬浮剂30 ~ 50 mL/亩、20%茚虫威乳油9 ~ 15 mL/亩、20%氟铃脲悬浮剂30 ~ 40 g/亩、50 g/L氟啶脲乳油100 ~ 140 mL/亩、50%虫螨腈水分散粒剂10 ~ 15 g/亩、1.8%阿维菌素乳油25 ~ 40 mL/亩、10%多杀霉素水分散粒剂10 ~ 20 g/亩、20%阿维·辛硫磷（辛硫磷19.95%+阿维菌素0.05%）乳油50 ~ 75 g/亩，兑水喷雾防治。

3. 甘蓝夜蛾

分　　布　甘蓝夜蛾（*Mamestra brassicae*）分布广泛，在华北、华东和东北地区为害严重。多为局部发生。

为害特点　初孵幼虫群集在叶背啃食叶片，残留表皮。稍大渐分散，被食叶片呈小孔、缺刻状。大龄幼虫可钻入叶球为害，并排泄大量虫粪，使叶球内因污染而腐烂（图16-38、图16-39）。

图16-38　甘蓝夜蛾为害白菜症状

图16-39　甘蓝夜蛾为害甘蓝症状

形态特征　成虫体灰褐色（图16-40）。前翅中部近前线有1个明显的灰黑色环状纹，1个灰白色肾状纹，外缘有7个黑点，前缘近端部有等距离的白点3个，后翅外缘有1个小黑斑。卵半球形，表面具放射状的纵脊和横格。初产时黄白色，孵化前变紫黑色。幼虫头部黄褐色，胸腹部背面黑褐色，腹面淡灰褐色，前胸背板梯形，各节背面具黑色倒“八”字纹（图16-41）。蛹赤褐色至棕褐色，臀棘较长，末端着生2根长刺，刺的末端膨大呈球形。

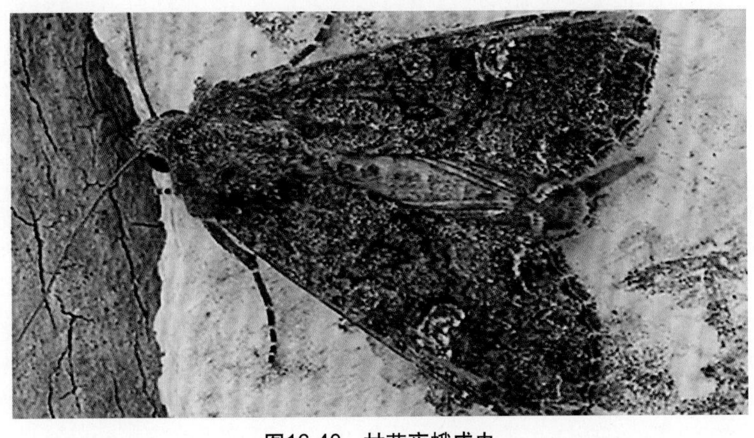

图16-40　甘蓝夜蛾成虫

发生规律 华北地区每年发生3代，以蛹在土中越冬。翌年5月中、下旬羽化成虫，每年以第1代幼虫和第3代幼虫为害较重，为发生为害盛期。第1代幼虫6月上旬至7月上旬出现，第3代幼虫8月下旬至10月上旬出现。

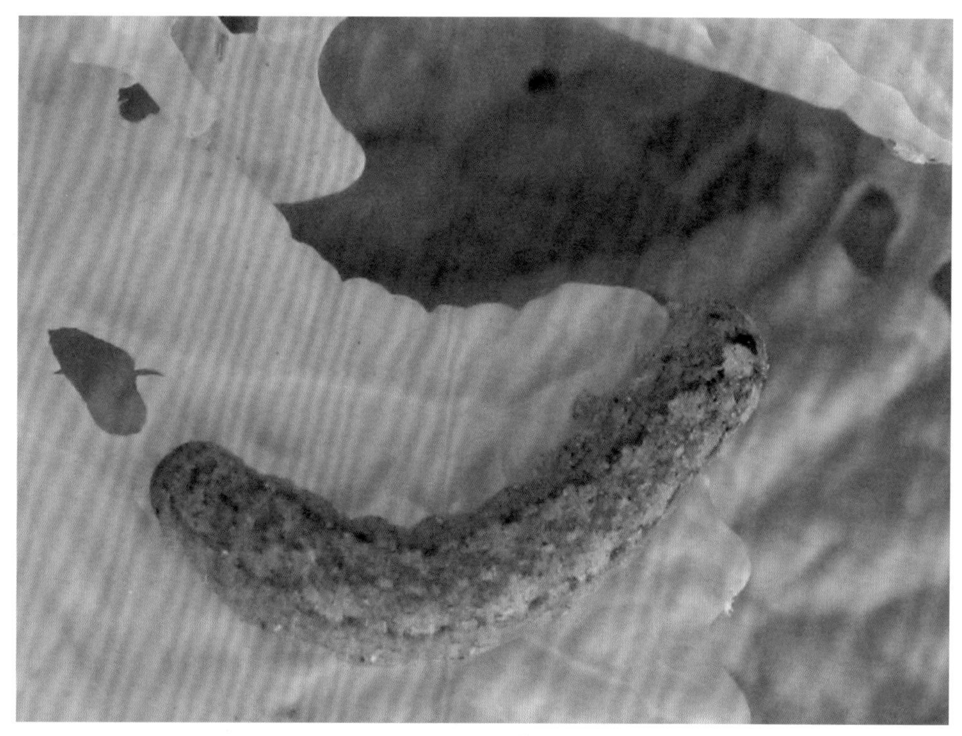

图16-41 甘蓝夜蛾幼虫

防治方法 秋耕、冬耕可杀死部分越冬蛹。

低龄幼虫抗药力差，可于3龄以前选用10%高效氯氰菊酯水乳剂30 ~ 50 mL/亩、12.5%高效氟氯氰菊酯悬浮剂8 ~ 12 mL/亩、25 g/L高效氯氟氰菊酯水乳剂60 ~ 80 mL/亩、25 g/L溴氰菊酯乳油90 ~ 109 g/亩、25 g/L联苯菊酯乳油100 ~ 120 g/亩、20%甲氰菊酯乳油30 ~ 40 mL/亩、480 g/L毒死蜱乳油94 ~ 125 mL/亩、40%辛硫磷乳油50 ~ 60 mL/亩、5%氯虫苯甲酰胺悬浮剂30 ~ 50 mL/亩、20%茚虫威乳油9 ~ 15 mL/亩、20%氟铃脲悬浮剂30 ~ 40 g/亩、50 g/L氟啶脲乳油100 ~ 140 mL/亩、16 000 IU/mg苏云金杆菌可湿性粉剂100 ~ 150 g/亩、1.8%阿维菌素乳油30 ~ 40 mL/亩、2%甲氨基阿维菌素苯甲酸盐乳油33 ~ 65 mL/亩、2%阿维·苏云菌（苏云金杆菌1.9%＋阿维菌素0.1%）可湿性粉剂30 ~ 50 g/亩、3%阿维·氟铃脲（阿维菌素1%＋氟铃脲2%）悬浮剂60 ~ 90 mL/亩、20%联苯·除虫脲（联苯菊酯4%＋除虫脲16%）悬浮剂30 ~ 50 mL/亩、38%氰虫·氟铃脲（氰氟虫腙28%＋氟铃脲10%）悬浮剂9 ~ 15 mL/亩等药剂，兑水喷雾，间隔10 ~ 15 d喷1次，连续防治2 ~ 3次。

4. 甘蓝蚜

分　布 甘蓝蚜（*Brevicoryne brassicae*）在北方地区发生比较普遍。新疆、宁夏、沈阳以北地区发生较多。

为害特点 喜在叶面光滑、蜡质较多的十字花科蔬菜上刺吸植物汁液，造成叶片蜷缩变形，植株生长不良，影响包心，因大量排泄蜜露、蜕皮而污染叶面，并能传播病毒病，造成的损失远远大于甘蓝蚜的直接为害（图16-42）。

图16-42 甘蓝蚜为害花椰菜症状

发生规律 每年发生8～20代，以卵的形式在植株近地面根茎凹陷处、叶柄基部和叶片上越冬。在4月下旬孵化，5月中旬产生有翅蚜，5月下旬至6月初陆续迁飞到春、夏十字花科蔬菜及春油菜上大量繁殖为害。甘蓝蚜一般以春、秋季为害较重，温暖地区全年可以孤雌胎生繁殖。

防治方法 蔬菜收获后，及时处理残败叶，清除田间、地边杂草。

发生盛期，喷洒0.5%藜芦碱可溶液剂75～100 mL/亩、25%噻虫嗪水分散粒剂6～8 g/亩、70%吡虫啉水分散粒剂2.5～3 g/亩、40%毒死蜱乳油75～150 mL/亩、25 g/L溴氰菊酯乳油8～12 g/亩、25 g/L高效氯氟氰菊酯乳油30～35 mL/亩、4.5%高效氯氰菊酯乳油22～45 mL/亩、22%噻虫·高氯氟（高效氯氟氰菊酯9.4%+噻虫嗪12.6%）微囊悬浮剂10～15 mL/亩、25%吡虫啉·三唑磷（吡虫啉1.5%+三唑磷23.5%）乳油15～20 mL/亩、2%阿维菌素乳油72～108 mL/亩、2.5%溴氰菊酯乳油20～40 mL/亩、25%噻虫嗪水分散粒剂4～8 g/亩、3%啶虫脒乳油20～40 mL/亩、0.65%茼蒿素水剂400～500倍液、0.5%藜芦碱醇溶液800～1 000倍液、1%苦参素水剂800～1 000倍液、15%蓖麻油酸烟碱乳油800～1 000倍液、3.2%烟碱·川楝素水剂200～300倍液等药剂，兑水喷施，间隔7～10 d喷1次，连续喷2～3次。

5. 甜菜夜蛾

分　　布 甜菜夜蛾（*Laphygma exigua*）分布在全国大部分地区。近年该虫在河南、河北、山东、安徽等地发生为害呈增加趋势，为害日趋严重。

为害特点 初孵幼虫食叶肉，留下表皮，呈透明小孔，3龄后吃成孔洞或缺刻（图16-43），严重时呈网状，致使幼苗死亡，造成缺苗断垄甚至毁种。一般减产20%～30%，严重的高达50%。

图16-43　甜菜夜蛾为害白菜症状

形态特征 成虫体长8～10 mm，翅展19～25 mm。体灰褐色，头、胸有黑点（图16-44）。前翅灰褐色，基线仅前段可见双黑纹；内横线双线黑色，波浪形外斜；剑纹为一黑条；环纹粉黄色，黑边；肾纹粉黄色，中央褐色，黑边；中横线黑色，波浪形；外横线双线黑色。后翅白色，翅脉及缘线黑褐色。卵圆球状，白色，外面覆有雌蛾脱落的白色绒毛。老熟幼虫体色变化很大，有绿色、暗绿色、黄褐色、褐色至黑褐色，背线有或无，颜色各异（图16-45）。蛹体黄褐色。

图16-44　甜菜夜蛾成虫

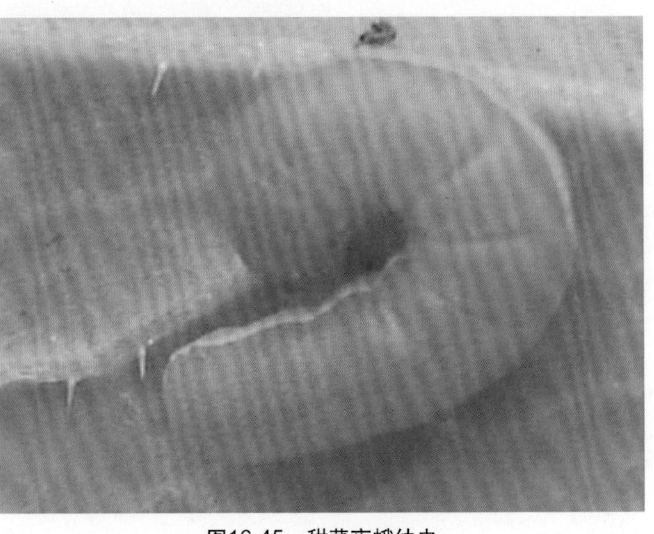

图16-45　甜菜夜蛾幼虫

发生规律　山东、江苏及陕西关中地区，1年发生4～5代，北京5代，湖北5～6代，江西6～7代。江苏南京、河南、山东以蛹的形式在土室内越冬，江西南昌、湖南以蛹越冬为主，并有少数未老熟幼虫在杂草或土缝中越冬，亚热带和热带地区全年可生长繁殖，在广州无明显越冬现象，终年繁殖为害。1年之中，在华北地区以7—8月为害较重。7月下旬至8月中旬为第1代，8月下旬至9月下旬进入第2代，8月上旬是第1代幼虫为害盛期。

防治方法　早春地埂、地头、地沟、渠背及撂荒地杂草是甜菜夜蛾的虫源地和苗期及生长期害虫的前期寄主，即早期产卵、栖息场所。晚秋或初冬翻耕土壤，消灭越冬蛹。

甜菜夜蛾具较强的抗药性，且低龄时在心叶中结网为害，给防治带来一定的困难。因而在防治时，应在幼虫2龄期以前，喷药时要注意喷施到心叶中去。可用8%甲氨基阿维菌素苯甲酸盐水分散粒剂2～3 g/亩、100亿孢子/g金龟子绿僵菌油悬浮剂20～33 g/亩、3%阿维·氟啶脲（阿维菌素1%+氟啶脲2%）悬浮剂100～134 mL/亩、25%顺氯·茚虫威（茚虫威15%+顺式氯氰菊酯10%）悬浮剂12～15 mL/亩、20%虫酰·辛硫磷（辛硫磷15%+虫酰肼5%）乳油80～100 g/亩、10%高效氯氰菊酯水乳剂30～50 mL/亩、12.5%高效氟氯氰菊酯悬浮剂8～12 mL/亩、25 g/L高效氯氟氰菊酯水乳剂60～80 mL/亩、25 g/L溴氰菊酯乳油90～109 g/亩、25 g/L联苯菊酯乳油100～120 g/亩、20%甲氰菊酯乳油30～40 mL/亩、40%辛硫磷乳油50～60 mL/亩、5%氯虫苯甲酰胺悬浮剂30～50 mL/亩、20%茚虫威乳油14～18 mL/亩、20%氟铃脲悬浮剂30～40 g/亩、50 g/L氟啶脲乳油100～140 mL/亩、16 000 IU/mg苏云金杆菌可湿性粉剂100～150 g/亩、1.8%阿维菌素乳油30～40 mL/亩、2%甲氨基阿维菌素苯甲酸盐乳油33～65 mL/亩、2%阿维·苏云菌（苏云金杆菌1.9%+阿维菌素0.1%）可湿性粉剂30～50 g/亩、20%联苯·除虫脲（联苯菊酯4%+除虫脲16%）悬浮剂30～50 mL/亩、38%氰虫·氟铃脲（氰氟虫腙28%+氟铃脲10%）悬浮剂9～15 mL/亩等药剂，兑水喷雾防治，每7～10 d喷1次，连续喷2～3次。

6. 同型巴蜗牛

分　　布　同型巴蜗牛（*Bradybaena similaris*）分布在我国黄河流域、长江流域及华南各省份。

为害特点　初孵幼螺取食叶肉，留下表皮，稍大个体则用齿舌将叶、茎秆磨成小孔或将其吃断，严重者将苗咬断，造成缺苗（图16-46）。

形态特征　成虫体形与颜色多变，扁球形，成体爬行时体长约33 mm，体外有扁圆形螺壳，具5～6个螺层，顶部螺层增长稍慢，略膨胀，螺旋部低矮，体部螺层生长迅速，膨大快（图16-47）。头发达，上有2对可翻转缩回的触角。壳面红褐色至黄褐色，具细致而稠密的生长线。卵圆球状，初乳白后变浅黄色，近孵化时呈土黄色，具光泽。幼贝体较小，形似成贝。

图16-46　同型巴蜗牛为害大白菜症状

图16-47　同型巴蜗牛成虫

发生规律　1年发生1代，成贝、幼贝在菜田、绿肥田、灌木丛及作物根部、草堆石块下及房前屋后等潮湿阴暗处越冬，壳口有白膜封闭。翌年3月初逐渐开始取食，4—5月成贝交配产卵，为害多种植物幼苗。夏季干旱或遇不良气候条件，便隐蔽起来，常常分泌黏液形成蜡状膜将口封住，暂时不吃不动。干旱季节过后，又恢复活动继续为害，最后转入越冬状态。每年4—5月和9月的产卵量较大。11月下旬进入越冬状态。

防治方法　采用清洁田园、铲除杂草、及时中耕、排干积水等措施。秋季耕翻，使部分越冬成贝、幼贝暴露于地面冻死或被天敌啄食，卵被晒爆裂。用树叶、杂草、菜叶等在菜田做诱集堆，天亮前集中捕捉。在沟边、地头或作物间撒石灰带，一般用生石灰50 ~ 75 kg/亩，保苗效果良好。

药剂防治：一般每亩用6%四聚乙醛颗粒剂600 ~ 700 g/亩、6%聚醛·甲萘威（四聚乙醛4.5% +甲萘威1.5%）颗粒剂600 ~ 700 g/亩与10 ~ 15 kg细干土混合，均匀撒施，或与豆饼粉或玉米粉等混合作成毒饵，于傍晚施于田间垄上诱杀。当清晨蜗牛未潜入土时，用70%贝螺杀1 000倍液、灭蛭灵（硫酸铜）800 ~ 1 000倍液喷洒防治。

7. 黄翅菜叶蜂

分　　布　黄翅菜叶蜂（*Athalia rosae japanensis*）分布在全国各地。

为害特点　幼虫为害叶片成孔洞或缺刻，为害留种株的花和嫩荚，虫口密度大时，仅几天即可造成严重损失（图16-48）。

形态特征　成虫头部和中、后胸背面两侧为黑色，其余橙蓝色，翅基半部黄褐色，向外渐淡至翅尖透明，前缘有一黑带与翅痣相连（图16-49）。卵近圆形，卵壳光滑，初产时乳白色，后变淡黄色。幼虫头部黑色，胴部蓝黑色，各体节具很多皱纹及许多小凸起（图16-50）。蛹头部黑色，蛹体初为黄白色，后转橙色。

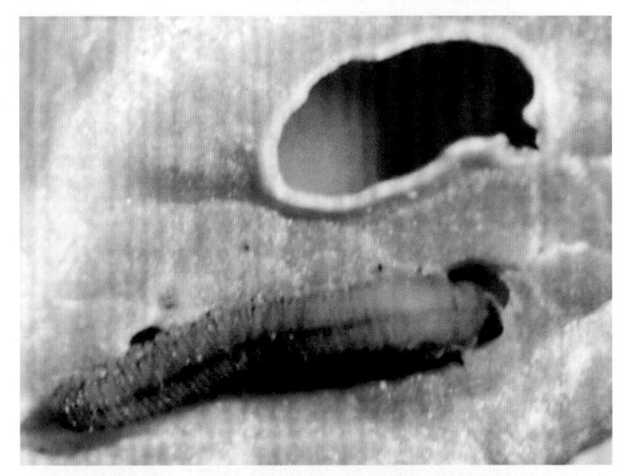

图16-48　黄翅菜叶蜂幼虫为害白菜叶片症状

图16-49　黄翅菜叶蜂成虫

图16-50　黄翅菜叶蜂幼虫

发生规律　在北方1年5代，以蛹的形式在土中茧内越冬。第1代在5月上旬至6月中旬，第2代在6月上旬至7月中旬，第3代在7月上旬至8月下旬，第4代在8月中旬至10月中旬。老熟幼虫入土筑土茧化蛹越冬，每年春、秋呈两个发生高峰，以8—9月最为严重。

防治方法　蔬菜收获后及时中耕、除草，使虫茧暴露或被破坏，减少虫源。

在幼虫发生盛期可采用1%甲氨基阿维菌素苯甲酸盐乳油2 000 ～ 3 000倍液、20%灭幼脲胶悬剂800 ～ 1 500倍液、2.5%溴氰菊酯乳油1 500 ～ 2 000倍液、2.5%氯氟氰菊酯乳油2 000 ～ 3 000倍液、20%氰戊菊酯乳油1 500 ～ 2 500倍液、8 000 IU/mg苏云金杆菌粉剂1 000 ～ 1 500倍液，隔7 ～ 10 d喷1次，连续喷2 ～ 3次。

8. 云斑粉蝶

为害特点　云斑粉蝶（*Pontia daplidice*）主要为害白菜、油菜、芥菜、萝卜等。幼虫食叶，造成缺刻或孔洞，严重的时候整个叶片被吃光，只剩下叶脉和叶柄，粪便还会污染菜心。

形态特征　老熟幼虫体表有纵向的黄、蓝相间条纹，其上密布黑斑，体表有短毛（图16-51）。成虫体灰黑色（图16-52）。

图16-51　云斑粉蝶幼虫

图16-52　云斑粉蝶成虫

发生规律　1年发生3 ～ 4代，以蛹的形式在菜园附近篱笆、屋墙、树干等处越冬，翌年3—4月成虫羽化，4—11月是幼虫为害盛期。

防治方法　收获后及时清洁田园，灭蛹和幼虫，以减少虫源。适时播种，避开幼虫发生盛期。

在幼虫为害期防治，可选用25%灭幼脲悬浮剂500倍液、5%增效氯氰菊酯乳油1000倍液、5%氟啶脲乳油2 000倍液、2.5%溴氰菊酯乳油1 500 ～ 2 000倍液等药剂，喷雾防治。

9. 斑缘豆粉蝶

为害特点　斑缘豆粉蝶（*Colias erate*）幼虫食害叶片。

形态特征　成虫为中型黄蝶（图16-53），雄虫翅黄色，前翅顶角有一群黑斑，其中杂有黄斑，近前缘中央有黑斑一个；后翅外缘有成列黑斑，中室端有一橙黄色圆斑；前、后翅反面均橙黄色，后翅圆斑银色，周围褐色。雌虫有两种类型，一种与雄虫同色，另一种底色为白色。卵纺锤形。幼虫体绿色（图16-54），多黑色短毛，毛基呈黑色小隆起，气门线黄白色。蛹前端凸起短，腹面隆起不高。

图16-53　斑缘豆粉蝶成虫

发生规律 1年发生4～6代，以幼虫或蛹的形式越冬，第2年羽化。有春末夏初（5—6月）和秋季（9—10月）2次发生高峰。

防治方法 及时清除残枝老叶，并深翻土壤。

幼虫为害初期，可用10%高效氯氟氰菊酯水乳剂5～10 g/亩、4.5%高效氯氰菊酯水乳剂45～56 mL/亩、25 g/L溴氰菊酯乳油30～40 mL/亩、0.5%苦参碱水剂60～90 mL/亩、5%氟啶脲乳油1 000～2 000倍液，兑水喷施，如田间发生为害严重时，可间隔10～15 d再喷1次。

图16-54 斑缘豆粉蝶幼虫

三、大白菜各生育期病虫害防治技术

（一）大白菜苗期病虫害防治技术

在大白菜苗期（图16-55），立枯病等苗期病害经常发生，同时也有一些地下害虫为害，需要尽早施药预防，减轻后期为害。

图16-55 大白菜苗期

播种前，可通过种子处理或土壤处理预防病虫害的发生。

种子处理：可用种子重量0.3%的25%甲霜灵可湿性粉剂拌种，用45%代森铵水剂300倍液、77%氢氧化铜悬浮剂800倍液、20%喹菌酮水剂1 000倍液浸种，浸种20 min，浸种后的种子要用水充分冲洗后晾干播种，防治黑腐病；用种子重量0.4%的50%多菌灵可湿性粉剂、25%溴菌腈可湿性粉剂，种子重量0.3%的25%咪鲜胺锰盐可湿性粉剂拌种，可预防炭疽病。

土壤处理：播前使用硫酸铜3～5 kg/亩、72%霜脲·锰锌可湿性粉剂2～3 kg/亩消毒苗床土壤，或用70%五氯硝基苯可湿性粉剂2～3 kg/亩，加细土50 kg拌成药土，播前沟施或穴施，防治根肿病。对于一些地下害虫发生严重的地块，可用150亿个孢子/g球孢白僵菌可湿性粉剂250～300 g/亩，兑少量水后拌细土15～20 kg，制成毒土，均匀撒在播种沟内；40%辛硫磷乳油500 mL/亩、1.8%阿维菌素乳油60～80 mL/亩、30%毒·辛（10%毒死蜱+20%辛硫磷）乳油400～600 mL/亩，兑水40～50 kg灌根，每株灌150～250 mL。

（二）大白菜莲座期病虫害防治技术

在大白菜莲座期（图16-56），霜霉病、黑腐病、病毒病、根肿病、炭疽病等病害经常发生，需要尽早施药预防，减轻后期为害。因此，莲座期是大白菜病虫害防治的关键时期，同时也是培育壮苗、保证生产的一个重要时期。

图16-56　大白菜莲座期

这一时期病害发生严重的有霜霉病、病毒病、黑腐病、黑斑病、炭疽病、软腐病等。若某单一病害发生时，可参考前述防治方法及时防治。

在黑斑病与霜霉病混发时，可选用9%吡唑醚菌酯微囊悬浮剂58 ～ 66 mL/亩、60%肟菌酯水分散粒剂9 ～ 12 g/亩、80%嘧菌酯水分散粒剂15 ～ 20 g/亩、40%嘧菌酯可湿性粉剂15 ～ 20 g/亩、70%乙膦·锰锌可湿性粉剂500倍液、58%甲霜灵·锰锌可湿性粉剂500倍液等药剂喷雾。

在软腐病发生时，选用50%氯溴异氰尿酸可溶粉剂50 ～ 60 g/亩、30%噻森铜悬浮剂100 ～ 135 mL/亩、20%噻唑锌悬浮剂100 ～ 150 mL/亩、20%噻菌铜悬浮剂75 ～ 100 g/亩、88%水合霉素可溶性粉剂1 500倍液、0.5%氨基寡糖素水剂600 ～ 800倍液+2%春雷霉素可湿性粉剂400 ～ 500倍液、1000亿孢子/g枯草芽孢杆菌可湿性粉剂50 ～ 60 g/亩，药剂宜交替施用，间隔7 ～ 10 d喷1次，连续喷2 ～ 3次。重点喷洒病株基部及地表，使药液流入菜心效果为好。

这一时期甜菜夜蛾、甘蓝夜蛾、小菜蛾、蜗牛、菜叶蜂、野蛞蝓等为害严重。对于甜菜夜蛾、甘蓝夜蛾、小菜蛾等害虫，可喷施1%甲氨基阿维菌素苯甲酸盐乳油2 000 ～ 3 000倍液、5%氟啶脲乳油1 000 ～ 2 000倍液+20%甲氰菊酯乳油2 000 ～ 3 000倍液、5%氯虫苯甲酰胺悬浮剂30 ～ 50 mL/亩、20%氟铃脲悬浮剂30 ～ 40 g/亩，隔7 ～ 10 d喷1次，连续喷2 ～ 3次。

在小菜蛾对菊酯类农药已产生抗性地区，可选用5%氯虫苯甲酰胺悬浮剂30 ～ 50 mL/亩、20%茚虫威乳油9 ～ 15 mL/亩、20%氟铃脲悬浮剂30 ～ 40 g/亩、50 g/L氟啶脲乳油100 ～ 140 mL/亩、50%虫螨腈水分散粒剂10 ～ 15 g/亩、1.8%阿维菌素乳油25 ～ 40 mL/亩、10%多杀霉素水分散粒剂10 ～ 20 g/亩、20%阿维·辛硫磷（辛硫磷19.95% +阿维菌素0.05%）乳油50 ～ 75 g/亩喷雾防治，间隔7 ～ 10 d喷1次，连喷2 ～ 3次。要注意将药液喷到叶片正反面，防止漏喷，并注意轮换用药，以提高防效。

防治蜗牛、野蛞蝓等害虫，可用6%四聚乙醛颗粒剂0.5 ～ 0.7 kg与10 ～ 15 kg细干土混合，均匀撒施，或用70%贝螺杀1 000倍液喷洒防治。

（三）大白菜结球期病虫害防治技术

大白菜进入结球期（图16-57），各种病虫害开始为害，并迅速扩展，发生严重，要及时喷药防治，抑制病虫害扩展。还可喷施多种调节剂促进生长，提高抗病能力。

图16-57　大白菜结球期

这一时期的病害发生严重的有霜霉病、病毒病、黑腐病、黑斑病、炭疽病、软腐病等。药剂防治可参考前面防治这些病害的药剂。

四、十字花科蔬菜田杂草防治技术

（一）十字花科蔬菜育苗田（畦）或直播田杂草防治

十字花科蔬菜苗床或直播田墒情较好、土质肥沃，有利于杂草的发生，如不及时防治杂草，将严重影响幼苗生长。应注意选择除草剂品种和施药方法。

在十字花科蔬菜播后芽前（图16-58），用33%二甲戊灵乳油75 ～ 120 mL/亩、20%萘丙酰草胺乳油120 ～ 150 mL/亩、72%异丙甲草胺乳油100 ～ 150 mL/亩、72%异丙草胺乳油100 ～ 150 mL/亩，兑水40 kg均匀喷施，可以有效防治多种一年生禾本科杂草和部分阔叶杂草。十字花科蔬菜种子较小，应在播种后浅混土或覆薄土；药量过大、田间过湿，特别是遇到持续低温、多雨的天气，会影响蔬菜发芽出苗；严重时，会出现缺苗断垄现象。

图16-58 白菜直播田

（二）十字花科蔬菜移栽田杂草防治

十字花科蔬菜中的白菜、萝卜也有育苗移栽的生产方式（图16-59），生产上宜采用封闭性除草剂，一次施药保持整个生长季节没有杂草为害。可于移栽前1 ～ 3 d喷施土壤封闭性除草剂，移栽时尽量不要翻动土层或尽量少翻动土层。可以用33%二甲戊乐灵乳油150 ～ 200 mL/亩、20%萘丙酰草胺乳油200 ～ 300 mL/亩、72%异丙甲草胺乳油175 ～ 250 mL/亩、72%异丙草胺乳油175 ～ 250 mL/亩，兑水40 kg均匀喷施。

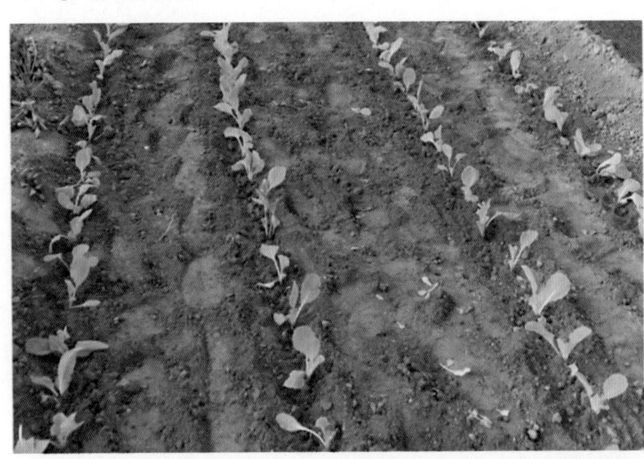

图16-59 白菜移栽田

对于墒情较差的地块或沙土地，可以用48%氟乐灵乳油150 ～ 200 mL/亩、48%地乐胺乳油150 ～ 200 mL/亩，施药后及时混土2 ～ 3 cm，该药易挥发，混土不及时会降低药效。

对于一些老十字花科蔬菜田，特别是长期施用除草剂的十字花科蔬菜田，铁苋、马齿苋等阔叶杂草较多，可以用33%二甲戊乐灵乳油100 ～ 150 mL/亩、20%萘丙酰草胺乳油200 ～ 250 mL/亩、72%异丙甲草胺乳油150 ～ 200 mL/亩、72%异丙草胺乳油150 ～ 200 mL/亩，加上25%噁草酮乳油75 ～ 120 mL/亩或24%乙氧氟草醚乳油20 ～ 30 mL/亩，兑水40 kg均匀喷施，可以有效防治多种一年生禾本科杂草和阔叶杂草。生产中应均匀施药，不宜随意改动配比，否则易发生药害。

（三）十字花科蔬菜田生长期杂草防治

对于前期未能进行化学除草或化学除草失败的十字花科蔬菜田，应在田间杂草基本出苗且杂草处于幼苗期时及时施药防治。

十字花科蔬菜田防治一年生禾本科杂草（图16-60），如稗、狗尾草、牛筋草等，应在禾本科杂草3 ～ 5叶期，用5%精喹禾灵乳油50 ～ 75 mL/亩、10.8%高效吡氟氯禾灵乳油20 ～ 40 mL/亩、10%喔草酯乳油40 ～ 80 mL/亩、15%精吡氟禾草灵乳油40 ～ 60 mL/亩、10%精噁唑禾草灵乳油50 ～ 75 mL/亩、12.5%稀禾啶乳油50 ～ 75 mL/亩、24%烯草酮乳油20 ～ 40 mL/亩，兑水30 kg均匀喷施，可以有效防治多种禾本科杂草。上述药剂没有封闭除草效果，施药不宜过早，特别是在禾本科杂草未出苗时施药没有效果。

图16-60　白菜田禾本科杂草发生情况

对于前期未能有效除草的田块，在十字花科蔬菜田禾本科杂草较多、较大时（图16-61），应抓住机会及时防治，并适当加大药量和施药水量，喷透喷匀，保证杂草均能接受到药液。可以施用5%精喹禾灵乳油75 ～ 125 mL/亩、10.8%高效吡氟氯禾灵乳油40 ～ 60 mL/亩、10%喔草酯乳油60 ～ 80 mL/亩、15%精吡氟禾草灵乳油75 ～ 100 mL/亩、10%精噁唑禾草灵乳油75 ～ 100 mL/亩、12.5%稀禾啶乳油75 ～ 125 mL/亩、24%烯草酮乳油40 ～ 60 mL/亩，兑水45 ～ 60 kg均匀喷施，施药时视草情、墒情确定用药量，可以有效防治多种禾本科杂草，但天气干旱、杂草较大时，死亡时间相对缓慢。杂草较大、杂草密度较高、墒情较差时，适当加大用药量和喷液量，否则杂草接触不到药液或药量较小，影响除草效果。

图16-61　小白菜田禾本科杂草发生严重的情况

第十七章　甘蓝病害原色图解

1. 甘蓝霜霉病

症　状　由寄生霜霉（*Peronospora parasitica*）引起。主要为害叶片，初期在叶面出现淡绿或黄色斑点，扩大后为黄色或黄褐色，受叶脉限制而呈多角形或不规则形。空气潮湿时，在相应的叶背面布满白色至灰白色霜状霉层（图17-1）。严重时也为害叶球（图17-2）。

图17-1　甘蓝霜霉病为害叶片症状

图17-2　甘蓝霜霉病为害叶球症状

发生规律　以卵孢子的形式在病残组织里、土壤中或种子上越冬，或以菌丝体的形式在留种株上越冬。翌春由卵孢子或休眠菌丝产生孢子囊萌发芽管，经气孔或从表皮细胞间侵入春菜寄主，春菜经过采收后，病菌以卵孢子的形式在田间休眠两个月后侵入秋菜。借助风雨传播，使病害扩大和蔓延。气温忽高忽低，昼夜温差大、白天光照不足、多雨露天气，霜霉病最易流行。菜地土壤黏重、低洼积水、大水漫灌，以及连作菜田和生长前期病毒病较重的地块，霜霉病为害重。

防治方法　适期播种，要施足底肥，增施磷、钾肥。早间苗，晚定苗，适度蹲苗。小水勤灌，雨后及时排水。清除病苗，拉秧后也要把病叶、病株清除出田外深埋或烧毁。

发病前，可用75%百菌清可湿性粉剂600～800倍液、70%代森锰锌可湿性粉剂800倍液等药剂预防保护。

发病初期是防治的关键时期，可用560 g/L嘧菌·百菌清（百菌清500 g/L+嘧菌酯60 g/L）悬浮剂75 ~ 120 mL/亩、25%吡唑醚菌酯悬浮剂30 ~ 36 mL/亩、58%甲霜灵·锰锌可湿性粉剂700倍液、20%氟吗啉可湿性粉剂1 000倍液、60%氟吗啉·代森锰锌可湿性粉剂400 ~ 600倍液、69%烯酰吗啉·代森锰锌可湿性粉剂1 000倍液、72.2%霜霉威盐酸盐水剂600倍液、25%甲霜灵可湿性粉剂600倍液、64%噁霜·锰锌可湿性粉剂500倍液、90%乙膦铝可湿性粉剂450 ~ 500倍液等药剂喷雾，间隔7 ~ 10 d喷1次，共喷2 ~ 3次。

2. 甘蓝软腐病

症　　状　由胡萝卜软腐欧文氏菌胡萝卜软腐致病型（*Erwinia carotovara* pv. *carotovara*）引起。主要发生在甘蓝生长后期，多从外叶叶柄或茎基部开始侵染，形成暗褐色水渍状不规则形病斑（图17-3），迅速发展使根、茎和叶柄、叶球腐烂变软、倒塌，并散发出恶臭气味（图17-4）。有时病菌从叶柄虫伤处侵染，沿顶部从外叶向心叶腐烂。

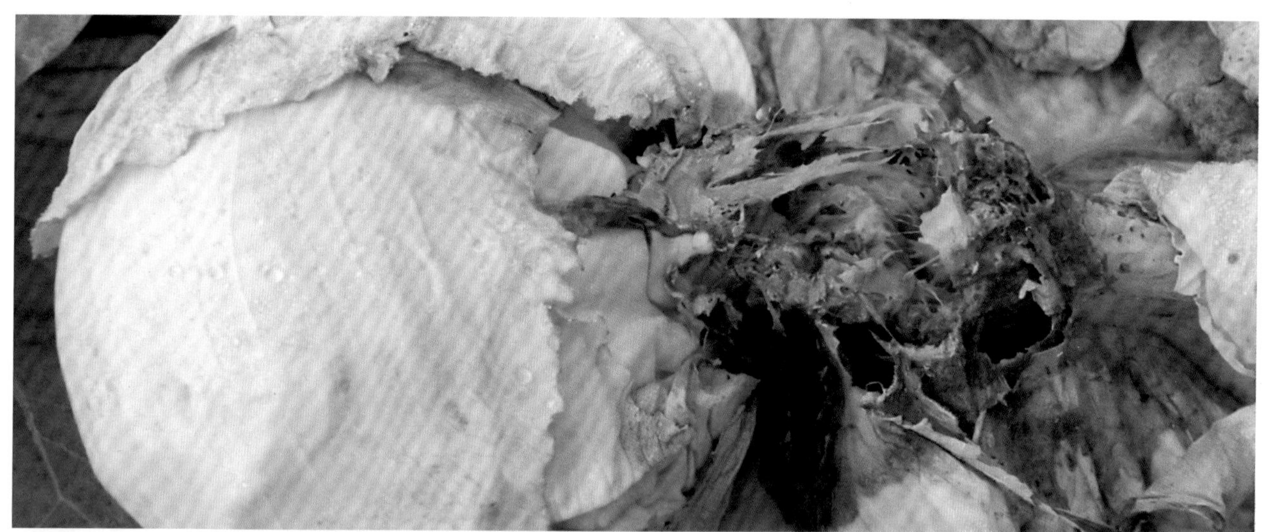

图17-3　甘蓝软腐病为害茎基部症状

图17-4　甘蓝软腐病为害叶球症状

发生规律　带菌的病残体、土壤、未腐熟的农家肥成为重要的初侵染菌源。通过雨水、灌溉水、肥料、土壤、昆虫等多种途径传播，由伤口或自然裂口侵入，不断发生再侵染。高温多雨有利于软腐病发生。高垄栽培不易积水，土壤中氧气充足，有利于根系和叶柄基部愈伤组织形成，可减少病菌侵染。

防治方法　病田避免连作，换种豆类、麦类、水稻等作物。清除田间病残体，精细翻耕整地，暴晒土壤，促进病残体分解。雨后及时排水，增施基肥，及时追肥。发现病株后及时挖除，在病穴撒石灰消毒。

发病初期是防治的关键时期，可采用5%大蒜素微乳剂60 ~ 80 g/亩、88%水合霉素可溶性粉剂1 500倍液、50%氯溴异氰尿酸可溶粉剂50 ~ 60 g/亩、30%噻森铜悬浮剂100 ~ 135 mL/亩、20%噻唑锌悬浮剂100 ~ 150 mL/亩、20%噻菌铜悬浮剂 75 ~ 100 g/亩、0.5%氨基寡糖素水剂600 ~ 800倍液+2%春雷霉素可湿性粉剂400 ~ 500倍液、1 000亿孢子/g枯草芽孢杆菌可湿性粉剂50 ~ 60 g/亩，药剂宜交替施用，间隔7 ~ 10 d喷1次，连续喷2 ~ 3次。重点喷洒病株基部及地表，使药液流入菜心效果为好。

药剂防治可参考大白菜软腐病。

3. 甘蓝病毒病

症　状 由芜菁花叶病毒（*Turnip mosaic virus*, TuMV）、黄瓜花叶病毒（*Cucumber mosaic virus*, CMV）、烟草花叶病毒（*Tobacco mosaic virus*, TMV）引起。苗期叶脉附近的叶肉黄化，并沿叶脉扩展。有的叶片上出现圆形褪绿黄斑或褪绿小斑点，后变为浓淡相间的绿色斑驳。成株发病，嫩叶上有浓淡不均斑驳，老叶背面有黑褐色坏死环斑。有时叶片皱缩，质硬而脆，新叶明脉（图17-5、图17-6）。

图17-5　甘蓝病毒病为害幼苗症状

图17-6　甘蓝病毒病为害成株叶片皱缩症状

发生规律 病毒在窖藏的白菜、甘蓝的留种株上越冬，或在田间的寄主植物活体上越冬，还可在越冬菠菜和多年生杂草的宿根上越冬。翌年春季，主要靠蚜虫把病毒传到春季种植的十字花科蔬菜上。一般高温、干旱利于发病，苗期、6片真叶以前容易受害发病，被害越早，发病越重。播种早的秋菜发病重，与十字花科蔬菜邻作，管理粗放，缺水、缺肥的田块发病重。

防治方法 深耕细作，彻底清除田边地头的杂草，及时拔除病株。施用充分腐熟的粪肥作为底肥，根据当地气候适时播种。苗期采取小水勤灌，可减轻病毒病发生。在天旱时，不要过分蹲苗。

苗期5 ~ 6叶期，可用2.5%氯氟氰菊酯乳油40 mL/亩、20%噻嗪酮乳油1 500倍液、50%抗蚜威可湿性粉剂1 500倍液，喷药防治蚜虫。

发病初期，喷施2%宁南霉素水剂100 ~ 150 mL/亩、20%盐酸吗啉胍·乙酸铜可湿性粉剂500 ~ 700倍液、0.5%菇类蛋白多糖水剂300倍液、20%丁子香酚水乳剂，30 ~ 45 mL/亩，间隔5 ~ 7 d喷1次，连续喷施2 ~ 3次。

4. 甘蓝黑腐病

症　状 由黄单胞杆菌甘蓝黑腐致病变种细菌（*Xanthomonas campestris* pv. *campestris*）引起。幼苗子叶呈水浸状，逐渐枯死或蔓延至真叶，使真叶的叶脉上出现小黑点或细黑条。成株期多为害叶片，呈V形病斑，淡褐色，边缘常有黄色晕圈，病部叶脉坏死变黑（图17-7），向两侧或内部扩展，致周围叶肉变黄或枯死。

图17-7 甘蓝黑腐病为害叶片症状

发生规律 病原细菌可在种子和田间的病株残体上越冬，也可在采种株或冬菜上越冬。带菌种子是最重要的初侵染来源。春季，通过雨水、灌溉水、昆虫或农事操作传播到叶片上，经由叶缘的水孔、叶片的伤口、虫伤口侵入。最适感病的生育期为莲座期到包心期，暴风雨后往往大发生，易于积水的低洼地块和灌水过多的地块发病多。在连作、施用未腐熟农家肥以及害虫严重发生等情况下，都会加重发病。

防治方法 清洁田园，及时清除病残体，秋后深翻，施用腐熟的农家肥。适时播种，合理密植。及时防虫，减少传菌介体。合理灌水，雨后及时排水，降低田间湿度。减少农事操作造成的伤口。

种子处理：播种前可用30%琥珀肥酸铜可湿性粉剂600 ~ 700倍液、72%农用链霉素可溶性粉剂4 000 ~ 5 000倍液、14%络氨铜水剂300倍液、45%代森铵水剂300倍液浸种15 ~ 20 min，后用清水洗净，晾干后播种。

发病初期及时喷药防治，可选用6%春雷霉素可湿性粉剂25 ~ 40 g/亩、3%中生菌素水剂400 ~ 533 mL/亩、50%氯溴异氰尿酸可溶粉剂40 ~ 60 g/亩、36%三氯异氰尿酸可湿性粉剂60 ~ 90 g/亩、30%金核霉素可湿性粉剂1 500 ~ 1 600倍液、1.2%辛菌胺（辛菌胺醋酸盐）水剂463 ~ 694 mL/亩等。间隔7 ~ 10 d喷1次，共喷2 ~ 3次，各种药剂应交替施用。

5. 甘蓝黑斑病

症　状 由芸薹链格孢菌（*Alternaria brassicae*）引起。主要为害叶片，发病初期在叶面产生水渍状小点，逐渐变成灰褐色近圆形小斑，边缘常具暗褐色环线，以后向外发展形成浅色或浸润状暗绿色晕环，随病害发展，病斑呈同心轮纹，最后发展为略凹陷的较大型斑（图17-8）。空气潮湿，病斑两面产生轮纹状的灰黑色霉状物。病害严重时，叶片枯萎死亡。

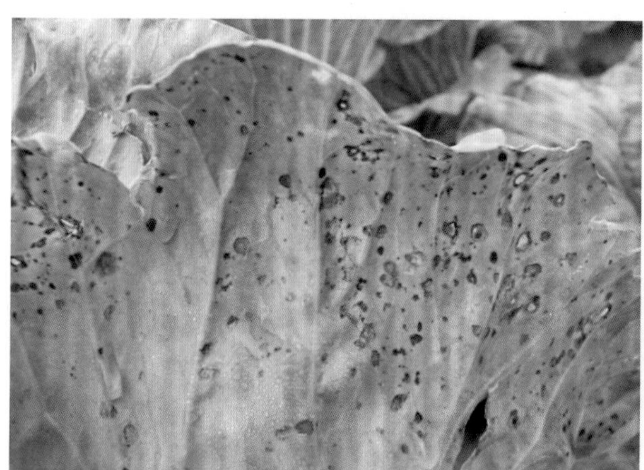
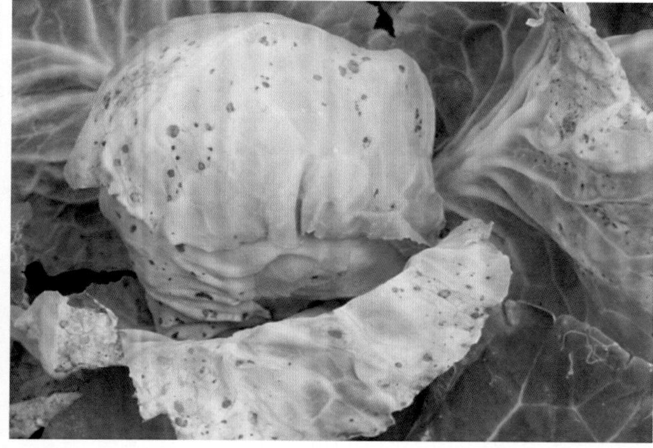

图17-8 甘蓝黑斑病为害叶片症状

发生规律 以菌丝体或分生孢子的形式在病残体、种子或冬贮菜上越冬。翌年，产生孢子从气孔或直接穿透表皮侵入，借助风雨传播。在春、夏季，侵染油菜、菜心、小白菜、甘蓝等蔬菜，后传播到秋菜上为害或形成灾害。秋菜初发期在8月下旬至9月上旬，若9月下旬至10月上旬连阴雨，病害即有可能流行。播种早、密度大、地势低洼、管理粗放、缺水缺肥的田块，植株长势差，抗病力弱，一般发病重。

防治方法 施用腐熟的优质有机肥，并增施磷、钾肥，病叶、病残体要及时清除出田，深埋或烧毁。

种子处理：用50%异菌脲可湿性粉剂、50%腐霉利可湿性粉剂、50%福美双可湿性粉剂按种子重量的0.2%～0.3%拌种。

发病初期可采用25%吡唑醚菌酯悬浮剂30～36 mL/亩、80%代森锰锌可湿性粉剂600～800倍液+70%甲基硫菌灵可湿性粉剂800倍液、20%唑菌胺酯水分散性粒剂1 000～1 500倍液、50%腐霉利可湿性粉剂1 000～1 500倍液+70%代森锰锌可湿性粉剂600～800倍液、50%异菌脲可湿性粉剂1 000～1 500倍液，兑水均匀喷雾，隔5～7 d喷1次，连续喷2～3次。

6. 甘蓝褐斑病

症　状 由芸薹生尾孢霉（*Cercospora brassicicola*）引起。主要为害叶片。叶片发病，初生为水浸状圆形或近圆形小斑点，逐渐扩展后呈浅黄白色，高湿条件下为褐色，近圆形或不规则形病斑，病斑大小不等（图17-9）。有些病斑受叶脉限制，病斑边缘为一凸起的褐色环带，整个病斑如同隆起凸出叶表。

图17-9 甘蓝褐斑病为害叶片症状

发生规律 病菌主要以菌丝块的形式在病残体上或随病残体在土壤中越冬，也可随种子越冬和传播。翌年越冬菌侵染白菜叶片引起发病，发病后病部产生分生孢子借气流传播，进行再侵染。带菌种子可随调运远距离传播。病菌喜温、湿条件，一般重茬地，偏施氮肥，低洼、黏重、排水不良地块发病重。

防治方法 重病地进行2年以上轮作。选择地势平坦、土质肥沃、排水良好的地块种植。收后深翻土壤。高畦或高垄栽培，适期晚播，避开高温多雨季节。合理施肥，注意排除田间积水。

发病初期，可用70%甲基硫菌灵可湿性粉剂700倍液+80%代森锰锌可湿性粉剂800倍液、200 g/L氟唑菌酰羟胺悬浮剂50～65 mL/亩、40亿孢子/g盾壳霉ZS-1SB可湿性粉剂45～90 g/亩、36%丙唑·多菌灵（丙环唑2.5%+多菌灵33.5%）悬浮剂80～100 mL/亩、50%菌核·福美双（福美双40%+菌核净10%）可湿性粉剂70～100 g/亩、50%腐霉·多菌灵（腐霉利19%+多菌灵31%）可湿性粉剂80～90 g/亩等药剂喷雾，每7 d喷1次，连续防治2～3次。

7. 甘蓝细菌性黑斑病

症　状 由丁香假单胞菌斑点致病变种（*Pseudomonas syringae* pv. *maculicola*），属细菌引起。主要为害叶片，叶片初生油浸状小斑点，扩展后呈不规则形或圆形，褐色或黑褐色，边缘紫褐色。病重时病斑可联合成不整齐的大斑，引起叶片枯黄、脱落（图17-10）。

图17-10 甘蓝细菌性黑斑病为害叶片症状

发生规律　病菌在种子上或土壤及病残体上越冬，借风雨、灌溉水传播，由气孔或伤口侵入。病菌喜高温、高湿条件，发病要求叶片有水滴存在，一般暴雨后极易发病，而且病情重。

防治方法　施足粪肥，氮、磷、钾肥合理配合，避免偏施氮肥。均匀灌水，小水浅灌。重病地与非十字花科蔬菜进行2年以上轮作。发现初始病株及时拔除。收后彻底清除田间病残体，集中深埋或烧毁。

种子处理：可用种子量0.4%的50%琥胶肥酸铜可湿性粉剂拌种。

发病初期，可采用88%水合霉素可溶性粉剂1 000 ～ 2 000倍液、50%氯溴异氰尿酸可溶性粉剂800 ～ 1 000倍液、47%春雷霉素·氧氯亚铜可湿性粉剂400 ～ 600倍液、3%中生菌素可湿性粉剂800 ～ 1 500倍液、2%春雷霉素水剂500 ～ 800倍液，隔5 ～ 7 d喷1次，连续喷2 ～ 3次。

8. 甘蓝缘枯病

症　　状　由边缘假单胞菌边缘单胞致病型（*Pseudomonas marginalis* pv. *marginalis*，属细菌）引起。主要在生长中、后期发生，以包心期发病较重。腐烂部位由暗褐色水渍状变为黑褐色（图17-11），表面干燥呈薄皮状。腐烂部位无霉层。叶球的腐烂主要限于表面叶片（图17-12），腐烂扩散覆盖叶球以后，内部开始软腐，但无软腐病的恶臭。

图17-11　甘蓝缘枯病为害叶片症状

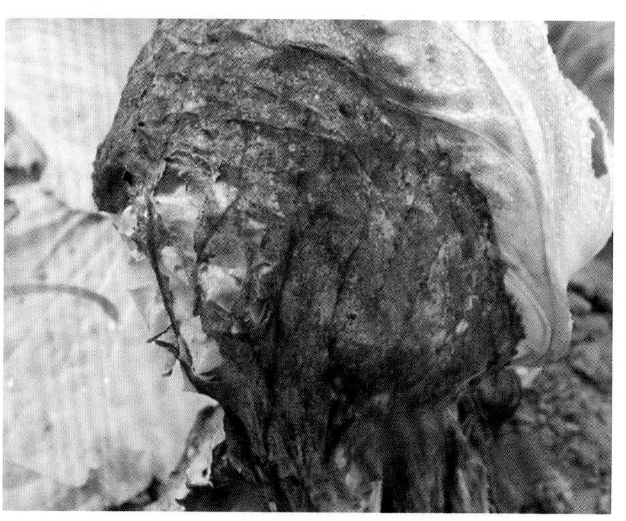

图17-12　甘蓝缘枯病为害叶球症状

发生规律　病菌随病残体在土壤中越冬，也可随种子成为田间发病的初侵染源。病菌从叶缘水孔等自然孔口侵入，发病后病部产生的细菌借风雨、浇水和农事操作等传播蔓延，再侵染。温暖潮湿有利于发病，叶面结露和叶缘吐水是病菌活动、侵染和蔓延的重要条件。春秋甘蓝种植期间，温暖多雨，或多雾、昼夜温差大、结露时间长等有利于发病。

防治方法　收获后及时彻底清除病残落叶，集中堆沤，经高温发酵灭菌后方可作肥料还田。

重病地块与非十字花科蔬菜轮作。发病后适当控制浇水，改进浇水方法，禁止大水漫灌。保护地种植应加强通风排湿，减少叶面结露。

无病土育苗和进行种子处理：干种子用72℃干热处理3 d（应注意种子含水量低于4%）。也可用种子重量0.3%的47%春雷霉素·氧氯化铜可湿性粉剂拌种，或用40%福尔马林150倍液浸种1.5 h后，洗净催芽播种。

发病初期将病株拔除并配合药剂防治，可选用47%春雷霉素·氧氯化铜可湿性粉剂600 ～ 800倍液、25%噻枯唑可湿性粉剂600倍液，10 ～ 15 d喷1次，视病情防治2 ～ 3次。

9. 甘蓝黑胫病

症　　状　由黑胫茎点霉（*Phoma lingam*，属无性型真菌）引起。叶及幼茎上产生圆形至椭圆形的病斑，初为褐色，后变为灰白色，其上散生许多小黑点。重病苗很快死亡。轻病苗移栽后病斑沿茎基部上下蔓延，呈长条状紫黑色病斑，严重时皮层腐朽，露出木质部，后期病部产生许多小黑点。成株期发病，植株叶片萎黄，老叶和成熟叶片上产生不规则形灰褐色病斑，其上散生许多小黑点。发病重时，植株枯死，自土中拔出病株，可见根部须根大部分或全部朽坏（图17-13），茎基和根的皮层重者完全腐朽露出黑色的木质部，轻者则生稍凹陷的灰褐色病斑，其上散生小黑点，为害严重时全株枯死（图17-14）。

图17-13 甘蓝黑胫病为害根部及植株症状

发生规律 病菌主要以菌丝体的形式在种子、土壤、粪肥中的病残体上，或十字花科蔬菜种株及田间野生寄主植物上越冬。翌年，产生分生孢子，借雨水、昆虫传播，从植株的气孔、皮孔或伤口侵入。播种带菌种子，病菌可直接侵染幼苗子叶及幼茎。发病后，病部产生新的分生孢子可传播蔓延，再侵染为害。病菌喜高温、高湿条件。此病害潜育期短，仅5 d即可发病。育苗期灌水多湿度大，病害尤重。此外，管理不良，苗期光照不足，播种密度过大，地面过湿，均易诱发此病害。

图17-14 甘蓝黑胫病为害后期植株枯死症状

防治方法 重病地与非十字花科蔬菜进行3年以上轮作。高畦覆地膜栽培，施用腐熟粪肥，精细定植，尽量减少伤根。避免大水漫灌，注意雨后排水。定植时严格剔除病苗。及时发现并拔除病苗。收获后彻底清除病残体，并深翻土壤。

床土消毒：每平方米用70%甲基硫菌灵可湿性粉剂5 g、50%福美双可湿性粉剂10 g，与10 ～ 15 kg干细土拌成药土，其中2/3药土均匀撒施在备好的苗床表面，另外1/3药土覆盖种子。也可用98%噁霉灵可湿性粉剂3 000倍液喷浇苗床。

种子消毒：可用种子重量0.4%的50%福美双可湿性粉剂拌种。也可用种子重量的0.3% ～ 0.4%的50%异菌脲可湿性粉剂，或用70%甲基硫菌灵可湿性粉剂拌种。

发病初期，可用9%吡唑醚菌酯微囊悬浮剂58 ～ 66 mL/亩、60%肟菌酯水分散粒剂9 ～ 12 g/亩、80%嘧菌酯水分散粒剂15 ～ 20 g/亩、75%肟菌·戊唑醇（肟菌酯25% +戊唑醇50%）水分散粒剂10 ～ 15 g/亩、60%多·福可湿性粉剂600倍液、50%代森铵水剂1 000倍液+70%甲基硫菌灵可湿性粉剂800倍液、80%代森锰锌可湿性粉剂500倍液+50%异菌脲可湿性粉剂1 200倍液、50%敌菌灵可湿性粉剂500倍液+45%噻菌灵悬浮剂1 000倍液喷雾，间隔7 ～ 10 d喷1次，连续喷2 ～ 3次。

10. 甘蓝煤污病

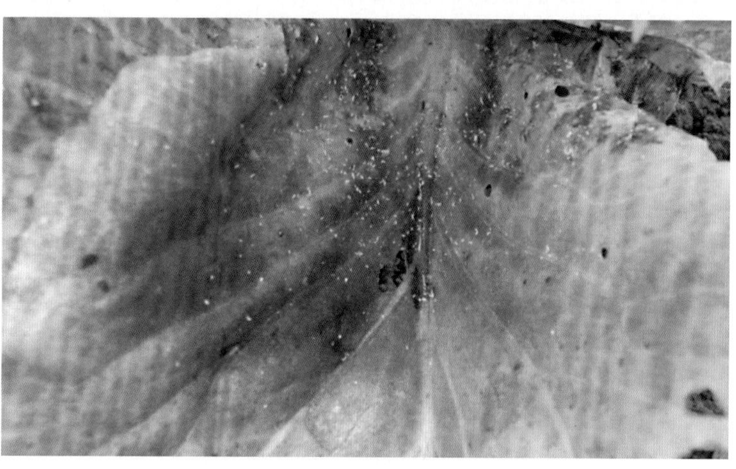

图17-15　甘蓝煤污病为害叶片症状

症　　状　由煤污尾孢（*Cercospora fuligena*，属无性型真菌）引起。叶片上初生灰黑色至炭黑色煤污菌菌落，严重的覆满整个叶面（图17-15）。

发生规律　病菌借风雨及蚜虫、介壳虫、白粉虱等传播蔓延。感染植物后，在病部产出分生孢子，成熟后脱落，再侵染。冬春季节，光照弱、湿度大的棚室发病重，多从植株下部叶片开始发病。露地栽培时，高温高湿、遇雨或连阴雨天气，特别是阵雨转晴，或气温高、田间湿度大，易导致病害流行。

防治方法　加强环境调控，注意改变棚室小气候，提高其透光性和保温性。露地栽培时，注意雨后及时排水，防止湿气滞留。及时防治介壳虫、温室白粉虱等害虫。

发病初期，及时喷洒50%甲基硫菌灵·硫黄悬浮剂800倍液、50%苯菌灵可湿性粉剂1 000倍液、50%多霉灵可湿性粉剂（多菌灵+乙霉威）1 500倍液，每隔7 d左右喷药1次，视病情防治2 ～ 3次。采收前3 d停止用药。

11. 甘蓝裂球

症　　状　最常见的是叶球顶部开裂，有时侧面也开裂。多为一条线开裂，也有纵横交叉开裂的。开裂程度不同，轻者仅叶球外面几层叶片开裂，重者开裂可深至短缩茎（图17-16）。

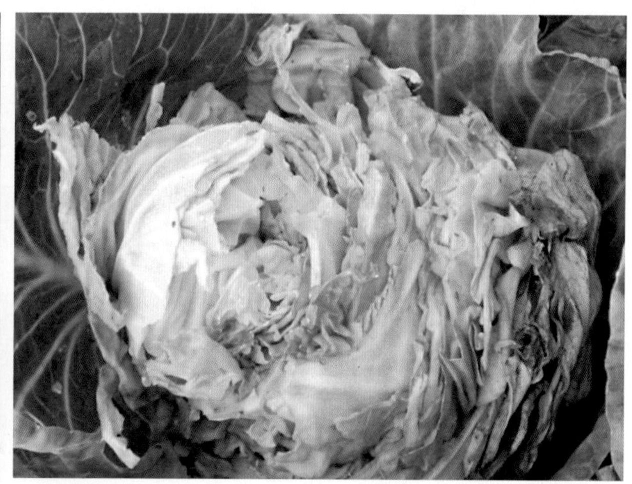

图17-16　甘蓝裂球为害叶球症状

病　　因　叶球开裂的主要原因是细胞吸水过多胀裂所致。若土壤水分不足，结球小且不紧实，结球后，叶球组织脆嫩，细胞柔韧性小，一旦土壤水分过多，就易造成叶球开裂。

防治方法　选择地势平坦、排灌方便、土质肥沃的土壤种植甘蓝。选择不易裂球的品种，甘蓝品种间裂球情况不一样，一般尖头型品种裂球较少，而圆头型、平头型品种裂球较多。加强水肥管理，施足基肥，多施有机肥，增强土壤保水、保肥能力，以缓冲土壤中水分过多、过少和剧烈变化对植株的影响。甘蓝需水量较大，整个生长期要多次浇水。浇水要适量，以土壤湿润为标准，避免大水漫灌，浇水后地面不应存有积水。雨后排除田间积水，特别是甘蓝结球后遇到大雨，地面积水，易产生大量裂球。适时收获，过熟的叶球容易开裂。

第十八章　花椰菜病害原色图解

1. 花椰菜黑腐病

分　布　黑腐病是花椰菜的主要病害之一。该病在各花椰菜产区均有分布，寄主广泛。

症　状　由野油菜黄单胞杆菌野油菜黑腐病致病型（*Xanthomonas campestris* pv. *campestris*，属细菌）引起。主要为害叶片、叶球或球茎。子叶染病呈水浸状，后迅速枯死。真叶染病，叶片边缘呈V形病斑，边缘常具黄色晕圈，病斑向两侧或内部扩展，致周围叶肉变黄或枯死（图18-1）。病菌进入茎部维管束后，逐渐蔓延到球茎部或叶脉及叶柄处，引起植株萎蔫，至萎蔫不再复原，剖开球茎，可见维管束全部变为黑色或腐烂，但不臭，干燥条件下球茎黑心或呈干腐状（图18-2）。湿度大时，病部腐烂。花椰菜黑腐病为害严重时田间症状明显（图18-3）。

图18-1　花椰菜黑腐病为害叶片情况

图18-2　花椰菜黑腐病为害茎基部症状

图18-3　花椰菜黑腐病田间为害症状

发生规律　病原细菌可在种子内或随病残体在土壤中越冬，从水孔或伤口侵入，病菌借雨水、灌溉水、农具传播，带菌种子、带菌菜苗可远距离传播。高温与高湿条件适于发病，连作地、偏施氮肥地块发病重。

防治方法　重病地与非十字花科蔬菜进行2年以上轮作。加强肥水管理，适期播种，适度蹲苗。及时防治地下害虫。

种子消毒：用3%中生菌素可湿性粉剂800倍液浸种305 min，洗净晾干后便可播种。

发病初期可用6%春雷霉素可湿性粉剂25 ~ 40 g/亩、88%水合霉素可溶性粉剂1 500倍液、3%中生菌素可湿性粉剂800 ~ 1 000倍液、30%噻森铜悬浮剂70 ~ 85 mL/亩、50%氯溴异氰尿酸水溶性粉剂1 000倍液、20%噻菌铜悬浮剂500 ~ 800倍液，兑水喷施，隔5 ~ 7 d喷1次，连续喷2 ~ 3次。

2. 花椰菜霜霉病

症　状　由寄生霜霉（*Peronospora parasitica*）引起。主要为害叶片。多在植株下部叶片发病，出现黄色病斑（图18-4），潮湿条件下病斑边缘不明显，而在干燥条件下明显。病斑因受叶脉限制也呈多角形或不规则形（图18-5）。湿度大时病斑背面可见稀疏的白色霉状物。病重时病斑连片，造成叶片枯黄而死。

图18-4　花椰菜霜霉病为害叶片初期症状

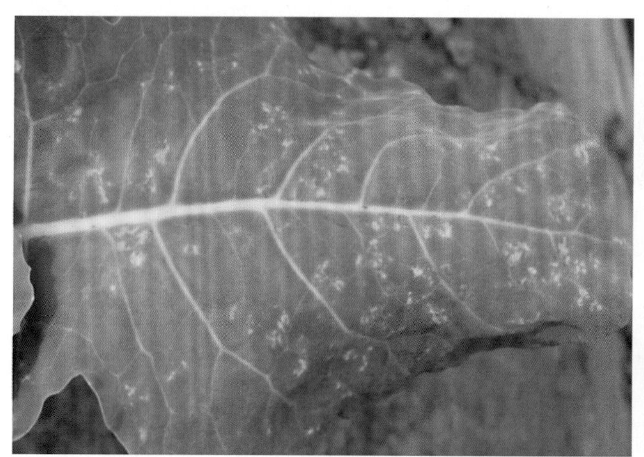

图18-5　花椰菜霜霉病为害叶片中期症状

发生规律　病菌以卵孢子的形式在病残体或土壤中越冬，或以菌丝体的形式在采种根上越冬。借风雨传播，从气孔或细胞间隙侵入。该病害主要发生在气温较低的早春和晚秋，尤其在10 ~ 20℃低温多雨条件下为害严重；菜田在低湿、土质较黏重、肥力较差的情况下发病亦较重；管理粗放、杂草丛生、田间郁蔽不通风的菜田有利于发病。

防治方法　适期播种，要施足底肥，增施磷、钾肥。早间苗，晚定苗，适度蹲苗。小水勤灌，雨后及时排水。清除病苗，拉秧后也要把病叶、病株清除出田，深埋或烧毁。

发病初期是防治的关键时期，可用250 g/L嘧菌酯悬浮剂40 ~ 72 mL/亩、80%烯酰吗啉水分散粒剂20 ~ 30 g/亩、66.5%霜霉威盐酸盐水剂87 ~ 108 mL/亩、68%精甲霜·锰锌（精甲霜灵4% +代森锰锌64%）水分散粒剂100 ~ 130 g/亩、58%甲霜灵·锰锌可湿性粉剂700倍液、0.5%氨基寡糖素水剂800倍液、

20%氟吗啉可湿性粉剂1 000倍液、60%氟吗啉·代森锰锌可湿性粉剂400 ~ 600倍液、69%烯酰吗啉·代森锰锌可湿性粉剂1 000倍液、72.2%霜霉威盐酸盐水剂600倍液、25%甲霜灵可湿性粉剂600倍液、64%噁霜·锰锌可湿性粉剂500倍液等药剂，兑水喷雾，间隔7 ~ 10 d喷1次，共喷2 ~ 3次。

3. 花椰菜黑斑病

症　状　由芸薹链格孢菌（*Alternaria brassicae*）引起。主要为害叶片。初期叶片上产生黑色的小斑点，扩展后成为灰褐色圆形病斑，轮纹不明显。湿度大时，病斑上产生较多黑色霉层。发病严重时，叶片上布满病斑，有时病斑汇合成大斑，致使叶片变黄早枯（图18-6、图18-7）。茎、叶柄也会发病，病斑黑褐色，长条状，生有黑色霉。

图18-6　花椰菜黑斑病初期症状

图18-7　花椰菜黑斑病后期症状

发生规律　以菌丝体或分生孢子的形式在病残体或种子上或冬贮菜上越冬。翌年，产生孢子从气孔或直接穿透表皮侵入，借助风雨传播。在春夏季，侵染油菜、菜心、小白菜、甘蓝等十字花科蔬菜，后传播到秋菜上为害或形成灾害。秋菜初发期在8月下旬至9月上旬。9月下旬至10月上旬遇连阴雨，病害即有可能流行。播种早、密度大、地势低洼、管理粗放、缺水缺肥、植株长势差、抗病力弱，一般发病重。

防治方法　施用腐熟的优质有机肥，并增施磷、钾肥，病叶、病残体要及时清除出田外深埋或烧毁。

种子处理：用50%异菌脲可湿性粉剂、50%腐霉利可湿性粉剂、50%福美双可湿性粉剂按种子重量的0.2% ~ 0.3%拌种。

在发病前期，可用50%异菌脲可湿性粉剂1 000倍液、325 g/L苯甲·嘧菌酯（嘧菌酯200 g/L+苯醚甲环唑125 g/L）悬浮剂35 ~ 50 mL/亩、45%苯并烯氟菌唑·嘧菌酯（苯并烯氟菌唑15% +嘧菌酯30%）水分散粒剂17 ~ 23 g/亩、19%啶氧·丙环唑（啶氧菌酯7% +丙环唑12%）悬浮剂70 ~ 88 mL/亩、50%福美双·异菌脲可湿性粉剂800 ~ 1 000倍液+75%百菌清可湿性粉剂600倍液、70%代森锰锌可湿性粉剂500倍液+50%腐霉利可湿性粉剂1 000 ~ 1 500倍液等药剂，兑水喷雾，间隔7 ~ 10 d喷1次，连喷3 ~ 4次。

4. 花椰菜细菌性软腐病

症　状　由胡萝卜软腐欧氏杆菌胡萝卜亚种（*Erwinia carotovora* subsp. *carotovora*，属细菌）引起。在生长中、后期，特别是花球形成增长期间易发，发病植株老叶发黄萎垂，茎基部出现湿润状淡褐色病斑，中、下部包叶在中午似失水状萎蔫，初期早防治可恢复生长，反复数天萎蔫加重则不能恢复，茎基部的病斑不断扩大逐渐变软腐烂，呈黏滑稀泥状（图18-8）；腐烂部位逐渐向上扩展致使部分或整个花球软腐（图18-9）。腐烂组织会发出难闻的恶臭。

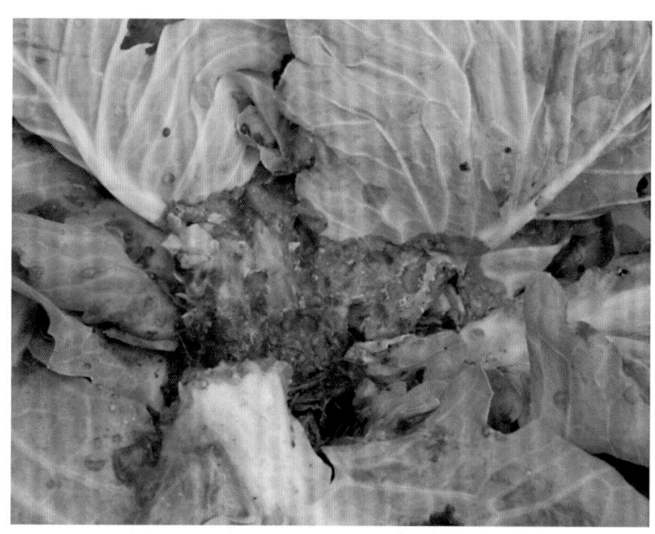
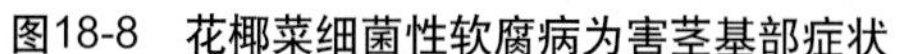
图18-8　花椰菜细菌性软腐病为害茎基部症状

图18-9　花椰菜细菌性软腐病为害花球症状

发生规律　病菌可在窖藏种株、土壤、病残体上越冬，借雨水、灌溉水、带菌粪肥、昆虫等传播，从自然裂口、虫伤口、病痕及机械伤口等处侵入。病菌发育适温为25～30℃，喜高湿环境，不耐强光和干燥。

防治方法　及早翻地、晒田。高垄覆盖地膜栽培。施足充分腐熟的有机肥，适时、适量追肥，注意不要因肥料施用不当烧伤根部或茎基部。均匀灌水，避免大水漫灌，雨后及时排水。注意防治地蛆、黄条跳甲等害虫。

发病初期，可采用0.5%氨基寡糖素水剂600～800倍液+2%春雷霉素可湿性粉剂400～500倍液、1 000亿孢子/g枯草芽孢杆菌可湿性粉剂50～60 g/亩、3%中生菌素可湿性粉剂600～800倍液、88%水合霉素可溶性粉剂1 500～2 000倍液，兑水喷施，隔5～7 d喷1次，连续喷2～3次。

5. 花椰菜黑胫病

症　　状　由黑胫茎点霉引起。主要为害幼苗的子叶和茎，形成灰白色圆形或椭圆形病斑，上面散生黑色小粒点，严重时导致死苗（图18-10）。发病较轻的幼苗定植后，主、侧根产生紫黑色条形斑，或引起主、侧根腐朽（图18-11、图18-12），致地上部枯萎或死亡。

图18-10　花椰菜黑胫病为害幼苗地上部症状

图18-11　花椰菜黑胫病为害幼苗根茎症状

图18-12　花椰菜黑胫病为害成株根茎症状

发生规律 以菌丝体的形式在种子、土壤中越冬。菌丝体在土中可存活2 ～ 3年，分生孢子靠雨水或昆虫传播蔓延。播种带病的种子，出苗时病菌直接侵染子叶发病。育苗期湿度大，定植后，遇多雨或雨后高温天气，该病易流行。

防治方法 种子消毒，用种子重量0.4%的50%福美双可湿性粉剂拌种。

床土消毒，每平方米苗床用40%五氯硝基苯粉剂8 g，与40%福美双可湿性粉剂8 g等量混合拌入40 kg细土，将1/3药土撒在畦面上，播种后再把其余2/3药土覆在种子上，防治效果很好。

发病初期，喷洒75%百菌清可湿性粉剂600倍液+60%多·福可湿性粉剂600倍液、40%多·硫悬浮剂500 ～ 600倍液，间隔7 d喷1次，连续喷2 ～ 3次。

6. 花椰菜细菌性黑斑病

症　　状 由丁香假单胞菌斑点致病变种（*Pseudomonas syringe* pv. *maculicola*）引起。叶片染病，病斑最初大量出现在叶背面，每个斑点发生在气孔处，初生大量具淡褐色至紫色边缘的小斑，坏死斑融合后形成不整齐的大块坏死斑（图18-13）。为害叶脉，致使叶片生长变缓，叶面皱缩，湿度大时形成油渍状斑点，褐色或深褐色，扩大后变成黑褐色，不规则形或多角形；发病严重时，全株叶片的叶肉脱落，只剩叶梗和主叶脉，导致植株死亡。

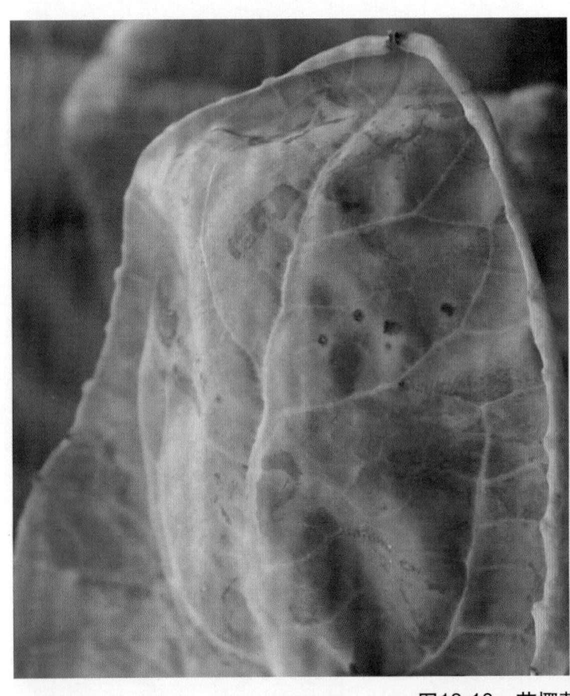

图18-13 花椰菜细菌性黑斑病为害叶片症状

发生规律 病菌在种子上或土壤及病残体上越冬，借风雨、灌溉水传播，由气孔或伤口侵入。病菌喜高温高湿，发病要求叶片有水滴存在，一般暴雨后极易发病，而且病情重。

防治方法 施足粪肥，氮、磷、钾肥合理配合，避免偏施氮肥。均匀灌水，小水浅灌。发现初始病株及时拔除。收获后彻底清除田间病残体，集中深埋或烧毁。

种子消毒：使用无病种子，种子一般要做消毒处理，可用种子重量0.4%的50%琥胶肥酸铜可湿性粉剂拌种。

发病初期，可用50%氯溴异氰脲酸可溶性粉剂1 200倍液、60%琥铜·乙铝·锌可湿性粉剂500倍液、47%春雷霉素·氧氯化铜可湿性粉剂900倍液、3%中生菌素可湿性粉剂600 ～ 800倍液、88%水合霉素可溶性粉剂1 500 ～ 2 000倍液等药剂防治。

7. 花椰菜立枯病

症　　状 由立枯丝核菌（*Rhizoctonia solani*）引起。此病多在苗期发生，定植后亦可发病，主要侵染根、茎部和叶基部叶片。初在茎基部产生水渍状浅褐色坏死小点，之后扩展成椭圆形至不定形凹陷坏死斑（图18-14），逐渐绕茎一周致幼苗或植株萎蔫枯死（图18-15）。下部叶片染病，多从叶柄基部开始侵染，呈浅褐色，逐渐坏死腐烂，最后致全株坏死瘫倒。空气潮湿，病部表面产生灰褐色蛛丝状菌丝。

图18-14　花椰菜立枯病为害根部症状

图18-15　花椰菜立枯病为害地上部症状

发生规律　病菌主要以菌丝和菌核的形式在土壤或病残体内存活和越冬。在无寄主的条件下最长可存活140 d以上。病菌可产生担孢子，借气流和灌溉水传播。田间主要以叶片、根茎接触病土染病传播，潮湿时病、健株接触亦可传播。此外，种子、农具和带菌的肥料都可传播此病。菌核萌发需要湿度在98%以上的高湿条件，病菌侵入需要保持一定时间的饱和湿度或自由水。田间发病与寄主抗性有关，不利于植株生长的土壤湿度会加重植株的病情。土壤温度过高过低、土质黏重、潮湿等均有利于病害发生。

防治方法　适期播种，使幼苗避开雨季。施用充分腐熟的有机肥，增施过磷酸钙肥或钾肥。加强水肥管理，避免土壤过湿或过干，减少根伤，提高植株抗病力。

种子处理：可用种子重量0.3%的45%噻菌灵悬浮剂拌种，待药剂黏附在种子表面后，再拌少量细土后播种。也可将种子湿润后，用干种子重量0.3%的75%萎锈灵可湿性粉剂、40%拌种双可湿性粉剂、70%土菌消可湿性粉剂拌种。

发病初期，可喷施30%苯噻硫氰乳油1 000 ～ 2 000倍液、30%苯醚甲·丙环乳油2 000 ～ 3 000倍液、40%嘧菌酯可湿性粉剂15 ～ 20 g/亩、65%代森锌可湿性粉剂500 ～ 800倍液+50%甲基硫菌灵可湿性粉剂800倍液、80%代森锰锌可湿性粉剂700 ～ 800倍液+50%多菌灵可湿性粉剂800 ～ 1 000倍液，兑水喷施，隔5 ～ 7 d喷1次，连续喷2 ～ 3次。

8. 花椰菜病毒病

症　状　由芜菁花叶病毒（*Turnip mosaic virus*, TuMV）、花椰菜花叶病毒（*Cauliflower mosaic virus*，CaMV）引起。主要为害叶片，出现花叶、斑驳、明脉等症状（图18-16）。侵染叶片首先出现明脉，后发展为斑驳，叶背沿叶脉产生疣状凸起，病株矮化不明显。

发生规律　由病毒引起的病害，在田间主要靠蚜虫进行非持久性传毒，种子不能传毒。在冷凉条件下表现比较明显。

防治方法　选用抗病毒病品种；适期播植，避开低温及蚜虫猖獗为害时期。

发病初期喷药，常用药剂5%菌毒清水剂400 ～ 500倍液、2%宁南霉素水剂100 ～ 150 mL/亩、0.5%菇类蛋白多糖水剂300倍液、20%盐酸吗啉胍·乙酸铜可湿性粉剂500倍液，兑水喷施，每隔10 d左右防治1次，连续防治3 ～ 4次。采收前5 d停止用药。另外，要特别注意防治蚜虫。

图18-16　花椰菜病毒病病叶

第十九章　萝卜病虫害原色图解

一、萝卜病害

1. 萝卜霜霉病

分　　布　萝卜霜霉病在我国各蔬菜产区均有发生，在黄河以北和长江流域地区为害较重。

症　　状　由寄生霜霉（*Peronospora parasitica*）引起。菌丝无色，不具隔膜，吸器圆形至梨形或棍棒状。发病初期，病叶产生水浸状、不规则的褪绿斑点，后扩大成多角形或不规则形的黄褐色病斑（图19-1）。湿度大时，叶背面病斑上长出白色霉层（图19-2）。发病严重时，病斑连片，叶片变黄、干枯（图19-3）。

图19-1　萝卜霜霉病为害初期叶片症状

图19-2　萝卜霜霉病为害中期叶片症状

图19-3　萝卜霜霉病为害后期叶片症状

发生规律　以卵孢子的形式在病残组织里、土壤中或附着在种子上越冬，或以菌丝体的形式在留种株上越冬。翌春，卵孢子或休眠菌丝产生的孢子囊萌发芽管，经气孔或表皮细胞间侵入春菜寄主，春菜收后，病菌卵孢子在田间休眠两个月后侵入秋菜。借助风雨传播，使病害扩大和蔓延。气温忽高忽低，昼夜温差大，白天光照不足，多雨露天气，霜霉病最易流行。菜地土壤黏重，低洼积水，大水漫灌，连作菜田和生长前期病毒病较重的地块，霜霉病为害重。

防治方法　适期播种，要施足底肥，增施磷、钾肥。早间苗，晚定苗，适度蹲苗。小水勤灌，雨后及时排水。清除病苗，拉秧后也要把病叶、病株清除出田外深埋或烧毁。

种子处理：用58%甲霜灵·锰锌可湿性粉剂、25%甲霜灵可湿性粉剂、64%噁霜灵·代森锰锌可湿性粉剂、50%福美双可湿性粉剂按种子重量的0.4%拌种。

9月中旬发病初期是防治的关键时期，可用58%甲霜灵·锰锌可湿性粉剂700倍液、0.5%氨基寡糖素水剂800倍液、20%氟吗啉可湿性粉剂1 000倍液、60%氟吗啉·代森锰锌可湿性粉剂400 ～ 600倍液、69%烯酰吗啉·代森锰锌可湿性粉剂1 000倍液、72.2%霜霉威盐酸盐水剂600倍液、25%甲霜灵可湿性粉剂600倍液、64%噁霜·锰锌可湿性粉剂500倍液、90%乙膦铝可湿性粉剂450 ～ 500倍液等药剂喷雾，间隔7 ～ 10 d喷1次，连续喷2 ～ 3次。

2. 萝卜软腐病

分布为害　软腐病在全国均有分布，以黄河以北地区发病严重，严重时发病率在50%以上，减产20%以上。

症　　状　由胡萝卜软腐欧文氏菌胡萝卜软腐致病型（*Erwinia carotovora* pv. *carotovora*）引起。多为害根、茎部，根部染病常始于根尖，初呈褐色水浸状软腐，后逐渐使根部软腐溃烂成一团（图19-4）。叶柄或叶片染病，呈水浸状软腐（图19-5）。干旱时停止扩展，根头簇生新叶。病健部界限分明，常有褐色汁液渗出，致整个萝卜变褐软腐（图19-6）。萝卜软腐病为害后期田间症状明显（图19-7）。

图19-4　萝卜软腐病为害根、茎部症状

图19-5　萝卜软腐病病叶

图19-6 萝卜软腐病致根部受害症状

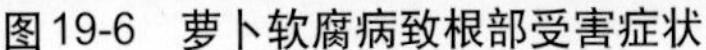

图19-7 萝卜软腐病为害后期田间症状

发生规律 病原菌在带菌的病残体、土壤、未腐熟的农家肥中越冬，成为重要的初侵染菌源。通过雨水、灌溉水、肥料、土壤、昆虫等多种途径传播，由伤口或自然裂口侵入，不断发生再侵染。高温多雨有利于软腐病发生。高垄栽培不易积水，土壤中氧气充足，有利于根系和叶柄基部愈伤组织形成，可减少病菌侵染。

防治方法 病田避免连作，换种豆类、麦类、水稻等作物。清除田间的病残体，精细翻耕整地，暴晒土壤，促进病残体快速分解。雨后应及时排水，增施基肥，及时追肥。发现病株后要及时挖除，病穴撒石灰消毒。

9月中旬发病初期是防治的关键时期，有效药剂有0.5%氨基寡糖素水剂600 ~ 800倍液、2%春雷霉素可湿性粉剂400 ~ 500倍液、3%中生菌素可湿性粉剂500 ~ 800倍液、77%氢氧化铜悬浮剂1 000倍液、20%喹菌酮水剂1 000倍液，药剂宜交替施用，间隔7 ~ 10 d喷1次，连续喷2 ~ 3次。重点喷洒病株基部及地表，使药液流入菜心效果为好。

3. 萝卜病毒病

分布为害 病毒病在我国各蔬菜产区普遍发生，为害严重。多在夏秋季发病较重。一般病株率5% ~ 15%，严重时病株率在20%以上。

症　状 由芜菁花叶病毒（*Turnip mosaic virus*, TuMV）、黄瓜花叶病毒（*Cucumber mosaic virus*, CMV）、烟草花叶病毒（*Tobacco mosaic virus*, TMV）3种病毒引起。萝卜多整株发病，叶片出现叶绿素不均匀（图19-8），深绿和浅绿相间（图19-9），有的畸形，有的沿叶脉产生耳状凸起。

图19-8 萝卜病毒病为害花叶症状

图19-9 萝卜病毒病为害叶片造成的深绿与浅绿相间症状

发生规律　病毒在窖藏的白菜、甘蓝的留种株上越冬，或在田间的寄主植物活体上越冬，还可在越冬菠菜和多年生杂草的宿根上越冬。翌年春天，主要靠蚜虫把病毒传到春季种植的十字花科蔬菜上。一般高温、干旱利于发病，苗期和6片真叶以前容易受害发病，被害越早，发病越重。播种早的秋菜发病重，与十字花科蔬菜邻作以及管理粗放，缺水、缺肥的田块发病重。

防治方法　深耕细作，彻底清除田边地头的杂草，及时拔除病株。施用充分腐熟的粪肥作为底肥，根据当地气候适时播种。苗期小水勤灌，一般“三水齐苗，五水定棵”，可减轻病毒病发生。在天旱时，不要过分蹲苗。

萝卜苗期5～6叶期，可用10%吡虫啉可湿性粉剂1 000～1 500倍液、50%抗蚜威可湿性粉剂1 500倍液、3%啶虫脒乳油1 000～2 000倍液，喷药防治蚜虫。

也可在发病初期，喷施20%盐酸吗啉胍·乙酸铜可湿性粉剂500～700倍液、4%嘧肽霉素水剂200～300倍液、2%宁南霉素水剂300～400倍液、5%菌毒清水剂200～300倍液，间隔5～7 d喷洒1次，连续喷2～3次。

4. 萝卜细菌性黑腐病

分　　布　萝卜细菌性黑腐病分布很广，发生普遍，保护地、露地都可发病，夏、秋季高温、多雨时发病较重。

症　　状　由野油菜黄单胞杆菌野油菜黑腐病致病型（*Xanthomonas campestris* pv. *campestris*）引起。叶片受害，叶缘呈V形病斑，灰色至淡褐色（图19-10），边缘常有黄色晕圈，叶脉坏死变黑。根、茎受害，部分外表表皮变为黑色（图19- 11），或不变色，内部组织干腐，维管束变黑，髓部组织也呈黑色干腐状（图19-12），甚至空心。

图19-10　萝卜细菌性黑腐病为害叶片情况

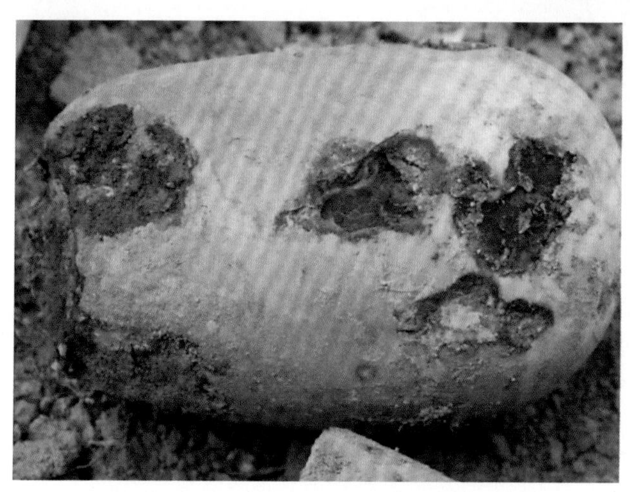

图19-11　萝卜细菌性黑腐病使外表皮变黑状

图19-12　萝卜细菌性黑腐病使维管束变黑状

发生规律 病原细菌随种子和田间的病株残体越冬，也可在采种株或冬菜上越冬。带菌种子是重要的初侵染来源。春季通过雨水、灌溉水、昆虫或农事操作传播到叶片上，经由叶缘的水孔、叶片的伤口、虫伤口侵入。暴风雨后往往大发生。易于积水的低洼地块和灌水过多的地块发病多。在连作、施用未腐熟农家肥，以及害虫严重发生等情况下，都会加重发病。

防治方法 清洁田园，及时清除病残体，秋后深翻，施用腐熟的农家肥。适时播种，合理密植。及时防虫，减少传菌介体。合理灌水，雨后及时排水，降低田间湿度。减少农事操作造成的伤口。

播种前可用30%琥胶肥酸铜可湿性粉剂600 ～ 700倍液、14%络氨铜水剂300倍液浸种15 ～ 20 min，后用清水洗净，晾干后播种。

发病初期及时喷药防治，可选用3%中生菌素水剂400 ～ 533 mL/亩、50%氯溴异氰尿酸可溶粉剂40 ～ 60 g/亩、36%三氯异氰尿酸可湿性粉剂60 ～ 90 g/亩、30%噻森铜悬浮剂70 ～ 85 mL/亩、20%噻菌铜悬浮剂100 ～ 130 g/亩、30%金核霉素可湿性粉剂1 500 ～ 1 600倍液、1.2%辛菌胺（辛菌胺醋酸盐）水剂463 ～ 694 mL/亩等，兑水喷施，间隔7 ～ 10 d喷1次，共喷2 ～ 3次，各种药剂应交替施用。

5. 萝卜炭疽病

分布为害 萝卜炭疽病分布广泛，长江流域发病较重。一般病株率10%～ 30%，重病地块常在50%以上。

症　状 由希金斯刺盘孢（Colletotrichum higginsianum）引起。主要为害叶片，也可为害茎。叶片病斑为水浸状斑点，不规则，后发展为深褐色的较大斑，开裂或穿孔，叶片黄枯（图19-13）。叶柄病斑近圆形至梭形，颜色稍深，凹陷（图19-14）。

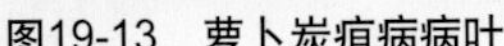

图19-13 萝卜炭疽病病叶

图19-14 萝卜炭疽病病茎

发生规律 以菌丝体的形式随病残体在土壤中越冬，种子也能带菌。在田间经雨滴飞溅和风雨传播，从伤口或直接穿透表皮侵入，在北方，早熟萝卜先发病。7—9月高温多雨或降雨次数多时发病较重。一般早播萝卜，种植过密或地势低洼，通风透光差的田块发病重；地势低洼、田间积水、种植密度过大、管理粗放、植株生长衰弱的地块发病重。

防治方法 重病地与非十字花科蔬菜进行2年轮作。适时晚播，施足粪肥，增施磷、钾肥，合理灌水，雨后及时排水。注意田园清洁，收后深翻土地。

发病初期及时兑水喷洒36%三氯异氰尿酸可湿性粉剂100 ～ 167 g/亩、70%甲基硫菌灵可湿性粉剂800倍液+70%百菌清可湿性粉剂600 ～ 800倍液、80%代森锰锌可湿性粉剂400 ～ 600倍液+50%苯菌灵可湿性粉剂1 500倍液、50%多菌灵可湿性粉剂800倍液、75%肟菌·戊唑醇（肟菌酯25%+戊唑醇50%）水分散粒剂10～15/亩、75%戊唑·嘧菌酯（嘧菌酯25%+戊唑醇50%）可湿性粉剂10～15 g/亩、25%氟喹唑可湿性粉剂5 000倍液、25%溴菌清可湿性粉剂500倍液、40%氟硅唑乳油6 000～8 000倍液等药剂，间隔7～10 d喷1次，连喷2～3次。

6. 萝卜黑斑病

分　布　萝卜黑斑病近年为害呈上升趋势，成为萝卜生产上的重要病害，分布广泛，发生普遍，以秋季多雨发病严重。

症　状　由芸薹链格孢菌（*Alternaria brassicae*）引起。叶片上的病斑圆形、深褐色，常有明显的同心轮纹，周缘稍具黄色晕圈。严重时，病斑多个汇合连成片，至干枯脱落。茎和叶柄上病斑成纵条状，暗褐色，稍凹陷（图19-15）。潮湿时病斑上产生黑色霉状物。

图19-15　萝卜黑斑病为害叶柄症状

发生规律　以菌丝体或分生孢子的形式在病残体或种子上或冬贮菜上越冬。翌年产生孢子从气孔或直接穿透表皮侵入，借助风雨传播。在春、夏季，侵染油菜、菜心、小白菜、甘蓝等十字花科蔬菜，后传播到秋菜上为害。秋菜初发期在8月下旬至9月上旬。9月下旬至10月上旬连阴雨，病害即有可能流行。播种早，密度大，地势低洼，管理粗放，缺水缺肥的地块，以及植株长势差、抗病力弱的地块，一般发病重。

防治方法　施用腐熟的优质有机肥，并增施磷、钾肥，病叶、病残体要及时清除出田外深埋或烧毁。

种子处理：用50%异菌脲可湿性粉剂、50%腐霉利可湿性粉剂、50%福美双可湿性粉剂按种子重量的0.2%～0.3%拌种。

发病初期可采用70%丙森锌可湿性粉剂600～800倍液+50%乙烯菌核利可湿性粉剂600～800倍液、80%代森锌可湿性粉剂600～800倍液+50%异菌脲可湿性粉剂1 000～1 500倍液、20%唑菌胺酯水分散性粒剂1 000～1 500倍液、10%苯醚甲环唑水分散粒剂1 000～1500倍液+75%百菌清可湿性粉剂600～800倍液、50%腐霉利可湿性粉剂1 000～1 500倍液+70%代森锰锌可湿性粉剂600～800倍液、50%福美双·异菌脲可湿性粉剂800～1 000倍液，隔5～7 d施1次，连续2～3次。

7. 萝卜根肿病

症　状　由芸薹根肿菌（*Plasmodiophora brassicae*）引起。主要为害根部，形成肿瘤，肿瘤形状不定，发生在侧根上，主根不变形，但体形较小，初期肿瘤表面光滑，后变粗糙，进而龟裂（图19-16）。

发生规律　休眠孢子囊在土壤中或黏附在种子上越冬，在田间主要靠雨水、灌溉水、昆虫和农具传播，远距离传播则主要靠大白菜病根或带菌泥土转运。孢子囊萌发产生游动孢子侵入寄主，经10 d左右根部长出肿瘤。土壤偏酸性，连作地、低洼地、“水改旱”菜地病情较重。

图19-16　萝卜根肿病为害根部症状

防治方法 重病地块和非十字花科蔬菜实行6年以上轮作，并要铲除杂草，尤其是要铲除十字花科杂草。收后彻底清除病根，集中销毁。在低洼地或排水不良的地块栽培萝卜，要采用高畦或高垄的栽培形式。酸性土壤应施用适量石灰，将土壤酸碱度调节至微碱性。

灌根防治，防治最佳时期为直播萝卜播种至2～3叶期，间隔10 d，连施药3次。有效药剂有3%中生菌素水剂400～533 mL/亩、50%氯溴异氰尿酸可溶粉剂40～60 g/亩、36%三氯异氰尿酸可湿性粉剂60～90 g/亩、30%噻森铜悬浮剂70～85 mL/亩、20%噻菌铜悬浮剂100～130 g/亩、30%金核霉素可湿性粉剂1 500～1 600倍液、1.2%辛菌胺（辛菌胺醋酸盐）水剂463～694 mL/亩、50%氯溴异氰尿酸可溶性粉剂1 500倍液，每穴0.25～0.50 kg。

8.萝卜白斑病

症　　状 由白斑小尾孢（*Cercosporella albomaculans*）引起。主要为害叶片，发病初期，叶面散出灰褐色圆形斑点，很快扩大成圆形、近圆形至卵圆形病斑，颜色由灰褐色渐转为灰白色或枯白色，边缘叶色深（图19-17）。潮湿时，病斑背面产生稀疏的淡灰色霉状物。发病严重的，病斑连片，导致叶片失水枯萎。

图19-17 萝卜白斑病为害叶片症状

发生规律 主要以菌丝或菌丝块的形式附在地表的病叶上生存或以分生孢子的形式黏附在种子上越冬，翌年，借雨水飞溅传播到叶片上，孢子萌发后从气孔侵入引致初侵染，借风雨传播，多次再侵染。在北方菜区，本病盛发于8—10月，长江中下游及湖泊附近菜区，春、秋两季，均可发生，尤以多雨的秋季发病重。一般播种早、连作年限长、缺少氮肥或基肥不足的地块，植株长势弱，发病重。

防治方法 发病严重的地块实行与非十字花科蔬菜轮作2年以上。选择地势较高、排水良好的地块种植。要注意平整土地，适期晚播，密度适宜，收获后深翻土地，施足腐熟的有机肥，增施磷、钾肥。雨后排水，及时清除病叶，收获后清除田间病残体并深翻土壤。

种子消毒：用50%多菌灵可湿性粉剂500倍液浸种1 h后捞出，用清水洗净后播种。

发病初期，可用75%百菌清可湿性粉剂600倍液+70%甲基硫菌灵可湿性粉剂800倍液、250 g/L吡唑醚菌酯乳油30～40 mL/亩、250 g/L嘧菌酯悬浮剂40～60 mL/亩、75%肟菌·戊唑醇（肟菌酯25%+戊唑醇50%）水分散粒剂10～15/亩、75%戊唑·嘧菌酯（嘧菌酯25%+戊唑醇50%）可湿性粉剂10～15 g/亩、50%苯菌灵可湿性粉剂1 000倍液、50%异菌脲可湿性粉剂1 000倍液、10%苯醚甲环唑水分散粒剂2 000倍液、50%多菌灵·乙霉威可湿性粉剂1 000倍液等药剂兑水喷雾，间隔7～10 d喷1次，连续喷2～3次。

二、萝卜虫害

1.萝卜蚜

分　　布 萝卜蚜（*Lipaphis erysimi pseudobrassicae*）遍布全国菜区，是华南地区的优势种。

为害特点 成蚜和若蚜常结集在嫩叶上刺吸汁液，造成幼叶畸形蜷缩，生长不良（图19-18）。留种株被害后不能正常抽薹、开花和结实，同时还会传播病毒病。

形态特征　有翅雌蚜：头胸部为黑色，复眼赤褐色，额瘤不显著，腹部黄绿色至绿色，腹管前各节两侧有黑斑，有时身体上有稀少的白色蜡粉。无翅雌蚜：全身黄绿色稍有白色蜡粉，胸部各节中央隐约似有1条黑色横斑纹（图19-19）。若蚜：体型、体色似无翅成蚜，个体较小，有翅若蚜3龄起可见翅芽。

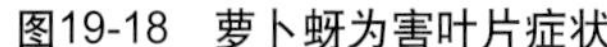
图19-18　萝卜蚜为害叶片症状

图19-19　萝卜蚜无翅雌蚜

发生规律　1年发生数代，华北10～20代，长江流域30代左右，华南可发生40多代，世代重叠。在长江流域及其以南地区或北方加温温室中，终年孤雌胎生繁殖，无明显越冬现象；在北方地区，以卵的形式在秋白菜上越冬。越冬卵在翌年3—4月孵化为干母，在长江流域每年的春、秋两季是发生高峰，秋季发生要比春季重。

防治方法　清除田间及附近杂草。在蚜虫发生盛期，用70%吡虫啉水分散粒剂1.5～2.0 g/亩、1.8%阿维·吡虫啉（吡虫啉1.7%+阿维菌素0.1%）可湿性粉剂30～50 g/亩、25%吡虫·辛硫磷（辛硫磷23.5%+吡虫啉1.5%）乳油600～900 mL/亩、50%抗蚜威可湿性粉剂2 000倍液、20%噻虫嗪可湿性粉剂2 000倍液、30%啶虫脒乳油1 500倍液、4.5%高效氯氰菊酯乳油2 000倍液，兑水40～50 kg均匀喷雾，间隔7～10 d喷1次，连喷2～3次。

2. 萝卜地种蝇

分　　布　萝卜地种蝇（*Delia floralis*）为北方秋菜的重要害虫。

为害特点　幼虫为害萝卜根表皮，造成许多弯曲的沟道，还可蛀入内部窜成孔道，引起腐烂，丧失食用价值。

形态特征　雄成虫体暗灰褐色（图19-20）。头部2个复眼较接近，胸背面有3条黑色纵纹，腹部背中央有1条黑色纵纹。雌虫全体黄褐色，胸、腹背面均无斑纹。卵乳白色，长椭圆形，稍弯曲，表面有网状纹。幼虫称蛆，幼虫老熟时体乳白色，头部退化，仅有1对黑色口钩。蛹椭圆形，红褐色或黄褐色。

图19-20　萝卜地种蝇成虫

发生规律　每年发生1代，以蛹的形式在土中越冬。翌年成虫出现的早晚因地区而异，一般越偏北成虫出现越早。成虫多在日出或日落前后或阴雨天活动、取食。

防治方法　勤灌溉，必要时可大水漫灌，能阻止种蝇产卵、抑制根蛆活动及淹死部分幼虫。

在播种时将20%甲基异柳磷乳油与细沙按1∶500比例混匀，均匀撒在地面，将其犁入土中再播种。幼虫发生初期，发现受害株后，可用2%阿维菌素乳油72～108 mL/亩、50%辛硫磷乳油50～60 mL/亩，兑水200 kg灌根防治。

第二十章　黄瓜病虫草害原色图解

一、黄瓜病害

黄瓜病害有20多种，为害普遍而严重的有黄瓜霜霉病、黄瓜枯萎病、黄瓜白粉病、黄瓜蔓枯病、黄瓜炭疽病、黄瓜细菌性角斑病、黄瓜病毒病、黄瓜灰霉病等。

1. 黄瓜霜霉病

分布为害　黄瓜霜霉病是黄瓜上最普通、最严重的病害之一。我国各地均有发生，对黄瓜生产造成极大损失。一般流行年份受害地块减产20%～30%，重流行时减产50%～60%，甚至毁种（图20-1）。

图20-1　黄瓜霜霉病为害叶片初期、中期和后期情况

症　　状　由古巴假霜霉（*Pseudoperonospora cubensis*，属鞭毛菌亚门真菌）引起。苗期、成株期均可发病，主要为害叶片。子叶被害，初呈褪绿色不规则小斑，扩大后变黄褐色。真叶染病，叶缘或叶背面出现水浸状不规则病斑（图20-2），早晨尤为明显，病斑逐渐扩大，受叶脉限制，呈多角形淡褐色斑块，湿度大时叶背面长出灰黑色霉层。后期病斑破裂或连片，致叶缘蜷缩干枯，严重的田块一片枯黄。

图20-2　黄瓜霜霉病为害叶片正、背面症状

发生规律　病菌在保护地内越冬，翌春传播，也可由南方季风传播，夏季可通过气流、雨水传播。在北方，黄瓜霜霉病是从温室传到大棚，又传到春季露地黄瓜上，再传到秋季露地黄瓜上，最后又传回到温室黄瓜上（图20-3）。病害在田间发生的气温为16℃，适宜流行的气温为20 ～ 24℃。高于30℃或低于15℃发病受到抑制。孢子囊萌发要求有水滴，当日平均气温在16℃时，病害开始发生，日平均气温在18 ～ 24℃，相对湿度在80%以上时，病害迅速扩展。在多雨、多雾、多露的情况下，病害极易流行。

图20-3　黄瓜霜霉病病害循环
1.病菌　2.叶片发病
3.产生孢子囊　4.传播侵染大田黄瓜

防治方法　应选择地势较高，排水良好的地块种植。底肥施足，合理追施氮、磷、钾肥。雨后适时中耕，以提高地温，降低空气湿度。培育无病壮苗，育苗地和生产地要隔离，定植时严格淘汰病弱苗。温室采取滴灌或覆膜暗灌。

应用烟剂防治：保护地栽培，用45%百菌清烟剂200 g/亩、15%霜疫清（百菌清+甲霜灵）烟剂250 g/亩，按包装分放5 ～ 6处，傍晚闭棚，由棚室里面向外逐次点燃后，次日早晨打开棚、室，田间作业正常进行。6 ～ 7 d熏1次，熏蒸次数视病情而定。

采用粉尘剂防治：发病前用5%百菌清粉尘剂，发病初期用7%防霉灵（百菌清+甲霜灵（粉尘剂，每亩每次喷1 kg，早上或傍晚进行，隔7 d喷1次，连喷4 ～ 5次。

在黄瓜霜霉病发病前期或未发病时，主要用保护剂防止病害侵染发病，可以选用50%吡唑醚菌酯水分散粒剂10 ～ 12 g/亩、80%嘧菌酯水分散粒剂15 ～ 20 g/亩、70%代森联水分散粒剂140 ～ 170 g/亩、33.5%喹啉铜悬浮剂60 ～ 80 mL/亩、40%百菌清悬浮剂163 ～ 175 mL/亩、40%克菌丹悬浮剂175 ～ 233 mL/亩、70%丙森锌水分散粒剂225 ～ 270 g/亩、80%代森锰锌可湿性粉剂200 ～ 250 g/亩、47%春雷·王铜（春雷霉素2% +王铜45%）可湿性粉剂95 ～ 100 g/亩、70%碱式硫酸铜水分散粒剂55 ～ 65 g/亩等，间隔5 ～ 7 d喷洒1次。

在黄瓜田间出现霜霉病症状但病害较轻时，应及时防治，该期要注意保护剂和治疗剂的合理混用，以保护剂为主，适量加入治疗剂，否则，难以控制病害的发生与蔓延。可以选用75%百菌清可湿性粉剂600 ～ 1 000倍液+25%甲霜灵可湿性粉剂800倍液、70%代森锰锌可湿性粉剂600 ～ 1 000倍液+25%甲霜灵可湿性粉剂800倍液、70%丙森锌可湿性粉剂600倍液+25%甲霜灵可湿性粉剂800倍液、722 g/L霜霉威盐酸盐水剂60 ～ 100 mL/亩、35%氰霜唑悬浮剂16 ～ 18 mL/亩、70%啶氧菌酯水分散粒剂14 ～ 16 g/亩、50%唑菌酮水分散粒剂20 ～ 40 g/亩、80%三乙膦酸铝可湿性粉剂80 ～ 160 g/亩、25%氟吗啉可湿性粉剂30 ～ 40 g/亩、80%烯酰吗啉水分散粒剂20 ～ 25 g/亩、50%氟醚菌酰胺水分散粒剂6 ～ 9 g/亩、10%氟噻唑吡乙酮可分散油悬浮剂13 ～ 20 mL/亩、0.5%几丁聚糖水剂120 ～ 160 mL/亩、1%蛇床子素水乳剂150 ～ 200 mL/亩、2亿孢子/g木霉菌可湿性粉剂150 ～ 200 g/亩、72%霜脲氰·代森锰锌可湿性粉剂600倍液，兑水喷施，每7 ～ 10 d喷1次，连喷3 ～ 6次。

在田间普遍出现黄瓜霜霉病症状，但在病害中期霉层较少时，应及时防治，该期要注意用速效治疗剂，特别是前期未用过高效治疗剂的，并注意与保护剂合理混用，防止病害进一步加重为害与蔓延。可以选用75%百菌清可湿性粉剂500 ～ 800倍液+25%烯酰吗啉可湿性粉剂600 ～ 800倍液、70%代森锰锌可湿性粉剂500 ～ 800倍液+20%氟吗啉可湿性粉剂800倍液、70%丙森锌可湿性粉剂600倍液+72.2%霜霉威盐酸盐水剂800倍液、65%代森锌可湿性粉剂500倍液+40%氰霜唑颗粒剂2500倍液、58%甲霜·锰锌可湿性粉剂500 ～ 600倍液、70%代森联·氟吡菌胺（代森联63% +氟吡菌胺7%）水分散粒剂50 ～ 70 g/亩、40%氟吡菌胺·烯酰吗啉（烯酰吗啉30% +氟吡菌胺10%）悬浮剂30 ～ 45 mL/亩、40%氟吡菌胺·喹啉铜（喹啉铜32% +氟吡菌胺8%）悬浮剂45 ～ 60 mL/亩、32%唑醚·喹啉铜（吡唑醚菌酯2% +喹啉铜30%）悬浮剂50 ～ 70 mL/亩、56%唑醚·霜脲氰（吡唑醚菌酯8% +霜脲氰48%）水分散粒剂21 ～ 28 g/亩、66%代森锰锌·缬菌胺（缬菌胺6% +代森锰锌60%）水分散粒剂130 ～ 170 g/亩、

53%精甲霜·锰锌（精甲霜灵5%+代森锰锌48%）可湿性粉剂110 ～ 120 g/亩、31%噁酮·氟噻唑（唑菌酮28.2%+氟噻唑吡乙酮2.8%）悬浮剂27 ～ 33 mL/亩、71%乙铝·氟吡胺（氟吡菌胺4.4%+三乙膦酸铝66.6%）水分散粒剂150 ～ 167 g/亩、69%烯酰·锰锌（代森锰锌60%+烯酰吗啉9%）水分散粒剂117 ～ 133 g/亩、30%氟吗·氰霜唑（氰霜唑10%+氟吗啉20%）悬浮剂17 ～ 22 mL/亩，兑水喷施，每5 ～ 7 d喷1次，连续喷2 ～ 3次。

霜霉病与白粉病混合发生时，可选用40%三乙膦酸铝可湿性粉剂200倍液+12.5%腈菌唑乳油1 500倍液喷施。

霜霉病与炭疽病混发时，可选用40%三乙膦酸铝可湿性粉剂200倍液+70%甲基硫菌灵可湿性粉剂400倍液、2%春雷霉素可湿性粉剂400倍液+72.2%霜霉威水剂800倍液喷施。

2. 黄瓜白粉病

分　　布　黄瓜白粉病全国各地均有发生。北方温室和大棚内最易发生此病，其次是春播露地黄瓜，而秋黄瓜发病轻。

症　　状　由瓜类单囊壳（*Sphaerotheca cucurbitae*，属子囊菌亚门真菌）引起。苗期至收获期均可染病，叶片发病重，叶柄、茎次之，果实受害少。发病初期，在叶片上产生白色近圆形小粉斑，以叶面居多，后扩展成边缘不明显圆形白色粉状斑，严重时整片叶叶面都是白粉，后呈灰白色，叶片变黄，质脆，无法进行光合作用（图20-4 ～图20-6），一般不落叶。叶柄、嫩茎上的症状与叶片相似。

图20-4　黄瓜白粉病田间发病症状

图20-5　黄瓜白粉病为害叶片正、背面症状

发生规律 在北方，以闭囊壳的形式随病残体在地上或保护地瓜类上越冬；在南方，以菌丝体或分生孢子的形式在寄主上越冬或越夏，成为翌年初侵染源。分生孢子借气流或雨水传播，喜温湿但耐干燥，发病适温20～25℃，相对湿度25%～85%均能发病，但高湿情况下发病较重。高温、高湿又无结露或管理不当，黄瓜生长衰败，则白粉病严重发生。

图20-6 黄瓜白粉病病叶与正常叶比较

防治方法 选用抗病品种，如津绿2号、津绿4号、津绿1号、津绿3号及京旭等。应选择通风良好，土质疏松、肥沃，排灌方便的地块种植。要适当配合使用磷、钾肥，防止脱肥早衰，增强植株抗病性。阴天不浇水，晴天多放风，降低温室或大棚的相对湿度，防止温度过高，以免闷热。

在黄瓜白粉病发病前期或未发病时，主要用保护剂防止病害侵染发病，可以选用70%代森锰锌可湿性粉剂600～800倍液、77%氢氧化铜可湿性粉剂800倍液、70%丙森锌可湿性粉剂600倍液、25%乙嘧酚磺酸酯微乳剂60～80 mL/亩、25%吡唑醚菌酯悬浮剂40～60 mL/亩、50%嘧菌酯水分散粒剂45～60 g/亩、50%醚菌酯水分散粒剂15～20 g/亩、75%百菌清可湿性粉剂133～153 g/亩、5% D-柠檬烯可溶液剂90～120 mL/亩、0.5%几丁聚糖水剂120～160 mL/亩、0.5%小檗碱水剂200～250 mL/亩、2%苦参碱水剂45～60 mL/亩、1%蛇床子素水乳剂150～200 mL/亩、0.5%大黄素甲醚水剂90～120 mL/亩、4%嘧啶核苷类抗菌素水剂300～400倍液、10%宁南霉素可溶粉剂50～75 g/亩、3%多抗霉素可湿性粉剂167～250 g/亩等，兑水喷施，间隔10 d左右喷1次。

保护地栽培时，可以用45%百菌清烟雾剂250～300 g/亩熏蒸，也可用5%春雷霉素·氧氯化铜粉尘剂、10%多·百粉尘剂1 kg/亩，隔7 d喷1次，连喷3～4次。8%苯甲·醚菌酯（醚菌酯5%+苯醚甲环唑3%）热雾剂100～150 mL/亩，用热雾机喷雾。

在黄瓜田间出现白粉病症状但病害较轻时，应及时防治，该期要注意保护剂和治疗剂的合理混用，否则，难以控制病害的发生、为害与蔓延。可以选用75%百菌清可湿性粉剂500～800倍液+40%氟硅唑乳油3 000～4 000倍液、70%代森锰锌可湿性粉剂500～800倍液+12.5%烯唑醇乳油2 500倍液、70%丙森锌可湿性粉剂600倍液+70%甲基硫菌灵可湿性粉剂800倍液、430 g/L戊唑醇悬浮剂16～19 mL/亩、20%氟硅唑微乳剂23～30 mL/亩、70%甲基硫菌灵可湿性粉剂40～50 g/亩、30%氟菌唑可湿性粉剂14～20 g/亩、25%乙嘧酚悬浮剂78～94 mL/亩、10%苯醚甲环唑水分散粒剂50～83 g/亩、36%硝苯菌酯乳油28～40 mL/亩、25%己唑醇悬浮剂8～10 mL/亩、41.7%氟吡菌酰胺悬浮剂5～10 mL/亩、12.5%腈菌唑水乳剂24～32 mL/亩、5%烯肟菌胺乳油53～107 mL/亩、4%四氟醚唑水乳剂67～100 g/亩、10%苯醚菌酯悬浮剂5 000～10 000倍液、40%双胍三辛烷基苯磺酸盐可湿性粉剂1 000～2 000倍液、1 000亿芽孢/g枯草芽孢杆菌可湿性粉剂70～84 g/亩，兑水喷施，每5～7 d喷1次，连续喷2～3次。

在大量叶片出现白粉病症状时，应注意用速效治疗剂，特别是前期未用过高效治疗剂的，并注意与保护剂合理混用，防止病害进一步加重为害与蔓延。可以选用75%百菌清可湿性粉剂500～800倍液+25%腈菌唑乳油3 000～5 000倍液、70%代森锰锌可湿性粉剂500～800倍液+40%氟硅唑乳油4 000～6 000倍液、40%氟菌唑·甲基硫菌灵（氟菌唑10%+甲基硫菌灵30%）悬浮剂35～55 mL/亩、35%啶酰菌胺·氟菌唑（啶酰菌胺25%+氟菌唑10%）悬浮剂24～48 mL/亩、25%肟菌酯·乙嘧酚磺酸酯（乙嘧酚磺酸酯15%+肟菌酯10%）乳油18～28 mL/亩、40%啶酰菌胺·硫黄（啶酰菌胺4%+硫黄36%）悬浮剂100～120 mL/亩、200 g/L氟酰羟·苯甲唑（苯醚甲环唑125 g/L+氟唑菌酰羟胺75 g/L）悬浮剂40～50 mL/亩、40%甲硫·噻唑锌（甲基硫菌灵24%+噻唑锌16%）悬浮剂120～180 mL/亩、

38%唑醚·啶酰菌（啶酰菌胺25.2%+吡唑醚菌酯12.8%）悬浮剂30 ~ 40 mL/亩、43%氟嘧·戊唑醇（氟嘧菌酯18%+戊唑醇25%）悬浮剂20 ~ 30 mL/亩、30%肟菌·戊唑醇（肟菌酯10%+戊唑醇20%）悬浮剂25 ~ 37.5 mL/亩、35%氟菌·戊唑醇（戊唑醇17.5%+氟吡菌酰胺17.5%）悬浮剂5 ~ 10 mL/亩、12%苯甲·氟酰胺（苯醚甲环唑5%+氟唑菌酰胺7%）悬浮剂56 ~ 70 mL/亩、44%苯甲·百菌清（苯醚甲环唑4%+百菌清40%）悬浮剂100 ~ 140 mL/亩、42.4%唑醚·氟酰胺（吡唑醚菌酯21.2%+氟唑菌酰胺21.2%）悬浮剂10 ~ 20 mL/亩、43%氟菌·肟菌酯（肟菌酯21.5%+氟吡菌酰胺21.5%）悬浮剂5 ~ 10 mL/亩，兑水喷施，每5 ~ 7 d喷1次，连续喷2 ~ 3次。

3. 黄瓜蔓枯病

分布为害　黄瓜蔓枯病是黄瓜栽培中的常见病害，春、秋保护地发病率较高，北京地区病田病株率一般为20%左右，重病田在80%以上，主要引起死秧，尤以秋棚受害严重。

症　　状　由甜瓜球腔菌（*Mycosphaerella melonis*，属子囊菌亚门真菌）引起。主要为害茎蔓、叶片。叶片上病斑近圆形或不规则形，有的自叶缘向内呈V形，淡褐色，后期病斑易破碎，常龟裂，干枯后呈黄褐色至红褐色，病斑轮纹不明显，上生许多黑色小点。蔓上病斑椭圆形至梭形，油浸状，白色，有时溢出琥珀色的树脂胶状物。病害严重时，茎节变黑，腐烂、易折断（图20-7、图20-8）。

图20-7　黄瓜蔓枯病为害叶片症状

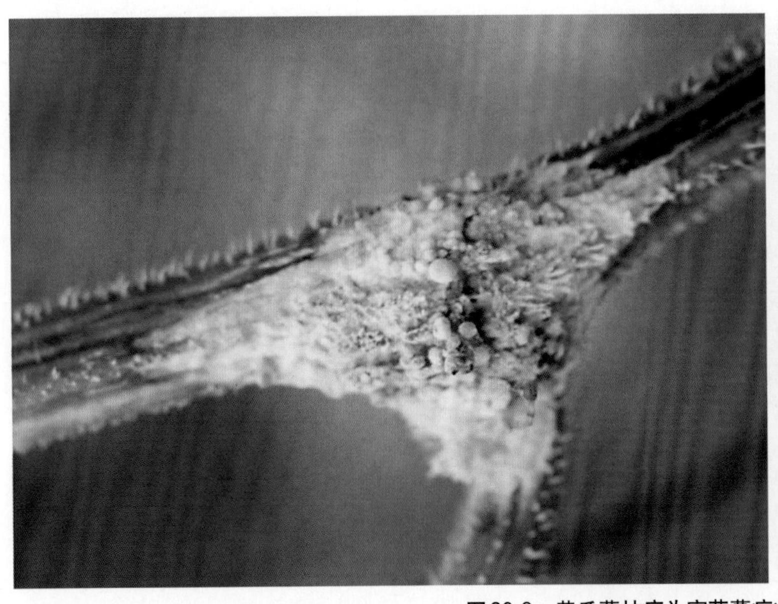

图20-8　黄瓜蔓枯病为害茎蔓症状

发生规律　以分生孢子器或子囊壳的形式随病残体在土中，或附在种子、架杆、温室、大棚棚架上越冬。翌年，通过风雨及灌溉水传播，从气孔、水孔或伤口侵入。土壤水分高易发病，北方夏、秋季，南方春、夏季流行。连作地、平畦栽培，排水不良，种植密度过大、肥料不足，植株生长衰弱或徒长，发病重。

防治方法　采用配方施肥技术，施足充分腐熟的有机肥。保护地栽培要注意通风，降低湿度，黄瓜生长期间及时摘除病叶，收获后彻底清除病残体烧毁或深埋。

种子处理：种子在播种前先用55℃温水浸种15 min，并不断搅拌，然后用温水浸泡3 ~ 4 h，再催芽播种。或用200 mg/kg的新植霉素浸种1 h，或用40%福尔马林100倍液浸种30 min，用清水冲洗后催芽播种。

烟熏法：发病前可选用45%百菌清烟剂250 g/亩，在傍晚进行，密闭烟熏一个晚上，隔7 d熏1次，连续熏4 ~ 5次。

粉尘法：可喷6.5%甲霉灵（甲基硫菌灵+乙霉威）粉尘剂1 kg/亩，在早上或傍晚进行，先关闭大棚或温室，喷头向上，使粉尘均匀飘落在植株上，隔7 d喷1次，连续喷3 ~ 4次。

涂茎防治：在茎上发现病斑后，立即用高浓度药液涂茎的病斑，可用70%甲基硫菌灵可湿性粉剂50倍液、40%氟硅唑乳油100倍液，用毛笔蘸药涂抹病斑。

发病初期，可喷洒250 g/L嘧菌酯悬浮剂60 ~ 90 mL/亩、30%苯甲·咪鲜胺（咪鲜胺25% +苯醚甲环唑5%）悬浮剂60 ~ 80 mL/亩、75%百菌清可湿性粉剂600倍液+36%甲基硫菌灵悬浮剂400 ~ 500倍液+50%乙烯菌核利干悬浮剂800倍液、65%代森锌可湿性粉剂500倍液+50%多菌灵可湿性粉剂500倍液、25%腈菌唑乳油2 500倍液、65%代森锌可湿性粉剂500倍液+40%氟硅唑乳油4 000 ~ 5 000倍液、70%丙森锌可湿性粉剂600倍液+70%甲基硫菌灵可湿性粉剂600倍液+ 50%异菌脲可湿性粉剂800倍液，兑水喷施，15 d后再喷1次，间隔3 ~ 4 d后再防治1次，以后视病情变化决定是否用药。

4. 黄瓜枯萎病

分布为害　黄瓜枯萎病属世界性病害，国内瓜类主栽区普遍发生，塑料大棚和温室栽培发生严重。短期连作发病率5% ~ 10%，长期连作发病率在50%以上，甚至全部发病，引起大面积死秧，一片枯黄，造成严重减产。

症　　状　由尖孢镰孢黄瓜专化型（*Fusarium oxysporum* f. sp. *cucurmerinum*，属无性型真菌）引起。苗期发病时，幼茎基部变褐缢缩、萎蔫猝倒。成株发病时，初期下部叶片不变黄即萎蔫，早期可恢复，数天后不能恢复，萎蔫枯死。潮湿时，茎基部半边茎皮纵裂，常有树脂状胶质物溢出，上有粉红色霉状物，最后病部变成丝麻状。撕开根茎病部，维管束黄褐色至黑褐色，并向上延伸（图20-9）。

图20-9　黄瓜枯萎病为害植株及根部维管束褐变症状

发生规律 主要以厚垣孢子和菌丝体的形式随寄主病残体在土壤中，或以菌丝体的形式潜伏在种子内越冬。远距离传播主要借助带菌种子和带菌有机肥，田间近距离传播主要借助灌溉水、流水、风雨、小昆虫及农事操作等，从伤口或不定根处侵入致病（图20-10）。发病适宜土温为20～23℃，低于15℃或高于35℃病害受抑制。空气相对湿度90%以上易感病。连作，低洼潮湿，水分管理不当或连绵阴雨后转晴，浇水后遇大雨，土壤水分忽高忽低，施用未充分腐熟的土杂肥，皆易诱发本病。

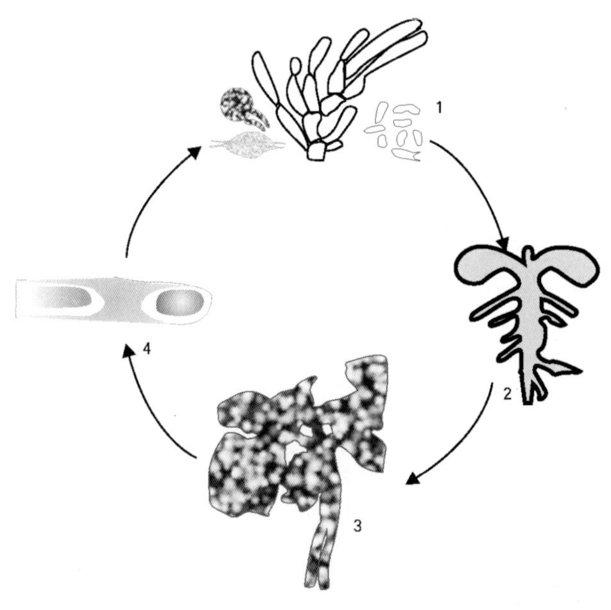

图20-10 黄瓜枯萎病病害循环
1.厚垣孢子、分生孢子
2.根部侵入 3.发病植株 4.受害维管束

防治方法 嫁接防病，选择云南黑籽南瓜或南砧1号作砧木。施用充分腐熟的肥料，减少根系伤口。小水勤浇，避免大水漫灌，适当多中耕，提高土壤透气性，使植株根系苗壮，增强抗病力；结瓜期应分期施肥，黄瓜拉秧时，清除地面病残体。

药剂处理种子：300亿芽孢/mL枯草芽孢杆菌悬浮种衣剂50～100 g/kg，种子包衣；用1%福尔马林液浸种20～30 min，或用2%～4%漂白粉液浸种30～60 min，或用有效成分1%的60%多菌灵盐酸盐超微粉+0.1%平平加浸种60 min，捞出后冲净催芽。

苗床消毒：将90%噁霜灵1 g/m^{2}与细沙1 kg/m^{2}混匀，播种后均匀撒入苗床作盖土，或用90%噁霜灵3 000倍液喷施苗床。播种时每平方米用70%甲基硫菌灵可湿性粉剂或95%敌磺钠可溶性粉剂1.5～2.0 g，与细土按1：100的比例配成药土后撒施于床面。

老瓜区或上茬枯萎病较重时，可以在幼苗定植时用药剂灌根，可用10%多抗霉素可湿性粉剂600倍液、50%多菌灵可湿性粉剂500倍液+50%福美双可湿性粉剂500倍液、50%苯菌灵可湿性粉剂1 000倍+50%福美双可湿性粉剂500倍液、20%甲基立枯磷乳油1 000倍液+70%敌磺钠可溶性粉剂800倍液灌根，每株灌对好的药液300～500 mL，隔10 d后再灌1次，连续防治2～3次。

田间有发病病株或发病初期，可选用50%多果定悬浮剂120～160 g/亩、50%甲基硫菌灵悬浮剂60～80 g/亩、70%敌磺钠可溶粉剂250～500 g/亩、6%春雷霉素可湿性粉剂150～300倍液、10%混合氨基酸铜水剂200～500 mL/亩、32%唑酮·乙蒜素（乙蒜素30%+三唑酮2%）乳油75～94 mL/亩、70%甲基硫菌灵可湿性粉剂600～800倍液、10%多抗霉素可湿性粉剂1 000倍液、1%中生菌素可湿性粉剂200～300倍液，兑水喷施，每隔7～8 d喷1次，连续喷3次。

于开花坐果期，用70%敌磺钠可溶粉剂250～500 g/亩、3%氨基寡糖素水剂600～1 000倍液、10%混合氨基酸铜水剂200～300 mL/亩、70%甲硫·福美双（福美双55%+甲基硫菌灵15%）可湿性粉剂500～700倍液、70%甲基硫菌灵可湿性粉剂600～800倍液、70%恶霉灵可湿性粉剂2 000倍液、80%多·福·多福锌可湿性粉剂700倍液灌根，每株灌兑好的药剂200 mL，每隔7～10 d灌1次，连灌2次，可以控制病情发展。

5. 黄瓜疫病

分布为害 黄瓜疫病在全国各地均有发生，常造成大面积死秧，为影响黄瓜产量的重要病害之一。

症　状 由甜瓜疫霉（*Phytophthora melonis*，属鞭毛菌亚门真菌）引起。整个生长期，各个部位均可发病，幼茎、嫩尖受害最重。幼苗被害，嫩尖初呈暗绿色水浸状软腐，病部缢缩后干枯萎蔫（图20-11）。成株发病，先从近地面茎基部开始，初呈水渍状暗绿色，病部软化缢缩，上部叶片萎蔫下垂，全株枯死。叶片发病，初呈圆形或不规则形暗绿色水浸状病斑，边缘不明显。湿度大时，病斑扩展很快，病叶迅速腐烂。干燥时，病斑发展较慢，边缘为暗绿色，中部淡褐色，常干枯脆裂。果实发病，先从花蒂部开始，出现水渍状暗绿色近圆形凹陷病斑，果实皱缩软腐，表面生有白色稀疏霉状物（图20-12、图20-13）。

图20-11　黄瓜疫病幼苗期为害症状

图20-12　黄瓜疫病为害成株症状

图20-13　黄瓜疫病为害瓜条和花的症状

发生规律 以菌丝体和厚垣孢子、卵孢子的形式随病残体在土壤中或土杂肥中越冬，主要借助流水、灌溉水及雨水溅射传播，也可借助施肥传播，从伤口或自然孔口侵入致病。发病后病部上产生孢子囊及游动孢子，借助气流及雨水溅射传播再侵染，病害得以迅速蔓延。如雨季来得早雨量大，雨天多，该病易流行。连作、低温、排水不良、田间郁闭、通透性差或施用未充分腐熟的有机肥的地块发病重。

防治方法 采用高畦栽植，避免积水。苗期控制浇水，结瓜后做到见湿见干，发现疫病后，浇水减到最低量，控制病情发展。但进入结瓜盛期要及时供给所需水量，严禁雨前浇水。发现中心病株，拔除深埋。

苗床或大棚土壤处理：每平方米苗床用25%甲霜灵可湿性粉剂8 g与适量细土拌撒在苗床上，大棚于定植前用25%甲霜灵可湿性粉剂750倍液喷淋地面。

种子消毒：72.2%霜霉威水剂或25%甲霜灵可湿性粉剂800倍液浸种30 min后用清水清洗催芽，或按种子重量0.3%的40%拌种双可湿性粉剂拌种。

药剂防治：于发病前期开始施药，尤其是雨季到来之前先喷1次预防，雨后发现中心病株拔除后，立即喷洒50%烯酰吗啉可湿性粉剂30 ～ 40 g/亩、722 g/L霜霉威盐酸盐水剂72 ～ 107 mL/亩、18.7%烯酰·吡唑酯（烯酰吗啉12% +吡唑醚菌酯6.7%）水分散粒剂75 ～ 125 g/亩、60%唑醚·代森联（代森联55% +吡唑醚菌酯5%）水分散粒剂60 ～ 100 g/亩、72%锰锌·霜脲可湿性粉剂700倍液、60%氟吗·锰锌可湿性粉剂 1 000 ～ 1 500倍液、52.5%噁唑菌酮·霜脲水分散粒剂1 500 ～ 2 000倍液、50%氟吗·乙铝可湿性粉剂600 ～ 800倍液、50%甲霜·铜可湿性粉剂600倍液、25%嘧菌酯悬浮剂1 500倍液、687.5 g/L氟吡菌胺·霜霉威盐酸盐悬浮剂800 ～ 1 200倍液、69%烯酰·锰锌可湿性粉剂1 000 ～ 1 500倍液、72.2%霜霉威水剂800倍液+75%百菌清可湿性粉剂600倍液、66.8%丙森·异丙菌胺可湿性粉剂600 ～ 800倍液、70%呋酰·锰锌可湿性粉剂600 ～ 800倍液、84.51%霜霉威·乙膦酸盐可溶性水剂800倍液、10%氰霜唑悬浮剂2 000倍液+75%百菌清可湿性粉剂600倍液，兑水喷施，隔5 ～ 7 d喷1次，连续喷3 ～ 4次。

6. 黄瓜细菌性角斑病

分布为害 黄瓜细菌性角斑病在我国东北、内蒙古、华北及华东等地区普遍发生，尤其东北、内蒙古保护地受害严重，华北春大棚发病也很重，病叶率有的高达70%，是保护地黄瓜重要病害之一。

症　状 由丁香假单胞杆菌黄瓜致病变种（*Pseudomonas syringae* pv. *lachrymoms*，属细菌）引起。子叶染病，初呈水浸状近圆形凹陷斑，后微带黄褐色，干枯；真叶受害，初为水渍状浅绿色后变淡褐色，病斑扩大时受叶脉限制呈多角形。后期病斑呈灰白色，易穿孔。湿度大时，病斑上产生白色黏液。干燥时病部开裂，有白色菌脓（图20-14、图20-15）。

图20-14 黄瓜细菌性角斑病为害叶片初期症状

图20-15 黄瓜细菌性角斑病为害后期叶片正、背面症状

发生规律　病菌在种子内外或随病株残体在土壤中越冬。翌年春季，由雨水或灌溉水溅到茎、叶上感染。通过雨水、昆虫、农事操作等途径传播。塑料棚低温高湿利于发病。黄河以北地区露地黄瓜，每年7月中旬为角斑病发病高峰期，棚室黄瓜4—5月为发病盛期。

防治方法　培育无病种苗，用新的无病土苗床育苗；保护地适时放风，降低棚室湿度，发病后控制灌水，促进根系发育增强抗病能力。露地实施高垄覆膜栽培，平整土地，完善排灌设施，收获结束后清除病株残体，翻晒土壤等。

种子处理：用新植霉素1 000倍液浸种1 h，沥去水再用清水浸3 h；40%福尔马林150倍液浸1.5 h，冲洗干净后催芽播种。

发病初期可喷药防治，用84%王铜水分散粒剂119～179 g/亩、12%松脂酸铜悬浮剂175～233 mL/亩、30%琥胶肥酸铜可湿性粉剂215～230 g/亩、77%氢氧化铜可湿性粉剂45～60 g/亩、20%噻森铜悬浮剂100～166 mL/亩、40%喹啉铜悬浮剂50～70 mL/亩、40%噻唑锌悬浮剂50～75 mL/亩、5%大蒜素微乳剂60～80 g/亩、41%乙蒜素乳油1 000～1 250倍液、3%噻霉酮微乳剂75～110 g/亩、0.3%四霉素水剂50～65 mL/亩、6%春雷霉素可溶液剂50～70 mL/亩、3%中生菌素可溶液剂80～110 mL/亩、KN-035亿CFU/g多粘类芽孢杆菌悬浮剂160～200 mL/亩、LW-680亿芽孢/g甲基营养型芽孢杆菌可湿性粉剂80～120 g/亩、1亿CFU/g枯草芽孢杆菌微囊粒剂50～150 g/亩、2%春雷霉素·四霉素（春雷霉素1.8%+四霉素0.250～150 g/亩，兑水喷雾）可溶液剂67～100 mL/亩、35%喹啉铜·四霉素（喹啉铜34.5%+四霉素0.5%）悬浮剂32～36 mL/亩、40%甲硫·噻唑锌（甲基硫菌灵24%+噻唑锌16%）悬浮剂120～180 mL/亩、41%中生·丙森锌（丙森锌39%+中生菌素2%）可湿性粉剂80～100 g/亩、2%中生·四霉素（四霉素0.3%+中生菌素1.7%）可溶液剂40～60 mL/亩、27%春雷·溴菌腈（溴菌腈25%+春雷霉素2%）可湿性粉剂60～80 g/亩、33%春雷·喹啉铜（喹啉铜30%+春雷霉素3%）悬浮剂40～50 mL/亩、5%春雷·中生（中生菌素2%+春雷霉素3%）可湿性粉剂70～80 g/亩、45%精甲·王铜（精甲霜灵5%+王铜40%）可湿性粉剂100～120 g/亩、48%琥铜·乙膦铝（琥胶肥酸铜20%+三乙膦酸铝28%）可湿性粉剂125～389 g/亩、50%琥铜·霜脲氰（琥胶肥酸铜42%+霜脲氰8%）可湿性粉剂500～700倍液、8%春雷·噻霉酮（春雷霉素6%+噻霉酮2%）水分散粒剂45～50 g/亩，兑水喷施，每5～7 d喷1次，连喷3～4次。

7. 黄瓜黑星病

分布为害　黄瓜黑星病是塑料大棚和温室瓜类蔬菜的毁灭性病害，病情严重的大棚病株率高达90%以上，损失产量在70%以上。目前，山东、河北、内蒙古、北京、海南等省份均有发生。

症　　状　由瓜疮痂枝孢霉（*Cladosporium cucumerinum*，属无性型真菌）引起。叶片上产生黄白色圆形小斑点，后穿孔留有黄白色圈。龙头变褐腐烂，造成“秃桩”。茎蔓、瓜条病斑初时污绿色，后变暗褐色，不规则形，凹陷、流胶，俗称“冒油”。潮湿时病斑上密生烟黑色霉层。重病瓜常弯曲畸形（图20-16）。

图20-16　黄瓜黑星病为害情况

发生规律 以菌丝体的形式在病残体内于田间或土壤中越冬，成为翌年初侵染源。病菌主要从叶片、果实、茎蔓的表皮直接穿透，或从气孔和伤口侵入。早春大棚栽培温度低、湿度高、结露时间长，最易发病。植株郁闭，阴雨寡照，病势发展快。加温温室，往往是在停止加温后迅速蔓延。露地栽培，春秋气温较低，常有雨或多雾，此时也易发病。黄瓜重茬、浇水多和通风不良，发病较重。

防治方法 保护地栽培：尽可能采用生态防治，尤其要注意温湿度管理，采用放风排湿，控制灌水等措施降低棚内湿度，减少叶面结露，抑制病菌萌发和侵入，白天控温28 ～ 30℃，夜间15℃，相对湿度低于90%，或控制大棚湿度高于90%不超过8 h，可减轻发病。

药剂处理：用种子重量0.3%的50%多菌灵可湿性粉剂拌种，50%多菌灵可湿性粉剂500倍液浸种20 min后冲净再催芽，或用冰乙酸100倍液浸种30 min。

粉尘法或烟雾法：于发病初期用喷粉器喷撒10%多·百粉尘剂、6.5%甲霉灵粉尘剂1 kg/亩，或施用45%百菌清烟剂200 ～ 250 g/亩烟熏，连续防治3 ～ 4次。

棚室或露地发病初期，喷洒50%醚菌酯干悬浮剂3 000倍液、400 g/L氟硅唑乳油10 ～ 13 mL/亩、45%戊唑醇悬浮剂16 ～ 20 mL/亩、250 g/L嘧菌酯悬浮剂60 ～ 90 mL/亩、12.5%腈菌唑可湿性粉剂30 ～ 40 g/亩、62.25%腈菌·福美双（福美双60% +腈菌唑2.25%）可湿性粉剂100 ～ 150 g/亩、20%腈菌·福美双（腈菌唑2% +福美双18%）可湿性粉剂66.7 ～ 133.3 g/亩、5%酰胺唑可湿性粉剂1 000 ～ 2 000倍液+75%百菌清可湿性粉剂800倍液、40%氟硅唑乳油3 000 ～ 5 000倍液+80%敌菌丹可湿性粉剂800倍液、62.25%腈菌唑·代森锰锌可湿性粉剂700 ～ 1 000倍液、50%苯菌灵可湿性粉剂1 000 ～ 1 500倍液+75%百菌清可湿性粉剂800倍液，兑水轮换喷雾，间隔7 ～ 10 d喷1次，连续防治3 ～ 4次。

8. 黄瓜炭疽病

症　状 由葫芦科刺盘孢（*Colletotrichum orbiculare*，属无性型真菌）引起。黄瓜子叶被害，产生半圆形或圆形的褐色病斑（图20-17），上有淡红色黏稠物，严重时，茎基部呈淡褐色，渐渐萎缩，造成幼苗折倒死亡。真叶被害，病斑呈近圆形或圆形，初为水渍状，后变为黄褐色，边缘有黄色晕圈。严重时，病斑相互连接成不规则的大病斑（图20-18、图20-19），致使叶片干枯。潮湿时，病部分泌出粉红色的黏稠物。

图20-17 黄瓜炭疽病为害子叶症状

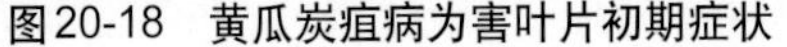

图20-18 黄瓜炭疽病为害叶片初期症状

图20-19 黄瓜炭疽病为害叶片后期症状

发生规律　主要以菌丝体的形式附着在种子上，或随病残株在土壤中越冬，亦可在温室或塑料大棚的骨架上存活。越冬后的病菌产生大量分生孢子，成为初侵染源。通过雨水、灌溉、气流传播，也可以由害虫携带或田间工作人员操作传播。高温、高湿是该病发生流行的主要因素。在适宜温度范围内，空气湿度大，易发病。相对湿度87%～98%，温度24℃潜育期3 d。早春塑料棚温度低，湿度高，叶面结有大量水珠或吐水，病害易流行。氮肥过多、大水漫灌、通风不良，植株衰弱发病重。

防治方法　加强棚室温湿度管理：上午温度控制在30～33℃，下午和晚上适当放风。田间操作，除病灭虫，绑蔓、采收均应在露水落干后进行，减少人为传播蔓延。增施磷、钾肥以提高植株抗病力。

种子处理：用50%代森铵水剂500倍液浸种1 h，或福尔马林100倍液浸种30 min，或50%多菌灵可湿性粉剂500倍液浸种30 min，清水冲洗干净后催芽。

保护地粉尘剂防治：发病初期，可喷5%灭霉灵粉尘剂1 kg/亩，傍晚或早上喷，隔7 d喷1次，连喷4～5次。或在发病前用30%百菌清烟剂200～250 g，傍晚进行，分放4～5个点，先密闭大棚、温室，然后点燃烟熏，隔7 d熏1次，连熏4～5次。

药剂防治：发病初期，喷洒25%吡唑醚菌酯悬浮剂30～40 mL/亩、25%嘧菌酯悬浮剂1 500倍液、70%甲基硫菌灵可湿性粉剂700倍液+75%百菌清可湿性粉剂800倍液、50%苯菌灵可湿性粉剂1 000～1 500倍液+70%代森锰锌可湿性粉剂800倍液、50%福·异菌可湿性粉剂800倍液+75%百菌清可湿性粉剂700倍液、25%咪鲜胺乳油1 000～2 000倍液+70%代森锰锌可湿性粉剂800倍液、66.8%丙森·异丙菌胺可湿性粉剂800～1 000倍液、10%苯醚甲环唑水分散粒剂1 500倍液+70%代森锰锌可湿性粉剂700倍液、50%咪鲜胺悬浮剂60～80 mL/亩、50%咪鲜胺锰盐可湿性粉剂50～67 g/亩、50%甲硫·福美双（福美双30%+甲基硫菌灵20%）可湿性粉剂70～100 g/亩、60%唑醚·代森联（代森联55%+吡唑醚菌酯5%）水分散粒剂60～100 g/亩、30%唑醚·氟硅唑（吡唑醚菌酯20%+氟硅唑10%）乳油25～35 mL/亩、2%辛菌·四霉素（辛菌胺醋酸盐1.7%+四霉素0.3%）水剂68～90 mL/亩、60%甲硫·异菌脲（异菌脲20%+甲基硫菌灵40%）可湿性粉剂40～60 g/亩、27%春雷·溴菌腈（春雷霉素2%+溴菌腈25%）可湿性粉剂80～100 g/亩、35%氟菌·戊唑醇（戊唑醇17.5%+氟吡菌酰胺17.5%）悬浮剂25～30 mL/亩、33%咪鲜·甲硫灵（甲基硫菌灵20.5%+咪鲜胺12.5%）悬浮剂80～100 mL/亩、30%戊唑·嘧菌酯（戊唑醇20%+嘧菌酯10%）悬浮剂30～40 mL/亩、70%咪鲜·丙森锌（咪鲜胺锰盐20%+丙森锌50%）可湿性粉剂90～120 g/亩、20%硅唑·咪鲜胺（咪鲜胺16%+氟硅唑4%）水乳剂55～70 mL/亩，兑水喷施，间隔7～10 d1次，连续防治4～5次。

9. 黄瓜灰霉病

症　状　由灰葡萄孢菌（*Botrytis cinerea*）引起。主要为害幼瓜、叶、茎。幼苗受害，叶片病斑从叶缘侵入，空气潮湿时，表面产生淡灰褐色的霉层（图20-20）。成株叶片一般由脱落的烂花或病卷须附着在叶面引起发病，病斑近圆形或不规则形，边缘明显，表面着生少量灰霉（图20-21）。病菌多从开败的雌花侵入，致花瓣腐烂，并长出淡灰褐色的霉层（图20-22），进而向幼瓜扩展，致脐部呈水渍状，幼花迅速变软、萎缩、腐烂，表面密生霉层。较大的瓜被害时（图20-23），组织先变黄并生灰霉，后霉层变为淡灰色，被害瓜受害部位停止生长、腐烂或脱落。烂瓜或烂花附着在茎上时，能引起茎部的腐烂，严重时下部的节腐烂致蔓折断，植株枯死（图20-24）。

图20-20　黄瓜灰霉病为害幼苗叶片

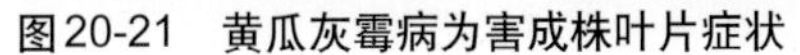

图20-21 黄瓜灰霉病为害成株叶片症状

图20-22 黄瓜灰霉病为害花器症状

图20-23 黄瓜灰霉病为害茎蔓症状

图20-24 黄瓜灰霉病为害瓜条症状

发生规律 病菌以菌丝、分生孢子或菌核的形式附着在病残体上，或遗留在土壤中越冬。越冬的分生孢子和从其他菜田汇集来的分生孢子随气流、雨水及农事操作传播蔓延，黄瓜结瓜期是该病侵染和烂瓜的高峰期。春季连阴天多，气温不高，棚内湿度大，结露持续时间长，放风不及时，发病重。

防治方法 推广高畦覆地膜或滴灌栽培法。生长前期及发病后，适当控制浇水，适时放风，降低湿度，减少棚顶及叶面结露和叶缘吐水。及时摘除病叶、病花、病果及黄叶，保持棚室干净，通风透光。

发病初期采用烟雾法或粉尘法：烟雾法，用10%腐霉利烟剂200 ～ 250 g/亩、45%百菌清烟剂250 g/亩熏蒸；粉尘法，于傍晚喷撒5%百菌清粉尘剂，连续防治2 ～ 3次。

喷药防治：发病初期，兑水喷洒50%啶酰菌胺水分散粒剂40 ～ 50 g/亩、80%腐霉利可湿性粉剂50 ～ 60 g/亩、2%苦参碱水剂30 ～ 60 mL/亩、80%嘧霉胺水分散粒剂35 ～ 45 g/亩、21%过氧乙酸水剂140 ～ 235 g/ 亩、22.5%啶氧菌酯悬浮剂26 ～ 36 mL/亩、10%多抗霉素可湿性粉剂120 ～ 140 g/亩、1%申嗪霉素悬浮剂100 ～ 120 mL/亩、30亿芽孢/g甲基营养型芽孢杆菌9912可湿性粉剂62.5 ～ 100.0 g/亩、3亿孢子/g木霉菌水分散粒剂 125 ～ 167 g/亩、1 000亿CFU/g枯草芽孢杆菌可湿性粉剂50 ～ 70 g/亩、1 000亿个/g荧光假单胞杆菌可湿性粉剂70 ～ 80 g/亩、10亿CFU/g海洋芽孢杆菌可湿性粉剂100 ～ 200 g/亩、500 g/L氟吡菌酰胺·嘧霉胺（嘧霉胺375 g/L+氟吡菌酰胺125 g/L）悬浮剂60 ～ 80 mL/亩、30%啶酰·咯菌腈（啶酰菌胺24%＋咯菌腈6%）悬浮剂45 ～ 88 mL/亩、40%嘧霉·啶酰菌（嘧霉胺20%＋啶酰菌胺20%）悬浮剂117 ～ 133 mL/亩、65%啶酰·异菌脲（异菌脲40%＋啶酰菌胺25%）水分散粒剂21 ～ 24 g/亩、26%嘧胺·乙霉威（嘧霉胺10%＋乙霉威16%）水分散粒剂 125 ～ 150 g/亩、30%唑醚·啶酰菌（啶酰菌胺20%＋吡唑醚菌酯10%）悬浮剂45 ～ 75 mL/亩、42.4%唑醚·氟酰胺（吡唑醚菌酯21.2%＋氟唑菌酰胺21.2%）悬浮剂20 ～ 30 mL/亩、25%中生·嘧霉胺（嘧霉胺22%＋中生菌素3%）可湿性粉剂100 ～ 120 g/亩、50%腐霉·多菌灵（腐霉利12.5%＋多菌灵37.5%）可湿性粉剂84 ～ 100 g/亩、40%嘧霉·多菌灵（嘧霉胺10%＋多菌灵30%）悬浮剂75 ～ 95 g/亩、50%烟酰胺水分散性粒剂1 500 ～ 2 500倍液+75%百菌清可湿性粉剂600倍液、50%嘧菌环胺水分散粒剂1 000 ～ 1 500倍液+70%代森联干悬浮剂700倍液、25%啶菌噁唑乳油1 000 ～ 2 000倍液+70%代森联干悬浮剂700倍液、50%腐霉利可湿性粉剂1 000 ～ 2 000倍液+75%百菌清可湿性粉剂600倍液、50%异菌脲可湿性粉剂1 000 ～ 1 500倍液+50%乙霉威可湿性粉剂600倍液、40%嘧霉胺悬浮剂1 000 ～ 1 500倍液+50%灭菌丹可湿性粉剂400 ～ 700倍液，每7 d喷1次，连续喷2 ～ 3次。为防止产生抗药性，提倡轮换交替或复配使用。

10. 黄瓜病毒病

症　状　主要由黄瓜花叶病毒（*Cucumber mosaic virus*, CMV）、甜瓜花叶病毒（*Muskmelon mosaic virus*，MMV）引起。为系统感染，病毒可以到达除生长点以外的任何部位。苗期染病，子叶变黄枯萎，幼叶呈深绿与淡绿相间的花叶状，同时，发病叶片出现不同程度的皱缩、畸形。成株染病，新叶呈黄绿相间的花叶状，病叶小且皱缩，叶片变厚（图20-25），严重时叶片反卷；茎部节间缩短，茎畸形，严重时病株叶片枯萎；瓜条呈现深绿及浅绿相间的花色，表面凹凸不平，瓜条畸形（图20-26）。重病株簇生小叶，不结瓜，致萎缩枯死。

图20-25　黄瓜病毒病为害叶片症状

图20-26 黄瓜病毒病为害瓜条症状

发生规律 黄瓜种子不带毒，病毒主要在多年生宿根植物上越冬，每当春季发芽后，蚜虫开始活动或迁飞，成为传播此病主要媒介。发病适温20 ～ 25℃，气温高于25℃多表现隐症。甜瓜种子可带毒传播甜瓜花叶病毒，带毒率16%～ 18%。黄瓜花叶病毒极易通过接触传染，蚜虫以非持久方式传播。

防治方法 秋冬茬黄瓜露地育苗期间和定植后扣膜前，应避蚜、防高温，防治蚜虫和白粉虱。清除杂草，彻底杀灭白粉虱和蚜虫。在进行嫁接、打杈、绑蔓、掐卷须等田间作业时，应注意防止病毒传染。经常检查，发现病株要及时拔除烧毁。施足有机肥，增施磷、钾肥，提高抗病力。适当多浇水，增加田间湿度。

发病前，可用2%宁南霉素水剂100 ～ 150 mL/亩、0.5%菇类蛋白多糖水剂300倍液、20%丁子香酚水乳剂30 ～ 45 mL/亩，兑水喷雾。

11. 黄瓜绵腐病

症　状 由瓜果腐霉（*Pythium aphanidermatum*，属鞭毛菌亚门真菌）引起。主要为害成熟期的瓜果，多从贴近地面的部位开始发病，染病的瓜果表皮出现褪绿、渐变黄褐色不定形的病斑，迅速扩展，不久瓜肉也变黄变软腐烂，腐烂部分可占瓜果的1 /3或更多。随后在腐烂部位长出茂密的白色绵毛状物，并有一股腥臭味（图20-27）。

图20-27 黄瓜绵腐病为害瓜条症状

发生规律　病菌在病组织里或土壤中越冬，条件适宜时病菌萌发侵入植株。病菌在田间借雨水或灌溉水传播。雨后或湿度大时，病菌迅速繁殖。一般地势低、土质黏重、管理粗放、机械伤、虫伤多的瓜田，病害较重。高温、多雨、闷热、潮湿的天气有利于此病发生。

防治方法　主要抓好肥水管理，提倡高畦深沟栽培，整治排灌系统，雨后及时清沟排渍，避免大水漫灌；配方施肥，防止偏施或过施氮肥，可减轻发病。

在发病前或发病初期，兑水喷施72%霜脲·锰锌可湿性粉剂600倍液、72.2%霜霉威水剂500倍液+70%代森联干悬浮剂800倍液、53%甲霜灵·锰锌可湿性粉剂600～800倍液、0.5%氨基寡糖素水剂500倍液+70%代森锰锌可湿性粉剂800倍液、18.7%烯酰·吡唑酯（烯酰吗啉12%+吡唑醚菌酯6.7%）水分散粒剂75～125 g/亩、60%唑醚·代森联（代森联55%+吡唑醚菌酯5%）水分散粒剂60～100 g/亩，间隔10 d左右喷1次，连喷2～3次，注意轮用混用，喷匀喷足。

12. 黄瓜猝倒病

症　状　由瓜果腐霉（*Pythium aphanidermatum*）引起。幼苗受害，露出土表的胚茎基部或中部呈水浸状，后变成黄褐色干枯缩为线状，往往子叶尚未凋萎，即突然猝倒，致幼苗贴伏地面，有时瓜苗出土胚轴和子叶已普遍腐烂，变褐枯死。湿度大时，病株附近长出白色棉絮状菌丝（图20-28）。

图20-28　黄瓜猝倒病为害幼苗症状

发生规律　病菌以卵孢子的形式在12～18 cm表土层越冬，并在土中长期存活。翌春，条件适宜即萌发产生孢子囊，以游动孢子的形式或直接长出芽管侵入寄主。此外，在土中营腐生生活的菌丝也可产生孢子囊，游动孢子侵染瓜苗引起猝倒。育苗期出现低温、高湿条件，利于发病。当幼苗子叶养分基本用完，新根尚未扎实之前是感病期。该病主要在幼苗1～2片真叶期发生，长出3片真叶后，发病较少。

防治方法　选择地势高、地下水位低，排水良好的地做苗床，播前一次灌足底水，出苗后尽量不浇水，必须浇水时一定选择晴天喷洒，不宜大水漫灌。育苗畦（床）及时放风、降湿，严防瓜苗徒长染病。

种子消毒：用50%福美双可湿性粉剂、65%代森锌可湿性粉剂、40%拌种双拌种，用药量为种子重量0.3%～0.4%。722 g/L霜霉威盐酸盐水剂5～8 mL/m^2、34%春雷·霜霉威（霜霉威盐酸盐32.2%+春雷霉素1.8%）水剂12.5～15.0 mL/m^2、38%甲霜·福美双（福美双29%+甲霜灵9%）可湿性粉剂2～3 g/m^2、20%乙酸铜可湿性粉剂1 000～1 500 g/亩，苗床浇灌。

床土消毒：施用50%拌种双粉剂7 g/m^2、25%甲霜灵可湿性粉剂9 g/m^2、10%敌磺·福美双（福美双5%+敌磺钠5%）可湿性粉剂1 670～2 000 g/亩，兑细土4～5 kg拌匀，取1/3充分拌匀的药土撒在畦面上，播种后再把其余2/3药土覆盖在种子上面，即上覆下垫。

发病初期，可用70%丙森锌可湿性粉剂600～800倍液、69%烯酰·锰锌可湿性粉剂1 500倍液、72.2%霜霉威水剂600～800倍液+70%代森联干悬浮剂700倍液、69%烯酰·锰锌可湿性粉剂800～1 000倍液、58%甲霜·锰锌水分散粒剂600～800倍液、72%霜脲·锰锌可湿性粉剂600倍液、72.2%霜霉威水剂500～700倍液+75%百菌清可湿性粉剂600倍液、96%恶霉灵可湿性粉剂3 000倍液+75%百菌清可湿性粉剂600倍液喷淋，间隔7～10 d喷1次，连续喷2～3次。喷药后，撒干土或草木灰降低苗床土层湿度。

13. 黄瓜镰刀菌根腐病

症　　状 由腐皮镰孢（*Fusarium solani*）引起。主要侵染根及茎部，初呈现水浸状，后腐烂。茎缢缩不明显，病部腐烂处的维管束变褐，不向上发展。后期病部往往状态变差，留下丝状维管束（图20-29）。病株地上部初期症状不明显，后期叶片中午萎蔫，早、晚尚能恢复。严重的则多数不能恢复，植株枯死。

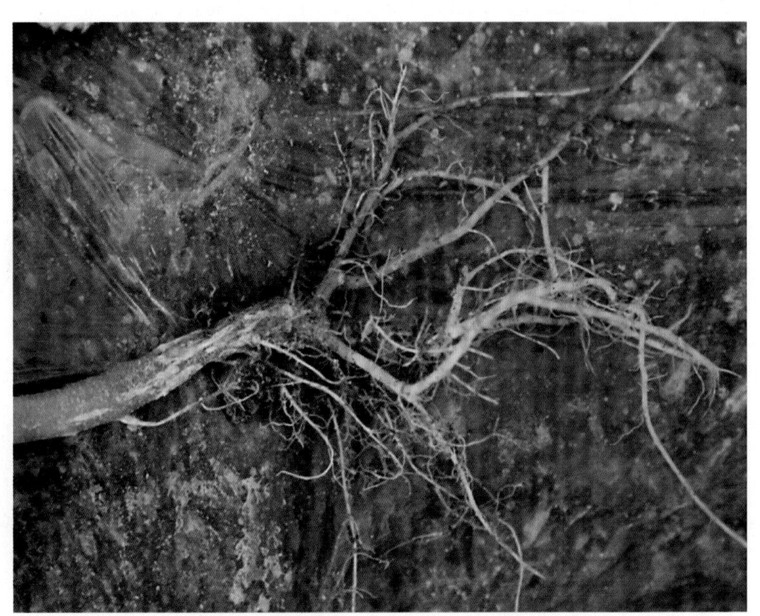

图20-29　黄瓜镰刀菌根腐病为害根部症状

发生规律 以菌丝体、厚垣孢子或菌核的形式在土壤中及病残体中越冬。病菌从根部伤口侵入，后在病部产生分生孢子，借雨水或灌溉水传播蔓延，再侵染。高温、高湿利于发病，连作地、低洼地、黏土地或下水头发病重。

防治方法 露地可与白菜、葱、蒜等蔬菜实行两年以上轮作，保护地避免连茬，以降低土壤含菌量。及时拔除病株，并在根穴里撒消石灰。采用高畦栽培，防止大水漫灌，雨后排除积水，进行浅中耕，保持底墒和土表干燥。

定植时用70%甲基硫菌灵可湿性粉剂或70%敌磺钠可溶性粉剂10 g，兑干细土500 g，撒在定植苗的坑穴中，每亩用药粉1.00 ～ 1.25 kg。

定植苗发病时用以下药剂灌根：70%甲基硫菌灵可湿性粉剂800 ～ 1 000倍液、50%苯菌灵可湿性粉剂800倍液、20%甲基立枯磷乳油800倍液、50%腐霉利可湿性粉剂1 000倍液+75%百菌清可湿性粉剂600倍液、70%敌磺钠可溶性粉剂500倍液+70%代森锰锌可湿性粉剂800倍液、50%氯溴异氰尿酸可溶性粉剂1 000倍液、35%福·甲可湿性粉剂900倍液，每株灌250 mL。

14. 黄瓜根结线虫病

症　　状 由南方根结线虫（*Meloidogyne incognita*）引起。主要发生在根部，须根或侧根染病后产生瘤状大小不等的根结（图20-30）。解剖根结，病部组织里有很多细小的乳白色线虫埋于其内。根结之上一般可长出细弱的新根，致寄主再度染病，形成根结。地上部表现症状因发病的轻重程度不同而异，轻病株症状不明显，重病株生长不良，叶片中午萎蔫或逐渐黄枯，植株矮小，影响结实，发病严重时，全田枯死。

图20-30　黄瓜根结线虫病根部根结状

发生规律 该虫多在土壤5 ～ 30 cm处生存，常以卵或2龄幼虫的形式随病残体遗留在土壤中越冬，病土、病苗及灌溉水是主要传播途径。翌春条件适宜时，由埋藏在寄主根内的雌虫，产出单细胞的卵，卵产下经几小时形成1龄幼虫，蜕皮后孵出2龄幼虫，离开卵块的

2龄幼虫在土壤中移动寻找根尖，由根冠上方侵入，定居在生长锥内，其分泌物刺激导管细胞膨胀，使根形成巨型细胞或虫瘿。雨季有利于线虫孵化和侵染，沙土常较黏土发病重。

防治方法　根结线虫发生严重田块，实行2年或5年轮作，大葱、韭菜、辣椒是抗、耐病菜类，病田种植抗、耐病蔬菜可减少损失，降低土壤中线虫量，减轻下茬受害。

土壤处理：定植前可用35%威百亩水剂4 ~ 6 kg/亩、10%噻唑膦颗粒剂2 ~ 5 kg/亩、98%棉隆微粒剂3 ~ 5 kg/亩、0.5%阿维菌素颗粒剂3 ~ 4 kg/亩与20 kg细土拌匀，撒施均匀后与15 ~ 20 cm深的土层耙均，然后开沟作畦或起垄。

15. 黄瓜黑斑病

症　状　由瓜链格孢（*Alternaria cucumerina*，属无性型真菌）引起。主要为害叶片，中、下部叶片先发病，后逐渐向上扩展。病斑圆形或不规则形（图20-31），中间黄白色，边缘黄绿或黄褐色。后期病斑稍隆起，表面粗糙，叶背病斑呈水渍状，四周明显，且出现褪绿的晕圈，病斑大多出现在叶脉之间，很少生于叶脉上，条件适宜时病斑迅速扩大连结（图20-32）。重病田，数个病斑连片，叶肉组织枯死，或整叶焦枯，似火烤状，但不脱落。

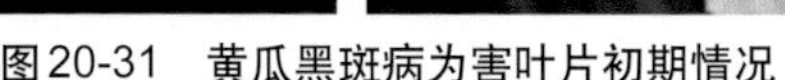

图20-31　黄瓜黑斑病为害叶片初期情况

图20-32　黄瓜黑斑病为害叶片后期情况

发生规律　以菌丝体或分生孢子的形式在病残体上越冬，或以分生孢子的形式在病组织内越冬，或黏附在种子表面越冬，成为翌年初侵染源。借气流或雨水传播，分生孢子萌发可直接侵入叶片，条件适宜3 d即显症，很快形成分生孢子再侵染。种子带菌是远距离传播的重要途径。坐瓜后遇高温、高湿该病易流行，特别是浇水或风雨过后病情扩展迅速。土壤肥沃，植株健壮发病轻。

防治方法　轮作倒茬。翻晒土壤，采取覆膜栽培，施足基肥，增施磷、钾肥。露地黄瓜按品种要求确定密度，雨后及时排水。棚室栽培在温度允许条件下，延长放风时间，降低湿度，发病后控制灌水。增施有机肥，提高植株抗病力，严防大水漫灌。

发病初期，喷洒75%百菌清可湿性粉剂600倍液+50%异菌脲可湿性粉剂1 500倍液、40%克菌丹可湿性粉剂400 ~ 500倍液+2%嘧啶核苷类抗生素水剂200倍液、70%代森锰锌可湿性粉剂600倍液+12.5%烯唑醇可湿性粉剂3 000倍液、25%溴菌腈可湿性粉剂600倍液、10%苯醚甲环唑水分散粒剂4 000倍液，每6 ~ 7 d喷1次，连喷3 ~ 4次。最好在发病前喷药。病情严重时，雨后喷药可减轻为害。采收前10 d停止用药。

棚室发病初期采用粉尘法或烟雾法。于傍晚喷撒5%百菌清粉尘剂lkg/亩或点燃45%百菌清烟剂200 ~ 250 g/亩，隔7 ~ 9 d再用药1次。

16. 黄瓜菌核病

症　　状　由核盘菌（*Sclerotinia sclerotiorum*）引起。主要为害叶柄、叶、幼果（图20-33），一般为害茎基部、叶柄、瓜条等组织，茎表皮纵裂，但木质部不腐败，故植株不表现萎蔫，病部以上叶、蔓凋萎枯死。茎蔓染病，初在近地面的茎部或主侧枝分杈处，产生褪色水浸状斑，后逐渐扩大呈淡褐色病斑（图20-34）。高温高湿条件下，病茎软腐，长出白色绵毛状菌丝。茎纵裂干枯，病部以上茎叶萎蔫枯死，在茎内长有黑色菌核。果实染病多在残花部位，先呈水浸状腐烂，并长出白色菌丝，最后菌丝上散生出黑色菌核（图20-35）。为害严重时，植株枯萎死亡（图20-36）。

图20-33　黄瓜菌核病为害叶片症状

图20-34　黄瓜菌核病为害茎蔓症状

图20-35　黄瓜菌核病为害果实症状

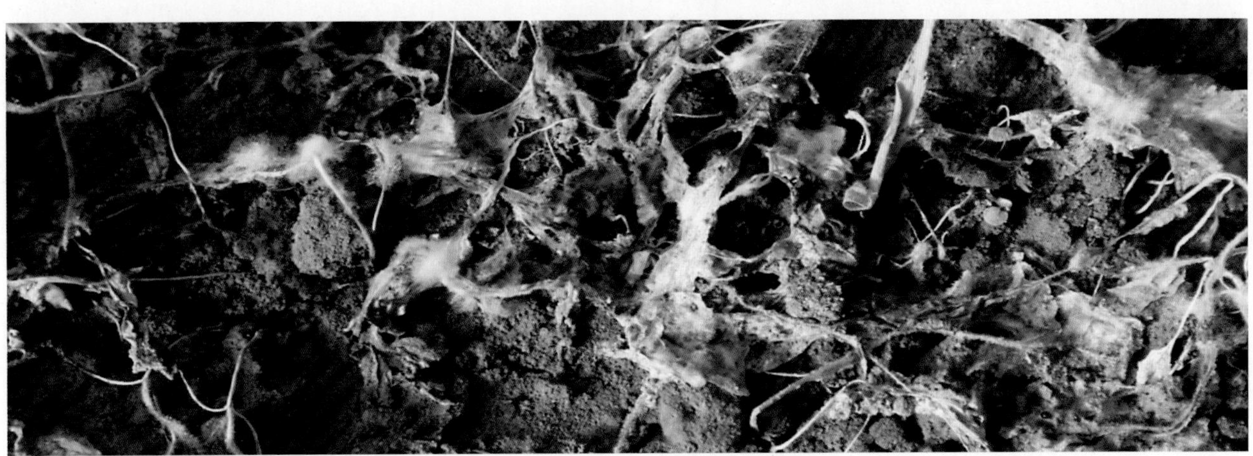

图20-36　黄瓜菌核病为害植株后期症状

发生规律　病菌菌核随病残体遗落在土壤中，或混杂在种子中越冬。翌年遇适宜条件，萌发出子囊盘，待子囊孢子成熟后由子囊喷雾释放，成为当年的初次侵染源。萌发的子囊孢子，多从寄主下部衰老的叶和花瓣侵染，使其腐烂、脱落。只要土壤湿润，平均气温5～30℃、相对湿度85%以上，均可发病。温度20℃左右，湿度98%以上发病重。保护地黄瓜放风不及时，灌水不适时、不适量，均容易诱发此病。春大棚黄瓜定植后，一般于4月中旬越冬菌核开始萌发，子囊盘出土由5月下旬持续到6月下旬，6月上旬至中旬为出土盛期。5月底至6月初始见病株，6月中、下旬病株率增加最快。

防治方法　可与青椒、茄子等实行2～3年轮作。防止大水漫灌，并适当延长浇水间隔期，降低土壤湿度，及时摘除老、黄、病叶，发病的大棚和温室，拉秧后及时清除地面病残体，翻整土地，深埋菌核，防止子囊盘形成和长出地表。

种子和土壤处理：种子用50℃温水浸种10 min，催芽后播种，可杀死混杂在种子内的菌核。定植前可用70%多菌灵可湿性粉剂1～2 kg/亩加细土15 kg拌匀，撒于土表随整地耙入土中。

发病初期，可用90%多菌灵水分散粒剂80～110 g/亩、50%腐霉利可湿性粉剂30～60 g/亩、50%啶酰菌胺水分散粒剂30～50 g/亩、45%异菌脲悬浮剂80～120 mL/亩、200 g/L氟唑菌酰羟胺悬浮剂50～65 mL/亩、40亿孢子/g盾壳霉ZS-1SB可湿性粉剂45～90 g/亩、36%丙唑·多菌灵（丙环唑2.5%+菌灵33.5%）悬浮剂80～100 mL/亩、50%菌核·福美双（福美双40%+菌核净10%）可湿性粉剂70～100 g/亩、50%腐霉·多菌灵（腐霉利19%+多菌灵31%）可湿性粉剂80～90 g/亩、40%菌核利可湿性粉剂800～1 000倍液+75%百菌清可湿性粉剂600倍液、25%菌核净悬浮剂700倍液+70%代森锰锌可湿性粉剂500～700倍液、50%乙烯菌核利悬浮剂800～1 000倍液+70%代森联干悬浮剂800倍液、50%腐霉利可湿性粉剂1 000倍液+50%灭菌丹可湿性粉剂700倍液，兑水喷施，间隔7～10 d喷1次，连续喷3～4次。

保护地栽培，可用5%百菌清粉尘剂1 kg/亩喷粉防治。

17. 黄瓜褐斑病

症　　状　由尾孢霉（*Cercospora momordicae*，属无性型真菌）引起。主要为害叶片，叶片染病，多在盛瓜期，中、下部叶片先发病，再向上部叶片发展。初期在叶面生出灰褐色小斑点，逐渐扩展成大小不等的圆形或近圆形边缘不整的淡褐色或褐色病斑（图20-37）。后期病斑中部颜色变浅，有时呈灰白色，边缘灰褐色。湿度大时，病斑正、背面均生有稀疏灰褐色霉状物，为病菌的分生孢子梗和分生孢子。发病重时，茎蔓、叶柄也能发病，病斑椭圆形，灰褐色。病斑扩展较大时，能引起整株枯死。

图20-37　黄瓜褐斑病为害叶片症状

发生规律　以分生孢子丛或菌丝体的形式在土中的病残体上越冬，并可存活6个月。翌年，产生分生孢子借气流或雨水飞溅传播，进行初次侵染。由病部新生的孢子再侵染。在生长季节，再侵染多次发生，使病害逐渐蔓延。高湿或通风不良发病重；温差大有利于发病；一般发生于晚秋或者早春时节；氮肥偏多，缺硼时病重。

防治方法　避免偏施氮肥，增施磷、钾肥，适量施用硼肥。合理灌水，保护地放风排湿。早期摘除病叶。定植田与非瓜类蔬菜进行2年以上轮作。

种子处理：种子用50℃温水浸种30 min，嫁接苗用的南瓜种子也要同样处理。

发病初期，及时喷施75%百菌清可湿性粉剂500～600倍液、70%代森锰锌可湿性粉剂500倍液、50%醚菌酯干悬浮剂3 000倍液、65%代森锌可湿性粉剂500倍液、70%甲基硫菌灵可湿性粉剂500倍液、50%福美双可湿性粉剂600倍液、65%甲基硫菌灵·乙霉威可湿性粉剂1 000倍液、50%异菌脲可湿性粉剂1 000倍液等，间隔7 d喷1次，连喷2次。

18. 黄瓜斑点病

症　状　由瓜灰星菌（*Phyllosticta cucurbitacearum*，属无性型真菌）引起。主要为害叶片。病斑初现为水渍状斑，后变淡褐色，中部色较淡，渐干枯，周围具水渍状淡绿色晕环，后期病斑中部呈薄纸状，淡黄色或灰白色，易破碎，多发生在生育后期下部叶片上（图20-38），病斑上有少数不明显的小黑点，即病原菌分生孢子器。

图20-38　黄瓜斑点病为害叶片症状

发生规律　主要以菌丝体和分生孢子器的形式随病残体遗落在土中越冬，翌年，由分生孢子进行初侵染和再侵染，靠雨水溅射传播蔓延。通常温暖多湿的天气有利其发生。

防治方法　实行轮作。加强瓜田中、后期管理。

发病初期，喷洒70%甲基硫菌灵可湿性粉剂800倍液+75%百菌清可湿性粉剂700倍液、50%苯菌灵可湿性粉剂1 000倍液、52.5%噁唑菌酮·霜脲水分散粒剂2 000倍液，间隔7 ～ 10 d喷洒1次叶面，连续防治2 ～ 3次即可。

19. 黄瓜叶斑病

症　状　由瓜类尾孢（*Cercospora citrullina*，属无性型真菌）引起。主要发生在叶片上，病斑褐色至灰褐色，圆形或椭圆形至不规则形，病斑边缘明显或不明显（图20-39），湿度大时，病部表面生灰色霉层。

图20-39　黄瓜叶斑病为害叶片症状

发生规律　以菌丝体或分生孢子的形式在病残体及种子上越冬，翌年，产生分生孢子借气流及雨水传播，从气孔侵入，经7～10 d发病后产生新的分生孢子再侵染。该菌喜高温、高湿条件，发病适温25～28℃，相对湿度高于85%的棚室易发病，尤其是生长后期发病重。

防治方法　与非瓜类蔬菜实行2年以上轮作。施足基肥，增施磷、钾肥，结瓜后及时追肥，增强植株抗御能力。高垄覆膜，疏通排灌水沟，避免积水，雨后浅中耕，防止土壤板结；合理密植，打老叶，促使田间通风透光，降低湿度。

发病初期及时喷洒30%醚菌酯悬浮剂1 500～2 000倍液、10%苯醚甲环唑水分散粒剂1 500倍液+75%百菌清可湿性粉剂800倍液、50%苯菌灵可湿性粉剂1 000倍液、80%多·福·福锌可湿性粉剂800倍液、25%溴菌腈可湿性粉剂500～800倍液，间隔7～10 d喷1次，连续防治2～3次。

保护地可用45%百菌清烟剂熏烟200～250 g/亩，间隔7～9 d喷1次，视病情防治2～3次。

20. 黄瓜细菌性缘枯病

症　状　由边缘假单胞菌边缘单胞致病型（*Pseudomonas marginalis* pv. *marginalis*）引起。主要为害茎、叶、瓜条和卷须。叶部初产生水浸状小斑点，扩大后呈褐色不规则形斑，周围有一晕圈。有时由叶缘向里扩展，形成楔形大坏死斑（图20-40）。茎、叶柄和卷须上病斑呈褐色水浸状。瓜条多由花器侵染，形成褐色水浸状病斑，瓜条黄化凋萎，失水后僵硬。空气潮湿时病部常溢出菌脓。

图20-40　黄瓜细菌性缘枯病为害叶片症状

发生规律　病原菌在种子上或随病残体留在土壤中越冬，成为翌年初侵染源。病菌从叶缘水孔等自然孔口侵入，靠风雨、田间操作传播蔓延和重复侵染。主要受降雨引起的湿度变化及叶面结露影响，我国北方春、夏两季大棚相对湿度高，尤其夜晚随气温下降，湿度不断上升至70%以上或饱和，且长达7～8 h，发病较重。

防治方法　与非瓜类作物实行2年以上轮作，加强田间管理，生长期及收获后清除病叶，及时深埋。

种子处理：可用次氯酸钙300倍液浸种30～60 min，或用40%福尔马林150倍液浸1.5 h，或用72%农用硫酸链霉素可溶性粉剂500倍液浸种2 h，冲洗干净后催芽播种。

于发病初期或蔓延始期，喷洒2%春雷霉素可湿性粉剂300～500倍液、3%中生菌素可湿性粉剂800～1 000倍液、20%噻唑锌悬浮剂300～500倍液，间隔7～10 d喷施1次，连续防治3～4次。

二、瓜类蔬菜虫害

瓜类蔬菜的虫害有多种，其中为害较重的有温室白粉虱、斑潜蝇、瓜蚜、瓜绢螟、黄足黄守瓜、红蜘蛛、烟粉虱等。

1. 斑潜蝇

为害特点 美洲斑潜蝇（*Liriomyza sativae*）、南美斑潜蝇（*Liriomyza huidobrensis*）幼虫钻叶为害，在叶片上形成由细变宽的蛇形弯曲隧道，开始为白色，后变成铁锈色。幼虫多时，叶片在短时间内就被钻空枯萎（图20-41、图20-42）。

图20-41 斑潜蝇为害黄瓜叶片症状

图20-42 斑潜蝇为害丝瓜叶片症状

形态特征 美洲斑潜蝇：成虫体小，淡灰黑色，虫体结实。雌虫较雄虫体稍长。小盾片鲜黄色，外顶鬃着生在黑色区域（图20-43）。卵很小，米色，轻微半透明。幼虫为乳白色至鸭黄色无头蛆（图20-44）。蛹椭圆形，腹面稍扁平，橙黄色至金黄色。

南美斑潜蝇：成虫体长1.70 ~ 2.25 mm。额明显突出于眼，橙黄色，上眶稍暗，内外顶鬃着生处暗色，足基节黄色具黑纹，腿节基本黄色。低龄幼虫体白色，高龄幼虫头部及胸部前端黄色，虫体大部分为白色。蛹初期呈黄色，逐渐加深直至呈深褐色，比美洲斑潜蝇的颜色深且体型大。

图20-43 美洲斑潜蝇成虫

图20-44 美洲斑潜蝇幼虫

发生规律　美洲斑潜蝇：每年发生10余代，无越冬现象。发生期为4—11月，发生盛期有2个，即5月中旬至6月、9月至10月中旬。幼虫期4 ~ 7 d，末龄幼虫咬破叶表皮后在叶片表面或土表下化蛹，经7 ~ 14 d羽化为成虫。每个世代的历期夏季为14 ~ 28 d，冬季为40 ~ 55 d。

南美斑潜蝇：发生代数不详。在保护地内于2月下旬虫口密度迅速上升，3月后便可造成严重为害，并可持续到5月中旬前后。在露地蔬菜上，于4月上、中旬可见到由棚室中迁出的成虫为害菜苗，5月中、下旬后数量激增，至6月下旬后，由于气温高等诸多原因，数量迅速下降。在温室中，12月常可大发生，翌年1月后，由于温度较低，数量又趋下降。

防治方法　早春和秋季蔬菜种植前，彻底清除菜田内外杂草、残株、败叶，并集中烧毁，减少虫源。种植前深翻菜地，活埋地面上的蛹。成虫发生高峰期至产卵盛期，瓜类子叶期和第一片真叶期是防治的关键时期。

苗床防治，19%溴氰虫酰胺悬浮剂2.8 ~ 3.6 mL/m^2，喷淋苗床；1%噻虫胺颗粒剂2 800 ~ 3 500 g/亩，药土法撒施。

可用0.5%甲氨基阿维菌素苯甲酸盐微乳剂2 000 ~ 3 000倍液+4.5%高效氯氰菊酯乳油2 000倍液、20%阿维·杀虫单微乳剂1500倍液、80%灭蝇胺水分散粒剂15 ~ 18 g/亩、25%乙基多杀菌素水分散粒剂11 ~ 14 g/亩、1.8%阿维菌素乳油40 ~ 80 mL/亩、30%呋虫胺·灭蝇胺（灭蝇胺20% +呋虫胺10%）悬浮剂30 ~ 40 mL/亩、60%噻虫·灭蝇胺（噻虫嗪10% +灭蝇胺50%）水分散粒剂20 ~ 26 g/亩、1.8%阿维·啶虫脒（啶虫脒1.5% +阿维菌素0.3%）微乳剂45 ~ 60 mL/亩、35%阿维·灭蝇胺（灭蝇胺34% +阿维菌素1%）悬浮剂20 ~ 30 mL/亩、3%阿维·高氯（高效氯氰菊酯2.8% +阿维菌素0.2%）乳油33 ~ 66 mL/亩等药剂，兑水喷施，每隔7 d喷1次，共喷2 ~ 4次。

2. 温室白粉虱

为害特点　温室白粉虱（*Trialeurodes vaporariorum*）以成虫和若虫吸食植物汁液为害，被害叶片褪绿、变黄、萎蔫，甚至全株死亡（图20-45）。白粉虱亦可传播病毒病。

形态特征　成虫体淡黄色，翅面覆盖白蜡粉，停息时双翅合拢平覆体上，腹部被翅遮盖，翅与叶面几乎平行。翅脉简单（图20-46）。卵椭圆形，基部有卵柄，初产淡绿色，后渐变褐色，孵化前呈黑色。1龄若虫体长椭圆形；2、3龄若虫淡绿色或黄绿色；4龄若虫又称伪蛹，椭圆形，初期体扁平，逐渐加厚呈蛋糕状（图20-47）。

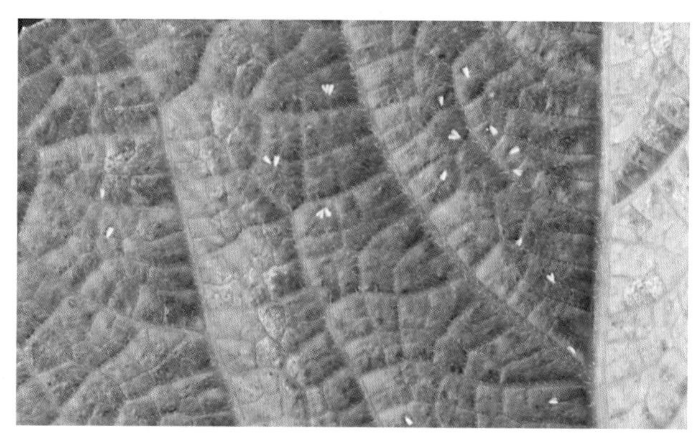

图20-45　温室白粉虱为害黄瓜叶片症状

图20-46　温室白粉虱成虫

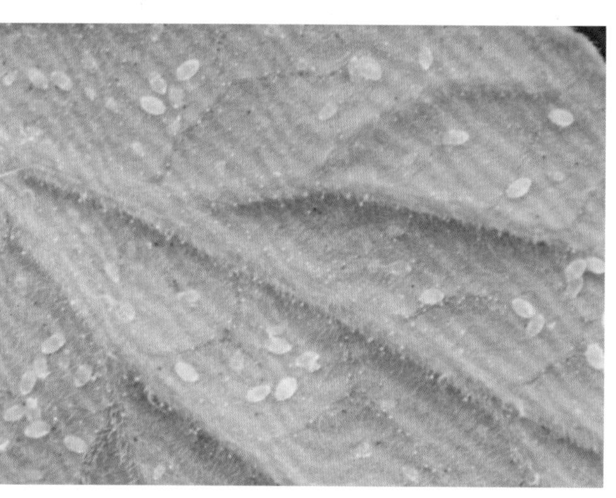

图20-47　温室白粉虱若虫、卵

发生规律 在温室条件下每年可发生10余代，在我国北方冬季野外条件下不能存活，各虫态在温室越冬并继续为害。翌年通过菜苗定植移栽转入大棚或露地，或趁温室开窗通风时迁飞至露地。夏季的高温多雨抑制作用不明显，到秋季数量达到高峰，集中为害瓜类、豆类和茄果类蔬菜。7—8月虫口密度较大，在8—9月为害严重。10月下旬后，气温下降，开始向温室内迁移为害或越冬。

防治方法 育苗前彻底熏杀残余的白粉虱，清理杂草和残株。避免黄瓜、番茄、菜豆混栽。

在保护地内，白粉虱发生盛期，可选用20％异丙威烟剂300 ~ 400 g/亩、15％敌敌畏烟剂390 ~ 450 g/亩、12%哒螨·异丙威（异丙威9%＋哒螨灵3%）烟剂300 ~ 400 g/亩、20%异丙威·敌百虫烟剂250 ~ 300 g/亩，点燃放烟。也可用60%呋虫胺水分散粒剂10 ~ 17 g/亩、25%噻虫嗪水分散粒剂10 ~ 12 g/亩、4.5%联苯菊酯水乳剂20 ~ 35 mL/亩、40%啶虫脒可溶粉剂4 ~ 5 g/亩、0.5%藜芦碱可溶液剂70 ~ 80 mL/亩、10%吡虫啉可湿性粉剂10 ~ 20 g/亩、10%溴氰虫酰胺可分散油悬浮剂43 ~ 57 mL/亩、200万CFU/mL耳霉菌悬浮剂150 ~ 230 mL/亩、10%烯啶虫胺水剂3 000倍液、1.8%阿维菌素乳油3 000倍液、10%吡虫啉可湿性粉剂4 000倍液、0.5%甲氨基阿维菌素乳油2 000倍液、50%噻虫胺水分散粒剂2 000倍液、25%噻嗪酮可湿性粉剂800 ~ 1 000倍液、20%甲氰菊酯乳油2 000倍液、0.3%印楝素乳油800倍液、0.3%苦参碱水剂1 000倍液等药剂，兑水均匀喷雾，白粉虱一般在叶片背面为害，喷药时注意喷施叶背。也可以用2%吡虫啉颗粒剂3 000 ~ 4 000 g/亩，用药土法撒施。

3. 烟粉虱

分布为害 烟粉虱（*Bemisia tabaci*）主要为害烟草、番茄、番薯、木薯、棉花、十字花科、葫芦科、豆科、茄科、锦葵科等多种作物。成虫、若虫刺吸植物汁液，在不同作物上的为害症状也有所不同，在叶菜类蔬菜上表现为叶片萎缩、黄化、枯萎；在根茎类蔬菜上表现为颜色白化、无味、重量减轻；在果菜类蔬菜上（番茄、辣椒、茄子、黄瓜等）表现为果实不均匀成熟，如西葫芦受害叶片形成银叶（图20-48），果实外皮呈花斑状，成熟不均匀。

图20-48 烟粉虱为害西葫芦叶片症状

形态特征 成虫体翅覆盖白蜡粉（图20-49），虫体淡黄至白色，复眼红色，前翅脉仅1条，不分叉，左右翅合拢呈屋脊状。卵有光泽，呈上尖下钝的长梨形，底部有小柄支撑于叶面，卵散产（图20-50），初产时淡黄绿色，孵化前转至深褐色，但不变黑。若虫长椭圆形，淡绿色至黄白色（图20-51）。伪蛹实为4龄若虫（图5-52），处于3龄若虫蜕皮之内，蛹壳椭圆形，黄色，扁平，背面中央隆起，周缘薄，无周缘蜡丝。

图20-49 烟粉虱成虫

图20-50 烟粉虱卵

图20-51　烟粉虱若虫

图20-52　烟粉虱伪蛹

发生规律　一年发生11～15代，世代重叠。在温室或保护地，烟粉虱各虫态均可安全越冬；在自然条件下，一般以卵或成虫的形式在杂草上越冬，有的地方以卵、老熟若虫的形式越冬。越冬主要在绿色植物上，少数可在残枝落叶上越冬。在广东，3—12月均可发生，以5—10月最盛，在河北，6月中旬始见成虫，8—9月为害严重，在虫口密度大的大棚，人呼吸困难，作物损失在七成以上，10月下旬后显著减少，在温室蔬菜上越冬，不造成损失。成虫可在植株内或植株间短距离扩散，也可借风或气流长距离迁移。

防治方法　育苗时要把苗床和生产温室分开，育苗前先彻底消毒，幼苗上有虫时在定植前清理干净，做到定植的菜苗无虫，19%溴氰虫酰胺悬浮剂4～5 mL/m^2，苗床喷淋。注意安排茬口，合理布局，以防烟粉虱传播蔓延。

用丽蚜小蜂防治烟粉虱，当每株有粉虱0.5～1.0头时，每株放蜂3～5头，10 d放1次，连续放蜂3～4次，可基本控制其为害。

在烟粉虱零星发生时，开始喷洒20%噻嗪酮可湿性粉剂1 500倍液、2.5%氟氯氰菊酯乳油2 000倍液、10%吡虫啉可湿性粉剂1 500倍液、3%啶虫脒乳油2 000倍液、25%吡蚜酮可湿性粉剂2 000倍液、22%氟啶虫胺腈悬浮剂15～23 mL/亩、10%溴氰虫酰胺可分散油悬浮剂33.3～40.0 mL/亩、75%吡蚜·螺虫酯（吡蚜酮50%+螺虫乙酯25%）水分散粒剂4～5 g/亩、22%螺虫·噻虫啉（噻虫啉11%+螺虫乙酯11%）悬浮剂30～40 mL/亩，隔10 d左右1次，连续防治2～3次。

4. 瓜蚜

为害特点　瓜蚜（*Aphis gossypii*）的成虫和若虫在叶片背面和嫩梢、嫩茎上吸食汁液。嫩叶及生长点被害后，叶片蜷缩，生长停滞，甚至全株萎蔫死亡。

形态特征　无翅孤雌蚜夏季多为黄色，春秋为墨绿色至蓝黑色（图20-53）。有翅孤雌蚜头、胸黑色。无翅孤雌胎生蚜宽卵圆形，多为暗绿色。无翅胎生雌蚜夏季黄绿色，春、秋季深绿色，腹管黑色或青色，圆筒形，基部稍宽。有翅胎生雌蚜黄色、浅绿色或深绿色，前胸背板及胸部黑色。干母为有翅蚜，体呈黑色，腹部腹面略带绿色。

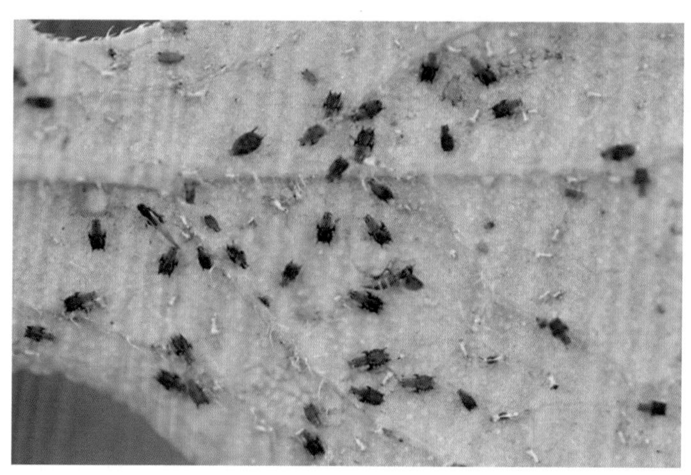

图20-53　无翅孤雌蚜

发生规律　每年发生10多代，于4月底产生有翅蚜迁飞到露地蔬菜上繁殖为害，直至秋末冬初又产生有翅蚜迁入保护地。6—7月虫口密度最大，为害严重。无滞育现象。成蚜和若蚜也能在温室、大棚中繁殖为害越冬。

防治方法 蚜虫发生盛期是防治的关键时期。

可选用10%烯啶虫胺水剂3 000 ～ 5 000倍液、10%吡虫啉可湿性粉剂1 500 ～ 2 000倍液、3%啶虫脒乳油2 000 ～ 3 000倍液、50%抗蚜威可湿性粉剂1 000 ～ 2 000倍液、1.8%阿维菌素乳油2 000 ～ 2 500倍液、10%氯噻啉可湿性粉剂2 000倍液、25%噻虫嗪可湿性粉剂2 000 ～ 3 000倍液、3.2%苦·氯乳油1 000 ～ 2 000倍液、20%高氯·噻嗪酮乳油1 500 ～ 3 000倍液、10%吡丙·吡虫啉悬浮剂1 500倍液、5%氯氟·苯脲乳油1 000 ～ 2 000倍液喷施。

在保护地还可用22%敌敌畏烟剂300 ～ 400 g/亩、10%异·吡烟剂50 g/亩熏蒸防治。

5.瓜绢螟

为害特点 瓜绢螟（*Diaphania indica*）的幼龄幼虫在叶背啃食叶肉，叶片被害部位呈白斑，3龄后吐丝将叶或嫩梢缀合，匿居其中取食，致使叶片穿孔或缺刻，严重时仅留叶脉。有时也咬食果肉（图20-54），使果实失去商品价值。

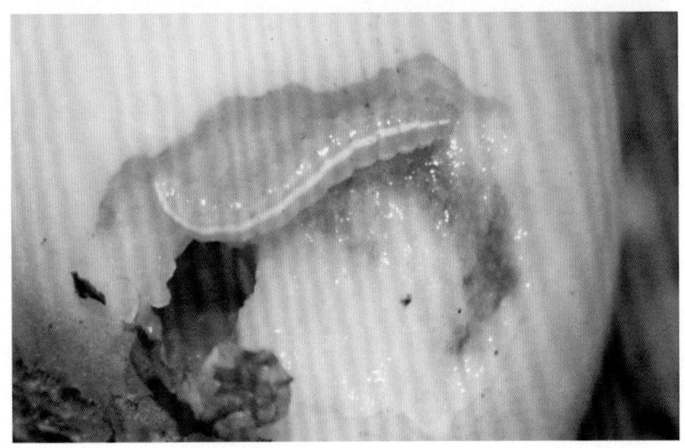

图20-54 瓜绢螟为害症状

形态特征 成虫头胸部黑色，前后翅白色半透明，略带紫光，前翅前缘和外缘、后翅外缘均黑色（图20-55）。卵扁平，椭圆形，淡黄色，表面有网纹。末龄幼虫头部、前胸背板淡褐色，胸腹部草绿色（图20-56）。蛹深褐色，头部尖瘦，外被薄茧（图20-57）。

图20-55 瓜绢螟成虫

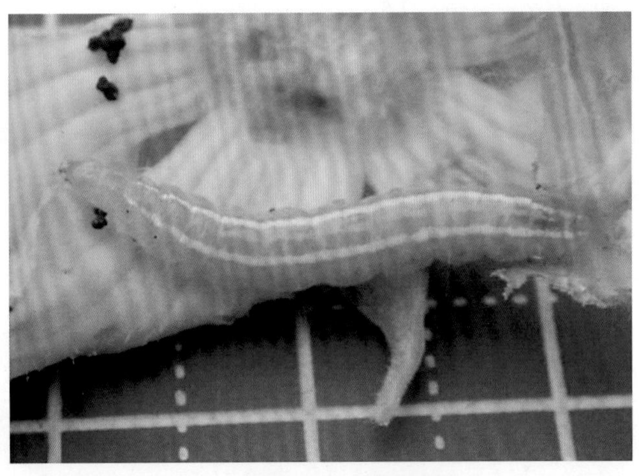

图20-56 瓜绢螟幼虫

发生规律 一年发生3 ～ 6代，以老熟幼虫或蛹的形式在枯卷叶或土中越冬。翌年4月底蛹羽化，5月幼虫为害，在7—9月发生数量多，世代重叠，为害严重，11月后，进入越冬期。

图20-57 瓜绢螟蛹

防治方法 及时摘除卷叶，以消灭部分幼虫。

苗床防治：19%溴氰虫酰胺悬浮剂2.6 ～ 3.3 mL/m^2，喷淋苗床。

幼虫发生初期，喷施20%虫酰肼悬浮剂1 500倍液、15%茚虫威悬浮剂3 500 ～ 4 500倍液、5%氟啶脲乳油1 500倍液、0.36%苦参碱水剂1 000倍液、1%甲氨基阿维菌素苯甲酸盐乳油3 000倍液、2%阿维·苏可湿性粉剂500 ～ 1 000倍液、1.8%阿维菌素乳油1 500 ～ 2 000倍液、10%溴虫腈悬浮剂1 000倍液、5%氟虫脲乳油1 000倍液。

6. 黄足黄守瓜

为害特点　黄足黄守瓜（*Aulacophora femoralis chinensis*）成虫取食瓜苗的叶和嫩茎，常常引起死苗，也为害花及幼瓜，使叶片残留若干干枯环或半环形食痕或圆形孔洞。幼虫咬食瓜根，导致瓜苗整株枯死。

图20-58　黄足黄守瓜成虫

形态特征　成虫体椭圆形，黄色，仅中胸、后胸及腹部腹面为黑色（图20-58）。前胸胸背板中央有一波浪形横凹沟。卵长椭圆形，黄色，表面有多角形细纹。幼虫体长圆筒形，头部黄褐色，胸腹部黄白色，臀板腹面有肉质凸起，上生微毛。蛹为裸蛹，在土室中呈白色或淡灰色。

发生规律　1年发生1～4代，成虫在向阳的枯枝落叶、草丛、田埂土坡缝隙中、土块下等处群集越冬。翌年3—4月开始活动，瓜苗长出3～4片叶时，为害最重，时间为5月至6月中旬。幼虫为害期为6—8月，以6月至7月中旬为害最重。8月，羽化为成虫，在10—11月进入越冬期。

防治方法　瓜苗早定植，在越冬成虫盛发期前，4～5片真叶时定植瓜苗，以减少成虫为害。

幼虫发生盛期，可用2%阿维菌素乳油1 000～2 000倍液、50%辛硫磷乳油2 000倍液灌根。

成虫发生初期，可用2%甲氨基阿维菌素苯甲酸盐乳油33～65 mL/亩、2%阿维菌素乳油72～108 mL/亩、2.5%溴氰菊酯乳油20～40 mL/亩、20%甲氰菊酯乳油1 000～2 000倍液、5.7%氟氯氰菊酯乳油1 500～3 000倍液喷洒。

三、黄瓜各生育期病虫害防治技术

（一）黄瓜苗期病虫害防治技术

在黄瓜苗期（图20-59），经常发生一些病害，如猝倒病、立枯病、炭疽病等。有一些病害通过种子、土壤传播，如枯萎病、疫病、菌核病、黑星病、蔓枯病、细菌性角斑病等；病毒病等也在苗期发生，需要尽早施药预防。对于经常发生地下害虫、线虫病的田块，可以在拌种时使用一些杀虫剂。因此，播种和苗期是防治病虫害、培育壮苗、保证生产的重要时期。

图20-59　黄瓜苗期栽培情况

对于育苗田，可以结合平整土地，用药剂处理土壤，针对本地常发病害的种类，适当选用药剂。如每平方米使用50%拌种双可湿性粉剂7 g、25%甲霜灵可湿性粉剂4 g+60%代森铵可湿性粉剂5 g、25%甲霜灵可湿性粉剂8 g+50%福美双可湿性粉剂8 g等，掺细土4 ~ 5 kg，待苗床平整、浇水后，将1/3的药土撒于地表，播种后再把剩余的药土覆盖在种子上面，这样上覆下垫，可以充分发挥药效。对于老菜区，黄瓜枯萎病、蔓枯病、炭疽病等发生较重的地块，也可以每平方米使用70%敌磺钠可溶性粉剂10 g+25%甲霜灵可湿性粉剂4 g+60%代森铵可湿性粉剂5 g、70%甲基硫菌灵可湿性粉剂5 g+25%甲霜灵可湿性粉剂8 g+50%福美双可湿性粉剂8 g、50%腐霉利可湿性粉剂5 g+25%甲霜灵可湿性粉剂8 g+50%福美双可湿性粉剂8 g等。

对于直播田可进行种子和土壤处理，特别是老菜区病害发生严重的地块，施用杀菌剂以防治种子、土壤传播的病害和苗期病害。选用药剂时要针对本地常年发病特点，可以使用的药剂为50%多菌灵可湿性粉剂800倍液+25%甲霜灵可湿性粉剂800倍液+50%福美双可湿性粉剂800倍液，也可以在上述药剂中加入黄腐酸盐1 000 ~ 2 000倍液，效果更佳，用这些药液浸种30 ~ 50 min，催芽播种。

对于经常发生地下害虫、根结线虫病严重的田块，可以穴施或整地时土壤撒施10%噻唑膦颗粒剂2 ~ 3 kg/亩、0.5%阿维菌素颗粒剂3 ~ 5 kg/亩、10%苯线磷颗粒剂5 kg/亩，有很好的效果。

为促进生长，增强抗病能力，还可以混用0.001%芸苔素内酯水剂2 000 ~ 3 300倍液、增瓜灵15 g。兑水6 kg对苗期及生长期黄瓜均匀喷雾，收效显著。在3 ~ 6叶期喷洒100 mg/kg赤霉素，能促进雄花形成，降低节位。也可以喷洒一些叶面肥，如植宝素、喷施宝等，以合理的方式与杀虫、杀菌剂混用，可以收到很好的效果。

（二）黄瓜初花期病虫害防治技术

从移植到开花初期（图20-60），一般瓜苗生长健壮，多种病害开始侵入，有时有些病害开始严重发生，一般说来该期是喷药保护、施用植物激素和微肥的关键时期，可将直接影响早熟与丰产。

图20-60　黄瓜生长期情况

这一时期经常发生的病害有黄瓜霜霉病、白粉病、疫病、枯萎病、病毒病、炭疽病等。施药重点是使用保护剂，预防病害发生。常用的保护剂有70%代森锰锌可湿性粉剂800 ~ 1 000倍液、75%百菌清可湿性粉剂600 ~ 800倍液、60%唑醚代森联（代森联55% +吡唑醚菌酯5%）水分散粒剂60 ~ 100 g/亩、325 g/L苯甲嘧菌酯（嘧菌酯200 g/L+苯醚甲环唑125 g/L）悬浮剂35 ~ 50 mL/亩。大棚生产还可以用10%百菌清烟剂，每亩800 ~ 1 000 g，熏一夜。也可以使用一些由保护剂与治疗剂的复配混剂，如75%百菌清可湿性粉剂1 000 ~ 2 000倍液+72.2%霜霉威盐酸盐水剂800 ~ 1 000倍液、32%唑醚喹啉铜（吡唑醚菌酯2% +喹啉铜30%）悬浮剂50 ~ 70 mL/亩、56%唑醚霜脲氰（吡唑醚菌酯8% +霜脲氰48%）水分散粒剂21 ~ 28 g/亩、64%噁霜·锰锌可湿性粉剂500倍液、70%乙膦铝锰锌可湿性粉剂500倍液、72%霜脲锰锌可湿性粉剂800倍液等。生产上要根据病情和发病种类，混用保护剂与治疗剂，如70%代森锰锌可湿性粉剂800 ~ 1 000倍液、50%代森锌可湿性粉剂600 ~ 800倍液、25%甲霜灵可湿性粉剂500 ~ 800倍液、50%腐霉利可湿性粉剂1 000 ~ 2 000倍液混用等。

这一时期经常发生蚜虫、白粉虱等害虫，可喷施0.5%甲氨基阿维菌素苯甲酸盐微乳剂2 000 ～ 3 000倍液、10%烯啶虫胺水剂3 000 ～ 5 000倍液、10%吡虫啉可湿性粉剂1 500 ～ 2 000倍液、3%啶虫脒乳油2 000 ～ 3 000倍液、50%抗蚜威可湿性粉剂1 000 ～ 2 000倍液、25%噻虫嗪可湿性粉剂2 000 ～ 3 000倍液、10%吡丙吡虫啉悬浮剂1 500倍液，有较好的防治效果。

为促进生长，增强抗病能力，还可以混用喷洒0.001%芸苔素内酯水剂2 000 ～ 3 300倍液、增瓜灵15 g，兑水6 kg对苗期及生长期黄瓜均匀喷雾，收效显著。在3 ～ 6叶期喷洒100 mg/kg赤霉素，能促进雄花形成，降低节位。黄瓜在开雌花当天或开花前2 ～ 3 d用0.1%氯吡脲可溶液剂50 ～ 200倍的药液浸或均匀喷雾瓜胎，提高坐瓜率，能克服花期、幼果期因低温、阴雨等天气使雌、雄花或幼果生长发育不良造成的不坐瓜或化瓜的现象。在黄瓜雌花开花前后1 d或开花当天，用0.5%赤霉氯吡脲（氯吡脲0.1% + 赤霉酸0.4%）可溶液剂125 ～ 250倍液，均匀喷雾瓜胎1次，防止瓜和花的脱落，促进植物生长、早熟、延缓作物后期叶片的衰老、增加产量、改进品质。也可以喷洒一些叶面肥，如植宝素、喷施宝等，以合理的方式与杀虫、杀菌剂混用，可以收到很好的效果。

（三）黄瓜开花结瓜期病虫害防治技术

在黄瓜开花结瓜期（图20-61），主要病害有灰霉病、枯萎病、病毒病等，由于生长进入中、后期，多种病害常混合发生，霜霉病、白粉病、疫病也时常严重发生，加上一些生理性病害、落花落果、缺少微量元素等因素，会显著地影响果实产量与品质，该期是病虫害防治的一个关键时期。

图20-61 黄瓜开花结果期情况

在开花和幼瓜期，除了注意防治叶部病害外，注意防治疫病、枯萎病、生理性化瓜，保护地栽培的黄瓜要注意防治灰霉病。霜霉病、疫病、病毒病混发田，可以喷洒40%乙膦铝可湿性粉剂400倍液加适量芸苔素内酯；保护地或大田灰霉病等发生严重的田块，可结合防治生理性落花落果，使用50%腐霉利可湿性粉剂800 ～ 1 000倍液加赤霉素200 ～ 300 mg/kg，用毛笔蘸取药液涂花或用小喷雾器喷洒花柱头，注意不要喷洒嫩叶；枯萎病严重的瓜田，可用50%多菌灵可湿性粉剂400 ～ 600倍液+黄腐酸盐1 000 ～ 1 500倍液喷雾或灌根，灌根每株用药量300 ～ 400 mL。

黄瓜生长进入中、后期，一般多种病害并存，植株长势衰弱，有时根结线虫病、蚜虫也有发生，要注意复配用药。病害防治注意治疗剂的使用，同时也要结合使用保护剂，以防治重复性侵染，用药剂量一般比前期高。结合发病种类正确选用治疗剂，可用40%乙磷铝可湿性粉剂300倍液、25%甲霜灵可湿性粉剂500倍液、32%唑醚喹啉铜（吡唑醚菌酯2% +喹啉铜30%）悬浮剂50 ～ 70 mL/亩、56%唑醚霜脲氰（吡唑醚菌酯8% +霜脲氰48%）水分散粒剂21 ～ 28 g/亩、50%多菌灵可湿性粉剂400倍液、70%甲基硫菌灵可湿性粉剂500倍液、12.5%腈菌唑乳油3 000倍液等；可以混用的保护剂有70%代森锰锌可湿性粉剂600 ～ 800倍液、75%百菌清可湿性粉剂600 ～ 1 000倍液等。

四、瓜菜田杂草防治技术

（一）黄瓜育苗田（畦）或直播覆膜田杂草防治

瓜类作物多为育苗移栽（图20-62）。也有部分覆膜直播，育苗田（畦）或覆膜直播田肥水大、墒情好，特别有利于杂草的发生，如不及时防治杂草，很易形成草荒；同时，育苗田（畦）地膜覆盖或覆膜直播田，白天温度较高，昼夜温差较大，瓜苗瘦弱，除草剂对瓜苗易造成药害。

图20-62 瓜育苗田

瓜育苗田（畦）或覆膜直播田在瓜籽催芽后播种，并及时施药、覆膜。施用化学除草剂的瓜育苗田（畦）或覆膜直播田土壤不宜过湿，除草剂用量不宜过大。降低除草剂用量，一方面是因为覆膜田瓜苗弱、田间小环境差，降低药量可减少对瓜苗的药害；另一方面是因为瓜育苗田（畦）生育时期较短，药量大会造成不必要的浪费。可以用33%二甲戊乐灵乳油40 ～ 60 mL/亩，或用20%萘丙酰草胺乳油75 ～ 150 mL/亩、72%异丙甲草胺乳油50 ～ 75 mL/亩、72%异丙草胺乳油50 ～ 75 mL/亩，兑水40 kg均匀喷施，可以有效防治多种一年生禾本科杂草和部分阔叶杂草。药量过大、田间过湿、温度过高或过低，特别是遇到持续低温多雨，瓜苗可能会出现暂时的矮化、生长停滞，低剂量下能恢复正常生长；膜内温度过高时，会出现死苗现象（图20-63）。

图20-63 在黄瓜播后芽前，在高湿条件下喷施50%乙草胺乳油14 d后的药害症状

为了进一步提高除草效果和对作物的安全性，也可以用33%二甲戊乐灵乳油40 ～ 50 mL/亩，或20%萘丙酰草胺乳油75 ～ 100 mL/亩、72%异丙甲草胺乳油50 ～ 60 mL/亩、72%异丙草胺乳油50 ～ 60 mL/亩，加上50%扑草净可湿性粉剂50 ～ 75 g/亩，兑水40 kg均匀喷施，可以有效防治多种一年生禾本科杂草和阔叶杂草。但扑草净用药量不能随意加大，否则会产生一定的药害。

对于未与任何作物套作的覆膜直播瓜田，也可以分开施药。膜内施药可以按照上面的方法进行；膜外露地可以参照下面的移栽田杂草防治技术定向施药。这样既能保证对瓜苗的安全性，又能达到理想的除草效果，但施药较为麻烦。

（二）直播瓜田杂草防治

直播瓜田较少，但在南方或北方夏季晚茬西瓜、黄瓜、冬瓜等仍会采取这种栽培方式（图20-64）。这种栽培条件下，温度高、墒情好，特别有利于杂草的发生，如不及时防治杂草，极易形成草荒。

图20-64　瓜直播田

直播瓜田，生产上宜采用封闭性除草剂，一次施药保持整个生长季节没有杂草为害。对于采用化学防治的瓜田，应注意瓜籽催芽一致，并尽早播种。催芽不宜过长，播种深度以3 ～ 5 cm为宜，播种过浅易发生药害。播种后当天或第2天及时施药，施药过晚易将药剂喷施到瓜幼芽上，产生药害。可以用33%二甲戊乐灵乳油100 ～ 150 mL/亩，或20%萘丙酰草胺乳油150 ～ 200 mL/亩、72%异丙甲草胺乳油100 ～ 150 mL/亩、72%异丙草胺乳油100 ～ 150 mL/亩，兑水45 kg均匀喷施，可以有效防治多种一年生禾本科杂草和藜、苋、苘麻等阔叶杂草。瓜类对该类药剂较为敏感，施药时一定要视条件调控药量，切忌施药量过大。药量过大时，瓜苗可能会出现暂时的矮化、粗缩，一般情况下能恢复正常生长，但药害严重时，会影响苗期生长，甚至出现死苗现象。

对于墒情较差或沙土地，最好在播前施用48%氟乐灵乳油150 ～ 200 mL/亩或48%地乐胺乳油150 ～ 200 mL/亩，施药后及时混土2 ～ 3 cm，该药易挥发，混土不及时会降低药效，施药后3 ～ 5 d播种，宜适当深播瓜籽。也可在播后芽前施药，但药害大于播前施药。

对于一些老瓜田，特别是长期施用除草剂的瓜田，铁苋、马齿苋等阔叶杂草较多，可以用33%二甲戊乐灵乳油75 ～ 100 mL/亩、20%萘丙酰草胺乳油150 ～ 200 mL/亩、72%异丙甲草胺乳油100 ～ 120 mL/亩、72%异丙草胺乳油100 ～ 120 mL/亩，加上50%扑草净可湿性粉剂50 ～ 100 g/亩，兑水40 kg均匀喷施，可以有效防治多种一年生禾本科杂草和阔叶杂草。因为该方法降低了单一药剂的用量，所以对瓜苗的安全性也大为提高。生产中应均匀施药，不宜随便改动配比，否则易发生药害。

（三）移栽瓜田杂草防治

瓜类多为育苗移栽（图20-65）。生产上宜采用封闭性除草剂，一次施药保持整个生长季节没有杂草为害。可于移栽前1 ～ 3 d喷施土壤封闭性除草剂，移栽时尽量不要翻动土层或尽量少翻动土层。瓜移栽后的大田生育时期较长；同时，较大的瓜苗对封闭性除草剂具有一定的耐药性，可以适当加大剂量以保证除草效果，施药时按40 kg/亩水量配成药液均匀喷施土表。可用药剂：33%二甲戊乐灵乳油150 ~ 200 mL/亩、20%萘丙酰草胺乳油200 ~ 300 mL/亩、50%乙草胺乳油150 ~ 200 mL/亩、72%异丙甲草胺乳油175 ~ 250 mL/亩、72%异丙草胺乳油175 ~ 250 mL/亩。

对于墒情较差或沙土地，可以用48%氟乐灵乳油150 ~ 200 mL/亩、48%地乐胺乳油150 ~ 200 mL/亩，施药后及时混土2 ~ 3 cm，该药易挥发，混土不及时会降低药效。

图20-65 瓜移栽田

对于一些老瓜田，特别是长期施用除草剂的瓜田，铁苋、马齿苋等阔叶杂草较多，可以用33%二甲戊乐灵乳油100 ~ 150 mL/亩、20%萘丙酰草胺乳油200 ~ 250 mL/亩、50%乙草胺乳油100 ~ 150 mL/亩、72%异丙甲草胺乳油150 ~ 200 mL/亩、72%异丙草胺乳油150 ~ 200 mL/亩，加上50%扑草净可湿性粉剂100 ~ 150 g/亩或24%乙氧氟草醚乳油20 ~ 30 mL/亩，兑水40 kg均匀喷施，可以有效防治多种一年生禾本科杂草和阔叶杂草。生产中应均匀施药，不宜随便改动配比，否则易发生药害。

对于移栽田施用除草剂的瓜田，移栽瓜苗不宜过小、过弱，否则会发生一定程度的药害，特别是低温高湿条件下，药害会加重。

（四）黄瓜生长期杂草防治

对于前期未能采取化学除草或化学除草失败的瓜田，应在田间杂草基本出苗，且杂草处于幼苗期时及时施药防治。

瓜田防治一年生禾本科杂草，如稗、狗尾草、野燕麦、马唐、虎尾草、看麦娘、牛筋草等（图20-66）。应在禾本科杂草3 ~ 5叶期，用5%精喹禾灵乳油50 ~ 75 mL/亩、10.8%高效吡氟氯禾灵乳油20 ~ 40 mL/亩、10%喔草酯乳油40 ~ 80 mL/亩、15%精吡氟禾草灵乳油40 ~ 60 mL/亩、10%精噁唑禾草灵乳油50 ~ 75 mL/亩、12.5%稀禾啶乳油50 ~ 75 mL/亩、24%烯草酮乳油20 ~ 40 mL/亩，兑水30 kg均匀喷施，可以有效防治多种禾本科杂草。该类药剂没有封闭除草效果，施药不宜过早，特别是在禾本科杂草未出苗时施药没有效果。在气温较高、雨量较多地区，杂草生长幼嫩，可适当减少用药量；相反，在气候干旱、土壤较干地区，杂草幼苗老化耐药，要适当增加用药量。防治一年生禾本科杂草时，用药量可稍减低，而防治多年生禾本科杂草时，用药量应适当增加。

图20-66 瓜田禾本科杂草发生情况

对于前期未能有效除草的田块，在瓜田禾本科杂草较多、较大时（图20-67）。应抓住前期及时防治，并适当加大药量和施药水量，喷透喷匀，保证杂草均能被喷洒上药液。可以用5%精喹禾灵乳油75 ~ 125 mL/亩、10.8%高效吡氟氯禾灵乳油40 ～ 60 mL/亩、10%喔草酯乳油60 ～ 80 mL/亩、15%精吡氟禾草灵乳油75 ～ 100 mL/亩、10%精噁唑禾草灵乳油75 ～ 100 mL/亩、12.5%稀禾啶乳油75 ～ 125 mL/亩、24%烯草酮乳油40 ～ 60 mL/亩，兑水45 ～ 60 kg均匀喷施，施药时视草情、墒情确定用药量，可以有效防治多种禾本科杂草，但天气干旱、杂草较大时，死亡时间相对缓慢。杂草较大、杂草密度较高、墒情较差时，适当加大用药量和喷液量；否则，杂草接触不到药液或药量较小，影响除草效果。

图20-67　瓜田禾本科杂草发生严重的情况

第二十一章　西瓜病虫害原色图解

一、西瓜病害

西瓜病害有10多种，其中，为害较严重的有西瓜蔓枯病、西瓜炭疽病、西瓜枯萎病、西瓜疫病、西瓜白粉病、西瓜叶枯病、西瓜病毒病、西瓜根结线虫病等，这些病害的为害不仅影响西瓜产量，也影响品质。

1.西瓜蔓枯病

分布为害　蔓枯病是西瓜的重要病害，分布广泛，一般发病率10%～30%。

症　　状　由甜瓜球腔菌（*Mycosphaerella melonis*）引起。主要为害叶片、蔓、果实。子叶发病时，初呈水渍状小点，渐扩大为黄褐色或青灰色圆形至不规则形斑，后扩展至整个子叶，子叶枯死。幼苗茎部受害，初呈水渍状小斑，后向上、下扩展，并环绕幼茎，引起幼苗枯萎死亡。成株期叶片上形成圆形或椭圆形淡褐色至灰褐色大型病斑，病斑干燥易破裂，其上形成密集的小黑点，潮湿时，病斑遍布全叶，叶片变黑枯死（图21-1～图21-3）。茎基部先呈油渍状，表皮裂痕，有胶状物流出，稍凹陷，干燥时胶状物变为赤褐色，病斑上出现无数个针头大小的黑点，后期整株枯死（图21-4）。果实染病，先出现油渍状小斑点，不久变为暗褐色，中央部位呈褐色枯死状，而后褐色部分呈星状开裂，内部木栓化，严重发生时，植株枯死（图21-5）。

图21-1　西瓜蔓枯病为害子叶症状

图21-2　西瓜蔓枯病为害幼苗症状

图21-3　西瓜蔓枯病为害叶片症状

图21-4　西瓜蔓枯病为害果实及茎蔓田间症状

图21-5　西瓜蔓枯病为害茎蔓后期田间症状

发生规律 以分生孢子器及子囊壳的形式在病残体上越冬。翌年，产生分生孢子及子囊壳，借风雨传播，从植株伤口、气孔或水孔侵入。高温多雨季节发病迅速。连作地、排水不良、通风透光不足、偏施氮肥、土壤湿度大或田间积水易发病。

防治方法 拉秧后彻底清除病残落叶，适当增施有机肥。适时浇水、施肥，避免田间积水，保护地浇水后增加通风，植株发病后去掉一部分多余的叶和蔓，以利植株间通风透光。

发病初期用药剂防治，可用22.5%啶氧菌酯悬浮剂40 ～ 50 mL/亩、16%多抗霉素B可溶粒剂75 ～ 85 g/亩、40%双胍三辛烷基苯磺酸盐可湿性粉剂800 ～ 1 000倍液、70%甲基硫菌灵可湿性粉剂600 ～ 800倍液+75%百菌清可湿性粉剂800倍液、25%双胍辛胺水剂800倍液+50%敌菌灵可湿性粉剂500倍液、50%异菌脲可湿性粉剂1 000倍液+80%代森锰锌可湿性粉剂800倍液、80%代森锌可湿性粉剂800倍液+36%甲基硫菌灵胶悬剂400倍液、48%嘧菌·百菌清（百菌清40%+嘧菌酯8%）悬浮剂75 ～ 90 mL/亩、24%苯甲·烯肟（烯肟菌胺8%+苯醚甲环唑16%）悬浮剂30 ～ 40 mL/亩、40%苯甲·吡唑酯（苯醚甲环唑15%+吡唑醚菌酯25%）悬浮剂20 ～ 25 mL/亩、35%氟菌·戊唑醇（戊唑醇17.5%+氟吡菌酰胺17.5%）悬浮剂25 ～ 30 mL/亩、60%唑醚·代森联（代森联55%+吡唑醚菌酯5%）水分散粒剂60 ～ 100 g/亩、35%苯甲·嘧菌酯（苯醚甲环唑20%+嘧菌酯15%）悬浮剂20 ～ 25 mL/亩，兑水均匀喷雾，7 ～ 10 d防治1次，视病情防治2 ～ 3次。病害严重时可用上述药剂加倍后涂抹病茎。

还可用70%甲基硫菌灵可湿性粉剂50倍液、40%氟硅唑乳油100倍液，用毛笔蘸药涂抹病斑。也可以在发病前或发病初期，用50%多菌灵可湿性粉剂500倍液+50%福美双可湿性粉剂500倍液、50%苯菌灵可湿性粉剂1 000倍液+50%福美双可湿性粉剂500倍液灌根，每株灌对好的药液300 ～ 500 mL，隔10 d后再灌1次，连续防治2 ～ 3次。

2. 西瓜炭疽病

分布为害 炭疽病是西瓜的主要病害，分布广泛，保护地、露地都发生较重。一般发病率20%～ 40%，损失10%～ 20%，重病地块或棚室病株近100%，损失在40%以上。还可在贮藏和运输期间发生，有时发病率可达80%，造成大量烂瓜。

症 状 由葫芦科刺盘孢（*Colletotrichum orbiculare*）引起。此病全生育期都可发生，可为害叶片、叶柄、茎蔓和瓜果。苗期发病，子叶上出现圆形褐色病斑，边缘有浅绿色晕环（图21-6）。嫩茎染病，病部黑褐色，缢缩，致幼苗猝倒（图21-7）。成株期发病，叶片上初为圆形或纺锤形水渍状斑，后干枯成黑色，边缘有紫黑色晕圈，有时有轮纹，病斑扩大后，叶片干燥枯死（图21-8）。空气潮湿，病斑表面生出粉红色小点。叶柄或茎蔓处病斑为水渍状淡黄色长圆形，稍凹陷，后变黑色，环绕茎蔓一周全株即枯死（图21-9）。瓜果染病，初呈水渍状暗绿色凹陷斑，凹陷处常龟裂，潮湿时在病斑中部产生粉红色黏稠物（图21-10）。幼瓜被害，果实变黑，腐烂。

图21-6 西瓜炭疽病为害幼苗子叶症状

图21-7 西瓜炭疽病为害幼苗嫩茎症状

图21-8　西瓜炭疽病为害叶片症状

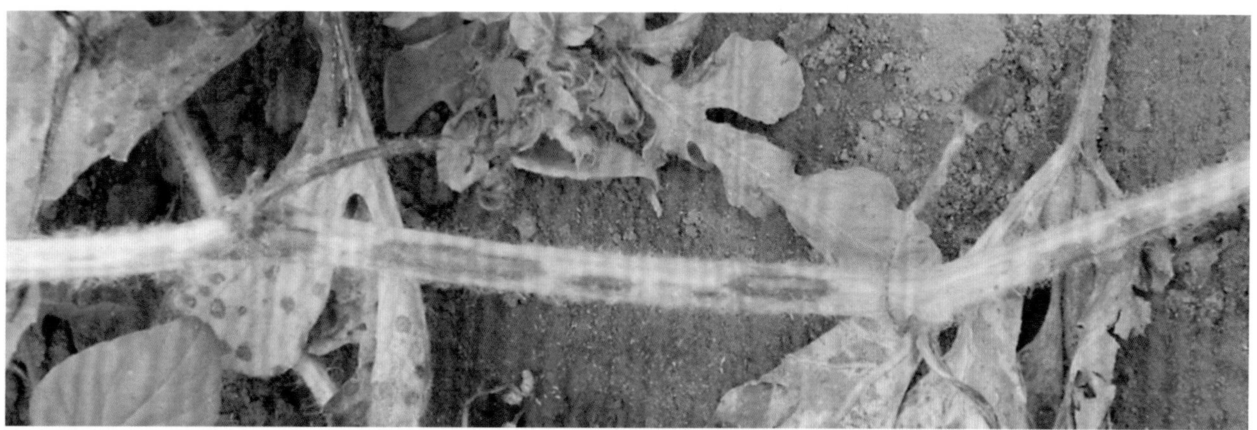

图21-9　西瓜炭疽病为害茎蔓症状

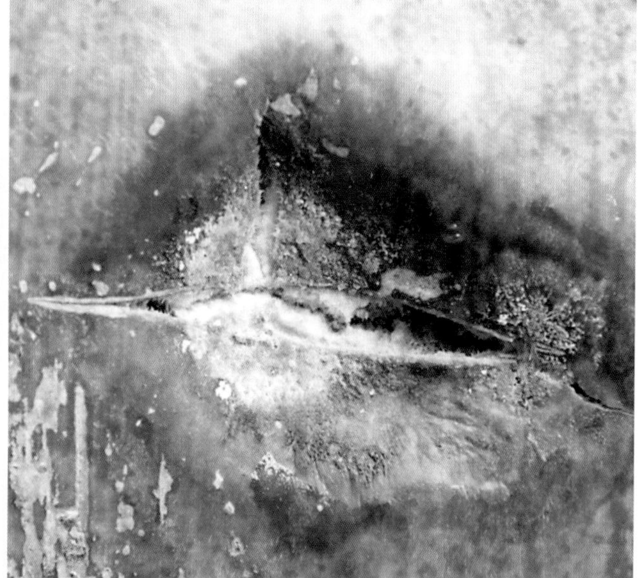

图21-10　西瓜炭疽病为害瓜果症状

发生规律　病菌主要以菌丝体及拟菌核的形式随病残体在土壤中越冬，也可潜伏在种子上越冬。翌年，菌丝体产生分生孢子借雨水飞散，形成再侵染源。西瓜生长中、后期发生较严重，特别是在6月中旬、7月上旬的梅雨季节发生最盛。西瓜生长期多阴雨、地块低洼积水，或棚室内温暖潮湿、重茬种植，过多施用氮肥，排水不良，通风透光差，植株生长衰弱等有利于发病。

防治方法　施用充分腐熟的有机肥，采用高垄或高畦地膜覆盖栽培。有条件的可应用滴灌、膜下暗灌等节水栽培防病技术。适时浇水施肥，避免雨后田间积水，保护地在发病期适当增加通风时间。

选用无病种子或进行种子灭菌，可用55℃温水浸种20 ~ 30 min，或药剂拌种，可用种子重量0.3%的25%咪鲜胺锰络化合物可湿性粉剂、6%氯苯嘧啶醇可湿性粉剂、50%敌菌灵可湿性粉剂、70%甲基硫菌灵可湿性粉剂、25%溴菌清可湿性粉剂拌种。

发病初期，温棚西瓜可喷5%灭霉灵（甲基硫菌灵+乙霉威）粉尘剂，傍晚或早上喷，隔7 d喷1次，连喷4 ~ 5次。或在发病前用45%百菌清烟剂200 ~ 250 g/亩，在傍晚进行，分放4 ~ 5个点，先密闭大棚、温室，然后点燃烟熏，隔7 d熏1次，连熏4 ~ 5次。

药剂喷雾防治：发病初期喷洒75%甲基硫菌灵水分散粒剂55 ~ 80 g/亩+80%代森锰锌可湿性粉剂130 ~ 210 g/亩、50%醚菌酯干悬浮剂3 000 ~ 4 000倍液、25%嘧菌酯悬浮剂1 500 ~ 2 000倍液、22.5%啶氧菌酯悬浮剂40 ~ 45 mL/亩、50%吡唑醚菌酯水分散粒剂10 ~ 15 g/亩、70%丙森锌可湿性粉剂600倍液+40%苯醚甲环唑悬浮剂15 ~ 20 mL/亩、25%咪鲜胺乳油1 000 ~ 1 500倍液+75%百菌清可湿性粉剂800倍液、25%溴菌腈可湿性粉剂500 ~ 800倍液+50%克菌丹可湿性粉剂400 ~ 500倍液、12.5%烯唑醇可湿性粉剂2 000 ~ 4 000倍液+70%代森联干悬浮剂800倍液、10亿CFU/g多粘类芽孢杆菌可湿性粉剂100 ~ 200 g/亩、30%吡唑醚菌酯·溴菌腈（溴菌腈20% +吡唑醚菌酯10%）水乳剂50 ~ 60 mL/亩、48%苯甲·嘧菌酯（嘧菌酯30% +苯醚甲环唑18%）悬浮剂35 ~ 40 g/亩、20%咪鲜·嘧菌酯（咪鲜胺10% +嘧菌酯10%）悬浮剂800 ~ 1 000倍液、30%苯甲·吡唑酯（苯醚甲环唑20% +吡唑醚菌酯10%）悬浮剂20 ~ 30 g/亩、40%苯甲·啶氧（苯醚甲环唑20% +啶氧菌酯20%）悬浮剂30 ~ 40 mL/亩、560 g/L嘧菌·百菌清（百菌清500 g/L+嘧菌酯60 g/L）悬浮剂75 ~ 120 mL/亩、50%苯甲·肟菌酯（肟菌酯25% +苯醚甲环唑25%）水分散粒剂15 ~ 25 g/亩、23%己唑·嘧菌酯（己唑醇4.6% +嘧菌酯18.4%）悬浮剂1 000 ~ 1 300倍液、25%咪鲜·多菌灵（咪鲜胺12.5% +多菌灵12.5%）可湿性粉剂75 ~ 100 g/亩、20%甲硫·锰锌（甲基硫菌灵10% +代森锰锌10%）可湿性粉剂125 ~ 160 g/亩、68.75%噁酮·锰锌（代森锰锌62.5% +噁唑菌酮6.25%）水分散粒剂45 ~ 56 g/亩、60%唑醚·代森联（代森联55% +吡唑醚菌酯5%）水分散粒剂80 ~ 120 g/亩。

保护地西瓜，发病前用45%百菌清烟剂200 ~ 250 g，在傍晚进行，分放4 ~ 5个点，先密闭大棚、温室，然后点燃烟熏，隔7 d熏1次，连熏4 ~ 5次。

3. 西瓜枯萎病

分布为害　枯萎病是西瓜的重要病害，分布广泛，发生普遍，以春茬种植发病较重，尤其是重茬种植发病极为普遍。一般发病率15%～30%，死亡率为15%左右。

症　　状　由尖孢镰孢西瓜专化型（*Fusarium oxyspoum* f.sp. *niveum*，属无性型真菌）引起。此病在西瓜全生育期都可发生。苗期染病，根部变成黄白色，须根少，子叶枯萎，真叶皱缩、枯萎发黄，茎基部变成淡黄色倒伏枯死，剖茎可见维管束变黄。成株期发病，病株生长缓慢，须根小。初期叶片由下向上逐渐萎蔫，似缺水状，早、晚可恢复，几天后全株叶片枯死。发生严重时，茎蔓基部缢缩，呈锈褐色水渍状，空气湿度高时病茎上可出现水渍状条斑，或出现琥珀色流胶，病部表面产生粉红色霉层。剖开根或茎蔓，可见维管束变褐（图21-11、图21-12）。发生严重时，全田枯萎死亡（图21-13）。

发生规律　病菌主要以菌丝、厚垣孢子的形式在土壤中或病残体上越冬，在土壤中可存活6 ~ 10年，可通过种子、土壤、肥料、浇水、昆虫传播。以开花、抽蔓到结果期发病最重。3月病害先在苗床内发生，4月下旬苗床内达到发病高峰。地膜覆盖早春移栽西瓜，在5月初开始发病，在5月下旬进入发病盛期，6月间为严重发病期。夏西瓜6月中、下旬开始发病，7月中旬至8月上旬为发病盛期。该病为土传病害，发病程度取决于土壤中可侵染菌量。一般连茬种植，地下害虫多，管理粗放，或土壤黏重、潮湿等，病害发生严重。

防治方法　避免连作，改善排水。酸性土壤要多施石灰。利用葫芦和南瓜砧木嫁接栽培，可以减轻

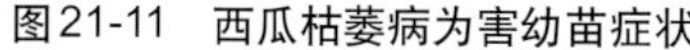
图21-11　西瓜枯萎病为害幼苗症状

图21-12　西瓜枯萎病为害植株症状

图21-13　西瓜枯萎病为害后期田间症状

为害。生长期间，发现病株立即拔除。瓜果收获后，清除田间茎叶及病残烂果。

种子消毒：每100 kg种子可用25 g/L咯菌腈种子处理悬浮剂476 ～ 588 mL包衣。可用40%福尔马林150倍液浸种1 ～ 2 h，55℃温水配制50%多菌灵可湿性粉剂600倍液浸种15 min，或60%多菌灵盐酸盐超微粉1 000倍液加“平平加”渗透剂浸种1 ～ 2 h，洗净晾干播种。还可用10%漂白粉浸种10 min，取出后再用种子重量0.1%～ 0.5%的50%苯菌灵可湿性粉剂拌种。

发病初期及时防治，可用70%甲基硫菌灵可性湿粉剂600～800倍液、50%多菌灵可湿性粉剂500～600倍液、10%多抗霉素可湿性粉剂1 000倍液、3%中生菌素可湿性粉剂400～600倍液、50%咪鲜胺锰络化合物可湿性粉剂1 000～1 500倍液、45%噻菌灵可湿性粉剂1 000倍液、2%嘧啶核苷类抗生素水剂200倍液、20%噻菌铜悬浮剂75～100 g/亩、50%咪鲜胺锰盐可湿性粉剂800～1 500倍液，兑水40 kg喷施，间隔5～7 d喷1次，连续喷2～3次。

对于老瓜区，可以在幼苗定植时用药剂灌根，也可以在发病前或发病初期，用5%水杨菌胺可湿性粉剂300～500倍液、54.5%噁霉·福可湿性粉剂700～1 000倍液、3%噁·甲水剂600倍液、80%多·福·福锌可湿性粉剂800倍液、2.5%咯菌腈悬浮剂800～1 000倍液、50%咪鲜胺锰络化合物可湿性粉剂1 000～2 000倍液、80%多·福·福锌可湿性粉剂700倍液、30%福·嘧霉可湿性粉剂800～1 000倍液、50%甲羟鎓水剂800～1 000倍液、10%多抗霉素可湿性粉剂600～1 000倍液、10%混合氨基酸铜水剂150～200倍液、25%络氨铜水剂 600～400倍液、98%噁霉灵可溶粉剂2 000～2 400倍液、35亿CFU/g多粘类芽孢杆菌KN-0悬浮剂3 000～4 000 L/亩、80亿个/mL地衣芽孢杆菌水剂600～700倍液、0.3%多抗霉素水剂80～100倍液、1%申嗪霉素悬浮剂500～1 000倍液、56%甲硫·噁霉灵（甲基硫菌灵40%+恶霉灵16%）可湿性粉剂600～800倍液、15%咯菌·噁霉灵（咯菌腈5%+噁霉灵10%）可湿性粉剂300～353倍液，灌根，每株灌兑好的药液300～500 mL，隔5～7 d灌1次，连续防治2～3次。

4. 西瓜疫病

分布为害　疫病为西瓜的主要病害，在西瓜各产区都有发生，为害程度也逐年加重。

症　　状　由甜瓜疫霉（*Phytophthora melonis*）引起。幼苗、成株均可发病，为害叶、茎及果实。子叶先出现水浸状暗绿色圆形病斑（图21-14），中央逐渐变成红褐色。近地面茎基部软腐呈暗绿色水浸状，后缢缩或枯死（图21-15）。真叶染病，初生暗绿色水渍状病斑，迅速扩展为圆形或不规则形大斑（图21-16），湿度大时，腐烂或像开水烫过，干后为淡褐色，干枯易破碎。茎基部和叶柄染病，呈纺锤形水渍状暗绿色病斑，病部明显缢缩（图21-17～图21-20）。果实染病，形成暗绿色圆形水渍状凹陷斑，潮湿时迅速扩及全果，果实腐烂，表面密生白色菌丝（图21-21）。

图21-14　西瓜疫病为害子叶症状

图21-15　西瓜疫病为害幼苗症状

图21-16　西瓜疫病为害叶片产生圆形病斑

图21-17　西瓜疫病为害叶柄症状

图21-18　西瓜疫病为害叶片干燥时症状

图21-19　西瓜疫病为害叶片潮湿时症状

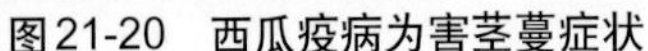
图21-20 西瓜疫病为害茎蔓症状

图21-21 西瓜疫病为害果实后期症状

发生规律 以卵孢子及菌丝体的形式在土壤中或粪肥里越冬，随气流、雨水或灌溉水传播，种子虽可带菌，但带菌率不高。从毛孔、细胞间隙侵入。多雨高湿利发病。西瓜生长期多雨、排水不良、空气潮湿发病重。大雨、暴雨或大水漫灌后病害发展蔓延迅速。土壤黏重、植株茂密、田间通风不良都会导致发病较重。

防治方法 采用深沟高畦或高垄种植，雨后及时排水。施足底肥，增施腐熟的有机肥。

种子消毒：播前需要用55℃温水浸种15 min，或者用40%福尔马林150倍液浸种30 min，冲洗干净后晾干播种。

发病初期，兑水喷洒100 g/L氰霜唑悬浮剂55 ～ 75 mL/亩、23.4%双炔酰菌胺悬浮剂20 ～ 40 mL/亩、70%丙森锌可湿性粉剂150 ～ 200 g/亩、28%精甲霜灵·氰霜唑（氰霜唑16%＋精甲霜灵12%）悬浮剂15 ～ 19 mL/亩、26%氰霜·嘧菌酯（氰霜唑7.4%＋嘧菌酯18.6%）悬浮剂48 ～ 65 g/亩、440 g/L精甲·百菌清（精甲霜灵40 g/L+百菌清400 g/L）悬浮剂50 ～ 100 mL/亩、687.5 g/L氟菌·霜霉威（霜霉威盐酸盐625 g/L+氟吡菌胺62.5 g/L）悬浮剂60 ～ 75 mL/亩、68%精甲霜·锰锌（精甲霜灵4%＋代森锰锌64%）水分散粒剂100 ~ 120 g/亩、60%唑醚·代森联（代森联55%＋吡唑醚菌酯5%）水分散粒剂60 ~ 100 g/亩、60%琥·乙膦铝可湿性粉剂500倍液、72.2%霜霉威水剂800倍液、25%甲霜灵可湿性粉剂800 ～ 1 000倍液+75%百菌清可湿性粉剂500 ～ 700倍液、72%霜脲·锰锌可湿性粉剂700倍液、69%烯酰吗啉·锰锌可湿性粉剂1 000倍液、35%甲霜·铜可湿性粉剂800倍液等药剂，隔7 ～ 10 d喷1次，连续喷3 ～ 4次。必要时还可用上述药剂灌根，每株灌对好的药液400 ～ 500 mL，如能喷雾与灌根同时进行，防治效果会明显提高。

5. 西瓜白粉病

症　　状 由瓜类单丝壳（*Erysiphe cichoracearum*，属子囊菌亚门真菌）引起。从苗期至采收期均可发生，可为害叶片、叶柄、茎部和果实，其中叶片和茎部最为严重。初期在叶片上产生淡黄色水渍状近圆形斑，随后病斑上产生白色粉状物（即病原菌分生孢子），病斑逐步向四周扩展成连片的大型白粉斑（图21-22）。严重时病斑上产生黄褐色小粒点，后小粒点变黑，即病原菌的有性子实体（子囊壳）。

图21-22　西瓜白粉病为害叶片症状

发生规律　病菌附着在土壤里的植物残体上或寄主植物体内越冬，翌春病菌随雨水、气流传播，不断重复侵染。常年，5—6月和9—10月为该病盛发期。一般秋植瓜发病重于春植瓜，但在5—6月如雨日多，田间湿度大，春植瓜的发病亦重。该病对温度要求不严格，湿度在80%以上时最易发病、在多雨季节和浓雾露重的气候条件下，病害可迅速流行蔓延，一般10 ～ 15 d后可普遍发病。当田间高温干旱时能抑制该病的发生，病害发展缓慢。如管理粗放、偏施氮肥、枝叶郁闭的田间，该病最易流行。

防治方法　避免过量施用氮肥，增施磷、钾肥。实行轮作，加强管理，清除病残组织。

发病期间用20%戊菌唑水乳剂25 ～ 30 mL/亩、30%氟菌唑可湿性粉剂15 ～ 18 g/亩、200 g/L氟酰羟·苯甲唑（苯醚甲环唑125 g/L+氟唑菌酰羟胺75 g/L）悬浮剂40 ～ 50 mL/亩、50%苯甲·硫黄（硫黄47% +苯醚甲环唑3%）水分散粒剂70 ～ 80 g/亩、42%寡糖·硫黄（硫黄40.5% +氨基寡糖素1.5%）悬浮剂100 ～ 150 mL/亩、50%苯甲·吡唑酯（苯醚甲环唑25% +吡唑醚菌酯25%）水分散粒剂8 ～ 16 g/亩、42.4%唑醚·氟酰胺（吡唑醚菌酯21.2% +氟唑菌酰胺21.2%）悬浮剂10 ～ 20 mL/亩、40%苯甲·嘧菌酯（苯醚甲环唑15% +嘧菌酯25%）悬浮剂30 ～ 40 mL/亩、80%苯甲·醚菌酯（醚菌酯50% +苯醚甲环唑30%）可湿性粉剂10 ～ 15 g/亩、75%百菌清可湿性粉剂600 ～ 800倍液+25%乙嘧酚悬浮剂1 000倍液、70%甲基硫菌灵可湿性粉剂1 000倍液、12.5%烯唑醇可湿性粉剂2 000倍液、2%宁南霉素水剂500倍液、40%氟硅唑乳油5 000 ～ 6 000倍液、20%腈菌唑乳油1 500 ～ 2 000倍液、50%醚菌酯悬浮剂3 000倍液，兑水喷雾，每隔6 ～ 7 d喷 1 次，连续喷 3 次。为了避免病菌产生抗药性，药剂宜交替使用。

6. 西瓜叶枯病

分布为害　叶枯病为西瓜的常见病，分布广泛，发生较普遍，常在夏、秋露地西瓜上发病，春茬西瓜也可发病。一般发病率10%～ 30%，轻度影响西瓜生产，严重地块病株率在80%以上，使大量叶片枯死，对西瓜的生产影响显著。

症　　状　由瓜链格孢（*Alternaria cucumering*）引起。主要为害叶片，幼苗叶片受害，病斑褐色（图21-23）；成株期先在叶背面叶缘或叶脉间出现明显的水浸状褐色斑点，湿度大时导致叶片失水青枯，天气晴朗气温高易形成2 ～ 3 mm圆形至近圆形褐斑，布满叶面，后融合为大斑，病部变薄，形成叶枯（图21-24）。茎蔓染病，产生梭形或椭圆形稍凹陷的褐斑。果实染病，在果实上生有四周稍隆起的圆形褐色凹陷斑，可深入果肉，引起果实腐烂。湿度大时，病部长出灰黑色至黑色霉层。

图21-23　西瓜叶枯病为害幼苗叶片症状

图21-24 西瓜叶枯病为害叶片后期症状

发生规律 生长期间病菌通过风雨传播，多次再侵染。该菌对温度要求不严格，气温14 ~ 36℃、相对湿度高于80%均可发病，雨日多、雨量大，相对湿度高易流行。偏施或重施氮肥及土壤瘠薄的地块，植株抗病力弱，发病重。连续天晴、日照时间长，对该病有抑制作用。

防治方法 选用耐病品种，清除病残体，集中深埋或烧毁。采用配方施肥技术，避免偏施、过施氮肥。雨后开沟排水，防止湿气滞留。

种子消毒：用75%百菌清可湿性粉剂、50%异菌脲可湿性粉剂1 000倍液浸种2 h左右，然后冲净催芽播种。

发病初期，开始喷洒12%苯甲·氟酰胺（苯醚甲环唑5%＋氟唑菌酰胺7%）悬浮剂40 ~ 67 mL/亩、50%腐霉利可湿性粉剂1 500倍液+80%代森锰锌可湿性粉剂600倍液、50%异菌脲可湿性粉剂1 000倍液+40%百菌清悬浮剂500倍液、65%代森锌可湿性粉剂500 ~ 800倍液+20%唑菌胺酯水分散粒剂1 000 ~ 2 000倍液、50%多菌灵·乙霉威可湿性粉剂500 ~ 700倍液、10%苯醚甲环唑水分散颗粒剂3 000 ~ 4 000倍液+50%菌毒清水剂300倍液，间隔7 ~ 10 d喷1次，连续防治3 ~ 4次。

7. 西瓜病毒病

分布为害 病毒病为西瓜的重要病害，分布广泛，发生普遍，保护地、露地都可发病，夏、秋露地种植受害严重。一般病株率5%～10%，在一定程度上影响生产，严重时病株率在30%以上，对西瓜生产影响极大。

症　状 由甜瓜花叶病毒（*Muskmelon mosaic virus*, MMV）、黄瓜花叶病毒（*Cucumber mosaic virus*, CMV）引起。主要表现为花叶型和蕨叶型两种。幼苗期形成黄绿相间的花叶状（图21-25）。成株花叶型，新叶出现明显褪绿斑点，后变为系统性斑驳花叶（图21-26），叶面凸凹不平，叶片变小，畸形，节间缩短，植株矮化，结果少而小，果面上有褪绿色斑驳。蕨叶型，新叶狭长，皱缩扭曲，花器不发育，难以坐果（图21-27）。果实发病，表面形成浓绿色和浅绿色相间的斑驳，并有不规则凸起。

图21-25 西瓜病毒病为害西瓜苗期症状

发生规律 病毒可在田间宿根杂草上越冬，也可在某些蔬菜上越冬。蚜虫（瓜蚜、桃

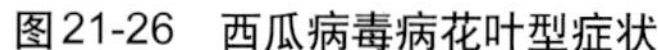
图21-26　西瓜病毒病花叶型症状

图21-27　西瓜病毒病蕨叶型症状

蚜）是主要传播媒介，人工整枝打杈等农事活动也会传毒。一般在5月中、下旬开始发病，6月上、中旬进入发病的盛期，幼苗到开花阶段较感病。高温、干旱、阳光强烈的气候条件下易发病。缺肥、生长势弱的瓜田发病重。

防治方法　施足基肥，合理追肥，增施钾肥，及时浇水防止干旱，合理整枝，提高植株抗病力。注意铲除瓜田内及周围杂草，及时拔除病株。在进行整枝、授粉等田间操作时，要注意尽量减少对植株的损伤。打杈选晴天阳光充足时进行，使伤口尽快干缩。

种子消毒：播种前用10%磷酸三钠溶液浸种20 min，然后催芽、播种。

消灭蚜虫：在清除瓜田内外杂草的基础上，喷洒10%吡虫啉可湿性粉剂1 500倍液、20%甲氰菊酯乳油2 000倍液。

发病初期，用1%香菇多糖水剂200 ～ 400倍液、4%低聚糖素可溶粉剂85 ～ 165 g/亩、24%混脂·硫酸铜（硫酸铜1.2%＋混合脂肪酸22.8%）水乳剂78 ～ 117 mL/亩、20%盐酸吗啉胍·乙酸铜可湿性粉剂500倍液、3%三氮唑核苷水剂500倍液、2%宁南霉素水剂150 ～ 200倍液、4%嘧肽霉素水剂500倍液、0.5%菇类蛋白多糖水剂300倍液、10%混合脂肪酸水乳剂100倍液等，兑水喷施，间隔10 d喷1次，连喷3 ～ 4次。

8. 西瓜叶斑病

分布为害　叶斑病主要在露地西瓜上发病，一般病株率20%～ 30%，对生产有轻度影响，发病重时病株率60 % ～ 80 %，部分叶片因病枯死，明显影响产量与品质。

症　　状　由瓜类尾孢（*Cercospora citrullina*）引起。主要侵染叶片（图21-28），初在叶片上出现暗绿色近圆形病斑，略呈水渍状，以后发展成黄褐至灰白色不定形坏死斑，边缘颜色较深，病斑大小差异较大，空气潮湿时病斑上产生灰褐色霉状物，即病菌分生孢子梗和分生孢子。病害严重时叶片上病斑密布，短时期内致使叶片坏死干枯。

图21-28　西瓜叶斑病为害叶片症状

发生规律　病菌主要以菌丝体的形式随病残组织越冬，亦可在保护地其他瓜类上为害过冬，经气流传播引起发病。越冬病菌在春、秋季条件适宜时产生分生孢子，借风雨和农事操作等传播，由气孔或直接穿透表皮侵入，发病后产生新的分生孢子进行多次重复侵染。高温、高湿有利于发病。西瓜生长期多雨、气温较高，或阴雨天较多发病较重。此外，平畦种植、大水漫灌、植株缺水缺肥、长势衰弱或保护地内通风不良等发病较重。

防治方法　西瓜拉秧后彻底清除病残落叶带到田外妥善处理，减少田间菌源。施足有机底肥，增施磷肥、钾肥，采用高垄或高畦地膜覆盖技术，生长期避免田间积水，严禁大水漫灌。

发病初期用药剂防治，可选用500 g/L异菌脲悬浮剂60 ～ 90 mL/亩、70%甲基硫菌灵可湿性粉剂600倍液、50%乙烯菌核利可湿性粉剂1 000倍液、6%氯苯嘧啶醇可湿性粉剂1 000倍液+80%代森锰锌可湿性粉剂800倍液等药剂喷雾。

9. 西瓜根结线虫病

症　　状　由南方根结线虫（*Meloidogyne incognita*）引起。主要为害根系，侧根发病较多。在根部上产生许多根瘤状物，根瘤大小不一，表面光滑，初为白色，后变成淡褐色，根结相连成念珠状（图21-29）。地上部分，感病轻微时症状不明显，仅表现为叶色变浅，天热时中午萎蔫；发病重时，植株矮化，生长不良，叶片萎垂，有时嫩叶畸形，不结瓜或结瓜小，多提早枯死。剖开根结，病组织内可见极小的鸭梨形乳白色的小线虫。

图21-29　西瓜根结线虫病根部根结症状

发生规律　根结线虫以成虫、卵的形式在土壤、病残体上或以幼虫的形式在土壤中越冬，翌年，越冬幼虫及越冬卵孵化的幼虫侵入根部，刺激根部组织细胞增生，形成根结。主要借病土、病苗、灌溉水、农具和杂草等传播。在地势高燥、土壤质地疏松，连作地块发病重。

防治方法　重病田改种葱、蒜、韭菜等抗病蔬菜或种植受害轻的速生蔬菜，加强栽培管理，增施有机肥，及时防除田间杂草。收获后彻底清洁田园，将病残体带出田外集中烧毁。

定植前，每亩用3%氯唑磷颗粒剂4 ～ 6 kg拌细干土50 kg，或10%苯线磷颗粒剂5 kg、98%棉隆微粒剂3 ～ 5 kg拌细土20 kg，撒施、沟施或穴施。

发病初期，用1.8%阿维菌素乳油1 000倍液、50%辛硫磷乳油1 000倍液、40%灭线磷乳油1 000倍液灌根，每株灌药液500 mL，间隔10 ～ 15 d再灌根1次，能有效地控制根结线虫病的发生为害。

10. 西瓜细菌性叶斑病

分布为害　西瓜细菌性叶斑病分布较广，发生亦较普遍，但一般轻度发病，病株率5%～ 10%，重时病株率在20%以上，显著影响西瓜生产。

症　　状　由丁香假单胞菌黄瓜致病变种（Pseudomonas syringae pv. lachry-mans）引起。此病全生育期均可发生，叶片、茎蔓和瓜果都可受害。苗期染病，子叶和真叶沿叶缘呈黄褐至黑褐色坏死干枯，最后瓜苗呈褐色枯死。成株染病，叶片上初生水浸状半透明小点，以后扩大成浅黄色斑（图21-30），边缘具有黄绿色晕环，最后病斑中央变褐或呈灰白色破裂穿孔，湿度高时叶背溢出乳白色菌液。茎蔓染病，呈油渍状暗绿色，之后龟裂，溢出白色菌脓。瓜果染病，初现油渍状黄绿色小点，逐渐变成近圆形红褐至暗褐色坏死斑，边缘黄绿色油渍状，随病害发展病部凹陷龟裂呈灰褐色，空气潮湿时病部可溢出锈色菌脓（图21-31）。

图21-30　西瓜细菌性叶斑病为害叶片症状

图21-31　西瓜细菌性叶斑病为害瓜果症状

发生规律　病原细菌在种子上或随病残体留在土壤中越冬，成为翌年的初侵染来源。病原细菌借风雨、昆虫和农事操作中人为接触传播，从寄主的气孔、水孔和伤口侵入。细菌侵入后，初在寄主细胞间隙中，后侵入到细胞内和维管束中，侵入果实的细菌则沿导管进入种子。温暖高湿条件，即气温21～28℃，空气相对湿度85%以上，有利于发病；低洼地及连作地块发病重。

防治方法　选用耐病品种；与非葫芦科作物2年以上轮作；及时清除病残体并深翻；适时整枝，加强通风；推广避雨栽培。

种子处理：用60℃温水浸种15 min，或72%农用硫酸链霉素可溶性粉剂500倍液浸种2 h，40%福尔马林150倍液浸种1.5 h，50%代森铵水剂500倍液浸种1 h，清水洗净后催芽播种。

发病初期，用2%宁南霉素水剂100 ～ 150 mL/亩、0.5%菇类蛋白多糖水剂300倍液、3%中生菌素可湿性粉剂500 ～ 800倍液，兑水喷施，间隔5 ～ 7 d喷1次，连续2 ～ 3次。

11. 西瓜细菌性果腐病

症　　状　由类产碱假细胞西瓜亚种西瓜细菌性斑豆假单细胞（*Pseudomonas pseudoalcaligenes* subsp. *citrulli*，属细菌）引起。瓜苗染病，沿叶片中脉出现不规则褐色病斑，有的扩展到叶缘，叶背面呈水浸状。果实染病，果表面出现数个几毫米大小灰绿色至暗绿色水浸状斑点（图21-32），后迅速扩展成大型不规则斑，变褐或龟裂，果实腐烂，并分泌出黏质琥珀色物质，瓜蔓不萎蔫，病瓜周围病叶上出现褐色小斑，病斑通常在叶脉边缘，有时有黄晕，病斑周围呈水浸状。

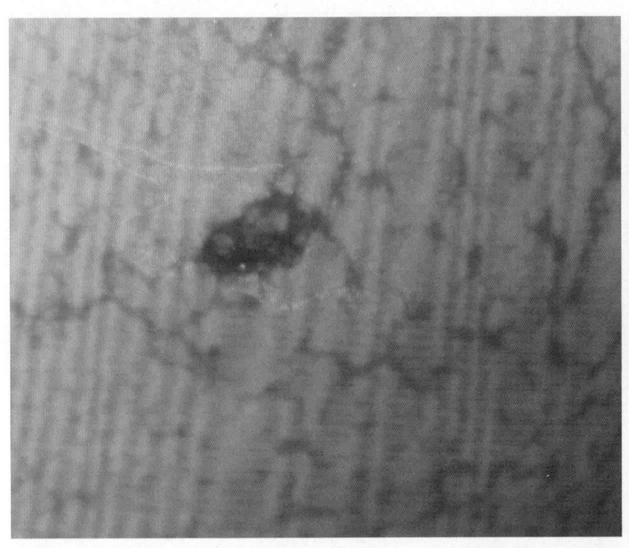
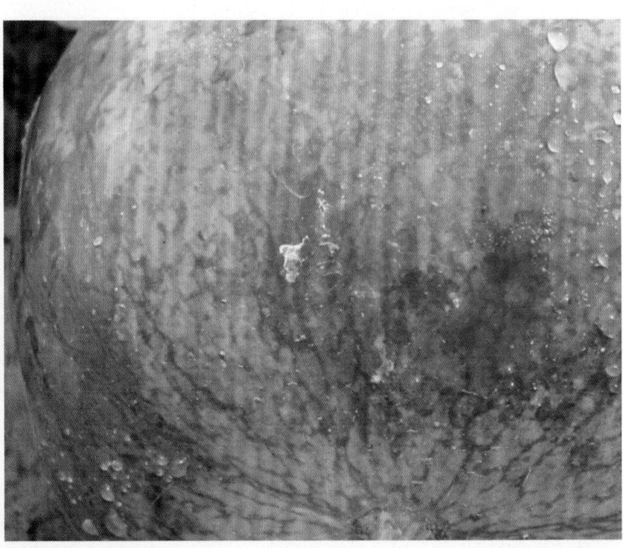

图21-32　西瓜细菌性果腐病病果

发生规律　病菌在田间借风、雨及灌溉水传播，从伤口或气孔侵入。多雨、高湿、大水漫灌易发病，气温24 ～ 28℃时，只需1 h，病菌就能侵入潮湿的叶片，潜育期3 ～ 7 d。

防治方法　实行轮作，施用充分腐熟有机肥，采用塑料膜双层覆盖栽培方式。

种子消毒：用40%福尔马林150倍液浸种30 min，清水冲净后浸泡6 ～ 8 h，再催芽播种。有些西瓜品种对福尔马林敏感，用前应先试验，以免产生药害。

进入雨季后，用20%噻唑锌悬浮剂125 ～ 150 mL/亩、3%中生菌素水剂400 ～ 533 mL/亩、50%氯溴异氰尿酸可溶粉剂40 ～ 60 g/亩、36%三氯异氰尿酸可湿性粉剂60 ～ 90 g/亩、30%噻森铜悬浮剂70 ～ 85 mL/亩、20%噻菌铜悬浮剂100 ～ 130 g/亩、30%金核霉素可湿性粉剂1 500 ～ 1 600倍液，兑水喷施，每10 d喷1次，防治2 ～ 3次即可。

12. 西瓜猝倒病

症　　状　由瓜果腐霉（*Pythium aphanidermatum*）引起。发病初期，在幼苗近地面处的茎基部或根茎部，生出黄色至黄褐色水浸状缢缩病斑，致幼苗猝倒，一拨即断。该病在育苗时或直播地块发展很快，一经染病，叶片尚未凋萎，幼苗即猝倒死亡。湿度大时，在病部或其周围的土壤表面生出一层白色棉絮状白霉（图21-33）。

图21-33　西瓜猝倒病为害幼苗症状

发生规律 病菌在12 ~ 18 cm表土层越冬，并在土中长期存活。遇适宜条件萌发产生孢子囊，游动孢子侵染瓜苗引起猝倒病。病菌借灌溉水或雨水溅射传播蔓延。该病多发生在土壤潮湿和连阴雨多的地方，与其他根腐病共同为害。

防治方法 苗期病害严重的地区，可采用统一育苗、统一供苗的方法。育苗时选用无病新土、塘土或稻田土，不要用带菌的旧苗床土、菜园土或庭院土育苗。加强苗床管理，避免出现低温、高湿的情况。

育苗时可用50%拌种双粉剂300 g掺细干土100 kg制成药土撒在种子上，覆盖一层，然后再覆土。

苗床发病时，可喷洒72.2%霜霉威水剂400倍液、58%甲霜灵·锰锌可湿性粉剂800倍液、72%霜脲·锰锌可湿性粉剂600倍液、69%烯酰吗啉·代森锰锌可湿性粉剂1 000倍液、15%噁霉灵水剂450倍液等药剂。

13. 西瓜立枯病

症　　状 由立枯丝核菌（*Rhizoctonia solani*）引起。主要侵害植株根尖及根。初发病时，在苗茎基部出现椭圆形褐色病斑，叶片白天萎蔫，晚上恢复，以后病斑逐渐凹陷，发展到绕茎一周时病部缢缩干枯，但病株不易倒伏，呈立枯状（图21-34）。

图21-34 西瓜立枯病为害幼苗症状

发生规律 在西瓜苗期发生，病菌在15℃左右的温度环境中繁殖较快，30℃以上繁殖受到抑制。土壤温度10℃左右不利瓜苗生长，而此菌能活动，故易发病。一般在3月下旬、4月上旬，连日阴雨并有寒流时，发病较多。

防治方法 选用无病的新土育苗，加强苗床管理，避免出现低温、高湿的环境。

苗床覆土，用50%多菌灵可湿性粉剂0.5 kg加细土100 kg，或用可湿性粉剂300 g加细土100 kg制成药土，播种后覆盖1 cm厚。

发病时可喷70%敌磺钠可溶粉剂250 ~ 500 g/亩、64%噁霜灵·代森锰锌可湿性粉剂500倍液、25%甲霜灵可湿性粉剂800倍液、可湿性粉剂800倍液、70%敌磺钠可溶性粉剂800 ~ 1 000倍液等药剂。

14. 西瓜绵疫病

症　　状 由瓜果腐霉（Pythium aphanidermatum）引起。菌丝无色、无隔。西瓜生长中、后期，果实膨大后，由于地面湿度大，靠近地面的果面由于长期受潮湿环境影响，极易发病。果实上先出现水浸状病斑，而后软腐，湿度大时，长出白色绒毛状菌丝（图21-35），后期病瓜腐烂，有臭味。

图21-35 西瓜绵疫病为害果实症状

发生规律 病菌以卵孢子的形式在土壤表层越冬，菌丝体也可以在土中营腐生生活，温、湿度适宜时卵孢子萌发或土中菌丝产生孢子囊萌发释放出游动孢子，借浇水或雨水溅射到幼瓜上引起侵染。田间高湿或积水易诱发此病。通常地势低洼、土壤黏重、地下水位高、雨后积水或浇水过多，田间湿度高等均有利于发病。结瓜后，在雨水较多的年份、田间积水等情况下发病较重。

防治方法 施用充分腐熟的有机肥。采用高畦栽培，避免大水漫灌，大雨后及时排水，必要时可把瓜垫起。

发病初期，可用60％氟吗·锰锌可湿性粉剂1 000 ～ 1 500倍液、72％霜脲·锰锌可湿性粉剂600 ～ 800倍液、70%丙森锌可湿性粉剂700 ～ 900倍液，均匀喷雾，间隔7 d喷1次，连续喷2 ～ 3次。

15. 西瓜褐色腐败病

症　状 由辣椒疫霉（*Phytophthora capsici*，属鞭毛菌亚门真菌）引起。苗期、成株期均可发生。苗期染病，主要为害根茎部，土表下根茎处产生水浸状病斑（图21-36），皮层初现暗绿色水浸状斑，后变为黄褐色，逐渐腐烂，后期缢缩或全部腐烂，致全株枯死。成株染病，初生暗绿色水浸状病斑，后变软腐败，病叶下垂，不久变为暗褐色，易干枯脆裂。茎部染病，病部出现暗褐色纺锤形水浸状斑，病情扩展快，茎变细产生灰白色霉层，致病部枯死。蔓的先端最易被侵染，导致侧枝增多，在低洼处的蔓尤为明显。果实染病，初生直径1 cm左右的圆形凹陷斑，病部初呈水浸状暗绿色，后变成暗褐色至暗赤色(图21-37)，斑面形成白色紧密的天鹅绒状菌丝层。该病扩展迅速，即使是很大的西瓜，也会在2 ～ 3 d腐败，损失比较严重。

图21-36　西瓜褐色腐败病为害幼苗症状

图21-37　西瓜褐色腐败病为害瓜果症状

发生规律 病菌在土壤中主要以卵孢子的形式越冬，于翌年形成初侵染源。发病后，病斑上生成的分生孢子，借雨水飞散，四处蔓延。高湿条件下发病较重，排水不畅的地块及酸性土壤易发病。果实直接接触地面时也容易发病。

防治方法 施用充分腐熟有机肥，采用配方施肥技术，减少化肥施用量。前茬收获后及时翻地。雨后及时排水。

保护地西瓜在发病初期，用45%百菌清烟剂200 ～ 250 g/亩，在棚内分4 ～ 5处放置，暗火点燃，闭棚一夜，次晨通风，隔7 d熏1次。

在发现中心病株后，选用70%乙磷·锰锌可湿性粉剂500倍液、72.2%霜霉威水剂800倍液、70%丙森锌可湿性粉剂800倍液、50%氟吗·乙铝可湿性粉剂800倍液、72%霜脲·锰锌可湿性粉剂800倍液喷雾，间隔10 d左右喷1次，连续喷施2 ～ 3次。

16. 西瓜黑斑病

症　状 由链格孢菌（*Alternaria alternata*）引起。主要为害叶片。发病初期，叶片出现水浸状小斑点，分布在叶缘或叶脉间，后扩展为圆形或近圆形。暗褐色，边缘稍隆起，病、健交界处明显，病斑上有不明显的轮纹，病斑能迅速融合为大斑，引起叶片枯黄（图21-38）。湿度大时病斑扩展迅速，引起全株叶片枯萎。该病瓜蔓不枯萎，可以此区别西瓜蔓枯病和枯萎病。果实发病，初生水渍状暗色斑，后扩展成凹陷斑，引起果实腐烂，运输和贮藏期该病可继续扩展，湿度大时，病部长出稀疏的黑色霉层。

图21-38　西瓜黑斑病为害叶片症状

发生规律　病菌以菌丝体的形式随病残体在土壤中或种子上越冬，翌年春天西瓜播种出苗后，遇适宜温度、湿度时，即可侵染，后病部产生分生孢子，通过风雨传播，多次重复侵染，使病害不断发展。

防治方法　收获后清除病残体，集中深埋或烧毁。雨后要注意排水，防止湿气滞留。

在发病前未见病斑时开始喷药，常用药剂有50%腐霉利可湿性粉剂1 500倍液、50%异菌脲可湿性粉剂1 000倍液、25%溴菌腈可湿性粉剂600倍液、10%苯醚甲环唑水分散粒剂1 000倍液，间隔7 ～ 10 d喷1次，连喷3 ～ 4次。

17. 西瓜白绢病

症　　状　由齐整小核菌（*Sclerotium rolfsii*）引起，有性世代被称为白绢薄膜革菌，属担子菌亚门真菌。主要为害近地面的茎蔓和果实。茎基部或贴近地面茎蔓发病时初呈暗褐色，其上长出白色辐射状菌丝体（图21-39）。果实发病，病部变褐，边缘明显，病部亦长出白色绢丝状菌丝，菌丝向果实靠近地面的表面延伸（图21-40），后期病部产生的茶褐色萝卜籽状小菌核，湿度大时病部腐烂。

图21-39　西瓜白绢病为害叶柄症状

图21-40　西瓜白绢病为害瓜果后期症状

发生规律 病原菌以菌核或菌丝体的形式在土壤中越冬，条件适宜时菌核萌发产生菌丝，从植株茎基部或根部侵入，潜育期3～10 d，出现中心病株后，地表菌丝向四周蔓延。高温和时晴时雨利于菌核萌发。连作地、酸性土或沙性地发病重。

防治方法 施用消石灰调节土壤酸碱度至中性；发现病株及时拔除，集中销毁。

发病初期，用15%三唑酮可湿性粉剂、50%甲基立枯磷可湿性粉剂1 g，加细土100～200 g，撒在病部茎处。也可喷洒20%甲基立枯磷乳油1 000倍液，每隔7～10 d防治1次，共防治1～2次。

二、西瓜各生育期病虫害防治技术

（一）西瓜病虫害综合防治历的制订

西瓜栽培管理过程中，应总结本地西瓜病虫害的发生特点和防治经验，制订病虫害防治计划，适时田间调查，及时采取防治措施，有效控制病虫的为害，保证丰产、丰收。

西瓜病虫害的综合防治历见表21-1，各地应根据自己的情况采取具体的防治措施。

表21-1 西瓜病虫害的综合防治历

日期	生育期	主要防治对象
1—2月	大棚西瓜育苗期	猝倒病、立枯病、蔓枯病、冻害
3—4月	地膜加小拱棚西瓜移栽至幼果期 露地西瓜育苗移栽	蔓枯病、炭疽病、疫病、猝倒病、立枯病
5—6月	拱棚西瓜成熟期 露地西瓜幼果期	炭疽病、疫病、枯萎病、蔓枯病、白粉病、叶枯病、病毒病、蚜虫、黄足黄守瓜、红蜘蛛、美洲斑潜蝇
7—8月	露地西瓜采收期	炭疽病、疫病、枯萎病、蔓枯病、叶枯病、红蜘蛛、美洲斑潜蝇、瓜绢螟

（二）大棚西瓜育苗期

该时期是全年温度最低的月份，多雨雪天气。同时是大棚等保护地栽培西瓜开始育苗的重要时期。应加强保护地西瓜的防冻措施，防止瓜苗冻害。晴好天气及时通风透光；降雪天气要及时清除大棚上的积雪，确保大棚安全。着重做好猝倒病、立枯病等苗期病害的预防（图21-41）。此时，蔓枯病也开始零星发生，要加强防治，减少再侵染源，同时要注重通风降湿和防止冻害。

图21-41 西瓜育苗期病害为害情况

立枯病、猝倒病发生初期，可以用15%恶霉灵水剂450倍液、20%甲基立枯磷乳油1 200倍液、50%敌菌灵可湿性粉剂400倍液、80%福美双水分散粒剂600倍液、72.2%霜霉威水剂400倍液+50%腐霉利可湿性粉剂1 500倍液等药液灌根。

（三）地膜小拱棚西瓜移栽至幼果期、露地西瓜育苗移栽期

该时期天气冷暖变化大。要加强田间管理，做好防冻、保暖和降湿工作。遇晴好天气及时通风透光，改善小环境气候条件。保护地育苗时的主要病害有猝倒病、立枯病、蔓枯病等，要加强防治。3月下旬起，在保护地内的地下害虫也开始为害，可采取诱杀防治。重点做好猝倒病、立枯病、蔓枯病、疫病、炭疽病、蓟马、蝼蛄等的防治工作（图21-42、图21-43）。

图21-42　西瓜移栽后生长情况

图21-43　西瓜幼果期生长情况

炭疽病发病初期，可选用75%甲基硫菌灵水分散粒剂55 ~ 80 g/亩+80%代森锰锌可湿性粉剂130 ~ 210 g/亩、50%醚菌酯干悬浮剂3 000 ~ 4 000倍液、25%嘧菌酯悬浮剂1 500 ~ 2 000倍液、22.5%啶氧菌酯悬浮剂40 ~ 45 mL/亩、50%吡唑醚菌酯水分散粒剂10 ~ 15 g/亩、70%丙森锌可湿性粉剂600倍液+40%苯醚甲环唑悬浮剂15 ~ 20 mL/亩、25%咪鲜胺乳油1 000 ~ 1 500倍液+75%百菌清可湿性粉剂800倍液，兑水喷施。

蔓枯病发病初期，可兑水喷施25%咪鲜胺乳油1 000倍液、50%异菌脲可湿性粉剂1 000倍液+80%代森锰锌可湿性粉剂800倍液、80%代森锌可湿性粉剂800倍液+36%甲基硫菌灵胶悬剂400倍液、48%嘧菌百菌清（百菌清40%+嘧菌酯8%）悬浮剂75 ~ 90 mL/亩、24%苯甲烯肟（烯肟菌胺8%+苯醚甲环唑16%）悬浮剂30 ~ 40 mL/亩、40%苯甲吡唑酯（苯醚甲环唑15%+吡唑醚菌酯25%）悬浮剂20 ~ 25 mL/亩、35%氟菌戊唑醇（戊唑醇17.5%+氟吡菌酰胺17.5%）悬浮剂25 ~ 30 mL/亩、60%唑醚代森联（代森联55%+吡唑醚菌酯5%）水分散粒剂60 ~ 100 g/亩、35%苯甲嘧菌酯（苯醚甲环唑20%+嘧菌酯15%）悬浮剂20 ~ 25 mL/亩等药剂。

疫病发病前开始施药，尤其是雨季到来之前先喷1次预防，雨后发现中心病株时拔除，并立即兑水喷洒100 g/L氰霜唑悬浮剂55 ~ 75 mL/亩、23.4%双炔酰菌胺悬浮剂20 ~ 40 mL/亩、70%丙森锌可湿性粉剂150 ~ 200 g/亩、28%精甲霜灵氰霜唑（氰霜唑16%+精甲霜灵12%）悬浮剂15 ~ 19 mL/亩、26%氰霜嘧菌酯（氰霜唑7.4%+嘧菌酯18.6%）悬浮剂48 ~ 65 g/亩、440 g/L精甲百菌清（精甲霜灵40 g/L+百菌清400 g/L）悬浮剂100 ~ 50 mL/亩、687.5 g/L氟菌霜霉威（霜霉威盐酸盐625 g/L+氟吡菌胺62.5 g/L）悬浮剂60 ~ 75 mL/亩。

（四）拱棚西瓜成熟期、露地西瓜幼果期

该时期气温回升，雨水多。在6月进入梅雨季节，田间湿度高，各种病虫害进入为害高峰期。早春棚栽西瓜开始成熟采收，露地西瓜进入幼苗至幼果期。做好炭疽病、疫病、枯萎病、蔓枯病、白粉病、灰霉病、病毒病、蚜虫、蓟马、美洲斑潜蝇、红蜘蛛、黄足黄守瓜的防治工作（图21-44、图21-45）。

炭疽病、蔓枯病、疫病可参考上述药剂喷施防治。

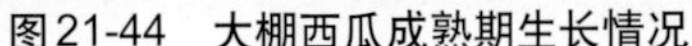

图21-44 大棚西瓜成熟期生长情况

图21-45 露地西瓜幼果期生长情况

枯萎病发病初期及时防治，可用25.9%硫酸四氨络合锌水剂500倍液、10%双效灵水剂200 ~ 300倍液、20%甲基立枯磷乳油1 000倍液、98%恶霉灵可湿性粉剂2 000倍液、70%甲基硫菌灵可湿性粉剂1 000倍液等药剂灌根，每株0.25 kg药液，间隔5 ~ 7 d灌1次，连灌2 ~ 3次。

病毒病发病初期，喷施20%盐酸吗啉胍乙酸铜可湿性粉剂500倍液、2%宁南霉素水剂500倍液、0.5%菇类蛋白多糖水剂300倍液、10%混合脂肪酸水乳剂100倍液等，每10 d喷1次，连喷3 ~ 4次。

叶枯病发生初期，可喷施25%乙嘧酚悬浮剂1 000倍液、50%异菌脲可湿性粉剂1 000倍液。

白粉病发生初期，可喷施25%三唑酮可湿性粉剂2 000倍液、40%氟硅唑乳油4 000 ~ 6 000倍液、20%腈菌唑乳油1 500 ~ 2 000倍液。

在潜叶蝇成虫发生高峰期，可采用0.5%甲氨基阿维菌素苯甲酸盐微乳剂2 000 ~ 3 000倍液、50%灭蝇胺可湿性粉剂2 000 ~ 3 000倍液均匀喷施。

在蚜虫发生期，可喷施10%吡虫啉可湿性粉剂2 000 ~ 4 000倍液3%啶虫脒乳油2 000倍液、25%噻虫嗪可湿性粉剂1 000 ~ 2 000倍液、50%抗蚜威可湿性粉剂1 000 ~ 3 000倍液等药剂。

（五）露地西瓜成熟期

该时期为高温天气，西瓜病虫害进入为害盛期（图21-46）。做好枯萎病、高温灼伤、炭疽病、叶枯病、根结线虫病、裂瓜等病害的预防，特别要加强对红蜘蛛、瓜绢螟、美洲斑潜蝇、蚜虫等害虫的防治。其防治药剂可参考上述药剂。

图21-46 露地西瓜成熟期生长情况

第二十二章　西葫芦病害原色图解

1. 西葫芦病毒病

分布为害　病毒病是西葫芦的主要病害，又称花叶病。分布广泛，各地普遍发生，保护地、露地种植都可受害，一般发病率10%～15%，严重时病株在80%以上，常减产三至四成，受害果实质量低劣，导致西葫芦提早拉秧，甚至毁种。

症　　状　由黄瓜花叶病毒（*Cucumber mosaic virus*，CMV）、甜瓜花叶病毒（*Muskmelon mosaic virus*，MMV）。从幼苗至成株期均可发生。主要有花叶型、黄化皱缩型及两者混合型。花叶型表现：嫩叶明脉及褪绿斑点，后呈淡而不均匀的小花叶斑驳，严重时顶叶变为鸡爪状，染病早的植株可引起全株萎蔫。黄化皱缩型表现：植株上部叶片沿叶脉失绿，叶面出现浓绿色隆起皱纹，继而叶片黄化，皱缩下卷，叶片变小或出现蕨叶、裂片、植株矮化，病株后期扭曲畸形，果实小，果面出现花斑，或产生凹凸不平的瘤状物，严重时植株枯死（图22-1 ～图22-7）。

图22-1　西葫芦病毒病为害幼苗症状

图22-2　西葫芦病毒病为害叶片皱缩症状

图22-3　西葫芦病毒病为害叶片鸡爪状

图22-4　西葫芦病毒病为害叶片花叶状

图22-5 西葫芦病毒病绿斑花叶状

图22-6 西葫芦病毒病病瓜

图22-7 西葫芦病毒病田间为害症状

发生规律 病毒可在保护地瓜类、茄果类及其他多种蔬菜和杂草上越冬。翌年，通过蚜虫传播，也可通过农事操作接触传播，种子本身也可带毒。高温干旱天气有利于病毒病发生，西葫芦生长期管理粗放、缺水缺肥、光照强、蚜虫数量多等情况下病害发生严重。

防治方法 加强育苗期间的管理，早春育苗要保证床温，促使幼苗健壮生长。适期早定植，定植时淘汰病苗和弱苗。施足底肥，适时追肥，注意磷、钾肥的配合施用，促进根系发育，增强植株抗病性。注意浇水，防止干旱。夏、秋季育苗要防止苗床温度过高，应及时浇水降温防止干旱，或在苗床上覆盖遮阳网遮光降温，并注意防治苗床蚜虫，以防蚜虫传毒。

种子消毒：播种前用10%磷酸三钠浸种20 min，然后洗净催芽播种；也可用55℃温水浸种15 min，或干种子70℃热处理3 d。

加强田间蚜虫的防治，可以施用25%噻虫嗪水分散粒剂4 ~ 8 g/亩、10%吡虫啉可湿性粉剂2 000 ~ 4 000倍液、3%啶虫脒乳油30 mL/亩、50%抗蚜威可湿性粉剂2 000 ~ 3 000倍液。

发病前期至初期，可用0.5%香菇多糖水剂200 ~ 300 mL/亩、20%盐酸吗啉胍·乙酸铜可湿性粉剂500倍液、2%宁南霉素水剂300倍液、10%混合脂肪酸水乳剂100倍液、0.5%菇类蛋白多糖水剂250倍液、5%菌毒清水剂300倍液喷洒叶面，每7 ~ 10 d喷1次，连续喷施2 ~ 3次。

2. 西葫芦白粉病

分布为害　白粉病为西葫芦的主要病害，分布广泛，各地均有发生，春、秋两季发生最普遍，发病率30%～100%，对产量有明显的影响，一般减产10%左右，严重时可减产50%以上。

症　　状　由单丝壳白粉菌（*Sphaerotheca fuliginea*）引起。病菌分生孢子梗无色，圆柱形，不分枝，其上着生分生孢子。苗期至收获期均可发生，主要为害叶片，叶柄和茎也可受害，果实很少受害。发病初期，在叶面或叶背及幼茎上产生白色近圆形小粉点（图22-8），后向四周扩展成边缘不明晰的白粉斑，严重的整个叶片布满白粉（图22-9），后期白粉变为灰白色，在病斑上生出成堆的黄褐色小粒点，后小粒点变黑。为害严重时，全田叶片都布满白粉（图22-10）。

图22-8　西葫芦白粉病病叶正、背面及病茎症状

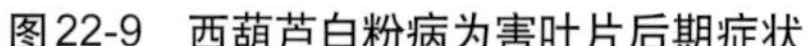

图22-9　西葫芦白粉病为害叶片后期症状

图22-10　西葫芦白粉病为害后期田间症状

发生规律　以闭囊壳的形式随病残体越冬，或在保护地瓜类作物上周而复始地侵染。通过叶片表皮侵入，借气流或雨水传播。低湿可萌发，高湿萌发率明显提高。雨后干燥或少雨但田间湿度大时，白粉病流行速度加快。较高的湿度有利于孢子萌发和侵入。高温干燥有利于分生孢子繁殖和病情扩展。高温干旱与高湿交替出现，有利于发病。

防治方法　培育壮苗，定植时施足底肥，增施磷、钾肥，避免后期脱肥。生长期加强管理，注意通风透光，保护地提倡使用硫黄熏蒸器定期熏蒸预防。

发病初期喷洒30%吡唑醚菌酯悬浮剂17 ~ 33 mL/亩、1%蛇床子素水乳剂150 ~ 250 mL/亩、12.5%腈菌唑乳油2 000 ~ 3 000倍液、12.5%烯唑醇可湿性粉剂1 500 ~ 3 000倍液、25%氟喹唑可湿性粉剂3 000 ~ 5 000倍液、40%氟硅唑乳油4 000 ~ 8 000倍液、5%烯肟菌胺乳油800 ~ 1 500倍液、62.25%腈菌唑·代森锰锌可湿性粉剂600 ~ 1 000倍液。

保护地种植发病初期也可选用5%百菌清粉尘剂或5%春雷霉素·氧氯化铜粉尘剂1 kg/亩喷粉，防治效果理想。

3. 西葫芦灰霉病

分布为害 灰霉病是西葫芦重要的病害，分布广泛，在北方保护地内和南方露地普遍发生。一旦发病，损失较重。一般病瓜率8%～25%，严重时在40%以上。

症　状 由葡萄孢菌引起。主要为害瓜条，也为害花、幼瓜、叶和蔓。病菌最初多从开败的花开始侵入，使花腐烂，产生灰色霉层，后由病花向幼瓜发展。染病瓜条初期顶尖褪绿，后呈水渍状软腐、萎缩，其上产生灰色霉层。病花或病瓜接触到健康的茎、花和幼瓜即引起发病而腐烂（图22-11）。叶片染病，多从叶缘侵入（图22-12），病斑多呈V形，也可从叶柄处发病，湿度大时病斑表面有灰色霉层（图22-13）。

图22-11　西葫芦灰霉病为害瓜条症状

图22-12　西葫芦灰霉病为害叶片症状

图22-13　西葫芦灰霉病为害叶柄处症状

发生规律　农事操作传播。多从伤口、薄壁组织侵入，尤其易从开败的花、老叶叶缘侵入。高湿、较低温度、光照不足、植株长势弱时易发病。

防治方法　前茬拉秧后彻底清除病残落叶及残体，加强管理，并注意在浇水后加大通风，降低空气湿度。当灰霉病零星发生时，立即摘除染病组织，带出田外或温室大棚，集中深埋。适当控制浇水，露地栽培时，雨后及时排水，降低田间相对湿度。保护地栽培时，要以提高温度、降低湿度为中心，保证西葫芦叶面不结露或结露时间应尽量短。

花期结合使用防落素等激素蘸花，在配制好的药液中按0.1%的比例，加入50%腐霉利可湿性粉剂、50%异菌脲可湿性粉剂等。

发病初期，可喷施30%福·嘧霉可湿性粉剂800～1 200倍液、50%福·异菌可湿性粉剂800～1 000倍液、50%多·福·乙可湿性粉剂800～1 500倍液、28%百·霉威可湿性粉剂800～1 000倍液、65%甲硫·霉威可湿性粉剂1 000～1 500倍液、50%异菌脲可湿性粉剂800～1 000倍液、50%烟酰胺水分散性粒剂1 500～2 500倍液、50%嘧菌环胺水分散粒剂1 000～1 500倍液、25%啶菌噁唑乳油1 000～2 000倍液、2%丙烷脒水剂1 000～1 500倍液、50%腐霉利可湿性粉剂1 000～2 000倍液、40%嘧霉胺悬浮剂1 000～1 500倍液等，重点喷施西葫芦的花和瓜条。

4. 西葫芦银叶病

分布为害　银叶病为西葫芦的重要病害，局部地区发生严重，一旦发病，几乎全部植株都受害，显著影响西葫芦产量。

症　状　由粉虱传双生病毒（*Whitefly transmitted geminivirus*，WTG）引起，该病毒为双生病毒科（*Geminiviridae*）菜豆金色黄花叶病毒属（*Begomovirus*）病毒。被害植株长势弱，植株偏矮，叶片下垂，生长点叶片皱缩，呈半停滞状态，茎部上端节间短缩；茎及叶柄（幼叶、功能叶）褪绿，叶片叶绿素含量降低，严重阻碍光合作用；叶片初期表现为沿叶脉变为银色或亮白色，以后全叶变为银色，在阳光照耀下闪闪发光，但叶背面叶色正常，常见有白粉虱成虫或若虫。3～4片叶为敏感期。幼瓜及花器柄部、花萼变白，半成品瓜、商品瓜也白化，呈乳白色或白绿相间，丧失商品价值（图22-14、图22-15）。

发生规律　粉虱传双生病毒为广泛发生的一类植物单链DNA病毒，在自然条件下均由烟粉虱传播。据初步观察，此病春、秋季都可发生。植株受烟粉虱为害后即感染此病，多数棚室发病率很高，受害轻时后期可在一定程度上恢复正常。不同品种发病程度略有差异，早青1号和金皮小西葫芦发生严重。

图22-14　西葫芦银叶病为害叶片症状

防治方法　调整播种育苗期，避开烟粉虱发生的高峰期。秋季是烟粉虱发生的高峰期，西葫芦栽培应避开这一时期。提倡用拱棚进行秋延迟栽培或用冬暖大棚进行秋冬茬栽。加强苗期管理，把育苗棚和生产棚分开。若发生烟粉虱，及时用烟剂熏杀，培育无虫苗。育苗前和栽培前要彻底熏杀棚室内的残虫，清除杂草和残株，通风口用尼龙纱网密封，控制外来虫源进入。

药剂防治：发病前施用5%菌毒清水剂300 ～ 500倍液、2%宁南霉素水剂200 ～ 400倍液、4%嘧肽霉素水剂200 ～ 300倍液、20%吗啉胍·乙铜可湿性粉剂500 ～ 800倍液、40%吗啉胍·羟烯腺·烯腺可溶性粉剂800 ～ 1 000倍液，隔7 ～ 10 d喷1次。

图22-15 西葫芦银叶病发病初期田间症状

5.西葫芦叶枯病

症　状　由瓜链格孢（*Alternaria cucumerina*）引起。此病多在生长中、后期发生，一般老叶发病较多。初期在叶缘或叶脉间形成黄褐色坏死小点（图22-16），周围有黄绿色晕圈，后变成近圆形小斑，有不明显轮纹，数个小斑相互连接成不规则坏死大斑，终致叶片枯死（图22-17）。

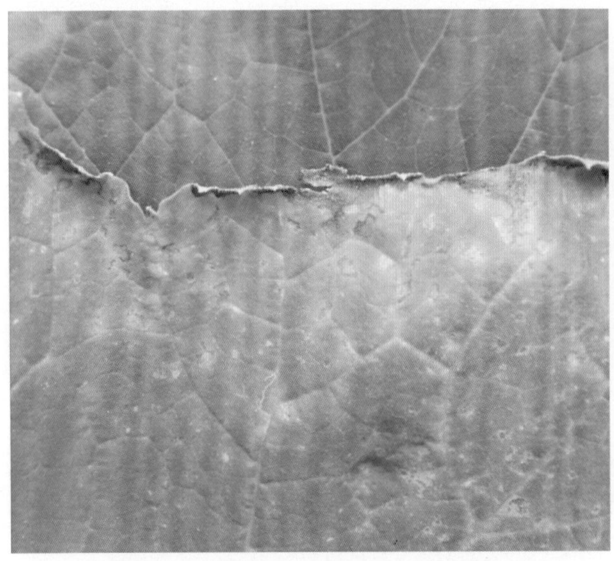

图22-16 西葫芦叶枯病为害叶片初期症状

图22-17 西葫芦叶枯病为害叶片后期症状

发生规律　病菌随病残体越冬。春季条件适宜时产生分生孢子形成初侵染。发病后病部产生大量分生孢子借气流和雨水传播，多次重复侵染。温暖潮湿有利于发病。西葫芦生长前期干旱，生长中、后期阴雨天气较多，管理粗放，发病较重。

防治方法　拉秧后彻底清除植株病残落叶，减少田间菌源，重病地块与非瓜类蔬菜轮作。增施有机肥，中、后期适当追肥，提高植株抗病能力，浇水后增加通风，严防大水漫灌。

发病初期，可喷施50%异菌脲可湿性粉剂1 200倍液+50%敌菌灵可湿性粉剂500倍液、50%乙烯菌核利可湿性粉剂1 500倍液+80%代森锰锌可湿性粉剂800倍液、2%嘧啶核苷类抗生素水剂300倍液。保护地种植还可选用5%百菌清粉尘剂、5%春雷霉素·氧氯化铜粉尘剂1 kg/亩喷粉防治。

6. 西葫芦霜霉病

症　　状　由古巴假霜霉（*Pseudoperononspora cubensis*）引起。此病各生育期都可发生，以生长中、后期较为常见，主要为害叶片。发病初期在叶背面形成水渍状小点，逐渐扩展成多角形水渍状斑，后长出黑紫色霉层，即病菌的孢囊梗和游动孢子囊。叶正面病斑初期褪绿，逐渐变成灰褐至黄褐色坏死斑，多角形，随病情发展多个病斑相互连接成不规则大斑，致叶片枯死（图22-18、图22-19）。

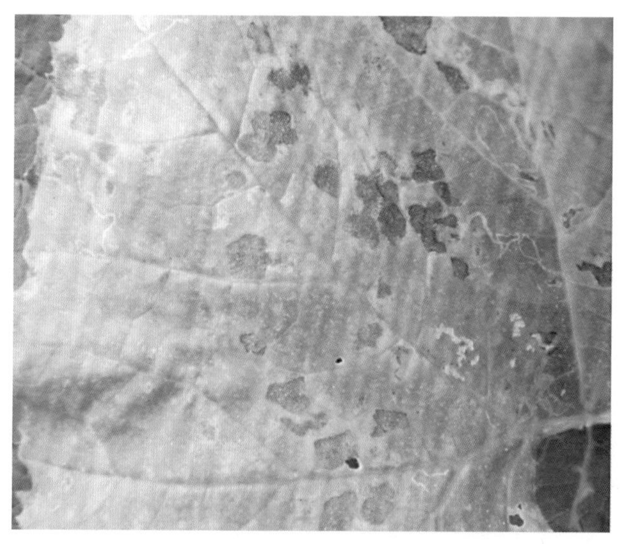

图22-18　西葫芦霜霉病叶片正面症状

图22-19　西葫芦霜霉病叶片背面症状

发生规律　病菌随病叶越冬或越夏，也可在黄瓜、甜瓜等瓜类作物上为害过冬。条件适宜时，病菌产生孢子囊借气流传播，形成初侵染。发病后产生的孢子囊飘移扩散，再侵染。温暖潮湿有利于发病，叶背结水有利于病菌侵染。病菌发育温度为15 ~ 30℃，孢子囊形成适宜温度为15 ~ 20℃，湿度85%以上，萌发适宜温度为15 ~ 22℃。在高湿条件下，20 ~ 24℃时，病害发展迅速而严重。

防治方法　收获后彻底清除病残落叶，重病区实行与非瓜类蔬菜轮作。注意适当稀植，降低小气候空气湿度。加强管理，阴雨天控制浇水，保护地注意适当增加通风。

在西葫芦霜霉病发病前期或苗期未发病时，主要用保护剂防止病害侵染发病，可以选用70%代森锰锌可湿性粉剂600 ~ 800倍液、77%氢氧化铜可湿性粉剂600倍液、70%丙森锌可湿性粉剂600倍液、75%百菌清可湿性粉剂600 ~ 800倍液等，间隔10 d左右喷1次。

在西葫芦田间出现霜霉病症状，但病害较轻时，应及时防治，该期要注意合理混用保护剂和治疗剂。可以喷施75%百菌清可湿性粉剂600 ~ 1 000倍液+25%甲霜灵可湿性粉剂800倍液、70%代森锰锌可湿性粉剂600 ~ 1 000倍液+25%甲霜灵可湿性粉剂800倍液、70%丙森锌可湿性粉剂600倍液+25%甲霜灵可湿性粉剂800倍液、65%代森锌可湿性粉剂500倍液+40%乙膦铝可湿性粉剂250倍液、58%甲霜灵·代森锰锌可湿性粉剂、72%霜脲氰·代森锰锌可湿性粉剂600倍液，间隔7 ~ 10 d喷1次，连喷2 ~ 3次。

在田间普遍出现西葫芦霜霉病症状，且病害前期霉层较少时，应及时防治，该期要注意使用速效治疗剂，特别是前期未用过高效治疗剂的，并和保护剂合理混用，防止病害进一步加重为害与蔓延。可以选用75%百菌清可湿性粉剂500 ～ 800倍液+25%烯酰吗啉可湿性粉剂600 ～ 800倍液、56%唑醚·霜脲氰（吡唑醚菌酯8%＋霜脲氰48%）水分散粒剂21 ～ 28 g/亩、70%代森锰锌可湿性粉剂500 ～ 800倍液＋20%氟吗啉可湿性粉剂800倍液、70%丙森锌可湿性粉剂600倍液+72.2%霜霉威水剂800倍液、65%代森锌可湿性粉剂500倍液+40%氰霜唑颗粒剂2 500倍液、58%甲霜灵·代森锰锌可湿性粉剂500 ～ 600倍液、72%霜脲氰·代森锰锌可湿性粉剂500 ～ 600倍液，每5 ～ 7 d喷1次，连喷2 ～ 3次。

7. 西葫芦软腐病

症　状　由胡萝卜软腐欧氏杆菌胡萝卜亚种（*Erwinia carotovora* subsp. *carotovora*）引起。此病主要为害瓜条，病菌多从伤口处侵染，初期呈水渍状灰白色坏死，继而软化腐烂，散发出臭味。此病发生后病势发展迅速，瓜条染病后在很短时期内即全部腐烂。染病后空气干燥或条件对病菌极端不利时病部逐渐变褐并失水萎缩。根茎部受害，髓组织溃烂，湿度大时，溃烂处流出灰褐色黏稠状物，轻碰病株即倒折（图22-20 ～图22-22）。

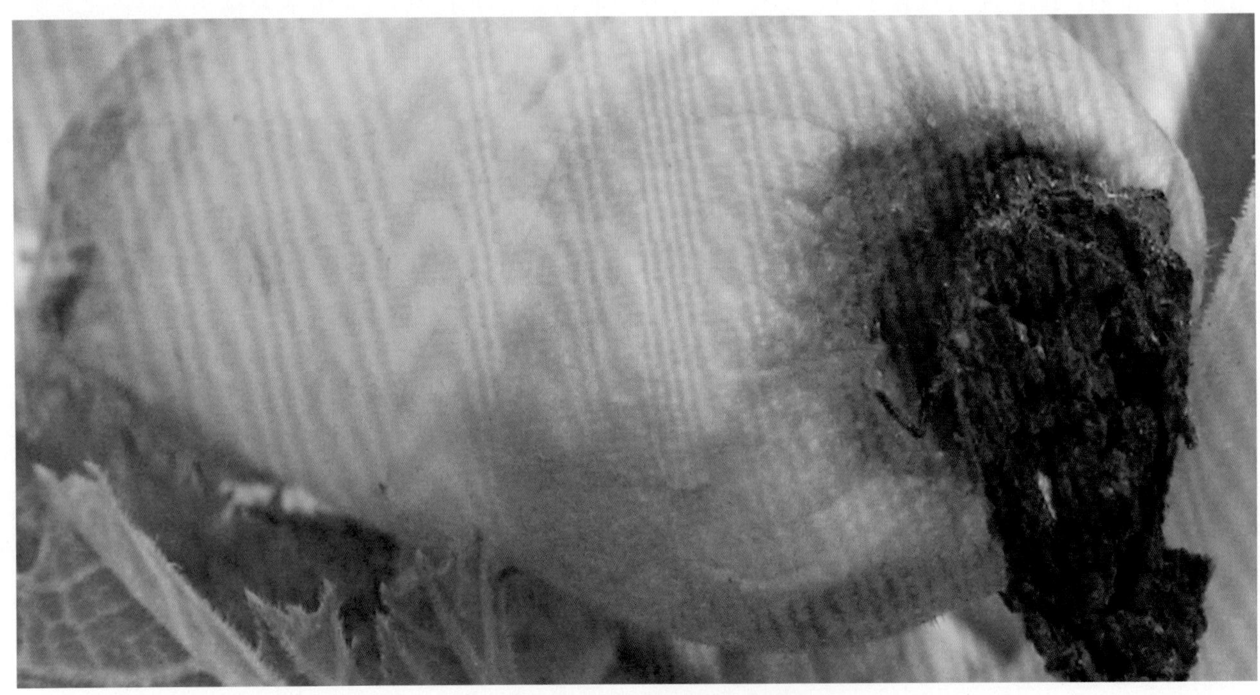

图22-20　西葫芦软腐病为害瓜条症状

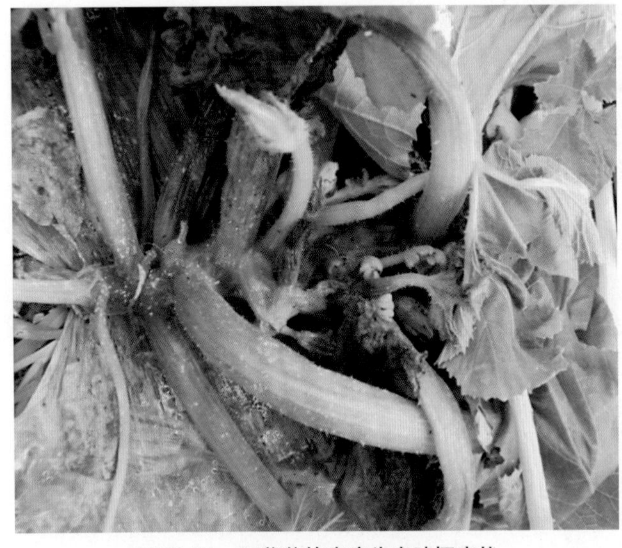

图22-21　西葫芦软腐病为害叶柄症状

图22-22　西葫芦软腐病为害根、茎部症状

发生规律 病菌主要随病残体在土壤中越冬。由于病菌可为害多种蔬菜，田间菌源普遍存在。当条件适宜时病菌借雨水、浇水及昆虫传播，由伤口侵入。高温、高湿条件下发病严重。通常，高温条件下病菌繁殖迅速，多雨或高湿的情况有利于病菌传播和侵染，且伤口不易愈合，增加了染病概率，伤口越多病害越重。

防治方法 选择适当的抗病品种。采用黑籽南瓜作为砧木嫁接栽培，增强抗病性。采用高垄或高畦地膜覆盖栽培，生长期避免大水漫灌，雨后及时排水，避免田间积水。及时防治病虫，避免日烧、肥害和机械伤口、生理裂口。

整地前必须用生石灰或高锰酸钾对土壤消毒，每亩生石灰用量为50 ~ 100 kg，70%敌磺钠可溶性粉剂用量为2.0 ~ 2.5 kg。保护地覆盖棚膜后，用硫黄熏蒸灭菌，每亩硫黄用量为1.0 ~ 1.5 kg。

发现病瓜及时清除，并及时施药防治，可采用47%春·氧氯化铜可湿性粉剂700 ~ 1 000倍液、20%噻唑锌悬浮剂300 ~ 500倍液、3%中生菌素水剂400 ~ 533 mL/亩、50%氯溴异氰尿酸可溶粉剂40 ~ 60 g/亩、36%三氯异氰尿酸可湿性粉剂60 ~ 90 g/亩、30%噻森铜悬浮剂70 ~ 85 mL/亩、20%噻菌铜悬浮剂100 ~ 130 g/亩、30%金核霉素可湿性粉剂1 500 ~ 1 600倍液，间隔5 ~ 7 d喷1次，连续防治2 ~ 3次。

8. 西葫芦褐色腐败病

症　　状 由鞭毛菌亚门疫霉菌属真菌（*Phytophthora* sp.）。此病主要侵染瓜条，严重时亦为害叶柄。瓜条染病初期产生水渍状不规则坏死斑，以后迅速发展成不规则大斑，暗绿色至灰褐色，随病害发展病瓜迅速软化腐烂（图22-23、图22-24）。空气潮湿，病部表面可产生不很明显的稀疏白霉，即病菌的孢囊梗。叶柄受害亦呈水渍状软腐，病部表面产生稀疏白霉。

图22-23 西葫芦褐色腐败病为害瓜条初期症状

图22-24 西葫芦褐色腐败病为害瓜条后期症状

发生规律 病菌以卵孢子的形式随病残组织遗留在土壤中越冬，翌年条件适宜时侵染寄主，在病部产生大量游动孢子，通过浇水或风雨传播，发生再侵染。高温多雨有利于发病。一般地势低洼、排水不良、浇水过多，或地块不平整，长时间连作的田地发病较重。

防治方法 采用高畦或高垄地膜配合搭架栽培，普通种植，必要时把瓜垫起。合理浇水，避免大水漫灌，雨后及时排水，适当增施钾肥，发现病瓜及时清除。

发病初期，可选用40%乙膦铝可湿性粉剂300倍液+75%百菌清可湿性粉剂500倍液、18.7%烯酰·吡唑酯（烯酰吗啉12%+吡唑醚菌酯6.7%）水分散粒剂75～125 g/亩、60%唑醚·代森联（代森联55%+吡唑醚菌酯5%）水分散粒剂60～100 g/亩、70%代森锰锌可湿性粉剂500倍液+25%甲霜灵可湿性粉剂1 000倍液、64%噁霜·锰锌可湿性粉剂400倍液、72%霜脲·锰锌可湿性粉剂800倍液喷雾。

9. 西葫芦绵疫病

症　状　由辣椒疫霉（*Phytophthora capsici*）引起。此病主要为害瓜果，有时亦为害叶和茎及其他部位。瓜果染病初呈水渍状椭圆形暗绿色斑，或从开败的花向里呈水渍状侵染，发病后病部软腐、变褐，表面产生较浓密的絮状白霉，很快整个瓜条腐烂（图22-25、图22-26）。空气干燥，病斑凹陷，病情发展较慢，仅病部果肉变褐腐烂，表面产生少量白霉。叶片染病，在叶片上产生近圆形至不定形暗绿色水渍状斑，湿度高时病叶呈沸水烫状腐烂。

图22-25　西葫芦绵疫病为害瓜条初期症状

图22-26　西葫芦绵疫病为害瓜条后期症状

发生规律　病菌以卵孢子的形式在土壤中越冬。条件适宜时，产生孢子囊和游动孢子侵染寄主，也可直接长出芽管侵入寄主。病部产生孢子囊和游动孢子，借雨水或浇水传播，再侵染。温度较低或高温均可发病。发病轻重及病情发展快慢取决于湿度与雨量。高温多雨，特别是田间积水、土壤潮湿病害严重。

防治方法　采用高畦或高垄地膜配合搭架栽培，普通种植，必要时把瓜垫起。合理浇水，避免大水漫灌，雨后及时排水，适当增施钾肥，发现病瓜及时清除。

重病区在种植前将硫酸铜3～5 kg/亩均匀施在定植沟内，或用水稀释后泼浇土壤。

发病初期用药剂防治，可选用40%乙膦铝可湿性粉剂300倍液+75%百菌清可湿性粉剂500倍液、70%代森锰锌可湿性粉剂500倍液+25%甲霜灵可湿性粉剂1 000倍液、25%嘧菌酯悬浮剂1 500倍液、687.5 g/L氟吡菌胺·霜霉威盐酸盐悬浮剂800～1 200倍液、64%噁霜·锰锌可湿性粉剂400倍液、14%络氨铜水剂300倍液、50%甲霜·铜可湿性粉剂800倍液、50%琥胶肥酸铜可湿性粉剂500倍液、72%霜脲·锰锌可湿性粉剂800倍液、70%氟吗啉可湿性粉剂800倍液、72.2%霜霉威水剂800倍液、69%烯酰·锰锌可湿性粉剂1 000倍液、10%多氧霉素可湿性粉剂800～1 000倍液喷雾。

10. 西葫芦黑星病

症　　状　由瓜枝孢霉（*Cladosporium cucumerinum*）引起。病菌菌丝白色至灰色，具分隔。此病主要为害叶片，也可为害嫩茎及果实。叶片染病，初期出现水渍状污绿色斑点，后扩大为褐色或墨褐色病斑，易破裂穿孔（图22-27）。嫩茎染病，出现椭圆形或长条形凹陷暗黑色病斑，中部易龟裂。幼果染病，初生暗绿色凹陷斑，病部停止生长使瓜条畸形，有的龟裂或烂成孔洞，从病部分泌出半透明胶质物，后变成琥珀色块状，湿度高时，在病部表面密生绿褐色霉层，即病菌的分生孢子梗和分生孢子（图22-28）。

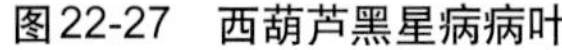
图22-27　西葫芦黑星病病叶

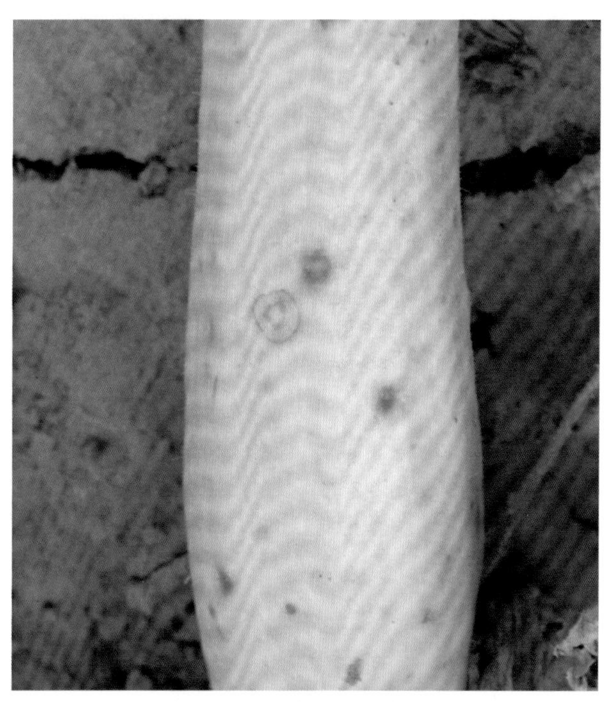

图22-28　西葫芦黑星病病瓜

发生规律　以菌丝体或分生孢子丛的形式随病残体于田间或土壤中越冬，成为翌年的初侵染源。种子也可带菌，带菌种子可引起田间发病。分生孢子借气流、雨水溅射在田间传播蔓延，形成再侵染。病菌主要从表皮直接穿透，或从气孔、伤口侵入。当棚内最低温度超过10℃，相对湿度高于90%时，植株叶面结露，该病发生严重。露地发病与雨量和雨日有关，雨量大、雨日多时发病重。

防治方法　选用相对较抗病或耐病品种。实行与非瓜类作物2 ~ 3年轮作。采用高垄地膜覆盖栽培、膜下暗灌浇水技术。保护地适当控制浇水、增加通风，降低空气湿度，缩短植株结露时间。露地栽培，雨季及时排水。拉秧后彻底清洁田园，减少越冬病菌。

选用无病种苗，进行种子消毒，种子可用50℃温水浸种30 min后立即移入冷水中冷却，再催芽播种。或选用50%多菌灵可湿性粉剂、47%春雷霉素·氧氯化铜可湿性粉剂500倍液浸种30 min后催芽播种。也可用种子重量0.3%的50%多菌灵可湿性粉剂或47%加瑞农可湿性粉剂拌种。

发病初期，可选用40%氟硅唑乳油4 000倍液、43%戊唑醇悬浮剂4 000倍液、47%春雷·氧氯可湿性粉剂500倍液、12.5%腈菌唑乳油3 000倍液、2%武夷霉素水剂150倍液喷雾，药液重点喷洒植株幼嫩部位，隔7 ~ 10 d防治1次，视病情连续防治2 ~ 4次。

11. 西葫芦疫病

症　　状　由甜瓜疫霉（*Phytophthora melonis*）引起。苗期、成株期均可发病。嫩尖和幼茎先呈暗绿色水浸状，很快腐烂而死。成株发病以茎基部、节部或分枝处为主。先出现褐色或暗绿色水浸状病斑（图22-29），迅速扩展，表面长有稀疏白色霉层，后病部缢缩，皮层软化腐烂，病部以上茎、叶逐渐萎蔫、枯死。叶片发病，多在叶缘或叶柄连接处产生水浸状、暗绿色、不规则形大型病斑。湿度大时，病斑扩展极快，常使叶片全叶腐烂；干燥时，病部呈青白色，易破裂（图22-30）。

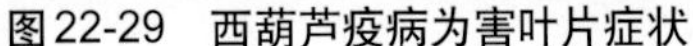
图22-29 西葫芦疫病为害叶片症状

图22-30 西葫芦疫病为害叶柄症状

发生规律 病菌随病残体在土壤或粪肥中越冬，翌年条件适宜时传播到西葫芦上侵染发病。病菌借风雨、灌溉水传播，再侵染。条件适宜时，病害极易暴发流行。病菌生长发育适温较高，为28 ～ 30℃；需要湿度高，相对湿度90%以上才能产生孢子囊。

防治方法 施用充分腐熟的粪肥，施足基肥，适时适量追肥，避免偏施氮肥，增施磷、钾肥。高畦覆地膜栽培，膜下灌水，适当控制灌水，雨后及时排水。保护地注意放风排湿。发现病株，及时拔除深埋或烧毁。重病地应与非瓜类蔬菜进行3 ～ 5年轮作。

种子消毒：可用72.2%霜霉威水剂800倍液浸种30 min，或用种子重量0.3%的25%甲霜灵可湿性粉剂拌种。

在发病前或初见中心病株时，及时、连续用药防治，药剂可选用25%甲霜灵可湿性粉剂800倍液、18.7%烯酰·吡唑酯（烯酰吗啉12%＋吡唑醚菌酯6.7%）水分散粒剂75 ～ 125 g/亩、64%噁霜灵·代森锰锌500倍液、58%甲霜灵·锰锌可湿性粉剂500倍液、72.2%霜霉威水剂600倍液、56%氧化亚铜水分散微颗粒剂600倍液、50%烯酰吗啉可湿性粉剂1 500倍液。

12. 西葫芦枯萎病

症　　状 由尖孢镰孢黄瓜专化型（*Fusarium oxysporum* f. sp. *cucurmerinum*）引起。多在结瓜初期开始发生，仅为害根部（图22-31）。发病初期植株外叶片褪绿，逐渐萎蔫坏死，至最后全株萎蔫死亡。发病植株根系初呈黄褐色水渍状坏死，随病害发展维管束由下向上变褐，以后根系腐烂，最后仅剩丝状维管束组织。

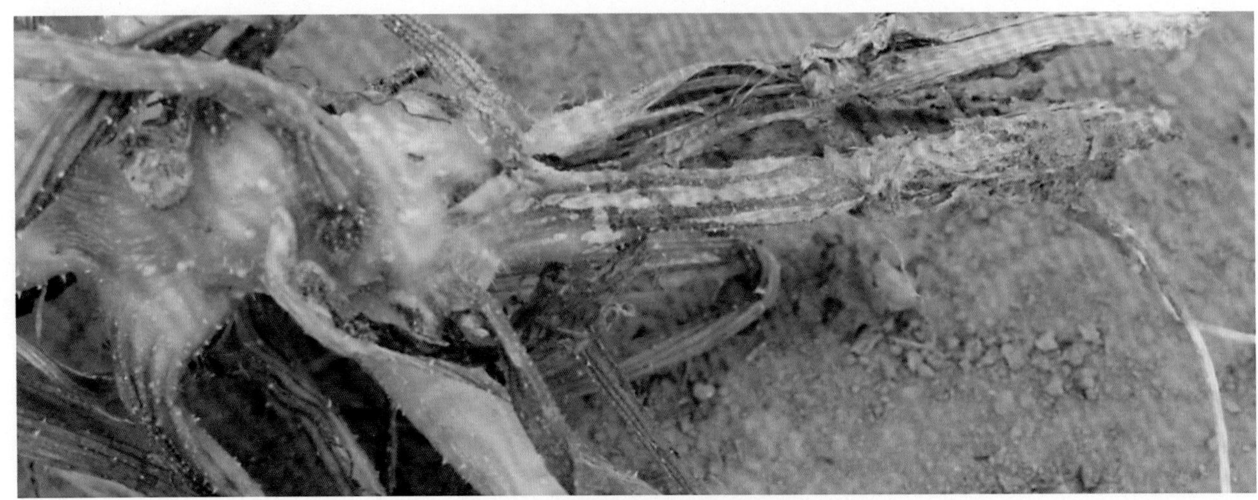
图22-31 西葫芦枯萎病为害根部症状

发生规律　病菌在土壤中可存活3～5年。条件适宜即引起发病。土壤黏重、低洼、积水、地下害虫严重的地块有利于发病。连作、管理粗放的地块或施肥伤根等病害发生较重。

防治方法　重病地块与其他蔬菜轮作。施用充分腐熟的有机肥，避免田间积水，注意防治地下害虫。选择地势高，排灌方便的地块种植。

重病地块定植前选用50%多菌灵可湿性粉剂2～3 kg/亩拌细土施于定植穴内，进行土壤灭菌。

发病前可采用70%甲硫·福美双（福美双55%＋甲基硫菌灵15%）可湿性粉剂500～700倍液、15%混合氨基酸铜·锌·锰·镁水剂300～500倍液、80%多·福·锌可湿性粉剂700倍液、80%乙蒜素乳油800～1 000倍液、5%水杨菌胺可湿性粉剂300～500倍液灌根防治，每株灌药液250 mL。

13. 西葫芦炭疽病

症　　状　由葫芦科刺盘孢（*Colletotrichum orbiculare*）引起。主要为害叶片。叶片病斑多从叶缘开始，初呈半圆形褐色病斑（图22-32），后向内逐渐扩大并相互连合，致叶缘干枯，干枯部分隐现云纹，与健康部位交接处还可见黄晕。潮湿时斑面出现朱红色针头大的小粒点。

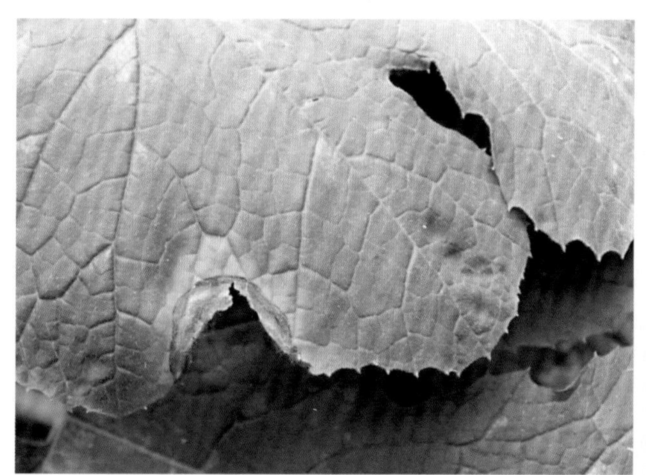

图22-32　西葫芦炭疽病为害叶片症状

发生规律　以菌丝体或拟菌核的形式在土壤中的病残体上越冬。翌年遇到适宜条件产生分生孢子，落到植株上发病。种子带菌可存活2年，播种带菌种子，出苗后子叶受侵染。染病后，病部又产生大量分生孢子，借风雨及灌溉水传播，重复侵染。地势低洼、排水不良，或氮肥过多、通风不良、重茬地发病重。重病田或雨后收获的西葫芦贮运过程中也可发病。

防治方法　从西葫芦开花坐果期开始，喷施25%吡唑醚菌酯悬浮剂30～40 mL/亩、25%嘧菌酯悬浮剂1 500倍液、70%甲基硫菌灵可湿性粉剂700倍液+75%百菌清可湿性粉剂800倍液、50%苯菌灵可湿性粉剂1 000～1 500倍液+70%代森锰锌可湿性粉剂800倍液、50%福·异菌可湿性粉剂800倍液+75%百菌清可湿性粉剂700倍液、25%咪鲜胺乳油1 000～2 000倍液+70%代森锰锌可湿性粉剂800倍液、66.8%丙森·异丙菌胺可湿性粉剂800～1 000倍液、10%苯醚甲环唑水分散粒剂1 500倍液+70%代森锰锌可湿性粉剂700倍液、50%咪鲜胺悬浮剂60～80 mL/亩、50%咪鲜胺锰盐可湿性粉剂50～67 g/亩、50%甲基硫菌灵悬浮剂400～500倍液、50%苯菌灵可湿性粉剂1 500倍液、50%咪鲜胺锰盐可湿性粉剂1 500倍液，间隔7～10 d防治1次，连续防治2～3次。

14. 西葫芦蔓枯病

症　　状　由西瓜壳二孢（*Ascochyta citrullina*，属无性型真菌）引起。主要为害茎蔓、叶片、果实。茎蔓染病，初在茎基部附近产生长圆形水渍状病斑，后向上下扩展成黄褐色长椭圆形病斑（图22-33），扩展至绕茎1周后，病部以上茎蔓枯死。叶片染病，始于叶缘，后向叶内扩展成V形黑褐色病斑，后期溃烂。果实染病，初在瓜中部皮层上产生水渍状圆点，后向果实内部深入，引起果实软腐，瓜皮呈黄褐色（图22-34）。

图22-33 西葫芦蔓枯病为害茎基部症状

图22-34 西葫芦蔓枯病为害果实症状

发生规律 病菌主要以分生孢子器或子囊壳的形式随病残体在土壤中或架材及种子上越冬，条件适宜时产生大量分生孢子，借灌溉水、雨水、露水传播，从伤口、自然孔口侵入引起发病。当温度在18～25℃，空气相对湿度在80%以上或土壤持水量过高时发病重，其次是开始采瓜期，摘除老叶造成伤口过多，且通风不良时，常造成该病大流行。

防治方法 选用抗蔓枯病的品种。提倡与非瓜类作物进行2年以上轮作；前茬收获后及早清园，以减少菌源。

种子处理：可用种子重量0.3%的70%甲基硫菌灵可湿性粉剂拌种。

发病初期，用250 g/L嘧菌酯悬浮剂60～90 mL/亩、30%苯甲·咪鲜胺（咪鲜胺25%+苯醚甲环唑5%）悬浮剂60～80 mL/亩、75%百菌清可湿性粉剂600倍液+36%甲基硫菌灵悬浮剂400～500倍液+50%乙烯菌核利干悬浮剂800倍液、65%代森锌可湿性粉剂500倍液+50%多菌灵可湿性粉剂500倍液、20%丙硫多菌灵悬浮剂2 000倍液、62.25%腈菌唑·代森锰锌可湿性粉剂600倍液、25%咪鲜胺乳油1 000倍液喷洒。也可用上述杀菌剂的50～100倍液涂抹病部。

15. 西葫芦链格孢黑斑病

症　　状 由西葫芦腐生链格孢（*Alternaria peponicola*，属无性型真菌）引起。叶片上病斑近圆形，中央灰褐色，边缘黄褐色，病斑两面生暗褐色霉层（图22-35）。

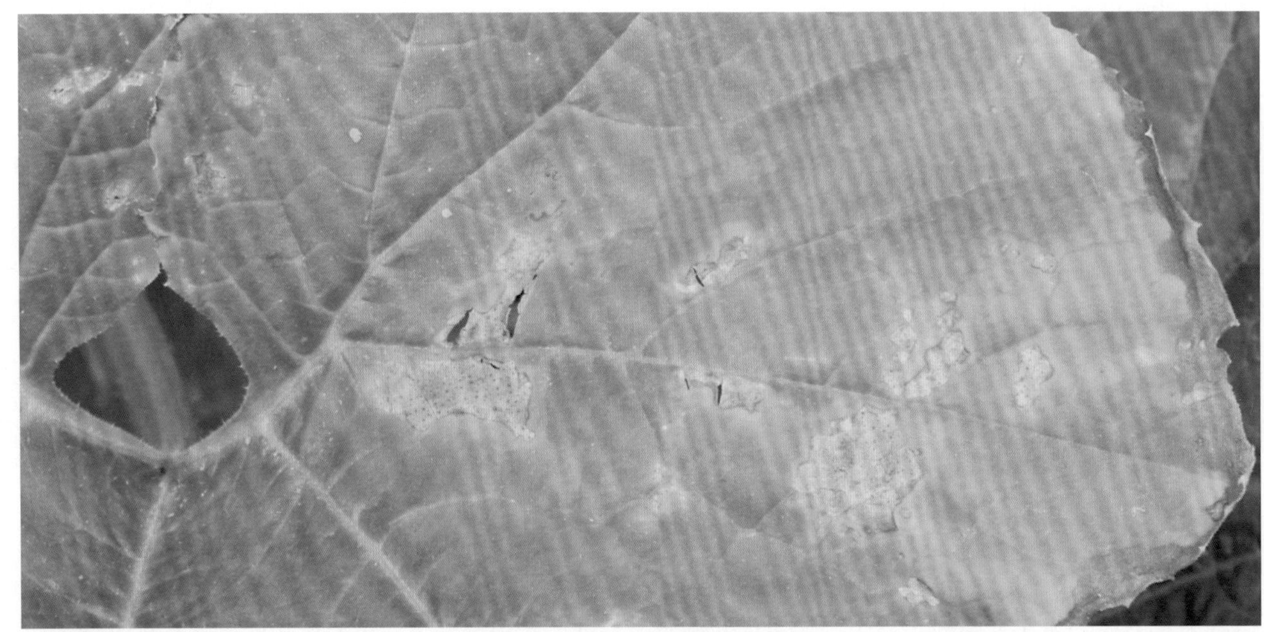

图22-35 西葫芦链格孢黑斑病病叶

发生规律　病菌以菌丝体和分生孢子的形式在土壤中或在种子上越冬，翌春病原菌产生大量分生孢子，借风雨传播进行初浸染和多次再侵染，致该病扩展蔓延。田间降雨多，相对湿度高于90%时易发病。

防治方法　培育无病种苗，用新的无病土苗床育苗；保护地适时放风，降低棚、室湿度，发病后控制灌水，促进根系发育，增强抗病能力；露地实施高垄覆膜栽培，平整土地，完善排灌设施，收获结束后清除病株残体，翻晒土壤等。

种子处理：用3%中生菌素可湿性粉剂浸种1 h，冲洗干净后催芽播种。或55℃温水浸种15 min后，再转入冷水里泡4 h，还可在70℃恒温干热灭菌72 h后再催芽播种。

发病初期，可采用3%中生菌素可湿性粉剂600 ～ 800倍液、6%春雷霉素可溶液剂50 ～ 70 mL/亩、3%中生菌素可溶液剂80 ～ 110 mL/亩、KN-035亿CFU/g多粘类芽孢杆菌悬浮剂160 ～ 200 mL/亩、LW-680亿芽孢/g甲基营养型芽孢杆菌可湿性粉剂80 ～ 120 g/亩、1亿CFU/g枯草芽孢杆菌微囊粒剂50 ～ 150 g/亩、2%春雷霉素·四霉素（春雷霉素1.8% +四霉素0.250 ～ 150 g/亩，喷雾）可溶液剂67 ～ 100 mL/亩、35%喹啉铜·四霉素（喹啉铜34.5% +四霉素0.5%）悬浮剂32 ～ 36 mL/亩、20%叶枯唑可湿性粉剂600 ～ 800倍液、47%春·氧氯化铜可湿性粉剂700 ～ 1 000倍液、20%喹菌酮可湿性粉剂1 000 ～ 1 500倍液，间隔5 ～ 7 d喷1次，连续喷2 ～ 3次。

16. 西葫芦细菌性叶枯病

症　　状　由野油菜黄单胞菌黄瓜叶斑病致病变种（*Xanthomonas campestris* pv. *cucurbitae*，属细菌）引起。主要侵染叶片，病斑初期为水渍状褪绿小点，近圆形，逐渐扩大成近圆形至不规则形浅黄色至黄褐色坏死斑，凹陷。多个病斑相互连接形成大的坏死枯斑（图22-36）。最后整片叶枯黄死亡。

图22-36　西葫芦细菌性叶枯病为害叶片症状

发生规律　病菌在种子上或随病株残体在土壤中越冬。翌年春，随雨水或灌溉水溅到茎、叶上发病。菌脓通过雨水、昆虫、农事操作等途径传播。塑料棚低温高湿利于发病。黄河以北地区露地西葫芦，每年7月中旬为发病高峰期，棚、室西葫芦4—5月为发病盛期。

防治方法　培育无病种苗，用新的无病土苗床育苗；保护地适时放风，降低棚、室湿度，发病后控制灌水，促进根系发育，增强抗病能力；露地实施高垄覆膜栽培，平整土地，完善排灌设施，收获结束后清除病株残体，翻晒土壤等。

种子处理：用50%代森铵水剂500倍液浸种1 h，或72%农用链霉素可溶性粉剂3 000 ～ 4 000倍液浸种2 h，冲洗干净后催芽播种。或用55℃温水浸种15 min后，再转入冷水里泡4 h，还可在70℃恒温干热灭菌72 h后再催芽播种。

发病初期，可采用72%农用链霉素可溶性粉剂3 000 ～ 4 000倍液、88%水合霉素可溶性粉剂1 500 ～ 2 000倍液、90%链霉素·土可溶性粉剂3 000 ～ 4 000倍液、3%中生菌素可湿性粉剂600 ～ 800倍液、20%叶枯唑可湿性粉剂600 ～ 800倍液、47%春·氧氯化铜可湿性粉剂700 ～ 1 000倍液、20%喹菌酮可湿性粉剂1 000 ～ 1 500倍液，间隔5 ～ 7 d喷1次，连续喷2 ～ 3次。

17. 西葫芦镰孢霉果腐病

症　状　由镰孢霉（*Fusarium* sp.，无性型真菌）引起。只为害瓜果，幼瓜或未成熟瓜受害较多。常从花蒂部位或受伤处侵染，病部初期呈水渍状，以后变褐软腐，后期在病部表面产生白色至粉红色霉状物（图22-37），最后病瓜完全腐烂。

图22-37　西葫芦镰孢霉果腐病为害果实症状

发生规律　病菌在土壤中越冬，果实与土壤接触容易染病，湿度高，水肥管理不当，造成生理裂口，发病较重。生长期雨水多，雨量大，田间积水或浇水过大，发病较重。

防治方法　采用高垄地膜覆盖栽培。加强管理，适时浇水和追肥，减少瓜果伤口，发现病瓜及时清除。重病地块注意雨后及时排水，黏质土壤适当控制浇水，避免田间积水，普通种植可用瓦块等把幼瓜垫起，使之不与土壤接触。

发病初期，喷施药液防治。可用50%甲霜·铜可湿性粉剂800倍液、61%乙膦·锰锌可湿性粉剂500倍液、72.2%霜霉威水剂600～800倍液、58%甲霜灵·锰锌可湿性粉剂400～500倍液、64%杀毒矾（噁霜灵·代森锰锌）可湿性粉剂500倍液、72%霜脲·锰锌可湿性粉剂600倍液、77%氢氧化铜悬浮剂800倍液喷雾，间隔7 d再喷药1次。

第二十三章　甜瓜病害原色图解

1. 甜瓜霜霉病

症　　状　由古巴假霜霉（*Pseudoperonospora cubensis*）引起。主要为害叶片，叶面上产生浅黄色病斑，沿叶脉扩展呈多角形。清晨叶面上有结露或吐水时，病斑呈水浸状，后期病斑变成浅褐色或黄褐色多角形斑（图23-1）。在连续降雨条件下，病斑迅速扩展或融合成大斑块，致叶片上卷或干枯，下部叶片全部干枯（图23-2）。

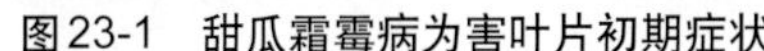

图23-1　甜瓜霜霉病为害叶片初期症状

图23-2　甜瓜霜霉病为害叶片后期症状

发生规律　卵孢子在种子或土壤中越冬，翌年条件适宜时借风雨或灌溉水传播。开花坐果期发病较重。生产上浇水过量或浇水后遇到中到大雨、地下水位高、株叶密集易发病。

防治方法　实行轮作。雨后及时排水，切忌大水漫灌。合理施肥，及时整蔓，保持通风透光。

发病前期，可以喷施70%代森锰锌可湿性粉剂800倍液、75%百菌清可湿性粉剂600 ～ 800倍液等保护剂预防。

发病初期，喷洒25%吡唑醚菌酯悬浮剂40 ～ 60 mL/亩、50%嘧菌酯水分散粒剂45 ～ 60 g/亩、50%醚菌酯水分散粒剂15 ～ 20 g/亩、64%噁霜·锰锌可湿性粉剂500 ～ 600倍液、72%霜脲·锰锌可湿性粉剂700 ～ 800倍液、72%霜霉威水剂600 ～ 800倍液、25%甲霜灵可湿性粉剂800 ～ 1 000倍液+70%代森锰锌可湿性粉剂800倍液等，间隔7 ～ 10 d喷1次，连续防治3 ～ 4次。

在田间普遍出现甜瓜霜霉病症状，但处在病害前期霉层较少时，应及时防治，该期要注意用速效治疗剂，特别是前期未用过高效治疗剂的，以避免病菌产生抗药性，降低药剂使用效果，并注意与保护剂合理混用，防止病害进一步加重为害与蔓延。可以选用687.5 g/L氟菌·霜霉威（霜霉威盐酸盐625 g/L+氟吡菌胺62.5 g/L）悬浮剂60 ～ 80 mL/亩、18.7%烯酰·吡唑酯（烯酰吗啉12%+吡唑醚菌酯6.7%）水分散粒剂75 ～ 125 g/亩、60%唑醚·代森联（代森联55%+吡唑醚菌酯5%）水分散粒剂100 ～ 120 g/亩、75%百菌清可湿性粉剂500 ～ 800倍液+25%烯酰吗啉可湿性粉剂600 ～ 800倍液、70%代森锰锌可湿性粉剂500 ～ 800倍液+20%氟吗啉可湿性粉剂800倍液、70%丙森锌可湿性粉剂600倍液+72.2%霜霉威水剂800倍液、65%代森锌可湿性粉剂500倍液+40%氰霜唑颗粒剂2 500倍液、58%甲霜灵·代森锰锌可湿性粉剂500 ～ 600倍液、72%霜脲氰·代森锰锌可湿性粉剂500 ～ 600倍液，每5 ～ 7 d喷1次，连喷2 ～ 3次。

2. 甜瓜白粉病

症　状 由单丝壳白粉菌（*Sphaerotheca fuliginea*）引起。主要为害叶片，严重时也可为害叶柄和茎蔓。叶片发病，初期在叶片上出现白色小粉点，后扩展呈白色圆形粉斑，发病严重时多个病斑相互连结，使叶面布满白粉（图23-3）。随病害发展，粉斑颜色逐渐变为灰白色，后期产生黑色小点。最后病叶枯黄坏死（图23-4）。

图23-3 甜瓜白粉病为害叶片症状

图23-4 甜瓜白粉病为害叶片田间症状

发生规律 以菌丝体或闭囊壳的形式在病残体上越冬，翌春条件适宜时产生分生孢子，借气流和雨水传播。分生孢子萌发和侵入的适宜湿度为90%～95%，温度范围较宽，无水或低湿度条件下均能萌发侵入，即使在干旱条件下白粉病仍可严重发生。

防治方法 合理密植，避免过量施用氮肥，增施磷、钾肥。收获后清除病残组织。

发病前期，可用75%百菌清可湿性粉剂800倍液、70%代森锰锌可湿性粉剂500～800倍液喷施预防。

发病初期，用1 000亿芽孢/g枯草芽孢杆菌可湿性粉剂120～160 g/亩、4%四氟醚唑水乳剂67～100 g/亩、300 g/L醚菌·啶酰菌（啶酰菌胺200 g/L+醚菌酯100 g/L）悬浮剂45～60 mL/亩、70%代森锰锌可湿性粉剂500～800倍液+25%吡唑醚菌酯乳油3 000倍液、70%丙森锌可湿性粉剂600倍液+30%氟菌唑可湿性粉剂1 500～2 000倍液、70%代森锰锌可湿性粉剂500～800倍液+12.5%烯唑醇可湿性粉剂1 500～2 000倍液、40%腈菌唑可湿性粉剂4 000倍液、50%克菌丹可湿性粉剂450倍液+25%双苯三唑醇可湿性粉剂1 500～2 000倍液喷雾，间隔7～10 d喷1次，连喷2～3次。

3. 甜瓜炭疽病

症　状　由葫芦科刺盘孢（*Colletotrichum orbiculare*）引起。甜瓜整个生育期均可发病，叶片、茎蔓、叶柄和果实均受害。幼苗染病，子叶上形成近圆形黄褐至红褐色坏死斑，边缘有晕圈，幼茎基部出现水浸状坏死斑。成株期染病，叶片病斑呈近圆形至不规则形，黄褐色，边缘水浸状，有时亦有晕圈，后期病斑易破裂（图23-5）。茎和叶柄染病，病斑椭圆形至长圆形，稍凹陷，浅黄褐色（图23-6）。果实染病，病部凹陷开裂，潮湿时可产生粉红色黏稠物。

图23-5　甜瓜炭疽病为害叶片症状

图23-6　甜瓜炭疽病为害茎蔓症状

发生规律　以菌丝体的形式随病残体在土壤内越冬，翌年条件适宜时菌丝直接侵入引发病害，病菌借助雨水或灌溉水传播，形成初侵染，发病后又产生分生孢子重复侵染。氮肥过多、密度过大时发病重。

防治方法　防止积水，雨后及时排水，合理密植，及时清除田间杂草。发病期间随时清除病瓜。

发病前期，可喷施80%代森锰锌可湿性粉剂600 ～ 1 000倍液+70%甲基硫菌灵可湿性粉剂600倍液、70%丙森锌可湿性粉剂600倍液+50%多菌灵可湿性粉剂500 ～ 700倍液等药剂预防。

发病初期，选用25%吡唑醚菌酯悬浮剂30 ～ 40 mL/亩、25%嘧菌酯悬浮剂1 500倍液、70%甲基硫菌灵可湿性粉剂700倍液+75%百菌清可湿性粉剂800倍液、50%苯菌灵可湿性粉剂1 000 ～ 1 500倍液+70%代森锰锌可湿性粉剂800倍液、50%福·异菌可湿性粉剂800倍液+75%百菌清可湿性粉剂700倍液、25%咪鲜胺乳油1 000 ～ 2 000倍液+70%代森锰锌可湿性粉剂800倍液、66.8%丙森·异丙菌胺可湿性粉剂800 ～ 1 000倍液、10%苯醚甲环唑水分散粒剂1 500倍液+70%代森锰锌可湿性粉剂700倍液、50%咪鲜胺悬浮剂60 ～ 80 mL/亩、50%咪鲜胺锰盐可湿性粉剂50 ～ 67 g/亩、50%甲硫·福美双（福美双30%+甲基硫菌灵20%）可湿性粉剂70 ～ 100 g/亩、60%唑醚·代森联（代森联55%+吡唑醚菌酯5%）水分散粒剂60 ～ 100 g/亩、70%代森锰锌可湿性粉剂500 ～ 800倍液+50%咪鲜胺锰络化合物可湿性粉剂1 500倍液、70%代森锰锌可湿性粉500 ～ 800倍液+30%苯噻硫氰乳油2 000倍液，兑水均匀喷雾，间隔7 ～ 10 d喷1次，连续喷2 ～ 3次，喷药时混入微肥或喷施宝叶面肥，效果更佳。

4. 甜瓜蔓枯病

症　　状　由西瓜壳二孢（*Ascochyta citrullina*）引起。主要为害主蔓和侧蔓。发病初期，在蔓节处出现浅黄绿色油渍状斑，常分泌赤褐色胶状物，而后变成黑褐色块状物（图23-7）。后期病斑干枯、凹陷，呈苍白色，易碎烂，其上　生出黑色小粒点。果实染病，病斑圆形，初亦呈油渍状，浅褐色略下陷，后变为苍白色，斑上生有很多小黑点，同时出现不规则圆形龟裂，湿度大时，病斑不断扩大并腐烂（图23-8）。

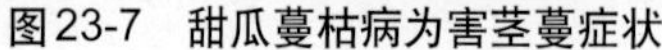
图23-7　甜瓜蔓枯病为害茎蔓症状

图23-8　甜瓜蔓枯病为害果实症状

发生规律　以分生孢子的形式随病残体在土壤中越冬，借风雨传播再侵染，从茎蔓节间、叶片的水孔或伤口侵入。每年5月下旬至6月上、中旬降雨多和降雨量大时病害易流行。连作、密植田瓜蔓重叠郁闭、大水漫灌等情况下发病重。

防治方法　实行非瓜类作物2～3年轮作，拉秧后及时清除枯枝落叶及植物残体，施足充分腐熟的基肥，适当增施磷肥和钾肥，生长中、后期注意适时追肥，避免脱肥。

种子处理：用50～55℃温水浸种20～30 min后催芽播种；也可用种子重量的0.3%的50%异菌脲可湿性粉剂拌种。

发病初期，用250 g/L嘧菌酯悬浮剂60～90 mL/亩、30%苯甲·咪鲜胺（咪鲜胺25%+苯醚甲环唑5%）悬浮剂60～80 mL/亩、75%百菌清可湿性粉剂600倍液+36%甲基硫菌灵悬浮剂400～500倍液+50%乙烯菌核利干悬浮剂800倍液、65%代森锌可湿性粉剂500倍液+50%多菌灵可湿性粉剂500倍液、25%腈菌唑乳油2 500倍液、70%代森锰锌可湿性粉剂500～800倍液+70%甲基硫菌灵可湿性粉剂600倍液、70%丙森锌可湿性粉剂600倍液+50%异菌脲可湿性粉剂800倍液、25%双胍辛胺水剂800倍液、40%多硫悬浮剂500倍液、70%代森锰锌可湿性粉剂500～800倍液+10%苯醚甲环唑水分散粒剂3 000倍液、70%丙森锌可湿性粉剂600倍液+40%氟硅唑乳油4 000倍液喷雾，重点喷洒植株中下部，间隔8～10 d喷1次，共喷2～3次。病害严重时，可用上述药剂使用量加倍后涂抹病茎。

5. 甜瓜叶枯病

症　　状　由瓜链格孢（*Alternaria cucumerina*）引起。主要为害叶片，先在叶背面叶缘或叶脉间出现明显的水浸状小点，湿度大时导致叶片失水青枯，天气晴朗气温高时易形成圆形至近圆形褐斑（图23-9），布满叶面，后融合为大斑，病部变薄，形成叶枯。果实染病，在果面上产生四周稍隆起的圆形褐色凹陷斑，可深入果肉，引起果实腐烂。

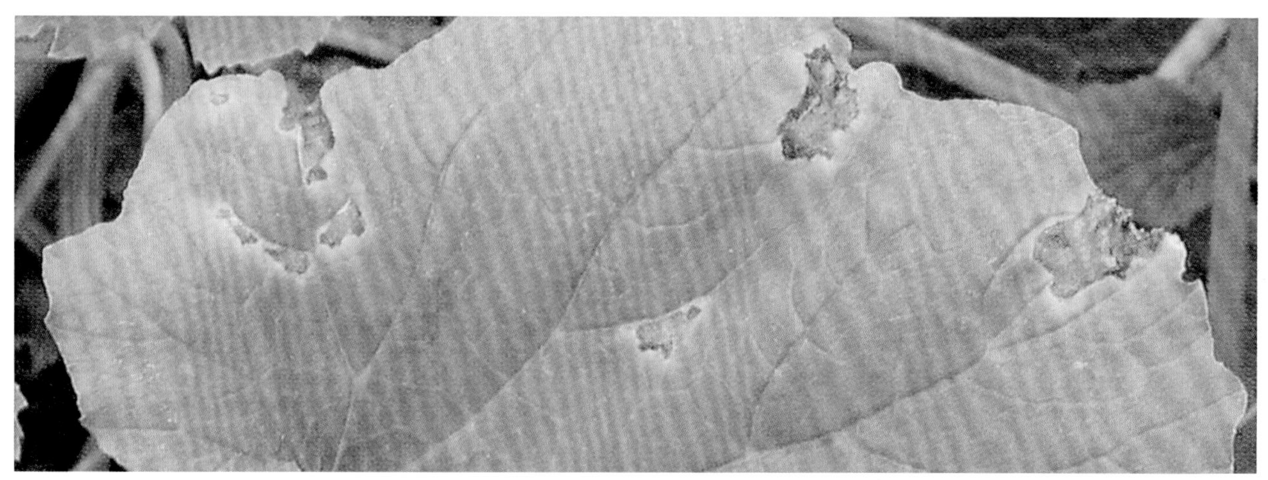

图23-9 甜瓜叶枯病为害叶片症状

发生规律 病菌附着在病残体上或种皮内越冬，于翌年产生分生孢子，通过风雨传播，多次重复再侵染。田间雨日多、雨量大，相对湿度高易流行。偏施或重施氮肥及土壤瘠薄，植株抗病力弱发病重。

防治方法 清除病残体，集中深埋或烧毁。采用配方施肥技术，避免偏施、过施氮肥。雨后开沟排水，防止湿气滞留。

发病前未见病斑时开始喷洒80%代森锰锌可湿性粉剂600倍液、75%百菌清可湿性粉剂500倍液、70%代森联干悬浮剂700倍液等药剂预防。

发病初期，可用30%唑醚·氟硅唑（吡唑醚菌酯20%+氟硅唑10%）乳油25～35 mL/亩、70%代森锰锌可湿性粉剂500～800倍液+50%异菌脲可湿性粉剂1 000倍液、70%丙森锌可湿性粉剂600倍液+70%甲基硫菌灵可湿性粉剂600～800倍液、70%代森锰锌可湿性粉剂500～800倍液+10%苯醚甲环唑水分散粒剂1 000～1 500倍液，间隔7～10 d喷1次，连续防治3～4次。

6. 甜瓜细菌性角斑病

症　状 由丁香假单胞菌黄瓜致病变种（*Pseudomonas syringae* pv. *lachry-mans*）引起。叶片、茎蔓和瓜果都可受害。苗期染病，子叶和真叶沿叶缘呈黄褐至黑褐色坏死干枯，最后瓜苗呈褐色枯死。成株染病，叶片上初生水浸状半透明小点，以后扩大成浅黄色斑，边缘具有黄绿色晕环，最后病斑中央变褐或呈灰白色破裂穿孔（图23-10），湿度高时叶背溢出乳白色菌液。茎蔓染病呈油渍状暗绿色，以后龟裂，溢出白色菌脓。瓜果染病，初出现油渍状黄绿色小点（图23-11），逐渐变成近圆形红褐至暗褐色坏死斑，边缘呈黄绿色油渍状，随病害发展，病部凹陷龟裂呈灰褐色，空气潮湿时病部可溢出白色的菌脓。

图23-10 甜瓜细菌性角斑病为害叶片症状

图23-11 甜瓜细菌性角斑病为害幼果症状

发生规律 病原细菌在种子上或随病残体留在土壤中越冬，成为翌年的初侵染来源。借风雨、昆虫和农事操作中人为接触传播，从寄主的气孔、水孔和伤口侵入。低洼地及连作地块发病重。

防治方法 与非瓜类作物2年以上轮作；及时清除病残体并深翻土地；适时整枝，加强通风；推广避雨栽培。

种子处理：用55℃温水浸种15 min，或100万单位硫酸链霉素500倍液浸种2 h，而后催芽播种。或播种前用40%福尔马林150倍液浸种1.5 h，或用50%代森铵水剂500倍液浸种1 h，清水洗净后催芽播种。

发病初期，用3%中生菌素水剂400 ~ 533 mL/亩、50%氯溴异氰尿酸可溶粉剂40 ~ 60 g/亩、36%三氯异氰尿酸可湿性粉剂60 ~ 90 g/亩、30%噻森铜悬浮剂70 ~ 85 mL/亩、20%噻菌铜悬浮剂100 ~ 130 g/亩、30%金核霉素可湿性粉剂1 500 ~ 1 600倍液等，间隔7 ~ 10 d喷1次，连喷2 ~ 3次防治。

7. 甜瓜花叶病

症　　状 由黄瓜花叶病毒（CMV）、南瓜花叶病毒（SqMV）、西瓜花叶病毒2号（WMV-2）、甜瓜坏死斑点病毒（MNSV）等。主要有两种表现症状，即皱缩型和花叶型。皱缩型表现为叶片皱缩，状如鸡爪，花器不发育，难于坐果，坐果后易形成畸形果，或果实表面呈浓绿或淡绿相间的斑驳，并有突起。花叶型多表现为叶脉出现明脉、变色，叶面凸凹不平（图23-12）。植株节间缩短，矮化。

图23-12　甜瓜花叶病为害叶片症状

发生规律 靠蚜虫传毒，也可借病毒汁液摩擦传播蔓延，在高温、干旱条件下发病较重。

防治方法 在育苗前施足底肥，配制好营养土，力求培育出无病壮苗，以预防病毒病。甜瓜秋延迟栽培要覆盖遮阳网，降低田间温度，以减轻病毒病的发生。

种子消毒：用10%磷酸三钠溶液或1%的高锰酸钾溶液浸种10 ~ 15 min，然后捞出用清水冲洗干净即可。

蚜虫是传播病毒病的主要媒介，根治蚜虫，减少传播媒介，对防治病毒病有特效。可喷施10%吡虫啉可湿性粉剂1 500倍液、3%啶虫脒乳油1 500 ~ 2 000倍液、1%阿维菌素乳油2 500 ~ 3 000倍液、10%烯啶虫胺水剂2 000倍液等。

病害发生初期，喷施20%盐酸吗啉胍·乙酸铜可湿性粉剂500倍液、0.5%菇类蛋白多糖水剂300倍液、2%宁南霉素水剂100 ~ 150 mL/亩、20%丁子香酚水乳剂30 ~ 45 mL/亩喷雾，间隔5 ~ 7 d喷1次，连续2 ~ 3次。

第二十四章　苦瓜病害原色图解

1. 苦瓜枯萎病

症　状　由尖孢镰孢（*Fusarium oxysporum*）引起。苦瓜的全生育期均可发病，结瓜后发病较重。发病初期植株叶片由下向上褪绿，后变黄枯萎，最后枯死（图24-1），剖开茎部可见维管束变褐。有时根茎表面出现浅褐色坏死条斑，潮湿时表面可产生白色至粉红色霉层，后期病部腐烂，仅剩维管束组织。

图24-1　苦瓜枯萎病为害植株症状

发生规律　以厚垣孢子或菌丝体的形式在土壤、肥料中越冬，翌年产生的分生孢子通过灌溉水或雨水传播，从伤口侵入再侵染。连作地，地势低洼、排水不良、施氮肥过多或肥料腐熟不充分、土壤酸性的地块，病害均重。

防治方法　实行与非瓜类蔬菜2～3年轮作，施用充分腐熟的有机肥。选用无病土育苗，提倡用育苗盘育苗，减少伤根。

种子处理：每100 kg种子用300亿芽孢/mL枯草芽孢杆菌悬浮种衣剂5 000～10 000 g包衣；播种前用50%多菌灵可湿性粉剂600倍液浸种1 h，然后取出用清水冲洗干净后催芽播种。

发病初期，及时拔除病株，并喷施50%苯菌灵可湿性粉剂1 500倍液、70%甲基硫菌灵悬浮剂800倍液、25%络氨铜·锌水剂500～600倍液、70%敌磺钠可溶性粉剂500～800倍液、45%噻菌灵悬浮剂1 000倍液淋浇或灌根，每株用药液200～250 mL。

2. 苦瓜白粉病

症　状　由瓜类单丝壳白粉菌引起。主要为害叶片，发生严重时亦为害茎蔓和叶柄。发病初期在叶片正面和背面产生近圆形的白色粉斑（图24-2），最后粉斑密布，相互连接，使叶片变黄枯死，继而导致全株早衰死亡。

图24-2　苦瓜白粉病为害叶片症状

发生规律 以菌丝体或闭囊壳的形式在寄主或病残体上越冬。于翌春产生子囊孢子初侵染，发病后又产生分生孢子再侵染。北方地区苦瓜白粉病发生盛期，主要在4月上、中旬至7月下旬以及9—11月。温暖湿闷、时晴时雨的环境有利于发病。偏施氮肥或肥料不足，植株生长过旺或衰弱发病较重。

防治方法 拉秧后彻底清除病残组织。生长期加强管理，适时追肥、浇水，保护地注意通风透光，降低湿度。露地在降雨后避免田间积水。

发病前期，可喷施75%百菌清可湿性粉剂600 ～ 800倍液预防。

发病初期可选用42%苯菌酮悬浮剂12 ～ 24 mL/亩、25%吡唑醚菌酯悬浮剂20 ～ 40 mL/亩、37%苯醚甲环唑水分散粒剂19 ～ 27 g/亩、430 g/L戊唑醇悬浮剂12 ～ 18 mL/亩、20%乙嘧酚悬浮剂1 500倍液、30%氟菌唑可湿性粉剂1 500倍液、40%氟硅唑乳油8 000倍液、10%苯醚甲环唑水分散粒剂4 000倍液、2%武夷菌素水剂200倍液、2%嘧啶核苷类抗生素水剂200倍液、40%腈菌唑可湿性粉剂3 000倍液喷雾防治，间隔10 ～ 15 d喷1次，连续防治2 ～ 3次。

3. 苦瓜蔓枯病

症　状 由西瓜壳二孢（*Ascochyta citrullina*）引起。有性时期为甜瓜球腔菌。主要为害叶片、茎蔓和瓜条。叶片染病，初为水渍状小斑点，后变成圆形或不规则形斑，灰褐至黄褐色，有轮纹，其上产生黑色小点（图24-3）。茎蔓染病，病斑多为长条不规则形，浅灰褐色，上面产生小黑点，多引起茎蔓纵裂（图24-4），易折断，空气潮湿时形成流胶，有时病株茎蔓上还形成茎瘤。瓜条染病，初为水渍状小圆点，后变成不规则黄褐色木栓化稍凹陷斑，后期产生小黑点，最后瓜条组织变朽，易开裂腐烂（图24-5）。

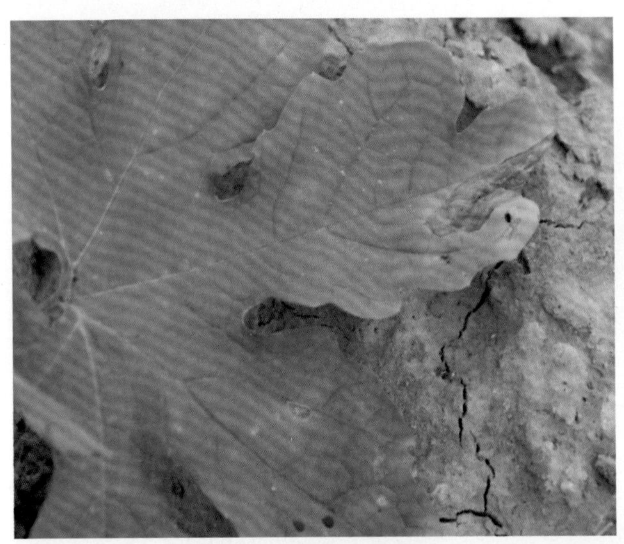

图24-3 苦瓜蔓枯病病叶

图24-4 苦瓜蔓枯病病蔓

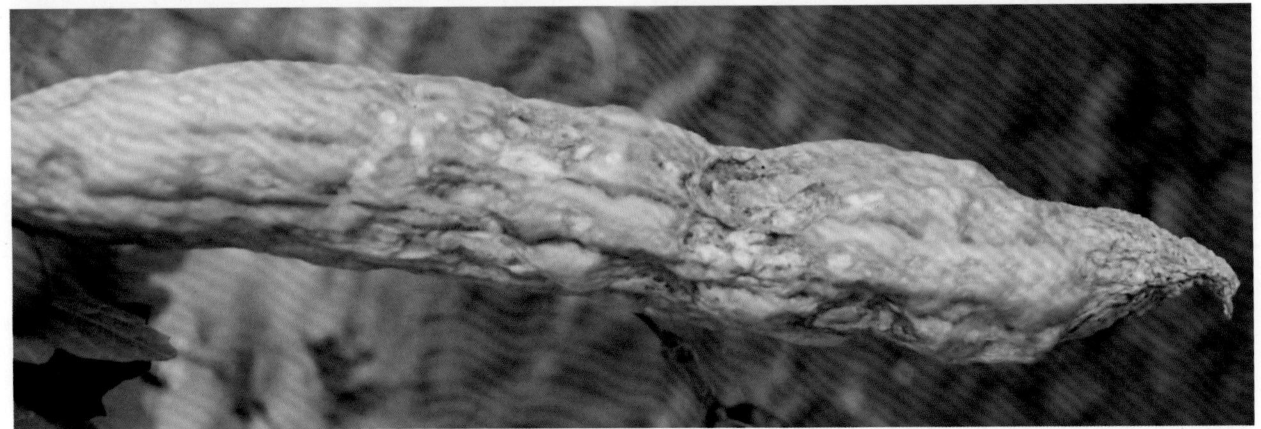

图24-5 苦瓜蔓枯病病瓜

发生规律　以分生孢子器或子囊壳的形式随病残体在土壤中越冬，也可随种子传播。翌春条件适宜时引起侵染，发病后产生分生孢子，通过浇水、气流等传播，生长期高温、潮湿、多雨，植株生长衰弱，或与瓜类蔬菜连作发生较重。

防治方法　与非瓜类作物实行2～3年轮作，拉秧后彻底清田。施用充分腐熟的沤肥，适当增施磷、钾肥，生长期加强管理，避免田间积水。

种子处理：将种子置于55℃温水中浸种至自然冷却后，再继续浸泡24 h，然后在30～32℃条件下催芽，发芽后播种。或用50%过氧化氢（双氧水）浸种3 h，然后用清水冲洗干净后播种。

发病前期，可喷施75%百菌清可湿性粉剂600倍液、70%代森锰锌可湿性粉剂800倍液等保护剂预防。

发病初期，可选用250 g/L嘧菌酯悬浮剂60～90 mL/亩、30%苯甲·咪鲜胺（咪鲜胺25%+苯醚甲环唑5%）悬浮剂60～80 mL/亩、75%百菌清可湿性粉剂600倍液+36%甲基硫菌灵悬浮剂400～500倍液+50%乙烯菌核利干悬浮剂800倍液、65%代森锌可湿性粉剂500倍液+50%多菌灵可湿性粉剂500倍液、25%腈菌唑乳油2 500倍液、65%代森锌可湿性粉剂500倍液+40%氟硅唑乳油4 000～5 000倍液、70%丙森锌可湿性粉剂600倍液+70%甲基硫菌灵可湿性粉剂600倍+50%异菌脲可湿性粉剂800倍液、45%噻菌灵悬浮剂1 000倍液喷雾，间隔7～10 d防治1次，连续防治2～3次。

4. 苦瓜炭疽病

症　状　由葫芦科刺盘孢（*Colletotrichum orbiculare*）引起。主要为害瓜条，亦为害叶片和茎蔓。幼苗多从子叶边缘侵染，形成半圆形凹陷斑。初为浅黄色，后变为红褐色，潮湿时，病部产生粉红色黏稠物。叶片染病，病斑较小，黄褐至棕褐色，圆形或不规则形（图24-6）。茎蔓染病，病斑黄褐色，梭形或长条形，略下陷，有时龟裂。瓜条染病，初为水渍状，不规则，后凹陷，其上产生粉红色黏稠状物，上生黑色小点，受病瓜条多畸形，易开裂（图24-7）。

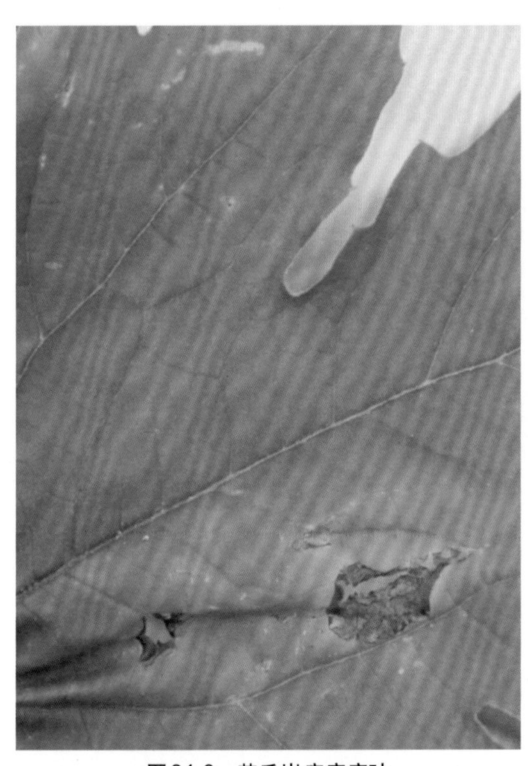

图24-6　苦瓜炭疽病病叶

图24-7　苦瓜炭疽病病瓜

发生规律　以菌丝体或菌核的形式随病残体在土壤内或附在种子表面越冬，借气流、雨水和昆虫传播。菌丝体可直接侵入幼苗。在高温多雨的6—9月发生严重。田间土壤过湿、植株荫蔽、与瓜类作物连茬种植等有利于发病。

防治方法　保护地栽培应加强棚室温湿度管理：上午温度控制在30～33℃，下午和晚上适当放风。

田间操作，除病灭虫，绑蔓、采收均应在露水落干后进行，减少人为传播蔓延。增施磷、钾肥以提高植株抗病力。

种子处理：用50%代森铵水剂500倍液浸种1 h，福尔马林100倍液浸种30 min，50%多菌灵可湿性粉剂500倍液浸种30 min，清水冲洗干净后催芽。

保护地粉尘剂防治：发病初期，可喷5%灭霉灵（甲基硫菌灵+乙霉威）粉尘剂1 kg/亩，于傍晚或早上喷施，隔7 d喷1次，连喷4 ~ 5次。或在发病前用45%百菌清烟剂200 ~ 250 g，于傍晚进行，分放4 ~ 5个点，先密闭大棚、温室，然后点燃烟熏，隔7 d熏1次，连熏4 ~ 5次。

药剂喷雾防治：发病初期喷洒25%吡唑醚菌酯悬浮剂30 ~ 40 mL/亩、25%嘧菌酯悬浮剂1 500倍液、70%甲基硫菌灵可湿性粉剂700倍液+75%百菌清可湿性粉剂800倍液、50%苯菌灵可湿性粉剂1 000 ~ 1 500倍液+70%代森锰锌可湿性粉剂800倍液、50%福·异菌可湿性粉剂800倍液+75%百菌清可湿性粉剂700倍液、25%咪鲜胺乳油1 000 ~ 2 000倍液+70%代森锰锌可湿性粉剂800倍液、66.8%丙森·异丙菌胺可湿性粉剂800 ~ 1 000倍液、50%异菌脲可湿性粉剂800倍液＋70%甲基硫菌灵可湿性粉剂600倍液、50%异菌脲可湿性粉剂800倍液＋80%福美双·福美锌可湿性粉剂450倍液、25%咪鲜胺乳油1 000倍液+75%百菌清可湿性粉剂700倍液，隔7 ~ 10 d喷1次，连续防治4 ~ 5次。

5. 苦瓜叶枯病

症　状　由瓜链格孢（*Altemaria cucumerina*）引起。主要为害叶片，先在叶背面叶缘或叶脉间出现明显的水浸状小点，湿度大时导致叶片失水青枯，天气晴朗、气温高时易形成圆形至近圆形褐斑（图24-8），布满叶面，后融合为大斑，病部变薄，形成叶枯。果实染病，在果面上产生四周稍隆起的圆形褐色凹陷斑，可深入果肉，引起果实腐烂。

图24-8　苦瓜叶枯病为害叶片症状

发生规律　病菌附着在病残体上或种皮内越冬，翌年，产生分生孢子通过风雨传播，多次重复再侵染。田间雨日多、雨量大，相对湿度高易流行。偏施或重施氮肥及土壤瘠薄的地块，植株抗病力弱，发病重。

防治方法　清除病残体，集中深埋或烧毁。采用配方施肥技术，避免偏施、过施氮肥。雨后开沟排水，防止湿气滞留。

发病前未见病斑时，开始喷洒80%代森锰锌可湿性粉剂600倍液、75%百菌清可湿性粉剂500倍液、70%代森联干悬浮剂500倍液等药剂预防。

发病初期，可用25%吡唑醚菌酯悬浮剂30 ~ 40 mL/亩、25%嘧菌酯悬浮剂1 500倍液、50%异菌脲可湿性粉剂1 000倍液+70%代森锰锌可湿性粉剂800倍液、70%甲基硫菌灵可湿性粉剂600 ~ 800倍液+75%百菌清可湿性粉剂700倍液、10%苯醚甲环唑水分散粒剂4 000 ~ 5 000倍液+70%代森锰锌可湿性粉剂800倍液，间隔7 ~ 10 d喷1次，连续防治3 ~ 4次。

6. 苦瓜疫病

症　状　由掘氏疫霉菌（*Phytophthora drechsleri*，属鞭毛菌亚门真菌）引起。幼苗期生长点及嫩茎发病，初呈暗绿色水浸状软腐，后干枯萎蔫。成株发病，先从近地面茎基部开始，初呈水渍状暗绿色，病部软化缢缩，上部叶片萎蔫下垂，全株枯死（图24-9）。叶片发病，初呈圆形或不规则形暗绿色水浸状病斑，边缘不明显（图24-10）。湿度大时，病斑扩展很快，病叶迅速腐烂。干燥时，病斑发展较慢，边缘为暗绿色，中部淡褐色，常干枯脆裂。果实发病，先从花蒂部发生，出现水渍状暗绿色近圆形凹陷的病斑，后果实皱缩软腐，表面生有白色稀疏霉状物（图24-11）。

图24-9　苦瓜疫病成株受害症状

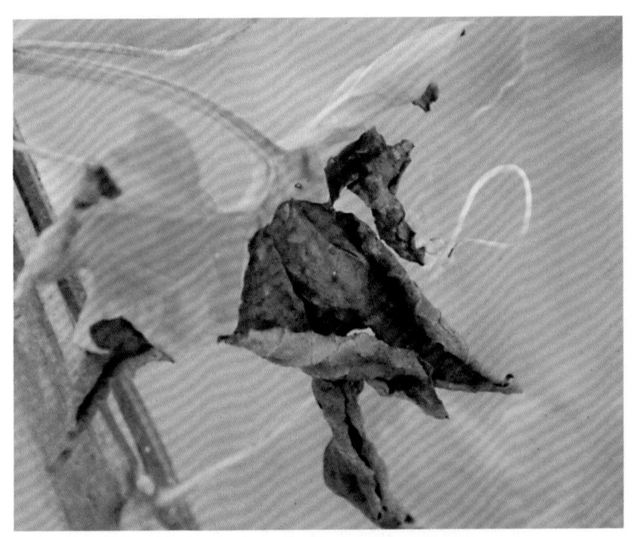

图24-10　苦瓜疫病为害叶片症状

图24-11　苦瓜疫病为害果实症状

发生规律　病菌以菌丝体、厚壁孢子、卵孢子的形式随病残体在土壤中或土杂肥中越冬，主要借助流水、灌溉水及雨水溅射而传播，也可借助农事操作传播，从伤口或自然孔口侵入致病。发病后病部上产生孢子囊及游动孢子，借助气流及雨水溅射传播再侵染，病害迅速蔓延。雨季来得早、雨量大、雨天多，病害易流行。连作、低湿、排水不良、田间郁闭、通透性差发病重。

防治方法　与非瓜类作物实行5年以上轮作，采用高畦栽植，避免积水。苗期控制浇水，结瓜后做到见湿见干，发现疫病后，浇水量减到最低量，控制病情发展。但进入结瓜盛期后，要及时供给所需水量，严禁雨前浇水。发现中心病株，及时拔除深埋。

种子消毒：可用72.2%霜霉威水剂或25%甲霜灵可湿性粉剂800倍液浸种半小时后催芽播种。

雨季到来之前先喷1次药预防，可用25%嘧菌酯悬浮剂1 500 ～ 2 000倍液、75%百菌清可湿性粉剂600倍液、40%福美双可湿性粉剂800倍液等药剂。

发病前开始施药，发现中心病株拔除后，立即喷洒或浇灌18.7%烯酰·吡唑酯（烯酰吗啉12% +吡唑醚菌酯6.7%）水分散粒剂75 ～ 125 g/亩、60%唑醚·代森联（代森联55% +吡唑醚菌酯5%）水分散粒剂60 ～ 100 g/亩、70%锰锌·乙膦铝可湿性粉剂500倍液、72.2%霜霉威水剂600 ～ 700倍液、72%锰锌·霜脲可湿性粉剂700倍液、69%锰锌·烯酰可湿性粉剂600倍液、60%氟吗·锰锌可湿性粉剂750 ～ 1 000倍液、58%甲霜灵·锰锌可湿性粉剂500倍液、25%甲霜灵可湿性粉剂800倍液，间隔7 ～ 10 d喷1次，病情严重时可缩短至5 d，连续防治3 ～ 4次。

第二十五章　丝瓜病害原色图解

1. 丝瓜蔓枯病

症　　状　由西瓜壳二孢（*Ascochyta citrullina*）引起。主要为害茎蔓，也可为害叶片和果实。茎蔓上病斑椭圆形或梭形，灰褐色，边缘褐色，有时患部溢出琥珀色胶质物（图25-1），最终致茎蔓枯死。叶片发病，病斑较大，圆形，叶边缘呈半圆形或V形（图25-2），褐色或黑褐色，微具轮纹，病斑经常破裂。果实病斑近圆形或不规则形，边缘呈褐色，中部呈灰白色。病斑下面果肉多呈黑色干腐状。

图25-1　丝瓜蔓枯病为害茎蔓症状

图25-2　丝瓜蔓枯病为害叶片症状

发生规律　以菌丝体或分生孢子器的形式随病残体在土中越冬，由分生孢子进行初侵染和再侵染，借雨水溅射传播蔓延。发病后，田间的分生孢子借风雨及农事操作传播，从气孔、水孔或伤口侵入。温暖多湿天气有利发病。本病多见于7—8月，偏施氮肥发病重。土壤湿度大，易于发病。

防治方法　重病地应与非瓜类蔬菜进行2年以上轮作。密度不应过大，及时整枝绑蔓，改善株间通风透光条件。避免偏施氮肥，增施磷、钾肥，合理灌水，雨后及时排水。收后彻底清除田间病残体，随之深翻。初见病株及时拔除并深埋，减少田间菌源。

发病前期，用75%百菌清可湿性粉剂700倍液、70%代森锰锌可湿性粉剂600倍液、70%代森联干悬浮剂600倍液、65%代森锌可湿性粉剂500倍液喷洒预防。

发病初期，喷洒250 g/L嘧菌酯悬浮剂60 ～ 90 mL/亩、30%苯甲·咪鲜胺（咪鲜胺25%＋苯醚甲环唑5%）悬浮剂60 ～ 80 mL/亩、70%甲基硫菌灵可湿性粉剂700倍液+70%代森锰锌可湿性粉剂800倍液、50%苯菌灵可湿性粉剂1500倍液+75%百菌清可湿性粉剂700倍液、50%异菌脲可湿性粉剂800倍液+75%百菌清可湿性粉剂700倍液、25%咪鲜胺乳油2 000倍液+70%代森锰锌可湿性粉剂800倍液、50%咪鲜胺锰盐可湿性粉剂1 500倍液+70%代森锰锌可湿性粉剂800倍液、40%多·福·溴菌可湿性粉剂800倍液、25%溴菌腈可湿性粉剂500倍液，间隔7 ～ 10 d喷1次，连续防治2 ～ 3次。

2. 丝瓜白粉病

症　状　由瓜类单囊壳（*Sphaertheca cucurbitae*）引起。主要为害叶片、叶柄或茎，果实受害较少。初在叶片或嫩茎上出现白色小霉点，条件适宜，霉斑迅速扩大，且彼此连片，白粉状物布满整个叶片（图25-3），致叶片黄枯或蜷缩，但不脱落，秋末霉斑变成灰色，其上长出黑色小粒点，即病原菌闭囊壳。

图25-3　丝瓜白粉病为害叶片症状

发生规律　以闭囊壳的形式随病残体越冬，翌年春病菌放射出子囊孢子初侵染植物。在温暖地区或棚室，病菌主要以菌丝体的形式在寄主上越冬。借风和雨水传播。在高温干旱环境下，植株长势弱、密度大时发病重。白粉病始发期在5月下旬至6月上旬，此期气温适宜，早晨露水多，田间湿度大，有利于白粉病发生。6月下旬以后，随着气温升高，白粉病处于潜伏期，进入7月中、下旬，白粉病迅速扩展蔓延，全田感染。种植过密、偏施氮肥、大水漫灌、植株徒长、湿度较大，都有利于发病。

防治方法　适当配合使用磷、钾肥，防止脱肥早衰，增强植株抗病性。

发病前期，可用75%百菌清可湿性粉剂800倍液、80%代森锰锌可湿性粉剂800倍液等药剂喷施预防。

发病初期，用75%百菌清可湿性粉剂500 ～ 800倍液+40%氟硅唑乳油3 000 ～ 4 000倍液、70%代森锰锌可湿性粉剂500 ～ 800倍液+12.5%烯唑醇乳油2 500倍液喷施，间隔7 ～ 10 d喷1次，连喷2 ～ 3次。

发病中期，可用30%氟菌唑可湿性粉剂14 ～ 20 g/亩、25%吡唑醚菌酯悬浮剂20 ～ 40 mL/亩、25%乙嘧酚悬浮剂78 ～ 94 mL/亩、10%苯醚甲环唑水分散粒剂50 ～ 83 g/亩、36%硝苯菌酯乳油28 ～ 40 mL/亩、25%已唑醇悬浮剂8 ～ 10 mL/亩等药剂，兑水喷施。

3. 丝瓜褐斑病

症　状　由瓜类尾孢（*Cercospora citrullina*）引起。主要为害叶片。病斑圆形或长形至不规则形，褐色至灰褐色（图25-4）。病斑边缘有时出现褪绿色至黄色晕圈，少见霉层。早晨日出或晚上日落时，病斑上可见银灰色光泽。

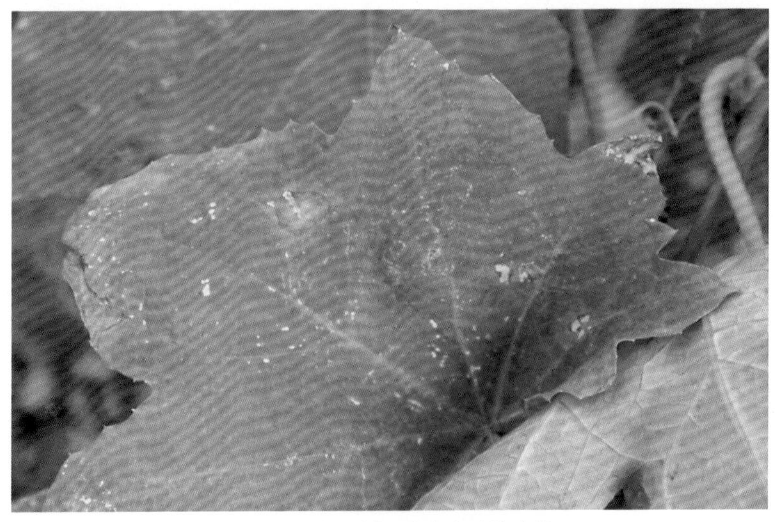
图25-4　丝瓜褐斑病为害叶片症状

发生规律　以菌丝体或分生孢子丛的形式在土中的病残体上越冬。翌年，分生孢子初侵染和再侵染植株，借气流传播蔓延。温暖高湿、偏施氮肥，或连作地发病重。

防治方法　秋后清洁田园，集中烧掉病残体；整地时以有机肥作底肥，结瓜期实行配方施肥；雨季及时开沟排水，防止田间积水。

发病初期，喷洒70%甲基硫菌灵悬浮剂600 ～ 800倍液+70%代森锰锌可湿性粉剂800倍液、50%异菌脲可湿性粉剂1 500倍液+75%百菌清可湿性粉剂700倍液、25%吡唑醚菌酯悬浮剂40 ～ 60 mL/亩、50%嘧菌酯水分散粒剂45 ～ 60 g/亩、50%醚菌酯水分散粒剂15 ～ 20 g/亩、50%苯菌灵可湿性粉剂500 ～ 600倍液、70%甲基硫菌灵可湿性粉剂500 ～ 600倍液、24%腈苯唑悬浮剂960 ～ 1 200倍液、25%氟喹唑可湿性粉剂5 000倍液、40%氟硅唑乳油4 000 ～ 6 000倍液、5%亚胺唑可湿性粉剂600 ～ 700倍液，间隔10 d左右喷1次，防治1 ～ 2次。

4. 丝瓜黑斑病

症　状 由瓜链格孢（*Alternaria cucumerina*）引起。主要为害叶片和果实。果实染病，初生水渍状小网斑，褐色，病斑逐渐扩展为深褐色至黑色病斑。叶片染病，病斑生于叶缘或叶面，褐色，不规则形，严重时，叶片大面积变褐干枯（图25-5）。

图25-5 丝瓜黑斑病为害叶片症状

发生规律 病菌在土壤中的病残体上越冬，在田间借气流或雨水传播，条件适宜时几天即显症。坐瓜后遇高温、高湿易发病，田间管理粗放、肥力差发病重。

防治方法 选用无病种瓜留种，增施有机肥，提高抗病能力。

发病初期，喷洒25%吡唑醚菌酯悬浮剂40 ～ 60 mL/亩、50%嘧菌酯水分散粒剂45 ～ 60 g/亩、50%醚菌酯水分散粒剂15 ～ 20 g/亩、50%异菌脲可湿性粉剂1 000倍液、80%代森锰锌可湿性粉剂500倍液、10%苯醚甲环唑水分散粒剂1 000 ～ 1 500倍液等药剂。

5. 丝瓜白斑病

症　状 由瓜类尾孢（*Cercospora citrullina*）引起。主要为害叶片，初生湿润性斑点，白色，后渐变为黄白色或黄褐色（图25-6），逐渐扩大，边缘紫色至深褐色。叶斑圆形至不规则形，严重的全叶变黄枯死。

图25-6 丝瓜白斑病为害叶片症状

发生规律 以菌丝块或分生孢子的形式在病残体及种子上越冬，于翌年产生分生孢子借气流和雨水传播，经5 ～ 6 h结露后才能从气孔侵入，经7 ～ 10 d发病后产生新的分生孢子进行再侵染。多雨季节此病易发生、流行。

防治方法 选用无病种子或2年以上的陈种播种。与非瓜类蔬菜实行2年以上轮作。

发病初期，及时喷洒25%吡唑醚菌酯悬浮剂40 ～ 60 mL/亩、50%嘧菌酯水分散粒剂45 ～ 60 g/亩、50%醚菌酯水分散粒剂15 ～ 20 g/亩、50%多霉威（多菌灵·乙霉威）可湿性粉剂1 000倍液、50%苯菌灵可湿性粉剂1 000倍液、60%多菌灵盐酸盐超微可湿性粉剂800倍液，间隔10 d左右喷1次，连续防治2 ～ 3次。

6. 丝瓜褐腐病

症　状　由半裸镰孢（*Fusarium semitectum*，属无性型真菌）引起。主要为害花和幼瓜。发病初期，花和幼瓜呈水浸状湿腐，病花变褐后腐败，病菌从花蒂部侵入幼瓜，向瓜上扩展，造成整个幼瓜变褐（图25-7）。

图25-7　丝瓜褐腐病为害幼瓜症状

发生规律　病菌以菌丝体或厚垣孢子的形式随病残体或在种子上越冬，于翌春产生孢子，借风雨传播，侵染幼果，发病后病部长出大量孢子进行再侵染。雨日多的年份发病重。

防治方法　与非瓜类作物实行3年以上轮作。采用高畦或高垄栽培，覆盖地膜。平整土地、合理浇水，严禁大水漫灌，雨后及时排水，严防湿气滞留。坐果后及时摘除病花、病果，集中烧毁。

开花至幼果期，喷洒47%春雷·氧氯化铜可湿性粉剂700倍液、25%嘧菌酯悬浮剂1 500倍液预防。

发病初期，及时喷洒25%吡唑醚菌酯悬浮剂40～60 mL/亩、50%嘧菌酯水分散粒剂45～60 g/亩、50%醚菌酯水分散粒剂15～20 g/亩、50%苯菌灵可湿性粉剂1 000倍液、24%腈苯唑悬浮剂2 000～2 500倍液，间隔10 d左右1次，连续防治2～3次。

7. 丝瓜绵腐病

症　状　由瓜果腐霉（*Pythium aphanidermatum*）引起。苗期染病引起猝倒，在幼苗1～2片真叶期浸染基部，使叶呈水浸状，后变为黄褐色干缩，幼苗猝倒。果实染病，多从贴近地面的部位开始发病，染病的瓜果表皮出现褪绿、渐变黄褐色不定形的病斑，迅速扩展，不久瓜肉也变黄变软腐烂，随后在腐烂部位长出茂密的白色棉毛状物，并有一股腥臭味（图25-8）。

图25-8　丝瓜绵腐病为害果实症状

发生规律　腐霉是一类弱寄生菌，有很强的腐生能力，普遍存在于菜田土壤中、沟水中和病残体中，它的菌丝可长期在土壤中腐生，通过灌溉水和土壤耕作传播。病菌从伤口处侵入，侵入后破坏力很强，瓜果很快软化腐烂。一般地势低、土质黏重、管理粗放、机械伤、虫伤多的瓜田，病害较重。高温、多雨、闷热、潮湿的天气有利于此病发生。

防治方法　主要抓好肥水管理，提倡高畦深沟栽培，整治排灌系统，雨后及时清沟排渍，避免大水漫灌。配方施肥，防止偏施或过施氮肥，可减轻发病。

幼苗发病初期，可喷淋72.2%霜霉威水剂600倍液、58%甲霜·锰锌可湿性粉剂500倍液、64%噁霜·锰锌可湿性粉剂500倍液等药剂防治。

生长期，在发病前、发病初期或幼果期，喷施50%甲霜灵可湿性粉剂800倍液、72%霜脲·锰锌可湿性粉剂600 ~ 800倍液、25%吡唑醚菌酯悬浮剂40 ~ 60 mL/亩、50%嘧菌酯水分散粒剂45 ~ 60 g/亩、50%醚菌酯水分散粒剂15 ~ 20 g/亩等药剂，隔10 d喷1次，连续喷2 ~ 3次，注意轮用、混用，喷匀喷足。

8. 丝瓜细菌性叶枯病

症　状　由野油菜黄单胞菌黄瓜叶斑病致病变种（*Xanthomonas campestris* pv. *cucurbitae*）引起。主要侵染叶片，叶片上初现圆形小水浸状褪绿斑（图25-9），逐渐扩大呈近圆形或多角形的褐色斑，周围具褪绿晕圈，病叶背面不易见到菌脓。

图25-9　丝瓜细菌性叶枯病为害叶片初期症状

发生规律　主要是通过种子的处理来预防。

种子处理，用50 ℃温水浸种20 min，或用次氯酸钙300倍液浸种30 min，或用20%氯异氰尿酸钠可溶性粉剂400倍液浸种30 min，冲净催芽。

发病初期，可采用40%噻唑锌悬浮剂50 ~ 75 mL/亩、5 %大蒜素微乳剂60 ~ 80 g/亩、41 %乙蒜素乳油1 000 ~ 1 250 倍液、3%噻霉酮微乳剂75 ~ 110 g/亩、0.3%四霉素水剂50 ~ 65 mL/亩、6%春雷霉素可溶液剂50 ~ 70 mL/亩、3%中生菌素可溶液剂80 ~ 110 mL/亩、KN-035亿CFU/g多粘类芽孢杆菌悬浮剂160 ~ 200 mL/亩、LW-680亿芽孢/g甲基营养型芽孢杆菌可湿性粉剂80 ~ 120 g/亩、1亿CFU/g枯草芽孢杆菌微囊粒剂50 ~ 150 g/亩、2%春雷霉素·四霉素（春雷霉素1.8% +四霉素0.250 ~ 150 g/亩，喷雾）可溶液剂67 ~ 100 mL/亩、35%喹啉铜·四霉素（喹啉铜34.5%+四霉素0.5%）悬浮剂32 ~ 36 mL/亩，间隔7 ~ 10 d喷1次，连续喷2 ~ 3次，交替喷施。

9. 丝瓜病毒病

症　状　由多种病毒侵染引起。据南京、北京等地鉴定结果，该病致病病毒以黄瓜花叶病毒（CMV）为主，此外还有甜瓜花叶病毒（MMV）、烟草环斑病毒（TRSV）。幼嫩叶片感病，呈浅绿与深绿相间斑驳或褪绿色小环斑（图25-10）。老叶染病，现黄色环斑或黄绿相间花叶（图25-11），叶脉抽缩致叶片歪扭或畸形。发病严重的叶片变硬、发脆，叶缘缺刻加深，后期产生枯死斑。果实发病（图25-12），

图25-10　丝瓜病毒病褪绿小环斑症状

图25-11　丝瓜病毒病黄绿花叶相间症状

图25-12　丝瓜病毒病为害果实症状

病果呈螺旋状畸形，或细小扭曲，其上面会产生褪绿色斑。

发生规律　黄瓜花叶病毒可在菜田多种寄主或杂草上越冬，在丝瓜生长期间，除蚜虫传毒外，农事操作及汁液接触也可传播蔓延。甜瓜花叶病毒除种子带毒外，其他传播途径与黄瓜花叶病毒类似。烟草环斑病毒主要靠汁液摩擦传毒。

防治方法　培育壮苗，适时定植，加强育苗期间的管理，早春育苗要保证床温，促使幼苗健壮生长。适期早定植，定植时淘汰病苗和弱苗。施足底肥，适时追肥，注意磷、钾肥的配合施用，促进根系发育，增强植株抗病性。注意浇水，防止干旱。并注意防治苗床蚜虫，以防蚜虫传病毒。

种子消毒：播种前用10%磷酸三钠浸种20 min，然后洗净，催芽播种；也可用55℃温水浸种15 min，或干种子70℃热处理3 d。

育苗后的定植期及时防治蚜虫和白粉虱。可用10%吡虫啉可湿性粉剂1 500倍液防治蚜虫；可用3%啶虫脒乳油2 000倍液喷雾防治白粉虱，还可用黄板诱杀或银灰色塑料薄膜避蚜。

发病前期至初期，可用2%宁南霉素水剂100 ～ 150 mL/亩、0.5%菇类蛋白多糖水剂300倍液、20%丁子香酚水乳剂、20%盐酸吗啉胍可湿性粉剂500倍液、5%菌毒清水剂500倍液、10%混合脂肪酸水乳剂100倍液喷洒叶面，间隔7 ～ 10 d喷1次，连续喷施2 ～ 3次。

10. 丝瓜根结线虫病

症　　状　由南方根结线虫（*Meloidogyne incognita*）引起。病原线虫雌雄异形，幼虫呈细长蠕虫状。雄成虫线状，尾端稍圆，无色透明。主要发生在侧根或须根上，染病后产生瘤状大小不等的根结（图25-13）。解剖根结，病部组织里有很多细小的乳白色线虫埋于其内。地上部表现症状因发病的轻重程度不同而异，轻病株症状不明显，重病株生育不良，叶片中午萎蔫或逐渐黄枯，植株矮小，影响结实，发病严重时，全田枯死。

图25-13　丝瓜根结线虫病根部根结症状

发生规律　该虫多在土壤5 ～ 30 cm处生存，常以卵或2龄幼虫的形式随病残体遗留在土壤中越冬，病土、病苗及灌溉水是主要传播途径。一般可存活1 ～ 3年，翌春条件适宜时，由埋藏在寄主根内的雌虫，产出单细胞的卵，几小时后形成1龄幼虫，蜕皮后孵出2龄幼虫，离开卵块的2龄幼虫在土壤中移动寻找根尖，由根冠上方侵入，定居在生长锥内，其分泌物刺激导管细胞膨胀，使根形成巨型细胞或虫瘿。雨季有利于孵化和侵染，其为害程度沙土中常较黏土重。

防治方法　选用无病土育苗，合理轮作。彻底处理病残体，集中烧毁或深埋。根结线虫多分布在3 ～ 9 cm表土层，深翻可减轻为害。

土壤处理：在播种或定植前15 d，用98%棉隆颗粒剂3 ～ 5 kg/亩加细土拌匀，撒施后并翻耕入土。

药剂灌根：定植后，如局部植株受害，可用50%辛硫磷乳油1 500倍液灌根，每株灌药液0.25 ～ 0.50 kg，可杀灭土壤中的根结线虫。为害严重的地块，在播种或定植时，穴施或沟施10%克线磷颗粒剂5 kg/亩、10%噻唑磷颗粒剂1.0 ～ 1.5 kg/亩，具有很好的防治效果。

第二十六章　冬瓜病害原色图解

1. 冬瓜蔓枯病

分布为害　蔓枯病是冬瓜的常见病害，发病率一般为20%左右，重病田在80%以上，主要引起死秧，尤以秋棚受害严重。

症　　状　由甜瓜球腔菌引起。叶片上病斑近圆形或不规则形，有的自叶缘向内呈V形，淡褐色（图26-1），后期病斑易破碎，常龟裂，干枯后呈黄褐色至红褐色，病斑轮纹不明显，上生许多黑色小点。蔓上病斑椭圆形至梭形，油浸状（图26-2），白色，有时溢出琥珀色的树脂胶状物。病害严重时，茎节变黑，腐烂、易折断（图26-3）。

图26-1　冬瓜蔓枯病为害叶片症状

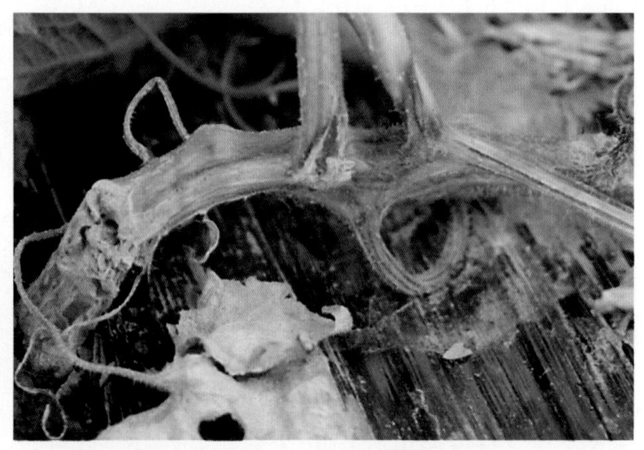

图26-2　冬瓜蔓枯病为害茎蔓症状

发生规律　以分生孢子器或子囊壳的形式随病残体在土中，或附在种子、架杆、温室、大棚棚架上越冬。翌年，通过风雨及灌溉水传播，从气孔、水孔或伤口侵入。土壤水分高易发病，连作地、平畦栽培，排水不良，密度过大、肥料不足、植株生长衰弱或徒长，发病重。

防治方法　采用配方施肥技术，施足充分腐熟的有机肥。保护地栽培要注意通风，降低温度，冬瓜生长期间及时摘除病叶，收获后彻底清除病残体烧毁或深埋。

图26-3　冬瓜蔓枯病整株受害症状

种子处理：种子在播种前先用55℃温水浸种15 min，捞出后一般浸种2 ～ 4 h，再催芽播种。

涂茎防治：茎上的病斑发现后，立即用高浓度药液涂茎的病斑，可用70%甲基硫菌灵可湿性粉剂、40%氟硅唑乳油100倍液，用毛笔蘸药涂抹病斑。

发现初期，可采用25%嘧菌酯悬浮剂1 500 ～ 2 000倍液+25%咪鲜胺乳油1 000 ～ 2 000倍液、32.5%嘧菌酯·百菌清悬浮剂1 500 ～ 2 000倍液、10%苯醚甲环唑水分散性粒剂1 000 ～ 1 500倍液+70%代森联干悬浮剂800 ～ 1 000倍液、50%苯菌灵可湿性粉剂800 ～ 1 000倍液+50%福美双可湿性粉剂500 ～ 800倍液、40%双胍三辛烷基苯磺酸盐可湿性粉剂600 ～ 1 000倍液、50%异菌脲可湿性粉剂1 000 ～ 1 500倍液、70%甲基硫菌灵可湿性粉剂600 ～ 800倍液，间隔7 ～ 10 d喷1次，连续喷2 ～ 3次，视病情变化决定是否用药。

2. 冬瓜疫病

分布为害　冬瓜疫病在全国各地均有发生，常造成大面积死秧，成为影响产量的重要因素之一。

症　　状　由甜瓜疫霉（*Phytophthora melonis*）引起。主要为害茎和果实，也可为害叶片。叶片发病，初呈圆形或不规则形暗绿色水浸状病斑，边缘不明显。湿度大时，病斑扩展很快，病叶迅速腐烂（图26-4）。先从近地面茎基部开始，初呈水渍状暗绿色，病部软化缢缩，上部叶片萎蔫下垂，全株枯死（图26-5）。果实发病，先从花蒂发生，出现水渍状暗绿色近圆形凹陷的病斑，后果实皱缩软腐，表面生有白色稀疏霉状物。

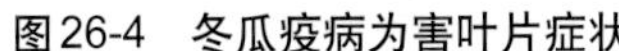

图26-4　冬瓜疫病为害叶片症状

图26-5　冬瓜疫病为害茎部症状

发生规律　以菌丝体和厚垣孢子、卵孢子的形式随病残体在土壤中或土杂肥中越冬，主要借助流水、灌溉水及雨水溅射传播，也可借助施肥传播，从伤口或自然孔口侵入致病。发病后，病部产生孢子囊及游动孢子，借助气流及雨水溅射传播进行再侵染，病害迅速蔓延。如雨季来得早，雨量大，雨天多，该病易流行。连作、低湿、排水不良、田间郁闭、通透性差，或施用未充分腐熟的有机肥发病重。

防治方法　采用高畦栽植，避免积水。苗期控制浇水，结瓜后做到见湿见干，发现疫病后，浇水减到最低量，控制病情发展。但进入结瓜盛期要及时供给所需水量，严禁雨前浇水。发现中心病株，拔除深埋。

种子消毒：可用72.2%霜霉威水剂或25%甲霜灵可湿性粉剂800倍液浸种30 min后催芽，或用种子重量0.3%的40%拌种双可湿性粉剂拌种。

于发病前开始施药，尤其是雨季到来之前先喷1次预防，雨后发现中心病株时拔除，并立即喷洒或浇灌70%锰锌·乙铝可湿性粉剂500倍液、72.2%霜霉威水剂600 ～ 700倍液、72%锰锌·霜脲可湿性粉剂700倍液、18.7%烯酰·吡唑酯（烯酰吗啉12% +吡唑醚菌酯6.7%）水分散粒剂75 ～ 125 g/亩、60%唑醚·代森联（代森联55% +吡唑醚菌酯5%）水分散粒剂60 ～ 100 g/亩、69%锰锌·烯酰可湿性粉剂600倍液、60%氟吗·锰锌可湿性粉剂750 ～ 1 000倍液、58%甲霜灵·锰锌可湿性粉剂500倍液+75%百菌清可湿性粉剂600倍液喷施，间隔7 ～ 10 d喷1次，连续喷施3 ～ 4次。

3. 冬瓜枯萎病

分布为害　冬瓜枯萎病属世界性病害，国内瓜类主栽区普遍发生。短期连作发病率5%～ 10%，长期连作发病率在50%以上，甚至全部发病，引起大面积死秧，一片枯黄，造成严重减产。

症　　状　由尖孢镰孢黄瓜专化型（*Fusarium oxysporim* f. sp. *cucurmerinum*）引起。苗期发病时，幼茎基部变褐缢缩、萎蔫猝倒。成株发病时，初期下部叶片不变黄即萎蔫，早晨、夜晚尚可恢复，数天后不能再恢复，萎蔫枯死（图26-6）。潮湿时，茎基部半边茎皮纵裂，常有树脂状胶质溢出，上有粉红色霉状物，最后病部变成丝麻状。撕开根茎病部，维管束变黄褐色（图26-7）。

发生规律　主要以厚垣孢子和菌丝体的形式随寄主病残体在土壤中或以菌丝体的形式潜伏在种子内

图26-6 冬瓜枯萎病为害植株症状

图26-7 冬瓜枯萎病为害维管束变褐症状

越冬。远距离传播主要借助带菌种子和带菌肥料，田间近距离传播主要借助灌溉水、流水、风雨、小昆虫及农事操作等，从伤口或不定根处侵入致病。连作，低洼潮湿，水分管理不当或连绵阴雨后转晴，或浇水后遇大雨，或土壤水分忽高忽低，或施用未充分腐熟的土杂肥，皆易诱发本病。

防治方法 施用充分腐熟肥料，减少伤口。小水勤浇，避免大水漫灌，适当多中耕，提高土壤透气性，使根系苗壮，增强抗病力；结瓜期应分期施肥，冬瓜拉秧时，清除地面病残体。

种子处理：用1%福尔马林液浸种20 ～ 30 min，2%～ 4%漂白粉液浸种30 ～ 60 min，播种前用55℃温水浸种15 min或50%多菌灵可湿性粉剂、70%甲基硫菌灵可湿性粉剂500倍液浸种1 h，洗净后催芽播种。

药剂灌根：在发病前或发病初期，用70%甲硫·福美双（福美双55%＋甲基硫菌灵15%）可湿性粉剂500 ～ 700倍液、50%多菌灵可湿性粉剂500倍液、50%苯菌灵可湿性粉剂1 500倍液、70%甲基硫菌灵可湿性粉剂800倍液、60%琥·乙膦铝可湿性粉剂350倍液灌根，每株灌对好的药液300 ～ 500 mL，间隔10 d后再灌1次，连续防治2 ～ 3次。

4. 冬瓜炭疽病

症　状 由葫芦科刺盘孢（*Colletotrichum orbiculare*）引起。分生孢子盘聚生，初为埋生，红褐色，后突破表皮呈黑褐色。主要为害叶片和果实。叶片被害，病斑呈近圆形或圆形，初为水渍状，后变为黄褐色，边缘有黄色晕圈（图26-8）。严重时，病斑相连构成不规则的大病斑，致使叶片干枯。潮湿时，病部分泌出粉红色的黏质物（图26-9）。果实被害，开始产生水渍状浅绿色的病斑，后变为黑褐色稍凹陷的圆形或近圆形病斑，上生有粉红色黏质物。

图26-8 冬瓜炭疽病为害叶片初期症状

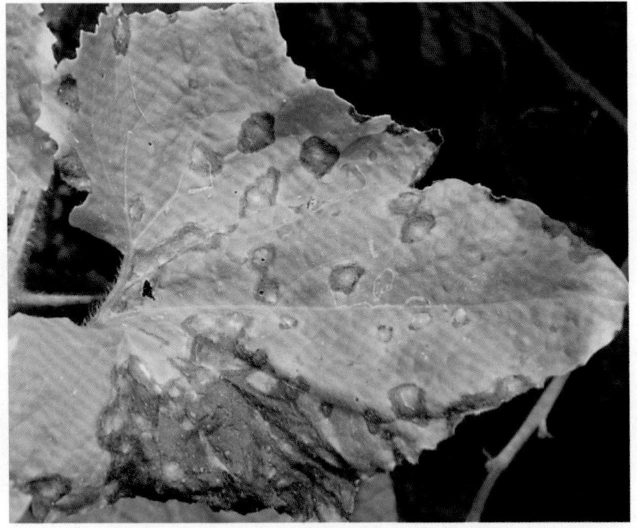
图26-9 冬瓜炭疽病为害叶片后期症状

发生规律 主要以菌丝体的形式附着在种子上，或随病残株在土壤中越冬，亦可在温室或塑料木棚骨架上存活。越冬后的病菌产生大量分生孢子，成为初侵染源。通过雨水、灌溉、气流传播，也可以由昆虫携带传播或田间操作时传播。湿度高，叶面结露，病害易流行。氮肥过多、大水漫灌、通风不良，植株衰弱发病重。

防治方法 田间操作，除病灭虫，绑蔓、采收均应在露水落干后进行，减少人为传播蔓延。增施磷、钾肥以提高植株抗病力。

种子处理：用50%代森铵水剂500倍液浸种1 h，或50%多菌灵可湿性粉剂500倍液浸种30 min，清水冲洗干净后催芽。

发病初期，喷洒25%吡唑醚菌酯悬浮剂30 ～ 40 mL/亩、25%嘧菌酯悬浮剂1 500倍液、250 g/L嘧菌酯悬浮剂48 ～ 90 mL/亩、70%甲基硫菌灵可湿性粉剂700倍液+70%代森锰锌可湿性粉剂600倍液、50%苯菌灵可湿性粉剂1 500倍液+80%炭疽福美（福美双·福美锌）可湿性粉剂800倍液、50%多菌灵可湿性粉剂500倍液+65%代森锌可湿性粉剂500倍液、50%异菌脲可湿性粉剂800倍液+70%代森锰锌可湿性粉剂600倍液、25%咪鲜胺乳油1 000倍液+70%代森锰锌可湿性粉剂600倍液、50%咪鲜胺锰盐可湿性粉剂1 500倍液+70%代森锰锌可湿性粉剂600倍液，间隔7 ～ 10 d喷1次，连续防治4 ～ 5次。

5. 冬瓜白粉病

症　　状 由瓜类单囊壳（*Sphaerotheca cucurbitae*）引起。主要为害叶片，发病初期，在叶片上产生白色近圆形小粉斑，以叶面居多，后扩展成边缘不明显圆形白色粉状斑，严重时整片叶面都是白粉，后呈灰白色，叶片变黄，质脆，失去光合作用，一般不落叶（图26-10）。

图26-10　冬瓜白粉病为害叶片症状

发生规律 在北方，以闭囊壳的形式随病残体留在地上或保护地瓜类上越冬；在南方，以菌丝体或分生孢子的形式在寄主上越冬或越夏，成为翌年初侵染源。分生孢子借气流或雨水传播，喜温湿但耐干燥，发病适温20 ～ 25℃，相对湿度25% ～ 85%均能发病，但高湿情况下发病较重。高温、高湿又无结露或管理不当，冬瓜生长衰败，则白粉病严重发生。

防治方法 应选择通风良好，土质疏松、肥沃，排灌方便的地块种植。要适当配合使用磷、钾肥，防止脱肥早衰，增强植株抗病性。

发病初期，可施用20%己唑·壬菌铜（己唑醇4% +壬菌铜16%）微乳剂430 ～ 600倍液、30%醚菌酯悬浮剂 2 000 ～ 2 500倍液、20%福·腈可湿性粉剂1 500 ～ 2 500倍液、10%苯醚甲环唑水分散粒剂1 000 ～ 1 500倍液、25%腈菌唑乳油1 000 ～ 2 000倍液+80%全络合态代森锰锌可湿性粉剂800 ～ 1 000倍液、40%氟硅唑乳油4 000 ～ 6 000倍液、12.5%烯唑醇乳油2 500 ～ 3 000倍液、30%氟菌唑可湿性粉剂1 500 ～ 2 000倍液、6%氯苯嘧啶醇可湿性粉剂1 000 ～ 2 000倍液，视病情7 ～ 10 d喷1次，连续喷2 ～ 3次。

6. 冬瓜绵疫病

症　　状 由辣椒疫霉（*Phytophthora capsici*）引起。主要为害近成熟果实、叶和茎蔓。果实染病，先在近地面处现水渍状黄褐色病斑，后病部凹陷，其上密生白色棉絮状霉（图26-11），最后病部或全果腐烂。叶片染病，病斑黄褐色，后生白霉腐烂。茎蔓染病，蔓上病斑绿色，呈湿腐状。

发生规律 病菌以卵孢子、厚垣孢子的形式在病残体上和土壤中越冬。田间通过雨水传播。一般在6月中、下旬开始发病，7月底至8月上旬进入发病盛期。气温高，雨水多发病较重。

防治方法 定植前施用酵素菌沤制的堆肥或充分腐熟的有机肥，苗期适时中耕松土，以促发根和保墒，甩蔓后及时盘蔓、压蔓；大暴雨后要及时排水。发现病瓜及时摘除，携出田外深埋或沤肥，秋季拉秧后要注意清洁田园，及时耕翻土地。

图26-11　冬瓜绵疫病为害果实症状

发病初期，喷洒58%甲霜灵·锰锌水分散粒剂500倍液、50%氟吗·锰锌可湿性粉剂500倍液、60%琥铜·乙铝·锌可湿性粉剂500倍液、69%锰锌·烯酰可湿性粉剂700倍液，间隔7～10 d喷药1次，连续防治2～3次。

7. 冬瓜褐斑病

症　　状 由多主棒孢霉（*Corynespora cassiicola*，属无性型真菌）引起。主要为害叶片、叶柄和茎蔓。叶片染病，病斑圆形或不规则形，大小差异较大，小型斑黄褐色（图26-12），中间稍浅，大型斑深黄褐色，湿度大时，病斑正背两面均可长出灰黑色霉状物，后期病斑融合，致叶片枯死。叶柄、茎蔓染病，病斑椭圆形灰褐色，病斑扩展绕茎1周后，致整株枯死。

发生规律 病菌以菌丝或分生孢子丛的形式随病残体留在土壤中越冬，翌春条件适宜时产生分生孢子，借气流或雨水传播蔓延进行初侵染，发病后病部又产生新的分生孢子进行再侵染。昼夜温差大、植株衰弱、偏施氮肥的棚室易发病，缺少微量元素硼时发病重。

图26-12　冬瓜褐斑病为害叶片症状

防治方法 选用抗病品种和无病种子，收获后把病残体集中烧毁或深埋，及时深翻，以减少菌源。施用腐熟的有机肥或生物有机复合肥，采用配方施肥技术，注意搭配磷、钾肥，防止脱肥。

种子处理：可用50℃温水浸种30 min后按常规浸种方法浸种，稍晾后再催芽播种。

发病初期喷洒25%咪鲜胺乳油1 000倍液+70%代森锰锌可湿性粉剂500倍液、50%醚菌酯干悬浮剂3 000倍液、65%代森锌可湿性粉剂500倍液+70%甲基硫菌灵可湿性粉剂500倍液、50%福美双可湿性粉剂600倍液+65%甲基硫菌灵·乙霉威可湿性粉剂1 000倍液、50%异菌脲可湿性粉剂1 000倍液，隔7～10 d喷1次，连续防治2～3次。

8. 冬瓜黑斑病

症　　状　由瓜链格孢（*Alternaria cucumerina*）引起。主要为害叶片和果实。果实染病初生水渍状小斑，褐色，后病斑逐渐扩展为深褐色至黑色病斑。叶片染病，病斑生于叶缘或叶面，褐色，不规则形，严重时，致叶大面积变褐干枯（图26-13）。

防治方法　选用无病种瓜留种，增施有机肥，提高抗病能力。

发病初期，可用75%百菌清可湿性粉剂600倍液+50%异菌脲可湿性粉剂1 500倍液、10%苯醚甲环唑水分散性粒剂1 000～1 500倍液、50%异菌脲可湿性粉剂1 000～1 500倍液、25%嘧菌酯悬浮剂1 500～2 000倍液、70%甲基硫菌灵可湿性粉剂800～1 000倍液+65%代森锌可湿性粉剂600～800倍液、25%腈菌唑乳油1 000～2 000倍液、25%咪鲜胺乳油800～1 000倍液、25%溴菌腈可湿性粉剂500～1 000倍液、50%福·异菌可湿性粉剂800～1 000倍液，轮换喷雾，隔7～10 d喷1次，连续防治2～3次。

图26-13　冬瓜黑斑病为害叶片症状

9. 冬瓜病毒病

症　　状　由黄瓜花叶病毒（CMV）、甜瓜花叶病毒（MMV）引起。该病从幼苗至成株期均可发生，主要有花叶型、黄化皱缩型及两者混合型。花叶型（图26-14）表现为明脉及褪绿斑点，后呈淡而不均匀的花叶斑驳，染病早的植株可引起全株萎蔫。黄化皱缩型（图26-15）表现为植株上部叶片沿叶脉失绿，叶面出现浓绿色隆起皱纹，继而叶片黄化，皱缩下卷，病株后期扭曲畸形，果实小，果面出现花斑或产生凹凸不平的瘤状物（图26-16），严重时植株枯死。

图26-14　冬瓜病毒病花叶型症状

图26-15　冬瓜病毒病黄化皱缩型症状

发生规律 病毒可在保护地瓜类、茄果类及其他多种蔬菜和杂草上越冬。翌年，通过蚜虫传播，也可通过农事操作接触传播，种子本身也可带毒。高温、干旱天气有利于病毒病发生，生长期管理粗放、缺水缺肥、光照强、蚜虫数量多等情况下病害发生严重。

图26-16 冬瓜病毒病病瓜

防治方法 定植时淘汰病苗和弱苗。施足底肥，适时追肥，注意磷、钾肥的配合施用，促进根系发育，增强植株抗病性。注意浇水，防止干旱。

种子消毒：播种前用10%磷酸三钠浸种20 min，然后洗净按一般浸种方法浸种10 ~ 12 h催芽播种；或干种子70℃热处理3 d。

发病前期至初期，可用20%盐酸吗啉胍·乙酸铜可湿性粉剂500倍液、2%宁南霉素水剂400倍液、10%混合脂肪酸水乳剂100倍液、0.5%菇类蛋白多糖水剂250倍液、5%菌毒清水剂300倍液喷洒叶面，间隔7 ~ 10 d喷1次，连续喷施2 ~ 3次。

10. 冬瓜霜霉病

症　状 由古巴假霜霉菌（*Pseudoperonospora cubensis*）引起。主要为害叶片，叶缘或叶背面出现水浸状不规则病斑（图26-17），早晨尤为明显，病斑逐渐扩大，受叶脉限制，呈多角形淡褐色斑块，湿度大时叶背面或叶面长出灰黑色霉层。后期病斑破裂或连片，致叶缘蜷缩干枯，严重的田块一片枯黄。

图26-17 冬瓜霜霉病为害叶片症状

发生规律 病菌在保护地内越冬，于翌春传播。也可由南方随季风传播来。夏季可通过气流、雨水传播。在多雨、多雾、多露的情况下，病害极易流行。

防治方法 应选在地势较高，排水良好的地块。底肥施足，合理追施氮、磷、钾肥。雨后适时中耕，以提高地温，降低空气湿度。

发病前选用70%代森锰锌可湿性粉剂600倍液、77%氢氧化铜可湿性粉剂600倍液、75%百菌清可湿性粉剂600倍液等，间隔10 d左右喷1次。

发病初期，可选用50%烯酰吗啉可湿性粉剂1 000倍液、250 g/L嘧菌酯悬浮剂48 ~ 90 mL/亩、32%唑醚·喹啉铜（吡唑醚菌酯2%+喹啉铜30%）悬浮剂50 ~ 70 mL/亩、56%唑醚·霜脲氰（吡唑醚菌酯8%+霜脲氰48%）水分散粒剂21 ~ 28 g/亩、64%噁霜·锰锌可湿性粉剂400倍液、72%霜脲·锰锌可湿性粉剂600倍液、58%甲霜灵·锰锌可湿性粉剂500倍液、40%乙膦铝可湿粉250倍液+65%代森锌可湿性粉剂

500倍液、25%甲霜灵可湿性粉剂800倍液＋70%代森锰锌可湿性粉剂800倍液、72.2%霜霉威水剂800倍液＋70%代森锰锌可湿性粉剂800倍液、69%烯酰·锰锌可湿性粉剂1 000倍液，均匀喷施，间隔7 ～ 10 d喷1次，连喷3 ～ 4次即可。

11. 冬瓜黑星病

症　状　由瓜疮痂枝孢霉（*Cladosporium cucumernum*）引起。叶片上产生黄白色圆形小斑点（图26-18），后穿孔留有黄白色圈。龙头变褐腐烂，造成"秃桩"。茎蔓、瓜条病斑初为污绿色，后变暗褐色，不规则形，凹陷、流胶，俗称"冒油"。潮湿时病斑上密生烟黑色霉层。

图26-18　冬瓜黑星病病叶

发生规律　以菌丝体的形式在病残体内于田间或土壤中越冬，成为翌年初侵染源。从叶片、果实、茎蔓的表皮直接穿透，或从气孔和伤口侵入。植株郁闭，阴雨寡照，病势发展快。春、秋气温较低，常有雨或多雾，此时也易发病。冬瓜重茬、浇水多和通风不良，发病较重。

防治方法　施足基肥，增施磷、钾肥，培育壮苗，合理密植，适当去除老叶。

发病初期，喷洒50%醚菌酯干悬浮剂3 000倍液、400 g/L氟硅唑乳油10 ～ 13 mL/亩、45%戊唑醇悬浮剂16 ～ 20 mL/亩、250 g/L嘧菌酯悬浮剂60 ～ 90 mL/亩、12.5%腈菌唑可湿性粉剂30 ～ 40 g/亩、70%甲基硫菌灵可湿性粉剂800倍液+70%代森锰锌可湿性粉剂800倍液、75%百菌清可湿性粉剂600倍液+50%苯菌灵可湿性粉剂1 500倍液、80%敌菌丹可湿性粉剂500倍液+70%甲基硫菌灵可湿性粉剂700倍液、50%异菌脲可湿性粉剂1 500倍液+70%代森锰锌可湿性粉剂800倍液，轮换喷雾，间隔7 ～ 10 d喷洒1次，连续防治3 ～ 4次。

第二十七章　南瓜病害原色图解

1. 南瓜白粉病

症　　状　由瓜类单囊壳（*Sphaerotheca cucurbitae*）引起。主要为害叶片、叶柄或茎；果实受害较少。初在叶片或嫩茎上出现白色小霉点，条件适宜时，霉斑迅速扩大，且彼此连片，白粉状物布满整个叶片（图27-1），致叶片黄枯或　蜷缩，但不脱落，秋末霉斑变成灰色，其上长出黑色小粒点，即病原菌闭囊壳。

图27-1　南瓜白粉病为害叶片症状

发生规律　以闭囊壳的形式随病残体越冬，于翌春放射出子囊孢子进行初侵染。在温暖地区或棚室，病菌主要以菌丝体的形式在寄主上越冬。借风和雨水传播。在高温干旱环境条件下，植株长势弱、密度大时发病重。白粉病始发期在5月下旬至6月上旬，此期气温适宜，早晨露水多，田间湿度大，有利于白粉病发生。6月下旬以后，随着气温升高，白粉病处于潜伏期，进入7月中、下旬，白粉病迅速扩展蔓延，全田感染。种植过密、偏施氮肥、大水漫灌、植株徒长、湿度较大有利于发病。

防治方法　适当配合施用磷、钾肥，防止脱肥早衰，增强植株抗病性。

发病前期，可用75%百菌清可湿性粉剂800倍液+2%宁南霉素水剂300 ～ 500倍液、80%代森锰锌可湿性粉剂800倍液等药剂喷施预防。

发病初期，用25%乙嘧酚磺酸酯微乳剂60 ～ 80 mL/亩、25%吡唑醚菌酯悬浮剂40 ～ 60 mL/亩、50%嘧菌酯水分散粒剂45 ～ 60 g/亩、50%醚菌酯水分散粒剂15 ～ 20 g/亩、50%烯肟菌胺乳油1 000倍液、75%百菌清可湿性粉剂600倍液+12.5%烯唑醇乳油2 500倍液喷施，间隔7 ～ 10 d喷1次，连喷2 ～ 3次。

发生后期，可用10%苯醚甲环唑水分散粒剂2 000 ～ 3 000倍液+80%代森锰锌可湿性粉剂600倍液、20%福·腈可湿性粉剂1 000 ～ 1 200倍液、25%腈菌唑乳油4 000 ～ 6 000倍液+80%代森锰锌可湿性粉剂600倍液、30%氟菌唑可湿性粉剂1 500 ～ 2 000倍液+80%代森锰锌可湿性粉剂600倍液等药剂喷施。

2. 南瓜病毒病

症　　状　由甜瓜花叶病毒（MMV）、南瓜花叶病毒（SqMV）引起。主要表现在叶片和果实上。叶面出现黄斑或深浅相间斑驳花叶（图27-2），有时沿叶脉处叶绿素浓度增高，形成深绿色相间带，严重的致叶面呈现凹凸不平，脉皱曲变形的状态（图27-3），新叶和顶部梢叶比老叶的症状明显。果实染病出现褪绿斑，或表现为皱缩（图27-4），或在果面出现斑驳病斑。

图27-2　南瓜病毒病叶片花叶型

图27-3　南瓜病毒病叶片皱缩状

图27-4　南瓜病毒病病瓜

发生规律　甜瓜花叶病毒由种子带毒，棉蚜、桃蚜传毒。南瓜花叶病毒主要通过汁液摩擦，或黄瓜条叶甲、十一星叶甲等传毒。露地栽培的南瓜一般从6月初开始发病，高温、干燥的气候条件利于病害流行。种子带毒率高、管理粗放、虫害多，发病重。

防治方法　从无病株选留种子，防止种子传毒。加强田间管理，培育壮苗，及时追肥、浇水，防止植株早衰。在整枝、绑蔓、摘瓜时要先"健"后"病"，分批作业。清除田间杂草，消灭毒源。及时防治蚜虫、叶甲等。

种子消毒：播种前用10%磷酸三钠浸种20 min，水洗后播种。有条件时，也可将干燥的种子置于70℃ 恒温箱内，干热处理72 h，可钝化种子上所带的病毒。

防治蚜虫：从苗期开始喷药防治，可采用0.5%甲氨基阿维菌素苯甲酸盐微乳剂2 000 ～ 3 000倍液、10%烯啶虫胺水剂3 000 ～ 5 000倍液、10%吡虫啉可湿性粉剂1 500 ～ 2 000倍液、3%啶虫脒乳油2 000 ～ 3 000倍液，隔7 ～ 10 d喷1次，连续2 ～ 3次。

发病初期，开始喷20%盐酸吗啉胍·乙酸铜可性湿粉剂500倍液、2%宁南霉素水剂300 ～ 500倍液、10%混合脂肪酸水乳剂100倍液、0.5%菇类蛋白多糖水剂300倍液、5%菌毒清水剂300倍液，间隔7 ～ 10 d喷1次，连续防治2 ～ 3次。

3. 南瓜疫病

症　状 由甜瓜疫霉（*Phytophthora melonis*）引起。主要为害茎蔓、叶片和果实。茎蔓染病，病部凹陷，呈水浸状，变细变软（图27-5），病部以上枯死，病部产生白色霉层。叶片染病，初生圆形暗绿色水浸状病斑，软腐，叶片下垂（图27-6），干燥时病斑极易破裂（图27-7）。果实染病，生暗绿色近圆形水浸状病斑，潮湿时病斑凹陷腐烂长出一层稀疏的白色霉状物。

图27-5 南瓜疫病为害茎蔓症状

图27-6 南瓜疫病为害叶片软腐下垂症状

发生规律 以菌丝体、厚垣孢子的形式随病残体在土壤中越冬，种子不带菌。病菌经雨水飞溅或灌溉水传到茎基部或近地面果实上，引起发病。一般雨季或大雨过后天气突然转晴，气温急剧上升时，病害易流行。田间积水，定植过密，通风、透光差等不良条件下病情加重。

防治方法 苗期控制浇水，结瓜后做到见湿见干，发现疫病后，浇水减到最低量，控制病情发展。但进入结瓜盛期要及时供给所需水量，严禁雨前浇水。发现中心病株后，要及时拔除深埋。

图27-7 南瓜疫病为害叶片破裂症状

种子消毒：可用72.2%霜霉威水剂或25%甲霜灵可湿性粉剂800倍液浸种半小时后清洗，再浸种催芽播种。

于发病前开始施药，尤其是雨季到来之前先喷1次预防，雨后发现中心病株时拔除，并立即喷洒或浇灌75%百菌清可湿性粉剂600倍液、80%代森锰锌可湿性粉剂800倍液等药剂。

发病初期，可喷施70%锰锌·乙铝可湿性粉剂500倍液、72.2%霜霉威水剂600 ～ 700倍液、72%锰锌·霜脲可性湿粉剂700倍液、78%波·锰锌可湿性粉剂500倍液、70%丙森锌可湿性粉剂700倍液、69%锰锌·烯酰可湿性粉剂600倍液、25%甲霜灵可湿性粉剂800倍液，间隔7 ～ 10 d喷1次，病情严重时可缩短至5 d，连续防治3 ～ 4次。

4. 南瓜蔓枯病

症　　状　由西瓜壳二孢（*Ascochyta citrullina*）引起。主要为害叶片、茎蔓和果实。叶片染病，病斑初褐色，圆形或近圆形，其上微具轮纹（图27-8）。茎蔓染病，病斑椭圆形至长梭形，灰褐色，边缘褐色，有时溢出琥珀色的树脂状胶质物，严重时形成蔓枯（图27-9）。果实染病，初形成近圆形灰白色斑，具褐色边缘，发病重时形成不规则褪绿或黄色圆斑，后变灰色至褐色或黑色，最后病菌进入果皮引起干腐。

图27-8　南瓜蔓枯病为害叶片症状

图27-9　南瓜蔓枯病为害茎蔓症状

发生规律　以分生孢子器、子囊壳的形式随病残体或在种子上越冬翌年，病菌可穿透表皮直接侵入幼苗，通过浇水和气流传播。生长期高温、潮湿、多雨，植株生长衰弱发病较重。

防治方法　施足充分腐熟有机肥。生长期间及时摘除病叶，收获后彻底清除病残体烧毁或深埋。

种子处理：种子在播种前先用55℃温水浸种15 min，捞出后立即投入冷水中浸泡2 ～ 4 h，再催芽播种。

涂茎防治：发现茎上的病斑后，立即用高浓度药液涂茎上的病斑，可用70%甲基硫菌灵可湿性粉剂100倍液，40%氟硅唑乳油100倍液，用毛笔蘸药涂抹病斑。

发病初期，可喷洒75%百菌清可湿性粉剂600倍液+70%甲基硫菌灵可湿性粉剂500倍液、75%代森锌可湿性粉剂500倍液+25%咪鲜胺乳油1 000倍液、80%代森锰锌可湿性粉剂500倍液+40%氟硅唑乳油4 000倍液、75%代森锌可湿性粉剂500倍液+50%异菌脲可湿性粉剂800倍液喷施，间隔7 ～ 10 d后再喷1次。

5. 南瓜细菌性叶枯病

症　　状　由野油菜黄单胞菌黄瓜叶斑病致病变种（*Xanthomonas campestris* pv. *cucurbitae*）引起。主要为害叶片。发病初期，叶片上呈现水浸状小斑点，透过阳光可见病斑周围有黄色晕圈（图27-10）。病斑扩大后，中心易破裂，经风吹雨淋，叶面上布满小孔，严重时叶片破碎。

发生规律　主要通过种子带菌传播蔓延，在土壤中存活能力非常弱，同时，叶色深绿的品种发病重，大棚温室内栽培时比露地发病重。

图27-10 南瓜细菌性叶枯病为害叶片症状

防治方法 发病后控制灌水，促进根系发育增强抗病能力。实施高垄覆膜栽培，平整土地，完善排灌设施，收获结束后清除病株残体，翻晒土壤等。

种子处理：用41%乙蒜素乳油1 000 ~ 1 250倍液浸种1 h，冲洗干净后，再用清水浸种3 ~ 4 h催芽播种。

发病初期，可采用3%中生菌素可湿性粉剂600 ~ 800倍液、6%春雷霉素可溶液剂50 ~ 70 mL/亩、2%中生·四霉素（四霉素0.3% + 中生菌素1.7%）可溶液剂40 ~ 60 mL/亩、27%春雷·溴菌腈（溴菌腈25% + 春雷霉素2%）可湿性粉剂60 ~ 80 g/亩、33%春雷·喹啉铜（喹啉铜30% + 春雷霉素3%）悬浮剂40 ~ 50 mL/亩、5%春雷·中生（中生菌素2% + 春雷霉素3%）可湿性粉剂70 ~ 80 g/亩、47%春·氧氯化铜可湿性粉剂700 ~ 1 000倍液，间隔5 ~ 7 d喷1次，连续2 ~ 3次。

6. 南瓜黑星病

症　　状 由瓜疮痂枝孢霉（*Cladosporium cucumerinum*）引起。叶片上产生黄白色圆形小斑点，后穿孔留有黄白色圈（图27-11）。茎蔓、瓜条病斑初为污绿色，后变暗褐色，不规则形，凹陷、流胶，俗称“冒油”。潮湿时病斑上密生烟黑色霉层。

图27-11 南瓜黑星病为害叶片症状

发生规律 以菌丝体的形式在病残体内于田间或土壤中越冬，成为翌年初侵染源。病菌主要从叶片、果实、茎蔓的表皮直接穿透，或从气孔和伤口侵入。春秋气温较低，常有雨或多雾，此时也易发病。重茬、浇水多和通风不良，发病较重。

防治方法 施足基肥，增施、磷钾肥，培育壮苗，合理密植，适当去除老叶。

种子处理：用50%多菌灵可湿性粉剂500倍液浸种20 min后冲净再用清水浸种后催芽，或用冰醋酸100倍液浸种30 min。

露地发病初期，喷洒50%醚菌酯干悬浮剂3 000倍液、400 g/L氟硅唑乳油10 ~ 13 mL/亩、45%戊唑醇悬浮剂16 ~ 20 mL/亩、250 g/L嘧菌酯悬浮剂60 ~ 90 mL/亩、12.5%腈菌唑可湿性粉剂30 ~ 40 g/亩、40%氟硅唑乳油3 000 ~ 4 000倍液+70%代森锰锌可湿性粉剂800倍液、75%百菌清可湿性粉剂600倍液+50%苯菌灵可湿性粉剂1 500倍液、80%敌菌丹可湿性粉剂500倍液+70%甲基硫菌灵可湿性粉剂700倍液、65%代森锌可湿性粉剂500倍液+50%异菌脲可湿性粉剂1 000倍液等药，间隔7 ~ 10 d喷药1次，连续防治3 ~ 4次。

7. 南瓜绵疫病

症　　状　由辣椒疫霉（*Phytophthora capsici*）引起。主要为害近成熟果实、叶和茎蔓。果实染病，先在近地面处现水渍状黄褐色病斑，后病部凹陷，其上密生白色棉絮状霉层（图27-12），最后病部或全果腐烂。叶片染病，病斑黄褐色，后生白霉腐烂。茎蔓染病，蔓上病斑暗绿色，呈湿腐状。

图27-12　南瓜绵疫病为害果实症状

发生规律　病菌以卵孢子、厚垣孢子的形式在病残体上和土壤中越冬。田间通过雨水传播。一般6月中、下旬开始发病，7月底至8月上旬进入发病盛期。气温高，雨水多发病较重。

防治方法　定植前施用酵素菌沤制的堆肥或充分腐熟的有机肥，苗期适时中耕松土，以促发根和保墒，甩蔓后及时盘蔓、压蔓；大暴雨后要及时排水。发现病瓜及时摘除，携出田外深埋或沤肥，秋季拉秧后要注意清洁田园，及时耕翻土地。

发病初期，喷洒58%甲霜灵·锰锌水分散粒剂500倍液、50%氟吗·锰锌可湿性粉剂500倍液、60%琥铜·乙铝·锌可湿性粉剂500倍液、69%锰锌·烯酰可湿性粉剂700倍液、18.7%烯酰·吡唑酯（烯酰吗啉12%+吡唑醚菌酯6.7%）水分散粒剂75～125 g/亩、60%唑醚·代森联（代森联55%+吡唑醚菌酯5%）水分散粒剂60～100 g/亩，间隔7～10 d喷药1次，连续防治2～3次。

8. 南瓜银叶病

症　　状　由粉虱传双生病毒（WTG）引起。叶片染病，初期表现为沿叶脉变为银色或亮白色，以后全叶变为银色，在阳光照耀下闪闪发光（图27-13），但叶背面叶色正常，常见有烟粉虱成虫或若虫。

图27-13　南瓜银叶病为害叶片症状

发生规律　粉虱传双生病毒为广泛发生的一类植物单链DNA病毒，在自然条件下均由烟粉虱传播。此病春、秋季都可发生，受烟粉虱为害后即感染此病，多数棚室发病率很高，受害轻时后期可在一定程度上恢复正常。

防治方法　调整播种育苗期，避开烟粉虱发生的高峰期。加强苗期管理，把育苗棚和生产棚分开。

清除杂草和残株，通风口用尼龙纱网密封，阻止外来虫源进入。

发现烟粉虱及时用烟剂熏杀，培育无虫苗。育苗前和栽培前要彻底熏杀棚室内的残虫。

烟粉虱为害初期，可选用10%烯啶虫胺乳油2 000 ～ 3 000倍液、3%啶虫脒乳油2 000倍液、25%噻嗪酮可湿性粉剂1 000 ～ 1 500倍液、10%吡虫啉可湿性粉剂2 000倍液喷雾防治。

9.南瓜黑斑病

症　状　由瓜链格孢（*Alternaria cucumerina*）引起。主要为害叶片和果实。果实染病，初生水渍状小网斑，褐色，后病斑逐渐扩展为深褐色至黑色病斑。叶片染病，病斑生于叶缘或叶面，褐色，不规则形，严重时，致叶大面积变褐干枯（图27-14）。

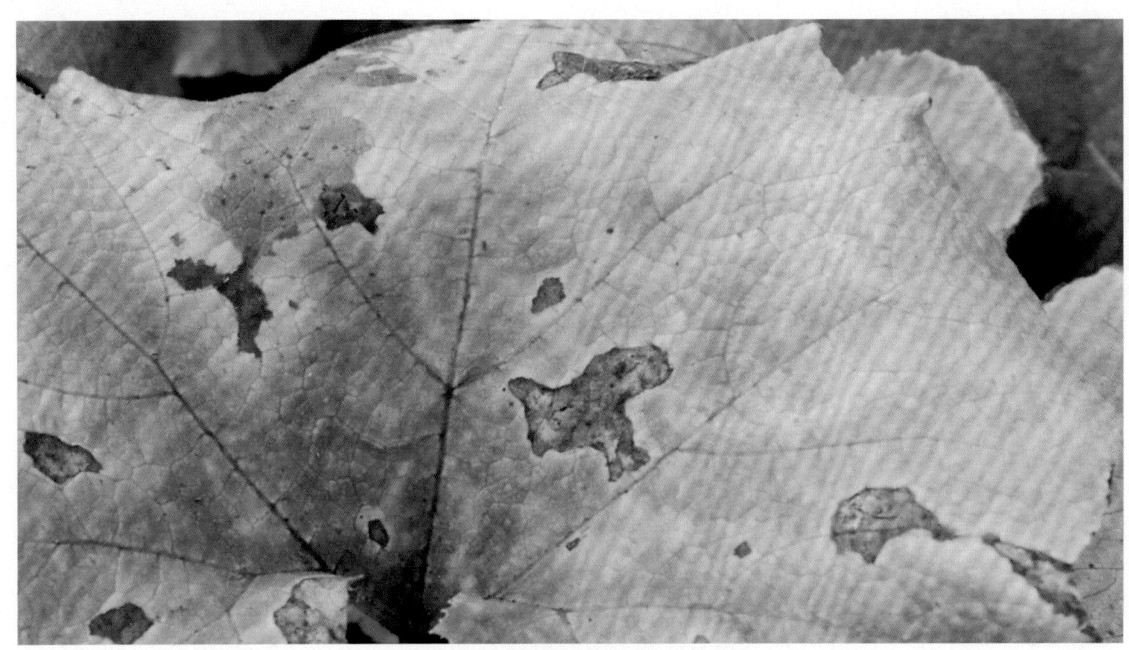

图27-14　南瓜黑斑病为害叶片症状

发生规律　病菌在土壤中的病残体上越冬，在田间借气流或雨水传播，条件适宜时，几天即显症。坐瓜后遇高温、高湿易发病，田间管理粗放、肥力弱发病重。

防治方法　选用无病种瓜留种，增施有机肥，提高抗病能力。

发病初期，可采用70%丙森锌可湿性粉剂600 ～ 800倍液、68.75%噁酮·锰锌水分散粒剂800 ～ 1 000倍液、25%吡唑醚菌酯悬浮剂30 ～ 40 mL/亩、25%嘧菌酯悬浮剂1 500倍液、560 g/L嘧菌·百菌清悬浮剂800 ～ 1 000倍液、50%异菌脲悬浮剂1 000 ～ 1 500倍液、10%苯醚甲环唑水分散粒剂1 500倍液、50%腐霉利可湿性粉剂1 500倍液、12.5%烯唑醇可湿性粉剂2 000 ～ 4 000倍液、43%戊唑醇悬浮剂3 000 ～ 4 000倍液、50%福·异菌可湿性粉剂800 ～ 1 000倍液、25%溴菌腈可湿性粉剂500 ～ 1 000倍液，隔5 ～ 7 d喷1次，连续2 ～ 3次。

第二十八章　瓠瓜病害原色图解

1. 瓠瓜褐腐病

症　　状　由瓜笄霉（*Choanephora cucurbitarum*，属接合菌亚门真菌）引起。主要为害花和幼瓜。发病初期，花和幼瓜呈水浸状湿腐，病花变褐腐败，病菌从花蒂部侵入幼瓜，向瓜上扩展，使整个幼瓜变褐色（图28-1）。

图28-1　瓠瓜褐腐病为害花和幼瓜症状

发生规律　病菌以菌丝体的形式随病残体或产生接合孢子留在土壤中越冬，翌春，产生孢子侵染花和幼果，发病后病部长出大量孢子，借风雨或昆虫传播，从伤口或幼嫩表皮侵入生活力衰弱的花和果实。发病后病部产生大量孢子，借风雨多次进行再侵染，引起花和果实发病，一直为害到生长季节结束。雨日多的年份发病重。

防治方法　与非瓜类作物实行3年以上轮作。采用高畦或高垄栽培，覆盖地膜。平整土地、合理浇水，严禁大水漫灌，雨后及时排水，严防湿气滞留。坐瓜后及时摘除病花、病瓜集中深埋。

开花至幼果期，喷洒47%春雷·氧氯化铜可湿性粉剂700倍液预防。

发病初期，喷洒72%锰锌·霜脲可湿性粉剂600倍液、69%烯酰·锰锌可湿性粉剂700倍液、25%吡唑醚菌酯悬浮剂30 ~ 40 mL/亩、25%嘧菌酯悬浮剂1 500倍液、60%氟吗·锰锌可湿性粉剂700 ~ 800倍液等药剂防治。

2. 瓠瓜黑斑病

症　　状　由链格孢菌引起。主要为害叶片和果实。叶片染病，在叶缘和叶脉间初生水渍状小斑点，后扩展成近圆形至不规则形暗褐色大斑（图28-2）。果实染病，初生水渍状暗色斑，后扩展成不规则黑色大斑，湿度大时长出黑霉。

图28-2 瓠瓜黑斑病为害叶片症状

发生规律 病菌以菌丝体的形式随病残体在土壤中或种子上越冬。翌年条件适宜时，病菌的分生孢子萌发，借风雨传播进行初侵染；随后病部又产生分生孢子，进行多次再侵染，导致病害不断扩展蔓延。雨季雨日多、湿度大易发病。

防治方法 建立无病留种田，从无病株上采种。注意清除病残体，集中烧毁或深埋。施足腐熟有机肥或有机生物菌肥，提倡采用配方施肥技术，增强寄主抗病力。

种子处理：可用种子质量0.3%的50%福美双可湿性粉剂拌种。

开花坐果后或发病初期，喷洒50%异菌脲可湿性粉剂1 000倍液+40%百菌清悬浮剂600倍液、25%吡唑醚菌酯悬浮剂30～40 mL/亩、25%嘧菌酯悬浮剂1 500倍液、50%腐霉利可湿性粉剂1 000倍液+80%代森锰锌可湿性粉剂600倍液等药剂。

3. 瓠瓜褐斑病

图28-3 瓠瓜褐斑病为害叶片症状

症　状 由瓜类尾孢（*Cercospora citrullina*）引起。主要为害叶片，在叶片上形成较大的黄褐色至棕黄褐色病斑，形状不规则。病斑周围水浸状，后褪绿变薄或出现浅黄色至黄色晕环，严重的病斑融合成片，最后破裂或者大片干枯（图28-3）。

发生规律 病菌以分生孢子丛或菌丝体的形式在遗落土中的病残体上越冬，翌春，产生分生孢子借气流和雨水溅射传播，引起初侵染。发病后，病部产生分生孢子进行多次再侵染，使病害逐渐扩展蔓延，湿度高或通风、透光不良易发病。

防治方法 实行轮作，加强田间管理，施用腐熟的有机肥。

发病初期，喷洒75%百菌清可湿性粉剂700倍液+50%多·霉威可湿性粉剂800倍液、25%吡唑醚菌酯悬浮剂30～40 mL/亩、25%嘧菌酯悬浮剂1 500倍液、36%甲基硫菌灵悬浮剂400～500倍液+80%代森锰锌可湿性粉剂600倍液，间隔10 d左右喷药1次，连续喷2～3次。

4. 瓠瓜蔓枯病

症　状 由两种真菌引起，分别为西瓜壳二孢（*Ascochyta citrullina*）、黄瓜壳二孢（*Ascochyfa cueumis*，属无性型真菌）。主要为害茎蔓和叶柄、叶片。茎蔓和叶柄染病，初为长梭形灰白色至褐色条斑，扩展后融为长条形斑，深秋病原菌的子实体突破表皮（图28-4），病斑上布满小黑点。叶片染病初生不整齐褪绿斑，沿脉扩展，后变成浅黄褐色，病斑边缘深褐色（图28-5），其上也有子实体产生。

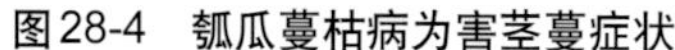

图28-4　瓠瓜蔓枯病为害茎蔓症状

图28-5　瓠瓜蔓枯病为害叶片症状

发生规律　病菌主要以分生孢子器或子囊壳的形式随病残体在土中越冬。翌年，靠灌溉水、雨水传播蔓延，从伤口、自然孔口侵入，病部产生分生孢子进行重复侵染。种子也可带菌，引起子叶发病。土壤含水量高，气温18～25℃，空气相对湿度85%以上容易发病；重茬地，植株过密，通风透光差，生长势弱的发病重。

防治方法　与非瓜类作物实行2～3年轮作。高畦栽培，地膜覆盖，雨季加强排水。

种子处理：用种子重量0.3%的50%福美双可湿性粉剂拌种。

发病初期，喷洒2.5%咯菌腈悬浮剂1 500倍液、25%嘧菌酯悬浮剂1 000倍液、25%吡唑醚菌酯悬浮剂30～40 mL/亩、25%嘧菌酯悬浮剂1 500倍液、25%咪鲜胺乳油1 000倍液、40%双胍辛烷苯基磺酸盐可湿性粉剂900倍液等药剂防治。

5. 瓠瓜白粉病

症　　状　由瓜类单囊壳（*Sphaerotheca cucurbitae*）引起。主要为害叶片，发病初期，在叶片上产生白色近圆形小粉斑，以叶面居多，后扩展成边缘不明显的圆形白色粉状斑块（图28-6），严重时整个叶面都是白粉，后呈灰白色，叶片变黄，质脆，失去光合作用，一般不落叶。

发生规律　在北方，以闭囊壳的形式随病残体留在地上或保护地瓜类上越冬；在南方，以菌丝体或分生孢子的形式在寄主上越冬或越夏，成为翌年初侵染源。分生孢子借气流或雨水传播，喜温湿但耐干燥。高温、高湿又无结露或管理不当的地块，植株生长衰败，白粉病发生严重。

图28-6　瓠瓜白粉病为害叶片症状

防治方法 应选择通风良好，土质疏松、肥沃，排灌方便的地块种植。要适当配合施用磷、钾肥，防止脱肥早衰，增强植株抗病性。

发病前期，用75%百菌清可湿性粉剂600倍液、80%代森锰锌可湿性粉剂600倍液喷施预防。

发病初期，可用62.5%腈菌·锰锌可湿性粉剂600 ～ 800倍液、25%腈菌唑乳油1 500倍液、70%甲基硫菌灵可湿性粉剂800倍液、12.5%烯唑醇乳油2 500倍液、10%苯醚甲环唑水分散颗粒剂1 000 ～ 1 500倍液、20%福·腈可湿性粉剂1 000 ～ 1 200倍液等均匀喷施，间隔7 ～ 10 d喷1次，连喷2 ～ 3次。

6. 瓠瓜疫病

症　　状 由甜瓜疫霉（*Phytophthora melonis*）引起。主要为害茎、叶和果实。多从近地面茎基部开始，初呈水渍状暗绿色，病部软化缢缩，上部叶片萎蔫下垂，全株枯死。叶片发病，初呈圆形或不规则形暗绿色水浸状病斑，边缘不明显。湿度大时，病斑扩展很快，病叶迅速腐烂（图28-7）。果实发病，产生水渍状暗绿色近圆形凹陷的病斑，后果实皱缩软腐，表面产生白色稀疏霉状物，病部易腐烂，散发出腥臭味（图28-8）。

图28-7 瓠瓜疫病为害叶片、叶柄症状

图28-8 瓠瓜疫病为害果实症状

发生规律 以菌丝体和厚垣孢子、卵孢子的形式随病残体在土壤中或土杂肥中越冬，借助流水、灌溉水及雨水溅射传播，也可借助施肥传播，从伤口或自然孔口侵入致病。发病后，病部上产生孢子囊和游动孢子，借助气流及雨水溅射传播进行再侵染。雨季来得早，雨量大，雨天多，该病易流行。连作、低湿、排水不良、田间郁闭发病重。

防治方法 采用高畦栽植，避免积水。进入结瓜盛期要及时供给所需水量，严禁雨前浇水。发现中心病株，拔除深埋。

于发病前开始施药，尤其是雨季到来之前先喷1次预防，可用75%百菌清可湿性粉剂600倍液、40%福美双可湿性粉剂800倍液。

雨后发现中心病株时拔除，并立即喷洒72.2%霜霉威水剂600 ～ 700倍液、72%锰锌·霜脲可湿性粉剂700倍液、25%吡唑醚菌酯悬浮剂 30 ～ 40 mL/亩、25%嘧菌酯悬浮剂1 500倍液、69%锰锌·烯酰可湿性粉剂600倍液、60%氟吗·锰锌可湿性粉剂750 ～ 1 000倍液、25%甲霜灵可湿性粉剂800倍液等药剂，间隔7 ～ 10 d喷施1次，连续防治3 ～ 4次。

7. 瓠瓜枯萎病

症　　状 由尖镰孢菌葫芦专化型（*Fusarium oxysporum* f.sp. *lagenariae*，属无性型真菌）引起。苗期发病时，幼茎基部变褐且缢缩、萎蔫猝倒。成株发病时，初期下部叶片不变黄即萎蔫，早晨，夜晚尚可恢复，数天后不能恢复，萎蔫枯死（图28-9）。潮湿时，茎基部半边茎皮纵裂，常有树脂状胶质溢出，上有 粉红色霉状物，最后病部变成丝麻状。撕开根茎病部，维管束变黄褐至黑褐色并向上延伸。幼果或近成熟果实染病，先端或表面产生褐色斑，严重时整个果实变褐色（图28-10）。

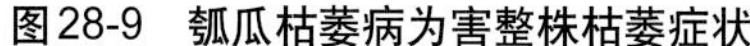

图28-9　瓠瓜枯萎病为害整株枯萎症状

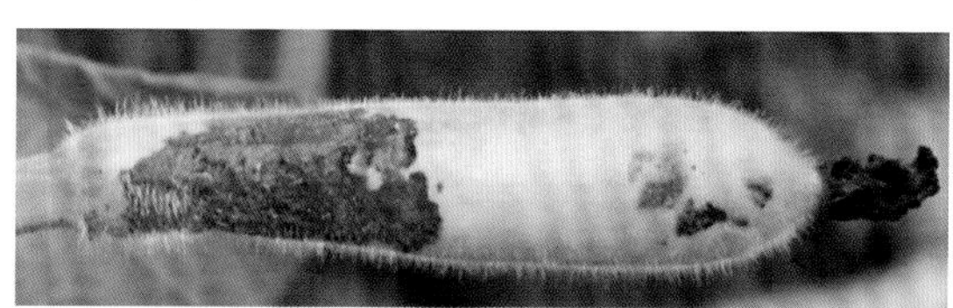

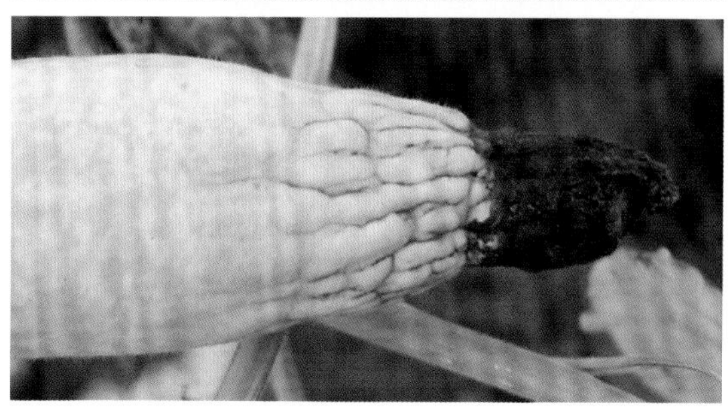

图28-10　瓠瓜枯萎病为害果实症状

发生规律　主要以厚垣孢子和菌丝体的形式随寄主病残体在土壤中或以菌丝体的形式潜伏在种子内越冬。远距离传播主要借助带菌种子和带菌肥料，田间近距离传播主要借助灌溉水、流水、风雨、小昆虫及农事操作等，从伤口或不定根处侵入致病。连作、低洼潮湿、水分管理不当、施用未充分腐熟的土杂肥的地块，或连绵阴雨后转晴，浇水后遇大雨，使土壤水分忽高忽低，皆易诱发本病。

防治方法　施用充分腐熟肥料，减少伤口。小水勤浇，避免大水漫灌，适当多中耕，提高土壤透气性；结瓜期应分期施肥，收获后清除地面病残体。

种子处理：用2.5%咯菌腈悬浮种衣剂对种子包衣，或用70%甲基硫菌灵可湿性粉剂500倍液浸种1 h，洗净后清水浸种催芽播种。

药剂灌根：在发病前或发病初期，用50%多菌灵可湿性粉剂500倍液、50%苯菌灵可湿性粉剂1 500倍液、6%春雷霉素可湿性粉剂150 ～ 300倍液、10%混合氨基酸铜水剂200 ～ 500 mL/亩、70%甲基硫菌灵可湿性粉剂400倍液灌根，每株灌兑好的药液300 ～ 500 mL，间隔10 d后再灌1次，连续防治2 ～ 3次。

8. 瓠瓜炭疽病

症　　状　由葫芦科刺盘孢（*Colletotrichum orbiculare*）引起。主要为害叶片和果实。叶片受害，病斑近圆形或圆形，初为水渍状，后变为黄褐色，边缘有黄色晕圈（图28-11）。严重时，病斑相互连接成不规则的大病斑，致使叶片干枯。潮湿时，病部分泌出粉红色的黏质物。果实染病，初呈水渍状暗绿色凹陷斑，凹陷处常龟裂（图28-12），潮湿时在病斑中部产生粉红色黏稠物。

图28-11　瓠瓜炭疽病为害叶片症状

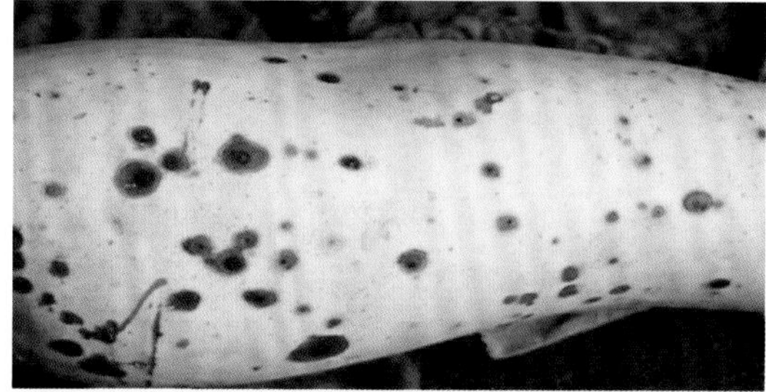

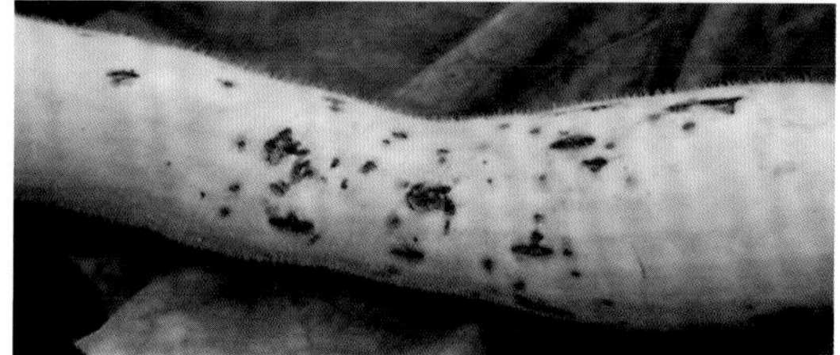

图28-12　瓠瓜炭疽病为害果实症状

发生规律　主要以菌丝体的形式附着在种子上或随病残株在土壤中越冬，亦可在温室或塑料大棚骨架上存活。越冬后的病菌产生大量分生孢子，成为初侵染源。通过雨水、灌溉、气流传播，也可以由害虫携带传播或田间工作人员操作时传播。高温、高湿是该病发生流行的主要因素。叶面结有大量水珠，吐水或叶面结露，病害易流行。氮肥过多、大水漫灌、通风不良，植株衰弱发病重。

防治方法　田间操作，除病灭虫，绑蔓、采收均应在露水落干后进行，减少人为传播。增施磷、钾肥以提高植株抗病力。

种子处理：用50%代森铵水剂500倍液浸种1 h，或用50%多菌灵可湿性粉剂500倍液浸种30 min，清水冲洗干净后催芽。

发病前，喷洒50%甲基硫菌灵可湿性粉剂700倍液、75%百菌清可湿性粉剂700倍液、25%嘧菌酯悬浮剂1 500倍液、70%代森锰锌可湿性粉剂800倍液预防。

发病初期，喷施25%吡唑醚菌酯悬浮剂30 ～ 40 mL/亩、25%嘧菌酯悬浮剂1 500倍液、70%甲基硫菌灵可湿性粉剂700倍液+75%百菌清可湿性粉剂800倍液、50%苯菌灵可湿性粉剂1 500倍液+80%代森锰锌可湿性粉剂600倍液、80%炭疽福美（福美双·福美锌）可湿性粉剂800倍液+50%异菌脲可湿性粉剂800倍液、50%咪鲜胺锰盐可湿性粉剂1 000倍液+80%代森锰锌可湿性粉剂600倍液、25%咪鲜胺乳油1 000倍液+80%代森锰锌可湿性粉剂600倍液、25%溴菌腈可湿性粉剂500倍液+80%代森锰锌可湿性粉剂600倍液，间隔7 ～ 10 d喷1次，连续防治4 ～ 5次。

9. 瓠瓜灰霉病

症　　状　由灰葡萄孢菌（*Botrytis cinerea*）引起。主要为害花和幼瓜。先侵染花，多从开败的雌花侵入，致花瓣枯萎、腐烂，而后向幼瓜扩展，致脐部呈水渍状，病部褪色，表面密生霉层（图28-13）。

图28-13　瓠瓜灰霉病为害花器症状

发生规律　以菌丝或分生孢子及菌核的形式附着在病残体上，或遗留在土壤中越冬。分生孢子随气流、雨水及农事操作传播蔓延，结瓜期是该病侵染和烂瓜的高峰期。北方春季连阴天多，气温不高，棚内湿度大，结露持续时间长，放风不及时，发病重。

防治方法　生长前期及发病后，适当控制浇水，苗期、果实膨大前一周及时摘除病叶、病花、病果及黄叶，通风透光。

发病前期，可喷施70%代森锰锌可湿性粉剂500倍液、75%百菌清可湿性粉剂600倍液预防。

发病初期，喷洒50%腐霉利可湿性粉剂2 000倍液、50%异菌脲可湿性粉剂1 000 ～ 1 500倍液、30%福·嘧霉可湿性粉剂800 ～ 1 200倍液防治，间隔7 d再喷1次。

发病普遍时，可用50%福·异菌可湿性粉剂800 ～ 1 000倍液、50%多·福·乙可湿性粉剂800 ～ 1 500倍液、28%百·霉威可湿性粉剂800 ～ 1 000倍液、50%烟酰胺水分散性粒剂1 500 ～ 2 500倍液、40%嘧霉·啶酰菌（嘧霉胺20%+啶酰菌胺20%）悬浮剂117 ～ 133 mL/亩、65%啶酰·异菌脲（异菌脲40%+啶酰菌胺25%）水分散粒剂21 ～ 24 g/亩、26%嘧胺·乙霉威（嘧霉胺10%+乙霉威16%）水分散粒剂125 ～ 150 g/亩、30%唑醚·啶酰菌（啶酰菌胺20%+吡唑醚菌酯10%）悬浮剂45 ～ 75 mL/亩、42.4%唑醚·氟酰胺（吡唑醚菌酯21.2%+氟唑菌酰胺21.2%）悬浮剂20 ～ 30 mL/亩、50%嘧菌环胺水分散粒剂1 000 ～ 1 500倍液、25%啶菌噁唑乳油1 000 ～ 2 000倍液、2%丙烷脒水剂1 000 ～ 1 500倍液、50%腐霉利可湿性粉剂1 000 ～ 2 000倍液、40%嘧霉胺悬浮剂1 000 ～ 1 500倍液，间隔5 ～ 7 d喷1次，连续2 ~ 3次。

10. 瓠瓜病毒病

症　状　由黄瓜花叶病毒（*Cucumber mosaic virus*，CMV）、黄瓜绿斑驳花叶病毒（*Cucumber green mottle mosaic virus*，CGMMV）引起。初在叶片上出现浓淡不均的花斑，扩展后呈深绿和浅绿相间的花叶状（图28-14）。病叶皱缩或畸形，枝蔓生长停滞，植株矮小。绿斑花叶症状：叶片小，呈现明显的黄绿嵌纹，节间缩短，开花少，结果少（图28-15）。

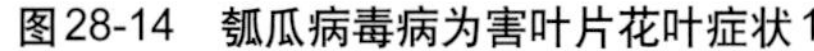

图28-14　瓠瓜病毒病为害叶片花叶症状1

图28-15　瓠瓜病毒病为害叶片花叶症状2

发生规律　病毒可在保护地越冬。翌年，通过蚜虫传播，也可通过农事操作接触传播，种子本身也可带毒。高温、干旱天气有利于病毒病发生，生长期管理粗放、缺水缺肥、光照强、蚜虫数量多等情况下病害发生严重。

防治方法　加强育苗期间的管理，适期早定植，定植时淘汰病苗和弱苗。施足底肥，适时追肥，注意磷、钾肥的配合施用，促进根系发育，增强植株抗病性。注意防治苗床蚜虫，以防蚜虫传病毒。

种子消毒：播种前用10%磷酸三钠浸种20 min，然后清水洗净，再浸种催芽播种；或干种子70℃热处理3 d。

发病前期至初期，可用20%盐酸吗啉胍·乙酸铜可湿性粉剂500倍液、2%宁南霉素水剂300倍液、10%混合脂肪酸水乳剂100倍液、0.5%菇类蛋白多糖水剂250倍液、5%菌毒清水剂300倍液喷洒叶面，间隔7 ~ 10 d喷1次，连续喷施2 ~ 3次。

第二十九章　番茄病虫草害原色图解

一、番茄病害

目前，国内发现的病害已有40多种，为害较重的有猝倒病、灰霉病、晚疫病、早疫病、叶霉病、枯萎病等。

1. 番茄猝倒病

分布为害　猝倒病是番茄育苗期的主要病害，全国各地均有分布，在冬春季苗床上发生较为普遍，轻者引起苗床片状死苗缺苗，发病严重时可引起苗床大面积死苗。

症　　状　由瓜果腐霉（*Pythium aphanidermatum*）引起。在子叶至2～3片真叶的幼苗上发病（图29-1）。在接触地面幼苗茎基部发生，先出现水渍状病斑，然后变黄褐色，干缩成线状，在子叶尚未出现凋萎前倒伏。最初发病时往往株数很少，白天凋萎，但夜间仍能复原，如此2～3 d后，才出现猝倒症状。潮湿时被害部位产生白色霉层或腐烂。

图29-1　番茄猝倒病为害幼苗症状

发生规律　病菌腐生性很强，可在土壤中长期存活。春季条件适宜时，产生孢子囊和游动孢子，借雨水、灌溉水、带菌粪肥、农具、种子传播。苗床土壤高湿极易诱发此病，浇水后积水处或棚顶滴水处，往往最先形成发病中心。光照不足，幼苗长势弱、纤细、徒长、抗病力下降，也易发病。

防治方法　应选择地势较高，地下水位低，排水良好，土质肥沃的地块做苗床。苗床要整地，注意提高地温，降低土壤湿度。出苗后尽量不浇水，必须浇水时一定选择晴天喷洒，切忌大水漫灌。严冬阴雪天要提温降湿，发病初期，可将病苗清除，中午揭开覆盖物，露水干后用草木灰与细土混合撒入。

床土消毒：用50%拌种双可湿性粉剂、70%敌磺钠可溶性粉剂、25%甲霜灵可湿性粉剂、50%福美双可湿性粉剂8～10 g/m^2，拌入10～15 kg干细土配成药土，施药时先浇透底水，水渗下后，取1／3药土垫底，播种后用剩下的2／3药土覆盖在种子表面，防治效果明显。60%硫黄·敌磺钠（硫黄44%+敌磺钠16%）可湿性粉剂6～10 g/m^2，毒土撒施于土壤。2亿孢子/g木霉菌可湿性粉剂4～6 g/m^2，苗床喷淋。3亿CFU/g哈茨木霉菌可湿性粉剂4～6 g/m^2，灌根。

种子消毒：采用温烫浸种或药剂浸种的方法对种子进行消毒处理，浸种后催芽，催芽不宜过长，以免降低种子发芽能力。或用种子重量0.3%的70%敌磺钠可溶性粉剂拌种效果也很好。

药剂防治：发现病苗立即拔除，并喷洒25%甲霜灵可湿性粉剂800倍液、64%噁霜·锰锌可湿性粉剂500倍液、75%百菌清可湿性粉剂600倍液+40%乙膦铝可湿性粉剂200倍液、34%春雷·霜霉威（霜霉威盐酸盐32.2%+春雷霉素1.8%）水剂12.5～15 mL/m^2、70%丙森锌可湿性粉剂500倍液、69%烯·酰锰锌可湿性粉剂1 000倍液、72.2%霜霉威水剂400倍液、70%代森锰锌可湿性粉剂500倍液+15%噁霉灵水剂1 000倍液，间隔7～10 d喷1次，连续喷2～3次。

2. 番茄灰霉病

分布为害　灰霉病是番茄上普遍发生的一种重要病害。此病发生时间早、持续时间长，主要为害果实，造成的损失极大（图29-2、图29-3）。发病后一般减产20%～30%，流行年份大量烂果，严重地块可减产50%以上。

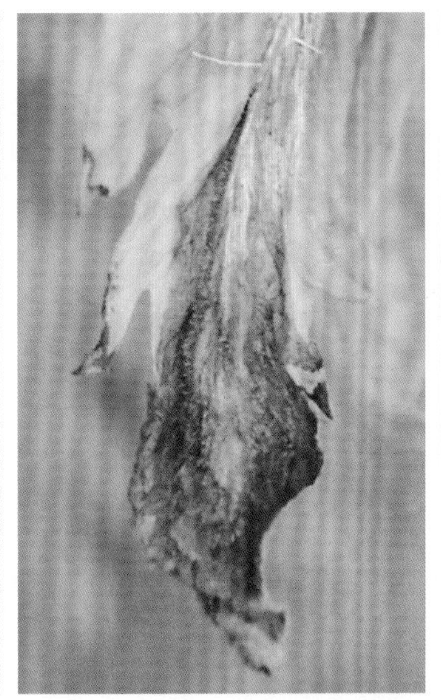

图29-2　番茄灰霉病为害叶片症状

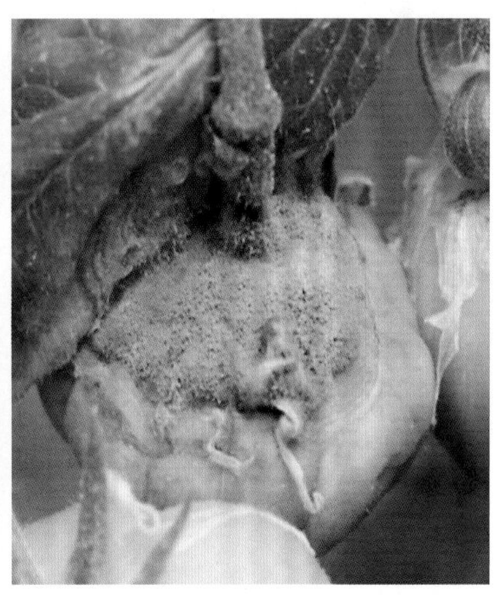

图29-3　番茄灰霉病为害果实症状

症　　状　由灰葡萄孢菌引起。主要发生在棚室中，多从苗的上部或伤口外发病，病部灰褐色，腐烂，表面生有灰色霉层。成株期叶片发病，从叶缘开始向里产生淡褐色V形病斑（图29-4），水浸状，并有深浅相间的轮纹（图29-5），表面生灰色霉层，潮湿时病斑背面也产生灰色或灰绿色霉层，叶片逐渐枯死，茎或叶柄上病斑长椭圆形，初灰白色水渍状，后呈黄褐色，有时病处失水出现裂痕（图29-6）。果实发病时（图29-7），病菌多从残留的花瓣、花托（图29-8）等处侵染，逐渐向果实扩展，果实蒂部呈灰白色水浸状软腐，产生灰色至灰褐色霉层（图29-9、图29-10）。

图29-4 番茄灰霉病为害叶片V形斑

图29-5 番茄灰霉病为害叶片轮纹状

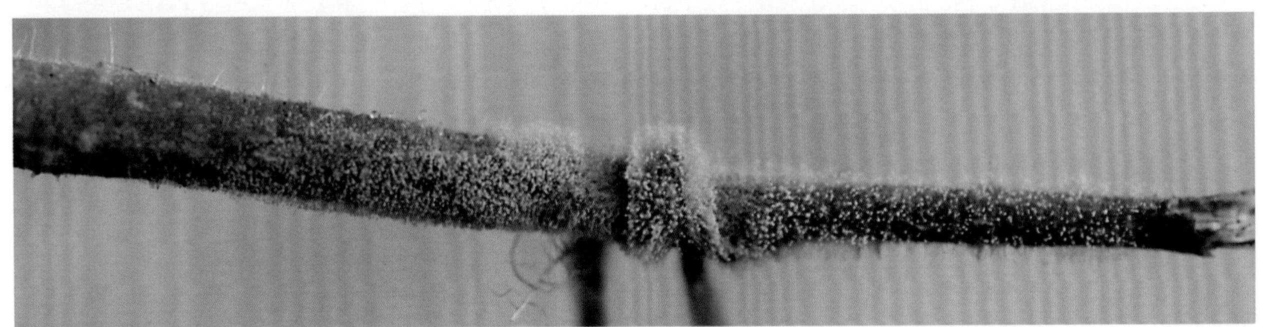
图29-6 番茄灰霉病为害茎部症状

图29-7 番茄灰霉病为害幼果症状

图29-8 番茄灰霉病为害花托症状

图29-9 番茄灰霉病为害果柄症状

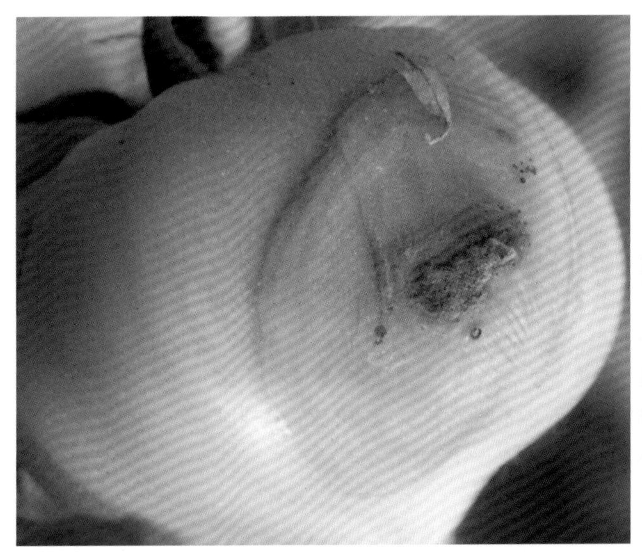
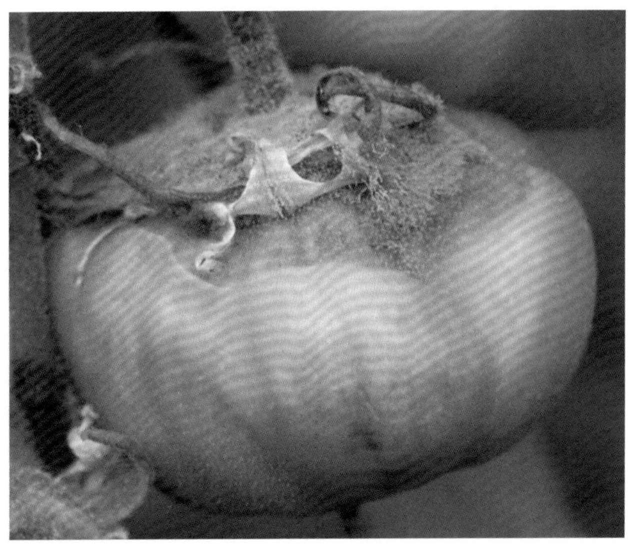

图29-10　番茄灰霉病为害果实症状

发生规律　以菌核的形式在土壤中，或以菌丝体及分生孢子的形式在病株残体里越冬。翌春条件适宜时，菌核萌发，产生菌丝体和分生孢子。借气流、雨水或露珠及农事操作传播。从寄主伤口或衰老的器官及枯死的组织上侵入（图29-11）。花期是侵染高峰期，尤其在穗果膨大期浇水后，病果数量剧增，是烂果高峰期。冬、春低温季节或遇寒流期间，棚室内发生较严重。密度过大、管理不当、通风不良，都会加快此病的扩展。

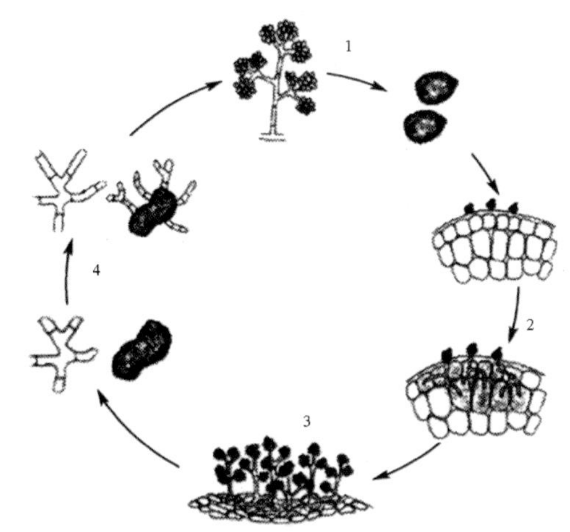

图29-11　番茄灰霉病病害循环
1.分生孢子　2.分生孢子萌发
3.发病植株　4.菌核、菌丝萌发

防治方法　温度开始升高时及时通风，降低棚内湿度。覆盖大棚、温室的薄膜最好选用紫光膜，早扣棚烤地，保持薄膜清洁。高垄栽培膜下暗灌，加强肥水管理，防止植株早衰。适当控制浇水，发病田减少浇水量，必须浇水时，则应在上午进行，且水量要小。及时摘除病花病叶、病果和病枝，带出田外，集中深埋，切不可乱丢乱放。

在定植前、缓苗后10 d，花期、幼果期、果实膨大期喷洒药剂防治。定植前对幼苗喷洒50%腐霉利可湿性粉剂1 500倍液。

花期结合蘸花（防落花、落果）时，在配制2，4-D溶液或番茄灵溶液中加入药液重量0.2%～0.3%比例的50%腐霉利可湿性粉剂，可预防病菌从开败的花处侵染果实，效果很好。坐果时，用浓度为0.1%的50%腐霉利或异菌脲溶液喷果2次，隔7 d1次，可预防病害发生。

发病初期，可兑水施用50%克菌丹可湿性粉剂155～190 g/亩、75%百菌清可湿性粉剂120～200 g/亩、43%腐霉利悬浮剂80～120 mL/亩、50%异菌脲水分散粒剂120～160 g/亩、50%啶酰菌胺水分散粒剂30～50 g/亩、40%嘧霉胺悬浮剂62～94 mL/亩、5%己唑醇悬浮剂75～150 mL/亩、50%氟啶胺水分散粒剂27～33 g/亩、22.5%啶氧菌酯悬浮剂26～36 mL/亩、25%啶菌噁唑乳油53～107 mL/亩、40%双胍三辛烷基苯磺酸盐可湿性粉剂30～50 g/亩、2亿个/g木霉菌水分散粒剂125～150 g/亩、1000亿孢子/g枯草芽孢杆菌可湿性粉剂60～80 g/亩、1亿CFU/g哈茨木霉菌水分散粒剂60～100 g/亩、0.3%丁子香酚可溶液剂90～120 mL/亩、0.5%小檗碱盐酸盐水剂200～250 mL/亩、5%香芹酚可溶液剂100～120 mL/亩、40%咯菌腈·异菌脲（咯菌腈10%+异菌脲30%）悬浮剂20～30 mL/亩、500 g/L氟吡菌酰胺·嘧霉胺（嘧霉胺375 g/L+氟吡菌酰胺125 g/L）悬浮剂60～80 mL/亩、45%异菌·氟啶胺（氟啶胺30%+异菌脲15%）悬浮剂45～50 mL/亩、65%啶酰·腐霉利（啶酰菌胺20%+腐霉利45%）水分散粒剂60～80 g/亩、50%异菌·腐霉利（腐霉利35%+异菌脲15%）悬浮剂60～70 mL/亩、80%嘧霉·异菌脲（嘧霉胺40%+异菌脲40%）可湿性粉剂38～45 g/亩、60%乙霉·多菌灵（乙霉威30%+多菌灵

30%）可湿性粉剂90 ~ 120 g/亩、42.4%唑醚·氟酰胺（吡唑醚菌酯21.2%＋氟唑菌酰胺21.2%）悬浮剂20 ~ 30 mL/亩、43%氟菌·肟菌酯（肟菌酯21.5%＋氟吡菌酰胺21.5%）悬浮剂30 ~ 45 mL/亩、40%嘧霉·百菌清（嘧霉胺13%＋百菌清27%）可湿性粉剂100 ~ 133 g/亩、30%福·嘧霉可湿性粉剂500 ~ 800倍液、40%嘧霉胺悬浮剂800 ~ 1 500倍液、25%啶菌噁唑乳油700 ~ 1 250倍液，隔7 d喷1次，连续防治2 ~ 3次。

保护地栽培时，可用3%噻菌灵烟雾剂熏烟250 g/亩、45%百菌清烟雾剂250 g/亩、10%腐霉利烟雾剂250 g/亩、5%菌核净烟剂200 ~ 400 g/亩、15%腐霉·百菌清（腐霉利3%＋百菌清12%）烟剂200 ~ 300 g/亩，点燃放烟。也可用5%百菌清粉尘剂或10%腐霉利粉尘剂喷粉1 kg/亩。每隔7 ~ 10 d防治1次，连续3 ~ 4次。由于该病菌易产生抗药性，在防治中要轮换用药、混合用药，防止产生抗药性。

3. 番茄晚疫病

分布为害 晚疫病是番茄上的重要病害，在我国各地露地和保护地栽培的番茄上普遍发生，并造成严重的为害（图29-12）。在病害流行年份可减产20% ~ 40%。

图29-12 番茄晚疫病为害情况

症　　状 由致病疫霉（*Phytophthora infestans*，属鞭毛菌亚门真菌）引起。番茄受害，幼苗期叶片出现暗绿色水浸状病斑，叶柄或茎上出现水渍状褐色腐烂，病部缢缩倒折，空气湿度大时，产生稀疏的白色霉层（图29-13）。成株期多从下部叶片开始发病，叶片表面出现水浸状淡绿色病斑，逐渐变为褐色，空气湿度大时，叶背病斑边缘产生稀疏的白色霉层（图29-14）。茎和叶柄的病斑呈水浸状长条形，褐色，凹陷，最后变为黑褐色并腐烂，引起植株萎蔫（图29-15、图29-16）。果实上的病斑有时有不规则形云纹，后变为暗褐色，边缘明显（图29-17）。果实质地坚硬不平，在潮湿条件下，病斑处长有少量白霉。

图29-13 番茄晚疫病为害幼苗症状

图29-14 番茄晚疫病为害叶片正、背面症状

图29-15　番茄晚疫病茎部受害症状

图29-16　番茄晚疫病果柄受害症状

图29-17　番茄晚疫病果实受害症状

发生规律　以菌丝体的形式在温室番茄植株上越冬，或以厚垣孢子的形式在落入土中的病残体上越冬。借助风雨传播，由植株气孔或表皮直接侵入（图29-18）。一般于3月发生，4月进入流行期，以叶片和处于绿熟期的果实受害最重。高湿、低温，特别是温度波动较大时，有利于病害流行。氮肥过多，栽植密度过大，保护地放风不及时等均可诱发病害。

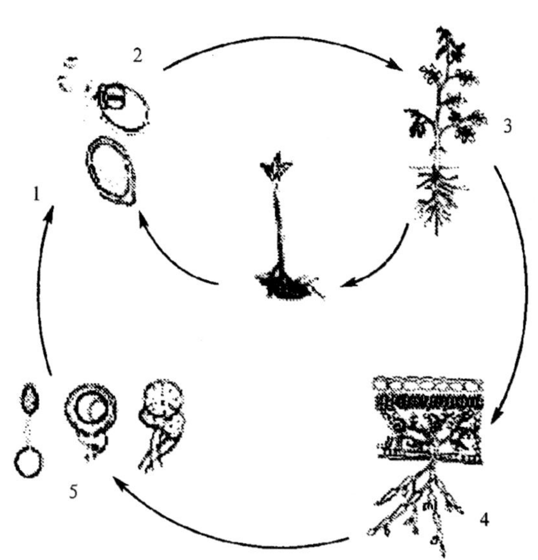

图29-18　番茄晚疫病病害循环

1.孢子囊　2.孢子囊萌发　3.发病植株
4.孢子囊和孢囊梗　5.孢子囊、雄器和藏卵器

防治方法　选择地势高燥、排灌方便的地块种植，合理密植。合理施用氮肥，增施钾肥。切忌大水漫灌，雨后及时排水。加强通风透光，保护地栽培时要及时放风，尽量避免叶片结露时间，以减轻发病程度。

田间出现发病中心时，及时施药防治。可用20%氰霜唑悬浮剂25～35 mL/亩、40%喹啉铜悬浮剂25～30 mL/亩、20%丁吡吗啉悬浮剂125～150 g/亩、30%氟吗啉悬浮剂30～40 mL/亩、75%百菌清水分散粒剂100～130 g/亩、70%丙森锌可湿性粉剂150～200 g/亩、10%氟噻唑吡乙酮可分散油悬浮剂13～20 mL/亩、50%嘧菌酯水分散粒剂40～60 g/亩、23.4%双炔酰菌胺悬浮剂

30 ~ 40 mL/亩、500 g/L氟啶胺悬浮剂25 ~ 33 mL/亩、50%烯酰吗啉可湿性粉剂33 ~ 40 g/亩、90%三乙膦酸铝可溶粉剂170 ~ 200 g/亩、5%氨基寡糖素水剂23 ~ 25 mL/亩、2%几丁聚糖水剂125 ~ 150 mL/亩、0.3%丁子香酚可溶液剂88 ~ 117 g/亩、3%多抗霉素可湿性粉剂356 ~ 600 g/亩、100万孢子/g寡雄腐霉菌可湿性粉剂6.67 ~ 20.00 g/亩、30%氟吡菌胺·氰霜唑（氰霜唑15%+氟吡菌胺15%）悬浮剂30 ~ 50 mL/亩、60%唑醚·代森联（代森联55%+吡唑醚菌酯5%）水分散粒剂40 ~ 60 g/亩、31%噁酮·氟噻唑（噁唑菌酮28.2%+氟噻唑吡乙酮2.8%）悬浮剂27 ~ 33 mL/亩、687.5 g/L氟菌·霜霉威（霜霉威盐酸盐625 g/L+氟吡菌胺62.5 g/L）悬浮剂67.5 ~ 75.0 mL/ 亩、53%烯酰·代森联（代森联44%+烯酰吗啉9%）水分散粒剂180 ~ 200 g/亩、70%霜脲·嘧菌酯（霜脲氰35%+嘧菌酯35%）水分散粒剂20 ~ 40 g/亩、40%精甲·丙森锌（精甲霜灵5%+丙森锌35%）可湿性粉剂80 ~ 100 g/亩、47%烯酰·唑嘧菌（唑嘧菌胺27%+烯酰吗啉20%）悬浮剂40 ~ 60 mL/亩、51%氟嘧·百菌清（百菌清46.4%+氟嘧菌酯4.6%）悬浮剂100 ~ 133 mL/亩、440 g/L精甲·百菌清（精甲霜灵40 g/L+百菌清400 g/L）悬浮剂100 ~ 120 mL/亩、72%霜脲·锰锌（代森锰锌64%+霜脲氰8%）可湿性粉剂165 ~ 180 g/亩、68%精甲霜·锰锌（精甲霜灵4%+代森锰锌64%）水分散粒剂100 ~ 120 g/亩、52.5%噁酮·霜脲氰（噁唑菌酮22.5%+霜脲氰30%）水分散粒剂20 ~ 40 g/亩，兑水喷施，每隔5 ~ 7 d喷1次，连喷2 ~ 3次。

保护地栽培时还可以使用45%百菌清烟雾剂250 g/亩，于傍晚封闭棚室，将药分放于5 ~ 7个燃放点，烟熏过夜或喷撒5%百菌清粉剂1 kg/亩。间隔7 ~ 10 d用1次药，最好与喷雾防治交替进行。

4. 番茄早疫病

分布为害 早疫病在全国番茄种植区均有发生，主要为害露地番茄（图29-19），为害严重时，引起落叶、落果和断枝，一般可减产20%～30%，严重时减产50%以上。

图29-19 番茄早疫病为害植株症状

症 状 由茄链格孢（*Alternaria solani*，属无性型真菌）引起。主要侵染叶、茎、花、果。叶片发病，初呈针尖大小的黑点（图29-20 ~图29-23），后发展为不断扩展的黑褐色轮纹斑，边缘多具浅绿色或黄色晕环，中部出现同心轮纹，且轮纹表面生毛刺状不平坦物，潮湿条件下，病部长出黑色霉物。茎和叶柄受害（图29-24、图29-25），茎部多发生在分枝处，产生褐色至深褐色不规则圆形或椭圆形病斑，稍凹陷，表面生灰黑色霉状物。青果染病（图29-26、图29-27），始于花萼附近，初为椭圆形、不定形褐色或黑色斑，凹陷，有同心轮纹。后期果实开裂，病部较硬，密生黑色霉层。

图29-20　番茄早疫病苗期病叶

图29-21　番茄早疫病病叶正面

图29-22　番茄早疫病病叶背面

图29-23　番茄早疫病叶脉受害症状

图29-24　番茄早疫病幼苗病茎

图29-25　番茄早疫病为害叶柄症状

图29-26 番茄早疫病为害花器症状

图29-27 番茄早疫病为害果实症状

发生规律 以分生孢子和菌丝体的形式在土壤或种子上越冬，借风雨传播，从气孔、皮孔、伤口或表皮侵入，引起发病。病菌可在田间多次进行再侵染。此病大多数在结果初期开始发生，结果盛期发病较重。老叶一般先发病。高温、多雨，特别是高湿是诱发本病的重要因素，重茬地、低洼地、瘠薄地、浇水过多或通风不良地块发病较重（图29-28）。

图29-28 番茄早疫病为害田间症状

防治方法 施足腐熟的有机底肥，合理密植。露地栽培时，注意雨后及时排水。及时摘除病叶、病果，带出田外集中销毁。番茄拉秧后及时清除田间残余植株、落花、落果。大棚内要注意保温和通风。

种子消毒：用50℃温水浸种20 min，捞出后放入冷水中浸泡3～4 h。或将种子用冷水浸4 h后捞出放入1%硫酸铜溶液10 min，再放入1%肥皂水中，5 min捞出，洗净、催芽、播种。

发病初期开始用药，兑水喷洒30%碱式硫酸铜悬浮剂110～150 mL/亩、77%氢氧化铜可湿性粉剂133～200 g/亩、86.2%氧化亚铜可湿性粉剂70～97 g/亩、30%王铜悬浮剂50～70 g/亩、75%代森锰锌水分散粒剂175～200 g/亩、50%二氯异氰尿酸钠可溶粉剂75～100 g/亩、80%代森锌可湿性粉剂250～300 g/亩、25%嘧菌酯悬浮剂24～32 mL/亩、75%百菌清可湿性粉剂200～250 g/亩、50%肟菌酯水分散粒剂8～10 g/亩、50%异菌脲可湿性粉剂50～100 g/亩、30%醚菌酯悬浮剂50～60 g/亩、80%多菌灵水分散粒剂62.5～80 g/亩、10%苯醚甲环唑水分散粒剂80～100 g/亩、50%异菌脲可湿性粉剂50～100 g/亩、80%丙森锌可湿性粉剂130～160 g/亩、50%克菌丹可湿性粉剂125～187 g/亩、9%萜烯醇（互生叶白千层提取物）乳油67～100 mL/亩、6%嘧啶核苷类抗菌素水剂87～125 mL/亩、2亿孢子/g木霉菌可湿性粉剂100～300 g/亩、400 g/L氯氟醚·吡唑酯（吡唑醚菌酯200 g/L+氯氟醚菌唑200 g/L）悬浮剂20～40 mL/亩、31%噁酮·氟噻唑（噁唑菌酮28.2%＋氟噻唑吡乙酮2.8%）悬浮剂27～33 mL/亩、60%唑醚·代森联（代森联55%+吡唑醚菌酯5%）水分散粒剂40～60 g/亩、29%戊唑·嘧菌酯（戊唑醇18%＋嘧菌酯11%）悬浮剂30～40 mL/亩、325 g/L苯甲·嘧菌酯（苯醚甲环唑125 g/L+嘧菌酯200 g/L）悬浮剂30～50 mL/亩、35%氟菌·戊唑醇（戊唑醇17.5%＋氟吡菌酰胺17.5%）悬浮剂25～30 mL/亩、43%氟菌·肟菌酯（肟菌酯21.5%＋氟吡菌酰胺21.5%）悬浮剂15～25 mL/亩、12%苯甲·氟酰胺（苯醚甲环唑5%＋氟唑菌酰胺7%）悬浮剂56～70 mL/亩、44%苯甲·百菌清（苯醚甲环唑4%＋百菌清40%）悬浮剂100～120 mL/亩、560 g/L嘧菌·百菌清（百菌清500 g/L+嘧菌酯60 g/L）悬浮剂

98 ~ 120 mL/亩、75%肟菌·戊唑醇（戊唑醇50% +肟菌酯25%）水分散粒剂10 ~ 15 g/亩、70%锰锌·百菌清（代森锰锌40% +百菌清30%）可湿性粉剂100 ~ 150 g/亩、68.75%噁酮·锰锌（代森锰锌62.5% +噁唑菌酮6.25%）水分散粒剂75 ~ 94 g/亩、52.5%噁酮·霜脲氰（噁唑菌酮22.5% +霜脲氰30%）水分散粒剂30 ~ 40 g/亩，每7 d喷1次，连喷2 ~ 3次。为防止产生抗药性提高防效，提倡轮换交替或复配使用。

棚室栽培番茄，可在定植前对棚室熏蒸消毒，每1 m^3空间用硫黄粉6.7 g，混入锯末13.5 g，分装后用正在燃烧的煤球点燃，密闭棚室，熏蒸一夜。或定植后1 ~ 3 d内，用45%百菌清烟剂、10%腐霉利烟剂、15%霜疫清烟剂每亩用200 ~ 250 g，闭棚熏烟一夜。

5. 番茄叶霉病

分布为害　叶霉病在我国大多数番茄产区均有分布，以华北和东北地区受害较重。尤其是保护地栽培番茄为害严重（图29-29），一般可减产20%～30%。

图29-29　番茄叶霉病为害叶片症状

症　　状　由黄枝孢菌（*Cladosporium fulvum*，属无性型真菌）引起。主要为害叶片，严重时也可为害茎、花和果实。叶片发病初期，叶片正面出现不规则形或椭圆形淡黄色褪绿斑，边缘不明显，叶背面出现灰紫色至黑褐色茂密的霉层，湿度大时，叶片表面病斑也可长出霉层（图29-30）。随病情扩展，叶片由下向上逐渐卷曲，病株下部叶片先发病，后逐渐向上蔓延，使整株叶片呈黄褐色干枯，发病严重时，可引起全株叶片卷曲（图29-31）。

图29-30　番茄叶霉病为害叶片正、背面症状

图29-31 番茄叶霉病为害田间症状

发生规律 以菌丝体和分孢子梗的形式随病残体遗落在土中存活越冬，或以分生孢子的形式黏附在种子上越冬。依靠气流传播，从气孔侵入致病。病菌孢子萌发后一般从寄主叶背气孔侵入。8月至10月上旬是病原生育适温期，秋大棚比温室发病重，温室比露地发病重。过于密植，通风不良，湿度过大的地块，发病严重。阴雨天气或光照弱有利于病菌孢子的萌发和侵染。

防治方法 栽培管理的防病重点是控制温、湿度，增加光照，预防高湿、低温，加强水肥管理。苗期浇小水，定植时灌透，开花前不浇，开花时轻浇，结果后重浇，浇水后立即排湿，尽量使叶面不结露或缩短结露时间。露地栽培时，雨后及时排除田间积水。增施充分腐熟的有机肥，避免偏施氮肥，增施磷、钾肥，及时追肥，并对叶面喷肥。定植密度不要过高，及时整枝打杈、绑蔓，植株坐果后适度摘除下部老叶。

种子消毒：种子要用52℃温水浸种15 min，或采用2%武夷菌素浸种，或用种子重量0.4%的50%克菌丹拌种。也可用2.5%咯菌腈悬浮种衣剂，每10 mL药剂兑水150 ～ 200 mL，混匀后可拌种3 ～ 5 kg，包衣后播种。或2%嘧啶核苷类抗生素水剂100倍液浸种5 ～ 12 h。

发病初期用药剂防治，可兑水喷洒10%氟硅唑水乳剂40 ～ 50 mL/亩、80%甲基硫菌灵可湿性粉剂45 ～ 60 g/亩、50%克菌丹可湿性粉剂125 ～ 187 g/亩、250 g/L嘧菌酯悬浮剂60 ～ 90 mL/亩、6%春雷霉素水剂53 ～ 58 mL/亩、10%多抗霉素可湿性粉剂120 ～ 150 g/亩、30%春雷·霜霉威（春雷霉素2% + 霜霉威盐酸盐28%）水剂90 ～ 150 mL/亩、35%氟菌·戊唑醇（戊唑醇17.5% + 氟吡菌酰胺17.5%）悬浮剂30 ～ 40 mL/亩、43%氟菌·肟菌酯（肟菌酯21.5% + 氟吡菌酰胺21.5%）悬浮剂 20 ～ 30 mL/亩、42.4%唑醚·氟酰胺（吡唑醚菌酯21.2% + 氟唑菌酰胺21.2%）悬浮剂20 ～ 30 mL/亩、43%氟菌·肟菌酯（肟菌酯21.5% + 氟吡菌酰胺21.5%）悬浮剂20 ～ 30 mL/亩、47%春雷·王铜（春雷霉素2% + 王铜45%）可湿性粉剂94 ～ 125 g/亩、47%锰锌·腈菌唑（代森锰锌42% + 腈菌唑5%）可湿性粉剂100 ～ 135 g/亩、25%甲硫·腈菌唑（甲基硫菌灵22.5% + 腈菌唑2.5%）可湿性粉剂100 ～ 140 g/亩、400 g/L克菌·戊唑醇（戊唑醇80 g/L+ 克菌丹320 g/L）悬浮剂40 ～ 60 mL/亩，每7 d防治1次，连续用药2 ～ 3次。在喷药时，要注意喷布均匀，重点是叶背和地面。

保护地种植，用45%百菌清烟剂0.2 ～ 0.3 kg/亩、15%抑霉唑烟剂0.3 ～ 0.5 g/m^{2}点燃熏蒸，或喷撒5%百菌清粉尘剂，隔8 ～ 10 d喷1次，连续或交替轮换施用。

6. 番茄病毒病

分布为害 病毒病在全国番茄种植区均有发生，一般年份可减产20%～30%，流行年份高达50%～70%，局部地区甚至绝产。

症　状 由黄瓜花叶病毒（*Cucumber mosaic virus*，CMV）、烟草花叶病毒（*Tobacco mosaic virus*，TMV）、番茄黄化曲叶病毒（*Tomato yellow leaf curl virus*，TYLCV）、马铃薯Y病毒（*Potato virus Y*，PVY）、粉虱传双生病毒（*Whitefly Transmitted Geminivirus*，WTG）。番茄病毒病主要有蕨叶型、花叶型、条斑型黄化卷叶型。蕨叶型是系统感染病害。病株心叶沿叶脉褪绿，变成细长的小叶，有的呈螺旋形下卷，下部叶片卷成筒状。病果畸形，果肉呈浅褐色。花叶型：在叶片出现明脉或黄脉相间的斑驳，叶片皱缩，植株生长缓慢，病重时落花落果。条斑型：叶、茎、果上初为深褐色斑，后叶片上出现纹状不规则茶褐色斑。茎上呈条状褐色斑，病部稍凹陷。果实上病斑浅褐色，表皮凸凹不平。仅限于表皮，不深入茎内和果内。黄化卷叶型：叶片受害卷曲皱缩，后期萎蔫（图29-32 ～图29-36）。

图29-32　番茄病毒病蕨叶型

图29-33　番茄病毒病花叶型

图29-34　番茄病毒病黄化卷叶型

图29-35　番茄病毒病病果

图29-36　番茄病毒病条斑型

发生规律 黄瓜花叶病毒在多年生宿根植物或杂草上越冬，靠蚜虫传播。烟草花叶病毒在病残体和多种作物上越冬，种子也可带毒。通过摩擦接触传播。在高温、强光、干旱及有蚜虫为害的情况下，容易发病。5月底和6月上旬是病毒病易感期。果实膨大期缺水干旱，土壤中缺钙、钾等元素，易发病。

防治方法 定植时不要伤根，在田间操作时不要损伤植株。冬季深翻土壤，适期早种、早栽，保护覆盖栽培，培育壮苗、大苗，使植株早发棵、早成龄，使其在干热季节来临前，即5月底和6月上旬的病毒病易感期让大部分果实坐住的避病措施，以及定植后勤中耕促进根系发育，及早追足磷肥，打杈时用手推杈，减少伤口，减少汁液传毒，及时消灭蚜虫、粉虱等传毒害虫。

种子消毒：可用10%的磷酸三钠溶液浸种20 min，用清水洗净后再播种。或用0.1%高锰酸钾溶液浸种40 min，水洗后浸种催芽，或将干燥的种子置于70℃恒温箱内干热消毒72 h。

防治蚜虫，及时防治蚜虫，用10%烯啶虫胺水剂3 000 ~ 5 000倍液、25%噻虫嗪可湿性粉剂2 000 ~ 3 000倍液、3.2%苦·氯乳油1 000 ~ 2 000倍液、20%高氯·噻嗪酮乳油1 500 ~ 3 000倍液，兑水均匀喷雾，可降低蚜虫传毒引发病毒病的机会。

发病初期，可用5%氨基寡糖素可溶液剂86 ~ 107 mL/亩、2%香菇多糖水剂35 ~ 45 mL/亩、0.06%甾烯醇微乳剂30 ~ 60 mL/亩、80%盐酸吗啉胍可湿性粉剂40 ~ 50 g/亩、6%低聚糖素水剂60 ~ 80 mL/亩、20%丁子香酚水乳剂30 ~ 45 mL/亩、0.1%大黄素甲醚水剂60 ~ 100 mL/亩、0.5%葡聚烯糖可溶粉剂10 ~ 12 g/亩、30%毒氟磷可湿性粉剂90 ~ 110 g/亩、8%宁南霉素水剂75 ~ 100 g/亩、2%几丁聚糖水剂80 ~ 133 mL/亩、1.26%辛菌胺醋酸盐（1.8%）水剂694 ~ 1 042 mL/亩、31%寡糖·吗呱（氨基寡糖素1%+盐酸吗啉胍30%）可溶粉剂25 ~ 50 g/亩、6%寡糖·链蛋白（氨基寡糖素3%+极细链格孢激活蛋白3%）可湿性粉剂75 ~ 100 g/亩、30%毒氟·吗啉胍（盐酸吗啉胍15%+毒氟磷15%）可湿性粉剂50 ~ 90 g/亩、60%吗胍·乙酸铜（乙酸铜30%+盐酸吗啉胍30%）水分散粒剂60 ~ 80 g/亩、4.3%辛菌·吗啉胍（辛菌胺醋酸盐1.8%+盐酸吗啉胍2.5%）水剂232 ~ 326 g/亩、0.5%烷醇·硫酸铜（三十烷醇0.1%+硫酸铜0.4%）乳油50 ~ 73 mL/亩、24%混脂·硫酸铜（硫酸铜1.2%+混合脂肪酸22.8%）水乳剂78 ~ 117 mL/亩、10.0001%羟烯·吗啉胍（羟烯腺嘌呤0.0001%+盐酸吗啉胍10%）水剂250 ~ 375 mL/亩、40%烯·羟·吗啉胍（烯腺嘌呤0.002%+羟烯腺嘌呤0.002%+盐酸吗啉胍39.996%）可溶粉剂100 ~ 150 g/亩、25%琥铜·吗啉胍（盐酸吗啉胍16%+琥胶肥酸铜9%）可湿性粉剂135 ~ 200 g/亩，兑水喷雾，每隔5 ~ 7 d喷1次，连续喷2 ~ 3次。

7. 番茄根结线虫病

分布为害 根结线虫病是番茄上的一种重要病害，各番茄产区均有发生，特别是保护地，受害较为严重。

症　　状 由南方根结线虫（*Meloidogyne incognita*）引起。主要为害根部。病部产生大小不一，形状不定的肥肿、畸形瘤状结（图29-37）。剖开根结有乳白色线虫。发病轻时，地上部症状不明显，发病严重时植株矮小（图29-38），发育不良，叶片变黄，结果小。高温、干旱时，病株出现萎蔫或提前枯死。

图29-37　番茄根结线虫病为害较轻时地上部分及根部情况

图29-38　番茄根结线虫病为害严重时地上部分及根部情况

发生规律　以2龄幼虫或雌虫的形式随病残体在土壤和粪肥中越冬。翌年条件适宜时，卵孵化为幼虫或幼虫直接侵入新根为害，通过病土、病苗传播。偏施氮肥的地块发病较重；夏、秋季高温、少雨时发病重；连作地以及土壤湿度较小、管理不良的地块发病重。

防治方法　收获后及时清洁田园病残体，轮作2～3年，可减少虫口密度，合理施肥，适时灌溉。移栽定植前，用溴甲烷熏蒸。定植时，用10%克线磷颗粒剂5 kg/亩、0.5%阿维菌素颗粒剂3～4 kg/亩穴施，发病初期可用40%灭线磷乳油、50%辛硫磷乳油1 000倍液灌根。

8. 番茄枯萎病

症　　状　由尖孢镰孢番茄专化型（*Fusarium oxysporum* f. sp *lycopersici*，属无性型真菌）引起。番茄枯萎病是一种重要的土传病害，常与青枯病并发。多在开花结果期发病，在盛果期枯死（图29-39）。先从下部叶片开始发黄枯死，依次向上蔓延，有时植株一侧叶片发黄，另一侧为正常绿色，发病严重时整株叶片枯死，但不脱落。叶片黄褐色，潮湿时茎部贴地表处，产生粉红色霉，剖开茎部维管束变黄褐色（图29-40），但无污浊黏液。

图29-39　番茄枯萎病为害植株症状

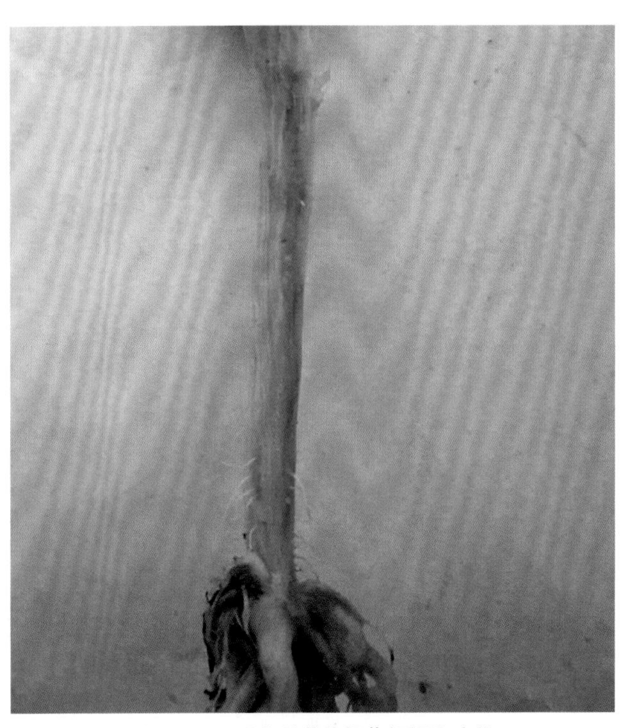

图29-40　番茄枯萎病根茎部褐变症状

发生规律　以菌丝体或厚垣孢子的形式随病残体在土壤中或附着在种子上越冬。带菌种子可远距离传病。多在分苗、定植时从根系伤口、自然裂口、根毛侵入，到达维管束。高温、高湿有利于病害发生。土壤潮湿、偏酸、地下害虫多、土壤板结、土层浅的地块、发病重。番茄连茬年限愈多，施用未腐熟粪肥，或追肥不当烧根，使植株生长衰弱、抗病力降低，病情加重。春播早的番茄病轻，晚播的病重。

防治方法　发现零星病株，要及时拔除，定植穴填入生石灰覆土踏实，杀菌消毒。

种子及苗床消毒：播前用52℃温水浸种30 min，或用50%多菌灵可湿性粉剂500倍液浸种1 h，或用硫酸铜1 000倍液浸种5 min，或用0.1%升汞浸种3 min，再用清水洗涤干净催芽播种。也可用种子重量0.3%的70%敌磺钠可溶性粉剂，或50%异菌脲可湿性粉剂拌种后再播种。

发病初期，可向茎基部及周围土壤喷施50%多菌灵可湿性粉剂500倍液、70%甲基硫菌灵可湿性粉剂500倍液、2%嘧啶核苷类抗生素水剂200倍液、10%双效灵水剂200倍液、50%菌毒清水剂200～300倍液、50%琥胶肥酸铜可湿性粉剂400倍液、70%敌磺钠可溶性粉剂500倍液等灌根，每株灌药液300～500 mL，每隔7～10 d灌1次，连灌2～3次。1.2亿芽孢/g解淀粉芽孢杆菌B1619水分散粒剂20～32 kg/亩，撒施。

9. 番茄斑枯病

症　　状　由番茄壳针孢（*Septoria lycopersici*，属无性型真菌）引起。主要为害番茄的叶片、茎和花萼，尤其在开花结果期的叶片上发生最多，果实很少受害。接近地面的老叶先发病（图29-41），逐渐蔓延到上部叶片。初发病时，叶片背面出现水浸状小圆斑，不久叶片正面出现近圆形的褪绿斑，边缘深褐色，中央灰白色，凹陷，密生黑色小粒点。发病严重时，叶片逐渐枯黄，植株早衰，造成早期落叶。茎部病斑椭圆形（图29-42），稍隆起。病斑中间灰白色，边缘暗褐色。果实染病，病部灰白色，边缘暗褐色，呈圆形隆起，如鱼眼状。

图29-41　番茄斑枯病为害叶片症状

图29-42　番茄斑枯病为害茎部症状

防治方法　番茄采收后，要彻底清除田间病株残余物和田边杂草，集中沤肥，有机肥经高温发酵和充分腐熟后方能施入田内。

发病初期，及时喷药防治，可喷施70%代森锰锌可湿性粉剂800 ～ 1 000倍液、40%百菌清悬浮剂600 ～ 700倍液、60%唑醚·代森联（代森联55% +吡唑醚菌酯5%）水分散粒剂60 ～ 100 g/亩、40%克菌丹可湿性粉剂400倍液+50%多菌灵可湿性粉剂800 ～ 1 000倍液、65%代森锌可湿性粉剂500倍液+70%甲基硫菌灵可湿性粉剂1 000倍液、65%福美锌可湿性粉剂500倍液、50%异菌脲可湿性粉剂、77%氢氧化铜可湿性粉剂600 ～ 800倍液、40%氟硅唑乳油4 000 ～ 6 000倍液、10%苯醚甲环唑水分散粒剂4 000倍液、50%腐霉利可湿性粉剂1 000倍液，每7 ～ 10 d喷1次，连续喷2 ～ 3次。

10. 番茄溃疡病

症　　状　由密执安棒杆菌密执安亚种（*Clavibacter michiganense* subsp. *michiganense*，属细菌）引起。溃疡病为细菌性病害。植株下部叶片边缘枯萎，逐渐向上卷起，随后全叶发病，叶片青褐色，皱缩，干枯，垂悬于茎上不脱落，似干旱缺水枯死状。茎部出现褪绿条斑，有时呈溃疡状。茎的髓部变褐，后期下陷或开裂，茎略变粗，生出许多疣刺或不定根。湿度大时，有污白色菌脓溢出。果实发病，果实表面产生乳白色隆起圆形病斑，斑点周围有白色的光轮。后期病斑中心部变褐，形成木栓化突起，如鸟眼状，称之为“鸟眼斑”（图29-43 ～图29-45）。

图29-43　番茄溃疡病为害茎部症状

图29-44　番茄溃疡病为害植株症状

图29-45　番茄溃疡病病果

发生规律　病菌在种子内、外或附着于病残体上越冬。种子带菌是远距离传播的主要途径。田间主要靠雨水及灌溉水传播。此外，整枝、绑架、摘果等农事操作也可接触传播。病菌可从各种伤口侵入。湿度大时，还能经气孔、水孔侵入。喜高湿，大雾、重露、多雨等因素有利病害发生，尤其是暴风雨后病害明显加重。在长时间降雨之后，露地栽培易发病，从6月下旬开始猛增，7月中旬达到高峰，之后逐渐减少。气温较低的地方，从7月上、中旬开始发病。

防治方法　选用野生番茄为砧木嫁接栽培。及时中耕培土，早搭架。农事操作要在田间露水干后进行。发现病株及时拔除，深埋或烧毁，并用生石灰消毒病穴。

种子消毒：可用55℃温水浸种15 min，或干热灭菌，将干种子放在烘箱中，在70℃下保温72 h或者在80℃下保温24 h，或用1.05%次氯酸钠浸种20 ～ 40 min。浸种后用清水冲洗掉药液，催芽播种。定植前用4 000倍液的新植霉素浸苗10 ～ 12 h。在番茄定植后，每隔7 ～ 10 d喷1次保护性杀菌剂进行保护防治。

发病初期，可用77%氢氧化铜水分散粒剂20 ～ 30 g/亩、77%硫酸铜钙可湿性粉剂 100 ～ 120 g/亩、100万单位新植霉素可溶性粉剂3 000倍液、47%春雷霉素·氧化亚铜可湿性粉剂600倍液、20%二氯异氰尿酸钠可湿性粉剂2 000倍液、20%噻森铜悬浮剂400倍液、30%壬菌铜微乳剂330倍液、88%水合霉素可溶性粉剂1 500倍液、50%氯溴异氰尿酸可溶性粉剂1 500倍液，隔5 ～ 7 d喷1次，连续喷2 ～ 3次。

11. 番茄细菌性髓部坏死病

症　状　由皱纹假单胞菌（*Pseudomonas corrugata*，属细菌）引起。主要为害茎和分枝，叶、果也可被害。发病初期，植株上中部叶片开始失水萎蔫（图29-46），部分复叶的少数小叶片边缘褪绿。与此同时，茎部长出凸起的不定根，无明显病变。后在长出凸起的不定根的上、下方，出现褐色至黑褐色斑块，病斑表皮质硬（图29-47）。纵剖病茎，可见髓部发生病变，病变部分超过茎外表变褐的长度，呈褐色至黑褐色；茎外表褐变处的髓部先坏死，干缩中空，并逐渐向茎上下延伸（图29-48）。

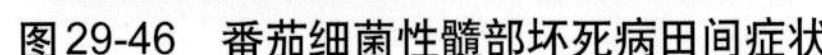

图29-46 番茄细菌性髓部坏死病田间症状

图29-47 番茄细菌性髓部坏死病病茎

图29-48 番茄细菌性髓部坏死病病茎纵剖面

发生规律 病菌随病残体在土壤中越冬。病菌借助雨水、灌溉水传播，农事操作也能传播病菌。病菌主要由伤口侵入。棚栽番茄于3月下旬初开始发病，至4月番茄青果生长期发病重。露地樱桃番茄于6月上旬青果生长期发病。病菌在夜温低、湿度大的条件下繁殖较快，雨季最易发病。偏施氮肥，茎柔嫩，植株易受病菌侵染发病。一般4—6月遇低夜温或高湿天气，容易发病。连作地、排水不良、氮肥过量的地块发病重。

防治方法 加强水肥管理，高垄覆盖地膜栽培。合理施肥，施足粪肥，增施磷、钾肥，不要偏施、过施氮肥，保持植株生长健壮。合理浇水，雨后及时排水，防止田间积水，避免田间湿气滞留。保护地栽培时注意降低棚室内空气湿度，浇水后及时排出湿气。清洁田园，发现病叶及时摘除，收获后清洁田园，深翻土壤。

发病前至发病初期，可采用2%春雷霉素可湿性粉剂300 ～ 500倍液、20%噻森铜悬浮剂600倍液、3%中生菌素可湿性粉剂600 ～ 1 000倍液，隔5 ～ 7 d喷1次，连续喷2 ～ 3次。

12. 番茄茎基腐病

症　状 由立枯丝核菌（*Rhizoctonia solani*）引起。茎基腐病多在进入结果期时发病，仅为害茎基部（图29-49）。发病初期，茎基部皮层外部无明显病变，而后茎基部皮层逐渐变为淡褐色至黑褐色，绕茎基部一圈（图29-50），病部失水变干缩。纵剖病茎基部，可见木质部变为暗褐色。病部以上叶片变黄，萎蔫。后期，叶片变为黄褐色，枯死后根部及根系不腐烂。多残留在枝上不脱落，病部表面常形成黑褐色大小不一的菌核，有别于早疫病。

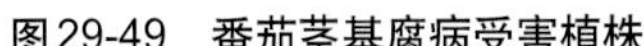
图29-49　番茄茎基腐病受害植株

图29-50　番茄茎基腐病受害茎基部

发生规律　主要以菌丝体或菌核的形式在土中或病残体中越冬。病菌在土壤中腐生性较强，可存活2～3年。条件适宜时，菌核萌发，产生菌丝侵染幼苗。病菌在田间由雨水、灌溉水、带菌农具、堆肥传播，形成反复侵染。在多阴雨天气、地面过湿、通风透光不良、植株茎基部皮层受伤等情况下，容易发病。

防治方法　适期育苗，并加强苗床管理。及时通风降湿，注意防病和炼苗，避免弱苗、病苗或苗龄过长。清除棚内病残体及杂草。增施有机肥，改善土壤结构。施用腐熟的有机肥作底肥，增施磷、钾肥。种植不可过密，雨后及时排除积水，及时清除病株集中烧毁。

深翻土壤，搞好土壤消毒。每亩用20%多菌灵3 kg、70%敌磺钠1 kg、40%五氯硝基苯与福美双（1：1），混拌细土12.5 kg，配成药土，播前把1/3的药土撒入畦面播种，播后将剩余药土盖种，防止土壤带菌。

幼苗发病前，可用75%百菌清可湿性粉剂600倍液、50%福美双可湿性粉剂500倍液等药剂均匀喷雾。

定植后至成株期发病，可在发病初期，用40%拌种双粉剂2～3 kg/亩，拌适量细土，施于病株茎基部，覆盖病部。也可用75%百菌清可湿性粉剂600倍液+70%甲基硫菌灵可湿性粉剂500倍液、50%腐霉利可湿性粉剂1 000倍混合后喷淋。还可用40%五氯硝基苯粉剂200倍液+50%福美双可湿性粉剂200倍液涂抹发病茎基部。

13. 番茄煤污病

症　状　由煤污假尾孢（*Pesudocercospora fuligena*，属无性型真菌）引起。主要为害叶片、叶柄及茎。叶片染病，背面生淡黄绿色近圆形或不定形病斑，边缘不明显，斑面上生褐色绒毛状霉（图29-51），即病菌分生孢子梗及分生孢子。霉层扩展迅速，可覆盖整个叶背，叶正面出现淡色至黄色周缘不明显的斑块，后期病斑褐色，发病严重的，病叶枯萎，叶柄或茎也常长出褐色毛状霉层（图29-52）。

图29-51　番茄煤污病病叶

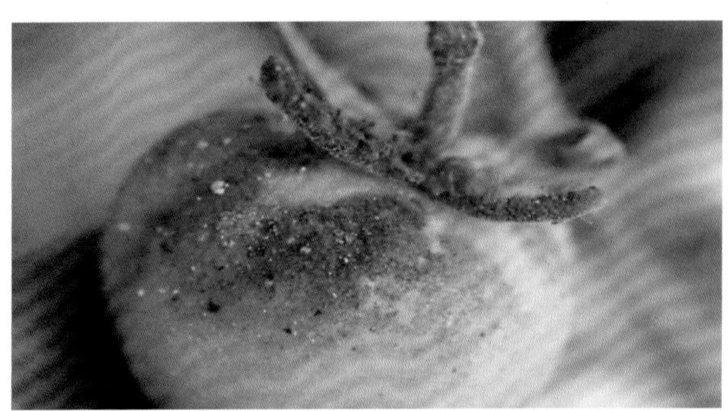

图29-52　番茄煤污病病果

发生规律　病菌在土壤内及植物残体上越冬，环境条件适宜时产生分生孢子，借风雨及蚜虫、白粉虱等传播、蔓延。光照弱、湿度大的棚室发病重，多从植株下部叶片开始发病。高温、高湿，遇雨或连阴雨天气，特别是阵雨转晴，或气温高、田间湿度大时，易导致病害流行。

防治方法　保护地栽培时，注意改变棚室小气候，提高其透光性和保温性。露地栽培时，注意雨后及时排水，防止湿气滞留。及时防治蚜虫、温室白粉虱等害虫。

发病初期，及时喷洒50%甲基硫菌灵·硫黄悬浮剂800倍液、50%苯菌灵可湿性粉剂1 000倍液、40%多菌灵胶悬剂600倍液、25%甲霜灵可湿性粉剂500倍液、10%苯醚甲环唑水分散粒剂2 000倍液、70%甲基硫菌灵可湿性粉剂500倍液，每隔7 d左右喷药1次，视病情防治2 ~ 3次。采收前3 d停止用药。

14. 番茄黑斑病

症　　状　由番茄链格孢（*Alternaria tomato*，属无性型真菌）引起。番茄黑斑病各地均有发生，有时为害较重。主要为害果实、叶片和茎，接近成熟的果实最易发病。果实染病时，果面上产生一个或几个病斑（图29-53），大小不等，圆形或椭圆形，灰褐色或淡褐色，稍凹陷，边缘整齐。湿度大时，病斑上生出黑褐色霉状物。后期病果腐烂。

图29-53　番茄黑斑病果实症状

发生规律　病菌以菌丝体或分生孢子的形式随病残体在土壤中越冬。田间病菌靠分生孢子传播、初侵染和再侵染，依靠气流传播，从伤口侵入致病。病菌腐生性较强，通常是在植株生长衰弱、抵抗力降低时才侵染，而且多从伤口侵入。病菌喜温暖湿润环境，在23 ~ 25℃，相对湿度85%以上的条件下容易发病。故高温、多雨的年份和季节有利于发病。种植地低洼、管理粗放、肥水不足，植株生长衰弱易发病。

防治方法　采用高垄并覆地膜栽培，密度要适宜。加强水肥管理，施足粪肥，适时追肥，注意氮、磷、钾肥的配合，均匀浇水，防止湿度过大，合理留果，保持植株健壮，防止早衰，这样可减轻病害。及时发现并摘除有病果子，带到田外深埋。适时采收，精细采收。收获后要彻底清除病残体，并深翻土壤。

种子消毒：播前用55℃热水浸种15 min，也可用种子重量0.3%的50%福美双或40%灭菌丹可湿性粉剂拌种。

药剂防治：及早喷药，坐果后喷50%异菌脲可湿性粉剂1 000 ~ 1 500倍液+75%百菌清可湿性粉剂600倍液、70%代森锰锌可湿性粉剂500倍液+70%甲基硫菌灵可湿性粉剂800倍液500倍液、40%克菌丹可湿性粉剂400倍液、70%氢氧化铜悬浮剂800倍液等药剂，隔7 ~ 15 d施1次，连施2 ~ 3次，前密后疏，喷足。

15. 番茄圆纹病

图29-54　番茄圆纹病为害叶片正面症状

症　　状　由实腐茎点霉（*Phoma destructiva*，属无性型真菌）引起。主要为害叶片。发病初期，产生淡褐色至灰褐色斑点，逐渐扩展成圆形或近圆形病斑，褐色，病斑稍具轮纹，但轮纹平滑（图29-54、图29-55）。后期病斑上生不明显小黑点。病重时叶片早枯。果实发病（图29-56），先出现淡褐色凹陷斑，后转为褐色，扩大发展可达果面的1/3，病斑不软腐，稍有收缩干皱，斑上有轮纹，湿度大时，有白色霉层生成，后期病斑呈黑褐色，病斑下果肉呈紫褐色。

图29-55　番茄圆纹病为害叶片背面症状

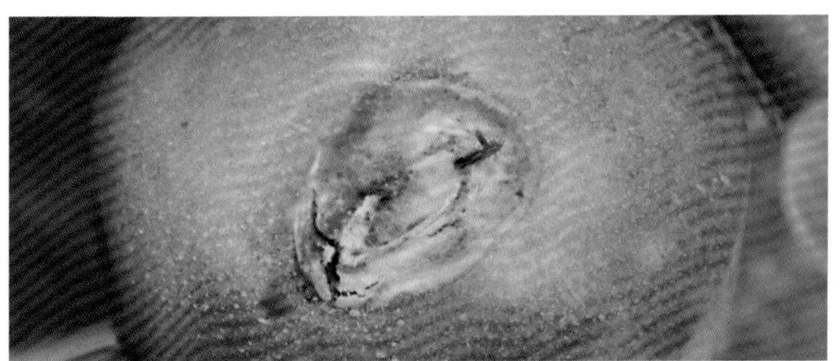
图29-56　番茄圆纹病病果

发生规律　病菌以分生孢子器的形式随病残体在土壤中越冬。翌年，分生孢子器散出分生孢子引起初侵染，植株发病后病部又产生分生孢子，借风雨传播，不断再侵染。温度20～23℃，85%以上相对湿度适于发病。植株衰弱时发病重。

防治方法　发病地与非茄科蔬菜进行2～3年轮作。施足基肥，及时追肥。盛果期叶面喷施叶面肥，防止植株早衰。适当控制灌水，防止地面过湿，株间滞留湿气。保护地做好放风排湿。及时摘除初发病株病叶并深埋。收获后彻底清除田间病残株，并随之深翻土壤。

发病初期，及时用药剂防治，可用70%甲基硫菌灵可湿性粉剂800倍液、77%氢氧化铜可湿性粉剂500倍液、75%百菌清可湿性粉剂500倍液、50%琥胶肥酸铜可湿性粉剂450倍液，每10 d喷药1次，连续防治2次即可。

16. 番茄灰叶斑病

症　　状　由茄匍柄霉（*Stemphylium solani*，属无性型真菌）引起。只为害叶片（图29-57），发病初

图29-57　番茄灰叶斑病为害叶片正、背面症状

期，叶面布满暗绿色圆形或近圆形的小斑点，后沿叶面向四周扩大，呈不规则形，中部逐渐褪绿，变为灰白色至灰褐色。病斑稍凹陷，极薄，后期易破裂、穿孔。

发生规律　病菌可随病残体在土壤中越冬或潜伏在种子上越冬。翌年温湿度适宜时，产生分生孢子进行初侵染。分生孢子借助风雨传播，温暖潮湿的阴雨天及结露持续时间长是发病的重要条件。一般土壤肥力不足，植株生长衰弱的情况下发病重。

防治方法　加强管理，增施有机肥及磷、钾肥。喷洒叶面肥，增强植株抗病力。消灭侵染源，收获后及时清除病残体，集中焚烧。

发病初期，喷洒75%百菌清可湿性粉剂800倍液、45%乙霉·苯菌灵（乙霉威25%＋苯菌灵20%）可湿性粉剂35 ～ 50 g/亩、40%克菌丹可湿性粉剂500倍液、77%氢氧化铜可湿性粉剂400 ～ 500倍液，间隔7 d左右1次，连喷2 ～ 3次。

17. 番茄茎枯病

症　　状　由链格孢菌引起。主要为害茎和果实，也可为害叶和叶柄。茎部出现伤口易染病，病斑初呈椭圆形或梭形、褐色、凹陷溃疡斑，后沿茎向上下扩展到整株，严重的病部变为深褐色干腐状（图29-58）。果实染病，初为灰白色小斑块，后随病斑扩大凹陷，颜色变深变暗，在发病部位长出黑霉，引起果腐。为害叶片时，在叶面产生不规则褐斑，病斑继续扩展，致叶缘卷曲，最后叶片干枯或整株枯死。

图29-58　番茄茎枯病病茎

发生规律　病菌随病残体在土壤中越冬，借风、雨传播蔓延，由伤口侵入。高湿多雨或多露时易发病。

防治方法　收获后及时清洁田园，清除病残体，并集中销毁。

发病初期，喷洒50%异菌脲可湿性粉剂1 000倍液+70%代森锰锌可湿性粉剂400倍液、45%乙霉·苯菌灵（乙霉威25%＋苯菌灵20%）可湿性粉剂35 ～ 50 g/亩+75%百菌清可湿性粉剂600倍液、70%代森锰锌可湿性粉剂800倍液+70%甲基硫菌灵可湿性粉剂800倍液等药剂。

18. 番茄褐色根腐病

症　　状　由番茄棘壳孢（*Pyrenochaeta lycopersici*，属无性型真菌）引起。为害茎基部或根部。植株顶端茎叶萎蔫，不久萎蔫茎叶的小叶变色，叶缘呈脱水状。病株根系变褐（图29-59），侧根、细根腐烂脱落，主根表皮木栓化，表面有小的龟裂，并伴生许多小黑粒点。严重时，病根明显肿胀，变粗，似松树根。后期病株整株变褐、枯死。

图29-59　番茄褐色根腐病病根

发生规律　病菌以菌丝体和分生孢子器的形式随病残体在土壤中越冬。病残体混入粪肥，粪肥未充分腐熟时也可能带菌。翌年，病菌产生分生孢子，分生孢子借雨水、灌溉水传播，从根部或茎基部伤口侵入。土壤黏重、重茬、地下害虫为害严重的地块发病重。

防治方法　种植较抗病品种，培育无病壮苗。高垄栽培，密度适宜。精细定植，减少伤根。与非茄科蔬菜进行2年轮作。施用充分腐熟的粪肥。适当控制灌水，严禁大水漫灌。收秧后彻底清除病残体，尤其是残存在土壤中的病残体。

苗床选用新土，或用50%多菌灵或70%甲基硫菌灵可湿性粉剂10 g/m^2，对细干土4 ~ 5 kg，作为播种前的垫土（1/3）和播种后的盖土（2/3）。

发病初期用70%甲基硫菌灵可湿性粉剂400倍液、70%敌磺钠可溶性粉剂600倍液，喷布植株茎基部及周围表土，也可用上述药液灌根。

19. 番茄细菌性软腐病

症　状　由胡萝卜软腐欧氏杆菌胡萝卜亚种（*trwinia carotovora* subsp. *carotovora*）引起。主要为害茎和果实。茎发病多出现在生长期，近地面茎部先出现水渍状污绿色斑块，后为扩大的圆形或不规则形褐斑，病斑周围显浅色窄晕环，病部微隆起。导致髓部腐烂，终致茎枝干缩中空，病茎枝上端的叶片变色、萎垂。果实主要在成熟期感病，多自果实的虫伤、日灼伤处开始发病。初期病斑为圆形褪绿小白点，继变为污褐色斑。随果实着色，扩展到全果，但外皮仍保持完整，内部果肉腐烂水溶，有恶臭味（图29-60）。

图29-60　番茄细菌性软腐病病果

发生规律　病菌随病残体在土壤中越冬，借雨水、灌溉水及昆虫传播，由伤口侵入，伤口多时发病重。病菌侵入后，分泌果胶酶溶解中胶层，导致细胞解离，细胞内水分外溢，引起病部组织腐烂。雨水、露水对病菌传播、侵入具有重要作用。种植地连作、地势低洼、土质黏重、雨后积水或大水漫灌均易诱发本病，久旱遇大雨也可加重发病，伤口多，易发病。

防治方法　避免连作，收获后及早清理病残物烧毁和深翻晒土，整治排灌系统，高畦深沟。有条件的地方，结合防治绵疫病、晚疫病等病害，采用地膜覆盖栽培。勿施用未充分腐熟的粪肥，浅灌勤灌，严防大水漫灌或串灌。整枝打杈，避免阴雨天或露水未干时进行，做好果实遮蔽防止日灼。防治害虫蛀果。

发病初期，可采用2%春雷霉素可湿性粉剂300 ~ 500倍液、3%中生菌素可湿性粉剂800 ~ 1 000倍液、50%氯溴异氰尿酸可溶性粉剂1 000倍液、20%噻菌铜悬浮剂500 ~ 800倍液，隔5 ~ 7 d喷1次，连续喷2 ~ 3次。

20. 番茄绵疫病

症　状　由寄生疫霉（*Phytophthora parasitica*）、辣椒疫霉（*Phytophthpra capsici*）、茄疫霉（*Phytophthora melongenae*）引起，3种均属鞭毛菌亚门真菌。主要为害未成熟果实。先在近果顶或果肩部出现表面光滑的淡褐色斑，有时长有少许白霉，后逐渐形成同心轮纹状斑，渐变为深褐色，皮下果肉也变褐（图29-61）。湿度大时，病部长出白色霉状物，病果多保持原状，不软化、易脱落。

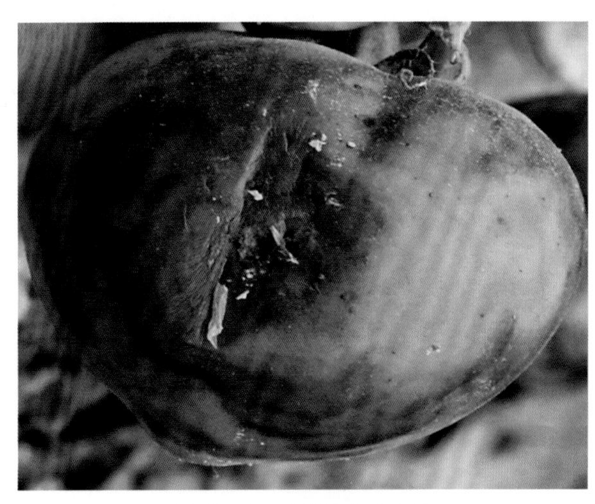

图29-61　番茄绵疫病病果

发生规律　病菌均以卵孢子或厚垣孢子的形式随病残体遗落在土中存活越冬，借助雨水或灌溉水传播，成为翌年病害初侵染源。发病后，病部产生的孢子囊和游动孢子作为再次侵染源。低洼地、土质黏重地块发病重。高温多雨的7—8月，连阴雨后转晴，可迅速蔓延，常暴发性为害。

防治方法 选择地势高、排水良好、土质偏沙的地块。定植前精细整地，沟渠通畅，做到深开沟、高培土、降低土壤含水量；及时整枝打杈、摘掉老叶，使果实四周空气流通。采用地膜覆盖栽培，避免病原菌通过灌溉水或雨水反溅到植株下部叶片或果实上。及时摘除病果，深埋或烧毁。

发病初期，开始喷洒40%三乙膦酸铝可湿性粉剂200倍液、58%甲霜灵·锰锌可湿性粉剂500倍液、64%杀毒矾（噁霜灵·锰锌）可湿性粉剂500倍液、72.2%霜霉威水剂800倍液、70%乙膦·锰锌可湿性粉剂500倍液、60%琥·乙膦铝可湿性粉剂500倍液，重点保护果穗，适当兼顾地面，喷药后6 h内遇雨要补喷。

21. 番茄疮痂病

症　　状 由野油菜黄单胞菌辣椒斑点病致病型（*Xanthomonas campestris* pv. *vesicatoria*，属细菌）引起。主要为害茎、叶和果实。叶片受害，初在叶背出现水浸状小斑，逐渐扩展成近圆形或连接成不规则形黄褐色病斑，粗糙不平，病斑周围有褪绿晕圈，后期干枯质脆。茎部先出现水浸状褪绿斑点，后上下扩展呈长椭圆形，中央稍凹陷的黑褐色病斑；病果表面出现水浸状褪绿斑点，逐渐扩展，初期有油浸亮光，后呈黄褐色或黑褐色木栓化、近圆形粗糙枯死斑，易落果（图29-62）。

图29-62　番茄疮痂病病果

发生规律 病菌随病残体在田间或附着种子上越冬。翌年，借风雨、昆虫传播到叶、茎或果实上，从伤口或气孔侵入为害。高温、高湿、阴雨天发病重，管理粗放，虫害重或暴风雨造成伤口多，利于发病。

防治方法 重病田实行2 ~ 3年轮作。加强管理，及时整枝打杈，适时防虫。

种子消毒：种子用1%次氯酸钠溶液浸种20 ~ 30 min，再用清水冲洗干净后按常规浸种法浸种催芽播种；或种子经55℃温水浸15 min移入冷水中冷却浸4 ~ 6 h后催芽。

发病初期，可采用2%春雷霉素可湿性粉剂300 ~ 500倍液、3%中生菌素可湿性粉剂800 ~ 1 000倍液、20%噻唑锌悬浮剂300 ~ 500倍液，隔5 ~ 7 d喷1次，连续喷2 ~ 3次。

22. 番茄绵腐病

症　　状 由瓜果腐霉（*Pythium aphanidermatum*）引起。主要为害果实，多为近地面果实发病，尤其是发生生理裂果的成熟果实最易染病。果实发病后产生水浸状、淡褐色病斑，迅速扩展，果实软化、发酵，有时病部表皮开裂，其上密生白色霉层（图29-63）。

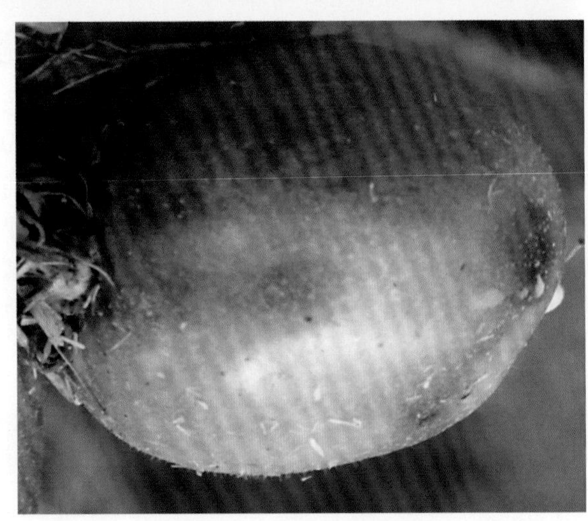

图29-63　番茄绵腐病病果

发生规律 病菌以卵孢子的形式在土壤中越冬，也可以以菌丝体的形式在土壤中营腐生生活。借雨水、灌溉水传播，侵染接近地面的果实，引发病害。高温（30℃最适）、高湿（空气相对湿度>95%）有利于病菌的繁殖和侵染，种植地连作、地势低洼或土质黏重、排水不良时，易诱发本病。

防治方法 高垄覆地膜栽培。平整土地，防止灌水或雨后地面积水。小水勤灌，均匀灌水，防止产生生理性裂果。及时整枝、搭架，适度打掉底部老叶，增强通风透光，降低田间湿度。

病害发生初期，可用25%甲霜灵可湿性粉剂800倍液、72.2%霜霉威水剂500 ～ 800倍液、64%噁霜灵·代森锰锌可湿性粉剂500倍液、10%氰霜唑悬浮剂1 000倍液、58%甲霜灵·锰锌可湿性粉剂600 ～ 800倍液、72%霜脲氰·代森锰锌可湿性粉剂500 ～ 800倍液喷施，间隔7 ～ 10 d喷1次，防效良好。

23. 番茄青枯病

症　　状　由青枯劳尔氏菌（*Ralstohia solanacearum*）引起。青枯病是一种会导致全株萎蔫的细菌性病害，多在开花结果期开始发病。先是顶端叶片萎蔫下垂，后下部叶片凋萎，中部叶片最后凋萎。发病初期，病株白天萎蔫，傍晚复原，病叶叶色变浅。发病后，如气温较低，连阴雨或土壤含水量较高时，病株1周后枯死，但叶片仍保持绿色或稍淡，故称青枯病（图29-64）。病茎表皮粗糙，茎中下部增生不定根，湿度大时，可见初为水浸状后变褐色的斑块，病茎维管束变为褐色，横切病茎，用手挤压，切面上维管束溢出白色菌液，这是区分本病与枯萎病、黄萎病的重要特征。

图29-64　番茄青枯病病株

发生规律　病菌主要随病残体留在田间越冬，成为该病主要初侵染源。该菌主要通过雨水和灌溉水传播，果及肥料也可带菌，病菌从根部或茎基部伤口侵入，在植株体内的维管束组织中扩展，造成导管堵塞及细胞中毒致叶片萎蔫。高温、高湿有利于发病。植株生长不良，久雨或大雨后转晴发病重。一般连阴雨或降大雨后暴晴，土温随气温急剧回升会引致病害流行。

防治方法　实行与十字花科或禾本科作物4年以上轮作。合理施用氮肥，增施钾肥，施用充分腐熟的有机肥或草木灰。培育壮苗，发病重的地块可采用嫁接防病。高垄栽培，避免大水漫灌。及时清除病株并烧毁，然后在病穴处撒生石灰消毒。

苗床，用3 000亿个/g荧光假单胞杆菌粉剂437.5 ～ 500.0 g/亩浸种，10亿CFU/g海洋芽孢杆菌可湿性粉剂3 000倍液，泼浇苗床。

发病初期，可喷施5亿CFU/g荧光假单胞杆菌颗粒剂600 ～ 800倍液、5亿CFU/g多粘类芽孢杆菌KN-03悬浮剂2 ～ 3 L/亩、10亿CFU/g海洋芽孢杆菌可湿性粉剂500 ～ 620 g/亩、3000亿个/g荧光假单胞杆菌　粉剂437.5 ～ 500 g/亩、1亿孢子/mL枯草芽孢杆菌水剂、30%噻森铜悬浮剂60 ～ 107 mL/亩、3%中生菌素可湿性粉剂600 ～ 800倍液、10%中生·寡糖素（中生菌素2.5%＋氨基寡糖素7.5%）可湿性粉剂1 600 ～ 2 000倍液、50%氯溴异氰尿酸可溶性粉剂1 000倍液，隔5 ～ 7 d喷1次，连续喷2 ～ 3次。也可以穴施0.5%中生菌素颗粒剂1 500 ～ 3 000 g/亩。

24. 番茄褐斑病

症　　状　由番茄长蠕孢（*Helminthosporium carposaprum*，属无性型真菌）引起。主要为害叶片，亦可为害叶柄、茎和果实。叶片受害（图29-65），呈近圆形或椭圆形灰褐色病斑，边缘明显，中间凹陷变薄，有光亮，叶背更明显。病斑多而密，似芝麻点。在高湿条件下，长出黑褐色的霉状物。果实受害，病斑圆形或不规则形初呈光滑水渍状，后扩大呈深褐色，生有黑褐色霉状物。茎、果梗受害，病斑凹陷，灰褐色，大小不一，潮湿时，也长出黑褐色霉状物。

图29-65 番茄褐斑病病叶

发生规律 病菌主要以菌丝体的形式随病残体遗留土中越冬，为翌年的初侵染病原。在条件适宜时，菌丝体产生大量分生孢子，借助风雨或灌溉水传播，由寄主气孔侵入。初侵发病后，病部产生的分生孢子，为当年再侵染病原。一般土壤黏重，地势低洼，连雨积水，植株密度大，通风透光性差，光照不足的地块，植株生长势弱，容易诱发此病。5月开始零星发病，6—7月为发病盛期。

防治方法 采取高垄栽培，疏通排水沟，防止雨后积水。施足底肥，合理密植，及时整枝，增强田间通风透光，促进植株发育，提高抗逆性。田间摘除病叶、病果，集中高温腐沤，减少再侵染菌源；采收结束后，清除遗留地面的残株败叶。

发病初期，选喷75%百菌清可湿性粉剂600倍液、65%代森锌可湿性粉剂500倍液、70%甲基硫菌灵可湿性粉剂600倍液、77%氢氧化铜可湿性粉剂500倍液、25%络氨铜水剂500倍液、72%霜脲氰·代森锰锌可湿性粉剂500倍液、25%咪鲜胺乳油1 000倍液等，间隔7 ～ 10 d喷1次，连喷2 ～ 3次。

25. 番茄炭疽病

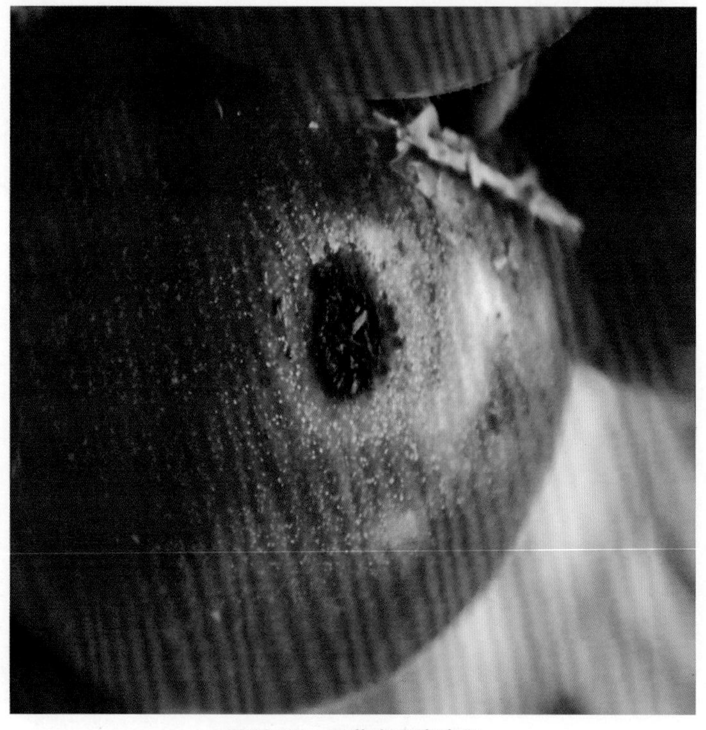
图29-66 番茄炭疽病病果

症　　状 由番茄刺盘孢（*Colletotrichum coccodes*，属无性型真菌）引起。病菌具有潜伏侵染特性，未着色的果实染病后并不显出症状，直至果实成熟时才表现症状。发病初期，果实表面产生水浸状透明小斑点，很快扩展成圆形或近圆形病斑，黑色，稍微凹陷，略具同心轮纹，其上密生小黑点，即病菌分生孢子盘（图29-66）。湿度大时，斑面密生针头大朱红色液质小点。后期，果实腐烂、脱落。

发生规律 病菌随病残体在土壤中越冬，也可潜伏在种子上，发芽后直接侵染幼苗。借风雨或灌溉水传播蔓延，由伤口或直接穿透表皮侵入。低温、多雨、多露、重雾利于发病；重茬地，地势低洼，排水不良易发病；成熟果易发病。

防治方法 使用无病种子，播种前消毒种子，用55℃温水浸种15 min。保护地栽培时避免高温、高湿条件出现，露地栽培时注意雨后及时排水。及时清除病残果。

绿果期开始药剂防治，可喷洒80%炭疽福美可湿性粉剂（福美双·福美锌）800倍液、25%溴菌腈可湿性粉剂500倍液、70%甲基硫菌灵可湿性粉剂1 000倍液+75%百菌清可湿性粉剂600倍液、80%代森锰锌可湿性粉剂500倍液+50%咪鲜胺锰盐可湿性粉剂1 000倍液等药剂，每7 d喷药1次，连续防治2 ～ 3次。

26. 番茄黄萎病

症　　状　由大丽花轮枝孢（*Verticillium dahliae*）引起。多发生于番茄生长中、后期，最初下部叶片萎蔫、上卷，叶缘及叶脉间的叶肉组织黄褐色，上部幼叶以小叶脉为中心变黄，形成明显的楔形黄斑，以后逐渐扩大到整个叶片，最后病叶变褐枯死，但叶柄的绿色仍可保持较长的时间。发病重的结果小或不能结果。剖开病株茎部，导管变褐色，根部导管变色部明显（图29-67）。

图29-67　番茄黄萎病病茎

发生规律　病菌以菌丝体、微菌核的形式随病残体在土壤中越冬并长期存活，借风雨、流水或农具传播。气温低，定植时根部有伤口易发病，地势低洼、灌水不当，连作地发病重。

防治方法　培育嫁接苗，可减轻病害。发病田与非茄科作物进行4年轮作，与葱蒜类蔬菜轮作或与粮食作物轮作效果好。

苗期或定植前，用10亿芽孢/g枯草芽孢杆菌可湿性粉剂300～400倍液、70%甲基硫菌灵可湿性粉剂600～700倍液、20%甲基立枯磷乳油、70%敌磺钠可溶性粉剂500倍液、50%琥胶肥酸铜可湿性粉剂350倍液灌根，每株灌300～500 mL，间隔5 d后再灌1次。

27. 番茄菌核病

症　　状　由核盘孢（*Sclerotinia sclerotiorum*）引起。主要为害叶片、果实和茎。叶片受害，多从叶缘开始，病部起初呈水浸状，淡绿色，湿度大时长出少量白霉，后病斑颜色转为灰褐色，蔓延速度快，致全叶腐烂枯死（图29-68）。果实及果柄染病，始于果柄（图29-69），并向果面蔓延，致未成熟果实似水烫过（图29-70），受害果实上可产生白霉（图29-71），后在霉层上可产生黑色菌核（图29-72）。茎染病，多由叶片蔓延所致，病斑灰白色稍凹陷，边缘水浸状，病部表面往往生白霉，霉层聚集后，在茎表面生黑色菌核，后期表皮纵裂，严重时植株枯死（图29-73）。病害后期，髓部形成大量的菌核（图29-74）。

图29-68　番茄菌核病病叶

发生规律　以菌核的形式在土中或混在种子中越冬或越夏。落入土中

图29-69 番茄菌核病为害果柄症状

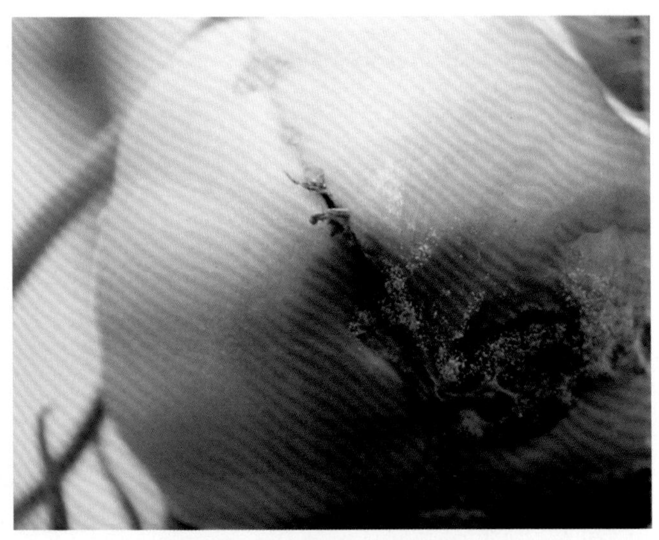
图29-70 番茄菌核病为害果实症状

图29-71 番茄菌核病病果上的白色菌丝

图29-72 番茄菌核病病果上的黑色菌核

图29-73 番茄菌核病病茎

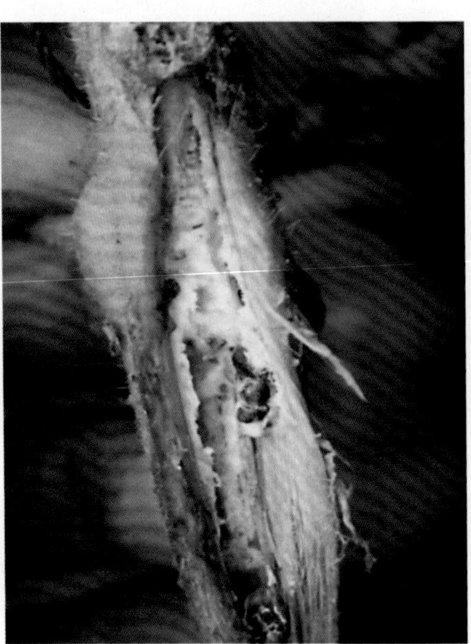
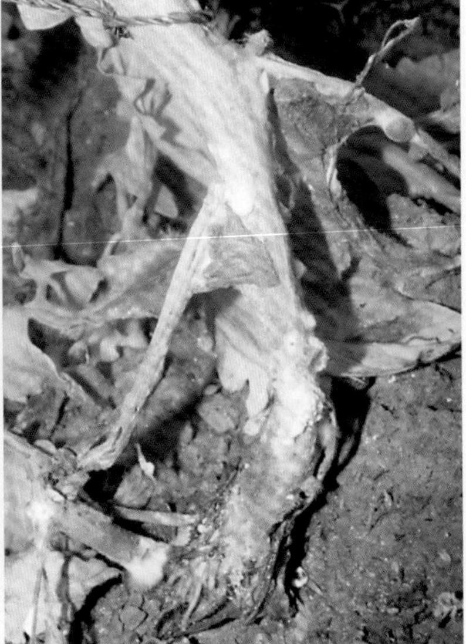
图29-74 番茄菌核病茎部菌核

的菌核能存活1～3年，是此病主要初侵染源。菌核抗逆力很强，温度18～22℃，在有光照及高湿的条件下，菌核萌发产生子囊盘，再放射出子囊孢子，借风雨传播。菌核也可随种苗或病残体传播蔓延。湿度是子囊孢子萌发和菌丝生长的限制因子，相对湿度高于85%，子囊孢子方可萌发，高湿利于菌丝生长发育。此病在早春或晚秋保护地容易发生和流行。

防治方法　深翻10 cm，使菌核不能萌发。实行轮作，培育无病苗。及时摘除老叶、病叶，清除田间杂草，注意通风排湿，降低田间湿度，减少病害传播蔓延。

苗床消毒：用50%腐霉利可湿性粉剂8 g/m^2，加10 kg细土混匀，播种时下铺（1/3）上盖（2/3）。

在发病初期，先摘除病残体并销毁，然后再喷洒40%菌核净可湿性粉剂500倍液、50%乙烯菌核利可湿性粉剂1 000～1 500倍液、50%腐霉利可湿性粉剂1 500倍液、50%异菌脲可湿性粉剂1500倍液、50%苯菌灵可湿性粉剂1 500倍液、43%戊唑醇悬浮剂3 000倍液、20%甲基立枯磷乳油1 000倍液，间隔7～10 d喷1次，连续防治3～4次。

棚室可采用烟雾法或粉尘法施药，于发病初期，用10%腐霉利烟剂250～300 g/亩熏一夜，也可于傍晚撒施5%百菌清粉尘剂、10%氟吗啉粉尘剂1 kg/亩，间隔7～9 d再撒1次。

28. 番茄白绢病

症　状　由齐整小核菌（*Sclerotium rolfsii*）引起。有性阶段为白绢薄膜革菌（*Pellicularia rolfsii*，属担子菌亚门真菌）。主要为害茎基部或根部。病部初呈暗褐色水浸状斑，表面生白色绢丝状菌丝体（图29-75），集结成束，向茎上部延伸，致植株叶色变淡，菌丝自病茎基部向四周地面呈辐射状扩展，侵染与地面接触的果实，致病果软腐，表面产出白色绢丝状物，后菌丝纠结成菌核（图29-76），致茎部皮层腐烂，露出木质部，或在腐烂部上方长出不定根，终致全株萎蔫枯死。

图29-75　番茄白绢病为害茎基部症状

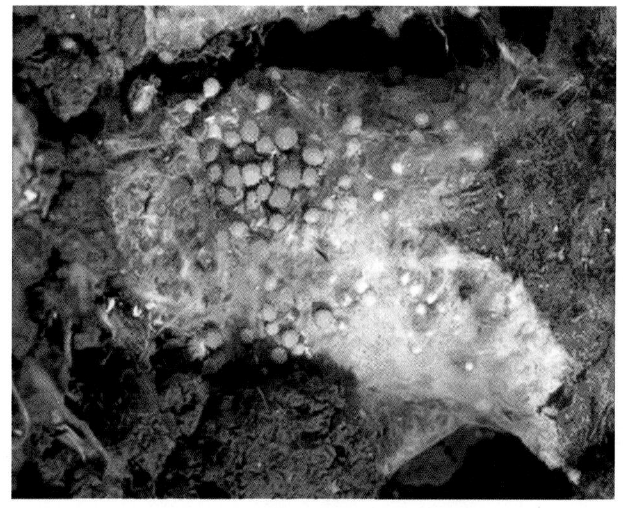

图29-76　番茄白绢病为害后期菌核

发生规律　病菌以菌核或菌丝的形式遗留在土中或病残体上越冬。菌核抗逆性强。菌核萌发后产生菌丝，从根部或近地表茎基部侵入，形成中心病株，后在病部表面生白色绢丝状菌丝体及圆形小菌核，再向四周扩散。菌丝不耐干燥。在田间，病菌主要通过雨水、灌溉水、肥料及农事操作等传播蔓延。病菌在高温、高湿且有充足空气的条件下发育良好，故疏松的沙壤土发病较多。

防治方法　发病重的菜地应与禾本科作物轮作，有条件的水旱轮作效果更好。深耕土地，把病菌翻到土壤下层，可减少该病发生。在菌核形成前，拔除病株，病穴撒石灰消毒。施用充分腐熟的有机肥。

苗床处理：每平方米苗床可用40%五氯硝基苯可湿性粉剂10 g加细干土500 g混匀后，播种时底部先垫1/3药土，另2/3药土覆盖在种子上面。

发病初期，用36%甲基硫菌灵悬浮剂500倍液、50%异菌脲可湿性粉剂1 000倍液、50%腐霉利可湿性粉剂1 000倍液灌穴或淋施茎基部，间隔7～10 d再施1次。

二、番茄各生育期病虫害防治技术

（一）番茄苗期病虫害防治技术

在番茄幼苗期（图29-77），有些病害严重影响出苗或小苗的正常生长，如猝倒病、炭疽病、灰霉病、晚疫病等；也有一些病害，是通过种子传播的，如菌核病、黄萎病、枯萎病、早疫病等；另外，病毒病等也可以在苗期发生，有时也有一些地下害虫为害。因此，播种期、幼苗期是防治病虫害、培育壮苗、保证生产的一个重要时期，生产上经常采用多种杀菌剂、杀虫剂、除草剂、植物激素等混用的方式防治。

图29-77 番茄苗期生长情况

对于苗床，可以结合建床，用药剂处理土壤。选择药剂时，要针对本地情况，调查发病种类，参考前文介绍，可选用如下药剂：

福尔马林消毒：在播种2周前进行，每平方米用30 mL福尔马林，加水2 ～ 4 kg，喷浇在床土上，用塑料膜覆盖4 ～ 5 d，除去覆盖物，耙平土地，放气2周后播种；或用70%甲基托布津可湿性粉剂与50%福美双可湿性粉剂1 ：1混合，每平方米施药8 g，或用25%甲霜灵可湿性粉剂4 g加70%代森锰锌可湿性粉剂5 g或50%福美双可湿性粉剂5 g，掺细土4 ～ 5 kg，待苗床平整、浇水后，将1/3的药土撒于地表，播种后再把剩余的药土覆盖在种子上面。大棚栽培，也可以用硫黄熏蒸，开棚放风后播种。

种子处理：常用药剂有0.4%的50%多菌灵或50%克菌丹可湿性粉剂、72.2%霜霉威水剂800倍液、25%甲霜灵可湿性粉剂800倍液+50%福美双可湿性粉剂800倍液，对于病毒病较重的田块，可以混用10%磷酸三钠溶液浸种，一般浸30 ～ 50 min，捞出用清水浸3 ～ 4 h催芽，最好在播种前用黄腐酸盐拌种。

对于经常发生地下害虫，如根结线虫病较重的地块，可采用0.5%阿维菌素颗粒剂3 ～ 4 kg、10%噻唑磷颗粒剂2 kg，加入高效土壤菌虫通杀处理剂2 kg与20 kg细土充分拌匀，撒施混土处理。

为了促使幼苗生长，可以在幼苗灌根或喷洒农药时，与一些杀菌剂混合喷洒，如植宝素7 500 ～ 8 000倍液、20%宁南霉素水剂400倍液、爱多收6 000 ～ 8 000倍液、黄腐酸盐1 000 ～ 3 000倍液、磷酸二氢钾0.1% ～ 0.2%等。为使幼苗矮壮，防止幼苗徒长，可以喷洒15%多效唑可湿性粉剂1 500倍液，以幼苗2 ～ 3片真叶时施药为宜，使用时。要严格把握最适药量，如果多效唑、矮壮素施用过多，可以喷洒少量赤霉素，以恢复生长。

（二）番茄开花坐果期病虫害防治技术

移植缓苗后到开花坐果期（图29-78），植株生长旺盛，多种病害开始侵染，部分害虫开始发生，一般该期是喷药保护、预防病虫的关键时期，也是使用植物激素、微肥，调控生长，保证早熟与丰产的最佳时期，生产上需要多种农药混合使用。

图29-78　番茄开花坐果期生长情况

这一时期经常发生的病害有病毒病、早疫病、晚疫病、炭疽病等。施药重点是使用好保护剂，预防病害的发生。常用的保护剂有70%代森锰锌可湿性粉剂800 ～ 1 200倍液、75%百菌清可湿性粉剂500 ～ 600倍液、25%吡唑醚菌酯悬浮剂30 ～ 40 mL/亩、25%嘧菌酯悬浮剂1 500倍液、27%无毒高脂膜乳剂100 ～ 200倍液、65%代森锌可湿性粉剂600 ～ 800倍液、60%唑醚·代森联（代森联55%＋吡唑醚菌酯5%）水分散粒剂60 ～ 100 g/亩、50%福美双可湿性粉剂500 ～ 800倍液。对于大棚还可以用10%百菌清烟剂800 ～ 1 000 g/亩，熏一夜。也可以使用一些保护剂与治疗剂的复配制剂，如64%噁霜·锰锌可湿性粉剂500倍液，每隔7 ～ 15 d喷1次。为预防病害，提高植物抗病性，也可以喷施0.001%芸苔素内酯乳剂2 000倍液，对于旱情较重、蚜虫发生较多的田块，还可以配合使用黄腐酸盐1 000 ～ 3 000倍液。

该时期害虫也时有发生，可以在使用杀菌剂时混用一些杀虫剂，主要防治蚜虫，可以用0.5%甲氨基阿维菌素苯甲酸盐微乳剂2 000 ～ 3 000倍液、50%抗蚜威可湿性粉剂2 000 ～ 3 000倍液、25%噻虫嗪可湿性粉剂2 000 ～ 3 000倍液，2.5%溴氰菊酯乳油2 000 ～ 3 000倍液、10%氯氰菊酯乳油2 500 ～ 3 000倍液喷雾防治。

为了保证幼苗生长健壮，尽早开花结果，可以混合使用些植物激素。当番茄出现徒长时，可以在5 ～ 7片真叶时喷施15%多效唑可湿性粉剂1 500 ～ 1 800倍液，每亩用药液量30 ～ 40 kg，能抑制顶端生长，集中开花，早熟增产；使用0.001%芸苔素内酯乳剂2 000倍液，可促进幼苗粗壮，叶色浓绿，提高抗病性。这一时期可以使用的植物叶面肥。

（三）番茄结果期病虫害防治技术

番茄进入开花结果期（图29-79）后，长势开始变弱，生理性落花落果现象普遍，加上多种病、虫的为害，直接影响果实的产量与品质。为了确保丰收，生产上经常使用多种类型农药，合理混用较为重要。

图29-79　番茄开花结果期生长情况

番茄进入开花结果期以后，许多病害开始发生、流行。青枯病、病毒病、黄枯萎病、灰霉病、菌核病、早疫病、晚疫病等时常严重发生。对于青枯病、病毒病、黄枯萎病混合严重发生时，可以用14%络氨铜水剂300～500倍液、30%琥胶肥酸铜悬浮剂500～600倍液、50%多菌灵可湿性粉剂600～800倍液、2%宁南霉素水剂400倍液，并配以黄腐酸盐1 000～3 000倍液灌根，每株灌药液30～400 mL，或喷雾处理，每亩用药液40～50 kg。

当灰霉病、菌核病、早疫病等混合发生时，可以使用75%百菌清可湿性粉剂120～200 g/亩、43%腐霉利悬浮剂80～120 mL/亩、50%异菌脲水分散粒剂120～160 g/亩、50%啶酰菌胺水分散粒剂30～50 g/亩、40%嘧霉胺悬浮剂62～94 mL/亩、5%己唑醇悬浮剂75～150 mL/亩、50%氟啶胺水分散粒剂27～33 g/亩、22.5%啶氧菌酯悬浮剂26～36 mL/亩、25%啶菌噁唑乳油53～107 mL/亩、40%双胍三辛烷基苯磺酸盐可湿性粉剂30～50 g/亩、2亿个/g木霉菌水分散粒剂125～150 g/亩、1000亿孢子/g枯草芽孢杆菌可湿性粉剂60～80 g/亩、1亿CFU/g哈茨木霉菌水分散粒剂60～100 g/亩、0.3%丁子香酚可溶液剂90～120 mL/亩、0.5%小檗碱盐酸盐水剂200～250 mL/亩、5%香芹酚可溶液剂100～120 mL/亩、40%咯菌腈·异菌脲（咯菌腈10%+异菌脲30%）悬浮剂20～30 mL/亩、500 g/L氟吡菌酰胺·嘧霉胺（嘧霉胺375 g/L+氟吡菌酰胺125 g/L）悬浮剂60～80 mL/亩、45%异菌·氟啶胺（氟啶胺30%+异菌脲15%）悬浮剂45～50 mL/亩、65%啶酰·腐霉利（啶酰菌胺20%+腐霉利45%）水分散粒剂60～80 g/亩、50%异菌·腐霉利（腐霉利35%+异菌脲15%）悬浮剂60～70 mL/亩、80%嘧霉·异菌脲（嘧霉胺40%+异菌脲40%）可湿性粉剂38～45 g/亩、60%乙霉·多菌灵（乙霉威30%+多菌灵30%）可湿性粉剂90～120 g/亩、42.4%唑醚·氟酰胺（吡唑醚菌酯21.2%+氟唑菌酰胺21.2%）悬浮剂20～30 mL/亩、43%氟菌·肟菌酯（肟菌酯21.5%+氟吡菌酰胺21.5%）悬浮剂30～45 mL/亩、40%嘧霉·百菌清（嘧霉胺13%+百菌清27%）可湿性粉剂100～133 g/亩、30%福·嘧霉可湿性粉剂500～800倍液、40%嘧霉胺悬浮剂800～1 500倍液、25%啶菌噁唑乳油700～1 250倍液，隔7 d喷1次，连续防治2～3次；对于大棚可以用10%腐霉利烟剂200～300 g/亩、45%百菌清烟剂200～300 g/亩，二者连续使用或轮换使用，每次熏上一夜。

对于番茄晚疫病发生较重的田块，结合预防其他病害，可以使用20%氰霜唑悬浮剂25～35 mL/亩、20%丁吡吗啉悬浮剂125～150 g/亩、30%氟吗啉悬浮剂30～40 mL/亩、75%百菌清水分散粒剂100～130 g/亩、10%氟噻唑吡乙酮可分散油悬浮剂13～20 mL/亩、50%嘧菌酯水分散粒剂40～60 g/亩、23.4%双炔酰菌胺悬浮剂30～40 mL/亩、500 g/L氟啶胺悬浮剂25～33 mL/亩、50%烯酰吗啉可湿性粉剂33～40 g/亩、30%氟吡菌胺·氰霜唑（氰霜唑15%+氟吡菌胺15%）悬浮剂30～50 mL/亩、60%唑醚·代森联（代森联55%+吡唑醚菌酯5%）水分散粒剂40～60 g/亩、31%噁酮·氟噻唑（噁唑菌酮28.2%+氟噻唑吡乙酮2.8%）悬浮剂27～33 mL/亩、687.5 g/L氟菌·霜霉威（霜霉威盐酸盐625 g/L+氟吡菌胺62.5 g/L）悬浮剂67.5～75.0 mL/亩、53%烯酰·代森联（代森联44%+烯酰吗啉9%）水分散粒剂180～200 g/亩、70%霜脲· 嘧菌酯（霜脲氰35%+嘧菌酯35%）水分散粒剂20～40 g/亩、40%精甲·丙森锌（精甲霜灵5%+丙森锌35%）可湿性粉剂80～100 g/亩、47%烯酰·唑嘧菌（唑嘧菌胺27%+烯酰吗啉20%）悬浮剂40～60 mL/亩、51%氟嘧·百菌清（百菌清46.4%+氟嘧菌酯4.6%）悬浮剂100～133 mL/亩、440 g/L精甲·百菌清（精甲霜灵40 g/L+百菌清400 g/L）悬浮剂100～120 mL/亩、72%霜脲·锰锌（代森锰锌64%+霜脲氰8%）可湿性粉剂165～180 g/亩、68%精甲霜·锰锌（精甲霜灵4%+代森锰锌64%）水分散粒剂100～120 g/亩、52.5%噁酮·霜脲氰（噁唑菌酮22.5%+霜脲氰30%）水分散粒剂20～40 g/亩，每隔5～7 d喷1次，连喷2～3次。

为防止由生理性病害、灰霉病为害等造成的落花落果，可以用2，4-二氯苯氧乙酸（2，4-D）10～25 mg/kg或防落素15～30 mg/kg加50%腐霉利可湿性粉剂800～1 000倍液加75%百菌清可湿性粉剂800～1 000倍液，也可以加入少量磷酸二氢钾浸花，每朵花浸1次，效果较为理想。但要注意不能触及枝、叶，特别是幼芽，也要避免重复点花。

可以在果实转色时，用40%乙烯利400倍液涂抹果实，或转色果实采摘后用40%乙烯利200倍液蘸果。从而提高早期产量，尽快投放市场。

三、茄果蔬菜田杂草防治技术

茄科蔬菜有茄子、辣椒、番茄等。按栽培方式，可分为露地栽培、地膜覆盖栽培与保护地（塑料大棚等）栽培。这几种蔬菜多采用育苗移栽的栽培方式，主要在移栽后和直播田采用化学除草。

由于各地菜田土壤、气候和耕作方式等方面差异较大，田间杂草种类较多，主要有马唐、狗尾草、牛筋草、千金子、马齿苋、藜、小藜、反枝苋、铁苋等。杂草的萌发与生长，受环境条件影响很大，萌发出苗时间较长，先后不整齐。近年来，地膜覆盖、保护地栽培在全国茄果类蔬菜栽培中发展较快，杂草的发生情况也发生了很大的变化。生产中应根据各地情况，采用适宜的除草剂种类和施药方法。

（一）茄果蔬菜育苗田（畦）或直播田杂草防治

茄果蔬菜苗床或覆膜直播田墒情较好、肥水充足，有利于杂草的发生，如不及时防治杂草，将严重影响幼苗生长。同时，地膜覆盖后田间白天温度较高，昼夜温差较大，苗瘦弱，对除草剂的耐药性较差，易产生药害，应注意选择除草剂品种和施药方法。

在茄果蔬菜播后芽前（图29-80），用33%二甲戊乐灵乳油50 ～ 75 mL/亩，或用20%萘丙酰草胺乳油75 ～ 120 mL/亩、72%异丙甲草胺乳油50 ～ 75 mL/亩、72%异丙草胺乳油50 ～ 75 mL/亩，兑水40 kg均匀喷施，可以有效防治多种一年生禾本科杂草和部分阔叶杂草。药量过大、田间过湿，特别是在持续低温多雨条件下，会影响蔬菜发芽出苗，严重时可能会出现药害现象。

图29-80　茄子和辣椒育苗田及杂草为害情况

对于禾本科杂草和阔叶杂草发生都比较多的田块，为了进一步提高除草效果和对作物的安全性，也可以用33%二甲戊乐灵乳油40 ～ 50 mL/亩、20%萘丙酰草胺乳油75 ～ 100 mL/亩、72%异丙甲草胺乳油50 ～ 60 mL/亩、72%异丙草胺乳油50 ～ 60 mL/亩，加上24%乙氧氟草醚乳油10 ～ 20 mL/亩、25%噁草酮乳油75 ～ 100 mL/亩，兑水40 kg均匀喷施，可以有效防治多种一年生禾本科杂草和阔叶杂草。乙氧氟草醚与噁草酮为触杀性芽前封闭除草剂，要求施药均匀，药量过大时会有药害。

（二）茄果蔬菜移栽田杂草防治

茄果蔬菜多为育苗移栽，封闭性除草剂一次施药基本上可以保持整个生长季节没有杂草为害。一般于移栽前喷施土壤封闭性除草剂，移栽时尽量不要翻动土层或尽量少翻动土层。因为移栽后大田生育时期较长，同时，较大的茄果菜苗对封闭性除草剂具有一定的耐药性，可以适当加大剂量以保证除草效果，施药时按40 kg/亩水量配成药液，均匀喷施土表。

可于移栽前1 ～ 3 d喷施土壤封闭性除草剂（图29-81），移栽时尽量不要翻动土层或尽量少翻动土层。可以用33%二甲戊乐灵乳油150 ～ 200 mL/亩、20%萘丙酰草胺乳油200 ～ 300 mL/亩、50%乙草胺乳油150 ～ 200 mL/亩、72%异丙甲草胺乳油175 ～ 250 mL/亩、72%异丙草胺乳油175 ～ 250 mL/亩，兑水40 kg，均匀喷施。

图29-81 番茄和茄子移栽田

对于一些老蔬菜田，特别是长期施用除草剂的蔬菜田，马唐、狗尾草、牛筋草、铁苋、马齿苋等一年生禾本科杂草和阔叶杂草发生都比较多，可以用33%二甲戊乐灵乳油100 ～ 150 mL/亩、20%萘丙酰草胺乳油200 ～ 250 mL/亩、50%乙草胺乳油100 ～ 150 mL/亩、72%异丙甲草胺乳油150 ～ 200 mL/亩、72%异丙草胺乳油150 ～ 200 mL/亩，加上50%扑草净可湿性粉剂100 ～ 150 g/亩或24%乙氧氟草醚乳油20 ～ 30 mL/亩，兑水40 kg，均匀喷施，可以有效防治多种一年生禾本科杂草和阔叶杂草。生产中应均匀施药，不宜随便改动配比，否则易发生药害。

（三）茄果蔬菜田生长期杂草防治

对于前期未能采取封闭除草或化学除草失败的茄果蔬菜田，应在田间杂草基本出苗且杂草处于幼苗期时及时施药防治。

图29-82 辣椒田禾本科杂草发生情况

茄果蔬菜田防治一年生禾本科杂草（图29-82），如稗、狗尾草、牛筋草等，应在禾本科杂草3 ～ 5叶期，可以用5%精喹禾灵乳油50 ～ 75 mL/亩、10.8%高效吡氟氯禾灵乳油20 ～ 40 mL/亩、10%喔草酯乳油40 ～ 80 mL/亩、15%精吡氟禾草灵乳油40 ～ 60 mL/亩、10%精噁唑禾草灵乳油50 ～ 75 mL/亩、12.5%稀禾啶乳油50 ～ 75 mL/亩、24%烯草酮乳油20 ～ 40 mL/亩，兑水30 kg均匀喷施，可以有效防治多种禾本科杂草。该类药剂没有封闭除草效果，施药不宜过早，特别是在禾本科杂草未出苗时施药，药剂没有效果。

图29-83 辣椒中、后期禾本科杂草和阔叶杂草混合发生较轻的情况

部分辣椒和番茄田（图29-83），在生长中、后期，田间有马唐、狗尾草、马齿苋、藜、苋等杂草，可以用5%精喹禾灵乳油50 mL/亩+48 %苯达松水剂150 mL/亩、10.8%高效吡氟氯禾灵乳油20 mL/亩+25%三氟羧草醚水剂50 mL/亩、5%精喹禾灵乳油50 mL/亩+24%乳氟禾草灵乳油20 mL/亩，兑水30 kg定向喷施，施药时要戴上防护罩，切忌将药液喷施到茎、叶上，否则会发生严重的药害。同时，为了达到杀草和封闭双重功能，还可加入50%乙草胺乳油150 ～ 200 mL/亩、72%异丙甲草胺乳油150 ～ 250 mL/亩、50%异丙草胺乳油150 ～ 250 mL/亩、33%二甲戊乐灵乳油150 ～ 250 mL/亩，兑水30 kg均匀喷施，施药时视草情、墒情确定用药量。

第三十章　茄子病虫害原色图解

一、茄子病害

1. 茄子绵疫病

症　状　由寄生疫霉（*Phytophthora parasitica*）引起。幼苗期染病茎基部呈水浸状，发展很快，常引发猝倒，致使幼苗枯死（图30-1）。成株期叶片感病，产生水浸状不规则形病斑，具有轮纹，褐色或紫褐色，潮湿时病斑上长出少量白霉。茎部受害，呈水浸状缢缩（图30-2），有时折断，并长有白霉。果实受害最重，开始出现水浸状圆形斑点，稍凹陷，黑褐色。病部果肉呈黑褐色腐烂状，在高湿条件下，病部表面长有白色絮状菌丝，病果易脱落或干瘪收缩成僵果（图30-3）。

图30-1　茄子绵疫病为害幼苗茎部情况

图30-2　茄子绵疫病为害茎部情况

图30-3　茄子绵疫病为害果实情况

发生规律 以卵孢子的形式在土壤中病株残留组织上越冬。卵孢子经雨水溅到植株体上后直接侵入表皮。借雨水或灌溉水传播，使病害扩大蔓延。茄子盛果期7—8月，降雨早，次数多，雨量大，且连续阴雨，则发病早而重。地势低洼、排水不良、土壤黏重、管理粗放、偏施氮肥、过度密植、连茬栽培等，也会加剧病害蔓延。

防治方法 与非茄科、葫芦科作物实行2年以上轮作。选择高燥地块种植茄子，深翻土地。采用高畦栽培，雨后及时排除积水。施足腐熟有机肥，预防高温、高湿。增施磷、钾肥，及时整枝，适时采收，发现病果、病叶及时摘除，集中深埋。

防治时期要早，重点保护植株下部茄果。可喷75%百菌清可湿性粉剂500 ~ 800倍液+58%甲霜灵·锰锌可湿性粉剂500 ~ 800倍液、72%霜脲·锰锌可湿性粉剂800 ~ 1 000倍液、52.5%抑快净（腈菌唑+霜脲氰）水分散粒剂1 000 ~ 2 000倍液、50%烯酰吗啉可湿性粉剂30 ~ 40 g/亩、722 g/L霜霉威盐酸盐水剂72 ~ 107 mL/亩、18.7%烯酰·吡唑酯（烯酰吗啉12% +吡唑醚菌酯6.7%）水分散粒剂75 ~ 125 g/亩、60%唑醚·代森联（代森联55% +吡唑醚菌酯5%）水分散粒剂60 ~ 100 g/亩、72%锰锌·霜脲可湿性粉剂700倍液、60%氟吗·锰锌可湿性粉剂1 000 ~ 1 500倍液、52.5%噁唑菌酮·霜脲水分散粒剂1 500 ~ 2 000倍液、50%氟吗·乙铝可湿性粉剂600 ~ 800倍液、50%甲霜·铜可湿性粉剂600倍液、25%嘧菌酯悬浮剂1 500倍液等。喷药要均匀周到，重点保护茄子果实。一般每隔7 d左右喷1次，连喷2 ~ 3次。

2. 茄子褐纹病

症　状 由茄褐纹拟茎点霉（*Phomopsis vexans*，属无性型真菌）引起。幼苗受害，茎基部出现凹陷褐色病斑（图30-4），上生黑色小粒点，造成幼苗猝倒或立枯。成株期受害，先在下部叶片上出现苍白色圆形斑点，而后扩大为近圆形，边缘褐色，中间浅褐色或灰白色，有轮纹，后期病斑上轮生大量小黑点（图30-5）。茎部产生水浸状梭形病斑，其上散生小黑点，后期表皮开裂，露出木质部，易折断。果实表面产生椭圆形凹陷斑（图30-6），深褐色，并不断扩大，其上布满同心轮纹状排列的小黑点，天气潮湿时病果极易腐烂，病果脱落或干腐。

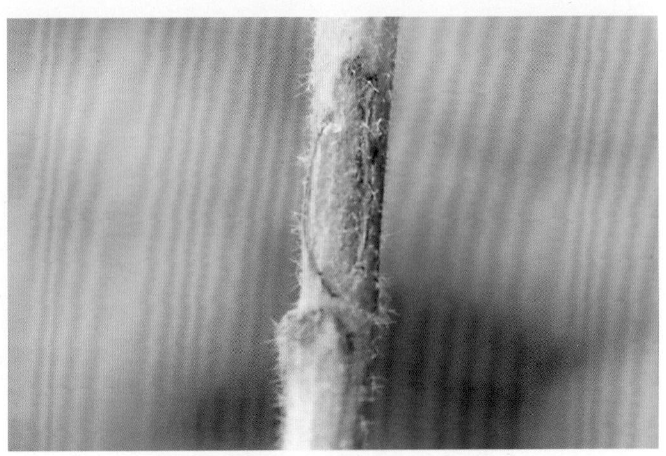

图30-4 茄子褐纹病为害幼苗茎部症状

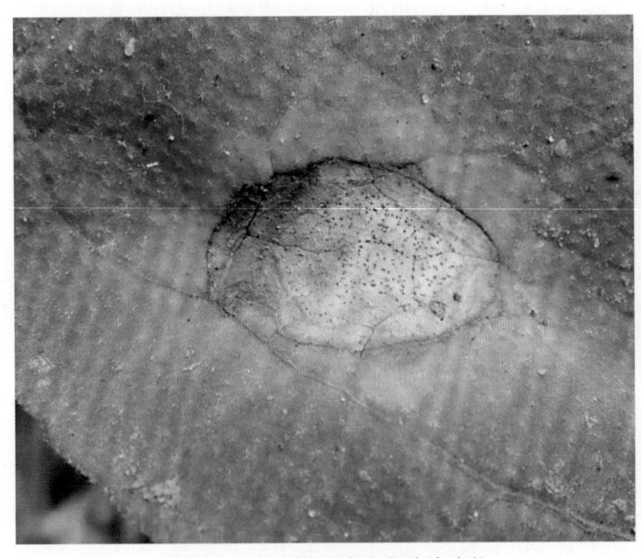

图30-5 茄子褐纹病为害叶片症状

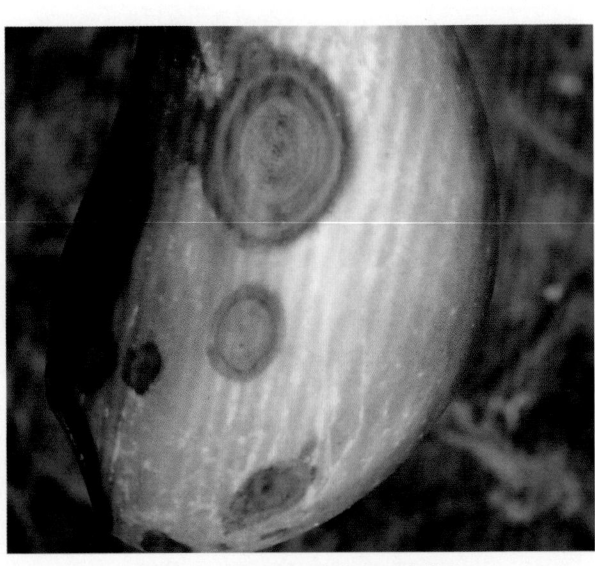

图30-6 茄子褐纹病为害果实症状

发生规律　以菌丝体和分生孢子器的形式在土表病残体上越冬。通过风雨、昆虫及农事操作传播和重复侵染。北方7—8月为发病期。相对湿度高于80%，连续阴雨，高温、高湿条件下病害容易流行。植株生长衰弱，多年连作，通风不良、土壤黏重、排水不良、管理粗放、幼苗瘦弱、偏施氮肥时发病严重。

防治方法　选用抗病品种，一般长茄比圆茄抗病，青茄比紫茄抗病。尽可能早播种，早定植，使茄子生育期提前，要多施腐熟优质有机肥，及时追肥，提高植株抗性。夏季高温、干旱，适宜在傍晚浇水，以降低地温。雨季及时排水，防止地面积水，以保护根系。适时采收，发现病叶、病果及时摘除。

药剂浸种：用80%乙蒜素乳油1 000倍液浸种30 min，0.1%硫酸铜溶液浸种5 min，或0.1%升汞浸5 min，或1%高锰酸钾液浸种15 min，浸种后捞出，用清水反复冲洗后催芽播种。

药剂拌种：用50%苯菌灵可湿性粉剂和50%福美双可湿性粉剂各1份与干细土3份混匀后，取种子重量的0.1%拌种。

在苗期或定植前喷70%甲基硫菌灵可湿性粉剂500 ～ 800倍液1 ～ 2次。在发病前或始病期喷施70%代森锰锌可湿性粉剂600 ～ 800倍液、40%氟硅唑乳油3 000 ～ 4 000倍液、70%甲基硫菌灵可湿性粉剂600 ～ 1 000倍液、75%百菌清可湿性粉剂+70%甲基硫菌灵可湿性粉剂（1 ：1）1 000 ～ 1 500倍液、30%氧氯化铜悬浮剂+70%代森锰锌可湿性粉剂（1 ：1，即混即喷）1 000倍液、40%三唑酮·多菌灵可湿性粉剂1 000倍液、2%春雷霉素可湿性粉剂300 ～ 400倍液、77%氢氧化铜可湿性粉剂800倍液、40%百菌清可湿性粉剂600倍液+70%丙森锌可湿性粉剂600倍液、50%苯菌灵可湿性粉剂1 000倍液，间隔7 ～ 15 d1次，连喷2 ～ 3次或更多，前密后疏，交替喷施。

进入结果期开始喷洒70%代森锰锌可湿性粉剂500倍液、50%苯菌灵可湿性粉剂800倍液、75%百菌清可湿性粉剂600倍液，每隔7 ～ 10 d喷1次，连喷2 ～ 3次。

在温室大棚内可采用10%百菌清烟剂或20%腐霉利烟剂，或10%百菌清加20%腐霉利混合烟剂，每亩用药300 ～ 400 g，每隔5 ～ 7 d熏1次，共2 ～ 3次。

3. 茄子黄萎病

症　状　由大丽花轮枝孢（*Verticillium dahliae*）引起。坐果后发病最重。发病初期，叶片边缘和叶脉间褪绿变黄，逐渐发展到全叶。晴天的中午，病叶发生萎蔫（图30-7），在下午或夜间天气凉时恢复正常，以后渐渐不能恢复正常，病叶由黄变褐，严重时病叶全部脱落，茎部维管束变成褐色（图30-8），有时全株发病，有时半边发病，植株明显矮化（图30-9）。

图30-7　茄子黄萎病为害植株症状

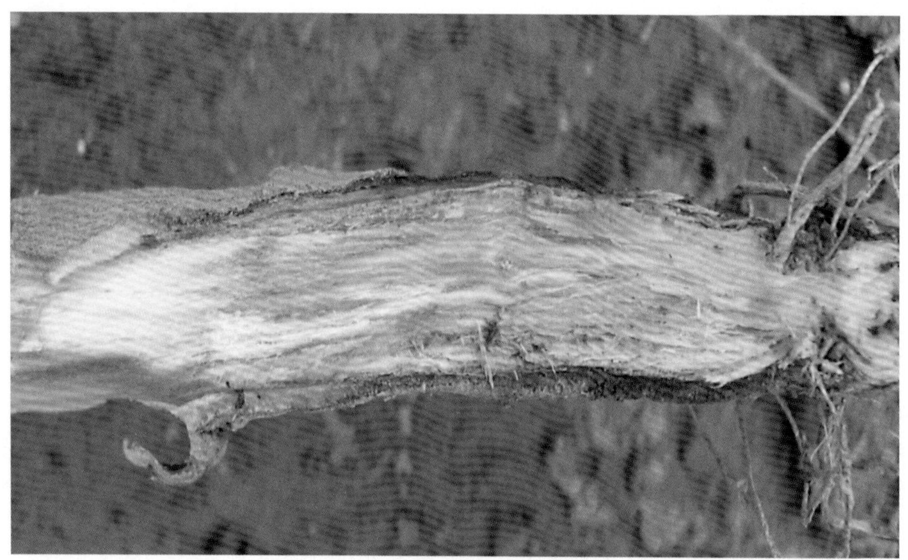

图30-8　茄子黄萎病维管束褐变症状

图30-9　茄子黄萎病为害田间症状

发生规律　病菌随病残体在土壤中或附在种子上越冬，成为翌年的初侵染源。病菌在土壤中可活6～8年。借风、雨、流水、人畜、农具传播发病，病菌当年不重复侵染。一般气温低，定植时根部形成伤口愈合慢，利于病菌侵入，茄子定植至开花期，日温低于15℃，持续时间长，植株发病重，地势低洼，施用未腐熟肥料，灌水不当，连作地块，发病重。

防治方法　施用充分腐熟有机肥料，茄子坐果后，适时追施三元素复合肥2～3次。培育壮苗、适时定植，合理灌水及中耕，保持土表湿润，以不龟裂为宜。雨后或灌水后要及时中耕。前期中耕为增加土温，可稍深些；后期中耕以保墒防裂为目的，要浅、要细，尽量少伤根。

种子处理：可用50%多菌灵可湿性粉剂500倍液浸种2 h，或用种子量0.2%的80%福美双或50%克菌丹拌种，效果也很好。

药剂处理土壤：在整地时每亩撒施70%敌磺钠可溶性粉剂3～5 kg或多·地混剂（50%多菌灵可湿性粉剂1份+20%地茂散0.5份混合而成）2 kg，耙入土中消毒。

定植时，茄苗可用0.1%苯菌灵药液浸苗30 min，定植后用50%多菌灵可湿性粉剂500～1 000倍液灌根，每株灌药液300 mL，有良好的防治效果；施用50%硫菌灵可湿性粉剂500倍液或70%敌磺钠可溶性粉剂500倍液也有效；也可以用10亿芽孢/g枯草芽孢杆菌可湿性粉剂300～400倍液灌根，或2～3 g/株穴施。

在茄子黄萎病发病前，可采用10亿芽孢/g枯草芽孢杆菌可湿性粉剂300～400倍液、50%多菌灵可湿性粉剂500倍液、70%甲基硫菌灵可湿性粉剂500倍液、2%嘧啶核苷类抗生素水剂200倍液、70%敌磺钠可溶性粉剂500倍液、0.5%菇类蛋白多糖水剂300～500倍液+20%噻菌铜悬浮剂500～800倍液、70%甲基硫菌灵可湿性粉剂800～1 000倍液+70%敌磺钠可溶性粉剂300～500倍液，每株灌药液300～500 mL，兑水灌根防治，隔5～7 d喷1次，连续2～3次。

发病后及时拔除病株烧毁，并撒上石灰。对健康株可用上述药剂预防。

4. 茄子枯萎病

症　　状　由尖孢镰孢茄子专化型（*Fusarium oxysporum* f. sp. *melongenae*，属无性型真菌）引起。发病初期，病株叶片自下而上逐渐变黄枯萎（图30-10），病症多出现在下部叶片，叶脉变黄，最后整个叶片枯黄，叶片不脱落（图30-11）。削开病茎，维管束呈褐色（图30-12）。

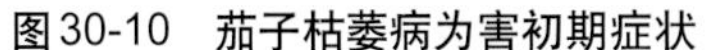

图30-10　茄子枯萎病为害初期症状

图30-11　茄子枯萎病为害后期症状

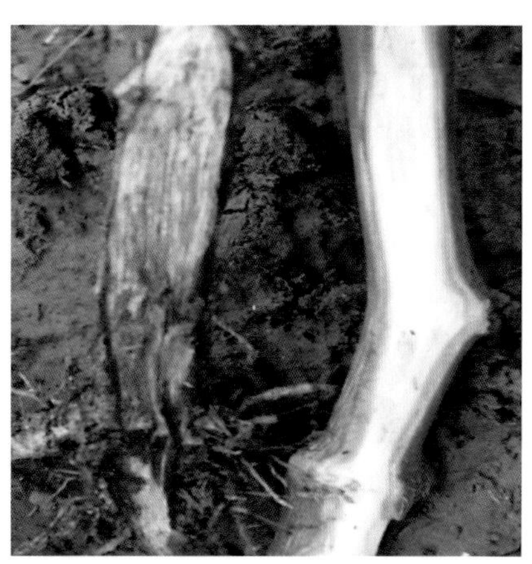

图30-12　茄子枯萎病维管束褐变比较症状

发生规律　以菌丝体或厚垣孢子的形式随病残体在土壤中或黏附在种子上越冬，可营腐生生活。病菌借助水流、灌溉水或雨水溅射传播，从伤口或幼根侵入。连作地、土壤低洼潮湿、土温高、氧气不足，根活力降低或根部伤口多，施用未腐熟的土杂肥等，皆易诱发病害。

防治方法　与非茄科蔬菜实行3年以上轮作。积极防治地下害虫，避免根系出现伤口。适时、精细定植，适量控制浇水，加强中耕，促进根部伤口愈合。

发病初期，可用30%多·福（福美双15%＋多菌灵15%）可湿性粉剂300 ～ 500倍液、50%多菌灵可湿性粉剂500倍液、50%苯菌灵可湿性粉剂1 000倍液灌根，每株200 mL，每株灌100 mL，间隔7 ～ 10 d施1次，连防3 ～ 4次。

5. 茄子病毒病

症　　状　包括烟草花叶病毒（TMV）、黄瓜花叶病毒（CMV）、蚕豆萎蔫病毒（BBWV）、马铃薯X病毒（PVX）。茄子病毒病近年来发生较重，以保护地最为常见。其症状类型复杂，常见的有花叶坏死型、花叶斑驳型等。上部新叶呈黄绿相间的斑驳（图30-13 ～图30-15），发病重时叶片皱缩，叶面有疮斑（图30-16）。叶面有时有紫褐色坏死斑，叶背表现更明显。

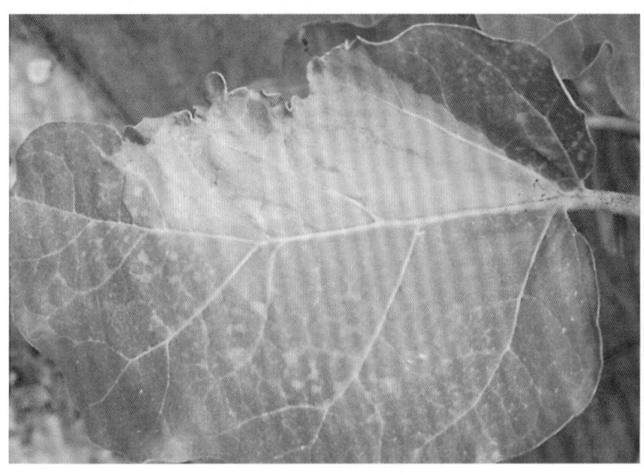

图30-13　茄子病毒病褪绿症状

图30-14　茄子病毒病皱叶症状

图30-15 茄子病毒病花叶症状

图30-16 茄子病毒病皱缩症状

发生规律 病毒由接触摩擦（烟草花叶病毒）传毒和蚜虫传毒（黄瓜花叶病毒）。高温干旱、蚜虫量大、管理粗放、田间杂草多发病重。发病高峰出现在6—8月高温季节（图30-17）。

图30-17 茄子病毒病为害田间症状

防治方法 建立无病留种田，选用不带病毒的种子。

播种前进行种子消毒，可用10%的磷酸三钠溶液浸种20 min，而后用清水洗净后再播种。或将种子用冷水浸泡4 ~ 6 h，再用2%宁南霉素水剂600倍液浸10 min，捞出直接播种。

病毒病目前尚无理想的治疗药剂。可用20%盐酸吗啉胍·乙酸铜可湿性粉剂500倍液、0.5%菇类蛋白多糖水剂300倍液、2%宁南霉素水剂400倍液等药剂喷雾。每隔5 ~ 7 d喷1次，连续2 ~ 3次。

6. 茄子灰霉病

症　状 由灰葡萄孢菌（*Botrytis cinerea*）引起。发生于成株期，花、叶片、茎枝和果实均可受害，尤其以门茄和对茄受害最重。在花器和果实上产生水浸状褐色病斑，扩大后呈暗褐色，凹陷腐烂，表面产生不规则轮纹状的灰色霉层（图30-18、图30-19）。叶片发病，多在叶缘处先形成水浸状浅褐色病斑，扩展后呈圆形或椭圆形，褐色并带有浅褐色轮纹的大型病斑，湿度大时病斑上密布灰色霉层。发病后期，如果条件适宜，病斑连片，致使整个叶片干枯。茎和果（图30-20、图30-21）染病，初生水浸状不规则形病斑，灰白色或褐色，病斑可绕茎枝一周，其上部枝叶萎蔫枯死，病部表面密生灰白色霉状物。

图30-18 茄子灰霉病为害幼苗叶片症状

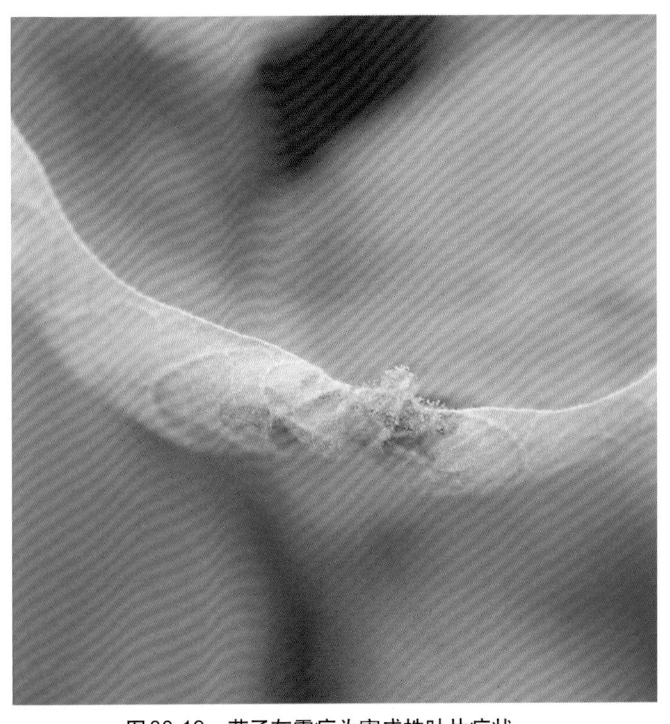
图30-19 茄子灰霉病为害成株叶片症状

图30-20 茄子灰霉病为害花器症状

发生规律 病菌以菌丝体或分生孢子的形式随病残体在土壤中越冬，也可以菌核的形式在土壤中越冬，成为次年的初侵染源。发病组织上产生分生孢子，随气流、浇水、农事操作等传播蔓延，形成再侵染。多在开花后侵染花瓣，再侵入果实引发病害，也能由果蒂部侵入。喜低温、高湿。持续较高的空气相对湿度是造成灰霉病发生和蔓延的主导因素。光照不足，气温较低（16 ~ 20℃），湿度大，结露持续时间长，非常适合灰霉病的发生。所以，春季如遇连续阴雨天气，气温偏低，温室大棚放风不及时，湿度大，灰霉病便容易流行。植株长势衰弱时病情加重。

图30-21 茄子灰霉病为害果实症状

防治方法 施用充分腐熟的优质有机肥，增施磷、钾肥，以提高植株抗病能力。采用高畦栽培，覆盖地膜，以降低温室大棚及大田湿度，阻挡土壤中病菌向地上部传播。注意清洁田园，当灰霉病零星发生时，立即摘除病果、病叶，带出田外或温室大棚外，集中深埋处理。

花期，用药可结合使用防落素等激素蘸花保果操作，在配制好的防落素、2，4-D、保果宁等激素溶液中按0.5%的比例加入50%腐霉利可湿性粉剂、50%异菌脲可湿性粉剂、40%嘧霉胺悬浮剂；或在蘸花（浸沾整朵花）的药液中加入2.5%咯菌腈悬浮剂200倍液处理茄子花朵，对茄子果实灰霉病有较好的防治效果，对花的安全性极好，不会影响坐果。

发病初期，可采用20%二氯异氰尿酸钠可溶粉剂 187.5 ~ 250.0 g/亩、500 g/L氟吡菌酰胺·嘧霉胺（嘧霉胺375 g/L+氟吡菌酰胺125 g/L）悬浮剂60 ~ 80 mL/亩、50%腐霉利可湿性粉剂1 000 ~ 1 500倍液、2%丙烷脒水剂1 000 ~ 1 500倍液+2.5%咯菌腈悬浮剂1 000 ~ 1 500倍液、50%异菌脲悬浮剂1 000 ~ 1 500倍液、50%多·福·乙可湿性粉剂800 ~ 1 000倍液、50%嘧菌环胺水分散性粒剂1 000 ~ 1 500倍液、50%烟酰胺水分散粒剂1 000 ~ 1 500倍液、40%嘧霉胺悬浮剂1 000 ~ 1 500倍液、25%啶菌噁唑乳油1 000 ~ 2 000倍液，隔5 ~ 7 d喷1次，连续2 ~ 3次。

7. 茄子早疫病

症 状 由茄链格孢（*Alternaria solani*）引起。主要为害叶片。病斑圆形或近圆形，边缘褐色，中部灰白色，具有同心轮纹（图30-22、图30-23）。湿度大时，病部长出微细的灰黑色霉状物，后期病斑中部脆裂，发病严重时病叶脱落。

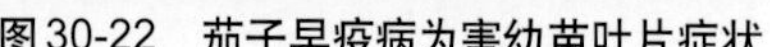

图30-22 茄子早疫病为害幼苗叶片症状

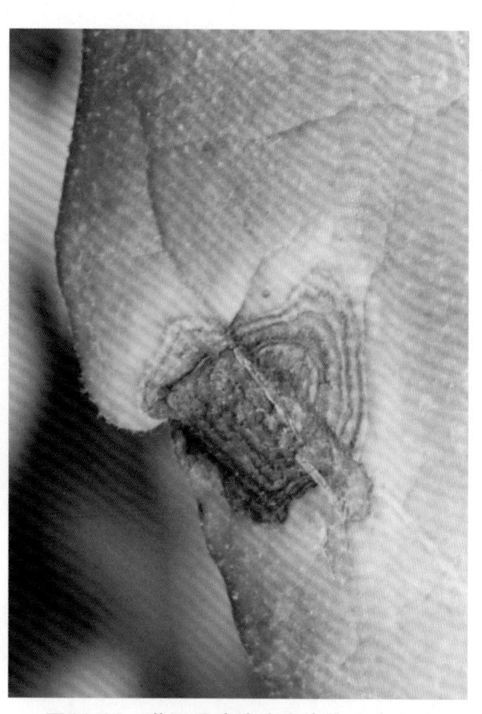

图30-23 茄子早疫病为害成株叶片症状

发生规律 病菌以菌丝体的形式在病残体内或潜伏在种皮下越冬。苗期和成株期均可发病。发生较常见，为害不大。

防治方法 清除病残体，实行3年以上轮作。

发病前，喷施保护剂预防，可以用75%代森锰锌水分散粒剂175 ～ 200 g/亩、50%二氯异氰尿酸钠可溶粉剂75 ～ 100 g/亩、80%代森锌可湿性粉剂250 ～ 300 g/亩、25%嘧菌酯悬浮剂24 ～ 32 mL/亩、75%百菌清可湿性粉剂200 ～ 250 g/亩、50%肟菌酯水分散粒剂8 ～ 10 g/亩、80%丙森锌可湿性粉剂 130 ～ 160 g/亩、50%克菌丹可湿性粉剂125 ～ 187 g/亩、9%萜烯醇（互生叶白千层提取物）乳油 67 ～ 100 mL/亩、6%嘧啶核苷类抗菌素水剂87 ～ 125 mL/亩、60%唑醚·代森联（代森联55%＋吡唑醚菌酯5%）水分散粒剂40 ～ 60 g/亩、70%锰锌·百菌清（代森锰锌40%＋百菌清30%）可湿性粉剂100 ～ 150 g/亩，兑水均匀喷雾。

发病初期开始用药，喷洒50%异菌脲可湿性粉剂 50 ～ 100 g/亩、30%醚菌酯悬浮剂50 ～ 60 g/亩、80%多菌灵水分散粒剂62.5 ～ 80.0 g/亩、10%苯醚甲环唑水分散粒剂80 ～ 100 g/亩、50%异菌脲可湿性粉剂50 ～ 100 g/亩、2亿孢子/g木霉菌可湿性粉剂100 ～ 300 g/亩、400 g/L氯氟醚·吡唑酯（吡唑醚菌酯200 g/L＋氯氟醚菌唑200 g/L）悬浮剂20 ～ 40 mL/亩、31%噁酮·氟噻唑（噁唑菌酮28.2%＋氟噻唑吡乙酮2.8%）悬浮剂27 ～ 33 mL/亩、29%戊唑·嘧菌酯（戊唑醇18%＋嘧菌酯11%）悬浮剂 30 ～ 40 mL/亩、325 g/L苯甲·嘧菌酯（苯醚甲环唑125 g/L+嘧菌酯200 g/L）悬浮剂30 ～ 50 mL/亩、35%氟菌·戊唑醇（戊唑醇17.5%＋氟吡菌酰胺17.5%）悬浮剂25 ～ 30 mL/亩、43%氟菌·肟菌酯（肟菌酯21.5%＋氟吡菌酰胺21.5%）悬浮剂15 ～ 25 mL/亩、12%苯甲·氟酰胺（苯醚甲环唑5%＋氟唑菌酰胺7%）悬浮剂56 ～ 70 mL/亩，每7 d喷1次，连喷2 ～ 3次为防止产生抗药性，提高防效，提倡轮换交替或复配使用。

棚室栽培番茄，可在定植前对棚室熏蒸消毒，每立方米空间用硫黄粉6.7 g，混入锯末13.5 g，分装后用正在燃烧的煤球点燃，密闭棚室，熏蒸一夜。或定植后1 ～ 3 d内，用45%百菌清烟剂或10%腐霉利烟剂，每亩用200 ～ 250 g，闭棚熏烟一夜。

8. 茄子褐色圆星病

症　　状　由茄尾孢（*Cercospora solani-melongenae*，属无性型真菌）引起。叶片上病斑圆形或近圆形，初期病斑褐色或红褐色，病斑扩展后，中央褪为灰褐色（图30-24），病斑中部有时破裂，边缘仍为褐色或红褐色，病斑上可见灰色霉层，即病原菌的繁殖体。为害严重时，病斑连片，叶片易破碎或早落。

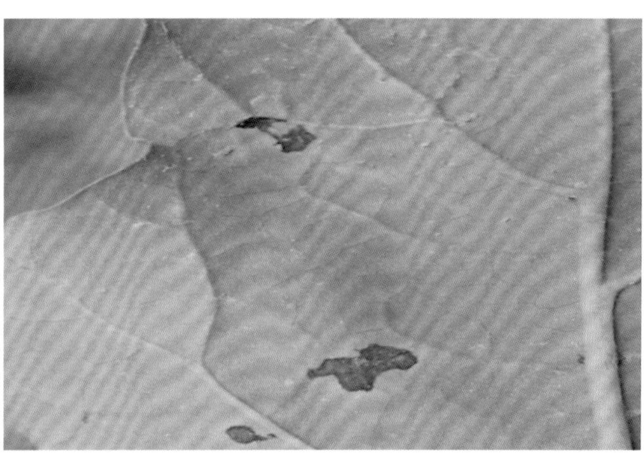

图30-24　茄子褐色圆星病为害叶片症状

发生规律　以分生孢子或菌丝块的形式在被害部越冬，翌年，在菌丝块上产出分生孢子，借气流或雨水溅射传播蔓延。温暖多湿的天气或低洼潮湿、株间郁闭易发病。品种间抗性有差异。

防治方法　加强肥水管理，合理密植，雨季及时排除田间积水。增施磷、钾肥，提高植株抗病能力。

及时喷药预防，发病初期开始喷洒75%百菌清可湿性粉剂800倍液+70%甲基硫菌灵可湿性粉剂800倍液、400 g/L氯氟醚·吡唑酯（吡唑醚菌酯200 g/L+氯氟醚菌唑200 g/L）悬浮剂20 ~ 40 mL/亩、31%噁酮·氟噻唑（噁唑菌酮28.2%＋氟噻唑吡乙酮2.8%）悬浮剂27 ~ 33 mL/亩、29%戊唑·嘧菌酯（戊唑醇18%＋嘧菌酯11%）悬浮剂 30 ~ 40 mL/亩、325 g/L苯甲·嘧菌酯（苯醚甲环唑125 g/L+嘧菌酯200 g/L）悬浮剂30 ~ 50 mL/亩、50%多菌灵可湿性粉剂800倍液+70%代森锰锌可湿性粉剂800液、40%多·硫悬浮剂600倍液、50%苯菌灵可湿性粉剂1 500倍液等药剂。由于茄子叶片表皮毛多，为增加药液附着性，药液中应加入0.1%～0.2%的洗衣粉。每7 d喷药1次，连续防治2 ~ 3次。

9. 茄子黑枯病

症　　状　由茄棒孢菌（*Corynespora melongenae*，属无性型真菌）引起。茄子叶、茎、果实均可感染黑枯病。叶染病，初生灰紫黑色圆形小点，后扩大成圆形或不规则形病斑，周缘紫黑色，内部浅些，有时形成轮纹，导致早期落叶（图30-25）。

图30-25　茄子黑枯病为害初期、后期叶片症状

发生规律　以菌丝体或分生孢子的形式附在寄主的茎、叶、果或种子上越冬，成为翌年初侵染源。此菌在6 ～ 30℃均能发育，发病适温20 ～ 25℃。

防治方法　播种前，用55℃温水浸种15 min，再进行一般浸种后催芽。加强田间管理，苗床要注意放风，田间切忌灌水过量，雨季要注意排水降湿。

发病初期，可用25%咪鲜胺乳油800 ～ 1 000倍液、10%苯醚甲环唑水分散粒剂1 500倍液、40%氟硅唑乳油3 000 ～ 5 000倍液、35%氟菌·戊唑醇（戊唑醇17.5%＋氟吡菌酰胺17.5%）悬浮剂25 ～ 30 mL/亩、43%氟菌·肟菌酯（肟菌酯21.5%＋氟吡菌酰胺21.5%）悬浮剂15 ～ 25 mL/亩、12%苯甲·氟酰胺（苯醚甲环唑5%＋氟唑菌酰胺7%）悬浮剂56 ～ 70 mL/亩，隔5 ～ 7 d防治1次，连续防治2 ～ 3次。

10. 茄子叶霉病

症　　状　由褐孢霉菌（*Fulvia fulva*，属无性型真菌）引起。主要为害叶片和果实。叶片染病初期，出现边缘不明显的褪绿斑点，病斑背面长有灰绿色霉层，致使叶片过早脱落（图30-26、图30-27）。果实染病，病部呈黑色，革质，多从果柄蔓延下来，果实呈现白色斑块，成熟果实的病斑为黄色，下陷，后期逐渐变为黑色，最后果实成为僵果。

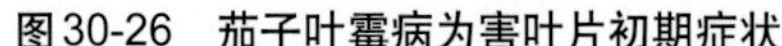
图30-26　茄子叶霉病为害叶片初期症状

图30-27　茄子叶霉病为害叶片中期症状

发生规律　病菌以菌丝体或菌丝块的形式在病残体内越冬，也可以分生孢子的形式附着于种子表面或以菌丝的形式潜伏于种皮越冬。第二年，从田间病残体上越冬后的菌丝体产生分生孢子，通过气流传播，引起初次侵染。另外，播种带病的种子也可引起田间初次发病。田间发病后，在适宜的环境条件下会产生大量的分生孢子，造成再侵染。温室内空气流通不良，湿度过大，常诱致病害的严重发生。阴雨天气或光照弱有利于病菌孢子的萌发和侵染。定植过密，株间郁闭，田间有白粉虱为害等易诱发此病。

防治方法　收获后及时清除病残体，集中深埋或烧毁。栽植密度应适宜，雨后及时排水，降低田间湿度。

发病前至发病初期，可用50%腐霉利可湿性粉剂1 000倍液、50%异菌脲可湿性粉剂1 000倍液、60%唑醚·代森联（代森联55%＋吡唑醚菌酯5%）水分散粒剂40 ～ 60 g/亩、40%嘧霉·百菌清（嘧霉胺13%＋百菌清27%）可湿性粉剂100 ～ 133 g/亩、40%嘧霉胺可湿性粉剂1 000倍液、40%氟硅唑乳油4 000倍液、30%氟菌唑可湿性粉剂1 500倍液、50%咪鲜胺锰络化合物1 500倍液、50%苯菌灵可湿性粉剂1 000倍液，隔5 ～ 7 d防治1次，连续防治2 ～ 3次。

11. 茄子根腐病

症　　状　由腐皮镰孢（*Fusarium solani*）引起。主要侵染茄子根部和茎基部。幼苗染病，幼苗萎蔫，根部变褐腐烂（图30-28）。成株期染病，发病初期，植株叶片白天萎蔫（图30-29），早晚尚可恢复，随病情发展，叶片恢复能力降低，最后失去恢复能力。根、茎基部表皮变为褐色，继而根系腐烂（图30-30），木质部外露，植株枯萎死亡。

图30-28　茄子根腐病为害幼苗症状

图30-29　茄子根腐病为害成株萎蔫症状

发生规律　病菌的厚垣孢子在土壤中能够存活5年以上，是主要侵染来源。病菌从植株根部伤口侵入，借雨水或灌溉水传播蔓延。高温、高湿的条件有利于发病，连作地、低洼地及黏土地发病严重。

图30-30　茄子根腐病根部腐烂症状

防治方法　有条件的地方可与十字花科蔬菜、葱蒜类蔬菜实行2～3年轮作。高畦栽培，可避免雨后或灌溉后根系长期浸泡在水里，并可提高地温，促进根系发育，提高抗病力。降低土壤湿度，雨后要及时排除田间积水，避免土壤过湿。

用50%多菌灵可湿性粉剂、50%苯菌灵可湿性粉剂与适量细土拌匀，在定植前均匀撒入定植穴中。

发病初期用药液灌根，一般每株灌药液0.2～0.3 kg，每7～10 d灌1次，连续灌2～3次。常用的灌根药剂有50%苯菌灵可湿性粉剂800倍液+50%福美双可湿性粉剂500倍液、70%敌磺钠可溶性粉剂500倍液+70%甲基硫菌灵可湿性粉剂500～800倍液等。

12. 茄子赤星病

症　　状　由茄壳针孢（*Septoria melongenae*，属无性型真菌）引起。赤星病主要为害叶片。发病初期，叶片褪绿，产生苍白色至灰褐色小斑点，后扩展成中心暗褐色至红褐色、边缘褐色的圆形斑（图30-31），其上丛生很多黑色小点，即病菌的分生孢子器。

图30-31　茄子赤星病为害叶片症状

防治方法　实行2～3年以上轮作。

选用早熟品种，可避开发病盛期，培育壮苗，施足基肥，促进早长早发，把茄子的采收盛期提前到病害流行季节之前。从无病茄子上采种。

种子消毒：播种前进行种子消毒，用55℃温水浸种15 min，稍晾后播种，或采用50%苯菌灵可湿性粉剂和50%福美双可湿性粉剂各1份，细土3份混匀后，取种子重量0.3%的混合物拌种。

苗床消毒：苗床需每年换新土，播种时，每平方米用50%多菌灵可湿性粉剂10 g或用50%五氯·福美双粉剂8 ～ 10 g，拌细土2 kg制成药土，取1 / 3撒在畦面，然后播种，播种后将其余药土覆盖在种子上面，即“下铺上盖”，使种子夹在药土中间，效果很好。

结果后开始喷洒10%氟硅唑水乳剂40 ～ 50 mL/亩、70%甲基硫菌灵可湿性粉剂45 ～ 60 g/亩、60%唑醚·代森联（代森联55%＋吡唑醚菌酯5%）水分散粒剂60 ～ 100 g/亩、75%百菌清可湿性粉剂600倍液+50%苯菌灵可湿性粉剂1 000倍液、77%氢氧化铜可湿性粉剂800倍液，每隔7 d喷药1次，连喷2 ～ 3次。

13. 茄子猝倒病

症　状　由瓜果腐霉（*Pythium aphanidermatum*）引起。该病是茄科蔬菜幼苗期最常见的一种病害。染病幼苗近地面处的嫩茎出现淡褐色、不定形的水渍状病斑，病部很快缢缩，幼苗倒伏，此时子叶尚保持青绿，潮湿时病部或土面会长出稀疏的白色棉絮状物，幼苗逐渐干枯死亡。田间常成片发病（图30-32）。

图30-32　茄子猝倒病苗床症状

发生规律　病苗上可产生孢子囊和游动孢子，借雨水、灌溉水传播。土温较低（低于16℃）时发病迅速。土壤含水量较高时极易诱发此病，光照不足，幼苗长势弱，抗病力下降，也易发病。幼苗子叶中养分快耗尽而新根尚未扎实之前，幼苗营养供应紧张，抗病力最弱，如果此时遇到低温、高湿环境会突发此病。

防治方法　苗床要整平、床土松细。肥料要充分腐熟，并撒施均匀。苗床内温度应控制在20 ～ 30℃，地温保持在16℃以上，注意提高地温，降低土壤湿度，防止出现10℃以下的低温和高湿环境。缺水时，可在晴天喷洒补水，切忌大水漫灌。及时检查苗床，发现病苗立即拔除。床土过湿时，可撒不带病菌的干松的营养土，以控制症状蔓延。

床土消毒：每平方米苗床用95%恶霉灵原药1 g，兑水成3 000倍液，喷洒苗床。也可用50%拌种双可湿性粉剂7 g/m^2、40%五氯硝基苯粉剂5 666 ～ 6 666 g/亩、45%五氯·福美双（福美双25%＋五氯硝基苯20%）粉剂7 ～ 9 g/m^2、35%福·甲可湿性粉剂2 ～ 3 g/m^2，拌细土15 ～ 20 kg/m^2，拌匀，播种时下铺上盖，将种子夹在药土中间，防治效果明显。

经常发生猝倒病的菜地可用35%甲霜灵拌种剂，按种子重量0.2% ～ 0.3%的用药量拌种后播种。

育苗棚、室的温湿度较适于发病。可选喷58%甲霜灵·锰锌可湿性粉剂500倍液、64%噁霜·锰锌可湿性粉剂500倍液，在发病前每7 ～ 8 d喷1次药，至真叶长出、幼茎木栓化为止。

发病初期，喷洒72.2%霜霉威水剂400倍液+70%代森锰锌可湿性粉剂500倍液、20%氰霜唑悬浮剂25 ～ 35 mL/亩、40%喹啉铜悬浮剂25 ～ 30 mL/亩、20%丁吡吗啉悬浮剂125 ～ 150 g/亩、30%氟吗啉悬浮剂30 ～ 40 mL/亩、75%百菌清水分散粒剂100 ～ 130 g/亩、70%丙森锌可湿性粉剂150 ～ 200 g/亩、10%氟噻唑吡乙酮可分散油悬浮剂13 ～ 20 mL/亩、50%嘧菌酯水分散粒剂40 ～ 60 g/亩、72%霜脲·锰锌（代森锰锌64%＋霜脲氰8%）可湿性粉剂165 ～ 180 g/亩、68%精甲霜·锰锌（精甲霜灵4%＋代森锰锌64%）水分散粒剂100 ～ 120 g/亩等药剂，每平方米苗床用配好的药液200 ～ 300 mL，每隔7 ～ 10 d喷1次，连续喷2 ～ 3次。喷药后，可撒干土或草木灰降低苗床土层湿度。

14. 茄子立枯病

症 状 由立枯丝核菌（*Rhizoctonia solani*）引起。苗期发病，一般多发生于育苗的中、后期，在病苗的茎基部生有椭圆形暗褐色病斑，严重时病斑扩展绕茎一周，失水后病部逐渐凹陷，干腐缢缩，初期大苗白天萎蔫夜间恢复，后期茎叶萎垂枯死（图30-33、图30-34）。病苗枯死立而不倒，故称立枯病。潮湿时生淡褐色蛛丝状的霉层，拨起病苗丝状物与土坷垃相连。

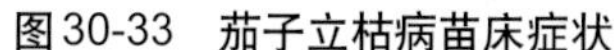
图30-33 茄子立枯病苗床症状

图30-34 茄子立枯病幼苗根部症状

发生规律 以菌丝体或菌核的形式在土壤中越冬，且可在土壤中腐生2 ~ 3年。菌丝能直接侵入寄主，通过流水、农具传播。播种过密、间苗不及时、湿度过高易诱发本病。病菌发育适温为17 ~ 28℃，最适宜温度为24℃左右，在12℃以下、30℃以上时，生长受抑制。

防治方法 提倡用营养钵育苗，使用腐熟的有机肥。春季育苗，播种后一般不浇水，可采用撒施细湿土的方法保持土壤湿度，若湿度过高可撒施草木灰降湿，注意提高地温。夏季育苗可采取遮阴措施，防止出现高温、高湿条件。苗期喷0.1%～0.2%磷酸二氢钾，可增强抗病能力。

土壤处理：用40%拌种双可湿性粉剂8 g/m^2、45%五氯·福美双（福美双25%+五氯硝基苯20%）粉剂7 ~ 9 g/m^2、30%多·福（福美双15%+多菌灵15%）可湿性粉剂80 ~ 150 g/m^2，拌细土15 ~ 20 kg/m^2，拌匀，播种时下铺上盖，将种子夹在药土中间，防治效果明显。

药剂拌种：用种子重量0.2%的40%拌种双可湿性粉剂，或50%多菌灵可湿性粉剂拌种。

发病前至发病初期，可用30%苯醚甲·丙环乳油3 000 ~ 3 500倍液、20%氟酰胺可湿性粉剂600 ~ 800倍液、70%甲基硫菌灵可湿性粉剂600 ~ 800倍液、50%肟菌酯水分散粒剂8 ~ 10 g/亩、30%醚菌酯悬浮剂50 ~ 60 g/亩、80%多菌灵水分散粒剂62.5 ~ 80 g/亩、10%苯醚甲环唑水分散粒剂80 ~ 100 g/亩、50%异菌脲可湿性粉剂50 ~ 100 g/亩，隔5 ~ 7 d喷1次，连续喷2 ~ 3次。

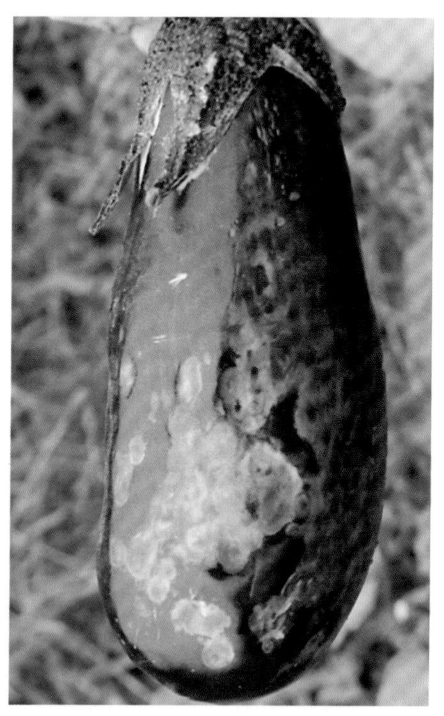

图30-35 茄子炭疽病为害果实症状

15. 茄子炭疽病

症 状 由辣椒刺盘孢（*Colletotrichum capsici*，属无性型真菌）引起。主要为害果实，以近成熟和成熟果实发病为多。果实发病，初时在果实表面产生近圆形、椭圆形或不规则形黑褐色、稍凹陷的病斑（图30-35）。病斑不断扩大，或病斑汇合形成大型病斑，有时扩及半个果实。后期病部表面密生黑色小点，潮湿时溢出赭红色黏质物。病部皮下的果肉微呈褐色，干腐状，严重时可导致整个果实腐烂。

发生规律　病菌以菌丝体和分生孢子盘的形式随病残体在土壤中越冬，也可以分生孢子的形式附着在种子表面越冬。翌年，由越冬分生孢子盘产生分生孢子，借雨水溅射传播至植株下部果实上引起发病，播种的带菌种子萌发时就可侵染幼苗使之发病。果实发病后，病部产生大量分生孢子，借风、雨、昆虫传播或摘果时人为传播，反复侵染。温暖高湿环境下易于发病，病害多在7—8月发生和流行。植株郁闭，采摘不及时，地势低洼，雨后地面积水，氮肥过多时发病重。

防治方法　使用无病种子，发病地与非茄科蔬菜进行2～3年轮作。培育壮苗，适时定植，避免植株定植过密。合理施肥，避免偏施氮肥，增施磷、钾肥。适时适量灌水，雨后及时排水。

发病初期用药防治，可用40%氟硅唑乳油4 000倍液、70%甲基硫菌灵可湿性粉剂600～800倍液、80%炭疽福美可湿性粉剂800倍液（福美双+福美锌）、50%咪鲜胺锰络化合物可湿性粉剂800倍液、25%腈菌唑悬浮剂1 000倍液、25%溴菌腈可湿性粉剂500倍液等药剂喷雾防治，间隔7～15 d喷1次，连喷2～3次，前密后疏，交替喷施。

16. 茄子白粉病

症　　状　由单丝壳白粉菌引起。主要为害叶片。叶面初现不定形褪绿小黄斑，相应的叶背面则出现不定形白色小霉斑，边缘界限不明晰，细视之，可见霉斑呈近乎放射状扩展（图30-36）。随着病情的进一步发展，霉斑数量增多，斑面上粉状物日益明显，呈白粉斑，粉斑相互连合成白粉状斑块，严重时，叶片正反面均可被粉状物所覆盖，外观好像被撒上一薄层面粉。

图30-36　茄子白粉病为害叶片症状

发生规律　病菌以闭囊壳的形式在温室蔬菜上或土壤中越冬，借风和雨水传播。在高温、高湿或干旱环境下易发生，发病适温20～25℃，相对湿度25%～85%，但是以高湿条件下发病重。

防治方法　合理密植，避免过量施用氮肥，增施磷、钾肥，防止徒长。注意通风透光，降低空气湿度。

发病前至发病初期，可用6%氯苯嘧啶醇可湿性粉剂1 000～1 500倍液、12.5%烯唑醇可湿性粉剂2 000～4 000倍液、24%唑菌腈悬浮剂5 000倍液、12.5%腈菌唑乳油2 000～3 000倍液、62.25%腈菌唑·代森锰锌可湿性粉剂600～700倍液、20%福·腈可湿性粉剂1 000～2 000倍液，隔5～7 d喷1次，连续喷2～3次。

二、茄子虫害

1. 茄二十八星瓢虫

为害特点　茄二十八星瓢虫（*Henosepilachna vigintioctopunctata*）主要为害茄子叶片、果实。成虫和若虫在叶背面剥食叶肉，形成许多独特的不规则半透明细凹纹，有时也会将叶吃成空洞或仅留叶脉（图30-37）。严重时整株死亡。被害果实常开裂，内部组织僵硬且有苦味，产量和品质下降（图30-38）。

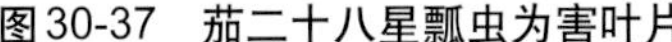

图30-37　茄二十八星瓢虫为害叶片

图30-38　茄二十八星瓢虫为害果实

形态特征　成虫体半球形，赤褐色，体表密生黄褐色细毛。前胸背板前缘凹陷，中央有一较大的剑状斑纹，两侧各有2个黑色小斑。两鞘翅上各有14个黑斑，鞘翅基部有3个黑斑，后方的4个黑斑在一条直线上。两鞘翅会合处的黑斑不互相接触（图30-39）。卵纵立，鲜黄色，有纵纹。幼虫体淡黄褐色，长椭圆状，背面隆起，各节具黑色枝刺（图30-40）。蛹椭圆形，淡黄色，背面有稀疏细毛及黑色斑纹。

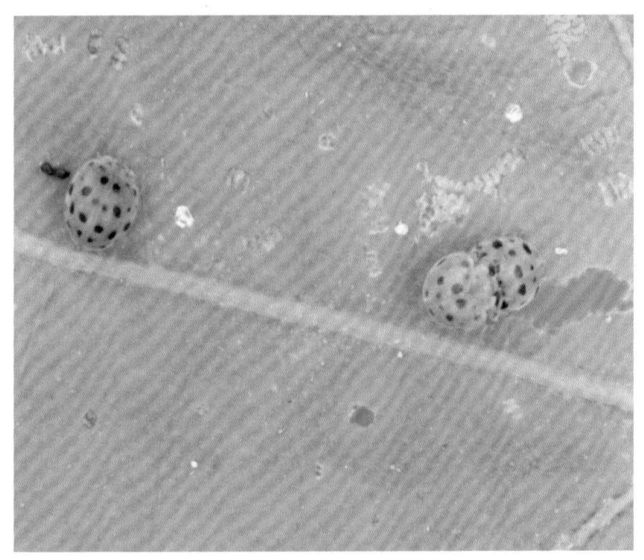

图30-39　茄二十八星瓢虫成虫

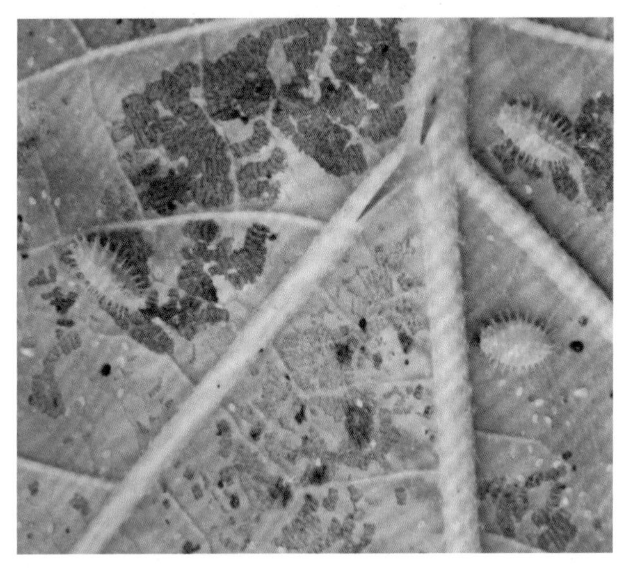

图30-40　茄二十八星瓢虫幼虫

发生规律　该虫在华北1年发生2代，江南地区4代，成虫群集越冬。一般于5月开始活动，为害马铃薯或苗床中的茄子、番茄、青椒等。6月上、中旬为产卵盛期，6月下旬至7月上旬为第1代幼虫为害期，7月中、下旬为化蛹盛期，7月底或8月初为第1代成虫羽化盛期，8月中旬为第2代幼虫为害盛期，8月下旬开始化蛹，羽化的成虫自9月中旬开始寻求越冬场所，10月上旬开始越冬。

防治方法　消灭植株残体、杂草等处的越冬虫源，人工摘除卵块。

要抓住幼虫分散前的时机施药，可用1%甲氨基阿维菌素苯甲酸盐乳油3 000倍液、1.8%阿维菌素乳油1 500 ～ 2 000倍液、20%甲氰菊酯乳油1 200倍液、2.5%溴氰菊酯乳油3 000倍液、2.5%氯氟氰菊酯乳油4 000倍液、5.7%氟氯氰菊酯乳油2 500倍液、10%联苯菊酯乳油2 000倍液、4.5%高效氯氰菊酯乳油3 000 ～ 3 500倍液等药剂喷雾，隔7 ～ 10 d喷1次，共喷2 ～ 3次。

2. 茄黄斑螟

为害特点　茄黄斑螟（*Leucinodes orbonalis*）是我国南方地区茄子的重要害虫，也能为害马铃薯、龙葵、豆类等作物。主要分布在我国台湾及华南、华中、华东、西南地区。

形态特征　成虫体、翅均为白色，前翅具4个明显的黄色大斑纹，翅基部黄褐色，中室与后缘之间呈现一个红色三角形纹，翅顶角下方有一个黑色眼形斑。后翅中室具一小黑点，并有明显的暗色后横线，外缘有2个浅黄斑。栖息时翅伸展，腹部翘起，腹部两侧节间毛束直立（图30-41）。卵外形似水饺，有稀疏刻点；初产时乳白色，孵化前灰黑色。幼虫多呈粉红色，低龄期黄白色，头及前胸背板黑褐色，背线褐色，腹末端黑色（图30-42）。蛹浅黄褐色。蛹茧坚韧，初结茧时为白色，后逐渐加深为深褐色或棕红色。

图30-41　茄黄斑螟成虫

图30-42　茄黄斑螟幼虫

发生规律　每年发生4～5代，老熟幼虫结茧在残株枝杈上及土表缝隙处越冬。翌年3月，越冬幼虫开始化蛹，5月上旬至6月上旬越冬代羽化结束，5月开始出现幼虫为害，在7—9月为害最重，尤以8月中、下旬为害秋茄最重。成虫白天不活动，多躲在阴暗处。夜间活动极为活泼，可高飞，成虫趋光性不强，具趋嫩性。卵散产于茄株的上、中部嫩叶背面。幼虫为害蕾、花，并蛀食嫩茎、嫩梢及果实，引起枯梢、落花、落果及果实腐烂。秋季，多蛀害茄果，一个茄子内可有3～5头幼虫；夏季，茄果虽受害轻，但花蕾、嫩梢受害重，可造成早期减产。

防治方法　及时剪除被害植株嫩梢及果实；茄子收获后，要清洁菜园，及时处理残株败叶，以减少虫源。

幼虫孵化始盛期，可选用20%虫酰肼悬浮剂1 500倍液、1%甲氨基阿维菌素苯甲酸盐乳油3 000倍液、2%阿维·苏可湿性粉剂500～1 000倍液、1.8%阿维菌素乳油1 500～2 000倍液、5%氟虫脲乳油1 000倍液等，喷雾防治。

3. 茶黄螨

为害特点　茶黄螨（*Polyphagotarsonemus latus*）以刺吸式口器吸取植物汁液为害。可为害叶片、新梢、花蕾和果实。叶片受害后，变厚、变小、变硬，叶反面茶锈色，油渍状，叶缘向背面卷曲，嫩茎呈锈色，梢颈端枯死，花蕾畸形，不能开花。果实受害后，果面黄褐色粗糙，果皮龟裂，种子外落，严重时呈馒头开花状（图30-43）。

图30-43　茶黄螨为害茄子症状

形态特征　雌螨体躯阔卵形，腹部末端平截，淡黄色至橙黄色，半透明，有光泽。身体分节不明显，体背部有1条纵向白带。足较短，4对，第4对足纤细，其跗节 末端有端毛和亚端毛。腹部后足体部有4对刚毛。假气门器官向后端扩展。雄螨近六角形，腹部末端圆锥形。前足体3～4对刚毛，腹面后足体有4对刚毛。足较长而粗壮，第3、第4对足的基节相连，第4对足胫跗节细长，向内侧弯曲，远端1/3处有1根特别长的鞭毛，爪退化为纽扣状。卵椭圆形，无色透明。卵表面有纵向排列的5～6行白色瘤状突起。幼螨近椭圆形，淡绿色。足3对，体背有1条白色纵带，腹末端有1对刚毛。若螨是一静止阶段，外面罩有幼螨的表皮。

发生规律 每年可发生几十代，主要在棚室中的植株上或在土壤中越冬。棚室中全年均有发生，而露地菜则以6—9月受害较重。生长迅速，在18～20℃条件下，7～10 d可发育1代，在28～30℃下，4～5 d发生1代。生长的最适温度为16～23℃，相对湿度为80%～90%。以两性生殖为主，也可进行孤雌生殖，但未受精的卵孵化率低，且均为雄性。单雌产卵量为百余粒，卵多散产于嫩叶背面和果实的凹陷处。成螨活动能力强，靠爬迁或自然力扩散蔓延。大雨对其有冲刷作用。

防治方法 加强田间管理。

在发生初期，可用15%哒螨灵乳油3 000倍液、5%唑螨酯悬浮剂3 000倍液、1.8%阿维菌素乳油4 000倍液、20%甲氰菊酯乳油1 500倍液、20%三唑锡悬浮剂2 000倍等。

三、茄子各生育期病虫害防治技术

（一）茄子育苗至幼苗期病虫害防治技术

在茄子苗期（图30-44），有些病害严重影响出苗或小苗的正常生长，如猝倒病、立枯病、炭疽病、灰霉病、绵疫病等；也有一些病害，是通过种子传播的，如菌核病、黄萎病、枯萎病、褐纹病、炭疽病等；另外，病毒病等也可以在苗期发生，有时也有一些地下害虫为害。因此，播种期、小苗期是防治病、虫、草、害，培育壮苗，保证生产的一个重要时期，生产上经常使用多种杀菌剂、杀虫剂、除草剂、植物激素等混用。

图30-44 茄子育苗至幼苗期栽培情况

对于育苗田，可以结合平整土地，用药剂处理土壤。选择药剂时要针对本地情况，调查发病种类，参考前文介绍，可选用如下药剂：

以福尔马林消毒，在播种2周前进行，每平方米用30 mL福尔马林，加水2～4 kg，喷浇在床土上，用塑料膜覆盖4～5 d，除去覆盖物，耙平土地，放气2周后播种，或用70%五氯硝基苯与50%福美双1：1混合，每平方米施药8 g，或用25%甲霜灵可湿性粉剂4 g+70%代森锰锌5 g或50%福美双可湿性粉剂5 g，掺细土4～5 kg，待苗床平整、浇水后，将1/3的药土撒于地表，播种后再把剩余的药土覆盖在种子上面。大棚种植也可以用硫磺熏蒸，开棚凉风后播种。

种子处理：常用药剂有种子重量0.4%的50%多菌灵可湿性粉剂或70%甲基硫菌灵可湿性粉剂，或加上72.2%霜霉威水剂800倍液、25%甲霜灵可湿性粉剂800倍液+50%福美双可湿性粉剂800倍液，或种子重量0.3%的多·福合剂，对于病毒病较重的田块可以混用10%磷酸三钠溶液浸种，一般浸30 ～ 50 min，捞出催芽，最好在播种前以黄腐酸盐拌种。

对于地下害虫、根结线虫病较重的地块可采用0.5%阿维菌素颗粒剂3 ～ 4 kg或10%噻唑磷颗粒剂2 kg/亩，加入高效土壤菌虫通杀处理剂2 kg/亩与20 kg细土充分拌匀，撒施混土处理。

为了促使小苗健壮出苗生长，可以在小苗灌根或喷洒农药时，与一些叶面肥混合，喷洒植宝素7 500 ～ 8 000倍液、爱多收6 000 ～ 8 000倍液、黄腐酸盐1 000 ～ 3 000倍液、磷酸二氢钾0.1%～ 0.2%等。为使小苗矮壮，防止小苗徒长，可以结合喷施15%多效唑1 500倍液，以小苗3 ～ 5片真叶时施药为宜，使用时一定要严格把握最适药量，如果用多效唑，可以少量喷洒赤霉素，以恢复生长。

（二）茄子生长期病虫害防治技术

移植缓苗后到开花坐果期（图30-45），茄子生长旺盛，多种病害开始侵染，部分病、虫开始发生，一般该期是喷药保护、预防病虫的关键时期，也是使用植物激素、微肥，调控生长，保证早熟与丰产的最佳时期，生产上需要多种农药混合使用。

图30-45 茄子生长期情况

这一时期经常发生的病害有病毒病、褐纹病等。施药重点是使用好保护剂，预防病害的发生。常用的保护剂有70%代森锰锌可湿性粉剂600 ～ 800倍液、75%百菌清可湿性粉剂600 ～ 800倍液、65%代森锌可湿性粉剂600 ～ 800倍液、25%吡唑醚菌酯悬浮剂30 ～ 40 mL/亩、25%嘧菌酯悬浮剂1 500倍液、27%无毒高脂膜乳剂100 ～ 200倍液、65%代森锌可湿性粉剂600 ～ 800倍液、60%唑醚·代森联（代森联55%+吡唑醚菌酯5%）水分散粒剂60 ～ 100 g/亩、50%福美双可湿性粉剂500 ～ 800倍液。大棚种植还可以用10%百菌清烟剂，每亩800 ～ 1 000 g，熏一夜。也可以使用一些保护剂与治疗剂的复配制剂，如70%甲基硫菌灵可湿性粉剂800 ～ 900倍液，每隔7 ～ 15 d喷1次。本期为预防病害，提高植物抗病性，也可以喷施8%胺鲜酯水剂1 000倍液，对于旱情较重、蚜虫发生较多的田块，还可以配合使用黄腐酸盐1 000 ～ 3 000倍液。

本期害虫主要有二十八星瓢虫，可喷施20%甲氰菊酯乳油1 200倍液、2.5%溴氰菊酯乳油3 000倍液、48%毒死蜱乳油1 500倍液、75%硫双威可湿性粉剂1 000倍液、30%多噻烷乳油500倍液、5.7%氟氯氰菊酯乳油2 500倍液、10%联苯菊酯乳油2 000倍液等药剂，隔7 ～ 10 d喷1次，共喷2 ～ 3次。

为了保证茄子生长健壮，尽早开花结果，可以混合使用一些植物激素，当茄子出现徒长时，可以在5～7片真叶时喷施15%多效唑1 500～1 800倍液，每亩用药液量30～40 kg，能抑制顶端生长，集中开花，早熟增产；使用8%胺鲜酯水剂1 000倍液、0.004%芸苔素内酯水剂4 000倍液，可促进幼苗粗壮，叶色浓绿，提高抗病性。这一时期可以使用的植物叶面肥有丰登植物生长素800～1 500倍液、植宝素7 000～9 000倍液、思肥营养精500～1 000倍液、喷施宝10 000倍液、叶面宝8 000～12 000倍液。

（三）茄子开花结果期病虫害防治技术

茄子进入开花结果期（图30-46），长势开始变弱，生理性落花落果现象普遍，加上多种病、虫的为害，直接影响果实的产量与品质。为了确保丰收，生产上经常使用多种类型农药，合理混用较为重要。下面具体介绍一些适于复配防治有关病、虫的药剂。

图30-46　茄子开花结果期情况

茄子进入开花结果期以后，许多病害开始发生、流行。病毒病、黄萎病、枯萎病、灰霉病、菌核病、褐纹病、绵疫病等时常严重发生，要及时施药防治。对于病毒、黄枯萎病混合严重发生时，可以用30%琥胶肥酸铜悬浮剂500～600倍液、50%福美双可湿性粉剂600～800倍液、50%多菌灵可湿性粉剂600～800倍液，并配以黄腐酸盐1 000～3 000倍液灌根，每株灌药液300～400 mL，或喷雾处理，每亩用药液40～50 kg。当灰霉病、菌核病、炭疽病、褐纹病等混合发生时，可以使用25%吡唑醚菌酯悬浮剂 30～40 mL/亩、25%嘧菌酯悬浮剂1 500倍液、60%唑醚·代森联（代森联55%＋吡唑醚菌酯5%）水分散粒剂40～60 g/亩、70%锰锌·百菌清（代森锰锌40%＋百菌清30%）可湿性粉剂100～150 g/亩、50%腐霉利可湿性粉剂1 000～1 500倍液、50%异菌脲可湿性粉剂1 000～2 000倍液、50%多菌灵可湿性粉剂500倍液+50%乙霉威可湿性粉剂1 000～1 500倍液等，并混以保护剂，如70%代森锰锌可湿性粉剂800～1 000倍液、75%百菌清可湿性粉剂600～800倍液等，均匀喷雾，隔7～10 d喷1次；大棚种植，可以用10%腐霉利烟剂每亩200～300 g、45%百菌清烟剂每亩200～300 g，二者连续使用或轮换使用，每次熏上一夜。对于绵疫病发生较重的田块，结合其他病害的预防，可以使用64%噁霜·锰锌可湿性粉剂400～600倍液、72.2%霜霉威水剂800倍液、40%甲霜·铜可湿性粉剂700～800倍液、60%甲霜·铜·铝可湿性粉剂600～800倍液、58%甲霜·灵锰锌可湿性粉剂800～1 000倍液等。

为防治由生理性病害、灰霉病为害等造成的落花落果，可以用防落素15～30 mg/kg或2，4-D10～25 mg/kg+50%腐霉利可湿性粉剂300～500倍液+75%百菌清可湿性粉剂800～1 000倍液，也可以加入少量磷酸二氢钾浸花，每朵花浸1次，效果较为理想。但要注意不能触及枝、叶，特别是幼芽，要避免重复点花。

这一时期，为了保证后期健壮生长，多结优质果实，可以混合喷施8%胺鲜酯水剂1 000倍液、0.004%芸苔素内酯水剂4 000倍液等，于开花结果期喷洒，隔1周再喷1次，可以收到较好效果。

这时期害虫主要有棉铃虫、烟青虫、茶黄螨、斑须蝽等，可参考前文的介绍，以适宜的药剂、适当的方法与杀菌剂混合，现配现用。

第三十一章　辣椒病虫害原色图解

一、辣椒病害

1. 辣椒病毒病

症　状　主要由黄瓜花叶病毒（CMV）、马铃薯X病毒（PVX）、烟草花叶病毒（TMV）、马铃薯Y病毒（PVY）等。最常见的有两种类型，一种为斑驳花叶型（图31-1、图31-2），植株矮化，叶片呈黄绿相间的斑驳花叶，叶脉上有时有褐色坏死斑点，主茎和枝条上有褐色坏死条斑，以致整株死亡。另一种为叶片畸形和丛枝型，叶片畸形丛生，叶脉褪绿，出现斑驳，花叶，叶片增厚，变窄呈线状（图31-3），茎节间缩短，有时枝条丛生，后期植物矮化，果实上呈现深绿和浅绿相间的花斑，有疣状凸起，病果畸形，易脱落（图31-4）。

图31-1　辣椒病毒病病叶花叶型

图31-2　辣椒病毒病病叶斑驳型

图31-3　辣椒病毒病病叶皱缩型

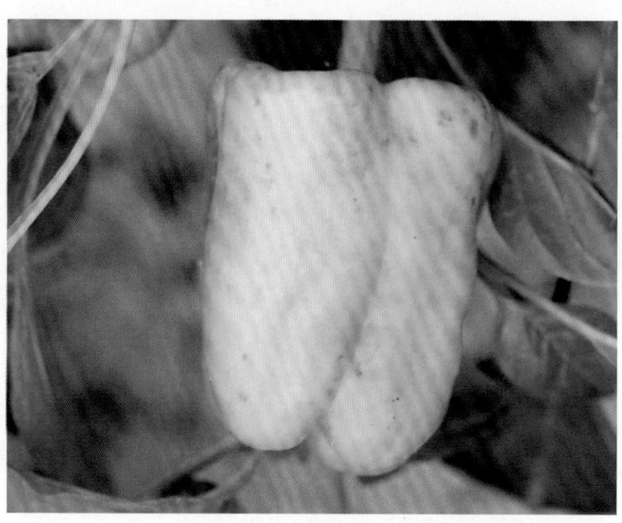

图31-4　辣椒病毒病病果坏死型

发生规律　黄瓜花叶病毒在多年生宿根植物或杂草上越冬，靠迁飞的蚜虫传播。烟草花叶病毒在病残体和多种作物上越冬，种子也可带毒。通过摩擦接触传播。在高温、强光、干旱及有蚜虫为害情况下容易发病。5月底和6月上旬为病毒病易感期。果实膨大期缺水干旱，土壤中缺钙、钾等元素，易发病。

防治方法　采用高畦、双行密植法，覆盖地膜，以促进辣椒根系发育。未覆盖地膜者，生长前期要多中耕，少浇水，以提高地温，增强植株抗性。夏季高温干旱，傍晚浇水，降低地温。雨季及时排水，防止地面积水，以保护根系。

种子消毒：一般用0.1%的高锰酸钾或10%磷酸三钠溶液浸泡种子20 min，然后再催芽、播种。

育苗期间注意防治蚜虫，尤其是越冬辣椒，育苗时正值高温季节，蚜虫活动频繁，采用银灰色塑料薄膜避蚜育苗，即利用银灰色对蚜虫的忌避性，在育苗床边铺银灰色塑料薄膜。分苗和定植前，分别喷洒1次0.1%～0.3%硫酸锌溶液，防治病毒病。

发现虫情及时防治，可采用3%啶虫脒乳油2 000～3 000倍液、10%氯噻啉可湿性粉剂2 000～3 000倍液、10%烯啶虫胺水剂4 000～5 000倍液、10%吡丙·吡虫啉悬浮剂1 000～1 500倍液，视虫情防治2～3次。

发病初期，喷洒20%盐酸吗啉胍·乙酸铜可湿性粉剂500倍液、0.5%菇类蛋白多糖水剂300倍液、20%盐酸吗啉胍可湿性粉剂400～600倍液、2%宁南霉素水剂400倍液、0.06%甾烯醇微乳剂30～60 mL/亩、0.5%香菇多糖水剂300～400 mL/亩、8%宁南霉素水剂75～104 mL/亩、5%氨基寡糖素水剂35～50 mL/亩、1.8%辛菌胺醋酸盐水剂400～600倍液、50%氯溴异氰尿酸可溶粉剂60～70 g/亩、30%混脂·络氨铜（络氨铜1.5%＋混合脂肪酸28.5%）水乳剂40～50 mL/亩。间隔5～7 d喷1次，共喷3～5次。

2. 辣椒疫病

症　　状　由辣椒疫霉（*Phytophthora capsici*）引起。疫病是辣椒生产上的一种毁灭性病害，苗期和成株期均可发病。幼苗茎基部呈水浸状暗褐色，后枯萎死亡（图31-5）。成株发病时，病叶上有淡绿色近圆形斑点（图31-6），扩大后边缘呈黄绿色，中间暗褐色，湿度大时可见白霉，叶片软腐脱落。病茎有水浸斑，逐渐扩展成黑褐色条斑，病部易缢缩，植株折倒（图31-7）。病果的果蒂部有水浸状暗绿斑，潮湿时长有白色霉状物，病部呈褐色腐烂，干燥后为褐色僵果（图31-8）。

图31-5　辣椒疫病为害幼苗症状

图31-6　辣椒疫病病叶

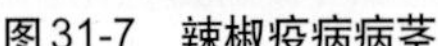

图31-7 辣椒疫病病茎

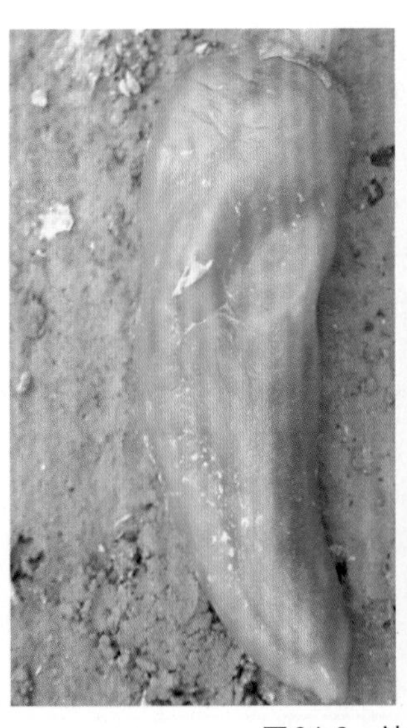

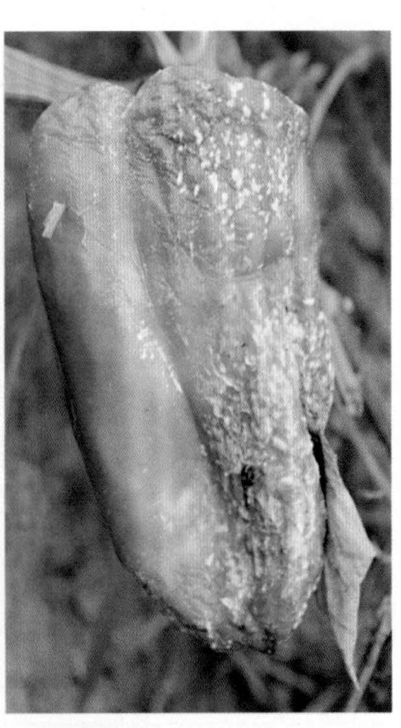

图31-8 辣椒疫病病果

发生规律 病菌随病残体在土壤中及种子上越冬，翌年借雨水、灌溉水或农事活动传到茎基部及近地面果实上发病。病部产生孢子囊，经风雨、气流重复侵染。露地辣椒5月上旬开始发病，6月上旬遇到高温高湿或雨后暴晴天气发病快而重。易积水的菜地，定植过密，通风透光不良，发病重。

防治方法 实行轮作，深耕晒地，清除田间病残体。施足底肥，合理密植，采用高畦或高垄栽培方式，及时排出积水。发现病株后应立即拔除，带到田外深埋。保护地栽培时要特别注意，避免出现高温高湿环境。

种子消毒：用55℃温水浸种15 min，或用种子重量0.3%的58%甲霜灵·锰锌粉剂拌种后播种，或用1%硫酸铜液浸种5 min，取出后，拌少量石灰或草木灰中和酸度。

幼苗发病期，可选用75%百菌清可湿性粉剂800倍液+70%乙膦铝锰锌可湿性粉剂500 ～ 600倍液、65%代森铵可湿性粉剂800倍液、80%代森锰锌可湿性粉剂150 ～ 210 g/亩、77%氢氧化铜水分散粒剂15 ～ 25 g/亩、70%丙森锌可湿性粉剂150 ～ 200 g/亩、50%嘧菌酯水分散粒剂20 ～ 36 g/亩，每7 d左右喷雾1次。

定植缓苗后特别是雨季之前，应施预防用药，用10%氰霜唑悬浮剂2 000倍液喷施，间隔10 d喷1次，连喷2次。

发病初期，喷施20%丁吡吗啉悬浮剂125 ～ 150 g/亩、500 g/L氟啶胺悬浮剂25 ～ 40 mL/亩、10%氟噻唑吡乙酮可分散油悬浮剂13 ～ 20 mL/亩、80%烯酰吗啉水分散粒剂20 ～ 25 g/亩、23.4%双炔酰菌胺悬浮剂20 ～ 40 mL/亩、31%噁酮·氟噻唑（噁唑菌酮28.2%＋氟噻唑吡乙酮2.8%）悬浮剂33 ～ 44 mL/亩、5亿CFU/mL侧孢短芽孢杆菌A60悬浮剂50 ～ 60 mL/亩、35%烯酰·氟啶胺（氟啶胺17.5%＋烯酰吗啉17.5%）悬浮剂60 ～ 70 mL/亩、50%唑醚·喹啉铜（吡唑醚菌酯20%＋喹啉铜30%）水分散粒剂18 ～ 24 g/亩、40%氟啶·嘧菌酯（嘧菌酯10%＋氟啶胺30%）悬浮剂50 ～ 60 mL/亩、440 g/L精甲·百菌清（精甲霜灵40 g/L+百菌清400 g/L）悬浮剂75 ～ 165 mL/亩、53%烯酰·代森联（代森联44%＋烯酰吗啉9%）水分散粒剂180 ～ 200 g/亩、34%氟啶·嘧菌酯（氟啶胺17%＋嘧菌酯17%）悬浮剂25 ～ 35 mL/亩、47%烯酰·唑嘧菌（唑嘧菌胺27%＋烯酰吗啉20%）悬浮剂60 ～ 80 mL/亩、440 g/L精甲·百菌清（精甲霜灵40 g/L+百菌清400 g/L）悬浮剂75 ～ 120 mL/亩、687.5 g/L氟菌·霜霉威（霜霉威盐酸盐625 g/L+氟吡菌胺62.5 g/L）悬浮剂60 ～ 75 mL/亩、70%乙铝·锰锌（代森锰锌40%＋三乙膦酸铝30%）可湿性粉剂75 ～ 100 g/亩、72%霜脲·锰锌（代森锰锌64%＋霜脲氰8%）可湿性粉剂100 ～ 167 g/亩、68%精甲霜·锰锌（精甲霜灵4%＋代森锰锌64%）水分散粒剂100 ～ 120 g/亩、60%唑醚·代森联（代森联55%＋吡唑醚菌酯5%）水分散粒剂60 ～ 100 g/亩、50%锰锌·氟吗啉（氟吗啉6.5%＋代森锰锌43.5%）可湿性粉剂60 ～ 100 g/亩、52.5%噁酮·霜脲氰（噁唑菌酮22.5%＋霜脲氰30%）水分散粒剂32.5 ～ 43 g/亩，注意各种药剂交替使用，每隔5 ～ 7 d喷1次，连喷2 ～ 3次。尤其要注意雨后立即喷药。

3. 辣椒疮痂病

症 状 由野油菜黄单胞菌辣椒斑点病致病型（*Xanthomonas campestris* pv. *vesicatoria*）引起。菌体杆状，两端钝圆，具极生单鞭毛，能游动。可为害叶片、茎蔓、果实及果梗。幼苗期发病，先在子叶上产生银白色小斑点，进而呈水浸状，最后发展为暗色凹陷斑（图31-9）。成株期，叶片上初生水浸状黄绿色小斑（图31-10），扩大后边缘稍隆起，呈疮痂状，中央稍凹陷，严重的病叶，叶缘、叶尖变黄干枯，破裂，最后脱落。果梗（图31-11）、茎蔓（图31-12）上病斑为水浸状不规则条斑，后呈暗褐色，隆起，纵裂，呈疮痂状。果实上的病斑为暗褐色隆起的小点，或呈疱疹状，逐渐扩大为黑色疮痂（图31-13），潮湿时，疮痂中央部位有菌液溢出。

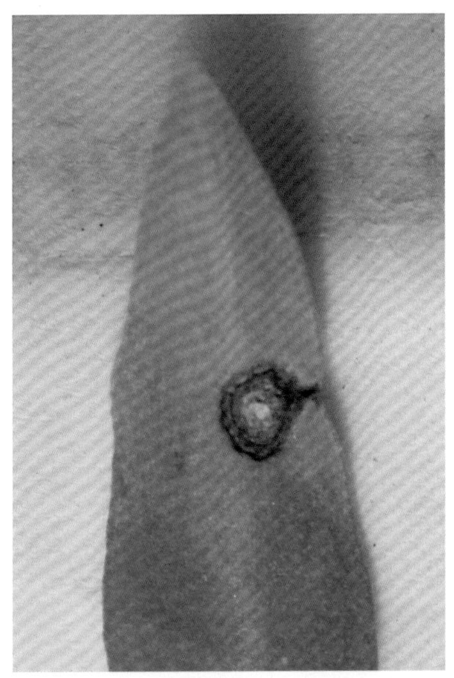

图31-9 辣椒疮痂病为害幼苗症状

图31-10 辣椒疮痂病为害成株叶片症状

图31-11 辣椒疮痂病果梗症状

图31-12 辣椒疮痂病病茎

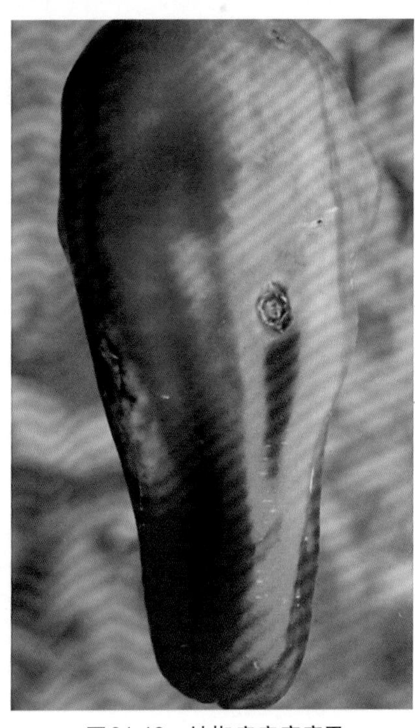

图31-13 辣椒疮痂病病果

防治方法 结合深耕，以促进病残体腐烂分解，加速病菌死亡；定植以后注意中耕松土，促进根系发育，雨后注意排水。

种子消毒：播种前先把种子在清水中预浸10 ～ 12 h后，再用1%硫酸铜溶液浸5 min，捞出后播种。也可以先在55℃温水中浸种15 min，再进行一般浸种，然后催芽播种。

发病初期和降雨后及时喷洒农药，可用46%氢氧化铜水分散粒剂 30 ～ 45 g/亩、2%多抗霉素可湿性粉剂800 ～ 1 000倍液、50%氯溴异氰尿酸可溶性粉剂800 ～ 1 000倍液、47%春雷霉素·氧氯亚铜可湿性粉剂400 ～ 600倍液、3%中生菌素可湿性粉剂800 ～ 1 500倍液、2%春雷霉素水剂500 ～ 800倍液，隔5 ～ 7 d喷1 次，连续喷2 ～ 3次。

4. 辣椒炭疽病

症　状 由辣椒刺盘孢（*Colletotrichum capsici*）引起。主要为害果实，也可为害叶片。叶片被害时，初为水渍状褪绿斑点，渐成圆形病斑，中央灰白，长有轮纹状排列的黑色小粒点，边缘褐色（图31-14）。果实被害时（图31-15），病斑为长圆形或不规则形、凹陷、呈褐色水渍状，有不规则形隆起，呈轮纹状排列的黑色小粒点，湿度大时，边缘出现浸润圈，干燥时病斑干缩呈羊皮纸状，易破裂。

图31-14　辣椒炭疽病病叶

图31-15　辣椒炭疽病病果

发生规律 以菌丝体的形式潜伏于种子内，或以分生孢子的形式附着于种子表面，或以拟菌核和分生孢子盘的形式在病株残体上越冬。翌年，产生分生孢子，借助风雨传播，由寄主伤口和表皮直接侵入，借助气流、昆虫、育苗和农事操作传播并在田间反复侵染。露地栽培时，多在6月上、中旬进入结果期后开始发病。高温多雨或高温高湿环境，积水过多、田间郁闭、长势衰弱、密度过大、氮肥过多的地块发生较重。

防治方法 定植前深翻土地，多施优质腐熟有机肥，增施磷、钾肥，提高植株抗病能力。避免栽植过密，采用高畦栽培、地膜覆盖，促进辣椒根系生长。未盖地膜的，生长前期要多中耕，少浇水，以提高地温，增强植株抗性。夏季高温干旱，适宜傍晚浇水，降低地温。雨季及时排水，防止地面积水，以保护根系。适时采收，发现病果及时摘除。

选播无病种子，种子消毒：可用55℃温水浸种15 min，一般浸种6 ～ 8 h后催芽播种。也可用冷水浸种10 ～ 12 h后，再用1%硫酸铜溶液浸种5 min，取出后，加上适量消石灰或草木灰拌种，立即播种。或用50%多菌灵可湿性粉剂500倍液浸种1 h，清水冲洗，催芽播种。也可播种前用占种子重量0.3%的福美双或50%克菌丹可湿性粉剂拌种。

辣椒苗期发病前注意施用保护剂。一般可用75%百菌清可湿性粉剂600 ～ 800倍液、70%代森锰锌可湿性粉剂600 ～ 800倍液、65%代森锌可湿性粉剂500倍液、50%代森铵水剂800倍液、70%丙森锌可湿性粉剂600 ～ 800倍液等，喷雾；若为温室种植，还可用45%百菌清烟剂200 g/亩，按包装分放5 ～ 6处，傍晚闭棚，由棚、室从里向外逐次点燃后，次日早晨打开棚、室，进行正常田间作业。5 ～ 10 d施药1次，视发病情况而定。

发病初期摘除病叶、病果，随后喷药，可喷75%百菌清可湿性粉剂600倍液+50%多菌灵可湿性粉剂

500倍液、70%代森锰锌可湿性粉剂500 ~ 800倍液+70%甲基硫菌灵可湿性粉剂800倍液、80%代森锰锌可湿性粉剂150 ~ 210 g/亩、40%百菌清悬浮剂100 ~ 140 mL/亩、66%二氰蒽醌水分散粒剂20 ~ 30 mL/亩、16%二氰·吡唑酯（二氰蒽醌12%+吡唑醚菌酯4%）悬浮剂90 ~ 120 mL/亩、86%波尔多液水分散粒剂400 ~ 600倍液、250 g/L吡唑醚菌酯乳油 30 ~ 40 mL/亩、30%肟菌酯悬浮剂25 ~ 37.5 mL/亩、250 g/L嘧菌酯悬浮剂33 ~ 48 mL/亩、30%琥胶肥酸铜可湿性粉剂65 ~ 93 g/亩、50%克菌丹可湿性粉剂125 ~ 187 g/亩。磷酸二氢钾防治辣椒落叶效果明显，可每亩用磷酸二氢钾120 ~ 150 g，加水40 ~ 50 kg，叶面喷施，选择在晴天16—17时后，用喷雾器均匀将叶面正反喷湿即可。

病情较重时，可以用50%腐霉利可湿性粉剂800 ~ 1 000倍液、50%异菌脲可湿性粉剂800 ~ 1 500倍液、40%腈菌唑水分散粒剂6 000 ~ 7 000倍液、25%丙环唑乳油1 500 ~ 2 000倍液、25%咪鲜胺乳油500 ~ 1 000倍液、30%氟菌唑可湿性粉剂2 000倍液、22.5%啶氧菌酯悬浮剂30 ~ 35 mL/亩、10%苯醚甲环唑水分散粒剂50 ~ 83 g/亩、500 g/L氟啶胺悬浮剂30 ~ 35 mL/亩、45%咪鲜胺乳油15 ~ 30 g/亩、42%三氯异氰尿酸可湿性粉剂60 ~ 80 g/亩、500 g/L氟啶胺悬浮剂25 ~ 35 mL/亩、50%咪鲜胺锰盐可湿性粉剂37 ~ 74 g/亩、63%百菌清·多抗霉素（多抗霉素B3%+百菌清60%）可湿性粉剂80 ~ 100 g/亩、30%苯甲·吡唑酯（苯醚甲环唑20%+吡唑醚菌酯10%）悬浮剂20 ~ 25 mL/亩、43%氟菌·肟菌酯（肟菌酯21.5%+氟吡菌酰胺21.5%）悬浮剂20 ~ 30 mL/亩、42.4%唑醚·氟酰胺（吡唑醚菌酯21.2%+氟唑菌酰胺21.2%）悬浮剂20 ~ 26.7 mL/亩、325 g/L苯甲·嘧菌酯（嘧菌酯200 g/L+苯醚甲环唑125 g/L）悬浮剂20 ~ 25 mL/亩、560 g/L嘧菌·百菌清（百菌清500 g/L+嘧菌酯60 g/L）悬浮剂80 ~ 120 mL/亩、75%戊唑·嘧菌酯（戊唑醇 50%+嘧菌酯 25%）水分散粒剂 10 ~ 15 g/亩、490 g/L丙环·咪鲜胺（咪鲜胺 400 g/L+丙环唑90 g/L）乳油30 ~ 40 mL/亩、75%肟菌·戊唑醇（戊唑醇50%+肟菌酯25%）水分散粒剂10 ~ 15 g/亩，连续施药2次可以控制病情，最好轮换用药。

5. 辣椒枯萎病

症　状　由尖孢镰孢萎蔫专化型（*Fusarium oxysporum* f. sp. *vasinfectum*）引起。辣椒枯萎病是整株系统感染病害。发病初期，与地面接触的茎基部皮层呈水浸状腐烂，地上部茎叶迅速凋萎（图31-16）。有时病情只在茎的一侧发展，形成条状坏死区，后期全株枯死（图31-17）。地下根系呈水浸状软腐，纵剖茎基部，可见维管束变为褐色。湿度大时，病部常产生白色或蓝绿色的霉状物。

图31-16　辣椒枯萎病为害幼苗症状

图31-17　辣椒枯萎病为害田间症状

发生规律 以厚垣孢子的形式在土壤中越冬。通过灌溉水传播，从茎基部或根部的伤口、根毛侵入，致使叶片枯萎，田间积水，偏施氮肥的地块发病重。在适宜条件下，发病后15 d即有死株出现，潮湿，特别是雨后积水条件下发病重。

防治方法 选择排水良好的壤土或沙壤土地块栽培，避免大水漫灌，雨后及时排水。加强田间管理与非茄科作物轮作。

苗期或定植前喷施50%多菌灵可湿性粉剂600 ～ 700倍液、70%甲基硫菌灵可湿性粉剂800 ～ 1 500倍液。或定植前用70%敌磺钠可溶性粉剂100倍进行土壤消毒；移栽时用70%敌磺钠可溶性粉剂800倍或25.9%硫酸四氨络合锌水剂600倍液浸根10 ～ 15 min后移栽。定植后浇水时每亩加入硫酸铜1.5 ～ 2.0 kg。

发病前至发病初期，可采用100亿牙孢/g枯草芽孢杆菌可湿性粉剂200 ～ 250 g/亩、50%琥胶肥酸铜可湿性粉剂400倍液、25%咪鲜胺乳油 200 ～ 300倍液、50%氯溴异氰尿酸可溶性粉剂1 000倍液、35%福 · 甲可湿性粉剂800倍液、10%多抗霉素可湿性粉剂600倍液+70%甲基硫菌灵可湿性粉剂500倍液、80%乙蒜素乳油2 000倍液，隔5 ～ 7 d喷1次，连续喷2 ～ 3次。

6. 辣椒灰霉病

症　　状 由灰葡萄孢菌（*Botrytis cinerea*）引起。可侵染幼苗及成株，幼苗染病时子叶变黄，幼茎缢缩（图31-18），病部易折断，致使幼苗枯死。成株染病，叶片出现V形褐色病斑，湿度大时生有灰色霉状物（图31-19）。茎染病时，出现水浸状不规则条斑，逐渐变为灰白色或褐色，病斑绕茎一周，其上端枝叶萎蔫死亡，潮湿时其上长有霉状物，状如枯萎病。花器或果实染病，呈水浸状，有时病部密生灰色霉层。

发生规律 菌核遗留在土壤中，或以菌丝、分生孢子的形式在病残体上越冬，在田间借助气流、雨水及农事操作传播蔓延。一般12月至翌年5月连续湿度在90%以上的多湿状态易发病。病菌较喜低温、高湿、弱光条件。棚室内春季连阴天，气温低，湿度大时易发病。光照充足对该病蔓延有抑制作用。

防治方法 保护地栽培时，应采用高畦栽培，并覆盖地膜，以提高地温，降低湿度。发病初期适当控水。发病后及时摘除感病花器病果、病叶和侧枝，集中烧毁或深埋。

图31-18　辣椒灰霉病为害幼苗茎部症状

图31-19　辣椒灰霉病为害叶片正、背面症状

辣椒苗期发病前注意施用保护剂。一般地块可以用75%百菌清可湿性粉剂600 ～ 800倍液、70%代森锰锌可湿性粉剂600 ～ 800倍液、65%代森锌可湿性粉剂500倍液、50%代森铵水剂800倍液、70%丙森锌可湿性粉剂600 ～ 800倍液等；温室内可以用定型熏蒸剂45%百菌清烟剂200 g/亩、10%腐霉利烟雾剂250 g/亩，按包装分放5 ～ 6处，傍晚闭棚，由棚、室里面向外逐次点燃后，次日早晨打开棚、室，进行正常田间作业。每隔5 ～ 10 d施药1次，视发病情况而定。也可用5%百菌清粉尘剂或10%腐霉利粉尘剂喷粉1 kg/亩。每隔7 ～ 10 d防治1次，连续3 ～ 4次。

发病初期，一般门椒开花时为防治适期，可喷洒50%腐霉利可湿性粉剂1 000倍液+70%代森锰锌可湿性粉剂800倍液、50%异菌脲可湿性粉剂1 000 ～ 1 500倍液+50%福美双可湿性粉剂600倍液、40%嘧霉胺悬浮剂1 000倍液+75%百菌清可湿性粉剂600倍液，每隔7 d左右喷1次，连喷3 ～ 4次。

病情较普遍时，可施用50%腐霉利可湿性粉剂1 000倍液、50%异菌脲可湿性粉剂1 000 ～ 1 500倍液、50%乙烯菌核利可湿性粉剂1 000倍液、40%嘧霉·啶酰菌（嘧霉胺20% +啶酰菌胺20%）悬浮剂117 ～ 133 mL/亩、65%啶酰·异菌脲（异菌脲40% +啶酰菌胺25%）水分散粒剂21 ～ 24 g/亩、26%嘧胺·乙霉威（嘧霉胺10% +乙霉威16%）水分散粒剂125 ～ 150 g/亩、30%唑醚·啶酰菌（啶酰菌胺20% +吡唑醚菌酯10%）悬浮剂45 ～ 75 mL/亩、42.4%唑醚·氟酰胺（吡唑醚菌酯21.2% +氟唑菌酰胺21.2%）悬浮剂20 ～ 30 mL/亩、65%硫菌·霉威（甲基硫菌灵·乙霉威）可湿性粉剂1 000 ～ 1 500倍液、50%多·霉威可湿性粉剂800倍液、40%嘧霉胺悬浮剂800倍液、40%菌核净可湿性粉剂500倍液，每隔5 d左右喷1次，连喷1 ～ 2次。

7. 辣椒软腐病

症　状　由胡萝卜软腐欧氏杆菌胡萝卜亚种（*Erwinia carotovora* subsp. *carotovora*）引起。主要为害果实，果实染病，初生水渍状暗绿色斑（图31-20），迅速扩展，整个果皮变为白绿色，软腐，果实内部组织腐烂，病果呈水泡状（图31-21）。果　皮破裂后，内部液体流出，仅存皱缩的表皮。有时病斑不达全果，病部表皮皱缩，边缘稍凹陷，病健交界处有一不明显的绿缘。病果可脱落或失水以后仅留下灰白色果皮僵化挂于枝上，软腐病果有异味（图31-22）。

图31-20　辣椒软腐病为害果实初期症状

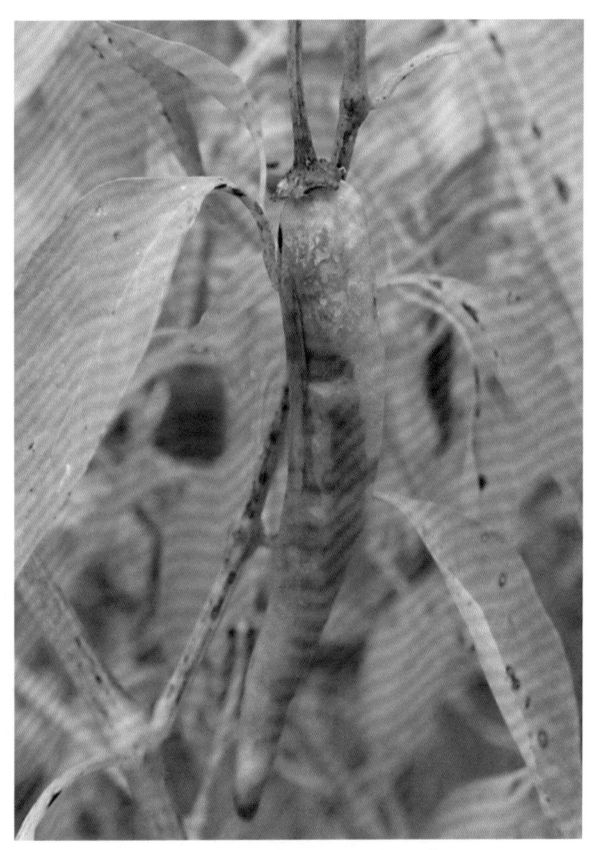

图31-21　辣椒软腐病为害果实后期症状

发生规律 病菌随病株残体在土壤中越冬，通过风、雨和昆虫传播，从伤口侵入，湿度大时病害重。6—8月阴天多雨，天气闷热时，病害容易流行。重茬地、排水不良、种植过密、蛀食性害虫为害严重时发病加重。

图31-22 辣椒软腐病病、健果对照

防治方法 培育壮苗，适时定植，合理密植，进行地膜覆盖。雨后要及时排出田间积水，及时摘除病果并携出田外深埋。保护地栽培时要注意通风，降低空气湿度。

积极防治蛀果害虫，可用2.5%氟氯氰菊酯乳油1 000 ～ 2 000倍液、4.5%高效氯氰菊酯乳油1 000 ～ 1 500倍液、5%啶虫隆乳油1 000 ～ 1 500倍液、5%氟虫脲乳油1 000 ～ 2 000倍液、5%氟铃脲乳油1 000 ～ 2 000倍液、50%丁醚脲可湿性粉剂1 000 ～ 2 000倍液、10%溴氰菊酯乳油1 000倍液等药剂喷雾。

发病前或雨后及时喷药，可用50%氯溴异氰尿酸可溶性粉剂1 200倍液、50%琥胶肥酸铜可湿性粉剂500倍液、20%盐酸吗啉胍·乙酸铜（乙酸铜10%＋盐酸吗啉胍10%）可湿性粉剂500倍液、0.5%菇类蛋白多糖水剂300倍液、20%丁子香酚水乳剂，均匀喷施。

8. 辣椒黑霉病

症　状 由葡柄霉（*Stemphylium botryosum*，属无性型真菌）引起。主要为害果实，一般先从果实顶部发病（图31-23），也可从果面开始发病（图31-24）。发病初期，病部颜色变浅，无光泽，果面逐渐收缩，后期，病部有茂密的黑绿色霉层（图31-25）。

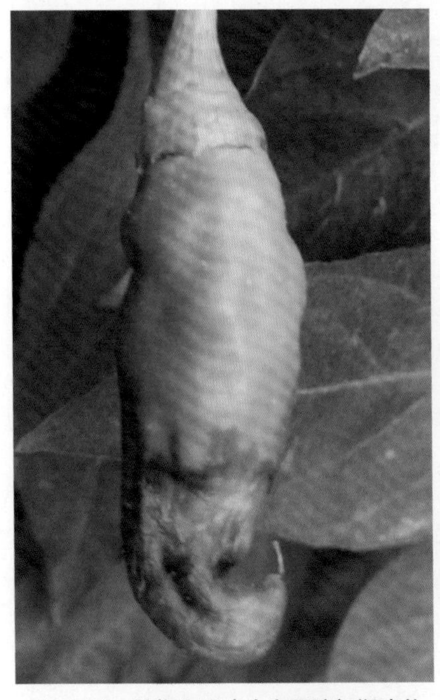
图31-23 辣椒黑霉病为害果脐初期症状

图31-24 辣椒黑霉病为害果面初期症状

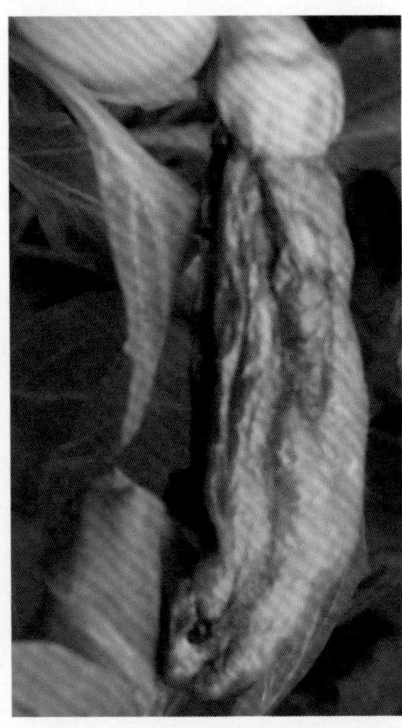
图31-25 辣椒黑霉病为害果实后期症状

发生规律 病菌随病残体在土壤中越冬。翌年，产生分生孢子进行再侵染。病菌喜高温、高湿条件，多在果实即将成熟或成熟时发病。湿度高时叶片也会发病。

防治方法　在发病前期，可以用50%琥胶肥酸铜可湿性粉剂500倍液、14%络氨铜水剂300倍液、75%百菌清可湿性粉剂600倍液+50%苯菌灵可湿性粉剂500倍液、40%嘧霉·多菌灵（嘧霉胺10%+多菌灵30%）悬浮剂75～95 g/亩、70%代森锰锌可湿性粉剂500～800倍液+70%甲基硫菌灵可湿性粉剂800倍液、50%腐霉利可湿性粉剂1 000倍液+70%代森锰锌可湿性粉剂800倍液、50%异菌脲可湿性粉剂1 000～1 500倍液+50%福美双可湿性粉剂600倍液，每隔7 d左右喷1次，连喷1～3次。

9.辣椒黑斑病

症　　状　由链格孢菌引起。主要侵染果实，发病初期，果实表面的病斑呈淡褐色，椭圆形或不规则形，稍凹（图31-26），后期病部密生黑色霉层。发病重时，一个果实上生有几个病斑，或病斑连片愈合成更大的病斑，其上密生黑色霉层（图31-27）。

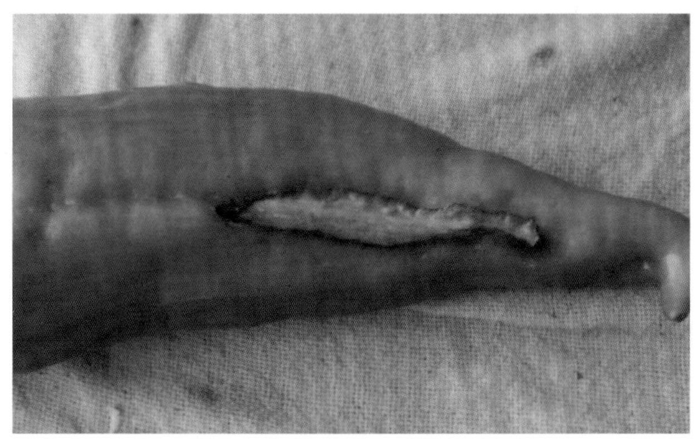

图31-26　辣椒黑斑病为害果实初期症状

图31-27　辣椒黑斑病为害果实后期症状

发生规律　病菌以菌丝体的形式随病残体在土壤中越冬，也可以分生孢子的形式在病组织外或附着在种子表面越冬，条件适宜时为害果实引起发病。病部产生的分生孢子借风雨传播，进行再侵染。病菌多由伤口侵入，果实被阳光灼伤所形成的伤口最易被病菌利用，成为主要侵入场所。病菌喜高温、高湿条件，温度在23～26℃，相对湿度在80%以上有利于发病。

防治方法　进行地膜覆盖栽培，栽培密度要适宜。加强肥水管理，促进植株健壮生长。防治其他病虫害，减少日烧果产生，防止黑斑病病菌借机侵染。及时摘除病果。收获后，彻底清除田间病残体并深翻土壤。

发病前，可用70%代森锰锌可湿性粉剂500倍液、60%唑醚·代森联（代森联55%+吡唑醚菌酯5%）水分散粒剂60～100 g/亩、40%克菌丹可湿性粉剂400倍液，每隔7 d左右喷1次。

发病初期，可喷洒10%苯醚甲环唑水分散粒剂1 500倍液+75%百菌清可湿性粉剂600倍液、30%唑醚·氟硅唑（吡唑醚菌酯20%+氟硅唑10%）乳油25～35 mL/亩、50%腐霉利可湿性粉剂1 000倍液+70%代森锰锌可湿性粉剂800倍液、50%异菌脲可湿性粉剂1 000～1 500倍液+50%福美双可湿性粉剂600倍液，每隔7 d左右喷1次，连喷3～4次。

10.辣椒早疫病

症　　状　由茄链格孢（*Alternaria solani*）引起。主要为害叶片和茎。叶上病斑呈圆形，黑褐色，有同心轮纹（图31-28），潮湿时有黑色霉层。茎受害，有褐色凹陷椭圆形的轮纹斑，表面生有黑霉。

图31-28　辣椒早疫病为害幼苗叶片状

多在辣椒幼苗3 ～ 5叶期发生，引起叶尖和顶芽腐烂，形成无顶苗，或向下蔓延至苗床土面（图31-29、31-30）。

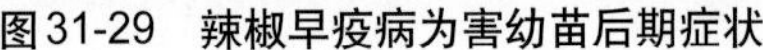

图31-29　辣椒早疫病为害幼苗后期症状

图31-30　辣椒早疫病为害根茎部症状

发生规律　病菌随病株残体在土壤中或在种子上越冬。翌春，由风、雨、昆虫传播，从植株的气孔、表皮或伤口侵入。在26 ～ 28℃的高温，空气相对湿度85%以上时易发病流行。北方炎夏多雨季节，保护地内通风不良时发病严重。

防治方法　选用抗病品种。在无病区或无病植株上留种，防止种子带菌。带菌种子可用55℃温水浸种15 min。实行2年以上轮作。在无病区育苗，或用无土育苗技术，防止秧苗带病。有病苗床，可用药剂消毒，方法同猝倒病。加强田间管理，适当灌水，雨季及时排水，降低田间湿度；保护地加强通风，适当降低温、湿度。

发病前，可以用70%代森锰锌可湿性粉剂500倍液、75%百菌清可湿性粉剂700倍液、25%吡唑醚菌酯悬浮剂30 ～ 40 mL/亩、25%嘧菌酯悬浮剂1 500倍液、60%唑醚·代森联（代森联55% +吡唑醚菌酯5%）水分散粒剂60 ～ 100 g/亩、40%克菌丹可湿性粉剂400倍液，每隔7 d左右喷1次。棚室栽培时，可在发病前对棚室进行熏蒸，用45%百菌清烟剂或10%腐霉利烟剂，每亩每次200 ～ 250 g，闭棚熏烟一夜。

发病初期，可喷洒10%苯醚甲环唑水分散粒剂1 000倍液+75%百菌清可湿性粉剂600 ～ 800倍液、50%异菌脲可湿性粉剂1 000 ～ 1 500倍液+70%代森锰锌可湿性粉剂500 ～ 800倍液、70%甲基硫菌灵可湿性粉剂800倍液+70%代森锰锌可湿性粉剂800倍液、50%腐霉利可湿性粉剂1 000倍液+70%代森锰锌可湿性粉剂800倍液、50%乙烯菌核利可湿性粉剂1 000倍液+70%代森锰锌可湿性粉剂800倍液、65%硫菌·霉威（甲基硫菌灵+乙霉威）可湿性粉剂1 000 ～ 1 500倍液+70%代森锰锌可湿性粉剂800倍液、50%多·霉威可湿性粉剂800倍液+70%代森锰锌可湿性粉剂800倍液、40%嘧霉胺可湿性粉剂600倍液+70%代森锰锌可湿性粉剂800倍液，每隔7 d左右喷1次，连喷3 ～ 4次。

发病较普遍时，可喷洒30%戊唑·嘧菌酯（戊唑醇20% +嘧菌酯10%）悬浮剂30 ～ 40 mL/亩、30%

唑醚·氟硅唑（吡唑醚菌酯20%＋氟硅唑10%）乳油25 ～ 35 mL/亩、50%异菌脲可湿性粉剂600 ～ 800倍液、50%腐霉利可湿性粉剂600倍液、50%乙烯菌核利800倍液、65%硫菌·霉威可湿性粉剂（甲基硫菌灵·乙霉威）可湿性粉剂600 ～ 800倍液、50%多·霉威可湿性粉剂800倍液、40%嘧霉胺悬浮剂600倍液，每隔7 d左右喷1次，连喷1 ～ 2次。

11. 辣椒褐斑病

症　　状　由辣椒尾孢（*Cercospora capsici*，属无性型真菌）引起。主要为害叶片（图31-31），在叶片上形成圆形或近圆形病斑，发病初期病斑呈褐色，随病斑发展逐渐变为灰褐色，表面稍隆起，周缘有黄色晕圈，病斑中央有一个浅灰色中心，四周黑褐色，严重时病叶变黄脱落。

图31-31　辣椒褐斑病为害叶片正、背面症状

发生规律　病菌可在种子上越冬，也可以菌丝体的形式在蔬菜病残体上，或以菌丝的形式在病叶上越冬，成为翌年初侵染源。病害常开始于苗床中。生长发育适温20 ～ 25℃，高温高湿持续时间较长，有利于该病的发生和蔓延。

防治方法　采收后彻底清除病残株及落叶，集中烧毁；与非茄科蔬菜实行2年以上轮作。

种子消毒：播种前用55 ～ 60℃温水浸种15 min，或用50%多菌灵可湿性粉剂500倍液浸种20 min后冲净催芽。亦可用种子重量0.3%的50%多菌灵可湿性粉剂拌种。

保护地栽培时，定植前用烟雾剂熏蒸棚室，杀死棚内残留病菌。生产上常用硫黄熏蒸消毒，每100 m^3空间用硫黄0.25 kg、锯末0.5 kg混合后分几堆点燃熏蒸一夜。

发病初期，可喷洒60%唑醚·代森联（代森联55%＋吡唑醚菌酯5%）水分散粒剂60 ～ 100 g/亩、50%多·霉威可湿性粉剂500 ～ 800倍液+75%百菌清可湿性粉剂600 ～ 800倍液、70%甲基硫菌灵800倍液+70%代森锰锌可湿性粉剂800倍液、50%异菌脲可湿性粉剂1 000 ～ 1 500倍液+70%代森锰锌可湿性粉剂500 ～ 800倍液，每隔7 d左右喷1次，连喷3 ～ 4次。

普遍发病时，可喷洒30%戊唑·嘧菌酯（戊唑醇20%＋嘧菌酯10%）悬浮剂30 ～ 40 mL/亩、30%唑醚·氟硅唑（吡唑醚菌酯20%＋氟硅唑10%）乳油25 ～ 35 mL/亩、50%烟酰胺水分散粒剂1 500倍液、50%异菌脲可湿性粉剂600 ～ 800倍液、50%腐霉利可湿性粉剂600倍液、40%嘧霉胺悬浮剂800倍液，每隔7 d左右喷1次，连喷1 ～ 2次。

12. 辣椒立枯病

症　　状　由立枯丝核菌（*Rhizoctonia solani*）引起。立枯病是辣椒苗期的主要病害之一，小苗和大苗均能发病，但一般多发生在育苗的中、后期。发病时，病苗茎基部产生椭圆形暗褐色病斑，早期病苗白天萎蔫，夜间恢复，随后病斑逐渐凹陷，并扩大绕茎1周，有的木质部暴露在外，最后病茎收缩、植株死亡（图31-32）。

图31-32 辣椒立枯病育苗期受害症状

发生规律 以菌丝体或菌核的形式残留在土壤和病残体中越冬，一般在土壤中能存活2～3年。菌丝能直接侵入寄主，也可通过雨水、流水、农具、带菌农家肥等传播蔓延。病部可见蛛丝状褐色霉层。病菌生长的适宜温度为17～28℃，播种过密、间苗不及时，造成通风不良、湿度过高易诱发本病。

防治方法 加强苗床管理：注意合理放风，防止苗床或育苗盘高温高湿条件出现。苗期管理：1%丙环·嘧菌酯（嘧菌酯0.3%+丙环唑0.7%）颗粒剂600～1 000 g/m^3，苗床基质拌药；苗期喷洒0.1%～0.2%磷酸二氢钾，增强抗病力。苗期防治：如果苗床只单独发现立枯病，可用50%甲基硫菌灵可湿性粉剂，并混入等量的50%福美双可湿性粉剂或40%拌种双可湿性粉剂防治；苗床，可以用0.1%吡唑醚菌酯颗粒剂35～50 g/m^2、30%多·福（福美双15%+多菌灵15%）可湿性粉剂10～15 g/m^{2}撒施，或用24%井冈霉素A水剂0.4～0.6 mL/m^2、50%异菌脲可湿性粉剂2～4 g/m^2、30%恶霉灵水剂2.5～3.5 g/m^2，泼浇。

发病初期，可用3%恶霉·甲霜水剂600倍液、5%井冈霉素水剂1 500倍液、15%恶霉灵水剂450倍液、50%腐霉利可湿性粉剂1 500倍液+70%代森锰锌可湿性粉剂500倍液均匀喷施。每隔7～10 d喷1次，酌情防治2～3次。遇雨时，雨后应补喷。

13. 辣椒根腐病

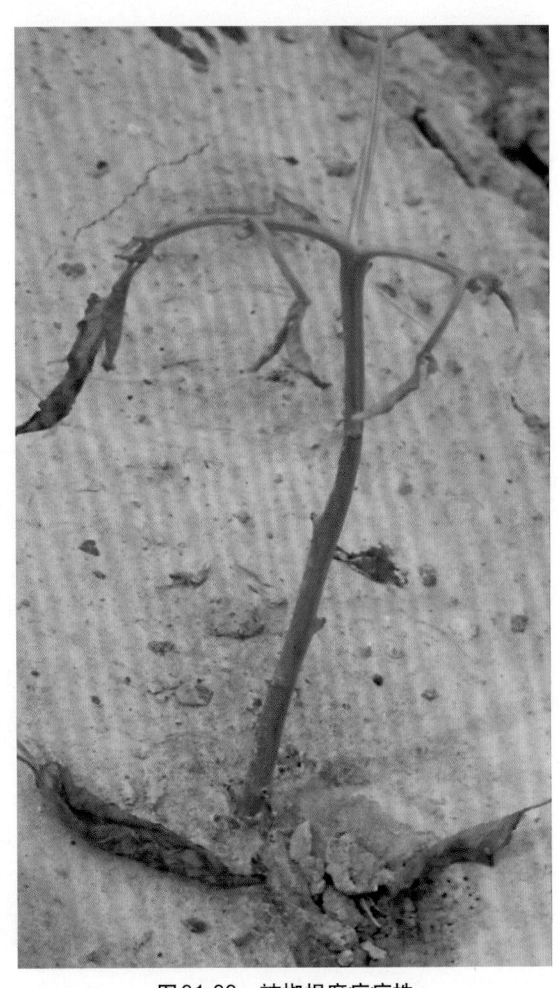
图31-33 辣椒根腐病病株

症　　状 由腐皮镰孢引起。辣椒根腐病有多种表现症状，但通常病部仅局限于根部和茎基部。植株发育不良，较矮小。后期病株白天萎蔫，傍晚至次日清晨尚可恢复，反复多日后植株枯死（图31-33）。病株茎基部及根部皮层变为褐色至深褐色，呈湿腐状（图31-34）。最后病部缢缩、腐烂，皮层易剥离，露出暗褐色的木质部。

发生规律 以菌丝体和厚垣孢子的形式在发病组织或遗落土中的病残体上越冬，病菌的厚垣孢子可在土中存活5～6年甚至更长。翌年，产生分生孢子，借雨水溅射传播，从伤口侵入致病，发病部位不断产生分生孢子进行再侵染，分生孢子可借雨水或灌溉水传播蔓延。阴湿多雨、地势低洼，发病严重。早春和初夏阴雨连绵、高温、高湿、昼暖夜凉的天气有利发病。种植地低洼积水，田间郁闭高湿，茎节受蝼蛄为害伤口多，或施用未充分腐熟的土杂肥，会加重病情。

防治方法　施用充分腐熟的有机肥，与豆科、禾本科作物进行3～5年轮作。采取高畦（垄）栽培，避免大水漫灌，雨后及时排水，防止田间积水。灌水和雨后及时中耕松土，增强土壤通透性，促进根部伤口愈合和根系发育。

种子处理：可用55℃温水浸种15 min后进行一般浸种，然后催芽播种；也可用次氯酸钠浸种。浸种前先用0.2%～0.5%的碱液清洗种子，再用清水浸种8～12 h，捞出后置入配好的1%次氯酸钠溶液中浸5～10 min，冲洗干净后催芽播种。苗床施40%多·福（福美双15%＋多菌灵25%）可湿性粉剂11～13 g/m^2，拌土撒施；用20%二氯异氰尿酸钠300～400倍液灌根。

发病初期，喷洒或浇灌20%二氯异氰尿酸钠300～400倍液、50%多菌灵可湿性粉剂500～600倍液、70%甲基硫菌灵可湿性粉剂800倍液，灌根；29%戊唑·嘧菌酯（戊唑醇18%＋嘧菌酯11%）悬浮剂20～30 mL/亩、27%噻呋·戊唑醇（噻呋酰胺9%＋戊唑醇18%）悬浮剂40～45 mL/亩、325 g/L苯甲·嘧菌酯（嘧菌酯200 g/L+苯醚甲环唑125 g/L）悬浮剂35～50 mL/亩，间隔10 d左右喷1次，连续2～3次。采果前3 d停止用药。

图31-34　辣椒根腐病病根

14. 辣椒细菌性叶斑病

症　状　由丁香假单胞菌致病变种（*Pseudomonas syringae* pv. *aptata*，属细菌）引起。菌体短杆状，两端钝圆，具1～3根单极生或双极生鞭毛。主要为害叶片，成株叶片发病，初呈黄绿色不规则小斑点，扩大后变为红褐色、深褐色至铁锈色病斑，病斑膜质，大小不等（图31-35）。扩展速度很快，严重时植株大部分叶片脱落。病健交界处明显，但不隆起，以此区别于辣椒疮痂病。

发生规律　病菌在病残体上越冬，借风雨或灌溉水传播，从叶片伤口处侵入。东北及华北通常6月开始发生，气温在25～28℃，空气相对湿度在90%以上的7—8月高温多雨季节易流行。9月气温降低，病害停止蔓延。地势低洼，管理不善，肥料缺乏，植株衰弱或偏施氮肥使植株徒长，发病严重。

防治方法　避免连作，与非茄科蔬菜轮作2～3年。前茬蔬菜收获后及时彻底清除病菌残留体，结合深耕晒垡，促使病菌残留体腐解，加速病菌死亡。采用高垄或高畦栽培，覆盖地膜。雨季注意排水，避免大水漫灌。收获后及时清除病残体或及时深翻。

图31-35　辣椒细菌性叶斑病病叶

种子消毒：播前用种子重量0.3%的50%琥胶肥酸铜可湿性粉剂拌种。

发病前至发病初期可采用20%噻唑锌悬浮剂100 ～ 150 mL/亩、3%中生菌素可湿性粉剂700 ～ 800倍液、85%三氯异氰尿酸可溶性粉剂500倍液、50%氯溴异氰尿酸可溶性液剂40 g/亩（兑水40 ～ 50 kg）、20%噻森铜悬浮剂500 ～ 700倍液，隔5 ～ 7 d喷1次，连续喷2 ～ 3次。

15.辣椒猝倒病

症　　状 由瓜果腐霉（*Pythium aphanidermatum*）引起。菌丝无隔膜；孢子囊呈姜瓣状或裂瓣状，生于菌丝顶端或中间。主要为害幼苗，幼苗子叶期或真叶尚未展开之前，是最易感病的关键时期。幼苗出土后，在近地面茎基部出现水渍状病斑，随即变黄、缢缩、凹陷，叶子还未凋萎即猝倒，用手轻提极易从病斑处脱落，地面潮湿时病部可见白色棉毛状霉层（图31-36）。

图31-36　辣椒猝倒病为害苗床症状

发生规律 该病属土传性病害，病菌在土壤或病残体过冬，病原菌潜伏在种子内部。病菌借雨水、灌溉水传播。土温较低（低于15 ～ 16℃）时发病迅速，土壤湿度高，光照不足，幼苗长势弱，抗病力下降易发病。在幼苗子叶中养分快耗尽而新根尚未扎实之前，由于营养供应紧张，造成抗病力减弱，如果此时遇寒流或连续低温阴雨（雪）天气而苗床保温不好，会突发此病。猝倒病多在幼苗长出1 ～ 2片真叶前发生，3片真叶后发病的比较少。

防治方法 与非茄科作物实行2 ～ 3年轮作；苗床应选择地势高燥、避风向阳、排灌方便、土壤肥沃、透气性好的无病地块。为防止苗床带入病菌，应施用腐熟的农家肥。

种子消毒：用30%霜霉·恶霉灵（霜霉威盐酸盐24%+恶霉灵6%）水剂300 ～ 400倍液，浸种；40%福尔马林100倍液浸种30 min后冲洗干净后催芽播种，以缩短种子在土壤中的时间。

苗床处理：30%精甲·恶霉灵（精甲霜灵5%+恶霉灵25%）可溶液剂30 ～ 45 mL/亩，苗床喷雾；也可按每平方米苗床30%多·福可湿性粉剂4 g、50%拌种双粉剂7 g、35%福·甲可湿性粉剂2 ～ 3 g、25%甲霜灵可湿性粉剂9 g加细土15 ～ 20 kg，拌匀，播种时下铺上盖，将种子夹在药土中间，防效明显。

发现病株后及时处理病叶、病株，并全面喷药保护。发病初期喷洒250 g/L吡唑醚菌酯乳油30 ～ 40 mL/亩、50%嘧菌酯水分散粒剂40 ～ 60 g/亩、23.4%双炔酰菌胺悬浮剂30 ～ 40 mL/亩、30%氟吡菌胺·氰霜唑（氰霜唑15%+氟吡菌胺15%）悬浮剂30 ～ 50 mL/亩、60%唑醚·代森联（代森联55%+吡唑醚菌酯5%）水分散粒剂40 ～ 60 g/亩、53%烯酰·代森联（代森联44%+烯酰吗啉9%）水分散粒剂180 ～ 200 g/亩、72.2%霜霉威水剂400倍液、64%噁霜·锰锌可湿性粉剂500倍液、58%甲霜灵·锰锌可湿性粉剂、50%甲霜铜可湿性粉剂800倍液、15%恶霉灵水剂800倍液、70%代森锰锌可湿性粉剂500倍液，间隔7 ～ 10 d喷1次，连续2 ～ 3次。

16. 辣椒叶枯病

图31-37　辣椒叶枯病病叶

症　　状　由茄匍柄霉（*Stemphylium solani*）引起。在苗期及成株期均可发生，主要为害叶片，有时为害叶柄及茎。叶片发病初呈散生的褐色小点，迅速扩大后为圆形或不规则形病斑，中间灰白色，边缘暗褐色，病斑中央坏死处常脱落穿孔，病叶易脱落（图31-37）。病害一般由下部向上扩展，病斑越多，落叶越严重，严重时整株叶片脱光成秃枝。

发生规律　病菌以菌丝体或分生孢子的形式随病株残体遗落在土中或附着在种子上越冬，借气流传播。6月中、下旬为发病高峰期，高温高湿，通风不良，偏施氮肥，植株前期生长过旺，田间积水等条件下易发病。

防治方法　实行轮作，及时清除病残体。培养壮苗，应使用腐熟的有机肥配制营养土，育苗过程中注意通风，严格控制苗床的温、湿度。加强管理，合理施用氮肥，增施磷、钾肥，定植后注意中耕松土，雨季及时排水。

发病初期，喷洒70%甲基硫菌灵可湿性粉剂800倍液+70%代森锰锌可湿性粉剂600～800倍液、50%咪鲜胺锰盐可湿性粉剂800～1 000倍液、25%多·锰锌（代森锰锌16.7%+多菌灵8.3%）可湿性粉剂100～200 g/亩、60%唑醚·代森联（代森联55%+吡唑醚菌酯5%）水分散粒剂60～100 g/亩、325 g/L苯甲·嘧菌酯（嘧菌酯200 g/L+苯醚甲环唑125 g/L）悬浮剂35～50 mL/亩、40%氟硅唑乳油4 000～6 000倍液、66.8%丙森·异丙菌胺可湿性粉剂700倍液，每7 d喷1次，连喷2～3次。

17. 辣椒白粉病

图31-38　辣椒白粉病病叶

症　　状　由鞑靼内丝白粉菌（*Leveillula taurica*，属子囊菌亚门真菌）引起。无性阶段为辣椒拟粉孢霉（*Oidiopsis taurica*，属无性型真菌）。主要为害叶片，初期，在叶片的正面或背面长出圆形白粉状霉斑（图31-38），逐渐扩大，不久连成一片。发病后期，整个叶片布满白粉，后变为灰白色，叶片背面发病更重些。染病部位的白粉状物即病菌分生孢子梗及分生孢子。

发生规律　病菌可在温室内存活和越冬，越冬后产生分生孢子，借气流传播。一般以生长中、后期发病较多，露地多在8月中、下旬至9月上旬天气干旱时易流行。

防治方法　选用抗病品种。选择地势较高，通风、排水良好地种植。增施磷、钾肥，生长期避免氮肥过多。

发病初期，可采用25%三唑酮可湿性粉剂600 ～ 800倍液、10%苯醚甲环唑水分散粒剂2 000 ～ 2 500倍液、12.5%烯唑醇可湿性粉剂1 000 ～ 2 000倍液、25%丙环唑乳油500 ～ 1 000倍液、325 g/L苯甲·嘧菌酯（嘧菌酯200 g/L+苯醚甲环唑125 g/L）悬浮剂35 ～ 50 mL/亩、45%苯并烯氟菌唑·嘧菌酯（苯并烯氟菌唑15% +嘧菌酯30%）水分散粒剂17 ～ 23 g/亩、19%啶氧·丙环唑（啶氧菌酯7% +丙环唑12%）悬浮剂70 ～ 88 mL/亩，隔5 ～ 7 d喷1次，连续喷2 ～ 3次。

18. 辣椒白星病

症　状　由辣椒叶点霉（*Phyllosticta capsici*，属无性型真菌）引起。主要为害叶片，苗期、成株期均可发病。病斑初期表现为圆形或近圆形边缘呈深褐色的小斑点，稍隆起，中央白色或灰白色（图31-39）；后期，病斑上散生黑色小点，即病菌分生孢子器，有时病斑穿孔，发病严重时叶片脱落。

图31-39　辣椒白星病病叶

发生规律　病菌以分生孢子的形式在病残体上或种子上越冬。翌年条件适宜时侵染叶片并繁殖，借助风雨传播，进行再侵染。此病在高温、高湿条件下易发生。

防治方法　收获后及时清除病残体，集中烧毁，减少初侵染来源。施用充分腐熟的有机肥，注意增施磷、钾肥。

发病初期，喷洒25 %咪鲜胺乳油50 ～ 62.5 g/亩、12%苯甲·氟酰胺（苯醚甲环唑5% +氟唑菌酰胺7%）悬浮剂40 ～ 67 mL/亩、12.5 %腈菌唑乳油2 000 ～ 3 000倍液、20 %福·腈可湿性粉剂1 000 ～ 2 000倍液、25%嘧菌酯悬浮剂1 500 ～ 2 500倍液、50%醚菌酯干悬浮剂3 000 ～ 4 000倍液、25%吡唑醚菌酯乳油1 000 ～ 3 000倍液、5%烯肟菌胺乳油800 ～ 1 500倍液、50%异菌脲可湿性粉剂1 500倍液、50%腐霉利可湿性粉剂1 500倍液，每7 ～ 10 d喷1次，连续喷2 ～ 3次。

19. 辣椒绵腐病

症　状　由瓜果腐霉（*Pythium aphanidermatum*）引起。幼苗发病，茎基部缢缩，倒地而死。在成株期主要为害果实。果实发病，发病初期产生水浸状斑点，随病情发展迅速扩展成褐色水浸状大型病斑，重时病部可延及半个甚至整个果实，呈湿腐状，潮湿时病部长出白色絮状霉层（图31-40）。

图31-40　辣椒绵腐病病果

发生规律　病菌以卵孢子的形式在土壤中越冬，也可以菌丝体的形式在土中营腐生生活。病菌随雨水或灌溉水传播，由伤口或穿透表皮直接侵入。夏季遇雨水多或连续阴雨天气，病害易发生、发展。

防治方法　选择地势高、地下水位低，排水良好的地做苗床，播前一次灌足底水，出苗后尽量不浇水，不宜大水漫灌。育苗畦（床）及时放风、降湿，严防幼苗徒长染病。密度要适宜，及时适度摘除植株下部老叶，改善株间通风透光条件。果实成熟及时采收，尤其是近地面果实要早采收。发现病果及时摘除、深埋或烧毁。

床土消毒：每平方米苗床施用50%拌种双粉剂7 g、40%五氯硝基苯粉剂9 g、25%甲霜灵可湿性粉剂9 g兑细土4 ~ 5 kg拌匀，施药前先把苗床底水打好，且一次浇透，一般17 ~ 20 cm深，水渗下后，取1/3充分拌匀的药土撒在畦面上，播种后再把其余2/3药土覆盖在种子上面，即上覆下垫。

苗床发病初期，可用25%甲霜灵可湿性粉剂800倍液、10%氟噻唑吡乙酮可分散油悬浮剂13 ~ 20 mL/亩、50%嘧菌酯水分散粒剂40 ~ 60 g/亩、23.4%双炔酰菌胺悬浮剂30 ~ 40 mL/亩、72.2%霜霉威水剂800倍液，每平方米喷淋对好的药液200 ~ 300 mL。

二、辣椒虫害

茶黄螨

为害特点　茶黄螨（*Polyphagotarsonemus latus*）以刺吸式口器吸取植物汁液为害。可为害叶片、新梢、花蕾和果实。叶片受害后，变厚、变小、变硬，叶反面茶锈色，油渍状，叶缘向背面卷曲，嫩茎呈锈色，梢颈端枯死，花蕾畸形，不能开花。果实受害后，果面黄褐色粗糙，果皮龟裂，种子外露，严重时呈馒头开花状（图31-41）。

图31-41　茶黄螨为害症状

形态特征　雌螨体躯阔卵形，腹部末端平截，淡黄色至橙黄色，半透明，有光泽（图31-42）。身体分节不明显，体背部有1条纵向白带。足较短，4对，第4对足纤细，其跗节末端有端毛和亚端毛。腹部后足体部有4对刚毛。假气门器官向远端扩展。雄螨近六角形，腹部末端圆锥形。前足体3 ~ 4对刚毛，腹面后足体有4对刚毛。足较长而粗壮，第3、第4对足的基节相连，第4对足胫跗节细长，向内侧弯曲，远端1/3处有1根特别长的鞭毛，爪退化为纽扣状。卵椭圆形，无色透明。卵表面有纵向排列的5 ~ 6行白色瘤状突起。幼螨近椭圆形，淡绿色。足3对，体背有1条白色纵带，腹末端有1对刚毛。若螨是静止的生长发育阶段，外面罩有幼螨的表皮。

图31-42　茶黄螨雌体

防治方法　加强田间管理。

在发生初期，可用43%联苯肼酯悬浮剂20 ~ 30 mL/亩、15%哒螨灵乳油3 000倍液、5%唑螨酯悬浮剂3 000倍液、10%溴虫腈乳油3 000倍液、1.8%阿维菌素乳油4 000倍液、20%甲氰菊酯乳油1 500倍液、20%三唑锡悬浮剂2 000倍等药剂，兑水均匀喷雾。

第三十二章　马铃薯病虫害原色图解

一、马铃薯病害

1. 马铃薯晚疫病

分布为害　马铃薯晚疫病在各地普遍发生，为害严重。晚疫病以往多在保护地发生，但近几年，特别是多雨年份一年四季都能发生，发生严重时，叶片萎蔫（图32-1），整株死亡。

图32-1　马铃薯晚疫病为害叶片情况

症　　状　由致病疫霉（*Phytophthora infestans*）引起。多从下部叶片开始发病，叶尖或叶缘产生近圆形或不定形病斑（图32-2），水渍状，绿褐色小斑点，边缘有灰绿色晕环，边缘分界不明晰，湿度大时外缘出现一圈白霉。天气干燥时病部变褐干枯，如薄纸状，质脆易裂。叶柄染病，多形成不规则褐色条斑，严重发病的植株叶片萎垂、卷曲，终致全株黑腐。块茎染病，表面呈现黑褐色大斑块，皮下薯肉亦呈褐色，逐渐扩大腐烂。

图32-2　马铃薯晚疫病为害叶片症状

发生规律　病菌以菌丝体的形式在病薯内越冬、越夏，成为田间初侵染源，带菌种薯及遗留土中的病薯萌芽时，病菌即开始活动，逐步向植株地上茎叶发展，成为中心病株。其上产生孢子囊，经气流传播进行再侵染。也可随雨水进入土壤，通过伤口，皮孔和芽眼侵入块茎，以菌丝体的形式在块茎内越冬。一般空气潮湿、温暖多雾或经常阴雨的条件下，最易发病。7—9月，降雨次数多，病害发生重。马铃薯开花前后，阴雨连绵天气，气温不低于10℃，相对湿度在75%以上时，以出现中心病株作为病害流行的预兆。

防治方法　选择地势高燥、排灌方便的地块种植，合理密植。合理施用氮肥，增施钾肥。切忌大水漫灌，雨后及时排水。加强通风透光，保护地栽培时要及时放风，避免植株叶面结露或出现水膜，以减轻发病程度。

栽种时，每100 kg种子用25%甲霜灵种子处理悬浮剂125 ～ 150 mL、35%精甲霜灵悬浮种衣剂114 ～ 143 mL对种薯进行包衣。

发病前加强预防保护，可以用60%嘧菌酯悬浮剂6.5 ～ 9 g/亩、20%氰霜唑悬浮剂16 ～ 20 mL/亩、500 g/L氟啶胺悬浮剂30 ～ 35 mL/亩、50%肟菌酯悬浮剂19 ～ 22 mL/亩、75%代森锰锌水分散粒剂160 ～ 190 g/亩、30%氟吗啉悬浮剂30 ～ 45 mL/亩、77%氢氧化铜水分散粒剂10 ～ 18 g/亩、80%烯酰吗啉水分散粒剂17 ～ 24 g/亩、5%香芹酚水剂40 ～ 50 mL/亩、23.4%双炔酰菌胺悬浮剂20 ～ 40 mL/亩、80%代森锌可湿性粉剂80 ～ 100 g/亩、720 g/L百菌清悬浮剂150 ～ 200 mL/亩，兑水喷雾。

田间出现发病中心时，及时施药防治。可用40%吡唑醚菌酯·氟吡菌胺（氟吡菌胺15%＋吡唑醚菌酯25%）悬浮剂30 ～ 40 mL/亩、45%霜霉·精甲霜（霜霉威37.5%＋精甲霜灵7.5%）可溶液剂60 ～ 80 mL/亩、40%霜脲·氰霜唑（霜脲氰32%＋氰霜唑8%）水分散粒剂30 ～ 40 g/亩、37.5%烯酰·吡唑酯（烯酰吗啉25%＋吡唑醚菌酯12.5%）悬浮剂40 ～ 60 g/亩、40%噁酮·吡唑酯（噁唑菌酮20%＋吡唑醚菌酯20%）悬浮剂12.5 ～ 25 mL/亩、52.5%噁酮·霜脲氰（噁唑菌酮22.5%＋霜脲氰30%）水分散粒剂30 ～ 40 g/亩、69%代森锰锌·精苯霜灵（代森锰锌65%＋精苯霜灵4%）水分散粒剂120 ～ 160 g/亩、40%氟吡菌胺·烯酰吗啉（氟吡菌胺10%＋烯酰吗啉30%）悬浮剂40 ～ 60 mL/亩、15%氟吡菌胺·精甲霜灵（氟吡菌胺10%＋精甲霜灵5%）悬浮剂30 ～ 38 mL/亩、40%噁酮·吡唑酯（吡唑醚菌酯20%＋噁唑菌酮20%）悬浮剂20 ～ 45 mL/亩、50%烯酰·氟啶胺（氟啶胺20%＋烯酰吗啉30%）悬浮剂25 ～ 30 mL/亩、72%霜脲·锰锌（代森锰锌64%＋霜脲氰8%）可湿性粉剂100 ～ 150 g/亩，每隔5 ～ 7 d喷1次，连喷2 ～ 3次。

2. 马铃薯早疫病

分布为害　马铃薯早疫病在露地、保护地均可发生，在北京、河北、山西等海拔较高的地区发生严重。

症　　状　由茄链格孢（*Alternaria solani*）引起。多从下部老叶开始，叶片病斑近圆形，黑褐色，有同心轮纹（图32-3），潮湿时斑面出现黑霉。发生严重时，病斑互相连合成黑色斑块，致使叶片干枯脱落。块茎染病，表面出现暗褐色近圆形至不定形病斑，稍凹陷，边缘明显，病斑下薯肉组织亦呈褐色干腐状。

图32-3　马铃薯早疫病为害叶片正、背面症状

发生规律 以分生孢子和菌丝体的形式在土壤或种薯上越冬，借风雨传播，从气孔、皮孔、伤口或表皮侵入，引起发病。病菌可在田间进行多次再侵染。老叶一般先发病，幼嫩叶片衰老后才发病。高温多雨，特别是高湿是诱发本病的重要因素，重茬地、低洼地、瘠薄地、浇水过多或通风不良地块发病较重。

防治方法 施足腐熟的有机底肥，合理密植。露地栽培时，注意雨后及时排水。发病早期，发现病叶、病株应及时摘除，带出田外集中销毁。拉秧后及时清除田间残余植株、落叶。大棚内要注意保温和通风。

发病前加强预防保护，可以用30%吡唑醚菌酯乳30 ~ 40 mL/亩、33.5%喹啉铜悬浮剂60 ~ 75 mL/亩、50%嘧菌酯水分散粒剂15 ~ 35 g/亩、75%百菌清可湿性粉剂178 ~ 267 g/亩、80%代森锌可湿性粉剂98 ~ 123 g/亩、70%丙森锌可湿性粉剂150 ~ 200 g/亩，兑水均匀喷雾。

在发病初期开始用药，可喷洒500 g/L氟啶胺悬浮剂30 ~ 35 mL/亩、50%啶酰菌胺水分散粒剂20 ~ 30 g/亩、500 g/L氟吡菌酰胺·嘧霉胺（嘧霉胺375 g/L+氟吡菌酰胺125 g/L）悬浮剂60 ~ 80 mL/亩、32%唑醚·戊唑醇（戊唑醇24% +吡唑醚菌酯8%）悬浮剂28 ~ 38 mL/亩、31%噁酮·氟噻唑（噁唑菌酮28.2% +氟噻唑吡乙酮2.8%）悬浮剂27 ~ 33 mL/亩、52.5%噁酮·霜脲氰（噁唑菌酮22.5% +霜脲氰30%）水分散粒剂30 ~ 40 g/亩、37.5%烯酰·吡唑酯（烯酰吗啉25% +吡唑醚菌酯12.5%）悬浮剂40 ~ 60 g/亩、43%氟菌·肟菌酯（肟菌酯21.5% +氟吡菌酰胺21.5%）悬浮剂15 ~ 30 mL/亩、60%唑醚·代森联（代森联55% +吡唑醚菌酯5%）水分散粒剂40 ~ 60 g/亩。为防止产生抗药性，提高防效，提倡轮换交替或复配使用。每7 d喷1次，连喷2 ~ 3次。

3. 马铃薯环腐病

症　状 由密执安棒杆菌马铃薯环腐致病变种（*Clavibacter michiganensis* subsp. *sepedonicus*，属细菌）引起。本病属细菌性维管束病害，全株侵染。地上部染病分枯斑型和萎蔫型两种类型。枯斑型多在植株基部复叶的顶上先发病，叶尖和叶缘及叶脉呈绿色，叶肉为黄绿或灰绿色，具明显斑驳，且叶尖干枯或向内纵卷，病情向上扩展，致全株枯死。萎蔫型初期植株从顶端复叶开始萎蔫，叶缘稍内卷，似缺水状（图32-4），病情向下扩展，全株叶片开始褪绿，内卷下垂，最终导致植株倒伏枯死。块茎发病切开可见维管束变为乳黄色至黑褐色（图32-5），皮层内现环形或弧形坏死部。

图32-4 马铃薯环腐病为害地上部萎蔫症状

发生规律 病原细菌在种薯中越冬，也可随病残体在土壤中越冬，成为翌年初侵染源。病薯播下后，一部分出土的病芽

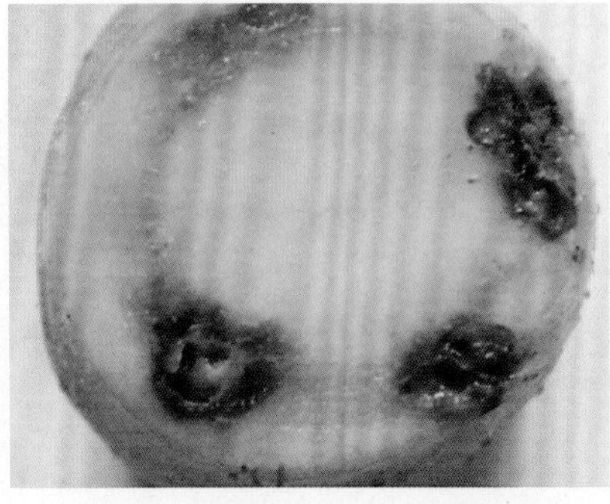

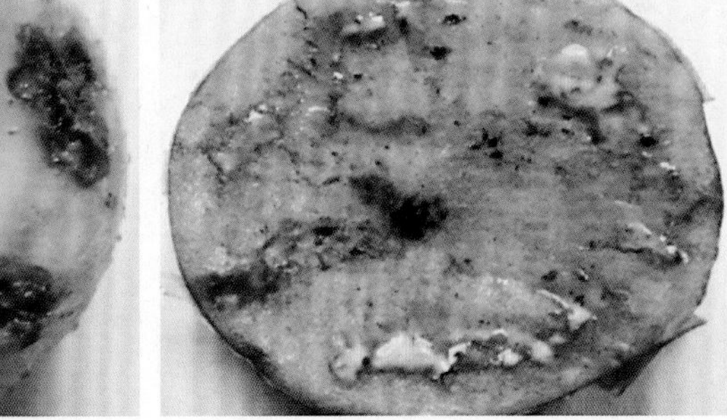

图32-5 马铃薯环腐病为害薯块症状

中，病菌沿维管束上升至茎中部或沿茎进入新结薯块致病。病菌通过切刀带菌传染。在田间通过伤口侵入，借助雨水或灌溉水传播。

防治方法　建立无病留种田，尽可能采用整薯播种。结合中耕培土，及时拔除病株，携出田外集中处理。病株穴处撒生石灰消毒。

播前汰除病薯，把种薯先放在室内堆放5 ~ 6 d晾种，不断剔除烂薯，可使田间环腐病大为减少。此外用50 mg/kg硫酸铜、36%甲基硫菌灵悬浮剂800倍液、50%多菌灵可湿性粉剂500倍液浸泡种薯10 min有较好效果。

切块种植，切刀应用75%酒精消毒，薯块用50%多菌灵可湿性粉剂800 ~ 1 000倍浸种5 min，或每100 kg种薯用70%甲基硫菌灵可湿性粉剂80 ~ 100 g，拌匀种薯，或70%敌磺钠可溶粉剂药种比1 ：333拌种。尽可能采用整薯播种，有条件的可选用杂交实生苗。

4. 马铃薯病毒病

分布为害　马铃薯病毒病是马铃薯生产上最严重的病害之一，遍布于世界各产区，此病在我国普遍发生，除在一些高海拔冷凉山区发生较轻外，已成为我国马铃薯减产的主要原因，其中尤以河西及中部地区发生最重，受害轻的减产30%，一般减产60%，严重的在80%以上。

症　　状　由马铃薯X病毒（*Potato virus X*，PVX）、马铃薯S病毒（*Potato virus S*，PVS）、马铃薯A病毒（*Potato virus A*，PVA）、马铃薯Y病毒（*Potato virus Y*，PVY）、马铃薯卷叶病毒（*Potato leafroll virus*，PLRV）引起。普通花叶型（图32-6）：叶片沿叶脉出现深绿色与淡黄色相间的轻花叶斑驳，叶片稍有缩小并产生一定程度的皱缩。有些品种仅表现轻花叶，有的品种植株显著矮化，全株发生坏死性叶斑，整个植株自上而下枯死，块茎变小，内部有坏死斑。重花叶型：发病初期，叶片出现斑驳花叶或有枯斑，后期发展为叶脉坏死，严重时沿叶柄蔓延到主茎上出现褐色条斑，叶片全部坏死并萎蔫，但不脱落，有些品种无坏死，但植株矮小，茎叶变脆，叶片呈现花叶症状并聚生成丛。皱缩花叶型（图32-7）：重花叶型与普遍花叶型复合侵染，症状为皱缩花叶，叶片变小，顶端严重皱缩，植株显著矮小，呈绣球状，不开花，多早期枯死，块茎极小。黄化卷叶型（图32-8）：病株叶缘向上翻卷，叶片黄绿色，严重时叶片卷成筒，但不皱缩，叶质厚而脆，易折断。重病株矮小，个别早期枯死。

图32-6　马铃薯病毒病普通花叶型症状

图32-7　马铃薯病毒病皱缩花叶型症状

图32-8　马铃薯病毒病黄化卷叶型症状

发生规律　马铃薯普通花叶病：主要靠汁液摩擦传毒，切刀、农机具、衣物和动物皮毛均可成为传毒的介体。据报道，特殊的蚱蜢和绿丛螽斯能传毒，菟丝子、马铃薯癌肿病菌也能传毒，种子偶有带毒现象，蚜虫不能传毒，初次侵染来源主要是带毒种薯，病毒还可在一些杂草体内及栽培作物（番茄等）上越冬，成为初次侵染来源。马铃薯重花叶病：可通过汁液摩擦传毒，还可通过约15种蚜虫以非持久方式传播，主要是桃蚜，另外有马铃薯长管蚜、棉蚜等。初侵染来源除带病种薯外，一些带病植物也是初侵来源。马铃薯黄化卷叶病：不能由汁液传染，但可由十几种蚜虫传播，其中以桃蚜为主，蚜虫传毒是持久性的，循回期在半天以上，可终身带毒，但不能卵传。菟丝子也可传毒，初侵染主要来源是带病薯块。马铃薯的多种病毒都可由蚜虫传播，有利于蚜虫生长、发育、繁殖的环境条件，就有利病害的发生。

防治方法　采用无毒种薯，在无霜期短的地区，可将正常的春播推迟到夏播（6月下旬至7月上、中旬播种）；在无霜期长的地区，一年种两茬马铃薯，即春、秋两季播种，以秋播马铃薯作种，及早拔除病株；实行精耕细作，高垄栽培，及时培土；避免偏施、过施氮肥，增施磷、钾肥；注意中耕除草；控制浇水，严防大水漫灌。

热处理可使卷叶病毒失去活性，种薯在35℃的温度下处理56 d或36℃下处理39 d，可除去种薯内所带病毒，采用变温处理，建议切块处理，比整薯处理更有效。

出苗前后及时防治蚜虫。整个生长期间在5月上旬、下旬分2次喷施50%抗蚜威可湿性粉剂2 000 ～ 3 000倍液、25%噻虫嗪水分散粒剂4 ～ 8 g/亩、25%溴氰菊酯乳油3 000倍液进行防治，均可取得较好的防治效果。

发病初期，喷洒0.5%几丁聚糖水剂100 ～ 150 mL/亩、0.5%菇类蛋白多糖水剂300倍液、20%盐酸吗啉胍·乙酸铜可湿性粉剂500倍液、2%宁南霉素水剂250倍液、3.95%三氮唑核苷水剂600倍液等。

5. 马铃薯疮痂病

症　　状　由疮痂链霉菌（*Streptomyces scabies*）、酸疮痂链霉菌（*Streptomyces acidiscabies*）引起，两者均属于细菌。主要侵染块茎，先在表皮产生浅棕褐色的小突起，然后形成直径约0.5 cm的圆斑，并在病斑表面形成凸起型或凹陷型硬痂。病斑仅限于表皮，不深入薯内（图32-9、图32-10）。

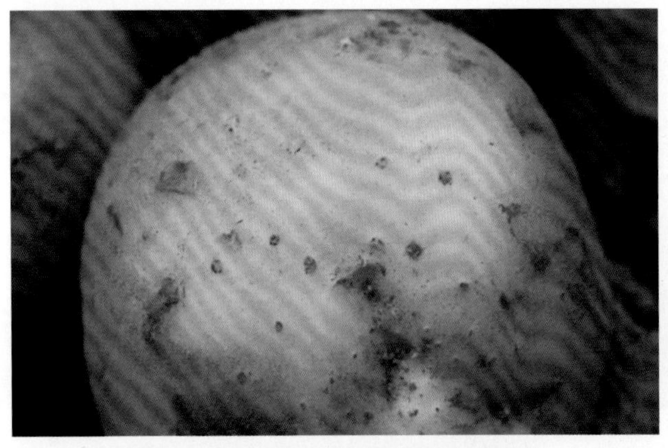

图32-9　马铃薯疮痂病为害薯块初期症状

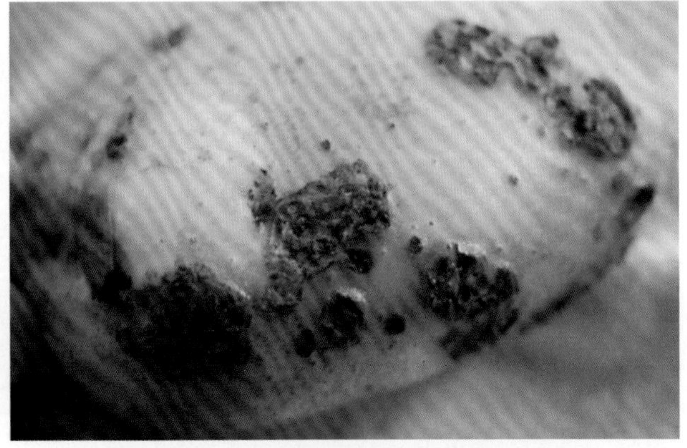

图32-10　马铃薯疮痂病为害薯块后期症状

发生规律　病菌在土壤中腐生，或在病薯上越冬。从皮孔和伤口侵入后染病。在酸性的沙壤土上种植发病重。雨量多、夏季较凉爽的年份易发病。

防治方法　除萝卜等根菜类外，与其他作物都可轮作。增施充分腐熟的有机肥，也有防病作用。选择保水性好的土地种植，特别是秋马铃薯应加强水分管理，保持土壤湿润，可减轻发病。施用酸性肥料以提高土壤酸度。避免施用过量的石灰。

选用无病薯块留种，种薯用40%福尔马林200倍液浸种2 h，浸种后再切成块，否则容易发生药害。定植前用3%中生菌素可湿性粉剂600 ～ 1 000倍液浸种1 ～ 2 h，晾干后再播种。

秋收后摊晒块茎，剔除病烂薯，喷洒2%春雷霉素可湿性粉剂300 ～ 500倍液、20%噻森铜悬浮剂600倍液、3%中生菌素可湿性粉剂600 ～ 1 000倍液，晾干入窖，可防烂窖；春季，要晒种催芽，淘汰病、烂薯，可有效减少病害的发生。

6. 马铃薯炭疽病

症　　状　由球炭疽菌（*Colletotrichum coccodes*，属无性型真菌）引起。主要为害叶片，在叶片上形成近圆形或不定形的赤褐色至褐色坏死斑，后转变为灰褐色，边缘明显，相互汇合形成大的坏死斑（图32-11）。为害严重时也可侵染茎块，引起植株萎蔫和茎块腐烂（图32-12）。

图32-11　马铃薯炭疽病为害叶片情况

图32-12　马铃薯炭疽病田间受害症状

发生规律　主要以菌丝体的形式在种子里或病残体上越冬，于翌春产生分生孢子，借雨水飞溅传播蔓延。孢子萌发产生芽管，经伤口或直接侵入。生长后期，病斑上产生的粉红色黏稠物内含大量分生孢子，通过雨水溅射传播到健薯上，进行再侵染。高温、高湿条件下发病重。

防治方法　及时清除病残体。避免高温高湿条件出现。

发病初期，可用70%甲基硫菌灵可湿性粉剂800倍液+70%代森锰锌可湿性粉剂600～800倍液、50%咪鲜胺锰盐可湿性粉剂800～1 000倍液、25%多·锰锌（代森锰锌16.7%+多菌灵8.3%）可湿性粉剂100～200 g/亩、60%唑醚·代森联（代森联55%+吡唑醚菌酯5%）水分散粒剂60～100 g/亩、325 g/L苯甲·嘧菌酯（嘧菌酯200 g/L+苯醚甲环唑125 g/L）悬浮剂35～50 mL/亩等药剂，兑水均匀喷施。

7. 马铃薯叶枯病

分布为害　马铃薯叶枯病在部分地区发生，通常病株率5%～10%，对生产无明显影响，少数地块发病较重。病株在30%以上时，部分叶片因病枯死，轻度影响产量。

症　　状　由大茎点菌（*Macrophomina phaseolina*，属无性型真菌）引起。主要为害叶片，多是生长中、后期下部衰老叶片先发病，从靠近叶缘或叶尖处侵染。发病初期，形成绿褐色坏死斑点（图32-13），后逐渐发展成近圆形至V形灰褐色至红褐色大型坏死斑，具不明显轮纹，外缘常褪绿黄化，最后致病叶坏死枯焦（图32-14），有时可在病斑上产生少许暗褐色小点，即病菌的分生孢子器。有时可侵染茎蔓，形成不定形灰褐色坏死斑。发病后期，在病部可产生褐色小粒点。

图32-13　马铃薯叶枯病为害叶片初期症状

图32-14　马铃薯叶枯病为害叶片后期症状

发生规律 病菌以菌核或菌丝的形式随病残组织在土壤中越冬，也可在其他寄主残体上越冬。条件适宜时，通过雨水把地面病菌冲溅到叶片或茎蔓上引起发病。以后在病部产生的菌核或分生孢子器借雨水扩散，进行再侵染。温暖高湿有利于发病。土壤贫瘠、管理粗放、种植过密、植株生长衰弱的地块发病较重。

防治方法 选择较肥沃的地块种植，掌握适宜的种植密度。增施有机肥，适当配合施用磷、钾肥。生长期加强管理，适时浇水和追肥，防止植株早衰。

必要时进行药剂防治，发病初期，选用70%甲基硫菌灵可湿性粉剂600倍液、50%异菌脲可湿性粉剂1 000倍液+80%代森锰锌可湿性粉剂800倍液、250 g/L吡唑醚菌酯乳油30 ～ 40 mL/亩、50%多菌灵可湿性粉剂500 ～ 600倍液+75%百菌清可湿性粉剂700 ～ 800倍液、80%代森锰锌可湿性粉剂600 ～ 800倍液+70%甲基硫菌灵可湿性粉剂1 500倍液、25%多·锰锌（代森锰锌16.7%＋多菌灵8.3%）可湿性粉剂100 ～ 200 g/亩、60%唑醚·代森联（代森联55%＋吡唑醚菌酯5%）水分散粒剂60 ～ 100 g/亩、325 g/L苯甲·嘧菌酯（嘧菌酯200 g/L+苯醚甲环唑125 g/L）悬浮剂35 ～ 50 mL/亩、45%噻菌灵悬浮剂1 000倍液，兑水喷雾。

8. 马铃薯黑胫病

分布为害 马铃薯黑胫病又称黑脚病，在东北、西北、华北地区均有发生。近年来，在南方和西南栽培区有加重趋势，多雨年份可造成严重减产，不但造成缺苗断垄，而且引起贮藏期的烂窖。

症　状 由胡萝卜软腐欧文氏细菌马铃薯黑胫病亚种（*Erwinia carotovora* subsp. *atroseptica*）引起，该菌在欧氏杆菌属中，属于造成软腐的低温类型。主要侵染根茎部和薯块，整个生育期均可发病。受害植株的茎呈现一种典型的黑褐色腐烂。幼苗发病，植株矮小，节间缩短，叶片上卷，叶色褪绿，茎基部组织变黑腐烂（图32-15）。早期病株萎蔫枯死（图32-16），不结薯。发病晚和轻的植株，只有部分枝叶发病，病症不明显。块茎发病始于脐部，可以向茎上方扩展几厘米或扩展至全茎，病部黑褐色，横切可见维管束呈黑褐色。用手压挤，皮肉不分离，湿度大时，薯块黑褐色腐烂发臭，以此区别于青枯病等。

图32-15 马铃薯黑胫病黑根症状

图32-16 马铃薯黑胫病地上部分萎蔫

发生规律 病菌在块茎或在田间未完全腐烂的病薯上越冬。带病种薯是主要传播源。线虫、根蛆、雨水、灌溉水等也可传播。发病适温为23 ～ 27℃，高温、高湿有利于发病。在土壤黏重，排水不良，植株生长不良、伤口多时易发病。

防治方法 选用抗病品种，选择地势高、排水良好的地块种植，播种、耕地、除草和收获期都要避免损伤种薯，及时拔除病株，减少病害的扩大传播。清除病株残体，避免昆虫从侵染源传播病菌。注意农具和容器的清洁，必要时用次氯酸钠和漂白粉或福尔马林消毒处理，防止传染。施磷、钾肥，提高抗病力。适时早播，促使早出苗。

选用无病种薯，建立无病留种田，生产健康种薯。种薯切块时淘汰病薯。切刀用沸水消毒，或种薯用0.01%～ 0.05%的溴硝丙二醇溶液浸泡15 ～ 20 min，或用0.05%～ 0.1%的春雷霉素溶液浸种30 min，捞出晾干后，用于播种，也可每100 kg种薯用6%春雷霉素可湿性粉剂15 ～ 25 g拌种。

入窖前要严格挑选种薯，先在温度为10 ～ 13℃的通风条件放置10 d左右，入窖后要加强管理，贮藏期间也要加强通风换气，窖温控制在1 ~ 4℃，防止窖温过高、湿度过大。

可在发病初期，用20%噻唑锌悬浮剂80 ~ 120 mL/亩、20%噻菌铜悬浮剂100 ~ 125 mL/亩，兑水均匀喷雾。

9. 马铃薯癌肿病

症　　状 由内生集壶菌（*Synchytrium endobioticum*，属鞭毛菌亚门真菌）引起。主要发生于植株地下部分，如茎基部、匍匐茎和块茎，尤以块茎受害最重。病菌侵入寄主，刺激细胞组织增生，长出畸形、粗糙、疏松的肿瘤（图32-17）。肿瘤大小不一，小的只出现一块隆起；大的可覆盖半个至整个薯块。肿瘤形状，有的为圆形，有的形成交织的分枝状，极似菜花。肿瘤初期为乳白色，逐渐变成粉红色或褐色，最后变为黑褐色，腐烂。地上部症状，植株矮化，分枝增多，在腋芽、枝尖、幼芽处均可长出卷叶状癌组织，叶背面出现无叶柄、叶脉的畸形小叶，主茎下部变粗，质脆呈畸形，尖端的花序色淡和顶部叶片褪绿。

图32-17 马铃薯癌肿病病薯块

发生规律 病菌以休眠孢子囊的形式随癌肿病组织在土壤中越冬，癌肿病组织腐烂后将休眠孢子囊释放到土壤中。翌年温、湿度条件合适时，休眠孢子囊萌发游动孢子。癌肿病菌喜低温、高湿条件。灌溉或下雨之后，土壤水分短期饱和是夏孢子囊和休眠孢子囊萌发、游动孢子释放和侵入的重要条件。气候凉爽，雨日频繁，雾多，日照少，土壤湿度大，土壤偏酸性等，适于癌肿病菌活动为害。

防治方法 严格执行检疫程序，进行疫情普查，划定疫区。癌肿病只为害马铃薯，因此病区可进行轮作。加强栽培管理，勤中耕，施用净粪，增施磷、钾肥，施用有拮抗作用的放线菌，均能减轻发病。新发病、发病轻微的地块，见病株及时挖出并集中烧毁。

药剂防治：苗期，可用40%三乙膦酸铝可湿性粉剂300倍液灌根，或在苗期、蕾期喷施10%氟噻唑吡乙酮可分散油悬浮剂13 ~ 20 mL/亩、50%嘧菌酯水分散粒剂40 ~ 60 g/亩、23.4%双炔酰菌胺悬浮剂30 ~ 40 mL/亩、40%三乙膦酸铝可湿性粉剂300倍液，有一定的防治效果。

二、马铃薯虫害

马铃薯瓢虫

分　　布 马铃薯瓢虫（*Henosepilachna vigintioctomaculata*）在国内分布普遍，以北方较多。

为害特点 成虫、幼虫取食寄主植物的叶片，也可为害果实和嫩茎。被害叶片仅残留上表皮及叶脉，形成许多不规则的透明斑，后变为褐色、枯萎（图32-18）。

图32-18 马铃薯瓢虫为害叶片症状

形态特征 成虫：体半球形，赤褐色，体表密生黄褐色细毛，前胸背板中央有一个黑色、心脏形斑纹，其两侧各有黑色斑点2个，有时合成1个；两鞘翅上各有大小不等的黑斑14个，每鞘翅基部3个黑斑后方的4个黑斑不在一条直线上，两翅合缝处有1对或2对黑斑相连（图32-19）。卵：弹头形，初产时鲜黄色，后变成黄褐色，卵块中的卵粒排列较松散。幼虫：老熟幼虫体纺锤形，中部膨大，两端较细，背面隆起，淡黄褐色，体表生有整齐的黑色枝刺，各分枝刺毛也是黑色（图32-20）。蛹：椭圆形，淡黄色，全体被有棕色细毛，背面有较深的黑色斑纹。

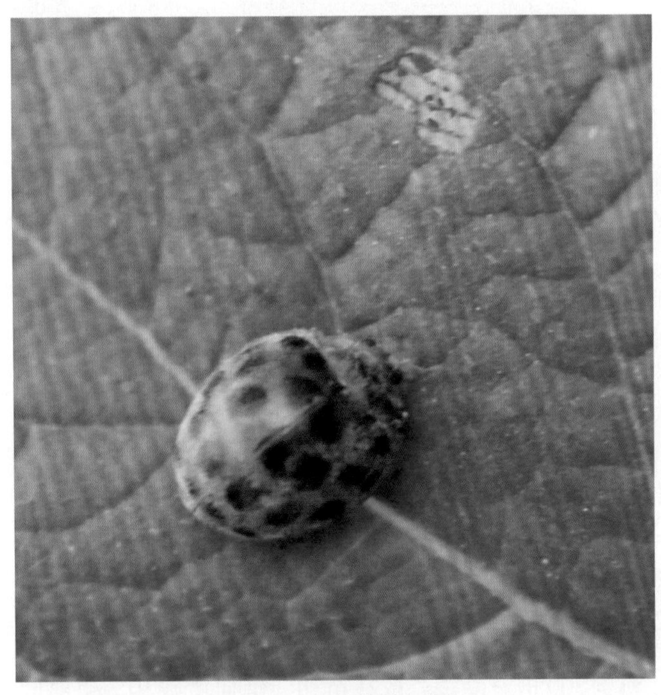

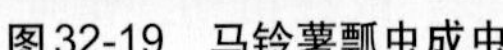
图32-19 马铃薯瓢虫成虫

图32-20 马铃薯瓢虫幼虫

发生规律 在东北、华北1年发生1～2代，在南方1年发生3～6代，各地均以成虫群集的形式在背风向阳的石缝内、树皮下、墙缝及篱笆等处越冬。越冬成虫于翌年5月开始活动，先在附近的杂草、小树上栖息，5～6 d后陆续转移到马铃薯及苗床中的茄子、番茄、青椒上为害。6月下旬至7月上旬为第一代幼虫严重为害时期，8月中旬为第二代幼虫严重为害时期，10月上旬成虫开始越冬。成虫早晚静伏，取食和产卵都在白天，以10—16时最活跃，午前多在叶背取食，下午4时后转向叶面取食；晴天气温高时飞翔力最强，阴雨天很少活动；成虫有假死性，受惊后落地不动并可分泌黄色黏臭液；成虫产卵于叶片背面，直立成块。幼虫有4龄，夜间孵化，初孵幼虫群集于叶背取食为害，2龄后逐渐分散为害。成虫、幼虫都有残食同种卵的习性。幼虫老熟后，多在植株基部的茎上或叶背化蛹，也有在附近杂草、地面上化蛹的。

防治方法 人工捕捉杀成虫：利用成虫假死习性，用盆盛接，拍打植株使之坠落。消灭植株残体、杂草等处的越冬虫源，人工摘除卵块，雌虫产卵集中成群，颜色鲜艳，极易发现。

药剂防治：要抓住幼虫分散前的时机施药，可用4.5%高效氯氰菊酯乳油22～44 mL/亩、20%甲氰菊酯乳油1 200倍液、2.5%溴氰菊酯乳油3 000倍液、2.5%氟氯氰菊酯乳油2 000倍液、10%联苯菊酯乳油2 000倍液等药剂喷雾，隔7～10 d喷1次，连续喷2～3次。

第三十三章　胡萝卜病草害原色图解

一、胡萝卜病害

1. 胡萝卜黑斑病

症　　状　由胡萝卜链格孢（*Alternaria dauci*，属无性型真菌）引起。叶片受害，多从叶尖或叶缘侵入，出现不规则形深褐色至黑色斑，周围组织略褪色，湿度大时病斑上长出黑色霉层，发生严重时，病斑融合，叶缘上卷，叶片早枯（图33-1）。茎染病，病斑长圆形、黑褐色、稍凹陷。

发生规律　以菌丝或分生孢子的形式在种子或病残体上越冬，成为翌年初侵染源。通过气流传播蔓延。雨季，植株长势弱发病重，发病后遇干旱天气利于症状显现。

防治方法　从无病株上采种，做到单收单藏。实行2年以上轮作。增施底肥。

种子消毒：播种前用种子重量0.3%的50%福美双可湿性粉剂、40%拌种双粉剂、50%异菌脲可湿性粉剂拌种。

发病初期，喷洒250 g/L吡唑醚菌酯乳油30 ～ 40 mL/亩、70%代森锰锌可湿性粉剂600倍液+12.5%烯唑醇可湿性粉剂600 ～ 1 000倍液、50%多菌灵可湿性粉剂500 ～ 600倍液+75%百菌清可湿性粉剂700 ～ 800倍液、80%代森锰锌可湿性粉剂600 ～ 800倍液+70%甲基硫菌灵可湿性粉剂1 500倍液、75%百菌清可湿性粉剂600倍液+50%异菌脲可湿性粉剂1 500倍液等药剂，间隔10 d喷1次，连续防治3 ～ 4次。

图33-1　胡萝卜黑斑病为害叶片症状

2. 胡萝卜细菌性软腐病

症　　状　由胡萝卜软腐欧文氏菌胡萝卜软腐致病型（*Erwinia carotovora* pv. *carotovora*）引起。主要为害肉质根。地下部肉质根多从近地表根头部发病，以后逐渐向下蔓延扩大，病斑形状不定，周缘明显或不明显，褐色，为水浸状湿腐（图33-2）。地上部茎叶在慢性发病时，黄化后逐渐萎蔫；急性发病时，则整株突然萎蔫干枯。随病部扩展，肉质根组织变为灰褐色，软化腐烂，外溢黏稠汁液，散发臭味。严重时整个肉质根腐烂（图33-3）。

发生规律　病菌在病根组织内，或随病残体遗落在土壤中，或在未腐熟的土杂肥内存活越冬。借灌溉水及雨水溅射传播，主要由伤口侵入。高温、多雨、低洼排水不良地发病重。特别是暴风雨后，或土壤长期干旱突灌大水，易造成伤口，加重发病。地下害虫多时，发病严重。

防治方法　发病初期是防治的关键时期，可采用50%氯溴异氰尿酸可溶粉剂50 ～ 60 g/亩、30%噻森铜悬浮剂100 ～ 135 mL/亩、20%噻唑锌悬浮剂100 ～ 150 mL/亩、20%噻菌铜悬浮剂75 ～ 100 g/亩、88%水合霉素可溶性粉剂1 500倍液、0.5%氨基寡糖素水剂600 ～ 800倍液+2%春雷霉素可湿性粉剂400 ～ 500倍液、1000亿孢子/g枯草芽孢杆菌可湿性粉剂50 ～ 60 g/亩，药剂宜交替施用，间隔7 ～ 10 d喷1次，连续喷2 ～ 3次。重点喷洒病株基部及地表，使药液流入基部，效果较好。

图33-2 胡萝卜细菌性软腐病为害茎基部症状

图33-3 胡萝卜细菌性软腐病为害肉质根症状

3.胡萝卜黑腐病

症　状 由胡萝卜黑腐链格孢菌（*Alternaria radicina*，属无性型真菌）引起。主要为害肉质根、叶片、叶柄及茎。叶片上病斑为暗褐色，严重时叶片枯死。叶柄上病斑长条状。茎上病斑多为梭形至长条形，边缘不明显（图33-4）。湿度大时病斑表面密生黑色霉层（图33-5）。肉质根上形成不规则形或圆形稍凹陷黑色斑，严重时深达内部，使肉质根变黑腐烂。

图33-4 胡萝卜黑腐病为害茎部症状

图33-5 胡萝卜黑腐病为害叶柄后期症状

发生规律 以菌丝体或分生孢子的形式随病残体残留在土表越冬，生长期分生孢子借风雨传播，进行再侵染，扩大为害。秋播胡萝卜，9—10月在肉质根开始膨大期间，病菌从伤口侵入。秋季及初冬天气温暖、多雨、多雾、湿度大及植株过密时有利于发病，在生长中、后期，肉质根膨大过程中，若地下害虫为害严重，也有利于发病。

防治方法 从无病株上采种，做到单收单藏。实行2年以上轮作。增施底肥，促其健壮生长，增强抗病力。

种子消毒：播种前用种子重量0.3%的50%福美双可湿性粉剂、40%拌种双粉剂、50%异菌脲可湿性粉剂拌种。

发病初期，喷洒75%百菌清可湿性粉剂600倍液+70%甲基硫菌灵可湿性粉剂800倍液、250 g/L吡唑醚菌酯乳油30 ~ 40 mL/亩、250 g/L嘧菌酯悬浮剂40 ~ 60 mL/亩、50%腐霉利可湿性粉剂1 500倍液、50%异菌脲可湿性粉剂1 500倍液，间隔10 d喷1次，连续防治3 ~ 4次。

4. 胡萝卜白粉病

症　　状 由独活白粉菌（*Erysiphe heraclei*，属子囊菌亚门真菌）引起。下部叶片的叶背和叶柄生成白色或灰白色粉状斑点，不久，叶表面和叶柄表面布满灰白色霉层，并波及上叶（图33-6）。严重时，下部的叶片开始变黄、枯萎，叶片和叶柄上出现小黑点（子囊壳）。

图33-6 胡萝卜白粉病为害叶片症状

发生规律 病菌在温室蔬菜上或土壤中越冬，借风和雨水传播。在高温高湿或干旱环境条件下易发生，发病适温20 ~ 25℃，相对湿度25% ~ 85%，但是以高湿条件下发病重。春播栽培于6—7月发病，夏播栽培于10—11月发病。

防治方法 合理密植，避免过量施用氮肥，增施磷、钾肥，防止徒长。注意通风透光，降低空气湿度。

发病初期，可用25%三唑酮可湿性粉剂600 ~ 800倍液、10%苯醚甲环唑水分散粒剂2 000 ~ 2 500倍液、12.5%烯唑醇可湿性粉剂1 000 ~ 2 000倍液、25%丙环唑乳油500 ~ 1 000倍液、325 g/L苯甲·嘧菌酯（嘧菌酯200 g/L+苯醚甲环唑125 g/L）悬浮剂35 ~ 50 mL/亩、45%苯并烯氟菌唑·嘧菌酯（苯并烯氟菌唑15% +嘧菌酯30%）水分散粒剂17 ~ 23 g/亩、19%啶氧·丙环唑（啶氧菌酯7% +丙环唑12%）悬浮剂70 ~ 88 mL/亩等，间隔7 ~ 10 d喷药1次，连续喷2 ~ 3次。

5. 胡萝卜根结线虫病

症　　状 由南方根结线虫（*Meloidogyne incognita*）引起。发病轻时，地上部无明显症状。发病重时，拔起植株，细观根部，可见肉质根变小、畸形，须根很多，其上有许多葫芦状根结（图33-7）。地上部表现为生长不良、矮小、黄化、萎蔫，似缺肥水或枯萎病症状。严重时植株枯死。

图33-7 胡萝卜根结线虫病根部根结症状

发生规律 常以卵囊、留在根组织中的卵或2龄幼虫随病残体遗留的形式在土壤中越冬，翌年条件适宜时，越冬卵孵化为幼虫，继续发育并侵入寄主，刺激根部细胞增生，形成根结。病原成虫传播靠病土及灌溉水。地势高、干燥、土壤质地疏松、盐分低的土壤适宜线虫活动，有利于发病，连作地发病重。

防治方法 合理轮作，病田彻底处理病残体，集中烧毁或深埋。根结线虫多分布在3 ~ 9 cm表土层，深翻可减轻为害。

在播种时，条施10%克线磷颗粒剂5 kg/亩。生长期间，可用40%灭线磷乳油、50%辛硫磷乳油1 000倍液、1.8%阿维菌素乳油2 000 ~ 3 000倍液灌根，并应加强田间管理。合理施肥或灌水，以增强寄主抵抗力。

二、胡萝卜生理性病害

1. 胡萝卜裂根

症　　状 胡萝卜裂根多发生在肉质根生长后期。裂根多数是沿肉质根纵向开裂，形成深浅不一的裂口(图33-8)。也有在靠近叶柄基部横向开裂的，或在根头部形成放射状的开裂。裂根影响胡萝卜的商品价值，而且裂根的胡萝卜容易腐烂，不耐贮存。

病　　因 由于肉质根在生长后期产生周皮层，周皮层发生一定程度的木质化，收获过迟导致肉质根再生长，即可膨裂产生裂根。此外，土壤水分与裂根关系也很大。如肉质根生长前期水分充足，生长量大，随后遇干燥，生长受抑制，以后又遇多湿时，在肉质根尚小时也会引起裂根；反之，有时前期干燥，后期多湿，也会引起肉质根开裂。

防治方法 防止胡萝卜肉质根开裂，重要的是保持土壤潮湿，防止干燥，或忽湿忽干。适时收获，也可明显减少裂根。

图33-8　胡萝卜裂根症状

2. 胡萝卜畸形根

症　　状 胡萝卜常见的畸形根有扁根、分杈根(图33-9)、凹陷根等。

病　　因 扁根：由于胡萝卜膨大期缺水，在密度较大的地块，引起地下根纵、横向膨大不均衡所致。分杈根：由胡萝卜的地下主根受伤引起，转化为若干分枝，经过生长膨大后形成。凹陷根：由胡萝卜生长过程中，旁边有小石头等坚硬物限制了局部地下根向外膨大所致。

防治方法 种植时，行距保持15 cm，株距不小于11 cm。而且在胡萝卜地下根直径长至0.6 cm左右时，及时浇足膨根水。及时清除土壤中不能降解的杂物。每亩用50%的辛硫磷乳油0.5 ~ 1 kg，兑水200 ~ 300 kg，沿垄均匀浇灌播完种的畦面，以防地下害虫为害；施有机肥时，必须充分腐熟后施用，以免未腐熟的肥料在发酵过程中烧伤胡萝卜主根。

图33-9　胡萝卜分杈根症状

三、胡萝卜田杂草防治技术

胡萝卜苗期生长缓慢，多在高温多雨的夏、秋季播种，容易遭受草害，防治稍不及时，就会造成损失。人工锄草费时、费工，也不彻底。如遇阴雨天，只能任其生长，严重影响胡萝卜的产量和品质。化学除草是伞形科蔬菜栽培中的一项重要措施。综合各地情况，胡萝卜田杂草主要有马唐、牛筋草、稗草、狗尾草、马齿苋、反枝苋、铁苋、绿苋、小藜、香附子等20多种，大部分是一年生杂草。胡萝卜多为田间撒播，密度较高，生产中主要采用芽前土壤处理，必要时也可以采用苗后茎叶处理。

（一）胡萝卜田播种期杂草防治

胡萝卜多为田间撒播，生产上常见的有两种种植方式，即播后浅混土、人工镇压。在选用除草剂时务必注意。胡萝卜田播种期进行化学除草可用图33-10中方法。

图33-10　胡萝卜播种施药方式

针对胡萝卜出苗慢、出苗晚，易出现草、苗共长现象，可以在胡萝卜播种前施药，进行土壤处理，可以防治多种一年生禾本科杂草和阔叶杂草。可于播前5～7 d，施用48%氟乐灵乳油100～150 mL/亩、48%地乐胺乳油100～150 mL/亩，兑水40 kg均匀喷施。施药后及时混土2～5 cm，该药易挥发，混土不及时会降低药效。该类药剂比较适合于墒情较差时土壤封闭处理。但在冷凉、潮湿天气时施药易产生药害，应慎用。

胡萝卜多为田间撒播，密度较高，生产中主要采用播后芽前土壤处理。播种时应适当深播、浅混土，可以用的除草剂品种有，33%二甲戊乐灵乳油150 ～ 200 mL/亩、50%乙草胺乳油100 ～ 150 mL/亩、72%异丙甲草胺乳油150 ～ 200 mL/亩、72%异丙草胺乳油150 ～ 200 mL/亩、96%精异丙甲草胺（金都尔）乳油60 ～ 80 mL/亩，兑水40 kg均匀喷施，可以有效防治多种一年生禾本科杂草和部分阔叶杂草。药量过大、田间过湿，特别是持续低温、多雨条件下会影响发芽出苗。严重时，可能会出现缺苗断垄现象。

为了进一步提高除草效果和对作物的安全性，特别是为了防治铁苋、马齿苋等阔叶杂草时，也可以用下列除草剂或配方：20%双甲胺草磷乳油250 ～ 375 mL/亩、33%二甲戊乐灵乳油100 ～ 150 mL/亩+50%扑草净可湿性粉剂50 ～ 75 g/亩、50%乙草胺乳油75 ～ 100 mL/亩+50%扑草净可湿性粉剂50 ～ 75 g/亩、72%异丙甲草胺乳油100 ～ 150 mL/亩+50%扑草净可湿性粉剂50 ～ 75 g/亩、72%异丙草胺乳油100 ～ 150 mL/亩+50%扑草净可湿性粉剂50 ～ 75 g/亩、33%二甲戊乐灵乳油100 ～ 150 mL/亩+24%乙氧氟草醚乳油10 ～ 20 mL/亩、50%乙草胺乳油75 ～ 100 mL/亩+24%乙氧氟草醚乳油10 ～ 20 mL/亩、72%异丙甲草胺乳油100 ～ 150 mL/亩+24%乙氧氟草醚乳油10 ～ 20 mL/亩、72%异丙草胺乳油100 ～ 150 mL/亩+24%乙氧氟草醚乳油10 ～ 20 mL/亩、33%二甲戊乐灵乳油100 ～ 150 mL/亩+25%噁草酮乳油75 ～ 100 mL/亩、50%乙草胺乳油75 ～ 100 mL/亩+25%噁草酮乳油75 ～ 100 mL/亩、72%异丙甲草胺乳油100 ～ 150 mL/亩+25%噁草酮乳油75 ～ 100 mL/亩、72%异丙草胺乳油100 ～ 150 mL/亩+25%噁草酮乳油75 ～ 100 mL/亩，兑水40 kg均匀喷施，可以有效防治多种一年生禾本科杂草和阔叶杂草。但不宜在播种后镇压地块施用，应在播种后浅混土或覆薄土施用，种子裸露时沾上药液易发生药害。

（二）胡萝卜田生长期杂草防治

对于前期未能采取化学除草或化学除草失败的伞形科蔬菜田，应在田间杂草基本出苗且杂草处于幼苗期时及时施药防治。

对于前期未能有效除草的田块，应在田间禾本科杂草基本出苗（图33-11）且在3 ～ 5叶期时及时施药，可以用下列除草剂：10%精喹禾灵乳油40 ～ 60 mL/亩、10.8%高效氟吡甲禾灵乳油20 ～ 40 mL/亩、10%喔草酯乳油40 ～ 80 mL/亩、15%精吡氟禾草灵乳油40 ～ 60 mL/亩、10%精噁唑禾草灵乳油50 ～ 75 mL/亩、12.5%稀禾啶乳油50 ～ 75 mL/亩、24%烯草酮乳油20 ～ 40 mL/亩，兑水30 kg均匀喷施，可以防治多种禾本科杂草。该类药剂没有封闭除草效果，施药不宜过早，特别是在禾本科杂草未出苗时施药没有效果。

图33-11　胡萝卜田禾本科杂草发生情况

第三十四章　芹菜病草害原色图解

一、芹菜病害

1. 芹菜斑枯病

症　状　由芹菜壳针孢菌（*Septoria apiicola*，属无性型真菌）引起。主要为害叶片，叶柄和茎也可受害。叶片发病，从下部的老叶开始，初为淡褐色油渍状小斑点，后期逐渐扩大，中部呈褐色坏死，外缘明显，多为深红褐色，中间散生少量小黑点（图34-1）。病斑外常具一圈黄色晕环。叶柄或茎部发病，病斑初为水渍状小点，褐色，后扩展为长圆形淡褐色稍凹陷的病斑，中部散生黑色小点（图34-2）。严重时，叶片枯萎，茎秆腐烂。

图34-1　芹菜斑枯病为害叶片症状

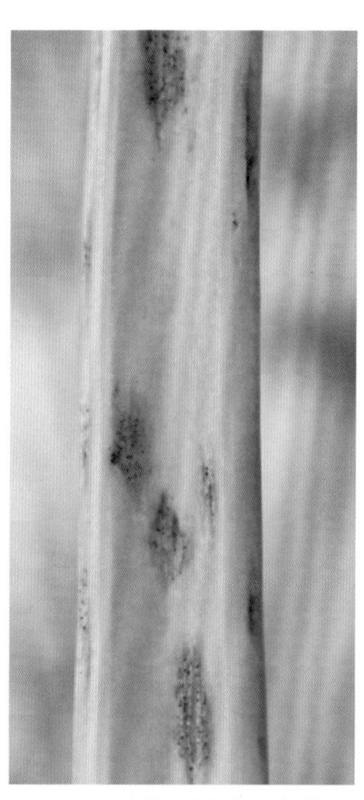

图34-2　芹菜斑枯病为害茎部症状

发生规律　以菌丝体的形式潜伏在种皮内或在病残体及病株上越冬。条件适宜时产生分生孢子侵染幼苗，或通过风、雨、农事操作传播，进行初侵染。从气孔或直接透过表皮侵入。常发生于6月至晚秋多雨时期，尤其以梅雨季节为多。生长期多阴雨，昼夜温差大，夜间结露多、时间长或大雾等发病严重。

防治方法　生长期加强管理，增施底肥，适时追肥，雨后及时排水。保护地注意通风排湿，减少夜间结露，禁止大水漫灌。收获后彻底清除田间病残落叶，在发病初期及时清除病叶、病茎等，带到田外集中沤肥或深埋销毁，以减少菌源。

种子处理：可用55℃温水浸种15 min，边浸边搅拌，其后用凉水冷却，待晾干后播种。或用2%嘧啶核苷类抗生素水剂100倍液浸种4 ～ 6 h。

发病初期，可选用37%苯醚甲环唑水分散粒剂9.5 ～ 12 g/亩、25%咪鲜胺乳油50 ～ 70 mL/亩、29%戊唑·嘧菌酯（戊唑醇18% +嘧菌酯11%）悬浮剂20 ～ 30 mL/亩、27%噻呋·戊唑醇（噻呋酰胺9% +

戊唑醇18%）悬浮剂40 ～ 45 mL/亩、60%唑醚·代森联（代森联55% +吡唑醚菌酯5%）水分散粒剂60 ～ 100 g/亩、40%氟硅唑乳油4 000 ～ 6 000倍液、50%异菌脲可湿性粉剂1 000倍液、45%噻菌灵悬浮剂1 000倍液、70%丙森锌可湿性粉剂800倍液+2%嘧啶核苷类抗生素水剂100倍液、75%百菌清可湿性粉剂600倍液+70%甲基硫菌灵可湿性粉剂800倍液，喷雾防治。每7 ～ 10 d喷1次，连喷2 ～ 3次。

保护地选用45%百菌清烟剂250 g/亩熏烟，或喷撒5%百菌清粉尘剂1 kg/亩。

2. 芹菜早疫病

分布为害 芹菜早疫病分布广泛，发生普遍，保护地、露地均有发生。一般病株率为10%～20%，严重时发病率为60%～100%，病株多数叶片因病坏死甚至全株枯死，显著影响产量与品质。

症　状 由芹菜尾孢霉（*Cercospora apii*，属无性型真菌）引起。主要为害叶片、叶柄和茎。发病初期，叶片上出现黄绿色水浸状病斑，扩大后为圆形或不规则形、褐色病斑，内部病组织多呈薄纸状，周缘深褐色，稍隆起，外围有黄色晕圈（图34-3）。严重时病斑扩大汇合成斑块，最终致使叶片枯死。茎或叶柄上病斑椭圆形、暗褐色、稍凹陷（图34-4）。发病严重的全株倒伏。

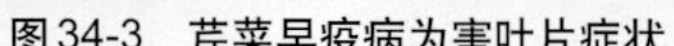

图34-3　芹菜早疫病为害叶片症状

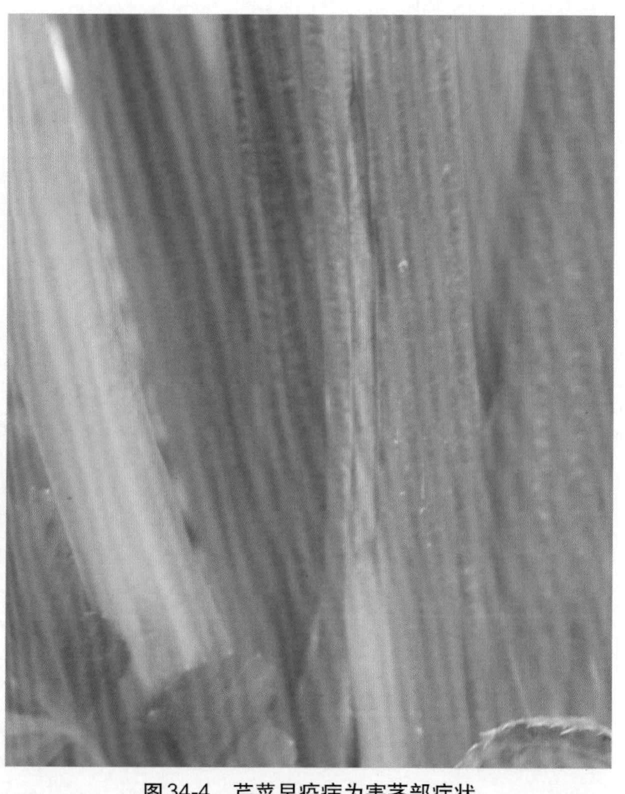

图34-4　芹菜早疫病为害茎部症状

发生规律 以菌丝体的形式随种子、病残体或在保护地内越冬。春季条件适宜时产生分生孢子，通过气流、雨水或浇水及农事操作传播。由气孔或直接穿透表皮侵入，春、夏季多雨或梅雨期间发病重，秋季多雨、多雾发病重。

防治方法 适当密植，合理灌溉，降低田间湿度，收获后及时清洁田园病残体。

种子处理：用50℃温水浸种30 min，也可用种子重量0.4%的70%代森锰锌可湿性粉剂拌种。

发病初期，喷洒80%代森锰锌可湿性粉剂600倍液、77%氢氧化铜可湿性微粒粉剂500倍液、50%敌菌灵可湿性粉剂500倍液、70%甲基硫菌灵可湿性粉剂600倍液、50%乙烯菌核利可湿性粉剂1 000倍液、60%氯苯嘧啶醇可湿性粉剂1 500倍液、75%百菌清可湿性粉剂600倍液、50%多·硫（硫黄35%＋多菌灵15%）悬浮剂500倍液、2%嘧啶核苷类抗生素水剂200倍液、47%加瑞农（春雷霉＋氧氯化铜）可湿性粉剂500倍液喷雾。每隔7 d左右喷1次药，连喷2 ～ 3次。

保护地条件下，可选用5%百菌清粉尘剂1 kg/亩，或用45%百菌清烟剂每次250 g/亩熏烟。还可用6.5%甲霉灵（甲基硫菌灵＋乙霉威）粉尘剂或5%异菌脲粉尘剂1 kg/亩喷粉。

3. 芹菜菌核病

症　状　由核盘菌（*Sclerotinia sclerotiorum*）引起。为害芹菜茎、叶。受害部初呈褐色水浸状，湿度大时形成软腐（图34-5），表面生出白色菌丝（图34-6），后形成鼠粪状黑色菌核（图34-7）。

图34-5　芹菜菌核病为害初期症状

图34-6　芹菜菌核病为害后期白色菌丝

发生规律　以菌核的形式在土壤中或混在种子中越冬，成为翌年初侵染源，子囊孢子借风雨传播，侵染老叶，田间再侵染多通过菌丝进行，菌丝的侵染和蔓延有两个途径：一是脱落的带病菌组织与叶片、茎接触菌丝蔓延。二是病叶与健叶、茎秆直接接触，病叶上的菌丝直接蔓延使其发病。菌核萌发温度范围5～20℃，15℃为最适温度，相对湿度85%以上，利于该病发生和流行。

防治方法　实行3年轮作。收获后及时深翻或灌水浸泡或闭棚7～10 d，利用高温杀灭表层菌核。采用地膜覆盖，阻挡子囊盘出土，减轻发病。

从无病株上选留种子或播前用10%盐水浸种，除去菌核后再用清水冲洗干净，晾干播种。

图34-7　芹菜菌核病为害后期黑色菌核

发病初期，清除病株后，喷洒50%异菌脲可湿性粉剂1 000～1 500倍液、70%甲基硫菌灵可湿性粉剂600倍液、50%腐霉利可湿性粉剂1 500倍液、50%乙烯菌核利可湿性粉剂800～1 000倍液、40%嘧霉胺悬浮剂800倍液、50%苯菌灵可湿性粉剂1 500倍液、45%噻菌灵悬浮剂800～1 000倍液，每7～10 d喷1次，连续喷2～3次。

在大棚内采用10%腐霉利烟雾剂、45%的百菌清烟雾剂250 g/亩、3%噻菌灵烟剂300～400 g/亩，于傍晚大棚密闭时点燃。隔7～10 d防治1次，并与其他方法交替连续防治2～3次。

4. 芹菜软腐病

症　　状　由胡萝卜软腐欧文氏菌胡萝卜软腐致病型（*Erwinia carotovora* pv. *carotovora*）引起。主要发生于叶柄基部。叶柄基部先出现水浸状、淡褐色纺锤形或不规则形的凹陷斑（图34-8），后迅速向内部发展，湿度大时，病部扩展成湿腐状，变黑发臭（图34-9），薄壁细胞组织解体，仅剩下维管束。

图34-8　芹菜软腐病为害初期症状

图34-9　芹菜软腐病为害后期症状

防治方法　病田避免连作，换种豆类、麦类、水稻等作物。清除田间病残体，精细翻耕整地，暴晒土壤，促进病残体分解。避免因早播造成感病阶段与雨季相遇。

发病初期是防治的关键时期，有效药剂有0.5%氨基寡糖素水剂600 ~ 800倍液、2%春雷霉素可湿性粉剂400 ~ 500倍液、72%农用链霉素可溶性粉剂3 000 ~ 4 000倍液、3%中生菌素可湿性粉剂500 ~ 800倍液、77%氢氧化铜悬浮剂1 000倍液、50%代森铵水剂700倍液、20%噻菌酮水剂1 000倍液、50%琥胶肥酸铜可湿性粉剂1 000倍液，药剂宜交替施用，间隔7 ~ 10 d喷1次，连续喷2 ~ 3次。重点喷洒病株基部及地表，使药液流入菜心效果较好。

5. 芹菜灰霉病

症　　状　由灰葡萄孢菌（*Botrytis cinerea*）引起。苗期发病，多从幼苗根茎部发病，呈水浸状坏死斑，表面密生灰色霉层。成株期发病，多从植株的心叶或下部有伤口的叶片、叶柄或枯黄衰弱外叶先发病，初为水浸状，后病部软化、腐烂或萎蔫，病部长出灰色霉层（图34-10、图34-11）。

图34-10　芹菜灰霉病为害叶片症状

图34-11　芹菜灰霉病为害田间症状

发生规律　以菌核的形式在土壤中，或以菌丝及分生孢子的形式在病残体上越冬或越夏。翌春条件适宜时菌核萌发，产生菌丝体、分生孢子梗及分生孢子。借气流、雨水或露珠及农事操作传播，从伤口或衰老的器官及枯死的组织侵入。棚室内，从12月至翌年5月，气温20℃左右，相对湿度持续90%以上的多湿状态容易发病。

防治方法　发现病株及时采摘病叶。实行2年以上轮作。增施底肥，促其健壮生长，增强抗病力。

发病初期，采用烟雾法或粉尘法防治，烟雾法可以用10%腐霉利烟剂200 ～ 250 g/亩、45%百菌清烟剂250 g/亩，熏3 ～ 4 h。粉尘法于傍晚喷撒10%氟吗啉粉尘剂、5%百菌清粉尘剂、10%杀霉灵粉尘剂1 kg/亩，隔9 ～ 11 d防治1次，连续防治2 ～ 3次。还可以喷洒50%异菌脲可湿性粉剂1 000 ～ 1 500倍液、65%抗霉威可湿性粉剂1 000 ～ 1 500 倍液、50%克菌灵可湿性粉剂1 000倍液、50%乙烯菌核利可湿性粉剂1 000倍液、50%多霉灵（多菌灵+乙霉威）1 500倍液+70%代森锰锌可湿性粉剂500倍液、2%武夷菌素水剂150倍液喷雾。为防止产生抗药性，提高防效，提倡轮换交替或复配使用。每7 d喷1次，连喷2 ～ 3次。

6. 芹菜病毒病

症　　状　主要由黄瓜花叶病毒（*Cucumber mosaic virus*，CMV）和芹菜花叶病毒（*Celery mosaic virus*，CeMV）侵染引起。为系统性病害。全株发病，病叶表现为明脉（图34-12）和黄绿相间的斑驳，并出现褐色枯死斑或病叶上出现黄色病斑，全株黄化。严重时，卷曲，植株矮化，心叶节间缩短，叶片皱缩畸形（图34-13），扭曲至枯死。

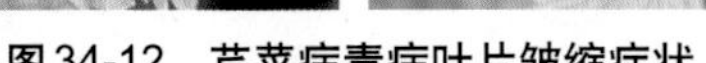
图34-12　芹菜病毒病叶片皱缩症状

图34-13　芹菜病毒病为害叶片症状

发生规律　病毒在温室蔬菜、越冬芹菜及杂草等植株上越冬。病毒在田间主要通过蚜虫传播，也可通过人工操作接触摩擦传毒。5—6月和10—11月发病较重。栽培管理条件差、干旱、蚜虫数量多发病重，夏季高温易发病。

防治方法　加强水肥管理，提高植株抗病力，以减轻为害。春季栽培时，采取早育苗，简易覆盖或棚室栽培，以提早收获。高温干旱时期应搭棚遮阳。定植时剔除病苗。

在发病初期，可用0.5%菇类蛋白多糖水剂300倍液、1.5%植病灵水剂1 000倍液、20%盐酸吗啉胍·乙酸铜可湿性粉剂500倍液、5%菌毒清水剂500倍液、3%三氮唑核苷水剂500倍液、2%宁南霉素水剂200 ～ 300倍液等药剂喷雾。每隔5 ～ 7 d喷1次，连续喷2 ～ 3次。

7. 芹菜黑腐病

症　　状　由芹菜点霉（*Phoma apiicola*，属无性型真菌）引起。主要为害根茎部和叶柄基部，多在近地面处染病，有时也侵染根。染病后受害部位先变为灰褐色，扩展后变成暗绿色至黑褐色（图34-14），后破裂露出皮下染病组织变黑腐烂，尤以根冠部易腐烂，叶下垂，呈枯萎状，腐烂处很少向上或向下扩展，病部生出许多小黑点，即病原菌的分生孢子器。严重时叶腐烂脱落。

图34-14 芹菜黑腐病为害茎基部症状

发生规律 主要以菌丝的形式附在病残体或种子上越冬。翌年，播种带病的种子，长出幼苗即猝倒枯死，病部产生分生孢子借风雨或灌溉水传播，孢子萌发后产生芽管，从寄主表皮侵入进行再侵染。生产上，移栽病苗易引起该病流行。病菌生长发育和分生孢子萌发温度为5 ～ 30℃，最适温度为16 ～ 18℃。

防治方法 选用抗病品种。实行2 ～ 3年轮作。开好排水沟，避免畦沟积水。采用遮阳网覆盖。

发病初期，喷洒56%氧化亚铜水分散粒剂800倍液、50%甲基硫菌灵·硫黄悬浮剂800倍液、50%多菌灵磺酸盐可湿性粉剂500 ～ 800倍液、50%苯菌灵可湿性粉剂1 000倍液、30%氧氯化铜悬浮剂800倍液、75%百菌清可湿性粉剂700 ～ 800倍液、70%代森锰锌可湿性粉剂500倍稀释液，间隔7 ～ 10 d喷1次，连续2 ～ 3次。

大棚内可用45%百菌清烟雾剂250 g/亩，于傍晚关闭大棚熏烟防治。

二、芹菜田杂草防治技术

（一）芹菜育苗田或直播田杂草防治

芹菜苗床或直播田墒情较好、肥水充足，有利于杂草的发生，如不及时进行杂草防治，将严重影响幼苗生长（图34-15）。芹菜播种密度较高，生产中主要采用芽前土壤处理，播种时应适当深播、浅混土。

图34-15 芹菜育苗田杂草生长情况

芹菜出苗慢、出苗晚，易于出现草苗共长现象，可以在芹菜播种前施药，进行土壤处理，可以防治多种一年生禾本科杂草和阔叶杂草。可于播前5 ～ 7 d，施用除草剂48%氟乐灵乳油100 ～ 150 mL/亩、48%地乐胺乳油100 ～ 150 mL/亩、50%乙草胺乳油75 ～ 100 mL/亩、72%异丙甲草胺乳油100 ～ 150 mL/亩、96%精异丙甲草胺乳油40 ～ 50 mL/亩，兑水40 kg均匀喷施。施药后及时混土2 ～ 5 cm，特别是氟乐灵、地乐胺易于挥发，混土不及时会降低药效。但在冷凉、潮湿天气时施药易产生药害，应慎用。

在芹菜播种后应适当混土或覆薄土，勿让种子外露，播后苗前施药，可用除草剂有，33%二甲戊乐灵乳油150 ～ 200 mL/亩、50%乙草胺乳油100 ～ 150 mL/亩、72%异丙甲草胺乳油150 ～ 200 mL/亩、

96%精异丙甲草胺乳油40 ～ 50 mL/亩、72%异丙草胺乳油150 ～ 200 mL/亩，兑水40 kg均匀喷施，可以有效防治多种一年生禾本科杂草和部分阔叶杂草。药量过大、田间湿，特别是遇到持续低温多雨条件时会影响发芽出苗。严重时，可能会出现缺苗断垄现象。

为了进一步提高除草效果和对作物的安全性，特别是为了防治铁苋、马齿苋等部分阔叶杂草时，在芹菜播种后应适当混土或覆薄土，勿让种子外露，播后苗前施药，可以用除草剂配方有，33%二甲戊乐灵乳油100 ～ 150 mL/亩+50%扑草净可湿性粉剂50 ～ 75 g/亩、50%乙草胺乳油75 ～ 100 mL/亩+50%扑草净可湿性粉剂50 ～ 75 g/亩、72%异丙甲草胺乳油100 ～ 150 mL/亩+50%扑草净可湿性粉剂50 ～ 75 g/亩、96%精异丙甲草胺乳油40 ～ 50 mL/亩+50%扑草净可湿性粉剂50 ～ 75 g/亩、72%异丙草胺乳油100 ～ 150 mL/亩+50%扑草净可湿性粉剂50 ～ 75 g/亩、33%二甲戊乐灵乳油100 ～ 150 mL/亩+24%乙氧氟草醚乳油10 ～ 20 mL/亩、50%乙草胺乳油75 ～ 100 mL/亩+24%乙氧氟草醚乳油10 ～ 20 mL/亩、72%异丙甲草胺乳油100 ～ 150 mL/亩+24%乙氧氟草醚乳油10 ～ 20 mL/亩、96%精异丙甲草胺乳油40 ～ 50 mL/亩+24%乙氧氟草醚乳油10 ～ 20 mL/亩、72%异丙草胺乳油100 ～ 150 mL/亩+24%乙氧氟草醚乳油10 ～ 20 mL/亩、33%二甲戊乐灵乳油100 ～ 150 mL/亩+25%噁草酮乳油75 ～ 100 mL/亩、50%乙草胺乳油75 ～ 100 mL/亩+25%噁草酮乳油75 ～ 100 mL/亩、72%异丙甲草胺乳油100 ～ 150 mL/亩+25%噁草酮乳油75 ～ 100 mL/亩、96%精异丙甲草胺乳油40 ～ 50 mL/亩+25%噁草酮乳油75 ～ 100 mL/亩、72%异丙草胺乳油100 ～ 150 mL/亩+25%噁草酮乳油75 ～ 100 mL/亩、20%双甲胺草膦乳油250 ～ 375 mL/亩+25%噁草酮乳油75 ～ 100 mL/亩，兑水40 kg均匀喷施，可以有效防治多种一年生禾本科杂草和阔叶杂草。应在播种后浅混土或覆薄土，种子裸露时沾上药液易发生药害。

（二）芹菜移栽田杂草防治

育苗移栽是芹菜的重要栽培方式（图34-16），生产上宜采用封闭性除草剂，一次施药保持整个生长季节没有杂草为害。可在整地后移栽前喷施土壤封闭除草剂，移栽时尽量不要翻动土层或尽量少翻动土层。可以用除草剂有，33%二甲戊乐灵乳油100 ～ 150 mL/亩、50%乙草胺乳油75 ～ 100 mL/亩、72%异丙甲草胺乳油100 ～ 150 mL/亩、72%异丙草胺乳油100 ～ 150 mL/亩，兑水40 kg均匀喷施。

对于一些老菜田，特别是长期施用除草剂的芹菜田，马唐、狗尾草、牛筋草、铁苋、马齿苋等一年生禾本科杂草和阔叶杂草发生都比较多，可以用除草剂配方有，33%二甲戊乐灵乳油100 ～ 200 mL/亩+50%扑草净可湿性粉剂50 ～ 75 g/亩、50%乙草胺乳油100 ～ 150 mL/亩+50%扑草净可湿性粉剂50 ～ 75 g/亩、72%异丙甲草胺乳油150 ～ 200 mL/亩+50%扑草净可湿性粉剂50 ～ 75 g/亩、96%精异丙甲草胺乳油40 ～ 60 mL/亩+50%扑草净可湿性粉剂50 ～ 75 g/亩、72%异丙草胺乳油150 ～ 200 mL/亩+50%扑草净可湿性粉剂50 ～ 75 g/亩、33%二甲戊乐灵乳油100 ～ 200 mL/亩+24%乙氧氟草醚乳油20 ～ 30 mL/亩、50%乙草胺乳油100 ～ 150 mL/亩+24%乙氧氟草醚乳油20 ～ 30 mL/亩、72%异丙甲草胺乳油150 ～ 200 mL/亩+24%乙氧氟草醚乳油20 ～ 30 mL/亩、96%精异丙甲草胺乳油40 ～ 60 mL/亩+24%乙氧氟草醚乳油20 ～ 30 mL/亩、72%异丙草胺乳油150 ～ 200 mL/亩+24%乙氧氟草醚乳油20 ～ 30 mL/亩、33%二甲戊乐灵乳油100 ～ 200 mL/亩+25%噁草酮乳油75 ～ 100 mL/亩、50%乙草胺乳油100 ～ 150 mL/亩+25%噁草酮乳油75 ～ 100 mL/亩、72%异丙甲草胺乳油150 ～ 200 mL/亩+25%噁草酮乳油75 ～ 100 mL/亩、96%精异丙甲草胺乳油40 ～ 60 mL/亩+25%噁草酮乳油75 ～ 100 mL/亩、72%异丙草胺乳油150 ～ 200 mL/亩+25%噁草酮乳油75 ～ 100 mL/亩、20%双甲胺草膦乳油250 ～ 375 mL/亩+25%噁草酮乳油75 ～ 100 mL/亩，兑

图34-16　芹菜移栽田

水40 kg均匀喷施，可以有效防治多种一年生禾本科杂草和阔叶杂草。生产中应均匀施药，不宜随便改动配比，否则易发生药害。施药后轻轻踩动，尽量不要松动土层，以免影响封闭效果。

（三）芹菜生长期杂草防治

对于前期未能采取化学除草或化学除草失败的芹菜田，应在田间禾本科杂草基本出苗，且杂草处于幼苗期时（图34-17）及时施药防治。可以用除草剂有，10%精喹禾灵乳油40 ~ 60 mL/亩、10.8%高效氟吡甲禾灵乳油20 ~ 40 mL/亩、10%喔草酯乳油40 ~ 80 mL/亩、15%精吡氟禾草灵乳油40 ~ 60 mL/亩、10%精噁唑禾草灵乳油50 ~ 75 mL/亩、12.5%稀禾啶乳油50 ~ 75 mL/亩、24%烯草酮乳油20 ~ 40 mL/亩，兑水30 kg均匀喷施，可以有效防治多种禾本科杂草。该类药剂没有封闭除草效果，施药不宜过早，特别是在禾本科杂草未出苗时，施药是没有效果的。

图34-17 芹菜生长期禾本科杂草发生情况

第三十五章　菜豆、豇豆病虫草害原色图解

一、菜豆、豇豆病害

1. 菜豆、豇豆枯萎病

分布为害　枯萎病是菜豆、豇豆重要的土传病害，全国各地均有发生，20世纪70年代以来，该病日渐加重，造成大片死秧。

症　　状　由豆尖孢镰孢（*Fusarium oxysporum* f. sp. *phaseoli*，属无性型真菌）引起。染病植株根系发育不良，根部皮层腐烂，新根少或没有，容易拔起。剖开根、茎部，或剥离茎部皮层，可见到维管束变黄褐色至黑褐色。一般进入花期后，病株先呈萎蔫状，前期早晚可恢复正常，后期枯死。地上部症状，下部叶片先变黄，然后逐渐向上发展。叶脉两侧变为黄色至黄褐色，叶脉呈褐色，严重时，全叶枯焦脱落（图35-1）。

图35-1　枯萎病为害植株及维管束褐变症状

发生规律　以菌丝体的形式在病残体、土壤和带菌肥料中越冬，种子也能带菌。成为翌年初侵染源。通过伤口或根毛顶端细胞侵入，主要靠水流进行短距离传播，扩大为害。春播菜豆一般在6月中旬发病，7月上旬为发病高峰期。低洼地，肥料不足，缺磷、钾肥，土质黏重，土壤偏酸和施未腐熟肥料时发病重。

防治方法　施足不带菌的经过充分腐熟的优质有机肥，增施磷、钾肥。低洼地可采取高垄或半高垄地膜覆盖栽培，防止大水漫灌，雨后及时排水，田间不能积水。

种子处理：用种子重量0.5%的50%多菌灵可湿性粉剂拌种，或用种子重量0.3%的50%福美双可湿性粉剂拌种。

药剂灌根：田间发现有个别病株时，马上灌药液防治，可用50%多菌灵可湿性粉剂500 ～ 600倍液、70%甲基硫菌灵可湿性粉剂600 ～ 800倍液灌根。

发生普遍时，也可用65%甲基硫菌灵·乙霉威可湿性粉剂700 ～ 800倍液、60%敌菌灵可湿性粉剂600倍液+50%苯菌灵可湿性粉剂1 000倍液、10%多抗霉素可湿性粉剂600倍液、50%多菌灵可湿性粉剂500倍液+50%福美双可湿性粉剂500倍液、50%苯菌灵可湿性粉剂1 000倍液+50%福美双可湿性粉剂500倍液、50%琥胶肥酸铜可湿性粉剂400倍液等药剂喷洒茎基部或灌根，每株灌200 mL稀释药液，7 ～ 10 d后再灌1次。

2. 菜豆、豇豆锈病

分布为害 锈病是菜豆、豇豆生长中、后期的重要病害，全国各地均有发生，发病严重时，染病率可达100%，严重影响品质。

症　　状 由疣顶单胞锈菌（*Romyces appendiculatus*）引起。主要为害叶片，严重时可为害茎、蔓、叶柄及荚。叶片染病，初现褪绿小黄斑，后中央稍凸起，呈黄褐色近圆形疱斑，周围有黄色晕圈，后表皮破裂，散出红褐色粉末，即夏孢子。四周生紫黑色疱斑，即冬孢子堆。后期叶片布满锈褐色病斑，叶片枯黄脱落（图35-2）。茎染病，症状与叶片相似。荚染病形成凸出表皮疱斑，表皮破裂后，散出褐色粉状物。

图35-2　锈病为害叶片症状

发生规律 以冬孢子的形式在病残体上越冬，温暖地区以夏孢子的形式越冬。翌春，冬孢子萌发产生担子和担孢子，借气流传播，从叶片气孔直接侵入。华北地区主要发生在夏、秋两季，长江中下游地区发病盛期在5—10月，华南地区发病盛期在4—7月。进入开花结荚期，气温20℃左右，高湿，昼夜温差大及结露持续时间长此病易流行，秋播豆类及连作地发病重。夏季高温、多雨时发病重。

防治方法 春播宜早，清洁田园，深翻土壤，采用配方施肥技术，适当密植，及时整枝，雨后及时排水。

发病前，可喷施75%百菌清可湿性粉剂600倍液、80%代森锰锌可湿性粉剂800倍液等药剂预防。

发病初期，喷洒29%吡萘·嘧菌酯（吡唑萘菌胺11.2%+嘧菌酯17.8%）悬浮剂45 ～ 60 mL/亩、15%三唑酮可湿性粉剂1 000 ～ 1 500倍液、12.5%烯唑醇可湿性粉剂1 000 ～ 2 000倍液、40%氟硅唑乳油4 000倍液、25%丙环唑乳油2 000倍液＋15%三唑酮可湿性粉剂2 000倍液、70%代森锰锌可湿性粉剂1 000倍液＋15%三唑酮可湿性粉剂2 000倍液等药剂，间隔7 ～ 10 d喷1次，连喷2 ～ 3次，均匀喷雾。

3. 菜豆、豇豆炭疽病

分布为害 炭疽病是豆科蔬菜生产中的重要病害，国内各产区均有发生，特别是潮湿多雨的地区，为害严重。

症　　状 由豆刺盘孢（*Colletotrichum lindemuthianum*，属无性型真菌）引起。分生孢子盘黑色，圆形或近圆形。分生孢子梗短小，单胞，无色。整个生育期都可以发病，叶、茎、荚、种子都可被侵染。

幼苗发病，子叶上出现红褐色近圆形病斑，边缘隆起，内部凹陷。叶片发病，叶面上出现病斑，后扩展成多角形小斑，红褐色，边缘颜色较深，后期易破裂（图35-3）。叶柄和茎上的病斑与子叶上的病斑相似（图35-4），叶柄受害后，可造成叶片萎蔫。豆荚上最初产生褐色小点，圆形或长圆形，中间黑褐色或黑色，边缘淡褐色至粉红色（图35-5）。潮湿时，常溢出粉红色黏稠物。

图35-3　炭疽病为害叶片症状

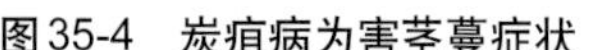

图35-4　炭疽病为害茎蔓症状

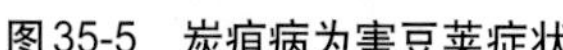

图35-5　炭疽病为害豆荚症状

发生规律　菌丝体潜伏在病残体、种子内和附在种子上越冬。播种带菌种子，幼苗即可染病，借雨水、昆虫传播。翌春，产生分生孢子，通过雨水飞溅进行初侵染，从伤口或直接侵入，并进行再侵染。长江中下游地区发病盛期为4—5月，8月中、下旬至11月上旬，秋季闷热多雨发病重。气温较低、湿度高、地势低洼、通风不良、栽培过密、土壤黏重、氮肥过量等因素会加重病情。

防治方法　深翻土地，增施磷、钾肥，及时拔除田间病苗，雨后及时中耕，施肥后培土，注意排涝，降低土壤含水量。进行地膜覆盖栽培，可防止或减轻土壤病菌传播，降低空气湿度。

种子处理：播种前用40%福尔马林200倍液或50%代森铵水剂 400倍液浸种1 h，捞出用清水洗净，晾干待播，或用种子重量0.3%的50%多菌灵可湿性粉剂、40%三唑酮·多菌灵可湿性粉剂、50%福美双可湿性粉剂拌种后播种。

发病前，可用75%百菌清可湿性粉剂600倍液、50%多菌灵可湿性粉剂500倍液、70%代森锰锌可湿性粉剂500倍液、80%炭疽福美可湿性粉剂（福美双·福美锌）1 000倍液、50%福美双可湿性粉剂500倍液、65%代森锌可湿性粉剂500倍液等药剂，喷雾预防保护。

发病初期，可用325 g/L苯甲·嘧菌酯（嘧菌酯200 g/L+苯醚甲环唑125 g/L）悬浮剂40 ～ 60 mL/亩、70%甲基硫菌灵可湿性粉剂500倍液、25%咪鲜胺乳油1 000倍液、10%苯醚甲环唑水分散粒剂2 000倍液、50%腐霉利可湿性粉剂700 ～ 800倍液、65%甲基硫菌灵·乙霉威可湿性粉剂700 ～ 800倍液、50%咪鲜胺锰络化合物可湿性粉剂1 000倍液喷雾防治，间隔5 ～ 7 d喷1次，连喷2 ～ 3次。喷药要周到，特别注意叶背面，喷药后遇雨应及时补喷，施药时注意保护剂与治疗剂间的混用和轮用。

4. 菜豆、豇豆细菌性疫病

分布为害　细菌性疫病是豆科蔬菜常见病害。东北地区各省份及河南、湖北、湖南、江苏、浙江等省份均有发生。

症　　状　由野油菜黄单胞菌菜豆致病型（*Xanthomonas campestris* pv. *phaseoli*，属细菌）引起。苗期和成株期均可染病，主要侵染叶、茎蔓、豆荚和种子。幼苗期染病，子叶呈红褐色溃疡状，或在叶柄基部产生水浸状斑，扩大后为红褐色，病斑绕茎扩展，幼苗即折断干枯。成株期染病，叶片染病始于叶尖或叶缘，初呈暗绿色油渍状小斑点，后扩展为不规则形褐斑，周围有黄色晕圈（图35-6），湿度大时，溢出黄色菌脓，严重时病斑相互融合，以致全叶枯凋，病部脆硬易破，最后叶片干枯。茎蔓染病，初生油浸状小斑，稍凹陷，红褐色，绕茎一周后，致上部茎叶枯萎。豆荚染病，初生暗绿色油渍状小斑，后扩大为稍凹陷的圆形至不规则形褐斑，严重时豆荚皱缩（图35-7）。

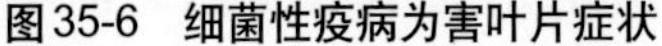
图35-6　细菌性疫病为害叶片症状

图35-7　细菌性疫病为害豆荚症状

发生规律　病原细菌在种子内或黏附在种皮上越冬，借风、雨、昆虫传播，从气孔、水孔、虫口侵入。主要发病盛期在4—11月。早春温度高、多雨时发病重，秋季多雨、多露时发病重。栽培管理不当、大水漫灌、肥力不足或偏施氮肥，造成长势差或徒长，皆易加重发病。

防治方法　收获后清除病残体，深翻土壤，合理密植，增加植株通风透光度，避免田间积水，不可大水漫灌。

种子处理：可用3%中生菌素可溶液剂500倍液浸种12 h，洗净后播种。

发病初期，喷洒40%噻唑锌悬浮剂50 ~ 75 mL/亩、5%大蒜素微乳剂60 ~ 80 g/亩、41%乙蒜素乳油1 000 ~ 1 250倍液、3%噻霉酮微乳剂75 ~ 110 g/亩、0.3%四霉素水剂50 ~ 65 mL/亩、6%春雷霉素可溶液剂50 ~ 70 mL/亩、3%中生菌素可溶液剂80 ~ 110 mL/亩、KN-035亿CFU/g多粘类芽孢杆菌悬浮剂160 ~ 200 mL/亩、LW-680亿芽孢/克甲基营养型芽孢杆菌可湿性粉剂80 ~ 120 g/亩、1亿CFU/g枯草芽孢杆菌微囊粒剂50 ~ 150 g/亩、2%春雷霉素·四霉素（春雷霉素1.8%+四霉素0.250 ~ 150 g/亩，喷雾）可溶液剂67 ~ 100 mL/亩、35%喹啉铜·四霉素（喹啉铜34.5%+四霉素0.5%）悬浮剂32 ~ 36 mL/亩、40%甲硫·噻唑锌（甲基硫菌灵24%+噻唑锌16%）悬浮剂120 ~ 180 mL/亩、41%中生·丙森锌（丙森锌39%+中生菌素2%）可湿性粉剂80 ~ 100 g/亩、2%中生·四霉素（四霉素0.3%+中生菌素1.7%）可溶液剂40 ~ 60 mL/亩、27%春雷·溴菌腈（溴菌腈25%+春雷霉素2%）可湿性粉剂60 ~ 80 g/亩、50%氯溴异氰尿酸可溶性粉剂1 200倍液、47%春雷霉素·氧氯化铜可湿性粉剂700倍液等药剂，间隔7 ~ 10 d喷1次，连喷2 ~ 3次。

5.菜豆、豇豆病毒病

症　　状　常见的由3种病毒引起，分别为菜豆普通花叶病毒（*Bean common mosaic virus*，BCMV）、菜豆黄花叶病毒（*Bean yellow mosaic virus*，BYMV）、黄瓜花叶病毒（*Cucumber mosaic virus*，CMV）。症状主要表现在叶片上，嫩叶初呈明脉、失绿或皱缩，新长出的嫩叶呈花叶。浓绿色部分凸起或凹下呈袋状，叶片向下弯曲。有些品种感病后叶片畸形。病株矮缩或不矮缩，开花迟或落花（图35-8 ~图35-12）。

图35-8　病毒病花叶症状

图35-9　病毒病皱缩症状

图35-10　病毒病环斑症状

图35-11　病毒病褪绿症状

图35-12　病毒病为害荚果症状

发生规律　菜豆普通花叶病毒引起的花叶病主要靠种子传毒，此外也可通过桃蚜、菜缢管蚜、棉蚜及豆蚜等传毒；菜豆黄花叶病毒和黄瓜花叶病毒病初侵染源主要来自越冬寄主，在田间也可通过桃蚜和棉蚜传播。土壤中缺肥，菜株生长期干旱、蚜虫发生多，发病重。

防治方法　适期早播早收，避开发病高峰，减少种子带毒率。夏播菜豆宜选择较凉爽地种植，或与小白菜等间、套种，适当密播。苗期进行浅中耕，使土壤通气良好。施肥量要轻，及时搭架引蔓，开花结荚期适量浇水、注意防涝，增强作物抗病力。

蚜虫是病毒病的主要传播媒介，积极防治蚜虫是预防病毒病的有效方法。有条件时可覆盖防虫网。可喷施25%噻虫嗪可湿性粉剂2 000 ～ 3 000倍液等药剂防治。

发病初期，可用0.5%菇类蛋白多糖水剂300倍液、20%盐酸吗啉胍·乙酸铜可湿性粉剂500倍液、3%三氮唑核苷水剂500倍液、2%宁南霉素水剂300倍液、10%混合脂肪酸水乳剂100倍液等药剂喷雾。每隔5 ～ 7 d喷1次，连续施药2 ～ 3次。

6. 菜豆、豇豆根腐病

症　　状　由腐皮镰孢（*Fusarium solani*）引起。主要为害根部和茎基部，病部产生褐色或黑色斑点，病株易拔出，纵剖病根，维管束呈红褐色，病情扩展后向茎部延伸，主根全部染病后，地上部茎叶萎蔫或枯死（图35- 13）。湿度大时，病部产生粉红色霉状孢子。

图35-13　根腐病病株及根部症状

发生规律　病菌在病残体中存活，腐生性很强，可在土中存活10年或者更长时间。借助农具、雨水和灌溉水传播。从根部或茎基部伤口侵入。高温、高湿条件有利于发病，特别是在土壤含水量高时有利于病菌传播和侵入。地下害虫多，根系虫伤多，也有利于病菌侵入，发病重。

防治方法　采用深沟高垄、地膜覆盖栽培，生长期合理运用肥水，不能大水漫灌，浇水后及时浅耕、灭草、培土，以促进发根。注意排除田间积水，及时清除田间病株残体，发现病株及时拔除，并向四周撒石灰消毒。

土壤消毒：苗床消毒可选用50%多菌灵可湿性粉剂、50%苯菌灵可湿性粉剂、70%敌磺钠可溶性粉剂8 g/m^{2}消毒。

病害发生初期，可用50%多菌灵可湿性粉剂500倍液、70%敌磺钠可溶性粉剂800 ～ 1 000倍液、70%甲基硫菌灵可湿性粉剂1 000倍液、35%福·甲可湿性粉剂900倍液、60%敌菌灵可湿性粉剂500 ～ 600倍液等药剂灌根，每株灌250 mL药液，隔10 d再灌1次。

7. 菜豆、豇豆褐斑病

症　　状　由菜豆假尾孢菌（*Pseudocercospora cruenta*，属无性型真菌）引起。叶片正、背面产生近圆形或不规则形褐色斑，边缘赤褐色，外缘有黄色晕圈，后期病斑中部变为灰白色至灰褐色（图35-14），叶背病斑颜色稍深，边缘仍为赤褐色。湿度大时，叶背面病斑产生灰黑色霉状物。

图35-14　褐斑病为害叶片症状

发生规律　以菌丝体的形式在病残体中越冬，靠气流传播，从植株表皮侵入，种植过密，通风不良，土壤含水量高，偏施氮肥的地块发病重。

防治方法　与非豆类蔬菜实行2年轮作。合理密植，增施钾肥，清洁田园。

发病初期，及时喷药防治，可喷75%百菌清可湿性粉剂600倍液+70%甲基硫菌灵可湿性粉剂1 000倍液、25%吡唑醚菌酯悬浮剂30 ～ 40 mL/亩、25%嘧菌酯悬浮剂1 500倍液、70%甲基硫菌灵可湿性粉剂700倍液+75%百菌清可湿性粉剂800倍液、50%苯菌灵可湿性粉剂1 000倍液，每隔10 d施1次，连续防治2 ～ 3次。

8. 菜豆、豇豆红斑病

症　　状　由变灰尾孢（*Cercospora canescens*）引起。叶片上的病斑近圆形至不规则形，有时受叶脉限制沿脉扩展，红色或红褐色（图35-15），背面密生灰色霉层。严重的侵染豆荚，形成较大红褐色斑，病斑中心黑褐色，后期密生灰黑色霉层。

图35-15　红斑病为害叶片症状

发生规律　以菌丝体和分生孢子的形式在种子或病残体中越冬，成为翌年初侵染源。生长季节为害叶片，经分生孢子多次进行再侵染，病原菌大量积累，遇适宜条件即流行。高温、高湿有利于该病发生和流行，尤以秋季多雨、连作地发病重。

防治方法　选无病株留种，发病地收获后深耕，有条件的实行轮作。

发病初期，喷洒70%甲基硫菌灵可湿性粉剂700倍液+75%百菌清可湿性粉剂700倍液、30%唑醚·氟硅唑（吡唑醚菌酯20%＋氟硅唑10%）乳油25～35 mL/亩、30%戊唑·嘧菌酯（戊唑醇20%＋嘧菌酯10%）悬浮剂30～40 mL/亩、36%甲基硫菌灵悬浮剂400～500倍液+70%代森锰锌可湿性粉剂800倍液、50%苯菌灵可湿性粉剂1 500倍液+70%代森锰锌可湿性粉剂800倍液、50%多菌灵可湿性粉剂600倍液+70%代森锰锌可湿性粉剂800倍液，80%炭疽福美可湿性粉剂（福美双·福美锌）800倍液+2%嘧啶核苷类抗生素水剂、2%武夷菌素水剂200倍液+70%代森锰锌可湿性粉剂800倍液、70%甲基硫菌灵可湿性粉剂500倍液+80%炭疽福美（福美双·福美锌）可湿性粉剂400倍液、50%异菌脲可湿性粉剂800倍液＋70%甲基硫菌灵可湿性粉剂600倍液、50%异菌脲可湿性粉剂800倍液＋80%炭疽福美（福美双·福美锌）可湿性粉剂450倍液、25%咪鲜胺乳油1 000倍液+75%百菌清可湿性粉剂700倍液，间隔7 d防治1次，连续防治2～3次。

9. 菜豆、豇豆白粉病

症　　状　由紫芸英单丝壳菌（*Sphaerotheca astragali*）引起。主要侵害叶片，首先在叶背面出现黄褐色斑点，后扩大呈紫褐色斑，其上覆盖一层稀薄的白粉，后期病斑沿叶脉发展，白粉布满全叶（图35-16），严重的叶片背面也可表现症状，导致叶片枯黄，引起大量落叶。

发生规律　病菌多以菌丝体的形式在多年生植株体内或以闭囊壳的形式在病株残体上越冬。于翌年春季产生子囊孢子，进行初侵染。叶片发病后，在感病部位产生分生孢子，进行侵染，并以此种方式在生长季节反复侵染，至秋后，产生子囊孢子或以菌丝体的形式越冬。一般情况下，干旱年份，或日夜温度差别大叶面易结露的年份，发病重。

防治方法　选用抗病品种。收获后及时清除病株残体，集中烧毁或深埋。施用腐熟的有机肥，加强管理，提高抗病能力。

发病初期，可喷施62.25%腈菌·锰锌可湿性粉剂800～1 000倍液、40%腈菌唑可湿性粉剂3 000～5 000倍液+70%代森锰锌可湿性粉剂800倍液、25%乙嘧酚悬浮剂800～1 000倍液+70%代森联干悬浮剂800倍液、20%硅唑·咪鲜胺（咪鲜胺16%＋氟硅唑4%）水乳剂55～70 mL/亩、12.5%烯唑醇可湿性粉剂2 000～3 000倍液+70%代森锰锌可湿性粉剂800倍液，隔5～7 d喷1次，连续喷2～3次。

图35-16　白粉病为害叶片症状

10. 菜豆、豇豆黑斑病

症　　状　由黑链格孢（*Alternaria atrans*）和长喙生链格孢（*Alternaria longirostrata*）引起，两者均属半知菌亚门真菌。主要为害叶片，初生针头大的淡黄色斑点，逐渐扩大为圆形、不规则形病斑。病斑边缘齐整，周边带淡黄色，斑面呈褐色至赤褐色，其上遍布暗褐色至黑褐色霉层。病叶前端斑块多，有时连片，造成叶片枯焦（图35-17）。

发生规律　病菌以菌丝体和分生孢子的形式，在病部或随病残体遗落在土中越冬。翌年，产生分生

图35-17　黑斑病为害叶片症状

孢子借风雨传播，从寄主表皮气孔或直接穿透表皮侵入。在温暖高湿条件下发病较重。秋季多雨、多雾、重露利于病害发生。管理粗放、地块排水不良、肥水缺乏，导致植株长势衰弱、密度过大等，均易加重病害。

防治方法　合理密植，高垄栽培，合理施肥，适度灌水，雨后及时排水。保护地注意放风排湿。及时清除病残体，集中销毁，减少菌源。重病地与非豆科植物进行2年以上轮作。

发病初期，可采用50%咪鲜胺锰络化合物可湿性粉剂800 ～ 1 500倍液、50%异菌脲可湿性粉剂1 000 ～ 1 500倍液、40%腈菌唑水分散粒剂4 000 ～ 6 000倍液、10%苯醚甲环唑水分散粒剂1 500倍液、25%溴菌腈可湿性粉剂500 ～ 800倍液+75%百菌清可湿性粉剂500 ～ 800倍液、12.5%烯唑醇可湿性粉剂3 000 ～ 4 000倍液+70%代森锰锌可湿性粉剂500 ～ 800倍液、43%戊唑醇悬浮剂3 000 ～ 4 000倍液+70%代森联干悬浮剂500 ～ 800倍液，隔5 ～ 7 d防治1次，连续防治2 ～ 3次。

11. 菜豆细菌性叶斑病

症　　状　由丁香假单胞菌丁香致病变种（*Pseudomonas syringae* pv. *syringae*，属细菌）引起。主要为害叶片和豆荚。叶片染病，初在叶面上产生红棕色不规则或环形小病斑（图35-18），叶斑边缘明显，叶背面的叶脉颜色变暗，叶斑扩展后病斑中心变成灰色，且容易脱落呈穿孔状。豆荚染病，症状与叶片基本相似，但荚上的病斑较大一些。

发生规律　病菌可在种子及病残体上越冬，借风雨、灌溉水传播蔓延。苗期至结荚期遇阴雨或降雨天气多，雨后此病易发生和蔓延。

防治方法　严格检疫，防止种子带菌传播蔓延。实行3年以上轮作。加强栽培管理，避免田间湿度过大，减少田间结露条件。

图35-18　菜豆细菌性叶斑病为害叶片症状

发病初期，喷洒2%春雷霉素可湿性粉

剂300～500倍液、3%中生菌素可湿性粉剂800～1 000倍液、20%噻唑锌悬浮剂300～500倍液、50%琥胶肥酸铜可湿性粉剂500倍液、50%氯溴异氰尿酸可溶性粉剂1 200倍液、77%氢氧化铜可湿性微粒粉剂500倍液、30%氧氯化铜悬浮剂600倍液、56%氧化亚铜水分散粒剂500～700倍液，从抽蔓上架病害发生前即开始预防，交替喷施，喷匀喷足，间隔7～10 d防治1次，连喷2～3次。

12. 豇豆轮纹病

症　　状　由豇豆尾孢（*Cercospora vignicola*，属无性型真菌）引起。主要为害叶片、茎及荚果。叶片初生浓紫色小斑，后扩大为近圆形褐色斑，斑面具明显赤褐色同心轮纹（图35-19），潮湿时生暗色霉状物。茎部初生浓褐色不正形条斑，后绕茎扩展，致病部以上的茎枯死。荚上病斑紫褐色，具轮纹，病斑数量多时荚呈赤褐色。

图35-19　豇豆轮纹病为害叶片症状

发生规律　菌丝体和分生孢子梗随病残体遗落土中越冬或越夏，也可在种子内或黏附在种子表面越冬或越夏。由风雨传播，进行初侵染和再侵染。在南方，病菌的分生孢子辗转传播为害，无明显越冬或越夏期。高温多湿的天气及栽植过密，通风差及连作低洼地发病重。

防治方法　重病地于生长季节结束时，宜彻底收集病残物烧毁，并深耕晒土，有条件时实行轮作。

发病初期，及早喷洒75%百菌清可湿性粉剂1 000倍液+70%甲基硫菌灵可湿性粉剂1 500倍液、25%吡唑醚菌酯悬浮剂30～40 mL/亩、25%嘧菌酯悬浮剂1 500倍液、50%苯菌灵可湿性粉剂1 000～1 500倍液+70%代森锰锌可湿性粉剂800倍液、50%福·异菌可湿性粉剂800倍液+75%百菌清可湿性粉剂700倍液、25%咪鲜胺乳油1 000～2 000倍液+70%代森锰锌可湿性粉剂800倍液、66.8%丙森·异丙菌胺可湿性粉剂800～1 000倍液、10%苯醚甲环唑水分散粒剂1 500倍液+70%代森锰锌可湿性粉剂700倍液、50%咪鲜胺锰盐可湿性粉剂50～67 g/亩、77%氢氧化铜可湿性微粒粉剂500倍液，间隔7～10 d防治1次，连续防治2～3次。

13. 豇豆立枯病

症　　状　由立枯丝核菌（*Rhizoctonia solani*）引起。主要为害茎枝蔓及茎基部。患部初现淡褐色椭圆形或梭形小斑，后绕茎蔓扩展，造成茎蔓成段变黄褐色至黄白色，干枯，后期患部表面出现散生或聚生的小黑粒（图35-20）。茎基部染病可致苗枯，中上部枝蔓染病导致蔓枯，植株长势逐渐衰退，影响开花结荚。

图35-20　豇豆立枯病为害幼苗及根部症状

发生规律 病菌以菌丝体和分生孢子器的形式随病残体遗落在土中越冬。以分生孢子器内生的分生孢子作为初侵染与再侵染接种体，通过雨水溅射传播，从茎蔓伤口或表皮侵入致病。高温、多雨、潮湿天气，或种植地通透性差，有利于发病，过肥或肥料不足的植株易染病。

防治方法 选择排水良好的高燥地块育苗，苗床选用无病土。苗期做好保温工作，防止低温，浇水最好在上午进行。

发病初期，可用30%醚菌酯悬浮剂1 500 ～ 2 000倍液、10%苯醚甲环唑水分散粒剂1 500倍液+75%百菌清可湿性粉剂800倍液、50%苯菌灵可湿性粉剂1 000倍液、30%苯醚甲·丙环唑乳油3 000倍液灌根，可控制立枯病的发生和蔓延。

14. 豇豆角斑病

症　　状 由灰拟棒束孢（*Isariopsis griseola*，属无性型真菌）引起。主要为害叶片和豆荚，一般发生在开花期，叶片上产生多角形灰色病斑，长5 ～ 8 mm，后变灰褐色至紫褐色，湿度大时叶背簇生灰紫色霉层，豆荚染病，病斑较大，灰褐色至紫褐色，不凹陷，湿度大时也产生霉状物（图35-21）。

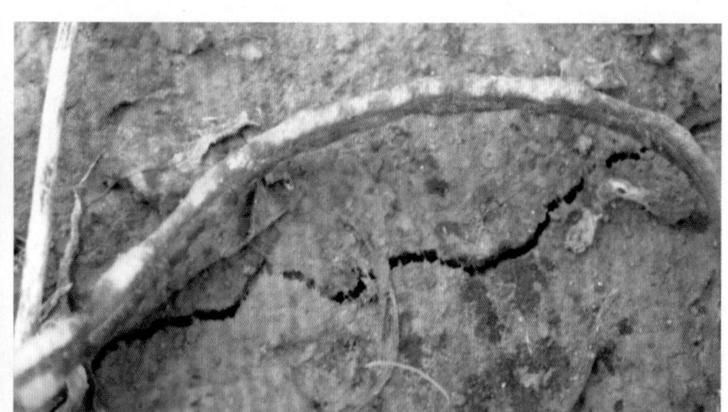

图35-21 豇豆角斑病为害豆荚症状

发生规律 病菌以菌丝块或分生孢子的形式在种子上越冬，翌年条件适宜时，产生分生孢子为害叶片，病部产生分生孢子进行再侵染，在秋季为害豆荚。豇豆角斑病是高温、高湿病害，一般秋季发病重。

防治方法 加强田间管理，适当密植，使田间通风透光，防止湿度过大；增施磷、钾肥，提高植株抗病力。收获后及时清除病残体，集中烧毁或深埋，发病初期及时摘除病叶。

发病初期，喷洒80%代森锰锌可湿性粉剂600倍液、75%百菌清可湿性粉剂600倍液、53.8%氢氧化铜干悬浮剂900 ～ 1 000倍液、30%醚菌酯悬浮剂1 500 ～ 2 000倍液、10%苯醚甲环唑水分散粒剂1 500倍液+75%百菌清可湿性粉剂800倍液、50%苯菌灵可湿性粉剂1 000倍液等药剂防治，间隔7 ～ 10 d防治1次，连续防治2 ～ 3次。

15. 菜豆、豇豆灰霉病

症　　状 由灰葡萄孢菌（*Botrytis cinerea*）引起。茎、叶、花及荚均可染病。苗期子叶受害，呈水浸状、变软下垂，后叶缘长出白灰霉层。叶片染病，形成较大的轮纹斑，后期易破裂。茎受害，先在根颈部上产生云纹斑，周缘深褐色，中部淡棕色或浅黄色，干燥时病斑表皮破裂形成纤维状，湿度大时病斑上产生灰色霉层。有时也发生在茎蔓分枝处，病部形成凹陷水浸斑，后萎蔫，潮湿时病部密生灰霉。荚果染病先侵染败落的花，后扩展到荚果，病斑初为淡褐至褐色，后软腐，表面生灰霉（图35-22）。

图35-22 灰霉病为害豆荚症状

发生规律　以菌丝、菌核或分生孢子的形式越夏或越冬。翌春条件适宜时长出菌丝直接侵入植株，借雨水溅射传播。败落的病花和腐烂的病荚、病叶，如果落在健康部位可引起该部位发病。叶面结露易发病。

防治方法　保护地种植，早上要先放风排湿，然后上午闭棚增温，下午放风，透光降湿，多施充分腐熟的有机肥，增施磷、钾肥。

发病初期，可喷施50%啶酰菌胺水分散粒剂40 ～ 50 g/亩、80%腐霉利可湿性粉剂50 ～ 60 g/亩、80%嘧霉胺水分散粒剂35 ～ 45 g/亩、50%异菌脲可湿性粉剂1 000 ～ 1 200倍液、65%甲霉灵（甲基硫菌灵＋乙霉威）可湿性粉剂600 ～ 800倍液、2%武夷霉素200倍液、40%菌核净悬浮剂1 200倍液、30%百·霉威可湿性粉剂500倍液、50%多霉灵（多菌灵＋乙霉威）可湿性粉剂600倍液、40%嘧霉胺悬浮剂1 200倍液、50%乙烯菌核利可湿性粉剂1 000 ～ 1 500倍液、45%噻菌灵悬浮剂4 000倍液，间隔7 d喷1次，连喷3 ～ 4次。

二、菜豆、豇豆虫害

豆荚野螟

分　　布　豆荚野螟（*Maruca testulalis*）是豆类蔬菜的重要害虫，在我国各地普遍发生。

为害特点　幼虫主要蛀食花器、鲜荚和种子，有时蛀食茎秆、端梢，卷食叶片，造成落荚，产生蛀孔并排出粪便，严重影响品质（图35-23）。

形态特征　成虫体灰褐色（图35-24），触角丝状，黄褐色。前翅暗褐色，中央有两个白色透明斑，后翅白色透明，近外缘处暗褐色，伴有闪光。卵呈椭圆形，极扁。幼虫共5龄，黄绿色至粉红色（图35-25）。蛹黄褐色。

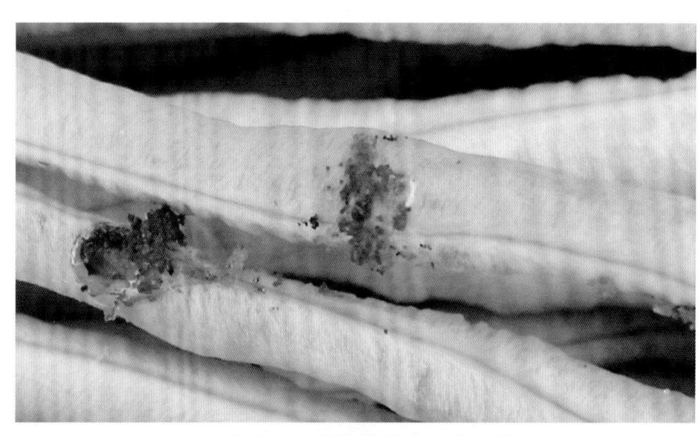

图35-23　豆荚野螟为害豆荚症状

图35-24　豆荚野螟成虫

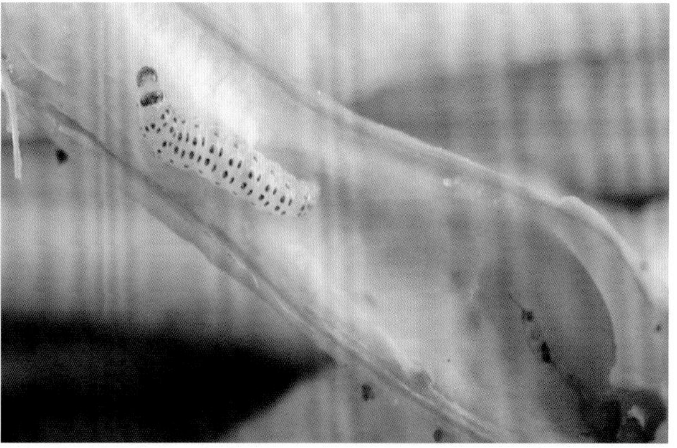

图35-25　豆荚野螟幼虫

发生规律　在西北、华北地区发生3 ～ 4代，华东、华中地区5 ～ 6代。以老熟幼虫或蛹的形式在土中越冬。在田间以6月中旬至8月下旬为害最严重。

防治方法　及时清除田间落花、落荚，摘除被蛀豆荚或被害叶片。发现虫情及时防治，可采用0.5%甲氨基阿维菌素苯甲酸盐乳油2 000 ～ 3 000倍液+4.5%高效顺式氯氰菊酯乳油1 000 ～ 2 000倍液、1%甲氨基阿维菌素苯甲酸盐乳油3 000 ～ 4 000倍液、200 g/L氯虫苯甲酰胺悬浮剂2 500 ～ 4 000倍液、1.8%阿维菌素乳油2 000 ～ 4 000倍液、20%虫酰肼悬浮剂1 500 ～ 3 000倍液、15%茚虫威悬浮剂2000 ～ 3 000倍液、8000 IU/mg苏云金杆菌可湿性粉剂1 000倍液，叶面喷施，视虫情，连续防治2 ～ 3次。

三、豆类蔬菜田杂草防治技术

豆科蔬菜有芸豆（菜豆）、豇豆、扁豆、豌豆、蚕豆、大豆（毛豆）等，豆科蔬菜一年四季均有种植，大多是直播栽培。其中，以芸豆种植最广。豆类蔬菜一般生育期较长，该类菜田适于杂草生长，所以杂草发生量大，为害严重。易造成为害的有马唐、狗尾草、牛筋草、反枝苋、铁苋、凹头苋、马齿苋、藜、小藜、灰绿藜、稗草、双穗雀稗、鳢肠、龙葵、苍耳、繁缕、早熟禾等。

目前，还没有国家登记生产的豆科蔬菜专用除草剂；资料报道的除草剂种类较多、较乱；农民生产上常用的除草剂种类有二甲戊乐灵、异丙甲草胺、精异丙甲草胺、异丙草胺、扑草净、精喹禾灵、精吡氟禾草灵、高效氟吡甲禾灵，另外还有噁草酮、乙氧氟草醚等，生产中应注意除草剂对豆科蔬菜的安全性；生产中应根据各地情况，采用适宜的除草剂种类和施药方法。

（一）豆类蔬菜田播种期杂草防治

豆科蔬菜，多为大粒种子，大部分采取直播栽培，并且播种亦有一定深度，从播种到出苗一般有5 ~ 7 d的时间，比较适合施用芽前土壤封闭性除草剂（图35-26）。生产上，较多选用播前土壤处理或播后芽前土壤封闭处理。

图35-26 豆类蔬菜田杂草发生情况

在作物播种前施药，进行土壤处理，可以防治多种一年生禾本科杂草和阔叶杂草。可于播前5 ~ 7 d，施用48%氟乐灵乳油100 ~ 150 mL/亩、48%地乐胺乳油100 ~ 150 mL/亩，兑水40 kg均匀喷施。施药后及时混土2 ~ 5 cm，该药易挥发，混土不及时会降低药效。该类药剂比较适合于墒情较差时土壤封闭处理，但在冷凉、潮湿天气时，施药易产生药害，应慎用。

在豆类蔬菜播后芽前，可以用48%甲草胺乳油150 ~ 250 mL/亩、33%二甲戊乐灵乳油100 ~ 150 mL/亩、50%乙草胺乳油100 ~ 200 mL/亩、72%异丙甲草胺乳油150 ~ 200 mL/亩、72%异丙草胺乳油150 ~ 200 mL/亩、96%精异丙甲草胺（金都尔）乳油40 ~ 50 mL/亩，兑水40 kg均匀喷施，可以有效防治多种一年生禾本科杂草和部分阔叶杂草。对于覆膜田，或低温、高湿条件下，应适当降低药量。药量过大、田间过湿，特别是遇到持续低温、多雨条件，菜苗可能会出现暂时的矮化，多数能恢复正常生长。但严重时，会出现真叶畸形蜷缩和死苗现象。

为了进一步提高除草效果和对作物的安全性，特别是为了防治铁苋、马齿苋等部分阔叶杂草时，也可以用33%二甲戊乐灵乳油75 ~ 100 mL/亩+24%乙氧氟草醚乳油10 ~ 30 mL/亩、50%乙草胺乳油75 ~ 100 mL/亩+24%乙氧氟草醚乳油10 ~ 30 mL/亩、72%异丙甲草胺乳油100 ~ 150 mL/亩+24%乙氧氟草醚乳油10 ~ 30 mL/亩、72%异丙草胺乳油100 ~ 150 mL/亩+24%乙氧氟草醚乳油10 ~ 30 mL/亩、33%二甲戊乐灵乳油75 ~ 100 mL/亩+25%噁草酮乳油50 ~ 75 mL/亩、50%乙草胺乳油75 ~ 100 mL/亩+25%噁草酮乳油50 ~ 75 mL/亩、72%异丙甲草胺乳油100 ~ 150 mL/亩+25%噁草酮乳油50 ~ 75 mL/亩、72%异丙草胺乳油100 ~ 150 mL/亩+25%噁草酮乳油50 ~ 75 mL/亩，兑水40 kg均匀喷施，可以有效防治多种一年生禾本科杂草和阔叶杂草。施药时要严格把握施药剂量，否则，会产生严重的药害。

（二）豆类蔬菜田生长期杂草防治

对于前期未能采取化学除草或化学除草失败的豆类蔬菜田，应在田间杂草基本出苗，且杂草处于幼苗期时及时施药防治。

图35-27 豇豆田禾本科杂草发生情况

豆类蔬菜田防治一年生禾本科杂草（图35-27），如马唐、狗尾草、牛筋草等，应在禾本科杂草3 ~ 5叶期时，选用5%精喹禾灵乳油50 ~ 75 mL/亩、10.8%高效氟吡甲禾灵乳油20 ~ 40 mL/亩、15%精吡氟禾草灵乳油40 ~ 60 mL/亩、12.5%稀禾啶乳油50 ~ 75 mL/亩、24%烯草酮乳油20 ~ 40 mL/亩，兑水30 kg均匀喷施，可以有效防治多种禾本科杂草。该类药剂没有封闭除草效果，施药不宜过早，特别是在禾本科杂草未出苗时，施药没有效果。杂草较大、杂草密度较高、墒情较差时，适当加大用药量和喷液量；否则，杂草接触不到药液或药量较小，直接影响除草效果。

图35-28 豇豆生长期杂草发生为害情况

在豆类蔬菜田，除草剂应用较多的地块（图35-28），前期施用芳氧基苯氧基丙酸类、环已烯酮类、乙草胺、异丙甲草胺或二甲戊乐灵等除草剂后，马齿苋、铁苋、打碗花等阔叶杂草，或香附子、鸭跖草等恶性杂草发生较多的地块，在马齿苋、铁苋、香附子等基本出齐，且杂草处于幼苗期时，应及时施药。可以用25%氟磺胺草醚水剂40 ~ 50 mL/亩、48%苯达松水剂100 ~ 200 mL/亩，兑水30 kg均匀喷施。该类除草剂对杂草主要表现为触杀性除草效果，施药时务必喷施均匀。在豇豆苗期施药，施药时尽量不要喷施到叶片上，以定向喷药为佳，否则可能产生药害。施药时视草情、墒情确定用药量。

部分豆类蔬菜田（图35-29），发生马唐、狗尾草、马齿苋等一年生禾本科杂草和阔叶杂草，在豇豆苗期、杂草基本出齐且处于幼苗期时，应及时施药，可以用5%精喹禾灵乳油50 mL/亩+48%苯达松水剂150 mL/亩、10.8%高效氟吡甲禾灵乳油20 mL/亩+25%氟磺胺草醚乳油50 mL/亩，兑水30 kg均匀喷施，施药时视草情、墒情确定用药量。

图35-29 豇豆苗期禾本科杂草和阔叶杂草混合发生较轻的情况

第三十六章　大葱病虫草害原色图解

一、大葱病害

1. 大葱霜霉病

症　状　由葱霜霉（*Peronospora destructor*，属鞭毛菌亚门真菌）引起。主要为害叶及花梗，也可侵染洋葱鳞茎。叶片染病（图36-1），从中下部叶片开始，病部以上逐渐干枯下垂。花梗染病（图36-2），初生黄白色或乳黄色较大侵染斑，纺锤形或椭圆形，其上产生白霉，后期变为淡黄色或暗紫色。假茎染病多破裂，弯曲。鳞茎受害，地上部生长不良，叶色淡，无光泽，叶片畸形或扭曲，植株矮缩，表面产生白色霉层，扩大后软化易折断。

图36-1　大葱霜霉病为害叶片症状

图36-2　大葱霜霉病为害花梗症状

发生规律　卵孢子在寄主或种子上或土壤中越冬，翌年条件适宜时萌发，从植株的气孔侵入。借风、雨、昆虫等传播，进行再侵染。一般地势低洼、排水不良、重茬地发病重，阴凉多雨或常有大雾的天气易流行。

防治方法　选择地势高、易排水的地块种植，并与葱类以外的作物实行2～3年轮作。多施充分腐熟的有机质肥，合理密植，及时追肥，适度灌水，严防大水漫灌，雨后及时清沟排渍降湿。

发病前，加强喷施保护剂进行预防，可以用30%吡唑醚菌酯悬浮剂20～33 mL/亩、75%百菌清可湿性粉剂600倍液、30%氧氯化铜悬浮剂600倍液。

发病初期，喷洒50%烯酰吗啉可湿性粉剂30～50 g/亩、90%乙膦铝可湿性粉剂400～500倍液、50%甲霜·铜可湿性粉剂800～1 000倍液、64%噁霜·锰锌可湿性粉剂500倍液、72.2%霜霉威水剂800倍液、70%乙·锰可湿性粉剂500倍液、60%琥·乙膦铝可湿性粉剂500倍液，间隔7～10 d防治1次，连续防治2～3次。

2. 大葱紫斑病

症　　状　由香葱链格孢（*Alternaria porri*，属无性型真菌）引起。主要为害叶和花梗，叶片和花梗染病（图36-3），初呈水渍状白色小点，后变淡褐色圆形或纺锤形稍凹陷斑，继续扩大呈褐色或暗紫色，周围有黄色晕圈。湿度大时，病部长出同心轮纹状排列的深褐色霉状物，病害严重时，致全叶变黄枯死或折断。鳞茎染病，多发生在鳞茎颈部，造成软腐和皱缩，茎内组织深黄色。

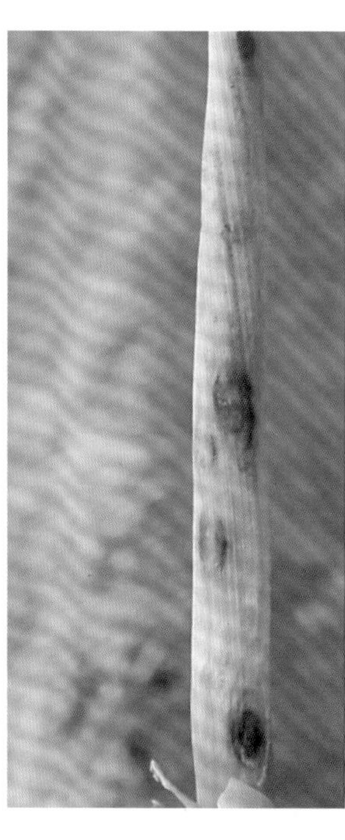

图36-3　大葱紫斑病为害叶片症状

发生规律　菌丝体在寄主体内或随病残体在土壤中越冬，在温暖地区分生孢子在葱类植物上辗转为害。翌年，产出分生孢子，借气流或雨水传播，经气孔、伤口或直接穿透表皮侵入。温暖多湿的夏季发病重。播种过早、种植过密、旱地、旱苗或老苗、缺肥及葱蓟马为害重的田块发病重。

防治方法　收获后及时清洁田园，施足基肥，加强田间管理，雨后及时排水。实行2年以上轮作。适时收获，低温贮藏，防止病害在贮藏期继续蔓延。

发病初期，喷洒30%吡唑醚菌酯悬浮剂20 ～ 33 mL/亩、60%苯醚甲环唑水分散粒剂10 ～ 13 g/亩、15%多抗霉素15 ～ 20 g/亩、2%嘧啶核苷类抗生素水剂100 ～ 200倍液+75%百菌清可湿性粉剂500 ～ 600倍液、70%代森锰锌可湿性粉剂800倍液+50%异菌脲可湿性粉剂1 500倍液、75%百菌清可湿性粉剂+ 70%甲基硫菌灵可湿性粉剂（1 ∶ 1）1 000 ～ 1 500倍液、30%氧氯化铜可湿性粉剂+ 70%代森锰锌可湿性粉剂（1 ∶ 1，即混即喷）1 000倍液，间隔7 ～ 10 d防治1次，连续防治3 ～ 4次，均有较好的效果。

3. 大葱灰霉病

症　　状　由葱鳞葡萄孢（*Botrytis squamosa*，属无性型真菌）引起。被害叶片上初生白色至浅灰褐色的小斑点，后斑点逐渐扩大，相互融合成椭圆形眼状菱形大斑（图36-4）。湿度大时，病斑可密生灰褐色绒毛状霉层，或霉烂、发黏、发黑。

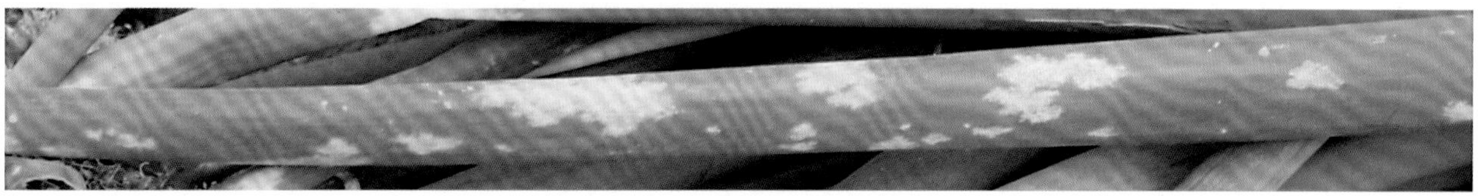

图36-4　大葱灰霉病为害叶片状

病　　原 分生孢子梗从叶组织内伸出，密集或丛生，直立，淡灰色至暗褐色，具0 ~ 7个分隔，基部稍膨大，分枝处正常或缢缩，分枝末端呈头状膨大，其上着生短而透明的小梗及分生孢子。分生孢子卵圆形至梨形，光滑，透明，浅灰色至灰褐色。

发生规律 以菌丝、分生孢子或菌核的形式越冬和越夏。翌春条件适宜时，菌核萌发产生菌丝体，又产生分生孢子，或由菌丝、分生孢子随气流、雨水、浇水传播为害。早春低温、高湿条件下，发病较重。

防治方法 在病害发生初期应及时采用药剂防治，可用50%腐霉利可湿性粉剂1 500 ~ 2 000倍液、50%异菌脲可湿性粉剂1 000 ~ 1 500倍液、50%啶酰菌胺水分散粒剂40 ~ 50 g/亩、80%嘧霉胺水分散粒剂35 ~ 45 g/亩、22.5%啶氧菌酯悬浮剂26 ~ 36 mL/亩、70%甲基硫菌灵可湿性粉剂500倍液+70%代森锰锌可湿性粉剂400倍液、500 g/L氟吡菌酰胺·嘧霉胺（嘧霉胺375 g/L+氟吡菌酰胺125 g/L）悬浮剂60 ~ 80 mL/亩、30%啶酰·咯菌腈（啶酰菌胺24%+咯菌腈6%）悬浮剂45 ~ 88 mL/亩、40%嘧霉·啶酰菌（嘧霉胺20%+啶酰菌胺20%）悬浮剂117 ~ 133 mL/亩、65%啶酰·异菌脲（异菌脲40%+啶酰菌胺25%）水分散粒剂21 ~ 24 g/亩、26%嘧胺·乙霉威（嘧霉胺10%+乙霉威16%）水分散粒剂125 ~ 150 g/亩、30%唑醚·啶酰菌（啶酰菌胺20%+吡唑醚菌酯10%）悬浮剂45 ~ 75 mL/亩、42.4%唑醚·氟酰胺（吡唑醚菌酯21.2%+氟唑菌酰胺21.2%）悬浮剂20 ~ 30 mL/亩、50%乙烯菌核利可湿性粉剂1 000 ~ 1 500倍液，喷雾。每隔7 ~ 10 d喷1次，连喷2 ~ 3次。重点喷在新萌发的叶片上及周围土壤上。

4. 大葱病毒病

症　　状 由洋葱矮化病毒（*Onion yellow dwarf virus*，OYDV）、大蒜花叶病毒（*Garlic mosaic virus*，GMV）及大蒜潜隐病毒（*Garlic latent virus*，GLV）引起。叶片上出现长短不一且黄绿相间的斑驳或黄色条斑（图36-5），叶片扭曲变细，叶尖逐渐黄化；发病严重时，生长受抑制或停止生长，植株矮小，叶片黄化无光泽，最后全株萎缩枯死。

图36-5　大葱病毒病为害叶片症状

发生规律 病毒主要吸附在鳞茎上，或随病残体在田间越冬。在田间主要靠多种蚜虫，以非持久性方式或汁液摩擦接种传毒。在有翅蚜虫盛发期发病较重；高温干旱、管理条件差、蚜量大、与葱属植物邻作的发病重。

防治方法 精选葱秧，剔除病株，不要在葱类采种田或栽植地附近育苗及邻作。增施有机肥，适时追肥，喷施植物生长调节剂，增强抗病力。管理过程中尽量避免接触病株，防止人为传播。及时防除传毒蚜虫和蓟马。

发病初期，喷洒2%宁南霉素水剂100 ~ 150 mL/亩、0.5%菇类蛋白多糖水剂300倍液、20%丁子香酚水乳剂、20%盐酸吗啉胍·乙酸酮可湿性粉剂500倍液、10%混合脂肪酸水乳剂100倍液，间隔7 ~ 10 d防治1次，防治2 ~ 3次。

5. 大葱黑斑病

症　状　由匍柄霉（*Stemphylium solani*）引起。有性阶段称为枯叶格孢腔菌（*Pleospora herbarum*，属子囊菌亚门真菌）。主要为害叶和花茎。叶片染病（图36-6）出现褪绿长圆斑，初为黄白色，迅速向上下扩展，变为黑褐色，边缘具黄色晕圈，病情扩展后，斑与斑连片，但仍保持椭圆形，病斑上略现轮纹，层次分明。后期，病斑上密生黑短绒层，即病菌的分生孢子梗和分生孢子，发病严重的叶片变黄枯死或茎部折断，采种株易发病。

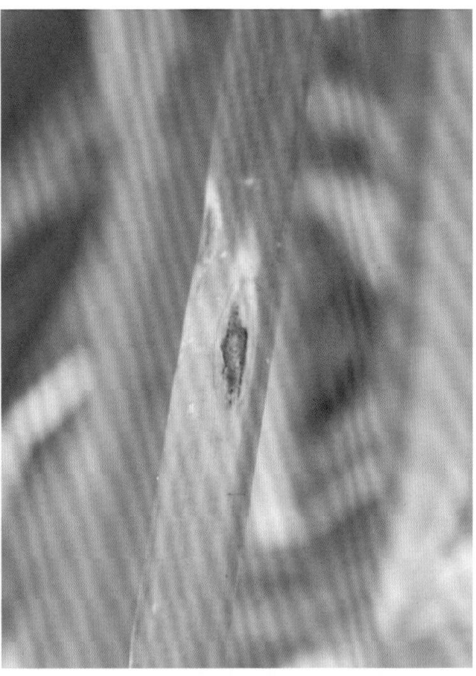

图36-6　大葱黑斑病叶片受害情况

发生规律　病菌以子囊座的形式随病残体在土中越冬，以子囊孢子进行初侵染，靠分生孢子进行再侵染，借气流传播蔓延。在温暖地区，病菌有性阶段不常见。该菌系弱寄生菌，长势弱的植株遇冻害、管理不善等，易发病。

防治方法　及时清除被害叶和花梗。加强田间管理，合理密植，雨后及时排水，提高寄主抗病能力。

发病初期，可采用70%丙森锌可湿性粉剂600～800倍液、50%克菌丹可湿性粉剂400～600倍液、50%异菌脲可湿性粉剂1 000～2 000倍液、50%醚菌酯干悬浮剂3 000倍液、400 g/L氟硅唑乳油10～13 mL/亩、250 g/L嘧菌酯悬浮剂60～90 mL/亩、12.5%腈菌唑可湿性粉剂30～40 g/亩、25%溴菌腈可湿性粉剂500～1 000倍液，喷雾，隔5～7 d喷1次，连续喷2～3次。

6. 大葱疫病

症　状　叶片、花梗染病，初现青白色不明显斑点，扩大后成为灰白色斑，致叶片枯萎（图36-7）。阴雨连绵或湿度大时，病部长

图36-7　大葱疫病为害叶片症状

出白色绵毛状霉；天气干燥时，白霉消失，撕开表皮可见绵毛状白色菌丝体。

发生规律　以卵孢子、厚垣孢子或菌丝体的形式在病残体内越冬。翌春，产生孢子囊及游动孢子，借风雨传播，孢子萌发后产出芽管，穿透寄主表皮直接侵入，病部产生孢子囊进行再侵染，扩大为害。病菌喜高温、高湿的环境，适宜发病的温度为12～36℃，相对湿度在90%以上，最易感病生育期为成株期至采收期。阴雨连绵的雨季易发病；种植密度大、地势低洼、田间积水、植株徒长的田块发病重。

防治方法　彻底清除病残体，减少田间菌源；与非葱蒜类蔬菜实行2年以上轮作。选择排水良好的地块栽植，雨后及时排水，做到合理密植，通风良好；采用配方施肥，增强寄主抗病能力。

发病初期，喷洒60%琥·乙膦铝可湿性粉剂500倍液、70%乙·锰锌可湿性粉剂500倍液、58%甲霜灵·锰锌可湿性粉剂500倍液、72.2%霜霉威水剂800倍液、25%甲霜灵可湿性粉剂600倍液、70%代森联·氟吡菌胺（代森联63%＋氟吡菌胺7%）水分散粒剂50～70 g/亩、40%氟吡菌胺·烯酰吗啉（烯酰吗啉30%＋氟吡菌胺10%）悬浮剂30～45 mL/亩、40%氟吡菌胺·喹啉铜（喹啉铜32%＋氟吡菌胺8%）悬浮剂45～60 mL/亩、64%噁霜·锰锌可湿性粉剂600倍液、72%霜脲氰·代森锰锌可湿性粉剂600～800倍液，隔7～10 d防治1次，连续防治2～3次。

7. 大葱锈病

症　　状　由葱柄锈菌（*Puccinia allii*，属担子菌亚门真菌）引起。主要为害叶、花梗及绿色茎部。发病初期，表皮上产出椭圆形稍隆起的橙黄色疱斑，后表皮破裂向外翻，散出橙黄色粉末，即夏孢子堆及夏孢子（图36-8）。秋后疱斑变为黑褐色，破裂时散出暗褐色粉末，即冬孢子堆和冬孢子。

图36-8　大葱锈病为害叶片症状

发生规律　北方以冬孢子的形式在病残体上越冬；南方则以夏孢子的形式在葱蒜韭菜等寄主上辗转为害，或在活体上越冬，翌年夏孢子随气流传播进行初侵染和再侵染。夏孢子萌发后从寄主表皮或气孔侵入，潮湿、多雾，多露天气易发病。气温低、肥料不足及生长不良发病重。

防治方法　加强栽培管理，配方施肥；避免过施氮肥，适时喷施叶面肥；适度浇水，做好清沟、排渍，降低湿度，促进植株稳生稳长，增强抗病力。

发病初期，喷洒70%代森锰锌可湿性粉剂600倍液＋15%三唑酮可湿性粉剂（2∶1）1 000～1 500倍液、75%百菌清可湿性粉剂500～800倍液+40%氟硅唑乳油3 000～4 000倍液、70%代森锰锌可湿性粉剂500～800倍液+12.5%烯唑醇乳油2 500倍液、70%丙森锌可湿性粉剂600倍液+70%甲基硫菌灵可湿性粉剂800倍液、430 g/L戊唑醇悬浮剂16～19 mL/亩、20%氟硅唑微乳剂23～30 mL/亩、70%甲基硫菌灵可湿性粉剂40～50 g/亩、30%氟菌唑可湿性粉剂14～20 g/亩、25%乙嘧酚悬浮剂78～94 mL/亩、10%苯醚甲环唑水分散粒剂50～83 g/亩、25%丙环唑乳油3 000倍液，间隔10 d左右防治1次，连续防治2～3次。

二、葱蒜类蔬菜虫害

葱蒜类蔬菜害虫为害较重的害虫有葱蓟马、葱斑潜蝇等。

1. 葱蓟马

分　　布　葱蓟马（*Thrips alliorum*）在各地均有分布。

为害特点　成虫和幼虫刺吸心叶，叶片畸形、卷曲，表面弯成舟形。虫口密度高时，叶片皱缩。新叶变狭或呈线状，叶片下表面呈银色光泽，后渐变为古铜色（图36-9）。

形态特征　成虫黄白色至深褐色（图36-10），复眼红色，触角7节。翅细长透明，淡黄色。卵初产时肾形，后期逐渐变为卵圆形。幼虫共4龄，体浅黄色或橙黄色。伪蛹：形态与幼虫相似，但翅芽明显，触角伸向头胸部背面。

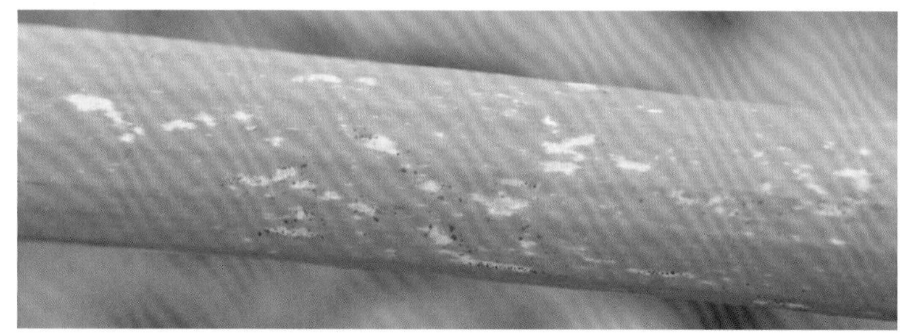

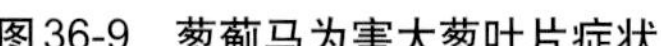

图36-9　葱蓟马为害大葱叶片症状

图36-10　葱蓟马成虫

发生规律　在华北地区年发生3 ～ 4代，山东6 ～ 10代，华南地区20代以上。以成虫越冬为主，也可以若虫的形式在葱、蒜叶鞘内侧，土块下、土缝内或枯枝落叶中越冬。南方地区和保护地内无越冬现象。1年中以4—5月和8—9月发生为害严重。

防治方法　种植前彻底消除田间植株残体，翻地浇水，减少田间虫源。

在幼虫盛发期，用25%噻虫嗪水分散粒剂10 ～ 20 g/亩、360 g/L虫螨腈10 ～ 13 mL/亩、1.8%阿维菌素乳油3 000倍液、70%啶虫脒水分散粒剂2.8 ～ 4.2 g/亩、4.5%高效氯氰菊酯乳油2 000倍液、0.3%印楝素乳油1 000倍液等药剂，喷雾防治，间隔7 ～ 10 d用药1次，连喷2 ～ 3次。也可以用2%噻虫嗪颗粒剂1.2 ～ 1.8 kg/亩，拌细土，沟施。

2. 葱地种蝇

分　　布　葱地种蝇（*Delia antiqua*）分布于河南、河北、山东、陕西、山西、甘肃、宁夏、辽宁、北京、江苏等地区。

为害特点　幼虫在地下钻蛀鳞茎部分或地下根茎，造成地下部分腐烂发霉，地上部分萎蔫，叶端枯黄或全株叶片变黄（图36-11）。

图36-11　葱地种蝇为害大葱、大蒜症状

形态特征 成虫前翅基背毛极短小，雄蝇两复眼间额带最狭部分比中单眼狭；后足胫节内下方有一列稀疏、末端不弯曲的短毛。老熟幼虫腹部末端有7对突起，各突起均不分叉（图36-12）。卵为圆形，乳白色（图36-13）。

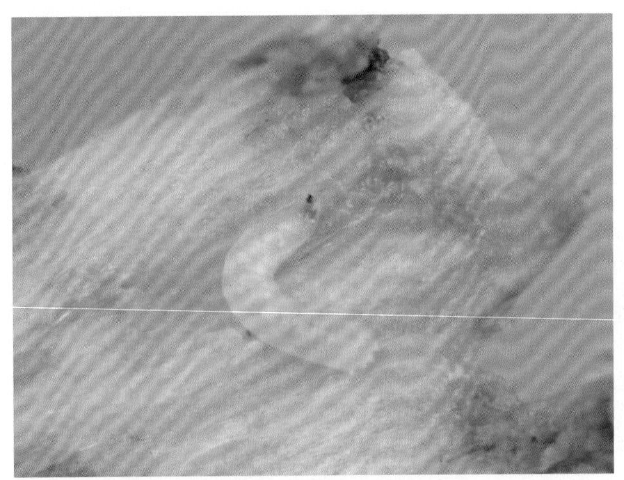
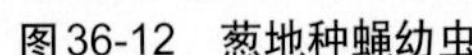

图36-12 葱地种蝇幼虫

图36-13 葱地种蝇卵

发生规律 1年发生2～4代，围蛹在根际周围土中越冬。成虫于4月初开始羽化，4月下旬至5月初为第1代幼虫为害高峰期，为害较重；5月下旬至6月初为第1代成虫发生盛期；6月上、中旬为第2代幼虫为害盛期，为害较轻；6月底，田间大蒜已收获，以蛹的形式在土中越夏；9月初大蒜出苗后第2代成虫陆续羽化，9月底至11月初为第3代幼虫为害期。

防治方法 不施未腐熟发酵的有机肥，大蒜应适期早播，使烂母期与越冬代成虫产卵盛期错开。

幼虫为害期，用1.8%阿维菌素乳油2 000～3 000倍液、50%辛硫磷乳油500～800倍液灌根防治，连续2～3次。

成虫发生期，喷施0.5%甲氨基阿维菌素苯甲酸盐微乳剂2 000～3 000倍液+4.5%高效氯氰菊酯乳油2 000倍液、20%阿维·杀虫单微乳剂1 500倍液、2.5%溴氰菊酯乳油2 000倍液，间隔7 d喷1次，连续喷2～3次。

3. 葱斑潜蝇

分　　布 葱斑潜蝇（*Liriomyza chinensis*）是葱类常见害虫，主要为害区在黄河流域。

为害特点 幼虫孵出后，即在叶内潜食叶肉，形成灰白色蜿蜒潜道，粪便也排在隧道内，潜道不规则，随虫龄增长而加宽，幼虫在叶组织中的隧道内能自由进退，并可在筒叶内外迁移至被害部位，一片筒叶上有多个虫道时，潜道彼此串通，严重时可遍及全叶，致使叶片枯黄（图36-14）。

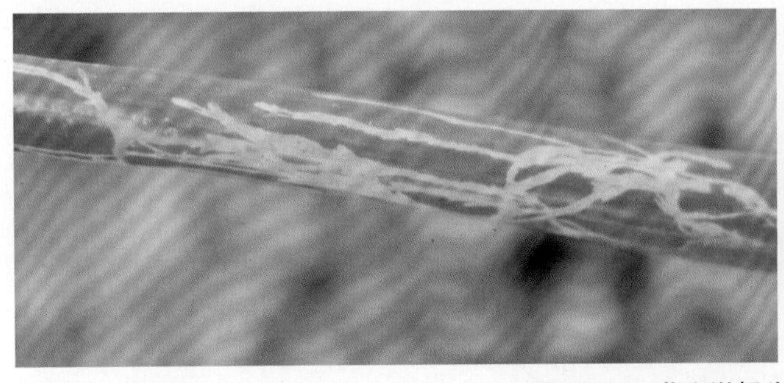

图36-14 葱斑潜蝇为害大葱、大蒜症状

形态特征 成虫头部黄色，头顶两侧有黑纹，触角黄色，芒褐色。肩部、翅基部及胸背的两侧浅黄色。卵长椭圆形，乳白色。幼虫共3龄，老熟幼虫体淡黄色（图36-15），蛆细长圆筒形，体壁半透明，绿色。蛹褐色，圆筒形略扁，后端略粗（图36-16）。

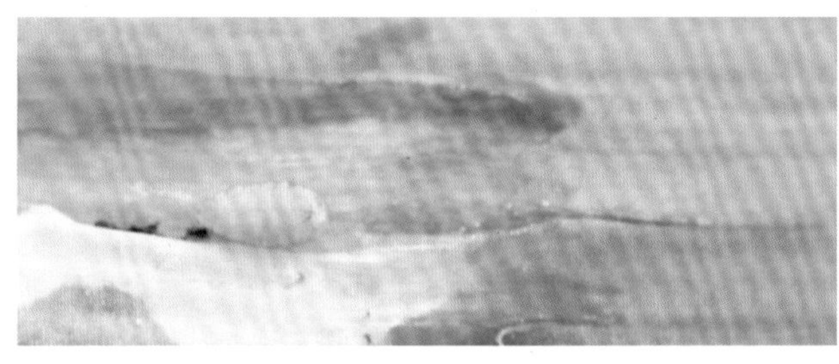

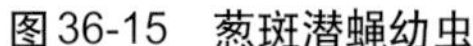

图36-15　葱斑潜蝇幼虫

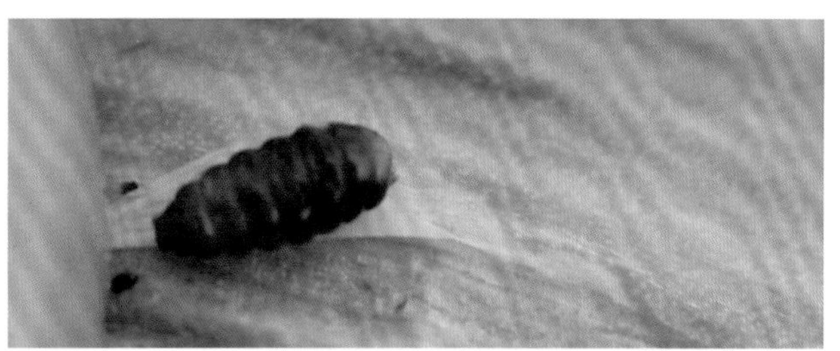

图36-16　葱斑潜蝇蛹

发生规律　1年发生5～6代，以蛹的形式在土壤中越冬。于翌年4月上、中旬羽化，7—8月盛发，为害严重，9—10月尚继续为害。于10月下旬至11月上旬前后化蛹越冬。

防治方法　清洁田园，摘除为害叶片，收获后彻底清除残枝虫叶。

在5月田间成虫盛发期至低龄幼虫期，选用0.5%甲氨基阿维菌素苯甲酸盐微乳剂2 000～3 000倍液+4.5%高效氯氰菊酯乳油2 000倍液、0.9%阿维·印楝乳油1 200～1 500倍液、20%阿维·杀单微乳剂1 000～1 500倍液、1.8%阿维菌素乳油2 000～3 000倍液、90%杀虫单可湿性粉剂1 000倍液、0.3%印楝素乳油300倍液、10%灭蝇胺乳油500～1 000倍液，喷雾，间隔7～10 d防治1次，连喷2～3次。

三、葱田杂草防治技术

（一）葱育苗田杂草防治

葱苗期较长，苗床肥水大，墒情好，有利于杂草的发生，如不及时地进行杂草防治，将严重影响幼苗生长（图36-17），应注意选择除草剂品种和施药方法，杂草防治时要以控草、保苗、壮苗为目的，除草剂用量不宜过大，否则，易发生药害，严重影响葱幼苗的生长和发育。

图36-17　葱育苗田杂草生长情况

针对葱出苗慢、出苗晚、苗小，易受杂草为害的现象，可以在葱播种前施药，进行土壤处理，可以防治多种一年生禾本科杂草和阔叶杂草。可于播前5～7 d，施用除草剂：48%氟乐灵乳油75～100 mL/亩、48%地乐胺乳油75～100 mL/亩、72%异丙甲草胺乳油75～100 mL/亩、96%精异丙甲草胺乳油30～40 mL/亩，兑水40 kg均匀喷施。施药后及时混土2～5 cm，特别是氟乐灵、地乐胺易挥发，混土不及时会降低药效。但在冷凉、潮湿天气时施药易产生药害，应慎用。

在葱播种后应适当混土或覆薄土，勿让种子外露，播后苗前施药，可以用除草剂：33%二甲戊乐灵乳油75～100 mL/亩、72%异丙甲草胺乳油75～100 mL/亩、96%精异丙甲草胺乳油30～40 mL/亩、72%异丙草胺乳油75～100 mL/亩，兑水40 kg均匀喷施，可以有效防治多种一年生禾本科杂草和部分阔叶杂草。药量过大、田间过湿，特别是遇到持续低温、多雨天气，葱出苗缓慢，生长受到抑制，重者葱茎基部肿胀、脆弱，生长受影响，药害严重时会出现畸形苗和死苗现象。

（二）葱移栽期杂草的防治

葱多为育苗移栽，杂草出土早、密度高，杂草发生、为害严重。在葱栽培定植时进行土壤处理，一次用药就能控制葱整个生育期杂草的为害。一般于移栽前喷施土壤封闭性除草剂，移栽时尽量不要翻动土层或尽量少翻动土层（图36-18）。因为移栽后的大田生育时期较长、同时，较大的葱苗对封闭性除草剂具有一定的耐药性，可以适当加大剂量以保证除草效果。

图36-18 葱移栽田生长情况

可选用除草剂：33%二甲戊乐灵乳油150 ~ 200 mL/亩、20%敌草胺乳油300 ~ 400 mL/亩、50%乙草胺乳油150 ~ 200 mL/亩、72%异丙甲草胺乳油175 ~ 250 mL/亩、72%异丙草胺乳油175 ~ 250 mL/亩，兑水40 kg均匀喷施。

对于墒情较差、沙土地，可以用48%氟乐灵乳油150 ~ 200 mL/亩、48%地乐胺乳油150 ~ 200 mL/亩，施药后及时混土2 ~ 3 cm，该药易挥发，混土不及时会降低药效。

为了进一步提高除草效果和对作物的安全性，特别是为了防治铁苋、马齿苋等部分阔叶杂草，在洋葱、葱移栽前可用除草剂配方：33%二甲戊乐灵乳油100 ~ 150 mL/亩+50%扑草净可湿性粉剂50 ~ 75 g/亩、50%乙草胺乳油75 ~ 100 mL/亩+50%扑草净可湿性粉剂50 ~ 75 g/亩、72%异丙甲草胺乳油100 ~ 150 mL/亩+50%扑草净可湿性粉剂50 ~ 75 g/亩、96%精异丙甲草胺乳油40 ~ 50 mL/亩+50%扑草净可湿性粉剂50 ~ 75 g/亩、72%异丙草胺乳油100 ~ 150 mL/亩+50%扑草净可湿性粉剂50 ~ 75 g/亩、33%二甲戊乐灵乳油100 ~ 150 mL/亩+24%乙氧氟草醚乳油10 ~ 20 mL/亩、50%乙草胺乳油75 ~ 100 mL/亩+24%乙氧氟草醚乳油10 ~ 20 mL/亩、72%异丙甲草胺乳油100 ~ 150 mL/亩+24%乙氧氟草醚乳油10 ~ 20 mL/亩、96%精异丙甲草胺乳油40 ~ 50 mL/亩+24%乙氧氟草醚乳油10 ~ 20 mL/亩、72%异丙草胺乳油100 ~ 150 mL/亩+24%乙氧氟草醚乳油10 ~ 20 mL/亩、33%二甲戊乐灵乳油100 ~ 150 mL/亩+25%噁草酮乳油75 ~ 100 mL/亩、50%乙草胺乳油75 ~ 100 mL/亩+25%噁草酮乳油75 ~ 100 mL/亩、72%异丙甲草胺乳油100 ~ 150 mL/亩+25%噁草酮乳油75 ~ 100 mL/亩、96%精异丙甲草胺乳油40 ~ 50 mL/亩+25%噁草酮乳油75 ~ 100 mL/亩、72%异丙草胺乳油100 ~ 150 mL/亩+25%噁草酮乳油75 ~ 100 mL/亩、20%双甲胺草磷乳油250 ~ 375 mL/亩+25%噁草酮乳油75 ~ 100 mL/亩，兑水40 kg均匀喷施，可以有效防治多种一年生禾本科杂草和阔叶杂草。在移栽后不宜大水漫灌，不要让葱叶沾药，否则易发生药害。

（三）葱生长期杂草的防治

对于前期未能采取化学除草或化学除草失败的葱田，应在田间杂草基本出苗，且杂草处于幼苗期时及时施药防治。施药时要结合葱的生长情况和杂草种类，正确选择除草剂种类和施药方法。

田间杂草主要是一年生禾本科杂草，如稗、狗尾草、马唐、虎尾草、看麦娘、牛筋草等（图36-19），应在禾本科杂草3 ～ 5叶期，用除草剂：10%精喹禾灵乳油40 ～ 80 mL/亩、15%精吡氟禾草灵乳油50 ～ 100 mL/亩、12.5%稀禾啶机油乳剂50 ～ 100 mL/亩、10.8%高效氟吡甲禾灵乳油20 ～ 50 mL/亩，兑水25 ～ 30 kg，配成药液均匀喷洒到杂草茎叶上。在气温较高、雨量较多地区，杂草生长幼嫩，可适当减少用药量；相反，在气候干旱、土壤较干地区，杂草幼苗老化耐药或杂草较大，要适当增加用药量。防治一年生禾本科杂草时，用药量可稍减低、防治多年生禾本科杂草时，用药量应适当增加。

图36-19　葱生长期禾本科杂草发生为害情况

第三十七章　大蒜病虫草害原色图解

一、大蒜病害

据统计数据，大蒜病害有20多种，其中，为害较重的有叶枯病、锈病、菌核病、白腐病等。

1. 大蒜叶枯病

分布为害　叶枯病是大蒜的主要病害，对大蒜产量、质量影响极大，重发生年份，如不及时防治，一般减产20%～30%，严重地块减产30%～50%。

症　　状　由枯叶格孢腔菌（*Pleospora herbarum*）引起。主要为害叶或花梗。叶片染病（图37-1），初呈花白色小圆点，后扩大呈不规则形或椭圆形灰白色或灰褐色病斑，其上产生黑色霉状物，发病严重时病叶枯死。花梗染病，易从病部折断，最后在病部散生许多黑色小粒点。

发生规律　菌丝体或子囊壳随病残体遗落土中越冬，翌年，散发出子囊孢子引起初侵染，病部产出分生孢子进行再侵染。大蒜出苗后，借气流和雨滴飞溅传播，侵染发病。如降水偏多，田间湿度过大，病害易流行。种植时间过早，冬前苗子大，年前发病较重。

图37-1　大蒜叶枯病叶片受害症状

防治方法　提倡收前选株，收时选头，播前选瓣。合理轮作倒茬，能破坏病原菌的生存环境，减少菌源积累。选择地势平坦，土层深厚，耕作层松软，土壤肥力高，保肥、保水性能强的地块。施足基肥，苗期以控为主，适当蹲苗，培育壮苗。后以促为主，抽薹分瓣后加强肥水管理，雨后及时排水，避免大水漫灌，尽量降低田间湿度。

在大蒜叶枯病常发重病区，当大蒜苗期病株率达1%时，防治发病田块；当植株上部病叶率达5%时，应全面喷药防治。药剂可选用77%氢氧化铜可湿性粉剂800倍液、60%唑醚·代森联（代森联55%＋吡唑醚菌酯5%）水分散粒剂60～100 g/亩、50%腐霉利可湿性粉剂800～1 000倍液、10%苯醚甲环唑水分散粒剂30～60 g/亩、50%咪鲜胺锰盐可湿性粉剂50～60 g/亩、25%咪鲜胺乳油100～120 g/亩、50%异菌脲可湿性粉剂800倍液+70%代森锰锌可湿性粉剂500倍液、75%百菌清可湿性粉剂600倍液+50%琥胶肥酸铜可湿性粉剂500倍液、70%甲基硫菌灵可湿性粉剂500倍液、20%阿苯达唑悬浮剂1 500倍、65%代森锌可湿性粉剂500倍液，喷雾，间隔7～10 d喷1次，共喷2～3次，交替施药，效果较好，发病初期注意保护剂和治疗剂混用。

2. 大蒜紫斑病

症　　状　由香葱链格孢（*Alternaria porri*）引起。在大田生长期为害叶和花梗，贮藏期为害鳞茎。田间发病多开始于叶尖或花梗中部（图37-2），初呈稍凹陷白色小斑点，中央微紫色，扩大后病斑呈纺锤形或椭圆形，黄褐色或紫色，病斑多具有同心轮纹，湿度大时，病部长出黑色霉状物，即病菌的分生孢子梗和分生孢子。贮藏期鳞茎染病后，茎部变为深黄色或黄褐色软腐状。

图37-2　大蒜紫斑病为害症状

发生规律　病菌的菌丝体附着在寄主或病残体上越冬，于翌年产生分生孢子，主要借气流和雨水传播。孢子萌发和侵入时，需要有露珠和雨水，所以阴雨多湿、温暖的夏季发病严重。分生孢子在高湿条件下形成。发病适温25 ～ 27℃，低于12℃不发病。一般温暖、多雨或多湿的夏季发病重。

防治方法　实行2年以上轮作。加强田间管理，施足底肥，增强抗病力。选用无病种子，必要时可用40%福尔马林300倍液浸种3 h，浸后及时清洗。适时收获，低温贮藏，防止病害在贮藏期继续蔓延。

大蒜返青时喷洒68.75%噁唑菌酮水分散粒剂1 200倍液预防病害发生。

在发病初期喷洒75%百菌清可湿性粉剂500 ～ 600倍液、60%唑醚·代森联（代森联55%＋吡唑醚菌酯5%）水分散粒剂60 ～ 100 g/亩、30%唑醚·氟硅唑（吡唑醚菌酯20%＋氟硅唑10%）乳油25 ～ 35 mL/亩、50%异菌脲可湿性粉剂1 500倍液、70%代森锰锌可湿性粉剂500倍液+40%灭菌丹可湿性粉剂400倍液、70%甲基硫菌灵可湿性粉剂800倍液，隔7 ～ 10 d喷1次，连续防治3 ～ 4次。

3. 大蒜锈病

症　　状　由葱柄锈菌（*Puccinia allii*）引起。主要为害叶片和假茎。病部初为椭圆形褪绿斑（图37-3、图37-4），后在表皮下出现圆形或椭圆形稍凸起的夏孢子堆，表皮破裂后散出橙黄色粉状物，即夏孢子；病斑周围有黄色晕圈，发病严重时，病斑连片致全叶黄枯，植株提前枯死。后期，在未破裂的夏孢子堆上产出表皮不破裂的黑色冬孢子堆。

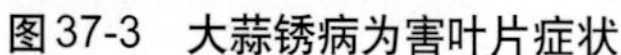

图37-3 大蒜锈病为害叶片症状

图37-4 大蒜锈病为害后期症状

发生规律 多以夏孢子的形式在大蒜病组织上越冬。翌年入夏后，多次再侵染，此时正值蒜头形成或膨大期，为害严重。蒜收获后侵染葱或其他植物，气温高时菌丝在病组织内越夏。早春多雨时发病重。

防治方法 加强栽培管理，配方施肥；避免过施氮肥，适时喷施叶面肥；适度用水，做好清沟排渍降湿，促植株稳生稳长，增强抗病力。

发病初期，喷洒15％三唑酮可湿性粉剂2 000 ～ 2 500倍液、75％百菌清可湿性粉剂500 ～ 800倍液+40％氟硅唑乳油3 000 ～ 4 000倍液、70％代森锰锌可湿性粉剂500 ～ 800倍液+12.5％烯唑醇乳油2 500倍液、70％丙森锌可湿性粉剂600倍液+70％甲基硫菌灵可湿性粉剂800倍液、430 g/L戊唑醇悬浮剂16 ～ 19 mL/亩、20％氟硅唑微乳剂23 ～ 30 mL/亩、70％代森锰锌可湿性粉剂＋15％三唑酮可湿性粉剂（2 ∶ 1）2 000 ～ 2 500倍液、25％丙环唑乳油4 000倍液＋15％三唑酮可湿性粉剂2 000倍液，间隔7 ～ 10 d防治1次，连续防治2 ～ 3次。

4. 大蒜病毒病

症　　状 由大蒜花叶病毒（*Garlis mosaic virus*, GMV）、大蒜潜隐病毒（*Garlic latent virus*, GLV）引起，大蒜花叶病毒为粒体，线状，寄主范围窄。发病初期，沿叶脉出现断续黄条点，后变成黄绿相间的条纹，植株矮化，心叶被邻近叶片包住，呈卷曲状畸形，不能伸出（图37-5）。茎部受害，节间缩短，条状花茎状（图37-6）。

图37-5 大蒜病毒病叶片花叶症状

图37-6　大蒜病毒病假茎受害症状

发生规律　播种带毒鳞茎，出苗后即染病。田间主要通过桃蚜、葱蚜等进行非持久性传毒，以汁液摩擦传毒。管理条件差、蚜虫发生量大、与其他葱属植物连作或邻作发病重。

防治方法　避免与大葱、韭菜等葱属植物邻作或连作，减少田间自然传播。加强大蒜的水肥管理，避免早衰，提高植株抗病力。

在蒜田及周围作物田喷洒杀虫剂防治蚜虫，防止病毒的重复感染，此外还可挂银灰膜条避蚜。

发病初期，喷洒2%宁南霉素水剂100 ～ 150 mL/亩、0.5%菇类蛋白多糖水剂300倍液、20%丁子香酚水乳剂、20%盐酸吗啉胍·乙酸铜可湿性粉剂500倍液、10%混合脂肪酸水乳剂100倍液、0.5%菇类蛋白多糖水剂250 ～ 300倍液，间隔10 d左右防治1次，连续防治2 ～ 3次。

也可用0.5%菇类蛋白多糖水剂250倍液灌根，每株灌对好的药液50 ～ 100 mL，隔10 ～ 15 d灌1次，共灌2 ～ 3次，必要时喷淋与灌根结合，效果更好。

5. 大蒜菌核病

症　　状　由大蒜核盘菌（*Sclerotinia allii*，属子囊菌亚门真菌）引起。该病主要为害大蒜假茎基部和鳞茎，发病初期病部呈水渍状，后来病斑变暗色或灰白色，溃疡腐烂，并发出强烈的蒜臭味。湿度大时，表面长出白色毛状的菌丝。大蒜叶鞘腐烂后，上部叶片萎蔫，逐渐黄化枯死，蒜根须、根盘腐烂，蒜头散瓣。一般在5月上旬左右，病部形成不规则的鼠粪状黑褐色菌核（图37-7、图37-8）。

图37-7　大蒜菌核病病株

图37-8　大蒜菌核病菌核

发生规律　主要以菌核的形式遗留在土壤中或混在蒜种和病残体上越夏或越冬。混杂在蒜种和病残体上的菌核随着播种、施肥落入土中。一般在春季2月下旬以后，土壤中的菌核陆续产生子囊盘，子囊孢子成熟后从子囊中射出，侵入假茎基部形成菌丝体。在其代谢过程中产生果胶酶，溶解寄主细胞的中胶层，使病茎腐烂，以后菌丝体从病部向周边扩展蔓延，最后在病组织上形成菌核，随收获落入土中或留在蒜头上成为翌年的侵染源。病菌喜低温、高湿，一般温度在15 ～ 20℃、相对湿度在85%以上，有利于菌核的萌发和菌丝的生长、侵入。多数菌核在年后萌发，当2月下旬至3月上旬平均气温超过6℃时，土壤中的菌核陆续产生子囊盘，4月上旬气温上升到13 ～ 14℃时，形成第一个侵染高峰。春季阴雨天气多，常加重病情发展。

防治方法 轮作倒茬。最好种2 ～ 3年大蒜轮作1年小麦。选取健康无病的大蒜留种。收获时清除大蒜病株残体，带出田外深埋。适时播种，合理密植，施足底肥。

秋种时选用50%多菌灵粉可湿性粉剂或70%甲基硫菌灵可湿性粉剂，按种子质量的0.3%适量兑水均匀喷洒种子，闷种5 h，晾干后播种。

春季发病初期一般在3月下旬时，用50%腐霉利可湿性粉剂1 500倍液、50%多菌灵可湿性粉剂500倍喷雾防治、50%腐霉 · 多菌灵（腐霉利19% + 多菌灵31%）可湿性粉剂80 ～ 90 g/亩、40%菌核利可湿性粉剂800 ～ 1 000倍液+75%百菌清可湿性粉剂600倍液、25%菌核净悬浮剂700倍液+70%代森锰锌可湿性粉剂500 ～ 700倍液、50%乙烯菌核利悬浮剂800 ～ 1 000倍液+70%代森联干悬浮剂800倍液、50%腐霉利可湿性粉剂1 000倍液+50%灭菌丹可湿性粉剂700倍液，施药时重喷茎基部，隔7 ～ 10 d喷1次，连续防治2 ～ 3次。

6. 大蒜白腐病

分布为害 大蒜白腐病是大蒜生长期间最容易发生的病害，特别是在春季发生最严重，发病株率10%～ 20%，严重的地块发病株率为35%左右。

症　状 由白腐小核菌（*Sclerotium cepivorum*，属无性型真菌）引起。主要为害叶片、叶鞘和鳞茎。叶片发病（图37-9），外叶叶尖条状发黄，逐渐向叶鞘、内叶发展，后期整株发黄枯死。鳞茎发病（图37-10），病部表皮表现为，水浸状病斑，长有灰白色菌丝层，病部呈白色腐烂，并产生黑色小菌核，鳞茎变黑、腐烂。地下部分靠近须根的地方先发病，病部呈湿润状，后向上发展并产生大量的白色菌丝（图37-11）。

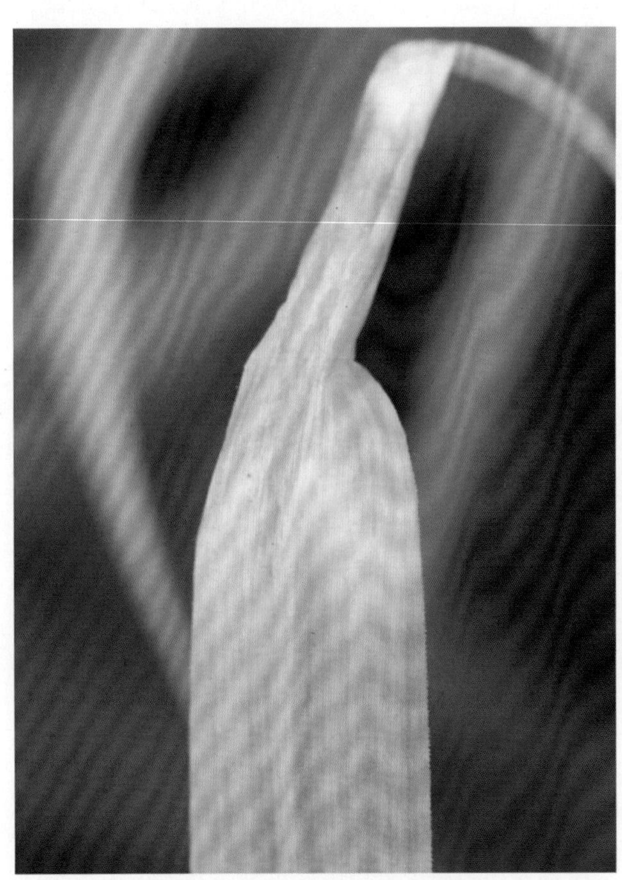
图37-9 大蒜白腐病为害叶片症状

图37-10 大蒜白腐病为害茎基部症状

图37-11 大蒜白腐病为害蒜头症状

发生规律　菌核在土壤中越冬，长出菌丝借灌溉、雨水传播蔓延。低温20℃以下，湿度大于90%时容易流行。病菌生长适宜温度为20℃以下，低温、高湿发病快且严重，植株生长不良，连作、排水不良，缺肥地块发病重。

防治方法　与非葱、蒜类作物实施3～4年轮作。清洁田园，发现病株，及时挖除。早春追肥，提高蒜株抗病力。

种子处理：蒜种用70%甲基硫菌灵可湿性粉剂或50%多菌灵可湿性粉剂处理后再播种。具体方法是，将0.5 kg药剂兑水3～5 kg，把50 kg蒜种拌匀，晾干后播种，可有效地切断初侵染途径。

发病初期，可用50%异菌脲可湿性粉剂1 000倍液、70%甲基硫菌灵可湿性粉剂800倍液、50%腐霉利可湿性粉剂1 000倍灌淋根茎，隔10 d左右防治1次，连防1～2次。采收前3 d停止用药。

也可用50%腐霉·多菌灵（腐霉利19%＋多菌灵31%）可湿性粉剂80～90 g/亩、40%菌核利可湿性粉剂800～1 000倍液+75%百菌清可湿性粉剂600倍液、25%菌核净悬浮剂700倍液+70%代森锰锌可湿性粉剂500～700倍液、50%乙烯菌核利悬浮剂800～1 000倍液+70%代森联干悬浮剂800倍液、50%腐霉利可湿性粉剂1 000倍液+50%灭菌丹可湿性粉剂700倍液、70%甲基硫菌灵可湿性粉剂600倍液、50%多菌灵可湿性粉剂500倍液，隔10 d左右叶面喷雾1次，防效显著。

贮藏期也可喷洒50%多菌灵可湿性粉剂500倍液、50%异菌脲可湿性粉剂800倍液。隔10 d左右防治1次，连防1～2次。

二、大蒜各生育期病虫害防治技术

（一）大蒜病虫害综合防治历的制订

大蒜栽培管理过程中，应总结本地大蒜病虫害的发生特点和防治经验，制订病虫害防治计划，适时进行田间调查，及时采取防治措施，有效控制病虫的为害，保证丰产、丰收。

大蒜病虫害的综合防治历见表37-1，各地应根据自己的情况采取具体的防治措施。

表37-1　大蒜田病虫害的综合防治历

生育期	防治时间	主要防治对象	防治措施
播种至幼苗期	10月上旬至11月下旬	地下害虫、病毒病、锈病	土壤处理、药剂拌种
越冬期	12月至翌年2月	各种越冬虫卵及病菌	喷施杀菌剂、杀虫剂
返青至抽薹期	3月上旬至4月下旬	花叶病、锈病、叶枯病、菌核病 紫斑病、白腐病、种蝇、潜叶蝇	喷施杀菌剂、杀虫剂
成熟期	5月中、下旬	锈病、菌核病、炭疽病	喷施杀菌剂、杀虫剂

（二）大蒜播种期病虫害防治技术

播种期是防治病虫害的关键时期。这一时期防治的主要虫害有蛴螬、蝼蛄、金针虫、种蝇等地下害虫，药剂拌种可以减少地下害虫及其他苗期害虫的为害。病毒病主要靠种子或土壤带菌传播，而且从幼苗期就开始侵染，所以对于这些病害，进行种子处理是最有效的防治措施。还可以通过施用激素和微肥，培育壮苗，增强植株的抗病力。

药剂拌种：可以用50%辛硫磷乳油0.5 kg兑水20～25 kg，拌种250～300 kg，或用48%毒死蜱乳油0.5 kg加水15～20 kg，拌种200 kg。以防治蝼蛄、蛴螬、金针虫、种蝇等地下害虫。

种子处理：蒜种用70%甲基硫菌灵可湿性粉剂+50%福美双可湿性粉剂处理后再播种。具体方法是将0.5 kg药剂兑水3～5 kg，与50 kg蒜种拌匀，晾干后播种，可有效地切断病害的初侵染途径。

（三）大蒜越冬期病虫害防治技术

这个时期的病虫害相对较轻，但在有些年份因气温相对偏高，病毒病、锈病也有发生，可根据情况制订具体的防治方案。

（四）大蒜返青至抽薹期病虫害防治技术

大蒜返青至抽薹期，是病、虫为害最为严重的时期（图37-12），要经常调查，及时防治病虫害。其中为害较重的病害有花叶病、锈病、叶枯病、紫斑病、白腐病等。

图37-12 大蒜返青至抽薹期病虫为害情况

叶枯病发生初期，喷洒7%氢氧化铜可湿性粉剂800倍液、60%唑醚·代森联（代森联55%＋吡唑醚菌酯5%）水分散粒剂60 ～ 100 g/亩、50%腐霉利可湿性粉剂800 ～ 1 000倍液、10%苯醚甲环唑水分散粒剂30 ～ 60 g/亩、50%咪鲜胺锰盐可湿性粉剂50 ～ 60 g/亩、25%咪鲜胺乳油100 ～ 120 g/亩、50%异菌脲可湿性粉剂800倍液+70%代森锰锌可湿性粉剂500倍液、50%锰锌·异菌可湿性粉剂1 200 ～ 1 600倍液、12.5%咪鲜·腈菌乳油600 ～ 800倍液、70%丙森锌可湿性粉剂600倍液、40%氟硅唑乳油4 000倍液、60%腈菌·锰锌可湿性粉剂1 000倍液、12.5%腈菌唑乳油2 000倍液，间隔7 ～ 10 d防治1次，连续防治3 ～ 4次。可兼治紫斑病、锈病等（图37-13）。

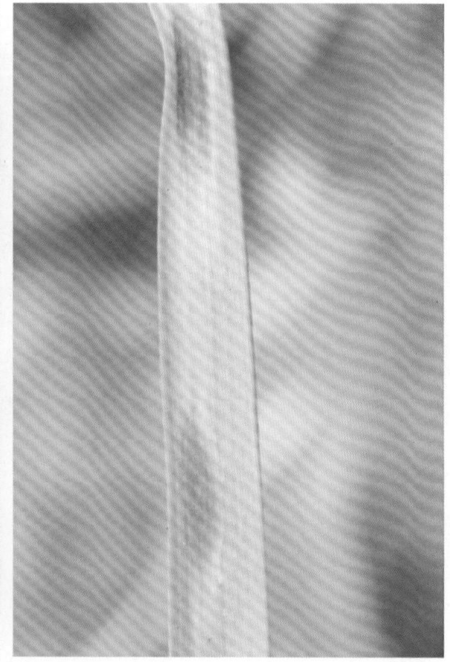

图37-13 大蒜叶枯病、锈病、紫斑病为害情况

花叶病发病初期，喷洒2%宁南霉素水剂100 ～ 150 mL/亩、0.5%菇类蛋白多糖水剂300倍液、20%丁子香酚水乳剂、20%盐酸吗啉胍·乙酸铜可湿性粉剂500倍液、10%混合脂肪酸水乳剂100倍液、0.5%菇类蛋白多糖水剂250 ～ 300倍液，间隔10 d左右防治1次，连续防治2 ～ 3次。

大蒜种蝇为害初期，可用40%辛硫磷乳油3 000倍液、1.8%阿维菌素乳油2 000倍液、48%毒死蜱乳油3 000倍液、5%氟铃脲乳油3 000倍液、90%敌百虫晶体1 000倍液灌根1次（图37-14）。

图37-14　大蒜种蝇为害症状

大蒜潜叶蝇为害期（图37-15），可选用0.5%甲氨基阿维菌素苯甲酸盐微乳剂2 000 ～ 3 000倍液+4.5%高效氯氰菊酯乳油2 000倍液、20%阿维·杀虫单微乳剂1 500倍液、2.5%溴氰菊酯乳油2 000倍液等，喷雾防治，间隔期7 ～ 10 d防治1次，连续防治2 ～ 3次。

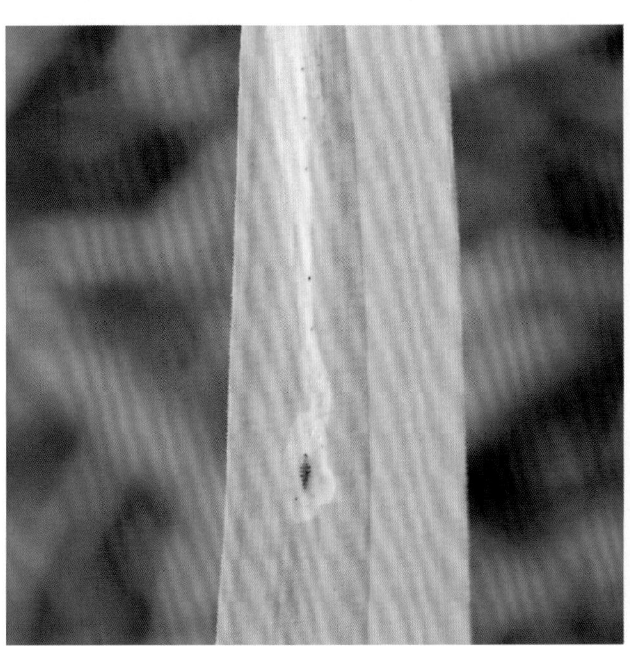

图37-15　大蒜潜叶蝇为害症状

在华北地区于3月20日前后喷施第一次，西南地区3月上旬喷施第一次，18%氯胆·萘乙酸（氯化胆碱17%+萘乙酸1%）可湿性粉剂67 ~ 82 g/亩，以后间隔10 ~ 15 d再喷施1次，连续施用2 ~ 3次。可增强叶片的光合效率，使营养物质迅速向鳞茎输送，增加淀粉、蛋白质和糖份积累，使腋芽提早膨大，促使小蒜瓣增大、提高大中蒜头（鳞茎）的比率。

（五）大蒜鳞芽膨大至成熟期病虫害防治技术

5月中旬以后，大蒜进入成熟期（图37-16），是大蒜丰产丰收关键时期。该期应加强预测预报，及时防治锈病、叶枯病等病虫害，在防治策略上以治疗为主，具有针对性，确保丰收。

图37-16 大蒜成熟期

三、大蒜田杂草防治技术

大蒜是重要的蔬菜类作物，全国种植面积几百万亩，除多数城乡小面积栽培外，主要集中在上海嘉定，江苏省启东、邳州、太仓，山东省仓山、金乡，河南省中牟、杞县等地。

大蒜生育期长，叶片窄，杂草长期与大蒜争水、争光、争养分，极大地影响大蒜的产量和级别；特别是有地膜覆盖的大蒜田，膜下温度和湿度适宜杂草的生长，杂草发生特别严重，常常顶破地膜影响大蒜的正常生长，而且人工除草费工、费时，杂草的为害已经是制约大蒜生产的一个重要因素。

大蒜田杂草种类繁多。据调查，大蒜田杂草约有50种，隶属20科，在不同地区杂草种类和杂草群落不同。大蒜田杂草主要种类有牛繁缕、婆婆纳、猪殃殃、荠菜、播娘蒿、扁蓄、泽漆、刺苋、通泉草、苦荬菜、看麦娘、早熟禾等。在华东地区水稻大蒜轮作田，杂草主要有看麦娘、牛繁缕、猪殃殃、荠菜、泥胡菜等、华北玉米大蒜轮作田，杂草主要有牛繁缕、荠菜、婆婆纳、播娘蒿等。

大蒜田杂草有一年生、越年生和多年生3种类型，以越年生杂草为主。大多数杂草在10—11月出苗，翌年3月返青，4月开花，5—6月成熟，整个生育期与大蒜共生。大蒜地杂草发生早，早秋杂草在大蒜尚未出苗就发生，从种植到收获杂草陆续发生，而且发生量大。在大蒜长达220 d的生长期中，杂草分为早秋杂草、晚秋杂草、早春杂草和晚春杂草4期为害。

目前，大蒜田登记生产的除草剂种类和资料报道的除草剂种类较多、较乱；农民生产上常用的除草剂种类有二甲戊乐灵、乙草胺、异丙甲草胺、异丙草胺、扑草净，另外还有嗯草酮、乙氧氟草醚等；登记的除草剂品种还有苄嘧·异丙隆、甲草·莠去津、甲·乙·莠等，对大蒜安全性差，易产生药害；生产中应根据各地情况，采用适宜的除草剂种类和施药方法。

（一）大蒜播种期杂草防治

大蒜播种期温度适宜、墒情较好、土质肥沃，有利于杂草的发生，如不及时进行杂草防治，将严重影响幼苗生长。应注意选择除草剂品种和施药方法。

大蒜播后芽前，是杂草防治最有利的时期（图37-17），可用除草剂：33％二甲戊乐灵乳油250～300 mL/亩、50％乙草胺乳油200～300 mL/亩、72％异丙甲草胺乳油250～400 mL/亩、72％异丙草胺乳油250～400 mL/亩、96％精异丙甲草胺乳油60～90 mL/亩，兑水40 kg均匀喷施，可以有效防治多种一年生禾本科杂草和部分阔叶杂草。

图37-17　大蒜种植和杂草发生情况

为了进一步提高除草效果，特别是提高对阔叶杂草的防治效果，也可用除草剂配方：33％二甲戊乐灵乳油150～200 mL/亩+50％扑草净可湿性粉剂50～75 g/亩、50％乙草胺乳油150～200 mL/亩+50％扑草净可湿性粉剂50～75 g/亩、72％异丙甲草胺乳油150～200 mL/亩+50％扑草净可湿性粉剂50～75 g/亩、96％精异丙甲草胺乳油60～90 mL/亩+50％扑草净可湿性粉剂50～75 g/亩、60％丁草胺乳油200～300 mL/亩+50％扑草净可湿性粉剂50～75 g/亩、48％甲草胺乳油200～300 mL/亩+50％扑草净可湿性粉剂50～75 g/亩、72％异丙草胺乳油150～200 mL/亩+50％扑草净可湿性粉剂50～75 g/亩、33％二甲戊乐灵乳油150～200 mL/亩+24％乙氧氟草醚乳油20～30 mL/亩、50％乙草胺乳油150～200 mL/亩+24％乙氧氟草醚乳油20～30 mL/亩、72％异丙甲草胺乳油150～200 mL/亩+24％乙氧氟草醚乳油20～30 mL/亩、96％精异丙甲草胺乳油60～90 mL/亩+24％乙氧氟草醚乳油20～30 mL/亩、60％丁草胺乳油200～300 mL/亩+24％乙氧氟草醚乳油20～30 mL/亩、48％甲草胺乳油200～300 mL/亩+24％乙氧氟草醚乳油20～30 mL/亩、72％异丙草胺乳油150～200 mL/亩+24％乙氧氟草醚乳油20～30 mL/亩、33％二甲戊乐灵乳油150～200 mL/亩+25％噁草酮乳油100～150 mL/

亩、50%乙草胺乳油150～200 mL/亩+25%噁草酮乳油100～150 mL/亩、72%异丙甲草胺乳油150～200 mL/亩+25%噁草酮乳油100～150 mL/亩、96%精异丙甲草胺乳油60～90 mL/亩+25%噁草酮乳油100～150 mL/亩、60%丁草胺乳油200～300 mL/亩+25%噁草酮乳油100～150 mL/亩、48%甲草胺乳油200～300 mL/亩+25%噁草酮乳油100～150 mL/亩、72%异丙草胺乳油150～200 mL/亩+25%噁草酮乳油100～150 mL/亩，兑水40 kg均匀喷施，可以有效防治多种一年生禾本科杂草和阔叶杂草。生产中有一些大蒜采用露播（图37-18）或苗后施药，若选用扑草净、乙氧氟草醚、噁草酮，会发生严重的药害。扑草净施药量不宜过大，否则会产生药害。乙氧氟草醚、噁草酮施药后遇雨或施药时土壤过湿，易产生药害。

图37-18　大蒜露播情况

（二）大蒜生长期杂草防治

对于禾本科杂草发生较重的地块，如稗草、狗尾草、牛筋草、野燕麦、早熟禾、硬草等，应在禾本科杂草3～5叶期，可用除草剂：10%精喹禾灵乳油40～60 mL/亩、10.8%高效氟吡甲禾灵乳油20～40 mL/亩、10%喔草酯乳油40～80 mL/亩、15%精吡氟禾草灵乳油40～60 mL/亩、10%精噁唑禾草灵乳油50～75 mL/亩、12.5%稀禾啶乳油50～75 mL/亩、24%烯草酮乳油20～40 mL/亩，兑水30 kg均匀喷施，可以有效防治多种禾本科杂草。该类药剂没有封闭除草效果，施药不宜过早，特别是在禾本科杂草未出苗时施药没有效果。视杂草大小调整药量。

第三十八章　韭菜病草害原色图解

一、韭菜病害

1. 韭菜疫病

症　　状　由烟草疫霉（*Phytophthora nicotianae*）引起。主要为害叶片、叶鞘、根部和花茎等部位，引起腐烂。叶片多由中、下部开始发病，出现边缘不明显的暗绿色水浸状病斑，扩大后可占叶片一半以上（图38-1）。病部组织失水后缢缩，呈蜂腰状，叶片黄化萎蔫。花茎受害，产生褐色病斑，后期萎垂（图38-2）。湿度大时病部软腐，上生稀疏的灰白色霉状物。鳞茎受害时，呈浅褐色至暗褐色水浸状腐烂，纵切可见内部变褐。根部受害，根毛减少，后变褐腐烂。

图38-1　韭菜疫病为害叶片症状

图38-2　韭菜疫病为害花茎症状

防治方法　重病地块与非葱蒜类蔬菜实行2 ～ 3年轮作。合理密植，合理施肥，避免偏施氮肥。生长期雨后及时排除积水。收获后及时彻底清除病残植株，集中深埋或妥善处理。

发病前期，可用75%百菌清可湿性粉剂600倍液、70%代森锰锌可湿性粉剂600 ～ 800倍液等药剂预防保护。

发病初期，可选用50%烯酰吗啉可湿性粉剂30 ～ 40 g/亩、722 g/L霜霉威盐酸盐水剂72 ～ 107 mL/亩、18.7%烯酰·吡唑酯（烯酰吗啉12% +吡唑醚菌酯6.7%）水分散粒剂75 ～ 125 g/亩、60%唑醚·代森联（代森联55% +吡唑醚菌酯5%）水分散粒剂60 ～ 100 g/亩、69%烯酰吗啉·锰锌可湿性粉剂800 ～ 1 000

倍液、72%霜脲·锰锌可湿性粉剂600～800倍液、64%噁霜·锰锌可湿性粉剂500倍液、58%甲霜·锰锌可湿性粉剂500倍液、25%甲霜灵可湿性粉剂600～800倍液、50%烯酰吗啉可湿性粉剂2 000倍液、60%琥·乙膦铝可湿性粉剂500倍液、72%锰锌·霜脲可湿性粉剂700倍液、60%氟吗·锰锌可湿性粉剂1 000～1 500倍液、52.5%噁唑菌酮·霜脲水分散粒剂1 500～2 000倍液、50%氟吗·乙铝可湿性粉剂600～800倍液、50%甲霜·铜可湿性粉剂600倍液、25%嘧菌酯悬浮剂1 500倍液、687.5 g/L氟吡菌胺·霜霉威盐酸盐悬浮剂800～1 200倍液、84.51%霜霉威·乙膦酸盐可溶性水剂800倍液、10%氰霜唑悬浮剂2 000倍液+75%百菌清可湿性粉剂600倍液，喷雾防治，或用上述药剂灌根，每墩灌250 mL，间隔7～10 d防治1次，连续防治2～3次。

2. 韭菜灰霉病

症　　状　由葱鳞葡萄孢（*Botrytis squamosa*）引起。主要为害叶片。被害叶片上初生白色至浅灰褐色的小斑点，后斑点逐渐扩大，相互融合成椭圆形眼状棱形大斑，直至半叶或全叶腐烂（图38-3）。湿度大时，病斑可密生灰褐色绒毛状霉层，或霉烂、发黏、发黑。

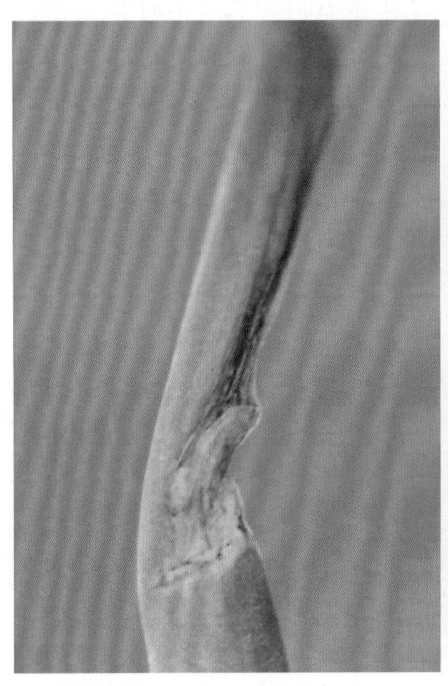

图38-3　韭菜灰霉病为害叶片症状

发生规律　以菌丝、分生孢子或菌核的形式越冬和越夏。翌春条件适宜时，菌核萌发产生菌丝体，又产生分生孢子，或菌丝、分生孢子随气流、雨水、浇水传播为害。早春低温、高湿条件下，发病较重。

防治方法　降低湿度，每次收割后不能浇水，可在地面上撒施一薄层草木灰，中耕培土要细致，避免损伤叶片。要及时收割韭菜，其后彻底清除病、残叶，减少菌源。增施腐熟的有机肥，防止偏施氮肥，形成叶片柔嫩易感病。夏季除草、追肥、浇水养好根茬。

冬、春季，在头刀韭菜株高4～7 cm，二刀韭菜在收割后6～8 d时，及时用药剂防治。药剂可选用40%嘧霉胺悬浮剂50～75 mL/亩、50%腐霉利可湿性粉剂1 500～2 000倍液、50%异菌脲可湿性粉剂1 000～1 500倍液、75%百菌清可湿性粉剂500倍液+50%乙烯菌核利可湿性粉剂1 000～1 500倍液，喷雾，每隔7～10 d喷1次，连喷2～3次。重点喷在新萌发的叶片上及周围土壤上。温室内可以用15%腐霉利烟剂200～333 mL/亩，点燃放烟。

3. 韭菜绵疫病

症　　状　由樟疫霉（*Phytophthora cinnamomi*，属鞭毛菌亚门真菌）引起。染病植株叶片上初现水渍状暗绿色病变，当病斑扩展至半张叶片大小时，叶片变黄下垂软腐。湿度大时病部长出白色棉絮状物（图38-4）；假茎受害后呈浅褐色软腐，叶鞘易脱落，潮湿时病部长出白色稀疏霉层；鳞茎染病时，根盘呈水浸状，后变褐腐烂；根部染病呈暗褐色，难发新根（图38-5）。

图38-4　韭菜绵疫病为害叶片症状

图38-5　韭菜绵疫病为害后期田间症状

发生规律　病菌以卵孢子和厚垣孢子的形式在土壤中或在病株上越冬，翌年卵孢子遇水产生孢子囊和游动孢子，通过灌溉水或雨水传播到韭菜上，长出芽管，产生附着器和侵入丝穿透韭菜表皮进入体内，遇高温、高湿条件，病部产生大量孢子囊，借风雨或灌溉水传播蔓延，进行多次重复侵染。生产上，进入雨季开始发病，发病早、气温高的年份受害重，遇持续时间长的大暴雨，易出现大流行。

防治方法　严格挑选育苗地和栽植地，要求选择土层深厚、肥沃，排灌方便，3年内未种过葱属植物的高燥地块，苗床应冬耕施肥，栽植地要求深耕，施用腐熟有机肥，雨后及时排水。幼苗期轻浇、勤浇水。夏季雨水多时须控制浇水，定植翌年以后可多次收割，3年以上的韭株要及时剔根培土，防其徒长或倒伏。

发病前期，注意施用保护剂以防止病害侵染发病，可用75%百菌清可湿性粉剂600 ～ 800倍液、70%丙森锌可湿性粉剂600 ～ 800倍液、60%唑醚·代森联（代森联55%＋吡唑醚菌酯5%）水分散粒剂60 ～ 100 g/亩、70%代森锰锌可湿性粉剂600 ～ 800倍液等药剂预防保护。

发病初期，可选用58%甲霜·锰锌可湿性粉剂500倍液、60%氟吗·锰锌可湿性粉剂1 000 ～ 1 500倍液、52.5%噁唑菌酮·霜脲水分散粒剂1 500 ～ 2 000倍液、64%噁霜·锰锌可湿性粉剂500倍液、72%霜脲·锰锌可湿性粉剂600 ～ 800倍液、60%琥·乙膦铝可湿性粉剂500倍液、69%烯酰吗啉·锰锌可湿性粉剂800 ～ 1 000倍液。

发病较重时，可以用72.2%霜霉威水剂600 ～ 800倍液、40%乙膦铝可湿性粉剂250倍液、25%甲霜灵可湿性粉剂600 ～ 800倍液、50%烯酰吗啉可湿性粉剂2 000倍液，喷雾防治，或用上述药剂灌根，每墩灌250 mL，间隔7 ～ 10 d防治1次，连续防治2 ～ 3次。

4. 韭菜黄叶病

症　　状　由草生欧文氏菌菠萝变种（*Erwinia herbicola* var. *ananas*，属细菌）引起。菌体短杆状，两端圆，周生鞭毛，为革兰氏阴性菌，厌气条件下能生长。病斑从叶尖、叶缘产生向叶中脉扩展，纵向半个叶片变黄或整叶变黄（图38-6），发病初期为淡黄褐色，后期变成深黄色水渍状坏死，造成整叶枯死。主要为害韭菜的外叶，心叶很少出现感染。

图38-6 韭菜黄叶病为害初期症状

发生规律 病菌随病残体在土壤中越冬，成为翌年初侵染源，在韭菜田通过灌溉水或雨水飞溅传播，主要从伤口侵入，田间低洼易涝、雨多、湿度大易流行。

防治方法 培养壮苗，适时定植，合理密植，浇水不要过量，雨后及时排水，严防湿气滞留。

雨后及时喷洒30%琥胶肥酸铜可湿性粉剂215 ~ 230 g/亩、77%氢氧化铜可湿性粉剂45 ~ 60 g/亩、20%噻森铜悬浮剂100 ~ 166 mL/亩、40%噻唑锌悬浮剂50 ~ 75 mL/亩、5%大蒜素微乳剂60 ~ 80 g/亩、41%乙蒜素乳油1 000 ~ 1 250 倍液、3%噻霉酮微乳剂75 ~ 110 g/亩、0.3%四霉素水剂50 ~ 65 mL/亩、6%春雷霉素可溶液剂50 ~ 70 mL/亩、3%中生菌素可溶液剂80 ~ 110 mL/亩、2%中生·四霉素（四霉素0.3%＋中生菌素1.7%）可溶液剂40 ~ 60 mL/亩、5%春雷·中生（中生菌素2%＋春雷霉素3%）可湿性粉剂70 ~ 80 g/亩、8%春雷·噻霉酮（春雷霉素6%＋噻霉酮2%）水分散粒剂45 ~ 50 g/亩、20%噻菌铜悬浮剂500倍液、86.2%氧化亚铜可湿性粉剂1 000倍液，间隔10 d左右防治1次，连续防治2 ~ 3次。

二、韭菜生理性病害

韭菜生理性黄叶和干尖

症 状 生理性黄叶：心叶或外叶褪绿（图38-7），后叶尖开始变成茶褐色，后逐渐枯死，致叶片变白或叶尖枯黄变褐。干尖：叶尖干枯，像失水状（图38-8），后期全叶干枯。

图38-7 韭菜生理性黄叶症状

图38-8 韭菜干尖田间症状

防治方法 选用优良品种和耐风雨品种。施用酵素菌沤制的堆肥，采用配方施肥技术，科学施用硫酸铵、尿素、碳酸氢铵，不宜一次施用过量，提倡喷洒芸薹素内酯植物生长调节剂3 000倍液或10%宝力丰韭菜烂根灵600倍液。加强棚室温、湿度管理，棚温不要高于35℃或低于5℃，生产上遇高温要及时放风、浇水，否则容易发生烧叶。

三、韭菜田杂草防治技术

韭菜苗小生长缓慢，易受杂草为害。田间杂草是韭菜生产的大敌，常与韭菜争水、争肥、争光，播种时杂草常早于韭菜出土，而且生长速度快，形成草欺苗现象、韭菜生长期间，尤其是夏、秋季，更容易出现草荒（图38-9）。而依靠人工除草，往往因为除草不及时，严重影响韭菜生产。

图38-9 韭菜田杂草发生为害情况

目前，韭菜田国家登记生产的除草剂种类仅有二甲戊乐灵；资料报道的除草剂种类较多、较乱；农民生产上常用的除草剂种类有二甲戊乐灵、乙草胺、异丙甲草胺、异丙草胺、扑草净；另外还有噁草酮、乙氧氟草醚等。生产中应注意除草剂对韭菜的安全性，应根据各地情况，采用适宜的除草剂种类和施药方法。

（一）韭菜育苗田杂草防治

韭菜籽的种皮厚，不易吸水，出苗慢，春季播种，一般需要20 d才能出苗。而一般杂草则发芽快，生长迅速。育苗韭菜常因前期生长缓慢，受杂草为害程度较重、时间较长，生产上应施用封闭除草剂。

针对韭菜出苗慢、出苗晚，易于受杂草为害的现象，可以在播种前施药，进行土壤处理，可以防治多种一年生禾本科杂草和阔叶杂草。可于播前5 ~ 7 d，施用除草剂：48%氟乐灵乳油50 ~ 100 mL/亩、48%地乐胺乳油50 ~ 100 mL/亩、72%异丙甲草胺乳油50 ~ 100 mL/亩、96%精异丙甲草胺乳油30 ~ 40 mL/亩，兑水40 kg均匀喷施。施药后及时混土2 ~ 5 cm，特别是氟乐灵、地乐胺易于挥发，混土不及时会降低药效。但在冷凉、潮湿天气时施药易产生药害，应慎用。

在韭菜播种后应适当混土或覆薄土，勿让种子外露，播后苗前施药，可用除草剂：33%二甲戊乐灵乳油75 ~ 100 mL/亩、72%异丙甲草胺乳油75 ~ 100 mL/亩、96%精异丙甲草胺乳油30 ~ 40 mL/亩、72%异丙草胺乳油75 ~ 100 mL/亩，兑水40 kg均匀喷施，可以有效防治多种一年生禾本科杂草和部分阔叶杂草。药量过大、田间过湿，特别是在持续低温、多雨条件下，韭菜出苗缓慢，生长受抑制，药害严重时会出现畸形苗和死苗现象。

为了进一步提高除草效果和对作物的安全性，同时也为了提高对阔叶杂草的防治效果，也可以用33%二甲戊乐灵乳油50 ~ 75 mL/亩+50%扑草净可湿性粉剂50 ~ 70 g/亩、20%敌草胺乳油75 ~ 100 mL/亩+50%扑草净可湿性粉剂50 ~ 70 g/亩、72%异丙甲草胺乳油50 ~ 75 mL/亩+50%扑草净可湿性粉剂50 ~ 70 g/亩、72%异丙草胺乳油50 ~ 75 mL/亩+50%扑草净可湿性粉剂50 ~ 70 g/亩，兑水40 kg均匀喷施，可以有效防治多种一年生禾本科杂草和阔叶杂草。施药时要严格控制药量，喷施均匀，否则，会导致韭菜叶片黄化，发生不同程度的药害。

（二）韭菜移栽田杂草防治

韭菜移栽田，生产上宜采用封闭性除草剂，可于移栽前、后使用封闭性除草剂，移栽时尽量不要翻动土层或尽量少翻动土层，以移栽后使用为好。可以防治多种一年生禾本科杂草和阔叶杂草。可于移栽前5 ~ 7 d，施用除草剂：48%氟乐灵乳油100 ~ 200 mL/亩、48%地乐胺乳油100 ~ 200 mL/亩、72%异丙甲 草胺乳油150 ~ 200 mL/亩、96%精异丙甲草胺乳油50 ~ 80 mL/亩，兑水40 kg均匀喷施。施药后及时混土2 ~ 5 cm，特别是氟乐灵、地乐胺易于挥发，混土不及时会降低药效。

也可以在移栽后施药，以移栽后使用为好。可用除草剂：33%二甲戊乐灵乳油150 ~ 200 mL/亩、20%敌草胺乳油150 ~ 200 mL/亩、72%异丙甲草胺乳油100 ~ 175 mL/亩、96%精异丙甲草胺乳油50 ~ 80 mL/亩、50%乙草胺乳油100 ~ 150 mL/亩，兑水40 kg均匀喷施。对于墒情较差地块、沙土地，可以用48%氟乐灵乳油150 ~ 200 mL/亩、48%地乐胺乳油150 ~ 200 mL/亩，施药后及时混土2 ~ 3 cm，该药易挥发，混土不及时会降低药效。

（三）韭菜田杂草防治

老根韭菜比新根韭菜抗药性更强，比新播韭菜所适用的除草剂种类要多一些，老根韭菜每收割1刀要喷1次药，但收割后要清除田间杂草并松土，等到韭菜伤口愈合后再用药。

老根韭菜每茬收割后，先松土、人工清除田间大草，待韭菜伤口愈合后长出新叶时浇1次水，然后喷施除草剂（图38-10）。可用除草剂：33%二甲戊乐灵乳油175 mL/亩、20%敌草胺乳油150 ~ 200 mL/亩，对于墒情较差地块及沙土地，可以用48%氟乐灵乳油150 ~ 200 mL/亩、48%地乐胺乳油150 ~ 200 mL/亩，施药后及时混土2 ~ 3 cm，该药易挥发，混土不及时会降低药效。

对于老根韭菜田中，有较多禾本科杂草和阔叶杂草混生的田块，收割时把刀口入地面深0.5 ~ 1 cm，收割后及时对杂草喷洒药剂，进行封闭处理，可用除草剂配方：33%二甲戊乐灵乳油50 ~ 75 mL/亩+50%扑草净可湿性粉剂50 ~ 70 g/亩、20%敌草胺乳油75 ~ 100 mL/亩+50%扑草净可湿性粉剂50 ~ 70 g/亩、72%异丙甲草胺乳油50 ~ 75 mL/亩+50%扑草净可湿性粉剂50 ~ 70 g/亩、72%异丙草胺乳油50 ~ 75 mL/亩+50%扑草净可湿性粉剂50 ~ 70 g/亩、33%二甲戊乐灵乳油100 ~ 150 mL/亩+25%噁草酮乳油75 ~ 100 mL/亩、50%乙草胺乳油75 ~ 100 mL/亩+25%噁草酮乳油75 ~ 100 mL/亩、72%异丙甲草胺乳油100 ~ 150 mL/亩+25%噁草酮乳油75 ~ 100 mL/亩、96%精异丙甲草胺乳油40 ~ 50 mL/亩+25%噁草酮乳油75 ~ 100 mL/亩、72%异丙草胺乳油100 ~ 150 mL/亩+25%噁草酮乳油75 ~ 100 mL/亩，兑水40 kg均匀喷施，可以有效防治多种一年生禾本科杂草和阔叶杂草。施药时要严格控制药量，喷施均匀，否则会导致韭菜叶片黄化或斑点性黄斑，产生不同程度的药害，一般加强肥水管理可以恢复生长，施药时一定先试验后推广。

图38-10 韭菜田生长期杂草发生情况

老韭菜田中易生长香附子、田旋花、蒲公英等多年生杂草，生产上一般施用对韭菜生长安全的土壤处理和茎叶处理除草剂，如用10%草甘膦水剂1 ～ 1.5 kg/亩，兑水30 ～ 40 kg均匀喷洒杂草茎叶，不但能除去地上部杂草的茎叶，而且还能根除地下部杂草的茎根。其施用方法有两种：一是先收割韭菜，收割时把刀口入地面深0.5 ～ 1 cm，并注意把杂草留下，收割后及时对杂草喷洒药剂作茎叶处理，停止作业5 ～ 7 d，当杂草茎叶枯黄时，再中耕、施肥、浇水。用此方法除草时，不要把韭菜茬露出地面，以免喷上药剂受害。二是在韭菜生长期，用加罩喷头在行间定向喷洒杂草茎叶，喷药时应选在无风天气进行，以免药剂喷到韭菜叶片上，发生药害。草甘膦是灭生性除草剂，科学施用不仅不影响韭菜生长，而且可有效除去地上部杂草的茎叶和地下部杂草的茎根，一般施用1 ～ 2次即可根除多年生杂草。该药对韭菜安全性差，一定要把握正确的施药方法，生产中最好先试验后再大面积施用。

对于韭菜田，田间主要是一年生禾本科杂草，如稗草、狗尾草、野燕麦、马唐、牛筋草等，应在禾本科杂草3 ～ 5叶期，选用除草剂：10%精喹禾灵乳油40 ～ 80 mL/亩、15%精吡氟禾草灵乳油50 ～ 100 mL/亩、12.5%稀禾啶机油乳剂50 ～ 100 mL/亩、10.8%高效氟吡甲禾灵乳油20 ～ 50 mL/亩，兑水25 ～ 30 kg，配成药液均匀喷洒到杂草茎叶上。在气温较高、雨量较多地区，杂草生长幼嫩，可适当减少用药量；相反，在气候干旱、土壤较干地区，杂草幼苗老化耐药或杂草较大，要适当增加用药量。防治一年生禾本科杂草时，用药量可稍减低；防治多年生禾本科杂草时，用药量应适当增加。

第三十九章　菠菜病虫草害原色图解

一、菠菜病害

菠菜病害有10多种，其中，为害较重的有菠菜霜霉病、菠菜病毒病、菠菜根结线虫病、菠菜根腐病等。

1. 菠菜霜霉病

症　　状　由菠菜霜霉菌（*Peronospora spinaciae*，属鞭毛菌亚门真菌）引起。主要为害叶片。病斑从植株下部向上扩展。病斑初呈淡黄色，扩大后呈不规则形，边缘不明显，叶背病斑上产生灰白色霉层，后变灰紫色（图39-1）。发生严重时，病斑互相连结成片，后期变黄褐色枯斑（图39-2）。湿度大时变褐、腐烂，严重的，整株叶片变黄枯死。

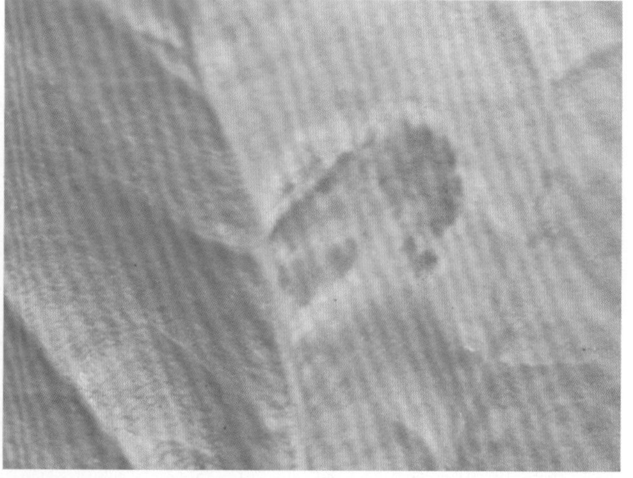

图39-1　菠菜霜霉病为害初期叶片正面、背面症状

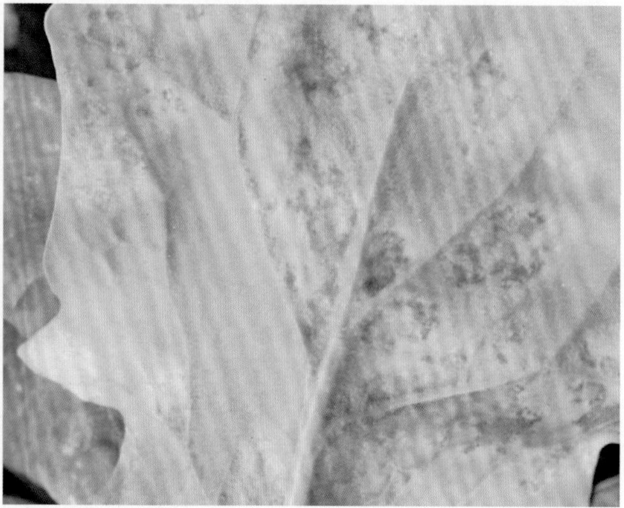

图39-2　菠菜霜霉病为害后期叶片症状

发生规律　菌丝在越冬菜株上和种子上，或以卵孢子的形式在病残体内越冬。借气流、雨水、农具、昆虫及农事操作传播蔓延。发病高峰期为春季3—4月和秋季9—12月。种植密度过大、菜田积水及早播发病重。冷凉多雨气候下常暴发成灾。

防治方法　施足基肥，合理密植，适量浇水，雨后及时排水，降低田间湿度。铲除田间和地边杂草。越冬菠菜返青时，田内发现系统侵染的萎缩株，要及时拔除，携出田外烧毁。

发病前加强预防，可以用75%百菌清可湿性粉剂600 ~ 1 000倍液、70%代森锰锌可湿性粉剂600 ~ 1 000倍液、50%吡唑醚菌酯水分散粒剂10 ~ 12 g/亩、80%嘧菌酯水分散粒剂15 ~ 20 g/亩、70%代森联水分散粒剂140 ~ 170 g/亩、

发病初期，及时喷药防治，可用80%烯酰吗啉水分散粒剂19 ~ 22 g/亩、70%丙森锌可湿性粉剂600倍液+66.5%霜霉威盐酸盐水剂90 ~ 120 mL/亩、40%氟吡菌胺·烯酰吗啉（烯酰吗啉30% +氟吡菌胺10%）悬浮剂30 ~ 45 mL/亩、40%氟吡菌胺·喹啉铜（喹啉铜32% +氟吡菌胺8%）悬浮剂45 ~ 60 mL/亩、32%唑醚·喹啉铜（吡唑醚菌酯2% +喹啉铜30%）悬浮剂50 ~ 70 mL/亩、56%唑醚·霜脲氰（吡唑醚菌酯8% +霜脲氰48%）水分散粒剂21 ~ 28 g/亩、40%乙膦铝可湿性粉剂300倍液+75%百菌清可湿性粉剂600倍液、64%噁霜·锰锌可湿性粉剂500倍液、25%甲霜灵可湿性粉剂800倍液、58%甲霜灵·锰锌可湿性粉剂500倍液、72%霜脲·锰锌可湿性粉剂700倍液、69%烯酰吗啉·锰锌可湿性粉剂1 000倍液、70%乙膦·锰锌可湿性粉剂500倍液、50%甲霜·铜可湿性粉剂500 ~ 1 000倍液，喷雾防治，每隔7 d喷1次，连续喷2 ~ 3次。农药要交替施用，防止产生抗药性。

2. 菠菜病毒病

症　状　该病病原为黄瓜花叶病毒（*Cucumber mosaic virus*, CMV）、芜菁花叶病毒（*Turnip mosaic virus*, TuMV）、甜菜花叶病毒（*Beet mosaic virus*，BtMV）。苗期染病，在心叶上表现为明脉或黄绿相间的斑纹，后变为淡绿与浓绿相间的花叶状，严重时心叶扭曲，皱缩、萎缩，病苗矮小。成株期染病，多表现花叶或心叶萎缩，老叶提早枯死脱落或植株蜷缩成球状（图39-3 ~图39-6）。

图39-3　菠菜病毒病为害叶片正面症状

图39-4　菠菜病毒病为害叶片背面症状

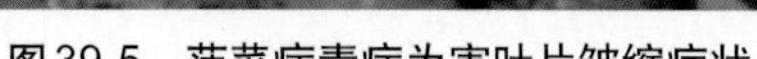
图39-5 菠菜病毒病为害叶片皱缩症状

图39-6 菠菜病毒病为害植株症状

发生规律 病毒在菠菜及菜田杂草上越冬，由桃蚜、萝卜蚜、豆蚜、棉蚜等传播。发病盛期一般在3—5月和9—12月。春秋干旱、邻近有黄瓜或萝卜的地块发病较重。早春温暖及春菠菜发病重。秋季播种过早、管理粗放、水分不足、氮肥过多发病重。

防治方法 选择远离黄瓜、萝卜田的地块种植。适期播种，春、秋季干旱时注意多浇水，减少发病。彻底清除田间及四周杂草，及时拔除田间病株。施足有机底肥，增施磷、钾肥，增强寄主抗病力。

及时喷洒50%抗蚜威可湿性粉剂1 000 ～ 3 000倍液、2.5%溴氰菊酯乳油1 000 ～ 2 000倍液等药剂防治蚜虫。

发病初期，喷洒2%宁南霉素水剂100 ～ 150 mL/亩、0.5%菇类蛋白多糖水剂300倍液、20%丁子香酚水乳剂、20%盐酸吗啉胍可湿性粉剂500倍液，隔10 d左右喷1次，喷洒1 ～ 3次。

3. 菠菜根结线虫病

症　　状 由南方根结线虫（*Meloidogyne incognita*）引起。病原线虫雌雄异形，幼虫细长蠕虫状。发病轻时，地上部无明显症状。发病重时，拔起植株，细观根部，可见肉质根变小、畸形，须根很多，其上有许多葫芦状根结（图39-7）。地上部表现生长不良、矮小，黄化、萎蔫，似缺肥水或枯萎病症状（图39-8）。严重时植株枯死（图39-9）。

图39-7 菠菜根结线虫病为害症状

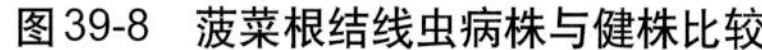

图39-8　菠菜根结线虫病株与健株比较

图39-9　菠菜根结线虫病为害田间症状

发生规律　常以卵囊或2龄幼虫的形式随病残体遗留在土壤中越冬，翌年条件适宜时，越冬卵孵化为幼虫，继续发育并侵入寄主，刺激根部细胞增生，形成根结。病原线虫靠病土、病苗及灌溉水传播。地势高燥、质地疏松、盐分低的土壤适宜线虫活动，有利于发病，连作地发病重。

防治方法　合理轮作。病田彻底处理病残体，集中烧毁或深埋。根结线虫多分布在3 ~ 9 cm表土层，深翻可减轻为害。

在播种时，撒施10%克线磷颗粒剂5 kg/亩。菠菜生长期间发生线虫，可用50%辛硫磷乳油1 000倍液、1.8%阿维菌素乳油1 000 ~ 2 000倍液灌根，应加强田间管理。合理施肥或灌水，以增强寄主抵抗力。

4. 菠菜根腐病

症　　状　由尖孢镰孢（*Fusarium oxysporum*）引起。此病主要侵害根部，多从根尖开始侵染，呈褐色坏死，逐渐向上扩展，最终导致根系变褐、腐朽。病株地上部由外叶向心叶发展，逐渐褪绿变黄，最后坏死腐烂，重病株明显矮化（图39-10）。

图39-10　菠菜根腐病为害根部症状

发生规律　病菌主要以菌丝体、分生孢子及厚垣孢子的形式随病残体在土壤中越冬或越夏。未腐熟粪肥亦可带菌，病菌随雨水、浇水传播，从根部伤口或根尖直接侵入。高温、高湿利于发病。土温

25～30℃、土壤潮湿、肥料未充分腐熟、地下害虫严重，则发病重，浇水过多或土壤黏重亦发病较重。

防治方法 重病地块实行与葱蒜类、禾本科作物3年以上轮作。施用充分腐熟的有机肥，氮、磷、钾肥配合施用，提倡使用生物菌肥。常发病区采用高畦，严禁大水漫灌，雨后及时排水，防止田间积水。

发病前至发病初期，可采用20%二氯异氰尿酸钠可溶性粉剂400～600倍液、50%氯溴异氰尿酸可溶性粉剂800～1 000倍液、50%甲基硫菌灵悬浮剂60～80 g/亩、70%敌磺钠可溶粉剂250～500 g/亩、6%春雷霉素可湿性粉剂150～300倍液、10%混合氨基酸铜水剂200～500 mL/亩、32%唑酮·乙蒜素（乙蒜素30%+三唑酮2%）乳油75～94 mL/亩、70%甲基硫菌灵可湿性粉剂600～800倍液、10%多抗霉素可湿性粉剂1 000倍液、1%中生菌素可湿性粉剂200～300倍液35%福·甲可湿性粉剂600～800倍液、50%多菌灵可湿性粉剂500～700倍液+70%敌磺钠可溶性粉剂800倍液，喷雾，隔5～7 d防治1次，连续防治2～3次。

二、菠菜虫害

菠菜潜叶蝇

为害特点 菠菜潜叶蝇（*Pegomya exilis*）的幼虫钻入叶片组织内，食害叶肉，残留上、下表皮，叶片出现半透明的泡状隧道，透过表皮可见里面的幼虫及虫粪（图39-11）。

图39-11 菠菜潜叶蝇为害叶片症状

形态特征 成虫为蝇子，头半圆形。雌虫额带宽，黄褐色，腹部较粗，单眼黄色。雄虫额带狭，暗褐色，单眼鲜红色。雌、雄虫前翅均为黄褐色，其上有各色闪光，翅脉黄色。足的腿节和胫节黄色，跗节黑色。卵长椭圆形，白色，表面有不规则纹。幼虫即蛆，老熟时全体白色或黄白色，多皱纹。蛹为伪蛹，红褐色或黑褐色。

发生规律 在华北每年发生3～4代，蛹在土中越冬。翌年5月中、下旬越冬代成虫开始羽化产卵，幼虫孵化后很快钻入叶内为害，6月上、中旬是为害盛期。幼虫老熟后脱离叶片入土化蛹，7—9月是第2至第3代幼虫期。全年以春季第1代幼虫为害严重。

防治方法 清除田间及周围黎科杂草，减少一部分虫源。秋季耕翻土地，春季精耕细作，杀死田间越冬蛹。

发现虫情及时防治，可采用0.5%甲氨基阿维菌素苯甲酸盐微乳剂2 000～3 000倍液+4.5%高效氯氰菊酯乳油2 000倍液、20%阿维·杀虫单微乳剂1 500倍液、1.8%阿维菌素乳油2 000～3 000倍液、50%灭蝇胺可湿性粉剂2 000～3 000倍液、3.5%氟腈·溴乳油1 000～2 000倍液，因其世代重叠，要连续防治，视虫情7～10 d防治1次。

三、菠菜田杂草防治技术

菠菜是一种重要蔬菜，其栽培方式主要是直播，杂草为害严重。杂草不仅影响菠菜的生长，与其争光、争水、争肥，还易滋生病虫害。适时进行化学防除，是搞好田间管理的一项重要技术措施。

目前，菠菜田还没有国家登记生产的专用除草剂品种，资料报道的除草剂种类较多较乱；农民生产上常用的除草剂种类有甲草胺、异丙甲草胺、精异丙甲草胺、二甲戊乐灵、扑草净、精喹禾灵、精吡氟禾草灵、稀禾啶、高效氟吡甲禾灵，另外还有噁草酮、乙氧氟草醚等；生产中应注意除草剂对菠菜的安全性，生产中应根据各地情况，采用适宜的除草剂种类和施药方法，最好先试验后推广应用。

（一）菠菜田播后芽前杂草防治

菠菜直播田墒情较好、土质肥沃，有利于杂草的发生，如不及时进行杂草防治，将严重影响幼苗生长。应注意选择除草剂品种和施药方法。

在菠菜播后芽前（图39-12），可用33%二甲戊乐灵乳油75 ~ 100 mL/亩、20%萘丙酰草胺乳油100 ~ 150 mL/亩、72%异丙甲草胺乳油75 ~ 120 mL/亩、72%异丙草胺乳油75 ~ 100 mL/亩，兑水40 kg均匀喷施，可以有效防治多种一年生禾本科杂草和部分阔叶杂草。菠菜种子较小，应在播种后浅混土或覆薄土；药量过大、田间过湿，特别是遇到持续低温、多雨天气，会影响菠菜的发芽、出苗；严重时，会出现缺苗断垄现象。

图39-12　菠菜田播种和生长情况

（二）菠菜田生长期杂草防治

对于前期未能采取化学除草或化学除草失败的菠菜田，应在田间杂草基本出苗，且杂草处于幼苗期时及时施药防治。

菠菜田防治一年生禾本科杂草（图39-13），如稗、狗尾草、牛筋草等，应在禾本科杂草3 ~ 5叶期，可用10%精喹禾灵乳油40 ~ 60 mL/亩、10.8%高效氟吡甲禾灵乳油20 ~ 40 mL/亩、10%喔草酯乳油40 ~ 80 mL/亩、15%精吡氟禾草灵乳油40 ~ 60 mL/亩、10%精噁唑禾草灵乳油50 ~ 75 mL/亩、12.5%稀禾定乳油50 ~ 75 mL/亩、24%烯草酮乳油20 ~ 40 mL/亩，兑水30 kg均匀喷施，可以有效防治多种禾本科杂草。该类药剂没有封闭除草效果，施药不宜过早，在禾本科杂草未出苗时施药，没有效果。

图39-13　菠菜生长期田间杂草发生情况

第四十章　蕹菜病害原色图解

1. 蕹菜白锈病

分布为害　白锈病为蕹菜的主要病害，分布广泛，发生普遍。发病重时病株率在80%以上，严重影响蕹菜品质。

症　　状　由蕹菜白锈菌（*Albugo ipomoeae-aquaticae*，属鞭毛菌亚门真菌）引起。主要为害叶片，也能为害嫩茎和叶柄。叶片受害，叶正面初出现淡黄色至黄绿色斑点，后扩大，边缘不明显（图40-1），逐渐变褐，叶背面形成白色隆起状疱斑，近圆形或不规则形，后期疱斑破裂，散出白色粉状物（图40-2）。病害严重时，病斑密布连片，致叶片畸形或枯黄脱落。叶柄和嫩茎受害，症状与叶片相似。

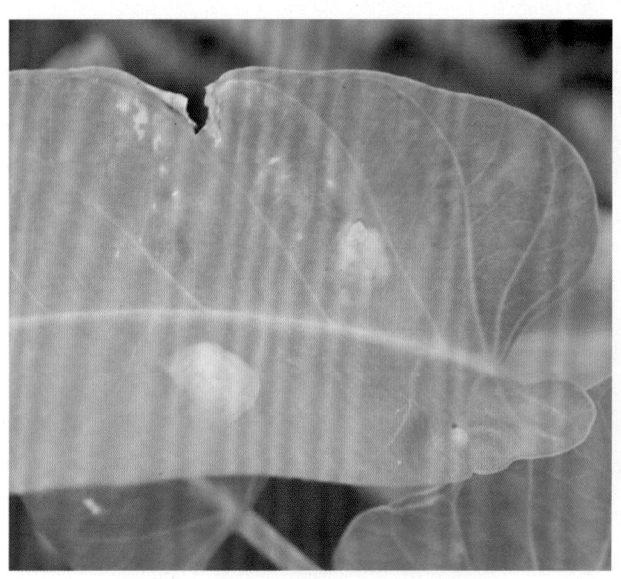

图40-1　蕹菜白锈病为害叶片正面症状

图40-2　蕹菜白锈病为害叶片背面症状

发生规律　卵孢子随病残体在田间越冬，翌春温、湿度适宜时，卵孢子或菌丝产生的孢子囊，借助风雨传播、扩大、再侵染。发病部位多在上梢和幼嫩组织，老叶和下部组织不易感染。主要发病盛期在5—10月。春季多雨，秋季持续高温、闷热、多雨发病重。田间连作、排水不良、种植密度大时发病重。

防治方法　加强田间通风排水，降低空气湿度。合理增施氮肥，改善田间通透条件，及时采收，防止植株组织过嫩。发现病叶及时摘除，避免或减少越冬菌源。重病地区实行1年以上轮作，最好与非旋花科作物轮作。

发病初期，进行药剂防治，可选用80%嘧菌酯水分散粒剂12.5 ~ 20 g/亩、69%烯酰吗啉·锰锌可湿性粉剂1 000倍液、56%唑醚·霜脲氰（吡唑醚菌酯8%+霜脲氰48%）水分散粒剂21 ~ 28 g/亩、72%霜脲·锰锌可湿性粉剂800倍液、58%甲霜灵·锰锌可湿性粉剂500倍液、50%甲霜·铜可湿性粉剂600 ~ 700倍液、64%噁霜·锰锌可湿性粉剂500倍液、40%乙膦铝可湿性粉剂250 ~ 300倍液、65%代森锌可湿性粉剂500倍液、25%甲霜灵可湿性粉剂800倍液、80%代森锰锌可湿性粉剂800倍液、50%烯酰吗啉可湿性粉剂2 000倍液，喷雾，间隔7 ~ 15 d防治1次，连防治2 ~ 3次。

2. 蕹菜轮斑病

分布为害　轮斑病为蕹菜的主要病害，分布广泛，发生普遍。一般病株率10% ~ 40%，重病地在80%以上，严重影响蕹菜品质。

症　　状　由蕹菜叶点霉（*Phyllosticta ipomoeae*，属无性型真菌）引起。主要为害叶片，也可为害叶柄和嫩茎。叶片染病，初期在叶片上产生褐色小斑点，扩大后呈圆形、椭圆形斑，浅褐色至红褐色，具有明显的同心轮纹（图40-3），后期在病斑上产生稀疏小黑点。发病严重时，叶片上多个病斑可汇合成不规则形大斑（图40-4），空气干燥，病斑易破裂穿孔，终致病叶坏死干枯（图40-5、图40-6）。

发生规律　分生孢子器随病残体在田间越冬。翌春条件适宜时随雨水溅射传播，形成初侵染，后产生分生孢子进行多次侵染。生长期多阴雨、植株密度大、管理粗放、土壤贫瘠、植株生长衰弱，病害发生较重。

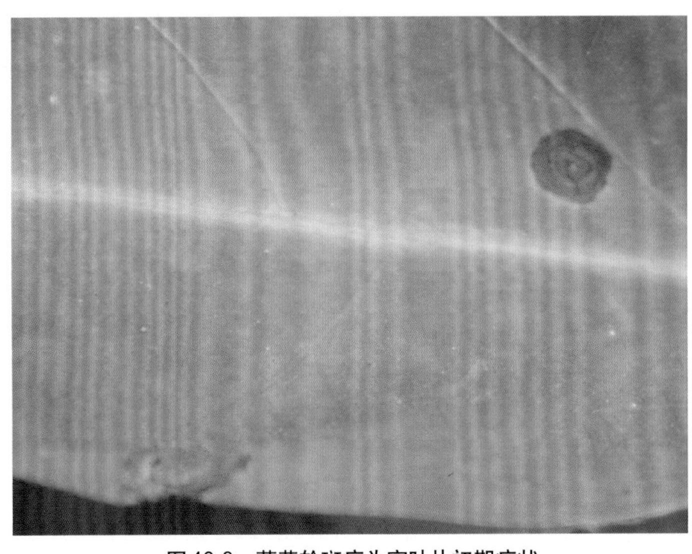

图40-3　蕹菜轮斑病为害叶片初期症状

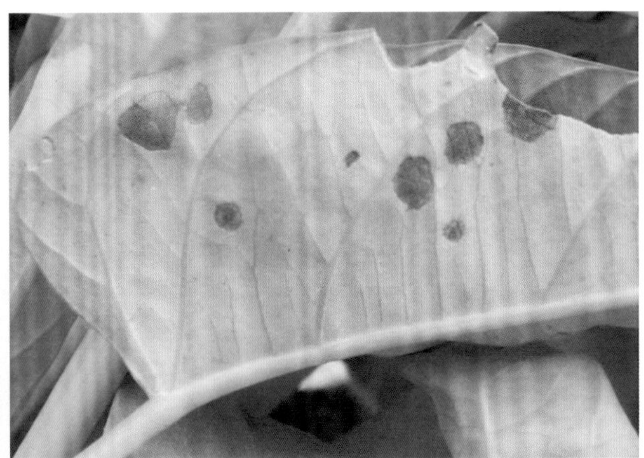

图40-4　蕹菜轮斑病为害叶片中期症状

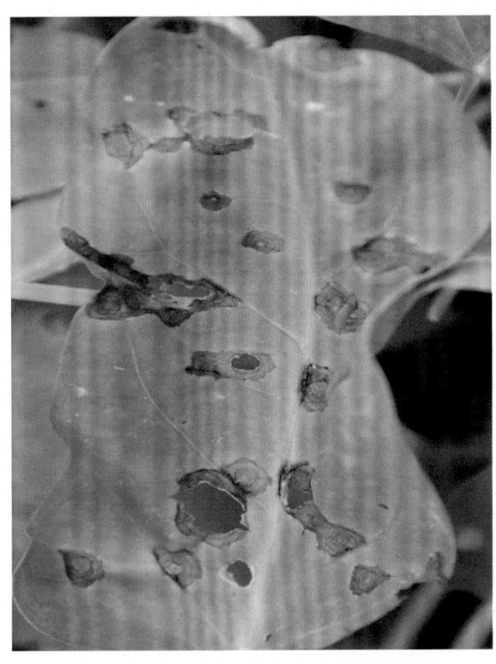

图40-5　蕹菜轮斑病为害叶片后期症状

图40-6　蕹菜轮斑病为害后期田间症状

防治方法 收割完毕后彻底清除病残植株及残体，减少田间菌源。重病地块应与其他蔬菜轮作。增施有机肥，注意配合施用磷、钾肥。生长期加强管理，避免田间积水。

发病初期，进行药剂防治，可选用10%苯醚甲环唑水分散粒剂2 000倍液、70%代森锰锌可湿性粉剂500 ～ 800倍液+40%氟硅唑乳油4 000 ～ 6 000倍液、40%氟菌唑·甲基硫菌灵（氟菌唑10%＋甲基硫菌灵30%）悬浮剂35 ～ 55 mL/亩、35%啶酰菌胺·氟菌唑（啶酰菌胺25%＋氟菌唑10%）悬浮剂24 ～ 48 mL/亩、25%肟菌酯·乙嘧酚磺酸酯（乙嘧酚磺酸酯15%＋肟菌酯10%）乳油18 ～ 28 mL/亩、40%氟硅唑乳油4 000倍液、30%苯噻硫氰乳油1 500倍液、50%异菌脲可湿性粉剂1 500倍液、70%甲基硫菌灵可湿性粉剂800倍液+45%代森铵水剂1 000倍液、45%噻菌灵悬浮剂600倍液+75%百菌清可湿性粉剂600倍液、75%百菌清可湿性粉剂＋70%甲基硫菌灵可湿性粉剂（1 ∶ 1）1 000 ～ 1 500倍液等药剂，喷雾，间隔7 ～ 10 d防治1次，连防2 ～ 3次。注意合理混用或轮换用药，配药时加入0.1%洗衣粉或0.3%中性皂或吐温20等黏着剂或展布剂，可提高药效。

3. 蕹菜褐斑病

症　状 由番薯尾孢（*Cercospora ipomoeae*，属无性型真菌）引起。主要为害叶片。叶片染病，初期为黄褐色小点，后扩大成边缘暗褐色、中央灰白至黄褐色、圆形或椭圆形的坏死病斑，边缘有浅黄绿色晕圈，边缘明显（图40-7）。空气潮湿，表面产生稀疏绒状霉层。严重时病斑密布相连，致病叶枯黄坏死。

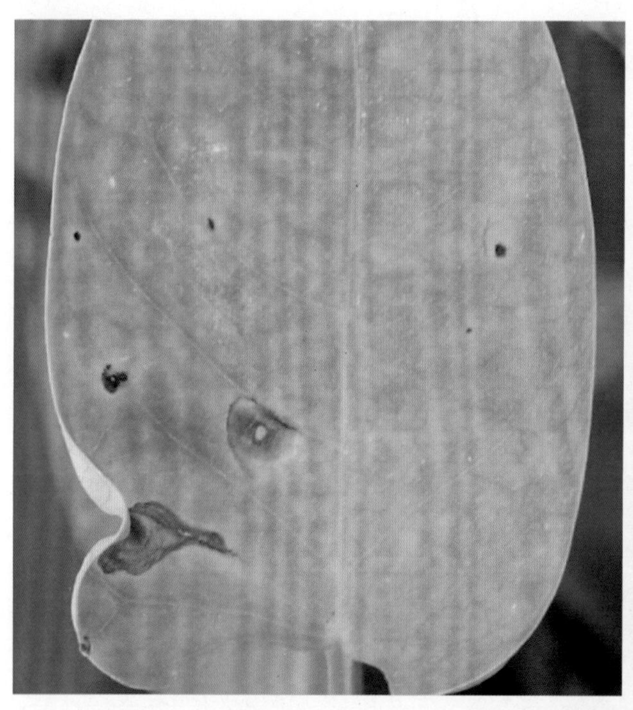

图40-7 蕹菜褐斑病为害叶片症状

发生规律 菌丝体在病残体内越冬，于翌年产生出分生孢子，借气流传播，由气孔侵入，进行再侵染。一般秋季发病较重，多雨年份或地区发病重。

防治方法 重病地块实行与非菊科蔬菜轮作。结合采摘叶片收集病残体，携出田外烧毁。在栽培田周围挖排水沟，避免田间积水。避免偏施氮肥，适时喷施植宝素等，使植株健壮生长，增强抵抗力。

发病初期，选用50%敌菌灵可湿性粉剂400 ～ 500倍液、70%甲基硫菌灵可湿性粉剂800倍液、50%乙烯菌核利可湿性粉剂1 000倍液、6%氯苯嘧啶醇可湿性粉剂1 000倍液、40%多·硫悬浮剂500倍液+80%代森锰锌可湿性粉剂800倍液、40%甲硫·噻唑锌（甲基硫菌灵24%＋噻唑锌16%）悬浮剂120 ～ 180 mL/亩、38%唑醚·啶酰菌（啶酰菌胺25.2%＋吡唑醚菌酯12.8%）悬浮剂30 ～ 40 mL/亩、43%氟嘧·戊唑醇（氟嘧菌酯18%＋戊唑醇25%）悬浮剂20 ～ 30 mL/亩、30%肟菌·戊唑醇（肟菌酯10%＋戊唑醇20%）悬浮剂25 ～ 37.5 mL/亩、35%氟菌·戊唑醇（戊唑醇17.5%＋氟吡菌酰胺17.5%）悬浮剂5 ～ 10 mL/亩、50%异菌脲可湿性粉剂1 500倍液+75%百菌清可湿性粉剂800倍液、65%代森锌可湿性粉剂500倍液+50%多霉威（多菌灵＋乙霉威）可湿性粉剂1 000倍液、60%多·福可湿性粉剂1 000倍液等药剂，间隔7 ～ 10 d喷药1次，连续防治2 ～ 3次。采收前5 ～ 7 d停止用药。

4. 蕹菜根结线虫病

症　　状　由南方根结线虫（*Meloidogyne incognita*）引起。虫体较小，雌成虫呈鸭梨形，乳白色，有环纹。主要侵害根系，从侧根和细根侵入，形成乳白色、球形、葫芦形或链珠状根结，主根呈粗细不均匀肿胀（图40-8）。剖开根结或肿根可见乳白色梨形雌虫。后期病根变褐，逐渐坏死腐烂。发病轻时地上部症状不明显，为害严重时地上部显著矮化畸形，逐渐萎蔫死亡（图40-9）。

图40-8　蕹菜根结线虫病为害根部症状

图40-9　蕹菜根结线虫病为害田间症状

发生规律　在土中残根生存，通过灌溉水和病土、病苗传播。25 ～ 30℃最适合其存活，土壤湿度适合蔬菜生长时，也适合根结线虫活动，雨季更有利于孵化和传播侵染。沙土中发生较黏土中严重，晒田和淹田能抑制其发生量。

防治方法　收获后彻底清除病根，深翻土壤，长时间灌水。在北方可进行表土层换土，经严冬可冻死大量虫卵。实行与葱、蒜、辣椒等、抗耐病蔬菜轮作，降低土壤中线虫数量。

土壤处理：播种前15 ～ 20 d选用98%棉隆微粒剂5 ～ 7 kg ／亩沟施于20 cm土层内，施药后浇水封闭或覆盖塑料薄膜，过5 ～ 7 d后松土散气，然后再播种。还可选用3%氯唑磷颗粒剂1 ～ 1.5 kg ／亩均匀施于苗床土内，和拌少量细土均匀施于定植沟穴内。苗床和定植穴也可用1.8%阿维菌素乳油1 500倍液浇灌防治。

5. 蕹菜炭疽病

症　　状　由刺盘孢（*Colletotrichum* sp.，属无性型真菌）引起。主要为害叶片，植株茎部也可受害。叶片发病多从叶尖或叶缘开始，半圆形或不定形，褐色（图40-10），发病与健康部位界限明晰，斑面微具轮纹，并可见小黑点病症（分生孢子盘），病斑相互连合，病部易破裂或部分脱落，终致叶片枯黄，不能食用。茎部病斑近椭圆形至梭形，褐色，稍下陷。

图40-10 蕹菜炭疽病为害叶片症状

发病规律 病菌以菌丝体和分生孢子盘的形式随病残体遗落在土中存活越冬，分生孢子盘产生的分生孢子作为初侵染与再侵染源，借助雨水溅射传播，从伤口或表皮侵入致病。高温、多雨的季节及天气有利于发病。偏施氮肥，植株生长过旺，株间郁闭的田块易发病。

防治方法 炭疽病严重地区宜选用早熟抗病良种。加强肥水管理。避免过施偏施氮肥，适时喷施叶面肥，促植株早生快发；适时采摘以改善株间通透性。水栽的宜管好水层，适时排水落田换水；旱栽的适度浇水，做到干湿适宜，增强植株根系活力。

发病初期，喷施25%腈苯唑悬浮剂1 000 ～ 1 500倍液、25%吡唑醚菌酯悬浮剂30 ～ 40 mL/亩、25%嘧菌酯悬浮剂1 500倍液、70%甲基硫菌灵可湿性粉剂700倍液+75%百菌清可湿性粉剂800倍液、50%苯菌灵可湿性粉剂1 000 ～ 1 500倍液+70%代森锰锌可湿性粉剂800倍液、50%福·异菌可湿性粉剂800倍液+75%百菌清可湿性粉剂700倍液、25%咪鲜胺乳油1 000 ～ 2 000倍液+70%代森锰锌可湿性粉剂800倍液、10%苯醚甲环唑水分散粒剂1 500倍液+70%代森锰锌可湿性粉剂700倍液、50%咪鲜胺锰盐可湿性粉剂50 ～ 67 g/亩、60%唑醚·代森联（代森联55%+吡唑醚菌酯5%）水分散粒剂60 ～ 100 g/亩、30%唑醚·氟硅唑（吡唑醚菌酯20%+氟硅唑10%）乳油25 ～ 35 mL/亩、60%甲硫·异菌脲（异菌脲20%+甲基硫菌灵40%）可湿性粉剂40 ～ 60 g/亩、35%氟菌·戊唑醇（戊唑醇17.5%+氟吡菌酰胺17.5%）悬浮剂25 ～ 30 mL/亩、33%咪鲜·甲硫灵（甲基硫菌灵20.5%+咪鲜胺12.5%）悬浮剂80 ～ 100 mL/亩、25%溴菌腈可湿性粉剂600倍液，间隔7 ～ 10 d喷1次，连续喷2 ～ 3次，前密后疏。

第四十一章　莴苣病虫害原色图解

一、莴苣病害

1. 莴苣霜霉病

症　　状　由莴苣盘梗霉（*Bremia lactucae*，属鞭毛菌亚门真菌）引起。全国所有种植区几乎都有发生，严重时大量叶片枯黄、坏死，削弱植株的长势，引起减产。该病主要为害叶片，从幼苗至成株期都可发生，在生长中、后期发生较重。植株的下部叶片先发病，开始叶面出现水浸状小点，逐渐发展为淡黄色近圆形病斑（图41-1），逐渐扩大呈不定形。或因受叶脉限制而呈多角形，后来病斑颜色转为黄褐色，潮湿时病斑背面可长出稀疏的霜状霉层。许多病斑相连可使叶片干枯、死亡（图41-2）。

图41-1　莴苣霜霉病为害叶片初期症状

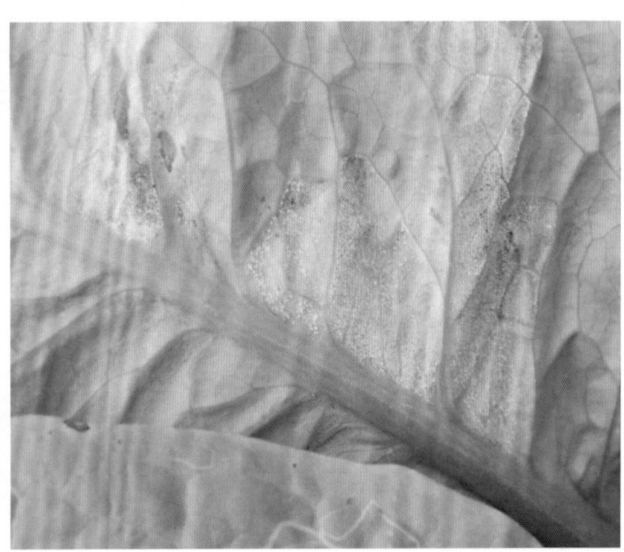

图41-2　莴苣霜霉病为害叶片后期症状

发生规律 翌年条件适宜时，越冬病菌产生孢子囊。借助风雨或昆虫传播，由孢子囊及其释放的游动孢子萌发芽管，经植株的气孔或表皮直接侵入。孢子萌发适温6～10℃，侵染适温15～17℃。低温、高湿是发病的必要条件。一般在春、秋季阴雨连绵，栽植过密，定植后过早灌水等条件下，均可诱发病害，引起流行。

防治方法 选种抗病品种，实行轮作或套作，加强栽培管理，收获后种植下茬前做好清园工作，深耕晒田，提高和整平畦面以利排水降湿，防止漫灌。适度密植，勤除畦面杂草。发病初期，及时清除下部病残叶，适当增施磷、钾肥。

发病前，喷施保护剂进行预防，可以用75%百菌清可湿性粉剂600～1 000倍液、70%代森锰锌可湿性粉剂600～1 000倍液、30%吡唑醚菌酯悬浮剂25～33 mL/亩、32%唑醚·喹啉铜（吡唑醚菌酯2%+喹啉铜30%）悬浮剂50～70 mL/亩、70%代森联·氟吡菌胺（代森联63%+氟吡菌胺7%）水分散粒剂50～70 g/亩、65%代森锌可湿性粉剂500～600倍液、50%代森铵水剂1 000倍液，兑水均匀喷雾。

发病初期，可用80%烯酰吗啉水分散粒剂25～35 g/亩、58%甲霜灵·锰锌可湿性粉剂600倍液、64%噁霜·锰锌可湿性粉剂500倍液、30%氧氯化铜悬浮剂500倍液、72.2%霜霉威水剂600倍液、69%烯酰吗啉·锰锌可湿性粉剂600倍液、50%甲霜铜可湿性粉剂600倍液、70%乙·锰可湿性粉剂400倍液、72%霜脲·锰锌可湿性粉剂700倍液、50%烯酰吗啉可湿性粉剂1 500倍液+75%百菌清可湿性粉剂600倍液、25%甲霜灵可湿性粉剂1 000倍液、40%三乙膦酸铝可湿性粉剂200～250倍液等药剂，喷雾，每7 d喷1次，连续喷2～3次。药剂最好交替使用。

2. 莴苣菌核病

分布为害 菌核病为莴苣的重要病害，零星分布，通常病株率5%以下，轻度影响茎用莴苣生产。严重地块或棚室，发病率可在20%以上，显著影响莴苣的产量和质量。

症 状 由核盘菌（*Sclerotinia sclerotiorum*）引起。主要为害寄主根茎部，多在莴苣生长中、后期发病，植株染病后外叶逐渐褪绿变黄，最后萎蔫枯死（图41-3）。病部多呈水渍状软腐（图41-4），在病组织表面产生浓密白色霉层（图41-5），最后形成黑色鼠粪状菌核（图41-6）。条件适宜时，常造成植株成片坏死瘫倒（图41-7）。

图41-3 莴苣菌核病病叶

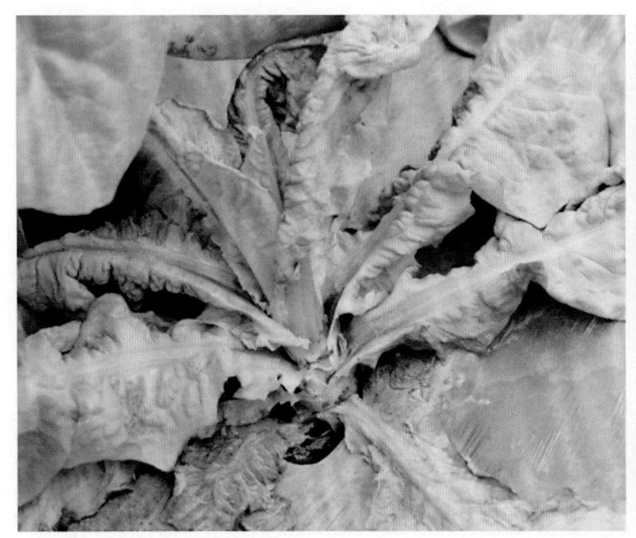

图41-4 莴苣菌核病为害植株萎蔫症状

图41-5　莴苣菌核病白色菌丝

图41-6　莴苣菌核病黑色菌核

发生规律　病菌以菌核的形式在土壤中或残余组织内越冬或越夏，菌核在潮湿土壤中可存活1年左右，在干燥土壤中可存活3年以上。在适宜条件下，病菌通过气流、雨水或农具传播。病菌喜温暖潮湿的环境，适宜发病的温度范围为5～24℃；最适发病环境，温度为20℃左右，空气相对湿度85%以上；最适感病生育期在根茎膨大期到采收期。当温度超过25℃，发病受抑制，一般发病时期在10—11月和3—4月。

图41-7　莴苣菌核病为害后期症状

防治方法　选用抗病品种，如红叶莴笋、挂丝红、红皮圆叶等。覆膜栽培，带土定植，地膜贴地或采用黑色地膜，抑制病害发展和喷射。收获后及时深耕，合理使用氮肥，增施磷、钾肥，中耕保墒防湿，清除病株残体，打掉无法光合作用的底叶或病叶，携带出田外销毁，从而促使菜苗健壮生长，减少病源，减轻为害。

种子消毒：从无病株留种，若种子混有菌核，可用过筛法或10%食盐水浸种汰除，清水洗净后播种。

苗床土壤处理：播前3周按每平方米用福尔马林溶液25～30 mL加水2～4 kg掺拌土壤，盖塑料膜闷4～5 d，掀开放气2周，做床播种。

发病初期，可选用90%多菌灵水分散粒剂80～110 g/亩、50%腐霉利可湿性粉剂30～60 g/亩、50%啶酰菌胺水分散粒剂30～50 g/亩、45%异菌脲悬浮剂80～120 mL/亩、200 g/L氟唑菌酰羟胺悬浮剂50～65 mL/亩、40亿孢子/g克盾壳霉ZS-1SB可湿性粉剂45～90 g/亩、36%丙唑·多菌灵（丙环唑2.5%+菌灵33.5%）悬浮剂80～100 mL/亩、50%菌核·福美双（福美双40%+菌核净10%）可湿性粉剂70～100 g/亩、50%腐霉·多菌灵（腐霉利19%+多菌灵31%）可湿性粉剂80～90 g/亩、40%菌核利可湿性粉剂800～1 000倍液+75%百菌清可湿性粉剂600倍液、25%菌核净悬浮剂700倍液+70%代森锰锌可湿性粉剂500～700倍液、50%乙烯菌核利悬浮剂800～1 000倍液+70%代森联干悬浮剂800倍液、50%腐霉利可湿性粉剂1 000倍液+50%灭菌丹可湿性粉剂700倍液，间隔7～10 d喷1次，连续喷3～4次。

3. 莴苣褐斑病

分布为害 褐斑病为莴苣的普通病害，在局部地区分布。一般病株率为10%～20%，对生产无明显影响，重病地块发病率在30%左右，可轻度影响莴苣生产。

症　状 由莴苣褐斑尾孢霉（*Cercospora longissima*，属无性型真菌）引起。主要为害叶片。初在叶片上出现浅褐色小点，逐渐转变成褐色近圆形至不规则形坏死斑（图41-8），边缘水渍状，中心有灰白色小斑，病斑易穿孔（图41-9）。潮湿时病斑表面产生稀疏灰褐色霉层，即病菌分生孢子梗和分生孢子。严重时叶片上病斑密布，多个病斑扩大汇合形成大型坏死斑（图41-10），致叶片枯死或腐烂（图41-11）。

图41-8 莴苣褐斑病病叶

图41-9 莴苣褐斑病病叶穿孔状

图41-10 莴苣褐斑病病斑连成大斑状

图41-11 莴苣褐斑病为害后期症状

发生规律　病菌以菌丝体和分生孢子的形式随病残体越冬。条件适宜时，分生孢子进行初次侵染，发病后产生分生孢子借气流和雨水溅射传播蔓延。温暖潮湿的环境适宜发病，多阴雨、多露或多雾有利于发病。植株生长衰弱、缺肥或偏施氮肥、生长过旺等，病害较重。

防治方法　注意田间卫生，结合采摘叶片收集病残体，携出田外烧毁。清沟排渍，避免偏施氮肥，适时喷施植宝素等，使植株健壮生长，增强抵抗力。

发病初期，进行药剂防治，可选用75%百菌清可湿性粉剂500～600倍液、70%代森锰锌可湿性粉剂500倍液、50%醚菌酯干悬浮剂3 000倍液、65%代森锌可湿性粉剂500倍液、70%甲基硫菌灵可湿性粉剂500倍液、50%福美双可湿性粉剂600倍液、65%甲基硫菌灵·乙霉威可湿性粉剂1 000倍液、50%异菌脲可湿性粉剂1 000倍液，隔10～15 d防治1次，连续防治2～3次。

保护地选用5%百菌清粉尘剂、5%加瑞农粉尘剂或6.5%甲基硫菌灵·乙霉威粉尘剂1 kg/亩，喷粉防治。有条件的最好采用常温烟雾施药防治。

4. 莴苣黑斑病

分布为害　黑斑病是莴苣的普通病害，又名轮纹病、叶枯病，分布较广，种植地区都可发生，通常病情很轻，对生产无明显影响，严重时发病率可在60%以上，在一定程度上影响产品质量。

症　　状　由微疣匍柄霉（*Stemphylium chisha*，属无性型真菌）引起。此病主要为害叶片，在叶片上形成圆形至近圆形黄褐色至褐色病斑（图41-12），在不同条件下病斑大小差异较大，具有同心轮纹。空气潮湿时病斑易穿孔（图41-13），通常在田间病斑表面看不到霉状物，后期病斑布满全叶（图41-14）。

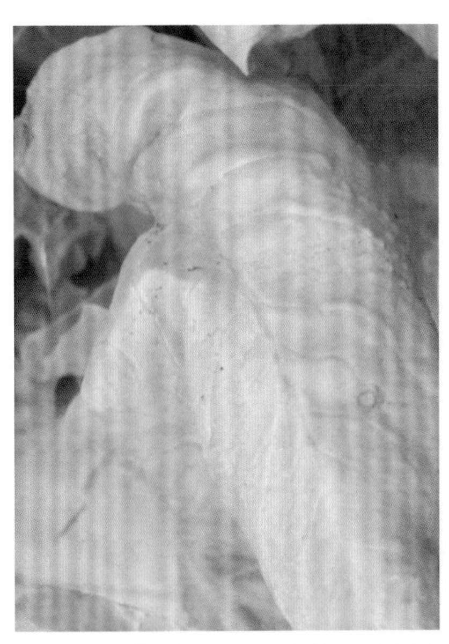

图41-12　莴苣黑斑病为害叶片初期症状

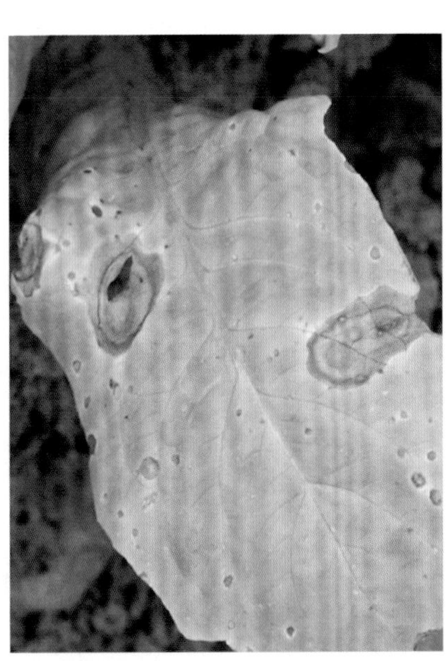

图41-13　莴苣黑斑病为害叶片中期症状

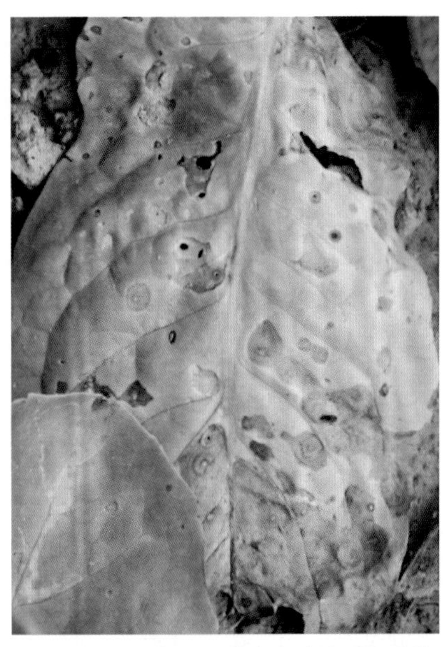

图41-14　莴苣黑斑病为害叶片后期症状

发生规律　病菌可在土壤中随病残体或种子越冬。温、湿度适宜时产生分生孢子进行初侵染，发病后孢子通过风雨传播，进行再侵染。温暖潮湿、阴雨天多及结露持续时间长，病害发生较重。土壤肥力不足，植株生长衰弱发病重。

防治方法　重病地与其他科蔬菜进行2年以上轮作。增施基肥，注意氮、磷、钾肥的配合，避免缺肥，增强菜株抗病力。

发病初期，选用50%腐霉利可湿性粉剂1 000倍液、6%氯苯嘧啶醇可湿性粉剂1 000倍液、80%代森锰锌可湿性粉剂800倍液+50%异菌脲可湿性粉剂1 500倍液、75%百菌清可湿性粉剂600倍液+50%异菌脲可湿性粉剂1 500倍液、40%克菌丹可湿性粉剂400～500倍液+2%嘧啶核苷类抗生素水剂200倍液、70%代森锰锌可湿性粉剂600倍液+12.5%烯唑醇可湿性粉剂3 000倍液、25%溴菌腈可湿性粉剂600倍液、10%苯醚甲环唑水分散粒剂4 000倍液等药剂，每7 d喷药防治1次，连续防治2～3次。

5. 莴苣灰霉病

分布为害 灰霉病是莴苣的常见病害，分布较广，种植地区都有发生。保护地、露地都可发病，在长江流域的冬、春季和北方温室发病较重，明显影响莴苣生产。

症　状 由灰葡萄孢菌（*Botrytis cinerea*）引起。此病在各生育期都可发生，苗期发病，叶和幼茎呈水渍状腐烂，在病部产生灰色霉层。定植后发病，多始于近地面的叶片和茎基部，受害部位初呈水渍状不规则形，扩大后呈褐色，病叶基部呈红褐色，形状各异，大小不等。茎基部被害状与叶柄基本相似，病斑绕茎一周即腐烂（图41-15），随后地上部茎叶凋萎。空气潮湿，叶和茎腐烂部均密生灰色霉层（图41-16），即病菌分生孢子梗和分生孢子。病害多由下向上发展，可引致整株腐烂（图41-17）。

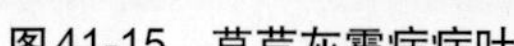

图41-15 莴苣灰霉病病叶

图41-16 莴苣灰霉病病茎

图41-17 莴苣灰霉病为害后期症状

发生规律 病菌以菌核或分生孢子的形式在病残体或土壤内越冬。主要通过气流传播，也可通过未腐熟的沤肥或浇水扩散。植株叶面有水滴，植株有伤口、衰弱易染病，特别是在春末夏初，受较高温度影响或早春受低温侵袭后，植株生长衰弱，相对湿度在94%以上，发病较普遍。

防治方法 采用小高垄、地膜覆盖和滴灌技术。在发病期要加强管理，增加通风，尽量降低空气湿度。一旦发现病株、病叶，小心地清除，并带出棚外销毁处理。

发病初期，可用50%啶酰菌胺水分散粒剂40 ~ 50 g/亩、80%腐霉利可湿性粉剂50 ~ 60 g/亩、80%嘧霉胺水分散粒剂35 ~ 45 g/亩、22.5%啶氧菌酯悬浮剂26 ~ 36 mL/亩、500 g/L氟吡菌酰胺·嘧霉胺（嘧霉胺375 g/L+氟吡菌酰胺125 g/L）悬浮剂60 ~ 80 mL/亩、30%啶酰·咯菌腈（啶酰菌胺24%+咯菌腈6%）悬浮剂45 ~ 88 mL/亩、40%嘧霉·啶酰菌（嘧霉胺20%+啶酰菌胺20%）悬浮剂117 ~ 133 mL/亩、65%啶酰·异菌脲（异菌脲40%+啶酰菌胺25%）水分散粒剂21 ~ 24 g/亩、26%嘧胺·乙霉威（嘧霉胺10%+乙霉威16%）水分散粒剂125 ~ 150 g/亩、30%唑醚·啶酰菌（啶酰菌胺20%+吡唑醚菌酯10%）悬浮剂45 ~ 75 mL/亩、42.4%唑醚·氟酰胺（吡唑醚菌酯21.2%+氟唑菌酰胺21.2%）悬浮剂20 ~ 30 mL/亩、25%中生·嘧霉胺（嘧霉胺22%+中生菌素3%）可湿性粉剂100 ~ 120 g/亩、50%腐霉·多菌灵（腐霉利12.5%+多菌灵37.5%）可湿性粉剂84 ~ 100 g/亩、40%嘧霉·多菌灵（嘧霉胺10%+多菌灵30%）悬浮剂75 ~ 95 g/亩、50%腐霉利可湿性粉剂2 000倍液+65%代森锌可湿性粉剂400倍液等药剂，每7 d喷药防治1次，连续防治2 ~ 3次。

6. 莴苣病毒病

症　状 由莴苣花叶病毒（*Lettuce mosaic virus*，LMV）、蒲公英黄花叶病毒（*Dandelion yellow mosaic virus*，DYMV）、黄瓜花叶病毒（*Cucumber mosaic virus*，CMV）引起。在莴苣的全生育期都可发生，以苗期发病对生产影响大。幼苗发病，真叶呈现淡绿至黄白色不规则斑驳，后表现为明脉并逐渐出现花叶，或黄绿相间斑驳，或白色斑块，或不规则褐色坏死病斑（图41-18）。成株期染病多表现为皱缩花叶（图41-19），有时细脉变褐坏死或产生褐色坏死病斑，有的病株明显矮化皱缩。

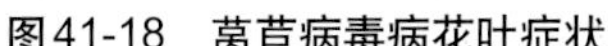

图41-18 莴苣病毒病花叶症状

图41-19 莴苣病毒病皱缩花叶症状

发生规律 此病毒源主要来自邻近田间带毒的莴苣、菠菜等，种子也可直接带毒。种子带毒，苗期即可发病，田间主要通过蚜虫传播，汁液接触摩擦也可传染。桃蚜传毒率最高，萝卜蚜、瓜蚜也可传毒。病毒发生与发展和天气直接相关，在高温、干旱条件下，病害较重，一般平均气温18℃以上和长时间缺水，病害发展迅速，病情也较重，在干旱的夏季发病较重。

防治方法 选用抗病耐热品种，加强管理，因地制宜调节播期，做到适期播种。苗期注意小水勤浇，避免过分蹲苗。注意适期喷施叶面营养剂，促进植株早生快发。认真铲除田间杂草。有条件的可采用银色膜避蚜或黄板诱蚜。

防治蚜虫：蚜虫是主要的传毒媒介，消灭蚜虫可减轻病情。

发病初期可用2%宁南霉素水剂100 ～ 150 mL/亩、0.5%菇类蛋白多糖水剂300倍液、20%盐酸吗啉胍·乙酸铜可湿性粉剂500倍液、3%三氮唑核苷水剂500倍夜、10%混合脂肪酸水乳剂100倍液等药剂喷雾。每隔5 ～ 7 d喷1次，连续2 ～ 3次。

二、莴苣虫害

莴苣指管蚜

为害特点 莴苣指管蚜（*Uroleucon formosanum*）分布在华东、华南、华北等地。成蚜、若蚜群集在心叶、嫩梢、花序及叶背刺吸取食，使叶片畸形扭曲（图41-20）。

形态特征 无翅胎生雌蚜体表光滑，红褐色至紫红色（图41-21）。触角第三节具凸起的次生感觉圈。腹部毛基斑黑色。腹管前后有大型黑色斑。腹管长管状，黑色；尾片长锥形。有翅胎生雄蚜体色与无翅胎生雌蚜相似。头部黑色，胸部黑色，腹部色较淡。

发生规律 每年发生10 ～ 20代，在北方以卵越冬。早春卵孵化成干母，在春季至秋季发生，有翅和无翅胎生雌蚜大量繁殖，群集在嫩梢、心叶、花序和叶背栖息、取食。4月中旬、9月下旬为发生为害高峰期。在10月下旬发生有翅雄蚜和雌性蚜，交尾后产卵越冬。

防治方法 蔬菜收获后，清除田间病残株及田间杂草。

在大田中，于点片发生阶段进行防治，用2%甲氨基阿维菌素苯甲酸盐乳油33 ～ 65 mL/亩、2%阿维菌素乳油72 ～ 108 mL/亩、50%抗蚜威可湿性粉剂2 000倍液、2.5%联苯菊酯乳油3 500倍液、2.5%溴氰菊酯乳油3 500倍液、10%吡虫啉可湿性粉剂2 500倍液、20%苦参碱可湿性粉剂2 000倍液等药剂喷雾防治。

图41-20 莴苣指管蚜为害症状

图41-21 莴苣指管蚜无翅胎生雌蚜

第四十二章　苹果病虫害原色图解

苹果是我国一种重要的果树，苹果病虫害是影响苹果产量和质量的重要限制因素之一。据报道，苹果病虫害约有150种，其中，为害严重的病害有轮纹病、炭疽病、斑点落叶病、褐斑病、腐烂病、银叶病、霉心病等，为害严重的虫害有绵蚜、金纹细蛾等。

一、苹果病害

1. 苹果斑点落叶病

分　布　苹果斑点落叶病在我国各苹果产区都有发生，以渤海湾和黄河故道地区受害较重。

症　状　由苹果链格孢（*Alternaria mali*，属无性型真菌）引起。主要为害叶片，也可为害幼果。叶片染病初期出现褐色圆点，后逐渐扩大为红褐色，边缘紫褐色，病部中央常具一深色小点或同心轮纹（图42-1）。天气潮湿时，病部正、反面均可长出墨绿色至黑色霉状物，即病菌的分生孢子梗和分生孢子。秋梢嫩叶染病严重。果实染病，在幼果果面上产生黑色发亮的小斑点或锈斑（图42-2）。

图42-1　苹果斑点落叶病为害叶片症状

图42-2 苹果斑点落叶病为害果实症状

发生规律 菌丝在受害叶、枝条或芽鳞中越冬，于翌春产生分生孢子，随气流、风雨传播，从气孔侵入，进行初侵染。分生孢子1年有2个活动高峰。第1个高峰从5月上旬至6月中旬，导致春、秋梢和叶片大量染病，严重时造成落叶；第2个高峰在9月，这时会再次加重秋梢发病的严重度，造成大量落叶。高温、多雨病害易发生，春季干旱年份，病害始发期推迟；夏季降雨量多，发病重。

防治方法 在秋末冬初剪除病枝，清除落叶集中烧毁，以减少初侵染源；在夏季剪除徒长枝，减少后期侵染源，改善果园通透性，低洼地水位高的果园要注意排水。合理施肥，增强树势，提高抗病力。

在发芽前，全树喷5波美度石硫合剂，可减少树体上越冬的病菌。

在发病前（5月中旬落花后）开始喷1 ： 2 ： 200倍式波尔多液、30%碱式硫酸铜胶悬剂300 ~ 500倍液、86.2%氧化亚铜水分散粒剂2 000 ~ 2 500倍液、80%炭疽福美（福美双·福美锌）可湿性粉剂600倍液、20%吡唑醚菌酯可湿性粉剂1 000 ~ 2 000倍液、70%代森联水分散粒剂300 ~ 500倍液、40%克菌丹悬浮剂400 ~ 600倍液、80%代森锰锌水分散粒剂600 ~ 800倍液、40%嘧菌环胺悬浮剂3 000 ~ 4 000倍液、70%丙森锌水分散粒剂600 ~ 700倍液、75%百菌清可湿性粉剂400 ~ 600倍液，均匀喷施。

在苹果生长前期喷药，可根据当地气候条件确定喷药时间和喷药次数。如河北、河南从5月中旬落花后开始喷药，云南、四川等地一般在4月中旬开始喷药，间隔10 ~ 15 d连喷3 ~ 4次。在发病前期，可以用70%甲基硫菌灵可湿性粉剂800倍液、50%己唑醇水分散粒剂8 000 ~ 9 000倍液、80%戊唑醇水分散粒剂6 000 ~ 8 000倍液、430 g/L戊唑醇悬浮剂5 000 ~ 6 000倍液、45%苯醚甲环唑悬浮剂4 500 ~ 6 500倍液、50%醚菌酯水分散粒剂3 000 ~ 4 000倍液、500 g/L异菌脲悬浮剂1 000 ~ 1 500倍液、40%腈菌唑水分散粒剂6 000 ~ 7 000倍液、5%亚胺唑可湿性粉剂600 ~ 700倍液、75%百菌清可湿性粉剂600倍液+10%苯醚甲环唑水分散粒剂2 000 ~ 2 500倍液、70%代森锰锌可湿性粉剂400 ~ 600倍液+12.5%腈菌唑可湿性粉剂2 500倍液、70%代森锰锌可湿性粉剂400 ~ 600倍液+50%多菌灵可湿性粉剂600倍液等。

在树叶上出现大量病斑时，应及时治疗，可施用50%多菌灵·乙霉威可湿性粉剂1 000 ~ 1 500倍液、20%多·戊唑（多菌灵·戊唑醇）可湿性粉剂1 000 ~ 1 500倍液、50%腈菌·锰锌（腈菌唑·代森锰锌）可湿性粉剂800 ~ 1 000倍液、12.5%腈菌唑可湿性粉剂2 500倍液、50%苯甲·克菌丹（克菌丹40% +苯醚甲环唑10%）水分散粒剂2 000 ~ 4 000倍液、50%苯醚·甲硫（甲基硫菌灵42% +苯醚甲环唑8%）悬浮剂900 ~ 1 333倍液、60%戊唑·丙森锌（戊唑醇20% +丙森锌40%）水分散粒剂900 ~ 1 500倍液、50%甲硫·戊唑醇（甲基硫菌灵40% +戊唑醇10%）悬浮剂1 000 ~ 1 500倍液等，在防治中应注意多种药剂的交替使用。

在病害发生较重时，应适当加大治疗药剂的药量，可以施用10%苯醚甲环唑水分散粒剂2 000 ~ 2 500倍液、12.5%腈菌唑可湿性粉剂2 500倍液、40%腈菌唑水分散粒剂7 000倍液、43%戊唑醇悬浮剂5 000 ~ 7 000倍液、50%多·霉威（多菌灵·乙霉威）可湿性粉剂1 000 ~ 1 500倍液、50%异菌脲可湿性粉剂1 500倍液、40%苯甲·吡唑酯（苯醚甲环唑25%+吡唑醚菌酯15%）悬浮剂3 000 ~ 4 000倍液、40%唑醚·戊唑醇（吡唑醚菌酯10%+戊唑醇30%）悬浮剂3 500 ~ 4 000倍液、60%唑醚·代森联（代森联55%+吡唑醚菌酯5%）水分散粒剂1 500 ~ 2 000倍液、40%嘧环·甲硫灵（甲基硫菌灵25%+嘧菌环胺15%）悬浮剂2 000 ~ 3 000倍液、3%多抗·中生菌（中生菌素2%+多抗霉素1%）可湿性粉剂500 ~ 750倍液、80%多·锰锌（多菌灵15%+代森锰锌65%）可湿性粉剂600 ~ 800倍液、70%多抗·丙森锌（多抗霉素1.5%+丙森锌68.5%）可湿性粉剂800 ~ 1 500倍液、32%锰锌·腈菌唑（代森锰锌30%+腈菌唑2%）可湿性粉剂1 000 ~ 2 000倍液等，在防治中应注意多种药剂的交替使用，发病前注意与保护剂混用。喷药时一定要周到细致，使整株叶片的正、反两面均匀着药，增加喷药液量，达到淋洗程度。

2. 苹果褐斑病

分　布　苹果褐斑病是引起苹果树早期落叶的最重要病害之一，在全国各苹果产区均有发生。

症　状　由苹果盘二孢（*Marssonina coronaria*，属无性型真菌）引起。主要为害叶片，叶上病斑初为褐色小点，以后发展成3种类型病斑。①同心轮纹型：病斑圆形，中心为暗褐色，四周为黄色，周围有绿色晕圈，病斑中出现黑色小点，呈同心轮纹状（图42-3）。②针芒型：病斑似针芒状向外扩展，病斑小，布满叶片，后期叶片渐黄，病斑周围及背部绿色。③混合型：病斑多为圆形，或由数个斑连成不规则形，暗褐色，病斑上散生无数黑色小粒，边缘有针芒状索状物（图42-4）。后期病叶变黄，而病斑周围仍为绿色。

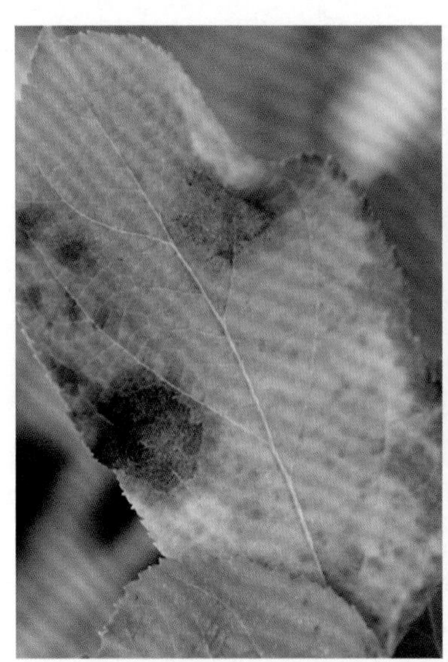
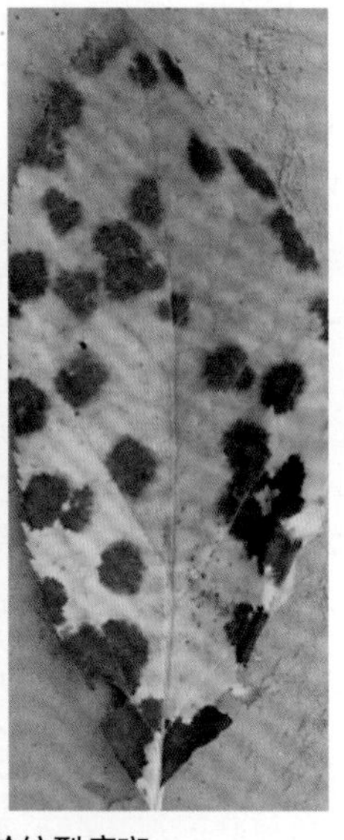
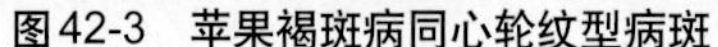
图42-3　苹果褐斑病同心轮纹型病斑

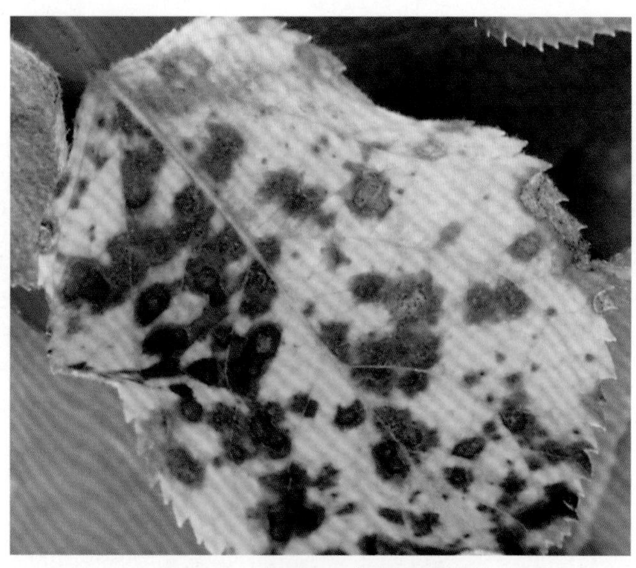
图42-4　苹果褐斑病混合型病斑

发生规律　菌丝、分生孢子盘或子囊盘在落地的病叶上越冬，经春季产生分生孢子和子囊孢子，借风雨传播，从叶的正面或背面侵入，以叶背面为主，一般从5月上旬开始发病，7月下旬至8月为发病盛期。冬季潮湿、春雨早且多的年份有利病害发生流行，特别是春、秋季雨季提前且降雨量大的年份，病害大流行。

防治方法　冬季耕翻也可减少越冬病菌。土质黏重或地下水位高的果园，要注意排水，同时注意整形修剪，使果树通风透光。苹果树落叶后及时清除病叶，结合修剪，剪除树上病残叶集中烧毁或深埋。

药剂防治，发病前注意喷施保护剂。从发病始期前10 d开始，第一次喷药。以后根据降雨和田间发病情况，从5月中旬到8月中旬，间隔10 ~ 15 d连喷3 ~ 4次。未结果幼树可于5月上旬，6月上旬，7月上、中旬各喷1次，多雨年份在8月结合防治炭疽病再喷1次药。

苹果褐斑病发病前期，注意用保护剂和适量的治疗剂混用。可以用70%代森锰锌可湿性粉剂500 ~ 800倍液+70%甲基硫菌灵悬浮剂800倍液、77%硫酸铜钙可湿性粉剂600 ~ 800倍液、30%吡唑醚菌酯悬浮剂5 000 ~ 6 000倍液、10%多氧霉素可湿性粉剂1 000 ~ 1 500倍液、50%多菌灵可湿性粉剂500 ~ 600倍液+80%炭疽福美（福美双·福美锌）可湿性粉剂600倍液等，以后每隔10 ~ 20 d，连续喷3 ~ 5次。

在大量叶片上出现病斑时，应及时治疗，可以施用70%甲基硫菌灵可湿性粉剂800～1 000倍液、50%多·霉威（多菌灵·乙霉威）可湿性粉剂1 000～1 500倍液、50%腈菌·锰锌（腈菌唑·代森锰锌）可湿性粉剂800～1 000倍液、12.5%腈菌唑可湿性粉剂2 500倍液、50%肟菌酯水分散粒剂6 000～7 000倍液、400 g/L氯氟醚菌唑悬浮剂3 000～6 000倍液、50%异菌脲可湿性粉剂1 000～1 250倍液、500 g/L氟啶胺悬浮剂2 000～3 000倍液、10%苯醚甲环唑水乳剂1 500～2 000倍液、80%多菌灵可湿性粉剂800～1 000倍液、12.5%氟环唑悬浮剂500～600倍液、40%苯甲·肟菌酯（肟菌酯15%＋苯醚甲环唑25%）水分散粒剂4 000～5 000倍液、45%戊唑·醚菌酯（戊唑醇15%＋醚菌酯30%）水分散粒剂2 000～4 000倍液、30%苯甲·吡唑酯（苯醚甲环唑20%＋吡唑醚菌酯10%）悬浮剂2 500～3 500倍液、30%吡唑·异菌脲（异菌脲10%＋吡唑醚菌酯20%）悬浮剂3 000～4 000倍液、40%唑醚·甲硫灵（甲基硫菌灵32%＋吡唑醚菌酯8%）悬浮剂1 000～3 000倍液、75%肟菌·戊唑醇（肟菌酯25%＋戊唑醇50%）水分散粒剂4 000～6 000倍液、60%唑醚·戊唑醇（吡唑醚菌酯20%＋戊唑醇40%）水分散粒剂4 000～5 000倍液、55%戊唑·多菌灵（戊唑醇25%＋多菌灵30%）可湿性粉剂1 650～2 750倍液、50%代锰·戊唑醇（戊唑醇5%＋代森锰锌45%）可湿性粉剂1 000～2 000倍液、41%甲硫·戊唑醇（甲基硫菌灵34.2%＋戊唑醇6.8%）悬浮剂800～1 200倍液、6%井冈·嘧苷素（嘧啶核苷类抗菌素1%＋井冈霉素5%）水剂1 500～2 500倍液等，在防治中应注意多种药剂的交替使用。

3. 苹果树腐烂病

分　　布　苹果树腐烂病主要发生在东北、华北、西北以及华东、中南、西南的部分苹果产区。其中，黄河以北发生普遍，为害严重。

症　　状　由苹果壳囊孢菌（*Cytospora mandshurica*，属无性型真菌）引起。主要为害结果树的枝干，幼树和苗木、果实也可受害。枝干症状有两类：①溃疡型（图42-5），多在主干分叉处发生，初期病部为红褐色，略隆起，呈水渍状湿腐，组织松软，病皮易剥离，有酒糟气味。后期病部失水干缩，下陷，硬化，变为黑褐色，病部表面产生许多小突起，顶破表皮露出黑色小粒点。②枝枯型（图42-6），多发生在衰弱树上，病部红褐色，水渍状，不规则形，迅速延及整个枝条，终使枝条枯死。果实症状：病斑红褐色，圆形或不规则形，有轮纹，边缘清晰。病组织腐烂，略带酒糟气味。潮湿时可涌出黄色细小卷丝状物。

图42-5　苹果树腐烂病溃疡型为害症状

图42-6 苹果树腐烂病枝枯型为害症状

发生规律 菌丝体、分生孢子器、子囊壳等在病树树皮内越冬。翌春，在雨后或高湿条件下，分生孢子器及子囊壳排放出大量孢子，通过风、雨水冲溅传播，从伤口侵入。苹果树腐烂病1年有2个高峰期，即3—4月和8—9月，春季重于秋季。地势低洼的后期果园积水时间过长及贪青徒长、休眠期延迟的果园，发病重。

防治方法 增强树势、提高抗病力是防治腐烂病的根本性措施。合理调整结果量、合理修剪，避免树势过弱。科学配方施用氮、磷、钾肥及微量元素。秋季施肥可增加树体的营养积累，改善早春的营养状况，提高树体的抗病能力，降低春季发病高峰时的病情。果园应建立好良好的灌水及排水系统，实行秋控春灌对防治腐烂病很重要。

春季3—4月发病高峰之际，结合刮粗翘皮，检查刮治腐烂病3次左右。刮治的基本方法是用快刀将病变组织及带菌组织彻底刮除，刮后必须涂药并妥善保护伤口。刮治必须达到以下标准：一要彻底，不但要刮净变色组织，而且要刮去0.5 cm左右的好组织；二要光滑，即刮成梭形，不留死角，不拐急弯，不留毛茬，以利伤口愈合；三要表面涂药，如向10波美度石硫合剂、50%福美双可湿性粉剂50倍液+70%甲基硫菌灵可湿性粉剂50倍液+50%福美双可湿性粉剂50倍液中加入适量豆油或其他植物油混匀涂药，向50%甲基硫菌灵可湿性粉剂40倍液+60%腐殖酸钠50倍液中加入适量豆油或其他植物油后使用，效果也很好。

苹果落花后，新病枝出现，特别是小枝溃疡型腐烂病出现较多，应及时将其剪掉。

果树旺盛生长期，在我国各地，以5—7月刮皮最好，此时树体营养充分，刮后组织可迅速愈合。刮皮的方法是，用刮皮刀将主干、主枝、大的辅养枝或侧枝表面的粗皮刮干净，露出新鲜组织，使枝干表面呈现绿一块、黄一块。一般深度为0.5 ~ 1 mm，若遇到变色组织或小病斑，则应彻底刮干净。

苹果树腐烂病发病期，刮除病斑涂抹，用刷子将药品直接涂抹于伤口、切口及其周围，并确保从边缘部分涂抹至正常树皮处1 ~ 2 cm，可以用0.15%吡唑醚菌酯膏剂200 ~ 300 g/m^2、1%戊唑醇糊剂250 ~ 300 g/m^2、3%抑霉唑膏剂200 ~ 300 g/m^2、10%硫黄脂膏100 ~ 150 g/m^2、20%丁香菌酯悬浮剂130 ~ 200倍液、1.6%噻霉酮涂抹剂80 ~ 120 g/m^2、15%络氨铜水剂95 mL/m^2、45%代森铵水剂

100 ～ 200倍液、430 g/L戊唑醇悬浮剂3 000 ～ 3 500倍液、80%三氯异氰尿酸可溶粉剂600 ～ 800倍液、250 g/L吡唑醚菌酯乳油1 000 ～ 1 500倍液、100万孢子/g寡雄腐霉菌可湿性粉剂500 ～ 1 000倍液、35%丙唑·多菌灵（丙环唑7% +多菌灵28%）悬乳剂600 ～ 700倍液、2%喹啉铜膏剂250 ～ 300 g/m²、8%甲基硫菌灵糊剂15 ～ 20倍液、1.9%辛菌胺醋酸盐水剂50 ～ 100倍液、0.15%四霉素水剂5 ～ 10倍液、4.5%腐殖·硫酸铜（腐殖酸4.4% +硫酸铜0.1%）水剂200 ～ 300 mL/m²，也可以用10%抑霉唑水乳剂500 ～ 700倍液、40%克菌·戊唑醇（戊唑醇8% +克菌丹32%）悬浮剂889 ～ 1 333倍液、35%丙唑·多菌灵（丙环唑7% +多菌灵28%）悬乳剂600 ～ 700倍液、48%甲硫·戊唑醇（甲基硫菌灵36% +戊唑醇12%）悬浮剂800 ～ 1 000倍液枝干喷淋，还可以用3.315%甲硫·萘乙酸（萘乙酸0.015% +甲基硫菌灵3.3%）涂抹剂，原液涂抹病疤。

入冬前，要及时涂白，防止冻害及日灼伤，涂白所用的生石灰、20波美度石硫合剂、食盐及水的比例一般为6 ： 1 ： 1 ： 18，在其中加少量动物油可防止白剂过早脱落。或其他涂白剂配方：①桐油或酚醛1份；②水玻璃2 ～ 3份；③石灰2 ～ 3份；④水5 ～ 7份。将前两种混合成Ⅰ液，后两种混合成Ⅱ液，再将Ⅱ液倒入Ⅰ液中搅拌均匀即可。

4. 苹果轮纹病

分布为害　苹果轮纹病分布在我国各苹果产区，以华北、东北、华东果区为重。一般果园发病率为20%～ 30%，重者可在50%以上。

症　状　病菌有性世代为梨生囊壳孢（*Physalospora piricola*，属子囊菌亚门真菌）。主要为害枝干和果实。病菌侵染枝干多以皮孔为中心，初期出现水渍状的暗褐色小斑点，逐渐扩大形成圆形或近圆形褐色瘤状物。病部与健部之间有较深的裂开，后期病组织干枯并翘起，中央突起处周围出现散生的黑色小粒点。在主干和主枝上瘤状病斑发生严重时，病部树皮粗糙，呈粗皮状（图42-7）。果实进入成熟期陆续发病。发病初期在果面上以皮孔为中心出现圆形、黑色至黑褐色小斑，逐渐扩大成轮纹斑(图42-8)。

图42-7　苹果轮纹病为害枝干症状

图42-8　苹果轮纹病为害果实情况

发生规律 菌丝体、分生孢子器在病组织内越冬，于春季开始活动，随风雨传播到枝条和果实上。在果实生长期，病菌均能侵入，其中，从落花后的幼果期到8月上旬侵染最多。侵染枝条的病菌，一般从8月开始以皮孔为中心形成新病斑，翌年病斑继续扩大。

防治方法 病菌既侵染枝干，又侵染果实，就其损失而言，重点是果实受害，但枝干发病与果实发病有极为密切的关系，在防治中要兼顾枝干轮纹病的防治。加强肥水管理，在休眠期清除病残体。果实套袋能有效保护果实，防止发生烂果。

及时刮除病斑：刮除枝干上的病斑是一个重要的防治措施，一般可在发芽前进行，刮除病斑后用70%甲基硫菌灵可湿性粉剂1份+豆油或其他植物油15份混合液涂抹即可。冬季可对病树进行重刮皮。发芽前可喷1次2 ～ 3度石硫合剂或5%菌毒清水剂30倍液，刮除病斑后喷药效果更好。

药剂防治的3个关键时期，第1次为5月上、中旬病害开始侵入期；第2次为6月上旬（麦收前）病害侵入和初发期；第3次为6月下旬至7月上、中旬。可根据病情间隔10 ～ 15 d喷1次，共喷药2 ～ 3次。

在病菌开始侵入发病前（5月上、中旬至6月上旬），重点是喷施保护剂，可以施用1 ：2 ：240倍波尔多液、80%波尔多液水分散粒剂300 ～ 500倍液、80%代森锰锌可湿性粉剂600 ～ 800倍液、80%克菌丹水分散粒剂640 ～ 1 280倍液、50%二氰蒽醌悬浮剂500 ～ 650倍液、50%喹啉铜水分散粒剂3 000 ～ 4 000倍液、80%炭疽福美（福美双·福美锌）可湿性粉剂600倍液、75%百菌清可湿性粉剂600倍液、65%丙森锌可湿性粉剂600 ～ 800倍液、27.12%碱式硫酸铜悬浮剂400 ～ 500倍液、86.2%氧化亚铜可湿性粉剂2 000 ～ 2 500倍液、53.8%氢氧化铜干悬浮剂800倍液，均匀喷施。

在病害侵入和初发期，应注意合理施用保护剂与治疗剂复配，以控制病害的侵入和发病。可以施用25%多菌灵可湿性粉剂500倍液、3%中生菌素可湿性粉剂600 ～ 800倍液、40%二氰·吡唑酯（二氰蒽醌30% +吡唑醚菌酯10%）悬浮剂2 000 ～ 2 500倍液、35%唑醚·喹啉铜（吡唑醚菌酯7% +喹啉铜28%）悬浮剂2 500 ～ 3 000倍液、30%噁酮·氟硅唑（氟硅唑15% +唑菌酮15%）乳油3 000 ～ 4 000倍液、80%炭疽福美（福美双·福美锌）可湿性粉剂600倍液+70%甲基硫菌灵可湿性粉剂800倍液、75%百菌清可湿性粉剂600倍液+25%多菌灵可湿性粉剂500倍液、70%代森锰锌可湿性粉剂400 ～ 600倍液+70%甲基硫菌灵可湿性粉剂800倍液等药剂，均匀喷洒。

在病害发病前期，应及时防治，以控制为害。可用80%甲基硫菌灵水分散粒剂800 ～ 1 000倍液、80%多菌灵水分散粒剂1 000 ～ 1 200倍液、20%氟硅唑可湿性粉剂3 000 ～ 4 000倍液、80%戊唑醇水分散粒剂5 000 ～ 7 000倍液、1.5%噻霉酮水乳剂600 ～ 750倍液、40%的噻菌灵可湿性粉剂1 000 ～ 1 500倍液、32%苯甲·溴菌腈（苯醚甲环唑7% +溴菌腈25%）可湿性粉剂1 500 ～ 2 000倍液、30%苯甲·锰锌（代森锰锌20% +苯醚甲环唑10%）悬浮剂4 000 ～ 6 000倍液、45%吡醚·甲硫灵（吡唑醚菌酯5% +甲基硫菌灵40%）悬浮剂1 000 ～ 2 000倍液、55%硅唑·多菌灵（氟硅唑5% +多菌灵50%）可湿性粉剂800 ～ 1 200倍液、60%唑醚·代森联（代森联55% +吡唑醚菌酯5%）水分散粒剂1 000 ～ 2 000倍液、80%甲硫·戊唑醇（戊唑醇8% +甲基硫菌灵72%）水分散粒剂800 ～ 1 200倍液、50%异菌脲可湿性粉剂600 ～ 800倍液、75%百菌清可湿性粉剂600倍液+10%苯醚甲环唑水分散粒剂2 000 ～ 2 500倍液、70%代森锰锌可湿性粉剂400 ～ 600倍液+12.5%腈菌唑可湿性粉剂2 500倍液、50%多·霉威（多菌灵·乙霉威）可湿性粉剂1 000 ～ 1 500倍液、5%菌毒清水剂400 ～ 500倍液+20%多·戊唑（多菌灵·戊唑醇）可湿性粉剂1 000 ～ 1 500倍液、40%霉粉清（三唑酮·多菌灵·福美双）可湿性粉剂600 ～ 750倍液、70%甲·福（甲基硫菌灵·福美双）可湿性粉剂800 ～ 1 000倍液、50%腈菌·锰锌（腈菌唑·代森锰锌）可湿性粉剂800 ～ 1 000倍液、12.5%腈菌唑可湿性粉剂2 500倍液等，在防治中应注意多种药剂的交替使用。

也可以用45%代森铵水剂100 ～ 200倍液、40%二氯异氰尿酸钠可溶粉剂70 ～ 130倍液，对发病枝干进行涂抹。

5. 苹果炭疽病

分　　布 苹果炭疽病在全国各地均有发生，以黄淮及华北地区发生较重。

症　　状 由胶孢炭疽菌（*Colletotrichum gloeosporioides*，属无性型真菌）引起。有性阶段为围小丛壳菌（*Glomerella cingulata*，属子囊菌亚门真菌）。主要为害果实，也为害枝条。果实发病，初期果面出现淡褐色圆形小斑点，逐渐扩大，软腐下陷，腐烂果肉剖面呈圆锥状。病斑表面逐渐出现黑色小点，隆起，排列成轮纹状，潮湿时突破表皮，涌出绯红色黏稠液滴（图42-9）。

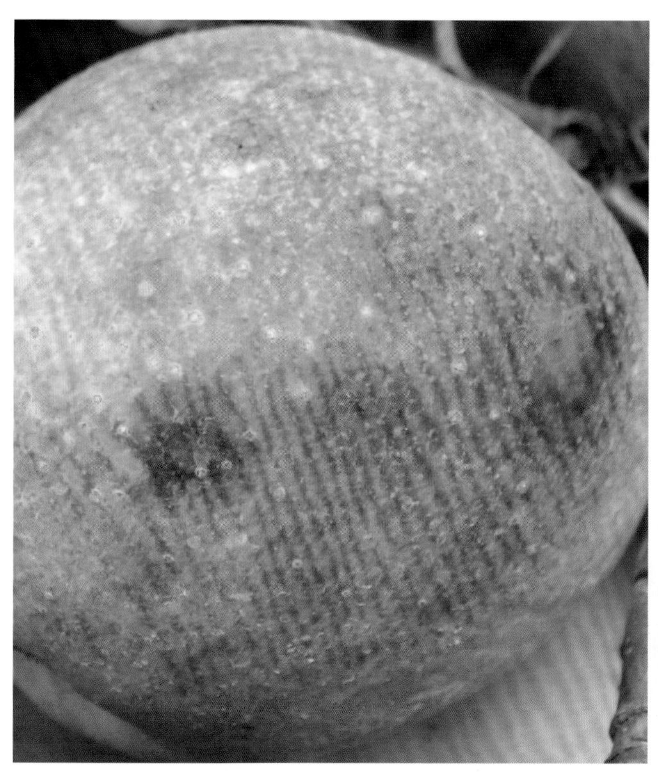
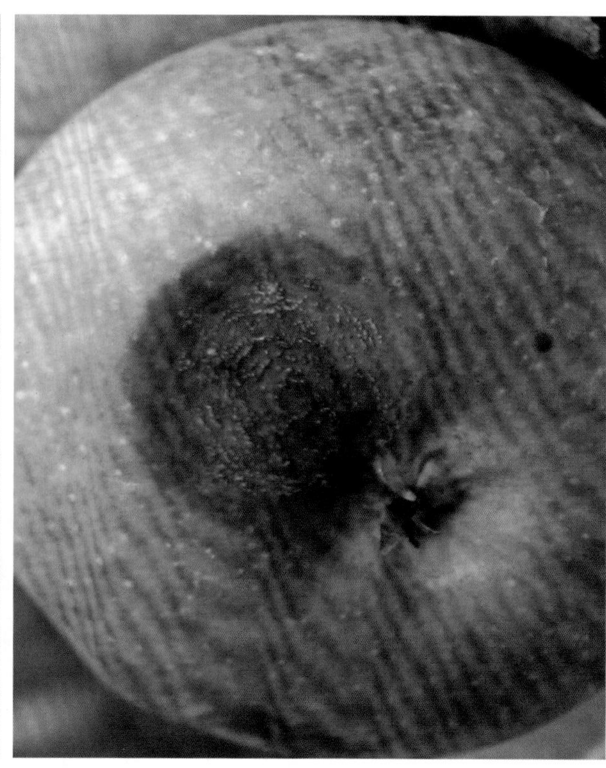

图42-9　苹果炭疽病为害果实症状

发生规律　菌丝体、分生孢子盘在病果、僵果、果台枝条等处越冬。翌年春天，越冬病菌形成的分生孢子为初侵染来源，主要通过雨水飞溅传播。苹果坐果后便可受侵染，在北方，于5月底、6月初进入侵染盛期；南方生育期早，于4月底、5月初进入侵染盛期。幼果自7月开始发病，每次雨后有1次发病高峰，烂果脱落。果实生长后期也是发病盛期，贮藏期继续发病烂果（图42-10）。

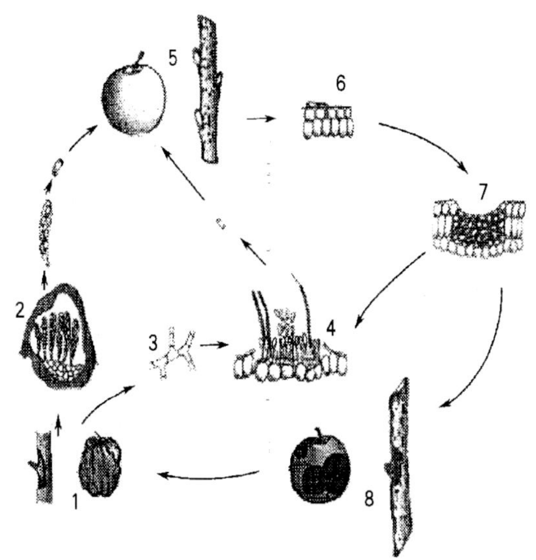

图42-10　苹果炭疽病病害循环

1.病菌在病残体上越冬　2.子囊壳、子囊及子囊孢子　3.菌丝　4.分生孢子盘
5.苹果果实、枝条　6.孢子萌发侵入寄主组织　7.侵染部位组织死亡并凹陷
8.发病的果实、枝条

防治方法　深翻改土，及时排水，增施有机肥，避免过量施用氮肥，增强树势，提高抗病力。及时中耕除草，降低园内湿度，精细修剪，改善树体通风透光条件；结合冬季修剪，彻底剪除树上的枯死枝、病虫枝、干枯果台和小僵果等。生长期发现病果或当年小僵果，应及时摘除。

生长期，一般从谢花后10 d的幼果期（5月中旬）开始喷药，在果实生长初期喷施高脂膜乳剂200倍液，病菌开始浸染时，喷施第一次药剂。以后根据药剂残效期，每隔15 ~ 20 d喷1次，连续喷5 ~ 6次。注意交替选择药剂。

在病害开始侵入发病前，重点是喷施保护剂，可以施用1 ∶ 2 ∶（200 ~ 240）倍波尔多液、30%碱式硫酸铜胶悬剂300 ~ 500倍液、53.8%氢氧化铜干悬浮剂800倍液、80%炭疽福美（福美双·福美锌）可湿性粉剂600倍液、70%代森联水分散粒剂500 ~ 600倍液、75%百菌清可湿性粉剂600 ~ 800倍液、80%代森锌可湿性粉剂500 ~ 700倍液、40%克菌丹悬浮剂400 ~ 500倍液、80%代森锰锌可湿性粉剂500 ~ 800倍液，均匀喷施。

在病害初发期，应注意合理施用，保护剂与治疗剂复配施用，可用80%炭疽福美（福美双·福美锌）可湿性粉剂600倍液+70%甲基硫菌灵可湿性粉剂800倍液、75%百菌清可湿性粉剂600倍液+50%多菌灵可湿性粉剂600倍液、70%代森锰锌可湿性粉剂400 ~ 600倍液+70%甲基硫菌灵可湿性粉剂800倍液、

70%代森锰锌可湿性粉剂400～600倍液+12.5%腈菌唑可湿性粉剂2 500倍液、50%异菌脲可湿性粉剂600～800倍液、75%百菌清可湿性粉剂600倍液+10%苯醚甲环唑水分散粒剂2 000～2 500倍液、50%多·霉威（多菌灵·乙霉威）可湿性粉剂1 000～1 500倍液、50%腈菌·锰锌（腈菌唑·代森锰锌）可湿性粉剂800～1 000倍液、12.5%腈菌唑可湿性粉剂2 500倍液、38%咪铜·多菌灵（咪鲜胺铜盐30%＋多菌灵8%）悬浮剂950～1 200倍液、55%苯醚·甲硫（苯醚甲环唑5%＋甲基硫菌灵50%）可湿性粉剂800～1 200倍液、40%克菌·戊唑醇（戊唑醇8%＋克菌丹32%）悬浮剂800～1 200倍液、45%吡醚·甲硫灵（吡唑醚菌酯5%＋甲基硫菌灵40%）悬浮剂1 000～2 000倍液、40%唑醚·克菌丹（克菌丹35%＋吡唑醚菌酯5%）悬浮剂1 000～1 500倍液、64%二氰·吡唑酯（吡唑醚菌酯16%＋二氰蒽醌48%）水分散粒剂3 000～4 000倍液、72%唑醚·代森联（代森联66%＋吡唑醚菌酯6%）水分散粒剂1 200～1 800倍液、40%硅唑·咪鲜胺（咪鲜胺30%＋氟硅唑10%）水乳剂2 400～3 200倍液、50%戊唑·咪鲜胺（咪鲜胺锰盐37.5%＋戊唑醇12.5%）可湿性粉剂1 500～2 500倍液、60%咪鲜·丙森锌（咪鲜胺锰盐20%＋丙森锌40%）可湿性粉剂800～1 000倍液等，在防治中应注意多种药剂的交替使用。

在病害发生普遍时，应适当加大治疗剂的药量，可以施用70%甲基硫菌灵可湿性粉剂500～600倍液、50%异菌脲可湿性粉剂500～600倍液、60%咪鲜胺锰盐可湿性粉剂1 500～2 500倍液、50%咪鲜胺铜盐悬浮剂1 500～2 000倍液、80%多菌灵可湿性粉剂1 000～1 500倍液、20%抑霉唑水乳剂800～1 200倍液、1 000亿芽孢/克枯草芽孢杆菌可湿性粉剂1 000～1 250倍液、10%苯醚甲环唑水分散粒剂2 000～2 500倍液、12.5%腈菌唑可湿性粉剂2 500倍液、50%多·霉威（多菌灵·乙霉威）可湿性粉剂1 000～1 500倍液、5%菌毒清水剂400～500倍液+20%多·戊唑（多菌灵·戊唑醇）可湿性粉剂1 000～1 500倍液等，在防治中应注意多种药剂的交替使用，发病前注意与保护剂的混用。

6. 苹果花叶病

分布为害 苹果花叶病在我国各苹果产区均有发生，其中以陕西、河南、山东、甘肃、山西等地发生最重。

症　　状 由苹果花叶病毒（*Apple mosaic virus*，ApMV）侵染引起。主要变现在叶片上（图42-11），重型花叶病，叶片上出现大型褪绿斑区，初为鲜黄色，后为白色，幼叶沿叶脉变色，老叶上常出现大型坏死斑、轻型花叶病，病叶上出现黄色斑点。沿叶脉变色性花叶病，主脉及侧脉变色，脉间多小黄斑，有时有坏死斑，落叶较少。

图42-11 苹果花叶病为害花叶症状

发生规律　苹果树感染花叶病后，便会成为全株性病害。病毒主要靠嫁接传播，砧木或接穗带毒，均可形成新的病株。此外，菟丝子可以传毒。树体感染病毒后，全身带毒，终生为害。萌芽后不久即表现症状，4—5月发展迅速，其后减缓，7—8月基本停止发展，甚至出现潜隐现象，抽发秋梢后又重新发展。

防治方法　选用无病毒接穗和实生砧木，采集接穗时一定要严格挑选健株。在育苗期加强苗圃检查，发现病苗及时拔除销毁。对病树应加强肥水管理，增施农家肥，适当重修剪。干旱时应灌水，雨季注意排水。大树轻微发病的，增施有机肥，适当重剪，增强树势，减轻为害。

春季发病初期，可喷洒0.5%菇类蛋白多糖水剂300倍液、20%盐酸吗啉胍·铜可湿性粉剂1 000倍液、2%寡聚半乳糖醛酸水剂300 ～ 500倍液、3%三氮唑核苷水剂500倍液、2%宁南霉素水剂200 ～ 300倍液、50%氯溴异氰尿酸可溶粉剂55 ～ 69 g/亩、20%吗胍·乙酸铜（乙酸铜10% +盐酸吗啉胍10%）可湿性粉剂150 ～ 250 g/亩、3.95%三氮唑核苷可湿性粉剂45 ～ 75 g/亩、40%三氯异氰尿酸可湿性粉剂30 g/亩，隔10 ～ 15 d喷1次，连续喷3 ～ 4次。

7. 苹果银叶病

分　　布　苹果银叶病在河南、山东、安徽、山西、河北、江苏、上海、甘肃、云南、贵州、黑龙江省等地均有发生，在黄河故道为害较重。

症　　状　由紫韧革菌（*Stereum purpureum*，属担子菌亚门真菌）引起。主要表现在叶片和枝上。病叶呈淡灰色，略带银白色光泽（图42-12、图42-13）。病菌侵入枝干后，菌丝在木质部中扩展，向上可蔓延至一二年生枝条，向下可蔓延到根部、使病部木质部变为褐色，较干燥，有腥味，但组织不腐烂（图42-14）。在一株树上，往往先在一个枝上表现症状，以后逐渐增多，直至全株叶片变成“银叶”（图42-15）。银叶症状越严重，木质部变色也越严重。在重病树上，叶片上往往沿叶脉发生褐色坏死条点，用手指搓捻，病叶表皮易碎裂、卷曲。

图42-12　苹果银叶病为害初期症状

图42-13　苹果银叶病为害后期症状

图42-14　苹果银叶病为害枝干初期症状

图42-15 苹果银叶病为害枝干后期症状

发生规律 以菌丝体的形式在病树木质部或以子实体的形式在病树上越冬。江淮流域、黄河故道的4—5月雨水多。春、秋季雨水频繁，湿度高是病害流行的主要条件，子实体在春夏之间多雨时形成。病菌侵入寄主后，需要很长时间才发病。在9—11月，病菌又形成新的、第二次的子实体进行侵染。果园土壤黏重，地下水位较高，排水不良，树势衰弱发病较重；大树易发生病害，幼树较少发生。

防治方法 增强树势，清洁果园，减少病菌污染。果园内应铲除重病树和病死树，刨净病树根，除掉根蘖苗，锯去初发病的枝干，清除蘑菇状物。防止园内积水。防治其他枝干病虫害，以增强树势，减少伤口。

药剂治疗：展叶后向木质部注射灰黄霉素100倍液，1支药加水1 kg，连续注射2 ~ 3次，秋后再注射1次，注射后加强肥水管理。对早期发现的轻病树，在加强栽培管理的基础上，采取药剂治疗。根据国外资料，对银叶病可用硫酸-8-羟基喹啉进行埋藏治疗。

用蒜泥防治：在每年的5—7月，选择紫皮大蒜，去皮，在器皿中捣烂成泥。用钻从患银叶病的主干基部开始向上打孔，每隔15 ~ 20 cm打5 ~ 6个孔，深度以穿过髓部为宜。把蒜泥塞入孔内，将孔洞塞满，但不要超出形成层，以防烧烂树皮，然后用泥土封口，再用塑料条把孔口包紧。采用此法治疗苹果中前期银叶病，治愈率在90%以上。

8. 苹果黑星病

症　状 由苹果环黑星孢（*Spilocaea pomi*）和树状黑星孢（*Fusicladium dendriticum*）引起，两者均属无性型真菌。主要为害叶片和果实。叶片发病，病斑一般先从叶正面发生，也可先从叶背面发生。初为淡黄绿色的圆形或放射状，后逐渐变褐，最后变为黑色，周围有明显的边缘，老叶上更为明显。叶片患病较重时，叶片变小，变厚，呈卷曲或扭曲状。病叶常常数斑融合，病部干枯破裂。果实从幼果至成熟果均可受害，病斑初为淡黄绿色，圆形或椭圆形，逐渐变褐色或黑色，表面产生黑色绒状霉层。随着果实生长膨大，病斑逐渐凹陷，硬化，龟裂，病果较小，畸形（图42-16）。

图42-16 苹果黑星病病果

发生规律 子囊壳在落叶上越冬，春、夏季温、湿度条件适宜时，释放子囊孢子，随气流传播，落到叶片和果实以及其他绿色组织上，在适宜的温、湿度下，子囊孢子发芽，侵入寄主组织，发病后靠分生孢子再侵染，田间分生孢子6—7月最多，该病菌可被蚜虫传播。早春是病害发生的主要时期。在苹果发病时期，阴雨连绵，雨量多，适于病菌侵染（图42-17）。

防治方法　清除初侵染源，秋末冬初彻底清除落叶、病果，集中烧毁或深埋。合理修剪，促使树冠通风透光，降低果园空气湿度。

发芽前，在地面喷洒4∶4∶100的波尔多液，以杀死病叶内的子囊孢子。

于5月中旬花期后发病之前，喷洒1∶（2～3）∶160倍式波尔多液、53.8%氢氧化铜干悬浮剂1 000倍液、70%代森锰锌可湿性粉剂800倍液等，隔10～15 d喷1次，连续喷2～3次。

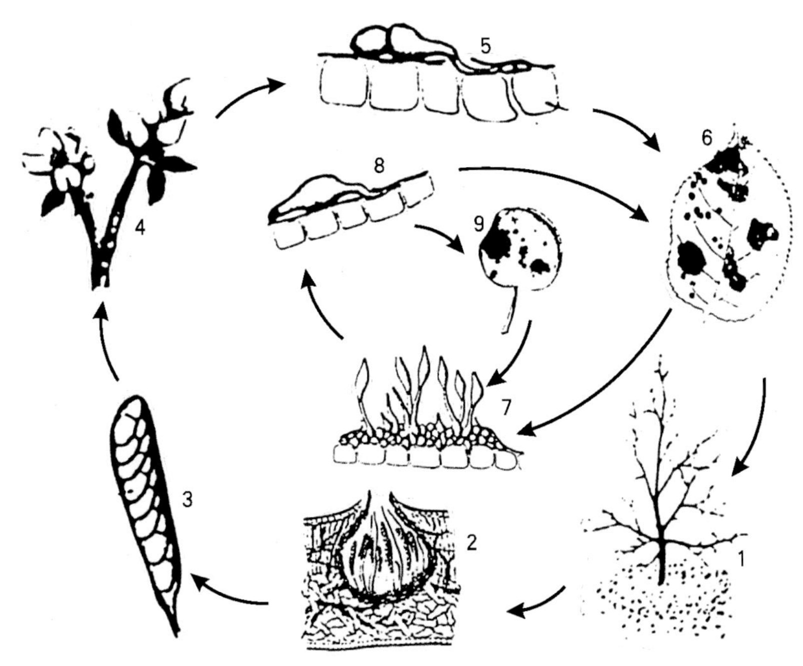

图42-17　苹果黑星病病害循环
1.病菌在落叶上越冬　2.成熟的假囊壳　3.子囊和子囊孢子　4.苹果花期　5.子囊孢子发芽侵入　6.病叶　7.分生孢子梗及分生孢子　8.分生孢子发芽侵入　9.病果

在发病初期，可以用9%吡唑醚菌酯微囊悬浮剂58～66 mL/亩、60%肟菌酯水分散粒剂9～12 g/亩、80%嘧菌酯水分散粒剂15～20 g/亩、50%醚菌酯水分散粒剂5 000～7 000倍液、70%代森锰锌可湿性粉剂800倍液+50%苯菌灵可湿性粉剂800倍液、70%代森锰锌可湿性粉剂800倍液+70%甲基硫菌灵可湿性粉剂800倍液、70%代森锰锌可湿性粉剂800倍液+50%多菌灵可湿性粉剂800倍液，间隔10 d喷1次，视病情调整药剂。

在发病较普遍时，可施用40%氟硅唑乳油10 000倍液、12.5%烯唑醇可湿性粉剂800～1 000倍液、70%甲基硫菌灵可湿性粉剂1 000倍液、36%甲基硫菌灵悬浮剂800～1 200倍液、50%腐霉利可湿性粉剂800倍液等，以后间隔7 d喷1次，连续喷2～3次。

9.苹果锈果病

症　　状　主要表现于果实，其症状可分为3种类型。①锈果型（图42-18）：发病初期，在果实顶部产生深绿色水渍状病斑，逐渐沿果面纵向扩展，发展成为规整的木栓化铁锈色病斑。锈斑组织仅限于表皮，随着果实的生长发生龟裂。果面粗糙，果实变成凹凸不平的畸形果。②花脸型（图42-19）：病果着色前无明显变化，着色后，果面散生许多近圆形的黄绿色斑块，致使红色品种成熟后果面呈现红、黄、绿相间的花脸症状。③混合型（图42-20）：病果表面有锈斑和花脸复合症状。病果着色前，多在果实顶

图42-18　苹果锈果病锈果型症状

图42-19　苹果锈果病花脸型症状

图42-20　苹果锈果病混合型症状

部产生明显的锈斑，或于果面散生锈色斑块；着色后，在未发生锈斑的果面或锈斑周围产生不着色的斑块，呈花脸状。

发生规律 通过各种嫁接方法传染，也可通过病树上用过的刀、剪、锯等工具传染。梨树是此病的带毒寄主。梨树普遍潜带病毒但不表现症状。与梨树混栽的苹果园，或靠近梨园的苹果树发病较多。苹果树一旦染病，病情逐年加重，成为全株永久性病害。

防治方法 防治此病最根本的办法是栽培无毒苹果苗。严禁在疫区内繁殖苗木或外调繁殖材料；砍伐淘汰病树。果区发现病株，立即连根刨出烧毁。拔除病苗，刨掉病树。建立新果园时，要避免与梨树混栽。病树较多时，在园地较偏僻地区进行高接换种。

药剂防治：一是把韧皮部割开，呈“门”字形，上涂50万IU四环素或150万IU土霉素、150万IU链霉素，然后用塑料膜绑好，可减轻病害的发生。二是根部插瓶。病树树冠下面东南西北各挖1个坑，各坑寻找直径0.5 ～ 1 cm的根切断，插在已装好四环素、土霉素、链霉素150 ～ 200 mg/kg的药液瓶里，然后封口埋土，于4月下旬、6月下旬、8月上旬各治疗1次，共治疗3次，有明显防效。

10. 苹果锈病

症　　状 由山田胶锈菌（*Gymnosporangium yamadae*，属担子菌亚门真菌）引起。性孢子器扁球形，埋生于表皮下。性孢子单胞，无色，纺锤形。为害叶片，也能为害嫩枝、幼果和果柄。叶片初患病，正面出现油亮的橘红色小斑点，逐渐扩大，形成圆形橙黄色的病斑，边缘红色（图42-21、图42-22）。发病严重时，一片叶片上出现几十个病斑（图42-23）。叶柄发病，病部橙黄色，稍隆起，多呈纺锤形，初期病斑表面产生小点状性孢子器，后期病斑背部产生毛刷状的锈孢子腔。新梢发病，刚开始与叶柄受害相似，后期病部凹陷、龟裂、易折断。果实发病，多在萼洼附近出现橙黄色圆斑，后变褐色，病果生长停滞，病部坚硬，多呈畸形。

发生规律 每年仅侵染1次。病菌在桧柏枝叶上菌瘿中以菌丝体的形式过冬。翌年春季，在桧柏上形成冬孢子，萌发产生小孢子，借风力传播到苹果树上并进行侵染，传播距离2.5 ～ 5 km，最远50 km。落在果树上的孢子萌发后，直接从叶片表皮细胞或气孔侵入。

图42-21　苹果锈病为害叶片症状

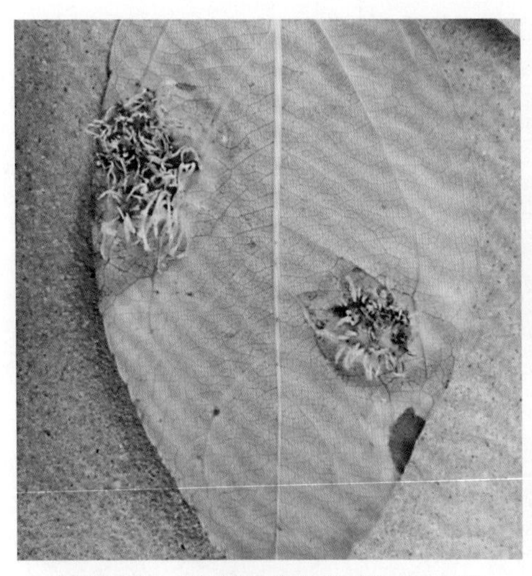
图42-22　苹果锈病叶片背面的锈孢子腔

图42-23　苹果锈病为害后期症状

秋季锈孢子成熟后随风传播到针叶型桧柏上，形成菌瘿越冬（图42-24）。该病的发生与转主寄主的多少、距离、气候条件及品种有关。在担孢子传播的有效距离内，一般是桧柏多发病重。

防治方法 清除转主寄生，彻底砍除果园周围5 km以内的桧柏、龙柏等树木。若桧柏不能砍除时，则应在桧柏上喷药，铲除越冬病菌。在苹果树发芽前，往桧柏等转主寄主树上喷布药剂，消灭越冬病菌。可用3～5波美度石硫合剂、0.3%五氯酚钠100倍液。

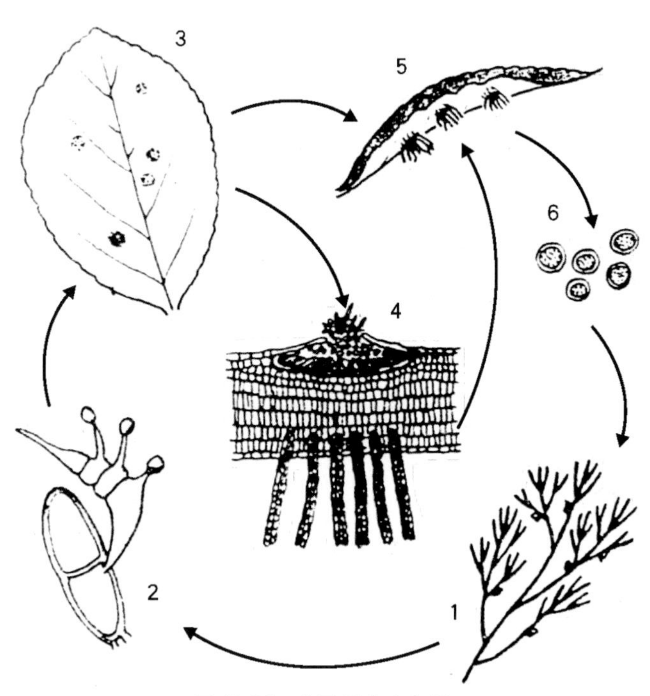

图42-24 苹果锈病病害循环

1.冬孢子在桧柏上越冬 2.冬孢子萌发产生担孢子 3.病叶 4.性孢子器及锈孢子层 5.病叶背面的锈孢子 6.锈孢子

展叶后，在瘿瘤上出现的深褐色舌状物未胶化之前喷第一次药。在第一次喷药后，如遇降雨，则雨后要立即喷第二次药，隔10 d后喷第三次药。可用70%甲基硫菌灵可湿性粉剂600～800倍液、15%三唑酮可湿性粉剂1 000～2 000倍液、30%唑醚·戊唑醇（戊唑醇20%+吡唑醚菌酯10%）悬浮剂2 000～3 000倍液、25%邻酰胺悬浮剂1 800～3 000倍液、30%醚菌酯悬浮剂1 200～2 000倍液、12.5%烯唑醇可湿性粉剂1 500～3 000倍液、12.5%氟环唑悬浮剂1 000～1 250倍液、40%氟硅唑乳油6 000～8 000倍液、70%代森锰锌可湿性粉剂800倍液+25%丙环唑乳油4 000倍液，建议在药剂中加入3 000倍的皮胶，效果更好。

11. 苹果霉心病

为害症状 该病由链格孢菌、粉红单端孢菌（*Trichothecium roseum*）、头孢霉（*Cephalosporium* sp.）等多种病菌引起，均属无性型真菌。主要为害果实。果实受害，从心室开始发病，逐渐向外扩展霉烂（图42-25）。病果果心变褐，充满灰色或粉红色霉状物。当果心霉烂严重时，果实胴部可见水浸状不规则的湿腐斑块，斑块可彼此相连，最后全果腐烂，果肉味苦。生长期，病果外观无症状，比健果早着色，易脱落。贮藏期，病部只在心室，呈褐色、淡褐色，有时夹杂青色或墨绿色，湿润状。

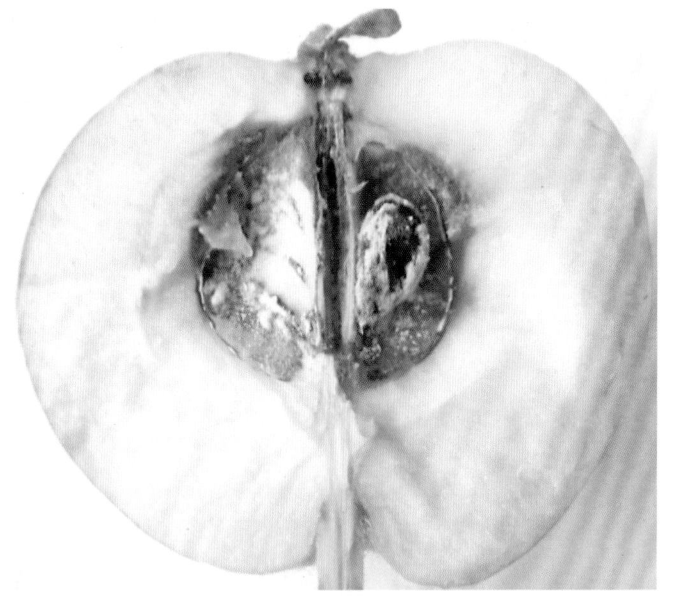
图42-25 苹果霉心病病果

发生规律 菌丝体在病果或坏死组织内越冬，于翌年春季产生孢子，借气流传播，在开花期通过萼筒至心室间的开口进入果心。开始侵入果心的时期一般为5月下旬，果实开始发病的时间为6月下旬。病菌进入果心以后并非立即扩展致病，只有到果实衰老时才蔓延引起发病。阴湿地区比干旱地区发病重，晚春高湿温暖，夏季忽干忽湿都有利于病害发生；果园管理粗放，结果过量，有机肥料不足，矿物质营养不均衡，地势低洼潮湿，树冠郁闭，树势衰弱等因素都有利于发病。

防治方法 合理施肥，增施有机肥料，避免偏施氮肥，在幼果期和果实膨大期，喷硝酸钙250倍液1～2次，能延缓果实衰老，减轻该病发展。在初果期，叶面适时喷施磷、钾、钙等微量元素，可促使果树生长健壮，提高抗病力。

果发芽前喷洒3～5波美度石硫合剂加用0.3%的五氯酚钠，铲除病菌，减少田间菌源。

于花前、花后及幼果期每隔半月喷1次护果药，防止霉菌侵入，药剂可选用1：2：200倍式波尔多液、50%异菌脲可湿性粉剂1 000倍液、30%肟菌·戊唑醇（肟菌酯10%+戊唑醇20%）悬浮剂30～50 mL/亩、32.5%苯甲·嘧菌酯（嘧菌酯20%+苯醚甲环唑12.5%）悬浮剂30～40 mL/亩、50%多霉灵（多菌灵+乙霉威）可湿性粉剂1 000倍液、5%菌毒清水剂200～300倍液、70%代森锰锌可湿性粉剂600～800倍液+10%多氧霉素可湿性粉剂1 000～1 500倍液、15%三唑酮可湿性粉剂1 000倍液、70%甲基硫菌灵可湿性粉剂1 000倍液等，可有效降低采收期的心腐果率。

果实套袋：套袋前喷一次1：2：200倍式波尔多液。幼果形成即套袋。

12. 苹果白粉病

分布为害 苹果白粉病在世界上广泛分布，为害严重，近年来发病日趋加重。此病在国内各苹果产区均有发生，尤以渤海湾地区、西北各省份以及四川、云南高海拔的苹果新发展地区发病严重，一般为害不重，但有的年份，也可大发生，新梢被害率为70%～80%。对幼苗可造成严重为害。可造成新梢停止发育，直至枯死。

症　状 由白叉丝单囊壳（*Podosphaera leucotricha*，属子囊菌亚门真菌）引起。主要为害苹果树的幼苗或嫩梢、叶片，也可为害芽、花及幼果。嫩梢染病，生长受抑制，节间缩短，其上着生的叶片变得狭长或不开张，变硬变脆，叶缘上卷，在初期表面被覆白色粉状物，在后期逐渐变为褐色，严重的整个枝梢枯死（图42-26）。叶片染病，叶背初现稀疏白粉，新叶略呈紫色，皱缩畸形，后期白色粉层逐渐蔓延到叶正反两面，叶正面色泽浓淡不均，叶背产生白粉状病斑，病叶变得狭长，边缘呈波状皱缩或叶片凹凸不平，严重时，病叶自叶尖或叶缘逐渐变褐，最后全叶干枯脱落。

图42-26　苹果白粉病病叶

发生规律 病菌以菌丝的形式在冬芽的鳞片内越冬。春季冬芽萌发时，越冬菌丝产生分生孢子，经气流传播侵染。4—9月为病害发生期，4—5月气温较低，为白粉病的发生盛期。在6—8月发病缓慢或停滞，待9月秋梢萌发时又开始第二次发病高峰。

防治方法 结合冬季修剪，剔除病梢和病芽，苹果展叶至开花期，剪除新病梢和病叶丛、病花丛，烧毁或深埋。加强栽培管理，避免偏施氮肥，使果树生长健壮，控制灌水。秋季增施农家肥，冬季调整树体结构，改善光照，提高抗病力。

冬季结合防治其他越冬病虫，喷3～5波美度石硫合剂或70%硫黄可湿性粉剂150倍稀释液。将保护的重点时期放在春季，芽萌发后嫩叶尚未展开时和谢花后7～10 d是药剂防治的两次关键期。

于春季嫩叶尚未展开发病前期，喷施70%丙森锌可湿性粉剂600～700倍液、80%代森锌可湿性粉剂500～700倍液、10%醚菌酯悬浮剂600～1 000倍液、70%代森锰锌可湿性粉剂600～800倍液、50%克菌丹可湿性粉剂400～500倍液、4%嘧啶核苷类抗菌素水剂400倍液、50%灭菌丹可湿性粉剂200～400

倍液、3%多氧霉素水剂400 ～ 600倍液、2%嘧啶核苷类抗生素水剂200倍液、1.5%多抗霉素可湿性粉剂200 ～ 500倍液。

在苹果谢花后7 ～ 10 d，白粉病发病初期，可用25%三唑酮可湿性粉剂2 000倍液、12.5%烯唑醇可湿性粉剂2 000倍液、40%腈菌唑可湿性粉剂6 000 ～ 8 000倍液、5%己唑醇微乳剂1 000 ～ 1 500倍液、6%氯苯嘧啶醇可湿性粉剂1 000 ～ 1 500倍液、60%噻菌灵可湿性粉剂1 500 ～ 2 500倍液、30%吡嘧磷乳油1 000 ～ 1 500倍液、20%唑菌胺酯水分散性粒剂1 000 ～ 2 000倍液、40%环唑醇悬浮剂7 000 ～ 10 000倍液、40%氟硅唑乳油8 000 ～ 10 000倍液、30%氟菌唑可湿性粉剂2 000 ～ 3 000倍液、20%苯甲·肟菌酯（肟菌酯10%＋苯醚甲环唑10%）悬浮剂2 800 ～ 3 200倍液、80%硫黄·戊唑醇（戊唑醇8%＋硫黄72%）水分散粒剂800 ～ 900倍液、30%唑醚·戊唑醇（吡唑醚菌酯10%＋戊唑醇20%）悬浮剂3 500 ～ 4 500倍液、300 g/L醚菌·啶酰菌（啶酰菌胺200 g/L+醚菌酯100 g/L）悬浮剂2 000 ～ 4 000倍液、40%苯醚·甲硫（甲基硫菌灵35%＋苯醚甲环唑5%）悬浮剂1 600 ～ 2 600倍液、70%硫黄·锰锌（硫黄40%＋代森锰锌30%）可湿性粉剂500 ～ 600倍液等药剂，间隔10 ～ 20 d喷1次，共防治3 ～ 4次。重病园间隔10 ～ 15 d再喷1次药。

13. 苹果灰斑病

症　状　由梨叶点霉（*Phyllosticta pirina*，属无性型真菌）引起。主要为害叶片，果实、枝条、嫩梢均可受害。叶片染病，初呈红褐色圆形或近圆形病斑，边缘清晰，后期病斑变为灰色，中央散生小黑点，即病菌分生孢子器（图42-27、图42-28）。病斑常数个愈合，形成大型不规则形病斑。病叶一般不变黄脱落，但严重受害的叶片可出现焦枯现象（图42-29）。果实染病，形成灰褐色或黄褐色、圆形或不整形稍凹陷病斑，中央散生微细小粒点。

图42-27　苹果灰斑病为害叶片初期症状

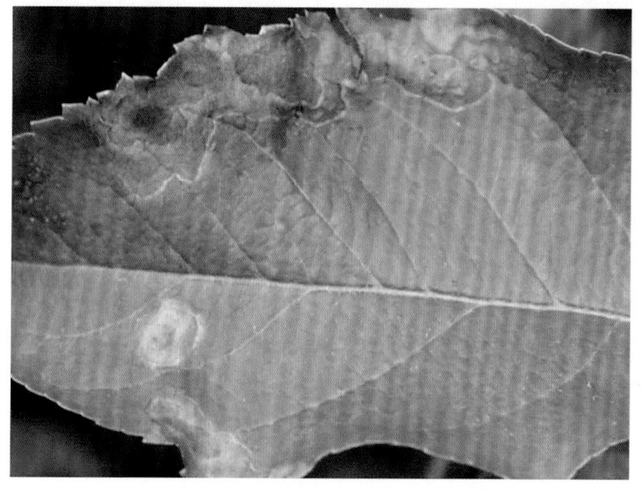

图42-28　苹果灰斑病为害叶片中期症状

图42-29　苹果灰斑病为害后期症状

发生规律 菌丝体和分生孢子器在落叶上越冬。于春季产生分生孢子，借风雨传播。一般与褐斑病同时发生，但在秋季发病较多，为害也较重。高温、高湿、降雨多而早的年份发病早且重。苹果各品种间感病性存在明显差异。青香蕉、印度、元帅等易感病，金冠、国光、秋花皮等次之。

防治方法 在发病严重地区选用抗病品种。灰斑病发生多在秋季，所以应重点抓好后期防治。

发病前以保护剂为主，可以用1 ∶ 2 ∶ 200倍波尔多液、200倍锌铜石灰液（硫酸锌∶硫酸铜∶石灰∶水=0.5 ∶ 0.5 ∶ 2 ∶ 200）、30%碱式硫酸铜胶悬剂300 ～ 500倍液、70%代森锰锌可湿性粉剂500 ～ 600倍液等。

发病初期，及时治疗，可以用3%多抗霉素可湿性粉剂150 ～ 300倍液、36%甲基硫菌灵悬浮剂500倍液+70%代森锰锌可湿性粉剂500 ～ 600倍液、75%肟菌·戊唑醇（肟菌酯25% +戊唑醇50%）水分散粒剂10 ～ 15/亩、75%戊唑·嘧菌酯（嘧菌酯25% +戊唑醇50%）可湿性粉剂10 ～ 15 g/亩、25%噻呋·嘧菌酯（噻呋酰胺5% +嘧菌酯20%）悬浮剂30 ～ 40 mL/亩、30%啶氧·丙环唑（啶氧菌酯10% +丙环唑20%）悬浮剂34 ～ 38 mL/亩、80%乙蒜素乳油800 ～ 1 000倍液、50%异菌脲可湿性粉剂1 000 ～ 1 500倍液、10%多氧霉素可湿性粉剂1 000 ～ 1 500倍液+70%代森锰锌可湿性粉剂500 ～ 600倍液、60%多菌灵盐酸盐超微粉600 ～ 800倍液+70%代森锰锌可湿性粉剂500 ～ 600倍液。喷药时间可根据发病期确定，一般可在花后结合防治白粉病或食心虫等喷第一次药，以后隔10 ～ 20 d喷1次，连续防治3 ～ 4次。

14. 苹果褐腐病

症　状 由果产核盘菌（*Sclerotinia fructigena*，属子囊菌亚门真菌）引起。主要为害果实，多以伤口为中心，果面发生褐色病斑，逐步扩展，使全果呈褐色腐烂，且有蓝黑色斑块。在田间条件下，随着病斑的扩大，从病斑中心开始，果面上出现一圈圈黄色突起物，渐突破表皮，露出绒球状颗粒，浅土黄色，上面被粉状物，呈同心轮纹状排列（图42-30）。在贮藏期，当空气潮湿时，有白色菌丝蔓延到果面。

图42-30　苹果褐腐病为害果实症状

发生规律 病菌在病果和病枝中越冬。于春季产生分生孢子，随风传播。病菌可经皮孔侵入果实，但主要通过各种伤口侵入，刺伤、碰压伤、虫伤果以及裂果容易受害。贮藏期内，病果上的病菌可以蔓延侵害相邻的无伤果实。病害的流行主要和雨水、湿度有关，多雨、高温条件下发生较重。

防治方法 及时清除树上树下的病果、落果和僵果，在秋末或早春采用果园深翻，掩埋落地病果等措施。建设好果园的排灌系统，防止因水分供应失调而造成的严重裂果。

在北方果区，中熟品种在7月下旬及8月中旬、晚熟品种在9月上旬和9月下旬各喷1次药，较有效的药剂是1 ∶ 1 ∶（160 ～ 200）倍波尔多液、70%甲基硫菌灵可湿性粉剂600 ～ 800倍液或50%多菌灵可湿性粉剂500 ～ 600倍液、75%肟菌·戊唑醇（肟菌酯25% +戊唑醇50%）水分散粒剂10 ～ 15/亩、75%戊唑·嘧菌酯（嘧菌酯25% +戊唑醇50%）可湿性粉剂10 ～ 15 g/亩、50%苯菌灵可湿性粉剂1 000倍液。

15. 苹果疫腐病

症　状 由恶疫霉（*Phytophthora cactorum*，属卵菌）引起。主要为害果实、树的根颈部及叶片。果实染病（图42-31），果面形成不规则、深浅不匀的褐斑，边缘不清晰，呈水渍状，致果皮果肉分离，果肉褐变或腐烂，湿度大时病部生有白色绵毛状菌丝体，病果初呈皮球状，有弹性，后失水干缩或脱落。苗木或成树根颈部染病，皮层出现暗褐色腐烂，多不规则，严重的烂至木质部，致病部以上枝条发育变缓，叶色淡，叶小，秋后叶片提前变红紫色，落叶早，当病斑绕树干一周时，全树叶片凋萎或干枯（图42-32）。叶片染病，初呈水渍状，后形成灰色或暗褐色不规则形病斑，湿度大时，全叶腐烂。

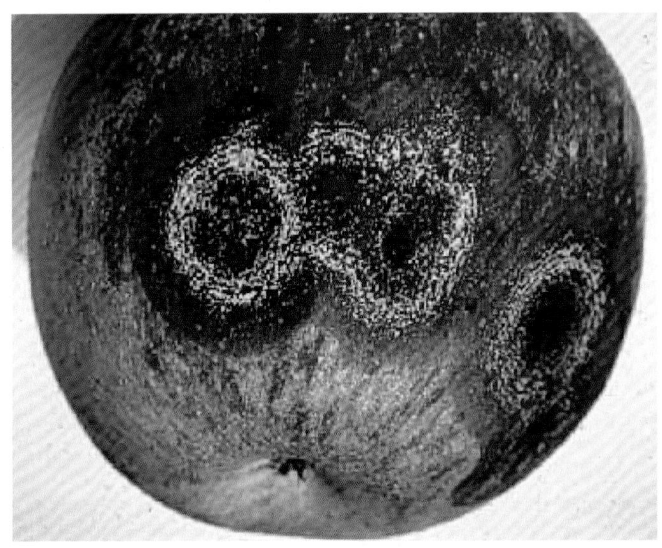

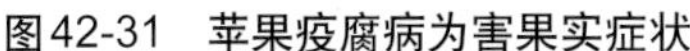

图42-31　苹果疫腐病为害果实症状

图42-32　苹果疫腐病为害根颈症状

发生规律　病菌主要以卵孢子、厚垣孢子及菌丝的形式随病组织在土壤中越冬。翌年遇降雨或灌溉时，形成游动孢子囊，产生游动孢子，随雨滴或流水传播蔓延，果实在整个生育期均可染病，在7—8月发病最多，每次降雨后，都会出现侵染和发病小高峰，因此，雨多、降雨量大的年份发病早且重。尤以距地面1.5 m的树冠下层及近地面果实先发病，且病果率高。生产上，地势低洼或积水、四周杂草丛生，树冠下垂枝多、局部潮湿发病重。

防治方法　及时清理落地果实并摘除树上病果、病叶，然后集中处理；改善果园生态环境，排除积水，降低湿度，树冠通风透光可有效地控制病害；翻耕和除草时注意不要碰伤根颈部。必要时进行桥接，可提早恢复树势，增强树木的抗病性。

在落花后浇灌或喷洒72%霜脲·锰锌可湿性粉剂600倍液、70%代森锰锌可湿性粉剂500 ~ 700倍液、18.7%烯酰·吡唑酯（烯酰吗啉12% +吡唑醚菌酯6.7%）水分散粒剂75 ~ 125 g/亩、60%唑醚·代森联（代森联55% +吡唑醚菌酯5%）水分散粒剂60 ~ 100 g/亩、64%甲霜·锰锌可湿性粉剂600 ~ 800倍液、69%烯酰·锰锌可湿性粉剂600倍液、60%烯酰吗啉可湿性粉剂700倍液，间隔7 ~ 10 d再喷1次。连续喷2 ~ 3次。

16. 苹果花腐病

症　状　由苹果链核盘菌（*Monilinia mali*，属子囊菌亚门真菌）引起。主要为害花、幼果。花腐症状有两种：一是当花蕾刚出现时，就可染病腐烂，病花呈黄褐色枯萎；二是由叶腐蔓延引起，使花丛基部及花梗腐烂，花朵枯萎（图42-33）。果实染病是由病菌从柱头侵入，通过花粉管而到达子房，而后穿透子房壁到达果面引起。幼果豆粒大时，果面发生褐色病斑，病斑处溢出褐色黏液，并有发酵的气味，很快全果腐烂，失水后变为僵果，仍长在花丛或果台上。

图42-33　苹果花腐病为害叶片症状

发生规律　病菌在落到地面上的病果中越冬。翌年春季，菌核萌发产生子囊盘和子囊孢子，成为第一次侵染源，侵染叶片，引起叶腐和花腐。病叶、病花上产生的灰白色霉状物，即病菌的分生孢子，成为第2次的侵染源。分生孢子经由花的柱头侵染，引起果腐和枝腐。病果失水枯萎落地后，在病果内形成菌核越冬。开花期遇降雨，可引起果腐的大发生。山地果园发病重，平原较轻，通风透光差以及管理粗放的果园发病较重。

防治方法 果实采收后，要彻底清除果园内落地病果；及时摘除树上的病叶、病花和病果，并集中烧毁或深埋，以减少菌源；在春季化冻后、子囊盘产生之前，把果园全部深翻一遍，深度在15 cm以上。果园要增施有机质肥料，深翻改土，合理修剪，以增强树势、提高抗病能力。

从果树萌芽到开花期（萌芽期、初花期、盛花期）连续喷药2 ～ 3次，如这段时间高温干燥，喷2次药即可，第1次在萌芽期，第2次在初花期，如花期低温潮湿，果树物候期延长，可于盛花末期增加1次喷药。

发芽前喷布5波美度石硫合剂1次。

预防叶腐须在展叶初期，可喷布70%甲基硫菌灵可湿性粉剂800 ～ 1 000倍液、60%唑醚·代森联（代森联55% +吡唑醚菌酯5%）水分散粒剂60 ～ 100 g/亩、75%肟菌·戊唑醇（肟菌酯25% +戊唑醇50%）水分散粒剂10 ～ 15/亩、75%戊唑·嘧菌酯（嘧菌酯25% +戊唑醇50%）可湿性粉剂10 ～ 15 g/亩、65%代森锌可湿性粉剂500倍液、77%氢氧化铜可湿性粉剂500倍液、2%嘧啶核苷类抗生素水剂400倍液、50%腐霉利可湿性粉剂1 000 ～ 1 500倍液、50%异菌脲可湿性粉剂1 000 ～ 1 500倍液，间隔4 d再喷1次。

要在开花盛期预防果腐，喷施50%多菌灵可湿性粉剂500 ～ 600倍液、70%甲基硫菌灵可湿性粉剂700倍液1次。

17. 苹果根癌病

症　状 由根癌农杆菌（*Agrobacterieum tumefaciens*）引起。该菌为一种杆状细菌，有鞭毛1 ～ 3根，单极生有荚膜，不形成孢子，革兰氏染色为阴性。主要在根颈部位发生，侧根和支根上也能发生。发病初期，在被侵染处发生黄白色小瘤，瘤体逐渐增大，并逐渐变黄褐色至暗褐色（图42-34）。瘤的内部组织木质化，表皮粗糙，近圆形或不定形，一般在两年生苗上，可长出直径5 ～ 6 cm的瘤，小的如核桃，大根瘤直径可达15 cm，病树根系发育不良，地上部生长受阻，所以多数病株衰弱，但一般不死亡。

图42-34　苹果根癌病为害根部症状

发生规律 病菌在病组织中和土壤中越冬，在土壤中可存活1年以上。雨水和灌溉水是传病的主要媒介。此外，地下害虫如蛴螬、蝼蛄、线虫等，在病害传播上也起一定的作用。其中苗木带菌是远距离传播的重要途径。病菌通过伤口侵入寄主，嫁接、昆虫或人为因素造成的伤口，都能作为病菌侵入的途径。从病菌侵入到呈现病瘤一般需几周到1年以上。苗木和幼树易发病，一般根枝嫁接苗培土时间过久发病重。中性、微碱性的土壤发病重。土壤黏重、排水不良的发病多。

防治方法 加强管理，增施有机肥。结合秋施基肥，深翻改土，挖施肥沟，施入绿肥、农家肥等，改善土壤理化性状，提高有机质含量，增强通透性，并根据苹果的需肥规律，进行适时适量追肥和叶面喷肥，并注意补充铁、锌等微量元素，注意氮肥不可过量，雨季及时排水，防止果园积水，保证根系正常发育。改良土壤，选择育苗地，使苹果园土壤变为弱酸性。选用无菌地育苗，苗木出圃时，要严格检查，发现病苗应立即淘汰。苗圃忌长期连年育苗。

苗木栽植前，用70%甲基硫菌灵可湿性粉剂500倍液、4 ～ 5波美度石硫合剂浸根5 ～ 10 min，取出后晾干，再进行栽植，要把嫁接口露出地面。

经常观察树体地上部生长情况，发现病株，及时扒开土壤，露出树根，用快刀切除病瘤，然后用80%乙蒜素乳油50倍液、50%福美双可湿性粉剂100倍液涂抹切口进行消毒，再外涂波尔多液进行保护。

18. 苹果紫纹羽病

症　　状　由桑卷担子菌（*Helicobasidium mompa*，属子囊菌亚门真菌）引起。主要为害根及根颈部，在根群中，先在小根发病，逐渐向主侧根及根颈部发展，病部初期生黄褐色病斑，组织内部发生褐变（图42-35），逐渐生出紫色绒状菌丝层，并有紫黑色菌索，尤其在病健交界处常见。病部表面有时可见到半球形的菌核。后期，病根部先腐朽，木质部朽烂，在根颈附近地表面生出紫色菌丝层。病株地上部分新梢短，叶片变小，颜色稍淡，不变黄，坐果多，全树出现细小而短的结果枝，有的品种如美夏，叶柄中脉发红，部分枝条干枯，植株生长衰弱，严重时全株枯死。

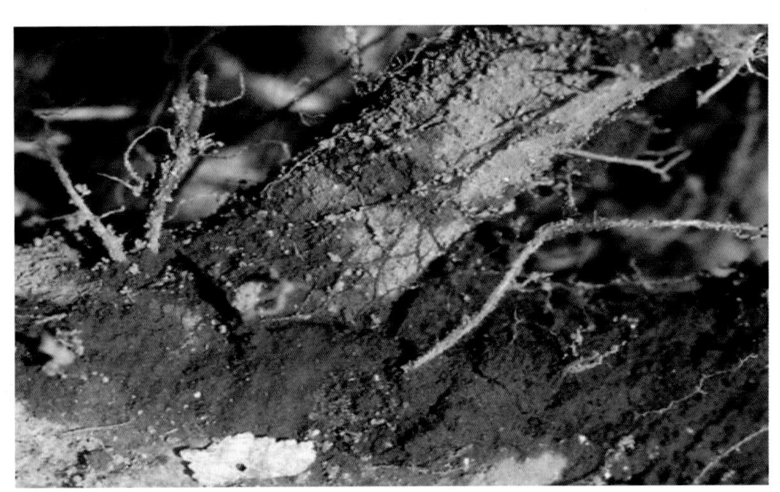

图42-35　苹果紫纹羽病为害根部症状

发生规律　病菌以菌丝体、根状菌索或菌核的形式在病根上或遗留在土壤越冬，根状菌索和菌核的形式在土壤中可存活5～6年。条件适宜时，由菌核或根状菌索上长出菌丝。首先侵害细根，而后逐渐蔓延到粗根。病根和健根的接触是该病扩展、蔓延的重要途径，带菌苗木是该病远距离传播的途径。病害发生盛期多在7—9月，发生轻重与刺槐的关系密切，即带病刺槐是该病的主要传播媒介。靠近刺槐的苹果树易发生紫纹羽病。低洼潮湿积水的果园发病重，果园间作带有感染紫纹羽病的甘薯等作物也易诱发该病。

防治方法　苗木出圃时，要进行严格检查，发现病苗必须淘汰。要做好开沟排水。增施有机肥，在土壤中主要通过根状菌索传播，在果园中只要见到病株，马上在病株周围挖1 m以上的深沟，加以封锁，防止病菌向邻近健株蔓延传播。

对有染病嫌疑的苗木或来自病区的苗木，可将根部放入70%甲基硫菌灵可湿性粉剂500倍液中浸泡10～30 min，然后栽植。苗木消毒除应用上述药液外，也可在45℃的温水中浸20～30 min，以杀死根部菌丝。

如发现果树地上部生长衰弱，叶片变小或叶色褪黄症状时，应扒开根部周围的土壤进行检查。确定根部有病后，应切除已霉烂的根，再灌施药液或撒施药粉。可用70%五氯硝基苯250～300倍液、70%甲基硫菌灵可湿性粉剂500～1 000倍液、50%多菌灵可湿性粉剂600～800倍液，大树灌注药液50～75 kg/株，小树用药量酌情减少。

19. 苹果轮斑病

症　　状　由苹果链格孢（*Alternaria mali*）引起。主要为害叶片，也可侵染果实。叶片染病，病斑多集中在叶缘。病斑初期为褐色至黑褐色圆形小斑点，后扩大，叶缘的病斑呈半圆形，叶片中部的病斑呈圆形或近圆形，淡褐色且有明显轮纹，病斑较大。后期病斑中央部分呈灰褐色至灰白色，其上散生黑色小粒点，病斑常破裂或穿孔（图42-36）。高温潮湿时，病斑背面长出黑色霉状物，即病菌的分生孢子梗和分生孢子。

图42-36　苹果轮斑病为害叶片后期症状

发生规律 病菌以菌丝或分生孢子的形式在落叶上越冬。翌春菌丝萌发产生分生孢子，随风雨传播，经各种伤口侵入叶片进行初侵染。夏季高温，多雨时发生重。北方地区在叶片受雹伤后和暴风雨后，发病较多。管理粗放、树势弱易发病。

防治方法 清除越冬菌源。于秋末冬初清除落叶，集中烧毁。

发病初期，喷洒1 ：（2 ～ 3） ：240倍式波尔多液、50%异菌脲可湿性粉剂1 000 ～ 1 500倍液、30%碱式硫酸铜胶悬剂300 ～ 500倍液、70%甲基硫菌灵可湿性粉剂1 000倍液、50%异菌脲可湿性粉剂1 000 ～ 1 500倍液、70%代森锰锌可湿性粉剂500 ～ 600倍液、50%混杀硫悬浮剂500 ～ 600倍液、10%多抗霉素可湿性粉剂1 000 ～ 1 500倍液、80%乙蒜素乳油800 ～ 1 000倍液、60%多菌灵盐酸盐超微粉600 ～ 800倍液、50%甲基硫菌灵·硫黄悬浮剂800 ～ 1 000倍液。喷药时间可根据发病期确定，以后隔20 d喷1次，连续防治2次。

20. 苹果圆斑病

症　　状 由孤生叶点霉（*Phyllostictasolitaria*，属无性型真菌）引起。主要侵害叶片，有时也侵害叶柄、枝梢和果实。叶片染病，初生黄绿色至褐色边缘清晰的圆斑，病斑与健部交界处略呈紫色（图42-37），中央具一黑色小粒点，即病菌的分生孢子器，形如鸡眼；叶柄、枝条染病，生淡褐色或紫色卵圆形稍凹陷病斑；果实染病，果面产生稍突起暗褐色不规则形或呈放射状污斑，斑上具黑色小粒点，斑下组织硬化或坏死，有时龟裂。

图42-37　苹果圆斑病为害叶片症状

发生规律 病菌以菌丝体或分生孢子器的形式在病枝上越冬。于翌年产生分生孢子，借风雨传播蔓延，进行初侵染和再侵染，此病多在气温低时发生，黄河流域4月下旬至5月上旬始见，5月中、下旬进入盛期，一直可延续到10月中、下旬。果园管理跟不上，树势弱发病重。

防治方法 加强栽培管理，增强树势以提高抗病力。土质黏重或地下水位高的果园，要注意排水，同时注意整形修剪，使树通风透光。秋冬收集落叶集中处理。冬季耕翻也可减少越冬菌源。

在落花后发病前喷洒1 ：2 ：200倍式波尔多液、50%甲基硫菌灵可湿性粉剂800 ～ 1 000倍液、2%嘧啶核苷类抗生素水剂200 ～ 300倍液、70%丙森锌可湿性粉剂500 ～ 600倍液、25%多菌灵悬浮剂300 ～ 400倍液等。每隔20 d左右喷药1次，连喷3 ～ 4次。

21. 苹果干腐病

症　　状 由贝氏葡萄座腔菌（*Botryosphaeria berengeriana* 属子囊菌亚门真菌）引起。主要为害主枝和侧枝，也可为害果实。枝干受害，有两种类型，①溃疡型：发生在成株的主枝、侧枝或主干上。一般以皮孔为中心，形成暗红褐色圆形小斑，边缘色泽较深。病斑常数块乃至数十块聚生一起，病部皮层稍隆起，表皮易剥离，皮下组织较软，颜色较浅。病斑表面常湿润，并溢出茶褐色黏液。后期病部干缩凹陷，呈暗褐色，病部与健部之间裂开，表面密生黑色小粒点。潮湿时顶端溢出灰白色的团状物。②干腐型：成株、幼树均可发生。成株：主枝发生较多。病斑多有阴面，尤其在遭受冻害的部位。初生淡紫色病斑，沿枝干纵向扩展，组织枯干，稍凹陷，较坚硬，表面粗糙，龟裂，病部与健部之间裂开（图42-38），表面亦密生黑色小粒点。严重时亦可侵及形成层，使木质部变黑。幼树：幼树定植后，初于嫁接口或砧木剪口附近形成不整形紫褐色至黑褐色病斑，沿枝干逐渐向上（或向下）扩展，使幼树迅速枯死。

以后病部失水，凹陷皱缩，表皮呈纸膜状剥离。病部表面亦密生黑色小粒点，散生或轮状排列。果实被害，初期果面产生黄褐色小点，逐渐扩大成同心轮纹状病斑。条件适宜时，病斑扩展很快，数天整果即可腐烂。

图42-38　苹果干腐病为害枝干症状

发生规律　病菌以菌丝体、分生孢子器及子囊壳的形式在枝干发病部位越冬，翌年春季病菌产生孢子进行侵染。病菌孢子随风雨传播，经伤口侵入，也能从死亡的枯芽和皮孔侵入。病菌先在伤口死组织上生长一段时间，再侵染活组织。在干旱季节发病重，6—7月发病重，7月中旬雨季来临时病势减轻。果园管理水平低，地势低洼，肥水不足，偏施氮肥，结果过多，导致树势衰弱时发病重；土壤板结瘠薄、根系发育不良病重；伤口较多，愈合不良时病重。苗木出圃时受伤过重，或运输过程中受旱害和冻害的病害严重。

防治方法　培养壮苗，加强栽培管理，苗圃不可施大肥、大水，尤其不能偏施速效性氮肥催苗，防止苗木徒长，以提高树体抗病力为中心。改良土壤，提高保水能力，旱季灌溉，雨季防涝。

保护树体，防止冻害及虫害，对已出现的枝干伤口，涂药保护，促进伤口愈合，防止病菌侵入。常用药剂有1%硫酸铜，或5波美度石硫合剂加1%～3%五氯酚钠盐等。

喷药保护：大树可在发芽前喷1∶2∶240倍式波尔多液2次。在病菌孢子大量散布的5—8月，结合其他病害防治，喷施50%多菌灵可湿性粉剂或50%甲基硫菌灵可湿性粉剂600～800倍液3～4次，保护枝干、果实和叶片。

22. 苹果枝溃疡病

症　　状　由仁果干癌丛赤壳菌（*Nectria galligena*，属子囊菌亚门真菌）引起，无性世代为仁果干癌柱孢霉（*Cylindro sporium mali*，属无性型真菌）。只为害枝条，以1～3年生枝发病较多，产生溃疡型病疤。病菌在秋季或初冬从芽痕、叶丛枝、短果枝基部，甚至伤口处侵入。病部初为红褐色圆形小斑，逐渐扩大呈梭形，中部凹陷，边缘隆起呈脊状，病斑四周及中央发生裂缝并翘起。病皮内部暗褐色，质地较硬，多烂到木质部，使当年生木质部坏死，不能加粗生长（图42-39）。天气潮湿时，在裂缝周围有成堆着生的粉白色霉状分生孢子座。病部还可见到其他腐生菌的粉状或黑色小点状的子实体。后期病疤上的坏死皮层脱落，使木质部裸露在外，四周则为隆起的愈伤组织。翌年，病菌继续向外蔓延，病斑呈梭形同心环纹状扩大一圈，如此，病斑年复一年地成圈扩展。被害枝易从病疤处被风折断，造成树体缺枝，有的树甚至无主枝或中央领导枝，引起产量锐减。

图42-39 苹果枝溃疡病为害枝条症状

发生规律 病原以菌丝体的形式在病组织中越冬。于春季产生分生孢子，借助昆虫及雨水、气流传播。秋季落叶前后，为病菌的主要侵染时期。病菌只能从伤口侵入，其中以叶痕周围的裂缝为主，也可从病虫造成的伤口、剪锯口和冻伤处侵入。地势低洼，土壤较黏重、潮湿，秋季易积水，以及偏施氮肥的果园，发病较重。

防治方法 清除菌源，细枝感病后，应结合果园修剪，剪除病枝。大枝发病，应在春季结合防治腐烂病刮治病斑。加强栽培管理，减少侵入伤口。加强肥水管理，修剪适度，以增强树体的抗病能力。及时刮除粗皮、翘皮。

药剂防治：秋季50%落叶时，喷布50%氯溴异氰尿酸可溶性粉剂500倍液。其他防治方法参见本章一、3.“苹果树腐烂病”。

23. 苹果干枯病

症　　状 由茎生拟茎点霉（*Phomopsis truncicola*，属无性型真菌）引起。主要为害定植不久的幼树，多在地面以上10 ~ 30 cm处发生。春季，在上年一年生病梢上形成2 ~ 8 cm长的椭圆形病斑，多沿边缘纵向裂开、下陷，与树分离，当病部老化时，边缘向上卷起，致病皮脱落，病斑环绕新梢一周时，出现枝枯，可致幼树死亡，病斑上产生黑色小粒点（图42-40、图42-41），即病菌的分生孢子器。湿度大时，从器中涌出黄褐色丝状孢子角。病斑从基部开始变深褐色，向上方蔓延，病斑红褐色。

图42-40 苹果干枯病为害枝干症状

图42-41 苹果干枯病病枝上的黑色小粒点

发生规律 病菌主要以分生孢子器或菌丝的形式在病部越冬。翌春，遇雨或灌溉水，释放出分生孢子，借水传播蔓延，当树势衰弱或枝条失水皱缩及受冻害后易诱发此病。

防治方法 加强栽培管理，园内不与高秆作物间作，冬季涂白，防止冻害及日灼；剪除带病枝条，在分生孢子形成以前清除病枝或病斑，以减少侵染源。

刮治病斑：尤其在春季枝干发芽前后要经常检查，刮后应涂药保护。对病重果树，应剪除病枝干并带出果园处理。

在分生孢子释放期，每半个月喷洒1次40%多菌灵悬浮剂或36%甲基硫菌灵悬浮剂500倍液、50%甲基硫菌灵·硫黄悬浮剂800倍液。

24.苹果树枝枯病

症　　状　由朱红丛赤壳菌（*Nectria cinnabarina*，属子囊菌亚门真菌）引起。为害苹果大树上衰弱的枝梢，多在结果枝或衰弱的延长枝前端形成褐色不规则凹陷斑，病部发软，红褐色，病斑上长出橙红色颗粒状物，即病菌的分生孢子座。发病后期病部树皮脱落，木质部外露，严重的枝条枯死（图42-42、图42-43）。

图42-42　苹果树枝枯病为害枝条症状

图42-43　苹果树枝枯病为害枝条枯死症状

发生规律　病菌多以菌丝或分生孢子座的形式在病部越冬。翌年降雨或天气潮湿时，分生孢子溢出，借风雨传播蔓延，病菌属弱寄生菌，只有在枝条十分衰弱且有伤口的情况下，才能侵入，引致枝枯。

防治方法　夏季清除并销毁病枝，以减少苹果园内的侵染源；修剪时留桩宜短，清除全部死枝。

在分生孢子释放期，每半个月喷洒1次40%多菌灵可湿性粉剂或36%甲基硫菌灵悬浮剂500倍液、50%甲基硫菌灵·硫黄悬浮剂800倍液、50%苯菌灵可湿性粉剂1 500 ～ 2 000倍液。

25.苹果树木腐病

症　　状　由裂褶菌（*Schizophyllum commune*，属担子菌亚门真菌）引起。多发生在苹果衰老树的枝干上，为害老树皮，造成树皮腐朽和脱落，使木质部露出，并逐渐往周围健树皮上蔓延，形成大型条状溃疡斑，削弱树势，重者引起死树（图42-44）。

图42-44　苹果树木腐病为害枝干症状

发生规律　病原菌在干燥条件下，菌褶向内卷曲，子实体在干燥过程中收缩，起保护作用，经长期干燥后遇合适温、湿度，表面绒毛迅速吸水恢复生长能力，在数小时内即能释放孢子进行传播蔓延。

防治方法 加强苹果园管理，发现病死或衰弱老树，要及早挖除或烧毁。对树势弱或树龄高的苹果树，应采用配方施肥技术，以恢复树势增强抗病力。发现病树长出子实体以后，应马上去除，集中深埋或烧毁，病部涂1%硫酸铜溶液消毒。

保护树体，千方百计减少伤口，是预防本病重要有效措施，锯口处要涂1%硫酸铜溶液消毒后，再涂波尔多液或煤焦油等保护，以促进伤口愈合，减少病菌侵染。

26. 苹果煤污病

症　　状 由仁果粘壳孢（*Gloeodes pomigena*，属无性型真菌）引起。多发生在果皮外部，在果面产生棕褐色或深褐色污斑，边缘不明显，似煤斑，菌丝层很薄用手易擦去，常沿雨水下流方向发病（图42-45）。

图42-45　苹果煤污病为害果实症状

发生规律 病菌以菌丝的形式在一年生枝、果台、短果枝、顶芽、侧芽及树体表面等部位越冬。此外，果园内外杂草、树木也是病菌的越冬场所，可谓越冬场所之广泛，无处不有。于春季产生分生孢子，借风雨和昆虫（蚜虫、介壳虫、粉虱等）传播。果实在6月初到采收前均可被侵染，7月中、下旬至8月下旬的雨季为侵染盛期。多雨高湿是病害发生的主导因素。夏季阴雨连绵、秋季雨水较多的年份发病严重。地势低洼、积水窝风、树下杂草丛生、树冠郁密、通风不良等均有利于病害发生。

防治方法 在冬季清除果园内的落叶、病果，剪除树上的徒长枝，集中烧毁，减少病虫越冬基数；夏季管理，在7月对郁闭果园进行2次夏剪，疏除徒长枝、背上枝、过密枝，使树冠通风透光，同时注意除草和排水。果实套袋。

发病初期，用药剂防治，可选用1 ： 2 ： 200波尔多液、77%氢氧化铜可湿性粉剂500倍液、75%百菌清可湿性粉剂800 ～ 900倍液、70%甲基硫菌灵可湿性粉剂1 000倍液、80%代森锰锌可湿性粉剂800倍液、10%多氧霉素可湿性粉剂1 000 ～ 1 500倍液、50%苯菌灵可湿性粉剂1 500倍液、50%乙烯菌核利可湿性粉剂1 200倍液等。

在降雨量多、雾露日多的果园以及通风不良的山沟果园，喷药3 ～ 5次，每次相隔10 ～ 15 d。可结合防治轮纹病、炭疽病、褐斑病等一起进行。

27. 苹果黑点病

症　　状 由苹果间座壳（*Diaporthe pomigena*，属子囊菌亚门真菌）引起。主要为害果实，影响外观和食用价值，枝梢和叶片也可受害。果实染病，初围绕皮孔出现深褐色至黑褐色或墨绿色病斑，病斑大小不一，小的似针尖状，大的直径5 mm左右，病斑形状不规则，稍凹陷，病部皮下果肉有苦味，但不深达果内，后期病斑上有小黑点，即病原菌的子座或分生孢子器（图42-46）。

图42-46　苹果黑点病为害果实症状

发生规律 病菌在落叶或染病果实病部越冬。翌春病果腐烂，病部的小黑点，即病原菌的子座、子囊壳或分生孢子器，产生子囊孢子或分生孢子进行初侵染或再侵染，苹果落花后10 ~ 30 d易染病，7月上旬开始发病，潜育期40 ~ 50 d。靠分生孢子传播蔓延。

防治方法 果实套袋，可减少为害；改善树冠和果园的通风、光照条件，可在7—8月进行1 ~ 2次疏枝疏梢，彻底改变树冠的通透条件。防止树盘积水，控制氮肥使用量。及时排除树盘积水，进行划锄散墒，保持土壤的湿度相对稳定。

苹果果实套袋前，可喷施30%戊唑·多菌灵（多菌灵22% +戊唑醇8%）悬浮剂800 ~ 1 000倍液、36%甲基硫菌灵悬浮剂600 ~ 800倍液、2%嘧啶核苷类抗生素水剂500 ~ 600倍液、50%多菌灵可湿性粉剂800 ~ 1 000倍液、10%苯醚甲环唑水分散粒剂2 000 ~ 3 000倍液、80%代森锰锌可湿性粉剂800 ~ 1 000倍液、40%噁唑菌酮乳油1 200 ~ 1 500倍液、50%甲基硫菌灵·硫黄悬浮剂800 ~ 1 000倍液。

二、苹果虫害

苹果害虫为害严重的有卷叶蛾、蚜虫、金纹细蛾等。

1. 绣线菊蚜

分　　布 绣线菊蚜（*Aphis citricola*）又叫苹果黄蚜，北起黑龙江、内蒙古，南至台湾、广东、广西均有分布为害。

为害特点 成虫及若虫群集在嫩叶背面和新梢嫩芽上刺吸汁液，使叶片向背面横卷。严重时新梢和嫩叶上布满蚜虫，叶子皱缩不平，呈红色，抑制新梢生长，导致早期落叶和树势衰弱（图42-47、图42-48）。

图42-47 绣线菊蚜为害苹果叶片状

图42-48 绣线菊蚜为害苹果新梢症状

形态特征 无翅胎生雌蚜长卵圆形，多为黄色，有时黄绿色或绿色。头浅黑色，具10根毛。触角6节，丝状。有翅胎生雌蚜体长近纺锤形，触角6节，丝状，较体短，体表网纹不明显。若虫鲜黄色，复眼、触角、足、腹管黑色。无翅若蚜体肥大，腹管短。有翅若蚜胸部较发达，具翅芽。卵椭圆形，初淡黄色至黄褐色，后漆黑色，具光泽。

一年生10多代，卵在枝杈、芽旁及皮缝处越冬。翌春，寄主萌动后越冬卵孵化为干母，在4月下旬于芽、嫩梢顶端、新生叶的背面为害，开始进行孤雌生殖直到秋末，只有最后1代进行两性生殖，无翅产卵雌蚜和有翅雄蚜交配产卵越冬。5月下旬开始出现有翅孤雌胎生蚜，并迁飞扩散；6—7月繁殖最快，是虫口密度迅速增长的为害严重期；8—9月雨季虫口密度下降，于10—11月产生有性蚜交配产卵，一般在初霜前产下的卵均可安全越冬。

防治方法 剪除虫枝，雨水冲刷，夏季修剪。防治绣线菊蚜宜抓住两个关键时期：一是果树花芽膨大若虫孵化期，将蚜虫消灭在孵化之后；二是谢花后，与防治红蜘蛛相结合，将其消灭在繁殖为害初期。

果树发芽前喷洒5%柴油乳剂，预防效果很好。

于果树花芽膨大期、越冬卵孵化盛期，及时喷洒10%吡虫啉可湿性粉剂1 000 ~ 1 500倍液、3%啶虫脒乳油2 000 ~ 2 500倍液、10%烯啶虫胺可溶性液剂4 000 ~ 5 000倍液、25%氟啶虫酰胺悬浮剂6 000 ~ 10 000倍液、50 g/L双丙环虫酯可分散液剂12 000 ~ 20 000倍液、20%呋虫胺水分散粒剂3 000 ~ 4 000倍液、21%噻虫嗪悬浮剂4 000 ~ 5 000倍液、97%矿物油乳油100 ~ 150倍液，防治效果很好。

谢花后，于成虫产卵盛期结合防治红蜘蛛，可用1.8%阿维菌素乳油3 000 ~ 4 000倍液、2.5%氯氟氰菊酯乳油1 000 ~ 2 000倍液、2.5%高效氯氟氰菊酯乳油1 000 ~ 2 000倍液、25 g/L溴氰菊酯乳油2 000 ~ 3 000倍液、5.7%氟氯氰菊酯乳油1 000 ~ 2 000倍液、20%甲氰菊酯乳油4 000 ~ 6 000倍液、22%噻虫·高氯氟（高效氯氟氰菊酯9.4%＋噻虫嗪12.6%）悬浮剂5 000 ~ 10 000倍液、20%氟啶·吡虫啉（吡虫啉10%＋氟啶虫酰胺10%）水分散粒剂5 000 ~ 10 000倍液、25%氯虫·啶虫脒（氯虫苯甲酰胺10%＋啶虫脒15%）可分散油悬浮剂3 000 ~ 4 000倍液、12%溴氰·噻虫嗪（噻虫嗪9.5%＋溴氰菊酯2.5%）悬浮剂1 450 ~ 2 400倍液、5%联苯·吡虫啉（吡虫啉3%＋联苯菊酯2%）乳油1 500 ~ 2 500倍液、46%氟啶·啶虫脒（啶虫脒12%＋氟啶虫酰胺34%）水分散粒剂8 000 ~ 12 000倍液、4%阿维·啶虫脒（啶虫脒3%＋阿维菌素1%）乳油4 000 ~ 5 000倍液、25%吡虫·矿物油（吡虫啉1%＋矿物油24%）乳油1 500 ~ 2 000倍液、10.5%高氯·啶虫脒（高效氯氰菊酯3.5%＋啶虫脒7%）乳油6 000 ~ 7 000倍液、0.3%印楝素乳油1 000 ~ 1 500倍液、10%氯噻啉可湿性粉剂4 000 ~ 5 000倍液、10%浏阳霉素乳油1 000倍液等药剂，均匀喷雾。

2. 苹小卷叶蛾

分　　布 苹小卷叶蛾（*Adoxophyes orana*）分布于国内大部分果区，寄主范围很广。

为害特点 幼虫为害果树的芽、叶、花和果实，小幼虫常将嫩叶边缘卷曲，然后吐丝缀合嫩叶（图42-49 ~图42-53）；大幼虫常将2 ~ 3张叶片平贴，或将叶片食成孔洞或缺刻，将果实啃出许多不规则的小坑洼。

图42-49 苹小卷叶蛾为害苹果叶片症状

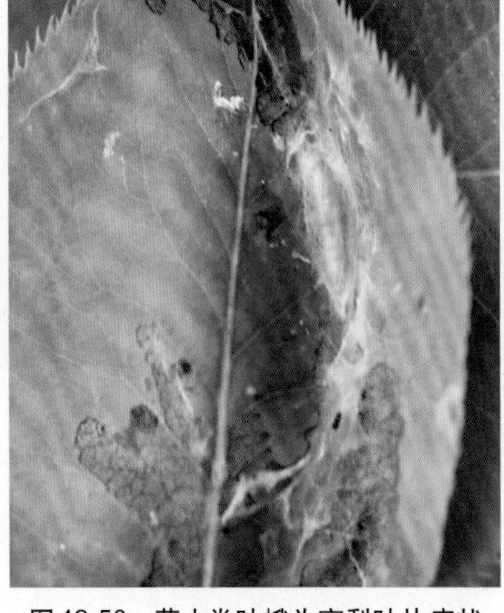

图42-50 苹小卷叶蛾为害梨叶片症状

图42-51 苹小卷叶蛾为害桃叶片症状

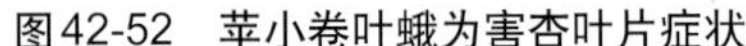
图42-52　苹小卷叶蛾为害杏叶片症状

图42-53　苹小卷叶蛾为害桃叶后期症状

形态特征　成虫黄褐色，触角丝状，前翅略呈长方形，翅面上常有数条暗褐色细横纹；后翅淡黄褐色，微灰。腹部淡黄褐色，背面色暗（图42-54）。卵扁平椭圆形，淡黄色，半透明，孵化前黑褐色。幼虫细长翠绿色，前胸盾和臀板色与体色相似或淡黄色（图42-55、图42-56）。蛹较细长，初为绿色，后变为黄褐色（图42-57）。

图42-54　苹小卷叶蛾成虫

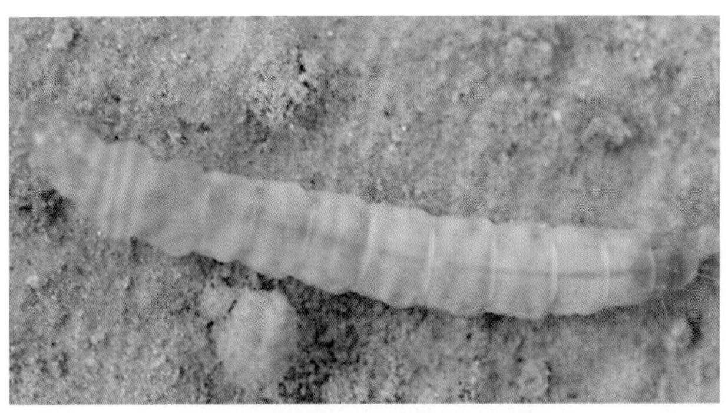
图42-55　苹小卷叶蛾幼龄幼虫

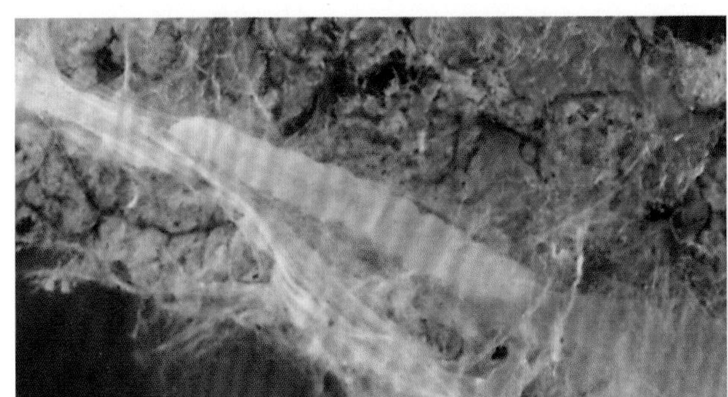
图42-56　苹小卷叶蛾老龄幼虫

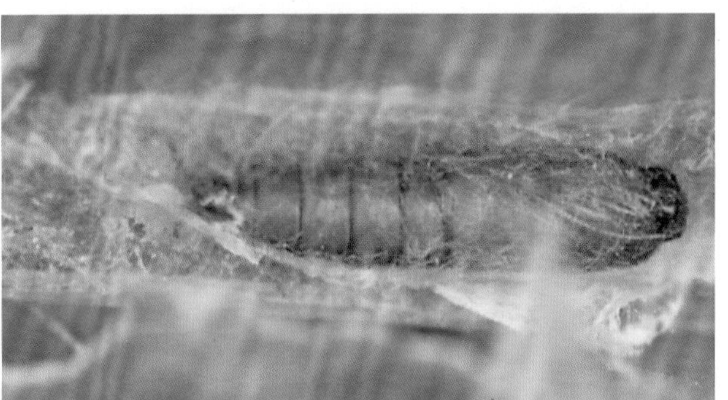
图42-57　苹小卷叶蛾蛹

发生规律　在我国北方地区，每年发生3代。黄河故道、关中及豫西地区，每年发生4代。初龄幼虫潜伏在剪口、锯口、树丫的缝隙中、老皮下，以及枯叶与枝条贴合处等场所做白色薄茧越冬。越冬代至第3代成虫分别发生于5月上、中旬，6月下旬，7月中旬，8月上、中旬以及9月底至10月上旬。雨水较多的年份发生最严重，干旱年份少。

防治方法　于冬、春季刮除老皮、翘皮及梨潜皮蛾幼虫为害产生的爆皮。在春季结合疏花疏果，摘除虫苞。苹果树萌芽前，用药剂涂抹剪口可减少越冬虫量；掌握越冬幼虫出蛰盛期及第1代卵孵化盛期的防治关键时期。

果树萌芽初期，越冬幼虫出蛰前用50%敌敌畏乳油200倍液涂抹剪锯口等幼虫越冬部位，可杀死大部分幼虫。

越冬幼虫出蛰盛期及第一代卵孵化盛期，可用50%辛硫磷乳油1 200倍液、35%氯虫苯甲酰胺水分散粒剂17 500 ~ 25 000倍液、48%毒死蜱乳油1 500 ~ 2 000倍液、20%甲氰菊酯乳油2 000倍液、25%灭幼脲悬浮剂1 500 ~ 2 000倍液、20%虫酰肼悬浮剂1 500 ~ 2 000倍液、20%杀铃脲悬浮剂5 000 ~ 6 000倍液、5%氟铃脲乳油1 000 ~ 2 000倍液、24%甲氧虫酰肼悬浮剂2 400 ~ 3 000倍液、5%氟虫脲乳油500 ~ 800倍液、5%虱螨脲乳油1 000 ~ 2 000倍液，均匀喷雾。

3. 苹果全爪螨

分　　布　苹果全爪螨（*Panonychus ulmi*）在国内分布较普遍，在渤海湾苹果产区发生较重。

为害特点　成螨在叶片上为害，叶片受害后，初期呈现失绿小斑点，逐渐全叶失绿，严重时叶片黄绿、脆硬，全树叶片苍白或灰白，一般不易落叶（图42-58、图42-59）。

图42-58　苹果全爪螨为害叶片症状

图42-59　苹果全爪螨为害初期症状

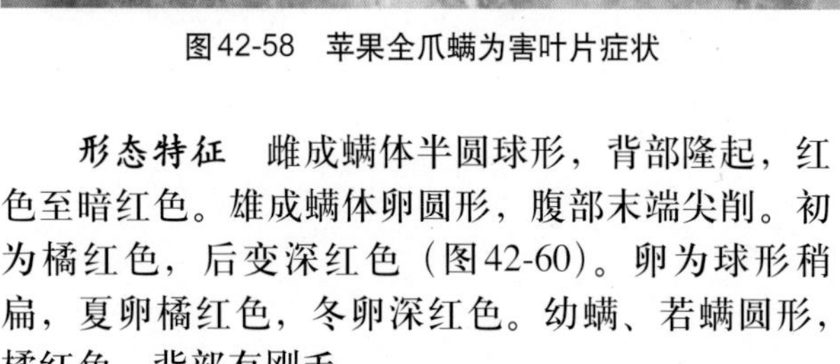

形态特征　雌成螨体半圆球形，背部隆起，红色至暗红色。雄成螨体卵圆形，腹部末端尖削。初为橘红色，后变深红色（图42-60）。卵为球形稍扁，夏卵橘红色，冬卵深红色。幼螨、若螨圆形，橘红色，背部有刚毛。

发生规律　1年发生6 ~ 9代。卵在短果枝、果台和小枝皱纹处密集越冬。翌年花芽萌发期越冬卵开始孵化，花序分离时是孵化盛期。落花期是越冬代雌成螨盛期。5月下旬是卵孵化盛期，此时是有利的防治时期。6月上、中旬是第1代成螨盛期。在黄河故道地区只有春、秋雨季发生较重，越冬卵多，春夏之交能造成一定为害。

防治方法　春季防治，越冬卵量大时，果树发芽前喷布95%机油乳剂50倍液杀灭越冬卵。

根据苹果全爪螨田间发生规律，全年有3个防

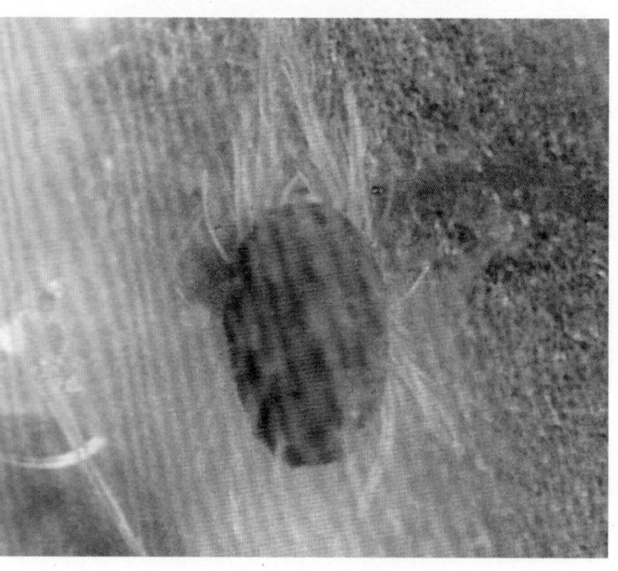

图42-60　苹果全爪螨成螨

治适期，一是4月下旬，为越冬卵盛孵期，此时正值苹果花序分离至露头期，苹果叶片面积小，虫体较集中；加之，此时为幼、若螨态，其抗药性差，是药剂防治的最有效时期。二是5月中旬，为第1代夏卵孵化末期，即苹果终花后一周，幼、若螨发生整齐，防治效果较佳。三是8月底至9月初，为第6代幼、若螨发生期，是压低越冬代基数的关键时期。

可用3%阿维菌素乳油5 000 ~ 6 000倍液、40%哒螨灵悬浮剂5 000 ~ 7 000倍液、30%三唑锡悬浮剂1 500 ~ 3 000倍液、20%甲氰菊酯水乳剂1 500 ~ 3 000倍液、30%腈吡螨酯悬浮剂2 000 ~ 3 000倍液、50%联苯肼酯悬浮剂2 100 ~ 3 125倍液、34%螺螨酯悬浮剂7 000 ~ 8 500倍液、5%香芹酚水剂500 ~ 600倍液、73%炔螨特乳油2 000 ~ 3 000倍液、110 g/L乙螨唑悬浮剂5 000 ~ 7 500倍液、40%丙溴磷乳油2 000 ~ 4 000倍液、5%噻螨酮乳油1 666 ~ 2 000倍液、20%四螨嗪悬浮剂5 000 ~ 6 000倍液、10%喹螨醚乳油4 000 ~ 5 000倍液、5%唑螨酯悬浮剂4 000 ~ 6 000倍液、20%双甲脒乳油1 500倍液、10%浏阳霉素乳油750 ~ 1 500倍液、2.5%多杀霉素悬浮剂1 000 ~ 2 000倍液、10%阿维·四螨嗪（四螨嗪9.9% +阿维菌素0.1%）悬浮剂1 500 ~ 2 000倍液、30%乙螨·三唑锡（乙螨唑15% +三唑锡15%）悬浮剂6 700 ~ 10 000倍液、16%阿维·哒螨灵（哒螨灵15.6% +阿维菌素0.4%）乳油2 500 ~ 3 500倍液、40%联肼·乙螨唑（乙螨唑10% +联苯肼酯30%）悬浮剂8 000 ~ 10 000倍液、45%螺螨·三唑锡（螺螨酯25% +三唑锡20%）悬浮剂5 000 ~ 7 500倍液、13%联菊·丁醚脲（联苯菊酯3% +丁醚脲10%）悬浮剂3 000 ~ 4 000倍液、15.6%阿维·丁醚脲（丁醚脲15% +阿维菌素0.6%）乳油2 000 ~ 3 000倍液、7.5%甲氰·噻螨酮（甲氰菊酯5% +噻螨酮2.5%）乳油750 ~ 1 000倍液、40%哒螨·矿物油（矿物油35% +哒螨灵5%）乳油1 500 ~ 2 000倍液、99%矿物油乳油100 ~ 200倍液，均匀喷雾。

4. 苹果绵蚜

分　　布　苹果绵蚜（*Eriosoma lanigerum*）最早仅发现于辽东半岛、胶东半岛和云南昆明等局部区域。近年来，随着苹果栽培面积的增加，以及大规模调运果树苗木和接穗，苹果绵蚜的为害与蔓延日趋加重和扩大。

为害特点　成虫、若虫群集于苹果的枝干、枝条及根部，吸取汁液。受害部膨大成瘤，常因该处破裂，阻碍水分、养分的输导，严重时树体逐渐枯死。幼苗受害，可使全枝死亡（图42-61 ~图42-63）。

图42-61　苹果绵蚜为害枝干症状

图42-62　苹果绵蚜为害枝条症状

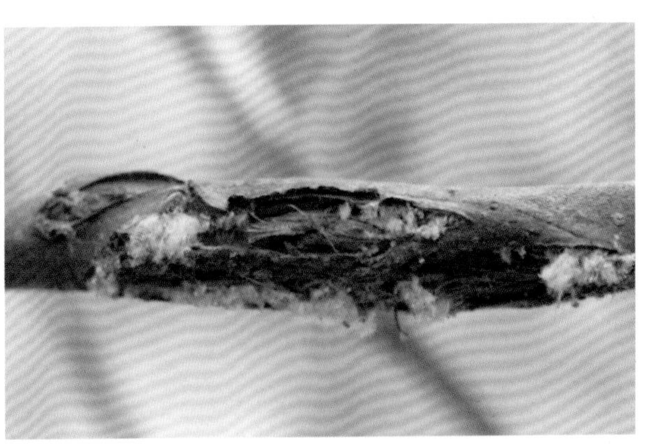

图42-63　苹果绵蚜枝条越冬状

形态特征 无翅胎生蚜体卵圆形，暗红褐色，体背有4排纵列的泌蜡孔，白色蜡质绵毛覆盖全身（图42-64）。有性胎生蚜头部及胸部黑色，腹部暗褐色，复眼暗红色。翅透明，翅脉及翅痣棕色。有性雌蚜口器退化，头、触角及足均为淡黄绿色，腹部红褐色，稍被绵状物。卵椭圆形，初产为橙黄色，后渐变为褐色。幼若虫呈圆筒形，绵毛稀少，喙长超过腹部。

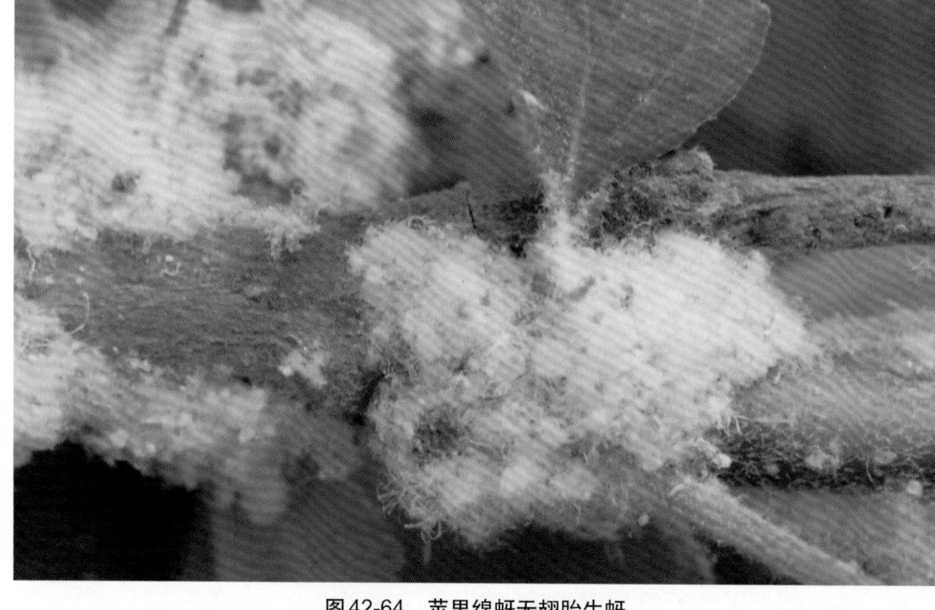
图42-64 苹果绵蚜无翅胎生蚜

发生规律 在我国1年发生12～18代，1～2龄若虫在枝干病虫伤疤边缘缝隙、剪锯口、根蘖基部或残留在蜡质绵毛下越冬。4月上旬，越冬若虫在越冬部位开始活动为害，于5月上旬开始胎生繁殖，初龄若虫逐渐扩散、迁移至嫩枝叶腋及嫩芽基部为害。5月下旬至7月初是全年繁殖盛期，6月下旬至7月上旬出现全年第1次盛发期。9月中旬以后，天敌减少，气温下降，出现第2次盛发期。至11月中旬平均气温降至7℃，即开始越冬。

防治方法 在休眠期结合田间修剪及刮治腐烂病，刮除树缝、树洞、病虫伤疤边缘等处的苹果绵蚜，剪掉受害枝条上的苹果绵蚜群落，集中处理。再用50%毒死蜱乳油10～20倍液涂刷枝干、枝条，应重点涂刷树缝、树洞、病虫伤疤等处，压低越冬基数。苹果树发芽开花前及苹果树部分叶片脱落后为防治适期。

苹果树发芽开花之前（3月中、下旬至4月上旬），用1.8%阿维菌素乳油3 000～5 000倍液、50%毒死蜱乳油1 500～2 500倍液、22%毒死蜱·吡虫啉乳油1 500～2 000倍液、22.4%螺虫乙酯悬浮剂3 000～4 000倍液、10%吡虫啉可湿性粉剂2 000～3 000倍液、50%抗蚜威超微可湿性粉剂1 500倍液、2.5%溴氰菊酯乳油2 000倍液，均匀喷雾。

苹果绵蚜发生季节，5月上旬开始胎生繁殖，初龄若虫逐渐扩散时，树体可喷施22%毒死蜱·吡虫啉乳油1 500～2 000倍液、15.5%甲维·毒死蜱（毒死蜱15%＋甲氨基阿维菌素苯甲酸盐0.5%）微乳剂2 000～2 500倍液、45%吡虫·毒死蜱（吡虫啉5%＋毒死蜱40%）乳油2 000～2 500倍液、41.5%啶虫·毒死蜱（毒死蜱40%＋啶虫脒1.5%）乳油2 000～3 000倍液、48%毒·矿物油（矿物油32%＋毒死蜱16%）乳油1 200～2 400倍液、52.25%高氯·毒死蜱（高效氯氰菊酯2.25%＋毒死蜱50%）乳油1 400～1 600倍液、10%氯氰·啶虫脒（氯氰菊酯9%＋啶虫脒1%）乳油1 000～2 000倍液、50%氯氰·毒死蜱（氯氰菊酯5%＋毒死蜱45%）乳油1 500～2 500倍液、2.5%氯氟氰菊酯乳油1 000～2 000倍液、2.5%高效氯氰菊酯水乳剂1 000～2 000倍液、20%甲氰菊酯乳油4 000～6 000倍液、1.8%阿维菌素乳油3 000～4 000倍液、0.3%印楝素乳油1 000～1 500倍液、0.65%茴蒿素水剂400～500倍液、10%烯啶虫胺可溶性液剂4 000～5 000倍液等。施药时要特别注意喷药质量，喷洒周到细致，压力稍大，喷头直接对准虫体，将其身上的白色蜡质毛冲掉，使药液接触虫体，提高防治效果。

苹果树部分叶片脱落之后，可用3%啶虫脒乳油1 500～2 000倍液、1.8%阿维菌素乳油3 000～5 000倍液、50%毒死蜱乳油1 500～2 500倍液、22%毒死蜱·吡虫啉乳油1 500～2 000倍液，结合其他病虫的防治喷施药剂1～3次，可控制其为害。

5. 金纹细蛾

分　布 金纹细蛾（*Lithocolletis ringoniella*）在辽宁、河北、山东、安徽、甘肃、河南、陕西、山西等省份的产区发生。

为害特点 幼虫从叶背潜入叶内，取食叶肉，形成椭圆形虫斑。叶片正面虫斑稍隆起，出现白色斑点，后期虫斑干枯，有时脱落，形成穿孔（图42-65）。

形态特征 成虫体金黄色，头部银白色，顶部有两丛金色鳞毛；前翅基部至中部的中央有1条银白色剑状纹，后翅披针形（图42-66）。卵扁椭圆形，乳白色，半透明。初龄幼虫淡黄绿色，细纺锤形，稍扁（图42-67）；老龄幼虫浅黄色。蛹体黄褐色（图42-68、图42-69）。

图42-65 金纹细蛾为害叶片症状

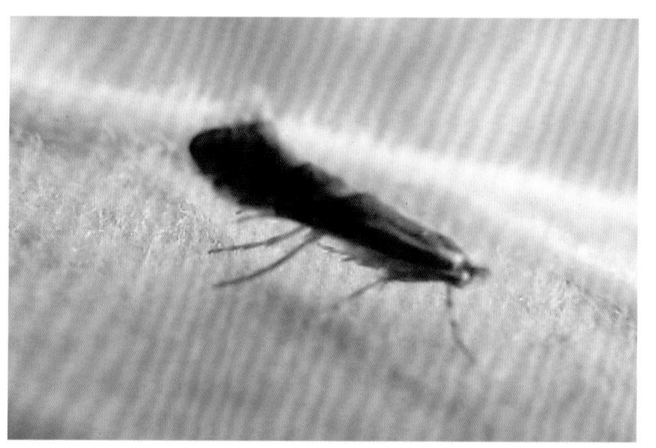

图42-66 金纹细蛾成虫

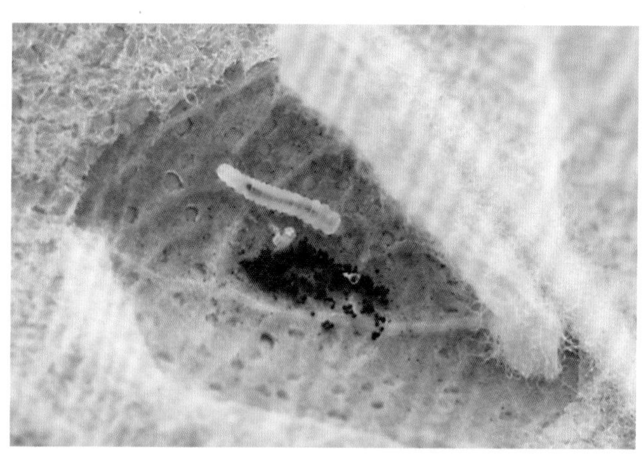

图42-67 金纹细蛾初龄幼虫

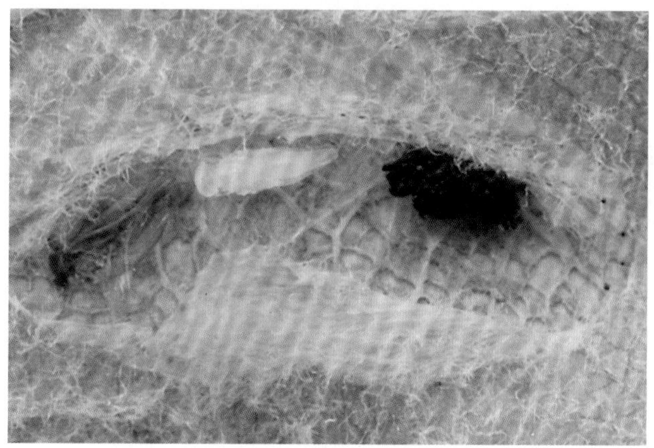

图42-68 金纹细蛾初蛹

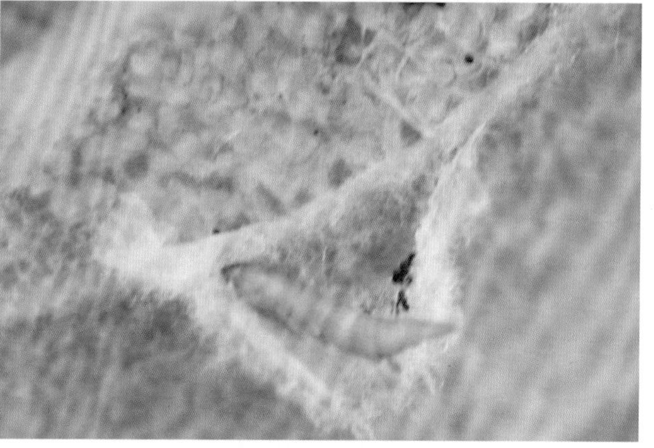

图42-69 金纹细蛾蛹

发生规律 1年发生5代，蛹在被害叶中越冬。越冬代成虫于4月上旬出现，发生盛期在4月下旬。以后各代成虫的发生盛期分别为第1代在6月中旬，第2代在7月中旬，第3代在8月中旬，第4代在9月下旬，第5代幼虫于10月底开始在叶内化蛹越冬。

防治方法 果树落叶后，结合秋施基肥，清扫枯枝落叶，深埋，消灭落叶中越冬蛹。防治指标是第1代百叶虫口1～2头，第2代百叶虫口4～5头。重点防治时期在第1代和第2代成虫发生期，即控制第2代和第3代幼虫为害。

常用药剂有1.8%阿维菌素乳油4 000倍液、25 g/L高效氟氯氰菊酯乳油1 500 ～ 2 000倍液、2.5%氯氟氰菊酯乳油2 000 ～ 4 000倍液、25%灭幼脲悬浮剂1 500 ～ 2 000倍液、20%杀铃脲悬浮剂4 000 ～ 6 000倍液、25%除虫脲可湿性粉剂1 000 ～ 2 000倍液、240 g/L虫螨腈悬浮剂4 000 ～ 6 000倍液、35%氯虫苯甲酰胺水分散粒剂17 500 ～ 25 000倍液、20%甲维·除虫脲（甲氨基阿维菌素苯甲酸盐1% +除虫脲19%）悬浮剂2 000 ～ 3 000倍液、30%哒螨·灭幼脲（灭幼脲20% +哒螨灵10%）可湿性粉剂1 500 ～ 2 000倍液、25%灭脲·吡虫啉（吡虫啉2.5% +灭幼脲22.5%）可湿性粉剂1 500 ～ 2 500倍液，均匀喷雾。

6. 顶梢卷叶蛾

分　　布　顶梢卷叶蛾（*Spilonota lechriaspis*）在东北、华北、华东、西北等地均有分布。

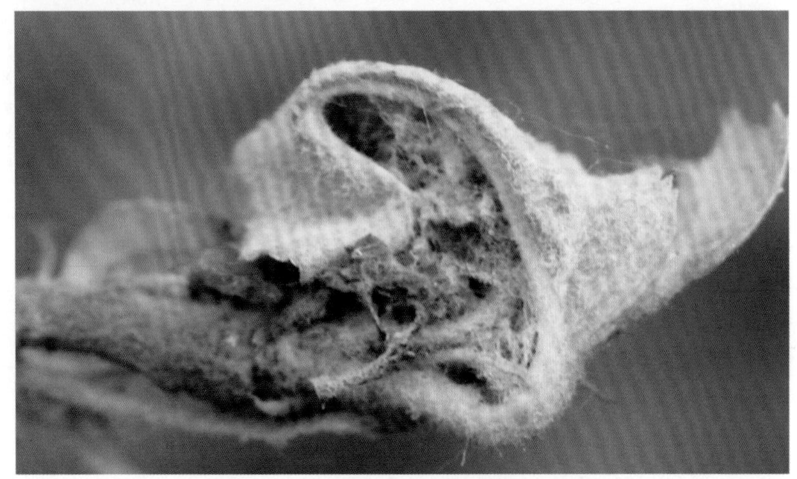

图42-70　顶梢卷叶蛾为害苹果顶芽症状

为害特点　幼虫为害嫩梢，仅为害枝梢的顶芽。幼虫吐丝将数片嫩叶缠缀成虫苞，并啃下叶背绒毛做成筒巢，潜藏入内，仅在取食时身体露出巢外。为害后期，顶梢卷叶团干枯，不脱落（图42-70）。

形态特征　成虫体长6 ～ 8 mm，全体银灰褐色。前翅前缘有数组褐色短纹；基部1/3处和中部各有一暗褐色弓形横带，后缘近臀角处有一近似三角形褐色斑，此斑在两翅合拢时并成一菱形斑纹；近外缘处从前缘至臀角间有8条黑色平行短纹（图42-71），卵扁椭圆形，乳白色至淡黄色，半透明，长径0.7 mm，短径0.5 mm。卵粒散产。幼虫老熟时体长8 ～ 10 mm，体污白色，头部、前胸背板和胸足均为黑色（图42-72），无臀栉。蛹体长5 ～ 8 mm，黄褐色，尾端有8根细长的钩状毛。茧黄色白绒毛状，椭圆形。

图42-71　顶梢卷叶蛾成虫

图42-72　顶梢卷叶蛾幼虫为害苹果症状

发生规律　1年发生2 ～ 3代。2 ～ 3龄幼虫在枝梢顶端卷叶团中越冬。早春苹果花芽展开时，越冬幼虫开始出蛰，早出蛰的主要为害顶芽，晚出蛰的向下为害侧芽。幼虫老熟后在卷叶团中作茧化蛹。在1年发生3代的地区，各代成虫发生期：越冬代在5月中旬至6月末，第1代在6月下旬至7月下旬，第2代在7月下旬至8月末。每只雌蛾产卵6 ～ 196粒，多产在当年生枝条中部的叶片背面多绒毛。第1代幼虫主要为害春梢，第2、第3代幼虫主要为害秋梢，10月上旬以后幼虫开始越冬。

防治方法　彻底剪除枝梢卷叶团，是消灭越冬幼虫的主要措施。

在开花前越冬幼虫出蛰盛期和第1代幼虫发生初期，进行药剂防治，以减少前期虫口基数，避免后期果实受害。可用24%甲氧虫酰肼悬浮剂2 500 ~ 3 750倍液、5%虱螨脲悬浮剂1 000 ~ 2 000倍液、20%虫酰肼悬浮剂1 500 ~ 2 000倍液、3%甲氨基阿维菌素苯甲酸盐微乳剂3 000 ~ 4 000倍液、20%虫酰肼悬浮剂1 500 ~ 2 000倍液、50%杀螟硫磷乳油1 000 ~ 2 000倍液、80%敌敌畏乳油1 600 ~ 2 000倍液、30%高氯·毒死蜱（高效氯氰菊酯3%＋毒死蜱27%）水乳剂1 000 ~ 1 300倍液、20%甲维·除虫脲（甲氨基阿维菌素苯甲酸盐1%＋除虫脲19%）悬浮剂2 000 ~ 3 000倍液、25%氯虫·啶虫脒（氯虫苯甲酰胺10%＋啶虫脒15%）可分散油悬浮剂3 000 ~ 4 000倍液、16%啶虫·氟酰脲（氟酰脲9%＋啶虫脒7%）乳油1 000 ~ 2 000倍液、14%氯虫·高氯氟（高效氯氟氰菊酯4.7%＋氯虫苯甲酰胺9.3%）微囊悬浮-悬浮剂3 000 ~ 5 000倍液、6%甲维·杀铃脲（杀铃脲5.5%＋甲氨基阿维菌素苯甲酸盐0.5%）悬浮剂1 500 ~ 2 000倍液、2.5%溴氰菊酯乳油3 000 ~ 3 500倍液、10%联苯菊酯乳油4 000 ~ 5 000倍液。

7. 桑天牛

分　　布　桑天牛（*Apriona germari*）分布广泛。

为害特点　初孵幼虫在2 ~ 4年生枝干中蛀食，逐渐深入心材。在从枝干被害处表面，可见到一排粪孔，孔外和地面上有红褐色虫粪（图42-73）。

形态特征　成虫黑褐色至黑色密被青棕色或棕黄色绒毛。鞘翅基部密布黑色光亮的颗粒状突起，翅端内、外角均呈刺状突出（图42-74）。卵长椭圆形，初乳白色，后变淡褐色。幼虫圆筒形，乳白色，头黄褐色（图42-75）。蛹纺锤形，初为淡黄色，后变为黄褐色。

图42-74　桑天牛成虫

图42-73　桑天牛为害枝干症状

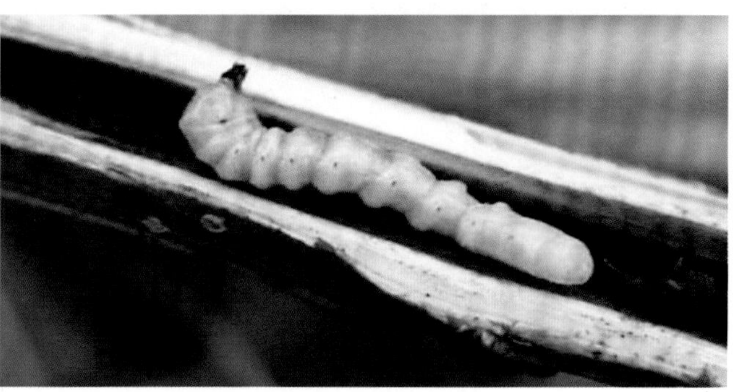

图42-75　桑天牛幼虫

发生规律　1年发生1代，幼虫在枝条内越冬。寄主萌动后开始为害，落叶时休眠越冬。6月中旬开始出现成虫，成虫多在晚间取食嫩枝皮和叶，以早、晚较盛，取食15 d左右开始产卵，卵经过15 d左右开始孵化为幼虫。7—8月为成虫盛发期。

防治方法　7—9月幼虫孵化，并向枝条基部蛀入；防治时可选最下的1个新粪孔，将蛀屑掏出，然后用钢丝或金属针插入孔道内，钩捕或刺杀幼虫。6月下旬至8月下旬成虫发生期，每天傍晚巡视果园，捕捉成虫。成虫白天不活动，可振动树干使虫落地捕杀。

幼虫发生盛期，对新排粪孔用80％敌敌畏乳油100倍液、30％高效氯氰菊酯可湿性微胶囊剂4 000 ～ 6 000倍液、15.7％吡虫啉可湿性微胶囊剂3 000 ～ 4 000倍液、2.5％溴氰菊酯乳油1 000 ～ 2 000倍液，用兽用注射器注入蛀孔内，施药后几天，及时检查，如还有新粪排出，应及时补治。每孔最多注射10 mL药液，然后用湿泥封孔，杀虫效果很好。

在成虫发生期结合防治其他害虫，喷洒残效期长的触杀剂如50％毒死蜱乳油1 500 ～ 2 500倍液，枝干上要喷周到。

8. 舟形毛虫

分　　布　舟形毛虫（*Phalera flavescens*）在东北、华北、华东、中南、西南及陕西各地均有发生。

为害特点　幼虫群集在叶片正面，将叶片食成半透明纱网状；稍大幼虫食光叶片，残留叶脉。

形态特征　成虫头胸部淡黄白色，腹背雄虫浅黄褐色，雌蛾土黄色，末端均淡黄色。前翅银白色，在近基部生1个长圆形斑，外缘有6个椭圆形斑，后翅浅黄白色（图42-76）。卵球形，初为淡绿色后变为灰色（图42-77）。幼虫体被灰黄长毛（图42-78）。蛹暗红褐色至黑紫色。

图42-77　舟形毛虫卵及初孵幼虫

图42-76　舟形毛虫成虫

图42-78　舟形毛虫高龄幼虫

发生规律　每年发生1代，蛹在树冠下的土中越冬，于翌年7月上旬开始羽化，7月中、下旬进入盛期，9月中旬幼虫老熟后沿树干爬下，入土化蛹越冬。

防治方法　在早春翻树盘，将土中越冬蛹翻于地表。在幼虫未分散前，及时剪掉群居幼虫的叶片。防治关键时期在幼虫3龄以前。

可均匀喷施80%敌敌畏乳油1 000倍液、20%甲氰菊酯乳油1 000倍液、2.5%溴氰菊酯乳油、10%联苯菊酯乳油1 000 ～ 2 000倍液。

9. 黄刺蛾

分　　布　黄刺蛾（*Cnidocampa flavescens*）分布于华北、东北、西北、四川、河南、北京等地。

为害特点　幼虫在叶背食害叶肉，留下叶柄和叶脉，把叶片吃成网状，为害严重的时候可把叶片全部吃光。

形态特征　成虫头胸背面和前翅内半部黄色，前翅外半部褐色，且有两条暗褐色斜线，后翅及腹背面黄褐色（图42-79）。在翅顶角相合，近似V形。卵扁椭圆形，初产时黄白色，后变为黑褐色。幼虫淡褐色，胸部肥大，黄绿色，背面有一紫褐色哑铃形大斑，边缘发蓝（图42-80）。茧形如雀蛋，质地坚硬，灰白色，有褐色条纹。蛹椭圆形，黄褐色（图42-81）。

图42-79　黄刺蛾成虫

图42-80　黄刺蛾幼虫

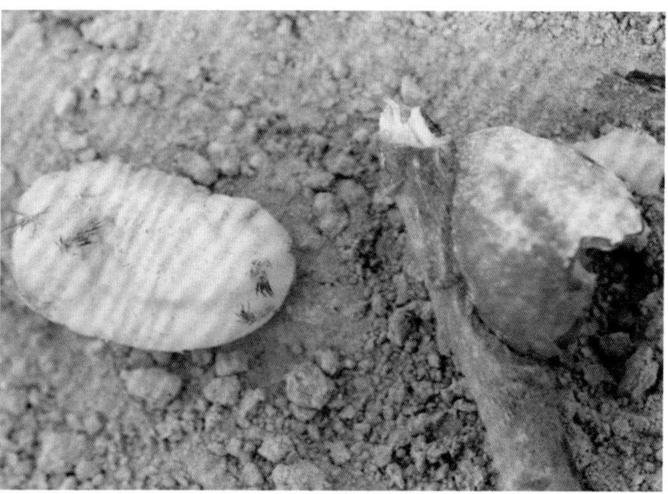

图42-81　黄刺蛾茧及蛹

发生规律　1年发生1 ～ 2代，若蛹在枝干上的茧内越冬，1年1代者，成虫于6月中旬出现，幼虫在7月中旬至8月下旬为害，9月上旬老熟幼虫在枝杈作茧越冬。1年2代者，越冬幼虫于5月上旬化蛹，中旬达盛期，第1代成虫在5月下旬出现，第2代在7月上旬出现，分别于6月中旬和7月底孵化幼虫开始为害，于8月上、中旬达为害高峰。8月下旬，开始在枝上结茧越冬。

防治方法　越冬代茧期很长，一般可达7个月，结合果树冬剪，彻底清除或刺破越冬虫茧。低龄幼虫有群集为害的特点，幼虫喜欢群集在叶片背面取食，受害寄主叶片往往出现白膜状，及时摘除受害叶片并集中消灭，可杀死低龄幼虫。

药剂防治的关键时期是幼虫发生初期（7—8月）。常用药剂有4.5%高效氯氰菊酯乳油2 000 ～ 2 500

倍液、2.5%溴氰菊酯乳油2 500 ~ 3 000倍液、20%虫酰肼悬浮剂1 500 ~ 2 000倍液、5%氟虫脲乳油1 500 ~ 2 500倍液、25%灭幼脲悬浮剂1 500 ~ 2 000倍液。

10. 苹果瘤蚜

分　　布 苹果瘤蚜（*Myzus malisuctus*）在东北、华北、华东、中南、西北、西南及台湾均有分布。

为害特点 成虫和若虫群集在嫩芽、叶片和幼果上吸食汁液。初期被害嫩叶不能正常展开，后期被害叶片皱缩，叶缘向背面纵卷（图42-82）。

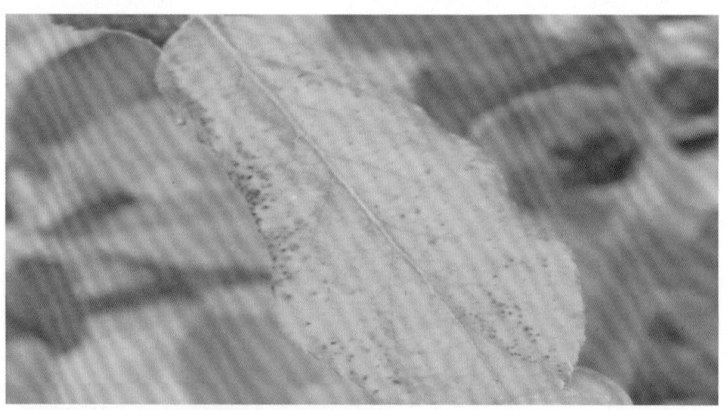
图42-82 苹果瘤蚜为害叶片症状

形态特征 无翅胎生雌蚜体近纺锤形，暗绿色或褐绿色（图42-83）。有翅胎生雌蚜体卵圆形，头胸部暗褐色，有明显额瘤，且生有2 ~ 3根黑毛。若虫淡绿色，体小，似无翅蚜。卵长椭圆形，黑绿色，有光泽。

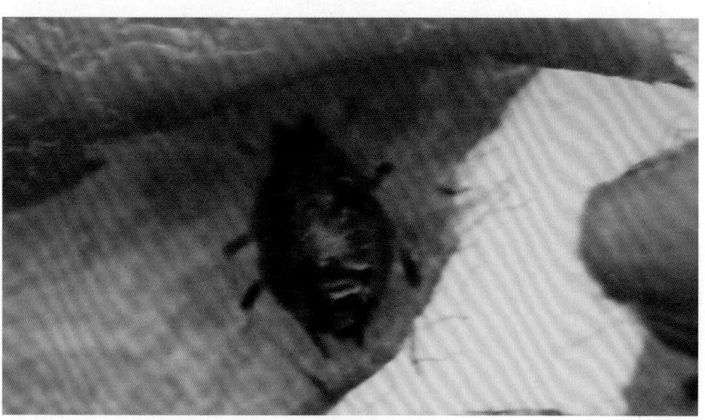
图42-83 苹果瘤蚜无翅胎生雌蚜

发生规律 1年发生10余代，卵在一年生枝条芽缝中越冬。翌年3月底至4月初，越冬卵孵化。于4月中旬孵化最多，若蚜集中叶片背面为害，5月发生最重，10—11月出现有性蚜，交尾产卵越冬。

防治方法 结合春季修剪，剪除被害枝梢，杀灭越冬卵。重点抓好蚜虫越冬卵孵化期的防治。当孵化率达80%时，立即喷药防治。

在苹果萌芽至展叶期喷药。常用药剂有50%辛硫磷乳油1 000倍液、48%毒死蜱乳油1 000倍液、10%吡虫啉可湿性粉剂3 000 ~ 4 000倍液。

11. 苹果球蚧

分　　布 苹果球蚧（*Rhodococcu ssariuoni*）主要分布在河北、河南、辽宁、山东等地。

为害特点 若虫和雌成虫刺吸枝、叶汁液，排泄的蜜露常诱致煤病发生，影响光合作用，削弱树势，重者枯死（图42-84）。

图42-84 苹果球蚧为害枝条症状

形态特征 雌成虫体呈卵形，背部突起，从前向后倾斜，多为赭红色，后半部有4纵列凹点；产卵后体呈球形褐色，表皮硬化、光亮，虫体略向前高突，向两侧突出，后半部略平斜，凹点亦存，色暗（图42-85）。雄成虫体淡棕红色，中胸盾片黑色；触角丝状、10节，眼黑褐色；前翅发达，乳白色半透明，翅脉1条分2叉；后翅特化为平衡棒；腹末性刺针状，基部两侧各具1条白色细长蜡丝。卵圆形，淡橘红色，被白蜡粉。若虫初孵扁平椭圆形，橘红或淡血红色，体背中央有 1 条暗灰色纵线（图42-86）；触角与足发达；腹末两侧微突，上各生 1 根长毛，腹末中央有 2 根短毛。固着后初为橘红色，后变为淡黄白，分泌出淡黄色半透明的蜡壳，长椭圆形，扁平，壳面有9条横隆线，周缘有白毛。雄体长椭圆形，暗褐色，体背略隆起，表面有灰白色蜡粉。雄蛹长卵形，淡褐色。茧长椭圆形，表面有绵毛状白蜡丝似毡状。

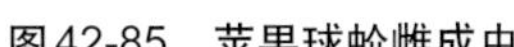
图42-85　苹果球蚧雌成虫

图42-86　苹果球蚧若虫

发生规律　1年发生 1 代，2龄若虫多在1 ～ 2年生枝上及芽旁、皱缝固着越冬。于翌春寄主萌芽期开始为害，4月下旬至5月上、中旬为羽化期，在5月中旬前后开始产卵于体下。于5月下旬开始孵化，初孵若虫从母壳下的缝隙爬出，分散到嫩枝或叶背固着为害，发育极缓慢，直到10月落叶前蜕皮为2龄，转移到枝上固着越冬。孤雌生殖和两性生殖并存，一般发生年很少有雄虫。

防治方法　初发生的果园常是点片发生，彻底剪除有虫枝并烧毁，或人工刷抹有虫枝。

果树萌发前后若虫活动期（3月中、下旬至4月上、中旬），越冬的2龄若虫集中在1 ～ 2年生枝条上或叶痕处，开始活动及繁殖为害。虫口集中，且蜡质保护层薄、易破坏。可喷施45%石硫合剂20倍液、95%机油乳剂50 ～ 60倍液、45%松脂酸钠可溶性粉剂80 ～ 120倍液。应注意的是，要使用雾化程度高的器械，混加渗展宝等助剂，增强细小枝条的着药量。

当蚧壳下卵粒变成粉红色后，7 ～ 10 d若虫便孵化出壳。孵盛期和1代若虫发生期（5月下旬至6月上旬），初孵若虫尚未分泌蜡粉，抗药能力最差，是防治最佳有效时期。可用20%双甲脒乳油800 ～ 1 600倍液、48%毒死蜱乳油1 000 ～ 1 500倍液、45%马拉硫磷乳油1 500 ～ 2 000倍液、20%甲氰菊酯乳油2 000 ～ 3 000倍液、25%噻嗪酮可湿性粉剂1 000 ～ 1 500倍液，可混加渗展宝2 000倍，以提高药剂在果树枝梢的黏着力和渗透力，确保药效。

12. 旋纹潜叶蛾

分　　布　旋纹潜叶蛾（*Leucoptera scitella*）在国内各地均有分布，在华北局部苹果园中，密度较大。

为害特点　幼虫潜叶取食叶肉，幼虫在虫斑里排泄虫粪，排列成同心旋纹状。造成果树早期落叶，严重影响果树正常的生长发育（图42-87）。

图42-87　旋纹潜叶蛾为害叶片症状

形态特征　成虫全身银白色，头顶有一小丛银白色鳞毛。前翅靠近端部金黄色，外端前缘有5条黑色短斜纹，后缘具黑色孔雀斑，缘毛较长。卵椭圆形，卵初为乳白色，渐变成青白色，有光泽。老龄幼虫体扁纺锤形，污白色，头部褐色。蛹扁纺锤形，初为浅黄色，后为黄褐色。茧白色，梭形，上覆“工”字形丝幕。

发生规律 在河北1年发生3代，山东、陕西为4代，河南为4～5代。以蛹态在茧中越冬。越冬场所在枝干粗皮缝隙和树下枯叶里。展叶期出现成虫。成虫多在早晨羽化，不久进行交尾。喜在中午气温高时飞舞活动，夜间静伏在枝、叶上不动。卵产于叶背面，单粒散产。幼虫从卵下方直接蛀入叶内，潜叶为害，形成虫斑。老熟幼虫爬出虫斑，吐丝下垂飘移，在叶背面作茧化蛹，羽化出成虫繁殖后代。最后一代老熟幼虫大多在枝干粗皮裂缝中和落叶内作茧化蛹越冬。

防治方法 及时清除果园落叶、刮除老树皮，可消灭部分越冬蛹。结合防治其他害虫，在越冬代老熟幼虫结茧前，在枝干上束草诱虫进入化蛹越冬，休眠期取下集中烧毁。

成虫发生盛期和各代幼虫发生期，喷布4.5%高效氯氰菊酯乳油500～1 000倍液、2.5%溴氰菊酯乳油1 500～2 500倍液、5%氟苯脲乳油800～1 500倍液、5%氟啶脲乳油2 000～3 000倍液、5%虱螨脲乳油1 500～2 500倍液、1.8%阿维菌素乳油2 000～4 000倍液、48%噻虫啉悬浮剂2 000～4 000倍液。

13. 苹褐卷叶蛾

分　布 苹褐卷叶蛾（*Pandemis heparana*）主要分布在东北、华北、西北、华东、华中等地。

为害特点 幼虫取食芽、花、蕾和叶，使被害植株不能正常展叶、开花结果，严重时整株叶片呈焦枯状，既影响树木正常生长，又降低苹果的产量。

形态特征 成虫体黄褐色或暗褐色，后翅及腹部暗灰色，前翅自前缘向外缘有2条深褐色斜纹，前翅基部有一暗褐色斑纹，前翅中部前缘有一条浓褐色宽带，带的两侧有浅色边，前缘近端部有一半圆形或近似三角形的褐色斑纹，后翅淡褐色（图42-88）。卵扁圆形，初产时呈淡黄绿色，聚产，排列成鱼鳞状卵块，后渐变为暗褐色。幼虫头近方形，前胸背板浅绿色，后缘两侧常有一黑斑（图42-89）。头和胸部背面暗褐色稍带绿色，背面各节有两排刺突。蛹头胸部背面深褐色，腹面浅绿色，或稍绿，腹部淡褐色。

图42-88 苹褐卷叶蛾成虫

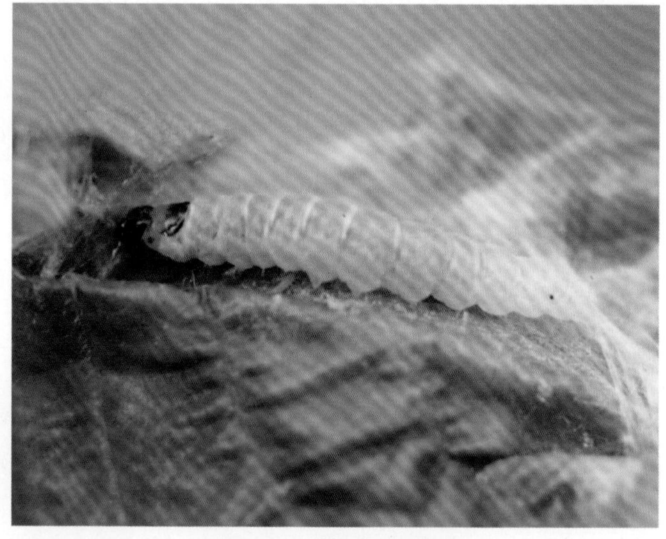

图42-89 苹褐卷叶蛾幼虫

发生规律 在辽宁、甘肃1年发生2代，河北、山东、陕西1年发生2～3代，淮北地区1年发生4代。低龄幼虫在树体枝干的粗皮下、裂缝、剪锯口周围死皮内结薄茧越冬，翌年4月中旬寄主萌芽时，越冬幼虫陆续出蛰取食，为害嫩芽、幼叶、花蕾，严重的植株不能展叶开花坐果。5月中、下旬越冬代成虫出现，6月上、中旬第1代幼虫出现，7月下旬第2代幼虫出现，9月上旬第3代幼虫出现，10月中旬第4代幼虫出现，10月下旬开始越冬。成虫白天静伏叶背或枝干，夜间活动频繁，既具有趋光性，也有趋化性。

防治方法 结合果树冬剪，刮除树干上和剪锯口处的翘皮，或在春季往锯口处涂抹药液，均能消灭越冬的幼虫。结合修剪、疏花疏果等管理，可人工摘除卷叶，将虫体捏死。

在越冬幼虫出蛰活动始期和各代幼虫幼龄期，可用2.5%高效氟氯氰菊酯乳油1 000～1 500倍液、24%甲氧虫酰肼悬浮剂2 500～3 750倍液、5%虱螨脲悬浮剂1 000～2 000倍液、20%虫酰肼悬浮剂1 500 ~ 2 000倍液、3%甲氨基阿维菌素苯甲酸盐微乳剂3 000 ~ 4 000倍液、20%虫酰肼悬浮剂1 500 ~ 2 000倍液、30%高氯·毒死蜱（高效氯氰菊酯3% +毒死蜱27%）水乳剂1 000 ~ 1 300倍液、20%甲维·除虫脲（甲氨基阿维菌素苯甲酸盐1% +除虫脲19%）悬浮剂2 000 ~ 3 000倍液、16%啶虫·氟酰脲（氟酰脲9% +啶虫脒7%）乳油1 000 ~ 2 000倍液、14%氯虫·高氯氟（高效氯氟氰菊酯4.7% +氯虫苯甲酰胺9.3%）微囊悬浮－悬浮剂3 000 ~ 5 000倍液、6%甲维·杀铃脲（杀铃脲5.5% +甲氨基阿维菌素苯甲酸盐0.5%）悬浮剂1 500 ~ 2 000倍液、2.5%溴氰菊酯乳油3 000 ~ 3 500倍液、10%联苯菊酯乳油4 000 ~ 5 000倍液，喷雾防治，杀虫效果较好。

三、苹果各生育期病虫害防治技术

（一）苹果病虫害综合防治历的制订

苹果病虫害防治是保证果树丰产的重要工作。一般发生较为普遍的病害有腐烂病、轮纹病、早期落叶病、炭疽病、褐斑病等；为害比较严重的害虫有食心虫、红蜘蛛、蚜虫等。在苹果收获后，要总结果树病害发生情况，分析发生特点，拟订下一年的防治计划，及早采取防治方法。

下面结合苹果病虫发生情况，概括总结各地病虫害综合防治历（表42-1），供使用时参考。

表42-1　苹果病虫害综合防治历

物候期	防治适期	重点防治对象	其他防治对象
休眠期	11月至翌年2月	腐烂病	干腐病、轮纹病、叶螨、苹小食心虫
萌芽期	3月上、中旬	腐烂病	干腐病、轮纹病、白粉病、卷叶蛾、食心虫
发芽展叶期	3月上旬至4月上旬	腐烂病	白粉病、叶螨、金龟子
开花期	4月中、下旬	疏花定果	生理落花落果、花腐病
幼果期	5月上、中旬	斑点落叶病、卷叶蛾	轮纹病、炭疽病、蚜虫、尺蠖、果锈、缩果病
花芽分化期	5月下旬至6月上旬	斑点落叶病、叶螨	轮纹病、炭疽病、蚜虫、银叶病、小叶病
果实膨大期	6月中、下旬	斑点落叶病、苹小食心虫、叶螨	轮纹病、炭疽病、霉心病、蚜虫、卷叶蛾、杂草
	7月上旬	苹小食心虫、桃小食心虫、斑点落叶病	轮纹病、炭疽病、霉心病、疫腐病、蚜虫、卷叶蛾
	7月中、下旬	桃小食心虫、苹小食心虫、斑点落叶病	炭疽病、轮纹病、蚜虫、卷叶蛾
果实成熟期	7月下旬至9月上旬	炭疽病、轮纹病、食心虫	斑点落叶病、蚜虫、叶螨、霉心病
营养恢复期	9—10月	腐烂病	炭疽病、轮纹病、斑点落叶病

（二）休眠期萌芽前病虫害防治技术

华北地区苹果一般在11月至翌年3月处于休眠期，此时多种病菌也停止活动，大多数在病残枝、叶、树枝干上越冬（图42-90）。这一时期的工作主要有两项：一是剪除、摘掉树上的病枝、僵果，扫除园中枝叶，并集中烧毁。二是用药剂涂刷枝干，进行树体消毒。3月上、中旬，气温开始回升变暖，病菌开始活动，这一时期苹果尚未发芽，可以喷1次灭生性农药，铲除越冬病原菌及越冬蚜、螨。

图42-90 苹果休眠期萌芽前病虫为害症状

入冬前是苹果树腐烂病的发病盛期，要及时彻底地刮除腐烂病病斑。在冬前11月，若发现病斑，立即刮除。及时涂白，防止冻害及日灼伤，涂白所用的生石灰、20波美度石硫合剂、食盐及水的比例一般为6∶1∶1∶18。如在其中添加少量动物油，可防止涂白剂过早脱落。或使用其他涂白剂，配方：①桐油或酚醛1份；②水玻璃2～3份；③石灰2～3份；④水5～7份。将前两种混合成药Ⅰ液，后两种混合成Ⅱ液，再将Ⅱ液倒入Ⅰ液中，搅拌均匀即可。

为防治越冬蚜、螨，结合喷施4%～5%的柴油乳剂。柴油乳剂的配制方法：柴油和水各1 kg、肥皂60 g；先将肥皂切碎，加入定量的水中加热溶化，同时将柴油水浴加热到70℃，把已热好的柴油慢慢倒入热皂水中，边倒边搅拌，完全搅拌均匀，即制成48.5%的柴油乳剂。

（三）发芽展叶期病虫害防治技术

3月下旬至4月上旬，幼叶展开，果树开始生长。枝枯病、白粉病、花叶病开始为害，腐烂病开始进入一年的盛发期。蚜虫开始为害，另外越冬螨也开始活动，苹果小卷叶蛾越冬幼虫开始出蛰，取食幼芽(图42-91)。

图42-91　苹果发芽展叶期病虫害为害症状

这一时期是刮治腐烂病的重要时期，用锋利的刀子刮除病患部，并刮除一部分患部边缘的正常树皮，深挖到木质部，而后涂抹药剂（图42-92），用刷子将药品直接涂抹于伤口、切口及其周围，并确保边缘部分涂抹至正常树皮处1 ～ 2 cm，可用10波美度石硫合剂、50%福美双可湿性粉剂50倍液+70%甲基硫菌灵可湿性粉剂50倍液+50%福美双可湿性粉剂50倍液（加入适量豆油或其他植物油）、50%甲基硫菌灵可湿性粉剂40倍液+60%腐殖酸钠50倍液、0.15%吡唑醚菌酯膏剂200 ～ 300 g/m^2、1%戊唑醇糊剂250 ～ 300 g/m^2、3%抑霉唑膏剂200 ～ 300 g/m^2、10%硫黄脂膏100 ～ 150 g/m^2、20%丁香菌酯悬浮剂130 ～ 200倍液、1.6%噻霉酮涂抹剂80 ～ 120 g/m^2、8%甲基硫菌灵糊剂15 ～ 20倍液、1.9%辛菌胺醋酸盐水剂50 ～ 100倍液、0.15%四霉素水剂5 ～ 10倍液、4.5%腐殖·硫酸铜（腐殖酸4.4% +硫酸铜0.1%）水剂200 ～ 300 mL/m^2；也可用10%抑霉唑水乳剂500 ～ 700倍液、40%克菌.戊唑醇（戊唑醇8% +克菌丹32%）悬浮剂889 ～ 1 333倍液、35%丙唑·多菌灵（丙环唑7% +多菌灵28%）悬乳剂600 ～ 700倍液、48%甲硫·戊唑醇（甲基硫菌灵36% +戊唑醇12%）悬浮剂800 ～ 1 000倍液喷淋枝干，还可用3.315%甲硫·萘乙酸（萘乙酸0.015% +甲基硫菌灵3.3%）涂抹剂，原液涂抹病疤。

防治白粉病，可用25%三唑酮可湿性粉剂2 000倍液、12.5%烯唑醇可湿性粉剂2 000倍液、6%氯苯嘧啶醇可湿性粉剂1 000 ~ 1 500倍液，均匀喷雾。

图42-92 苹果腐烂病病干

防治蚜虫、卷叶蛾等害虫（图42-93、图42-94），可以在腐烂病病斑刮净后，深刮到木质部，选1 ~ 2块较大的病斑，使用50%福美双可湿性粉剂60倍液＋40%辛硫磷乳油30 ~ 50倍液，混合均匀后为黏稠液体，如较稀，可加入一些黏土或草木灰，涂抹于患部，而后用塑料布包扎，20 d后解除。

也可喷施10%吡虫啉可湿性粉剂1 000倍液、3%啶虫脒乳油2 000 ~ 3 000倍液、4%阿维·啶虫脒（啶虫脒3%＋阿维菌素1%）乳油4 000 ~ 5 000倍液、25%吡虫·矿物油（吡虫啉1%＋矿物油24%）乳油1 500 ~ 2 000倍液等药剂防治蚜虫，同时可控制苹果花叶病的为害。

图42-93 苹果蚜虫为害症状

这一时期苹果球坚蚧为害不太严重（图42-95），用小刀刮除其蚧壳，然后喷施50%毒死蜱乳油1 000倍液、2.5%溴氰菊酯乳油1 500 ~ 2 000倍液。

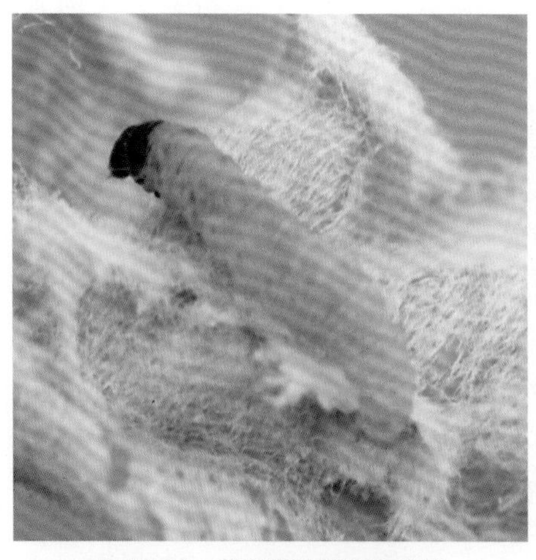

图42-94 苹果卷叶蛾为害症状

图42-95 苹果球坚蚧为害症状

（四）幼果期病虫害防治技术

5月上、中旬是幼果发育和春梢旺盛生长期。这一时期要注意防止生理落果，同时由于幼果抵抗力弱，田间不宜用波尔多液等刺激性农药，以免影响果面品质，可以喷洒一些保护膜，减少阴雨、寒冷、农药对果面的影响。这一时期是苹果斑点落叶病、褐斑病、轮纹病、炭疽病的侵染期，是预防保护的关键时期。这一时期叶螨、卷叶蛾、蚜虫、尺蠖等也会造成为害，要进行1次防治（图42-96）。管理上要充分调查病、虫情况，了解天气变化，及时采取措施防治。

图42-96　苹果幼果期病虫为害情况

防治斑点落叶病、褐斑病（图42-97），可均匀喷施60%唑醚·代森联（代森联55%＋吡唑醚菌酯5%）水分散粒剂1 500 ～ 2 000倍液、40%嘧环·甲硫灵（甲基硫菌灵25%＋嘧菌环胺15%）悬浮剂2 000 ～ 3 000倍液、50%多菌灵·乙霉威可湿性粉剂1 000 ～ 1 500倍液、20%多·戊唑（多菌灵·戊唑醇）可湿性粉剂1 000 ～ 1 500倍液、50%腈菌·锰锌（腈菌唑·代森锰锌）可湿性粉剂800 ～ 1 000倍液、12.5%腈菌唑可湿性粉剂2 500倍液、50%苯甲·克菌丹（克菌丹40%＋苯醚甲环唑10%）水分散粒剂2 000 ～ 4 000倍液、70%甲基硫菌灵可湿性粉剂800 ～ 1 000倍液、50%多菌灵可湿性粉剂800倍液、50%异菌脲可湿性粉剂1 000 ～ 1 500倍液、10%苯醚甲环唑水分散粒剂2 000 ～ 2 500倍液等药剂。

该时期也是苹果炭疽病、轮纹病的侵染时期，可均匀喷施40%苯甲·吡唑酯（苯醚甲环唑25%＋吡唑醚菌酯15%）悬浮剂3 000 ～ 4 000倍液、40%唑醚·戊唑醇（吡唑醚菌酯10%＋戊唑醇30%）悬浮剂

图42-97　苹果斑点落叶病、褐斑病为害症状

3 500 ～ 4 000倍液、50%多菌灵可湿性粉剂500 ～ 800倍液、80%代森锰锌可湿性粉剂1 500 ～ 2 000倍液、70%甲基硫菌灵可湿性粉剂800倍液等药剂，预防（注意保护剂与治疗剂的合理混用）。

该时期为害苹果的害虫较多，均为为害初期，但此时也是苹果的幼果期，所以要抓住适期，及时防治虫害，减轻对幼果的影响，宜选用一些刺激性小、高效的杀虫剂。

如有卷叶蛾、尺蠖或蚜虫为害（图42-98），考虑这一阶段螨类正处于上升时期，可以使用22%噻虫·高氯氟（高效氯氟氰菊酯9.4%＋噻虫嗪12.6%）悬浮剂5 000 ～ 10 000倍液、20%氟啶·吡虫啉（吡虫啉10%＋氟啶虫酰胺10%）水分散粒剂5 000 ～ 10 000倍液、25%氯虫·啶虫脒（氯虫苯甲酰胺10%＋啶虫脒15%）可分散油悬浮剂3 000 ～ 4 000倍液、12%溴氰·噻虫嗪（噻虫嗪9.5%＋溴氰菊酯2.5%）悬浮剂1 450 ～ 2 400倍液、5%联苯·吡虫啉（吡虫啉3%＋联苯菊酯2%）乳油1 500 ～ 2 500倍液。

如有螨类为害（图42-99），可用25%噻螨酮乳油2 000 ～ 3 000倍液、16%阿维·哒螨灵（哒螨灵15.6%＋阿维菌素0.4%）乳油2 500 ～ 3 500倍液喷施。

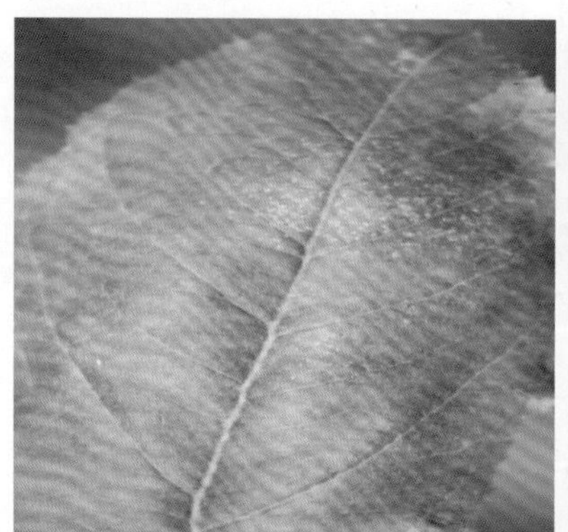
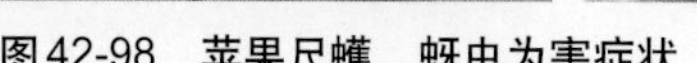

图42-98　苹果尺蠖、蚜虫为害症状

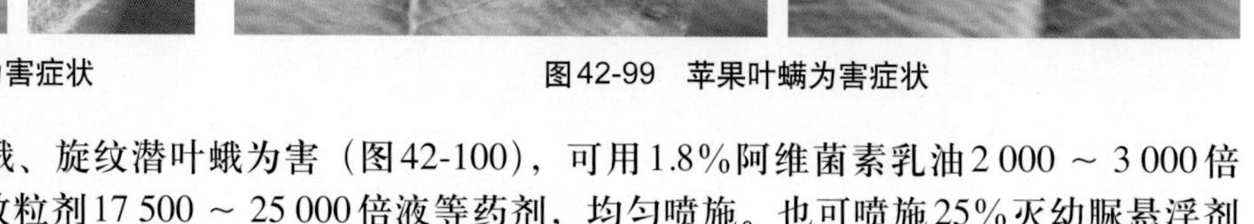

图42-99　苹果叶螨为害症状

如有梨冠网蝽、金纹细蛾、旋纹潜叶蛾为害（图42-100），可用1.8%阿维菌素乳油2 000 ～ 3 000倍液、35%氯虫苯甲酰胺水分散粒剂17 500 ～ 25 000倍液等药剂，均匀喷施。也可喷施25%灭幼脲悬浮剂2 000 ～ 4 000倍液、20%除虫脲悬浮剂3 000倍液，防治金纹细蛾。

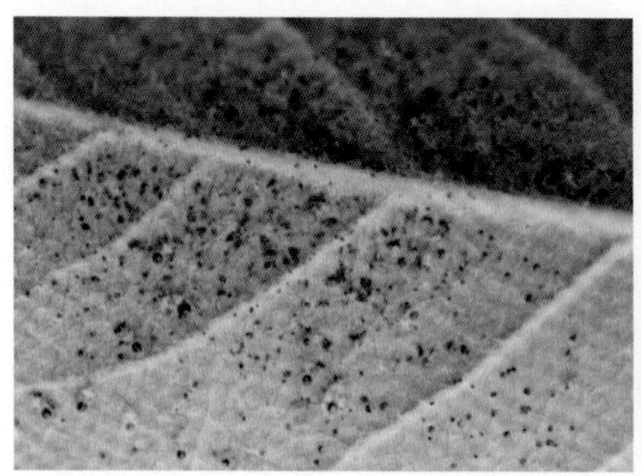
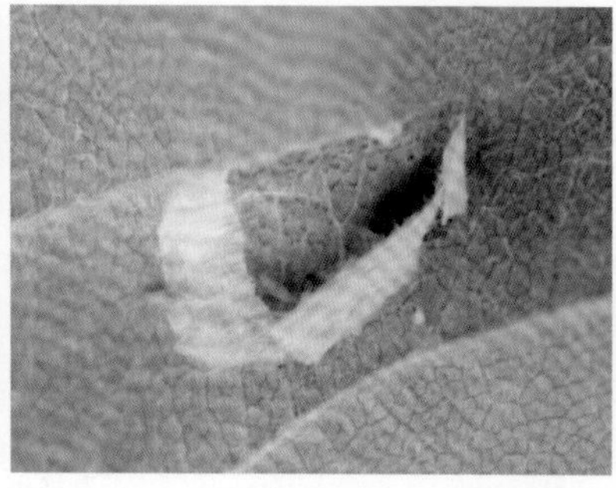
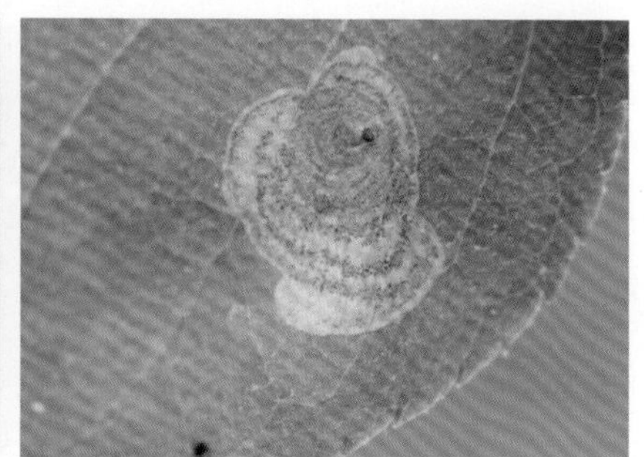

图42-100　梨冠网蝽（左）、金纹细蛾（中）、旋纹潜叶蛾（右）为害症状

（五）花芽分化至果实膨大期病虫害防治技术

5月下旬至6月上旬，苹果生长旺盛，春梢快速生长，幼果开始长大。6月中、下旬至7月中、下旬，春梢生长基本停止，花芽继续分化，果实迅速膨大。多种病虫害混合发生，是加强病虫害防治、保证丰收的关键时期。这一时期，苹果斑点落叶病不断扩展，进入发病高峰，应及时防治。苹果炭疽病和轮纹病、霉心病等也在不断侵染，并开始发病。6月下旬至7月上、中旬是食心虫第一代卵和幼虫的发生期，红蜘蛛也可能大发生，蚜虫、卷叶蛾等害虫也有为害，要及时喷药防治（图42-101）。

图42-101 苹果花芽分化期至果实膨大期病虫为害症状

防治斑点落叶病、褐斑病、灰斑病（图42-102），可以使用80%炭疽福美（福美双·福美锌）可湿性粉剂600～1 000倍液、10%多氧霉素可湿性粉剂1 000～1 500倍液、70%代森锰锌可湿性粉剂800～1 000倍液、50%多菌灵可湿性粉剂800倍液、65%代森锌可湿性粉剂500～700倍液、50%噻菌灵可湿性粉剂1 000倍液、50%异菌脲可湿性粉剂1 500～2 000倍液等。

图42-102 苹果早期落叶病为害症状

防治这一阶段的果实病害，如轮纹病、炭疽病、斑点落叶病等（图42-103），可以使用75%百菌清可湿性粉剂600倍液+10%苯醚甲环唑水分散粒剂2 000～2 500倍液、50%多·霉威（多菌灵·乙霉威）可湿性粉剂1 000～1 500倍液、50%腈菌·锰锌（腈菌唑·代森锰锌）可湿性粉剂800～1 000倍液、12.5%腈菌唑可湿性粉剂2 500倍液、38%咪铜·多菌灵（咪鲜胺铜盐30%+多菌灵8%）悬浮剂950～1 200倍液、55%苯醚·甲硫（苯醚甲环唑5%+甲基硫菌灵50%）可湿性粉剂800～1 200倍液、50%异菌脲可湿性粉剂2 000～3 000倍液、70%代森锰锌可湿性粉剂800～1 000倍液、70%甲基硫菌灵可湿性粉剂1 000～2 000倍液、50%多菌灵可湿性粉剂1 000～1 500倍液、80%炭疽福美（福美双·福美锌）可湿性粉剂600～1 000倍液、10%多氧霉素可湿性粉剂2 000～3 000倍液、30%琥珀肥酸铜可湿性粉剂300～400倍液均匀喷施，如遇阴雨天气，可以喷洒1∶2∶200波尔多液（加入0.5%～1%明胶）。

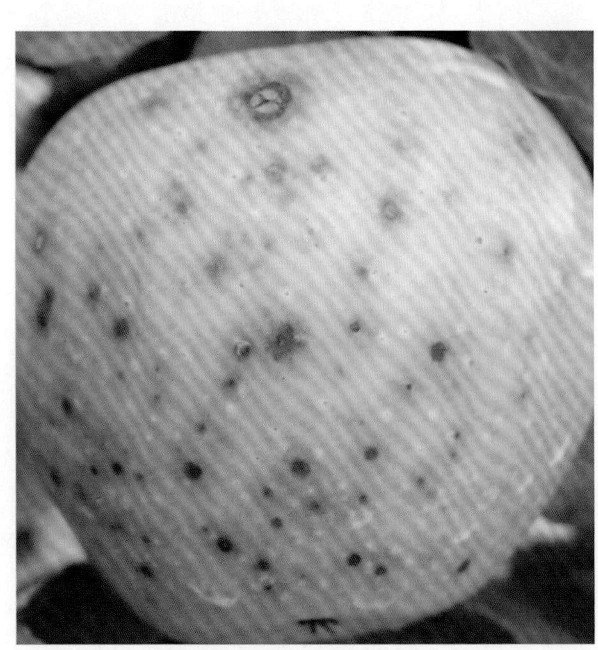

图42-103 苹果果实病害

该时期若发现红蜘蛛为害，应及时防治，用药时应注意结合其他害虫的防治。可以使用3%阿维菌素乳油5 000～6 000倍液、40%哒螨灵悬浮剂5 000～7 000倍液、30%腈吡螨酯悬浮剂2 000～3 000倍液、50%联苯肼酯悬浮剂2 100～3 125倍液、73%炔螨特乳油2 000～3 000倍液、110 g/L乙螨唑悬浮剂5 000～7 500倍液、5%噻螨酮乳油1 666～2 000倍液、20%四螨嗪悬浮剂5 000～6 000倍液、10%喹螨醚乳油4 000～5 000倍液、5%唑螨酯悬浮剂4 000～6 000倍液、10%阿维·四螨嗪（四螨嗪9.9%+阿维菌素0.1%）悬浮剂1 500～2 000倍液、30%乙螨·三唑锡（乙螨唑15%+三唑锡15%）悬浮剂6 700～10 000倍液、16%阿维·哒螨灵（哒螨灵15.6%+阿维菌素0.4%）乳油2 500～3 500倍液、40%联肼·乙螨唑（乙螨唑10%+联苯肼酯30%）悬浮剂8 000～10 000倍液、45%螺螨·三唑锡（螺螨酯25%+三唑锡20%）悬浮剂

5 000 ～ 7 500倍液、13%联菊·丁醚脲（联苯菊酯3%＋丁醚脲10%）悬浮剂3 000 ～ 4 000倍液、15.6%阿维·丁醚脲（丁醚脲15%＋阿维菌素0.6%）乳油2 000 ～ 3 000倍液、7.5%甲氰·噻螨酮（甲氰菊酯5%＋噻螨酮2.5%）乳油750 ～ 1 000倍液等药剂，均匀喷施。

防治苹果蚜虫，可用1.8%阿维菌素乳油3 000 ～ 4 000倍液、2.5%氯氟氰菊酯乳油1 000 ～ 2 000倍液、2.5%高效氯氟氰菊酯乳油1 000 ～ 2 000倍液、25 g/L溴氰菊酯乳油2 000 ～ 3 000倍液、5.7%氟氯氰菊酯乳油1 000 ～ 2 000倍液、20%甲氰菊酯乳油4 000 ～ 6 000倍液、22%噻虫·高氯氟（高效氯氟氰菊酯9.4%＋噻虫嗪12.6%）悬浮剂5 000 ～ 10 000倍液、12%溴氰·噻虫嗪（噻虫嗪9.5%＋溴氰菊酯2.5%）悬浮剂1 450 ～ 2 400倍液等药剂，均匀喷施。

（六）果实成熟期病虫害防治技术

7月下旬以后，苹果进入成熟阶段。这一时期苹果炭疽病、轮纹病开始大量发病，在田间开始出现病斑时，应及时喷药治疗（图42-104）。这时一般天气阴雨、湿度大，霉心病、疫腐病、褐腐病也有发生，

图42-104　苹果果实成熟期疾病为害症状

应注意防治。又是第2代桃小食心虫、苹小食心虫卵、幼虫发生盛期，应注意田间观察，适期防治。一般要施药1～3次。

防治苹果炭疽病、轮纹病，并兼治其他病害，可以使用80%甲基硫菌灵水分散粒剂800～1 000倍液、80%多菌灵水分散粒剂1 000～1 200倍液、20%氟硅唑可湿性粉剂3 000～4 000倍液、80%戊唑醇水分散粒剂5 000～7 000倍液、1.5%噻霉酮水乳剂600～750倍液、40%噻菌灵可湿性粉剂1 000～1 500倍液、32%苯甲·溴菌腈（苯醚甲环唑7%+溴菌腈25%）可湿性粉剂1 500～2 000倍液、30%苯甲·锰锌（代森锰锌20%+苯醚甲环唑10%）悬浮剂4 000～6 000倍液、45%吡醚·甲硫灵（吡唑醚菌酯5%+甲基硫菌灵40%）悬浮剂1 000～2 000倍液、55%硅唑·多菌灵（氟硅唑5%+多菌灵50%）可湿性粉剂800～1 200倍液、60%唑醚·代森联（代森联55%+吡唑醚菌酯5%）水分散粒剂1 000～2 000倍液、80%甲硫·戊唑醇（戊唑醇8%+甲基硫菌灵72%）水分散粒剂800～1 200倍液、50%异菌脲可湿性粉剂600～800倍液、75%百菌清可湿性粉剂600倍液+10%苯醚甲环唑水分散粒剂2 000～2 500倍液、70%代森锰锌可湿性粉剂400～600倍液+12.5%腈菌唑可湿性粉剂2 500倍液、50%多·霉威（多菌灵·乙霉威）可湿性粉剂1 000～1 500倍液、40%霉粉清（三唑酮·多菌灵·福美双）可湿性粉剂600～750倍液、70%甲·福（甲基硫菌灵·福美双）可湿性粉剂800～1 000倍液、50%腈菌·锰锌（腈菌唑·代森锰锌）可湿性粉剂800～1 000倍液、12.5%腈菌唑可湿性粉剂2 500倍液等。

防治苹果食心虫等害虫，可以使用24%甲氧虫酰肼悬浮剂2 500～3 750倍液、5%虱螨脲悬浮剂1 000～2 000倍液、20%虫酰肼悬浮剂1 500～2 000倍液、3%甲氨基阿维菌素苯甲酸盐微乳剂3 000～4 000倍液、20%虫酰肼悬浮剂1 500～2 000倍液、30%高氯·毒死蜱（高效氯氰菊酯3%+毒死蜱27%）水乳剂1 000～1 300倍液、20%甲维·除虫脲（甲氨基阿维菌素苯甲酸盐1%+除虫脲19%）悬浮剂2 000～3 000倍液、14%氯虫·高氯氟（高效氯氟氰菊酯4.7%+氯虫苯甲酰胺9.3%）微囊悬浮剂3 000～5 000倍液、6%甲维·杀铃脲（杀铃脲5.5%+甲氨基阿维菌素苯甲酸盐0.5%）悬浮剂1 500～2 000倍液，均匀喷雾。

（七）营养恢复期病虫害防治技术

进入9月以后，多数苹果已经成熟，采摘后苹果生长进入营养恢复期。这一时期苹果树势较弱，一般天气多阴雨、潮湿，腐烂病又有所发展，应及时刮除树皮腐烂部分，按前面的方法涂抹药剂。这一时期还有炭疽病、轮纹病、早期落叶病为害，应喷施1～2次1∶2∶200倍的波尔多液，保护叶片。

第四十三章　梨树病虫害原色图解

梨树病虫害是影响梨树产量和品质的重要障碍，目前我国梨树病害有90多种，其中，对梨树生产为害较大、发生较普遍的病害有轮纹病、黑星病、黑斑病、锈病、腐烂病等。目前我国梨树害虫有近80多种，其中，对梨树生产为害较大，发生较普遍的害虫有食心虫、梨木虱、梨蚜、梨冠网蝽、梨星毛虫等。

一、梨树病害

1. 梨轮纹病

分　　布　梨轮纹病是我国梨树上的重要病害之一，其发生和为害呈逐年上升趋势。在山东、江苏、上海、浙江等省份为害较重（图43-1）。

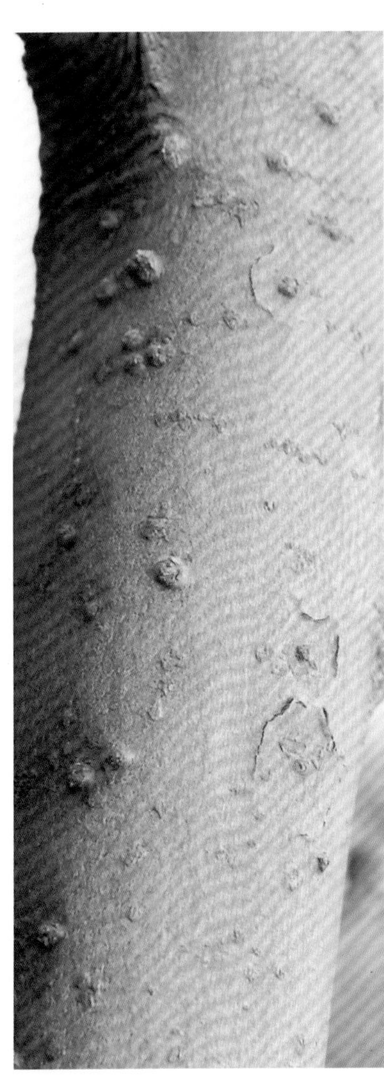

图43-1　梨轮纹病为害枝干症状

症　　状　由梨生囊孢壳菌（*Physalospora piricola*）引起，其无性世代为轮生大茎点菌（*Macrophoma kawatsukai*，属无性型真菌）。主要为害枝干和果实，有时也可为害叶片。枝干受害，以皮孔为中心，先形成暗褐色瘤状突起，病斑扩展后形成近圆形或扁圆形暗褐色坏死斑（图43-2、图43-3）。果实病斑以皮孔为中心，初为水渍状浅褐色至红褐色圆形烂斑，在病斑扩大过程中逐渐形成浅褐色与红褐色至深褐色相间的同心轮纹（图43- 4）。叶片病斑初期近圆形或不规则形，褐色，略显同心轮纹。

图43-2　梨树萌芽前轮纹病为害枝干症状

图43-3　梨轮纹病为害枝干症状

发生规律　菌丝体、分生孢子器及子囊壳在枝干病部越冬。翌年植株发芽时继续扩展侵害枝干。北方梨产区梨树枝干上的老病斑一般在4月上、中旬开始扩展，4月下旬至5月扩展较快，落花后10 d左右的幼果即可受害。从幼果形成至6月下旬最易感病，8月多雨时，采收前仍可受到明显侵染。

防治方法　用合理修剪，合理疏花、疏果。增施有机肥，氮、磷、钾肥料要合理配施，避免偏施氮肥，使树体生长健壮。冬季做好清园工作，减少和消除侵染源，果实套袋。

发芽前喷铲除剂，可喷施3～5波美度石硫合剂混合液，可杀死部分越冬病菌。如果先刮老树皮和病斑再喷药，效果更好。

图43-4　梨轮纹病为害果实症状

发病前主要施用保护剂，以防止病害侵染，可用30%碱式硫酸铜悬浮剂300 ～ 430倍液、80%代森锰锌可湿性粉剂500 ～ 1 000倍液、70%丙森锌可湿性粉剂600 ～ 700倍液、80%敌菌丹可溶性粉剂1 000 ～ 1 200倍液、75%百菌清可湿性粉剂800倍液，间隔7 ～ 14 d喷1次。

果树生长期，喷药的时间是从落花后10 d左右（5月上、中旬）开始，到果实膨大为止（8月上、中旬）。一般年份可喷药4 ～ 5次，即5月上、中旬，6月上、中旬（麦收前），6月中、下旬（麦收后），7月上、中旬，8月上、中旬。如果早期无雨，第一次可不喷，如果雨季结束较早，果园轮纹病不重，最后一次亦可不喷。雨季延迟，则采收前要多喷1次药。可用65%代森锌可湿性粉剂500 ～ 600倍液+70%甲基硫菌灵可湿性粉剂800倍液、80%敌菌丹可湿性粉剂1 000倍液+50%苯菌灵可湿性粉剂1 000倍液、12%苯甲·氟酰胺（苯醚甲环唑5%＋氟唑菌酰胺7%）悬浮剂1 330 ～ 2 400倍液、30%苯甲·吡唑酯（苯醚甲环唑20%＋吡唑醚菌酯10%）悬浮剂15 000 ～ 20 000倍液、75%百菌清可湿性粉剂1 000倍液+40%氟硅唑可湿性粉剂8 000 ～ 10 000倍液、80%代森锰锌可湿性粉剂600 ～ 800倍液+6%氯苯嘧啶醇可湿性粉剂1 000 ～ 1 500倍液、50%异菌脲可湿性粉剂1 000 ～ 1 500倍液、60%噻菌灵可湿性粉剂1 500 ～ 2 000倍液、50%嘧菌酯水分散粒剂5 000 ～ 7 500倍液、25%戊唑醇水乳剂2 000 ～ 2 500倍液、3%多氧霉素水剂400 ～ 600倍液、2%嘧啶核苷类抗生素水剂200 ～ 300倍液、20%邻烯丙基苯酚可湿性粉剂600 ～ 1 000倍液。

2. 梨黑星病

分　　布　梨黑星病是我国北方梨区普遍发生，以辽宁、河北、山东、山西及陕西等省份发生较重，在南方各梨区其为害也在逐年加重（图43-5）。

图43-5　梨黑星病为害叶片、果实症状

症　状　由梨黑星孢（*Fusicladium virescens*，属无性型真菌）引起。能够侵染所有的绿色幼嫩组织，其中以叶片和果实受害最为常见。刚展开的幼叶最易感病，叶部病斑主要出现在叶片背面，以叶脉处较多（图43-6、图43-7）。幼果发病，在果柄或果面形成黑色或墨绿色圆斑，导致果实畸形、开裂，甚至脱落。成果期受害，形成圆形凹陷斑，病斑表面木栓化、开裂，呈“荞麦皮”状（图43-8）。

图43-6　梨黑星病为害叶片正面症状

图43-7　梨黑星病为害叶片背面症状

图43-8　梨黑星病为害果实症状

发生规律　菌丝体和分生孢子在病芽鳞片上越冬，翌年春天发芽时，借雨水传播，造成叶片和果实的初侵染；一般年份从4月下旬至5月上旬开始发病；7—8月进入雨季，叶、幼果发病严重；8月下旬至9月上旬，近成熟的梨果发病重。

防治方法　清除落叶，彻底防治幼树上的黑星病，加强肥水管理，适当疏花、疏果，控制结果量，保持树势旺盛，合理修剪，使树膛内通风透光。

梨树萌芽前喷洒1～3波美度石硫合剂，或用硫酸铜10倍液进行淋洗式喷洒，或在梨芽膨大期用0.1%～0.2%代森铵溶液喷洒枝条。

芽萌动时喷洒药剂预防，如70%代森联水分散粒剂500～700倍液、90%克菌丹水分散粒剂

900 ～ 1 000倍液、50%醚菌酯水分散粒剂3 300 ～ 4 000倍液、70%丙森锌可湿性粉剂600 ～ 700倍液、30%碱式硫酸铜悬浮剂300 ～ 430倍液、80%代森锰锌可湿性粉剂500 ～ 1 000倍液、80%代森锰锌可湿性粉剂700倍液+40%氟硅唑乳油4 000 ～ 5 000倍液、75%百菌清可湿性粉剂800倍液+12.5%烯唑醇可湿性粉剂2 500 ～ 3 000倍液、75%百菌清可湿性粉剂800倍液+12.5%腈菌唑可湿性粉剂2 500 ～ 3 000倍液等。

花前、落花后幼果期，雨季前，梨果成熟前30 d左右是防治该病的关键时期。各喷施1次药剂。可用药剂有，80%代森锰锌可湿性粉剂700倍液+50%醚菌酯水分散粒剂4 000 ～ 5 000倍液、75%百菌清可湿性粉剂800倍液+10%苯醚甲环唑水分散粒剂5 000 ～ 7 000倍液、50%腈·锰锌（腈菌唑·代森锰锌）可湿性粉剂800 ～ 1 000倍液、40%氟硅唑乳油8 000 ～ 10 000倍液、45%苯醚甲环唑悬浮剂12 000 ～ 18 000倍液、40%腈菌唑悬浮剂6 667 ～ 10 000倍液、35%氟菌唑可湿性粉剂3 500 ～ 4 500倍液、12.5%烯唑醇可湿性粉剂3 000 ～ 4 000倍液、15%亚胺唑可湿性粉剂3 000 ～ 3 500倍液、70%甲基硫菌灵水分散粒剂800 ～ 1 000倍液、50%苯菌灵可湿性粉剂1 000 ～ 2 000倍液、75%苯甲·二氰（二氰蒽醌55%＋苯醚甲环唑20%）水分散粒剂10 000 ～ 15 000倍液、12%苯甲·氟酰胺（苯醚甲环唑5%＋氟唑菌酰胺7%）悬浮剂1 330 ～ 2 400倍液、30%苯甲·吡唑酯（苯醚甲环唑20%＋吡唑醚菌酯10%）悬浮剂15 000 ～ 20 000倍液、70%苯醚·甲硫（甲基硫菌灵61.6%＋苯醚甲环唑8.4%）可湿性粉剂6 000 ～ 7 000倍液、55%苯甲·锰锌（代森锰锌50%＋苯醚甲环唑5%）可湿性粉剂3 500 ～ 4 500倍液、45%苯醚·戊唑醇（苯醚甲环唑20%＋戊唑醇25%）悬浮剂3 700 ～ 7 300倍液、40%甲硫·腈菌唑（甲基硫菌灵30%＋腈菌唑10%）悬浮剂2 000 ～ 2 500倍液、70%甲硫·氟硅唑（甲基硫菌灵60%＋氟硅唑10%）可湿性粉剂2 000 ～ 3 000倍液、60%锰锌·腈菌唑（腈菌唑2%＋代森锰锌58%）可湿性粉剂900 ～ 1 500倍液、60%氟菌·多菌灵（氟菌唑10%＋多菌灵50%）可湿性粉剂1 200 ～ 1 400倍液、80%多·锰锌（多菌灵15%＋代森锰锌65%）可湿性粉剂600 ～ 800倍液、30%唑醚·戊唑醇（戊唑醇20%＋吡唑醚菌酯10%）悬浮剂2 000 ～ 3 000倍液、32.5%锰锌·烯唑醇（烯唑醇2.5%＋代森锰锌30%）可湿性粉剂400 ～ 600倍液、50%锰锌·氟硅唑（代森锰锌40%＋氟硅唑10%）可湿性粉剂2 000 ～ 3 000倍液、50%多菌灵可湿性粉剂600倍液+50%福美双可湿性粉剂500倍液、5%亚胺唑可湿性粉剂600 ～ 800倍液等。

3. 梨黑斑病

分　　布　梨黑斑病是梨树常见病害，主要为害日本梨，也是贮藏期主要病害之一。全国普遍发生，以南方发生较重。

症　　状　由菊池链格孢（*Alternaria kikuchiana*，属无性型真菌）引起。主要为害果实、叶片及新梢。病叶上开始时产生针头大、圆形、黑色的斑点（图43-9），后斑点逐渐扩大成近圆形或不规则形，中心灰白色，边缘黑褐色，有时微现轮纹（图43-10、图43-11）。潮湿时，病斑表面遍生黑霉。果实染病，初在幼果面上产生1至数个黑色圆形针头大斑点，逐渐扩大成近圆形或椭圆形。病斑略凹陷，表面遍生黑霉。果实长大时，果面发生龟裂，裂隙可深达果心，在裂缝内也会产生很多黑霉，病果往往早落（图43-12）。

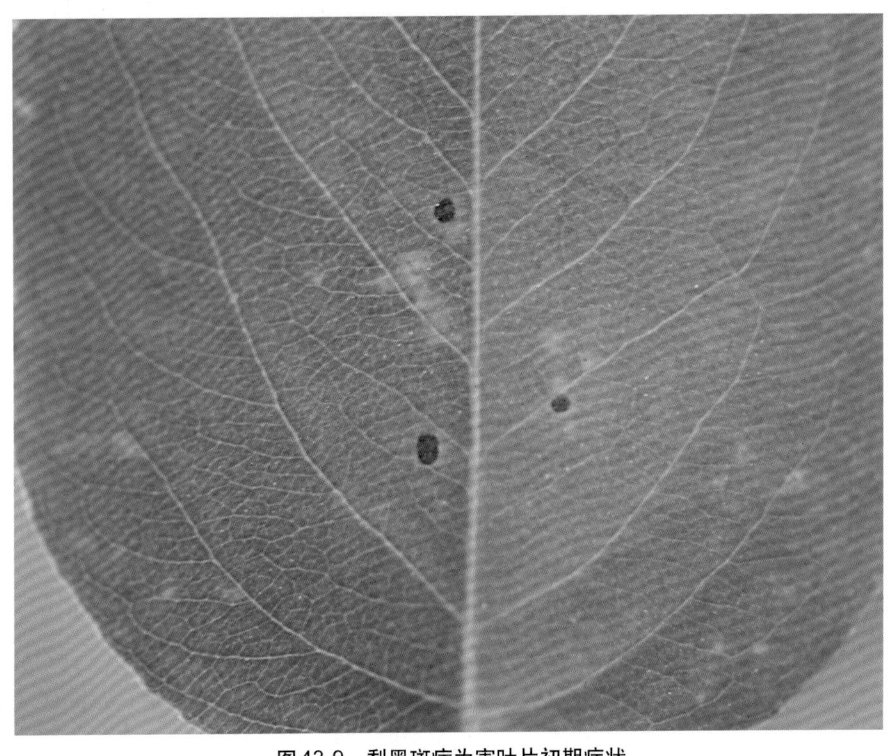

图43-9　梨黑斑病为害叶片初期症状

图43-10　梨黑斑病为害叶片中期症状

图43-11　梨黑斑病为害叶片后期症状

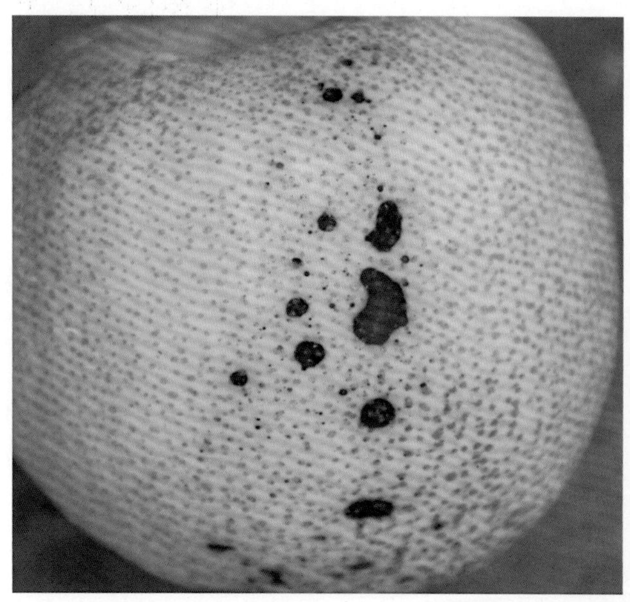

图43-12　梨黑斑病为害果实症状

发生规律　分生孢子及菌丝体在病梢、芽及病叶、病果上越冬。第二年春季，分生孢子通过风雨传播，引起初次侵染。以后新旧病斑上陆续产生分生孢子，引起重复侵染。在南方梨区，一般从4月下旬开始发生至10月下旬以后才逐渐停止，而以6月上旬至7月上旬，即梅雨季节发病最严重。在华北梨区，一般从6月开始发病，7—8月雨季为发病盛期。

防治方法　在果树萌芽前应做好清园工作。剪除有病枝梢，清除果园内的落叶、落果，全部加以销毁。在果园内间作绿肥，或增施有机肥料，促使生长健壮，增强植株抵抗力，以减轻发病。套袋可以减轻发病。

可于梨树发芽前喷药保护，在3月上、中旬喷1次0.3%～0.5%五氯酚钠，混合5波美度石硫合剂、50%福美双可湿性粉剂100倍液，以消灭枝干上越冬的病菌。

在果树生长期，一般在落花后至梅雨期结束前，即在4月下旬至7月上旬喷药保护，可以用65%代森锌可湿性粉剂500～600倍液、75%百菌清可湿性粉剂800倍液、80%敌菌丹可溶性粉剂1 000～1 200倍液、86.2%氧化亚铜干悬浮剂800倍液、80%代森锰锌可湿性粉剂700倍液，间隔期为10 d左右，共喷药2～3次。

为了保护果实，套袋前必须喷1次，开花前和开花后各喷1次。可用3%多抗霉素可湿性粉剂

150 ～ 600倍液、35%氟菌·戊唑醇（戊唑醇17.5%+氟吡菌酰胺17.5%）悬浮剂2 000 ～ 3 000倍液、50%多抗·喹啉铜（多抗霉素5%+喹啉铜45%）可湿性粉剂800 ～ 1 000倍液、50%异菌脲可湿性粉剂1 500 ～ 2 000倍液、80%代森锰锌可湿性粉剂700倍液+10%苯醚甲环唑水分散粒剂3 000倍液、50%苯菌灵可湿性粉剂1 500 ～ 1 800倍液、50%嘧菌酯水分散粒剂5 000 ～ 7 000倍液、25%吡唑醚菌酯乳油1 000 ～ 3 000倍液、12.5%烯唑醇可湿性粉剂2 500 ～ 4 000倍液、24%腈苯唑悬浮剂2 500 ～ 3 000倍液、40%腈菌唑水分散粒剂6 000 ～ 7 000倍液、25%戊唑醇水乳剂2 000 ～ 2 500倍液、3%多氧霉素水剂400 ～ 600倍液、1.5%多抗霉素可湿性粉剂200 ～ 500倍液。

4. 梨锈病

分　　布　梨锈病是梨树重要病害之一，在我国南北梨区普遍发生，在果园附近有较多松、柏等松柏类植物的地区，发病较为严重。

症　　状　由梨胶锈菌（*Gymnosporangium haraeanum*，属担子菌亚门真菌）引起。主要为害幼叶、叶柄、幼果及新梢。起初在叶正面发生橙黄色、有光泽的小斑点，后逐渐扩大为近圆形的病斑，中部橙黄色，边缘淡黄色，最外面有一层黄绿色的晕圈。天气潮湿时，其上溢出淡黄色黏液。病斑组织逐渐变肥厚，叶片背面隆起，正面微凹陷，在隆起部位长出灰黄色的毛状物（图43-13 ～图43-15）。幼果染病，初期病斑大体与叶片上的相似。病果生长停滞，往往畸形早落。

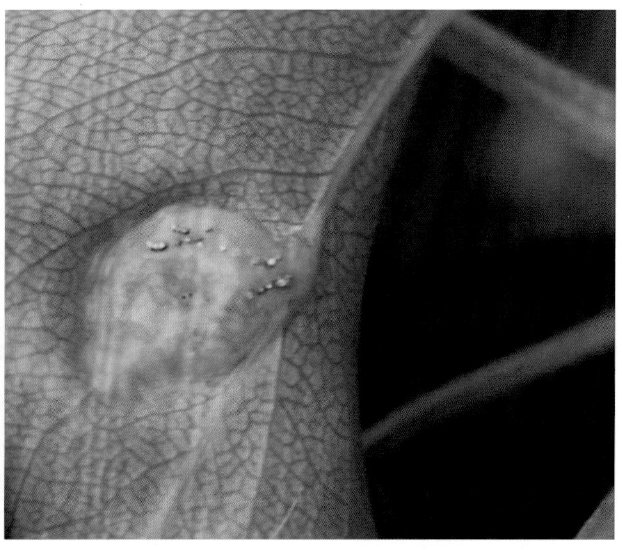

图43-13　梨锈病为害叶片正、背面症状

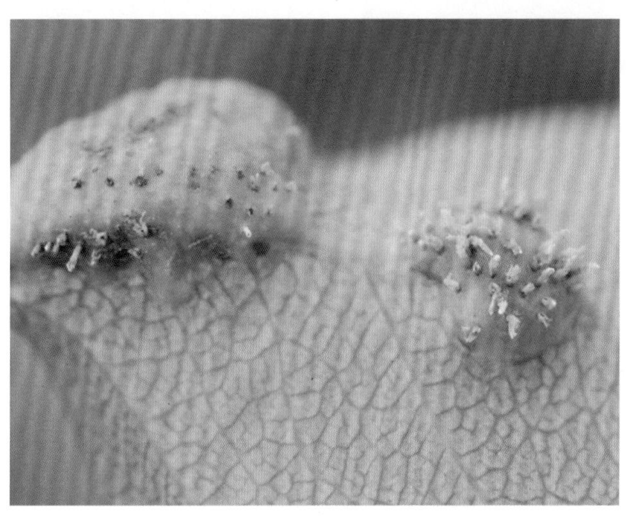

图43-14　梨锈病为害叶片背面的锈孢子腔

图43-15　梨锈病为害后期叶片正面的性子器

发生规律 只在春季侵染1次，多年生菌丝体在松柏类植物的发病部位越冬，在3月产生冬孢子角。冬孢子角在梨树发芽展叶期萌发，产生担孢子，随风传播至梨树的嫩叶、新梢及幼果上，遇适宜条件萌发，产生芽管，直接从表皮细胞或气孔侵入。梨树从展叶开始直至展叶后20 d容易被感染。刚落花的幼果易受害，成长期的果实也可被侵染。3月下旬与4月下旬雨水多时发病重（图43-16）。

图43-16 梨锈病病害循环

1.病叶前期 2.性孢子器 3.病叶及病果后期 4.锈子器 5.锈孢子 6.桧柏上的干燥冬孢子角 7.吸水膨胀后的冬孢子角 8.冬孢子萌发，产生担子和担孢子

防治方法 防治策略是控制初侵染来源，新建梨园应远离桧柏、龙柏等柏科植物，防止担孢子侵染梨树，是防治梨锈病的根本途径。

在梨树萌芽前在桧柏等转主寄主上喷药1 ～ 2次，以抑制冬孢子萌发。较好的药剂有2 ～ 3波美度石硫合剂、1 ∶（1 ～ 2）∶（100 ～ 160）的波尔多液等。

在生长期喷药保护梨树，一般年份可在梨树发芽期喷第一次药，隔10 ～ 15 d再喷1次即可；春季多雨的年份，应在花前喷1次，花后喷1 ～ 2次，每次间隔10 ～ 15 d。

可用20%三唑酮乳油800 ～ 1 000倍液+75%百菌清可湿性粉剂600倍液、12.5%烯唑醇可湿性粉剂1 500 ～ 2 000倍液、65%代森锌可湿性粉剂500 ～ 600倍液+40%氟硅唑乳油8 000倍液、20%萎锈灵乳油600 ～ 800倍液+65%代森锌可湿性粉剂500倍液、25%邻酰胺悬浮剂500 ～ 800倍液、30%醚菌酯悬浮剂2 000 ～ 3 000倍液、25%肟菌酯悬浮剂2 000 ～ 4 000倍液、12.5%氟环唑悬浮剂1 500 ～ 2 000倍液、40%氟硅唑乳油6 000 ～ 8 000倍液、50%粉唑醇可湿性粉剂2 000 ～ 2 500倍液、5%已唑醇悬浮剂1 000 ～ 2 000倍液、25%丙环唑乳油1 500 ～ 2 000倍液，均匀喷施。

5. 梨褐腐病

分　　布 梨褐腐病是仁果类生长后期和贮藏期重要病害，在全国各梨产区普遍发生重。

症　　状 由仁果丛梗孢（*Monilia fructigena*）引起。只为害果实。在果实近成熟期发生，初为暗褐色病斑，逐步扩大，几天可使全果腐烂，斑上生黄褐色绒状颗粒，成轮状排列，表生大量分生孢子梗和分生孢子，树上多数病果落地腐烂，残留在树上的病果变成黑褐色僵果（图43-17、图43-18）。

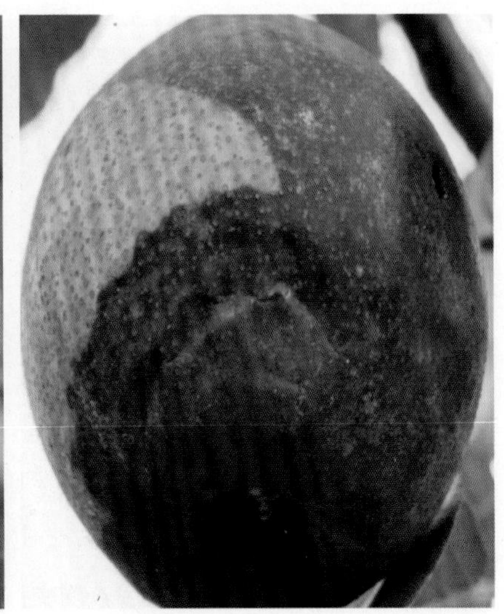

图43-17 梨褐腐病为害果实症状

发生规律　菌丝体在树上僵果和落地病果内越冬，在翌春产生分生孢子，借风雨传播，自伤口或皮孔侵入果实。8月上旬至9月上旬果实近成熟期多雨潮湿时发病重。在果实贮运中，靠接触传播。在高温、高湿及挤压条件下，易产生大量伤口，病害常蔓延。

防治方法　及时清除初侵染源，发现落果、病果、僵果等立即清出园外，集中烧毁或深埋；在早春、晚秋实行果园翻耕。适时采收，减少伤口。严格挑选，去除病、伤果，分级包装，避免碰伤。贮窖保持1～2℃，相对湿度90%。

图43-18　梨褐腐病为害果实后期的绒状颗粒

发病较重的果园，花前喷施45%晶体石硫合剂30倍液药剂保护。

落花后，病害发生前期，可用35%氟菌·戊唑醇（戊唑醇17.5%+氟吡菌酰胺17.5%）悬浮剂2 00～3 000倍液、70%甲基硫菌灵可湿性粉剂800倍液、50%多菌灵可湿性粉剂600～800倍液、50%苯菌灵可湿性粉剂1 000倍液、77%氢氧化铜微粒可湿性粉剂500倍液等。

在8月下旬至9月上旬、果实成熟前喷药2次，可用50%克菌丹可湿性粉剂400～500倍液、20%唑菌胺酯水分散性粒剂1 000～2 000倍液、24%腈苯唑悬浮剂2 500～3 200倍液。

果实贮藏前，用50%甲基硫菌灵可湿性粉剂700倍液浸果10 min，晾干后贮藏。

6. 梨树腐烂病

分　　布　梨树腐烂病是梨树主要枝干病害，主要为害西洋梨。在我国东北、华北、西北及黄河故道地区都有发生。

症　　状　由梨黑腐皮壳（*Valsa ambiens*，属子囊菌亚门真菌）引起。为害枝干，引起枝枯和溃疡两种症状（图43-19～图43-22）。枝枯型：衰弱的梨树小枝上，病斑形状不规则，边缘不明显，扩展迅速，很快包围整个枝干，使枝干枯死，并密生黑色小粒点。溃疡型：树皮上的初期病斑椭圆形或不规则形，稍隆起，皮层组织变松，呈水渍状湿腐，红褐色至暗褐色。以手压之，病部稍下陷并溢出红褐色汁液，此时组织解体，易撕裂，并有酒糟味。果实受害，初期病斑圆形，褐色至红褐色软腐，后期中部散生黑色小粒点，并使全果腐烂。

图43-19　梨树腐烂病为害萌芽前症状

图43-20　梨树腐烂病枝干上的黄色孢子角

图43-21 梨树腐烂病枝枯型为害症状

图43-22 梨树腐烂病溃疡型为害枝干症状

发生规律　以子囊壳、分生孢子器和菌丝体的形式在病组织上越冬，在春季形成子囊孢子或分生孢子，借风雨传播，造成新的侵染。一年中在春季盛发，夏季停止扩展，秋季再活动，冬季又停滞，出现两个高峰期。结果盛期管理不好，树势弱，水肥不足的易发病。

防治方法　增施有机肥料，适期追肥；防止冻害发生；适量疏花疏果；合理间作，提高树势。结合冬剪，将枯梢、病果台、干桩、病剪口等死组织剪除，减少侵染源。

早春、夏季注意查找病部，认真刮除病组织，涂抹杀菌剂。刮树皮：在梨树发芽前刮去翘起的树皮及坏死的组织，刮皮后结合涂药或喷药。可喷布50%福美双可湿性粉剂50倍液、70%甲基硫菌灵可湿性粉剂1份加植物油2.5份、50%多菌灵可湿性粉剂1份加植物油1.5份混合等，以防止病疤复发。

7. 梨炭疽病

分布为害　梨炭疽病在我国各梨种植区均有分布，发病后引起果实腐烂和落果，对产量影响较大。

症　　状　由围小丛壳菌（*Glomerella cingulata*）引起。子囊壳聚生，子囊孢子单胞，略弯曲，无色。主要为害果实，也能侵害枝条。果实多在生长中、后期发病。发病初期，果面出现淡褐色水渍状的小圆斑，以后病斑逐渐扩大，色泽加深，并且软腐下陷。病斑表面颜色深浅交错，具明显的同心轮纹。在病斑处表皮下，形成无数小粒点，略隆起，初褐色，后变黑色。有时它们排成同心轮纹状。在温暖潮湿的情况下，它们突破表皮，涌出一层粉红色的黏质物。随着病斑的逐渐扩大，病部烂入果肉直到果心，使果肉变褐，有苦味。果肉腐烂的形状常呈圆锥形。发病严重时，果实大部分或整个腐烂，引起落果或在枝条上干缩成僵果（图43-23）。

图43-23　梨炭疽病为害果实后期症状

发生规律　病菌以菌丝体的形式在僵果或病枝上越冬。第二年条件适宜时产生分生孢子，借风雨传播，引起初侵染。多以越冬病菌为中心，然后向下扩展蔓延。一年内可多次侵染，直到采收。病害的发生和流行与雨水有密切关系，4—5月多阴雨的年份，侵染早；6—7月阴雨连绵，发病重。地势低洼、土壤黏重、排水不良的果园发病重。树势弱、日灼严重、病虫害防治不及时和通风透光不良的梨树发病重。

防治方法　冬季结合修剪，把病菌的越冬场所，如干枯枝、病虫为害破伤枝及僵果等剪除，并烧毁。多施有机肥，改良土壤，增强树势，雨季及时排水，合理修剪，及时中耕除草。

发病前注意施用保护剂，可用80%代森锰锌可湿性粉剂700倍液、25%嘧菌酯悬浮剂800 ～ 1 500倍液、80%敌菌丹可溶性粉剂1 000 ～ 1 200倍液、75%百菌清可湿性粉剂800倍液、65%代森锌可湿性粉剂500 ～ 600倍液等，间隔7 ～ 12 d喷施1次。

北方发病严重的地区，从5月下旬或6月初开始，每15 d左右喷1次药，直到采收前20 d为止，连续喷4 ～ 5次。雨水多的年份，喷药间隔期缩短些，并适当增加次数。可用25%嘧菌酯悬浮剂800 ～ 1 500倍液、12%苯醚·噻霉酮（苯醚甲环唑10% +噻霉酮2%）水乳剂4 000 ～ 5 000倍液、50%异菌脲可湿性粉剂2 000倍液、10%多氧霉素可湿性粉剂2 000倍液、86.2%氧化亚铜干悬浮剂800倍液、80%代森锰锌可湿性粉剂700倍液+10%苯醚甲环唑水分散粒剂6 000倍液、80%代森锰锌可湿性粉剂700倍液+50%多菌灵可湿性粉剂800倍液、70%甲基硫菌灵可湿性粉剂1 000倍液+80%敌菌丹可溶性粉剂1 000 ～ 1 200倍液、4%嘧啶核苷酸类抗生素水剂600 ～ 800倍液、80%敌菌丹可湿性粉剂1 000倍液+50%苯菌灵可湿性粉剂1 000倍液、75%百菌清可湿性粉剂1 000倍液+40%氟硅唑可湿性粉剂8 000 ～ 10 000倍液、80%代森锰锌可湿性粉剂600 ～ 800倍液+6%氯苯嘧啶醇可湿性粉剂1 000 ～ 1 500倍液等药剂，均匀喷施。

8. 梨树干枯病

症　状　由福士拟茎点霉（*Phomopsis fukushii*，属无性型真菌）引起。苗木受害时，在茎基部表面产生椭圆形、梭形或不规则形的红褐色水渍状病斑；以后病斑逐渐凹陷，病、健交界处产生裂缝，并在病斑表面密生黑色小粒点。大树的主枝和分枝受害初期为近圆形、深色水渍状斑点，发病部位浅，随病情发展，病斑扩大成近椭圆形褐色斑，皮层也进一步腐烂并凹陷，病健交界处裂开。重病枝干皮层折裂翘起，露出木质部，整枝枯死（图43-24、图43-25）。

图43-24　梨树干枯病为害枝干症状

图43-25　梨树干枯病为害树干基部症状

发生规律　以菌丝体和分生孢子器的形式在病部越冬，在翌春产生分生孢子，借风雨及昆虫传播，引起初侵染。高湿条件下，侵入的病菌产生孢子进行再侵染。6月气温较高，病斑扩展更快。土层瘠薄的山地或沙质土壤，以及地势低洼、土壤黏重、排水不良、施肥不足、通风不良的梨园发病均较重。

防治方法　梨树干枯病可以通过苗木传播，所以调出的苗木必须经过检疫。增施肥料、合理修剪、剪除病枯枝、适时灌水，低洼地注意排水。

早春萌芽前喷5波美度石硫合剂1次；在苗木生长期，可喷布1 ：2 ：200波尔多液、70%甲基硫菌灵可湿性粉剂1 000 ～ 1 200倍液等。

发病初期，喷50%苯菌灵可湿性粉剂1 500倍液、40%多·硫悬浮剂600倍液。也可刮除病斑，再涂50%福美双可湿性粉剂50倍液、70%甲基硫菌灵可湿性粉剂1份加植物油2.5份、50%多菌灵可湿性粉剂1份加植物油1.5份。

9. 梨褐斑病

症　状　由梨球腔菌（*Mycosphaerella sentina*，属子囊菌亚门真菌）引起。主要为害叶片，最初产生圆形、近圆形的褐色病斑，边缘明显，后渐扩大，相互汇合形成不规则形大斑。后期，病斑中间灰白色，密生黑色小点，周围褐色，最外层边缘为黑色（图43-26 ～图43-28）。

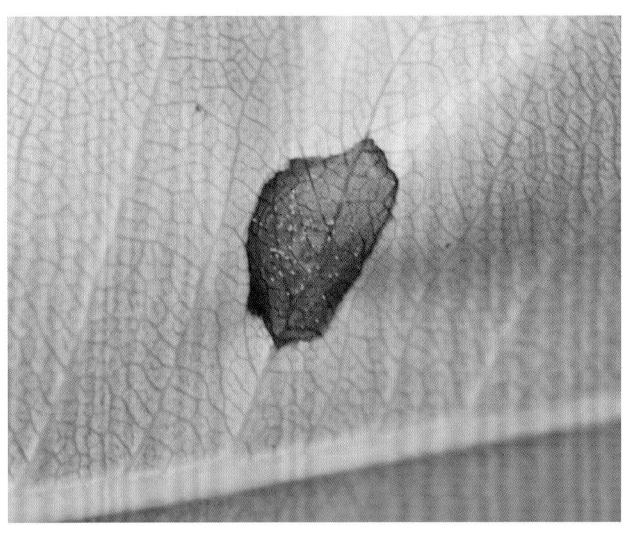

图43-26　梨褐斑病为害叶片正、背面症状

图43-27　梨褐斑病为害叶片后期症状

图43-28　梨褐斑病为害后期落叶状

发生规律　以分生孢子器及子囊壳的形式在落叶的病斑上越冬。在翌春通过风雨散播分生孢子或子囊孢子，侵入叶片，引起初侵染。在梨树生长期，产生成熟的分生孢子，可通过风雨传播，再次侵害叶片。病害一般在4月中旬开始发生，5月中、下旬盛发。发病严重的，在5月下旬就开始落叶，7月中、下旬落叶最严重。

防治方法　冬季扫除落叶，集中烧毁或深埋土中。在梨树丰产后，应增施肥料，促使树势生长健壮，提高抗病力。

早春梨树发芽前，结合防治梨锈病，喷施0.6%倍量式波尔多液，或喷1次3波美度石硫合剂+200倍五氯酚钠，或1 ∶ 2 ∶ 200波尔多液。

落花后，约4月中、下旬病害初发时，喷第一次药；5月上、中旬再喷1次药。

可用药剂：80%代森锰锌可湿性粉剂800 ～ 1 000倍液、75%百菌清可湿性粉剂600 ～ 800倍液、70%甲基硫菌灵可湿性粉剂600 ～ 800倍液、10%苯醚甲环唑水分散粒剂3 000 ～ 5 000倍液、12.5%烯唑醇可湿性粉剂2 500倍液、62.5%仙生（腈菌唑·代森锰锌）可湿性粉剂800倍液、50%异菌脲可湿性粉剂1 000 ~ 1 500倍液、50%苯菌灵可湿性粉剂1 500 ~ 1 800倍液、50%嘧菌酯水分散粒剂5 000 ~ 7 000倍液、25%吡唑醚菌酯乳油1 000 ~ 3 000倍液、24%腈苯唑悬浮剂2 500 ~ 3 200倍液、40%腈菌唑水分散粒剂6 000 ~ 7 000倍液。

10. 梨树白粉病

症　状　由梨球针壳（*Phyllactinia pyri*，属子囊菌亚门真菌）引起。主要为害老叶，先在树冠下部老叶上发生，再向上蔓延。最初在叶背面产生圆形的白色霉点，继续扩展成不规则形白色粉状霉斑（图43-29），严重时布满整个叶片。着生白色霉斑的叶片正面组织初呈黄绿色至黄色不规则病斑，严重时病叶萎缩、变褐枯死或脱落。后期白粉状物上产生黄褐色至黑色的小颗粒。

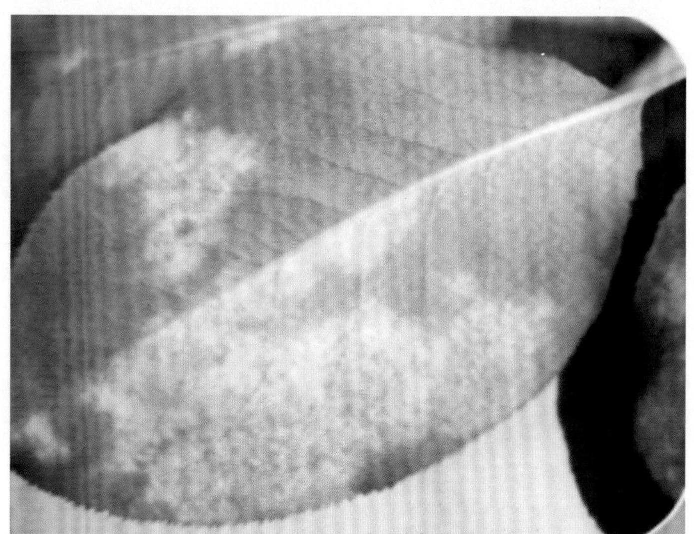

图43-29　梨白粉病为害叶片症状

发生规律　闭囊壳在落叶上或黏附在枝干表面越冬。翌年6—7月子囊孢子成熟，借风传播。从7月开始发病，秋季为发病盛期。春季温暖干旱，夏季凉爽，秋季晴朗年份病害易流行。密植梨园，通风不畅、排水不良或偏施氮肥的梨树容易发病。

防治方法　秋后彻底清扫落叶，并进行土壤耕翻，冬剪或梨树发芽时剪除病枝梢，集中烧毁或深埋。合理施肥，适当修剪。

发芽前喷1次3 ~ 5波美度石硫合剂，杀死树上越冬病菌。一般于花前和花后各喷1次，可用30%醚菌酯可湿性粉剂2 500 ~ 5 000倍液、10%苯醚甲环唑水分散粒剂6 000倍液、70%甲基硫菌灵可湿性粉剂1 000 ~ 1 500倍液、20%三唑酮乳油1 500倍液等。

11. 梨干腐病

症　状　由葡萄座腔菌（*Botryosphaeria* sp.，属子囊菌亚门真菌）的真菌引起。枝干出现黑褐色、长条形病斑，质地较硬，微湿润，多烂到木质部。病斑扩展到枝干半圈以上时，常造成病部以上叶片萎蔫，枝条枯死。后期病部失水，凹陷，周围龟裂，表面密生黑色小粒点。梨干腐病菌也侵害果实，造成果实腐烂（图43-30 ~ 图43-32）。

图43-30　梨干腐病为害枝干症状

图43-31　梨干腐病为害枝条叶片萎蔫状

发生规律　分生孢子器在发病的枝干上越冬，春季潮湿条件下病斑上形成分生孢子，借雨水传播，在当年枝干和果实上初侵染。发病高峰是在近成熟期。树势衰弱，土壤水分供应不足，能加快病斑扩展。在管理粗放的地区和园区发病较重。

防治方法　对苗木和幼枝合理施肥，控制枝条徒长。干旱时应及时灌水。在萌芽前期，可喷施160倍量式波尔多液。

发病初期，可刮除病斑，并喷施45%晶体石硫合剂300倍液、75%百菌清可湿性粉剂700倍液、50%苯菌灵可湿性粉剂500倍液、36%甲基硫菌灵悬浮剂600倍液等。

图43-32　梨干腐病为害整树症状

12. 梨轮斑病

症　　状　由苹果链格孢（*Alternaria mali*）引起。分生孢子梗束状，暗褐色，弯曲多孢。分生孢子顶生，短棒槌形，暗褐色，有2～5个横隔，1～3个纵隔，有短柄。主要为害叶片、果实和枝条。叶片受害，前期出现针尖大小黑点，后扩展为暗褐色、圆形或近圆形病斑，具明显的轮纹（图43-33）。在潮湿条件下，病斑背面产生黑色霉层。新梢染病，病斑黑褐色，长椭圆形，稍凹陷。果实染病，形成圆形、黑色凹陷斑。

发生规律　病菌以分生孢子的形式在病叶等病残体上越冬。生长势弱、伤口较多的梨树易发病；树冠茂密，通风透光较差，地势低洼的梨园发病重。

图43-33　梨轮斑病为害叶片症状

防治方法　清除落叶，对幼树进行彻底防治，加强肥水管理，适当疏花、疏果，控制结果量，保持树势旺盛，合理修剪，使树膛内通风透光。

芽萌动时喷洒药剂预防，如80%代森锰锌可湿性粉剂700倍液、75%百菌清可湿性粉剂800倍液、50%多菌灵可湿性粉剂800倍液等。

花前、落花后幼果期，雨季前，梨果成熟前30 d左右是防治该病的关键时期。各喷施1次药剂。可用药剂有80%代森锰锌可湿性粉剂700倍液+50%醚菌酯水分散粒剂4 000～5 000倍液、75%百菌清可湿性粉剂800倍液+10%苯醚甲环唑水分散粒剂5 000～7 000倍液、50%多·福（多菌灵·福美双）可湿性粉剂400 ～ 600倍液、50%腈·锰锌（腈菌唑·代森锰锌）可湿性粉剂800 ～ 1 000倍液、50%多菌灵可湿性粉剂600倍液+50%福美双可湿性粉剂500倍液、5%亚胺唑可湿性粉剂600 ～ 800倍液、30%多·烯（多菌灵·烯唑醇）可湿性粉剂1 000 ～ 1 500倍液。

13.梨灰斑病

症　状　由梨叶点霉（*Phyllosticta pirina*）引起。主要为害叶片，叶片受害后先在正面出现褐色小点，逐渐扩大成近圆形、灰白色病斑，病斑扩展到叶背面。后期叶片正面病斑上生出黑褐色小粒点，病斑表面易剥离（图43- 34、图43-35）。

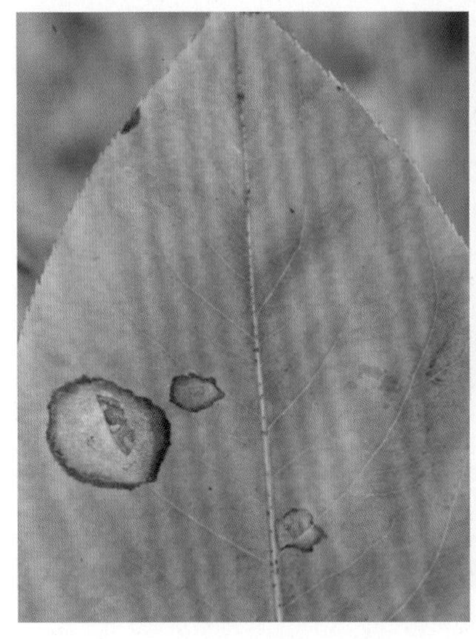

图43-34　梨灰斑病为害叶片症状

发生规律　病菌以分生孢子器的形式在病落叶上越冬，翌年条件适宜时产生分生孢子，借风雨传播，可进行再侵染。每年6月即可发病，7—8月为发病盛期，多雨年份发病重。

防治方法　冬季清洁果园，及时清除病残叶，深埋或销毁减少越冬菌源。

在发病前或雨季前喷药预防，可喷施倍量式波尔多液200 ～ 400倍液、3%多抗霉素可湿性粉剂150 ～ 600倍液、50%多菌灵可湿性粉剂700 ～ 800倍液、70%甲基硫菌灵可湿性粉剂800倍液，间隔10 ～ 15 d，一般年份喷施2 ～ 3次，多雨年份喷施3 ～ 4次。

图43-35　梨灰斑病为害叶片后期田间症状

14.梨斑纹病

症　状　由叶点霉属（*Phyllosticta* spp.）的多种病菌引起。主要为害叶片，多数从叶缘开始发病，初为褐色斑，逐渐扩展成淡褐色大斑，有明显的波状轮纹（图43-36）。

发生规律　病菌在落叶的病斑上越冬，于翌年春季产生分生孢子，借风传播，多从叶缘小孔侵入。

防治方法　在冬季扫除落叶，集中烧毁，或深埋土中。在梨树丰产后，应增施肥料，促使树势生长，提高抗病力。

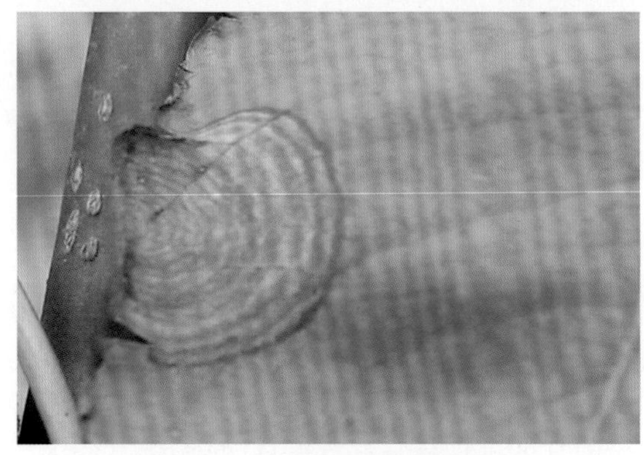

图43-36　梨斑纹病为害叶片症状

早春梨树发芽前，结合防治梨锈病，喷施0.6%倍量式波尔多液，或喷1次3波美度石硫合剂、1：2：200波尔多液。

落花后，约4月中、下旬病害初发时，喷第一次药；5月上、中旬再喷1次药。可用80%代森锰锌可湿性粉剂800 ～ 1 000倍液、75%百菌清可湿性粉剂600 ～ 800倍液、70%甲基硫菌灵可湿性粉剂600 ～ 800倍液、10%苯醚甲环唑水分散粒剂3 000 ～ 5 000倍液、12.5%烯唑醇可湿性粉剂2 500倍液、62.5%腈菌唑·代森锰锌可湿性粉剂800倍液、50%异菌脲可湿性粉剂1 000 ～ 1 500倍液、50%苯菌灵可湿性粉剂1 500 ～ 1 800倍液、50%嘧菌酯水分散粒剂5 000 ～ 7 000倍液、25%吡唑醚菌酯乳油1 000 ～ 3 000倍液、24%腈苯唑悬浮剂2 500 ～ 3 200倍液、40%腈菌唑水分散粒剂6 000 ～ 7 000倍液。

15. 梨霉污病

症　　状　由仁果粘壳孢（*Gloeodes pomigena*）引起。分生孢子器半球形，分生孢子椭圆形至圆筒形，无色，成熟时双细胞，两端尖，壁厚，单细胞。为害果实、枝条，严重时也为害叶，在果面产生深褐色或黑色煤烟状污斑，边缘不明显，可覆盖整个果面，一般用手擦不掉。有时在新梢及叶面也产生霉污状斑（图43-37）。

图43-37　梨霉污病为害果实症状

发生规律　以分生孢子器的形式在病枝上越冬。翌春，气温回升，分生孢子借风传播为害，进入雨季更严重。菌丝体多着生于果面，个别菌丝侵入果皮下层。在降雨较多年份，低洼潮湿，积水，地面杂草丛生，树冠郁闭，通风不良等果园中发病常重。

防治方法　加强果园管理，雨季及时割除树下杂草，及时排除积水，降低果园湿度。发病初期，可用50%甲基硫菌灵可湿性粉剂600 ～ 800倍液、50%多菌灵可湿性粉剂500 ～ 600倍液、40%多·硫悬浮剂500 ～ 600倍液、50%苯菌灵可湿性粉剂1 500倍液、77%氢氧化铜微粒可湿性粉剂500倍液，间隔10 d左右喷1次，共2 ～ 3次。

16. 梨叶脉黄化病

症　　状　由梨茎凹病毒（*Pear stem pitting virus*，PSPV）引起。这种病毒在梨上普遍存在，黄脉和红色斑驳在梨上的并发症，可能由同一种病毒引起。主要为害叶片，致梨树生长量减半。在感病品种或指示植物上，5月末或6月初，叶片沿叶脉和支脉产生褪绿的带状条斑（图43-38、图43-39）。

图43-38　梨叶脉黄化病病叶

发生规律　可以嫁接传染，也可机械传染到草本寄主上。带毒苗木、接穗、砧木是病害的主要侵染来源。把病芽和指示植物的芽，同时嫁接在一株砧木上，指示植物在嫁接当年即表现症状。

防治方法　栽培无病毒苗木。剪取在37℃恒温下生长2 ～ 3周的梨苗新梢顶端部分，进行组织培养，繁殖无毒的单株。

禁止在大树上高接繁殖无病毒新品种。禁止用无病毒的梨接穗在未经检毒的梨树上进行高接繁殖或保存。

加强梨苗检疫，防止病毒扩散蔓延。建立健全无病毒母本树的病毒检验和管理制度，把好检疫关，杜绝病毒侵入和扩散。

图43-39 梨叶脉黄化病病叶严重时症状

17. 梨环纹花叶病

分布为害 梨环纹花叶病分布广泛。带毒梨树的干周生长量减少10%，树势衰弱并且容易遭受冻害。

症 状 由梨环纹花叶病毒（*Pear ring mosaic virus*，PRMV）引起。病毒粒体曲线条状，致死温度52～55℃，稀释限点10^{-4}。主要为害叶片，严重时也可为害果实。在叶片上产生淡绿色或浅黄色环斑或线纹斑。高度感病品种的病叶往往变形或卷缩。有些品种无明显症状，或仅有由淡绿色或黄绿色小斑点组成的轻微斑纹（图43-40）。阳光充足的夏天症状明显，而且感病品种在8月叶片上常出现坏死区域。偶尔也发生在果实上，但病果不变形，果肉组织也无明显损伤。

图43-40 梨环纹花叶病为害叶片症状

发生规律 通过嫁接途径传染，随着带毒苗木、接穗、砧木等扩散蔓延。病树种子不带毒，因而用种子繁殖的实生苗是无病毒的。未发现昆虫媒介。气候条件和品种影响症状的表现，在干热夏天症状明显，在阴天或潮湿条件下，症状不明显。

防治方法 加强梨苗检疫，防止病毒扩散蔓延。应建立健全无病毒母本树的病毒检验和管理制度，把好检疫关，杜绝病毒侵入和扩散。

禁止在大树上高接，禁止用无病毒的梨接穗在未经检毒的梨树上进行高接繁殖或保存，以免受病毒侵染；如需高接必须检测砧木或大树是否带毒，不要盲目进行，以免遭病毒感染。

18. 梨石果病毒病

分布为害 梨石果病毒病又称梨石痘病，主要为害果实和树皮。是梨树上为害性最大的病毒病害，果实发病后完全丧失商品价值。症状严重度随年份不同而变化。带毒树长势衰退，一般减产30%～40%。

症 状 由梨石果病毒（*Stony pit of pear virus*）引起。病毒本身特性尚未研究清楚。主要为害果实和树皮（图43-41）。首先在落花10～20 d后的幼果上出现症状，在果表皮下产生暗绿色区域，病

图43-41 梨石果病毒病为害果实症状

部凹陷。果实成熟后，皮下细胞变为褐色。病树新梢、枝条和枝干树皮开裂，其下组织坏死。在老树的死皮上产生木栓化突起。病树往往对霜冻敏感。有时早春抽发的叶片出现小的浅绿色褪绿斑。

发生规律　梨石果病在西洋梨品种上的症状最重，病毒主要通过嫁接传染，接穗或砧木带毒是病害的主要侵染来源。

防治方法　选用无病砧木和接穗，避免用根蘖苗作砧木。严格选用无病毒接穗，是防治此病的有效措施。病树也不能用无病毒接穗高接换头。

加强梨园管理。采用配方施肥技术，适当增施有机肥，重点控制好浇水，天旱及时浇水，雨后或雨季注意排水，增强树势，提高抗病力。果园发现病树应连根刨掉，以防传染。

19. 梨红粉病

分布为害　主要在果实生长后期和贮藏期发生，不严重。在常温库贮存时，常在梨黑星病斑上继发侵染。

症　　状　由粉红单端孢（*Trichothecium roseum*）引起。菌落初无色，后渐变粉红色，菌丝体由无色、分隔和分枝的菌丝组成。分生孢子梗细长，直立无色，不分枝，有分隔，于顶端以倒合轴式序列产生分生孢子。分生孢子卵形，双胞，顶端圆钝，至基部渐细，无色或淡红色。主要为害果实，发病初期病斑近圆形，产生黑色或黑褐色凹陷斑，扩展可达数厘米，果实变褐软化，很快引起果腐。果皮破裂时上生粉红色霉层，即病菌的分生孢子梗和分生孢子，最后导致整个果实腐烂（图43-42）。

图43-42　梨红粉病为害果实症状

发生规律　粉红单端孢是一种腐生或弱寄生菌，病菌分生孢子分布很广，孢子可借气流传播，也可在选果、包装和贮藏期通过接触传染，伤口有利于病菌侵入。病菌一般在20～25℃发病快，降低温度对病菌有一定抑制作用。在梨树生长后期发生，为害严重。

防治方法　防治该病以预防为主，在采收、分级、包装、搬运过程中尽可能避免果实碰伤、挤伤。入贮时剔除伤果，贮藏期及时去除病果。

对包装房和贮藏窖应进行消毒或药剂熏蒸，注意控制好温度，使其利于梨贮藏而不利于病菌繁殖侵染。有条件的可采用果品气调贮藏法。如选用小型气调库、小型冷凉库、简易冷藏库等，采用机械制冷并结合自然低温的方式，对梨进行中长期贮藏，可大大减少该病发生。

近年该病在梨树生产后期发生为害严重，可在生产季节或近成熟期喷施50%苯菌灵可湿性粉剂1 500倍液、50%混杀硫悬浮剂500倍液、70%甲基硫菌灵超微可湿性粉剂1 000倍液，防治1次或2次。

二、梨树虫害

梨树害虫是影响梨果产量和品质的重要因素。

1. 梨小食心虫

分　布　梨小食心虫（*Grapholitha molesta*）分布全国各地，是最常见的一种食心虫。

为害特点　为害新梢时，多从新梢顶端叶片的叶柄基部蛀入髓部，由上向下蛀食，蛀孔外有虫粪排出和树胶流出，被害嫩梢的叶片逐渐凋萎下垂，最后枯死（图43-43、图43-44）。为害果实时，幼虫蛀入果肉纵横蛀食，常使果肉变质腐败，不能食用（图43-45）。

图43-43　梨小食心虫为害梨树新梢症状

图43-44　梨小食心虫为害桃树新梢症状

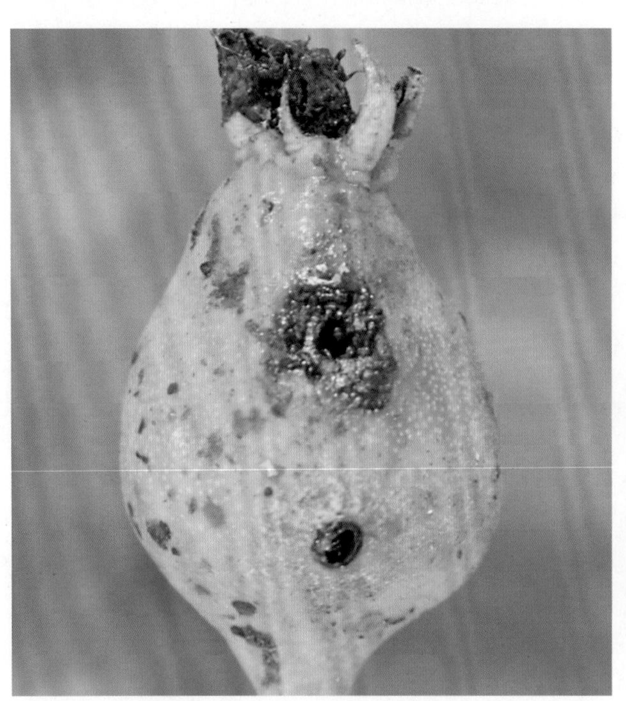

图43-45　梨小食心虫为害果实症状

形态特征　成虫全体暗褐色或灰褐色。触角丝状，下唇须灰褐色、上翘。前翅灰黑色，翅面上有许多白色鳞片，后翅暗褐色（图43-46）。卵扁椭圆形，中央隆起，半透明。刚产卵乳白色，近孵化时可见幼虫褐色头壳（图43-47）。末龄幼虫体淡红色至桃红色，腹部橙黄色，头褐色，前胸背板黄白色，透明，体背桃红色（图43-48）。蛹纺锤形，黄褐色。茧丝质白色，长椭圆形。

图43-46　梨小食心虫成虫

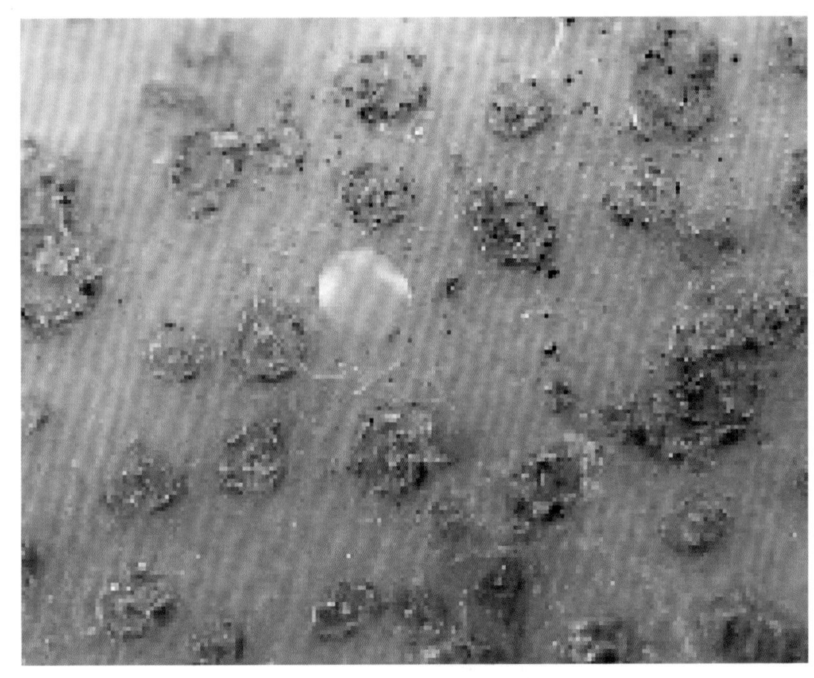

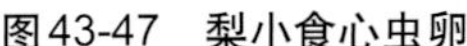

图43-47　梨小食心虫卵

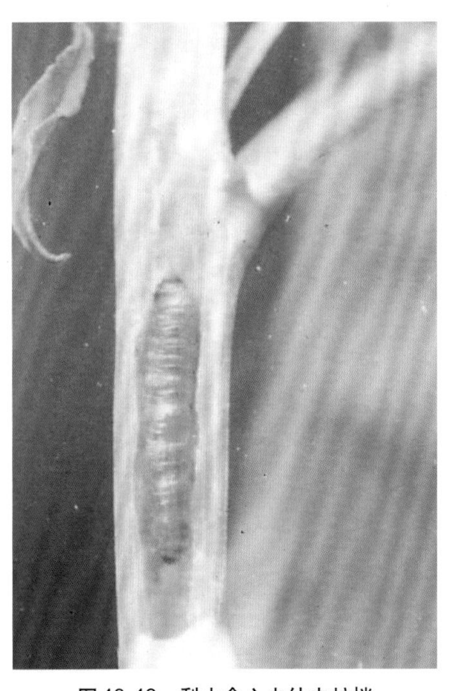

图43-48　梨小食心虫幼虫蛀梢

发生规律　在华北地区1年发生3 ～ 4代，黄淮海地区4 ～ 6代，华南6 ～ 7代。老熟幼虫在梨树和桃树的老翘皮下、根颈部、杈丫、剪锯口、石缝、堆果场等处结茧越冬。越冬幼虫于翌年春4月上旬开始化蛹，4月下旬越冬代成虫羽化，羽化盛期为5月下旬。6月下旬至8月上旬第一代成虫出现，继续在桃树上产卵。第二代成虫在7月中旬至8月下旬出现。8月下旬是为害梨果最重的时期，第三代成虫约在8月中旬至9月下旬出现，基本都滞育越冬。

防治方法　新建园时尽可能避免与桃及其他果树混栽，或栽植过近。早春发芽前，有幼虫越冬的果树，刮除老树皮，刮下的树皮集中烧毁。成虫产卵高峰期、卵孵化盛期、幼虫蛀果前，是防治梨小食心虫的关键时期。

在成虫产卵高峰期，卵果率0.5%～ 1%时，可均匀喷施5%阿维菌素微乳剂4 000 ～ 8 000倍液、30%辛·脲乳油1 500 ～ 2 000倍液、5%氟铃脲乳油1 000 ～ 2 000倍液等药剂。

于卵孵盛期、幼虫蛀果前，可用50 g/L高效氯氟氰菊酯乳油3 000 ～ 8 000倍液、25 g/L溴氰菊酯乳油500 ～ 4 000倍液、100亿芽孢/g苏云金杆菌可湿性粉剂100 ～ 250 g/亩、2.5%高效氯氟氰菊酯水乳剂4 000 ～ 5 000倍液、9%阿维·高氯氟（高效氯氟氰菊酯6%＋阿维菌素3%）水乳剂4 000 ～ 6 000倍液、5.7%氟氯氰菊酯乳油1 500 ～ 2 500倍液、20%甲氰菊酯乳油2 000 ～ 3 000倍液、1.8%阿维菌素乳油2 000 ～ 4 000倍液，均匀喷雾，虫口数量大时，间隔15 d左右再喷1次，连续喷2 ～ 3次为宜。

2. 梨星毛虫

分　　布　梨星毛虫（*Illiberis pruni*）分布于辽宁、河北、山西、河南、陕西、甘肃、山东等省份的梨产区。

为害特点　幼虫食害芽、花蕾、嫩叶等。幼虫出蛰后钻入花芽内为害，使花芽中空，变黑枯死；而后蛀食刚开绽的花芽，芽内花蕾、芽基组织被蛀空，花不能开放，部分被蛀花虽能张开，但歪扭不正，并有褐色伤口或孔洞。展叶后幼虫转移到叶片上吐丝，将叶片缀连成饺子状叶苞，幼虫在虫苞内为害（图43-49）。

图43-49　梨星毛虫为害叶片症状

形态特征　成虫灰黑色，复眼紫黑色至浓黑色，触角锯齿状，雄蛾短羽状，头胸部均有黑色绒毛，翅脉清晰可见（图43-50）。卵扁平，椭圆形，初产乳白色，渐变黄白色，近孵化时变褐色。老幼虫体白色，纺锤形，头小、黑色，缩于前胸。初孵幼虫淡紫色，2～3龄虫体暗黄色，越冬幼虫外有丝茧（图43-51）。蛹纺锤形，初黄白色，后期变为黑褐色（图43-52）。茧白色，双层。

图43-50 梨星毛虫成虫

图43-51 梨星毛虫幼虫

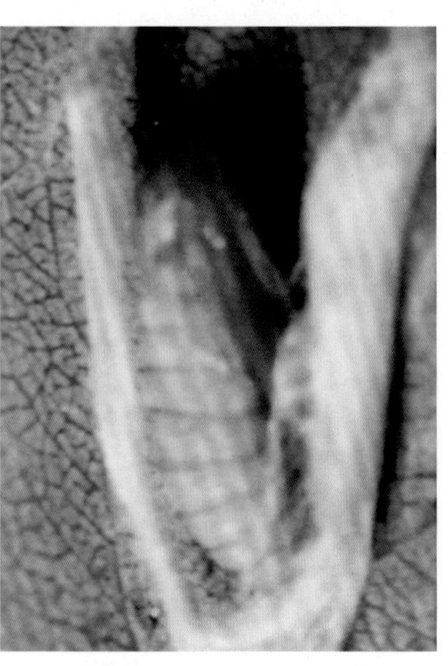

图43-52 梨星毛虫蛹

发生规律 1年发生1～2代，幼龄幼虫在树干老翘皮和裂缝下越冬。翌年4月上旬，花芽露绿时，幼虫开始出蛰，4月中旬花芽膨大至开绽时，为出蛰盛期在开绽期钻入花芽内蛀食花蕾或芽基。6月下旬至7月中旬出现成虫，7月上旬为羽化盛期，到7月下旬至8月上旬，陆续潜入越冬场所，休眠越冬。

防治方法 早春幼虫出蜇前，刮去树皮杀死幼虫。在早春果树发芽前，越冬幼虫出蛰前，对老树进行刮树皮，对幼树树干周围压土，刮下的树皮要集中烧毁。抓住梨树花芽膨大期、出蛰幼虫盛期和幼虫孵化盛期，趁幼虫尚未进入为害，及时喷药防治。可用0.5%楝素乳油1 000～1 500倍液、25%灭幼脲悬浮剂1 500～2 000倍液、20%虫酰肼悬浮剂1 500～2 000倍液、24%甲氧虫酰肼悬浮剂2 400～3 000倍液、5%虱螨脲乳油1 000～2 000倍液，喷雾。

成虫发生期和第1代幼虫发生期，施药以杀死成虫、幼虫和卵，可用20%氰戊菊酯乳油2 000～3 000倍液、25%溴氰菊酯乳油1 500～2 000倍液、2.5%高效氟氯氰菊酯乳油1 000～1 500倍液、1.8%阿维菌素乳油2 000～3 000倍液。

3. 梨冠网蝽

分　　布 梨冠网蝽（*Stephanitis nashi*）在我国梨产区均有分布。

为害特点 成虫和若虫群集在叶背面刺吸汁液，受害叶片正面初期呈现黄白色成片小斑点，严重时叶片苍白。叶背有成片的斑点状黑褐色黏稠粪便（图43-53）。

形态特征 成虫体扁平，暗褐色，头小，触角丝状（图43-54）。前翅布满网状纹，前翅叠起构成深褐色X形斑，前翅及前胸翼状片均半透明。卵椭圆形，黄绿色，一端弯曲。初孵幼虫乳白色半透明（图43-55），渐变为淡绿色，然后变为褐色。

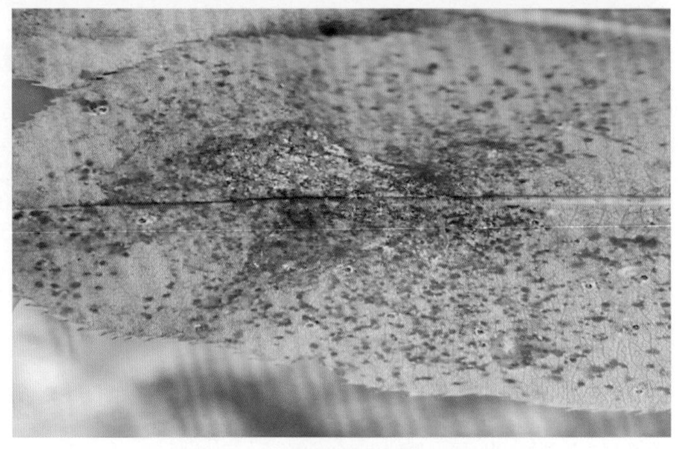

图43-53 梨冠网蝽为害梨叶症状

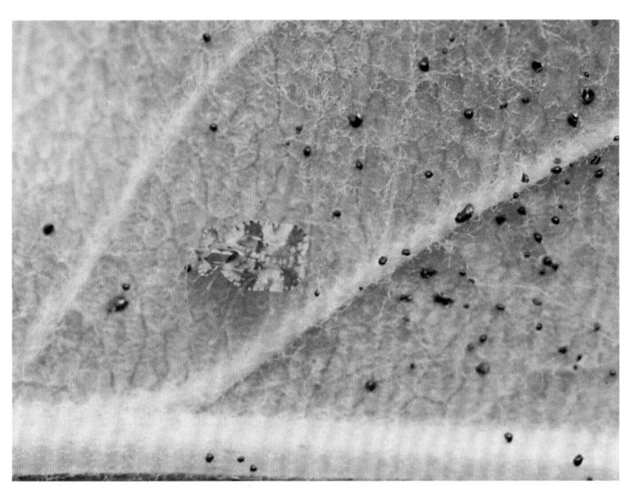
图43-54　梨冠网蝽成虫

图43-55　梨冠网蝽幼虫

发生规律　1年发生3～5代。成虫潜伏在落叶下、树干翘皮、崖壁裂缝及果园四周灌木丛中越冬。越冬成虫在果树发芽后的4月上旬开始出蛰，4月下旬至5月上旬为出蛰高峰期。第1代成虫6月发生，第2代成虫7月上旬发生，第3代8月上旬发生，第4代8月底发生。全年为害最重时期为7—8月，即第2～3代发生期。第4代成虫9月下旬至10月上旬开始飞向越冬场所，以10月下旬最多。

防治方法　成虫春季出蛰活动前，彻底清除果园内及附近的杂草、枯枝落叶，集中烧毁或深埋，消灭越冬成虫；秋、冬季节清扫落叶、清除杂草、刮粗皮、松土刨树盘、消灭越冬成虫，果实套袋。

掌握在4月中、下旬越冬成虫出蛰盛期、5月下旬第1代若虫孵化盛期是防治关键，以叶背为防治重点，效果显著，对控制梨冠网蝽为害起很大作用。可用11.5%阿维·吡可湿性粉剂2 000倍液、1.8%阿维菌素乳油2 000～4 000倍液、10%吡虫啉可湿性粉剂2 000倍液、2.5%氯氟氰菊酯乳油1 000倍液、20%甲氰菊酯乳油1 000倍液，均匀喷施，间隔10 d喷1次，连续喷2次。

4. 梨茎蜂

分　　布　梨茎蜂（*Janus piri*）是梨树主要害虫之一。该虫分布于北京、辽宁、河北、河南、山东、山西、四川、青海等省份。

为害特点　成虫和幼虫为害嫩梢和二年生枝条。成虫产卵时锯折嫩梢和叶柄，卵产于锯口下端组织内。卵所在处的表皮略隆起，被刺伤口呈小黑点，锯口上嫩梢萎蔫。卵孵化后幼虫由断梢部向下蛀食，被害枝不久枯死，形成黑色枯桩（图43-56、图43-57）。

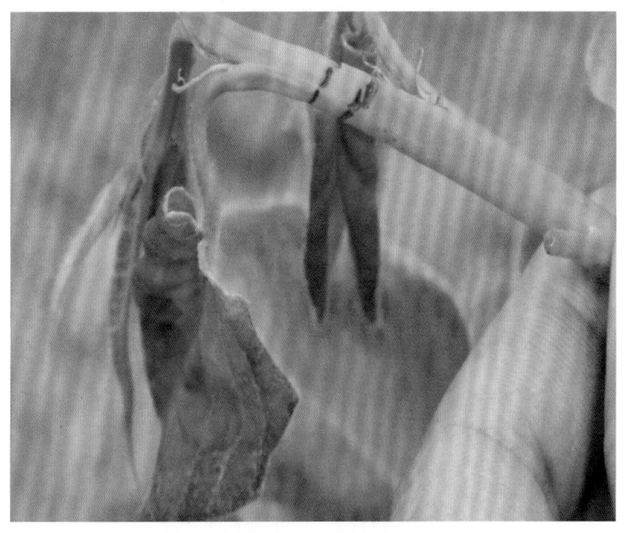
图43-56　梨茎蜂为害梨树新梢初期症状

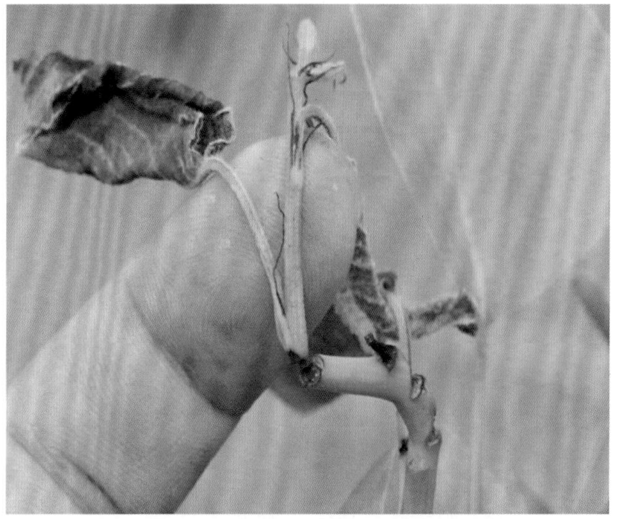
图43-57　梨茎蜂为害梨树新梢后期症状

形态特征 成虫体黑色，前胸背板后缘两侧，中胸背中央与两侧，后胸背末端和翅基部均为黄色，触角丝状黑色，翅透明（图43-58）。卵长椭圆形，乳白色，半透明。幼虫乳白色，体背扁平，多横皱纹，头胸部向下弯曲，尾端向上翘。蛹为裸蛹，初孵化乳白色，以后体色逐渐加深，羽化前变黑色。

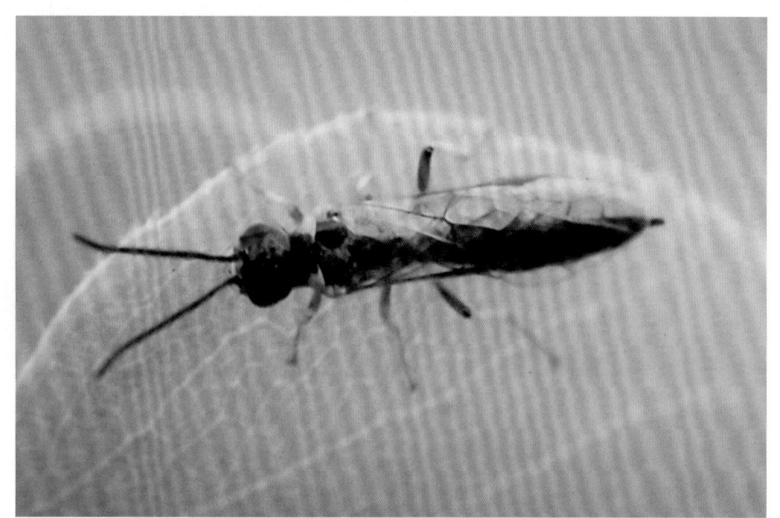

图43-58 梨茎蜂成虫

发生规律 每年发生1代，在北方老熟幼虫在被害枝条蛀道内过冬，在南方以前蛹或蛹的形式过冬。华北地区梨茎蜂一般在3月间化蛹，4月羽化，7月大部分都已蛀入2年生枝条内，8月上旬停止食害，做茧越冬。4—6月为发生为害盛期。

防治方法 在冬季剪除幼虫为害的枯枝，春季成虫产卵后，剪除被害梢，以杀死卵或幼虫。或用铁丝插入被害的2年生枝内刺死幼虫或蛹，减少越冬虫源。3月下旬梨茎蜂成虫羽化期、4月上旬梨茎蜂为害高峰期前，是防治梨茎蜂的关键时期。

在3月下旬、4月上旬各喷药1次，可用5%阿维菌素微乳剂4 000 ～ 8 000倍液、20%甲氰菊酯乳油1 000 ～ 2 000倍液、2.5%氯氟氰菊酯乳油1 000 ～ 2 000倍液、2.5%溴氰菊酯乳油1 500 ～ 2 000倍液，均匀喷雾。

5. 梨大食心虫

分　　布 梨大食心虫（*Nephopteryx pirivorella*）是梨树的主要害虫之一。全国各梨区普遍发生，其中，吉林、辽宁、河北、山西、山东、河南等省份受害较重。

为害特点 幼虫蛀食芽、花簇、叶簇和果实，为害时从芽基部蛀入，直达髓部，被害芽瘦瘪、枯死。幼果期蛀果后，常用丝将果实缠绕在枝条上，被害果果柄和枝条脱离，但果实不脱落（图43-59）。

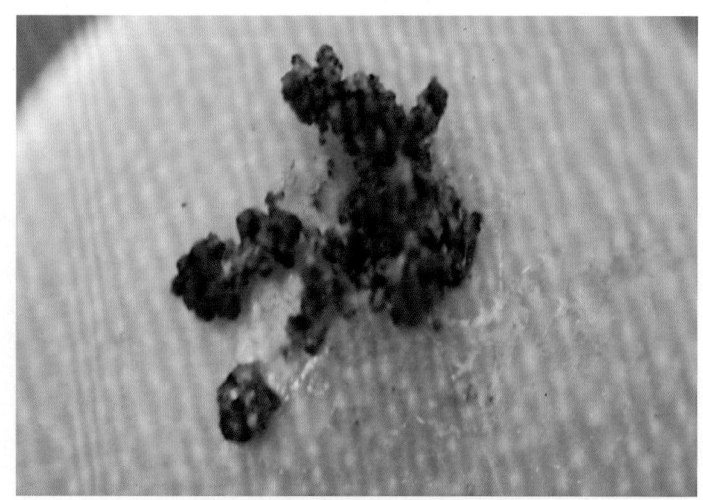

图43-59 梨大食心虫为害果实症状

发生规律 在东北每年发生1代，山东和四川地区1年2代。各地梨大食心虫均以幼龄幼虫的形式在芽（主要是花芽）内结白茧越冬。在春季花芽膨大期转芽为害，幼果期转果为害。第1代幼虫为害期在6—8月，第2代成虫发生期为8—9月，产卵于芽附近，孵化后幼虫蛀到芽内结茧越冬。

防治方法 梨树发芽前，结合修剪管理，彻底剪除或摘掉虫芽；摘除有虫花簇、虫果；果实套袋以保护优质梨。在转果期及第1代幼虫期摘除虫果。越冬幼虫出蛰为害芽，幼虫为害果和幼虫越冬前为害芽时，是药剂防治的最佳时期。

可用9%阿维·高氯氟（高效氯氟氰菊酯6%+阿维菌素3%）水乳剂4 000 ～ 6 000倍液、2.5%氯氟氰菊酯水乳剂4 000 ～ 5 000倍液、4.5%高效氯氰菊酯乳油1 000 ～ 2 000倍液、20%甲氰菊酯乳油2 000 ～ 3 000倍液、25%灭幼脲悬浮剂750 ～ 1 500倍液、5%氟苯脲乳油800 ～ 1 500倍液、5%氟铃脲乳油1 000 ～ 2 000倍液、1.8%阿维菌素乳油2 000 ～ 4 000倍液等，均匀喷施。

6.梨木虱

分　　布　梨木虱（*Psylla pyri*）分布于华北、东北、西北、山东、河南、河北、安徽等梨产区。

为害特点　成虫、若虫在幼叶、果梗、新梢上群集吸食汁液，影响叶片生长，导致叶片卷缩。在花蕾上寄生多时，花蕾不能开花，接着变黄、凋落。果面亦变黑粗糙，果面污染率在50%以上（图43-60～图43-63）。

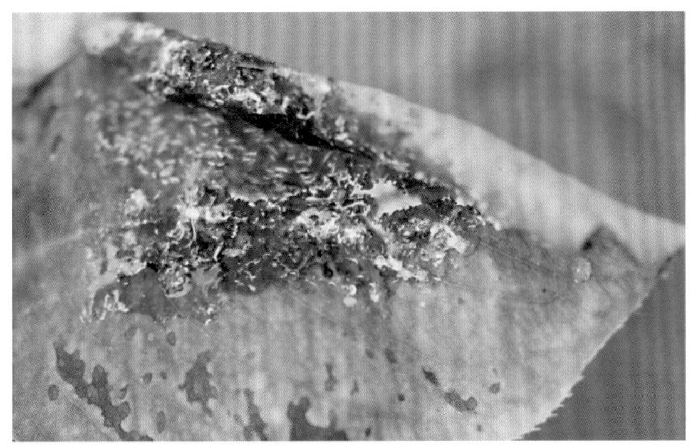

图43-60　梨木虱为害叶片症状

图43-61　梨木虱为害枝条症状

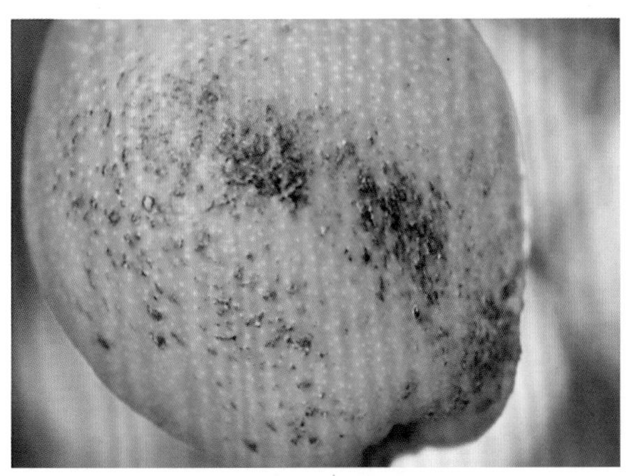

图43-62　梨木虱为害果实症状

图43-63　梨木虱为害梨树新梢症状

形态特征　越冬型成虫褐色，刚蜕皮时为红色，产卵期变红褐色，前翅后缘在臀区有明显的褐色斑（图43-64）。夏型成虫体黄色或绿色，体色变化较大，绿色者中胸背板大部为黄色，胸背有黄色纵条。夏型翅上均无斑纹，触角丝状。初孵幼虫扁椭圆形，淡黄色，复眼红色。3龄后，体扁圆形，绿色，翅芽稍有褐色，晚秋最末代若虫为褐色（图43-65）。越冬卵为长椭圆形，黄色；夏季卵初产乳白色。

图43-64　梨木虱成虫

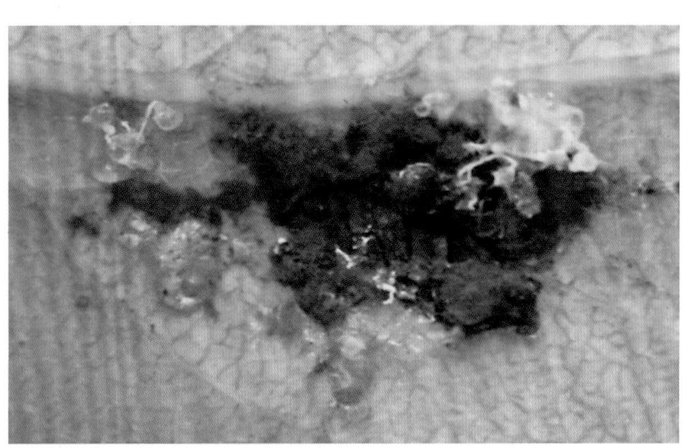

图43-65　梨木虱若虫及为害叶片症状

发生规律 在辽宁每年3代，河北、山东4～6代，成虫在树皮缝、树洞和落叶下越冬。在早春刚萌动时即出蛰活动，在枝条上吸食汁液，并分泌白色蜡质物，而后即行交尾和产卵，起始卵产在叶痕沟内，呈线状排列，花芽膨大时大量产卵，吐蕾期为产卵盛期，花期为第1代卵的孵化盛期，谢花后为若虫期。一般在9—10月，果实采收后即产生末代幼虫，此代羽化的成虫为越冬代成虫。

防治方法 在早春刮树皮、清洁果园，并将刮下的树皮与枯枝落叶、杂草等物集中烧毁，以消灭越冬成虫，压低虫口密度。

梨木虱化学防治关键时期：①梨木虱出蛰盛期在2月底至3月初，出蛰盛期是第1代卵孵化始期。②5月下旬至6月上旬，成、低龄若虫发生高峰期。

目前，首选药剂1.8%阿维菌素乳油5 000倍液，常用药剂还有2.5%溴氰菊酯乳油1 000倍液、24.5%阿维·矿物油（阿维菌素0.2%＋矿物油24.3%）乳油1 500～2 000倍液、50%辛硫磷乳油800倍液。

夏季防治，于5月下旬至6月上旬成、若虫发生高峰期，可选用5%阿维菌素微乳剂4 000～8 000倍液、10%双甲脒乳油1 000～1 500倍液、20%螺虫·呋虫胺（呋虫胺10%＋螺虫乙酯10%）悬浮剂2 000～3 000倍液、40%螺虫乙酯悬浮剂8 000～9 000倍液、5%吡·阿乳油5 000～8 000倍液、10%吡虫啉可湿性粉剂2 000～2 500倍液、24%阿维·毒乳油2 000～3 000倍液、5%双氧威乳油3 000倍液、3%啶虫脒乳油2 000倍液、20%双甲脒乳油1 500倍液、0.3%虱螨特乳油2 000～2 500倍液、25%噻虫嗪水分散粒剂5 000倍液、4.5%高效氯氰菊酯乳油21.8～31.2 mg/kg、240 g/L虫螨腈悬浮剂1 250～2 500倍液、20%噻虫胺悬浮剂2 000～2 500倍液、24%阿维菌素·噻虫胺（噻虫胺20%＋阿维菌素4%）悬浮剂3 000～5 000倍液、9%阿维·高氯氟（高效氯氟氰菊酯6%＋阿维菌素3%）水乳剂4 000～6 000倍液、25%阿维·螺虫酯（螺虫乙酯22%＋阿维菌素3%）悬浮剂4 000～6 000倍液、22%螺虫·噻虫啉（噻虫啉11%＋螺虫乙酯11%）悬浮剂3 000～5 000倍液、5%阿维·吡虫啉（吡虫啉4.5%＋阿维菌素0.5%）悬乳剂2 000～3 000倍液、6%阿维·高氯（高效氯氰菊酯5.6%＋阿维菌素0.4%）乳油5 000～7 000倍液等，以上药剂均需加洗衣粉300～500倍液，提高药效，10 d后再喷1次，效果较好。

7. 梨圆蚧

分　　布 梨圆蚧（*Diaspidiotus perniciosus*）是梨树的主要害虫，此虫在国内各地均有发生。

为害特点 主要为害枝条、果实和叶片。被害处呈红色圆斑，严重时皮层爆裂，甚至枯死。果实受害后，在虫体周围出现一圈红晕，虫多时呈现一片红色，严重时造成果面龟裂（图43-66、图43-67）。

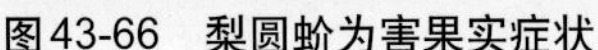
图43-66 梨圆蚧为害果实症状

图43-67 梨圆蚧为害枝条症状

形态特征 成虫雌雄异体。雌成虫体扁圆形，橙黄色，体背覆盖灰白色圆形介壳，有同心轮纹，介壳中央稍隆起处称为壳点，黄色或褐色。雄成虫橙黄色，有1对翅，半透明。初孵若虫扁椭圆形，淡黄色。蛹：雄虫化蛹，长锥形，淡黄色藏于介壳下。

发生规律　1年发生2代，多以2龄若虫的形式在枝上越冬，翌年春季树液流动后，越冬若虫开始为害。5月下旬雄虫开始羽化，至6月上旬羽化结束，越冬代雌虫自6月下旬开始胎生繁殖，7月上旬为产卵盛期，第一代雄虫羽化期为7月末至8月中旬，8月上旬为羽化盛期，8月下旬至10月上旬为第二代雌虫产卵期，9月上旬为产卵盛期，10月后以幼虫越冬。

防治方法　在梨园最初点片发生，个别树的几个枝条发生严重，可剪掉这些枝条，或用刷子刷死成、若虫，均可取得良好效果。果实套袋时，注意扎紧袋口，防止若虫爬入袋内为害。

树体休眠期喷药防治，应在梨树发芽前10～15 d，喷施5波美度石硫合剂、5%柴油乳剂、3.5%煤焦油乳剂等杀死过冬若虫，效果很好。

越冬代雄成虫羽化盛期和1龄若虫发生盛期，是药剂防治的关键时期。可喷布5%阿维菌素微乳剂4 000～8 000倍液、20%甲氰菊酯乳油2 000～3 000倍液、25%噻嗪酮可湿性粉剂1 000～1 500倍液。

8. 梨蚜

分　　布　梨蚜（*Schizaphis piricola*）是梨树的主要害虫。全国各梨区都有分布，以辽宁、河北、山东和山西等梨区发生普遍。

为害特点　成虫、若虫群集于芽、嫩叶、嫩梢上吸取梨汁液。早春若虫集中在嫩芽上为害。随着梨芽开绽侵入芽内。梨芽展叶后，转至嫩梢和嫩叶上为害（图43-68）。被害叶从主脉两侧向内纵卷成松筒状（图43-69）。

图43-68　梨蚜为害新梢症状

图43-69　梨蚜为害叶片症状

形态特征　无翅胎生雌蚜体绿色、暗绿色、黄褐色，常被白色蜡粉。头部额瘤不明显；腹管长大黑色，圆筒形，末端收缩。有翅胎生雌蚜头胸部黑色，额瘤微突出。若虫体小，无翅，绿色，与无翅雌蚜相似。卵椭圆形，黑色，有光泽。

发生规律　1年发生20代左右。卵在梨树芽腋内和树枝裂缝中越冬。翌年3月中、下旬梨芽萌发时开始孵化，并以胎生方式繁殖无翅雌蚜，以枝顶端嫩梢、嫩叶最多。4月中旬至5月上旬梨蚜为害最严重。在5月中、下旬产生有翅蚜，陆续迁到狗尾草上为害。9—10月又迁回梨树上为害、繁殖，产生有性蚜。雌雄交尾后，于11月开始在梨树芽腋产卵越冬。

防治方法 在发生数量不大的情况下，早期摘除被害卷叶，集中处理，消灭蚜虫。越冬卵基本孵化完毕、梨芽尚未开放至发芽展叶期，是防治梨蚜的关键时期。可用0.8%苦参碱·内酯水剂800倍液、50%抗蚜威可湿性粉剂1 500 ～ 2 000倍液、2.5%氯氟氰菊酯乳油1 000 ～ 2 000倍液、5.7%氟氯氰菊酯乳油1 000 ～ 2 000倍液、20%甲氰菊酯乳油4 000 ～ 6 000倍液、1.8%阿维菌素乳油3 000 ～ 4 000倍液、10%氯噻啉可湿性粉剂4 000 ～ 5 000倍液、10%吡虫啉可湿性粉剂2 000 ～ 4 000倍液、3%啶虫脒乳油2 000 ～ 2 500倍液、30%松脂酸钠水乳剂100 ～ 300倍液、10%烯啶虫胺可溶性液剂4 000 ～ 5 000倍液，均匀喷雾。

9. 褐边绿刺蛾

分　　布 褐边绿刺蛾（*Latoia consocia*）国内各地几乎都有发生。主要为害苹果、梨、杏、桃、李、梅、樱桃、山楂、枣、板栗、核桃等多种果树。

形态特征 成虫：雌虫体头部粉绿色。复眼黑褐色。触角褐色，雌虫触角丝状；雄虫触角近基部十几节为单栉齿状（图43-70）。胸部背面粉绿色。足褐色。前翅粉绿色，基角有略带放射状褐色斑纹，外缘有浅褐色线，缘毛深褐色；后翅及腹部浅褐色，缘毛褐色。卵扁椭圆形，浅黄绿色。幼虫头红褐色（图43-71），前胸背板黑色，身体翠绿色，背线黄绿色至浅蓝色。中胸及腹部第8节各有1对蓝黑色斑；后胸至第7腹节，每节有2对蓝黑色斑；亚背线带红棕色；每节着生棕色枝刺1对，刺毛黄棕色，并夹杂几根黑色毛。体侧翠绿色，间有深绿色波状条纹。自后胸至腹部第9节侧腹面均具刺突1对，上着生黄棕色刺毛。蛹卵圆形，棕褐色。茧近圆筒形，棕褐色。

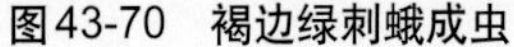

图43-70 褐边绿刺蛾成虫

图43-71 褐边绿刺蛾幼虫

发生规律 河南1年2代，在长江以南1年发生2 ～ 3代，以幼虫结茧越冬。第二年4月下旬至5月上、中旬化蛹。5月下旬至6月成虫羽化产卵，6月至7月下旬为第1代幼虫为害期，7月中旬后第1代幼虫陆续老熟结茧化蛹；8月初第1代成虫开始羽化产卵，8月中旬至9月第2代幼虫为害活动，9月中旬以后幼虫陆续老熟结茧越冬。

防治方法 结合果树冬剪，彻底清除或刺破越冬虫茧。在发生量大的年份，还应在果园周围的防护林上清除虫茧，在夏季结合农事操作，人工捕杀幼虫。刺蛾的低龄幼虫有群集为害的特点，幼虫喜欢群集在叶片背面取食，被害寄主叶片往往出现白膜症状，及时摘除受害叶片，集中消灭，可杀死低龄幼虫。

防治关键时期是幼虫发生初期。常用药剂有2.5%溴氰菊酯乳油3 500 ～ 4 500倍液、50%辛硫磷乳油1 000 ～ 1 500倍液、5%阿维菌素微乳剂4 000 ～ 8 000倍液等，间隔10 ～ 15 d 1次，连续喷2 ～ 3次。

10. 丽绿刺蛾

分　　布　丽绿刺蛾（*Parasa lepida*）分布于河北、河南、江苏、浙江、四川、云南。

为害特点　幼虫为害苹果、茶、柑橘、咖啡。

形态特征　成虫头顶和胸背绿色（图43-72），中央有一褐色纵线，腹背黄褐色，末端褐色较重。前翅绿色，基部尖长形黑棕色斑前缘紫色，内边平滑弯曲；后翅淡黄色，外缘带褐色。幼虫体粉绿色（图43-73），背面稍白色，背中央有3条紫色或暗绿色带，体两侧各有1列带刺的瘤，前后瘤红色。

图43-72　丽绿刺蛾成虫

图43-73　丽绿刺蛾幼虫

发生规律　在河南1年发生2代，在长江以南1年发生2～3代，幼虫结茧越冬。翌年4月下旬至5月上、中旬化蛹，5月下旬至6月成虫羽化产卵，6月至7月下旬为第1代幼虫为害期，7月中旬后第1代幼虫陆续老熟结茧化蛹；8月初第1代成虫开始羽化产卵，8月中旬至9月第2代幼虫为害活动，9月中旬以后陆续老熟结茧越冬。

防治方法　结合果树冬剪，彻底清除或刺破越冬虫茧。在发生量大的年份，还应在果园周围的防护林上清除虫茧，夏季结合农事操作，人工捕杀幼虫。

防治关键时期是幼虫发生初期。常用药剂有2.5%溴氰菊酯乳油3 500～4 500倍液、50%辛硫磷乳油1 000～1 500倍液、5%阿维菌素微乳剂4 000～8 000倍液等，间隔10～15 d施1次，连续喷2～3次。

11. 梨果象甲

分　　布　梨果象甲（*Rhynchites foveipennis*）分布较广，在国内南北梨区均有分布。

为害特点　主要为害梨树嫩枝、花丛和幼果。成虫在产卵前，先咬伤果柄，而后在果面咬一小孔，把卵产在孔内。幼虫在果内孵化后，蛀食果肉和种子，致果萎脱落。

形态特征　成虫体暗紫铜色，有金绿闪光，鞘翅上刻点粗大（图43-74）。卵椭圆形，初为乳白色，渐变为

图43-74　梨果象甲成虫

乳黄色。幼虫乳白色，体表多横皱。蛹初为乳白色，渐变为黄褐至暗褐色，体表被细毛，裸蛹。

发生规律 1年发生1代或2年发生1代。1年发生1代的以成虫的形式在土中6 cm左右的深处做土室越冬。2年发生1代的以幼虫的形式在土中越冬，翌年以成虫的形式在土中越冬，第三年出土为害。5月下旬至6月上旬为出土盛期，在7月中旬前后出土结束。成虫产卵期自6月上旬至8月上旬，产卵盛期在6月下旬至7月上旬。幼虫多在7月上旬至8月中旬脱果入土。

防治方法 利用成虫假死习性，可在清晨摇树捕杀。秋冬浅耕，杀灭在土中越冬的成虫和幼虫。

在成虫尚未产卵前，喷施5%阿维菌素微乳剂4 000 ～ 8 000倍液、2.5%溴氰菊酯乳油3 000 ～ 4 000倍液，以后视发生轻重程度，间隔10 ～ 15 d再用药，连续喷施2 ～ 3次。

12. 梨金缘吉丁虫

分　　布 梨金缘吉丁虫（*Lampra limbata*）以华北、华东、西北及辽宁、河北、湖北等地发生较普遍。

为害特点 幼虫在梨树枝干皮层纵横串食，幼树被害处凹陷，变黑，被害处皮层干枯。

形态特征 成虫全体翠绿色，具金属光泽，身体扁平，密布刻点（图43-75）。鞘翅边缘具金黄色微红的纵纹，状似金边。卵椭圆形，初为乳白色，后渐变为黄褐色。幼虫由乳白色渐变为黄白色、无色。蛹为裸蛹，初为乳白色，后变为紫绿色，有光泽。

图43-75 梨金缘吉丁虫成虫

发生规律 大多2年完成1代。不同龄期幼虫于被害枝干皮层下或木质部蛀道内越冬。幼虫当年不化蛹。4月下旬有成虫羽化。成虫发生期一般在5月至7月上旬，盛期在5月下旬。6月上旬为幼虫孵化盛期。秋后老熟幼虫蛀入木质部越冬。

防治方法 成虫发生期，利用其假死习性，组织人力在清晨震树捕杀成虫。

在成虫羽化初期，用药剂封闭枝干，从5月上旬开始。可用2.5%氯氟氰菊酯乳油1 000 ～ 3 000倍液、10%高效氯氰菊酯乳油1 000 ～ 2 000倍液、10%醚菊酯悬浮剂800 ～ 1 500倍液、5%氟苯脲乳油800 ～ 1 500倍液、20%虫酰肼悬浮剂1 000 ～ 1 500倍液等，灌注虫孔（每孔灌注3 ～ 10 mL），间隔10 ～ 15 d喷1次，共用药2 ～ 3次。

13. 梨瘿华蛾

分　　布 梨瘿华蛾（*Sinitinea pyrigalla*）在我国各梨区均有发生，以辽宁、河北、山西、山东和陕西等省份的梨区发生普遍，管理粗放的果园受害重。枝条被害后发育受阻，影响树势，其上所结果实极易因风吹脱落，对梨果产量影响较大。

为害特点 幼虫蛀入枝梢为害，被害枝梢形成小瘤，幼虫居于其中咬食，多年为害导致木瘤接连成串，形似糖葫芦。在修剪差或小树多的果园里，为害尤显严重，常影响新梢发育和树冠的形成（图43-76）。

图43-76 梨瘿花蛾为害枝干症状

形态特征 成虫体灰黄色至灰褐

色，具银色光泽；复眼黑色，前翅近基部有2条褐色纹，靠外缘中部有一褐色鳞片似黑斑，后翅灰褐色，无斑纹，前、后翅缘毛较长；足灰褐色。卵圆筒形，初产橙黄色，近孵化时变为棕褐色，表面有纵纹。老熟时全体淡黄白色，头部小，胸部肥大。蛹初为淡褐色，将近羽化时头及胸部变为黑色，能明显看出发达的触角和翅伸长到腹部末端，腹末有两个向腹面的突起。

发生规律 在北方梨区1年发生1代，蛹在被害瘤内越冬，梨芽萌动时成虫开始羽化，花芽膨大、鳞片露白时为羽化盛期。羽化后成虫早晨静伏于小枝上，在晴天无风的午后即开始活动，卵散产于枝条粗皮、花芽、叶芽和虫瘤等缝隙处，在梨新梢生长期开始孵化，初孵幼虫爬行到刚抽出的幼嫩新梢蛀入为害，对新梢的生长，树冠的形成、加大均产生严重的影响。一般到6月被害处增生、膨大形成瘿瘤，幼虫在瘤内生活取食，于9月中、下旬老熟，咬出羽化孔后于瘤内化蛹越冬。

防治方法 彻底剪除被害虫瘤有良好效果，注意仅剪除里面有越冬蛹的一年生枝虫瘤即可。剪虫枝的防治措施应在大范围内进行，且连续3～4年彻底进行，可以实现区域性消除害虫。

在成虫发生期即花芽萌动期喷药防治，可选用2.5%溴氰菊酯乳油1 500～2 000倍液药剂、2.5%氯氟氰菊酯乳油1 000～3 000倍液、10%高效氯氰菊酯乳油1 000～2 000倍液，喷施1～2次，可收到良好效果。

若虫孵化期，可用25%灭幼服悬浮剂2 000倍液、1.8%阿维菌素乳油3 000～5 000倍液、5%氟苯脲乳油800～1 500倍液、20%虫酰肼悬浮剂1 000～1 500倍液喷施，均有良好的防治效果。

14. 白星花金龟

分　　布 白星花金龟（*Potaetia brevitarsis*）在南北果区均有分布，在我国分布很广。

为害特点 成虫啃食成熟或过熟的果实，尤其喜食风味甜的果实，常常数十头或十余头群集在果实上或树干的烂皮、凹穴部位吸取汁液。果实被伤害后，常腐烂脱落，树体生长受到一定的影响，损失较严重（图43-77）。

图43-77 白星花金龟为害果实症状

形态特征 成虫体椭圆形，全体黑铜色，具古铜色光泽，前胸背板和鞘翅上散布10多个不规则白绒斑，其间有1个显著的三角小盾片（图43-78）。鞘翅宽大，近长方形，触角深褐色，复眼突出。成虫群居，飞翔能力强。卵圆形至椭圆形，乳白色。幼虫头部褐色，胸足3对，身体向腹面弯曲呈C形，背面隆起，多横皱纹。老熟幼虫头较小，褐色，胴部粗胖，黄白色或乳白色。蛹裸蛹，初为黄白色，渐变为黄褐色。

图43-78 白星花金龟成虫

发生规律 每年1代，幼虫在土中越冬，在5月上旬出现成虫，发生盛期为6—7月，9月为末期。成虫喜食成熟果实，尤其雨后，数头或10余头群集在烂果皮上吸食汁液。成虫有假死性，对糖醋汁有较强的趋性，飞行力强。成虫寿命校长，交尾后多产卵于粪堆、腐草堆和鸡粪中。幼虫以腐草、粪肥为食，一般不为害植物根部，在地表，幼虫腹面朝上，以背面贴地蠕动而行。成虫出蛰期很长，到9月仍有成虫活动，出蛰盛期为7—8月。成虫白天活动，对烂果汁有强烈趋性，常常几头群集在同一果实上取食，爬行迟缓，受惊后飞走或掉落地上。春、夏季温、湿度适宜，以及低洼重茬、施用大量未腐熟有机肥的地块发生重。

防治方法 于秋、冬季摘虫茧或敲碎树干上的虫茧，减少虫源。

在幼虫盛发期喷洒2.5%溴氰菊酯乳油3 500 ~ 4 500倍液、50%辛硫磷乳油1 000 ~ 1 500倍液、5%阿维菌素微乳剂4 000 ~ 8 000倍液。

15. 梨娜刺蛾

分　　布 梨娜刺蛾（*Narosoideus flavidorsalis*）分布在东北、华北、华东、广东。幼虫食叶。

为害特点 低龄幼虫啃食叶肉，稍大后，将叶食成缺刻和孔洞。

形态特征 成虫雌体触角丝状，雄体触角双栉齿状。头、胸背黄色，腹部黄色，具黄褐色横纹。前翅黄褐色，外线明显，深褐色，与外缘近平行。线内侧具黄色边带铅色光泽，翅基至后缘橙黄色。后翅浅褐色或棕褐色，缘毛黄褐色（图43-79）。末龄幼虫绿色，背线、亚背线紫褐色。各体节具横列毛瘤4个，上生暗褐色刺（图43-80）。蛹黄褐色。茧椭圆形，暗褐色，外黏附土粒。

图43-79　梨娜刺蛾成虫

图43-80　梨娜刺蛾幼虫

发生规律 1年发生1代。以老熟幼虫结茧在土中越冬，7—8月发生，卵多产在叶背，每块卵块中含卵数十粒，8—9月进入幼虫为害期，初孵幼虫有群栖性，2、3龄后开始分散为害，9月下旬幼虫老熟后下树，寻找结茧越冬场地。

防治方法 于秋、冬季摘虫茧或敲碎树干上的虫茧，减少虫源。

在幼虫盛发期喷洒80%敌敌畏乳油1 000 ~ 1 200倍液、50%辛硫磷乳油1 000 ~ 1 500倍液、50%马拉硫磷乳油1 000 ~ 1 500倍液、25%亚胺硫磷乳油1 500倍液、5%顺式氰戊菊酯乳油2 000 ~ 3 000倍液。

三、梨树各生育期病虫害防治技术

（一）梨树病虫害综合防治历的制订

梨树病虫害发生普遍，严重地影响着梨的产量和品质。一般发生较为普遍的病害有梨黑星病、黑斑病、腐烂病、轮纹病、炭疽病、锈病，其中，以梨黑星病、轮纹病为害较重。为害比较严重的害虫有梨大食心虫、梨小食心虫、山楂红蜘蛛、梨茎蜂；一般管理粗放、用药较少的梨园中梨星毛虫、天幕毛虫、刺蛾类、梨瘿华蛾发生较重；管理较好、施药较多的梨园中螨类、梨木虱、介壳虫等较为严重；部分梨区梨木虱、梨冠网蝽、茶翅蝽为害较重。在梨收获后，要总结梨树病虫发生情况，分析病虫发生特点，拟订翌年的病虫害防治计划，及早采取防治方法。

下面结合大部分梨区病虫发生情况，概括地列出梨树病虫害综合防治历（表43-1），供使用时参考。

表43-1　梨树各生育病虫害综合防治历

物候期	日期	重点防治对象	其他防治对象
休眠期	11月至翌年2月	腐烂病、介壳虫	食心虫、蚜虫、梨木虱、轮纹病、黑星病等
萌芽前期	3月上、中旬	腐烂病、介壳虫	食心虫、蚜虫、螨、木虱、梨星毛虫、梨黑星病等
萌芽期	3月下旬至4月上旬	腐烂病、介壳虫	食心虫、梨木虱、蚜虫、螨、梨星毛虫、褐斑病等
花期	4月上、中旬	疏花、定果	生理落花、花腐病
落花期	4月下旬至5月上、中旬	梨黑星病、梨木虱、介壳虫	梨星毛虫、梨尺蛾、梨茎蜂、蚜虫、黑斑病、轮纹病等
果实膨大期	5月下旬至6月上旬	梨黑星病、红蜘蛛	梨果象甲、梨木虱、介壳虫、黑斑病、轮纹病等
	6月中、下旬	梨大食心虫、红蜘蛛、黑斑病	茶翅蝽、梨象甲、梨木虱、介壳虫、黑星病、褐斑病、轮纹病等
	7月上、中旬	梨黑星病、红蜘蛛	梨木虱、介壳虫、食心虫、黑斑病、轮纹病、炭疽病等
果实成熟期	7月下旬至9月上旬	黑星病、食心虫、轮纹病	梨木虱、介壳虫、梨网蝽、轮纹病、炭疽病等
营养恢复期	9月上旬至11月	腐烂病	梨木虱、介壳虫、轮纹病等

（二）休眠期病虫害防治技术

华北地区梨树从11至翌年2月处于休眠期（图43-81），多数病、虫也停止活动，许多病、虫在病残枝、叶、树枝干上越冬。这一时期的病、虫防治工作有3个，一是剪除、摘掉树上病枝、僵果，抹除枝干上的介壳虫，扫除园中枝叶，并集中烧毁，减少病源；二是深翻土壤，特别是树基周围，注意深挖、暴晒，或翻土前向土表喷洒50%辛硫磷乳油300倍液、5%阿维菌素微乳剂4 000 ~ 8 000倍液，每亩用药剂500 mL左右；三是用高浓度波尔多液涂刷树干，进行树体消毒，还可以刮除老皮，喷涂5波美度石硫合剂。

图43-81　梨树休眠期

冬季修剪时，最好在刀口处涂抹消毒剂，可用波尔多液等。

（三）萌芽前期病虫害防治技术

3月上、中旬，气温已开始回升变暖，病、虫开始活动，这一时期梨树尚未发芽（图43-82），可以喷1次广谱性铲除剂，一般可以取得较好效果，可以大量铲除越冬病原菌和一些蚜虫、螨类、介壳虫等害虫。可用50%福美双可湿性粉剂100～200倍液、3～5波美度石硫合剂、50%硫悬浮剂200倍液、4%～5%柴油乳剂，全树喷淋，还需对树基部及基部周围土壤进行喷施。

图43-82　梨树萌芽前期

（四）萌芽期病虫害防治技术

3月下旬至4月上旬，梨树开始萌芽生长（图43-83）。梨树腐烂病进入一年的盛发期，特别是一些老果园，要及早刮治；这时梨树白粉病、锈病、褐斑病开始侵染发生，梨大食心虫、梨尺蠖、梨星毛虫、蚜虫、螨类也开始发生。梨木虱、介壳虫严重的果园正处于防治的关键时期。要结合果园的病虫害发生

梨树萌芽期

梨树腐烂病

梨树轮纹病

梨树刮皮防治

图43-83　梨树萌芽期病虫害为害症状

情况，采取喷药措施。

这一时期是刮治梨树腐烂病的重要时期，用锋利的刀子刮除病患部，并刮除患部边缘一部分正常树皮，深挖到木质部，而后涂抹药剂，可用50%福美双可湿性粉剂50倍液+萘乙酸50 mg/kg、5波美度石硫合剂、30%琥胶肥酸铜可湿性粉剂20 ～ 30倍液涂抹病疤，最好再喷以27%无毒高脂膜乳油100 ～ 200倍液。

这一时期防治梨树腐烂病，可结合防治其他病虫害，如蚜虫、螨、梨星毛虫、介壳虫、梨木虱、白粉病、锈病、褐斑病等，可以在腐烂病病斑刮净后，深刮到木质部，选1 ～ 2块较大的病斑，使用50%福美双可湿性粉剂60倍液+50 mg/kg萘乙酸+25%三唑酮可湿性粉剂20倍液+5%阿维菌素微乳剂1 000 ～ 2 000倍液，混合均匀，如较稀，可加入一些黏土或草木灰，调成黏稠液体，涂抹于患部，而后用塑料布包扎，20 ～ 30 d后解除。这一方法省工、高效，而且持效期长。

如白粉病、锈病较重，可以向树上喷洒20%复方三唑酮悬浮剂300 ～ 500倍液。

该期如果介壳虫、梨木虱较多，可以结合其他病虫害防治，混合使用20%双甲脒乳油1 000倍液、20%甲氰菊酯乳油1 500倍液、5%阿维菌素微乳剂4 000 ～ 8 000倍液+2.5%氯氟氰菊酯乳油1 500 ～ 2 000倍液等。

（五）花期病虫害防治技术

4月上、中旬，华北大部分梨区进入开花期（图43-84），由于花粉、花蕊对很多药剂敏感，一般不适合喷洒化学农药。但这一时期是疏花、保花、定花、定果的重要时期，要根据花量、树体长势、营养状况确定疏花、定果措施，保证果树丰产与稳产。疏花措施，保花、保果措施可以参考苹果疏花、保花、保果措施。

图43-84　梨树开花期

（六）落花期病虫害防治技术

4月下旬至5月上、中旬，梨树花期相继脱落（图43-85），幼果开始生长，树叶也开始长大。该期梨白粉病、锈病开始为害，梨黑星病、黑斑病、轮纹病、褐斑病也开始侵染为害；梨木虱第一代卵和若虫、梨茎蜂卵和幼虫、尺蠖幼虫进入为害盛期，介壳虫严重的果园也是防治的有利时期，其他害虫如梨星毛虫、蚜虫、梨食心虫、梨果象甲等都开始活动，需要防治。该期一般情况下，需混合使用1次杀菌剂和杀虫剂。

为了减轻对幼果的影响，宜选用一些刺激性小、高效的杀菌剂，一般可用70%代森锰锌可湿性粉剂1 000 ～ 1 500倍液+50%异菌脲可湿性粉剂1 000 ～ 1 200倍液，或70%代森锰锌可湿性粉剂+25%三唑酮可湿性粉剂1 000倍液，喷雾。

杀虫剂可以使用20%甲氰菊酯乳油1 000 ～ 1 500倍液、5%阿维菌素微乳剂4 000 ～ 8 000倍液+2.5%氯氟氰菊酯乳油2 000倍液，喷雾。

于花瓣脱落后20 ～ 30 d内使用2.7%赤霉酸（赤霉酸A4+A71.35%＋赤霉酸A31.35%），施药1次。可在疏果后套袋，同时将药剂涂抹于果梗中间部位，每果约20 mg，具有促进果实增大、提早采收的作用。

图43-85 梨树落花期病虫害为害症状

这一时期，为保护幼果免受外界环境条件的影响，可以配合使用海藻胶水剂250倍液、0.1%二氧化硅水溶液、27%无毒高脂膜乳剂200倍液、0.3% ~ 0.5%石蜡乳液等，喷雾。

（七）果实幼果至膨大期病虫害防治技术

5月下旬至7月上、中旬，梨树生长旺盛，幼果迅速增大（图43-86），是病虫害防治的关键阶段。在这50 ~ 60 d的时间内，如遇合适的条件，红蜘蛛、梨黑星病、梨木虱、梨黑斑病会随时严重发生，应注意调查与适时防治。5月下旬至6月中旬梨果象甲、褐斑病发生较重；6月上、中旬梨木虱、梨星毛虫、褐斑病发生较多；6月下旬至7月上旬，梨黑斑病、梨大食心虫可能大发生，引起落果。进入7月以后，阴雨天较多，梨黑星病、轮纹病、炭疽病、梨大食心虫、梨小食心虫、介壳虫开始大发生。这一段时间，病虫的发生特点很难区分开，会有多种病虫害混合发生，但也有所偏重，生产管理上要注意调查与分析，适时采取防治方法。

该期一般需要施药3 ~ 6次，1 ：2 ：（160 ~ 200）倍波尔多液与常用的有机农药轮换使用，在阴

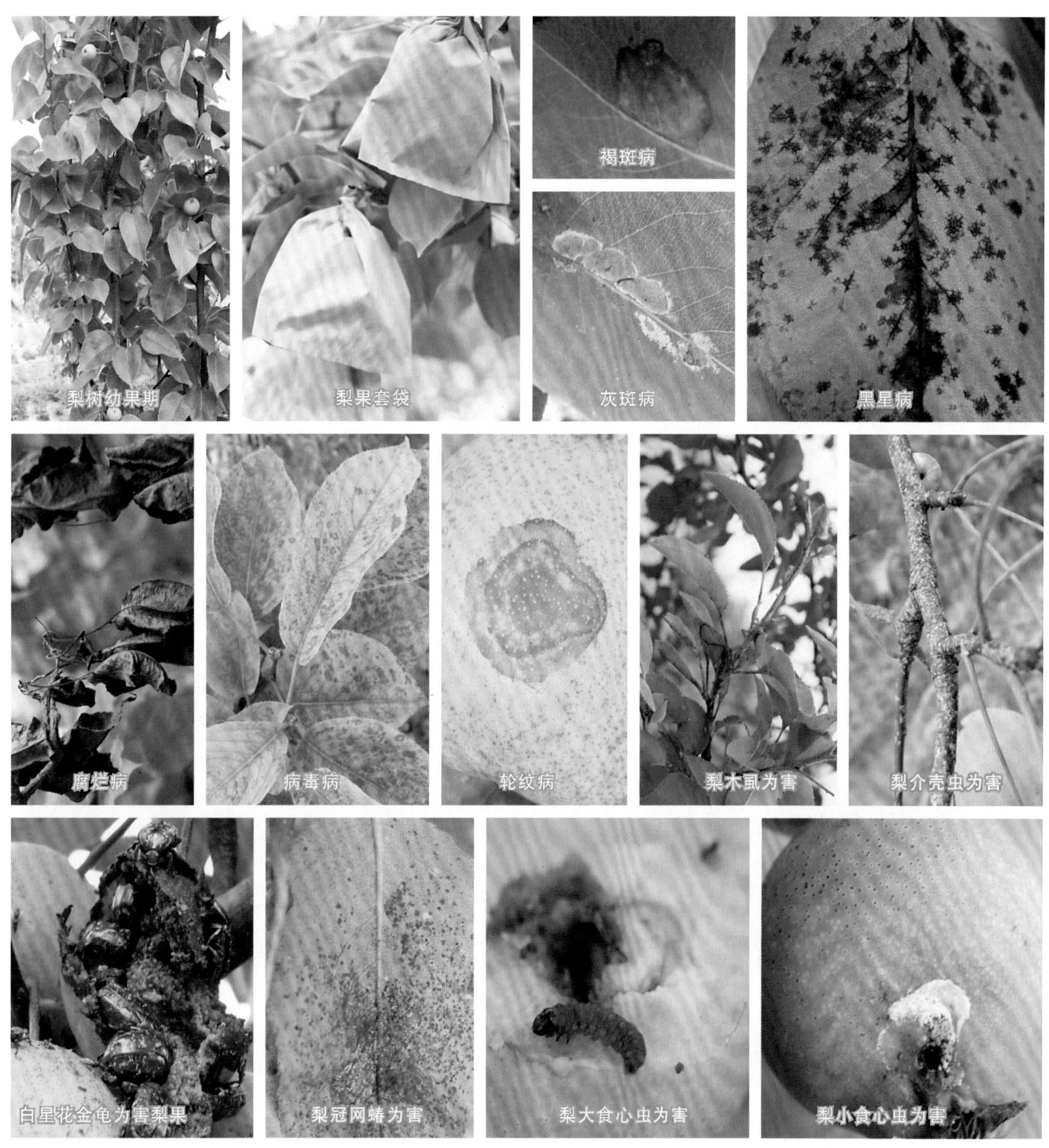

图43-86　梨幼果期至果实膨大期病虫为害症状

雨天气最好使用波尔多液，雨过天晴、防治病虫的关键时期用有机农药。

防治梨黑星病、黑斑病等病害，可用杀菌剂35%胶悬铜悬浮剂300～500倍、70%甲基硫菌灵可湿性粉剂1 000～1 500倍液+70%代森锰锌可湿性粉剂800～1 000倍液、50%多菌灵可湿性粉剂1 000～1 500倍液+65%代森锌可湿性粉剂500～800倍液等。

如果天气干旱、高温，发现红蜘蛛为害时，要及时防治。早期防治，用25%噻螨酮乳油800～1 500倍液20%哒螨灵乳油1 000～1 500倍液；如果结合防治梨木虱、食心虫、梨星毛虫、梨虎等害虫，可以使用5%噻螨酮乳油1 500～2 000倍液、50%辛硫磷乳油1 000倍液+20%甲氰菊酯乳油1 000～2 000倍液等。

6月下旬至7月上旬是梨大食心虫卵、幼虫发生盛期，结合防治红蜘蛛或其他害虫可以使用50%辛硫磷乳油1 000～2 000倍液+20%双甲脒乳油1 000～2 000倍液、5%阿维菌素微乳剂4 000～8 000倍液+5%联苯菊酯乳油1 000倍液等，喷雾。

（八）果实成熟期病虫害防治技术

7月下旬以后，梨陆续进入成熟期（图43-87），梨黑星病、轮纹病、炭疽病等开始侵染果实，该期高温、高湿、多雨，是病害流行的有利时机，应加强防治。7月下旬至8月是梨大食心虫、梨小食心虫的产卵、初孵幼虫发生盛期，应注意田间观察，适期防治。一般要施药2 ～ 4次，于7月下旬、8月中、下旬喷高效农药，其他时间注意轮换使用1 ：2 ：200倍波尔多液、35%胶悬铜300 ～ 500倍液。

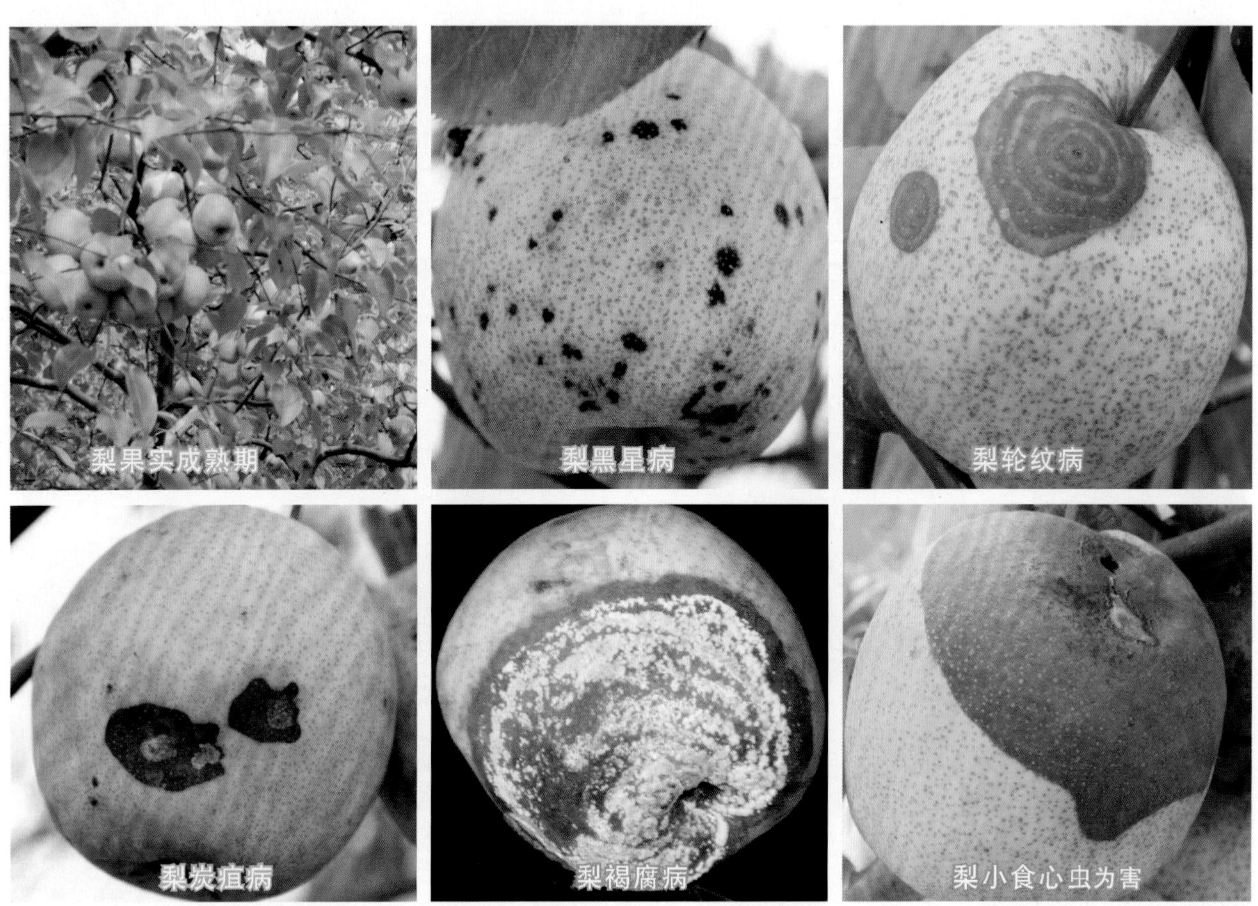

图43-87　梨成熟期病虫为害情况

防治梨黑星病、轮纹病、炭疽病等，可用50%多菌灵可湿性粉剂800 ～ 1 000倍液+70%代森锰锌可湿性粉剂800 ～ 1 000倍液、70%甲基硫菌灵可湿性粉剂1 000 ～ 1 500倍液+65%代森铵可湿性粉剂600 ～ 800倍液等，喷雾。

防治梨食心虫，主要是杀卵和防治初孵幼虫，可用20%甲维·除虫脲（甲氨基阿维菌素苯甲酸盐1% + 除虫脲19%）悬浮剂2 000 ～ 3 000倍液、35%氯虫苯甲酰胺水分散粒剂17 500 ～ 25 000倍液、240 g/L虫螨腈悬浮剂4 000 ～ 6 000倍液、24%甲氧虫酰肼悬浮剂2 500 ～ 3 750倍液，喷雾。

（九）营养恢复期病虫害防治技术

进入9月以后，多数梨已经成熟、采摘，生长进入营养恢复期。这一时期梨树势较弱，一般天气多阴雨、潮湿，气温降低，腐烂病有所发展，应及时刮除树皮腐烂部分，按前述方法涂抹药剂。这时期还有梨黑星病、轮纹病为害，应喷施1 ～ 2次1 ：2 ：200倍波尔多液，保护叶片，使树进行正常的营养恢复。

第四十四章　桃树病虫害原色图解

桃树是重要的核果类果树，在我国分布范围广、栽种面积大，是深受人们青睐的营养佳品。我国已记载的桃树病害有90多种，常见的病害有穿孔病、褐腐病、腐烂病、炭疽病、疮痂病、缩叶病、流胶病等。我国已记载的桃树虫害有60多种，常见的虫害有桃蛀螟、桃蚜、桃小食心虫等。

一、桃树病害

1.桃细菌性穿孔病

分　　布　桃细菌性穿孔病是桃树的重要病害之一，在全国各桃产区都有发生，特别是在沿海、沿湖地区，常严重发生（图44-1、图44-2）。

图44-1　桃细菌性穿孔病为害叶片症状

图44-2　桃细菌性穿孔病为害田间症状

症　　状　由甘蓝黑腐黄单胞菌桃穿孔致病型（*Xanthomonas campestris* pv. *pruni*，属薄壁菌门黄单胞菌属）引起。主要为害叶片，也为害果实和枝。叶片受害，开始时产生半透明油浸状小斑点，后逐渐扩大，呈圆形或不规则圆形，紫褐色或褐色，周围有淡黄色晕环（图44-3）。天气潮湿时，在病斑的背面常溢出黄白色胶黏状菌脓，后期：病斑干枯，在病、健部交界处，产生一圈裂纹，很易脱落形成穿孔。枝梢上有两种病斑：一种称春季溃疡，另一种称夏季溃疡。春季溃疡病斑油浸状，微带褐色，稍隆起；春末病部表皮破裂成溃疡。夏季溃疡多发生在嫩梢

图44-3　桃细菌性穿孔病为害叶片症状

上，开始时环绕皮孔形成油浸状、暗紫色斑点，中央稍下陷，有油浸状的边缘。该病也为害果实（图44-4）。

发生规律　病原细菌在春季溃疡病斑组织内越冬，翌年春天气温升高后越冬的细菌开始活动，枝梢发病，形成春季溃疡。桃树开花前后，通过风雨和昆虫传播，从叶上的气孔和枝梢、果实上的皮孔侵入，进行初侵染。病害一般在5月上、中旬开始发生，6月梅雨期蔓延最快。夏季高温、干旱天气，病害发展受到抑制，至秋雨期又有一次扩展过程（图44-5）。

防治方法　加强肥水管理，保持适度结果量，合理整形修剪，增强树势，提高抗病能力。

芽膨大前期，喷1 ∶ 1 ∶ 100倍波尔多液、45%晶体石硫合剂30倍液、30%碱式硫酸铜胶悬剂300 ～ 500倍液等药剂杀灭越冬病菌。

展叶后至发病前是防治的关键时期，可喷施保护剂1 ∶ 1 ∶ 100倍波尔多液、77%氢氧化铜可湿性粉剂400 ～ 600倍液、30%碱式硫酸铜悬浮剂300 ～ 400倍液、86.2%氧化亚铜可湿性粉剂2 000 ～ 2 500倍液、47%氧氯化铜可湿性粉剂300 ～ 500倍液、30%硝基腐殖酸铜可湿性粉剂300 ～ 500倍液、30%琥胶肥酸铜可湿性粉剂400 ～ 500倍液等，间隔10 ～ 15 d喷药1次。

在发病早期及时施药防治，可用3%中生菌素可湿性粉剂400倍液、33.5%喹啉铜悬浮剂1 000 ～ 1 500倍液、2%宁南霉素水剂2 000 ～ 3 000倍液、86.2%氧化亚铜悬浮剂1 500 ～ 2 000倍液等药剂。

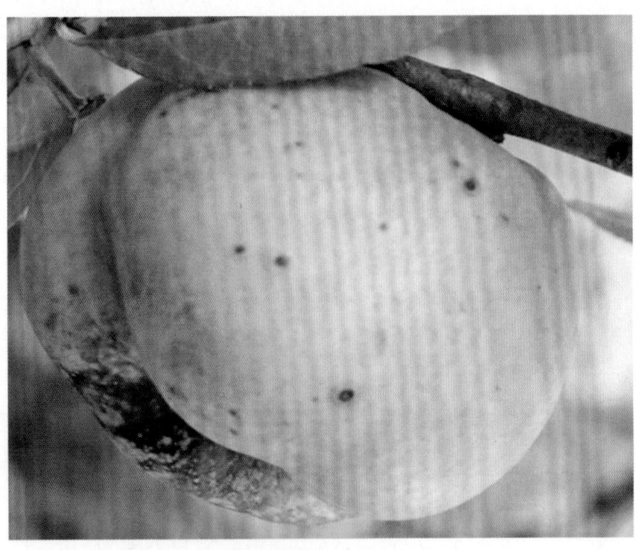

图44-4　桃细菌性穿孔病为害果实症状

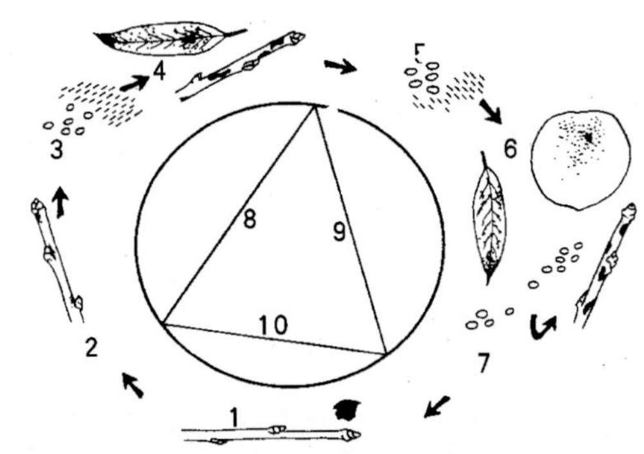

图44-5　桃细菌性穿孔病病害循环

1.在幼枝越冬　2.春天形成溃疡　3.风雨传播溃疡上的细菌　4.侵染　5.风雨传播细菌　6.侵染　7.晚期侵染　8.初循环　9.重复循环　10.冬眠

2. 桃霉斑穿孔病

症　状　由嗜果刀孢（*Clasterosporium carpophilum*，属无性型真菌）引起。主要为害叶片和花果。叶片染病（图44-6、图44-7），病斑初为圆形，紫色或紫红色，逐渐扩大为近圆形或不规则形，后变为褐色。湿度大时，在叶背长出黑色霉状物，即病菌的子实体，有的延至脱落后产生，病叶脱落后才在叶上残存穿孔。花、果实染病，病斑小而圆，紫色，凸起后变粗糙，花梗染病，未开花即干枯脱落。

图44-6　桃霉斑穿孔病为害叶片症状

图44-7　桃霉斑穿孔病为害叶片中期症状

发生规律　菌丝或分生孢子在被害叶、枝梢或芽内越冬。翌年，越冬病菌产生的分生孢子借风雨传播，先从幼叶上侵入，产出新的孢子后，再侵入枝梢或果实，低温多雨利其发病，4月中、下旬即见枝梢发病。

防治方法　加强桃园管理，增强树势，提高树体抗病力。及时排水，合理整形修剪，及时剪除病枝，彻底清除病叶，集中烧毁或深埋，以减少菌源。

于早春喷洒50%甲基硫菌灵可湿性粉剂500倍液、70%代森锰锌可湿性粉剂500倍液、50%苯菌灵可湿性粉剂1 500倍液、1 ∶ 1 ∶（100 ~ 160）倍波尔多液、30%碱式硫酸铜胶悬剂400 ~ 500倍液。

3. 桃褐斑穿孔病

症　　状　由核果尾孢（*Cercospora circumscissa*，属无性型真菌）引起。有性世代为樱桃球腔菌（*Mycosphaerella cerasella*，属子囊菌亚门真菌）。主要为害茎与叶片，也可为害新梢和果实。叶片染病（图44-8、图44-9），初生圆形或近圆形病斑，边缘紫色，略带环纹，病斑径长1 ~ 4 mm；后期病斑上长出灰褐色霉状物，中部干枯脱落，形成穿孔，穿孔的边缘整齐，穿孔多时叶片脱落。新梢、果实染病，症状与叶片相似。

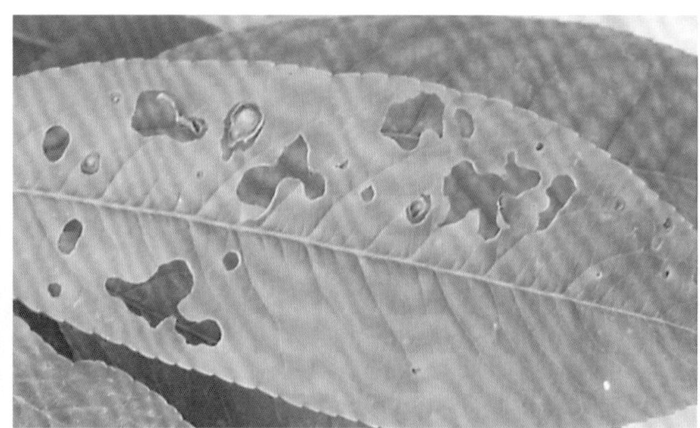

图44-8　桃褐斑穿孔病为害叶片症状

图44-9　桃褐斑穿孔病为害叶片后期症状

发生规律　菌丝体在病叶或枝梢病组织内越冬，翌春气温回升，降雨后产生分生孢子，借风雨传播，侵染叶片、新梢和果实。病部产生的分生孢子进行再侵染。病菌发育温限7 ~ 37℃，适温25 ~ 28℃。低温、多雨利于病害发生和流行。

防治方法　加强桃园管理，桃园注意排水，增施有机肥，合理修剪，增强通透性。

落花后，喷洒70%代森锰锌可湿性粉剂500倍液+70%甲基硫菌灵超微可湿性粉剂1 000倍液、60%唑醚 · 代森联（代森联55% +吡唑醚菌酯5%）水分散粒剂1 500 ~ 2 000倍液、40%苯甲 · 吡唑酯（苯醚甲环唑25%+吡唑醚菌酯15%）悬浮剂3 000～4 000倍液、40%唑醚·戊唑醇（吡唑醚菌酯10%+戊唑醇30%）悬浮剂3 500～4 000倍液、75%百菌清可湿性粉剂700～800倍液+50%苯菌灵可湿性粉剂1 500倍液，间隔7～10 d防治1次，共防3～4次。

4. 桃疮痂病

分　　布　桃疮痂病在我国各桃区均有发生，尤以北方桃区受害较重，在高温、多湿的江浙一带发病最重。

症　　状　由嗜果枝孢菌（*Cladosporium carpophilum*，属无性型真菌）引起。主要为害果实，亦为害枝梢（图44-10、图44-11）。果实发病初期，果面出现暗绿色圆形斑点，逐渐扩大，至果实近成熟期，病斑呈暗紫色或黑色，略凹陷，病菌扩展局限于表层，不深入果肉（图44-12）。发病严重时，病斑密集，随着果实的膨大，导致果实龟裂。新梢被害后，呈现长圆形、浅褐色的病斑，后变为暗褐色，并进一步扩大，病部隆起，常发生流胶。

图44-10　桃疮痂病为害枝条情况

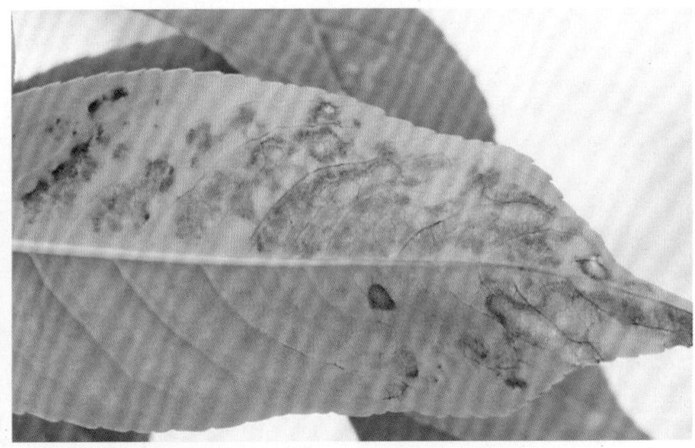

图44-11　桃疮痂病为害叶片正背面症状

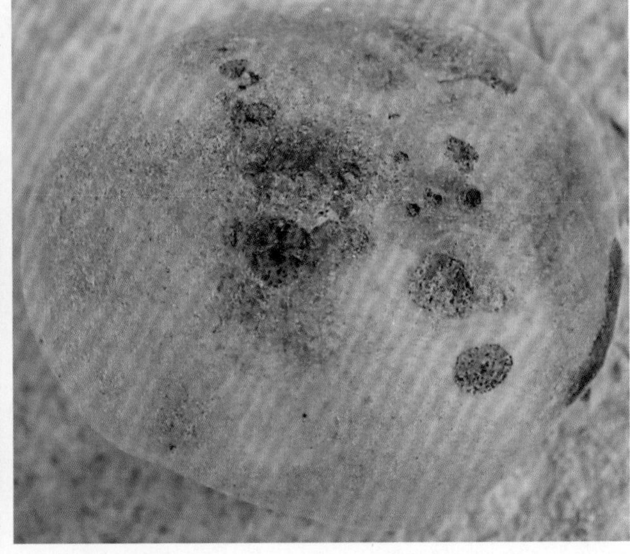

图44-12　桃疮痂病为害果实情况

发生规律 菌丝体在枝梢病组织中越冬。翌年春季，气温上升，病菌产生分生孢子，通过风雨传播，进行初侵染。病菌侵入后潜育期长，然后再产生分生孢子梗及分生孢子，进行再侵染。在我国南方桃区，5—6月发病最盛；北方桃园，果实一般在6月开始发病，7—8月发病率最高。果园低湿、排水不良，桃枝条郁密、修剪粗糙等均能加重病害的发生。

防治方法 在秋末冬初结合修剪，认真剪除病枝。注意雨后排水，合理修剪，使桃园通风透光。萌芽前喷45%石硫合剂30倍液，铲除枝梢上的越冬菌源。

落花后的半个月是防治的关键时期，可用70%甲基硫菌灵·代森锰锌可湿性粉剂800倍液、40%苯甲·吡唑酯（苯醚甲环唑25%+吡唑醚菌酯15%）悬浮剂3 000 ～ 4 000倍液、40%唑醚·戊唑醇（吡唑醚菌酯10%+戊唑醇30%）悬浮剂3 500 ～ 4 000倍液、40%嘧环·甲硫灵（甲基硫菌灵25%+嘧菌环胺15%）悬浮剂2 000 ～ 3 000倍液、70%甲基硫菌灵可湿性粉剂800倍液、20%邻烯丙基苯酚可湿性粉剂800倍液、50%多菌灵可湿性粉剂800倍液、65%代森锌可湿性粉剂500 ～ 800倍液、75%百菌清可湿性粉剂800倍液、80%代森锰锌可湿性粉剂800倍液、40%氟硅唑乳油8 000 ～ 10 000倍液，均匀喷施，以上药剂交替使用，效果更好。间隔10 ～ 15 d喷药1次，连续喷3 ～ 4次。

5. 桃炭疽病

分　　布 桃炭疽病是我国桃树主要病害之一，分布于全国各桃产区，以南方桃区受害最重。

症　　状 由胶孢炭疽菌（*Colletotrichum gloeosporioides*）引起。主要为害果实，也能侵害叶片和新梢。幼果果面呈暗褐色，发育停滞，萎缩硬化。果实将近成熟时染病，产生圆形或椭圆形的红褐色病斑，显著凹陷，其上散生橘红色小粒点，并有明显的同心环状皱纹（图44-13）。新梢受害，初在表面产生暗绿色、水渍状、长椭圆形病斑，后渐变为褐色，边缘带红褐色，略凹陷，表面也长有橘红色的小粒点。叶片发病，产生近圆形或不整形、淡褐色病斑，病、健分界明显，后期病斑中部褪色，呈灰褐色或灰白色（图44-14）。

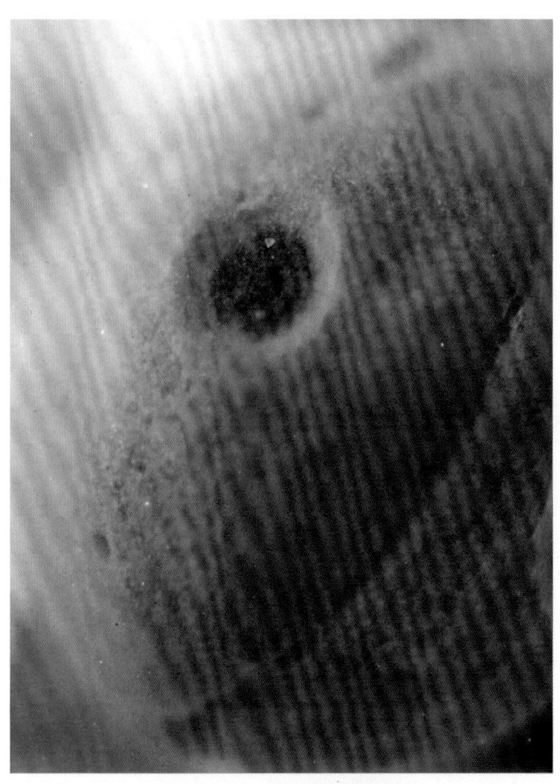

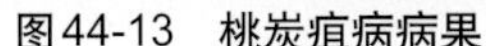

图44-13 桃炭疽病病果

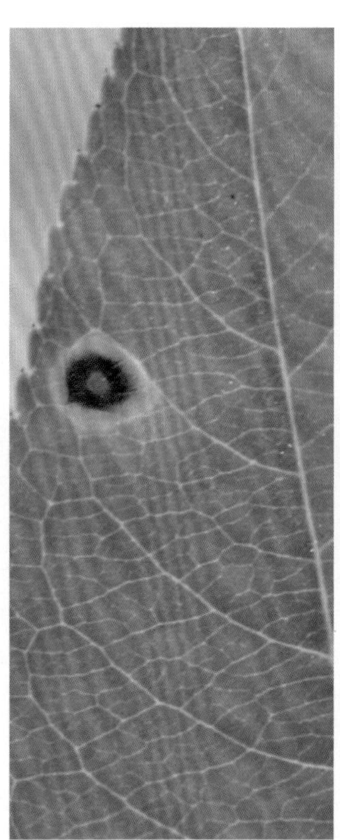

图44-14 桃炭疽病为害叶片症状

发生规律 菌丝体在病梢组织内越冬，也可以在树上的僵果中越冬。于翌年春季形成分生孢子，借风雨或昆虫传播，侵害幼果及新梢，引起初侵染。以后于新生的病斑上产生孢子，引起再侵染。我国长江流域，由于春天雨水多，病菌在桃树萌芽至花期前就大量蔓延，使大批结果枝枯死；到幼果期病害进入高峰期，使幼果大量腐烂和脱落。在我国北方，7、8月是雨季，病害发生较多。

防治方法 结合冬剪，剪除树上的病枝、僵果及衰老细弱枝组；在早春芽萌动到开花前后及时剪除初发病的枝梢及有卷叶症状的病枝。搞好开沟排水工作，防止雨后积水；适当增施磷、钾肥；并注意防治害虫。

萌芽前喷石硫合剂或1 ∶ 1 ∶ 100波尔多液1 ～ 2次，铲除病原，展叶后禁喷。

发芽后、谢花后是喷药防治的关键时期。可用80%代森锰锌可湿性粉剂600 ～ 800倍液、65%代森锌可湿性粉剂500倍液、60%唑醚·代森联（代森联55% +吡唑醚菌酯5%）水分散粒剂1 500 ～ 2 000倍液、75%百菌清可湿性粉剂800倍液、80%炭疽福美（福美锌·福美双）可湿性粉剂800倍液、70%丙森锌可湿性粉剂800倍液等，间隔7 ～ 10 d喷1次。

在发病前期及时施药，可用40%嘧环·甲硫灵（甲基硫菌灵25% +嘧菌环胺15%）悬浮剂2 000 ～ 3 000倍液、40%苯甲·吡唑酯（苯醚甲环唑25% +吡唑醚菌酯15%）悬浮剂3 000 ～ 4 000倍液、80%代森锰锌可湿性粉剂600 ～ 800倍液+50%多菌灵可湿性粉剂800倍液、80%代森锰锌可湿性粉剂600 ～ 800倍液+10%苯醚甲环唑水分散粒剂1 000 ～ 1 200倍液、80%代森锰锌可湿性粉剂600 ～ 800倍液+70%甲基硫菌灵可湿性粉剂800 ～ 1 000倍液等药剂，均匀喷施。

6. 桃褐腐病

分 布 桃褐腐病是桃树的重要病害之一。江淮流域，江苏、浙江和山东每年都有发生，北方桃园则多在多雨年份发生流行。

症 状 由果生丛梗孢（*Monilia fructicola*，属子囊菌亚门真菌）引起。主要为害果实，也可为害花、叶、枝梢。果实被害，最初在果面产生褐色圆形病斑，果肉也随之变褐软腐。后在病斑表面生出灰褐色绒状霉丛，常成同心轮纹状排列（图44-15），病果腐烂后易脱落，不少失水后变成僵果（图44-16）。花受害，自雄蕊及花瓣尖端开始，先发生褐色水渍状斑点，后逐渐延至全花，随即变褐、枯萎。新梢上形成溃疡斑，长圆形，中央稍凹陷，灰褐色，边缘紫褐色，常发生流胶。

图44-15 桃褐腐病为害果实中期症状

图44-16 桃褐腐病为害果实后期症状

发生规律 主要以菌丝体的形式在树上及落地的僵果内或枝梢的溃疡斑部越冬。在翌春产生大量分生孢子，借风雨、昆虫传播，通过病虫伤、机械伤或自然孔口侵入。花期低温、潮湿多雨，易引起花腐。果实成熟期温暖、多雨雾易引起果腐。病虫伤、冰雹伤、机械伤、裂果等表面伤口多，会加重该病的发生。树势衰弱，管理不善，枝叶过密，地势低洼的果园发病常较重（图44-17）。

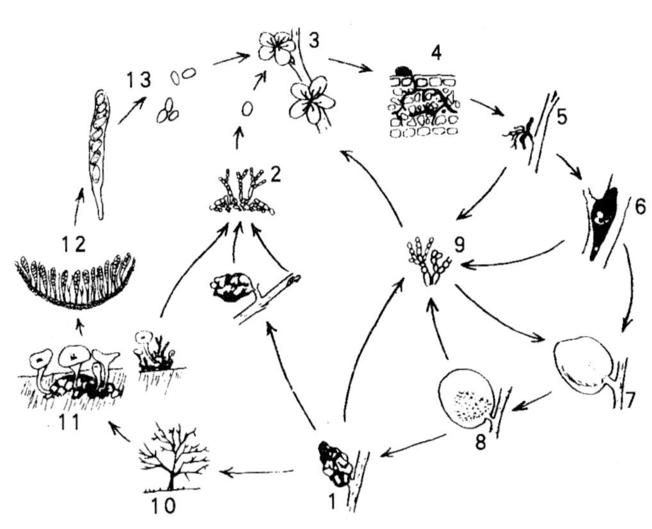

图44-17 桃褐腐病病菌循环

1.树上越冬的僵果 2.从僵果和溃疡产生的分生孢子 3.花感染 4.形成孢子再侵染 5.花凋萎 6.枝凋萎 7.果感染 8.病菌形成孢子 9.产生的分生孢子 10.僵果 11.地面僵果产生子囊盘 12.子囊盘内的子囊 13.子囊孢子

防治方法 结合冬剪彻底清除树上、树下的病枝。及时防治害虫，如桃蛀螟、桃蟒象、桃食心虫等，减少伤口，减轻为害。及时修剪和疏果，使树体通风透光。合理施肥，增强树势，提高抗病能力。

桃树萌芽前喷布石硫合剂、1 ∶ 1 ∶ 100波尔多液，铲除越冬病菌。

落花期是喷药防治的关键时期。可用10%小檗碱盐酸盐可湿性粉剂800 ～ 1 000倍液、24%腈苯唑悬浮剂2 500 ～ 3 200倍液、38%唑醚·啶酰菌（啶酰菌胺25.2%+吡唑醚菌酯12.8%）水分散粒剂1 500 ～ 2 000倍液、75%百菌清可湿性粉剂800倍液+70%甲基硫菌灵可湿性粉剂800 ～ 1 000倍液、75%百菌清可湿性粉剂800倍液+50%异菌脲可湿性粉剂1 000 ～ 2 000倍液、50%多菌灵可湿性粉剂1 000倍液、65%代森锌可湿性粉剂500倍液+50%腐霉利可湿性粉剂1 000倍液、75%百菌清可湿性粉剂800倍液+50%苯菌灵可湿性粉剂1 500倍液等，发病严重的桃园可每15 d喷1次药，采收前3周停喷。

7. 桃树侵染性流胶病

分　　布 桃树侵染性流胶病是桃树的一种常见的严重病害，世界各核果栽培区均有分布，在我国南方桃区为害较重（图44-18）。

图44-18 桃树侵染性流胶病为害枝干症状

症 状 由茶藨子葡萄座腔菌（*Botryosphaeria ribis*，属子囊菌亚门真菌）引起。主要为害枝干。一年生嫩枝染病，产生以皮孔为中心的疣状小突起，当年不发生流胶现象，翌年5月上旬病斑开裂，溢出无色、半透明状、稀薄而有黏性的软胶。被害枝条表面粗糙变黑，并以瘤为中心逐渐下陷，形成圆形或不规则形病斑，其上散生小黑点。多年生枝干受害产生"水泡状"隆起，并有树胶流出（图44-19、图44-20）。

图44-19 桃树侵染性流胶病为害枝条症状

图44-20 桃树侵染性流胶病为害多年生枝干症状

发生规律 菌丝体、分生孢子器在病枝里越冬。于翌年3月下旬至4月中旬散发出分生孢子，随风雨传播，经伤口和皮孔侵入。1年中此病有2个发病高峰，第1次在5月上旬至6月上旬，第2次在8月上旬至9月上旬。一般在直立生长的枝干基部以上部位受害严重；枝干分杈处易积水的地方受害重。

防治方法 增施有机肥，低洼积水地注意排水，合理修剪，减少枝干伤口。

桃树落叶后，将树干、大枝涂白，防止日灼、冻害，兼杀菌治虫。涂白剂配制方法：生石灰12 kg，食盐2 ~ 2.5 kg，大豆汁0.5 kg，水36 kg。先把生石灰用水化开，再加入大豆汁和食盐，搅拌成糊状即可。

早春发芽前，将流胶部位病组织刮除，然后涂抹45%石硫合剂30倍液，或喷1 ： 1 ： 100波尔多液，铲除病原菌。

生长期，于4月中旬至7月上旬，每隔20 d用刀纵、横划病部，深达木质部，然后用毛笔蘸药液涂于病部，全年共处理7次。可用50亿CFU/g多粘类芽孢杆菌可湿性粉剂1 000 ~ 1 500倍液、70%甲基硫菌灵可湿性粉剂800 ~ 1 000倍液+50%福美双可湿性粉剂300倍液、80%乙蒜素乳油50倍液、1.5%多抗霉素水剂100倍液处理。

8. 桃树腐烂病

分　布　桃树腐烂病在我国大部分桃区均有发生，是桃树上为害性很大的一种枝干病害。

症　状　由核果黑腐皮壳（*Valsa leucostoma*，属子囊菌亚门黑腐皮壳属）引起。其无性世代为核果壳囊孢（*Cytospora leucostoma*）。主要为害主干和主枝（图44-21～图44-24），造成树皮腐烂，致使枝枯树死。自早春至晚秋都可发生，其中，4—6月发病最盛。发病初期，病部皮层稍肿起，略带紫红色并出现流胶，最后皮层变为褐色，枯死，有酒糟味，表面产生黑色突起小粒点。

图44-21　桃树腐烂病为害症状

图44-22　桃树腐烂病干上的孢子角

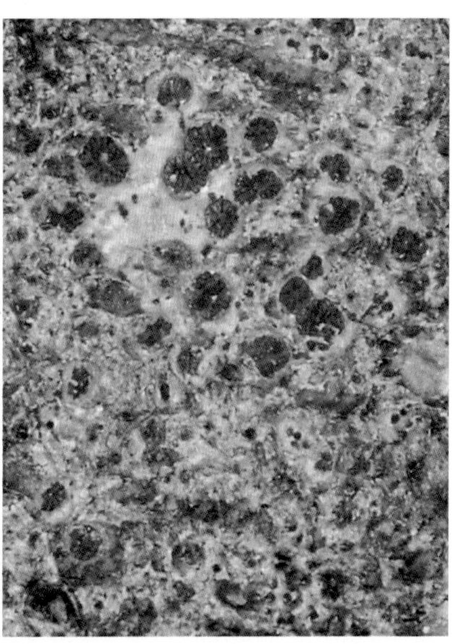

图44-23　桃树腐烂病病部表皮内的小突

发生规律　以菌丝体、子囊壳及分生孢子器的形式在树干病组织中越冬。于翌年3—4月产生分生孢子，借风雨和昆虫传播，自伤口及皮孔侵入。病斑多发生在近地面的主干上，早春至晚秋都可发生，春、秋两季最为适宜，尤以4—6月发病最盛，高温的7—8月发病受到抑制，11月后停止发展。施肥不当及秋雨多，桃树休眠期推迟，树体抗寒力降低，易引起发病。

图44-24　桃树腐烂病为害后期症状

防治方法　适当疏花疏果，增施有机肥，及时防治造成早期落叶的病虫害。防止冻害发生。

防止冻害发生比较有效的措施是树干涂白，以降低昼夜温差，常用涂白剂的配方是生石灰12～13 kg+石硫合剂原液（20波美度左右）2 kg+食盐2 kg+水36 kg，或生石灰10 kg+豆浆3～4 kg+水10～50 kg。涂白亦可防止枝干日灼。

在桃树发芽前刮去翘起的树皮及坏死的组织，然后喷施50%福美双可湿性粉剂300倍液。

在生长期发现病斑，可刮去病部，涂抹70%甲基硫菌灵可湿性粉剂1份加植物油2.5份、50%多菌灵可湿性粉剂50～100倍液+70%百菌清可湿性粉剂50～100倍液等药剂，间隔7～10 d再涂1次，防效较好。

9. 桃缩叶病

症　　状　由畸形外囊菌（*Taphrina deformans*，属子囊菌亚门真菌）引起。主要为害幼嫩组织，其中以嫩叶为主，嫩梢、花和幼果亦可受害。春季嫩叶刚从受侵芽鳞抽出即可受害，病叶表现为变厚膨胀，卷曲变形，颜色发红。随叶片逐渐展开，卷曲加重，病叶肿大肥厚，皱缩扭曲，质地变脆，呈红褐色，上生1层灰白色粉状物（图44-25）。枝梢受害呈黄绿色，病部肥肿，节间缩短，多形成簇生状叶片。严重时病梢扭曲，生长停滞，最后整枝枯死。

图44-25　桃缩叶病为害叶片症状

发生规律　子囊孢子在桃芽鳞片和树皮上越夏，厚壁的芽孢子在土中越冬。翌年春桃树萌芽时芽孢子萌发，直接从表皮侵入或从气孔侵入正在伸展的嫩叶，进行初侵染。一般不发生再侵染。一般在4月上旬展叶后开始发病，5月为发病盛期。春季桃芽膨大和展叶期，由于叶片幼嫩易被感染，如遇10～16℃冷凉、潮湿的阴雨天气，往往促使该病流行（图44-26）。

防治方法　做好土、肥、水管理，改善通风透光条件，促进树势，增强树体的抗病性。及时摘除病叶，集中烧毁。

果树休眠期，喷洒3～5波美度石硫合剂，铲除越冬病菌。

桃花芽露红而未展开时是防治的关键时期。可喷洒1次5波美度的石硫合剂、1∶1∶100波尔多液、50%硫悬浮剂600倍液、60%唑醚·代森联（代森联55%+吡唑醚菌酯5%）水分散粒剂1 500～2 000倍液、40%苯甲·吡唑酯（苯醚甲环唑25%+吡唑醚菌酯15%）悬浮剂3 000～4 000倍液、70%甲基硫菌灵可湿性粉剂600～1 000倍液+65%代森锌可湿性粉剂600～800倍液、75%百菌清可湿性粉剂600～800倍液+50%多菌灵可湿性粉剂600～800倍液、70%代森锰锌可湿性粉剂500倍液，能控制初侵染的发生，效果很好。

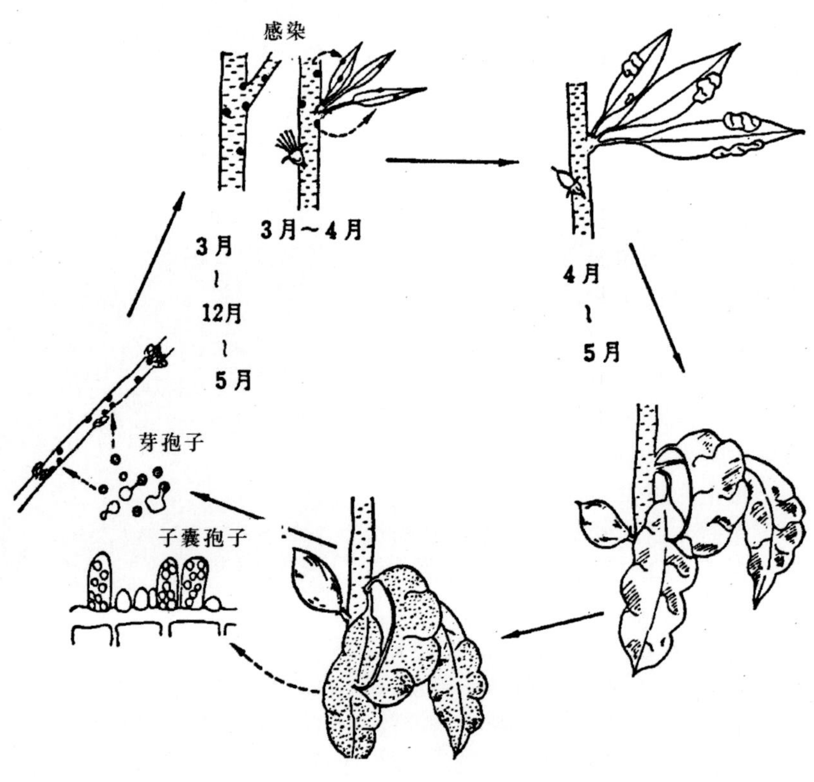

图44-26　桃缩叶病病害循环

10. 桃树根癌病

症　　状　由根癌农杆菌（*Agrobacterieum tumefaciens*）引起。此病主要发于根部，也发生于侧根和支根。根部被害后形成癌瘤（图44-27）。开始时很小，随植株生长不断增大。瘤的形状、大小、质地，取决于寄主。一般木本寄主的瘤大而硬，木质化；草本寄主的瘤小而软，肉质。瘤的形状不一致，通常为球形或扁球形，也可互相愈合呈不定形。患病的苗木，根系发育不良，细根特别少。地上部分的发育显著受到阻碍，生长缓慢，植株矮小。被害严重时，叶片黄化，早落。成年果树受害后，果实小，树龄缩短。但在发病初期，地上部的症状不明显。

图44-27　桃树根癌病苗木受害根部症状

发生规律　病菌在癌瘤组织的皮层内及土壤中越冬。通过雨水、灌溉水和昆虫传播。带菌苗木能远距传播。病菌由伤口侵入，刺激寄主细胞过度分裂和生长，形成癌瘤。潜育期2～3个月或1年以上。中性至碱性土壤有利发病，各种创伤有利于病害的发生，细菌通常是从树的裂口或伤口侵入，断根处是细菌集结的主要部位。一般切接、枝接比芽接发病重。土壤黏重、排水不良的苗圃或果园发病较重。

防治方法　栽种桃树或育苗忌重茬，也不要在原林（杨树、泡桐等）果（葡萄、柿等）园地种植。嫁接苗木采用芽接法。避免伤口接触土壤，减少染病机会。适当施用酸性肥科或增施有机肥，以改变土壤环境，使之不利于病菌生长。田间作业中尽量减少机械损伤，加强防治地下害虫。

苗木消毒：病苗要彻底刮除病瘤，用3%次氯酸钠液浸3 min，刮下的病瘤应集中烧毁。对外来苗木，应在未抽芽前将嫁接口以下部位用10%硫酸铜液浸5 min，再用2%的石灰水浸1 min。

病瘤处理：在定植后的果树上发现病瘤时，先用快刀彻底切除癌瘤，然后用稀释100倍硫酸铜溶液消毒切口，再外涂波尔多液保护；也可用3%中生菌素水剂200～400倍液涂切口，外加凡士林保护，切下的病瘤应随即烧毁。

土壤处理：用硫黄降低中性土和碱性土的碱性，病株根际灌浇30%金核霉素可湿性粉剂1 500～1 600倍液进行消毒处理，对减轻为害有一定作用。用100亿芽孢/g枯草芽孢杆菌可湿性粉剂200倍液涂抹扁桃根颈部的瘤，可防止其扩大绕围根颈。用细菌素（含有二甲苯酚和甲酚的碳氢化合物）处理瘤有良好效果，可以在3年生以内的植株上使用，处理后3～4个月内瘤枯死，可防止瘤的再生长或形成新瘤。

11. 桃花叶病

分　　布　桃花叶病属类病毒病，在我国发生较少，但近几年由于从国外广泛引种，带入此病，有蔓延的趋势。

症　　状　桃树感病后生长缓慢，开花略晚，果实稍扁，微有苦味。早春桃树发芽后不久，即出现黄叶，4—5月最多，但到7—8月病害减轻，或不表现黄叶。有的年份可能不表现症状，具有隐藏性。叶片黄化但不变形，病部呈现鲜黄色或乳白色杂色，或发生褪绿斑点和扩散形花叶（图44-28）。少数严重的病株全树大部分叶片黄化、卷叶，大枝出现溃疡。病毒喜高温，在保护地栽培中发病较重。

发生规律 桃花叶病主要通过嫁接传播，无论是砧木还是接穗带毒，均可形成新的病株，通过苗木销售带到各地。在同一桃园，修剪、蚜虫、瘿螨都可以传毒，在病株周围20 m范围内，桃花叶病相当普遍。

防治方法 在局部地区发现病株及时挖除并销毁，防止扩散。采用无毒材料（砧木和接穗）进行苗木繁育。若发现有病株，不得外流接穗。修剪工具要消毒，避免传染。对有病株的地块要加强管理，增施有机肥，提高抗病能力。

蚜虫发生期，喷药防治蚜虫。可用药剂有10%吡虫啉可湿性粉剂3 000倍液、10%氯氰菊酯乳油2 000倍液、80%敌敌畏乳油1 500倍液、50%抗蚜威可湿性粉剂2 000倍液等。

图44-28 桃花叶病褪绿症状

12. 桃树木腐病

症　　状 由暗黄层孔菌（*Fomes fulvus*，属担子菌亚门真菌）引起。主要为害桃树的枝干和心材，致心材腐朽，呈轮纹状。染病树木质部变白、疏松，质软且脆，腐朽易碎。病部表面长出灰色的病菌子实体，多从锯口长出，少数从伤口或虫口长出，每株形成的病菌子实体1个至数十个（图44-29）。以枝干基部受害重，常引致树势衰弱，叶色变黄或过早落叶，致产量降低或不结果。

发生规律 病菌在受害枝干的病部产生子实体或担孢子，条件适宜时，孢子成熟后，借风雨传播，经锯口、伤口侵入。

防治方法 加强桃、杏、李园管理，发现病死及衰弱的老树，应及早挖除并烧毁。对树势弱、树龄高的桃树，应采用配方施肥技术，恢复树势，以增强抗病力。发现病树长出子实体后，应马上削掉，集中烧毁并涂1%硫酸铜消毒。保护树体，千方百计减少伤口，是预防桃树木腐病发生和扩展的重要措施，对锯口涂1%硫酸铜消毒后，再涂波尔多液或煤焦油等保护，促进伤口愈合，减少病菌侵染。

图44-29 桃树木腐病为害枝干症状

13. 桃根结线虫病

症　状 由南方根结线虫(*Meloidogyne incognita*)引起。根结线虫病以在寄主植物根部形成根瘤为特征(图44-30)。根瘤开始较小，白色至黄白色，以后继续扩大，呈节结状或鸡爪状，黄褐色、表面粗糙，易腐败。发病植株的根较健康植株的根短，侧根和须很少，发育差。染病较轻的地上部分一般症状不明显，染病较重的叶片黄瘦，树叶缺乏生机，似缺肥状，长势差或极差。

图44-30 桃根结线虫病为害根部症状

发生规律 卵或2龄幼虫于寄主根部或土壤中越冬。翌年2龄幼虫由寄主根端的伸长区侵入根内，于生长锥内定居不动，并不断分泌刺激物，使细胞壁溶解，相邻细胞内含物合并，细胞核连续分裂，形成巨型细胞，形成典型根瘤。虫体也随着膨大，经第4次脱皮后发育成为雌性成虫，并抱卵继续繁衍。

防治方法 忌重茬，实行轮作，与禾本科作物连茬一般发病轻。有条件的地方，还可采用淤灌或水旱轮作防病。

药剂处理土壤。0.5%阿维菌素颗粒剂6 ~ 20 kg/亩，边开沟、边施药、边掩土，盖严压实。也可用50%辛硫磷乳油500倍液灌根，每株苗250 ~ 500 mL，1次即可，效果良好。

14. 桃实腐病

分布为害 桃实腐病在各桃产区均有发生。广泛为害桃果实，严重影响桃产量和质量。

症　状 由扁桃拟茎点菌(*Phomopsis amygdalina*，属无性型真菌)引起。桃果实自顶部开始表现为褐色，并伴有水渍状，后迅速扩展，边缘变为褐色。感病部位的果肉为黑色、变软、有发酵味(图44-31)。感染初期，在病果上看不到菌丝，后期果实常失水干缩形成僵果，表面布满浓密的灰白色菌丝。

图44-31 桃实腐病为害果实症状

发生规律 病原以分生孢子器的形式在僵果或落果中越冬。于春季产生分生孢子，借风雨传播，侵染果实。果实近成熟时病情加重。桃园密闭不透风、树势弱发病重。

防治方法 注意桃园通风透光，增施有机肥，控制树体负载量。捡除园内病僵果及落地果，集中深埋或烧毁。

防治重点在花期喷药，同时结合消除桃园病原。发病初期，喷洒50%腐霉利可湿性粉剂2 000倍液、50%苯菌灵可湿性粉剂1 500倍液、50%多菌灵可湿性粉剂700 ～ 800倍液、70%甲基硫菌灵可湿性粉剂1 000 ～ 1 200倍液。每15 d用药1次，连续喷2 ～ 3次。

15. 桃软腐病

分布为害 桃软腐病在全国各地均有发生。传染力很强，常引起贮藏、运输和销售中的大量烂果，损失严重，是桃采收后的主要病害。

症　状 由匍枝根霉（*Rhizopus stolonifer*）引起。果实最初出现茶褐色小斑点，后迅速扩大。2 ～ 3 d后，病果呈淡褐色软腐状，表面长有浓密的白色细绒毛，几天后在绒毛丛中生出黑色小点，外观似黑霉（图44-32）。

图44-32　桃软腐病为害果实症状

发生规律 病原通过伤口侵入成熟果实，孢囊孢子经气流传播。健果与病果接触也可传染。而且传染性很强。温度较高且湿度大时发展很快，4 ～ 5 d后，病果即可全部腐烂。

防治方法 桃果成熟后及时采收，在采、运、贮过程中，轻拿轻放，防止产生机械损伤。

物理防治：注意在0 ～ 3℃波动低温下进行贮藏和运输。

药剂防治：在桃果近成熟时喷布1次50%腐霉利可湿性粉剂1 000 ～ 1 500倍液、50%多菌灵可湿性粉剂800倍液、50%异菌脲可湿性粉剂1 500倍液或70%甲基硫菌灵可湿性粉剂700倍液，收获后用苯菌灵、脱乙酰壳多糖和氯硝氨等药剂浸果有一定的防治效果。

16. 桃煤污病

分布为害 桃煤污病分布广泛，为桃树常见的表面孳生性病害，可降低果实经济价值，甚至引起死亡。

症　状 由多主枝孢（*Cladosporium herabrum*）、大孢枝孢（*Cladosporium macrocarpum*）、链格孢引起，均属无性型真菌。枝干被害处初现污褐色圆形或不规则形霉点，后形成煤烟状黑色霉层，部分或布满枝条。叶片正面产生灰褐色污斑，后逐渐转为黑色霉层或黑色煤粉层，严重时叶片提早脱落。果实表面则布满黑色煤烟状物，严重降低果品价值（图44-33）。

图44-33　桃煤污病为害果实症状

发生规律 病原以菌丝体和分生孢子的形式在病叶上、土壤内及植物残体上度过休眠期。在春季产生分生孢子，借风雨或蚜虫、介壳虫、粉虱等昆虫传播蔓延。湿度大、通风透光差以及蚜虫等刺吸式口器昆虫多的桃园往往发病重。主要受介壳虫类的影响，以龟蜡介为主。因其繁殖量大，产生的排泄物多，且直接附着在果实表面，形成煤污状残留，用清水难以清洗。

防治方法 改变桃园小气候，使其通透性好，雨后及时排水，防止湿气滞留。及时防治蚜虫、粉虱及介壳虫，对于零星栽植的桃园可在严冬晚上喷清水于树干，结冰后于早晨用机械法把冰层振落，介壳虫也随之脱落。

11月落叶后连喷2遍5波美度的石硫合剂，每5 d喷1遍。能最大程度地消灭介壳虫以及其他越冬的病虫害。

生长季喷杀虫剂时加400倍的柴油作为助剂。只要把介壳虫防治好，煤污病就得到了有效防治。

发病初期，喷50%多菌灵可湿性粉剂600倍液、70%甲基硫菌灵可湿性粉剂700倍液。每15 d喷洒1次，连续喷施12次。及时防治蚜虫、粉虱及介壳虫。

二、桃树虫害

1. 桃蛀螟

分　　布　桃蛀螟（*Dichocrocis punctiferalis*）在我国各地均有分布，在长江以南特别严重。

为害特点　幼虫蛀食为害，为害桃果时，从果柄基部进入果核，蛀孔处常流出黄褐色透明黏胶，周围堆积有大量红褐色虫粪，果实易腐烂（图44-34 ～图44-36）。

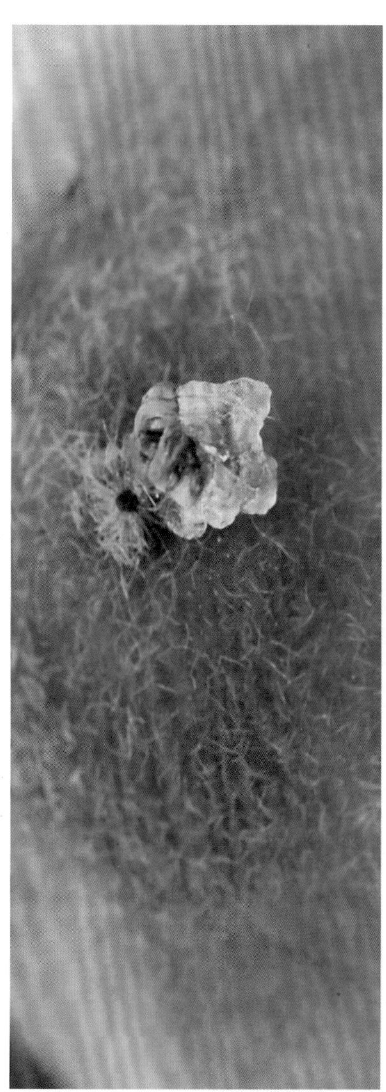

图44-34　桃蛀螟为害桃果症状

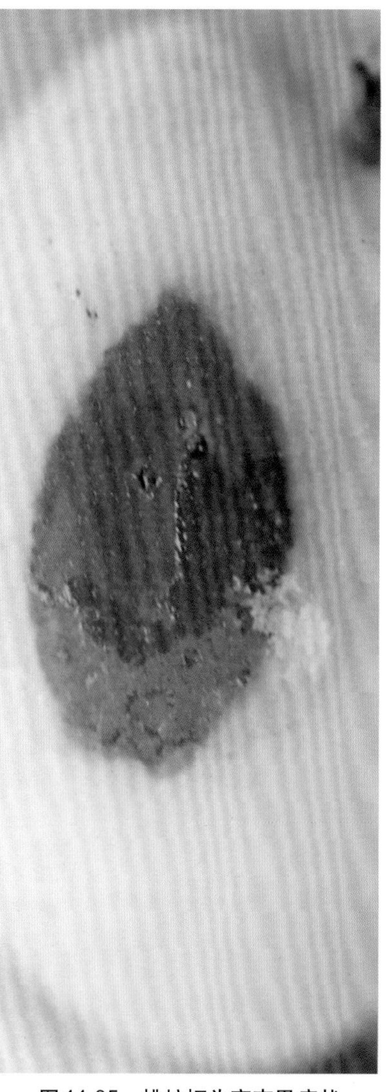

图44-35　桃蛀螟为害杏果症状

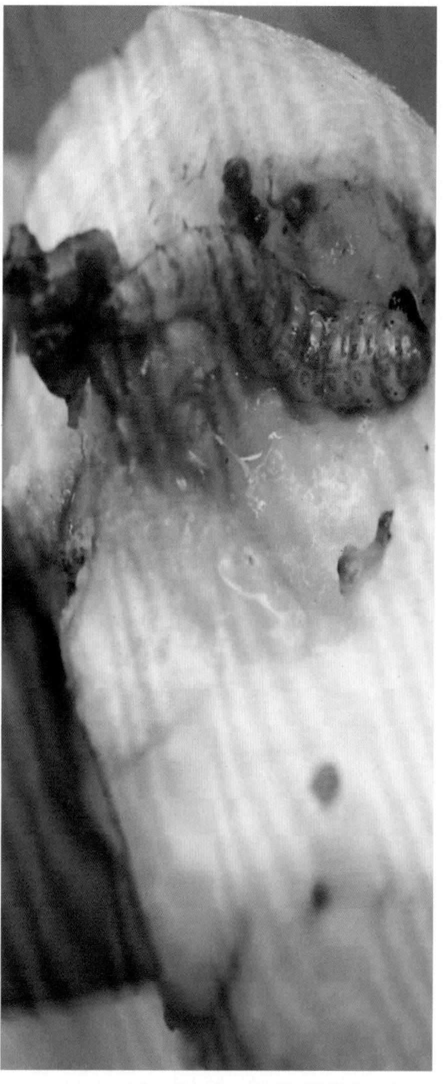

图44-36　桃蛀螟为害梨果症状

形态特征 成虫全体鲜黄色，前翅有25 ~ 28个黑斑，后翅10 ~ 15个（图44-37）。卵椭圆形，初产乳白色，后由黄色变为红褐色。幼虫体色多变，有淡褐色、浅灰色、暗红色等，腹面多为淡绿色，体表有许多黑褐色突起（图44-38）。老熟幼虫体背多暗紫红、淡灰褐、淡灰蓝等。蛹初为淡黄色，后变为褐色（图44-39）。

图44-37 桃蛀螟成虫

图44-38 桃蛀螟幼虫

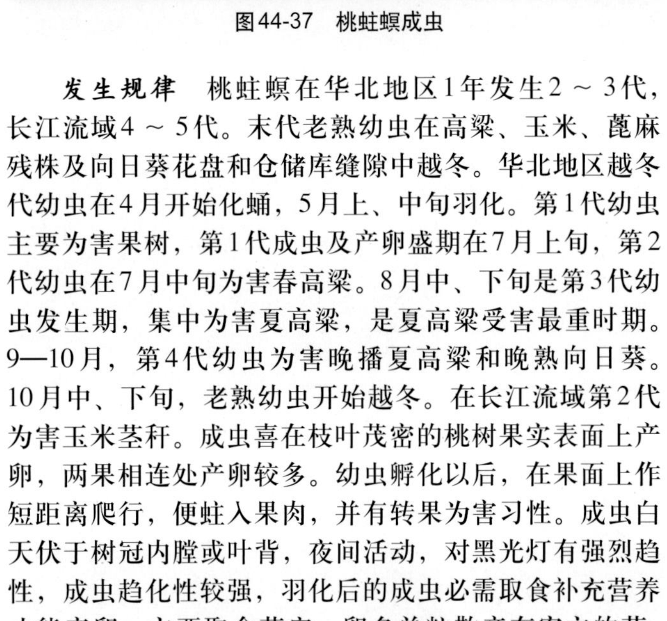

发生规律 桃蛀螟在华北地区1年发生2 ~ 3代，长江流域4 ~ 5代。末代老熟幼虫在高粱、玉米、蓖麻残株及向日葵花盘和仓储库缝隙中越冬。华北地区越冬代幼虫在4月开始化蛹，5月上、中旬羽化。第1代幼虫主要为害果树，第1代成虫及产卵盛期在7月上旬，第2代幼虫在7月中旬为害春高粱。8月中、下旬是第3代幼虫发生期，集中为害夏高粱，是夏高粱受害最重时期。9—10月，第4代幼虫为害晚播夏高粱和晚熟向日葵。10月中、下旬，老熟幼虫开始越冬。在长江流域第2代为害玉米茎秆。成虫喜在枝叶茂密的桃树果实表面上产卵，两果相连处产卵较多。幼虫孵化以后，在果面上作短距离爬行，便蛀入果肉，并有转果为害习性。成虫白天伏于树冠内膛或叶背，夜间活动，对黑光灯有强烈趋性，成虫趋化性较强，羽化后的成虫必需取食补充营养才能产卵，主要取食花蜜。卵多单粒散产在寄主的花、穗或果实上，卵期4 ~ 8 d。初孵幼虫即钻入花、果及穗中为害，3龄后拉网缀穗将内部籽粒吃空，对花蜜、糖醋液也有趋性。

防治方法 在冬季或早春刮除桃树老翘皮，清除越冬茧。在生长季及时摘除被害果，集中处理，秋季采果前在树干上绑草把诱集越冬幼虫，集中杀灭。第1、第2代成虫产卵高峰期和幼虫孵化期是防治桃蛀螟的关键时期。

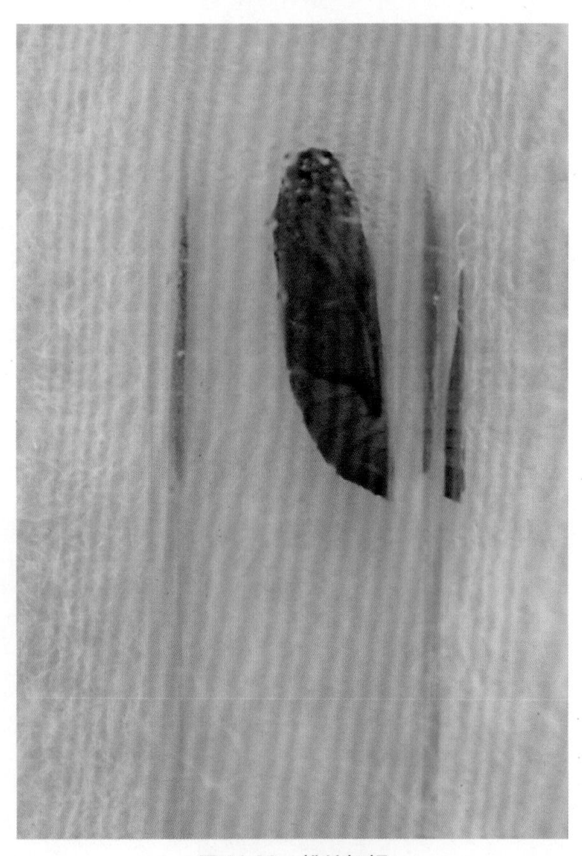

图44-39 桃蛀螟蛹

可用2.5%氯氟氰菊酯水乳剂4 000 ~ 5 000倍液、2.5%高效氯氟氰菊酯水乳剂4 000 ~ 5 000倍液、4.5%高效氯氰菊酯乳油1 000 ~ 2 000倍液、20%甲氰菊酯乳油2 000 ~ 3 000倍液、35%氯虫苯甲酰胺水分散粒剂17 500 ~ 25 000倍液、25%灭幼脲悬浮剂750 ~ 1 500倍液、20%甲维·除虫脲（甲氨基阿维菌素苯甲酸盐1% +除虫脲19%）悬浮剂2 000 ~ 3 000倍液、5%氟啶脲乳油1 000 ~ 2 000倍液、1.8%阿维菌素乳油2 000 ~ 4 000倍液保护桃果，间隔7 ~ 10 d喷1次。

2. 桃小食心虫

分　　布 桃小食心虫（*Carposina niponensis*）主要分布在北方，为害苹果、桃、梨、山楂、枣等。

为害特点 幼虫蛀果为害。幼虫孵出后蛀入果实，蛀果孔常有流胶点，不久干涸呈白色蜡质粉末状。幼虫在果内串食果肉，并将粪便排在果内，幼果长成凹凸不平的畸形果，形成“豆沙果”（图44-40～图44-43）。

图44-40 桃小食心虫为害桃果流胶症状

图44-41 桃小食心虫为害桃果“豆沙果”症状

图44-42 桃小食心虫为害桃果内部症状

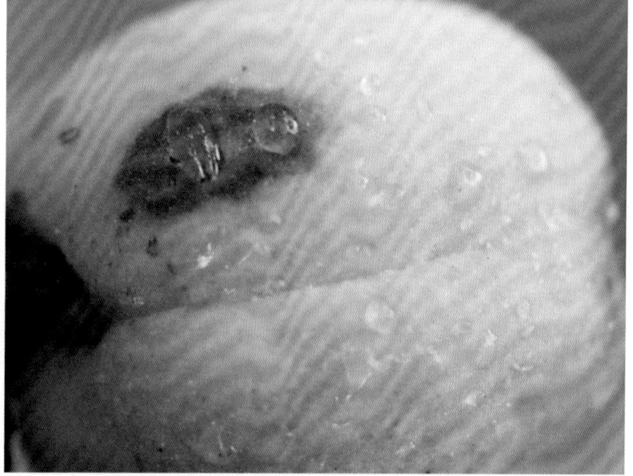
图44-43 桃小食心虫为害杏果症状

形态特征 成虫全体灰褐色，前翅前缘中央处有1个近似三角形的蓝黑色大斑，翅面散生一些灰白色鳞片，后缘有一些条纹（图44-44）。卵椭圆形，中央隆起，表面有皱褶，淡红色。幼虫全体桃红色，初龄幼虫黄白色（图44-45）。蛹黄褐色或黄白色，羽化前变为灰黑色（图44-46）。越冬茧扁圆形，夏茧纺锤形。

发生规律 桃小食心虫在辽宁每年发生1～2代，在河北、山东多发生2代。老熟幼虫在土中做茧越冬，大多数分布在树干1 m范围，5～10 cm

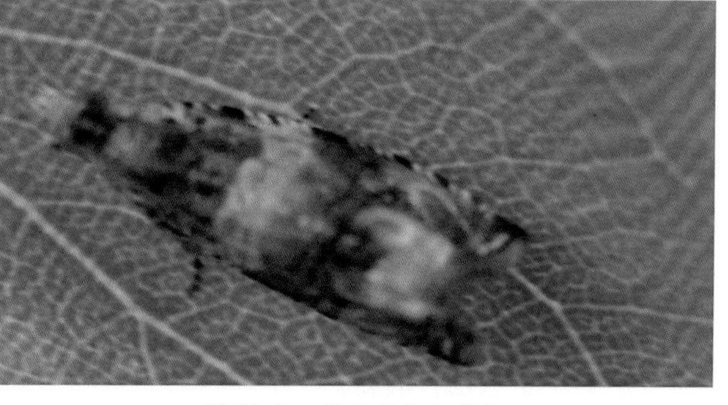
图44-44 桃小食心虫成虫

图44-45 桃小食心虫幼虫

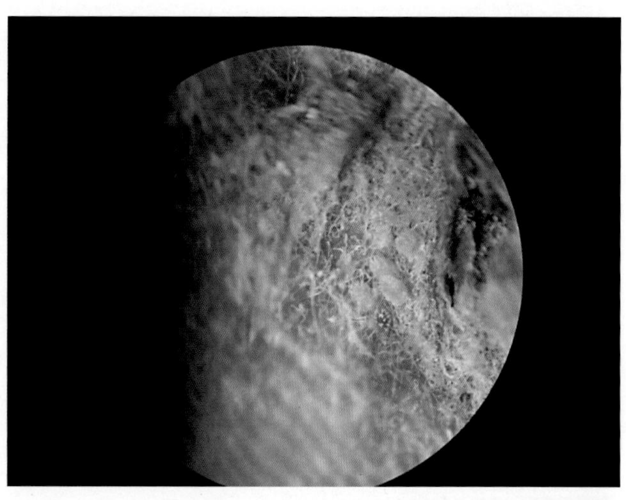
图44-46 桃小食心虫蛹

深的表土中。翌年5月下旬至6月上旬幼虫从越冬茧钻出，雨后出土最多，在地面吐丝缀合细土粒做夏茧并化蛹。成虫多在夜间飞翔，不远飞，无趋光性。常停落在背阴处的果树枝叶及果园杂草上，羽化后2～3 d产卵。卵多产于果实的萼洼、梗洼和果皮的粗糙部位，也产于叶子背面、果台、芽、果柄等处。第1次卵盛期在6月下旬至7月上旬。幼虫孵化后，住在果面爬行不久，一般从果实胴部啃食果皮，然后蛀入果内，先在皮下串食果肉，使果面出现凹陷的潜痕，造成畸形果。第2次卵盛期在8月中旬左右，孵化的幼虫为害至9月，然后脱果入土做茧越冬。

防治方法 树盘覆地膜。成虫羽化前，可在树冠下地面覆盖地膜，以阻止成虫羽化后飞出。幼虫活动盛期在6月中、下旬，是地面防治关键时机。后期世代重叠，在发生2代的地区8月上、中旬是第2代卵和幼虫害果盛期。

越冬幼虫出土期前，用50%辛硫磷乳油100倍液喷洒地面，然后浅锄混土。

在成虫产卵高峰期，卵果率在0.5%～1%时，可用30%高氯·毒死蜱（高效氯氰菊酯3%+毒死蜱27%）水乳剂1 000～1 300倍液、20%甲维·除虫脲（甲氨基阿维菌素苯甲酸盐1%+除虫脲19%）悬浮剂2 000～3 000倍液、25%灭幼脲悬浮剂750～1 500倍液、5%氟苯脲乳油800～1 500倍液、5%氟啶脲乳油1 000～2 000倍液、5%氟铃脲乳油1 000～2 000倍液，均匀喷雾。

在卵孵盛期，30%阿维·灭幼脲（灭幼脲29%+阿维菌素1%）悬浮剂1 000～1 500倍液、2.5%高效氯氟氰菊酯水乳剂4 000～5 000倍液、10%氯氰菊酯乳油1 000～1 500倍液、2.5%溴氰菊酯乳油1 500～2 000倍液、14%氯虫·高氯氟（高效氯氟氰菊酯4.7%+氯虫苯甲酰胺9.3%）微囊悬浮－悬浮剂3 000～5 000倍液、30%高氯·毒死蜱（高效氯氰菊酯3%+毒死蜱27%）水乳剂1 000～1 300倍液、2.5%高效氟氯氰菊酯乳油1 000～2 000倍液、20%甲氰菊酯乳油1 000～2 000倍液、1.8%阿维菌素乳油2 000～4 000倍液、1%甲氨基阿维菌素乳油3 000倍液、25%灭幼脲悬浮剂1 000倍液，均匀喷雾。喷药重点是果实，每代喷2次，间隔10～15 d。

3. 桃蚜

分　布 桃蚜（*Myzus persicae*）分布于全国各地。

为害特点 成虫、若虫群集在新梢和叶片背面为害，被害部分呈现小的黑色、红色和黄色斑点，使叶片逐渐变白，向背面扭卷成螺旋状，引起落叶，新梢不能生长，影响产量及花芽形成，削弱树势。桃蚜排泄的蜜露，常造成烟煤病（图44-47～图44-49）。

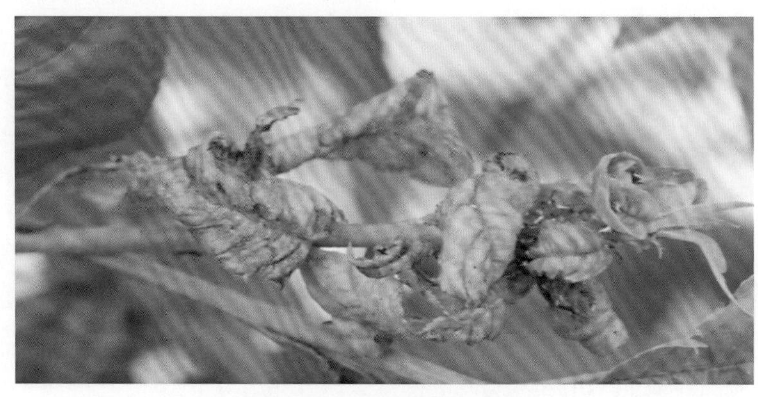
图44-47 桃蚜为害桃叶症状

图44-48　桃蚜为害杏叶症状

图44-49　桃蚜为害李叶症状

形态特征　有翅孤雌蚜体色不一，有绿色、黄绿色、淡褐色、赤褐色等。翅透明，脉淡黄色。额瘤显著。无翅孤雌蚜体色不一，有绿色、黄绿色、杏黄色及赤褐色（图44-50）。若虫与无翅胎生雌蚜体形相似，体色不一。卵长椭圆形，初产淡绿色，渐变灰黑色。

发生规律　在北方每年发生20～30代，南方30～40代。生活周期类型属乔迁式。桃蚜是一种转移寄主生活的蚜虫，但也有少数个体终年生活在桃树上不转移寄主。在我国北方主要以卵的形式在桃树的枝条芽腋间、裂缝处、枝条上的干卷叶里越冬，少数以无翅胎生雌蚜的形式在风障菠菜上或窖藏的秋菜上越冬。以卵在桃树上越冬的，翌年早春桃芽萌发至开花期，卵开始孵化，群集于嫩芽上，吸食汁液，3月下旬至4月间，以孤雌胎生方式繁殖为害。梢嫩叶展开后，群集在叶背面为害，使被害叶向背面卷缩，并排泄黏液，污染枝梢、叶面，抑制新梢生长，引起落叶。桃叶被害严重时向背面反卷，扭曲畸形，在5月下旬为害最为严重。虫体大、中、小型同时存在。夏季有翅蚜陆续迁至烟草、蔬菜等寄主上，10月有翅蚜陆续迁回到桃树上越冬。一般冬季温暖，春暖早、雨水均匀的年份有利于大发生，高温和高湿均不利于发生，桃蚜数量下降。因此，春末夏初及秋季是桃蚜为害严重的季节。桃树施氮肥过多或生长不良，均有利于桃蚜为害。

图44-50　桃蚜无翅孤雌蚜

防治方法　合理整形修剪，加强土、肥、水管理，清除枯枝落叶，刮除粗老树皮。结合春季修剪，剪除被害枝梢，集中烧毁。在桃树行间或果园附近，不宜种植烟草、十字花科蔬菜等作物。早春桃芽萌动、越冬卵孵化盛期至低龄幼虫发生期，是防治桃蚜的关键时期。

可用22%氟啶虫胺腈悬浮剂5 000～10 000倍液、10%吡虫啉可湿性粉剂4 000～5 000倍液、35%噻虫·吡蚜酮（噻虫嗪15%+吡蚜酮20%）水分散粒剂3 500～4 500倍液、15%氟啶虫酰胺·联苯菊酯（氟啶虫酰胺10%+联苯菊酯5%）悬浮剂4 000～5 000倍液、5%啶虫脒·高氯乳油1 000～1 500倍液、2.5%氯氟氰菊酯乳油1 000～2 000倍液、2.5%高效氯氟氰菊酯乳油1 000～2 000倍液、5%氯氰菊酯乳油5 000～6 000倍液、2.5%高效氯氰菊酯水乳剂1 000～2 000倍液、1.8%阿维菌素乳油3 000～4 000倍液、0.3%苦参碱水剂800～1 000倍液、0.3%印楝素乳油1 000～1 500倍液、0.65%茴蒿素水剂400～500倍液、10%氯噻啉可湿性粉剂4 000～5 000倍液、30%松脂酸钠水乳剂100～300倍液、10%烯啶虫胺可溶性液剂4 000～5 000倍液，用药时加入0.1%～0.2%洗衣粉可有效提高杀虫效果。在为害严重的年份，需喷施2次。

4. 桃粉蚜

分　　布 桃粉蚜（*Hyalopterus amygdali*）在南北各桃产区均有发生，以华北、华东、东北各地为主。

为害特点 春夏之间经常和桃蚜混合发生为害桃树叶片。成、若虫群集于新梢和叶背刺吸汁液，受害叶片呈花叶状，增厚，叶灰绿色，或变为黄色，向叶背后对合纵卷，卷叶内虫体被白色蜡粉。严重时叶片早落，新梢不能生长。排泄蜜露常致煤烟病发生（图44-51 ～图44-53）。

图44-51　桃粉蚜为害桃树症状

图44-52　桃粉蚜为害杏树症状

形态特征 有翅孤雌蚜：体长约2 mm，翅展约6 mm，头胸部暗黄色，胸瘤黑色，腹部黄绿色或浅绿色。被有白色蜡质粉，复眼红褐色（图44-54）。无翅胎生雌蚜：复眼红褐色。腹管短小，黑色，尾片长大，黑色，圆锥形，有曲毛5 ～ 6根。胸腹无斑纹，无胸瘤，体表光滑，缘瘤小。卵：椭圆形，初为黄绿色，后变为黑色，有光泽。若虫：体小，与无翅胎生雌蚜相似，体绿色被白粉（图44-55）。

图44-53　桃粉蚜为害李树症状

图44-54　桃粉蚜

图44-55　桃粉蚜若虫

发生规律　每年发生10～20代，在江西南昌20多代，北京10余代，生活周期类型属侨迁式。卵在桃、杏、李等果树枝条小枝杈、腋芽及裂皮缝处越冬。翌年桃树萌芽时，卵开始孵化，初孵幼虫群集叶背和嫩尖处为害。在5月上、中旬繁殖为害最盛，6—7月大量产生有翅蚜，迁飞到芦苇等禾本科植物上为害繁殖，10—11月又迁回到桃树上，产生有性蚜，交尾后产卵越冬。

防治方法　合理整形修剪，加强土、肥、水管理，清除枯枝落叶，刮除粗老树皮。结合春季修剪，剪除被害枝梢，集中烧毁。在桃树行间或果园附近，不宜种植烟草、白菜等作物，以减少桃粉蚜的夏季繁殖场所。

在芽萌动期喷药防治桃粉蚜的效果最好，在越冬卵孵化高峰期喷施2.5%溴氰菊酯乳油2 000倍液。

抽梢展叶期，喷施10%吡虫啉可湿性粉剂2 000～3 000倍液、21%噻虫嗪悬浮剂2 000～4 000倍液，每年1次即可控制为害。为害期喷药，可参考桃蚜。在药液中加入表面活性剂（0.1%～0.3%的中性洗衣粉或0.1%害立平），增加黏着力，可以提高防治效果。

5. 桑白蚧

分　　布　桑白蚧（*Pseudaulacaspis pentagona*）分布遍及全国，是为害最普遍的一种介壳虫。

为害特点　若虫和成虫群集于主干、枝条上，以口针刺入皮层吸食汁液，也有在叶脉或叶柄、芽两侧寄生的，造成叶片提早硬化（图44-56～图44-58）。

图44-56　桑白蚧为害桃树枝干症状

图44-57　桑白蚧为害杏树枝干症状

图44-58　桑白蚧为害李树枝干症状

形态特征 雌成虫介壳白色或灰白色，近扁圆形，背面隆起，略似扁圆锥形，壳顶点黄褐色，壳有螺纹。壳下虫体为橘黄色或橙黄色，扁椭圆（图44-59）。雄虫若虫阶段有蜡质壳，白色或灰白色，狭长，羽化后的虫体橙黄色或粉红色，翅一对，膜质（图44-60）。初孵若虫淡黄色，体长椭圆形、扁平。卵长椭圆形，初产粉红色，近孵化时变为橘红色。蛹雄虫有蛹阶段，裸蛹，橙黄色。

图44-59 桑白蚧雌成虫

图44-60 桑白蚧雄虫若虫

发生规律 1年发生代数由北往南递增，在黄河流域2代，长江流域3代，海南、广东为5代，华北地区每年发生2代，均以受精雌虫的形式在枝干上越冬。于4月下旬开始产卵，卵产于介壳下，产卵后干缩而死。产卵期长短与气温高低成反比，雌成虫产卵后死于介壳内，呈紫黑色。初孵若虫活跃喜爬，5～11 h后固定吸食，不久即分泌蜡质盖于体背，逐渐形成介壳。雌若虫3次蜕皮变成无翅成虫，雄若虫2次蜕皮后化蛹。若虫于5月初开始孵化，自母体介壳下爬出后在枝干上到处乱爬，几天后，找到适当位置即固定不动，并开始分泌蜡丝，蜕皮后形成介壳，把口器刺入树皮下吸食汁液。雌虫2次蜕皮后变为成虫，在介壳下不动吸食，雄虫第二次蜕皮后变为蛹，在枝干上密集成片。6月中旬成虫羽化，6月下旬产卵，第二代雌成虫发生在9月，交配受精后，在枝干上越冬。低地地下水位高，密植郁闭多湿的小气候有利其发生。枝条徒长，管理粗放的园区发生多。

防治方法 做好冬季清园工作，结合修剪，剪除受害枝条，刮除枝干上的越冬雌成虫，并喷1次3波美度石硫合剂，消灭越冬虫源，降低翌年为害程度。

抓住第1代若蚧发生盛期，趁虫体未分泌蜡质时，用硬毛刷或细钢丝刷刷掉枝干上若虫。剪除受害严重的枝条。之后喷洒石硫合剂、95%机油乳油50倍液。

在各代若虫孵化高峰期，尚未分泌蜡粉介壳前，是药剂防治的关键时期。可用2.5%氯氟氰菊酯乳油1 000～2 000倍液、4.5%高效氯氰菊酯乳油2 000～2 500倍液、20%甲氰菊酯乳油2 000～3 000倍液、2.5%氟氯氰菊酯乳油2 500～3 000倍液、10%吡虫啉可湿性粉剂1 500～2 000倍液，均匀喷雾。在药剂中加入0.2%的中性洗衣粉，可提高防治效果。

在介壳形成初期，用1.8%阿维菌素乳油2 000～4 000倍液、25%噻嗪酮可湿性粉剂1 000～1 500倍液，喷雾在药剂中加入95%机油乳油200倍液，防效显著。

6. 桃红颈天牛

分　　布　桃红颈天牛（*Aromia bungii*）在全国各桃产区均有分布，北起辽宁、内蒙古，西至甘肃、陕西、四川，南至广东、广西，东达沿海，以及四川、湖北、湖南、江西等地。

为害特点　幼虫为害主干或主枝基部皮下的形成层和木质部浅层部分，造成树干中空，皮层脱离，虫道弯弯曲曲塞满粪便，排粪处也有流胶现象，造成树衰弱，枝干死亡（图44-61～图44-64）。

图44-61　桃红颈天牛为害桃树枝干流胶症状

图44-62　桃红颈天牛为害桃树枝干排粪症状

图44-63　桃红颈天牛为害杏树枝干症状

图44-64　桃红颈天牛为害李树枝干症状

形态特征 雌成虫全体黑色有亮光，腹部黑色有绒毛，头、触角及足黑色，前胸背棕红色（图44-65）。雄成虫体小而瘦。卵长椭圆形，乳白色。老熟幼虫乳白色，前胸较宽广，体两侧密生黄棕色细毛（图44-66）。蛹初为乳白色，后渐变为黄褐色。

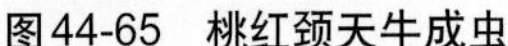

图44-65 桃红颈天牛成虫

图44-66 桃红颈天牛幼虫

发生规律 华北地区2～3年发生1代，幼虫在树干蛀道内越冬。于翌年3、4月恢复活动，在皮层下和木质部钻出不规则的隧道，成虫于5—8月出现；各地成虫出现期自南至北依次推迟。福建和南方各省份于5月下旬盛见成虫；湖北于6月上、中旬成虫出现最多；成虫终见期在7月上旬；河北于7月上、中旬盛见成虫；山东成虫于7月上旬至8月中旬出现；北京7月中旬至8月中旬为成虫出现盛期。

防治方法 成虫出现期，利用午间静息枝条的习性人工捕捉，特别在雨后晴天，成虫最多。有在早熟桃上补充营养的活动习性，可以利用早熟烂桃诱捕。成虫产卵盛期至幼虫孵化期是防治的关键时期。

在成虫产卵盛期至幼虫孵化期，可用2.5%氯氟氰菊酯乳油1 000～3 000倍液、10%高效氯氰菊酯乳油1 000～2 000倍液、10%醚菊酯悬浮剂800～1 500倍液、5%氟苯脲乳油800～1 500倍液、20%虫酰肼悬浮剂1 000～1 500倍液、1.8%阿维菌素乳油2 000～4 000倍液，均匀喷布在离地1.5 m范围内的主干和主枝，10 d后再重喷1次，杀灭初孵幼虫效果显著。

7. 桃潜叶蛾

分　布 桃潜叶蛾（*Lyonetia clerkella*）分布于华北、西北、华东等地。

为害特点 幼虫潜入桃叶为害，在叶组织内串食叶肉，造成弯曲的隧道，并将其粪粒充塞其中，造成早期落叶（图44-67）。

图44-67 桃潜叶蛾为害叶片症状

形态特征 成虫体银白色，前翅狭长，银白色，前翅外端部有一金黄色鳞片组成的卵形斑（图44-68）。卵扁椭圆形，无色透明。幼虫胸前淡绿色，虫体稍扁。茧扁枣核形，白色（图44-69）。

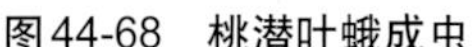
图44-68　桃潜叶蛾成虫

图44-69　桃潜叶蛾茧及为害症状

发生规律　各地发生代数不一，在河北昌黎1年发生5～6代。成虫在树皮缝内或落叶、杂草丛中越冬。来年4月桃展叶后，成虫羽化，夜间活动产卵于叶下表皮内，幼虫孵化后，在叶组织内潜食为害，串成弯曲隧道，并将粪粒充塞其中，叶的表皮不破裂，可由叶面透视。叶受害后枯死脱落。幼虫老熟后在叶内吐丝结白色薄茧化蛹。在5月上、中旬发生第1代成虫，以后每月发生1代，最后一代发生在11月上旬。幼虫老熟后钻出，在叶背面结茧化蛹。虫口密度大时幼虫脱出后吐丝下垂，随风飘附在枝、干的背阴面结茧化蛹。10—11月羽化的成虫潜入树皮下、树下落叶和草丛中准备越冬。

防治方法　在越冬代成虫羽化前，彻底清扫桃园内的落叶和杂草，集中烧毁，消灭越冬蛹或成虫。

蛹期和成虫羽化期是药剂防治的关键时期。可用1%甲氨基阿维菌素苯甲酸盐乳油3 000～4 000倍液、1.8%阿维菌素乳油2 000～4 000倍液、2.5%氯氟氰菊酯水乳剂3 000～4 000倍液、2.5%溴氰菊酯乳油1 500～2 500倍液、5.7%氟氯氰菊酯乳油2 500～3 500倍液、20%甲氰菊酯乳油1 000～3 000倍液、25%灭幼脲悬浮剂1 000～2 000倍液、5%氟铃脲乳油1 000～2 000倍液、5%氟虫脲可分散液剂1 000～2 000倍液、5%虱螨脲乳油1 500～2 500倍液。

8. 桃小蠹

分　　布　桃小蠹（*Scolytus seulensis*）近几年在河北部分桃产区为害严重。

为害特点　成、幼虫蛀食枝干韧皮部和木质部，蛀道于其间，常造成枝干枯死或整株死亡（图44-70、图44-71）。

图44-70　桃小蠹为害桃树枝干症状

图44-71　桃小蠹为害李树枝干症状

形态特征 成虫体黑色，鞘翅暗褐色，有光泽（图44-72）。卵乳白色、圆形。幼虫乳白色，肥胖，无足。蛹长与成虫相似，初为乳白色，后渐深。

发生规律 每年发生1代，幼虫于坑道内越冬。翌春，老熟于坑道端，蛀圆筒形蛹室化蛹，羽化后咬圆形羽化孔爬出。6月间成虫出现，秋后幼虫在坑道端越冬。

防治方法 结合修剪彻底剪除有虫枝和衰弱枝，集中处理效果很好。

图44-72 桃小蠹成虫及为害症状

在成虫产卵前，可用1.8%阿维菌素乳油2 000 ～ 4 000倍液、2.5%氯氟氰菊酯乳油2 000 ～ 3 000倍液、10%高效氯氰菊酯乳油1 000 ～ 2 000倍液、10%醚菊酯悬浮剂800 ～ 1 500倍液、5%氟苯脲乳油800 ～ 1 500倍液、20%虫酰肼悬浮剂1 000 ～ 1 500倍液，喷洒，毒杀成虫效果好，隔15 d喷1次，喷2 ～ 3次即可。

9. 黑蚱蝉

分　　布 黑蚱蝉（*Cryptotympana atrata*）分布于全国各地，华南、西南、华东、西北及华北大部分地区，黄河故道地区虫口密度最大。

为害特点 雌虫产卵时其产卵瓣刺破枝条皮层与木质部，造成产卵部位以上枝梢失水枯死，严重影响苗木生长（图44-73、图44-74）。

图44-73 黑蚱蝉为害桃枝症状

图44-74 黑蚱蝉为害杏树枝条症状

形态特征　成虫体黑色，有光泽，局部密生金色纤毛，前、后翅透明，基部呈烟褐色，脉纹黄褐色（图44-75）。卵长椭圆形，乳白色，有光泽（图44-76）。若虫黄褐色，具翅芽，能爬行。老熟若虫体黄褐色，体壁坚硬，有光泽（图44-77）。

图44-75　黑蚱蝉成虫

图44-76　黑蚱蝉卵

发生规律　4年或5年发生1代，卵和若虫分别在被害枝内和土中越冬。越冬卵于6月中、下旬开始孵化，7月初结束。当夏季平均气温在22℃以上时（豫西地区在6—7月），老龄若虫多在雨后的傍晚，从土中爬出地面，顺树干爬行，老熟若虫出土时刻为20时至翌日6时，以21—22时出土最多，当晚蜕皮羽化成虫。雌虫在7—8月先刺吸树木汁液补充营养，之后交尾产卵，选择嫩梢产卵，产卵时先用腹部产卵器刺破树皮，然后产卵于木质部内。产卵部位以上枝梢很快枯萎。枯枝内的卵须落到地面潮湿的地方才能孵化。若虫在地下生活4年或5年。每年6—9月蜕皮1次，共4龄。1、2龄若虫多附着在侧根及须根上，而3、4龄若虫多附着在比较粗的根系上，且以根系分叉处最多。若虫在土壤中越冬，蜕皮和为害均筑1个椭圆形土室。

图44-77　黑蚱蝉老熟若虫

防治方法　结合冬剪和早春修剪，在卵孵化入土前剪除产卵枝并集中烧毁。在冬季或早春结合灌溉、施肥、深翻园土以消灭在土中生活的若虫。

在5月若虫未出土前，用1.8%阿维菌素乳油200倍液等，每株用8 ～ 10 kg药液泼淋树盘。

虫口密度较大的果园，在成虫盛发期，喷洒1.8%阿维菌素乳油2 000 ～ 4 000倍液、20%甲氰菊酯乳油1 500 ～ 2 000倍液、2.5%溴氰菊酯乳油2 000 ～ 2 500倍液、2.5%氯氟氰菊酯乳油1 000 ～ 3 000倍液、10%高效氯氰菊酯乳油1 000 ～ 2 000倍液、10%醚菊酯悬浮剂800 ～ 1 500倍液、5%氟苯脲乳油800 ～ 1 500倍液、20%虫酰肼悬浮剂1 000 ～ 1 500倍液，可获良好防治效果。

10. 桃仁蜂

分　　布　桃仁蜂（*Eurytoma maslovskii*）分布于山西、辽宁等地。

为害特点　幼虫在正在发育的桃核内蛀食，桃仁多被食尽，仅残留部分种皮。被害果逐渐干缩成僵果或早期脱落。

形态特征　成虫体黑色，前翅透明，略带褐色，后翅无色透明（图44-78）。卵长椭圆形，略弯曲，乳白色，近透明。幼虫乳白色，纺锤形，略扁，稍弯曲。蛹纺锤形，乳白色，后变为黄褐色。

发生规律 每年发生1代，老熟幼虫在被害果仁内越冬。翌年4月间开始化蛹，5月中旬成虫羽化，幼虫孵化后在桃仁内取食，至7月幼虫老熟，即在桃核内越夏、越冬。

防治方法 秋季至春季桃树萌芽前后，彻底清理桃园。

在4月下旬至5月上旬，成虫盛发期，喷施1.8%阿维菌素乳油2 000 ～ 4 000倍液、20%甲氰菊酯乳油1 500 ～ 2 000倍液、2.5%溴氰菊酯乳油2 000 ～ 2 500倍液、2.5%氯氟氰菊酯乳油1 000 ～ 3 000倍液。

图44-78 桃仁蜂成虫

11. 小绿叶蝉

分　　布 小绿叶蝉（*Empoasca flavescens*）在全国各省份发生普遍，以长江流域发生为害较重。

为害特点 成、若虫吸食汁液为害。在早期吸食花萼、花瓣，落花后吸食叶片，被害叶片出现失绿的白色斑点，严重时全树叶片呈苍白色，提早落叶，使树势衰弱。受害严重的果树，全树叶片一片苍白，落叶提前，造成树势衰弱。过早落叶，有时还会造成秋季开花，严重影响来年的开花结果（图44-79 ～图44-81）。

图44-79 小绿叶蝉为害桃叶初期症状

图44-80 小绿叶蝉为害桃叶后期症状

图44-81 小绿叶蝉为害杏叶症状

形态特征 成虫：全体淡黄色、黄绿色或暗绿色。头顶钝圆形，其顶端有一黑点，黑点外围有一白色晕圈。前翅淡白色，半透明，翅脉黄绿色，后翅无色透明，翅脉淡黑色（图44-82）。若虫：共5龄，全体淡黑色，复眼紫黑色，翅芽绿色（图44-83）。卵：呈长椭圆形，一端略尖，乳白色，半透明。产于叶片背面主脉内。

图44-82 小绿叶蝉成虫

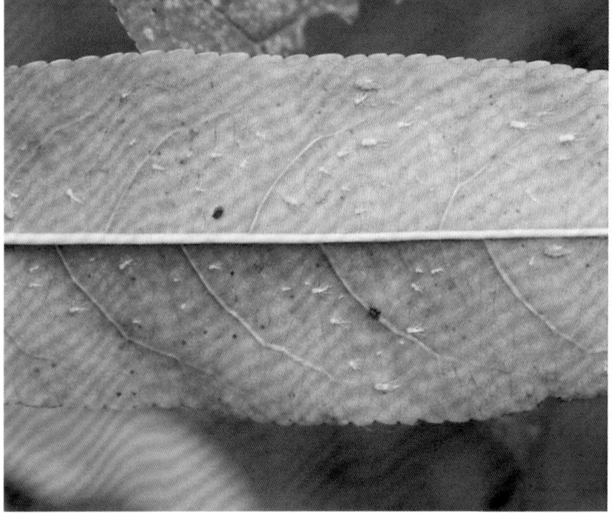
图44-83 小绿叶蝉若虫

发生规律 每年发生4～6代，成虫在桃园附近的松、柏等常绿树，以及杂草丛中越冬。第2代于3月上、中旬先在早期发芽的杂草和蔬菜上生活，待桃树现蕾萌芽时，开始迁往桃上为害，谢花后大多数集中到桃树上为害。全年以7—9月桃树上虫口密度最高。9月间发生最后一代成虫，桃树落叶后迁入越冬场所越冬。成虫在天气温和晴朗时行动活跃，清晨或傍晚及暴风雨时不活动，在气温较低时活动性较差，早晨是防治的有利时机。若虫喜群集于叶片背面，受惊时很快横向爬动分散。

防治方法 成虫出蛰前及时刮除翘皮，清除落叶及杂草，减少越冬虫源。

化学防治：在谢花后的新梢展叶生长期、5月下旬第1代若虫孵化盛期和7月下旬至8月上旬第2代若虫孵化盛期3个关键时期喷药防治。可以选用10%吡虫啉可湿性粉剂3 000倍液、5%高效氯氰菊酯乳油2 000～3 000倍液、2.5%溴氰菊酯乳油2 500倍液、1.8%阿维菌素乳油3 000倍液等。

12. 茶翅蝽

分　　布 茶翅蝽（*Halyomorpha picus*）分布较广，全国各地均有分布。

为害特点 成虫和若虫吸食嫩叶、嫩梢和果实的汁液，果实被害后，形成凹凸不平的畸形果，近成熟时的果实被害后，受害处果肉变空，木栓化（图44-84～图44-86）。

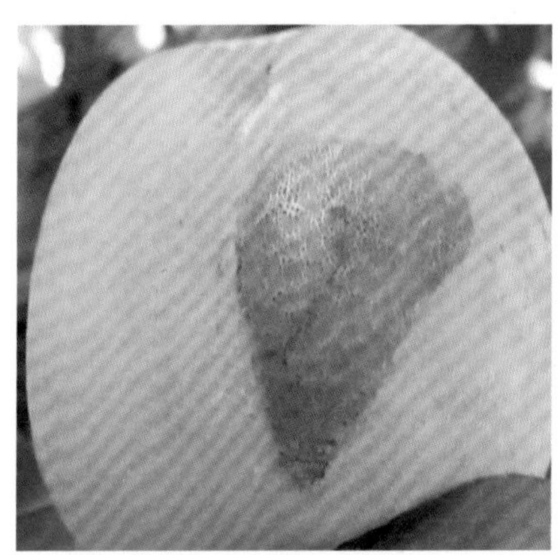
图44-84 茶翅蝽为害桃果症状

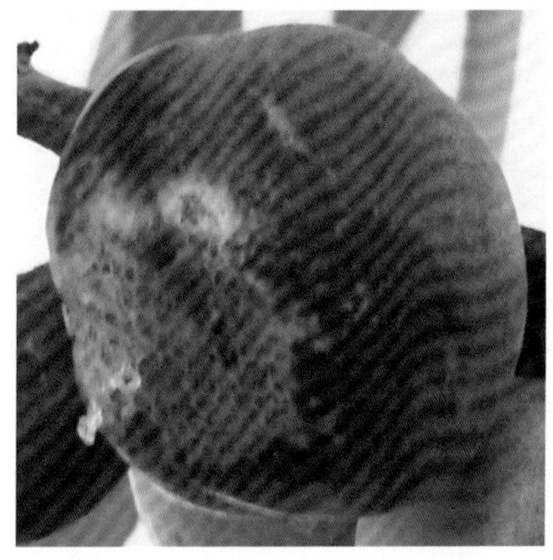
图44-85 茶翅蝽为害油桃果实症状

图44-86 茶翅蝽为害李果症状

图44-87 茶翅蝽成虫

形态特征 成虫扁椭圆形，灰褐色，略带紫红色。前翅革质有黑褐色刻点（图44-87）。卵扁鼓形，初灰白色，孵化前黑褐色。若虫无翅，前胸背两侧各有刺突，腹部各节背部有黑斑，两侧共8对。

发生规律 在华北地区每年发生1代，华南地区每年发生2代。成虫在墙缝、屋檐下、石缝里越冬。有的潜入室内越冬。在北方于5月开始活动，迁飞到果园取食为害。成虫白天活动，交尾并产卵。成虫常产卵于背面，每雌虫可产卵55 ～ 82粒。卵期6 ～ 9 d。6月上旬田间出现大最初孵若虫，小若虫先群集在卵壳周围成环状排列，2龄以后渐渐扩散到附近的果实上取食为害。田间的畸形桃主要为若虫为害所致，新羽化的成虫继续为害至果实采收。9月中旬当年成虫开始寻找场所越冬，到10月上旬达入蛰高峰。上年越冬成虫在6月上旬以前产卵，到8月初以前羽化为成虫，可继续产卵，经过若虫阶段，再羽化为成虫越冬。

防治方法 结合其他管理措施，随时摘除卵块及捕杀初孵若虫。

在第1代若虫发生期，结合其他害虫的防治，喷施1.8%阿维菌素乳油2 000 ～ 4 000倍液、20%甲氰菊酯乳油1 000倍液、2.5%溴氰菊酯乳1 500 ～ 2 000倍液，间隔10 ～ 15 d喷1次，连喷2 ～ 3次，均能取得较好的防治效果。

13. 朝鲜球坚蚧

分　　布 朝鲜球坚蚧（*Didesmococcus koreanus*）分布于东北、华北、华东及河南、陕西、宁夏、四川、云南、湖北、江西等省份。

为害特点 若虫和雌成虫集聚在枝干上吸食汁液，被害枝条发育不良，出现流胶，树势严重衰弱，树体不能正常生长和分化花芽，严重时枝条干枯，一旦发生，常在1 ～ 2年内蔓延全园，如防治不利，会使整株死亡（图44-88 ～图44-92）。

图44-88 朝鲜球坚蚧为害桃树枝干症状

图44-89 朝鲜球坚蚧为害桃树枝条症状

图44-90 朝鲜球坚蚧为害杏树枝干症状

图44-91　朝鲜球坚蚧为害杏树枝条症状

图44-92　朝鲜球坚蚧为害李树枝干症状

形态特征　雌成虫：介壳近半球形，暗红褐色，壳尾端略突出并有一纵裂缝，表面覆有薄层蜡质，略呈光泽，背面有凹下小点，排列不整齐（图44-93）。雄成虫：介壳长扁圆形，白色，两侧有2条纵斑纹，介壳末端为钳状并有褐色斑点2个。虫体淡粉红色或淡棕色，胸部赤褐色，口器退化，有前翅1对，细长，半透明，前缘淡红色，翅面有细微刻点。卵：长椭圆形，半透明，腹面向内弯，背面略隆起。初产时为白色，后渐变为粉红色，近孵化时在卵的前端出现红色眼点。初孵若虫长椭圆形扁平，淡褐色至粉红色，被白粉。蛹赤褐色；雄虫有蛹期，裸蛹，长扁圆形，足及翅芽为淡褐色。茧长椭圆形，灰白色半透明，扁平背面略拱，有2条纵沟及数条横脊，末端有一横缝。

图44-93　朝鲜球坚蚧雌成虫

发生规律　1年发生1代，2龄若虫固着在枝条上越冬，外覆有蜡被。翌年3月上、中旬开始活动，另找地点固着，群居在枝条上取食，不久便逐渐分化为雌、雄性。雌性若虫于3月下旬蜕皮1次，体背逐渐变大，呈球形。雄性若虫于4月上旬分泌白色蜡质形成介壳，再蜕皮化蛹其中，于4月中旬开始羽化为成虫。4月下旬到5月上旬雌、雄成虫羽化并交配，交配后的雌成虫体迅速膨大，逐渐硬化，于5月上旬开始产卵，5月中旬为若虫孵化盛期。初孵若虫爬行寻找适当场所，以枝条裂缝处和枝条基部叶痕中为多。6月中旬后，蜡质逐渐溶化，形成白色蜡层，包在虫体四周。此时发育缓慢，雌雄难分。越冬前蜕皮1次，蜕皮包于2龄若虫体下，到12月开始越冬。雌成虫能孤雌生殖。在4月下旬至5月上、中旬为害最盛。

防治方法　在冬、春季结合冬剪，剪除有虫枝条并集中烧毁。也可在3月上旬至4月下旬，即越冬幼虫从白色蜡壳中爬出后到雌虫产卵而未孵化时，用草团等擦除越冬雌虫，并注意保护天敌。

药剂防治：对人工防治剩余的雌虫需抓住两个关键时期。

①早春防治：在发芽前结合防治其他病虫害，先喷1次5波美度石硫合剂，或50%噻嗪酮可湿性粉剂1 000倍液，然后在果树萌芽后至花蕾露白期间，即越冬幼虫自蜡壳爬出40%左右并转移时，再喷1次50%辛硫磷乳油1 000倍液、1.8%阿维菌素乳油2 000 ～ 4 000倍液、2.5%溴氰菊酯乳油1 500 ～ 2 000倍液等，喷药最迟在雌壳变硬前进行。或喷95%机油乳剂400 ～ 600倍液、5波美度石硫合剂、5%重柴油乳剂、3.5%煤焦油乳剂或洗衣粉200倍液。

②若虫孵化期防治：在6月上、中旬连续喷药2次，第1次在孵化出30%左右时，第2次与第1次间隔1周。可用20%甲氰菊酯乳油1 000倍液、2.5%溴氰菊酯乳油1 000 ～ 1 500倍液、1.8%阿维菌素乳油2 000 ～ 4 000倍液，防治效果均较好。向上述药剂中加入1%的中性洗衣粉可提高防治效果。

14. 桃白条紫斑螟

为害特点　桃白条紫斑螟（*Calguia defiguralis*）幼虫食叶，初龄啃食下表皮和叶肉，稍大在梢端吐丝拉网缀叶成巢，常数头至10余头群集在巢内将叶食出缺刻与孔洞，随虫龄增长虫巢扩大，叶柄被咬断者呈枯叶于巢内，丝网上黏附许多虫粪。

形态特征　成虫体灰色至暗灰色，各腹节后缘淡黄褐色。触角呈丝状，雄鞭节基部有暗灰至黑色长毛丛，略呈球形。前翅暗紫色，基部2/5处有1条白横带，有的个体前缘基部至白带亦为白色。后翅灰色外缘色暗。卵扁长椭圆形，初为淡黄白色渐变为淡紫红。幼虫头灰绿色，有黑色斑纹，体多为紫褐色，前胸盾片灰绿色，背线宽黑褐色，两侧各具2条淡黄色云状纵线，故体侧各呈3条紫褐纵线，臀板暗褐色或紫黑色。低、中龄幼虫多淡绿色至绿色，头部有浅褐色云状纹，背线宽，深绿色，两侧各有2条黄绿色纵线（图44-94）。蛹头胸和翅芽翠绿色，腹部黄褐色，背线深绿色。尾节背面呈三角形凸起，暗褐色，臀棘6根。茧纺锤形，丝质，灰褐色。

图44-94　桃白条紫斑螟幼虫

发生规律　每年发生2 ～ 3代，在树冠下表土中结茧化蛹越冬，少数于树皮缝和树洞中越冬，越冬代成虫发生期为5月上旬至6月中旬，第1代成虫发生期7月上旬至8月上旬。第1代幼虫于5月下旬开始孵化，6月下旬开始老熟入土结茧化蛹，蛹期15 d左右。第2代卵期10 ～ 13 d于7月中旬开始孵化，8月中旬开始老熟入土结茧化蛹越冬。前期，由于防治蚜虫、食心虫喷药，田间很少见到其为害。早熟桃采收以后，为害逐渐加重，幼虫发生期很不整齐，在1个梢上可见到多龄态幼虫共生。幼虫老熟后入土结茧化蛹。

防治方法　春季越冬幼虫羽化前，翻树盘消灭越冬蛹。结合修剪，剪除虫巢，集中烧掉或深埋。

在幼虫发生期喷药防治，可用1%甲氨基阿维菌素苯甲酸盐乳油3 000 ～ 4 000倍液、1.8%阿维菌素乳油2 000 ～ 4 000倍液、2.5%氯氟氰菊酯水乳剂3 000 ～ 4 000倍液、2.5%溴氰菊酯乳油1 500 ～ 2 500倍液、5.7%氟氯氰菊酯乳油2 500 ～ 3 500倍液、25%灭幼脲悬浮剂2 000倍液、10%联苯菊酯乳油4 000 ～ 5 000倍液，喷雾。

15. 桃剑纹夜蛾

分　　布　桃剑纹夜蛾（*Acronicta intermedia*）在国内分布广泛。

为害特点　低龄幼虫群集在叶背啃食叶肉，使叶片呈纱网状，幼虫稍大后将叶片食成缺刻，并啃食果皮，大发生时常啃食果皮，使果面上出现不规则的坑洼。

形态特征　成虫体长18～22 mm。前翅灰褐色，有3条黑色剑状纹，1条在翅基部呈树状，2条在端部。翅外缘有1列黑点。卵表面有纵纹，黄白色。幼虫体长约40 mm，体背有1条橙黄色纵带，两侧每节有1对黑色毛瘤，腹部第1节背面为1块突起的黑毛丛（图44-95）。蛹体棕褐色，有光泽，1～7腹节前半部有刻点，腹末有8个钩刺。

图44-95　桃剑纹夜蛾幼虫

发生规律　1年发生2代。蛹在地下或树洞、裂缝中做茧越冬。越冬代成虫发生期在5月中旬到6月上旬，第1代成虫发生期在7—8月。卵散产在叶片背面叶脉旁或枝条上。

防治方法　虫量少时不必专门防治。

发生严重时，可喷洒1%甲氨基阿维菌素苯甲酸盐乳油3 000～4 000倍液、1.8%阿维菌素乳油2 000～4 000倍液、2.5%氯氟氰菊酯水乳剂3 000～4 000倍液、2.5%溴氰菊酯乳油1 500～2 500倍液、5.7%氟氯氰菊酯乳油2 500～3 500倍液、10%醚菊酯悬浮剂800～1 500倍液、20%氟啶脲可湿性粉剂1 000倍液、8 000 IU/mL苏云金杆菌可湿性粉剂400～800倍液、10%硫肟醚水乳剂1 000～1 500倍液等。

三、桃树各生育期病虫害防治技术

（一）桃树病虫害综合防治历的制订

桃树有许多为害严重的病虫害。在病害中以细菌性穿孔病和褐腐病发生最普遍，为害较严重；缩叶病，在桃树萌芽期低温多雨年份常严重发生；炭疽病，在一些地区的早熟桃品种上发生严重；腐烂病，可造成桃树枝干死亡，局部果园发生严重；流胶病，在各地发生普遍，严重削弱树势，是桃树的重要病害；另外，桃疮痂病等也常为害。在桃树害虫中，以桃蛀螟、桃小食心虫、桃蚜、叶螨为害较重。

在桃收获后，要认真总结桃树病虫害发生情况，分析病虫害的发生特点，拟订翌年的病虫害防治计划，及早采取防治方法。

下面结合河南大部分桃区病虫发生情况，概括地列出病虫害综合防治历（表44-1），供使用时参考。

表44-1　桃树各生育期病虫害综合防治历

物候期	日期	防治对象
休眠期	11月至翌年2月下旬	越冬的病菌、虫源
萌芽前期	3月上、中旬	流胶病、缩叶病、腐烂病、蚜虫
花期	3月下旬至4月上旬	
落花期	4月中、下旬	褐腐病、缩叶病、流胶病、桃蚜
幼果期	5月上、中旬	桃蚜、细菌性穿孔病、褐腐病、炭疽病、疮痂病、叶螨、食心虫
果实膨大期	5月下旬至6月中旬	褐腐病、炭疽病、细菌性穿孔病、疮痂病、流胶病、食心虫、叶螨
成熟期	6月下旬至7月上、中旬	褐腐病、穿孔病、炭疽病、疮痂病、食心虫、叶螨
营养恢复期	7月下旬至8月中旬	细菌性穿孔病、褐腐病、流胶病、叶螨
	8月下旬至10月	流胶病、穿孔病

（二）休眠期至萌芽前期病虫害防治技术

华北地区桃树从10月中、下旬至翌年3月处于休眠期（图44-96），多数病、虫也停止活动，一些病、虫在病残枝、叶、树干上越冬。这一时期的病、虫防治工作有3个：一是剪除、摘掉树上的病枝、僵果，扫除落叶，刮除树干和主枝基部的粗皮，并集中烧毁（图44-97）；二是翻耕土壤，特别是要深挖、暴晒（图44-98）树干周围土壤；三是药剂涂刷树干，进行树体消毒，可以用涂白剂（图44-99）（见苹果病虫休眠期防治方法），也可喷洒5波美度石硫合剂。冬季修剪时，最好在刀口处涂抹消毒剂，用0.1%升汞水、波尔多液等。

图44-96　桃树休眠期

图44-97　桃园清理

图44-98　桃园翻耕

图44-99　桃树树干涂白防治越冬病、虫

3月上、中旬，气温回升变暖，病、虫开始活动，这时期桃树尚未发芽，可喷施1次广谱性铲除剂，一般效果较好，可以铲除越冬病原菌和一些蚜虫、螨类、食心虫等害虫。药剂有3～5波美度石硫合剂、50%硫悬浮剂200倍液，进行全树喷淋，对树基部及基部周围土壤也要喷施。桃树发芽较早，为防止冻害发生，可在上述药液中混加黄腐酸盐1 000倍液。

（三）花期病虫害防治技术

3月下旬至4月上旬，华北地区大部分品种进入花期（图44-100）。由于花粉、花蕊对很多药剂敏感，一般不适合喷洒化学农药。但这一时期是疏花、保花、疏果、定果的重要时期，要根据花量、树体长势、营养状况，确定疏花定果措施，保证果树丰产与稳产。

（1）疏花措施。桃的花芽多且许多品种坐果结实率高，特别是成年树坐果极易超越负载量。结果过多必然产生大量小果，降低果实品质和果实利用率，应注意及时疏花、疏果，一般在盛花期后疏花效果最好。在盛花后10 d以内，喷施萘乙酸，20、40、60 mg/kg 3个浓度，疏花率分别为26.6%、30.1%和58.4%；在盛花后2周喷萘乙酸，20、40、60 mg/kg 3个浓度，疏花率分别为20.8%、23.6%和35.7%。

（2）保花保果措施。由于桃树开花较早，在生产中常因为阴雨、大风、寒冷天气而影响正常的开花与授粉；或由于去年花芽形成时受到某些因素的影响，花芽较少。一般要采取措施，提高授粉率，减少落花，从而保证高产与稳产。同时，花期采取措施保花最为简捷有效。因为桃树落花后，花后3 ~ 4周和5月下旬有3个落果期，导致落果的原因多数是未被授粉或受精胚发育停止。所以，该期施用激素、微肥，促进开花授粉，是保花保果的关键时期。根据开花情况、天气情况，一般可在花期人工放蜂，盛花期喷布0.3% ~ 0.5%硼砂溶液+0.3%尿素溶液，或0.3% ~ 0.5%硼砂溶液+0.1%砂糖溶液，在中心花开放6% ~ 7%时喷洒1次，可以起到保花效果，并能促使花粉萌发，防治桃缩果病。另外，于花期至幼果期喷洒三十烷醇1 ~ 2 mg/kg、赤霉素20 ~ 50 mg/kg，可以提高花粉萌发率，促进坐果。

图44-100 桃树花期

（四）落花至展叶期病虫害防治技术

4月中、下旬，桃花相继败落（图44-101），幼果开始生长，树叶也开始长大。桃细菌性穿孔病、桃缩叶病、桃树流胶病、桃树腐烂病、蚜虫开始发生为害，桃褐腐病、炭疽病、疮痂病等开始侵染，叶螨也开始活动，生产上应以刮治流胶病，防治缩叶病、蚜虫为主，考虑兼治其他病虫害。

防治桃树流胶病，可以刮除病斑、胶块，而后将抗菌剂80%乙蒜素乳油100倍液、50%硫悬浮剂250 g混合均匀，涂刷病斑，以杀灭越冬病菌。

图44-101 桃树落花至展叶期

既要防治缩叶病、流胶病等病害的发生与侵染，又要减少药剂对幼果的影响，可以使用50%多菌灵可湿性粉剂1 000 ~ 2 000倍液+70%代森锰锌可湿性粉剂800 ~ 1 000倍液、60%唑醚·代森联（代森联55% +吡唑醚菌酯5%）水分散粒剂1 500 ~ 2 000倍液、40%苯甲·吡唑酯（苯醚甲环唑25% +吡唑醚菌酯15%）悬浮剂3 000 ~ 4 000倍液、70%甲基硫菌灵可湿性粉剂1 000 ~ 1 500倍液+75%百菌清可湿性粉剂1 000 ~ 1 500倍液、50%苯菌灵可湿性粉剂1 500 ~ 2 500倍液+65%代森锌可湿性粉剂600 ~ 1 000倍液，最好混合加入0.3% ~ 0.5%硼砂、0.1% ~ 0.5%尿素、0.1%硫酸锌等微肥。

防治蚜虫，可用22%氟啶虫胺腈悬浮剂5 000 ~ 10 000倍液、10%吡虫啉可湿性粉剂4 000 ~ 5 000倍液、35%噻虫·吡蚜酮（噻虫嗪15% +吡蚜酮20%）水分散粒剂3 500 ~ 4 500倍液、15%氟啶虫酰胺·联苯菊酯（氟啶虫酰胺10% +联苯菊酯5%）悬浮剂4 000 ~ 5 000倍液、5%啶虫脒·高氯乳油1 000 ~ 1 500倍液、2.5%氯氟氰菊酯乳油1 000 ~ 2 000倍液、2.5%高效氯氟氰菊酯乳油1 000 ~ 2 000倍液、5%氯氰菊酯乳油5 000 ~ 6 000倍液、2.5%高效氯氰菊酯水乳剂1 000 ~ 2 000倍液、1.8%阿维菌素乳油3 000 ~ 4 000倍液，喷雾。

（五）幼果期病虫害防治技术

5月上、中旬，新梢生长旺盛，果实开始生长（图44-102）。该期蚜虫一般发生严重，桃缩叶病、褐腐病、流胶病发生较重，桃红颈天牛、桑白蚧、叶螨、茶翅蝽、炭疽病、细菌性穿孔病也开始发生，食心虫第1代幼虫开始蛀食嫩梢。应注意虫情，合理用药。

防治该期病害可用50%多菌灵可湿性粉剂800 ～ 1 200倍液+70%代森锰锌可湿性粉剂800倍液、70%甲基硫菌灵可湿性粉剂1 000 ～ 1 500倍液+65%代森锌可湿性粉剂600 ～ 800倍液、50%乙烯菌核利可湿性粉剂1 000 ～ 2 000倍液+45 %代森铵可湿性粉剂600 ～ 800倍液、40%苯甲·吡唑酯（苯醚甲环唑25 %+吡唑醚菌酯15%）悬浮剂3 000 ～ 4 000倍液、40%唑醚·戊唑醇（吡唑醚菌酯10%+戊唑醇30%）悬浮剂3 500 ～ 4 000倍液、40%嘧环·甲硫灵（甲基硫菌灵25%+嘧菌环胺15%）悬浮剂2 000 ～ 3 000倍液、50%苯菌灵可湿性粉剂1 000 ～ 1 500倍液，喷雾。并注意轮换使用35%胶悬铜悬浮剂300 ～ 500倍液。

图44-102　桃树幼果期

杀虫剂选择，应以防治蚜虫、食心虫为主，兼治叶螨，并注意杀卵效果。可用20%甲氰菊酯乳油、1.8%阿维菌素乳油3 000 ～ 4 000倍液等，喷雾。可喷施20%多效唑可湿性粉剂，以1 000 ～ 1 500 mg/kg为宜，可以抑制新梢生长，增大桃的单果重量。

（六）果实膨大期病虫害防治技术

5月下旬至6月中旬，大多数品种果实迅速生长膨大（图44-103）。该期叶螨、食心虫是主要害虫，病害以褐腐病、疮痂病、桃树缩叶病较重，生产管理上应注意调查，及时防治。

该期一般温暖、干旱，应注意防治山楂红蜘蛛，注意观察桃蛀螟和桃小食心虫的产卵、幼虫发生情况，适时防治。施药时应注意二者的结合，可用50%辛硫磷乳油1 000 ～ 2 000倍液、1.8 %阿维菌素乳油3 000 ～ 4 000倍液+20 %甲氰菊酯乳油3 000 ～ 4 000倍液等，喷雾。如有红蜘蛛发生，早期可用73%炔螨特乳油1 500 ～ 2 500倍液+25%联苯菊酯乳油3 000 ～ 4 000倍液等，喷雾。杀菌剂可以参考前期用药。

图44-103　桃果膨大期

（七）成熟期病虫害防治技术

6月中、下旬以后，桃开始成熟采摘（图44-104）。这时多高温、多雨，桃褐腐病、炭疽病发生严重，桃小食心虫对中晚熟品种为害严重，应注意适时防治，同时还要兼治桃疮痂病、细菌性穿孔病等病害。

杀虫剂主要在食心虫的卵期、初孵幼虫期喷施，药剂有1.8%阿维菌素乳油3 000 ～ 4 000倍液、35%氯虫苯甲酰胺水分散粒剂17 500 ～ 25 000倍液、25%灭幼脲悬浮剂750 ～ 1 500倍液、20%甲维·除虫脲（甲氨基阿维菌素苯甲酸盐1%＋除虫脲19%）悬浮剂2 000 ～ 3 000倍液、5%氟啶脲乳油1000 ～ 2000倍液。如果山楂叶螨发生较重，可喷洒27.5 %尼索螨醇乳油1 000 ～ 2 000倍液、5%噻螨酮乳油2 500倍液等。该期在防治害虫时，必须兼顾考虑。

图44-104　桃果成熟期

在杀菌剂使用上，应以防治炭疽病、褐腐病为主，可喷洒50 %多菌灵可湿性粉剂800 ～ 1 000倍液+70%代森锰锌可湿性粉剂600 ～ 1 000倍液、50%苯菌灵可湿性粉剂1 500 ～ 2 000倍液、40%腈菌唑水分散粒剂7 000倍液、50%苯醚·甲硫（甲基硫菌灵42%＋苯醚甲环唑8%）悬浮剂900 ～ 1 333倍液、40%苯甲·吡唑酯（苯醚甲环唑25%＋吡唑醚菌酯15%）悬浮剂3 000 ～ 4 000倍液、70%甲基硫菌灵可湿性粉剂1 000倍液。

（八）营养恢复期病虫害防治技术

7月以后，桃相继成熟、采摘，这时树势较弱，开始进入营养恢复期（图44-105）。这期间桃穿孔病等较重，导致大量落叶，有时还有叶螨发生，树流胶病发生严重，一般要持续到8月。这一时期，除应不断使用保护剂1∶1∶(160 ～ 200）倍波尔多液，还应注意及时喷药治疗，可用50 %多菌灵可湿性粉剂1 500 ～ 2 500倍液+50 %乙霉威可湿性粉剂1 500 ～ 2 500倍液、50 %多菌灵可湿性粉剂800 ～ 500倍液、15 %三唑酮可湿性粉剂1 000 ～ 1 500倍液、40%苯甲·吡唑酯（苯醚甲环唑25%＋吡唑醚菌酯15%）悬浮剂3 000 ～ 4 000倍液、12.5 %烯唑醇可湿性粉剂1 500 ～ 2 000倍液等。

图44-105　桃树营养恢复期

第四十五章　葡萄病虫害原色图解

一、葡萄病害

葡萄是一种色艳味美且富有营养的水果，葡萄适应性很强，我国广大地区均可种植。我国已报道的葡萄病害有40多种，其中霜霉病、黑痘病、白腐病、炭疽病、灰霉病等是葡萄生产上的主要病害。

1. 葡萄霜霉病

分　　布　葡萄霜霉病在世界各葡萄产区均有发生。在我国沿海、长江流域及黄河流域，此病广泛流行（图45-1）。

图45-1　葡萄霜霉病为害叶片症状

症　　状　由葡萄生单轴霉（*Plasmopara viticola*，属鞭毛菌亚门真菌）引起。主要为害叶片，也为害新梢、叶柄、卷须、幼果、果梗及花序等幼嫩部分。叶片受害，初在叶片正面产生半透明油渍状的淡黄色小斑点，边缘不明显，渐渐变成淡绿色至黄褐色的多角形大斑，后变黄枯死。在潮湿的条件下，在叶片背面形成白色的霜霉状物（图45-2～图45-5）。新梢、叶柄及卷须受害，产生水浸状、略凹陷的褐色病斑，潮湿时产生白色霜霉状物。幼果从果梗开始发病，受害幼果呈灰色，果面布满白色霉层（图45-6）。

图45-2　葡萄霜霉病为害叶片初期症状

图45-3　葡萄霜霉病为害叶片中期症状

图45-4　葡萄霜霉病为害叶片后期症状

图45-5　葡萄霜霉病为害叶片末期症状

发生规律 病菌以卵孢子的形式在染病组织中越冬，或随病叶遗留在土壤中越冬。越冬后的卵孢子，在降雨量在10 mm以上，土温15℃左右时即可萌发，产生芽孢囊，再由芽孢囊产生游动孢子，借风雨传播到寄主叶片上，通过气孔侵入。病菌侵入寄主后，经过一定的潜育期，即产生游动孢子囊，游动孢子囊萌发产生游动孢子，进行再侵染。在整个生长季节可以进行多次再侵染（图45-7）。

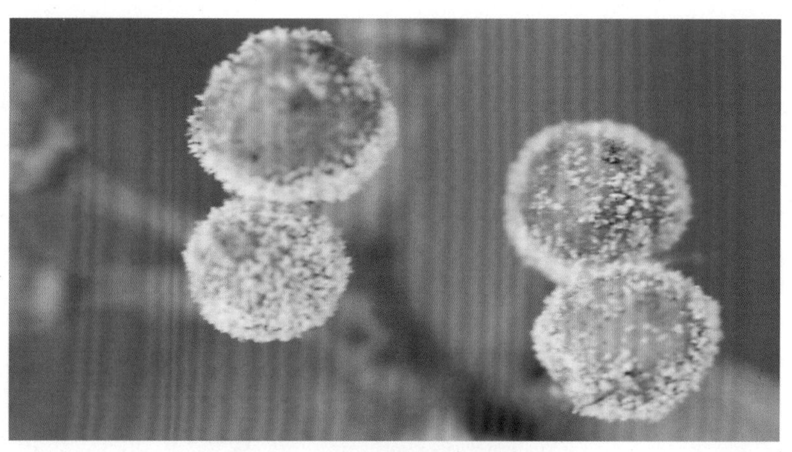
图45-6 葡萄霜霉病为害幼果症状

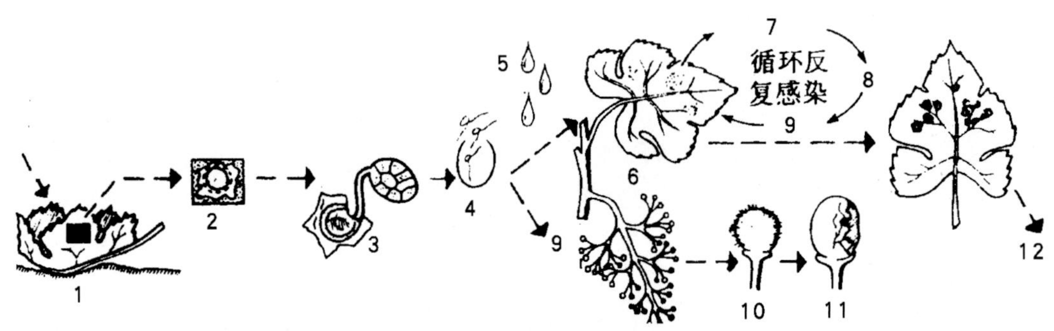

图45-7 葡萄霜霉病病害循环
1.病叶中的病原菌 2.卵孢子 3.萌发形成芽孢囊 4.释放游动孢子 5.雨水 6.幼嫩组织被侵染 7.形成子实体 8.形成孢子囊 9.游动孢子 10.灰霉果 11.果实腐烂 12.病叶脱落

在长江以南地区，全年有2 ～ 3次发病高峰，第1次在梅雨季节，第2次在8月中、下旬。个别年份在9月中旬至10月上旬还会出现1次高峰。浙江杭州一般在9月上旬开始发病，10月上旬为发病盛期。沈阳地区一般在7—8月开始发病，9—10月为发病盛期。葡萄霜霉病的流行与天气条件有密切关系，多雨、多雾露、潮湿、冷凉的天气利于霜霉病的发生。果园地势低洼、栽植过密、棚架过低、荫蔽、通风透光不良、偏施氮肥、树势衰弱等，均有利于发病。

防治方法 结合冬季修剪彻底清园，剪除病、弱枝梢，清扫枯枝落叶，集中烧毁；秋、冬季深翻耕，雨后及时排出积水。

葡萄发芽前，可在植株和附近地面喷1次3 ～ 5波美度石硫合剂，以杀灭菌源，减少初侵染。

从6月上旬坐果初期开始，喷施86%波尔多液水分散粒剂400 ～ 450倍液、20%松脂酸铜水乳剂67 ～ 83 mL/亩、77%氢氧化铜水分散粒剂2 000 ～ 3 000倍液、86.2%氧化亚铜可湿性粉剂800 ～ 1 200倍液、30%王铜悬浮剂600 ～ 800倍液、77%硫酸铜钙可湿性粉剂500 ～ 700倍液、80%代森锰锌可湿性粉剂500 ～ 800倍液、75%百菌清可湿性粉剂500 ～ 625倍液、50%克菌丹可湿性粉剂400 ～ 600倍液、70%丙森锌可湿性粉剂400 ～ 450倍液、60%唑醚·代森联（代森联55%＋吡唑醚菌酯5%）水分散粒剂1 000 ～ 1 500倍液等，进行预防。

在病害发生的初期，可以使用80%烯酰吗啉水分散粒剂20 ～ 30 g/亩、25%吡唑醚菌酯水分散粒剂1 000 ～ 1 500倍液、80%嘧菌酯悬浮剂3 200 ～ 4 800倍液、20%氰霜唑悬浮剂4 000 ～ 5 000倍液、22.5%啶氧菌酯悬浮剂1 200 ～ 1 800倍液、80%霜脲氰水分散粒剂8 000 ～ 10 000倍液、10%氟噻唑吡乙酮可分散油悬浮剂2 000 ～ 3 000倍液、23.4%双炔酰菌胺悬浮剂1 500 ～ 2 000倍液、80%三乙膦酸铝水分散粒剂500 ～ 800倍液、30%醚菌酯悬浮剂2 200 ～ 3 200倍液、1.5%多抗霉素可湿性粉剂200 ～ 500倍液、68.75%噁唑·锰锌可分散粒剂800 ～ 1 200倍液、60%唑醚·代森联水分散粒剂1 000 ～ 2 000倍液、

66.8%丙森·缬霉威可湿性粉剂700～1 000倍液、50%嘧菌酯水分散粒剂5 000～7 000倍液、58%甲霜·锰锌可湿性粉剂300～400倍液、40%克菌·戊唑醇悬浮剂1 000～1 500倍液、30%吡唑酯·氟醚菌（氟醚菌酰胺5%+吡唑醚菌酯25%）微囊悬浮－悬浮剂1 250～1 500倍液、35%氰霜唑·肟菌酯（肟菌酯25%+氰霜唑10%）悬浮剂4 500～5 500倍液、40%吡唑醚菌酯·氟吡菌胺（氟吡菌胺15%+吡唑醚菌酯25%）悬浮剂1 500～2 500倍液、36%春雷·喹啉铜（喹啉铜33%+春雷霉素3%）悬浮剂750～1 700倍液、24%精甲霜灵·烯酰吗啉（精甲霜灵4%+烯酰吗啉20%）悬浮剂1 000～1 250倍液、60%噁酮·氰霜唑（噁唑菌酮34%+氰霜唑26%）水分散粒剂5 000～6 000倍液、71%乙铝·氟吡胺（氟吡菌胺4.4%+三乙膦酸铝66.6%）水分散粒剂400～500倍液、40%烯酰·氰霜唑（氰霜唑10%+烯酰吗啉30%）悬浮剂3 000～4 000倍液、26%氰霜·嘧菌酯（氰霜唑7.4%+嘧菌酯18.6%）悬浮剂2 000～3 000倍液，喷雾时叶片正面和背面都要喷洒均匀。

病害发生中期，可用50%甲呋酰胺可湿性粉剂800～1 000倍液、25%甲霜灵可湿性粉剂500～800倍液、20%唑菌胺酯水分散性粒剂1 000～2 000倍液、25%烯肟菌酯乳油2 000～3 000倍液、10%氰霜唑悬浮剂2 000～2 500倍液、12.5%噻唑菌胺可湿性粉剂1 000倍液、25%甲霜·霜霉威可湿性粉剂600～800倍液、50%烯酰吗啉可湿性粉剂1 000～1 800倍液、25%双炔酰菌胺悬浮剂1 500～2 000倍液、25%烯肟·霜脲氰可湿性粉剂2 250～4 500倍液、50%烯酰吗啉可湿性粉剂800～1 800倍液，为防止病菌产生抗药性，杀菌剂应交替使用。

2. 葡萄黑痘病

分　布　葡萄黑痘病是葡萄重要病害之一。此病分布广，发生普遍，我国所有的葡萄产区几乎均有发生。以北方沿海和春、夏季多雨潮湿的长江流域及黄河故道地区发生最为严重（图45-8、图45-9）。

图45-8　葡萄黑痘病为害叶片症状

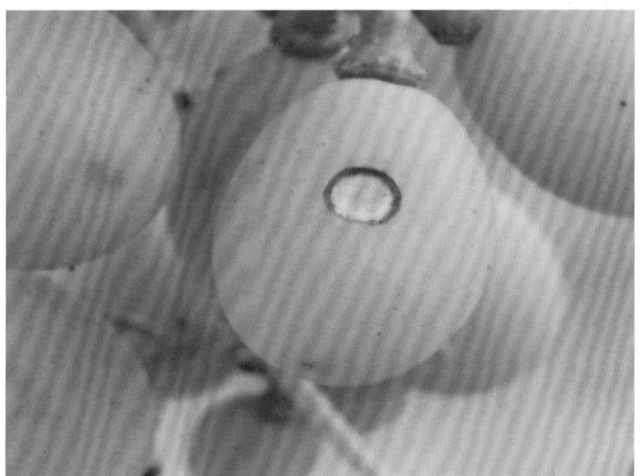

图45-9　葡萄黑痘病为害果实症状

症　　状　病菌有性世代为痂囊腔菌（*Elsinoe ampelina*，属子囊菌亚门真菌）。主要为害叶片、新梢、叶柄、果柄和果实。嫩叶发病初期，叶面出现红褐色斑点，周围有褪绿晕圈，逐渐形成圆形或不规则形病斑，病斑中部凹陷，呈灰白色，边缘呈暗紫色，后期常干裂穿孔（图45-10～图45-12）。新梢、叶柄、果柄发病形成长圆形褐色病斑，后期病斑中间凹陷开裂，呈灰黑色，边缘紫褐色，数斑融合，常使新梢上段枯死（图45-13～图45-17）。幼果发病，果面出现深褐色斑点，渐形成圆形病斑，四周紫褐色，中部灰白色，形如鸟眼（图45-18）。

图45-10　葡萄黑痘病为害叶片初期症状

图45-11　葡萄黑痘病为害叶片中期症状

图45-12　葡萄黑痘病为害叶片后期症状

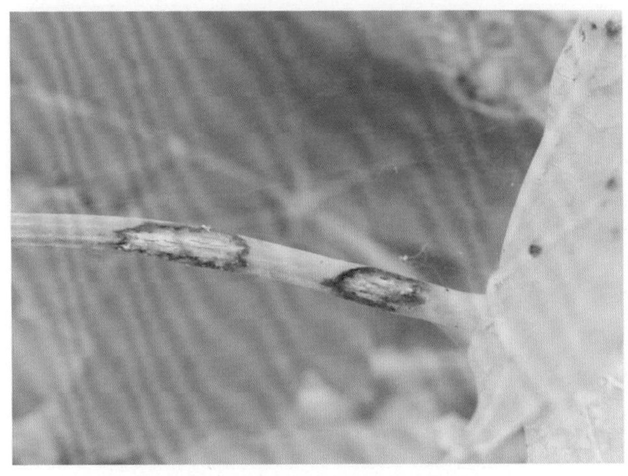

图45-13　葡萄黑痘病为害叶柄症状

图45-14　葡萄黑痘病为害新梢初期症状

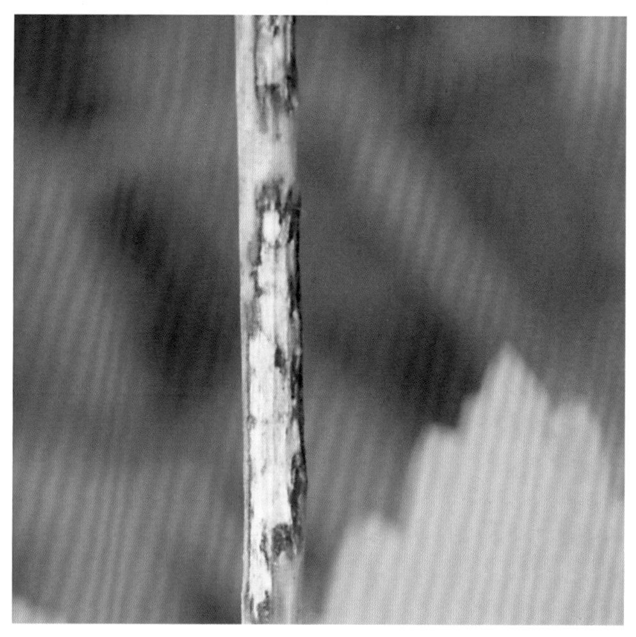
图45-15　葡萄黑痘病为害新梢后期症状

图45-16　葡萄黑痘病为害茎蔓症状

图45-17　葡萄黑痘病为害果柄症状

图45-18　葡萄黑痘病为害果实症状

发生规律　菌丝体或分生孢子盘、分生孢子在病枝梢、叶痕或病残组织上越冬，翌年春季气温升高，葡萄开始萌芽展叶时，产生新的分生孢子，借风雨传播（图45-19）。一般在3月下旬至4月上、中旬，葡萄开始萌动、展叶、开花时，病菌即可侵染，6月中、下旬以后，气温升高，如有较多的降雨，植株可受到严重为害，此时是盛发高峰期。秋季，葡萄有1次生长旺季，大量抽出新的枝梢，黑痘病出现1个发病高峰期。

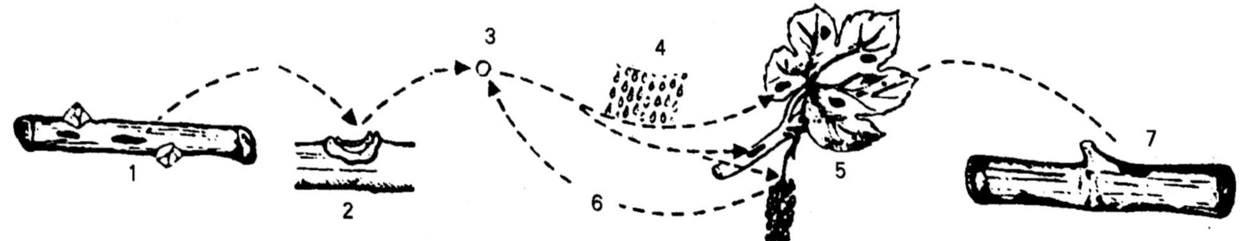

图45-19　葡萄黑痘病病害循环

1.病菌在枝条上越冬　2.病菌萌发　3.分生孢子　4.雨水
5.侵染幼嫩组织　6.重复侵染　7.枝条上的病菌

防治方法　合理施肥，不偏施氮肥。结合夏季修剪，及时绑蔓，去除副梢、卷须和过密的叶片。及时清除地面杂草和杂物，保持地面清洁。适当疏花疏果，控制果实负载量。

葡萄芽鳞膨大，但尚未出现绿色组织时，喷布铲除剂，如3～5波美度石硫合剂。

葡萄开花前，可用50%多菌灵可湿性粉剂1 000倍液、65%代森锌可湿性粉剂500～600倍液、86.2%氢氧化铜悬浮剂1 000～1 400倍液、80%代森锰锌可湿性粉剂500～800倍液、75%百菌清可湿性粉剂600～700倍液、25%嘧菌酯悬浮剂850～1 450倍液等药剂，喷施。

葡萄开花后病害发生初期，可喷施70%甲基硫菌灵可湿性粉剂800～1 000倍液、3%中生菌素可湿性粉剂600～800倍液、25%嘧菌酯悬浮剂800～1 250倍液、32.5%锰锌·烯唑醇可湿性粉剂400～600倍液、5%亚胺唑可湿性粉剂600～800倍液、40%苯醚甲环唑水乳剂4 000～5 000倍液、22.5%啶氧菌酯悬浮剂1 500～2 000倍液、400 g/L氟硅唑乳油6 000～10 000倍液、25%咪鲜胺乳油60～80 g/亩、50%咪鲜胺锰盐可湿性粉剂1 500～2 000倍液、40%噻菌灵可湿性粉剂1 000～1 500倍液、500 g/L氟吡菌酰胺·嘧霉胺（嘧霉胺375 g/L+氟吡菌酰胺125 g/L）悬浮剂1 200～1 500倍液、28%井冈·嘧菌酯（井冈霉素A10%+嘧菌酯18%）悬浮剂1 000～1 500倍液、55%喹啉·噻灵（噻菌灵20%+喹啉铜35%）可湿性粉剂800～1 200倍液、43%氟菌·肟菌酯（肟菌酯21.5%+氟吡菌酰胺21.5%）悬浮剂2 000～4 000倍液、75%肟菌·戊唑醇（戊唑醇50%+肟菌酯25%）水分散粒剂5 000～6 000倍液等。

在病害发生中期，可用40%氟硅唑乳油8 000～10 000倍液、50%咪鲜胺锰盐可湿性粉剂1 500～2 000倍液、40%噻菌灵可湿性粉剂1 000～1 500倍液、25%咪鲜胺乳油500～1 000倍液、50%腐霉利可湿性粉剂800～1 000倍液等药剂。若遇雨天，要及时补喷。控制了春季发病高峰后，还应注意控制秋季发病高峰。

3. 葡萄白腐病

分　　布　葡萄白腐病是葡萄重要病害之一。主要发生在我国东北、华北、西北和华东北部地区。

症　　状　由白腐盾壳霉（*Coniothyrium diplodiella*，属无性型真菌）引起。主要为害果穗、穗轴、果粒、枝蔓和叶片。果穗受害，多发生在果实着色期，先从近地面的果穗尖端开始发病，在穗轴和果梗上产生淡褐色、水渍状、边缘不明显的病斑，进而病部皮层腐烂，手捻极易与木质部分离脱落，并有土腥味。果粒受害，多从果柄处开始，而后迅速蔓延到果粒，使整个果粒呈淡褐色软腐，严重时全穗腐烂，病果极易受震脱落，重病园地面落满一层病果，这是白腐病发生的最大特点（图45-20）。枝蔓多在有机械伤或接近地面的部位发病，最初出现水浸状、红褐色、边缘深褐色的病斑，以后逐渐扩展成沿纵轴方向发展的长条形病斑，色泽也由浅褐色变为黑褐色，病部稍凹陷，病斑表面密生灰色小粒点（图45-21）。叶片受害，先从植株下部近地面的叶片开始，多在叶尖、叶缘或有损伤的部位形成淡褐色、水渍状、近圆形或不规则形的病斑，并略具同心轮纹，其上散生灰白色至灰黑色小粒点，且以叶脉两边居多，后期病斑干枯易破裂（图45-22）。

图45-20　葡萄白腐病为害果穗症状

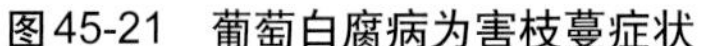
图45-21 葡萄白腐病为害枝蔓症状

图45-22 葡萄白腐病为害叶片症状

发生规律 以分生孢子器和菌丝体的形式随病残组织在地表和土中越冬，也能在枝蔓病组织上越冬。分生孢子靠雨水溅散传播，经伤口或皮孔侵入，形成初次侵染。于高温、高湿的气候条件，是病害发生和流行的主要因素。6—8月一般高温多雨，适宜病害发生。于幼果期开始发病，着色期及成熟期感病较多。

防治方法 在生长季节摘除病果、病蔓、病叶，冬剪时把病组织剪除干净。尽量减少不必要的伤口，施有机肥料，合理调节负载量，注意雨后及时排水，降低田间湿度，花后对果穗进行套袋，保护果实。

对重病果园要在发病前用50%福美双可湿性粉剂1份、硫黄粉1份、碳酸钙1份，混匀后撒在葡萄园地面上，每亩撒1 ~ 2 kg，可减轻发病、为害。

在葡萄发芽前，喷施1次3 ~ 5波美度石硫合剂、50%硫悬浮剂200倍液、50%克菌丹可湿性粉剂200倍液，对越冬菌源有较好的铲除效果。

在生长季节、6月下旬开花后、病害发生前期，可用75%百菌清可湿性粉剂700 ~ 800倍液、80%代森锰锌可湿性粉剂600 ~ 800倍液、50%福美双可湿性粉剂400 ~ 800倍液、78%波尔·锰锌（代森锰锌30% +波尔多液48%）可湿性粉剂500 ~ 600倍液、60%唑醚·代森联（代森联55% +吡唑醚菌酯5%）水分散粒剂1 000 ~ 2 000倍液、65%代森锌可湿性粉剂600 ~ 800倍液+70%甲基硫菌灵可湿性粉剂800倍液、25%嘧菌酯悬浮剂800 ~ 1 250倍液等药剂预防。

病害发生初期，可用25%戊唑醇水乳剂2 000 ~ 3 000倍液、25%嘧菌酯悬浮剂800 ~ 1 200倍液、35%丙唑·多菌灵悬浮剂1 400 ~ 2 000倍液、20%戊菌唑水乳剂5 000 ~ 10 000倍液+80%代森锰锌可湿性粉剂600 ~ 800倍液、30%苯醚甲环唑悬浮剂4 000 ~ 6 000倍液+80%代森锰锌可湿性粉剂600 ~ 800倍液、10%氟硅唑水分散粒剂2 000 ~ 2 500倍液、80%戊唑醇水分散粒剂8 000 ~ 9 000倍液、25%戊唑醇·抑霉唑（戊唑醇12.5% +抑霉唑12.5%）水乳剂2 000 ~ 2 500倍液、80%戊唑·嘧菌酯（戊唑醇56% +嘧菌酯24%）水分散粒剂6 000 ~ 6 500倍液、27%抑霉·嘧菌酯（抑霉唑12% +嘧菌酯15%）悬浮剂1 000 ~ 1 500倍液、38%唑醚·啶酰菌（啶酰菌胺25.2% +吡唑醚菌酯12.8%）水分散粒剂1 000 ~ 1 500倍液、45%唑醚·甲硫灵（吡唑醚菌酯5% +甲基硫菌灵40%）悬浮剂1 000 ~ 1 500倍液、60%苯甲·嘧菌酯（苯醚甲环唑20% +嘧菌酯40%）水分散粒剂3 000 ~ 4 000倍液、43%氟菌·肟菌酯（肟菌酯21.5% +氟吡菌酰胺21.5%）悬浮剂3 000 ~ 4 000倍液、40%氟硅唑乳油8 000 ~ 10 000倍液、30%戊唑·多菌灵悬浮剂800 ~ 1 200倍液、40%克菌·戊唑醇悬浮剂1 000 ~ 1 500倍液、10%戊菌唑乳油2 500 ~ 5 000倍液、10%苯醚甲环唑水分散粒剂2 500 ~ 3 000倍液等药剂，均匀喷施，间隔10 ~ 15 d再喷1次，多雨季节防治3 ~ 4次。

4. 葡萄炭疽病

分　　布　葡萄炭疽病是葡萄近成熟期引起果实腐烂的重要病害之一。我国各葡萄产区均有分布，在长江流域及黄河故道各省份普遍发生，南方高温多雨的地区发生最普遍。

症　　状　由胶孢炭疽菌（*Colletotrichun gloeosporioides*）引起。主要为害果粒，造成果粒腐烂。果实在着色后、近成熟期显现症状，果面出现淡褐色或紫色斑点，水渍状，圆形或不规则形，渐扩大，变为褐色至黑褐色，腐烂凹陷。天气潮湿时，病斑表面涌出粉红色黏稠点状物，呈同心轮纹状排列。病斑可蔓延到半个至整个果粒，腐烂果粒易脱落（图45-23、图45-24）。

图45-23　葡萄炭疽病为害幼果症状

图45-24　葡萄炭疽病为害成熟果症状

发生规律　病菌主要以菌丝的形式潜伏在一年生枝蔓表层组织和叶痕等部位越冬。残留在架面的病枝、病果也是重要的侵染源。翌年春季，越冬病菌产生分生孢子，随风雨、昆虫传播到寄主体，发生初侵染。在南方，花期遇连续降雨潮湿天气，花穗遭受侵染。从幼果期开始侵染，至果实着色近成熟时发病。在果实近成熟期高温、多雨、湿度高的地区，果穗发病严重。广东地区，3月中、下旬至4月上、中旬是病菌侵染花穗引起花腐的时期，而5月下旬至6月中、下旬，雨水较多，温度较高，植株抗性开始降低，田间陆续发病，一直延续到果实采收完。四川地区于5月上、中旬开始发病，7月上旬至8月中旬为发病高峰期。华东地区，如上海，于6月上旬叶片开始发病，果实的发病盛期，早熟品种为6月下旬至7月上旬，晚熟品种为7月下旬至8月上旬。

防治方法 结合修剪清除留在植株上的副梢、穗梗、僵果、卷须等，并把落于地面的果穗、残蔓、枯叶等彻底清除。及时摘心、绑蔓，使果园通风透光。注意合理施肥，在雨后要做好果园的排水工作，防止园内积水。

春季幼芽萌动前喷布3 ～ 5度波美度石硫合剂。

在葡萄发芽前后，可喷施1 ：0.7 ：200倍波尔多液、80%代森锰锌可湿性粉剂800倍液。

在葡萄落花期、病害发生前期，可喷施50%多菌灵可湿性粉剂600 ～ 800倍液+80%代森锰锌可湿性粉剂600 ～ 800倍液、70%丙森锌可湿性粉剂600 ～ 800倍液等药剂。

6月中旬葡萄幼果期是防治的关键时期，可用2%嘧啶核苷类抗生素水剂200倍液、1%中生菌素水剂250 ～ 500倍液、20%抑霉唑水乳剂800 ～ 1 200倍液、40%苯醚甲环唑悬浮剂4 000 ～ 5 000倍液、12.5%烯唑醇可湿性粉剂2 000 ～ 3 000倍液、40%氟硅唑乳油8 000 ～ 10 000倍液、40%腈菌唑可湿性粉剂4 000 ～ 6 000倍液、25%咪鲜胺乳油800 ～ 1 500倍液、16%多抗霉素B可溶粒剂2 500 ～ 3 000倍液、30%苯甲·吡唑酯（吡唑醚菌酯10% +苯醚甲环唑20%）悬浮剂3 000 ～ 4 000倍液、400 g/L氯氟醚·吡唑酯（吡唑醚菌酯200 g/L+氯氟醚菌唑200 g/L）悬浮剂1 500 ～ 2 500倍液、17%唑醚·氟环唑（氟环唑4.7% +吡唑醚菌酯12.3%）悬乳剂800 ～ 1 200倍液、30%苯甲·嘧菌酯（苯醚甲环唑12% +嘧菌酯18%）悬浮剂1 000 ～ 2 000倍液、400 g/L克菌·戊唑醇（戊唑醇80 g/L+克菌丹320 g/L）悬浮剂1 000 ～ 1 500倍液、35%丙唑·多菌灵悬浮剂1 400 ～ 2 000倍液、25%咪鲜胺乳油800 ～ 1 500倍液、40%腈菌唑可湿性粉剂4 000 ～ 6 000倍液、40%氟硅唑乳油8 000 ～ 10 000倍液、40%克菌·戊唑醇1 000 ～ 1 500倍液、50%醚菌酯干悬浮剂3 000 ～ 5 000倍液、10%苯醚甲环唑水分散粒剂2 000 ～ 3 000倍液、25%丙环唑乳油2 000 ～ 2 500倍液、50%咪鲜胺锰盐可湿性粉剂800 ～ 1 200倍液、43%戊唑醇悬浮剂2 000 ～ 2 500倍液、60%噻菌灵可湿性粉剂1 500 ～ 2 000倍液、6%氯苯嘧啶醇可湿性粉剂1 000 ～ 1 500倍液等药剂，喷施，间隔10 ～ 15 d连喷3 ～ 5次。

5. 葡萄灰霉病

分 布 葡萄灰霉病是一种严重影响葡萄生长和贮藏的重要病害。目前，在河北、山东、辽宁、四川、上海等地发生严重。

症 状 由灰葡萄孢菌（*Botrytis cinerea*）引起。主要为害花序、幼果和已成熟的果实，有时亦为害新梢、叶片和果梗。花序受害，似热水烫状，后变为暗褐色，病部组织软腐，表面密生灰霉，被害花序萎蔫，幼果极易脱落（图45-25）。新梢及叶片上产生淡褐色、不规则形的病斑，亦长出鼠灰色霉层（图45-26、图45-27）。花穗和刚落花后的小果穗易受侵染，发病初期被害部呈淡褐色水渍状，很快变为暗褐色，整个果穗软腐（图45-28），潮湿时病穗上长出一层鼠灰色的霉层。成熟果实及果梗被害，果面出现褐色凹陷病斑，整个果实软腐，长出鼠灰色霉层，果梗变黑色，不久在病部长出黑色块状菌核（图45-29）。

图45-25 葡萄灰霉病为害花序症状

图45-26 葡萄灰霉病为害叶片症状

图45-27 葡萄灰霉病为害新梢症状

图45-28 葡萄灰霉病为害小果穗症状

图45-29 葡萄灰霉病为害果实症状

发生规律 以菌核、分生孢子和菌丝体的形式随病残组织在土壤中越冬。翌春条件适宜时，分生孢子通过气流传播到花穗上。初侵染发病后又长出大量新的分生孢子，靠气流传播进行多次再侵染（图45-30）。该病有2个明显的发病期，第1次发病在5月中旬至6月上旬（开花前及幼果期），主要为害花及幼果，造成大量落花落果。第2次发病期在果实着色至成熟期。排水不良、土壤黏重、枝叶过密、通风透光不良均能促进发病。

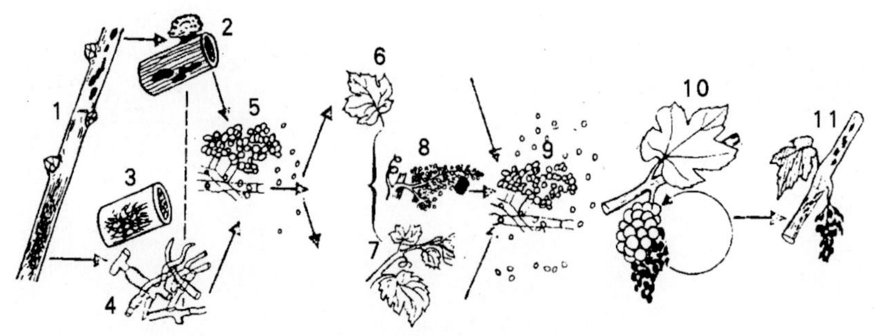

图45-30 葡萄灰霉病病害循环

1.病菌在枝条上越冬 2、3.病菌萌发 4.分生孢子梗 5.分生孢子 6.新叶 7.新梢 8.花序 9.分生孢子梗及分生孢子 10.重复侵染叶片和果实 11.病菌在枝条上越冬

防治方法　彻底清园，春季发病后，摘除病花穗。适当增施磷、钾肥，防止枝梢徒长，适当修剪，增强通风透光。

开花前喷1～2次药剂预防，喷洒1∶1∶200波尔多液、50%多菌灵可湿性粉剂500倍液、70%甲基硫菌灵可湿性粉剂800倍液等，有一定的预防效果。

4月上旬葡萄开花前，可喷施80%代森锰锌可湿性粉剂800倍液、50%多菌灵可湿性粉剂800～1 000倍液、65%代森锌可湿性粉剂500～600倍液等药剂预防。

在病害发生初期，可用80%腐霉利可湿性粉剂1 600～2 400倍液、70%咯菌腈水分散粒剂2 500～4 500倍液、50%啶酰菌胺水分散粒剂500～1 000倍液、50%异菌脲可湿性粉剂750～1 000倍液、50%嘧菌环胺水分散粒剂625～1 000倍液、30%吡唑醚菌酯悬浮剂2 500～3 500倍液、2亿孢子/g木霉菌可湿性粉剂200～300 g/亩、1亿CFU/g哈茨木霉菌水分散粒剂300～500倍液、60%嘧菌环胺·异菌脲（异菌脲20%+嘧菌环胺40%）可湿性粉剂1 000～1 250倍液、60%啶酰·咯菌腈（咯菌腈15%+啶酰菌胺45%）水分散粒剂1 000～2 000倍液、500 g/L氟吡菌酰胺·嘧霉胺（嘧霉胺375 g/L+氟吡菌酰胺125 g/L）悬浮剂1 200～1 500倍液、38%唑醚·啶酰菌（啶酰菌胺25.2%+吡唑醚菌酯12.8%）水分散粒剂1 000～1 500倍液、65%嘧环·腐霉利（嘧菌环胺40%+腐霉利25%）水分散粒剂1 000～1 200倍液、42.4%唑醚·氟酰胺（吡唑醚菌酯21.2%+氟唑菌酰胺21.2%）悬浮剂2 500～4 000倍液、43%氟菌·肟菌酯（肟菌酯21.5%+氟吡菌酰胺21.5%）悬浮剂2 000～4 000倍液、62%嘧环·咯菌腈（嘧菌环胺37%+咯菌腈25%）水分散粒剂1 000～1 500倍液等药剂，喷施，间隔10～15 d喷1次，连续喷2～3次。

6. 葡萄褐斑病

分　　布　葡萄褐斑病分布广泛，我国各葡萄产区均有发生和为害，以多雨潮湿的沿海和江南各省份发病较多，有大褐斑病与小褐斑病之分（图45-31、图45-32）。

图45-31　葡萄大褐斑病为害叶片症状

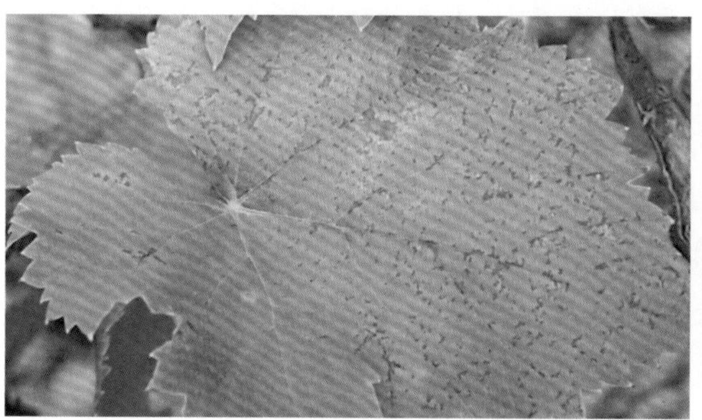
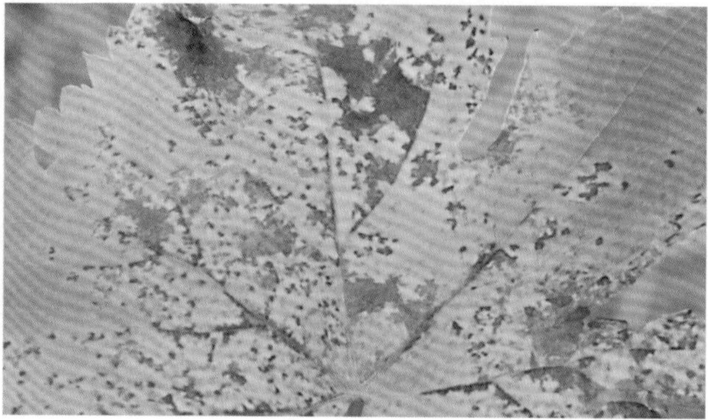

图45-32　葡萄小褐斑病为害叶片症状

症　状　葡萄褐斑病病原为葡萄假尾孢（*Pseudocercospora vitis*，属无性型真菌）。仅为害叶片。病斑定形后，直径3 ～ 10 mm的称大褐斑病，直径2 ～ 3 mm的称小褐斑病。大褐斑病：初期，在叶片表面产生许多近圆形、多角形或不规则形的褐色小斑点，以后病斑逐渐扩大。叶背面病斑周缘模糊，淡褐色，后期病斑上生灰色或深褐色的霉状物。病害发展到一定程度时，病叶干枯破裂，早期脱落（图45-33、图45-34）。小褐斑病：病斑较小，近圆形或不规则形，大小一致，边缘深褐色，中部颜色稍浅，后期病斑背面长出一层较明显的黑色霉状物（图45-35）。

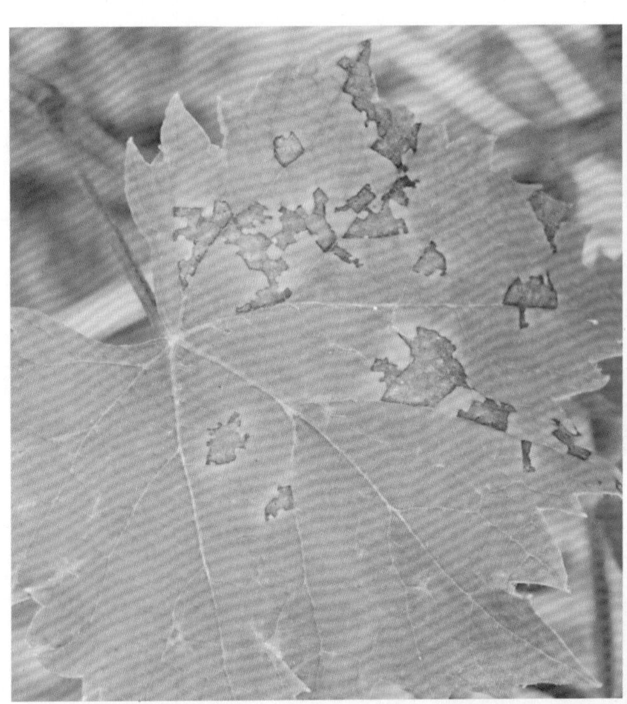

图45-33　葡萄大褐斑病为害叶片症状

图45-34　葡萄大褐斑病为害叶片田间症状

图45-35　葡萄小褐斑病为害叶片症状

发生规律　病菌以病丝体和分生孢子的形式在病叶上越冬。翌年春天，气温升高遇降雨或潮湿条件，越冬菌或孢梗束产生新的分生孢子，借气流或风雨传播到叶片上，由叶背气孔侵入。发病时期一般于5—6月开始，7—9月为盛期。降雨早而多的年份发病重，干旱年份发病晚而轻，壮树发病轻，弱树发病重。发病通常自下部叶片开始，逐渐向上蔓延，在高温、高湿条件下病害发生最盛。葡萄园管理粗放、不注意清园或肥料不足，树势衰弱易发病。果园地势低洼、潮湿、通风不良、挂果负荷过大发病重。

防治方法　秋后，结合深耕及时清扫落叶烧毁，改善通风透光条件；合理施肥，合理灌水，增强树势，提高抗病力。

春季萌芽后可喷施80%代森锰锌可湿性粉剂500 ～ 800倍液、50%多菌灵可湿性粉剂1 000倍液、

75%百菌清可湿性粉剂800 ~ 1 000倍液、53.8%氢氧化铜悬浮剂1 000 ~ 1 200倍液、65%代森锌可湿性粉剂500 ~ 800倍液，减少越冬菌源。

展叶后，6月中旬即发病初期，可用25%吡唑醚菌酯乳油1 000 ~ 3 000倍液、10%苯醚甲环唑水分散粒剂3 000 ~ 5 000倍液、25%丙环唑乳油3 000 ~ 5 000倍液、5%己唑醇悬浮剂1 000 ~ 1 200倍液、50%异菌脲可湿性粉剂1 000 ~ 1 500倍液、50%氯溴异氰脲酸可溶性粉剂1 500倍液、50%苯菌灵可湿性粉剂1 500 ~ 2 000倍液、50%嘧菌酯水分散粒剂5 000 ~ 7 000倍液、40%腈菌唑水分散粒剂6 000 ~ 7 000倍液、1.5%多抗霉素可湿性粉剂200 ~ 300倍液等药剂，喷施，间隔10 ~ 15 d喷1次，连喷2 ~ 3次，防效显著。

7. 葡萄黑腐病

症　状　病菌有性阶段为葡萄球座菌（*Guignardia bidwellii*，属子囊菌亚门真菌），无性阶段为葡萄黑腐茎点霉（*Phoma uvicola*，属无性型真菌）。主要为害果实、叶片、叶柄和新梢等部位。叶片染病，叶脉间现红褐色、近圆形小斑，病斑扩大后中央灰白色，外部褐色，边缘黑色（图45-36）。近成熟果实染病，初呈紫褐色小斑点，逐渐扩大，边缘褐色，中央灰白色略凹陷；病部继续扩大，导致果实软腐，干缩变为黑色或灰蓝色僵果（图45-37）。新梢染病，出现深褐色、椭圆形、微凹陷斑。

图45-36　葡萄黑腐病为害叶片症状

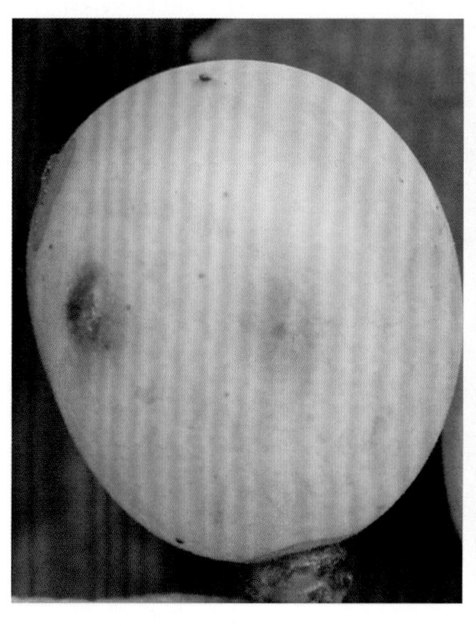
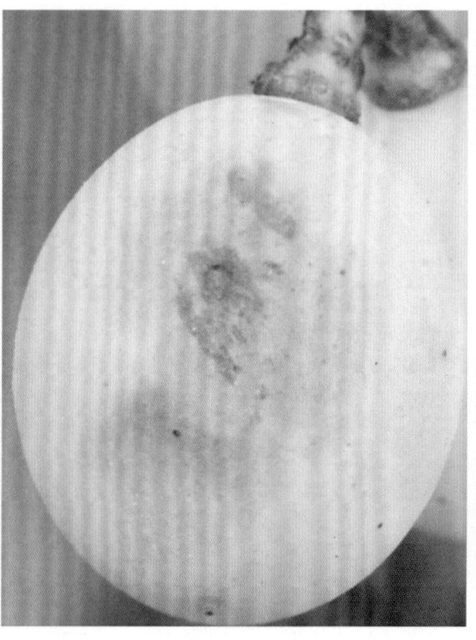

图45-37　葡萄黑腐病为害果实症状

发生规律 主要以分生孢子器、子囊壳或菌丝体的形式在病果、病蔓、病叶等病残体上越冬，翌年春末气温升高，释放出分生孢子或子囊孢子，靠雨点溅散或昆虫及气流传播（图45-38）。高温、高湿利于该病发生。8—9月高温多雨适其流行。一般6月下旬至采收期都能发病，果实着色后，近成熟期更易发病。管理粗放、肥水不足、虫害发生多的葡萄园易发病。

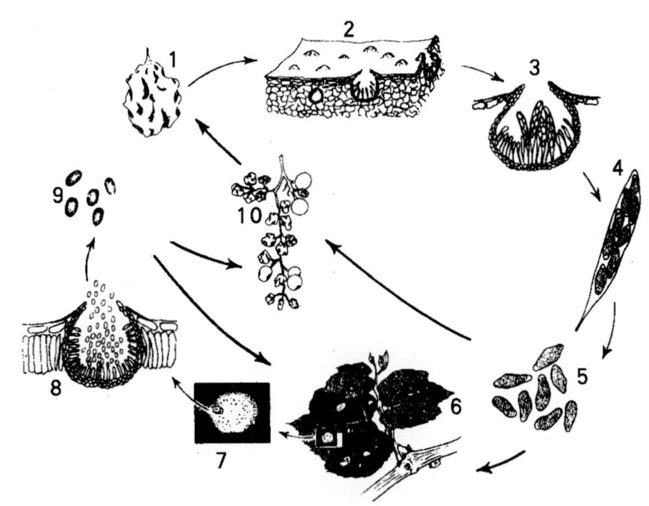

图45-38 葡萄黑腐病病害循环

1.病菌在地面和病残体上越冬 2.带子囊壳的僵果 3.子囊壳和子囊孢子 4.子囊 5.子囊孢子 6.侵染新梢和叶片 7.黑色子实体 8.分生孢子器和分生孢子 9.分生孢子 10.侵染果实

防治方法 清除病残体，减少越冬菌源，翻耕果园土壤。发病季节，及时摘除并销毁病果，剪除病枝梢，及时排水修剪，降低园内湿度，改善通风透光条件，加强肥水管理。果实进入着色期，套袋防病。

发芽前喷3 ~ 5波美度石硫合剂、45%石硫合剂20 ~ 30倍液。

在开花前、谢花后和果实膨大期各喷1次，可用1 ∶ 0.7 ∶ 200倍式波尔多液、50%多菌灵可湿性粉剂600 ~ 800倍液+75%百菌清可湿性粉剂600倍液、60%嘧菌环胺·异菌脲（异菌脲20% +嘧菌环胺40%）可湿性粉剂1 000 ~ 1 250倍液、60%啶酰·咯菌腈（咯菌腈15% +啶酰菌胺45%）水分散粒剂1 000 ~ 2 000倍液、500 g/L氟吡菌酰胺·嘧霉胺（嘧霉胺375 g/L+氟吡菌酰胺125 g/L）悬浮剂1 200 ~ 1 500倍液、38%唑醚·啶酰菌（啶酰菌胺25.2% +吡唑醚菌酯12.8%）水分散粒剂1 000 ~ 1 500倍液、70%甲基硫菌灵超微可湿性粉剂1 000倍液+70%代森锰锌可湿性粉剂500倍液、50%苯菌灵可湿性粉剂1 000倍液等。

8. 葡萄房枯病

症　状 病菌有性世代为葡萄囊孢壳菌（*Physalospora baccae*，属子囊菌亚门真菌）。主要为害果梗、穗轴、叶片和果粒，初期小果梗基部出现深红黄色、边缘具褐色晕圈的病斑，病斑逐渐扩大，变为褐色。当病斑绕梗一周时，小果梗干枯缢缩。穗轴发病，初现褐色病斑，逐渐扩大，变为黑色，干缩，其上长有小黑点。穗轴僵化后，其下的果粒全部变为黑色僵果，挂在蔓上不易脱落。叶片发病，初为圆形褐色斑点，逐渐扩大，变成中央灰白色，外部褐色，边缘黑色的病斑。果粒发病，最初果蒂部分失水萎蔫，出现不规则的褐色斑，逐渐扩大到全果，变紫、变黑，干缩成僵果，果梗、穗轴褐变、干燥枯死，长时间残留树上，是房枯病的主要特征（图45-39）。

图45-39 葡萄房枯病为害果穗症状

发生规律　病菌以分生孢子器、子囊壳、菌丝等形式在病果或病枝叶上越冬。于翌年5—6月释放出分生孢子或子囊孢子，靠风雨传播侵染，多雨高温最易发病。一般年份，于6—7月开始发病，近成熟时发病最重。植株营养不良、结果过多，以及土壤过湿等均易发病；管理粗放、植株生长势弱、郁闭潮湿的葡萄园发病比较重。

防治方法　秋季，要彻底清除病枝、叶、果等，注意排水，及时修剪副梢，改善通风透光条件，降低湿度。增施有机肥，多施磷、钾肥，培育壮树，提高抗病能力。

葡萄上架前喷洒3 ～ 5波美度石硫合剂、75%百菌清可湿性粉剂1 000倍液、50%多菌灵可湿性粉剂800 ～ 1 000倍液+70%代森锰锌可湿性粉剂600 ～ 800倍液，减少越冬病源。

展叶后，于果穗形成期开始喷药，可喷施70%代森锰锌可湿性粉剂800倍液+70%甲基硫菌灵可湿性粉剂500 ～ 600倍液、60%嘧菌环胺·异菌脲（异菌脲20%＋嘧菌环胺40%）可湿性粉剂1 000 ～ 1 250倍液、60%啶酰·咯菌腈（咯菌腈15%＋啶酰菌胺45%）水分散粒剂1 000 ～ 2 000倍液、500 g/L氟吡菌酰胺·嘧霉胺（嘧霉胺375 g/L+氟吡菌酰胺125 g/L）悬浮剂1 200 ～ 1 500倍液、38%唑醚·啶酰菌（啶酰菌胺25.2%＋吡唑醚菌酯12.8%）水分散粒剂1 000 ～ 1 500倍液、50%福美双可湿性粉剂1 000 ～ 1 500倍液+50%多菌灵可湿性粉剂500 ～ 600倍液、80%炭疽福美（福美双·福美锌）可湿性粉剂1 500 ～ 2 000倍液+50%苯菌灵可湿性粉剂800倍液等药剂。

9. 葡萄白粉病

症　　状　由葡萄钩丝壳（*Uncinula necator*，属子囊菌亚门真菌）引起。为害叶片、枝梢及果实等部位。叶片受害，在叶正面产生不规则形、大小不等的褪绿色或黄色小斑块，病斑正、反面均可见覆有一层白色粉状物（图45-40），严重时白粉状物布满全叶，叶面不平，逐渐卷缩，枯萎脱落。新梢、果梗及穗轴受害时，初期表面首先出现不规则形斑块并覆有白色粉状物，可使穗轴、果梗变脆，枝梢生长受阻。幼果受害时，先出现褪绿斑块，果面出现星芒状花纹，上盖一层白粉状物（图45-41），病果停止生长或畸形，果内味酸。

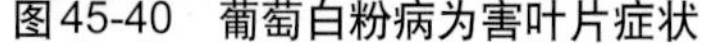
图45-40　葡萄白粉病为害叶片症状

图45-41　葡萄白粉病为害果实症状

发生规律　菌丝体在被害组织内或芽鳞间越冬。于翌年在适宜的环境条件下产生分生孢子，通过气流传播，进行初侵染，初侵染发病后只要条件适宜，就可产生大量分生孢子不断进行再侵染（图45-42）。一般于5月下旬至6月上旬开始发病，6月中、下旬至7月下旬为发病盛期。

防治方法 秋后剪除病梢，清扫病叶、病果及其他病菌残体。注意开沟排水，增施有机肥料，提高抗病力；及时摘心绑蔓，剪除副梢及卷须，保持通风透光。

在葡萄发芽前喷1次3～5波美度石硫合剂，减少越冬菌源。

发芽后再喷1次，可用0.2～0.3波美度石硫合剂、29%石硫合剂水剂6～9倍液、75%百菌清可湿性粉剂600倍液、70%甲基硫菌灵可湿性粉剂800倍液等药剂预防。

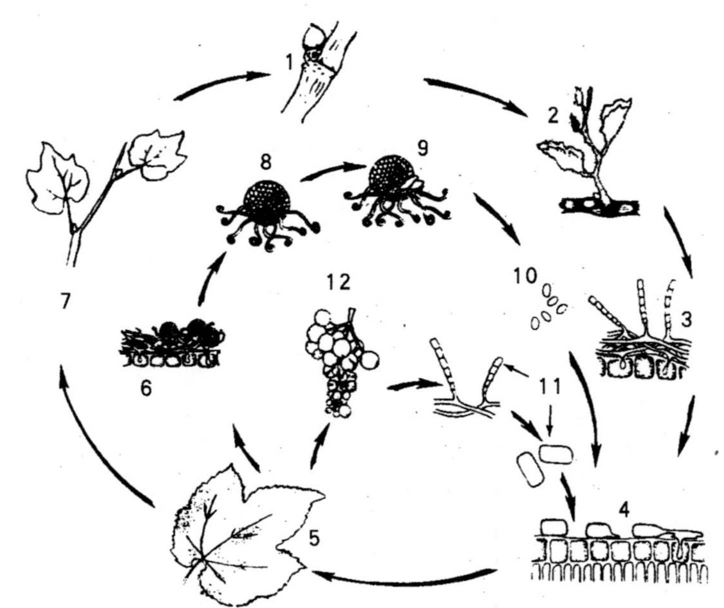

图45-42 葡萄白粉病病害循环

1.病菌越冬 2.病菌萌发侵染叶片 3.形成分生孢子 4.再侵染幼嫩组织 5.病菌在叶面上形成分生孢子 6.闭囊果在病叶上形成 7.幼芽被侵染 8.闭囊果 9.子囊和子囊孢子 10.子囊孢子 11.分生孢子 12.病菌侵染果穗

在开花前和幼果期各喷1次。可用25%乙嘧酚磺酸酯微乳剂500～700倍液、30%氟环唑悬浮剂1 600～2 300倍液、25%戊菌唑水乳剂8 000～10 000倍液、50%肟菌酯水分散粒剂1 500～2 000倍液、25%己唑醇悬浮剂4 000～5 000倍液、2%嘧啶核苷类抗菌素水剂100～400倍液、15%三唑酮可湿性粉剂600倍液、40%氟硅唑乳油6 000～8 000倍液、12.5%烯唑醇可湿性粉剂1 000～2 000倍液、10%苯醚甲环唑水分散粒剂1 500～2 000倍液、5%亚胺唑可湿性粉剂600～700倍液、25%丙环唑乳油1 000倍液、50%嘧菌酯水分散粒剂5 000～7 000倍液、20%唑菌胺酯水分散性粒剂1 000～2 000倍液、40%环唑醇悬浮剂7 000～10 000倍液、25%氟喹唑可湿性粉剂5 000～6 000倍液、30%氟菌唑可湿性粉剂2 000～3 000倍液、3%多氧霉素水剂400～600倍液、2%大黄素甲醚水分散粒剂1 000～1 500倍液、20% β-羽扇豆球蛋白多肽可溶液剂300～400倍液、1%蛇床子素水乳剂200～220 mL/亩、50%氟环·嘧菌酯（氟环唑25%+嘧菌酯25%）悬浮剂2 000～3 000倍液、50%戊唑·嘧菌酯（戊唑醇30%+嘧菌酯20%）悬浮剂2 600～4 000倍液、42.4%唑醚·氟酰胺（吡唑醚菌酯21.2%+氟唑菌酰胺21.2%）悬浮剂2 500～5 000倍液、40%苯甲·吡唑酯（吡唑醚菌酯25%+苯醚甲环唑15%）悬浮剂1 500～2 500倍液、30%己唑·嘧菌酯（己唑醇10%+嘧菌酯20%）悬浮剂4 000～6 000倍液等。

10. 葡萄穗轴褐枯病

症 状 由葡萄生链格孢（*Alternaria viticola*，属无性型真菌）引起。主要发生在幼穗的穗轴上，果粒发病较少，穗轴老化后不易发病。发病初期，幼果穗的分枝穗轴上产生褐色的水浸状小斑点，并迅速向四周扩展，使整个分枝穗轴变褐枯死，不久失水干枯，变为黑褐色，有时在病部表面产生黑色霉状物，果穗随之萎缩脱落（图45-43）。

图45-43 葡萄穗轴褐枯病为害穗轴症状

发生规律 以菌丝体或分生孢子的形式在病残组织内越冬，也可在枝蔓表皮、芽鳞片间越冬。于翌年开花前后形成分生孢子，借风雨传播，侵染幼嫩的穗轴组织，引起初侵染。春季开花前后，遇低温多雨天气，有利于病害发生。地势低洼、管理不善的果园以及老弱树发病重。

防治方法　清除病残组织，及时清除病穗，集中烧毁或带到棚外。控制氮肥用量，增施磷、钾肥，同时做好果园通风透光、排涝降湿等工作。

在葡萄发芽前，喷3波美度石硫合剂、50%硫悬浮剂50 ～ 100倍液。

于萌芽后4月下旬，开花前5月上旬，开花后5月下旬各喷1次。使用的药剂有50%异菌脲可湿性粉剂1 000倍液、40%醚菌酯悬浮剂800 ～ 1 000倍液、20%丙硫唑悬浮剂1 600 ～ 2 000倍液、12%苯甲·氟酰胺（苯醚甲环唑5%＋氟唑菌酰胺7%）悬浮剂1 000 ～ 2 000倍液、300 g/L醚菌·啶酰菌（啶酰菌胺200 g/L+醚菌酯100 g/L）悬浮剂1 000 ～ 2 000倍液、80%代森锰锌可湿性粉剂800倍液+50%多菌灵可湿性粉剂800 ～ 1 000倍液、70%甲基硫菌灵可湿性粉剂1 000倍液等药剂。可杀菌保护花芽叶芽，防治花期及幼果期病害。

11. 葡萄蔓枯病

症　　状　病菌有性阶段为葡萄生小隐孢壳菌（*Cryptosporella viticola*，属子囊菌亚门真菌），无性阶段为葡萄拟茎点霉（*Phomopsis viticola*，属无性型真菌）。主要为害蔓或新梢。蔓基部近地表处易染病，病斑初为红褐色，略凹陷，后扩大成黑褐色大斑（图45-44）。秋季病蔓表皮纵裂为丝状，易折断。主蔓染病，病部以上枝蔓生长衰弱或枯死。叶色变黄，叶缘卷曲，新梢枯萎，叶脉、叶柄及卷须常生黑色条斑（图45-45）。

图45-44　葡萄蔓枯病为害枝蔓症状

发生规律　以分生孢子器或菌丝体的形式在病蔓上越冬。于翌年5—6月释放分生孢子，借风雨传播，在具水滴或雨露条件下，分生孢子经4 ～ 8 h即可萌发，经伤口或由气孔侵入，引起发病。多雨或湿度大的地区，植株衰弱、冻害严重的葡萄园发病重。

防治方法　加强葡萄园管理，增施有机肥，疏松或改良土壤，雨后及时排水，注意防冻。

及时检查枝蔓，发现病部后，轻者用刀刮除病斑，重者剪掉或锯除，伤口用5波美度石硫合剂或45%石硫合剂30倍液消毒。

图45-45　葡萄蔓枯病为害新梢症状

在5—6月及时喷施10%苯醚甲环唑水分散粒剂2 000 ～ 3 000倍液、77%氢氧化铜可湿性微粒粉剂500倍液、50%琥胶肥酸铜可湿性粉剂500倍液、50%醚菌酯干悬浮剂3 000倍液、400 g/L氟硅唑乳油10 ～ 13 mL/亩、45%戊唑醇悬浮剂16 ～ 20 mL/亩、250 g/L嘧菌酯悬浮剂60 ～ 90 mL/亩、12.5%腈菌唑可湿性粉剂30 ～ 40 g/亩、62.25%腈菌·福美双（福美双60%＋腈菌唑2.25%）可湿性粉剂100 ～ 150 g/亩等药剂。

12. 葡萄环纹叶枯病

症　　状　由桑生冠毛菌（*Cristulariella moricola*，属无性型真菌）引起。主要为害叶片，病害初发时，叶片上出现黄褐色、圆形小病斑，周边黄色，中央深褐色，可见轻微环纹。病斑逐渐扩大后，同心轮纹较为明显。病斑在叶片中间或边缘均可发生，一般一片叶上同时出现多个病斑（图45-46）。天气干燥时，病斑扩展迅速，多呈灰绿色或灰褐色水浸状大斑，后期病斑中部长出灰色或灰白色霉状物，即病菌的分生孢子梗和分生孢子。病斑相连形成大型斑，严重时3 ～ 4 d扩至全叶，致叶片早落。受害严重的叶片叶脉边缘可见黑色菌核。

图45-46　葡萄环纹叶枯病为害叶片症状

发生规律　病菌一般以菌核和分生孢子的形式在病组织内越冬，作为翌年病害的初侵染源。在早春气候适宜时形成分生孢子，借雨水传播，侵染幼嫩叶片。葡萄近收获期易感病。

防治方法　葡萄收获后，清除葡萄园内枯枝落叶等病残体，集中销毁。注意修剪，保持通风透光，降低园内湿度。

发病初期，可结合白腐病和炭疽病等病害防治，也可在枝叶上喷施62.25%腈菌唑·代森锰锌可湿性粉剂700 ～ 1 000倍液、50%苯菌灵可湿性粉剂1 000 ～ 1 500倍液+75%百菌清可湿性粉剂800倍液、50% 腐霉利可湿性粉剂2 000 ～ 2 500倍液、50%异菌脲可湿性粉剂1 000 ～ 1 500倍液、50%乙烯菌核利可湿性粉剂1 500倍液等，均匀喷施，间隔10 ～ 15 d喷1次，连喷3 ～ 4次，对病害有较好的防治效果。

13. 葡萄扇叶病

症　　状　由葡萄扇叶病毒（*Grapevine fanleaf virus*，GFLV）引起，该病毒属于线虫传多面体病毒属（*Nepovirus*）。扇叶株系：主要症状为叶片变小。叶基部的裂刻扩展增大，呈平截状。叶片边缘的锯齿伸长，主脉聚缩，全叶呈现不对称等畸形。有些品种的叶片出现褪绿斑驳。新梢和叶柄有时变成扁平的带状，或在一个节上生出两个芽，节间缩短。黄色花叶株系：在新梢叶片上出现鲜明的黄色斑点，逐渐扩散成为黄绿相间的花斑叶。已黄化的叶片，在秋季呈日烧状并发白，叶缘部分常变为褐色。镶脉株系：镶脉症状多出现在夏季初期和中期。发病时，沿叶脉形成淡绿色或黄色带状斑纹，但叶片不变形（图45-47 ～图45-49）。

图45-47　葡萄扇叶病黄色花叶症状

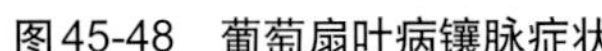
图45-48　葡萄扇叶病镶脉症状

图45-49　葡萄扇叶病扇叶症状

发生规律　病毒存在于葡萄根、幼叶和果皮中，可由几种土壤线虫传播，亦能通过嫁接传毒。介体线虫的成虫和幼虫都可传毒，传毒与得毒时间相同。病毒和线虫间具有专化性。得毒时间相当短，在病株上饲食数分钟便能带毒。线虫的整个幼虫期都可带毒和传毒，但蜕皮后不带毒。葡萄扇叶病毒远距离传播主要由调运带毒苗木导致。其他线虫传多面体病毒能通过各自的虫媒传给葡萄和杂草。

防治方法　培育葡萄无病毒母本树，繁殖和栽培无病毒苗木。实行植物检疫，建立健全植物检疫制度，是防止葡萄扇叶病继续传播的一项重要措施。清除发病株，减少病毒源。定植前施足腐熟有机肥，在生长期合理追肥，细致修剪、摘梢和绑蔓，增强树体抗病力。

土壤消毒：在扇叶病严重发生的地区或葡萄园，土壤中存在传毒线虫，有必要对土壤进行消毒处理。可用溴甲烷3%阿维菌素微乳剂1 ～ 2 kg/亩，施用深度为50 ～ 75 cm，间距为165 cm，施后覆盖塑料薄膜。

及时防治各种害虫，尤其是可能传毒的昆虫，如叶蝉、蚜虫等，可采用10%吡虫啉可湿性粉剂1 000 ～ 1 500倍液、50%抗蚜威可湿性粉剂1 500倍液防治，减少传播机会。

防治线虫，用3%阿维菌素微乳剂100 ～ 400 mg/kg（有效成分），浸根5 ～ 30 min，可杀灭线虫，防止传毒。

14. 葡萄轮斑病

症　　状　由葡萄生扁棒壳（*Acrospermum viticola*，属子囊菌亚门真菌）引起。主要为害叶片，初在叶面上出现红褐色、圆形或不规则形病斑，后扩大为圆形或近圆形，叶面具深浅相间的轮纹（图45-50），湿度大时，叶背面长有浅褐色霉层，即病菌分生孢子梗和分生孢子。

图45-50　葡萄轮斑病为害叶片症状

发生规律　病菌以子囊壳的形式在落叶上越冬。翌年夏天温度上升、湿度增高时散发出子囊孢子，经气流传播到叶片，从叶背气孔侵入，发病后产出分生孢子进行再侵染。高温、高湿是该病发生和流行的重要条件，管理粗放、植株郁闭、通风透光差的葡萄园发病重。

防治方法　认真清洁田园，加强田间管理。

展叶后，6月中旬即发病初期，可用70%甲基硫菌灵可湿性粉剂800倍液、53.8%氢氧化铜悬浮剂1 000 ～ 1 200倍液、50%醚菌酯干悬浮剂3 000倍液、400 g/L氟硅唑乳油10 ～ 13 mL/亩、45%戊唑醇悬浮剂16 ～ 20 mL/亩、250 g/L嘧菌酯悬浮剂60 ～ 90 mL/亩、12.5%腈菌唑可湿性粉剂30 ～ 40 g/亩、10%苯醚甲环唑水分散粒剂3 000 ～ 5 000倍液、25%丙环唑乳油3 000 ～ 5 000倍液、5%己唑醇悬浮剂1 000 ～ 1 200倍液、50%异菌脲可湿性粉剂1 000倍液、50%氯溴异氰脲酸可溶性粉剂1 500倍液等药剂，喷施，间隔10 ～ 15 d喷1次，连喷2 ～ 3次，防效显著。

15. 葡萄枝枯病

症　　状　由葡萄拟茎点霉（*Phomopsis viticola*）引起。主要为害枝条，严重时也可为害穗轴、果实和叶片。当年生枝条染病多见于叶痕处，病部呈暗褐色至黑色，向枝条深处扩展，直达髓部，致病枝枯死（图45-51）。邻近健组织仍可生长，形成不规则形瘤状物，染病枝条节间短缩，叶片变小。果实上的病斑暗褐色或黑褐色，圆形或不规则形（图45-52）。

图45-51　葡萄枝枯病为害枝蔓症状

图45-52　葡萄枝枯病为害果实症状

发生规律　以分生孢子器或菌丝体的形式在病蔓上越冬，翌年5—6月释放分生孢子，借风雨传播，在水滴或雨露条件下，分生孢子经4 ～ 8 h即可萌发，经伤口或由气孔侵入，引起发病。潜育期30 d左右，后经1 ～ 2年才显出症状，因此本病一经发生，常连续2 ～ 3年。多雨或湿度大的地区，植株衰弱、冻害严重的葡萄园发病重。

防治方法　加强葡萄园管理，增施有机肥，疏松或改良土壤，雨后及时排水，注意防冻。及时检查枝蔓，发现病部后，轻者用刀刮除病斑，重者剪掉或锯除，伤口用5波美度石硫合剂或45%晶体石硫合剂30倍液消毒。

可结合防治葡萄其他病害，在发芽前喷1次5波美度石硫合剂。

在5—6月及时喷施1 ：0.7 ：200倍式波尔多液、77%氢氧化铜可湿性微粒粉剂500倍液、50%琥胶肥酸铜可湿性粉剂500倍液、14%络氨铜水剂350倍液等药剂，间隔10 ～ 15 d喷1次，连喷2 ～ 3次。

16. 葡萄果锈病

症　　状　由茶黄螨（*Polyphagotarsonemus latus*）为害造成。葡萄果锈病主要发生在果实上，形成条状或不规则锈斑。锈斑只局限在果皮表面，为表皮细胞木栓化导致，严重时果粒开裂，种子外露（图45-53）。

发生规律　茶黄螨雌成螨在枝蔓缝隙内和土壤中越冬。葡萄上架发芽后逐渐开始活动，落花后转移

图45-53　葡萄果锈病为害果实症状

到幼果上刺吸为害，使果皮产生木栓化愈伤组织，变色形成果锈。

防治方法　在葡萄萌芽前喷1次2 ～ 3波美度石硫合剂，杀灭越冬雌成螨。

在幼果发病初期喷杀螨剂可防治果锈，有效药剂为20%甲氰菊酯水乳剂1 500 ～ 3 000倍液、30%腈吡螨酯悬浮剂2 000 ～ 3 000倍液、50%联苯肼酯悬浮剂2 100 ～ 3 125倍液、34%螺螨酯悬浮剂7 000 ～ 8 500倍液、5%香芹酚水剂500 ～ 600倍液、73%炔螨特乳油2 000 ～ 3 000倍液、1.8%阿维菌素乳油4 000 ～ 6 000倍液。

17. 葡萄煤污病

症　　状　由仁果细盾霉（*Leptothyrium pomi*，属无性型真菌）引起。煤污病虽然不会引起果粒的腐烂，但果粒长大开始变软时，果面出现小黑点，散生呈蝇粪状（图45-54）。病果粒不腐败，但绿色果面有明显黑点，果粉消失，有损外观（图45-55）。新梢也长出小黑点。

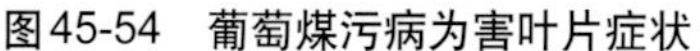
图45-54　葡萄煤污病为害叶片症状

图45-55　葡萄煤污病为害果实症状

发生规律　病原受害果粒、枝梢上的小黑点，是菌核似的菌丝体组织，但枝上菌丝体组织所形成的分生孢子是初侵染源。果粉为薄片结晶状物，菌丝分泌分解酶将果粉分解，菌丝体随即覆盖果面。随着果粉消失范围逐渐扩大，菌丝相继蔓延。气候不良，降雨天数多，葡萄园湿重时病害发生多。

防治方法 因地制宜采用抗病品种。秋后，彻底清扫果园，烧毁或深埋落叶，减少越冬病源。生长期注意排水，适当增施有机肥，增强树势，提高植株抗病力，于生长中、后期摘除下部黄叶、病叶，以利通风透光，降低湿度。

发病初期，喷施50%醚菌酯干悬浮剂3 000倍液、400 g/L氟硅唑乳油10 ~ 13 mL/亩、45%戊唑醇悬浮剂16 ~ 20 mL/亩、250 g/L嘧菌酯悬浮剂60 ~ 90 mL/亩、50%氯溴异氰尿酸可溶性粉剂1 000 ~ 1 500倍液、30%碱式硫酸铜悬浮剂400 ~ 500倍液、70%代森锰锌可湿性粉剂500 ~ 600倍液、75%百菌清可湿性粉剂600 ~ 700倍液、36%甲基硫菌灵悬浮剂800 ~ 1 000倍液、50%多菌灵可湿性粉剂700 ~ 1 000倍液，每隔10 ~ 15 d喷1次，连续防治3 ~ 4次。

18. 葡萄苦腐病

症　　状 由煤色黑盘孢菌（*Melanconium fuligineum*，属无性型真菌）引起。主要为害果实，严重时也可为害枝干。果实受害，从果梗侵袭果粒，浅色果粒发病后变为褐色，常出现环纹排列的分生孢子盘，尤其在整个果粒发病以前，这种现象更为明显。深色果粒则表面粗糙，有小泡，这是分生孢子盘刚生长的状态，2 ~ 3 d内，果粒软化，易脱落。有时果粒有苦味，苦腐病由此而得名。不脱落的果粒继续变干，牢固地固着在穗上，苦味也不明显。发病重时，整个果穗皱缩、干枯（图45-56）。为害当年生枝蔓，发病初期，使其基部第1、第2节的表皮颜色逐渐变为浅褐色，叶柄基部也逐渐变为灰褐色，后失水皱缩，逐渐下垂，萎蔫干枯，不脱落。新梢受害，基部逐渐变为灰白色，病部后期长出黑色小粒点，此为病菌的分生孢子盘。随后病斑逐渐蔓延到穗柄、果穗。

图45-56　葡萄苦腐病为害果粒症状

发生规律 病原主要以分生孢子盘及菌丝体的形式在病枝蔓、病果、病叶等残体上越冬，春末条件适宜时，分生孢子通过雨滴溅散或昆虫传播进行初侵染。初侵染发病后，寄主发病部位又形成新的分生孢子盘和分生孢子，可进行多次再侵染。在生长季有2次发病高峰，第1个高峰在6月底至7月初，主要为害1年生枝和叶片，多数在新梢基部开始木栓化时发病；第2个发病高峰主要为害果实，多数发生在葡萄着色以后，发病较快，可使产量受到很大损失。

防治方法 在秋、冬季结合其他病害的防治，彻底做好清园工作，剪除病枝梢，清除病落果、落叶，集中焚毁。在生长季发现病枝、病叶、病果，及时剪除处理。

药剂防治：清园后喷3波美度石硫合剂。

生长季，结合防治其他病害，喷施50%醚菌酯干悬浮剂3 000倍液、400 g/L氟硅唑乳油10 ~ 13 mL/亩、250 g/L嘧菌酯悬浮剂60 ~ 90 mL/亩、50%多菌灵可湿性粉剂500 ~ 600倍液、1 ∶ 0.7 ∶ 200倍式波尔多液，均可有效地控制此病的发展蔓延。

19. 葡萄日灼症

症 状 主要发生在果穗上。果粒发生日灼时，果面出现淡褐色近圆形斑，边缘不明显，果实表面先皱缩后逐渐凹陷，受害严重的果实变为干果，失去商品价值（图45-57）。卷须、新稍尚未木质化的顶端幼嫩部位遭受日灼伤害，致梢尖或嫩叶萎蔫，变为褐色（图45-58）。

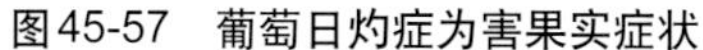

图45-57 葡萄日灼症为害果实症状

图45-58 葡萄日灼症为害叶片症状

病 因 葡萄日灼病多发生在6月中旬至7月上旬，果穗着色成熟期裸露于阳光下的果穗上，由树体缺水，供应果实的水分不足引起，与土壤湿度、施肥、光照及品种有关。当根系吸水不足，叶蒸发量大，渗透压升高，叶内含水量低于果实时，果实里的水分容易被叶片夺走，致果实水分失衡发生日灼。当根系发生沤根或烧根时，也会出现这种情况。生产上，大粒品种易发生日灼。有时荫蔽处的果穗，因修剪、打顶、绑蔓等移动位置，或气温突然升高植株不能适应时，新梢或果实也可能发生日灼。

防治方法 对易发生日灼病的品种，夏季修剪时，在果穗附近多留些叶片或副梢，使果穗荫蔽。合理施肥，控制氮肥施用量，避免植株徒长，加重日灼病的发生。雨后注意排水，及时松土。疏果后套袋，采收前20 d摘袋。

20. 葡萄缺镁症

症 状 主要从植株基部老叶开始发生，初叶脉间褪绿，后叶脉间发展成黄化斑点，多由叶片内部向叶缘扩展，引起叶片黄化，叶肉组织坏死，仅叶脉保持绿色，界线明显（图45-59）。生长初期症状不明显，进入果实膨大期后逐渐加重，坐果量多的植株果实还未成熟便出现大量黄叶，黄叶一般不早落。缺镁对果粒大小和产量影响不大，但果实着色差、成熟推迟、糖分低、品质降低。

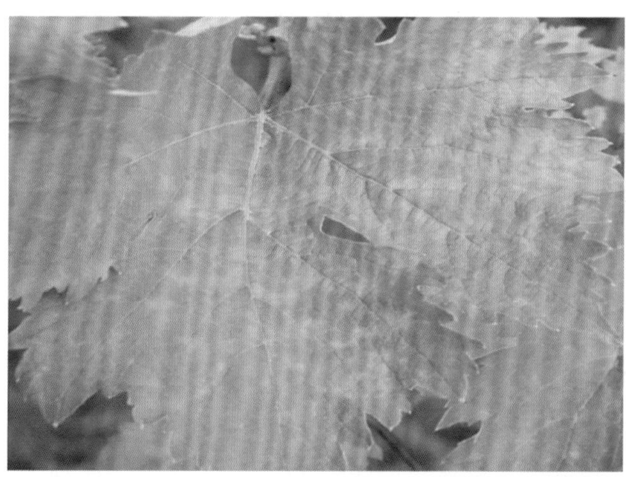

图45-59 葡萄缺镁症为害叶片症状

病　　因 主要是由于土壤中置换性镁不足，多因有机肥不足或质量差造成。此外，在酸性土壤中镁较易流失，施钾过多也会影响镁的吸收，造成缺镁。

防治方法 增施优质有机肥。

在葡萄开始出现缺镁症时，叶面喷3%～4%硫酸镁，隔20～30 d喷1次，共喷3～4次，可减轻病症。缺镁严重的土壤，应考虑和有机肥混施硫酸镁100 kg/亩。

二、葡萄虫害

迄今为止，我国已报道的害虫有80多种，其中，二星叶蝉、葡萄瘿螨等是葡萄生产上的主要虫害。

1. 二星叶蝉

分　　布 二星叶蝉（*Erythroneura apicalis*）分布于辽宁、河北、河南、山东、山西、陕西、安徽、江苏、浙江、湖北、湖南等省份。

为害特点 主要以成虫和若虫在叶背面吸食为害。叶片被害初期呈点状失绿，叶面出现小白点，随着为害加重，各点相连成白斑，直至全叶苍白，影响光合作用和枝条发育，早期落叶。

形态特征 成虫全体淡黄白色，复眼黑色，散生淡褐色斑纹（图45-60）。头前伸呈钝三角形，其上有2个黑色圆斑。前翅半透明，淡黄白色，翅面有不规则形状的淡褐色斑纹。卵长椭圆形，稍弯曲，初为乳白色，渐变为橙黄色。若虫有黑色翅芽，初孵化时为白色（图45-61），逐渐变为红褐色或黄白色。

图45-60　二星叶蝉成虫

图45-61　二星叶蝉若虫

发生规律 在河北北部1年发生2代，山东、山西、河南、陕西3代。成虫在果园杂草丛、落叶下、土缝、石缝等处越冬。翌年3月末、4月初葡萄未发芽时，成虫开始活动。5月初葡萄展叶后才转移其上为害并产卵，5月中旬第1代若虫出现，多是黄白色，6月中旬孵化的幼虫多为红褐色，第1代成虫在6月上、中旬出现。7月上、中旬第2代卵开始孵化成若虫。第2代成虫以8月上、中旬发生最多，此代也为害较盛。第2代成虫以9—10月最盛。

防治方法 秋后，彻底清除葡萄园内落叶和杂草，集中烧毁或深埋，消灭其越冬场所。生长期，使葡萄枝叶分布均匀，及时摘心、绑蔓、去副梢，使葡萄园通风透光，减轻为害。葡萄开花以前，第1代若虫发生盛期是防治二星叶蝉的关键时期。

葡萄开花以前，第1代若虫发生期比较整齐，可用药剂有50%辛硫磷乳油1 000倍液、50%马拉硫磷乳油800～1 500倍液、40%毒死蜱乳油75～100 mL/亩、1.8%阿维菌素乳油2 000～4 000倍液，均匀喷雾，间隔5～7 d喷1次，连喷2～3次，防治效果较好。

发生量较大时，可喷施50%噻虫胺水分散粒剂12～16 g/亩、10%吡虫啉可湿性粉剂2 000倍液、3%

啶虫脒乳油2 000倍液、10%氯氰菊酯乳油1 000 ～ 1 500倍液、2.5%溴氰菊酯乳油1 000 ～ 1 500倍液等。

2. 葡萄瘿螨

分　布　葡萄瘿螨（*Eriophyes vitis*）在我国大部分葡萄产区均有分布，在辽宁、河北、山东、山西、陕西等地为害严重。

为害特点　成、若螨在叶背刺吸汁液，初期被害处呈现不规则形的失绿斑块。斑块表面隆起，叶背面产生灰白色茸毛（图45-62），后期斑块逐渐变成锈褐色，称毛毡病，被害叶皱缩变硬、枯焦。严重时也能为害嫩梢、嫩果、卷须和花梗等，使枝蔓生长衰弱。

图45-62　葡萄瘿螨为害叶片症状

形态特征　雌成螨体似胡萝卜，前期乳白色、半透明（图45-63）。雄成螨体形略小。背盾板似三角形，背盾板上有数条纵纹，背瘤位于盾板后缘的略前方，有纵轴，背毛向前斜伸。幼螨共2龄，淡黄色，与成螨无明显区别。卵椭圆形，淡黄色。无蛹期。

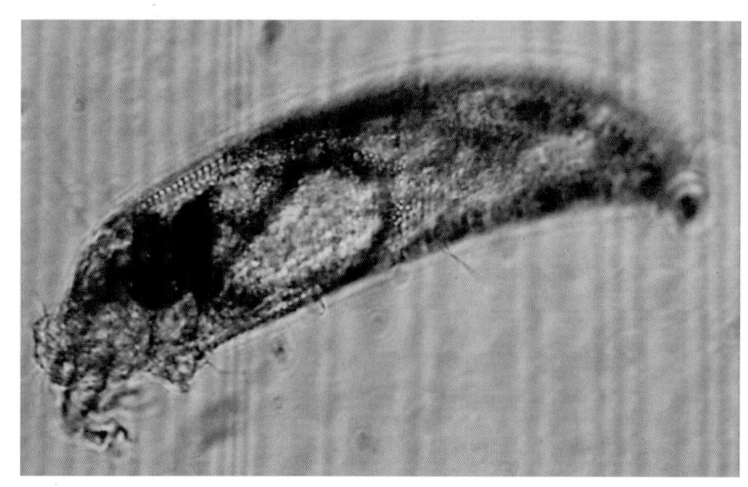

图45-63　葡萄瘿螨雌成螨

发生规律　1年发生多代，成螨群集在芽鳞片内绒毛处，或枝蔓的皮孔内越冬。翌年春季，随着芽的萌动，从芽内爬出，随即钻入叶背茸毛间吸食汁液，并不断扩大繁殖为害。全年以6—7月为害最重，秋后成螨陆续潜入芽内越冬。

防治方法　冬、春季彻底清扫果园，收集被害叶片，深埋。在葡萄生长初期，发现有被害叶片时，也应立即摘掉烧毁，以免继续蔓延。早春葡萄芽萌动时、葡萄生长期（发生初期）是防治葡萄瘿螨的关键时期。

早春葡萄芽萌动时，喷3 ～ 5波美度石硫合剂，或50%硫悬浮剂、45%晶体石硫合剂30倍液，以杀死潜伏在芽内的葡萄瘿螨。

葡萄生长季节，发现有葡萄瘿螨为害时，可喷施1.8%阿维菌素乳油2 000 ～ 4 000倍液、45%溴螨酯乳油2 000 ～ 2 500倍液、50%四螨嗪悬浮剂2 000倍液、5%唑螨酯悬浮剂2 000 ～ 3 000倍液、1.8%阿维菌素乳油2 000 ～ 3 000倍液、10%浏阳霉素乳油3 000 ～ 4 000倍液、0.3%印楝素乳油1 000 ～ 1 500倍液、1%血根碱可湿性粉剂2 500 ～ 3 000倍液加6 501黏着剂3 000倍液，全株喷洒，使叶片正、反面均匀着药。

在发生严重的园区，可喷施15%哒螨灵乳油1 000 ～ 2 000倍液、73%炔螨特乳油2 500 ～ 3 000倍液、

5%噻螨酮乳油1 500 ~ 2 000倍液、50%苯丁锡可湿性粉剂1 000 ~ 1 500倍液、25%三唑锡可湿性粉剂1 500 ~ 2 000倍液、30%三磷锡乳油2 500 ~ 3 000倍液、50%溴螨酯乳油1 000 ~ 2 000倍液、30%嘧螨酯悬浮剂2 000 ~ 4 000倍液、10%苯螨特乳油1 000 ~ 2 000倍液、15%杀螨特可湿性粉剂1 000 ~ 2 000倍液等。

3. 斑衣蜡蝉

为害特点　斑衣蜡蝉（*Lycorma delicatula*）若虫、成虫刺吸枝蔓、叶片的汁液。叶片被害后，形成淡黄色斑点，严重时造成叶片穿孔、破裂（图45-64）。为害枝蔓，使枝条变黑（图45-65）。

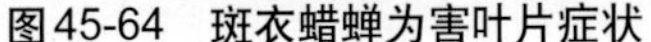

图45-64　斑衣蜡蝉为害叶片症状

图45-65　斑衣蜡蝉为害新梢、枝蔓症状

形态特征　成虫体暗褐色，被有白色蜡粉（图45-66）。头顶向上翘起，呈突角形，前翅革质，基半部灰褐色，上部有黑斑20多个，后翅基部鲜红色。卵长圆形，褐色，卵块上覆1层土灰色粉状分泌物。若虫与成虫相似，初孵化时白色，1 ~ 3龄体变为黑色，体上有许多小白斑（图45-67）。

图45-66　斑衣蜡蝉成虫

图45-67　斑衣蜡蝉若虫

发生规律　每年发生1代，卵在枝蔓、架材和树干、枝杈等部位越冬。翌年4月上旬以后陆续孵化为幼虫，蜕皮后为若虫。6月下旬出现成虫，8月成虫交尾产卵。成虫以跳助飞，多在夜间交尾、活动为害。从4月中、下旬至10月，为若虫和成虫为害期。8—9月为害最重。

防治方法　结合枝蔓的修剪和管理，将枝蔓和架材上的卵块清除或碾碎，消灭越冬卵，减少翌年虫口密度。幼虫发生盛期是防治斑衣蜡蝉关键时期。

在幼虫大量发生期，喷施10%氯氰菊酯乳油1 000 ~ 1 500倍液、2.5%溴氰菊酯乳油1 000 ~ 1 500倍液、50%辛硫磷乳油800 ~ 1 500倍液、50%马拉硫磷乳油800 ~ 1 500倍液、50%毒死蜱乳油800 ~ 1 500倍液等，狠抓幼虫期防治，效果良好。

在成虫、若虫混合发生期，可用70%噻虫嗪水分散粒剂1 000 ~ 2 000倍液、10%吡虫啉可湿性粉剂1 000 ~ 2 000倍液、1.8%阿维菌素乳油2 000 ~ 3 000倍液、3%啶虫脒乳油1 000 ~ 1 500倍液等。由于虫体特别，若虫被有蜡粉，所用药液中如能混用含油量0.3% ~ 0.4%的柴油乳油剂或黏土柴油乳剂，可显著提高防效。

4. 东方盔蚧

为害特点　东方盔蚧（*Parthenolecanium orientalis*）若虫和成虫为害枝叶和果实。常排泄出无色黏液，落在枝叶和果穗上，严重发生时，致使枝条枯死（图45-68、图45-69）。

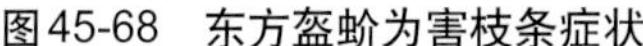

图45-68　东方盔蚧为害枝条症状

图45-69　东方盔蚧为害果实症状

形态特征　雌成虫黄褐色或红褐色，扁椭圆形，体背边缘有横列的皱褶，排列规则，似龟甲状（图45-70）。雄成虫体红褐色，头部红黑色，触角丝状，前翅土黄色。卵长椭圆形，淡黄白色，近孵化时呈粉红色，卵上微覆蜡质白粉。若虫扁平，黄色或黄褐色，背面稍隆起椭圆形，若虫越冬前变为棕褐色，越冬后体背隆起，蜡线消失，分泌大量白色蜡粉。

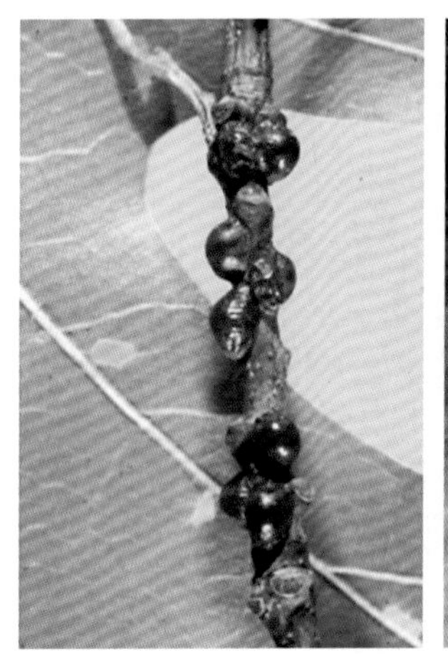

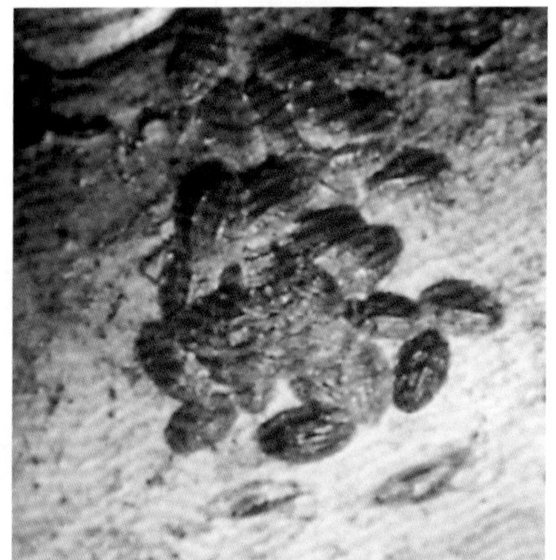

图45-70　东方盔蚧雌成虫

发生规律　在山东、河南每年发生2代，2龄若虫在枝干裂缝、老皮下及叶痕处越冬。在葡萄萌芽期开始活动，4月虫体膨大，在5月上旬产卵于介壳下，5月中、下旬葡萄始花期孵化为若虫，5月下旬至6月初为孵化盛期。于6月中、下旬脱皮，2龄时转移到光滑枝蔓、叶柄、穗轴、果粒上固定，继续为害。7月上、中旬第1代成虫产卵，7月下旬卵孵化，仍先在叶上为害，9月中旬以后转到枝蔓越冬。

防治方法　果园附近的防风林不要栽植刺槐等寄主林木。冬季清园，将枝干翘皮刮掉。春季葡萄发芽前剥掉裂皮，喷药可减少越冬若虫。第1代若虫出壳盛期是防治的关键时期。

春季葡萄发芽前剥掉裂皮，使虫体暴露出来，然后喷布晶体石硫合剂30倍液，杀灭越冬若虫。

5月下旬至6月上旬为第1代若虫出壳盛期，7月上、中旬成虫产卵期，各喷施1次。可用10%吡虫啉可湿性粉剂2 000 ～ 3 000倍液、25%辛·甲·高氯乳油1 500 ～ 2 000倍液、95%机油乳剂100 ～ 300倍液、1.8%阿维菌素乳油2 000 ～ 3 000倍液、48%毒死蜱乳油1 000 ～ 1 500倍液、45%马拉硫磷乳油1 500 ～ 2 000倍液、40%杀扑磷乳油800 ～ 1 000倍液、2.5%氯氟氰菊酯乳油1 000 ～ 2 000倍液、25%噻嗪酮可湿性粉剂1 000 ～ 1 500倍液、45%松脂酸钠可溶性粉剂80 ～ 120倍液等。

5. 葡萄透翅蛾

为害特点 葡萄透翅蛾（*Paranthrene regalis*）幼虫蛀食嫩梢和一、二年生枝蔓，致使嫩梢枯死或枝蔓受害部肿大呈瘤状，在枝蔓内部形成较长的孔道，妨碍植株营养的输送，使叶片枯黄脱落。

形态特征 成虫全体黑褐色，头的前部及颈部黄色（图45-71）。触角紫黑色，前翅赤褐色，前缘及翅脉黑色。后翅透明。雄蛾腹部末端左、右各有长毛丛1束。卵椭圆形，略扁平，紫褐色。幼虫共5龄。全体略呈圆筒形（图45-72）。老熟时带紫红色，前胸背板有倒“八”字形纹，前方色淡。蛹红褐色，圆筒形。

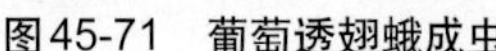

图45-71 葡萄透翅蛾成虫

图45-72 葡萄透翅蛾幼虫

发生规律 1年发生1代，老熟幼虫在葡萄枝蔓内越冬。翌年4月底至5月初，越冬幼虫开始化蛹。5—6月成虫羽化。在7月上旬之前，幼虫在当年生的枝蔓内为害；7月中旬至9月下旬，幼虫多在二年生以上的老蔓中为害。10月以后幼虫进入老熟阶段，继续向植株老蔓和主干集中，在其中短距离地往返蛀食髓部及木质部内层。使孔道加宽，并刺激为害处膨大成瘤，形成越冬室，之后老熟幼虫便可进入越冬阶段。

防治方法 结合冬剪，剪除有虫枝蔓，集中烧毁，以消灭越冬幼虫。及时清除葡萄园周围的五敛莓等杂草。生长季节，发现被害新梢要及时剪除。葡萄盛花期，即成虫羽化盛期是防治葡萄透翅蛾的关键时期。

葡萄盛花期为成虫羽化盛期，但花期不宜用药，应在花后3 ~ 4 d，喷施2.5%溴氰菊酯乳油3 000倍液、50%辛硫磷乳油1 000 ~ 1 500倍液、2.5%氯氟氰菊酯乳油1 000倍液、25%灭幼脲悬浮剂2 000倍液、20%除虫脲悬浮剂3 000倍液、50%马拉硫磷乳油1 000倍液、10%氯氰菊酯乳油2 000 ~ 3 000倍液。

受害蔓较粗时，可用铁丝从蛀孔插入虫道，将幼虫刺死；也可塞入浸有50%敌敌畏乳油100 ~ 200倍液的棉球，然后用泥封口。

6. 葡萄天蛾

为害特点 葡萄天蛾（*Ampelophaga rubiginosa*）幼虫取食叶片，常将叶片食成缺刻，甚至将叶片吃光，仅留叶柄，削弱树势、影响产量和品质。

形态特征 成虫体肥大呈纺锤形，翅茶褐色，背面色暗，腹面色淡，近土黄色（图45-73）。体背中央自前胸到腹端有1条灰白色纵线。触角短栉齿状，前翅各横线均为暗茶褐色，前缘近顶角处有一暗色三角形斑。后翅周缘棕褐色，中间大部分为黑褐色，缘毛色稍红。卵球形，表面光滑，淡绿色，孵化前淡黄绿色。幼虫体绿色，背面色较淡（图45-74），体表布有横条纹和黄色颗粒状小点。蛹长纺锤形，初为绿色，逐渐背面呈棕褐色，腹面暗绿色。

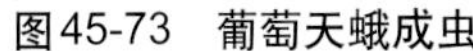

图45-73　葡萄天蛾成虫

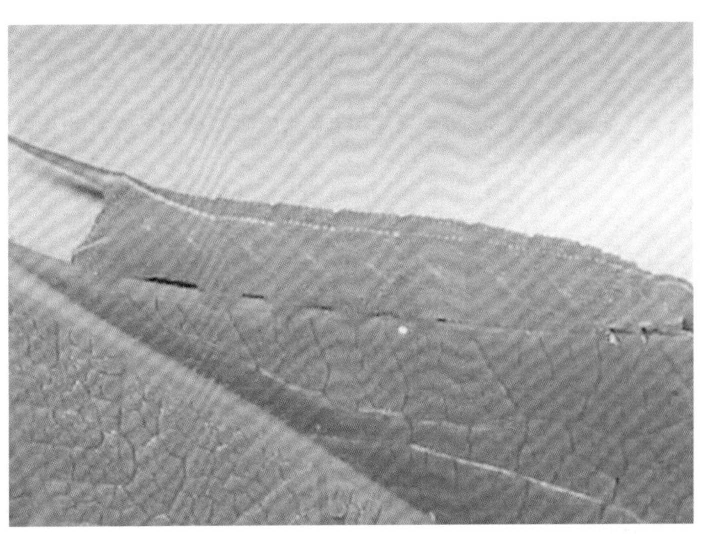

图45-74　葡萄天蛾幼虫

发生规律　北方每年发生1～2代，南方每年发生2～3代，各地均以蛹的形式在土内越冬。1代区6—7月出现成虫，3代区4—5月发生第1代，6—7月发生第2代，8—9月发生第3代。6月中旬田间始见幼虫，多栖息于叶背主脉或叶柄上，于7月下旬陆续老熟入土化蛹，8月上旬开始羽化，8月中旬发生第2代幼虫，9月下旬幼虫老熟入土化蛹越冬。

防治方法　捕捉幼虫，因此虫入侵的树下有大量虫粪，很易发现。冬、春季北方结合防寒和解除防寒翻土时将蛹拣出杀死，南方可在翻树下土时挖蛹，消灭部分越冬蛹。幼龄幼虫期是防治葡萄天蛾的关键时期。

在幼龄幼虫期，虫口密度大时，可喷施1.8%阿维菌素乳油2 000 ～ 3 000倍液、80%敌敌畏乳油1 500倍液、50%辛硫磷乳油1 000倍液、10%氯氰菊酯乳油2 000倍液、25%灭幼脲胶悬剂1 000 ～ 1 500倍液、2.5%溴氰菊酯乳油1 500 ～ 3 000倍液等。

7. 葡萄十星叶甲

分　　布　葡萄十星叶甲（*Oides decempunctata*）在我国各葡萄产区均有分布。

为害特点　成虫和幼虫为害叶片、芽，将叶片咬出孔洞，严重时将叶肉全部吃光，仅留下1层薄的绒毛及叶脉、叶柄，芽被啃食后不能发育。

形态特征　成虫土黄色，椭圆形。前胸背板有多小刻点。两鞘翅上共有黑色圆形斑点10个（图45-75）。卵椭圆形，初为黄绿色，后渐变为暗褐色。幼虫体扁而肥，近长椭圆形，黄褐色。蛹裸蛹，金黄色。

图45-75　葡萄十星叶甲成虫

发生规律　1年发生1～2代。卵在根系附近土中和落地下越冬；1代区在5月下旬开始孵化，6月上旬为盛期，6月底陆续老熟入土，7月上、中旬开始羽化，8月上旬至9月中旬为产卵期，直到9月下旬陆续死亡。2代区越冬卵4月中旬孵化，5月下旬化蛹，6月中旬羽化，8月上旬产卵；8月中旬至9月中旬2代卵孵化，9月上旬至10月中旬化蛹，9月下旬至10月下旬羽化，并产卵越冬。

防治方法　冬、春季结合清园，清除果园的枯枝、落叶集中烧毁。

喷药时间应在幼虫孵化盛末期、幼

虫尚未分散前进行。药剂有80%敌敌畏乳油1 500倍液、50%辛硫磷乳油1 500倍液、10%氯氰菊酯乳油、2.5%溴氰菊酯乳油。

8. 葡萄根瘤蚜

为害特点 葡萄根瘤蚜（*Phylloxera vitifolii*）主要为害根部和叶片。根部受害，须根端部膨大，出现小米粒大小，呈菱形的瘤状结，在主根上形成较大的瘤状突起（图45-76）。叶上受害，在叶背形成许多粒状虫瘿（图45-77）。

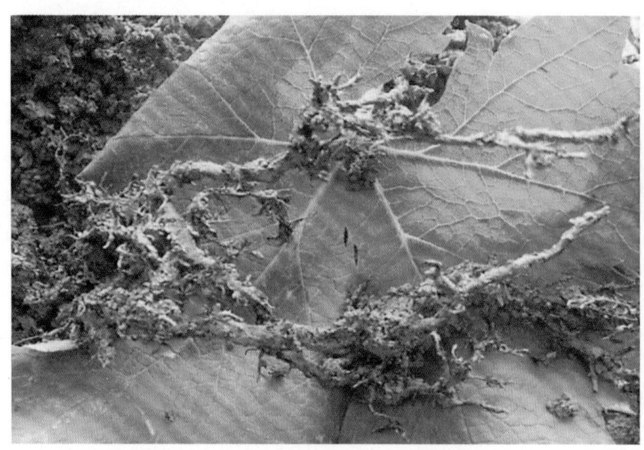
图45-76 葡萄根瘤蚜为害根部症状

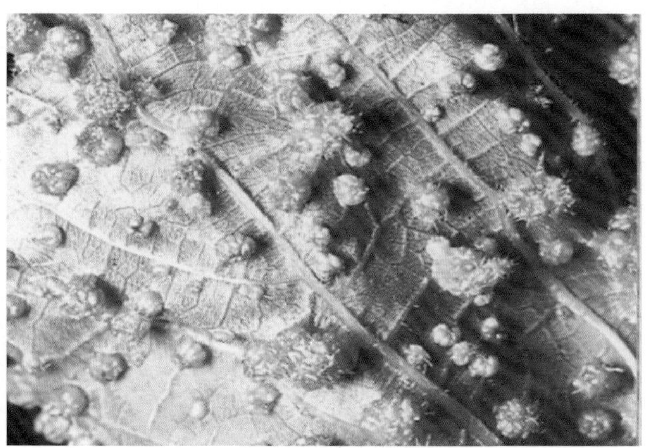
图45-77 葡萄根瘤蚜为害叶片症状

形态特征 不同生活习性及环境条件，使葡萄根瘤蚜的形态发生很大的变化，可分为根瘤型（图45-78）、叶瘿型、有翅型和有性型。

发生规律 每年发生8代，初龄若虫在表土和粗根缝处越冬。于翌年4月开始活动，5月上旬产生第1代卵，在5月中旬至6月底和9月两个时期发生最重。有翅若虫于7月上旬始见，9月下旬至10月为盛期，延至11月上旬，有翅型极少钻出地面。

防治方法 检疫苗木时要特别注意根系所带泥土中有无卵、若虫和成虫，一旦发现，立即用药剂处理。

土壤处理：发现有葡萄根瘤蚜的葡萄园，可用50%辛硫磷乳油0.5 kg，加细土50 kg进行处理。

已发生葡萄根瘤蚜的葡萄园，在5月上、中旬，可用70%噻虫嗪水分散粒剂1 000～2 000倍液、25%抗蚜威可湿性粉剂2 000～3 000倍液灌根，每株灌药液15 kg；或大水灌溉，阻止葡萄根瘤蚜的繁殖。

图45-78 葡萄根瘤蚜根瘤型

9. 康氏粉蚧

分　　布 康氏粉蚧（*Pseudococcus comstocki*）分布在全国各地。

为害特点 若虫和雌成虫刺吸芽、叶、果实、枝干及根部的汁液，嫩枝和根部受害常肿胀且易纵裂枯死（图45-79）。

形态特征 雌成虫扁平，椭圆形，体粉红色（图45-80），表面被有白色蜡质物，体缘具有17对白色蜡丝。雄成虫体紫褐色，1对透明翅，后翅退化成平衡棒。卵椭圆形，浅橙黄色。若虫初孵化时扁平，椭圆形，浅黄色。蛹仅雄虫有蛹期，浅紫色。

图45-79 康氏粉蚧为害葡萄症状

茧长椭圆形，白色棉絮状。

图45-80　康氏粉蚧雌成虫

发生规律　1年发生3代，卵在树体裂缝、翘皮下及树干基部附近土缝处越冬。萌芽时越冬若虫开始活动，第1代若虫盛发期为5月中、下旬，6月上旬至7月上旬陆续羽化，第2代若虫于6月下旬至7月下旬孵化，盛期在7月上、中旬，8月上旬至9月上旬羽化为成虫，交配产卵。第3代若虫8月下旬开始孵化，8月下旬至9月上旬进入盛期，9月下旬开始羽化，交配产卵越冬。

防治方法　在冬季刮除枝蔓上的裂皮，用硬毛刷子清除越冬卵囊，集中烧毁。

早春，喷施5%轻柴油乳剂、3～5波美度石硫合剂，杀灭虫卵。芽萌动时全树喷布40%杀扑磷乳油1 000倍液，用来消灭越冬孵化的若虫。

在若虫孵化盛期进行药剂防治，第1代若虫发生期即果实套袋前是药剂防治的关键期，常用药剂有2.5%氯氟氰菊酯乳油1 500倍液、70%噻虫嗪水分散粒剂1 000～2 000倍液、3%啶虫脒乳油1 500倍液等，为提高杀虫效果，可在药液中混入0.1%～0.2%的洗衣粉。

10. 葡萄沟顶叶甲

分　　布　葡萄沟顶叶甲（*Scelod ontaolewisii*）主要分布于亚洲东南部，在我国各地均有分布。

为害特点　成虫啃食葡萄地上部分，叶片被咬出许多长条形孔洞，重者全叶呈筛孔状，干枯；取食花梗、穗轴和幼果，造成伤痕，引起大量落花、落果，使产量和品质降低，葡萄在整个生长期均可遭害；幼虫生活于土中，取食须根和腐殖质。

图45-81　葡萄沟顶叶甲成虫

形态特征　成虫体长椭圆形，宝蓝色或紫铜色，具强金属光泽，足跗节和触角端节黑色（图45-81）。头顶中央有1条纵沟，唇基与额之间有1条浅横沟，复眼内侧上方有1条斜深沟。鞘翅基部刻点大，端部刻点细小，中部之前刻点超过11行。后足腿节粗壮。卵长棒形稍弯曲，半透明，淡乳黄色。幼虫老熟时头淡棕色，胴部淡黄色，柔软肥胖多皱，有胸足3对。蛹为裸蛹，初黄白色，近羽化前蓝黑色。

发生规律　每年发生1代，成虫在葡萄根际土壤中越冬。翌春4月上旬葡萄发芽期成虫出蛰为害，4月中旬葡萄展叶期为出蛰高峰。5月上旬成虫开始交尾，于5月中、下旬产卵。5月下旬至6月上旬卵孵化为幼虫，在土壤中生活，于6月下旬筑土室化蛹，越冬代成虫陆续死亡。6月底至7月初当年成虫开始羽化，取食为害至秋末落叶时入土越冬。5月上旬和8月下旬为两个成虫高峰期。

防治方法　利用成虫假死性，振落收集杀死。6—7月，刮除老翘皮，清除虫卵。于冬季深翻树盘土壤20 cm以上；开沟灌水或稀尿水，阻止成虫出土和使其窒息死亡。

春季越冬成虫出土前，在树盘土壤施50%辛硫磷乳油500倍液或制成毒土，施后浅锄。虫量多时，在7—8月还可增施1次，杀灭土中成、幼虫。

在春季葡萄萌芽期和5、6月幼果期杀灭成虫，可选用2.5%溴氰菊酯乳油2 000～3 000倍液、50%辛硫磷乳油1 000～1 500倍液、48%毒死蜱乳油1 000～1 500倍液、52.25%毒死蜱·氯氰菊酯乳油

1 500 ～ 2 000倍液等，均有良好效果。

三、葡萄各生育期病虫害防治技术

（一）葡萄病虫害综合防治历的制订

在葡萄栽培中，有许多病虫为害严重。在多种病害中，以霜霉病、白腐病、黑痘病、炭疽病为害重，部分地区灰霉病、褐斑病、蔓割病、房枯病等也常造成很大为害。虫害以葡萄瘿螨发生较为严重和普遍，其他如短须螨、二星叶蝉等也时有发生。

在葡萄收获后，要认真地总结病虫害发生和为害情况，分析病虫害发生特点，拟订翌年的病虫害防治计划，及早防治。

结合河南大部分葡萄产地病、虫发生情况，概括地列出葡萄树病虫综合防治历（表45-1）。

表45-1 葡萄各生育期病虫害综合防治历

物候期	日期	防治对象
休眠期	11月至翌年3月下旬	各种越冬病虫害
萌芽前期	3月下旬至4月上旬	黑痘病、蔓枯病、褐斑病、白粉病、害螨
展叶及新梢生长期	4月中、下旬至5月上旬	白粉病、黑痘病、介壳虫、二星叶蝉、瘿螨、褐斑病、白腐病、霜霉病、灰霉病、透翅蛾
开花期	5月中、下旬	黑痘病、灰霉病、白粉病、炭疽病、
落花后期	5月下旬至6月上旬	褐斑病、蔓割病、毛毡病、害螨、斑衣蜡蝉
幼果期	6月中、下旬至7月上旬	白粉病、霜霉病、黑痘病、房枯病、白腐病、蔓枯病、褐斑病、斑衣蜡蝉、害螨、透翅蛾
成熟期	7月中旬至8月中旬	白腐病、炭疽病、房枯病、灰霉病、霜霉病、黑痘病、二星叶蝉、葡萄天蛾
营养恢复期	8月中、下旬至10月	霜霉病、褐斑病、毛毡病、蔓割病、炭疽病、二星叶蝉、葡萄天蛾

（二）休眠期病虫害防治技术

华北地区葡萄树从10月下旬至翌年3月处于休眠期（图45-82），树体停止生长，多数病菌也停止活动，开始在病残枝、叶、蔓上越冬。这一时期应结合修剪，清扫枯枝、落叶、病蔓，将其集中烧毁或深埋，减少越冬病源。同时深翻土壤，并充分暴晒。

图45-82 葡萄休眠期

（三）萌芽前期病虫害防治技术

3月下旬至4月上旬（图4-83），气温开始回升变暖，病菌、害虫开始活动，这一时期葡萄尚未发芽，可以喷施1次广谱性保护剂，一般效果较好，能够铲除越冬病原菌、害虫。可喷洒2 ～ 3波美度石硫合剂、45%石硫合剂200 ～ 300倍液、50%福美双可湿性粉剂200倍液等，全面喷洒枝、蔓及基部周围的土表。

（四）展叶及新梢生长期病虫害防治技术

图45-83　葡萄萌芽前期

4月中、下旬至5月上旬，葡萄开始萌芽展叶（图45-84），新梢开始迅速生长（图45-85）。这一时期许多病菌开始产生孢子，侵染、为害新梢，如黑痘病、白粉病、灰霉病等，注意使用保护剂，必要时喷洒治疗。

这一阶段，一般应喷洒1～3次保护剂，可用1∶0.7∶（160～240）倍波尔多液、30%胶悬铜悬浮剂、30%碱式硫酸铜悬浮剂400～600倍液喷雾。对于巨峰葡萄或往年灰霉病发病较重的葡萄树，除用上述保护剂外，还应在5月上旬临近葡萄开花前喷洒1次50%福美双可湿性粉剂500～800倍液、70%代森锰锌可湿性粉剂800～1 000倍液、70%甲基硫菌灵可湿性粉剂1 000～2 000倍液、75%百菌清可湿性粉剂1 000倍液等。

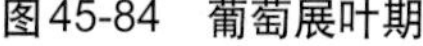

图45-84　葡萄展叶期

图45-85　葡萄新梢生长期

这一时期需要防治的害虫有介壳虫、二星叶蝉、瘿螨等。防治二星叶蝉、介壳虫，可喷施50%噻虫胺水分散粒剂12～16 g/亩、48%毒死蜱乳油1 000～1 500倍液、70%噻虫嗪水分散粒剂1 000～2 000倍液、10%吡虫啉可湿性粉剂2 000倍液、3%啶虫脒乳油2 000倍液、10%氯氰菊酯乳油1 000～1 500倍液、2.5%溴氰菊酯乳油1 000～1 500倍液等。瘿螨发生量大时，可喷施15%哒螨灵乳油3 000～4 000倍液、73%炔螨特乳油2 500～3 000倍液、5%噻螨酮乳油1 500～2 000倍液等。

（五）落花后期病虫害防治技术

5月下旬至6月上旬，葡萄花期相继结束，幼果开始形成（图45-86）。天气一般白天温暖、晚上凉湿，葡萄灰霉病进入第一个为害盛期，葡萄白粉病、葡萄黑痘病开始为害，有时发生严重。其他病害，如炭疽病、褐斑病进入侵染盛期。防治上应针对病情及时治疗，并注意使用保护剂。

图45-86　葡萄落花后期

该期一般要使用1～2次保护剂，如喷洒1：0.7：（160～200）倍波尔多液、30%碱式硫酸铜悬浮剂400～600倍液。并结合病情、天气情况，可混合喷施有机合成保护剂与治疗剂，如70%代森锰锌可湿性粉剂800倍液、15%异菌脲可湿性粉剂1 000倍液、75%百菌清可湿性粉剂800倍液、15%三唑酮可湿性粉剂600～1 000倍液、40%多硫悬浮剂500～800倍液、50%多菌灵可湿性粉剂600～800倍液、50%乙霉威可湿性粉剂800～1 000倍液。

这一时期，应注意蓟马、绿盲蝽、透翅蛾、葡萄虎蛾及红蜘蛛等害虫的发生量，如有发生，应及时喷药防治。

防治蓟马、绿盲蝽，喷施50%辛硫磷乳油1 500倍液、10%虫螨腈乳油2 000倍液、1.8%阿维菌素乳油2 000～4 000倍液。

防治葡萄透翅蛾，喷施2.5%溴氰菊酯乳油3 000倍液、50%辛硫磷乳油1 000～1 500倍液、25%灭幼脲悬浮剂2 000倍液、20%除虫脲悬浮剂3 000倍液。可兼治葡萄虎蛾。

防治害螨，可喷施5%噻螨酮乳油2 000倍液、20%双甲脒乳油1 000～1 500倍液、73%炔螨特乳油2 000倍液、20%四螨嗪乳油2 000倍液、20%三唑锡乳油2 000倍液等。

（六）幼果期病虫害防治技术

6月中、下旬至7月上旬，葡萄生长旺盛，一般品种幼果进入迅速膨大生长期（图45-87）。如气温较高，白粉病一般发生较重。有些地区，部分葡萄上有霜霉病发生，黑痘病发生常导致落果，其他病害如炭疽病也开始侵染和部分发病。

该阶段病害防治的主要任务是预防各种病害的蔓延。

保护剂的选用要根据天气而定，阴雨天气可以使用30%碱式硫酸铜或35%胶悬铜悬浮剂300～500倍液、77%氢氧化铜可湿性粉剂400～600倍液、1：0.5：(160～240）倍波尔多液、70%代森锰锌可湿性粉剂800倍液。天气晴朗无雨干旱，可以使用75%百菌清可湿性粉剂800～1 000倍液等。该季节一般需喷洒保护剂2～4次，视天气与病情，一般5～8 d喷1次。

图45-87 葡萄幼果期

如田间白粉病发生较重，可以结合其他病害的防治，及时喷洒15%三唑酮可湿性粉剂1 000～1 500倍液、25%乙嘧酚磺酸酯微乳剂500～700倍液、30%氟环唑悬浮剂1 600～2 300倍液、25%戊菌唑水乳剂8 000～10 000倍液、50%肟菌酯水分散粒剂1 500～2 000倍液、25%己唑醇悬浮剂4 000～5 000倍液、2%嘧啶核苷类抗菌素水剂100～400倍液、15%三唑酮可湿性粉剂600倍液、40%氟硅唑乳油6 000～8 000倍液、12.5%烯唑醇可湿性粉剂1 000～2 000倍液、10%苯醚甲环唑水分散粒剂1 500～2 000倍液、5%亚胺唑可湿性粉剂600～700倍液、25%丙环唑乳油1 000倍液、50%嘧菌酯水分散粒剂5 000～7 000倍液、20%唑菌胺酯水分散性粒剂1 000～2 000倍液、40%环唑醇悬浮剂7 000～10 000倍液、25%氟喹唑可湿性粉剂5 000～6 000倍液、30%氟菌唑可湿性粉剂2 000～3 000倍液、70%代森锰锌可湿性粉剂600～1 000倍液、75%百菌清可湿性粉剂600～1 000倍液等，可以兼治黑痘病、白腐病、炭疽病等。

如发生霜霉病、毛毡病，要采取措施及时防治，防止为害扩展。

（七）成熟期病虫害防治技术

7—8月，华北地区多数品种葡萄相继成熟，开始采摘（图45-88）。该期葡萄生长势有所降低，天气多为阴雨连绵，空气湿度大，为病虫害发生盛期，生产上务必注意防治，保证丰产。

图45-88　葡萄成熟期

这一时期，葡萄炭疽病、白腐病、房枯病、灰霉病、黑痘病、霜霉病等都有大发生的可能，生产上要加强预防和治疗。要将保护剂与治疗剂交替使用，视天气和病情，间隔5～10 d喷1次。

发现病情，及时治疗，防治炭疽病、白腐病、黑痘病等，可用70%甲基硫菌灵可湿性粉剂800～1 000倍液、3%中生菌素可湿性粉剂600～800倍液、25%嘧菌酯悬浮剂800～1 250倍液、32.5%锰锌·烯唑醇可湿性粉剂400～600倍液、5%亚胺唑可湿性粉剂600～800倍液、40%苯醚甲环唑水乳剂4 000～5 000倍液、22.5%啶氧菌酯悬浮剂1 500～2 000倍液、400 g/L氟硅唑乳油6 000～10 000倍液、25%咪鲜胺乳油60～80 g/亩、50%咪鲜胺锰盐可湿性粉剂1 500～2 000倍液、40%噻菌灵可湿性粉剂1 000～1 500倍液、55%喹啉·噻灵（噻菌灵20%+喹啉铜35%）可湿性粉剂800～1 200倍液、43%氟菌·肟菌酯（肟菌酯21.5%+氟吡菌酰胺21.5%）悬浮剂2 000～4 000倍液、75%肟菌·戊唑醇（戊唑醇50%+肟菌酯25%）水分散粒剂5 000～6 000倍液、50%多菌灵可湿性粉剂500～800倍液+70%代森锰锌可湿性粉剂600～1 000倍液等。防治灰霉病还可以使用50%异菌脲可湿性粉剂800～1 000倍液、500 g/L氟吡菌酰胺·嘧霉胺（嘧霉胺375 g/L+氟吡菌酰胺125 g/L）悬浮剂1 200～1 500倍液、50%腐霉利可湿性粉剂800～1 000倍液。

如该期发现霜霉病为害，可以喷施68.75%噁唑·锰锌可分散粒剂800～1 200倍液、60%唑醚·代森联水分散粒剂1 000～2 000倍液、80%烯酰吗啉水分散粒剂20～30 g/亩、25%吡唑醚菌酯水分散粒剂1 000～1 500倍液、80%嘧菌酯悬浮剂3 200～4 800倍液、20%氰霜唑悬浮剂4 000～5 000倍液、22.5%啶氧菌酯悬浮剂1 200～1 800倍液、80%霜脲氰水分散粒剂8 000～10 000倍液、10%氟噻唑吡乙酮可分散油悬浮剂2 000～3 000倍液、23.4%双炔酰菌胺悬浮剂1 500～2 000倍液、30%醚菌酯悬浮剂2 200～3 200倍液、66.8%丙森·缬霉威可湿性粉剂700～1 000倍液、50%嘧菌酯水分散粒剂5 000～7 000倍液、50%甲·福（甲霜灵·福美双）可湿性粉剂400～600倍液、25%甲霜灵可湿性粉剂500～800倍液、50%甲霜灵·代森锰锌可湿性粉剂400～600倍液等药剂。

这一时期，发生较严重的害虫有金龟子、叶蝉、绿盲蝽等，生产上务必注意防治，保证丰产丰收。

防治金龟子，喷施1.8%阿维菌素乳油2 000～4 000倍液、2.5%氯氟菊酯乳油2 000倍液、48%毒死蜱乳油1 000～1 500倍液。

防治叶蝉、绿盲蝽，喷施10%吡虫啉可湿性粉剂5 000倍液、3%啶虫脒乳油2 000倍液、10%氯氰菊酯乳油1 000～1 500倍液、2.5%溴氰菊酯乳油1 000～1 500倍液等。

（八）营养恢复期病虫害防治技术

8月以后，华北地区葡萄大部分已经成熟采摘。葡萄长势开始恢复，天气潮湿、多雨。该期霜霉病、褐斑病等仍发生较重，应按上述方法及时防治。同时，注意不断使用保护剂，确保正常的营养恢复，为下一年葡萄丰产打好基础。

第四十六章　柑橘病虫害原色图解

一、柑橘病害

我国柑橘种植历史悠久，种植面积大，病害种类繁多。据统计，柑橘病害有100多种，其中，为害较重的病害主要有疮痂病、炭疽病、黄龙病、溃疡病等。贮藏期病害主要为青霉病、绿霉病等。

1.柑橘疮痂病

分　布　柑橘疮痂病是柑橘重要病害之一，在全国的柑橘种植区都有发生，尤以江苏、浙江等省份的橘区发生严重。

症　状　由柑橘痂圆孢（*Sphaceloma fawcettii*，属无性型真菌）引起。主要为害叶片、新梢和果实，尤其易侵染幼嫩组织。叶片染病，初生蜡黄色油渍状小斑点，渐扩大，形成灰白色至暗褐色圆锥状疮痂，后病斑木质化凸起，叶背突出，叶面凹陷（图46-1）。新梢染病，与叶片症状相似。幼果染病，果面密生茶褐色小斑，后扩大，在果皮上形成黄褐色、圆锥形、木质化的瘤状突起（图46-2）。

图46-1　柑橘疮痂病为害叶片症状

图46-2　柑橘疮痂病为害幼果症状

发生规律　菌丝体在病组织内越冬。翌春阴雨多湿，病菌开始活动，产生分生孢子，借风雨或昆虫传播，侵染新梢和嫩叶。约10 d后，产生新分生孢子进行再侵染，为害新梢、幼果。果实通常在5月下旬至6月上、中旬感病。春梢、幼龄树受害较重。在柑橘感病时期雨水越多，发病越重。

防治方法　合理修剪、整枝，增强通透性，降低湿度；控制肥水，促使新梢抽发整齐。结合修剪和清园，彻底剪除树上残枝、残叶，清除园内落叶，集中烧毁。

严格检疫外来苗木，或将新苗木用50%苯菌灵可湿性粉剂800倍液、50%多菌灵可湿性粉剂800倍液浸30 min。

在每次抽梢开始时及幼果期均要喷药保护。在春梢与幼果形成时各喷1次药，共喷2次即可。第1次在春芽萌动至长1 ～ 2 mm时，保护新梢；第2次是在落花2/3时，以保护幼果。有效药剂有75%百菌清可湿性粉剂800倍液、80%代森锰锌可湿性粉剂300 ～ 500倍液、77%氢氧化铜可湿性粉剂800倍液、14%络氨铜水剂200 ～ 300倍液、77%硫酸铜钙可湿性粉剂400 ～ 600倍液、70%代森联水分散粒剂500 ～ 580倍液、80%代森锰锌可湿性粉剂500 ～ 625倍液、75%百菌清可湿性粉剂600 ～ 800倍液、50%福美双可湿性粉剂800倍液等药剂。

在新叶和幼果发生初期，可喷施68.75%噁唑菌酮·锰锌可分散粒剂1 000 ～ 1 500倍液、20%噻菌铜胶悬剂500 ~ 1 000倍液、25%咪鲜胺乳油1 000 ~ 1 500倍液、40%苯醚甲环唑悬浮剂3 200 ~ 3 600倍液、10%苯醚甲环唑水分散粒剂1 500 ~ 2 000倍液、25%溴菌腈微乳剂1 500 ~ 2 500倍液、40%腈菌唑水分散粒剂4 000 ~ 4 800倍液、50%苯菌灵可湿性粉剂500 ~ 600倍液、12.5%烯唑醇可湿性粉剂1 500 ~ 2 000倍液、20%噻菌铜悬浮剂300 ~ 700倍液、70%甲基硫菌灵可湿性粉剂800 ~ 1 200倍液、250 g/L嘧菌酯悬浮剂800 ~ 1 200倍液、40%吡唑醚菌酯·王铜（吡唑醚菌酯10%＋王铜30%）悬浮剂1 000 ~ 1 200倍液、200 g/L氟酰羟·苯甲唑（苯醚甲环唑125 g/L+氟唑菌酰羟胺75 g/L）悬浮剂1 700 ~ 2 500倍液、68.75%噁酮·锰锌（代森锰锌62.5%＋噁唑菌酮6.25%）水分散粒剂1 000 ~ 1 200倍液、55%苯甲·克菌丹（克菌丹50%＋苯醚甲环唑5%）水分散粒剂1 000 ~ 1 500倍液、60%唑醚·代森联（代森联55%＋吡唑醚菌酯5%）水分散粒剂1 000 ~ 2 000倍液、60%唑醚·锰锌（代森锰锌55%＋吡唑醚菌酯5%）水分散粒剂1 000 ~ 1 500倍液、30%苯甲·嘧菌酯（苯醚甲环唑12%＋嘧菌酯18%）悬浮剂1 000 ~ 1 500倍液、75%肟菌·戊唑醇（戊唑醇50%＋肟菌酯25%）水分散粒剂4 000 ~ 6 000倍液、50%苯菌灵可湿性粉剂500 ~ 600倍液、20%唑菌胺酯水分散性粒剂1 000 ~ 2 000倍液、5%亚胺唑可湿性粉剂600 ~ 700倍液等药剂。

2. 柑橘炭疽病

分布为害　柑橘炭疽病是柑橘的重要病害之一，在我国各橘区普遍发生。可引起落叶、枯枝、幼果腐烂，对产量影响较大。

症　　状　由胶孢炭疽菌（*Colletotrichun gloeosporioides*）引起。为害地上部的各个部位。叶片发病症状分为叶斑型和叶枯型2种。叶斑型（图46-3）：症状多出现在成长叶片或老叶的边缘或近边缘处，病斑近圆形，稍凹陷，中央灰白色，边缘褐色至深褐色；潮湿时，病斑上可出现许多朱红色带黏性的小液点，干燥时为黑色小粒点，排列成同心轮状或呈散生。叶枯型（图46-4）：症状多从叶尖开始，初期病斑呈暗绿色，渐变为黄褐色，叶卷曲，常大量脱落。枝梢症状分为急性型和慢性型：急性型：发生于连续阴雨时，刚抽出的嫩梢似开水烫伤状，后生橘红色小液点。慢性型：多发生于叶柄基部腋芽处，病斑椭圆形淡黄色，后扩大为长梭形，1周后变为灰白色，枯死，上生黑色小点。幼果染病，初期症状为暗绿色、凹陷、不规则形病斑，后扩大至全果，湿度大时，出现白色霉状物及红色小点，后变成黑色僵果。成熟果发病，一般从果蒂部开始，初期为淡褐色（图46-5），后变为褐色，凹陷、腐烂。泪痕型受害果实的果皮表面有许多条如眼泪一样的由红褐色小凸点组成的病斑。

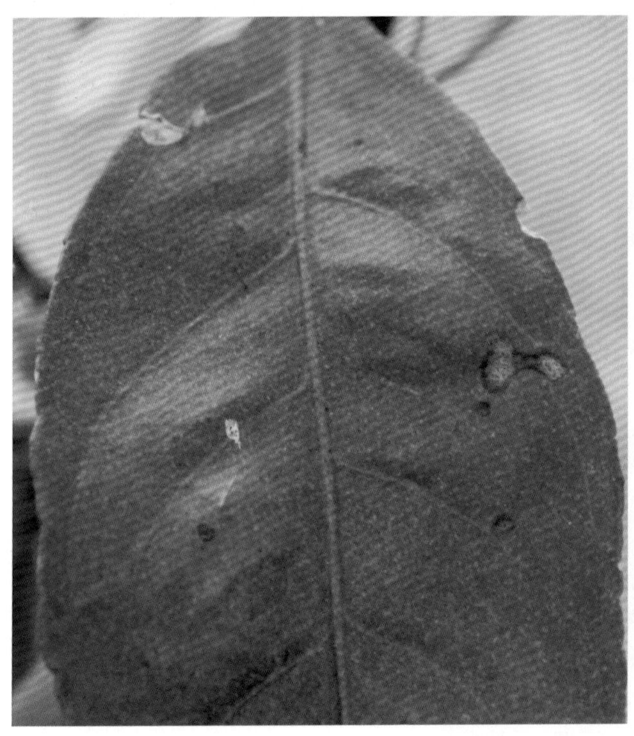
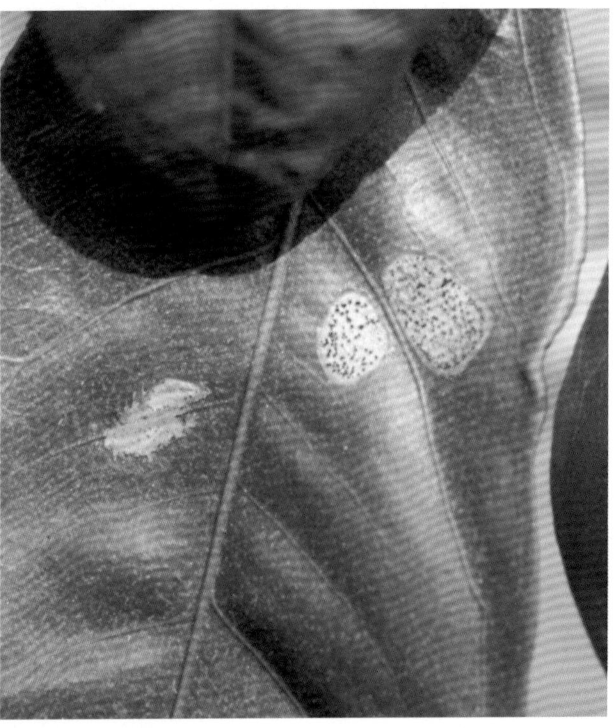

图46-3　柑橘炭疽病为害叶片叶斑型

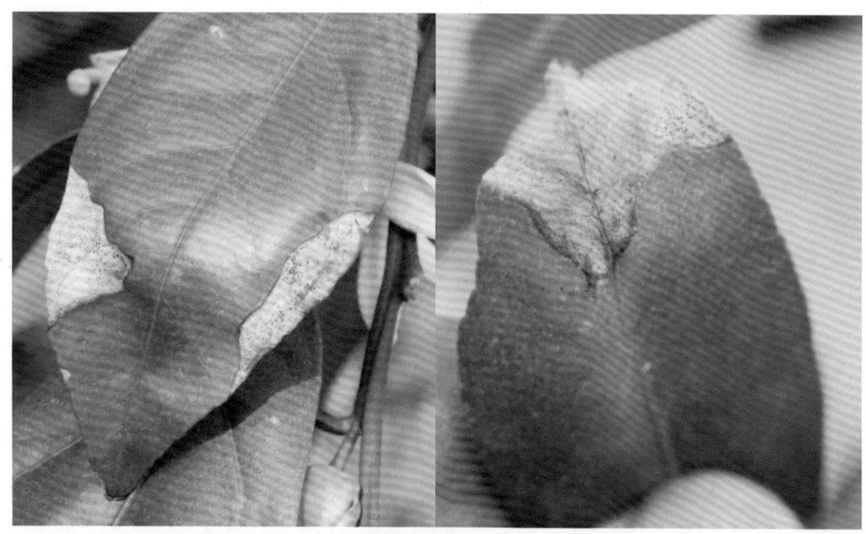
图46-4 柑橘炭疽病为害叶片叶枯型

图46-5 柑橘炭疽病为害果实症状

发生规律 病菌以菌丝体或分生孢子的形式在病组织上越冬。翌春温、湿度适宜时产出分生孢子，借风雨或昆虫传播。在高温多湿条件下发病，一般在春梢生长后期开始发病，夏、秋梢期盛发。栽培管理不良，冻害严重，早春低温潮湿，夏、秋季高温多雨等，均能助长病害的发生。

防治方法 加强橘园管理，重视深翻改土；增施有机肥，防止偏施氮肥，适当增施磷、钾肥，雨后排水。及时清除病残体，集中烧毁或深埋，以减少菌源。

冬季清园时喷1次0.8～1波美度石硫合剂，同时可兼治其他病害。

在病害发生前期，可喷施65％代森锌可湿性粉剂600～800倍液、50％代森铵水剂800～1 000倍液、70％丙森锌可湿性粉剂600～800倍液、25％多菌灵可湿性粉剂250～300倍液、80％代森锰锌可湿性粉剂600～1 000倍液、50％甲基硫菌灵可湿性粉剂600～800倍液等药剂。

在春、夏、秋梢及嫩叶期、幼果期各喷药1次，可喷施25％嘧菌酯可湿性粉剂800～1 250倍液、80％炭疽福美（福美锌+福美双）可湿性粉剂800～1 000倍液、50％苯菌灵可湿性粉剂1 000～1 500倍液、10％苯醚甲环唑水分散粒剂1 500～2 000倍液、25％溴菌·多菌灵可湿性粉剂300～500倍液、60％二氯异氰脲酸钠可溶粉剂800～1 000倍液、60％噻菌灵可湿性粉剂1 500～2 000倍液、40％氟硅唑乳油8 000～10 000倍液、5％己唑醇悬浮剂800～1 500倍液、40％腈菌唑水分散粒剂6 000～7 000倍液、25％咪鲜胺乳油800～1 000倍液、50％咪鲜胺锰络化合物可湿性粉剂1 000～1 500倍液、6％氯苯嘧啶醇可湿性粉剂1 000～1 500倍液、2％嘧啶核苷类抗生素水剂200倍液、1％中生菌素水剂250～500倍液等。

3. 柑橘黄龙病

分　　布 柑橘黄龙病是我国柑橘生产中为害最大的病害，主要发生在广东、广西、福建和台湾等地区，四川、云南、贵州、江西、湖南和浙江地区也有发现。

症　　状 由亚洲韧皮杆菌（*Liberobacter asianticum*，属薄壁菌门原粒生物）引起。枝、叶、花、果及根部均可显症，尤以夏、秋梢症状最明显。发病初期，部分新梢叶片黄化，树冠顶部新梢先黄化（图46-6），逐渐向下发展，经1～2年后全株发病，3～4年后失去经济价值。叶肉变厚、硬化、叶表无光泽，叶脉肿大，有些肿大的叶脉背面破裂，似缺硼状。根部症状主要表现为腐烂，其严重程度与地上枝梢相对应。果实受害，畸形，着色不均，常表现为“红鼻子”果（图46-7）。

图46-6 柑橘黄龙病为害新梢症状

图46-7 柑橘黄龙病病果

发生规律 病菌寄宿在树体内，通过嫁接和柑橘木虱传播。于5月下旬开始发病，8—9月最严重。春、夏季多雨，秋季干旱时发病重；施肥不足，果园地势低洼，排水不良，树冠郁闭，发病重。4 ～ 8年生的树发病重。

防治方法 加强检疫：杜绝病苗、病穗传入无病区和新建的橘园。苗圃要与橘园之间相距2 km以上。

播种前砧木种子用50 ～ 52℃热水预浸5 min，再用55 ～ 56℃温水浸泡50 min。接穗选自无病毒的高产优质母树，或用1 000 mg/kg盐酸四环素液浸泡2 h，取出后用清水洗净再嫁接。

防治传毒媒介：在嫩梢抽发期用40%乐果乳油1 000 ～ 2 000倍液、90%晶体敌百虫800倍液、25%亚胺硫磷乳油400倍液、25%噻嗪酮可湿性粉剂1 500倍液喷杀，防治柑橘木虱。

病树治疗：重病树立即挖除；轻病树，可在主干基部钻孔，深达主干直径的2/3，从孔口注射药液，每株成年树注射1 000 mg/kg盐酸四环素液2 ～ 5 L。

4. 柑橘溃疡病

分　　布 柑橘溃疡病在我国柑橘种植区普遍发生，在广东、广西、湖南和福建等地区发生较重。

症　　状 由黑腐黄单胞菌柑橘致病型（*Xanthomonas campestris* pv. *citri*，属黄单胞杆菌属细菌）引起。主要为害叶片、果实和枝梢。叶片染病，初在叶背产生黄色或暗黄绿色油渍状小斑点，后叶面隆起，呈米黄色海绵状物。后隆起部破碎呈木栓状，或病部凹陷形成褶皱。后期病斑淡褐色，中央灰白色，并在病健部交界处形成1圈褐色釉光。凹陷部常破裂呈放射状。果实染病，与叶片上症状相似（图46-8）。病斑只出现在果皮上，发生严重时会引起早期落果。枝梢染病，初生圆形水渍状小点，暗绿色，后扩大，呈灰褐色，木栓化，形成大而深的裂口，最后数个病斑融合形成黄褐色不规则形大斑，边缘明显（图46-9）。

图46-8 柑橘溃疡病为害叶片、果实症状

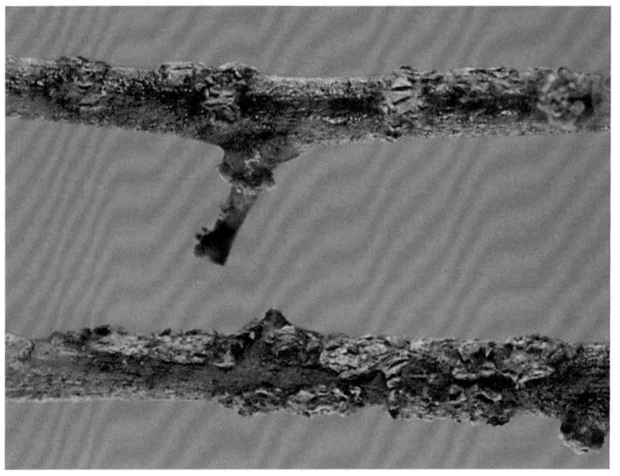
图46-9 柑橘溃疡病为害枝干症状

发生规律 加强栽培管理。不偏施氮肥，增施钾肥；控制橘园肥水，保证夏、秋梢抽发整齐。结合冬季清园，彻底清除树上与树下的残枝、残果或落地枝叶，集中烧毁或深埋。

培育无病苗木，在无病区设置苗圃，对所用苗木、接穗进行消毒，可用72%农用链霉素可溶性粉剂1 000倍液加1%酒精浸30 ~ 60 min，或用0.3%硫酸亚铁浸泡10 min。

春季开花前及花落后的10 d、30 d、50 d，夏、秋梢期在嫩梢展叶和叶片转绿时，各喷药1次。可用药剂有72%农用链霉素可湿性粉剂3 000 ~ 4 500倍液、20%噻菌铜胶悬剂300 ~ 500倍液、20%乙酸铜水分散粒剂800 ~ 1 200倍液、30%氧氯化铜悬浮剂800倍液、64%福美锌·氢氧化铜可湿性粉剂500 ~ 600倍液、77%氢氧化铜可湿性粉剂400 ~ 500倍液、56%氧化亚铜悬浮剂500倍液、14%络氨铜水剂200倍液、3%中生菌素可湿性粉剂1 000倍液、12%松酯酸铜悬浮剂500倍液。

5. 柑橘黄斑病

分布为害 柑橘黄斑病在各柑橘产区均有发生，管理水平低、树势弱的果园发病重，植株受害严重时引起大量落叶。

症 状 由柑橘球腔菌（*Mycosphaerella citri*，属子囊菌亚门真菌）引起。常见有2种症状。一种是黄斑型：发病初期，在叶背产生1个或数个油浸状小黄斑，随叶片长大，病斑逐渐变成黄褐色或暗褐色，形成疮痂状黄色斑块。另一种是褐色小圆斑型（图46-10）：初在叶面产生赤褐色略凸起小病斑，后稍扩大，中部略凹陷，变为灰褐色圆形至椭圆形斑，后期病部中央变成灰白色，边缘黑褐色略凸起，在灰白色病斑上可见密生的黑色小粒点，即病原菌的子实体。

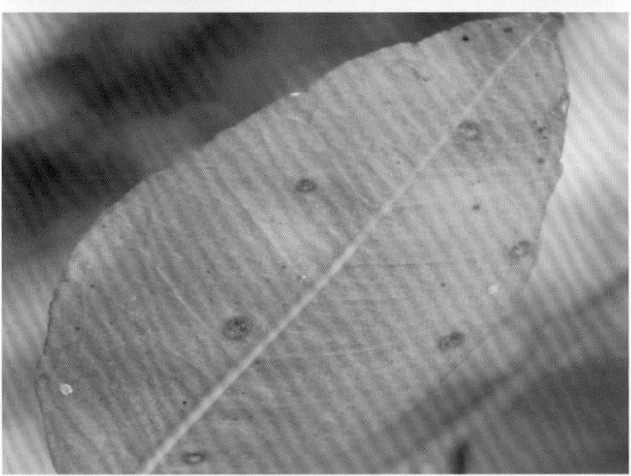

图46-10 柑橘黄斑病为害叶片褐色小圆斑型

发生规律 病菌以菌丝体或分生孢子的形式在落叶的病斑或树上的病叶中越冬。翌春遇适宜温、湿度开始产生孢子，通过风雨传播，黏附在柑橘的新叶上，孢子发芽后侵入叶片，致新梢上叶片染病。于5月上旬始发，6月中、下旬进入盛期，9月后停滞或病叶脱落。一般春梢叶片重于夏、秋梢，老树弱树易发病。

防治方法 加强橘园管理，增施有机肥，及时松土、排水，增强树势，提高抗病力。及时清除地面的落叶，集中深埋或烧毁。

第1次喷药可结合防治疮痂病，在落花后，喷施50%多菌灵可湿性粉剂600 ~ 800倍液、80%代森锰锌可湿性粉剂600倍液、70%甲基硫菌灵可湿性粉剂800 ~ 1 000倍液、77%氢氧化铜可湿性粉剂800倍液等药剂，间隔15 ~ 20 d喷1次，连喷2 ~ 3次。

6. 柑橘黑星病

分布为害 黑星病又叫黑斑病，各橘区均有发生。果实被害最严重。果实被害后，不但降低品质，而且在贮运时病斑还会发展，造成腐烂，损失很大。

症 状 由柑果茎点霉（*Phoma citricarpa*，属无性型真菌）引起。主要为害果实，症状分黑星型和黑斑型两类。黑星型（图46-11）：病斑圆形，红褐色。后期病斑边缘略隆起，呈红褐色至黑色，中部略凹陷，为灰褐色，常长出黑色粒状的分生孢子器。果上病斑达数十个时，可引起落果。黑斑型（图46-12）：初期斑点为淡黄色或橙黄色，以后扩大形成不规则形黑色大病斑，中央部分有许多黑色小粒点。病害严重的果实，表面大部分被许多互相连接的病斑所覆盖。

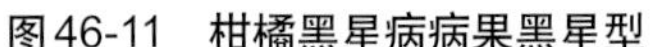
图46-11　柑橘黑星病病果黑星型

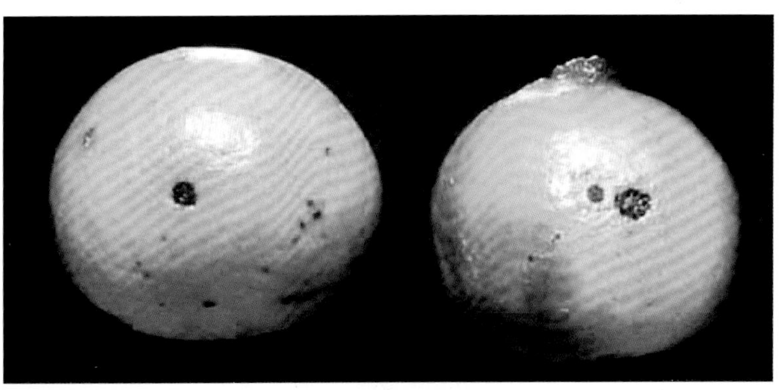
图46-12　柑橘黑星病病果黑斑型

发生规律　病菌以菌丝体或分生孢子器的形式在病果或病叶上越冬。翌春条件适宜时散出分生孢子，借风雨或昆虫传播，芽管萌发后进行初侵染。病菌侵入后不马上表现症状，只有当果实近成熟时才现病斑，并可产生分生孢子进行再侵染。春季温暖高湿时发病重；树势衰弱，树冠郁密，低洼积水地，通风透光差的橘园发病重。不同柑橘种类和品种间抗病性存在差异。柑类和橙类较抗病，橘类抗病性差。

防治方法　加强橘园栽培管理。采用配方施肥技术，调节氮、磷、钾比例；低洼积水地注意排水；修剪时，去除过密枝叶，增强树体通透性，提高抗病力。清除初侵染源，在秋末冬初结合修剪，剪除病枝、病叶，并清除地上落叶、落果，集中销毁，同时喷洒1～2波美度石硫合剂。

柑橘落花后，开始喷洒50%多菌灵可湿性粉剂1 000倍液、80%代森锰锌可湿性粉剂500～800倍液、40%多·硫悬浮剂600倍液、50%多霉灵（多菌灵·乙霉威）可湿性粉剂1 500倍液、50%甲基硫菌灵可湿性粉剂500倍液、30%氧氯化铜悬浮液700倍液、50%苯菌灵可湿性粉剂1 500倍液，间隔15 d喷1次，连喷3～4次。

7. 柑橘青霉病和绿霉病

症　　状　由意大利青霉（*Penicillium italicum*）引起青霉病；由指状青霉（*Penicillium digitatum*）引起绿霉病，均属无性型真菌。青霉病和绿霉病分布普遍，是柑橘贮运期间最严重的病害。这两种病害的症状相似，发病初期，多从果蒂或伤口处发病，在果实表面出现水渍状病斑，呈褐色软腐，后长出白色霉层，以后又在其中部长出青色或绿色粉状霉层，霉层带以外仍存在水渍状环纹。病斑后期可深入果肉，导致全果腐烂。不同之处：青霉病在果实开始贮藏时发生较多，不会黏附包装纸，能闻到发霉气味（图46-13）。绿霉病以贮藏中、后期发生较多，仅长在果皮上，霉层常黏附于包装纸上，能闻到一股芳香气味等（图46-14）。

图46-13　柑橘青霉病病果

图46-14　柑橘绿霉病病果

发生规律 这两种病菌腐生于各种有机物上，产生分生孢子，借气流传播，通过各种伤口侵入为害，也可通过病健果接触传染。在柑橘贮藏初期多发生青霉病，贮藏后期多发生绿霉病。相对湿度95%～98%时利于发病，采收时果面湿度大，果皮含水多则发病重。

防治方法 采收、包装和运输中尽量减少伤口。不宜在雨后、重雾或露水未干时采收。注意橘果采收时的卫生状况。要避免拉果剪蒂、果柄留得过长及剪伤果皮。

贮藏库及其用具消毒。贮藏库可用10 g/m^{3}硫黄密闭熏蒸24 h，或与果篮、果箱、运输车箱一起用70%甲基硫菌灵可湿性粉剂200～400倍液、50%多菌灵可湿性粉剂200～400倍液消毒。

采收前7 d，喷洒70%甲基硫菌灵可湿性粉剂1 000倍液、50%苯菌灵可湿性粉剂1 500倍液、50%多菌灵可湿性粉剂2 000倍液。

采后3 d内，用50%甲基硫菌灵可湿性粉剂500～1 000倍液、50%硫菌灵可湿性粉剂500～1 000倍液、25%咪鲜胺乳油2 000～2 500倍液、40%双胍辛胺可湿性粉剂2 000倍液、50%咪鲜胺锰盐可湿性粉剂1 000～2 000倍液、45%噻菌灵悬浮剂3 000～4 000倍液浸果，预防效果显著。

8. 柑橘树脂病

症　状 由柑橘间座壳（*Diaporthe medusaea*，属子囊菌亚门真菌）引起，无性世代为柑橘拟茎点霉（*Phomopsis cytosporella*，属无性型真菌）。橘树染病后枝叶凋萎或整株枯死。枝干染病，有流胶型和干枯型两种类型。流胶型（图46-15）：病部初期呈灰褐色水渍状，组织松软，皮层具细小裂缝，后期有褐色胶液流出，边缘皮层干枯或坏死翘起，致木质部裸露。干枯型：皮层初呈红褐色，干枯稍凹陷，有裂缝，皮层不易脱落，病健部相接处具明显隆起界线，流胶不明显。果实染病，表面散生黑褐色硬质突起小点，有的病果上很多小点密集成片，呈砂皮状（图46-16）。

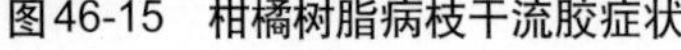

图46-15 柑橘树脂病枝干流胶症状

图46-16 柑橘树脂病病果

发生规律 菌丝或分生孢子器在枝干上病部越冬。于翌春产出分生孢子，借昆虫或风雨传播，经伤口侵入。在浙江一带橘产区，5—6月或9—10月是发病盛期，红蜘蛛、介壳虫为害重的植株易发病。此外，遇冻害、涝害或肥料不足致树势衰弱的，发病重。

防治方法 加强管理，主要是防冻、防涝、避免日灼及各种伤口，以减少病菌侵染。剪除病枝，收集落叶，集中烧毁或深埋。

于春芽萌发期喷1次0.8 ∶ 0.8 ∶ 100波尔多液，喷洒时注意必须喷到主干及大枝部分。

认真刮除病枝或病干上病皮，病部伤口涂36%甲基硫菌灵悬浮剂100倍液、50%苯菌灵可湿性粉剂200倍液、25%甲霜灵可湿性粉剂100～200倍液、80%乙膦铝可湿性粉剂100倍液。若施药后用无色透明乙烯薄膜包扎伤口，防效更佳。

必要时结合防治炭疽病、疮痂病，于发病初期喷50%苯菌灵可湿性粉剂1 500倍液、50%混杀硫悬浮剂500倍液、70%甲基硫菌灵可湿性粉剂1 000倍液、60%多菌灵盐酸盐可湿性粉剂800倍液。

9. 柑橘脚腐病

图46-17　柑橘脚腐病为害根颈部症状

症　　状　由柑橘褐腐疫霉（*Phytophthora citrophthora*，属鞭毛菌亚门真菌）、寄生疫霉（*Phytophthora parasitica*）。主要为害根颈部，地上部也可受害。根颈部染病（图46-17），病部初呈褐色，湿腐，具酒糟气味，流有胶液。后期如天气干燥，病部常干裂，条件适宜时，病斑迅速扩展，受害严重的病斑会环绕整个树干，导致橘树死亡。

发生规律　厚垣孢子和卵孢子在土壤中或以菌丝体的形式在病组织内越冬。借雨水飞溅传播，病菌萌发产生芽管，侵入寄主为害，病部菌丝产生孢子囊及游动孢子，进行再侵染。高温多雨季节发病重；地势低洼，排水不良，树冠郁闭，通风透光差的园区，发病重。

防治方法　选用抗病砧木是防治此病的根本措施。嫁接时，适当提高嫁接口位置，不宜定植太深。加强管理，低洼积水地注意排水，合理修剪，增强通透性；避免间作高秆作物。

发现病树，及时将腐烂皮层刮除，并刮掉病部周围健全组织0.5 ～ 1 cm，然后于切口处涂抹10%等量式波尔多液、2%～ 3%硫酸铜液、80%三乙膦酸铝可湿性粉剂100 ～ 200倍液、25%甲霜灵可湿性粉剂400倍液。

10. 柑橘煤污病

图46-18　柑橘煤污病病叶

症　　状　由柑橘煤炱（*Capnodium citri*）、巴特勒小煤炱（*Meliola butleri*）、刺盾炱（*Chaetothyrium spinigerum*）等引起，病菌均属子囊菌亚门真菌。主要为害叶片、枝梢及果实，染病初期，仅在病部生一层暗褐色小霉点，后期霉点逐渐扩大，直至形成绒毛状黑色或暗褐色霉层，并散生黑色小点，即病菌的闭囊壳或分生孢子器（图46-18）。

发生规律　以菌丝体、分生孢子器或闭囊壳的形式在病部越冬。翌春，霉层上飞散的孢子借风雨传播，并以蚜虫、介壳虫、粉虱的分泌物为营养，辗转为害。荫蔽潮湿及管理不善的橘园，发病重。

防治方法　及时防治介壳虫、粉虱、蚜虫等刺吸式口器害虫，加强橘园管理。

发病初期，喷施40%克菌丹可湿性粉剂400倍液、0.5 ：1 ：100倍式波尔多液、90%机油乳剂200倍液、50%多菌灵可湿性粉剂600 ～ 800倍液。

11. 柑橘黑腐病

症　　状　由柑橘链格孢（*Alternaria citri*，属无性型真菌）引起。主要为害果实。果面近脐部变黄，似成熟果，后病部变褐，呈水渍状，不断扩大，呈不规则状，四周紫褐色，中央色淡，湿度大时，病部表面长出白色气生菌丝，后转为墨绿色，致果瓣腐烂，果心空隙处长出墨绿色绒状霉菌，严重的果皮开裂；幼果染病，多发生在果蒂部，后经果柄向枝上蔓延，造成枝条干枯，致幼果变黑或成僵果早落（图46-19）。

图46-19　柑橘黑腐病为害果实症状

发生规律　分生孢子随病果遗落地面，或菌丝体潜伏在病组织中越冬。于翌年产生分生孢子进行初侵染，幼果染病后产出分生孢子，通过风雨传播进行再侵染。适合发病的气温为28 ～ 32℃，橘园肥料不足或排水不良，以及树势衰弱、伤口多的植株发病重。

防治方法　加强橘园管理，在花前、采果后增施有机肥，做好排水工作，雨后排涝，旱时及时浇水，保证水分均匀供应。及时剪除过密枝条和枯枝，及时防虫，以减少人为伤口和虫伤。

发病初期，可喷施75%百菌清可湿性粉剂600 ～ 800倍液、70%代森锰锌可湿性粉剂500倍液、40%克菌丹可湿性粉剂400倍液。

12. 柑橘裂皮病

症　　状　由柑橘裂皮类病毒（*Citrus exocortis viroid*，CEV）引起。新梢少或部分小枝枯死，叶片小或叶脉附近绿色叶肉黄化，似缺锌状，病树树势弱但开花多，落花落果严重。砧木部分树皮纵向开裂，翘起延至根部，皮层剥落，木质部外露，呈黑色（图46-20）。

发生规律　病株和隐症带菌树是初侵染源，除通过苗木或接穗传播外，也可通过工具、农事操作及菟丝子传病。柑橘裂皮病在以枳、枳橙和蓝普来檬作砧木的柑橘树上严重发病，用酸橙和红橘作砧木的橘树在侵染后不显症，成为隐症寄主。

防治方法　利用茎尖嫁接脱毒法，培育无病苗木。严格实行检疫，防止病害的传播蔓延。新建橘园应注意远离有病的老园，严防该病的传播蔓延。

操作前后，用5%～20%漂白粉或25%福尔马林液加2%～5%氢氧化钠液或5%次氯酸钠消毒嫁接刀、枝剪、果剪等工具和手，浸洗1 ～ 2 s，以防接触传染。

图46-20　柑橘裂皮病为害树干症状

13. 柑橘赤衣病

症　　状　由鲑色伏革菌（*Corticium salmonicolor*，属担子菌亚门真菌）引起。主要为害枝条或主枝，发病初期，仅有少量树脂渗出，后干枯龟裂，其上着生白色蛛网状菌丝（图46-21），湿度大时，菌丝沿树干向上、下蔓延，围绕整个枝干，病部转为淡红色，病部以上枝叶凋萎脱落，影响生长发育，降低产量，严重发病时会整株枯死。

发生规律　病菌以菌丝或白色菌丛的形式在病部越冬。翌年，随橘树萌动菌丝开始扩展，并在病疤边缘或枝干向阳面产出红色菌丝，孢子成熟后，借风雨传播，经伤口侵入，引起发病。在温暖、潮湿的季节发生较烈，尤其是多雨的夏、秋季，遇高温或橘树枝叶茂密发病重。橘树管理不善及郁闭阴暗处容易发生。

防治方法　冬季彻底清园，剪除病枝，带出园外集中烧毁，减少病源。在夏、秋季雨季来临前，修剪枝条或徒长枝，使通风良好，减少发病条件。做好雨季清沟排水工作，降低地下水位，以防橘树根系受渍害，降低橘园湿度。合理施肥，改重施冬肥为巧施春肥，早施、重施促梢壮果肥，补施处暑肥，适施采果越冬肥。

图46-21　柑橘赤衣病为害树干症状

春季橘树萌芽时，用8%～10%的石灰水涂刷树干。

及时检查树干，发现病斑马上刮除，一并涂抹10%硫酸亚铁溶液保护伤口。

每年从4月上旬开始，抢在发病前喷施保护药。一定要将药液均匀地喷洒到橘树中、下部内膛的树干、枝条背阴面，每周1次，连续施药3～4次。可用15%氯溴异氰尿酸水剂600～800倍液、30%氧氯化铜悬浮剂700～1 000倍液、14%络氨铜水剂300～500倍液、77%氢氧化铜可湿性粉剂600～800倍液、50%苯菌灵可湿性粉剂1 500～2 000倍液、50%混杀硫悬浮剂500～600倍液。对轻度感病枝干，可刮去病部，涂石硫合剂原液，干后再涂抹石蜡。

14. 柑橘酸腐病

症　　状　由白地霉（*Geotrichum candidum*，属无性型真菌）引起。果实染病后，出现橘黄色圆形斑。病斑在短时间内迅速扩大，使全果软腐，病部变软，果皮易脱落。后期，出现白色黏状物，为气生菌丝及分生孢子，整个果实出水腐烂并散发酸败臭气（图46-22）。

发生规律　病菌从伤口侵入，首先在伤口附近出现病斑。果蝇传播或接触传染，本病具较强的传染力。在密闭条件下容易发病。

防治方法　参照柑橘青霉病与绿霉病的防治方法，并及时清除烂果与流出的汁液。

图46-22　柑橘酸腐病为害果实症状

二、柑橘虫害

我国柑橘种植历史悠久，种植面积大，虫害种类繁多。据统计，柑橘害虫在70种以上，其中为害严重的有柑橘红蜘蛛、柑橘木虱、橘蚜、矢尖蚧、柑橘潜叶蛾等。

1. 柑橘红蜘蛛

分　　布 柑橘红蜘蛛（*Panonychus citri*）是我国柑橘产区普遍发生的最严重的害虫之一。

为害特点 成、若、幼螨以口针刺吸叶、果、嫩枝、果实的汁液。被害叶面出现灰白色失绿斑点，严重时在春末夏初常造成大量落叶、落花、落果。

形态特征 成螨雌体椭圆形，背面有瘤状突起，深红色，背毛白色，着生在毛瘤上（图46-23）。雄体略小，鲜红色，后端狭长呈楔形。卵球形略扁，红色，有光泽，后渐褪色。幼螨体色较淡。若螨与成螨相似。

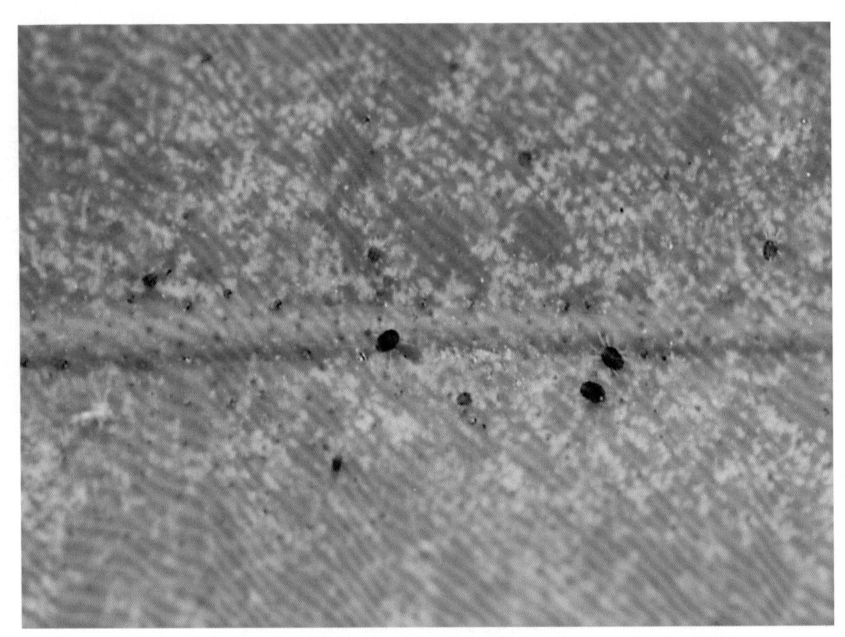
图46-23　柑橘红蜘蛛雌成螨

发生规律 每年发生15～18代，世代重叠。卵、成螨及若螨于枝条裂缝处或叶背处越冬。于3月上旬开始活动为害，4—5月嫩叶展开时达高峰，5—7月气温较高，虫口密度下降，9—11月气温下降，虫口密度上升，为害严重。一年中春、秋两季发生严重。

防治方法 适度修剪，增施有机肥，增强树势，合理间作，不与桃、梨、桑等混栽。防治的关键时期有3个：①春梢抽生时，为越冬卵孵化盛期；②柑橘开花后，温、湿度都适宜柑橘红蜘蛛生育繁殖，为若螨、成螨混发期，必须重点防治；③11—12月月均温较低，可选择一些在温度低时仍能发挥药效的试剂，如机油乳剂、石硫合剂等。开花前有螨叶率65%，平均每叶有螨2头；花后有螨叶率85%，平均每叶5头；盛花期每叶或每果3～5头，且天敌数量少，不足控制柑橘红蜘蛛时，应用药防治。

在柑橘春梢大量抽发期，越冬卵孵化盛期，用20%哒螨灵可湿性粉剂2 000～4 000倍液、73%炔螨特乳油2 000～3 000倍液、5%噻螨酮乳油1 000～2 000倍液、20%四螨嗪悬浮剂3 000～3 500倍液、25%三唑锡可湿性粉剂1 000～2 000倍液、30%三磷锡乳油2 500～3 000倍液、20%双甲脒乳油800～1 500倍液，均匀喷雾。

柑橘开花后，若螨、成螨混发期，可用5%唑螨酯悬浮剂2 000～3 000倍液、25%单甲脒水剂1 000倍液、50%溴螨酯乳油2 500倍液、20%三氯杀螨醇乳油800倍液、5%氟虫脲乳油750～1 000倍液、2.5%氯氟氰菊酯乳油2 500倍液、10%浏阳霉素乳油1 000～1 200倍液、50%苯丁锡可湿性粉剂2 000～3 000倍液、1.8%阿维菌素乳油2 000～4 000倍液，均匀喷雾，药剂要交替使用，以免产生抗药性。

11—12月，可喷施95%机油乳油100～200倍液，以减少越冬卵、若螨、成螨。

2. 柑橘木虱

分　　布 柑橘木虱（*Diaphorina citri*）分布在广东、广西、福建、云南、四川、贵州、湖南、江西和浙江等省份。

为害特点 成、若虫刺吸芽、幼叶、嫩梢及叶片的汁液，被害嫩梢幼芽干枯萎缩，新叶扭曲畸形。若虫排出的白色分泌物落在枝叶上，能引起煤污病，影响光合作用。

形态特征 成虫体青灰色，具褐色斑纹，被有白粉（图46-24）。头部灰褐色，前端尖，前方的两个颊锥突出。前翅狭长，半透明，散布褐色斑纹，翅缘色较深，后翅无色透明。雌螨产卵期呈橘红色，腹部纺锤形。卵近圆形，初产时乳白色，后为橙黄色，孵化前为橘红色。若虫扁椭圆形，背面稍隆起，体黄色，共5龄。

发生规律　在浙江南部1年发生6～7代，成虫在叶背越冬；在台湾、福建、广东、四川1年发生8～14代，世代重叠，全年可见各虫态。于翌年3—4月开始活动为害，并在新梢嫩芽上产卵繁殖，以后各次抽梢均可为害。1年可出现3次高峰：第1次在3月中旬至4月上、中旬，春梢发芽，成虫开始大量产卵繁殖；第2次在5月下旬至6月下旬，第1代成虫在夏梢的嫩芽、嫩梢上产卵；第3次在7月底至9月，第6至第7代主要发生在生长势较强的幼年树，或整株橘树秋季大枝重截后旺发的晚秋成年树上。以秋梢期为害最重，秋芽常枯死。

图46-24　柑橘木虱成虫

防治方法　在橘园种植防护林，增加荫蔽度可减少发生。加强栽培管理，使新梢抽发整齐，并摘除零星枝梢，以减少柑橘木虱产卵繁殖场所。砍除失去结果能力的衰弱树，减少虫源。

根据柑橘木虱各代若虫的发生期与春、夏、秋“三梢”抽发期密切相关的特点，在防治技术上要重点抓住“三梢”抽发期这一防治适期，一般宜在新梢萌芽至芽长5 cm时开展第一次防治。若虫口基数较高，且抽梢不整齐造成抽梢较长时，还需防治第2、第3次，间隔7～10 d。一般情况下，春梢防治1次，夏梢1～2次，秋梢2～3次，全年防治4次以上时，可基本控制柑橘木虱的为害。

可喷洒10%吡虫啉可湿性粉剂2 000倍液、5%丁烯氟虫腈悬浮剂1 500倍液、25%噻虫嗪水分散粒剂5 000倍液、20%啶虫脒可溶性液剂5 000倍液、1.8%阿维菌素乳油2 500倍液、25%噻嗪酮可湿性粉剂1 000倍液、50%丁醚脲可湿性粉剂1 500倍液、50%马拉硫磷乳油1 000～2 000倍液、80%敌敌畏乳油1 500～2 500倍液、25%喹硫磷乳油500～1 000倍液、20%甲氰菊酯乳油1 000～3 000倍液、2.5%联苯菊酯乳油2 500～3 000倍液、2.5%鱼藤精乳油500倍液、40%硫酸烟碱500倍液加0.3%皂液。必要时加入等量消抗液，可提高防效。

3. 橘蚜

为害特点　橘蚜（*Toxoptera citricidus*）成虫和若虫群集在柑橘嫩梢、嫩叶、花蕾和花上取食汁液，使新叶卷缩，畸形幼果和花蕾脱落，并分泌大量蜜露，诱发煤烟病，使枝叶发黑。

形态特征　成虫：无翅胎生雌蚜漆黑色，有光泽（图46-25），触角丝状，腹管长管状。翅白色透明，翅脉色深，翅痣淡黄褐色，前翅中脉分3叉。有翅胎生雌蚜与无翅胎生雌蚜相似，体深褐色。卵椭圆形，初产时淡黄色，后为黄褐色，最后变为漆黑色，无光泽。若虫与无翅胎生雌蚜相似，体褐色，有翅若蚜3龄时出现翅芽。

图46-25　橘蚜无翅胎生雌蚜

发生规律　每年发生10～20代，老龄若虫或无翅胎生雌蚜在树上越冬，也可以卵的形式在叶背越冬。翌年3月下旬至4月上旬越冬卵孵化为无翅若蚜，为害春梢嫩枝、叶，在春梢成熟前达到高峰。在8—9月为害秋梢嫩芽、嫩枝，影响翌年产量，以春末夏初和秋初繁殖最快，为害最重。至晚秋产生有性蚜，于11月下旬至12月产卵越冬。

防治方法 于冬、夏季剪除被害及有虫、卵的枝梢，并刮杀枝干上的越冬卵。夏、秋梢抽发时，结合摘心和抹芽，去除零星新梢，打断其食物链，减少虫源。

田间新梢有蚜率在25%左右时喷药防治，可用10%吡虫啉可湿性粉剂3 000倍液、15%吡·乙酰可湿性粉剂2 000 ～ 3 000倍液、30%乙酰甲胺磷乳油1 000 ～ 1 500倍液、40%高氯·马乳油1 500 ～ 2 000倍液、4.5%高效氯氰菊酯乳油2 000 ～ 3 000倍液、45%马拉硫磷乳油1 000 ～ 1 500倍液、10%高效烟碱乳油600 ～ 1 000倍液、40%柴油·辛硫磷乳油800 ～ 1 000倍液、10%烯啶虫胺可溶性液剂4 000 ～ 5 000倍液、20%吡虫·三唑锡可湿性粉剂1 000 ～ 2 000倍液、30%啶虫·毒死蜱水乳剂1 000 ～ 1 500倍液、17.5%哒螨·吡虫啉可湿性粉剂1 500 ～ 2 000倍液、25%噻虫嗪水分散粒剂4 000 ～ 5 000倍液、2.5%溴氰菊酯乳油2 500 ～ 5 000倍液、50%抗蚜威可湿性粉剂1 000 ～ 2 000倍液、25%速灭威乳油1 000 ～ 2 000倍液、20%甲氰菊酯乳油5 000 ～ 6 000倍液、10%氯氰菊酯乳油2 000 ～ 2 500倍液、0.5%苦参碱水溶液500 ～ 1 000倍液、3%啶虫脒乳油2 500 ～ 3 000倍液，间隔7 d左右喷1次，连喷2 ～ 3次。

4. 矢尖蚧

为害特点 矢尖蚧（*Unaspis yanonensis*）若虫和雌成虫刺吸枝干、叶和果实的汁液，被害处四周变成黄绿色，严重者叶干枯卷缩，枝条枯死，果实不易着色，果小味酸。

形态特征 雌成虫介壳棕褐色至黑褐色，边缘灰白色，介壳质地较硬，略弯曲，形似箭头。雄成虫介壳狭长，粉白色棉絮状，淡黄色（图46-26），体深红色，具发达的前翅。卵椭圆形，橙黄色。1龄若虫草鞋形，橙黄色，触角和足发达；2龄扁椭圆形，淡黄色（图46-27），触角和足均消失。蛹长形，橙黄色。

图46-26 矢尖蚧雄成虫

图46-27 矢尖蚧若虫

发生规律 每年可发生2 ～ 3代，以受精雌虫越冬为主，少数以若虫及蛹的形式越冬。第1代幼蚧5月上旬初见，孵化高峰期为5月中旬，第2代幼蚧盛发高峰期在7月下旬，第3代幼蚧盛发高峰期在9月中旬。

防治方法 加强综合管理，使通风透光，增强树势，提高抗病虫能力。剪除矢尖蚧为害严重的枝，放置于空地上，待天敌飞出后再烧毁。亦可刷除枝干上密集的矢尖蚧。抓住卵孵盛期适期防治幼虫，尤其是第1代卵孵化较整齐，是全年防治最佳时期。

可用30%噻嗪·毒死蜱乳油1 500 ～ 2 500倍液、22.5%啶虫·二嗪磷乳油1 000 ～ 1 500倍液、40%马拉·杀扑磷乳油500 ～ 1 000倍液、40%杀扑·毒死蜱乳油1 600 ～ 2 000倍液、35%噻嗪·氧乐果乳油800 ～ 1 000倍液、40%机油·毒死蜱乳油800 ～ 1 250倍液、30%吡虫·噻嗪酮悬浮剂2 000 ～ 3 000倍液、25%噻嗪酮悬浮剂1 000 ～ 2 000倍液、20%啶虫·毒死蜱乳油800 ～ 1 000倍液、20%杀扑·毒死蜱乳油800 ～ 1 000倍液、6%阿维·啶虫脒水乳剂1 000 ～ 2 000倍液、25%噻虫嗪水分散粒剂4 000 ～ 5 000倍液、20%氰戊·氧乐果乳油1 500 ～ 3 000倍液、20%氯氰·毒死蜱乳油800 ～ 1 000倍液、0.5%烟碱·苦参碱500 ～ 1 000倍液、40%机油·杀扑磷乳油500 ～ 800倍液、44%机油·马拉松乳油350 ～ 440倍液、40%

乐果·杀扑磷乳油1 000 ～ 1 500倍液、15%氰戊·喹硫磷乳油700 ～ 1 000倍液、20%噻嗪·哒螨灵乳油800 ～ 1 000倍液、20%噻嗪酮·杀扑磷乳油800 ～ 1 000倍液、25%噻虫嗪水分散粒剂1 000 ～ 1 500倍液、20%噻嗪酮可湿性粉剂4 000 ～ 5 000倍液、48%毒死蜱乳油1 000 ～ 1 500倍液，均匀喷雾，间隔10 ～ 15 d喷洒1次，连喷2 ～ 3次。化学农药和矿物油乳剂混用效果更好，对已分泌蜡粉或蜡壳者亦有防效。

5. 褐圆蚧

分　　布　褐圆蚧（*Chrysomphalus aonidum*）在我国各柑橘产区都有发生，尤以华南和闽南橘区发生普遍且严重。

为害特点　可为害叶片、枝梢和果实。受害叶片褪绿，出现淡黄色斑点；果实受害后表面不平，斑点累累，品质低下（图46-28）；为害严重时导致树势衰弱，大量落叶落果，新梢枯萎，甚至造成树体死亡。

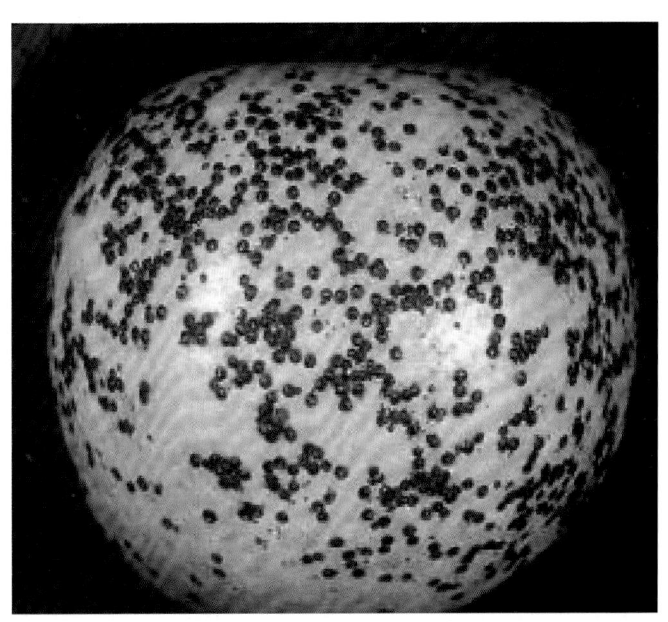

图46-28　褐圆蚧为害果实症状

形态特征　雌成虫介壳为圆形，呈紫褐色，边缘为淡褐色或灰白色，由中部向上渐宽，高高隆起，壳点在中央，呈脐状。体呈倒卵形，淡黄色。雄成虫蚧壳椭圆形或卵形，色泽与雌蚧壳相似。体呈淡橙黄色，足、触角、交尾器及胸部背面均为褐色，有翅1对，透明。卵呈长圆形，淡橙黄色。若虫卵形，淡橙黄色，共2龄。

发生规律　1年发生3 ～ 6代，后期世代重叠严重，主要以若虫越冬。卵产于蚧壳下母体的后方，数小时至2 ～ 3 d后孵化为若虫。初孵若虫活动力强，转移到新梢、嫩叶或果实上取食。经1 ～ 2 d后固定，并以口针刺入组织为害。雌虫若虫期蜕皮2次后变为成虫；雄虫若虫期共2龄，经前蛹和蛹变为成虫。各代1龄若虫的始盛期为5月中旬、7月中旬、9月下旬及11月下旬，以第2代的种群增长最大。

防治方法　合理修剪，剪除虫枝。使用选择性农药，注意保护和利用天敌。

防治指标为5—6月10%的叶片（或果实）有虫；7—9月10%果实发现有若虫2头/果。可选用95%机油乳剂100 ～ 150倍液、40%杀扑磷乳油1 500倍+95%机油乳剂250倍液、25%喹硫磷乳油1 000倍液、50%乙酰甲胺磷乳油800倍液、25%噻嗪酮可湿性粉剂1000倍液、48%毒死蜱乳油1 500倍液等，喷雾防治。

6. 红圆蚧

分　　布　红圆蚧（*Aonidiella aurantii*）分布广泛，在部分地区已成为柑橘的主要害虫。

为害特点　成虫和若虫在寄主的枝干、叶片和果实上吸取汁液（图46-29），影响植株的树势、产量和品质，严重时造成落叶、落果、枯枝。

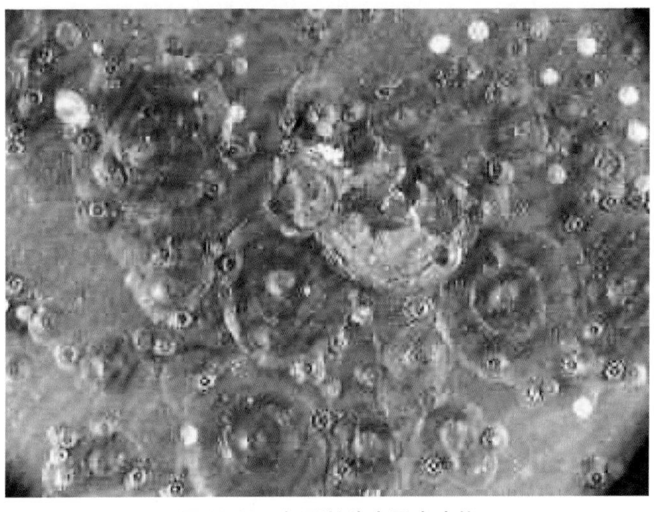

图46-29　红圆蚧为害果实症状

形态特征　雌成虫介壳近圆形，橙红色。有壳点2个，呈橘红色或橙红色，不透明。体呈肾形，淡橙黄色。雄成虫介壳椭圆形，有壳点1个，圆形，橘红色或黄褐色。体橙黄色，眼紫色，有足3对，尾部有一针状交尾器。卵椭圆形，淡黄色至橙黄色。若虫初孵时为黄色，椭圆形，有触角及足。2龄若虫足和触角均消失，体渐圆，近杏仁形，呈橘黄色。后变为肾形，橙红色。

发生规律　1年发生3 ~ 4代，世代重叠明显，受精雌成虫和若虫在枝叶上越冬。6月上、中旬胎生第1代若虫，至8月中旬变为成虫；9月上旬胎生第2代若虫，至10月中旬变为成虫。初孵若虫在母体下停留一段时间后，开始固定，雌虫喜欢固定在叶片的背面，雄虫则以叶片正面较多。若虫固定后1 ~ 2 h即开始分泌蜡质，形成介壳。

防治方法　参照褐圆蚧。

7. 柑橘潜叶蛾

为害特点　柑橘潜叶蛾（*Phyllocnistis citrella*）幼虫为害新梢嫩叶，潜入表皮下取食叶肉，形成弯曲隧道，内留有虫粪（图46-30）。被害叶卷缩、硬化，易脱落。

形态特征　成虫银白色，触角丝状，前翅披针形，中部有黑褐色Y形斜纹，后翅针叶状（图46-31）。卵椭圆形，白色透明。幼虫体扁平，黄绿色，头三角形，老熟幼虫体扁平，纺锤形（图46-32）。蛹纺锤形，初为淡黄色，后变为深黄褐色。茧黄褐色，很薄。

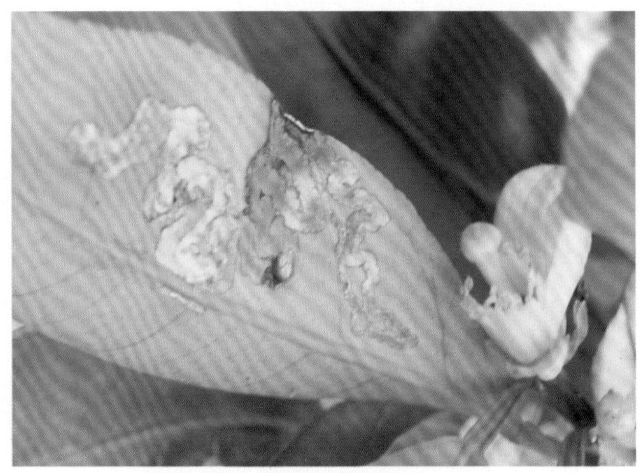

图46-30　柑橘潜叶蛾为害叶片症状

图46-31　柑橘潜叶蛾成虫

图46-32　柑橘潜叶蛾幼虫

发生规律　在浙江每年发生9 ~ 10代，广东、广西15 ~ 16代，世代重叠，多以幼虫和蛹越冬。成虫和卵盛发后的10 d左右，是幼虫盛发期。在南亚热带橘区，2月初孵幼虫为害春梢嫩叶，主要为害夏梢、秋梢和晚秋梢，每年抽梢5 ~ 6次，幼虫有4 ~ 5个高峰期。在中、北热带橘区，于3—4月开始活动，4月下旬至5月上旬幼虫为害柑橘苗圃嫩梢，主害秋梢和晚夏梢。

防治方法　于冬季剪除在枝梢上越冬的幼虫和蛹，春季和初夏早期摘除零星发生为害的幼虫和蛹。及时抹芽控梢，摘除过早、过晚的新梢，通过水肥管理使夏、秋梢抽发整齐健壮。一般在新梢萌发不超过3 mm或新叶受害率在5%左右时开始喷药，应在成虫期及低龄幼虫期重点防治。

可用10%吡虫啉可湿性粉剂2 000倍液、20%苦皮藤素乳油500倍液、90%杀虫单可湿性粉剂600 ~ 1 000倍液、25%杀虫双水剂500 ~ 800倍液、20%氰戊菊酯乳油2 000 ~ 2 500倍液、52.25%氯氰·毒死蜱乳油1 000 ~ 1 250倍液、1.8%阿维菌素乳油4 000 ~ 5 000倍液、5%虱螨脲乳油1 500 ~ 2 500倍液、5%氟啶脲乳油2 000 ~ 3 000倍液、0.3%印楝素乳油400 ~ 600倍液、10%氯氰·敌敌畏乳油600 ~ 800倍液、6.3%阿维·高氯可湿性粉剂3 000 ~ 5 000倍液、40%水胺硫磷乳油1 000 ~ 1 300倍液、4.5%高效氯氰菊酯乳油2 250 ~ 3 000倍液、3%啶虫脒乳油1 000 ~ 2 000倍液、25%除虫脲可湿性粉剂1 000 ~ 2 000倍液、20%氰戊·氧乐果乳油1 500 ~ 3 000倍液、20.5%阿维·除虫脲悬浮剂2 000 ~ 4 000倍液、16%氯氰·三唑磷乳油1 000 ～ 2 000倍液、15%高氯·毒死蜱乳油800 ～ 1 200倍液，均匀喷雾，间隔5 ～ 10 d喷1次，连喷2 ～ 3次，重点喷布树冠外围和嫩芽嫩梢。

8.拟小黄卷叶蛾

为害特点　拟小黄卷叶蛾（*Adoxophyes cyrtosema*）幼虫为害新梢、嫩叶、花和幼果，将果吃成千疮百孔状，引起幼果大量脱落，成熟果腐烂。

形态特征　成虫体黄色，前翅色纹多变。雄虫前翅黄色，具前缘褶，后翅淡黄色（图46-33）。卵椭圆形，常排列成鱼鳞状块，初为淡黄色，渐变为深黄色，孵化前黑色。1龄幼虫头部为黑色，其余各龄幼虫均为黄色，体黄绿色。蛹黄褐色，纺锤形。

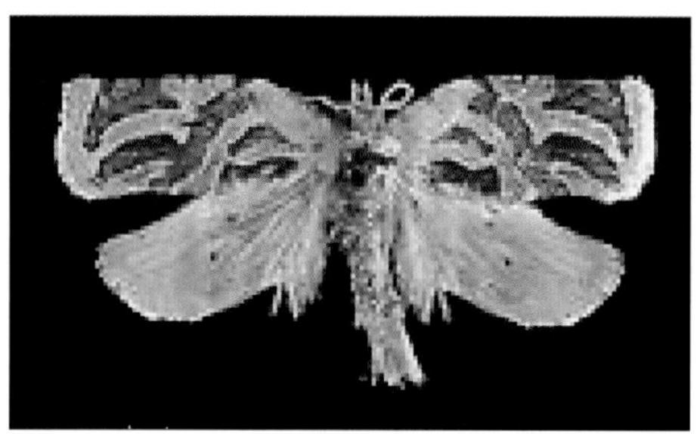

图46-33　拟小黄卷叶蛾成虫

发生规律　在广州地区每年发生8 ～ 9代，福州7代，世代重叠，在幼虫在叶苞及卷叶内越冬，少数以蛹或成虫越冬。越冬幼虫于3月上旬化蛹，3月中旬羽化产卵，初孵幼虫3月下旬至4月上旬盛发，4—5月幼虫大量为害花和幼果，引致大量落果，6—8月幼虫主害嫩叶，9—11月为害成熟果，引起采果前果实大量腐烂和脱落。

防治方法　在冬季剪除虫枝，清除枯枝落叶和杂草，集中处理，减少虫源。摘除卵块、虫果及卷叶团，放置于天敌保护器中。

在谢花期及幼果期喷药防治幼虫，可用80%敌敌畏乳油800 ～ 1 000倍液、50%杀螟硫磷乳油800 ～ 1 000倍液、90%晶体敌百虫800 ～ 900倍液、20%氰戊菊酯乳油2 000 ～ 3 000倍液、2.5%氯氟氰菊酯乳油2 000 ～ 3 000倍液、25%杀虫双水剂600 ～ 800倍液，混入0.3%茶枯或0.2%中性洗衣粉可提高防效。

9.柑橘小实蝇

为害特点　柑橘小实蝇（*Dacus dorsalis*）成虫产卵于果实内，幼虫于果内蛀食，果实常未熟便变黄腐烂或脱落。

形态特征　成虫全体黄色与黑色相间，翅透明，翅脉黄褐色，前缘中部至翅端有灰褐色带状斑（图46-34）。卵梭形，乳白色。幼虫体蛆形，黄白色。蛹椭圆形，淡黄色（图46-35）。

图46-34　柑橘小实蝇成虫

图46-35　柑橘小实蝇幼虫及蛹

发生规律　每年发生3 ～ 8代，无严格的越冬过程，生活史不整齐，各虫态常同时存在。成虫午前羽化，8时前后最盛。全年5—9月虫口密度最高。

防治方法 羽化前深翻土壤，使之不能羽化出土。

成虫羽化期，向地面撒施1.5%辛硫磷粉4 ~ 5 kg杀灭初羽化的成虫。

成虫产卵前，喷洒90%晶体敌百虫800 ~ 1 000倍液、80%敌敌畏乳油1 000 ~ 1 500倍液、25%亚胺硫磷乳油500 ~ 800倍液、20%氰戊菊酯乳油2 000 ~ 3 000倍液、20%甲氰菊酯乳油2 000 ~ 2 500倍液，加3% ~ 5%的糖水以诱集成虫。隔4 ~ 5 d喷1次，连续喷2 ~ 3次效果很好。

10. 柑橘大实蝇

为害特点 柑橘大实蝇（*Tetradacus citri*）幼虫为害果瓤，造成果实腐烂和落果。

形态特征 成虫体黄褐色（图46-36），复眼金绿色，中胸背板正中有“人”字形深茶褐色斑纹，两侧各具1条较宽的同色纵纹。腹部5节长卵形，基部较狭，腹背中央纵贯1条黑纵纹，第三腹节前缘有1条黑横带，同纵纹于腹背中央交叠，呈“十”字形。翅透明，前缘中央和翅端有棕色斑。卵长椭圆形，一端稍尖，微弯曲，乳白色两端稍透明。幼虫体蛆形，乳白色，胸部11节，口钩黑色，常缩入体内（图46-37）。蛹椭圆形，黄褐色。

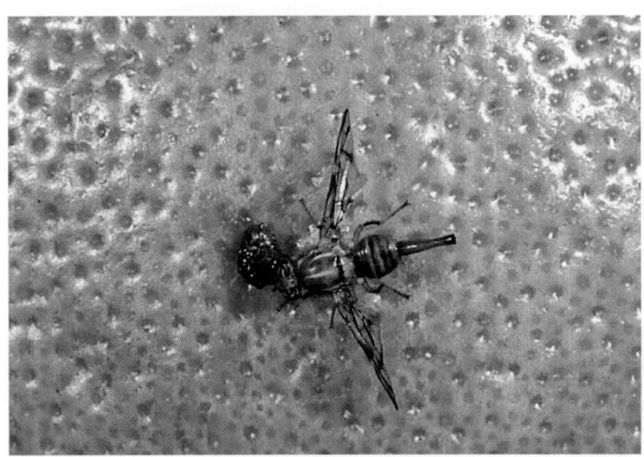

图46-36 柑橘大实蝇成虫

图46-37 柑橘大实蝇幼虫

发生规律 1年发生1代，蛹在3 ~ 7 cm土层中越冬。于翌年4—5月羽化，6—7月交配、产卵，卵产在果皮下，幼虫共3龄，均在果内为害。老熟幼虫于10月下旬，随被害果落地或事先爬出入土化蛹。雨后初晴利于羽化，一般在上午羽化出土，出土后在土面爬行一会，就开始飞翔。新羽化的成虫周内不取食，经20多天性成熟，在晴天交配，下午至傍晚活跃，把卵产在果顶或赤道面之间，产卵处呈乳状突起。

防治方法 参考柑橘小实蝇。

11. 柑橘凤蝶

为害特点 柑橘凤蝶（*Papilio xuthus*）幼虫食芽、叶，初龄幼虫将叶食出缺刻与孔洞，稍大常将叶片吃光，只残留叶柄。

形态特征 成虫有春型和夏型两种。春型比夏型体略小。雌成虫略大于雄成虫，色彩不如雄成虫艳，两种类型翅上斑纹相似，体淡黄绿色至暗黄色，前翅黑色近三角形，近外缘有8个黄色月牙斑，翅中央从前缘至后缘有8个由小渐大的黄斑。后翅黑色（图46-38）。卵近球形（图46-39），初为黄色，后变为深黄色，孵化前紫灰色至黑色。幼虫黄绿色（图46-40）。1龄幼虫黑色，刺毛多；2 ~ 4龄幼虫黑褐色。蛹体鲜绿色，有褐点（图46-41）。

图46-38 柑橘凤蝶成虫

图46-39　柑橘凤蝶卵

图46-40　柑橘凤蝶幼虫

图46-41　柑橘凤蝶蛹

发生规律　每年发生3～6代，以蛹在枝上、叶背等隐蔽处越冬。越冬代5—6月，第1代7—8月，第2代9—10月，以第3代蛹越冬。广东各代成虫发生期：越冬代3—4月，第1代4月下旬至5月，第2代5月下旬至6月，第3代6月下旬至7月，第4代8—9月，第5代10—11月，以第6代蛹越冬。

防治方法　捕杀幼虫和蛹。于幼虫龄期，喷洒40％敌·马乳油1 500倍液、40％菊·杀乳油1 000～1 500倍液、90%晶体敌百虫800～1 000倍液、10%溴·马乳油2 000倍液、80%敌敌畏或50%杀螟硫磷乳油1 000～1 500倍液。

12. 山东广翅蜡蝉

为害特点　山东广翅蜡蝉（*Ricania shantungensis*）成虫、若虫刺吸枝条、叶的汁液为害，产卵于当年生枝条内，致产卵部以上枝条枯死（图46-42）。

形态特征　成虫体呈淡褐色，略显紫红色，被覆稀薄淡紫红色蜡粉。前翅宽大，底色暗褐色至黑褐色，被稀薄淡紫红色蜡粉，使前翅呈暗红褐色，有的杂有白色蜡粉，呈暗灰褐色；后翅呈淡黑褐色，半透明，前缘基部略呈黄褐色，后缘色淡（图46-43）。卵长椭圆形，微弯，初产时为乳白色，后变为淡黄色。若虫体近卵圆形，翅芽外宽，近似成虫。初龄若虫，体被白色蜡粉，腹末有4束蜡丝呈扇状，尾端多向上前弯，蜡丝覆于体背（图46-44）。

图46-42　山东广翅蜡蝉为害枝条、叶脉症状

图46-43　山东广翅蜡蝉初孵成虫

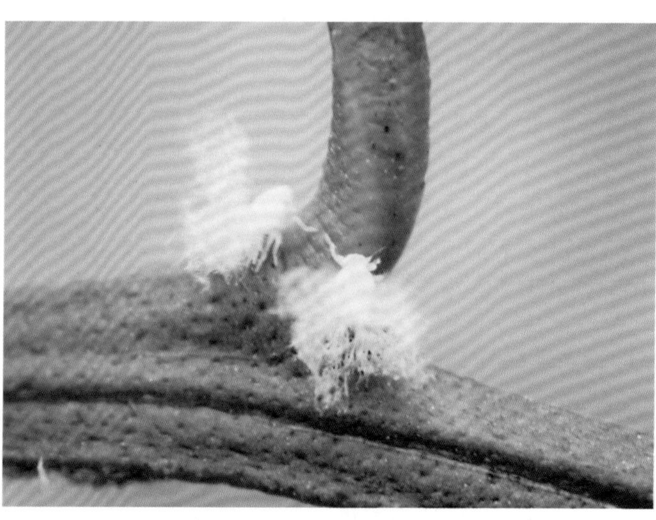

图46-44　山东广翅蜡蝉初孵若虫

发生规律 1年发生1代，卵在枝条内越冬。于翌年5月孵化，为害至7月底羽化，8月中旬进入羽化盛期。成虫经取食后交尾产卵，8月底开始产卵，9月下旬至10月上旬进入产卵盛期，10月中、下旬产卵结束。成虫白天活动，善跳、飞行迅速，喜于嫩枝、芽、叶上刺吸汁液。卵多产于枝条光滑部的木质部内，外覆白色蜡丝状分泌物。

防治方法 于冬、春季结合修剪，剪除有卵块的枝条，集中深埋或烧毁。

若虫期，选用48%毒死蜱乳油1 000倍液、10%吡虫啉可湿性粉剂2 000倍液、25%噻嗪酮可湿性粉剂1 000倍液，喷雾防治。由于该虫被有蜡粉，向药液中加入含油量0.3%～0.4%的柴油乳剂或黏土柴油乳剂，可显著提高防效。

13. 嘴壶夜蛾

分　　布 嘴壶夜蛾（*Oraesia emarginata*）在我国各柑橘产区均有分布。

为害特点 成虫以锐利、有倒刺的坚硬口器刺入果皮，吸食果肉汁液，果面留有针头大的小孔，果肉失水呈海绵状，被害部变色凹陷，以后腐烂脱落。

形态特征 成虫头部和足呈淡红褐色（图46-45），腹部背面为灰白色，其余多为褐色。口器深褐色，角质化，先端尖锐，有倒刺10余条。雌蛾触角丝状，前翅呈茶褐色，有N形花纹，后缘呈缺刻状。雄蛾触角栉齿状，前翅色泽较浅。卵扁球形，初产时为黄白色，1 d后出现暗红色花纹，卵壳表面有较密的纵向条纹。幼虫老熟时全体黑色（图46-46），各体节有一大斑和数目不等的小黄斑组成的亚背线，另有不连续的小黄斑及黄点组成的气门上线。蛹为红褐色（图46-47）。

图46-45 嘴壶夜蛾成虫

图46-46 嘴壶夜蛾幼虫

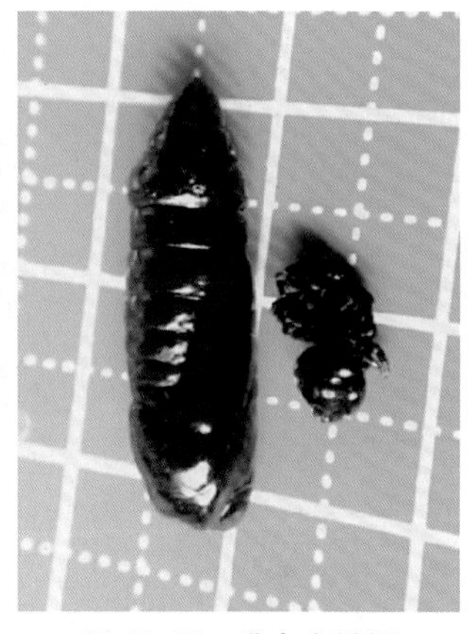
图46-47 嘴壶夜蛾蛹

发生规律 1年发生4～6代，以蛹和老熟幼虫的形式越冬。田间发生很不整齐，幼虫全年可见，但以9—10月发生量较多。成虫略具假死性，对光和芳香味有趋性。白天分散在杂草、作物、篱笆、树干等处潜伏，夜间进行取食和产卵等活动。幼虫老熟后在枝叶间吐丝黏合叶片化蛹。

防治方法 合理规划果园：山区、半山区地区发展柑橘时应成片大面积种植，并尽量避免混栽不同成熟期的品种或多种果树。铲除柑橘园内及周围1 000 m范围内的木防已和汉防已。

拒避或毒杀：每树用5～10张吸水纸，向每张吸水纸滴香茅油1 mL，傍晚时挂于树冠周围；或用塑料薄膜包住萘丸，上刺小孔数个，每株树挂4～5粒。

毒饵诱杀：用瓜果片浸5%丁烯氟虫腈悬浮剂1 200倍液、2.5%溴氰菊酯乳油3 000倍液制成毒饵，挂在树冠上诱杀成虫。

开始为害时喷洒5.7%氟氯氰菊酯乳油或2.5%氯氟氰菊酯乳油2 000～3 000倍液、5%丁烯氟虫腈悬浮剂1 500倍液、2.5%溴氰菊酯乳油2 000倍液喷射树冠，每隔15～20 d喷药1次。采果前20 d停喷。

14. 鸟嘴壶夜蛾

分　　布 鸟嘴壶夜蛾（*Oraesia excavata*）在我国分布于华北地区，河南、陕西、安徽、江苏、浙江、福建、广东、台湾、广西、湖南、湖北、云南等省份。成虫为害柑橘果实。

形态特征 成虫头部、前胸及足赤橙色，中、后胸为褐色，腹部背面灰褐色，腹面橙色，前翅紫褐色，后翅淡褐色（图46-48）。前翅翅尖向外缘突出、外缘中部向外弧形凸出和后缘中部的弧形内凹均较嘴壶夜蛾更为显著。卵扁球形，底部平坦，初产时为黄白色，1 ~ 2 d后色泽变灰，并出现棕红色花纹。幼虫初孵时为灰色，后变为灰绿色。老熟时为灰褐色或灰黄色，似枯枝。蛹体呈暗褐色，腹末较平截。

发生规律 1年发生4代，以幼虫和成虫的形式越冬。卵多散产于果园附近背风向阳处木防己的上部叶片或嫩茎上。幼虫行动敏捷，有吐丝下垂习性，白天多静伏于荫蔽处，夜间取食。成虫在天黑后飞入果园为害，喜食好果。成虫有明显的趋光性、趋化性（芳香和甜味），略有假死性。

防治方法 参照本章二、13.“嘴壶夜蛾”。

图46-48 鸟嘴壶夜蛾成虫

15. 柑橘恶性叶甲

为害特点 柑橘恶性叶甲（*Clitea metallica*）成虫食嫩叶、嫩茎、花和幼果，幼虫食嫩芽、嫩叶和嫩梢，分泌物和粪便污染致幼叶枯焦脱落。

形态特征 成虫长椭圆形，蓝黑色有光泽（图46-49）。头、胸和鞘翅均为蓝黑色，具金属光泽，口器黄褐色，触角基部至复眼后缘具一倒“八”字形沟纹，触角丝状黄褐色。前胸背板密布小刻点，鞘翅上有纵刻点列10行，胸部腹面黑色，足黄褐色，后足腿节膨大，中部之前最宽，超过中足腿节宽的2倍。腹部腹面黄褐色。卵长椭圆形，乳白色至黄白色，外有1层黄褐色网状黏膜（图46-50）。幼虫头黑色，体草黄色。前胸盾半月形，中央具一纵线，将前胸分为左右两块，中、后胸两侧各生一黑色突起，胸足黑色。体背分泌黏液，粪便黏附在背上。蛹椭圆形，初为黄白色，后为橙黄色，腹末具1对叉状突起。

图46-49 柑橘恶性叶甲成虫

图46-50 柑橘恶性叶甲卵

发生规律 在浙江、湖南、四川和贵州1年发生3代，江西和福建3 ~ 4代，广东6 ~ 7代，均以成虫的形式在树皮缝、地衣、苔藓下及卷叶和松土中越冬。春梢抽发期越冬成虫开始活动，在3代区一般于3月底开始活动，各代发生期：第1代4月上旬至6月上旬，第2代6月下旬至8月下旬，第3代（越冬代）9月上旬至翌年3月下旬。全年以第1代幼虫为害春梢最重，后各代发生甚少，夏、秋梢受害不重。成虫能飞、善跳，有假死性，卵产在叶上，以叶尖（正、背面）和背面叶缘较多。初孵幼虫取食嫩叶，叶肉残留表皮，幼虫共3龄，老熟后爬到树皮缝中、苔藓下及土中化蛹。

防治方法 清除霉桩、苔藓、地衣，堵树洞，消除越冬和化蛹场所。树干上束草诱集幼虫化蛹，羽化前及时解除烧毁。

利用成虫的假死习性，在成虫盛发期于柑橘树下铺上塑料薄膜等，再猛摇树干，使成虫假死掉在薄膜上收集烧毁。利用老熟幼虫沿树干下爬入土化蛹的习性，在幼虫化蛹前在树干上捆扎带泥稻草绳，引诱幼虫入内化蛹，在羽化前解下稻草绳烧毁。

药剂防治。初花期（即橘潜叶甲卵盛孵期）是防治的关键时期，可喷洒90%晶体敌百虫800 ~ 1 000倍液、80%敌敌畏乳油1 000 ~ 1 200倍液、50%马拉硫磷乳油1 000 ~ 1 500倍液、20%甲氰菊酯乳油2 000 ~ 3 000倍液、2.5%溴氰菊酯乳油2 000 ~ 2 500倍液、20%氰戊菊酯乳油2 000 ~ 3 000倍液，均有良好效果。隔7 ~ 10 d施1次，连喷2次。

16. 黑刺粉虱

分　布 黑刺粉虱（*Aleurocanthus spiniferus*）分布在江苏、安徽、湖北、台湾、海南、广东、广西、云南、四川、云南等地。

为害特点 成、若虫刺吸叶、果实和嫩枝的汁液，被害叶出现失绿黄白色斑点，随为害的加重斑点扩展成片，进而全叶苍白早落（图46-51）；果实被害，风味品质降低，幼果受害严重时常脱落。排泄的蜜露可诱发煤污病。

图46-51 黑刺粉虱为害叶片症状

形态特征 成虫体橙黄色，薄敷白粉。复眼肾形、红色。前翅紫褐色，上有7个白斑；后翅小，淡紫褐色。卵新月形，基部钝圆具一小柄，直立附着在叶上，初为乳白色，后变为淡黄色，孵化前灰黑色。若虫体黑色，体背上具刺毛14对，体周缘泌有明显的白蜡圈（图46-52）；共3龄，初龄椭圆形、淡黄色，体背生6根浅色刺毛，体渐变为灰色至黑色，有光泽，体周缘分泌1圈白蜡质物；2龄黄黑色，体背具9对刺毛，体周缘白蜡圈明显。蛹椭圆形，初为乳黄色，渐变为黑色。蛹壳椭圆形，漆黑有光泽，壳边锯齿状，周缘有较宽的白蜡边，背面显著隆起。

图46-52 黑刺粉虱若虫

发生规律 在安徽、浙江1年发生4代，福建、湖南和四川4 ~ 5代，均以若虫的形式于叶背越冬。越冬若虫3月间化蛹，3月下旬至4月羽化。世代不整齐，从3月中旬至11月下旬田间各虫态均可见。各代若虫发生期：第1代4月下旬至6月，第2代6月下旬至7月中旬，第3代7月中旬至9月上旬，第4代10月至翌年2月。成虫喜较阴暗的环境，多在树冠内膛枝叶上活动，卵散产于叶背，散生或密集呈圆弧形。初孵若虫多在卵壳附近爬动吸食，共3龄，若虫每次蜕皮，壳均留叠体背。

防治方法 加强管理，合理修剪，使通风透光良好，可减轻发生与为害。

早春发芽前结合防治蚧虫、蚜虫、红蜘蛛等害虫，喷洒含油量5%的柴油乳剂或黏土柴油乳剂毒杀越冬若虫，有较好效果。

药剂防治。1 ~ 2龄时施药效果好，可喷洒80%敌敌畏乳油800 ~ 1 000倍液、40%氧乐果乳油1 000 ~ 1 500倍液、40%乐果乳油1 000 ~ 1 500倍液、50%马拉硫磷乳油1 000 ~ 2 000倍液、10%联苯菊酯乳油5 000 ~ 6 000倍液、10%噻嗪酮乳油2 000 ~ 3 000倍液。3龄及其以后各虫态的防治，最好用含油量0.4% ~ 0.5%的矿物油乳剂混用上述药剂，可提高杀虫效果。

17. 绣线菊蚜

分　　布　绣线菊蚜（*Aphis citricola*）分布于浙江、江苏、江西、四川、贵州、云南、广东、广西、重庆、福建、台湾等省份。

为害特点　成虫和若虫群集在柑橘的芽、嫩梢、嫩叶、花蕾和幼果上吸食汁液。在嫩叶上多群集在叶背为害。幼芽受害后，分化生长停滞，不能抽梢；嫩叶受害后，叶片向背面横向卷曲；梢被害后，节间缩短。花和幼果受害后，严重的会造成落花落果。绣线菊蚜的分泌物，能诱发煤烟病，影响光合作用，使柑橘产量降低，果品质量差。

形态特征　无翅胎生雌蚜体淡黄绿色，与幼小的嫩叶同色，体表有网状纹，腹管圆筒形，尾片圆锥形。有翅胎生雌蚜胸部暗褐色至黑色，腹部绿色（图46-53）。触角第3节有小圆形次生感觉圈5～10个，体表光滑。绣线菊蚜头部前缘中央突出，与桃蚜的凹入形状显著不同，尾片大约呈圆柱形，仅基部稍宽。

图46-53　绣线菊蚜无翅胎生雌蚜、有翅胎生雌蚜

发生规律　在台湾每年发生18代左右，以成虫的形式越冬。在温度较低的地区，秋后产生两性蚜，在雪柳等树上产卵，少数也能在柑橘树上产卵，春季孵出无翅干母，并产生胎生有翅雌蚜。柑橘树上春芽伸展时开始飞到柑橘树上为害，春叶硬化时虫数暂时减少，夏芽萌发后急剧增加，盛夏雨季时又一度减少，秋芽时再度大发生，一直到初冬。

防治方法　于冬、春季结合修剪，剪除在秋梢和冬梢上越冬的卵和虫；在各次抽梢发芽期，抹除抽生不整齐的新梢，切断其食物链。

药剂防治可参考第四十二章二、“苹果害虫中绣线菊蚜的防治方法”。

18. 潜叶甲

分　　布　潜叶甲（*Podagricomela nigricollis*）又叫拟恶性叶甲，分布于重庆、浙江、湖南、江苏、福建、江西、湖北、四川、广西和广东，仅为害柑橘类，以山地柑橘园发生较重。

为害特点　成虫取食叶背面的叶肉和嫩芽，仅留下叶面表皮，使被害叶上留下很多透明斑；幼虫潜入叶内取食叶肉，使叶上出现宽短亮泡状或长形弯曲的蛀道。受害严重时引起落叶、落花、落果（图46-54）。

形态特征　成虫体椭圆形。头和复眼均为黑色，触角丝状，11节，基部3节黄褐色，其余节黑色，前胸背板黑色，有光泽，多小刻点。鞘翅橘黄色，每鞘翅纵列刻点行11列，较清楚可见的有9列。足黑色，后足腿节膨大。腹部枯黄色，雄虫腹板末端3裂状，中央凹；雌虫腹板末端圆形，中央不凹。卵椭圆形，米黄色至黄色，表面具网状纹，覆盖着黑褐色粪便，横粘在叶上。老熟幼虫体深黄色。头部色较淡，边缘略带淡红黄色（图46-55）；触角

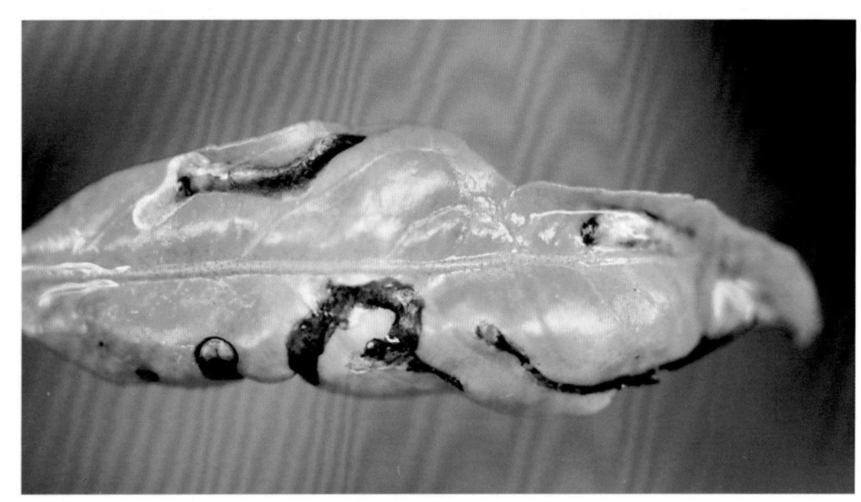

图46-54　潜叶甲为害叶片症状

图46-55 潜叶甲幼虫

3节，蛹淡黄色至深黄色，椭圆形。头部弯向腹面。

发生规律 在重庆、江西、浙江和福建每年发生1代，也有第2代幼虫发生的记载，但一般第2代卵不能发育。成虫在柑橘、龙眼、水松、柳或榕等树的树干翘皮裂缝、伤口处，地衣、苔藓下或树周围松土中越冬、越夏。一般在3月下旬至4月中、下旬，越冬成虫开始活动，爬上春梢为害，产卵于嫩叶上，4月中旬至5月是幼虫为害盛期，5月至6月上旬为当年羽化成虫为害期，6月以后气温升高，成虫潜伏越夏，后转入越冬。成虫能飞、善跳，喜群集，有假死性，常栖息在树冠下部嫩叶背面，以食嫩叶为主，叶柄、花蕾和果柄也可受害，被害叶背面的叶肉被啃掉，仅剩下表皮。卵单粒散产，黏附在嫩叶边缘或叶背面，以叶缘上为多。幼虫孵化后约在1 h内从叶背边缘或叶背面钻入表皮下食叶肉，并向中脉行进，蛀出宽短或弯曲的隧道，在新鲜的隧道中央可见到1条黑色的排泄物。叶片大量遭受破坏，极易脱落，幼虫潜入树冠下松土层内2 ~ 4 cm处，构筑土室化蛹。

防治方法 在冬、春季结合清园，堵塞树洞，除掉树干上的霉桩、地衣、苔藓等成虫藏身之地。在4—5月受害叶脱落后应及时扫集、烧毁，以消灭暂留在落叶中的幼虫。利用成虫的假死习性，在成虫盛发为害期，在地面铺塑料薄膜，振动树冠，收集落下的成虫，集中烧毁。成虫和幼虫为害春梢和早夏梢，可在越冬成虫活动期和产卵高峰期各喷药1次。

药剂种类可参考本章二、15.“柑橘恶性叶甲”的防治药剂。

19. 柑橘粉虱

分　　布 柑橘粉虱（*Dialeurodes citri*）分布于江苏、浙江、湖南、福建、台湾、广东、海南、广西、云南、四川等省份。

为害特点 幼虫群集于叶背刺吸汁液，产生的分泌物易诱发煤病（图46-56），影响光合作用，致发芽减少，树势衰弱。

图46-56 柑橘粉虱为害叶片症状

形态特征　成虫体淡黄色，全体覆有白色蜡粉，复眼红褐色，翅白色（图46-57）。卵椭圆形，淡黄色，具短柄，附着于叶背。幼虫淡黄绿色，椭圆形，扁平，体周围有小突起17对，并有呈放射状的白色蜡丝。蛹椭圆形，淡黄绿色。

发生规律　在浙江1年发生3代，老熟幼虫或蛹在叶背越冬。成虫白天活动，雌成虫交尾后在嫩叶背面产卵，每只可产130粒左右。未经交尾的雌成虫亦能产卵繁殖，但后代全是雄虫。幼虫孵化后经数小时即在叶背固定，后渐分泌白色棉絮状蜡丝，蜡丝随着虫龄增长。幼虫以树丛中间徒长枝和下部嫩叶背面发生最多。

防治方法　参见本章二、16.“黑刺粉虱”。

图46-57　柑橘粉虱成虫

20. 柑橘灰象甲

分　　布　柑橘灰象甲（*Sympiezomias citri*）主要分布于江苏、福建、广东、海南、广西、四川。

为害特点　成虫为害春梢新叶。叶片被吃成残缺不全状，幼果果皮被啮食，果面呈不整齐的凹陷缺刻或残留疤痕，俗称“光疤”，重者造成落果。

图46-58　柑橘灰象甲成虫

形态特征　成虫体密被淡褐色和灰白色鳞片（图46-58）。头管粗短，背面漆黑色，中央纵列1条凹沟，从喙端直伸头顶，其两侧各有1浅沟，伸至复眼前面，前胸长略大于宽，两侧近弧形，背面密布不规则瘤状突，中央纵贯宽大的漆黑色斑纹，纹中央具1条细纵沟，每鞘翅上各有10条由刻点组成的纵行纹，行间具倒伏的短毛，鞘翅中部横列1条灰白色斑纹，鞘翅基部灰白色。雌成虫鞘翅端部较长，合成近V形，腹部末节腹板近三角形。雄成虫两鞘翅末端钝圆，合成近U形。末节腹板近半圆形。无后翅。卵长筒形，略扁，乳白色，后变为紫灰色。末龄幼虫体乳白色或淡黄色。头部黄褐色，头盖缝中间明显凹陷。背面中间部分略呈心脏形，有刚毛3对，两侧部分各生1根刚毛，于腹面两侧骨化部分之间，位于肛门腹方的较小，近圆形，其后缘有刚毛4根。蛹淡黄色。

发生规律　在福建1年发生1代，少数2年完成1代，以成虫和幼虫的形式越冬。成虫刚出土时不太活泼，假死性强。幼虫孵化后即落地入土，深度为10 ～ 50 cm，取食植物幼根和腐殖质。

防治方法　于4月中旬成虫盛发期利用成虫假死性，在树下铺塑料布，然后振动树枝，将掉落的成虫集中烧毁，连续两次，可以基本消除其为害。

在成虫上树前或上树后产卵前防治，喷施40%乙酰甲胺磷乳油1 000 ～ 2 000倍液、45%马拉硫磷乳油1 000 ～ 2 000倍液、40%氧乐果乳油800 ～ 1 000倍液、40%三唑磷乳油2 000 ～ 3 000倍液、35%伏杀硫磷乳油500 ～ 800倍液、40%乐果乳油1 000 ～ 2 000倍液、50%丁苯硫磷乳油1 000 ～ 1 500倍液、5%顺式氯氰菊酯乳油2 000 ～ 2 500倍液、10%高效氯氰菊酯乳油2 000 ～ 3 000倍液、2.5%溴氰菊酯乳油2 000 ～ 4 000倍液，效果显著。

第四十七章　枣树病虫害原色图解

一、枣树病害

目前，各枣区报道的枣树病害有20多种，但在生产中发生普遍、为害严重的病害主要有枣锈病、枣疯病、炭疽病、缩果病等。

1. 枣锈病

分　　布　枣锈病是枣树重要的流行性病害，全国分布广泛，尤其以河南、山东、河北等枣区更为严重。

症　　状　由枣层锈菌（*Phakopsora ziziphi-vulgaris*，属担子菌亚门真菌）引起。仅为害叶片，病初在叶片背面散生淡绿色小点，后逐渐突起成黄褐色锈斑，多发生在叶脉两侧及叶尖和叶基。后期锈斑破裂散出黄褐色粉状物（图47-1）。叶片正面，在与夏孢子堆相对处出现许多黄绿色小斑点，叶面呈花叶状，逐渐失去光泽，最后干枯早落（图47-2）。

图47-1　枣锈病为害叶片背面症状

图47-2　枣锈病为害叶片正面症状

发生规律　主要以夏孢子堆的形式在落叶上越冬，为翌年的初侵染源。翌年夏孢子借风雨传播到新生叶片上，在高湿条件下萌发。一般从7月上旬开始出现症状，8月下旬至9月初夏孢子堆大量出现，通过风雨传播不断引起再侵染，使病害加重。7、8月雨早、雨多时发病严重。

防治方法　合理密植，修剪过密枝条，以利通风透光，增强树势，雨季及时排水，防止果园过湿，行间不种高秆作物和西瓜、蔬菜等需经常灌水的作物。落叶后至发芽前，彻底清扫枣园内落叶，集中烧毁或深翻掩埋，消灭初侵染源。

6月中旬，夏孢子萌发前，喷施80%代森锰锌可湿性粉剂600 ～ 800倍液、50%多菌灵可湿性粉剂800 ～ 1 000倍液、50%甲基硫菌灵可湿性粉剂1 000倍液、50%代森锌可湿性粉剂500倍液等药剂预防。

在7月中旬枣锈病的盛发期喷药防治，可用25%三唑铜可湿性粉剂1 000 ～ 1 500倍液、10%苯醚甲环唑水分散粒剂1 000 ～ 1 500倍液、12.5%烯唑醇可湿性粉剂1 000 ～ 2 000倍液、20%萎锈灵乳油400倍液、97%敌锈钠可湿性粉剂500倍液、12.5%腈菌唑乳油2 000 ～ 3 000倍液，间隔15 d再喷施1次。

2. 枣疯病

分　　布　枣疯病是枣树的一种毁灭性病害，在全国大部分枣产区均有发生，河北、北京、山西、陕西、河南、安徽、广西等枣区发生较严重。

症　　状　主要由植原体（*phytoplasma*）引起。枣疯病的发生，一般先从一个或几个枝条开始，然后再传播到其他枝条上，最后扩展至全株，但也有整株同时发病的。症状特点是枝叶丛生，花器变为营养器官（图47-3），花柄延长成枝条，花瓣、萼片和雄蕊肥大、变绿、延长成枝叶，雌蕊全部转化成小枝（图47-4）。病枝纤细，节间变短，叶小而萎黄，一般不结果。病树健枝能结果，但所结果实大小不一，果面凹凸不平，着色不匀，果肉多渣，汁少味淡，不堪食用。后期病根皮层变褐腐烂，最后整株枯死（图47-5）。

图47-3　枣疯病为害花器叶变症状

图47-4　枣疯病为害丛枝症状

图47-5　枣疯病为害后期整株症状

发生规律　病树是枣疯病的主要侵染源，病原体在活着的病株内存活。北方枣产区自然传病媒介主要是3种叶蝉，即凹缘菱纹叶蝉、橙带拟菱纹叶蝉和红闪小叶蝉。地势较高，土地瘠薄，肥水条件差的山地枣园发病重；管理粗放，杂草丛生的枣园发病重。

防治方法　加强枣园肥水管理，对土质差的区域进行深翻扩穴，增施有机肥，改良土壤，促进枣树生长，增强抗病能力，可减缓枣疯病的发生和流行。枣产区尽量实行枣粮间作，避免病株和健株的根接触，以阻止病害传播。发现病苗应立即刨除，严禁病苗调入或调出，及时刨除病树，及时去除病根蘖及病枝，减少初侵染源。

于早春树液流动前和秋季树液回流至根部前，注射1 000万IU土霉素100 mL、0.1%四环素500 mL。

4月下旬、5月中旬和6月下旬为最佳喷药时期，全年共喷药3 ～ 4次。可喷布50%喹硫磷乳剂1 000倍液、80%敌敌畏乳油1 000倍液、50%辛硫磷乳油1 000倍液、50%杀螟硫磷乳油1 000倍液、50%异丙威乳油500倍液、10%氯氰菊酯乳油1 000倍液、20%氰戊菊酯乳油1 000倍液、2.5%溴氰菊酯乳油1 000倍液、10%联苯菊酯乳油1 000 ～ 1 500倍液等药剂防治媒介叶蝉。

3. 枣炭疽病

分　　布　枣炭疽病是枣生产中重要的病害之一，分布于河南、山西、陕西、安徽等省份。以河南灵宝大枣和新郑灰枣受害最重。

症　　状　由胶孢炭疽菌（*Colletotrichum gloeosporioides*）引起。主要为害果实，也可侵染枣吊、枣叶、枣头及枣股。染病果实着色早，在果肩或果腰处出现淡黄色水渍状斑点，逐渐扩大，形成不规则形黄褐色斑块，中间产生圆形凹陷病斑，病斑扩大后连片，呈红褐色，引起落果（图47-6）。在潮湿条件下，病斑上长出许多黄褐色小突起。剖开病果，果核变黑，味苦，不能食用。轻病果虽可食用，但均带苦味，品质劣化。叶片受害后变黄绿早落，有的呈黑褐色焦枯状悬挂在枝头（图47-7）。

发生规律　菌丝体在枣吊、枣股、枣头和僵果中越冬，其中枣吊和僵果的带菌量最高。翌年春季雨后，越冬病菌形成分生孢子盘，涌出分生孢子，遇水分散，随风雨传播，或昆虫带菌传播。枣果、枣吊、枣叶、枣头等从5月即可能被病菌侵入，带有潜伏的病菌，到7月中、下旬才开始发病，出现病果。8月雨季，发展快。降雨早，连阴天时，发病早且重。

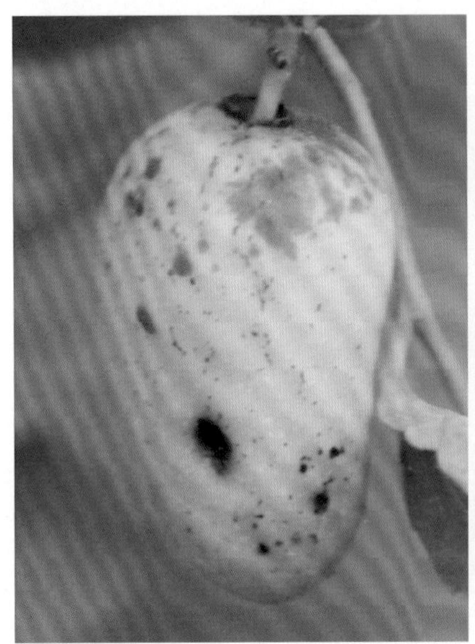

图47-6　枣炭疽病为害果实症状

图47-7　枣炭疽病为害叶片症状

防治方法 摘除残留的越冬老枣吊，清扫掩埋落地的枣吊、枣叶，并进行冬季深翻；结合修剪，剪除病枝、虫枝、枯枝，以减少侵染源。增施农家肥，可增强树势，提高植株的抗病能力。

于发病期前的6月下旬喷施1次杀菌剂消灭树上病原，可选用70%甲基硫菌灵可湿性粉剂800倍液、75%百菌清可湿性粉剂800倍液、77%氢氧化铜可湿性粉剂400 ～ 600倍液、50%多菌灵可湿性粉剂800倍液等。

于7月下旬至8月下旬，喷洒1 ∶ 2 ∶ 200倍波尔多液、50%苯菌灵可湿性粉剂500 ～ 600倍液、40%氟硅唑乳油8 000 ～ 10 000倍液、5%亚胺唑可湿性粉剂600 ～ 700倍液，每10 d喷1次，以保护果实，至9月上、中旬结束喷药。

4. 枣缩果病

分　　布 枣缩果病，常与枣炭疽病混合发生，是威胁枣果产量和品质的重要病害。分布于河北武邑，河南、山东、山西、陕西、安徽、甘肃、辽宁等地。

症　　状 目前，认为该病病原菌以小穴壳菌（*Dothiorella gregaria*）为主。为害枣果，引起果腐和提前脱落。初在病果肩部或腹部出现淡黄色晕环，逐渐扩大，稍凹呈不规则形淡黄色病斑。进而果皮呈水渍状，浸润型，散布针刺状圆形褐点，果肉土黄色、松软，外果皮暗红色、无光泽。病部组织发软萎缩，果柄暗黄色，提前形成离层而早落。病果小、皱缩、干瘪，组织呈海绵状坏死，味苦，不堪食用（图47-8）。

图47-8　枣缩果病为害果实症状

发生规律 在华北地区，一般于枣果变白至着色时发病。8月上旬至9月上旬是发病盛期。降雨量大，发病高峰提前。一旦遇到阴雨连绵或夜雨昼晴天气，此病就容易暴发成灾。

防治方法 于秋、冬季彻底清除枣园病果、烂果，集中处理。对大龄枣树，应在萌芽前刮除并烧毁老树皮。增施有机肥和磷、钾肥，少施氮肥，合理间作，改善枣园通风透光条件。雨后要及时排水，降低田间湿度。

加强对枣树害虫，特别是刺吸式口器和蛀果害虫，如桃小食心虫、介壳虫、蝽象等害虫的防治，可减少伤口，有效减轻病害发生。防治前期，喷施杀虫剂，以防治食芽象甲、叶蝉、枣尺蠖为主；后期，于8—9月结合杀虫，施用氯氰菊酯等杀虫剂，与烯唑醇混合喷雾，对枣缩果病的防效在95%以上。

根据气温和降雨情况，于7月下旬至8月上旬喷第一次药，间隔10 d左右再喷2 ～ 3次药，枣果采收前10 ～ 15 d是防治关键期。目前比较有效的药剂有80%代森锰锌可湿性粉剂750倍液、50%多菌灵可湿性粉剂600倍液、70%甲基硫菌灵可湿性粉剂1 000倍液、10%苯醚甲环唑水分散粒剂2 000 ～ 3 000倍液等。喷药时要均匀周到，雾点要细，使果面全部着药，遇雨及时补喷。

5. 枣焦叶病

分　布　枣焦叶病分布于我国河南、甘肃、安徽、浙江、湖北等地的部分枣产区，其中，以河南新郑枣产区最为严重。

症　状　由胶孢炭疽菌（*Colletotrichum gloeosporioides*）引起主要表现在叶、枣吊上。发病初期，出现灰色斑点，局部叶绿素解体，之后病斑呈褐色，周围呈淡黄色，半个月后病斑中心组织坏死，叶缘淡黄色，由病斑连成焦叶，最后焦叶呈黑褐色，叶片坏死，部分出现黑色小点（图47-9）。

图47-9　枣焦叶病为害叶片症状

发生规律　主要以无性孢子的形式在树上越冬，靠风力传播，由气孔或伤口侵染。5月中旬平均气温21℃，大气相对湿度61%时，越冬菌开始为害新生枣吊，多在弱树多年生枣股上出现，这些零星发病树即是发病中心。7月气温27℃，大气相对湿度75%～80%时进入流行盛期。8月中旬以后，成龄枣叶感病率下降，但二次萌生的新叶感病率颇高。于9月上、中旬停止感病。在河南新郑枣产区，6月中旬个别叶发病，7—8月为发病盛期。树势弱、冠内枯死枝多者发病重。发病高峰期降雨次数多，病害蔓延速度快。

防治方法　在冬季清园，打掉树上宿存的枣吊，收集枯枝落叶，集中焚烧灭菌。萌叶后，除去未发叶的枯枝，以减少传播源。加强肥水管理，增强树势。在雨季防止枣园积水，保持根系良好的透气性，也能减轻或防止该病的发生。

从6月上旬开始，喷施70%甲基硫菌灵可湿性粉剂800～1 000倍液、50%多菌灵可湿性粉剂500倍液、77%氢氧化铜悬浮剂400～500倍液、2%宁南霉素水剂400～500倍液等药剂，间隔10～15 d喷1次，连喷3次，即可控制该病的发生。

于落花后喷25%咪鲜胺乳油1 000倍液、10%苯醚甲环唑水分散粒剂1 000～1 500倍液，每隔15 d喷1次，连喷3～4次。

6. 枣灰斑病

症　　状　由叶点霉菌（*Phyllosticta* sp.，属无性型真菌）引起。主要为害叶片，叶片感病后，病斑暗褐色，圆形或近圆形。后期病斑中央变为灰白色，边缘褐色，其上散生黑色小点，即为病原菌的分生孢子器（图47-10）。

图47-10　枣灰斑病为害叶片症状

发生规律　病原菌以分生孢子器的形式在病叶上越冬。翌年春后，分生孢子于湿润天气借风雨传播，引起侵染。多雨年份发病重。

防治方法　于秋后清扫枯枝落叶，集中烧毁或深埋，减少侵染源。

发病初期，可选用70%甲基硫菌灵可湿性粉剂800～1 000倍液、50%多菌灵可湿性粉剂800～1 000倍液、10%苯菌灵可湿性粉剂1 500～1 800倍液、50%嘧菌酯水分散粒剂5 000～7 000倍液、25%吡唑醚菌酯乳油1 000～3 000倍液、24%腈苯唑悬浮剂2 500～3 200倍液、50%异菌脲可湿性粉剂1 000～1 500倍液等，喷雾防治。

7. 枣叶斑病

分布为害　在浙江、河南、山东、湖南等地枣产区均有发生，近年来发生比较严重。病重时造成叶片早落，影响坐果，幼果早落（图47-11）。

图47-11　枣叶斑病为害叶片症状

症　　状 由枣叶橄榄色盾壳霉（*Coniothyrium aleuritis*）、伏克盾壳霉（*Coniothyrium fuckelii*）引起，两者均属半知菌亚门真菌。主要为害叶片，发病初期一般，在叶片上出现灰褐色或褐色圆形斑点，边缘有黄色晕圈，病情严重时，叶片黄化早落，妨碍枣树花期的授粉、受精过程，并出现落花、落果现象。

发生规律 病菌以分生孢子的形式在病叶中越冬。枣树花期开始染病，在春、夏季雨水多的季节容易发病。

防治方法 在秋、冬季进行清园，清扫并焚烧枯枝落叶，消灭越冬病原菌。

在萌芽前枣园喷施3～5波美度石硫合剂。

5—7月，喷施50%多菌灵可湿性粉剂800倍液、70%甲基硫菌灵可湿性粉剂800～1 000倍液、40%腈菌唑水分散粒剂6 000～7 000倍液、25%丙环唑乳油500～1 000倍液、1.5%多抗霉素可湿性粉剂200～500倍液，间隔7～10 d喷1次，连喷2～3次，可有效地控制该病的发生。

8. 枣树腐烂病

症　　状 由壳囊孢（*Cytospora* sp.，属无性型真菌）引起。主要侵染衰弱树的枝条。病枝皮层开始变为红褐色，渐渐枯死，后从枝皮裂缝处长出黑色突起小点，即为病原菌的子座（图47-12）。

图47-12 枣树腐烂病为害枝条症状

发生规律 病原菌以菌丝体或子座的形式在病皮内越冬。于翌年春后形成分生孢子，通过风雨和昆虫等传播，经伤口侵入。该菌为弱寄生菌，先在枯枝、死节、干桩、坏死伤口等组织上潜伏，然后侵染活组织。枣园管理粗放，树势衰弱，则容易感染。

防治方法 加强管理，多施农家肥，增强树势，提高抗病力。彻底剪除树下的病枝条，集中烧毁，以减少病害的侵染来源。

对轻病枝可先刮除病部，然后涂抹80%乙蒜素乳油50倍液、50%福美双悬浮剂100～150倍液，消毒保护。

9. 枣花叶病

症　　状 由枣树花叶病毒（*Jujube mosaic virus*，JMV）引起。为害枣树嫩梢叶片，受害叶片变小，叶面凹凸不平、皱缩、扭曲、畸形，呈黄绿相间的花叶状（图47-13）。

图47-13 枣花叶病为害叶片症状

发生规律 主要通过叶蝉和蚜虫传播，嫁接也能传病。天气干旱，叶蝉、蚜虫数量多，发病重。

防治方法 加强栽培管理，增强树势，提高抗病能力。嫁接时不从病株上采接穗，发病重的苗木要烧毁，避免扩散。

从4月下旬枣树发芽期开始喷药，可喷施50%辛硫磷乳剂1 000倍液、80%敌敌畏乳油1 000倍液、50%杀螟硫磷乳油1 000倍液、50%异丙威乳油500倍液、20%氰戊菊酯乳油1 000倍液、2.5%溴氰菊酯乳油1 000

倍液、10%联苯菊酯乳油1 000 ~ 1 500倍液等药剂防治媒介叶蝉，或喷施10%吡虫啉可湿性粉剂1 000倍液、50%抗蚜威可湿性粉剂2 500倍液等药剂防治蚜虫，间隔10 ~ 15 d喷1次，全年共喷药3 ~ 4次。

10. 枣黑腐病

分布为害　枣黑腐病又称枣轮纹病，各枣产区均有发生。主要引起果实腐烂和提早脱落。在8—9月枣果膨大发白即将着色时大量发病。年病果率20% ~ 30%，流行年份可在50%以上，甚至枣果绝收。

症　　状　由贝氏葡萄座腔菌（*Botryosphaeria berengeriana*）引起。主要侵害枣果、枣吊、枣头等部位。枣果前期受害，先在前部或后部出现浅黄色、不规则形的变色斑，病斑逐渐扩大并有凹陷或皱褶，颜色逐渐变成红褐色至黑褐色，打开果实可见果肉呈浅土黄色小病斑，严重时整个果肉呈褐色至黑色。后期受害，果面出现褐色斑点，渐渐扩大为椭圆形病斑，果肉呈软腐状，严重时全果软腐（图47-14）。一般枣果出现症状2 ~ 3 d后就提前脱落。当年的病果落地后，在潮湿条件下，病部可长出许多黑色小粒点。在越冬病僵果的表面产生大量黑褐色球状凸起。

发生规律　病原以菌丝、分生孢子器和分生孢子的形式在病浆果和枯死的枝条上越冬。翌年分生孢子借风雨、昆虫等传播，从伤口、虫伤、自然孔口或直接穿透枣果的表皮层侵入。病原潜伏侵染，在6月下旬落花后的幼果期开始侵染，但不发病处于潜伏状态到8月下旬至9月上旬枣果近成熟期才发病。阴雨多的年份病害发生早且重，尤其是8月中旬至9月上旬，若遇连续降雨病害会暴发成灾。

图47-14　枣黑腐病为害枣果症状

防治方法　做好清园工作。消除落地僵果，对发病重的枣园或植株，结合修剪剪除枯枝、病枝、虫枝，集中烧毁，以减少病原。加强栽培管理。对发病的枣园，增施腐熟农家肥，增强树势，提高抗病能力。枣行间种低秆作物，使枣树间通风透光，降低湿度，减少发病。

春季发芽前，向树体喷21%过氧乙酸水剂400 ~ 500倍液，消灭越冬病原。

生长期防治，于7月初喷第一次药，至9月上旬可用杀菌剂喷3次，药剂选用50%克菌丹可湿性粉剂400 ~ 500倍液、20%唑菌胺酯水分散性粒剂1 000 ~ 2 000倍液、68.75%噁唑菌铜·代森锰锌乳油1 500 ~ 2 000倍液、50%多菌灵可湿性粉剂600 ~ 800倍液、50%甲基硫菌灵可湿性粉剂800 ~ 1 000倍液、50%异菌脲可湿性粉剂1 000 ~ 1 500倍液、50%苯菌灵可湿性粉剂1 500 ~ 1 800倍液、60%噻菌灵可湿性粉剂1 500 ~ 2 000倍液、50%嘧菌酯水分散粒剂5 000 ~ 7 500倍液、25%戊唑醇水乳剂2 000 ~ 2 500倍液、3%多氧霉素水剂400 ~ 600倍液、2%嘧啶核苷类抗生素水剂200倍液、20%邻烯丙基苯酚可湿性粉剂600 ~ 1 000倍液。

二、枣树虫害

目前，各枣区报道的枣树虫害有30多种，其中，发生普遍、为害严重的虫害有枣尺蠖、枣龟蜡蚧、枣黏虫、枣黏虫、枣瘿蚊等。

1. 枣尺蠖

分　　布　枣尺蠖（*Sucra jujuba*）在我国所有枣产区均有分布，在河北、山东、河南、山西、陕西五大产枣产区常猖獗成灾。

为害特点　幼虫为害枣芽、枣吊、花蕾、新梢和叶片等绿色组织部分。将叶片吃出缺刻，芽被咬出孔洞但未被全部吃光时，展叶后其上有孔洞。严重时嫩芽被吃光，甚至将芽基部啃成小坑，造成大幅度减产，甚至绝收（图47-15）。

图47-15 枣尺蠖为害枣树症状

形态特征 成虫雌雄异型。雄成虫体灰褐色（图47-16），触角橙褐色、羽状，前翅内、外线黑褐色、波状，中线色淡不明显；后翅灰色，外线黑色、波状。前、后翅中室端均有1个黑灰色斑点。雌成虫体被灰褐色鳞毛（图47-17），无翅，头细小，触角丝状，足灰黑色。卵扁圆形，初为淡绿色，表面光滑有光泽，后转为灰黄色，孵化前呈暗黑色。初孵幼虫灰黑色，2龄幼虫头黄色有黑点，3龄幼虫全身有黄色、黑色、灰色间杂的纵条纹（图47-18）。蛹纺锤形，初为绿色，后变为黄色至红褐色。

图47-16 枣尺蠖雄成虫

图47-17 枣尺蠖雌成虫

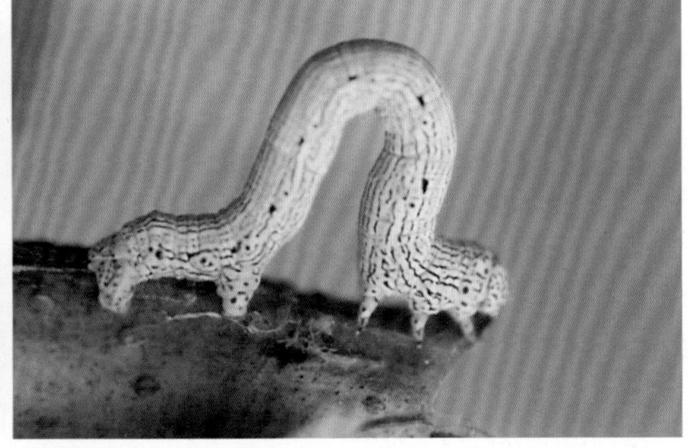

图47-18 枣尺蠖幼虫

发生规律　1年发生1代，蛹分散在树冠下土中越冬，靠近树干部位较集中。成虫在3月中旬至5月上旬羽化，羽化盛期在3月下旬至4月中旬。枣树萌芽期卵开始孵化，孵化盛期在枣吊旺盛生长期。5龄幼虫食量最大。

防治方法　在晚秋和早春翻树盘消灭越冬蛹，孵化前刮树皮消灭虫卵。卵孵化盛期至幼龄幼虫期是防治的关键时期。

在卵孵化盛期，喷施10%烟碱乳油800 ～ 1 000倍液、10%醚菊酯悬浮剂800 ～ 1 500倍液、5%除虫菊素乳油1 000 ～ 1 250倍液、25%灭幼脲悬浮剂1 000 ～ 2 000倍液、20%抑食肼可湿性粉剂1 000倍液、10%呋喃虫酰肼悬浮剂1 000 ～ 1 500倍液、0.65%茴蒿素水剂400 ～ 500倍液、10%硫肟醚水乳剂1 000 ～ 1 500倍液、20%虫酰肼胶悬剂1 000 ～ 2 000倍液、20%氰戊菊酯乳油2 000 ～ 3 000倍液、5%高效氯氰菊酯乳油1 500 ～ 2 000倍液、2.5%溴氰菊酯乳油1 000 ～ 1 500倍液，间隔10 d喷1次，直至卵完成孵化。

枣树发芽展叶时，大部分幼虫进入2龄时，可用50%辛硫磷乳油1 000 ～ 2 000倍液、50%马拉硫磷乳油1 000 ～ 2 000倍液、25%喹硫磷乳油700 ～ 1 000倍液、20%亚胺硫磷乳油800 ～ 1 000倍液、35%伏杀硫磷乳油1 000 ～ 1 400倍液、50%丁苯硫磷乳油800 ～ 1 000倍液、90%晶体敌百虫800 ～ 1 000倍液，为防止害虫产生抗性影响防效，要轮换使用药剂。

2. 枣龟蜡蚧

分　　布　枣龟蜡蚧（*Ceroplas-tes japonicus*）广泛分布于我国各地，其中，以山东、山西、河北、湖北、江苏、浙江、福建、陕西关中东部等地区比较严重。

为害特点　成虫、若虫用刺吸枝条和叶片，吸食汁液并大量分泌排泄物，使枝条或叶片着生黑色霉菌污染枝叶（图47-19），影响光合作用，被害枝衰弱，严重时枝条死亡，或造成枣头、枣股枯死，幼果脱落而减产（图47-20）。

图47-19　枣龟蜡蚧为害叶片症状

图47-20　枣龟蜡蚧为害枣树枝条症状

形态特征　雌成虫体椭圆形，紫红色，背覆灰白色蜡质介壳，表面有龟状凹纹，周缘具8个小突起（图47-21）。雄成虫体棕褐色，触角鞭状，翅透明有两条明显脉纹。卵椭圆形，初产时浅橙黄色，半透明，有光泽，后渐变深，近孵化时为紫红色。初孵若虫体扁平，椭圆形（图47-22）。仅雄虫有蛹，在介壳下化蛹，为裸蛹，纺锤形，棕褐色，翅芽色淡。

图47-21　枣龟蜡蚧雌成虫

图47-22 枣龟蜡蚧初孵若虫

发生规律 1年发生1代，受精雌成虫固着在小枝条上越冬，以当年枣头上最集中。翌年3—4月开始取食，4月中、下旬虫体迅速膨大，取食最烈。6月是产卵期，卵产在母壳下，于6月下旬至7月上旬相继孵化。若虫为害至7月末雌雄分化，8月下旬至9月中旬雄虫羽化，交尾后死亡。雌虫于9月中旬前后，陆续转移到小枝上继续为害，虫体增大，蜡壳加厚，11月进入越冬。

防治方法 在休眠期结合冬季修剪剪除虫枝，雌成虫孵化前要用刷子或木片刮刷枝条上的成虫。

防治的关键时期有2个：第1次在6月底至7月初，此时为卵孵化的初期；第2次在7月5日左右，为卵孵化高峰期。可用30%乙酰甲胺磷乳油500 ～ 600倍液、20%双甲脒乳油800 ～ 1 600倍液、48%毒死蜱乳油1 000 ～ 1 500倍液、45%马拉硫磷乳油1 500 ～ 2 000倍液、80%敌敌畏乳油1 000 ～ 1 500倍液、40%氧乐果乳油1 500 ～ 2 000倍液、25%喹硫磷乳油800 ～ 1 000倍液、40%杀扑磷乳油800 ～ 1 000倍液、3%苯氧威乳油1 000 ～ 1 500倍液、25%速灭威可湿性粉剂600 ～ 800倍液、50%甲萘威可湿性粉剂600 ～ 800倍液、2.5%氯氟氰菊酯乳油1 000 ～ 2 000倍液、20%氰戊菊酯乳油2 000 ～ 3 000倍液、20%甲氰菊酯乳油2 000 ～ 3 000倍液、25%噻嗪酮可湿性粉剂1 000 ～ 1 500倍液、95%机油乳油50 ～ 60倍液、45%松脂酸钠可溶性粉剂80 ～ 120倍液等药剂。为提高杀虫效果，可在药液中混入0.1%～ 0.2%的洗衣粉，每隔15 d喷1次，共喷2 ～ 3次。

3. 枣黏虫

分　　布 枣黏虫（*Ancylis sativa*）分布于河北、河南、山东、山西、陕西、江苏、湖南、安徽、浙江等地。

为害特点 枣树展叶时，幼虫吐丝缠缀嫩叶取食，轻则将叶片吃出大、小缺刻，重则将叶片吃光（图47-23）。在幼果期蛀食幼果，造成大量落果（图47-24）。

图47-23 枣黏虫为害叶片症状

图47-24 枣黏虫为害果实症状

形态特征 成虫全体灰褐黄色。前翅褐黄色，翅面中央有黑褐色纵线纹3条，后翅灰色。卵椭圆形或扁圆形，初产时乳白色，后变为淡黄色、黄色、杏黄色。幼虫共5龄。初孵幼虫头部黄褐色，胴部黄白色，随取食变成绿色。老熟幼虫头部淡褐色，有黑褐色花斑（图47-25）。蛹纺锤形，初为绿色，逐渐变为黄褐色，羽化前为深褐色。

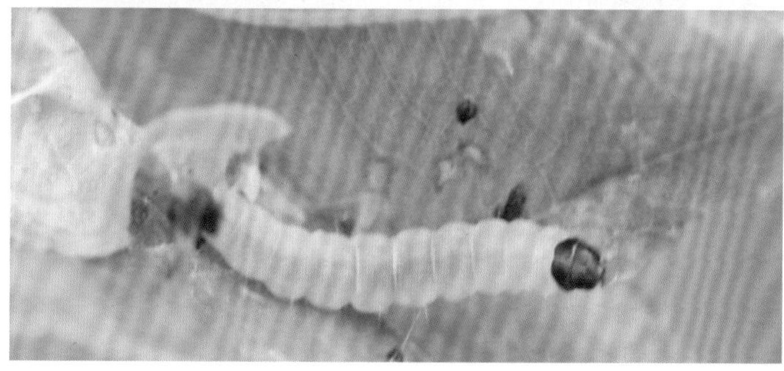

图47-25　枣黏虫成虫和幼虫

发生规律　1年发生3～4代，世代有重叠现象，蛹在粗皮裂缝、树洞、干枝橛和劈缝中越冬。越冬蛹于3月中旬开始羽化，盛期在4月上旬，末期为4月下旬。于3月下旬开始产卵，盛期为4月上旬，末期为6月上旬。幼虫于4月上旬孵化，盛期在4月下旬至5月上旬，5月下旬为为害严重期。

防治方法　冬闲时，刮树皮、堵树洞消灭越冬蛹。

在各代幼虫孵化盛期进行喷药防治。重点在第1代幼虫初、盛期，即枣树发芽初、盛期进行喷药，是消灭此虫的关键期。可用40%三唑磷乳油1 000～2 000倍液、20%氰戊菊酯乳油2 000～3 000倍液、2.5%溴氰菊酯乳油2 500～3 000倍液、30%氧乐·氰菊乳油2 000～3 000倍液、20%水胺硫磷乳油600～750倍液、50%嘧啶磷乳油600～1 000倍液、40%杀扑磷乳油1 000～1 500倍液、50%二溴磷乳油1 500～2 000倍液、50%吡唑硫磷乳油1 500～2 000倍液、30%多噻烷乳油750～1 000倍液、1.8%阿维菌素乳油3 000～4 000倍液、0.5%甲氨基阿维菌素苯甲酸盐微乳剂3 000～4 000倍液。

4. 枣瘿蚊

分　　布　枣瘿蚊（*Contarinia* sp.）分布于河北、陕西、山东、山西、河南等各地枣产区。

为害特点　幼虫为害嫩叶，叶受害后红肿，纵卷，叶片增厚，先变为紫红色，最终变为黑褐色，并枯萎脱落（图47-26）。

图47-26　枣瘿蚊为害嫩叶症状

形态特征　雌成虫体似小蚊，前翅透明，后翅退化为平衡棒。雄成虫体小，触角发达，长过体半。卵白色，微带黄色，长椭圆形。幼虫乳白色，蛆状。茧丝质，白色。蛹略呈纺锤形，初化蛹乳白色，后渐变为黄褐色。

发生规律　1年发生5～6代，幼虫于树冠下土壤内做茧越冬，翌年5月中、下旬羽化为成虫，第1至第4代幼虫盛发期分别在6月上旬、6月下旬、7月中、下旬、8月上、中旬，8月中旬出现第5代幼虫，9月上旬枣树新梢停止生长时，幼虫开始入土做茧越冬。

防治方法 清理树上、树下虫枝、叶、果，并集中烧毁，减少越冬虫源。

4月中、下旬枣树萌芽展叶时，喷施40%氧化乐果乳油1 500倍液、25%灭幼脲悬乳剂1 000 ～ 1 500倍液、52.25%毒·氯乳油2 500 ～ 3 000倍液、10%氯氰菊酯乳油2 000倍液、20%氰戊菊酯乳油2 000倍液、2.5%溴氰菊酯乳油2 000倍液、80%敌敌畏乳油1 000倍液，间隔10 d喷1次，连喷2 ～ 3次。

5. 枣锈壁虱

分　　布 枣锈壁虱（*Epitrimerus zizyphagus*）近年在部分枣产区严重发生。

为害特点 成虫和若虫为害叶、花蕾、花、果实和绿色嫩枝。叶片受害，加厚变脆，沿主脉向叶面卷曲合拢，后期叶缘焦枯，易脱落。花蕾受害后，逐渐变为褐色，并干枯脱落。果实受害后，出现褐色锈斑，果个较小，严重时凋萎脱落（图47-27）。

图47-27 枣锈壁虱为害枣果状

形态特征 成虫呈胡萝卜形，初为白色，后为淡褐色，半透明。卵圆形，极小，初产时白色，半透明，后变为乳白色。若虫与成虫相似，白色，初孵时半透明。

发生规律 1年发生3代以上，成虫或老龄若虫在枣股芽鳞内越冬，1年有3次为害高峰，分别在4月末、6月下旬和7月中旬，每次持续10 ～ 15 d。于8月上旬开始转入芽鳞缝隙越冬。

防治方法 在发芽前（芽体膨大时效果最佳），喷布1次3 ～ 5波美度石硫合剂，可杀灭在枣股上越冬的成虫或老龄若虫。

枣树发芽后20 d内（5月上、中旬），正值此虫出蛰为害初期尚未产卵繁殖时，及时喷施40%硫悬浮剂300倍液、1.8%阿维菌素乳油5 000倍液、15%哒螨灵乳油2 500倍液，15 d后再喷1次。

6. 枣奕刺蛾

分　　布 枣奕刺蛾（*Phlossa conjuncta*）分布于河北、辽宁、山东、江苏、安徽、浙江、湖南、湖北、广东、四川、台湾、云南等地。

为害特点 幼虫取食叶片，低龄幼虫取食叶肉，稍大后取食全叶（图47-28）。

形态特征 成虫全体褐色，雌蛾触角丝状，雄蛾触角短双栉状。头小，复眼灰褐色。胸背上部鳞毛稍长，中间微显红褐色。腹部背面各节有似“人”字形的褐红色鳞毛。前翅基部褐色，中部黄褐色，近外缘处有2块近似菱形的斑纹彼此连接，靠前缘的为褐色，靠后缘的为红褐色，横脉上有1个黑点。后翅为灰褐色（图47-29）。卵椭圆形，扁平，初产时鲜黄色，半透明。初孵幼虫体筒状，浅黄色，背部色稍深。老熟幼虫头褐色，较小，体背面有蓝色斑，联结成金钱状斑纹（图47-30）。长枝刺在胸背前3节上有3对、体节中部1对、腹末2对，皆为红色，体的两侧各节上有红色短刺毛丛1对。蛹椭圆形，扁平，初化蛹时为黄色，渐变为浅褐色，羽化前变为褐色，翅芽为黑褐色。茧椭圆形，比较坚实，土灰褐色。

图47-28 枣奕刺蛾为害叶片症状

图47-29　枣奕刺蛾成虫

图47-30　枣奕枣蛾幼虫

发生规律　每年发生1代，老熟幼虫在树干根颈部附近土下7～9 cm处结茧越冬。于6月上旬开始化蛹，6月下旬开始羽化为成虫。7月上旬幼虫开始为害，为害严重期在7月下旬至8月中旬，自8月下旬开始，幼虫逐渐老熟，下树入土结茧越冬。成虫有趋光性。白天静伏叶背，有时抓住叶悬系倒垂，或两翅做支撑状，翘起身体，不受惊扰。卵产于叶背，成片排列。初孵幼虫爬行缓慢，集聚较短时间即分散在叶背面为害。初期取食叶肉，留下表皮，虫体变大后即取食全叶。

防治方法　结合果树冬剪，彻底清除或刺破越冬虫茧。在发生量大的年份，还应在果园周围的防护林上清除虫茧。于夏季结合农事操作，人工捕杀幼虫。

幼虫发生初期，喷施20%虫酰肼悬浮剂1 500～2 000倍液、5%氟虫脲可分散液剂1 500～2 000倍液、90%晶体敌百虫1 000～1 500倍液、50%辛硫磷乳油1 500～2 000倍液、80%敌敌畏乳油800～1 000倍液、25%灭幼脲悬浮剂1 500～2 000倍液、5%高效氯氰菊酯乳油2 500～3 000倍液、20%氰戊菊酯乳油1 500～2 000倍液。

第四十八章 香蕉病虫害原色图解

一、香蕉病害

香蕉是我国南部地区重要的经济作物，病害是影响其产量和品质的重要因素之一。香蕉病害主要有20多种，其中，为害较为严重的有束顶病、炭疽病、黑星病、花叶心腐病、褐缘灰斑病等。

1. 香蕉束顶病

分布为害 香蕉束顶病是香蕉的重要病害之一。在我国广东、广西、福建、海南、云南及台湾等地均有发生。一般发病率为10%～30%，严重的为50%～80%。

症　　状 由香蕉束顶病毒（*Banana bunchy top virus*，BBTV）引起。病毒粒体球形。植株染病后矮缩，新长出的叶片，一片比一片短且窄小（图48-1），叶片硬直并成束长在一起。病株老叶颜色与健株相比偏黄，新叶则比健株的浓绿。叶片硬且脆，很易折断。在嫩叶上有许多与叶脉平行的淡绿色和深绿色相间的短线状条纹，叶柄和假茎上也有，蕉农称为"青筋"。病株分蘖多，根头变为紫色，无光泽，大部分根腐烂或变为紫色，不发新根。染病植株一般不能抽蕾。为害严重时，植株死亡（图48-2）。

图48-1　香蕉束顶病为害新叶症状

图48-2　香蕉束顶病为害叶柄症状

发生规律 病原病毒在园内主要借香蕉交脉蚜传播，远距离传播则通过病株吸芽调运进行。病毒不能借汁液摩擦及土壤传播。任何有利于香蕉交脉蚜猖獗发生的环境条件都有利于发病。一般在雨水少、天气干旱的年份香蕉交脉蚜发生多，发病较重。在下雨多、天气潮湿的年份香蕉交脉蚜死亡较多，病害发生较少，发病高峰一般在4—5月，其次在9—10月。

防治方法 选种无病蕉苗，新蕉区最好选用组培苗。增施磷、钾肥，合理轮作，彻底挖除病株，挖前先喷药杀蚜，铲除蕉园附近香蕉交脉蚜的寄主，并于每年开春后清园时喷药杀死香蕉交脉蚜。

及时喷药消灭蕉园中的香蕉交脉蚜。一般在3—4月和9—11月喷药防治，可喷25%氟啶虫酰胺悬浮剂6 000 ～ 10 000倍液、21%噻虫嗪悬浮剂4 000 ～ 5 000倍液、1.8%阿维菌素乳油3 000 ～ 4 000倍液、20%呋虫胺水分散粒剂3 000 ～ 4 000倍液、4%阿维·啶虫脒（啶虫脒3% +阿维菌素1%）乳油4 000 ～ 5 000倍液。

在病害发生初期及时喷药防治，可用2%宁南霉素水剂250 ～ 300倍液、3.95%三氮唑核苷水剂500 ～ 600倍液、0.5%菇类蛋白多糖水剂300倍液，喷雾、灌根或注射。

2. 香蕉炭疽病

分布为害　香蕉炭疽病分比较广，在福建、台湾、广东、广西等省份普遍发生，主要为害成熟或近熟的果实，贮运期的果实受害最为严重。

症　　状　由香蕉盘长孢（*Gloeosporium musarum*，属无性型真菌）引起。主要为害蕉果。初在近成熟（图48-3）或成熟的果面（图48-4）上现“梅花点”状、淡褐色小点，后迅速扩大并连合为近圆形至不规则形、暗褐色、稍下陷的大斑或斑块，其上密生带黏质的针头大小点，随后病斑向纵横扩展，果皮及果肉亦变褐腐烂，品质变坏，不堪食用。干燥天气，病部凹陷干缩。果梗和果轴发病，同样长出黑褐色、不规则形病斑，严重时全部变黑，干缩或腐烂，后期亦产生朱红色黏质小点。

发生规律　病菌以菌丝体和分生孢子盘的形式在病叶和病残体上存活越冬。翌年分生孢子盘及菌丝体产生的分生孢子由风雨或昆虫传播到青果上，萌发芽管侵入果皮内，并发展为菌丝体。每年4—10月为此病的多发期，在高温多雨季节发病尤为严重。分生孢子辗转传播，不断进行重复侵染。成熟果实在贮运期间还可以通过接触传染。一般蕉区温度较高，在多雨雾重的天气和园圃潮湿的条件下，或贮运期气温高、湿度大，往往发病严重。

图48-3　香蕉炭疽病为害青果症状

防治方法　选种高产、优质的抗病品种，加强水肥管理，增强植株生势，提高抗病力。及时清除和烧毁病花、病轴和病果，并在结果始期套袋，可减少病菌侵染。采收应在晴天进行，采果及贮运时要尽量避免损伤果实。

结实初期，喷施250 g/L吡唑醚菌酯乳油1 000 ～ 2 500倍液、50%多菌灵可湿性粉剂500倍液、80%代森锰锌可湿性粉剂1 500倍液、75%百菌清可湿性粉剂1 000倍液等药剂预防病害。

在病害发生初期，可用50%甲基硫菌灵可湿性粉剂1 000 ～ 1 200倍液、25%腈苯唑悬浮剂1 000倍液、50%腈菌·锰锌（腈菌唑+代森锰锌）可湿性粉剂800 ～ 1 000倍液、20%丙硫多菌灵悬浮剂800 ～ 1 000倍液、5%咪鲜胺可湿性粉剂800 ～ 1 000倍液、77%氢氧化铜可湿性粉剂1 000倍液等药剂，每隔10 ～ 15 d喷药1次，连喷3 ～ 4次。如遇雨则隔7 d左右喷1次，着重喷果实及附近叶片。

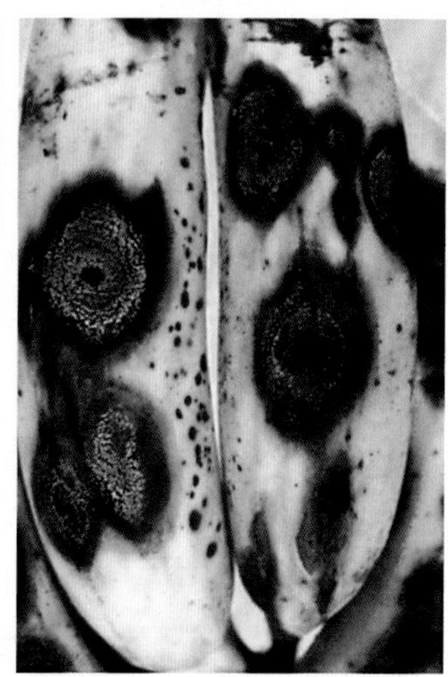

图48-4　香蕉炭疽病为害成熟果症状

果实采收后，可用50%异菌脲可湿性粉剂250倍液、50%抑霉唑可湿性粉剂500倍液、45%噻菌灵悬浮剂450 ～ 600倍液、45%咪鲜胺水乳剂900 ～ 1 800倍液、250 g/L吡唑醚菌酯乳油125 ～ 250倍液浸果1 min（浸没果实），取出晾干，可预防贮运期间烂果。

3. 香蕉黑星病

分　　布 香蕉黑星病是香蕉产区的常见病害。

症　　状 由香蕉大茎点菌（*Macrophoma musae*，属无性型真菌）引起。主要为害叶片和青果，也为害成熟果。叶片发病（图48-5），在叶面及中脉上散生或群生许多小黑粒，后期小黑粒周围呈淡黄色，中部稍下陷，病斑密集成块斑，叶片变黄、凋萎。青果发病，多在果肩弯背部产生许多小黑粒，果面粗糙，随后许多小黑粒聚集成堆。果实成熟时，在每堆小黑粒周围形成椭圆形的褐色小斑；不久病斑呈暗褐色或黑色，周缘呈淡褐色，中部组织腐烂下陷，其上的小黑粒突起（图48-6）。

图48-5　香蕉黑星病为害叶片症状

发生规律 病菌以分生孢子器或分生孢子的形式在蕉园枯叶残株上越冬。翌年雨后，分生孢子靠雨水飞溅传到叶片上侵染，叶片上的病菌随雨水流溅向果穗。叶片上斑点因雨水流动呈条状分布。9月下旬至10月上旬旱季时潜育期19 d，12月至翌年1—2月低温干旱时间长达69 d，全年以8—12月受害重。夏、秋季若多雨高湿则有利于发病。植株苗期较抗病，挂果后期果实最易感病，高温多雨季节病害易流行。

防治方法 注意果园卫生，经常清除、销毁病叶残株。不偏施氮肥，增施有机肥和钾肥，提高植株抗病力；疏通蕉园排灌沟渠，避免雨季积水；抽蕾挂果期，用纸袋或塑料薄膜套果，减少病菌侵染。套袋前后各喷1～2次杀菌剂，效果更好。

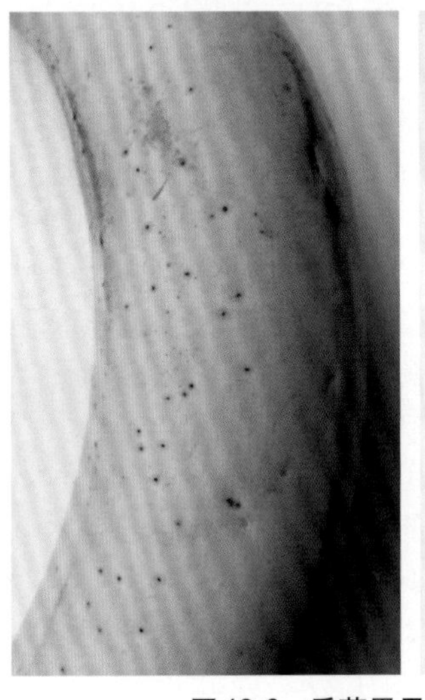

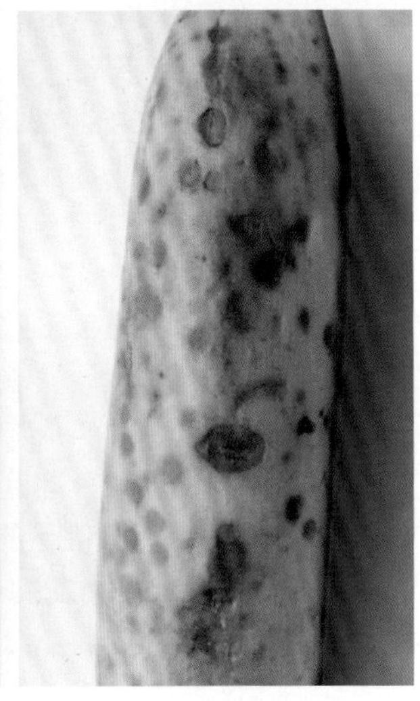

图48-6　香蕉黑星病为害果实症状

在叶片发病前期，喷施75%百菌清可湿性粉剂800～1 000倍液、50%多菌灵可湿性粉剂800倍液、30%吡唑醚菌酯悬浮剂1 000～1 500倍液、36%甲基硫菌灵悬浮剂800倍液等药剂，预防病害发生。

在叶片发病初期或在抽蕾后苞叶未开前，可用25%丙环唑乳油1 000～1 500倍液、75 g/L氟环唑乳油400～750倍液、400 g/L氟硅唑乳油6 000～8 000倍液、25%腈菌唑乳油2 500～3 000倍液、250 g/L苯醚甲环唑乳油2 000～3 000倍液、22.5%啶氧菌酯悬浮剂1 500～1 750倍液、14%氟环·嘧菌酯（嘧菌酯7%+氟环唑7%）乳油700～930倍液、200 g/L氟酰羟·苯甲唑（苯醚甲环唑125 g/L+氟唑菌酰羟胺75 g/L）悬浮剂750～1 500倍液、42%唑醚·锰锌（代森锰锌40%+吡唑醚菌酯2%）悬浮剂500～750倍液、50%苯甲·吡唑酯（苯醚甲环唑30%+吡唑醚菌酯20%）悬浮剂2 500～3 000倍液、400 g/L戊唑·咪鲜胺（戊唑醇133 g/L+咪鲜胺267 g/L）水乳剂1 000～1 500倍液、32%苯甲·肟菌酯（肟菌酯14%+苯醚甲环唑18%）悬浮剂2 500～3 000倍液、30%戊唑·嘧菌酯（戊唑醇20%+嘧菌酯10%）悬浮剂2 000～2 500倍液、75%肟菌·戊唑醇（肟菌酯25%+戊唑醇50%）水分散粒剂2 500～3 500倍液、25%多菌灵可湿性粉剂800倍液+0.04%柴油、50%苯菌灵可湿性粉剂1 500倍液、70%甲基硫菌灵超微可湿性粉剂1 000倍液喷病叶或果实，重点喷果实。间隔10～15 d喷1次，连续喷3次。

4. 香蕉花叶心腐病

分布为害 香蕉花叶心腐病为香蕉重要病害之一。在广东、广西、福建、云南等地均有发生。广东的珠江三角洲为重发病区，有些蕉园发病率在90%以上。

症　　状 由黄瓜花叶病毒香蕉株系（*Cucumber mosaic virusstrain Banana*）引起。粒体呈球形多面体状。属全株性病害。病株叶片现褪绿、黄色条纹，呈典型花叶斑驳状（图48-7），尤以近顶部1～2片叶最明显，叶脉稍肿突。假茎内侧初现黄褐色、水渍状小点，后扩大并连合成黑褐色、坏死条纹或斑块。早发病幼株矮缩甚至死亡；成株感病则生长较弱，多不能结果，即使结实也难长成正常蕉果。当病害进一步发展时，心叶和假茎内的部分组织出现水渍状病区，以后坏死，变为黑褐色，腐烂。纵切假茎可见病区呈长条状坏死斑，横切面呈块状坏死斑。有时根茎内也发生腐烂。

图48-7　香蕉花叶心腐病为害叶片症状

发生规律　蕉园内病害近距离传播主要靠蚜虫，也可以通过汁液摩擦或机械接触方式传播；远距离传播则通过带病芽的调运进行。幼嫩的组培苗对该病极敏感，感病后1～3个月即可发病，吸芽苗则较耐病，且潜育期较长。温暖、较干燥的环境有利于蚜虫繁殖活动，往往发病较重。每年发病高峰期为5—6月。幼株较成株易感病。园内及其附近栽植茄、瓜类作物的园圃发病较多。在高湿多雨的春季一般较少发病。在温暖干燥的年份，发生较为严重。

防治方法　严禁从病区挖取球茎和吸芽作为繁殖种苗用的材料。培育和使用脱毒的组培苗。种植组培苗宜早（3月间）勿迟，不宜秋植；宜选6～8片的大龄苗定植。清除园内及附近杂草，避免在园内及其附近种植瓜、茄类作物。挖出的病株、蕉头和吸芽可就地斩碎、晒干，然后搬出园外烧毁。

苗期要加强防虫、防病工作，10～15 d喷1次50%抗蚜威可湿性粉剂1 500倍液等，以杀灭蚜虫，同时加喷一些助长剂和防病毒剂，提高植株的抗病力，尤其是在高温干旱季节。

及时铲除田间病株、消灭传病蚜虫。发现病株要在短时间内尽快全部挖除，在挖除病株前、后，要用2.5%溴氰菊酯乳油2 500～5 000倍液、10%吡虫啉可湿性粉剂3 000～4 000倍液、2.5%氯氟氰菊酯乳油2 500～3 000倍液喷布病株和病穴。

5. 香蕉褐缘灰斑病

分布为害　香蕉褐缘灰斑病又称香蕉尾孢菌叶斑病，在我国各蕉区普遍发生。主要为害叶片，引起蕉叶干枯，造成植株早衰，发病重者减产50%～75%。

症　　状　由香蕉尾孢菌（*Cercospora musae*，属无性型真菌）引起。分生孢子梗褐色，丛生。分生孢子细长，无色，有0～6个分隔。有性态为香蕉褐条斑小球壳菌（*Mycosphaerella musicola*），属子囊菌亚门真菌。该病通常先发生于下部叶片，后渐向上部叶片扩展，病斑最初为点状或短线状褐斑，先见于叶背，然后扩展成椭圆形或长条形、黄褐色至黑褐色病斑，或多数病斑融合成不规则形、黑褐色大斑。融合后病斑周围组织黄化。在同一叶片上，通常叶缘发病较重，病斑由叶缘向中脉扩展，重者可使整张叶片枯死（图48-8）。

图48-8 香蕉褐缘灰斑病为害叶片症状

发生规律 病菌以菌丝的形式在寄主病斑或病株残体上越冬。在春季产生分生孢子或子囊孢子借风雨传播，蕉叶上有水膜且气温适宜时，侵入气孔细胞及薄壁组织。每年4—5月初见发病，6—7月高温多雨病害盛发，9月后病情加重，枯死的叶片骤增，10月底以后随着降雨量和气温的下降，病害发展速度减慢。夏季高温多雨有利于该病的发生、流行。过度密植、偏施氮肥、排水不良的蕉园发病较重。

防治方法 及时清除蕉园的病株残体，减少初侵染源。多施磷、钾肥，不要偏施氮肥。水田蕉园应挖深沟，雨季及时排水。控制种植密度。

在发病前期，喷施75％百菌清可湿性粉剂800～1 000倍液、80％代森锰锌可湿性粉剂800倍液等药剂预防。

在发病初期或从现蕾期前1个月起进行喷药防治。常用药剂有70％甲基硫菌灵可湿性粉剂800倍液加0.02％洗衣粉，25％多菌灵可湿性粉剂800倍液加0.04％柴油，25％丙环唑乳油1 000～1 500倍液、25％腈菌唑乳油2 000～3 000倍液、10％苯醚甲环唑水分散粒剂2 000倍液、25％咪鲜胺乳油1 500倍液、5％嘧菌酯悬浮剂1 000～1 500倍液、24％腈苯唑悬浮剂1 000～1 200倍液、12.5％氟环唑悬浮剂1 000～2 000倍液、25％丙环唑·多菌灵悬乳剂800～1 200倍液、25％吡唑醚菌酯乳油1 000～3 000倍液、30％苯醚甲环唑·丙环唑乳油1 000～2 000倍液、40％氟环唑·多菌灵悬浮剂1 500～2 000倍液等。每隔10～20 d喷1次，全株喷雾3～5次效果好。

6. 香蕉镰刀菌枯萎病

症　状 由尖孢镰孢古巴专化型（*Fusarium oxysporum* f. sp. *cubense*，属无性型真菌）引起。香蕉黄叶病属维管束病害。内部症状表现为假茎和球茎维管束上产生黄色到褐色病变，呈斑点状或线状，后期贯穿成长条形或块状。根部木质导管变为红棕色，一直延伸到球茎内，后变少黑褐色、干枯。外部症状在龙牙蕉上表现为叶片倒垂型黄化和假茎基部开裂型黄化两种。叶片倒垂型黄化（图48-9）：发病植株下部及靠外的叶鞘先出现特异性黄化，叶片黄化先在叶缘出现，后逐渐扩展到中脉，黄色部分与叶片深绿色部分形成鲜明对比。染病叶片很快倒垂枯萎，由黄色变为褐色，干枯，形成一条枯干倒挂着的枯萎叶片。假茎基部开裂型黄化（图48-10）：病株先从假茎外围的叶鞘近地面处开裂，渐向内扩展，层层开裂直到心叶，并向上扩展，裂口褐色、干腐，最后叶片变黄，倒垂或不倒垂，植株枯萎相对较慢。

图48-9 香蕉镰刀菌枯萎病叶片倒垂型黄化

图48-10 香蕉镰刀菌枯萎病假茎开裂型黄化

发生规律 病菌从根部侵入导管，产生毒素，使维管束坏死。蕉苗、流水、土壤、农具等均可带病。病苗种植和水沟丢弃病株是该病蔓延的主要原因。病菌在土壤中寄生时间长（几年甚至20年）。酸性土壤有利于该菌的滋生。排水不良及伤根促进该病发生。每年10—11月为发病高峰。蕉园有明显的发病中心。

防治方法 农业防治：避免病土育苗，加强检疫。

土壤消毒：15％噁霜灵水剂或20％敌菌灵可湿性粉剂与土壤按1：200比例配制成药土后，撒入苗床或定植穴中。

在发病初期灌根。发现零星病株时，用53.8%氢氧化铜干悬浮剂1 000倍液、23%络氨铜悬浮剂500倍液、10亿芽孢/g枯草芽孢杆菌可湿性粉剂50 ~ 60倍液、90%噁霉灵可湿性粉剂1 000倍液灌根，每株500 ~ 1 000 mL，每隔5 ~ 7 d灌根1次，连续灌根2 ~ 3次。

7. 香蕉冠腐病

分布为害　香蕉冠腐病是香蕉采后及运输期间发生的重要病害。发病严重时果腐率达18.3%，轴腐率为70% ~ 100%，往往造成重大的经济损失。

症　　状　由串珠镰孢（*Fusarium moniliforme*）、半裸镰孢（*Fusarium semitectum*）和双胞镰孢（*Fusarium dimerum*，属无性型真菌）引起。病菌最先从果轴切口侵入，造成果轴腐烂并延伸至果柄，致使果柄腐烂，果指散落。受害果指果皮爆裂，果肉僵死，不易催熟转黄。成熟的青果受害时，发病的蕉果先从果冠变褐，后期变为黑褐色至黑色，病部无明显界限，以后病部逐渐从冠部向果端延伸。空气潮湿时病部上产生大量白色霉状物，即病原菌的菌丝体和子实体，并产生粉红色霉状物，此为病原菌的分生孢子（图48-11）。

图48-11　香蕉冠腐病为害果轴症状

发生规律　香蕉去轴分梳以后，切口处留下大面积伤口，成为病原菌的入侵点。香蕉运输过程中，长期沿用的传统采收、包装、运输等环节常导致果实伤痕累累，加上夏、秋季北运车厢内高温、高湿，常导致果实大量腐烂。香蕉产地贮藏时，聚乙烯袋密封包装虽能延长果实的绿色寿命，但高温、高湿及二氧化碳等小环境极易诱发香蕉冠腐病。雨后采收或采前灌溉的果实也极易发病。成熟度太高的果实在未到达目的地时已黄熟，也常引起北运途中大量烂果。

防治方法　预防该病的关键是尽量减少贮运各环节中造成的机械伤。降低果实后期含水量，采收前10 d内不能灌溉，雨后一般应隔2 ~ 3 d晴天后再收果。

采收后马上用500 g/L噻菌灵悬浮剂720 ~ 900倍液、450 g/L咪鲜胺水乳剂900 ~ 1 200倍液、500 g/L异菌脲悬浮剂300 ~ 400倍液、20%咪鲜·抑霉唑（咪鲜胺15%+抑霉唑5%）乳油400 ~ 600倍液、20%咪鲜·异菌脲（咪鲜胺10%+异菌脲10%）悬浮剂500 ~ 700倍液、50%多菌灵可湿性粉剂500倍液、50%咪鲜胺锰盐可湿性粉剂2 000倍液、45%噻菌灵悬浮剂600倍液、50%双胍辛胺可湿性粉剂1 500倍液进行浸果处理，然后包装。袋内充入适量二氧化碳可减少病害发生。

选用冷藏车运输。可明显降低病害的发生，冷藏温度一般控制在13 ~ 15℃。

8. 香蕉煤纹病

症　　状　由簇生长蠕孢（*Helminthosporium torulosum*，属无性型真菌）引起。主要为害叶片，多从叶缘发病，病斑椭圆形，暗褐色，后扩展成不规则形大斑，中央灰褐色，有明显轮纹，边缘暗褐色，外缘有淡黄色晕圈，背面有暗褐色霉状物（图48-12）。

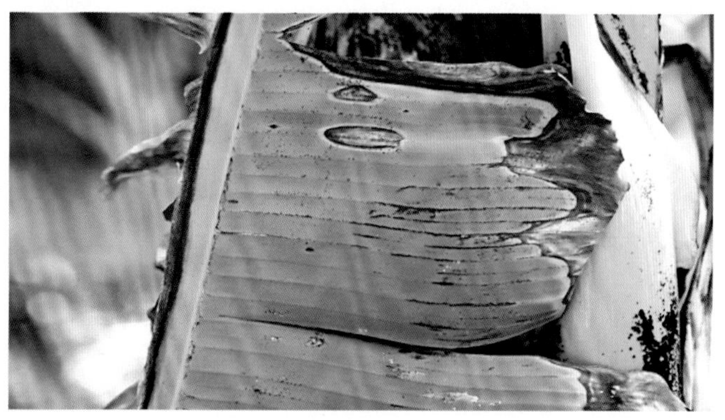

图48-12　香蕉煤纹病为害叶片症状

发生规律　菌丝体或分生孢子在病残体上越冬。于翌年春季借风雨传播，落在叶面上，侵染叶片。以后病斑上产生分生孢子进行再侵染。6—7月为发病盛期。果园密度较高，地势低洼，排水不良时发病较重。

防治方法 在冬季清除田间病残体，加强田间管理，合理施肥，增强抗病能力，注意排水。发现病叶及时剪除，防止蔓延。

病害发生初期，喷施50%多菌灵可湿性粉剂800倍液、65%甲基硫菌灵·乙霉威可湿性粉剂1 500 ~ 2 000倍液、24%腈苯唑悬浮剂1 000 ~ 1 200倍液、12.5%氟环唑悬浮剂1 000 ~ 2 000倍液、25%丙环唑乳油1 000 ~ 1 500倍液、10%苯醚甲环唑水分散粒剂2 000 ~ 3 000倍液等药剂，间隔10 d喷1次，连喷2 ~ 3次。

9. 香蕉灰斑病

症　　状 由香蕉暗双胞（*Cordana musae*，属无性型真菌）引起。主要为害叶片，多从叶缘水孔侵入，初呈暗褐色，水渍状，半圆形或椭圆形，大小不一。病斑扩展后，多个小病斑连接成大斑，斑内下方呈淡灰褐色，上方呈暗褐色，边缘暗黑色，外缘有明显的黄色波浪形晕圈，斑内呈轮纹状，斑背有灰褐色霉状物（图48-13）。

发生规律 病菌主要以菌丝体的形式在寄主病部或病株残体上越冬。分生孢子靠风雨传播，落在寄主叶面后开始发芽，然后自表皮侵入。该病多发生于适温、湿度较高的季节，每年5—6月为发病盛期。果园密度较高，地势低洼，排水不良时发病较重。

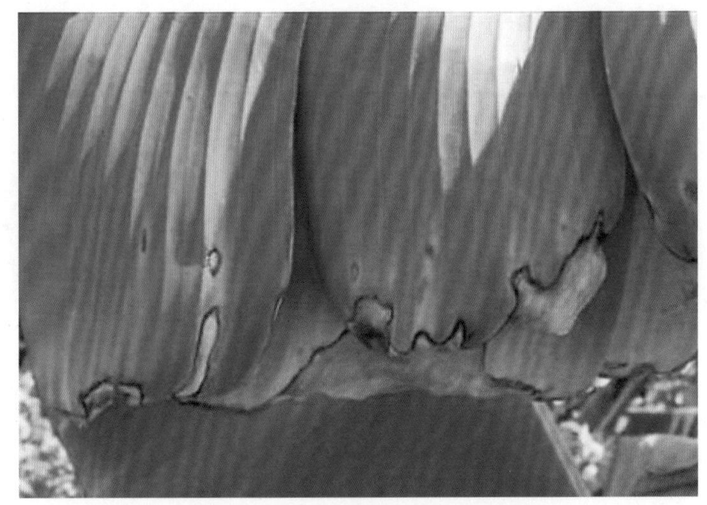

图48-13　香蕉灰斑病为害叶片症状

防治方法 加强田间管理，合理施肥，增强抗病能力，注意排水。发现病叶及时剪除，防止蔓延。

发病初期，可用80%代森锰锌可湿性粉剂800倍液、16%咪鲜胺·异菌脲悬浮剂600 ~ 800倍液、12%腈菌唑乳油8 000 ~ 10 000倍液、12.5%腈菌唑·咪鲜胺乳油600 ~ 800倍液、50%苯菌灵可湿性粉剂600 ~ 800倍液、10%苯醚甲环唑水分散粒剂2 000 ~ 2 500倍液，间隔10 d喷施1次，连续喷2 ~ 3次。

二、香蕉虫害

为害香蕉的害虫主要有香蕉弄蝶、香蕉交脉蚜、香蕉假茎象鼻虫等。

1. 香蕉弄蝶

分　　布 香蕉弄蝶（*Erionota torus*）是蕉园的重要害虫，主要分布于广西、广东、海南、福建、台湾、云南、贵州、湖南等省份。

为害特点 幼虫吐丝卷叶结成叶苞，藏于其中取食蕉叶，发生严重时，蕉株叶苞累累，蕉叶残缺不全，甚至只剩下中脉，阻碍生长，影响产量（图48-14）。

图48-14　香蕉弄蝶为害叶片症状

形态特征 成虫：雄成虫体黑褐色或茶褐色（图48-15）。头胸部密被灰褐色鳞毛。触角端部膨大呈钩状，近膨大部分白色。前翅近基部被灰黄色鳞毛，翅中部有2个近长方形大黄斑，近外缘有1个近方形小黄斑，前后翅缘毛均呈白色。卵圆球形，略扁，卵壳表面有放射状白色线纹，初产时黄色，渐变为红色。幼虫体被白色蜡粉（图48-16）。头黑色，略呈三角形。蛹为被蛹，圆筒形，淡黄色，被有白色蜡粉。

发生规律　1年发生4～5代，幼虫在蕉叶卷苞中越冬。于翌年2—3月开始化蛹，3—4月成虫羽化，各代重叠发生。成虫于清早或傍晚活动，卵多在早晨孵化，幼虫体表分泌有大量的白粉状物，幼虫吐丝把叶片卷成筒状，形成虫苞，藏身其中，边食边卷，幼虫为害期多在每年6—10月，其中6—8月虫口数量最多。

防治方法　重点消灭越冬幼虫，认真清理蕉园，采集虫苞并集中处理。在发生为害的高峰时期，也可采用人工摘除虫苞或用小枝条打落虫苞的方法，集中杀死其中的幼虫、蛹。

掌握幼虫低龄期，采用5%灭幼脲乳油1 500倍液、10%氯氰菊酯乳油或2.5%溴氰菊酯乳油1 000～2 500倍液、4%甲氧虫酰肼悬浮剂2 500～3 750倍液、5%虱螨脲悬浮剂1 000～2 000倍液、20%虫酰肼悬浮剂1 500～2 000倍液、3%甲氨基阿维菌素苯甲酸盐微乳剂3 000～4 000倍液、20%虫酰肼悬浮剂1 500～2 000倍液、14%氯虫·高氯氟（高效氯氟氰菊酯4.7%+氯虫苯甲酰胺9.3%）微囊悬浮剂3 000～5 000倍液、6%甲维·杀铃脲（杀铃脲5.5%+甲氨基阿维菌素苯甲酸盐0.5%）悬浮剂1 500～2 000倍液、48%毒死蜱乳油1 000倍液、100亿个/g苏云金杆菌粉500～1 000倍液、2.5%氯氟氰菊酯乳油1 500～3 000倍液，叶面喷雾。

图48-15　香蕉弄蝶成虫

图48-16　香蕉弄蝶幼虫

2. 香蕉交脉蚜

分　　布　香蕉交脉蚜（*Pentalonia nigronervosa*）在我国华南各蕉区均有分布，主要传播香蕉束顶病。

为害特点　香蕉交脉蚜刺吸为害蕉类植物，使植株生势受影响，更严重的是吸食病株汁液后能传播香蕉束顶病和香蕉花叶心腐病，对香蕉生产有很大的危害性（图48-17）。

形态特征　香蕉交脉蚜有翅，蚜体深红色，复眼红棕色，触角、腹管和足的腿节、胫节的前端呈暗红色，头部明显长有角瘤，触角6节，并在其上有若干个圆形的感觉孔，腹管圆筒形，前翅大于后翅。孤雌生殖，卵胎生，幼虫要经过4个龄期以后，才变成有翅或无翅成虫。

发生规律　每年发生20代以上。冬季蚜虫在叶柄、球茎、根部越冬。春季气温回升，蕉树生长季节，蚜虫开始活动、繁殖。主要借风进行远距离传播，近距离传播则通过爬行或随吸芽、土壤、工具及人工传播。在冬季很少发生，4—5月陆续发生。10—11月一般为香蕉交脉蚜发生高峰期。广东香蕉交脉蚜盛发期是4月左右和9—10月。干旱年份发生量多，且有翅蚜比例高，多雨年份则相反。

图48-17　香蕉交脉蚜为害症状

防治方法 一旦发现患病植株，立即喷洒杀虫剂，彻底消灭带毒的香蕉交脉蚜，再将病株及其吸芽彻底挖除，防止香蕉交脉蚜再次吸食毒汁，传播病害。

春季气温回升，香蕉交脉蚜开始活动至冬季低温到来香蕉交脉蚜进入越冬之前，应及时喷药杀虫。有效的药剂有1.8%阿维菌素乳油3 000 ～ 5 000倍液、22%毒死蜱·吡虫啉乳油1 500 ～ 2 000倍液、48%毒死蜱乳油2 000倍液、5%鱼藤精乳油1 000 ～ 1 500倍液、40%速灭威乳油1 000 ～ 1 500倍液、10%吡虫啉可湿性粉剂1 000 ～ 2 000倍液、2.5%氯氟氰菊酯乳油1 500 ～ 3 000倍液、15.5%甲维·毒死蜱（毒死蜱15%＋甲氨基阿维菌素苯甲酸盐0.5%）微乳剂2 000 ～ 2 500倍液、45%吡虫·毒死蜱（吡虫啉5%＋毒死蜱40%）乳油2 000 ～ 2 500倍液、41.5%啶虫·毒死蜱（毒死蜱40%＋啶虫脒1.5%）乳油2 000 ～ 3 000倍液、2.5%溴氰菊酯乳油1 500 ～ 2 000倍液。

3. 香蕉假茎象鼻虫

症　状 香蕉假茎象鼻虫（*Odoiporus longicollis*）是我国香蕉最重要的钻蛀性害虫，主要以幼虫蛀食假茎、叶柄、花轴，产生大量纵横交错的虫道，妨碍水分和养分的输送，影响植株生长（图48-18）。受害株往往枯叶多，生长缓慢，茎干细小，结果少，果实短小，植株易受风害。

形态特征 成虫体长圆筒形，全身黑色或黑褐色，有蜡质光泽，密布刻点（图48-19）。头部延伸成筒状，略向下弯，触角所在处特别膨大，向两端渐狭，触角膝状。鞘翅近基部稍宽，向后渐狭，有显著的纵沟及刻点9条。腹部末端露出鞘翅外，背板略向下弯，并密生灰黄褐色绒毛。卵乳白色，长椭圆形，表面光滑。老熟幼虫体乳白色（图48-20），肥大，无足。头赤褐色，体多横皱。蛹乳白色，头喙可达中足胫节末端，头的基半部具6对赤褐色刚毛，3对长，3对短。

图48-18 香蕉假茎象鼻虫为害植株症状

图48-19 香蕉假茎象鼻虫成虫

图48-20 香蕉假茎象鼻虫幼虫

发生规律 在华南地区1年发生4代，世代重叠，各期常同时可见，各地整年都有发生。在广东自3月初至10月底发生数量较多。幼虫在假茎内越冬。成虫畏阳光，由隧道钻出后，常藏匿于受害植株的蕉茎最外1 ～ 2层干枯或腐烂叶鞘下；有群聚性，尤其在夏、冬季，常见其成群聚藏于蕉茎近根部处的干枯叶鞘中。被害严重的蕉园，枯叶多，结实少，受害重者茎部腐烂，终至死亡，或不能抽出穗梗。

防治方法　于冬季清园，在10月间砍除采果后的旧蕉身。对一般植株，要在冬季自下而上检查假茎，清除虫害叶鞘，深埋土中或投入粪池沤肥。每年在春暖后至清明前，结合除虫进行圈蕉，可以减少虫害株；在8—10月割除蕉身外部腐烂的叶柄、叶鞘，亦能消除成虫和幼虫。

每年4—5月和9—10月，在成虫发生的两个高峰期，于傍晚喷洒杀螟丹、杀虫双等杀虫剂，自上而下喷淋假茎，毒杀成虫。未抽蕾植株可在“把头”处放3.6%杀虫丹颗粒剂10 g/株、5%辛硫磷颗粒剂3 ~ 5 g/株，毒杀蛀食的幼虫。

可用48%毒死蜱或50%辛硫磷乳油1 000倍液150 mL/株，于1.5 m高假茎偏中髓6 cm处注入。

在蕉园蕉身上端叶柄间，或在叶柄基部与假茎连接的凹陷处，放入少量80%敌敌畏乳油800倍液、25%杀虫双水剂500倍液、48%毒死蜱乳油700倍液，自上端叶柄淋施。

4. 香蕉冠网蝽

分　　布　香蕉冠网蝽（*Stephanitis typica*）主要分布在福建、台湾、广东、广西和云南等省份。

为害特点　成虫及若虫在叶片背面吸食汁液，吸食点呈淡黄色斑点，严重时叶片成黯淡灰黄色（图48-21）。

图48-21　香蕉冠网蝽为害叶片症状

形态特征　成虫羽化时呈银白色，后逐渐转变为灰白色，前翅膜质近透明，长椭圆形，具网状纹，后翅狭长无网纹，有毛。头小，呈棕褐色。在前胸背两侧及头顶部分有1块白色膜突出，上具网状纹，似“花冠”，具刺吸式口器（图48-22）。卵长椭圆形，稍弯曲，顶端有一卵圆形的灰褐色卵盖，初产时无色透明，后期变为白色。若虫共有5龄，1龄幼虫为白色，以后体色变深，身体光滑，体刺不明显，老熟若虫前胸背板盖及头部具翅芽，头部黑褐色，复眼紫红色。

图48-22　香蕉冠网蝽成虫

发生规律　在广州地区，1年发生6 ~ 7代，世代重叠，无明显越冬期。4—11月为成虫羽化期。成虫产卵于叶背的叶肉组织内，并分泌紫色胶状物覆盖保护。卵孵化后，若虫栖叶背取食，成虫则喜欢在蕉株顶部1 ~ 3片嫩叶叶背取食和产卵为害。小于15℃时成虫静伏不动，在夏、秋季发生较多，旱季为害较为严重，台风、暴雨对其生存有明显影响。

防治方法　剪除严重受害叶片，消灭成群虫源。

可用48%毒死蜱乳油1 000 ~ 1 500倍液、3%阿维菌素乳油5 000 ~ 6 000倍液、50%马拉硫磷乳剂1 000 ~ 1 500倍液，向叶背喷雾。

第四十九章　山楂病虫害原色图解

一、山楂病害

目前，已发现的山楂病害有20多种，其中，发生普遍、为害较重的有白粉病、花腐病、枯梢病等。

1. 山楂白粉病

分　　布　山楂白粉病是山楂重要病害之一。在我国山楂产区都有发生，主要分布于吉林、辽宁、山东、河北、河南、山西、北京等省份。

症　　状　由蔷薇科叉丝单囊壳（*Podosphaera oxyacanthae*，属子囊菌亚门真菌）引起。无性阶段为山楂粉孢霉（*Oidium crataegi*，属无性型真菌）。主要为害新梢、幼果和叶片。发病嫩芽抽发新梢时，病斑迅速扩延到幼叶上，使叶片出现褪绿黄色斑块，很快在叶片正反两面产生绒絮状白色粉层（图49-1），病梢生长瘦弱，节间缩短，叶片窄小，扭曲纵卷，严重时枝梢枯死（图49-2）。幼果在落花后发病，先在近果柄处出现病斑并布满白色粉层（图49-3），果实向一侧弯曲，病斑蔓延至果面，易早期脱落。

图49-1　山楂白粉病为害叶片症状

图49-2　山楂白粉病为害新梢症状

图49-3　山楂白粉病为害果实症状

发生规律　闭囊壳在病叶上越冬。翌春雨后由闭囊壳释放子囊孢子，先侵染根蘖，在病部产生大量分生孢子，借气流传播，再重复侵染。5—6月新梢速长期和幼果期此病发展很快，为发病盛期，7月以后减缓，10月间停止发生。春季温暖干旱、夏季有雨凉爽的年份病害易流行。

防治方法　于冬、春季刨树盘，翻耕树行，铲除自生根蘖、野生山楂树，清除树上、树下的残叶、病枝、落叶、落果，集中烧毁或深埋。控制好肥水，不偏施氮肥，不使园地土壤过分干旱，合理疏花、疏叶。

山楂发芽展叶后、发病前，可以喷施保护剂，以防止病害的侵染，可以施用1∶2∶240倍波尔多液、75%百菌清可湿性粉剂800倍液、70%代森锰锌可湿性粉剂600～800倍液、65%丙森锌可湿性粉剂600～800倍液、30%碱式硫酸铜胶悬剂300～500倍液、53.8%氢氧化铜悬浮剂800倍液，均匀喷施。

山楂白粉病发病前期，应及时施药防治，最好混用保护剂和治疗剂，以防止病害进一步扩展。4月中、下旬（花蕾期）、5月下旬（坐果期）和6月上旬（幼果期）各喷施1次，可用30%唑醚·戊唑醇（戊唑醇20%+吡唑醚菌酯10%）悬浮剂2 000～3 000倍液、25%邻酰胺悬浮剂1 800～3 000倍液、30%醚菌酯悬浮剂1 200～2 000倍液、12.5%烯唑醇可湿性粉剂1 500～3 000倍液、12.5%氟环唑悬浮剂1 000～1 250倍液、40%氟硅唑乳油6 000～8 000倍液、70%代森锰锌可湿性粉剂800倍液+25%丙环唑乳油4 000倍液、70%代森锰锌可湿性粉剂600～800倍液+20%三唑酮乳油800～1 000倍液、75%百菌清可湿性粉剂800倍液+12.5%烯唑醇可湿性粉剂2 000倍液、70%代森锰锌可湿性粉剂600～800倍液+70%甲基硫菌灵可湿性粉剂500倍液、50%多菌灵可湿性粉剂600倍液+65%代森锌可湿性粉剂500倍液、75%百菌清可湿性粉剂800倍液+40%氟硅唑乳油2 000倍液等。

病害较重时，可用15%三唑酮可湿性粉剂600倍液、40%氟硅唑乳油4 000～6 000倍液、12.5%烯唑醇可湿性粉剂1 000～2 000倍液、10%苯醚甲环唑水分散粒剂1 500～3 000倍液、5%已唑醇悬浮剂800～1 500倍液、5%亚胺唑可湿性粉剂600～700倍液、25%丙环唑乳油1 000倍液、25%咪鲜胺乳油800～1 000倍液，均匀喷施。

2. 山楂锈病

分　　布　山楂锈病是山楂重要病害之一，在我国山楂产区均有发生。

症　　状　由梨胶锈菌山楂专化型（*Gymnosporangium haraeanum* f. sp. *crataegicola*，属担子菌亚门真菌）引起。主要为害叶片、叶柄、新梢、果实及果柄。叶片正面病斑初为橘黄色小圆斑，后病斑扩大，稍凹陷，表面产生黑色小粒点（图49-4），并分泌蜜露，后期叶背病斑突起，产生灰色至灰褐色毛状物。最后病斑变黑，严重的干枯脱落。叶柄染病，病部膨大，呈橙黄色，生毛状物，后变黑干枯，叶片早落。果实染病，症状同叶片（图49-5）。

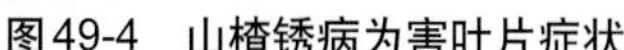

图49-4　山楂锈病为害叶片症状

图49-5　山楂锈病为害果实症状

发生规律　多年生菌丝在桧柏针叶、小枝及主干上部组织中越冬。翌年春季，遇充足的雨水，冬孢子角胶化产生担孢子，借风雨传播，侵染为害。5月降雨时间及降雨量直接影响该病的发生。展叶20 d以内的幼叶易感病。

防治方法　山楂园附近2.5～5 km不宜栽植桧柏类针叶树。

不宜砍除桧柏时，在山楂发芽前后，可喷洒5波美度石硫合剂、45%晶体石硫合剂30倍液，以除灭转主寄主上的冬孢子。

在5月下旬至6月下旬，冬孢子角胶化前及胶化后喷2～3次药剂，可用50%硫悬浮剂400倍液、70%代森锰锌可湿性粉剂1 000倍液等保护剂。

发病后及时施用15%三唑酮可湿性粉剂1 000倍液、25%丙环唑乳油2 000倍液、30%唑醚·戊唑醇（戊唑醇20%+吡唑醚菌酯10%）悬浮剂2 000～3 000倍液、25%邻酰胺悬浮剂1 800～3 000倍液、30%醚菌酯悬浮剂1 200～2 000倍液、12.5%烯唑醇可湿性粉剂1 500～3 000倍液、12.5%氟环唑悬浮剂1 000～1 250倍液、40%氟硅唑乳油6 000～8 000倍液、70%代森锰锌可湿性粉剂800倍液+25%丙环唑乳油4 000倍液，间隔15 d左右喷1次。

3. 山楂花腐病

分　　布　山楂花腐病是山楂的重要病害之一。分布于辽宁、吉林、河北、河南等山楂产区。

症　　状　由山楂链核盘腐菌（*Monilinia johnsonii*，属子囊菌亚门真菌）引起。主要为害花、叶片、新梢和幼果。嫩叶染病，初现褐色斑点或短线条状小斑，后扩展成红褐色至棕褐色大斑，潮湿时上生灰白色霉状物，病叶焦枯脱落。新梢上的病斑由褐色变为红褐色，环绕枝条7 d后，导致病枝枯死。逐渐凋枯死亡，以萌蘖枝发病重。花期病菌从柱头侵入，使花腐烂（图49-6）。幼果染病，初现褐色小斑点，后变为暗褐色，腐烂，表面有黏液，酒糟味，后期病果脱落（图49-7）。

图49-6　山楂花腐病为害花器症状

图49-7　山楂花腐病为害幼果情况

发生规律　菌丝体在落地僵果上越冬。4月下旬，在潮湿的病僵果上产生大量子囊孢子，借风力传播，在病部产生分生孢子进行重复侵染。5月上旬达到高峰，到下旬即停止发生。低温多雨，则叶腐、花腐大流行。高温、高湿则发病早且重。

防治方法　于晚秋彻底清除树上僵果、干腐的花柄等病组织，扫除树下落地的病果、病叶及腐花，耕翻树盘，将带菌表土翻入深层，以减少病源。

发病初期，可喷70%代森锰锌可湿性粉剂800倍液、9%吡唑醚菌酯微囊悬浮剂58 ~ 66 mL/亩、60%肟菌酯水分散粒剂9 ~ 12 g/亩、80%嘧菌酯水分散粒剂15 ~ 20 g/亩、75%百菌清可湿性粉剂1 000倍液+70%甲基硫菌灵可湿性粉剂1 000倍液，可控制叶腐。

盛花期，可喷25%多菌灵可湿性粉剂500倍液、50%异菌脲可湿性粉剂1 000倍液、70%甲基硫菌灵可湿性粉剂1 000倍液+70%代森锰锌可湿性粉剂800倍液、50%异菌脲可湿性粉剂1 000倍液、30%肟菌·戊唑醇（肟菌酯10%+戊唑醇20%）悬浮剂30 ~ 50 mL/亩、32.5%苯甲·嘧菌酯（嘧菌酯20%+苯醚甲环唑12.5%）悬浮剂30 ~ 40 mL/亩、50%多霉灵（多菌灵+乙霉威）可湿性粉剂1 000倍液、70%代森锰锌可湿性粉剂600 ~ 800倍液+10%多氧霉素可湿性粉剂1 000 ~ 1 500倍液，能有效控制果腐。

4. 山楂枯梢病

分　　布　山楂枯梢病是严重影响山楂生产的重要病害之一在山东、山西、辽宁、河北等省份均有发生。

症　　状　由葡萄生壳梭孢菌（*Fusicoccum viticolum*，属无性型真菌）引起。主要为害果桩，染病初期，果桩由上而下变黑，干枯，缢缩，与健部形成明显界限；后期，病部表皮下出现黑色粒状突起物（图49-8、图49-9），后突破表皮外露，使表皮纵向开裂。翌春病斑向下延伸，当环绕基部时，新梢枯死。其上叶片初期萎蔫，后干枯死亡（图49-10）。

图49-8　山楂枯梢病为害新果桩症状

图49-9　山楂枯梢病为害老果桩症状

图49-10　山楂枯梢病新梢枯死状

发生规律　菌丝体和分生孢子器在二、三年生果桩上越冬。翌年6—7月，遇雨释放分生孢子，侵染为害，多从二年生果桩入侵，形成病斑。老龄树、弱树、修剪不当及管理不善的果园发病重。

防治方法　合理修剪，采收后及时深翻土地，同时沟施基肥。早春发芽前半个月，每株追施碳酸氢铵1 ~ 1.5 kg或尿素0.25 kg，施后浇水。

铲除越冬菌源，发芽前喷3 ~ 5波美度石硫合剂、45%石硫合剂30倍液。

5—6月，进入雨季后喷36%甲基硫菌灵悬浮剂600 ~ 700倍液、50%多菌灵可湿性粉剂800倍液、50%苯菌灵可湿性粉剂1 500倍液、30%唑醚·戊唑醇（戊唑醇20%+吡唑醚菌酯10%）悬浮剂2 000 ~ 3 000倍液、50%噻菌灵可湿性粉剂800倍液，隔15 d施1次，连续防治2 ~ 3次。

5. 山楂腐烂病

症　状 由黑腐皮壳菌（*Valsa* sp.，属子囊菌亚门真菌）引起。无性阶段为壳囊孢。症状分溃疡型和枯枝型。溃疡型多发生于主干、主枝及桠杈等处。发病初期，病斑红褐色，水渍状，略隆起，形状不规则，后病部皮层逐渐腐烂，颜色加深，病皮易剥离（图49-11）。枝枯型多发生在弱树的枝上、果台、干桩和剪口等处。病斑形状不规则，扩展迅速，绕枝7 d后，病部以上枝条逐渐枯死（图49-12）。

图49-11　山楂腐烂病溃疡型症状

图49-12　山楂腐烂病枝枯型症状

发生规律 以菌丝体、分生孢子器、孢子角及子囊壳的形式在病树皮内越冬。翌春，孢子自剪口、冻伤等伤口侵入，于当年形成病斑，经20 ～ 30 d形成分生孢子器。病菌的寄生能力很弱，当树势健壮时，病菌潜伏时间较长，当树体或局部组织衰弱时，潜伏病菌便扩展为害。在管理粗放、结果过量、树势衰弱的园内发病重。

防治方法 加强栽培管理：增施有机肥，合理修剪，增强树势，提高抗病能力。早春，于树液流动前清除园内死树，剪除病枯枝、僵果台等，携出园外集中烧毁。

发芽前全树喷布5%菌毒清水剂300倍液。

治疗病斑：刮除病斑后，用50%福美双可湿性粉剂800倍液+50%多菌灵可湿性粉剂800倍液、70%甲基硫菌灵可湿性粉剂800倍液+2%嘧啶核苷类抗生素水剂10 ～ 20倍液涂刷病斑，可控制病斑扩展。

6. 山楂叶斑病

症　状　由山楂生叶点霉菌（*Phyllosticta crataegicola*，属无性型真菌）引起。主要有斑点型和斑枯型，以为害叶片为主。

斑点型：叶片上，病斑初期近圆形，褐色，边缘清晰整齐，直径2 ~ 3 mm，有时可达5 mm。后期病斑变为灰色，略呈不规则形，其上散生小黑点，即分生孢子器。一片叶上有病斑数个，最多时有几十个。病斑多时可互相连接，呈不规则形大斑。病叶变黄，早期脱落（图49-13）。

斑枯型：叶片上，病斑褐色至暗褐色，不规则形，直径5 ~ 10 mm。发病严重时，病斑连接呈大型斑块，易使叶片枯焦早落（图49-14）。后期，在病斑表面散生较大的黑色小粒点（图49-15），即分生孢子盘。

图49-13　山楂叶斑病斑点型症状

图49-14　山楂叶斑病斑枯型症状

图49-15　山楂叶斑病为害后期症状

发生规律 病菌以分生孢子器的形式在病叶中越冬。翌年花期条件适宜时产生分生孢子，随风雨传播进行初侵染和再侵染。一般于6月上旬开始发病，8月中、下旬为发病盛期。老弱树发病较重，降雨早、雨量大、次数多的年份发病较重，特别是7—8月的降雨对病害发生影响较大。地势低洼、土质黏重，排水不良等有利于病害发生。

防治方法 于秋末、冬初清扫落叶，集中深埋或烧毁，减少越冬菌源。加强栽培管理，改善栽培条件，提高树体抗病能力。

自6月上旬开始，每隔15 d左右喷药1次，连续喷药3 ～ 4次。发病前喷施75%百菌清可湿性粉剂1 000倍液+50%多菌灵可湿性粉剂1 000倍液、70%代森锰锌可湿性粉剂800倍液+70%甲基硫菌灵可湿性粉剂800倍液。

发病初期，可喷施50%异菌脲可湿性粉剂1 000倍液、70%甲基硫菌灵可湿性粉剂600 ～ 800倍液、55%苯醚·甲硫（苯醚甲环唑5%＋甲基硫菌灵50%）可湿性粉剂800 ～ 1 200倍液、40%克菌·戊唑醇（戊唑醇8%＋克菌丹32%）悬浮剂800 ～ 1 200倍液、45%吡醚·甲硫灵（吡唑醚菌酯5%＋甲基硫菌灵40%）悬浮剂1 000 ～ 2 000倍液、40%唑醚·克菌丹（克菌丹35%＋吡唑醚菌酯5%）悬浮剂1 000 ～ 1 500倍液等药剂。

7. 山楂轮纹病

分布为害 山楂轮纹病分布在我国各产区，以华北、东北、华东地区为重。一般果园发病率为20%～ 30%，重者在50%以上。

症　状 病菌有性世代为梨生囊壳孢（*Physalospora piricola*），无性世代为轮纹大茎点菌（*Macrophoma kawatsuki*）。主要为害枝干和果实。病菌侵染枝干，多以皮孔为中心，初现水渍状的暗褐色小斑点，逐渐扩大形成圆形或近圆形、褐色瘤状物。病部较健部之间有明显的凹陷，后期病组织干枯并翘起，中央突起处周围出现散生的黑色小粒点。果实进入成熟期后陆续发病，发病初期，在果面上以皮孔为中心出现圆形、黑至黑褐色小斑，逐渐扩大成轮纹斑。略微凹陷，有的短时间周围有红晕，下面浅层果肉稍微变褐、湿腐。后期，外表渗出黄褐色黏液，烂得快，腐烂时果形不变（图49-16）。整个果烂完后，表面长出粒状小黑点，散状排列。

图49-16 山楂轮纹病为害果实症状

发生规律 病菌以菌丝体、分生孢子器的形式在病组织内越冬，是初侵染和连续侵染的主要菌源。于春季开始活动，随风雨传播到枝条和果实上。在果实生长期，病菌均能侵入，从落花后的幼果期至8月上旬侵染最多。侵染枝条的病菌，一般从8月开始以皮孔为中心形成新病斑，翌年病斑继续扩大。果园管理差，树势衰弱，种植在重黏壤土和红黏土、偏酸性土壤上的植株易发病，被害虫严重为害的枝干或果实发病重。

防治方法 加强肥水管理，在休眠期清除病残体。

在病菌开始侵入至发病前（5月上、中旬至6月上旬），重点喷施保护剂，可以施用80%炭疽福美（福美双+福美锌）可湿性粉剂600倍液、75%百菌清可湿性粉剂600倍液、70%代森锰锌可湿性粉剂

400 ～ 600倍液、65%丙森锌可湿性粉剂600 ～ 800倍液，均匀喷施。

在病害发生前期，应及时防治，以控制病害。可用45%吡醚·甲硫灵（吡唑醚菌酯5%＋甲基硫菌灵40%）悬浮剂1 000 ～ 2 000倍液、40%唑醚·克菌丹（克菌丹35%＋吡唑醚菌酯5%）悬浮剂1 000 ～ 1 500倍液、64%二氰·吡唑酯（吡唑醚菌酯16%＋二氰蒽醌48%）水分散粒剂3 000 ～ 4 000倍液、50%异菌脲可湿性粉剂600 ～ 800倍液、75%百菌清可湿性粉剂600倍液+10%苯醚甲环唑水分散粒剂2 000 ～ 500倍液、70%代森锰锌可湿性粉剂400 ～ 600倍液+12.5%腈菌唑可湿性粉剂2 500倍液、50%腈菌唑·代森锰锌可湿性粉剂800 ～ 1 000倍液、12.5%腈菌唑可湿性粉剂2 500倍液等，在防治中应注意多种药剂的交替使用。

8. 山楂花叶病

分　　布　山楂花叶病在我国各产区均有发生，以陕西、河南、山东、甘肃、山西等地发生最重。

症　　状　由山茶叶黄斑病毒（*Camellia yellowspot virus*）引起。主要表现在叶片上，重型花叶，病叶片上出现大型褪绿斑区，初为鲜黄色，后为白色，幼叶沿叶脉变色，老叶上常出现大型坏死斑。轻型花叶，病叶上出现黄色斑点。沿叶脉变色型花叶，叶片主脉及侧脉变色，脉间多小黄斑，有时有坏死斑，落叶较少（图49-17）。

图49-17　山楂花叶病为害叶片症状

发生规律　病毒主要靠嫁接传播，砧木、接穗带毒，均可形成新的病株。此外，菟丝子可以传毒。树体感染病毒后，全身带毒，终生为害。萌芽后不久即表现症状，在4—5月发展迅速，其后减缓，7—8月基本停止发展，甚至出现潜隐现象，9月初病树抽发秋梢后，症状又重新开始发展，10月急剧减缓，11月完全停止。

防治方法　选用无病毒接穗和实生砧木，采集接穗时一定要严格挑选健株。在育苗期加强苗圃检查，发现病苗及时拔除销毁。对病树应加强肥水管理，增施农家肥料，适当重修剪。干旱时应灌水，在雨季注意排水。

春季发病初期，可喷洒10%混合脂肪酸水乳剂100倍液、20%盐酸吗啉胍·铜可湿性粉剂1 000倍液、2%寡聚半乳糖醛酸水剂300 ～ 500倍液、3%三氮唑核苷水剂500倍液、2%宁南霉素水剂200 ～ 300倍液，隔10 ～ 15 d喷施1次，连续喷施3 ～ 4次。

二、山楂虫害

山楂上发生的虫害主要有山楂叶螨、山楂萤叶甲、桃小食心虫、梨小食心虫等。

1. 山楂叶螨

分　布 山楂叶螨（*Tetranychus viennensis*）分布于东北、西北、内蒙古、华北及江苏北部等地区。

为害特点 山楂叶螨的成虫、幼虫、若虫均吸食芽、花蕾及叶片汁液。花、花蕾严重受害后变黑，芽不能萌发且死亡，花不能开花且干枯。叶片受害，叶螨在叶背主脉两侧吐丝结网，在网下停息、产卵和为害，使叶片出现很多失绿的小斑点，随后斑点扩大连片（图49-18），变成苍白色，严重时叶片焦黄脱落。

图49-18 山楂叶螨为害叶片症状

形态特征 成虫：雌成虫体卵椭圆形。体背前方隆起，黄白色。雌成虫分冬、夏两型，冬型体朱红色，夏型暗红色。雄虫略小，尾部较尖，淡黄绿色，取食后变为淡绿色，老熟时橙黄色，体背两侧有黑绿色斑纹。卵：圆球形，光滑，前期产的卵橙红色，后期产的卵橙黄色，半透明。幼虫：体卵圆形，黄白色，取食后淡绿色。若虫：前期若虫卵圆形，体背开始出现刚毛，淡橙黄色至淡翠绿色，体背两侧有明显的黑绿色斑纹。后期若虫翠绿色，与成虫体形相似，可辨别雌雄。

发生规律 山楂叶螨一般1年发生5～9代。受精的冬型雌成虫在主枝、主干的树皮裂缝内及老翘皮下越冬，在幼龄树上则多集中到树干基部周围的土缝里越冬，也有部分在落叶、枯草或石块下越冬。翌年春，当芽膨大时开始出蛰，先在内膛的芽上取食、活动，4月中、下旬为出蛰高峰期，出蛰成虫取食1周左右开始产卵。若虫孵化后，群集于叶背吸食为害。5月上旬为第1代幼螨孵化盛期。6月中旬至7月中旬山楂叶螨繁殖最快，为害最重，常引起大量落叶。于9月上旬以后陆续发生越冬雌成虫，潜伏越冬，雄虫死亡。

防治方法 清洁果园和刮树皮可有效地减少山楂叶螨的越冬基数。于秋末，雌成虫越冬前，在树干绑缚草束，于早春取下，集中烧毁。

果树发芽前的防治：在山楂叶螨虫口密度很大的果园，在早春及时刮翘树皮，或用粗布、毛刷刷除越冬雌成虫或卵。果树发芽前喷布油乳剂，对卵、成虫都有较好的杀虫效果。于花后展叶期、第1代成虫产卵盛期，喷施5%噻螨酮乳油2 000倍液、1.8%阿维菌素乳油2 000～3 000倍液、20%三唑锡乳油2 000～3 000倍液等药剂。

在6月下旬至7月上、中旬叶螨发生盛期，可喷施73%炔螨特乳油2 000～3 000倍液、20%双甲脒乳油1 000～1 500倍液、5%唑螨酯悬浮剂2 000～3 000倍液、10%苯螨特乳油1 000～2 000倍液、10%阿维·四螨嗪（四螨嗪9.9%+阿维菌素0.1%）悬浮剂1 500～2 000倍液、30%乙螨·三唑锡（乙螨唑15%+三唑锡15%）悬浮剂6 700～10 000倍液、16%阿维·哒螨灵（哒螨灵15.6%+阿维菌素0.4%）乳油2 500～3 500倍液、40%联肼·乙螨唑（乙螨唑10%+联苯肼酯30%）悬浮剂8 000～10 000倍液、45%螺螨·三唑锡（螺螨酯25%+三唑锡20%）悬浮剂5 000～7 500倍液、13%联菊·丁醚脲（联苯菊酯3%+丁醚脲10%）悬浮剂3 000～4 000倍液、15.6%阿维·丁醚脲（丁醚脲15%+阿维菌素0.6%）乳油2 000～3 000倍液、7.5%甲氰·噻螨酮（甲氰菊酯5%+噻螨酮2.5%）乳油750～1 000倍液、20%甲氰菊酯乳油2 000～2 500倍液等。

2. 山楂萤叶甲

分　　布　山楂萤叶甲（*Lochmaea crataegi*）主要分布在河南、山西、陕西。

为害特点　成虫咬食叶片，使叶片出现缺刻，并啃食花蕾。初孵幼虫爬行至幼果即蛀入果内为害，食空果肉。

形态特征　成虫体长椭圆形，尾部略膨大，橙黄色。复眼黑褐色，微突起。鞘翅上密生刻点（图49-19）。卵近球形，土黄色，近孵化时呈淡黄白色。幼虫长筒形，尾端渐细，米黄色。蛹内壁光滑，椭圆形，初淡黄色。

发生规律　1年发生1代，成虫于树冠下土层中越冬。于4月中旬出土为害，5月上旬为产卵盛期。5月下旬落花期幼虫开始孵化，蛀果为害，6月下旬老熟入土化蛹。

防治方法　越冬成虫出土前，清除田间枯枝、落叶，减少越冬虫源。

图49-19　山楂萤叶甲成虫及其为害症状

4月上旬，成虫出土期施药防治，可用3%阿维菌素乳油5 000～6 000倍液、48%毒死蜱乳油1 000倍液、5%氯氰菊酯乳油1 000倍液、10%吡虫啉可湿性粉剂2 000倍液、50%辛硫磷乳油1 000倍液。

3. 食心虫

症　　状　为害山楂的食心虫主要有桃小食心虫（*Carposina niponensis*）和梨小食心虫（*Grapholitha molesta*）。均以幼虫蛀果为害。幼虫孵出后蛀入果实，蛀果孔常有流胶点，幼虫在果内串食果肉，并将粪便排在果内，幼果长成凹凸不平的畸形果，形成“豆沙馅”果。幼虫发育老熟后，从果内爬出，果面上留一圆形脱果孔，孔径约火柴棒粗细（图49- 20、图49-21）。

图49-20　桃小食心虫为害果实症状

图49-21　梨小食心虫为害果实症状

4. 山楂喀木虱

分　　布　山楂喀木虱（*Cacopsylla idiocrataegi*）分布在吉林、辽宁、河北、山西等地。

为害特点　初孵若虫多在嫩叶背取食，后期孵出的若虫在花梗、花苞处较多，被害花萎蔫、早落。大龄若虫多在叶裂处活动取食，被害叶扭曲变形、枯黄早落（图49-22）。

图49-22 山楂喀木虱为害叶片症状

形态特征 成虫初羽化时草绿色，后渐变为橙黄色至黑褐色。头顶土黄色，两侧略凹陷。复眼褐色，单眼红色。触角土黄色，端部5节黑色。前胸背板窄带状，黄绿色，中央具黑斑；中胸背面有4条淡色纵纹。翅透明，翅脉黄色，前翅外缘略带色斑。卵略呈纺锤形，顶端稍尖，具短柄。初产时乳白色，渐变为橘黄色。幼虫共5龄。末龄幼虫草绿色，复眼红色，触角、足、喙淡黄色，端部黑色。翅芽伸长。背中线明显，两侧具纵、横刻纹。

发生规律 在辽宁1年发生1代，成虫越冬。翌年3月下旬平均温度达5℃时，越冬成虫出蛰为害，补充营养，于4月上旬交尾，卵产于叶背或花苞上。初孵若虫多在嫩叶背面取食，尾端分泌白色蜡丝。5月下旬，若虫羽化为成虫，成虫善跳，有趋光性及假死性。

防治方法 于早春刮树皮、清洁果园，并将刮下的树皮与枯枝、落叶、杂草等物集中烧毁，以消灭越冬成虫，压低虫口密度。

3月下旬至4月上旬为成虫出蛰盛期，喷洒25%噻嗪酮乳油2 000 ～ 2 500倍液、52.25%氯氰菊酯·毒死蜱乳油1 500 ～ 2 000倍液。

现蕾期，喷药杀灭若虫，可用10%吡虫啉可湿性粉剂2 000 ～ 3 000倍液、1.8%阿维菌素乳油2 000 ～ 4 000倍液、20%双甲脒乳油800 ～ 1 600倍液。

5. 舟形毛虫

分　　布 舟形毛虫（*Phalera flavescens*）在东北、华北、华东、中南、西南及陕西各地均有发生。

为害特点 初孵幼虫仅取食叶片上表皮和叶肉，残留下表皮和叶脉，被害叶片呈网状；2龄幼虫危害叶片，仅剩叶脉；3龄以后可将叶片全部吃光，仅剩叶柄。常将叶片吃光，造成二次开花，严重损害树势（图49-23、图49-24）。

图49-23 舟形毛虫初孵幼虫为害叶片症状

图49-24 舟形毛虫高龄幼虫为害叶片症状

形态特征 可参考第四十二章二、8.“舟形毛虫”。

发生规律 可参考第四十二章二、8.“舟形毛虫”。

防治方法 可参考第四十二章二、8.“舟形毛虫”。

第五十章　李树病虫害原色图解

一、李树病害

1. 李红点病

分　　布　李红点病在国内李树栽植区均有分布，为害较重。南方以四川、重庆、云南、贵州等地发生较多。

症　　状　由红疔座霉（*Polystigma rubrum*，属子囊菌亚门真菌）引起。其无性阶段为多点霉（*Polystigmina rubra*，属无性型真菌）。为害果实和叶片。叶片染病，先出现橙黄色、稍隆起的近圆形斑点，后病部扩大，病斑颜色变深，出现深红色的小粒点（图50-1）。后期病斑变成红黑色，正面凹陷，背面隆起，上面出现黑色小点。发病严重时，病叶干枯卷曲，引起早期落叶（图50-2）。果实受害，果面产生橙红色、圆形病斑，稍凸起，初为橙红色，后变为红黑色，散生深色小红点。

图50-1　李红点病为害叶片初期症状

图50-2　李红点病为害叶片后期症状

发生规律　子囊壳在病落叶上越冬。翌年李树开花末期，子囊孢子借风、雨传播。此病从展叶期至9月都能发生，始见于4月底，流行于5月中旬，7月病叶上病斑转为红色斑点，尤其在雨季发生严重。地势低洼、土壤黏重、管理粗放、树势弱的果园易染病。

防治方法　加强果园管理，低洼积水地注意排水，降低湿度，减轻发病。于冬季彻底清除病叶、病果，集中深埋或烧毁。

在李树开花末期至展叶期，喷布1 ： 2 ： 200波尔多液、50%琥胶肥酸铜可湿性粉剂500倍液、30%碱式硫酸铜胶悬剂300 ～ 500倍液、86.2%氧化亚铜水分散粒剂2 000 ～ 2 500倍液、70%丙森锌水分散粒剂600 ～ 700倍液、75%百菌清可湿性粉剂400 ～ 600倍液、14%络氨铜水剂300倍液。

从李树谢花至幼果膨大期，连续喷施20%吡唑醚菌酯可湿性粉剂1 000 ～ 2 000倍液、65%代森锌可湿性粉剂500 ～ 600倍液+50%多菌灵可湿性粉剂500倍液、50%苯甲·克菌丹（克菌丹40%＋苯醚甲环唑10%）水分散粒剂2 000 ～ 4 000倍液、50%苯醚·甲硫（甲基硫菌灵42% +苯醚甲环唑8%）悬浮剂900 ～ 1 333倍液、60%戊唑·丙森锌（戊唑醇20% +丙森锌40%）水分散粒剂900 ～ 1 500倍液、50%甲硫·戊唑醇（甲基硫菌灵40% +戊唑醇10%）悬浮剂1 000 ～ 1 500倍液、80%代森锰锌可湿性粉剂500倍液+50%异菌脲可湿性粉剂1 000倍液、75%百菌清可湿性粉剂1 000倍液+40%氟硅唑乳油5 000倍液、70%代森锰锌可湿性粉剂800倍液+10%苯醚甲环唑水分散粒剂2 500倍液等，间隔10 d左右喷1次，遇雨要及时补喷，可有效防治李红点病。

2. 李袋果病

分　　布　李袋果病在我国东北和西南高原地区发生较多。

症　　状　由李外囊菌（*Taphrina pruni*，属子囊菌亚门真菌）引起。主要为害果实，也为害叶片。在落花后即显症，病果初呈圆形或袋状，后变狭长，略弯曲，表面平滑（图50-3），浅黄色至红色，失水皱缩后变为灰色、暗褐色至黑色，冬季宿留树枝上或脱落。病果无核，仅能见到未发育好的雏形核。叶片染病，在展叶期变为黄色或红色，叶面肿胀皱缩不平，变脆（图50-4）。

图50-3　李袋果病为害果实症状

图50-4　李袋果病为害叶片症状

发生规律　主要以芽孢子或子囊孢子的形式附着在芽鳞片外表或芽鳞片间越冬，也可在树皮粗缝中越冬。当李树萌芽时，越冬的孢子同时萌发，产生芽管，进行初侵染。早春低温多雨，萌芽期延长，病害发生严重。病害始见期为3月中旬，4月下旬至5月上旬为发病盛期。一般低洼潮湿地、江河沿岸、湖畔低洼旁的李园发病重。

防治方法　注意园内通风透光，栽植不要过密。合理施肥、浇水，增强树体抗病能力。在病叶、病果、病枝梢表面尚未形成白色粉状层前及时摘除，集中深埋。于冬季结合修剪等管理，剪除病枝，摘除宿留树上的病果，集中深埋。

在李树开花发芽前，可喷洒3 ～ 4波美度石硫合剂、1 ∶ 1 ∶ 100波尔多液、77%氢氧化铜可湿性粉剂、30%碱式硫酸铜胶悬剂400 ～ 500倍液、45%石硫合剂结晶体30倍液，以铲除越冬菌源，减轻发病。

自李芽开始膨大至露红期，可选用65%代森锌可湿性粉剂400倍液+50%苯菌灵可湿性粉剂1 500倍液、40%苯甲·吡唑酯（苯醚甲环唑25% +吡唑醚菌酯15%）悬浮剂3 000 ～ 4 000倍液、40%唑醚·戊唑醇（吡唑醚菌酯10% +戊唑醇30%）悬浮剂3 500 ～ 4 000倍液、60%唑醚·代森联（代森联55% +吡唑醚菌酯5%）水分散粒剂1 500 ～ 2 000倍液、40%嘧环·甲硫灵（甲基硫菌灵25% +嘧菌环胺15%）悬浮剂2 000 ～ 3 000倍液、3%多抗·中生菌（中生菌素2% +多抗霉素1%）可湿性粉剂500 ～ 750倍液、70%代森锰锌可湿性粉剂500倍液+70%甲基硫菌灵可湿性粉剂500倍液等，每10 ～ 15 d喷1次，连续喷2 ～ 3次。

3. 李流胶病

分　　布　李流胶病是李树的一种常见的严重病害，在我国李产区均有发生。

症　　状　病菌有性阶段为茶藨子葡萄座腔菌（*Botryosphaeria ribis*），无性阶段为小穴壳菌（*Dothiorella* sp.）。主要危害枝干（图50-5），一年生嫩枝染病，初生以皮孔为中心的疣状小突起，渐扩

图50-5　李流胶病为害枝干初期症状

大，形成瘤状突起物，其上散生针头状小黑粒点，即病菌分生孢子器。被害枝条表面粗糙变黑，并以瘤为中心逐渐下陷。严重时枝条凋萎枯死。多年生枝干受害产生水泡状隆起，并有树胶流出（图50-6）。

发生规律　菌丝体、分生孢子器在病枝里越冬。于翌年3月下旬至4月中旬散发生分生孢子，随风雨传播，主要经伤口侵入，也可从皮孔及侧芽侵入。1年中有2个发病高峰，第1次在5月上旬至6月上旬，第2次在8月上旬至9月上旬，以后不再侵染为害。因此防治此病以新梢生长期为好。

防治方法　加强果园管理，增强树势。增施有机肥，低洼积水地注意排水，改良土壤，盐碱地要注意排盐，合理修剪，减少枝干伤口，避免连作。预防病、虫伤口。

药剂保护与防治可参考第四十四章一、7.“桃树侵染性流胶病”。

图50-6　李流胶病为害枝干后期症状

4. 李疮痂病

症　状　由嗜果枝孢菌（*Cladosporiun carpophilum*）引起。主要为害果实，亦为害枝梢和叶片。果实发病初期，果面出现暗绿色、圆形斑点，逐渐扩大，至果实近成熟期，病斑呈暗紫色或黑色，略凹陷。发病严重时，病斑密集，聚合连片，随着果实的膨大，果实龟裂。新梢和枝条被害后，出现长圆形、浅褐色病斑，后变为暗褐色（图50-7），并进一步扩大，病部隆起，常发生流胶。病健组织界限明显。叶片受害，在叶背出现不规则形或多角形、灰绿色病斑，后色转暗，或变为紫红色，最后病部干枯脱落，形成穿孔，发病严重时可引起落叶。

图50-7 李疮痂病为害新梢、枝条症状

发生规律 菌丝体在枝梢病组织中越冬。翌年春季，气温上升，病菌产生分生孢子，通过风雨传播，进行初侵染。在我国南方桃区，5—6月发病最盛；北方桃园，果实一般在6月开始发病，7—8月发病率最高。果园低湿、排水不良，李树枝条郁密等均能加重病害的发生。

防治方法 于秋末冬初结合修剪，认真剪除病枝、枯枝，清除僵果、残桩，集中烧毁或深埋。注意雨后排水，合理修剪，使果园通风透光。

早春发芽前将流胶部位病组织刮除，然后涂抹45%石硫合剂结晶体30倍液，或喷1 ： 1 ： 100波尔多液，铲除病原菌。

在生长期于4月中旬至7月上旬，每隔20 d用刀纵、横划病部，深达木质部，然后用毛笔蘸药液涂于病部。可用70%甲基硫菌灵可湿性粉剂800 ～ 1 000倍液+50%福美双可湿性粉剂300倍液、80%乙蒜素乳油50倍液、1.5%多抗霉素水剂100倍液处理。

5. 李树腐烂病

症　状 病菌有性阶段为核果黑腐皮壳（*Valsa leucotoma*），无性阶段为核果壳囊孢（*Cytospora leuctoma*）。主要危害主干和主枝，造成树皮腐烂，致使枝枯树死。病害多发生在主干基部，初期病部皮层稍肿起，略带紫红色并出现流胶，最后皮层变为褐色，枯死（图50-8），有酒糟味，表面产生黑色突起小粒点。树势衰弱时，病斑很快向两端及两侧扩展，终致枝干枯死。

图50-8 李树腐烂病为害枝干症状

发生规律 以菌丝体、子囊壳及分生孢子器的形式在树干病组织中越冬。于翌年3—4月产生分生孢子，借风雨和昆虫传播，自伤口及皮孔侵入。早春至晚秋都可发生，春、秋两季最为适宜，尤以4—6月发病最盛，在高温的7—8月受到抑制，11月后停止发展。施肥不当及秋雨多，致病菌休眠期推迟，树体抗寒力降低，易引起发病。果园表土层浅、低洼排水不良、虫害多，李树负载过量等，常发病重。

防治方法　合理负担，要适当疏花疏果。宜增施有机肥，及时防治会造成早期落叶的病虫害。避免、减少枝干的伤口，并对已有伤口的李树妥善保护、促进愈合。防止冻害和日烧发生。

防止冻害比较有效的措施是涂白树干，降低昼夜温差，常用涂白剂的配方是生石灰12 ～ 13 kg、石硫合剂原液（20波美度左右）2 kg、食盐2 kg、清水36 kg，或生石灰10 kg、豆浆3 ～ 4 kg、水10 ～ 50 kg。涂白亦可防止枝干日烧。

在李树发芽前刮去翘起的树皮及坏死的组织，然后喷布50%福美双可湿性粉剂300倍液。

在生长期发现病斑，可刮去病部，涂抹70%甲基硫菌灵可湿性粉剂1份+植物油2.5份、50%福美双可湿性粉剂50倍液、50%多菌灵可湿性粉剂50 ～ 100倍液、70%百菌清可湿性粉剂50 ～ 100倍液等药剂，间隔7 ～ 10 d再涂1次，防效较好。

6. 李褐腐病

症　　状　主要由果生链核盘菌（*Monilinia fructigena*）[无性阶段为仁果丛梗孢（*Monilia fructigena*）]、核果链核盘菌（*Monilinia laxa*）[无性态为灰丛梗孢（*Monilia cinerea*）]引起，均属子囊菌亚门真菌。为害花叶、枝梢及果实，其中以果实受害最重。花部受害，自雄蕊及花瓣尖端开始，先发生褐色水渍状斑点，后逐渐延至全花，随即变褐、枯萎。天气潮湿时，病花迅速腐烂，表面丛生灰霉；天气干燥时，则萎垂干枯，残留枝上，长久不脱落。嫩叶受害，自叶缘开始，病部变褐、萎垂，最后病叶残留枝上。在新梢上形成溃疡斑，病斑长圆形，中央稍凹陷，灰褐色，边缘紫褐色，常发生流胶。果实被害，最初在果面产生褐色、圆形病斑，如环境适宜，病斑在数天内便可扩及全果，果肉也随之变褐、软腐。后在病斑表面生出灰褐色绒状霉丛，常呈同心轮纹状排列，病果腐烂后易脱落，但不少失水后变成僵果，悬挂枝上经久不落（图50-9）。

图50-9　李褐腐病为害果实症状

发生规律　菌丝体在树上及落地的僵果内或枝梢的溃疡斑部越冬。于翌春产生大量分生孢子，借风雨、昆虫传播，从病虫伤、机械伤或自然孔口侵入。花期低温、潮湿多雨，易引起花腐。果实成熟期温暖、多雨雾易引起果腐。树势衰弱、枝叶过密，管理不善、地势低洼的果园发病常较重。

防治方法　结合冬剪彻底清除树上树下的病枝、病叶、僵果，集中烧毁。于秋、冬季深翻树盘，将病菌埋于地下。及时防治害虫，减少伤口。及时修剪和疏果，搞好排水设施，合理施肥，增强树势。

桃树萌芽前喷布1 ∶ 1 ∶ 100波尔多液，铲除越冬病菌。

落花期是喷药防治的关键时期。可用75%百菌清可湿性粉剂800倍液+70%甲基硫菌灵可湿性粉剂800 ～ 1 000倍液、75%百菌清可湿性粉剂800倍液+50%异菌脲可湿性粉剂1 000 ～ 2 000倍液、40%苯甲 · 吡唑酯（苯醚甲环唑25%+吡唑醚菌酯15%）悬浮剂3 000 ～ 4 000倍液、40%唑醚 · 戊唑醇（吡唑醚菌酯10%+戊唑醇30%）悬浮剂3 500 ～ 4 000倍液、60%唑醚 · 代森联（代森联55%+吡唑醚菌酯5%）水分散粒剂1 500 ～ 2 000倍液、40%嘧环 · 甲硫灵（甲基硫菌灵25%+嘧菌环胺15%）悬浮剂2 000 ～ 3 000倍液、3%多抗 · 中生菌（中生菌素2%+多抗霉素1%）可湿性粉剂500 ～ 750倍液、50%多菌灵可湿性粉剂1 000倍液、65%代森锌可湿性粉剂500倍液+50%腐霉利可湿性粉剂1 000倍液、75%

百菌清可湿性粉剂800倍液+50%苯菌灵可湿性粉剂1 500倍液等，发病严重的李园可每15 d喷1次药，采收前3周停喷。

7. 李细菌性穿孔病

症　状　由甘蓝黑腐黄单胞菌桃穿孔致病型（*Xanthomonas campestris* pv. *pruni*）、丁香假单胞菌丁香致病变种（*Pseudomonas syringae* pv. *syringae*）引起。主要为害叶片，叶片发病初期，先产生多角形水渍状斑点，后扩大为圆形或不规则形、褐色病斑，边缘水渍状，后期病斑干枯、脱落或部分与病叶相连，形成穿孔。病叶极易早期脱落（图50-10）。果实发病，先在果皮上产生水渍状小点，后病斑中心变为褐色，最终可形成近圆形、暗紫色、边缘具水渍状晕环，中间稍凹陷，表面硬化、粗糙的病斑。空气干燥时，病部常产生裂纹，病果易提前脱落。

发生规律　病原细菌主要在春季溃疡病斑组织内越冬。翌春气温升高后越冬的细菌开始活动，开花前后，从病组织溢出菌脓，通过风雨和昆虫传播，从叶上的气孔和枝梢、果实上的皮孔侵入，进行初侵染。病害一般在5月上、中旬开始发生，6月梅雨期蔓延最快。夏季高温干旱天气，病害发展受到抑制，至秋雨期有一次扩展过程。温暖多雨的气候，有利于发病，大风和重雾，能促进病害的盛发。果园地势低洼、偏施氮肥等发病重。

图50-10　李细菌性穿孔病为害叶片症状

防治方法　加强果园综合管理，增强树势，提高抗病能力。合理整形修剪，改善通风透光条件。冬、夏季修剪时，及时剪除病枝，清扫病叶，集中烧毁或深埋。

在芽膨大前，全树喷施1 ：1 ：100波尔多液、45%石硫合剂结晶体30倍液、30%碱式硫酸铜胶悬剂300 ～ 500倍液、86.2%氧化亚铜悬浮剂1 500 ～ 2 000倍液等药剂，以杀灭越冬病菌。

展叶后至发病前是防治的关键时期，可喷施保护剂1 ：1 ：100波尔多液、77%氢氧化铜可湿性粉剂400 ～ 600倍液、30%碱式硫酸铜悬浮剂300 ～ 400倍液、86.2%氧化亚铜可湿性粉剂2 000 ～ 2 500倍液、47%春雷霉素·氧氯化铜可湿性粉剂300 ～ 500倍液、30%硝基腐殖酸铜可湿性粉剂250 ～ 300 g/亩、30%琥胶肥酸铜可湿性粉剂400 ～ 500倍液、25%络氨铜水剂500 ～ 600倍液、20%乙酸铜可湿性粉剂800 ～ 1 000倍液、12%松脂酸铜乳油600 ～ 800倍液等，间隔10 ～ 15 d喷药1次。

发病早期及时施药防治，可用3%中生菌素可湿性粉剂400倍液、33.5%喹啉铜悬浮剂1 000 ～ 1 500倍液、8%宁南霉素水剂2 000 ～ 3 000倍液、40%噻唑锌悬浮剂1 000 ～ 1 500倍液、5%大蒜素微乳剂400 ～ 600倍液、41%乙蒜素乳油1 000 ～ 1 250倍液、3%噻霉酮800 ～ 1 500倍液、6%春雷霉素可溶液剂600 ～ 800倍液等药剂。

8. 李褐斑穿孔病

症　状　由核果尾孢（*Cercospora circumscissa*）引起。主要为害叶片，也可为害新梢和果实。叶片染病，初生圆形或近圆形病斑，边缘紫色，略带环纹，后期病斑上长出灰褐色霉状物，中部干枯脱落，形成穿孔，穿孔的边缘整齐，穿孔多时叶片脱落（图50-11）。新梢、果实染病，症状与叶片相似。

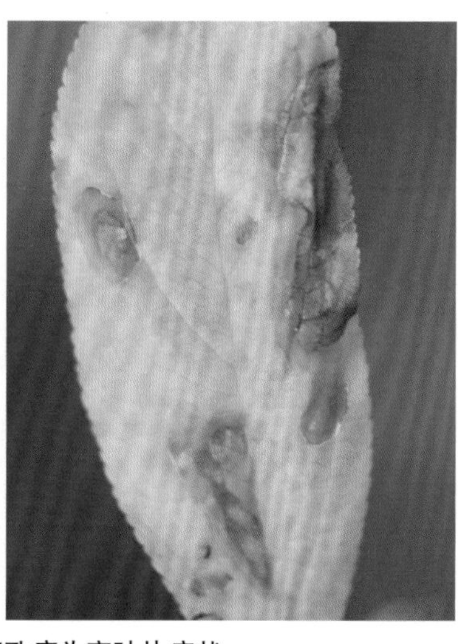
图50-11　李褐斑穿孔病为害叶片症状

发生规律　加强管理。注意排水，增施有机肥，合理修剪，增强通透性。

落花后，喷洒70%代森锰锌可湿性粉剂500倍液、75%百菌清可湿性粉剂700 ~ 800倍液、50%混杀硫悬浮剂500倍液，7 ~ 10 d防治1次。

发病初期，施用70%甲基硫菌灵超微可湿性粉剂1 000倍液+75%百菌清可湿性粉剂700 ~ 800倍液、75%百菌清可湿性粉剂800倍液+50%异菌脲可湿性粉剂1 000 ~ 2 000倍液、50%多菌灵可湿性粉剂1 000倍液、65%代森锌可湿性粉剂500倍液+50%腐霉利可湿性粉剂1 000倍液、43%氟嘧·戊唑醇（氟嘧菌酯18%+戊唑醇25%）悬浮剂20 ~ 30 mL/亩、30%肟菌·戊唑醇（肟菌酯10%+戊唑醇20%）悬浮剂25 ~ 37.5 mL/亩、35%氟菌·戊唑醇（戊唑醇17.5%+氟吡菌酰胺17.5%）悬浮剂5 ~ 10 mL/亩、12%苯甲·氟酰胺（苯醚甲环唑5%+氟唑菌酰胺7%）悬浮剂56 ~ 70 mL/亩、75%百菌清可湿性粉剂800倍液+50%苯菌灵可湿性粉剂1 500倍液等，7 ~ 10 d防治1次，共防3 ~ 4次。

二、李树虫害

1. 李小食心虫

分　　布　李小食心虫（*Grapholitha funebrana*）是为害李果的主要害虫。分布于东北、华北、西北各产区。

为害特点　幼虫蛀食果实，蛀果前幼虫在果面上吐丝结网，于网下啃咬果皮再蛀于果实内，从蛀入孔流出果胶。被害果实发育不正常，果面逐渐变成紫红色，提前落果（图50-12、图50-13）。

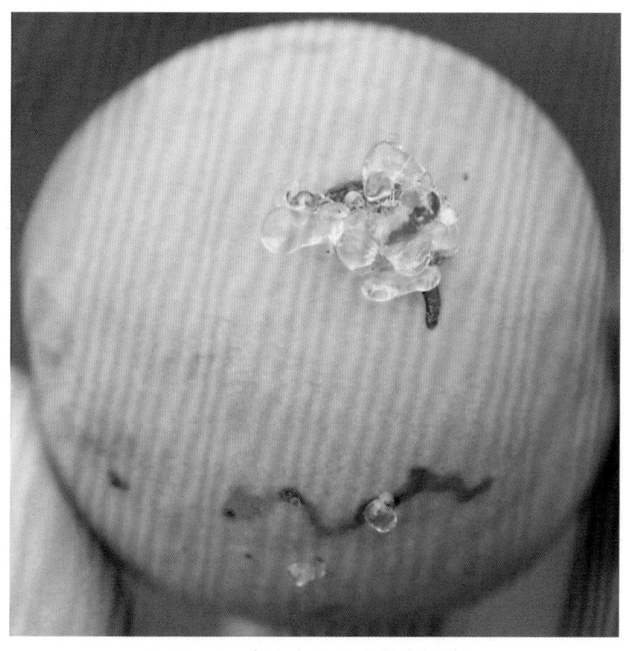
图50-12　李小食心虫为害李果症状

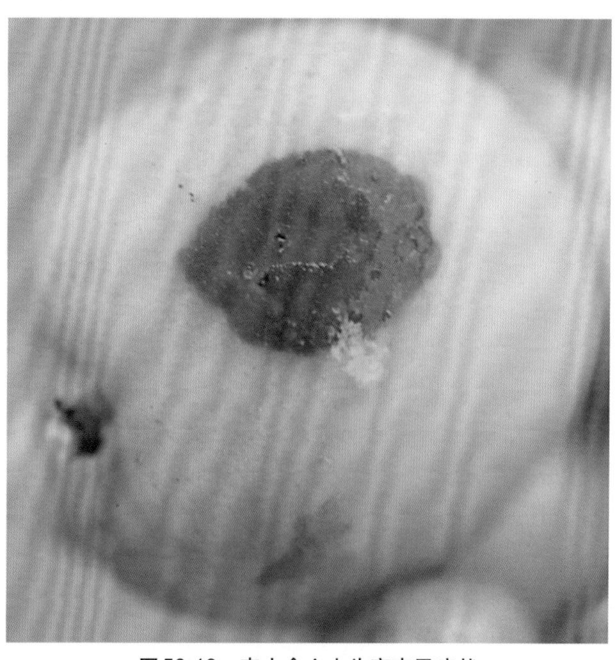
图50-13　李小食心虫为害杏果症状

形态特征　成虫体背面灰褐色，腹面铅灰色。前翅长方形，烟灰色，翅面密布白点，后翅浅褐色。卵圆形，扁平，稍隆起，初产卵白色，透明，孵化前转为黄白色。老熟幼虫体玫瑰红色或桃红色，腹面颜色较淡（图50-14）。初化蛹为淡黄色，后变为褐色。茧纺锤形，污白色。

图50-14　李小食心虫幼虫及为害幼果状

发生规律　每年发生1～4代，老熟幼虫在树干周围的土中，杂草等地被植物下及皮缝中结茧越冬。在李树花芽萌动期，于土中越冬者多破茧上移至地表1 cm处再结茧。各地幼虫发生期：3代区于5月中旬出现越冬幼虫，第1代7月上旬出现，第2代7月下旬出现；4代区4月上旬至5月上旬出现越冬幼虫，第1代6月上旬至7月上旬出现，第2代6月下旬至8月中旬出现，第3代8月上旬至9月上旬出现。第3、第4代幼虫多从果梗基部蛀入，被害果多早熟脱落；末代幼虫老熟后脱果结茧越冬。

防治方法　成虫羽化前、李树开花前或开花时和卵孵化盛期各喷药1次，可用药剂有24%甲氧虫酰肼悬浮剂2 500～3 750倍液、5%虱螨脲悬浮剂1 000～2 000倍液、20%虫酰肼悬浮剂1 500～2 000倍液、3%甲氨基阿维菌素苯甲酸盐微乳剂3 000～4 000倍液、20%虫酰肼悬浮剂1 500～2 000倍液、50%杀螟硫磷乳油1 000～2 000倍液、80%敌敌畏乳油1 600～2 000倍液、30%高氯·毒死蜱（高效氯氰菊酯3%＋毒死蜱27%）水乳剂1 000～1 300倍液、20%甲维·除虫脲（甲氨基阿维菌素苯甲酸盐1%＋除虫脲19%）悬浮剂2 000～3 000倍液、25%氯虫·啶虫脒（氯虫苯甲酰胺10%＋啶虫脒15%）可分散油悬浮剂3 000～4 000倍液、16%啶虫·氟酰脲（氟酰脲9%＋啶虫脒7%）乳油1 000～2 000倍液、14%氯虫·高氯氟（高效氯氟氰菊酯4.7%＋氯虫苯甲酰胺9.3%）微囊悬浮剂3 000～5 000倍液、6%甲维·杀铃脲（杀铃脲5.5%＋甲氨基阿维菌素苯甲酸盐0.5%）悬浮剂1 500～2 000倍液、48%毒死蜱乳油400～500倍液、2.5%溴氰菊酯乳油3 000～4 000倍液等，但注意药剂应交替使用。

2. 李枯叶蛾

分　　布　李枯叶蛾（*Gastropacha quercifolia*）分布于东北、华北、西北、华东、中南等地。

为害特点　幼虫咬食嫩芽和叶片，常将叶片吃光（图50-15）。仅残留叶柄，严重影响树体生长发育。

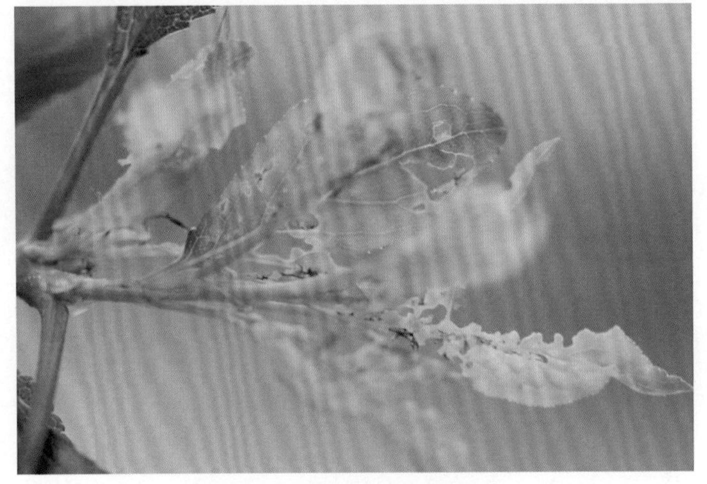

图50-15　李枯夜蛾为害嫩叶状

形态特征　成虫全体赤褐色至茶褐色。头部色略淡，中央有1条黑色纵纹。前翅外缘和后缘略呈锯齿状，后翅短宽，外缘呈锯齿状，卵近圆形，绿色至绿褐色，带白色轮纹。幼虫稍扁平，暗褐色到暗灰色，疏生长、短毛。蛹深褐色，外被暗灰色或暗褐色丝茧，上附有幼虫的体毛。茧长椭圆形，丝质，暗褐色至暗灰色。

发生规律　在东北每年发生1代，河南2代，低龄幼虫伏在枝上和皮缝中越冬。翌春李树发芽后，出蛰食害嫩芽和叶片，常将叶片吃光，仅残留叶柄。于6月中旬至8月发生成虫。卵多产于枝条上，幼虫孵化后食叶，发生1代者幼虫2～3龄时便伏于枝上或皮缝中越冬；发生2代者幼虫为害至老熟结茧化蛹，羽化，第2代幼虫2～3龄时便进入越冬状态。

越冬幼虫出蛰盛期及第1代卵孵化盛期后是施药的关键时期，可用30%高氯·毒死蜱（高效氯氰菊酯3%+毒死蜱27%）水乳剂1 000～1 300倍液、20%甲维·除虫脲（甲氨基阿维菌素苯甲酸盐1%+除虫脲19%）悬浮剂2 000～3 000倍液、14%氯虫·高氯氟（高效氯氟氰菊酯4.7%+氯虫苯甲酰胺9.3%）微囊悬浮剂3 000～5 000倍液、6%甲维·杀铃脲（杀铃脲5.5%+甲氨基阿维菌素苯甲酸盐0.5%）悬浮剂1 500～2 000倍液、20%甲氰菊酯乳油1 000～2 000倍液等，喷雾防治。

3. 李实蜂

分　　布　李实蜂（*Hoplocampa fulvicornis*）在华北、华中、西北等李产区均有发生。

为害特点　从花期开始，幼虫蛀食花托、花萼和幼果，常将果肉、果核食空，将虫粪堆积在果内，造成大量落果（图50-16）。

形态特征　成虫为黑色小蜂（图50-17），口器为褐色。触角丝状，雌蜂触角为暗褐色，雄蜂触角为深黄色。中胸背面有“乂”字形沟纹。翅透明，棕灰色，雌蜂翅前缘及翅脉为黑色。卵椭圆形，乳白色。幼虫黄白色（图50-18）。蛹为裸蛹，羽化前变为黑色。

图50-16　李实蜂蛀孔

图50-17　李实蜂成虫产卵

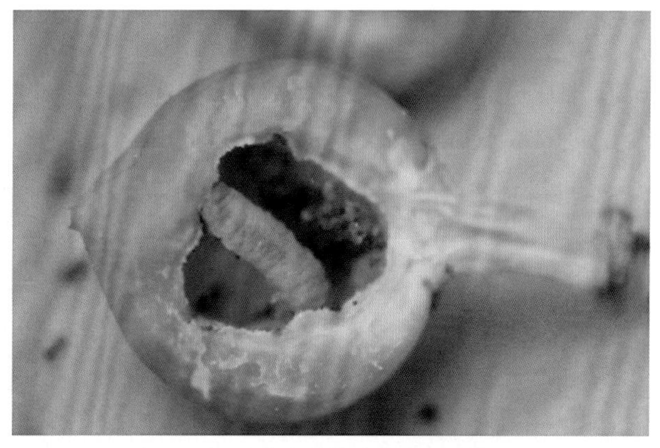

图50-18　李实蜂幼虫及为害幼果状

发生规律　1年发生1代，老熟幼虫在土壤内结茧越冬，休眠期达10个月。翌年3月下旬，李树萌芽时化蛹，李树花期成虫羽化，成虫产卵于李树花托或花萼表皮下。幼虫孵出后爬入花内，蛀入果核内部为害。果内被蛀空，堆积虫粪，幼虫老熟后落地休眠。

防治方法　在被害果脱落前，将其摘除，集中处理，消灭幼虫。李实蜂的防治关键时期是花期。

于成虫产卵前，喷洒48%毒死蜱乳油1 000倍液，毒杀成虫。

李树始花期和落花后，各喷施1.8%阿维菌素乳油2 000～4 000倍液、4.5%高效氯氰菊酯乳油2 000～2 500倍液、2.5%溴氰菊酯乳油2 500～3 000倍液、5%顺式氯氰菊酯乳油2 000倍液、10%氯氰菊酯乳油2 000倍液，注意喷药质量，只要均匀、周到、细致，就会收到很好的防治效果。

4. 桃蚜

分　　布　桃蚜（*Myzus persicae*）分布全国各地。

为害特点　成虫、若虫群集新梢和叶片背面为害，被害部分呈现小的黑色、红色和黄色斑点，使叶片逐渐变白，向背面扭卷成螺旋状（图50-19），引起落叶，新梢不能生长，影响产量及花芽形成，削弱树势（图50-20）。桃蚜排泄的蜜露，常造成烟煤病。

图50-19 桃蚜为害叶片症状

图50-20 桃蚜为害新梢症状

形态特征 可参考第四十四章二、3.“桃蚜”。
发生规律 可参考第四十四章二、3.“桃蚜”。
防治方法 可参考第四十四章二、3.“桃蚜”。

5. 桃粉蚜

分　布 桃粉蚜（*Hyalopterus amygdali*）南北各桃产区均有发生，以华北、华东、东北各地为主。

为害特点 春夏之间经常和桃蚜混合发生为害桃树叶片。成、若虫群集于新梢和叶背刺吸汁液，受害叶片呈花叶状，增厚，叶色灰绿或变黄，向叶背后对合纵卷，卷叶内虫体被白色蜡粉。严重时叶片早落，新梢不能生长。排泄蜜露常致煤烟病发生（图50-21、图50-22）。

图50-21 桃粉蚜为害叶片症状

图50-22 桃粉蚜为害新梢症状

形态特征 可参考第四十四章二、4.“桃粉蚜”。
发生规律 可参考第四十四章二、4.“桃粉蚜”。
防治方法 可参考第四十四章二、4.“桃粉蚜”。

6. 桑白蚧

分　布 桑白蚧（*Pseudaulacaspis pentagona*）分布遍及全国，是为害最普遍的一种介壳虫。

为害特点　若虫和成虫群集于主干、枝条上，以口针刺入皮层吸食汁液，也有在叶脉或叶柄、芽两侧寄生的，造成叶片提早硬化（图50-23、图50-24）。

形态特征　可参考第四十四章二、5.“桑白蚧”。

发生规律　可参考第四十四章二、5.“桑白蚧”。

防治方法　可参考第四十四章二、5.“桑白蚧”。

图50-23　桑白蚧为害枝条症状

图50-24　桑白蚧为害枝干症状

第五十一章　杏树病虫害原色图解

一、杏树病害

1. 杏疔病

分　　布　杏疔病是杏树的主要病害，主要分布在我国北方杏产区。

症　　状　由杏疔座霉（*Polystigma deformans*，属于囊菌亚门真菌）引起。主要为害新梢、叶片，也为害花和果实。发病新梢生长缓慢。节间短粗，叶片簇生。病梢表皮初为暗褐色，后变为黄绿色，病梢常枯死。叶片变黄、增厚，呈革质，后病叶变红黄色，向下卷曲，最后病叶变为黑褐色，质脆易碎，但成簇留在枝上不易脱落（图51-1）。花受害后不易开放，花蕾增大，萼片及花瓣不易脱落。果实染病后生长停止，果面有淡黄色病斑，其上散生黄褐色小点。后期病果干缩，脱落或挂在枝上。

发生规律　孢子囊在病叶越冬。翌年春季，子囊孢子从子囊中释放出来，借风雨或气流传播到幼芽上，遇到适宜条件很快萌发并侵入幼枝。随着幼芽及新叶的生长，菌丝在组织内蔓延，继而侵染叶片。于5月出现症状，新梢长10 ~ 20 cm时症状最明显。该病1年只发生1次，没有第2次侵染。

图51-1　杏疔病为害新梢叶片簇生症状

防治方法　在秋、冬季结合树形修剪，剪除病枝、病叶，清除地面上的枯枝、落叶，并烧毁。在生长季节出现症状时亦需清除，连续清除2 ~ 3年，可有效控制病情。

在杏树冬季修剪后到萌芽前（3月上、中旬），对树体全面喷布5波美度石硫合剂。

在没有彻底清除病枝的地区，可在杏树展叶时喷1 ∶ 1.5 ∶ 200波尔多液、30%碱式硫酸铜胶悬剂300 ~ 500倍液、50%腈菌·锰锌（腈菌唑·代森锰锌）可湿性粉剂800 ~ 1 000倍液、12.5%腈菌唑可湿性粉剂2 500倍液、45%戊唑·醚菌酯（戊唑醇15% +醚菌酯30%）水分散粒剂2 000 ~ 4 000倍液、30%苯甲·吡唑酯（苯醚甲环唑20% +吡唑醚菌酯10%）悬浮剂2 500 ~ 3 500倍液、30%吡唑·异菌脲（异菌脲10% +吡唑醚菌酯20%）悬浮剂3 000 ~ 4 000倍液、40%唑醚·甲硫灵（甲基硫菌灵32% +吡唑醚菌酯8%）悬浮剂1 000 ~ 3 000倍液、75%肟菌·戊唑醇（肟菌酯25% +戊唑醇50%）水分散粒剂4 000 ~ 6 000倍液、60%唑醚·戊唑醇（吡唑醚菌酯20% +戊唑醇40%）水分散粒剂4 000 ~ 5 000倍液、55%戊唑·多菌灵（戊唑醇25% +多菌灵30%）可湿性粉剂1 650 ~ 2 750倍液、70%甲基硫菌灵可湿性粉剂800 ~ 1 000倍液，间隔10 ~ 15 d喷1次，防治1 ~ 2次，效果良好。连续2 ~ 3年全面清理病枝、病叶的杏园可完全控制杏疔病。

2. 杏褐腐病

分　　布　杏褐腐病主要分布于河北、河南等地区。

症　　状　由灰丛梗孢（*Monilia cinerea*）引起。可侵害花、叶及果实，果实受害最重。花器受害，变褐、萎蔫，多雨潮湿时迅速腐烂，表面丛生灰霉。嫩叶受害，多自叶缘开始变褐，迅速扩展至全叶，使叶片枯萎下垂，呈霜害状。幼果至成熟期均可发病，近成熟期果发病最严重（图51-2）。病果最初发生褐色圆形病斑，果肉变褐、软腐，病果腐烂后易脱落，也可失水干缩变成褐色或黑色僵果，悬挂在树上经久不落（图51-3）。

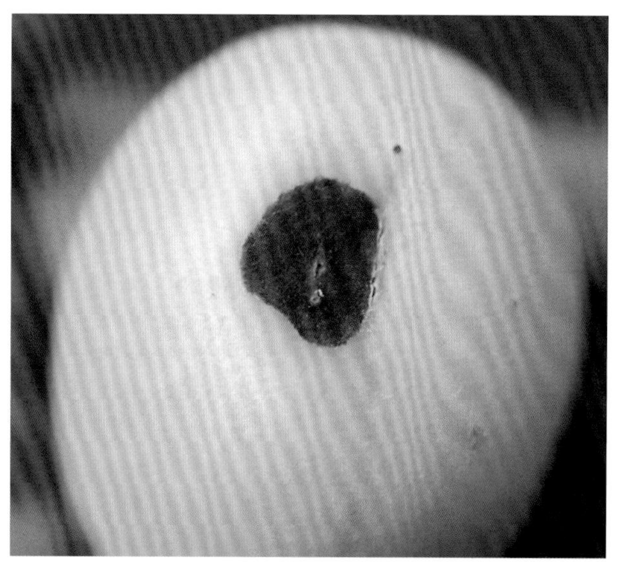

图51-2　杏褐腐病为害成熟果实症状

图51-3　杏褐腐病为害幼果症状

发生规律　菌丝体在僵果和病枝溃疡处越冬。翌年春季，病菌在僵果和病枝处产生分生孢子，依靠风雨和昆虫传播，引起初侵染。分生孢子萌发后，由皮孔和伤口侵入树体。在适宜的条件下，继续产生分生孢子，引起再侵染。从5月中旬果实着色期开始发病，迅速蔓延，至5月下旬达发病高峰。多雨高湿条件适于病害发生。

防治方法　在春、秋两季，彻底清除僵果和病枝，集中烧毁。在秋季深翻土壤，将有病枝条和树体深埋地下或烧毁。防止果实产生伤口，及时防治害虫，以减少虫伤，防止病菌从伤口侵入。

早春发芽前喷5波美度石硫合剂。

在落花以后至幼果期，可喷施80%代森锰锌可湿性粉剂500 ~ 600倍液、75%百菌清可湿性粉剂800倍液、65%代森锌可湿性粉剂400 ~ 500倍液，能有效地控制病情蔓延，每10 ~ 15 d喷1次，连续喷3次。

于果实接近成熟时，喷洒45%戊唑·醚菌酯（戊唑醇15%＋醚菌酯30%）水分散粒剂2 000 ～ 4 000倍液、30%苯甲·吡唑酯（苯醚甲环唑20%＋吡唑醚菌酯10%）悬浮剂2 500 ～ 3 500倍液、30%吡唑·异菌脲（异菌脲10%＋吡唑醚菌酯20%）悬浮剂3 000 ～ 4 000倍液、40%唑醚·甲硫灵（甲基硫菌灵32%＋吡唑醚菌酯8%）悬浮剂1 000 ～ 3 000倍液、75%肟菌·戊唑醇（肟菌酯25%＋戊唑醇50%）水分散粒剂4 000 ～ 6 000倍液、60%唑醚·戊唑醇（吡唑醚菌酯20%＋戊唑醇40%）水分散粒剂4 000 ～ 5 000倍液、55%戊唑·多菌灵（戊唑醇25%＋多菌灵30%）可湿性粉剂1 650 ～ 2 750倍液、50%苯菌灵可湿性粉剂1 500倍液。

3. 杏细菌性穿孔病

分　　布　杏细菌性穿孔病是杏树常见的叶部病害，全国各杏产区均有发生。

症　　状　由甘蓝黑腐黄单胞菌桃穿孔致病型（*Xanthomonas campestris* pv. *pruni*）引起。主要侵染叶片，也能侵染果实和枝梢。叶片发病，先在叶背产生水渍状、淡褐色小斑点，扩大后呈圆形或不规则形病斑，紫褐色至黑褐色，周围具有水渍状、黄绿色晕圈，后期病斑干枯，与周围健康组织交界处出现裂纹，脱落形成穿孔（图51-4）。枝条发病后，形成春季和夏季两种溃疡斑。春季溃疡斑发生在上年夏季长出的枝条上，形成暗褐色小疱疹，常造成枝条枯死，病部表皮破裂后，病菌溢出菌液，传播蔓延。夏季溃疡斑发生在当年生嫩梢上，以皮孔为中心形成暗紫色、水渍状斑点，后变成褐色，圆形或椭圆形，稍凹陷，边缘呈水渍状病斑，不易扩展，很快干枯。果实受害，病斑黑褐色，边缘水浸状，最后，病斑边缘开裂翘起（图51-5）。

图51-4　杏细菌性穿孔病为害叶片症状

发生规律　病菌在被害枝条组织中越冬。翌春病组织内细菌开始活动，杏树开花前后，病菌从病组织中溢出，借风雨或昆虫传播，经叶片的气孔、枝条的芽痕和果实的皮孔侵入。春季溃疡斑是该病的主要初侵染源。夏季气温高，湿度小，溃疡斑易干燥，外围的健全组织很容易愈合。该病一般于5月间出现，7—8月发病严重。果园地势低洼，排水不良，通风、透光差，偏施氮肥发病重。

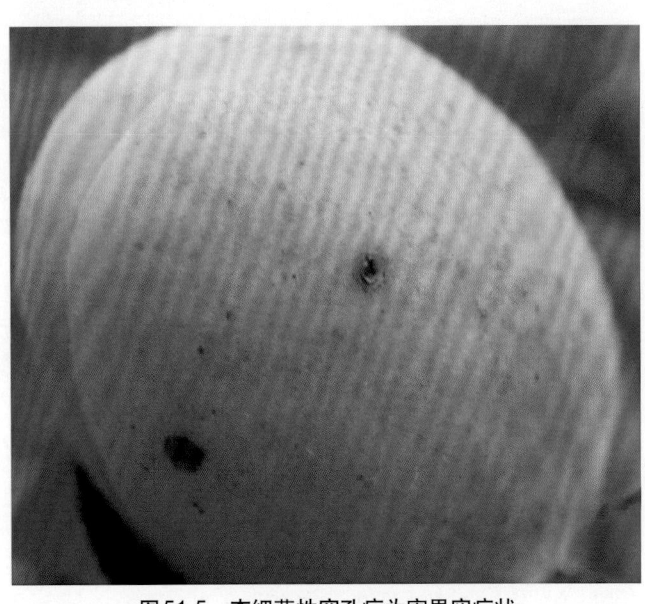

图51-5　杏细菌性穿孔病为害果实症状

防治方法　加强杏园管理，增强树势。注意排水，增施有机肥，避免偏施氮肥，合理修剪，使杏园通风透光，以增强树势，提高树体抗病力。清除越冬菌源。秋后结合冬季修剪，剪除病枝，清除落叶，集中烧毁。发芽前喷5波美度石硫合剂或45%晶体石硫合剂30倍液、1 ∶ 1 ∶ 100波尔多液、30%碱式硫酸铜胶悬剂400 ～ 500倍液。

展叶后至发病前（5—6月）是防治的关键时

期，可喷施3%中生菌素可湿性粉剂400倍液、33.5%喹啉铜悬浮剂1 000 ～ 1 500倍液、40%噻唑锌悬浮剂50 ～ 75 mL/亩、5%大蒜素微乳剂60 ～ 80 g/亩、41%乙蒜素乳油1 000 ～ 1 250倍液、3%噻霉酮微乳剂75 ～ 110 g/亩、0.3%四霉素水剂50 ～ 65 mL/亩、6%春雷霉素可溶液剂50 ～ 70 mL/亩、3%中生菌素可溶液剂80 ～ 110 mL/亩、2%宁南霉素水剂500 ～ 600倍液、86.2%氧化亚铜悬浮剂1 500 ～ 2 000倍液等药剂，每隔7 ～ 10 d喷1次，共喷2 ～ 4次。

4. 杏黑星病

症　状　由嗜果枝孢菌（*Clodosporium carpophilum*）引起。主要为害果实，也可侵害枝梢和叶片。果实上发病，多在果实肩部，先出现暗绿色、圆形小斑点，发生严重时病斑聚合连片呈疮痂状，至果实近成熟时病斑变为紫黑色或黑色，随果实增大，果面往往龟裂（图51-6）。枝梢染病后，出现浅褐色、椭圆形斑点（图51-7），边缘带紫褐色，后期变为黑褐色，稍隆起，常流胶，表面密生黑色小粒点。叶片发病，多在叶背面叶脉之间，初出现不规则形或多角形灰绿色病斑，渐变为褐色或紫红色，最后病斑干枯脱落，形成穿孔，严重时落叶。

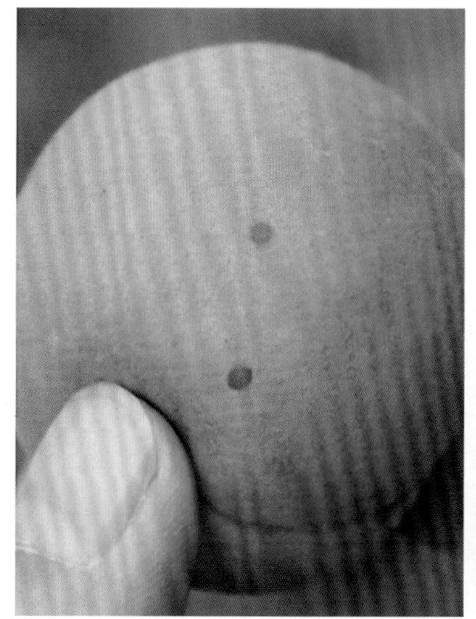
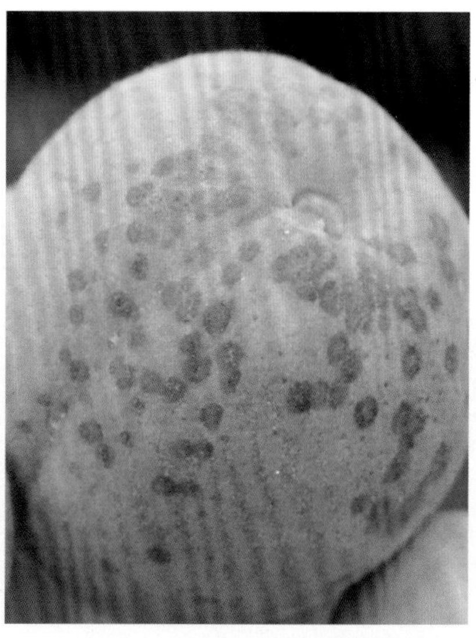
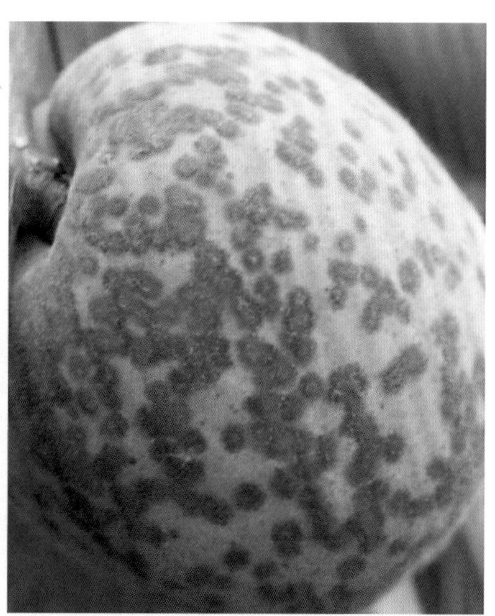

图51-6　杏黑星病为害果实症状

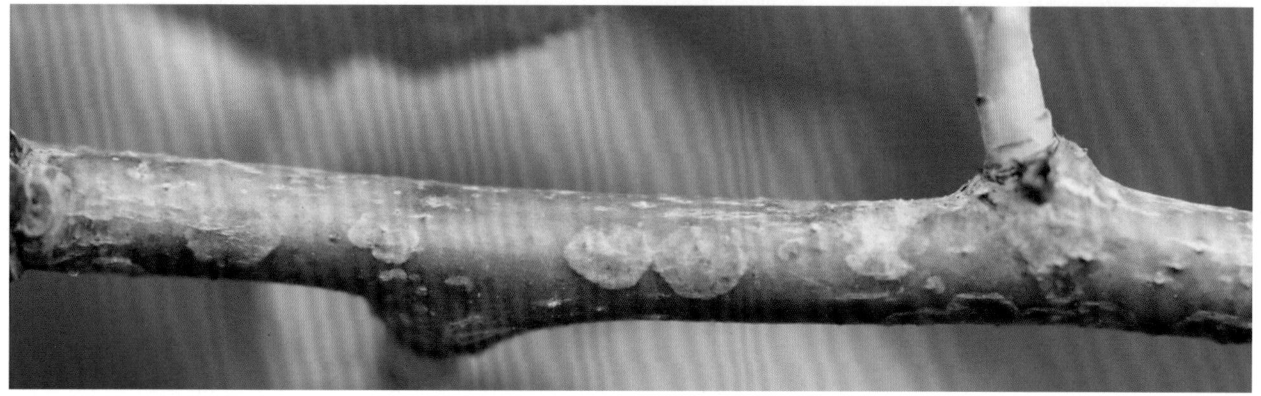

图51-7　杏黑星病为害枝梢症状

发生规律　菌丝体在杏树枝梢的病部越冬。于翌年4—5月产生分生孢子，经风雨传播。分生孢子萌发产生的芽管可以直接穿透寄主表皮的角质层，从而侵染寄主。一般从6月开始发病，7—8月为发病盛期。多雨、高温有利发病。此病能否大发生，主要受春、夏季降水状况影响。果园低洼潮湿或枝条郁蔽，通风透光不良可促进该病发生。

防治方法　于秋、冬季结合修剪清除树上病枝梢，集中烧毁，减少菌源。于生长季适当整枝修剪，剪除徒长枝，增进树冠内通风透光，降低湿度，减轻发病。

春季萌芽前喷5波美度石硫合剂、45%石硫合剂结晶体30倍液，铲除枝梢上的越冬菌源。

落花后15 d是防治的关键时期，可用70%甲基硫菌灵·代森锰锌可湿性粉剂800倍液、60%唑醚·代森联（代森联55% +吡唑醚菌酯5%）水分散粒剂60 ～ 100 g/亩、70%甲基硫菌灵可湿性粉剂800倍液、50%多菌灵可湿性粉剂800倍液、65%代森锌可湿性粉剂500 ～ 800倍液、75%百菌清可湿性粉剂800倍液、80%代森锰锌可湿性粉剂800倍液，均匀喷施。

病害发生初期，可喷施50%苯菌灵可湿性粉剂1 500 ～ 1 800倍液、50%嘧菌酯水分散粒剂5 000 ～ 7 000倍液、25%吡唑醚菌酯乳油1 000 ～ 3 000倍液、40%环唑醇悬浮剂7 000 ～ 10 000倍液、10%苯醚甲环唑水分散粒剂1 500 ～ 2 000倍液、40%氟硅唑乳油8 000 ～ 10 000倍液、5%己唑醇悬浮剂800 ～ 1 500倍液、5%亚胺唑可湿性粉剂600 ～ 700倍液、40%腈菌唑水分散粒剂6 000 ～ 7 000倍液、30%氟菌唑可湿性粉剂2 000 ～ 3 000倍液、20%邻烯丙基苯酚可湿性粉剂600 ～ 1 000倍液，以上药剂交替使用，效果更好，间隔10 ～ 15 d喷药1次，共3 ～ 4次。

5. 杏树腐烂病

症　　状　由日本黑腐皮壳（*Valsa japonica*，属子囊菌亚门真菌）引起。无性世代为一种壳囊孢，属半知菌亚门真菌。主要为害枝干。症状分溃疡型和枝枯型两种，基本与苹果树腐烂病症状相同，但天气潮湿时，从分生孢子器中涌出的卷须状孢子角呈橙红色，于秋季形成子囊壳（图51-8）。

图51-8　杏树腐烂病枝枯型症状

发生规律　菌丝、分生孢子座在病部越冬。于翌春产生分生孢子角，经雨水冲溅放射出分生孢子，随风雨、昆虫传播，从伤口侵入，潜伏为害。杏树腐烂病从初春至晚秋均可发生，以4—6月发病最盛。地势低洼，土壤黏重，施肥不足或不当，尤其是磷、钾肥不足，氮肥过多，树体郁闭、负载量过大或受冻害，均易诱发腐烂病。

防治方法　加强栽培管理，增强树势，注意疏花疏果，使树体负载量适宜，减少各种伤口。

及时治疗病疤。主要有刮治和划道涂治。刮治是在早春将病斑坏死组织彻底刮除，并刮掉病皮四周的一些健康皮。涂治是将病部用刀纵向划0.5 cm宽的痕迹，然后于病部周围健康组织1 cm处划痕封锁病菌以防扩展。刮皮或划痕后可涂抹50%福美双可湿性粉剂50倍液+2%平平加（煤油或洗衣粉）、托福油膏（甲基硫菌灵1份、福美双1份、黄油2 ～ 8份，混匀）、70%甲基硫菌灵可湿性粉剂30倍液。

6. 杏树侵染性流胶病

症　　状　由茶藨子葡萄座腔菌（*Botryosphaeria ribis*）引起。主要发生在枝或干上，在枝条上也有发生。初期病部膨胀，随后陆续分泌出褐色、透明的树胶（图51-9）。流胶严重的枝干，树皮干裂，布满胶质块，干枯坏死，树势衰弱，甚至整枝枯死。当年新梢被害，以皮孔为中心，发生大小不等的病斑，亦有流胶现象。

发生规律　菌丝体、分生孢子器在病枝里越冬。于翌年3月下旬至4月中旬散发生分生孢子，随风雨传播，主要经伤口侵入，也可从皮孔及侧芽侵入。1年中有2个发病高峰，第1次在5月上旬至6月上旬，第2次在8月上旬至9月上旬，以后不再侵染为害。因此，防治此病以新梢生长期为好。雨季，特别是长期干旱后偶降暴雨，流胶病发生严重。

防治方法　加强果园管理，增强树势。增施有机肥，低洼积水地注意排水，改良土壤，盐碱地要注意排盐，合理修剪，减少枝干伤口，避免连作。避免、减少病虫伤。

图51-9　杏树侵染性流胶病为害枝干症状

早春发芽前将流胶部位病组织刮除，然后涂抹45%晶体石硫合剂30倍液，或喷石硫合剂200～300倍液或1∶1∶100波尔多液，铲除病原菌。

在生长期于4月中旬至7月上旬，每隔20 d用刀纵、横划病部，深达木质部，然后用毛笔蘸药液涂于病部。可用70%甲基硫菌灵可湿性粉剂800～1 000倍液+65%代森锌可湿性粉剂300倍液、80%乙蒜素乳油50倍液、1.5%多抗霉素水剂100倍液处理。

7. 杏炭疽病

症　　状　由胶孢炭疽菌（*Colletotrichum gloeosporioides*）引起。主要为害果实，先发生淡褐色、圆形病斑，逐渐扩展为凹陷病斑，病斑周围黑褐色，中央淡褐色（图51-10），后期病斑中间出现粉红色黏稠状物，全果发病后期呈干缩状。

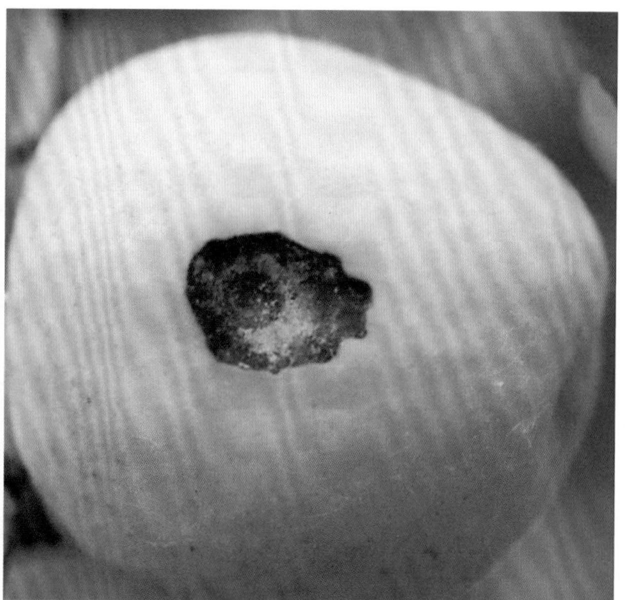

图51-10　杏炭疽病为害果实症状

发生规律　病菌主要以菌丝体的形式在病梢组织内越冬，也可以在树上的僵果中越冬。于第二年春季形成分生孢子，借风雨或昆虫传播，侵害幼果及新梢，引起初侵染。以后于新生的病斑上产生孢子，引起再侵染。感染只限于降雨期间，雨水多，病害严重。幼果期为病害高峰期，使幼果大量腐烂和脱落。在我国北方，7—8月是雨季，病害发生较多。杏树留枝过密、树冠郁蔽、树势衰弱、管理粗放、排水不良、土壤黏重的果园，发病较重。

防治方法　清除病枝、病果，结合冬剪剪除树上的病枝、僵果及衰老细弱枝组；结合春剪，在早春芽萌动到开花前后及时剪除初发病的枝梢，对有卷叶症状的病枝也应及时剪掉，然后集中深埋或烧毁，以减少初侵染来源。加强培育管理，搞好开沟排水工作，防止雨后积水，以降低园内湿度。

果树萌芽前，喷石硫合剂200 ~ 300倍液、1 ∶ 1 ∶ 100波尔多液，间隔1周再喷1次（展叶后禁喷），铲除病原。

开花前，喷布75%百菌清可湿性粉剂800倍液、60%唑醚·代森联（代森联55% +吡唑醚菌酯5%）水分散粒剂60 ~ 100 g/亩、65%代森锌可湿性粉剂500倍液、50%克菌丹可湿性粉剂400 ~ 500倍液，每隔10 ~ 15 d喷洒1次，连喷3次。

落花后喷药保护幼果是防治的关键，常用药剂有70%甲基硫菌灵可湿性粉剂1 500倍液、50%多菌灵可湿性粉剂600 ~ 800倍液、40%甲硫·噻唑锌（甲基硫菌灵24% +噻唑锌16%）悬浮剂120 ~ 180 mL/亩、38%唑醚·啶酰菌（啶酰菌胺25.2% +吡唑醚菌酯12.8%）悬浮剂30 ~ 40 mL/亩、43%氟嘧·戊唑醇（氟嘧菌酯18% +戊唑醇25%）悬浮剂20 ~ 30 mL/亩、50%多菌灵可湿性粉剂500 ~ 600倍液+65%福美锌可湿性粉剂300 ~ 500倍液，间隔10 ~ 15 d喷药1次，共3 ~ 4次。

8. 杏树根癌病

症　　状　由根癌农杆菌（*Agrobacterieum tumefaciens*）引起。主要发生在根颈部，也发生于侧根和支根。根部被害后形成癌瘤。开始时很小，随植株生长不断增大。瘤的形状不一致，通常为球形或扁球形（图51-11）。瘤的大小不等，小的如豆粒，大的如胡桃、拳头，最大的直径可达数寸至1尺*。在苗木上，癌瘤绝大多数发生于接穗与砧木的愈合部分。初生时为乳白色或略带红色，光滑，柔软。后逐渐变为褐色乃至深褐色，木质化而坚硬，表面粗糙或凹凸不平。患病的苗木，根系发育不良，细根特少。地上部分的发育显著受到阻碍，结果生长缓慢，植株矮小。被害严重时，叶片黄化，早落。成年果树受害后，果实小，树龄缩短。

图51-11　杏树根癌病为害苗木根部症状

发生规律　病菌在癌瘤组织的皮层内及土壤中越冬。通过雨水、灌溉水和昆虫传播。带菌苗木能远距传播。病菌由伤口侵入，刺激寄主细胞过度分裂和生长，形成癌瘤。潜育期2 ~ 3个月或1年以上。病害的发生与土壤温度、湿度及pH密切相关。22℃左右的土壤温度和60%的土壤湿度最适合病菌的侵入和瘤的形成。中性至碱性土壤有利发病，pH≤5的土壤，即使存在病菌也不发生侵染。土壤黏重、排水不良的苗圃或果园发病较重。

防治方法　栽种桃树或育苗忌重茬，应适当施用酸性肥料或增施有机肥（如绿肥）等，以改变土壤条件，使之不利于病菌生长。田间作业中要尽量减少机械损伤，同时加强防治地下害虫。加强植物检疫工作，杜绝病害蔓延。发现病苗及时烧掉。

苗木消毒：仔细检查，病苗要彻底刮除病瘤，并用1%酒精作辅助剂，消毒1 h左右。将病劣苗剔出后用3%次氯酸钠液浸根3 min，刮下的病瘤应集中烧毁。对外来苗木应在未抽芽前将嫁接口以下部位，用10%硫酸铜液浸5 min，再用2%的石灰水浸1 min。

药剂防治：可用20%噻唑锌悬浮剂300 ~ 500倍液涂抹根颈部的瘤，以防止其扩大绕围根颈。

9. 杏黑粒枝枯病

症　　状　由仁果干癌丛赤壳菌（*Nectria galligena*）引起。主要为害一年生的果枝。病枝一般在花芽尚未开花时干枯，花芽周围生有椭圆形病斑，黑褐色，波状轮纹，有树脂状物溢出，发病芽上部的枝

*　寸、尺为非法定计量单位。1寸≈3.33 cm，1尺≈33.33 cm。——编者注

条枯死。近开花时病斑明显，进入盛花期病斑褐色至黑褐色，有小黑粒点（图51-12）。发病晚的枝于花后枯死。

图51-12 杏黑粒枝枯病为害枝条症状

发生规律 病原以菌丝和分生孢子的形式在病部越冬。翌年7月下旬分生孢子从病部表面破裂处飞散出来，成熟的孢子于8、9月传播蔓延，经潜伏后于翌年早春时发病。

防治方法 选用抗病品种。采收后，于冬季彻底剪除被害枝，集中深埋或烧毁。

于8月下旬至9月上旬喷施77%氢氧化铜可湿性粉剂500 ~ 600倍液、50%琥胶肥酸铜可湿性粉剂500 ~ 600倍液，每隔10 ~ 14 d喷1次，连续喷3 ~ 4次。

10. 杏干枯病

症　　状 由茶藨子葡萄座腔菌（*Botryosphaeria ribis*）引起。小杏树或树苗易染病，呈枯死状。初在树干或枝的树皮上生稍突起的软组织，逐渐变褐、腐烂，散发出酒糟气味，后病部凹陷，表面多处出现放射状小突起，遇雨或湿度大时，现红褐色丝状物，剥开病部树皮，可见椭圆形、黑色小粒点（图51-13）。壮树病斑四周呈癌肿状，弱树多呈枯死状。小枝染病，于秋季生出褐色圆形斑，不久枝尖枯死。

图51-13 杏干枯病为害枝干症状

发生规律 病菌在树干或枝条内越冬。春季孢子由冻伤、虫伤或日灼处伤口侵入，系一次性侵染，于病部生出子囊壳，病斑从早春至初夏不断扩展，盛夏病情扩展缓慢或停滞，入秋后再度扩展。小树徒长期易发病。

防治方法 科学施肥，合理疏果，确保树体健壮，提高抗病力。用稻草或麦秆等围绑树干，严防冻害，通过合理修剪，避免或减少日灼，必要时，在剪口上涂药，防止病原侵入。

药剂防治。及时剪除病枝，用刀挖除枝干受害处，并涂药保护，可用10波美度石硫合剂。

二、杏树虫害

杏树上发生的主要害虫有杏象甲、杏仁蜂等。

1. 杏象甲

分　　布 杏象甲（*Rhynchites faldermanni*）在东北、华北、西北地区等杏产区均有发生。

为害特点 成虫取食幼芽嫩枝、花和果实，产卵于幼果内，咬伤果柄。幼虫在果实内蛀食，使受害果早落（图51-14）。

图51-14 杏象甲为害杏果状

形态特征 成虫（图51-15）体椭圆形，紫红色，具光泽，有绿色反光，体密布刻点和细毛。前胸背板“小”字形凹陷不明显。鞘翅略呈长方形，后翅半透明，灰褐色。卵椭圆形，初产乳白色，近孵化变为黄色，表面光滑，微具光泽。幼虫乳白色，微弯曲，老熟幼虫体表具横皱纹。蛹为裸蛹，椭圆形，初为乳白色，渐变为黄褐色，羽化前为红褐色。

图51-15 杏象甲成虫及为害果实状

发生规律 每年发生1代。成虫在土中、树皮缝、杂草内越冬。翌年杏花开时成虫出现，成虫常停息在树梢向阳处，受惊扰假死落地，为害7 ~ 15 d后开始交配、产卵，幼虫期20余天，老熟后脱果入土。

防治方法 在成虫出土期（3月底至4月初）清晨震树。及时捡拾落果。

成虫出土盛期，用50%辛硫磷乳油0.8 ~ 1 kg/亩、1.8%阿维菌素乳油3 000 ~ 5 000倍液、50%毒死蜱乳油1 500 ~ 2 500倍液，兑水50 ~ 90倍，均匀喷于树冠下，也可喷施80%敌敌畏乳油1 000倍液、2.5%溴氰菊酯乳油1 500 ~ 2 500倍液，每隔15 d喷1次，连续喷2 ~ 3次。

2. 杏仁蜂

分　　布 杏仁蜂（*Eurytoma samsonovi*）在辽宁、河北、河南、山西、陕西、新疆等省份的杏产区均有发生。

为害特点 雌成虫产卵于初形成的幼果内，幼虫啃食杏仁，受害果脱落或在树干上干缩。

形态特征 成虫为黑色小蜂，雌成虫头大，黑色，复眼暗赤色，胸部及胸足的基节黑色，腹部橘红色，有光泽（图51-16）。雄成虫有环状排列的长毛，腹部黑色。卵白色，微小。幼虫乳白色，体弯曲。初化蛹为乳白色，后显现出红色的复眼。

发生规律 1年发生1代，幼虫在园内落杏、杏核及枯干在树上的杏核内越冬、越夏，也有在留种和市售的杏核内越冬的幼虫。于4月下旬化蛹，杏落花后开始羽化，羽化后在杏核内停留一段时间，咬破杏核爬出。在杏果指头大时成虫大量出现，飞到枝上交尾产卵，幼虫孵化后在核内食杏仁，约在6月上旬老熟，在杏核内越夏、越冬。

图51-16 杏仁蜂成虫

防治方法 于秋、冬季收集园中落杏、杏核，并振落树上的干杏，集中烧毁，可基本消灭杏仁蜂。

早春发芽前、越冬幼虫出土期，可用40%敌马粉剂或5%辛硫磷粉剂5～8 kg/亩，直接施于树冠下土中。

成虫羽化期，树体喷洒1.8%阿维菌素乳油3 000～5 000倍液、50%毒死蜱乳油1 500～2 500倍液、50%辛硫磷乳油1 000～1 500倍液、2.5%溴氰菊酯乳油1 000倍液、2.5%氯氟氰菊酯乳油1 000～2 000倍液，每周喷1次，连续喷2次。

3. 桃小食心虫

分　　布 桃小食心虫（*Carposina niponensis*）主要分布在北方。

为害特点 幼虫蛀果为害。幼虫孵出后蛀入果实，蛀果孔常有流胶点，不久干涸呈白色蜡质粉末。幼虫在果内串食果肉，并将粪便排在果内，幼果长成凹凸不平的畸形果，形成“豆沙馅”果（图51-17）。幼虫老熟后，在果面咬一直径2～3 mm的圆形脱果孔，虫果容易脱落。

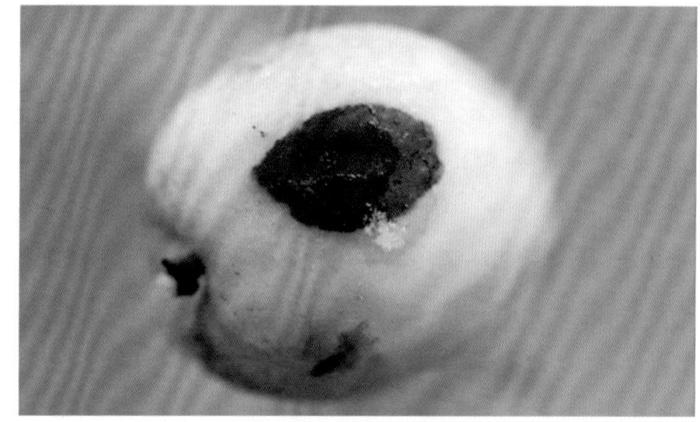

图51-17 桃小食心虫为害果实症状

形态特征 可参考第四十四章二、2.“桃小食心虫”。

发生规律 可参考第四十四章二、2.“桃小食心虫”。

防治方法 可参考第四十四章二、2.“桃小食心虫”。

4. 桃蚜

分　　布 桃蚜（*Myzus persicae*）分布于全国各地。

为害特点 成虫、若虫群集在新梢和叶片背面为害，被害部分呈现小的黑色、红色和黄色斑点，使叶片逐渐变白，向背面扭卷，呈螺旋状，引起落叶，新梢不能生长，影响产量及花芽形成，削弱树势。排泄的蜜露，常造成烟煤病（图51-18）。

形态特征 可参考第四十四章二、3.“桃蚜”。

发生规律 可参考第四十四章二、3.“桃蚜”。

防治方法 可参考第四十四章二、3.“桃蚜”。

图51-18 桃蚜为害桃叶症状

5. 桃粉蚜

分　　布 桃粉蚜（*Hyalopterus amygdali*）南北各产区均有发生，以华北、华东、东北各地为主。

为害特点 春、夏之间经常和桃蚜混合发生、为害叶片。成、若虫群集于新梢和叶背刺吸汁液，受害叶片呈花叶状，增厚，叶色灰绿或变黄，向叶背后对合纵卷，卷叶内虫体被白色蜡粉。严重时叶片早落，新梢不能生长。排泄蜜露常致煤烟病发生（图51-19、图51-20）。

图51-19　桃粉蚜为害叶片症状

图51-20　桃粉蚜为害新梢症状

形态特征 可参考第四十四章二、4.“桃粉蚜”。

发生规律 可参考第四十四章二、4.“桃粉蚜”。

防治方法 可参考第四十四章二、4.“桃粉蚜”。

6. 桑白蚧

分　　布 桑白蚧（*Pseudaulacaspis pentagona*）分布遍及全国，是为害最普遍的一种介壳虫。

为害特点 若虫和成虫群集于主干、枝条上，以口针刺入皮层吸食汁液，也有在叶脉或叶柄、芽两侧寄生的，造成叶片提早硬化（图51-21、图51-22）。

图51-21　桑白蚧为害枝条症状

图51-22　桑白蚧为害枝干症状

形态特征 可参考第四十四章二、5.“桑白蚧”。

发生规律 可参考第四十四章二、5.“桑白蚧”。

防治方法 可参考第四十四章二、5.“桑白蚧”。

7. 黑蚱蝉

分　　布　黑蚱蝉（*Cryptotympana atrata*）分布于全国各地，华南、西南、华东、西北及华北大部分地区都有分布，尤其以黄河故道地区虫口密度为大。

为害特点　雌虫产卵时，其产卵瓣刺破枝条皮层与木质部，造成产卵部位以上枝梢失水枯死，严重影响苗木生长（图51-23）。成虫刺吸枝条汁液。

图51-23　黑蚱蝉为害枝症状

形态特征　可参考第四十四章二、9.“黑蚱蝉”。

发生规律　可参考第四十四章二、9.“黑蚱蝉”。

防治方法　可参考第四十四章二、9.“黑蚱蝉”。

8. 朝鲜球坚蚧

分　　布　朝鲜球坚蚧（*Didesmococcus koreanus*）分布于东北、华北、华东及河南、陕西、宁夏、四川、云南、湖北、江西等省份。

为害特点　若虫和雌成虫集聚在枝干上吸食汁液，被害枝条发育不良，出现流胶，树势严重衰弱，树体不能正常生长和花芽分化，严重时枝条干枯，一经发生，常在1～2年蔓延全园，如防治不利，会使整株死亡（图51-24）。

形态特征　可参考第四十四章二、13.“朝鲜球坚蚧”。

发生规律　可参考第四十四章二、13.“朝鲜球坚蚧”。

防治方法　可参考第四十四章二、13.“朝鲜球坚蚧”。

图51-24　朝鲜球坚蚧为害枝干症状

第五十二章　樱桃病虫害原色图解

一、樱桃病害

1. 樱桃褐斑穿孔病

分　　布　樱桃褐斑穿孔病分布在江苏新沂、河北等地。

症　　状　由樱桃球腔菌（*Mycosphaerella cerasella*）引起。主要为害叶片，叶面初生针头状大小、带紫色的斑点，渐扩大为圆形、褐色斑，病部长出灰褐色霉状物。后病部干燥收缩，周缘产生离层，常由此脱落，形成褐色穿孔，边缘不整齐（图52-1）。斑上具黑色小粒点，即病菌的子囊壳或分生孢子梗。亦为害新梢和果实，病部均生出灰褐色霉状物。

图52-1　樱桃褐斑穿孔病为害叶片症状

发生规律　病菌以菌丝体的形式在病叶、病枝梢组织内越冬。翌春气温回升，降雨后产生分生孢子，借风雨传播，侵染叶片、枝梢和果实。此后，于病部多次产生分生孢子，进行再侵染。低温多雨利于病害的发生和流行。

防治方法　于冬季结合修剪，彻底清除枯枝落叶及落果，减少越冬菌源。修剪时疏除密生枝、下垂枝、拖地枝，改善通风透光条件。容易积水，树势偏旺的果园，要注意排水。增施有机肥料，避免偏施氮肥，提高抗病能力。

果树发芽前，喷施1次4 ～ 5波美度石硫合剂。

发病严重的果园要以防为主，可在落花后，喷施70%甲基硫菌灵可湿性粉剂1 000倍液、50%多菌灵可湿性粉剂800倍液、75%百菌清可湿性粉剂600倍液+10%苯醚甲环唑水分散粒剂2 000 ～ 2 500倍液、50%多·霉威（多菌灵·乙霉威）可湿性粉剂1 000 ～ 1 500倍液、50%腈菌·锰锌（腈菌唑·代森锰锌）可湿性粉剂800 ～ 1 000倍液、12.5%腈菌唑可湿性粉剂2 500倍液、38%咪铜·多菌灵（咪鲜胺铜盐30%＋多菌灵8%）悬浮剂950 ～ 1 200倍液、55%苯醚·甲硫（苯醚甲环唑5%＋甲基硫菌灵50%）可湿性粉剂800 ～ 1 200倍液、40%克菌·戊唑醇（戊唑醇8%＋克菌丹32%）悬浮剂800 ～ 1 200倍液，间隔7 ～ 10 d防治1次，共喷施3 ～ 4次。在采果后，全树再喷施1次药剂。

2. 樱桃褐腐病

症　状　由樱桃核盘菌（*Sclerotinia kusanoi*，属子囊菌亚门真菌）引起。主要为害叶、果、花。叶片染病，多发生在展叶期的叶片上，初在病部表面现不明显褐斑，后扩及全叶，上生灰白色粉状物。幼果染病（图52-2），表面初现褐色病斑，后扩及全果，致果实收缩，成为畸形果（图52-3），病部表面产生灰白色粉状物，即病菌分生孢子（图52-4）。病果多悬挂在树梢上，成为僵果。花染病，花器于落花后变成淡褐色，枯萎，长时间挂在树上不落，表面生有灰白色粉状物。

图52-2　樱桃褐腐病幼果受害症状

图52-3　樱桃褐腐病为害果实症状

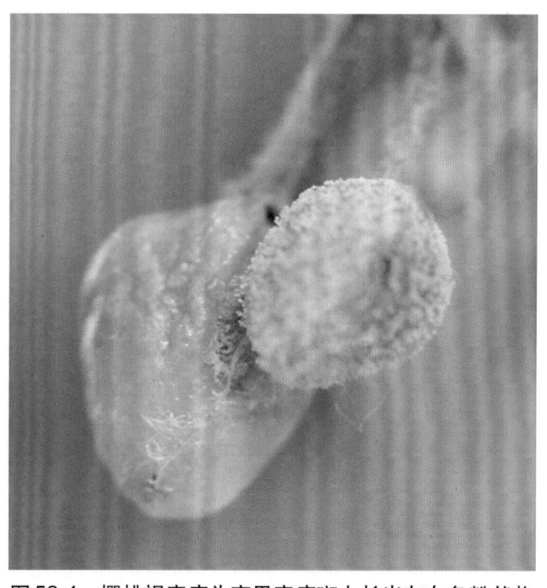

图52-4　樱桃褐腐病为害果实病斑上长出灰白色粉状物

防治方法　及时收集病叶和病果，集中烧毁或深埋，以减少菌源。合理修剪，改善樱桃园通风透光条件，避免湿气滞留。

开花前或落花后，可用70%甲基硫菌灵可湿性粉剂1 000倍液、50%多菌灵可湿性粉剂600 ～ 800倍液、50%腐霉利可湿性粉剂2 000倍液、50%异菌脲可湿性粉剂1 000 ～ 1 500倍液、12.5%腈菌唑可湿性粉剂500倍液、38%咪铜·多菌灵（咪鲜胺铜盐30%＋多菌灵8%）悬浮剂950 ～ 1 200倍液、55%苯醚·甲硫（苯醚甲环唑5%＋甲基硫菌灵50%）可湿性粉剂800 ～ 1 200倍液等药剂，均匀喷施。

3. 樱桃流胶病

症　状　由葡萄座腔菌（*Botryosphaeria dothidea*，属子囊菌亚门真菌）引起。流胶病是樱桃的一种重要病害，其症状分为干腐型和溃疡型流胶两种。干腐型多发生在主干、主枝上，初期病斑为不规则形，呈暗褐色，表面坚硬，常引发流胶，后期病斑呈长条形，干缩凹陷，有时周围开裂，表面密生小黑点（图52-5）。溃疡型，病部树体有树脂生成，但不立即流出，存留于木质部与韧皮部之间，病部微隆起，随树液流动，从病部皮孔或伤口处流出（图52-6）。病部初略透明，无色或暗褐色，坚硬。

图52-5　樱桃流胶病干腐型症状

图52-6　樱桃流胶病溃疡型症状

发生规律　分生孢子和子囊孢子借风雨传播，4—10月都可侵染，多从伤口侵入，前期发病重。该菌为弱寄生菌，只能侵害衰弱树和弱枝，树势越弱发病越重，具有潜伏侵染的特性。枝干受虫害、冻害、日灼伤及其他机械损伤产生的伤口是病菌侵入的重要入口。分生孢子靠雨水传播。春季树液流动时，病部开始流胶，6月上旬以后发病逐渐加重，雨季发病最重。

防治方法　加强果园管理，合理建园，改良土壤。大樱桃适宜在沙质壤土和壤土上栽培，加强土、肥、水管理，提高土壤肥力，增强树势。合理修剪，一次疏枝不可过多，对大枝也不宜疏除，避免造成较大的剪锯口伤，避免流胶或干裂，削弱树势。树形紊乱，非疏除不可时，也要分年度逐步疏除大枝，掌握适时适量为好。樱桃树不耐涝，雨季防涝，及时中耕松土，改善土壤通气条件。刮治病斑仅限于表层，在冬季或开春后的雨雪天气后，流胶较松软，用镰刀及时刮除，同时在伤口处涂80%乙蒜素乳油50倍液或50%福美双可湿性粉剂50倍液，再涂波尔多液浆保护，或直接涂5波美度石硫合剂进行防治。

药剂防治可参考第四十四章一、7.“桃树侵染性流胶病”。

4. 樱桃细菌性穿孔病

症　　状　由甘蓝黑腐黄单胞菌桃穿孔致病型（*Xanthomonas campestris* pv. *pruni*）引起。主要为害叶片，也为害果实和枝。叶片受害，开始时产生半透明油浸状小斑点，后逐渐扩大，呈圆形或不规则圆形，紫褐色或褐色，周围有淡黄色晕环。天气潮湿时，在病斑的背面常溢出黄白色胶黏状菌脓，后期病斑干枯，在病、健部交界处，发生1圈裂纹，仅有一小部分与叶片相连，很易脱落形成穿孔（图52-7）。枝梢受害后，产生两种不同类型的病斑，一种称春季溃疡，另一种称夏季溃疡。春季溃疡，在上年夏末秋初病菌就已感染植株，病斑油浸状，微带褐色，稍隆起，于翌年春季逐渐扩展为较大的褐色病斑，中央凹陷，病组织内有大量细菌繁殖。春末病部表皮破裂，溢出黄色的菌脓。夏季溃疡，在夏季发生于当年抽生的嫩梢上，开始时环绕皮孔形成油浸状、暗紫色斑点，以后斑点扩大，呈圆形或椭圆形，褐色或紫黑色，周缘隆起，中央稍下陷，并有油浸状的边缘。果实被害，产生暗紫色圆斑，边缘有油浸状晕环。病斑表面和周围常发生小裂缝，严重时发生不规则形的大裂缝。

图52-7　樱桃细菌性穿孔病为害叶片症状

发生规律　病原细菌主要在春季溃疡病斑组织内越冬。翌春气温升高后越冬的细菌开始活动，桃树开花前后，从病组织溢出菌脓，通过风雨和昆虫传播，从叶上的气孔和枝梢、果实上的皮孔侵入，进行初侵染。在多雨季节，初侵染发病后可以溢出新的菌脓进行再侵染。病害一般在5月上、中旬开始发生，6月梅雨期蔓延最快。夏季高温干旱天气，病害发展受到抑制，至秋雨期又有一次扩展过程。温暖多雨的气候，有利于发病，大风和重雾能促进病害的盛发。

防治方法　加强果园管理，增施有机肥和磷、钾肥，增强树势，提高抗病能力。土壤黏重和雨水较多时，要筑台田，改土防水。合理整形修剪，改善通风透光条件。冬、夏季修剪时，及时剪除病枝，清扫病叶，集中烧毁或深埋。

药剂防治可参考第四十四章一、1.“桃细菌性穿孔病”。

5. 樱桃叶斑病

症　　状　主要为害叶片。受害叶片在叶脉间形成褐色或紫色近圆形的环死病斑，在叶背产生粉红色霉，病斑夹合可使叶片大部分枯死，造成落叶（图52-8）。有时叶柄和果实也能受害，产生褐色斑。

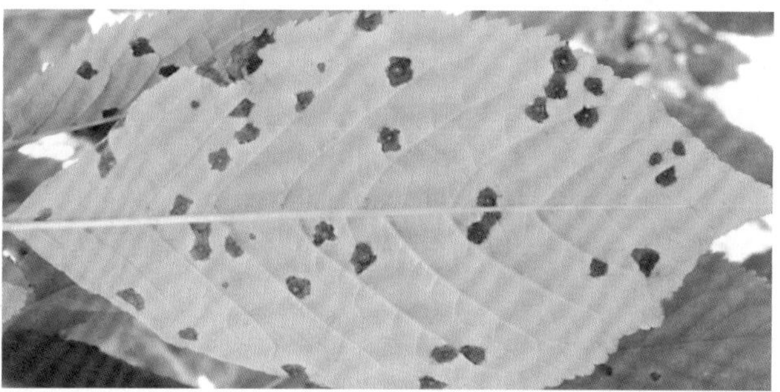

图52-8　樱桃叶斑病为害叶片症状

发生规律　病菌以子囊壳等形式在病叶上越冬。于翌年春季产生孢子进行初侵染和再侵染。一般4月即可发病，6月梅雨季节为盛发期。管理粗糙，排水不良，树冠郁闭的果园发病较重。

防治方法　扫除落叶，消灭越冬病原。加强综合管理，改善立地条件，增强树势，提高树体抗病力。及时开沟排水，疏除过密枝条，改善樱桃园通风透光条件，避免园内湿气滞留。

药剂防治可参考第五十二章一、1.“樱桃褐斑穿孔病”。

6. 樱桃炭疽病

分　　布　樱桃炭疽病是为害樱桃的常见病害，分布于浙江、江西、湖南等省份。

症　　状　由果生盘长孢（*Gloeosporium fructigenum*，属无性型真菌）引起。主要为害果实，也可为害叶片和枝梢，果实发病，常发生于硬核期前后，发病初期出现暗绿色小斑点，病斑扩大后呈圆形、椭圆形凹陷，逐渐扩展至整个果面，使整果变黑，收缩变形，致果枯萎。天气潮湿时，在病斑上长出橘红色小粒点（图52-9）。叶片受害，病斑呈灰白色或灰绿色、近圆形病斑，病斑周围呈暗紫色，后期病斑中部产生黑色小粒点，呈同心轮纹排列。枝梢受害，病梢多向一侧弯曲，叶片萎蔫下垂，向正面纵卷，呈筒状。

图52-9　樱桃炭疽病为害果实症状

发生规律　病菌主要以菌丝的形式在病梢组织和树上僵果中越冬。翌春3月上、中旬至4月中、下旬，产生分生孢子，借风雨传播，侵染新梢和幼果。5月初至6月发生再侵染。

防治方法　冬季清园：结合冬季整枝修剪，彻底清除树上的枯枝、僵果、落果，集中烧毁，以减少越冬病源。加强果园管理：注意排水、通风透光，降低湿度，增施磷、钾肥，提高植株抗病能力。

落花后可选用50%腈菌·锰锌（腈菌唑·代森锰锌）可湿性粉剂800 ～ 1 000倍液、12.5%腈菌唑可湿性粉剂2 500倍液、38%咪铜·多菌灵（咪鲜胺铜盐30%＋多菌灵8%）悬浮剂950 ～ 1 200倍液、55%苯醚·甲硫（苯醚甲环唑5%＋甲基硫菌灵50%）可湿性粉剂800 ～ 1 200倍液、40%克菌·戊唑醇（戊唑醇8%＋克菌丹32%）悬浮剂800 ～ 1 200倍液、45%吡醚·甲硫灵（吡唑醚菌酯5%＋甲基硫菌灵40%）悬浮剂1 000 ～ 2 000倍液、40%唑醚·克菌丹（克菌丹35%＋吡唑醚菌酯5%）悬浮剂1 000 ～ 1 500倍液、64%二氰·吡唑酯（吡唑醚菌酯16%＋二氰蒽醌48%）水分散粒剂3 000 ～ 4 000倍液、72%唑醚·代森联（代森联66%＋吡唑醚菌酯6%）水分散粒剂1 200 ～ 1 800倍液、75%百菌清可湿性粉剂600倍液+70%甲基硫菌灵可湿性粉剂600 ～ 800倍液、75%百菌清可湿性粉剂600倍液+50%多菌灵可湿性粉剂600 ～ 1 000倍液、80%代森锰锌可湿性粉剂600 ～ 800倍液+10%苯醚甲环唑水分散粒剂1 500 ～ 2 000倍液、40%氟硅唑乳油8 000 ～ 10 000倍液、40%腈菌唑水分散粒剂6 000 ～ 7 000倍液、25%咪鲜胺乳油800 ～ 1 000倍液、50%咪鲜胺锰络化合物可湿性粉剂1 000 ～ 1 500倍液、6%氯苯嘧啶醇可湿性粉剂1 000 ～ 1 500倍液等药剂，喷雾防治。间隔5 ～ 7 d喷1次，连喷2 ～ 3次。

7. 樱桃腐烂病

分　　布　樱桃腐烂病在我国大部分樱桃种植区均有发生，是在樱桃上为害很重的一种枝干病害。

症　　状　由核果黑腐皮壳（*Valsa leucostoma*）引起。主要为害主干和枝干，造成树皮腐烂，致使枝枯树死（图52-10）。自早春至晚秋都可发生，其中4—6月发病最盛。发病初期，病部皮层稍肿起，略带紫红色并出现流胶，最后皮层变为褐色，枯死（图52-11），有酒糟味，表面产生黑色突起小粒点（图52-12）。

图52-10　樱桃腐烂病为害枝干症状

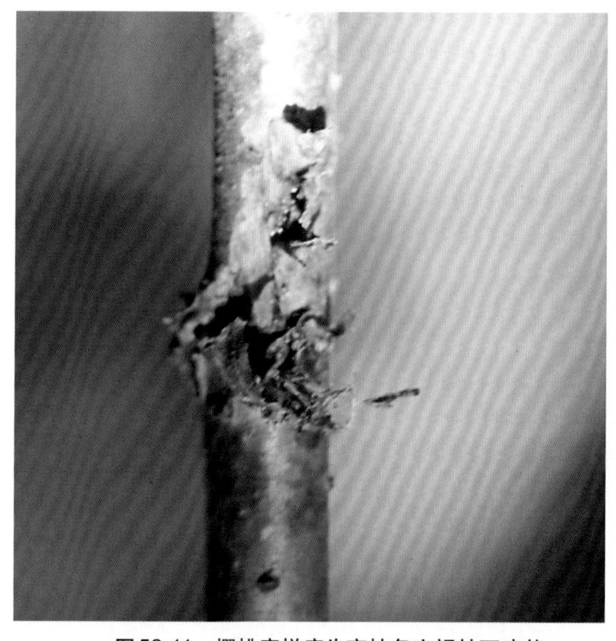

图52-11　樱桃腐烂病为害枝条变褐枯死症状

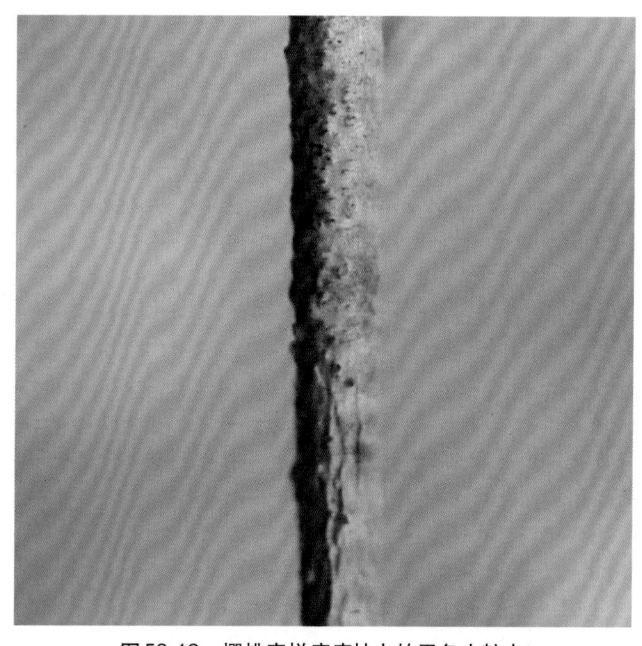

图52-12　樱桃腐烂病病枝上的黑色小粒点

发生规律　以菌丝体、子囊壳及分生孢子器的形式在树干病组织中越冬。于翌年3—4月产生分生孢子，借风雨和昆虫传播，自伤口及皮孔侵入。病斑多发生在近地面的主干上，早春至晚秋都可发生，春、秋两季最适宜病菌生长，尤以4—6月发病最盛，在高温的7—8月受到抑制，11月后停止发展。施肥不当及秋雨多，树体抗寒力降低，易发病。

防治方法　适当疏花疏果，增施有机肥，及时防治会造成早期落叶的病虫害。

在樱桃发芽前刮去翘起的树皮及坏死的组织，然后向病部喷施50%福美双可湿性粉剂300倍液。

于生长期发现病斑，可刮去病部，涂抹70%甲基硫菌灵可湿性粉剂1份+植物油2.5份、50%福美双可湿性粉剂50倍液、50%多菌灵可湿性粉剂50 ～ 100倍液等药剂，间隔7 ～ 10 d涂1次，防效较好。

8. 樱桃树木腐病

症　　状　由裂褶菌（*Schizophyllum commune*）引起。在枝干部的冻伤、虫伤、机械伤等伤口部位，散生或群聚生病菌小型子实体（图52-13）。外部症状：呈膏药状或覆瓦状（图52-14）。被害木质部形成不明显的白色边材腐朽。

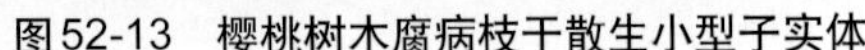

图52-13 樱桃树木腐病枝干散生小型子实体

图52-14 樱桃树木腐病枝干覆瓦状

发生规律 病菌以菌丝体的形式在被害木质部潜伏越冬。翌春气温上升至7 ～ 9℃时，继续向健材蔓延活动，16 ～ 24℃时扩展比较迅速，当年夏、秋季散布孢子，自各种伤口侵染为害。衰弱树、濒临死树易感病。伤口多且衰弱的树发病较重。

防治方法 加强果园管理，增强树势。要及时挖除并烧毁重病树、衰老树、濒死树。在园内增施肥料，合理修剪。经常检查树体，发现病菌子实体，要迅速连同树皮刮除，并涂1%硫酸铜液消毒。保护树体，减少伤口。伤口要涂抹波尔多液、煤焦油或1%硫酸铜液。

二、樱桃虫害

樱桃树上发生的主要害虫有樱桃实蜂、樱桃瘿瘤头蚜等。

1. 樱桃实蜂

分　　布 樱桃实蜂（*Fenusa* sp.）是近几年在我国樱桃上发现的新害虫，在陕西、河南有发生。

为害特点 幼虫蛀食樱桃果实，受害严重的树，虫果率在50%以上。被害果内充满虫粪。后期果顶早变红色，早落果。

形态特征 成虫头部、胸部和腹背黑色，复眼黑色，3个单眼橙黄色。触角丝状9节，第1、第2节粗短，黑褐色，其他节浅黄褐色，唇基、上颚、下颚均为褐色。中胸背板有X形纹。翅透明，翅脉棕褐色。卵长椭圆形，乳白色，透明。老熟幼虫头淡褐色，体黄白色，腹足不发达，体多皱褶和凸起（图52-15）。茧皮革质，圆柱形。蛹淡黄色至黑色。

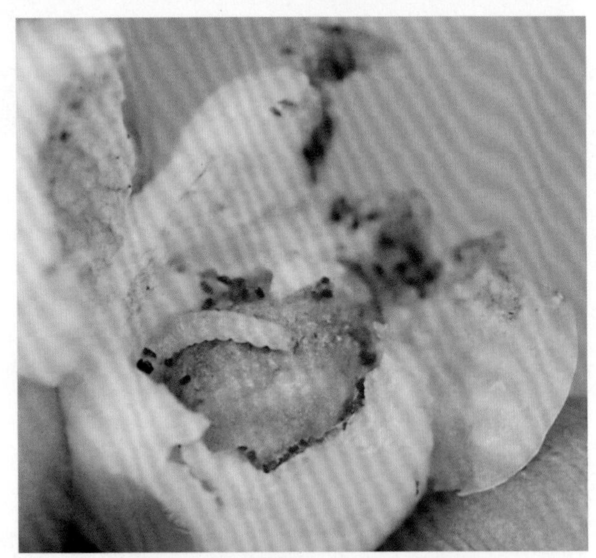

图52-15 樱桃实蜂幼虫及其为害果实症状

发生规律 1年发生1代，老龄幼虫结茧在土下滞育，于12月中旬开始化蛹，翌年3月中、下旬樱桃花期羽化。产卵于花萼下，初孵幼虫从果顶蛀入，于5月中旬脱果入土结茧滞育。

成虫羽化盛期为樱桃始花期，早晚及阴雨天成虫栖息于花冠上，取食花蜜补充营养，中午交尾产卵，大多数的卵产在花萼表皮下，幼虫老熟后从果柄附近咬一脱果孔落地，钻入土中结茧越冬。

防治方法　因大部分老龄幼虫入土越冬，可在出土前在树5～8 cm处深翻，减少越冬虫源。4月中旬幼虫尚未脱果时，及时摘除虫果并深埋。

樱桃开花初期，喷施90%晶体敌百虫1 000倍液、50%辛硫磷乳油1 000倍液、48%毒死蜱乳油1 500～2 000倍液、3%阿维菌素乳油5 000～6 000倍液、2.5%溴氰菊酯乳油2 000倍液等，防治羽化盛期的成虫。在4月上旬卵孵化期，孵化率达5%时，可喷施3%阿维菌素乳油5 000～6 000倍液、5.7%氟氯氰菊酯乳油1 500～2 500倍液、2.5%高效氟氯氰菊酯乳油2 000～3 000倍液、20%甲氰菊酯乳油2 000～3 000倍液、10%联苯菊酯乳油3 000～4 000倍液等常用药剂防治。

2. 樱桃瘿瘤头蚜

分　　布　樱桃瘿瘤头蚜（*Tuberocephalus higansakurae*）分布在浙江、北京、河南、河北等省份。

为害特点　主要为害樱桃叶片。叶片受害后，向正面肿胀凸起，形成花生壳状的伪虫瘿，初略呈红色，后变枯黄，于5月底发黑、干枯（图52-16）。

形态特征　无翅孤雌蚜：头部呈黑色，胸、腹背面为深色，各节间色淡，节间处有时呈淡色。体表粗糙，有颗粒状物构成的网纹。额瘤明显，内缘圆形，外倾，中额瘤隆起。腹管圆筒形，尾片短圆锥形，有曲毛3～5根。有翅孤雌蚜：头、胸呈黑色，腹部呈淡色。腹管后斑大，前斑小或不明显（图52-17）。

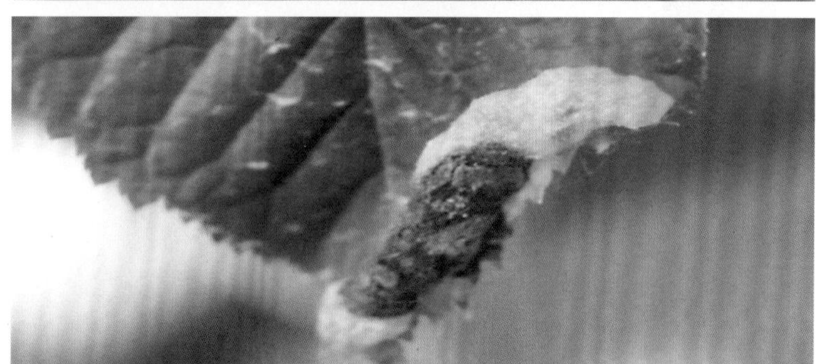

图52-16　樱桃瘿瘤头蚜为害叶片症状

发生规律　1年发生多代。卵在幼嫩枝上越冬，春季萌芽时越冬卵孵化成干母，于3月底在樱桃叶端部侧缘形成花生壳状伪虫瘿，并在瘿内发育、繁殖，虫瘿内于4月底出现有翅孤雌蚜并向外迁飞。10月中、下旬，产生性蚜并在樱桃幼嫩枝上产卵越冬。

防治方法　加强果园管理，结合春季修剪，剪除虫瘿，集中烧毁。

从果树发芽至开花前，越冬卵大部分已孵化，及时往果树下喷药防治。可选用3%啶虫脒乳油1 500～3 000倍液、10%吡虫啉可湿性粉剂2 000～2 500倍液、48%毒死蜱乳油1 000～2 000倍液、50%抗蚜威可湿性粉剂1 500～2 000倍液、10%烯啶虫胺可溶液性剂4 000～5 000倍液、1.8%阿维菌素乳油3 000～4 000倍液、2.5%溴氰菊酯乳油1 500～2 500倍液，喷雾防治。

图52-17　樱桃瘿瘤头蚜无翅孤雌蚜、有翅孤雌蚜

3. 桑褶翅尺蛾

分　　布　桑褶翅尺蛾（*Zamacra excavata*）分布于我国东北、华北、华东等地。

为害特点　以幼虫食害花卉、叶片为主，3～4龄幼虫食量最大，严重时可将叶片全部吃光，影响树势（图52-18）。

图52-18 桑褶翅尺蛾为害叶片症状

图52-19 桑褶翅尺蛾幼虫

形态特征 成虫：雌蛾体灰褐色。头部及胸部多毛。触角丝状。翅面有红色和白色斑纹。前翅内、外横线外侧各有1条不太明显的褐色横线，后翅基部及端部灰褐色，近翅基部处为灰白色，中部有1条明显的灰褐色横线。静止时4翅皱叠竖起。后足胫节有距2对。尾部有2簇毛。雄蛾全身体色较雌蛾略暗，触角羽毛状。腹部瘦，末端有成撮毛丛，其特征与雌蛾相似。卵椭圆形，初产时深灰色，光滑。4～5 d后变为深褐色，带金属光泽。孵化前由深红色变为灰黑色。老熟幼虫体黄绿色（图52-19）。头褐色，两侧色稍淡。前胸侧面黄色，腹部第1至第8节背部有黄色刺突，第2至第4节上的刺突比较长，第5腹节背部有绿色刺1对，腹部第4至第8节的亚背线粉绿色，气门黄色，围气门片黑色，腹部第2至第5节各节两侧各有淡绿色刺1个；胸足淡绿色，端部深褐色；腹部绿色，端部褐色。蛹椭圆形，红褐色，末端有2个坚硬的刺。茧灰褐色，表皮较粗糙。

发生规律 1年发生1代，幼虫在树干基部树皮上作茧化蛹越冬。3月下旬成虫羽化，4月上、中旬刺槐发芽时幼虫孵化，5月中、下旬老熟幼虫开始化蛹。成虫有假死性，受惊后即坠落地上，雄蛾尤其明显，成虫飞翔力不强。卵沿枝条排列成长块，很少散产，初产卵为红褐色，后变为灰绿色。幼虫共4龄，颜色多变，1龄虫为黑色，2龄虫为红褐色，3龄虫为绿色。1～2龄虫一般昼伏夜出，3～4龄虫昼夜为害，且受惊后吐丝下垂。幼虫多集中在树干基部附近深3～15 cm的表土内化蛹，入土后4～8 h内吐丝作一黄白色至灰褐色、椭圆形茧，茧多贴在树皮上，幼虫在茧内进入预蛹期。

防治方法 可于秋末中耕杀灭越冬虫蛹。清扫果园和寄主附近的杂草，并烧毁，以消灭其上幼虫或卵等。于3月中旬至4月中旬集中烧毁带卵枝，在雨后燃烧柴草诱杀成虫。用黑光灯诱杀成虫。

用化学药剂防治低龄幼虫和成虫，可用2.5%溴氰菊酯乳油2 000～3 000倍液、50%辛硫磷乳油1 500～2 000倍液、20%除虫脲悬浮剂1 000～2 000倍液、240 g/L虫螨腈悬浮剂4 000～6 000倍液、35%氯虫苯甲酰胺水分散粒剂17 500～25 000倍液、20%甲维·除虫脲（甲氨基阿维菌素苯甲酸盐1%+除虫脲19%）悬浮剂2 000～3 000倍液等。

第五十三章　柿树病虫害原色图解

一、柿树病害

柿子在浅山丘陵地区种植面积发展迅速，据记载，柿树已知病害有20多种，其中主要的病害有炭疽病、角斑病、圆斑病、黑星病等。

1. 柿炭疽病

分　　布　柿炭疽病在我国发生很普遍。华北、西北、华中、华东地区各省份都有发生。

症　　状　由柿盘长孢（*Gloeosporium kaki*，属无性型真菌）引起。主要为害果实，也可为害新梢、叶片。果实发病初期，在果面上先出现针头大小、深褐色或黑色小斑点，后病斑扩大，呈近圆形、凹陷病斑（图53-1）。病斑中部密生轮纹状排列的灰色至黑色小粒点（分生孢子盘）。空气潮湿时病部涌出粉红色黏稠物（分生孢子团）。新梢发病初期，产生黑色小圆斑，后扩大为椭圆形的黑褐色斑块，中部凹陷纵裂，产生黑色小粒点，新梢易从病部折断，严重时病斑以上部位枯死（图53-2）。叶片受害时，先在叶尖或叶缘开始出现黄褐色斑，逐渐向叶柄扩展。病叶常从叶尖焦枯，叶片易脱落（图53-3）。

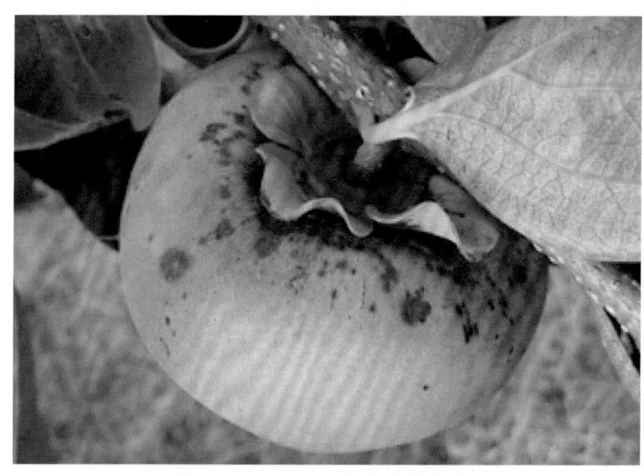

图53-1　柿炭疽病为害果实症状

图53-2　柿炭疽病为害新梢症状

图53-3　柿炭疽病为害叶片症状

发生规律　主要以菌丝体的形式在枝梢病组织内越冬，也可以分生孢子的形式在病果、叶痕和冬芽中越冬。在翌年初春即可产生分生孢子进行初侵染。分生孢子主要借助风雨、昆虫传播。枝梢发病一般始于6月上旬，至秋梢期结束；果实发病时期一般始于6月下旬至7月上旬，直至采收期结束。发病重时，7月下旬果实开始脱落。多雨季节为发病盛期，夏季多雨年份发病重，土质黏重，排水不良，偏施氮肥，树势生长不良，病、虫为害严重的柿园发病严重。

防治方法　改善园内通风透光条件，降低田间湿度。多施有机肥，增施磷、钾肥，不偏施氮肥。于冬季结合修剪，彻底清园，剪除病枝梢，摘除病僵果；在生长季及时剪除病梢，摘除病果，减少再侵染菌源。

在发芽前，喷1次0.5 ~ 1波美度石硫合剂，以减少初侵染源。

在生长季于6月中旬至7月中旬病害发生初期喷药防治，可用70%甲基硫菌灵可湿性粉剂800 ~ 1 000倍液、80%代森锰锌可湿性粉剂600 ~ 800倍液、80%炭疽福美（福美锌·福美双）可湿性粉剂500 ~ 800倍液、60%噻菌灵可湿性粉剂1 500 ~ 2 000倍液、10%苯醚甲环唑水分散粒剂1 500 ~ 2 000倍液、40%氟硅唑乳油8 000 ~ 10 000倍液、5%己唑醇悬浮剂800 ~ 1 500倍液、40%腈菌唑水分散粒剂6 000 ~ 7 000倍液、25%咪鲜胺乳油800 ~ 1 000倍液、50%咪鲜胺锰络化合物可湿性粉剂1 000 ~ 1 500倍液、6%氯苯嘧啶醇可湿性粉剂1 000 ~ 1 500倍液、2%嘧啶核苷类抗生素水剂200 ~ 300倍液、1%中生菌素水剂300 ~ 500倍液等，间隔10 ~ 15 d再喷1次。

2. 柿角斑病

分　布　柿角斑病在我国发生很普遍。华北、西北、华中、华东地区各省份，以及云南、四川、台湾等省份都有发生。

症　状　由柿尾孢（*Cercospora kaki*，属无性型真菌）引起。叶片受害，初期叶片正面出现不规则形、黄绿色病斑，边缘较模糊，斑内叶脉变为黑色，后病斑逐渐加深，呈浅黑色，10多天后病斑中部退成浅褐色。病斑扩展受叶脉限制，最后呈多角形，其上密生黑色、绒状小粒点，有明显的黑色边缘（图53-4）。柿蒂发病时，呈淡褐色，形状不定，由蒂的尖端逐渐向内扩展，蒂两面均可产生黑色绒状小粒点，落叶后柿子变软，相继脱落，病蒂大多残留在枝上。

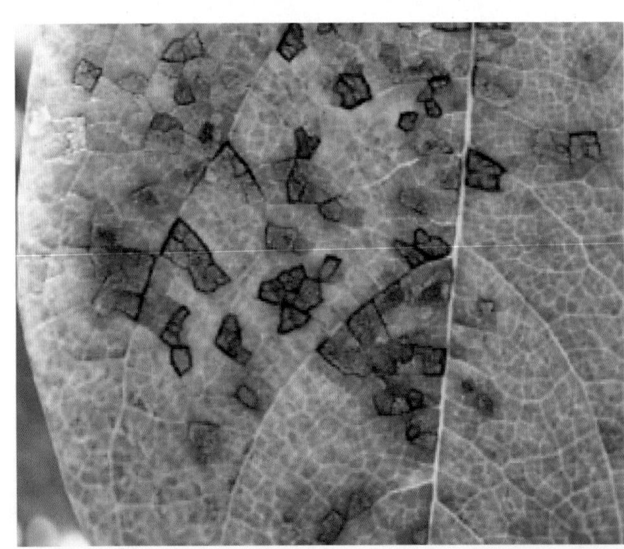

图53-4　柿角斑病为害叶片症状

发生规律　菌丝体在病蒂、病叶内越冬。于翌年6—7月产生大量分生孢子，通过风雨传播，进行初侵染。阴雨较多的年份，发病严重。一般于7月中旬开始发病，8月为发病盛期。6—8月降雨早、雨日多、雨量大时，有利于病菌侵染，发病早，否则发病向后推迟。靠近砧木君迁子的柿树发病较重。

防治方法　增施有机肥，改良土壤，促使树势生长健壮，以提高抗病力。注意开沟排水，以降低果园湿度，减少发病。彻底摘除树上残存的柿蒂，剪去枯枝并烧毁，以清除病源。

可在柿芽刚萌发、苞叶未展开前喷等量式波尔多液、30%碱式硫酸铜胶悬剂400倍液；苞叶展开时喷施80%代森锰锌可湿性粉剂350倍液。

喷药保护要抓住关键时间，一般为6月下旬至7月下旬，即落花后20 ~ 30 d。可用70%甲基硫菌灵可湿性粉剂1 000 ~ 1 500倍液、53.8%氢氧化铜悬浮剂700 ~ 900倍液、70%代森锰锌可湿性粉剂800 ~ 1 000倍液、50%嘧菌酯水分散粒剂5 000 ~ 7 000倍液、25%烯肟菌酯乳油2 000 ~ 3 000倍液、25%吡唑醚菌酯乳油1 000 ~ 3 000倍液、10%苯醚甲环唑水分散粒剂1 500 ~ 2 000倍液、5%亚胺唑可湿性粉剂600 ~ 700倍液、40%腈菌唑水分散粒剂6 000 ~ 7 000倍液、20%邻烯丙基苯酚可湿性粉剂600 ~ 1 000倍液等药剂，间隔8 ~ 10 d再喷1次。

3. 柿圆斑病

分　　布 柿圆斑病是柿树重要病害之一。该病分布于河北、河南、山东、山西、陕西、四川、江苏、浙江、北京等省份。

症　　状 由柿叶球腔菌（*Mycosphaerella nawae*，属子囊菌亚门真菌）引起。主要为害叶片，也能为害柿蒂。叶片染病，初生圆形小斑点，叶面浅褐色，边缘不明显，后病斑转为深褐色，中部稍浅，外围边缘黑色（图53-5），病叶在变红的过程中，病斑周围现出黄绿色晕环，后期病斑上长出黑色小粒点，严重者7 ～ 8 d病叶即变红脱落，留下柿果。发病后期柿果亦逐渐转红、变软，大量脱落。柿蒂染病，病斑小，圆形、褐色。

图53-5　柿圆斑病为害叶片症状

发生规律 未成熟的子囊壳在病叶上越冬。翌年6月中旬至7月上旬子囊壳成熟，喷发出子囊孢子，通过风雨传播，萌发后从气孔侵入。一般于8月下旬至9月上旬开始出现症状，9月下旬病斑数量大增，10月上、中旬病叶大量脱落。弱树和弱枝上的叶片易感病，而且病叶变红快，脱落早。地力差或施肥不足，均可导致树势衰弱，发病往往比较严重。

防治方法 在秋末冬初及时清除柿园的大量落叶，集中深埋或烧毁，以减少初侵染源。增施基肥，干旱柿园及时灌水。改良土壤，合理修剪，雨后及时排水，促进树势健壮，增强抗病能力。

春季柿树发芽前，要向全树喷布1次5波美度石硫合剂，以铲除越冬病菌。

可于6月上旬（柿落花后20 ～ 30 d），喷布1 ：5 ：500波尔多液、30%碱式硫酸铜胶悬剂400 ～ 500倍液、80%代森锰锌可湿性粉剂600 ～ 800倍液、75%百菌清可湿性粉剂600 ～ 800倍液、70%甲基硫菌灵可湿性粉剂800 ～ 1 000倍液、65%代森锌可湿性粉剂500 ～ 600倍液、50%异菌脲可湿性粉剂1 000 ～ 1 500倍液、50%苯菌灵可湿性粉剂1 500 ～ 1 800倍液、25%吡唑醚菌酯乳油1 000 ～ 3 000倍液、40%腈菌唑水分散粒剂6 000 ～ 7 000倍液。如降雨频繁，半月后再喷1次。

4. 柿黑星病

症　　状 由柿黑星孢（*Fusicladium kaki*，属无性型真菌）引起。主要为害叶、果和枝梢。叶片染病（图53-6），初在叶脉上生黑色小点，后沿脉蔓延，扩大为多角形或不定形，病斑漆黑色，周围色暗，中部灰色，湿度大时叶片背面现出黑色霉层（图53-7）。枝梢染病，初生淡褐色斑，后扩大成纺锤形或椭圆形斑，略凹陷，严重的自病部开裂，呈溃疡状或折断。果实染病，病斑圆形或不规则形，稍硬化，呈疮痂状，也可在病斑处裂开，病果易脱落。

图53-6　柿黑星病为害叶片情况

图53-7　柿黑星病为害叶片正、背面症状

发生规律　菌丝或分生孢子在新梢的病斑上越冬，或在病叶、病果上越冬。翌年，孢子萌发直接侵入，5月间病菌形成菌丝后产生分生孢子，借风雨传播，潜育期7 ～ 10 d，进行多次再侵染，扩大蔓延。

防治方法　清洁柿园，于秋末冬初及时清除柿园的大量落叶，集中深埋或烧毁，以减少初侵染源。增施基肥，干旱柿园及时灌水。

在萌芽前喷施5波美度石硫合剂、1 ∶ 5 ∶ 400波尔多液1 ～ 2次。

在生长季节一般掌握于6月上、中旬柿树落花后，喷洒70%代森锰锌可湿性粉剂500 ～ 600倍液、50%多菌灵可湿性粉剂600 ～ 800倍液、50%克菌丹可湿性粉剂400 ～ 500倍液、50%苯菌灵可湿性粉剂1 000 ～ 1 500倍液、50%嘧菌酯水分散粒剂5 000 ～ 7 000倍液、25%吡唑醚菌酯乳油1 000 ～ 3 000倍液、10%苯醚甲环唑水分散粒剂1 500 ～ 2 000倍液、40%氟硅唑乳油8 000 ～ 10 000倍液、40%腈菌唑水分散粒剂6 000 ～ 7 000倍液、6%氯苯嘧啶醇可湿性粉剂1 000 ～ 1 500倍液、22.7%二氰蒽醌悬浮剂1 000 ～ 1 200倍液、20%邻烯丙基苯酚可湿性粉剂600 ～ 1 000倍液。在重病区首次药后半个月再喷1次，效果更好。

5. 柿叶枯病

症　　状　由柿盘单毛孢（*Monochaetia diospyri*，属无性型真菌）引起。主要为害叶片，病斑初为褐色、不规则形，后变灰褐色或铁灰色，边缘暗褐色（图53-8），在后期于病部产生黑色小粒点（分生孢子盘）。发病严重时，引起早期落叶。

发生规律　菌丝体或分生孢子盘在落叶上越冬。于翌年5月借风雨传播进行初侵染。多雨潮湿天气，有利于发病。

防治方法　彻底摘除树上残存的柿蒂，剪去枯枝并烧毁，以清除病源。

喷药保护要抓住关键时间，一般为4月下旬。可用50%多菌灵可湿性粉剂600倍液、80%代森锰锌可湿性粉剂800倍液、75%百菌清可湿性粉剂800倍液、70%甲基硫菌灵可湿性粉剂1 500倍液、53.8%氢氧化铜悬浮剂900倍液、50%异菌脲可湿性粉剂1 000倍液等药剂，间隔8 ～ 10 d再喷1次，连喷2 ～ 3次。

图53-8　柿叶枯病为害叶片症状

6. 柿灰霉病

症　　状　由灰葡萄孢菌（*Botrytis cinerea*）引起。主要为害叶片，也可为害果实、花器。幼叶的叶尖及叶缘失水，呈淡绿色，随后呈褐色（图53-9）。病斑的周缘呈波纹状。遇潮湿天气，病斑上产生灰色霉层。幼果的萼片及花瓣上也生有同样的霉层（图53-10）。果实受害，落花后，果实的表面产生小黑点。

图53-9　柿灰霉病为害叶片症状

图53-10　柿灰霉病为害萼片症状

发生规律　病原以分生孢子及菌核的形式在被害部越冬。通过气流传播。5—6月，园内排水、通风差的密植园，施氮肥过多，致植株软弱徒长的，受害重。低温、降雨多的年份发病多。

防治方法　注意果园排水，避免密植。防止枝梢徒长，对过旺的枝蔓进行夏剪，增加通风透光，降低园内湿度。采果时应避免和减少果实受伤，避免在阴雨天和露水未干时采果。去除病果，防止二次侵染。入库后，适当延长预冷时间。努力降低果实湿度后，再进行包装贮藏。

于花期前开始喷杀菌剂，可用50%腐霉利可湿性粉剂1 000 ～ 1 500倍液、80%代森锰锌可湿性粉剂800 ～ 1 000倍液、50%乙烯菌核利可湿性粉剂800 ～ 1 200倍液、50%异菌脲可湿性粉剂1 000 ～ 1 500倍液、40%嘧霉胺悬浮剂1 000 ～ 2 000倍液、50%嘧菌环胺水分散粒剂600 ～ 1 000倍液、1.5%多抗霉素可湿性粉剂200 ～ 500倍液、40%双胍辛胺可湿性粉剂1 000 ～ 2 000倍液、40%双胍三辛烷基苯磺酸盐可湿性粉剂1 000 ～ 1 500倍液，每隔7 d喷1次，连续2 ～ 3次。

7. 柿煤污病

症　状 由煤炱菌（*Capnodium* sp.，属无性型真菌）引起。主要侵害柿树的叶片和果实。在叶片正面和果实上，布满1层黑色的煤粉状物，影响光合作用（图53-11）。煤粉状物有时可以剥落或被暴雨冲刷掉。

发生规律 菌丝在病叶、病枝等的上面越冬。龟蜡蚧的幼虫大量发生后，以其排泄出的黏液和分泌物为营养，诱发煤污病菌大量繁殖，6月下旬至9月上旬是龟蜡蚧的为害盛期，此时高温、高湿，有利于此病的发生。

图53-11　柿煤污病为害果实症状

防治方法 于冬季清除果园内落叶、病果，剪除树上的徒长枝并集中烧毁，减少病虫越冬基数；疏除徒长枝、背上枝、过密枝，使树冠通风透光，同时注意除草和排水。

在发病初期用药剂防治，可选用77%氢氧化铜可湿性粉剂500倍液、70%甲基硫菌灵可湿性粉剂1 000倍液、80%代森锰锌可湿性粉剂800倍液、10%多氧霉素可湿性粉剂1 000 ～ 1 500倍液、50%苯菌灵可湿性粉剂1 500倍液、50%乙烯菌核利可湿性粉剂1 200倍液等。

在降雨量多、雾露日多的平原、滨海果园以及通风不良的山沟果园，间隔10 ～ 15 d，喷药2 ～ 3次。

8. 柿干枯病

症　状 由葡萄座腔菌（*Botryosphaeria berengeriana*）引起。主要为害定植不久的幼树，多在地面以上10 ～ 30 cm处发生。于春季在一年生病梢上形成椭圆形病斑，多沿边缘纵向裂开、下陷，与树分离，当病部老化时，边缘向上卷起，致病皮脱落，病斑环绕新梢一周时，出现枝枯，可致幼树死亡，病斑上产生黑色小粒点（图53-12），即病菌分生孢子器。湿度大时，从分生孢子器中涌出黄褐色、丝状孢子角。病斑从基部开始变为深褐色，向上方蔓延，病斑红褐色。

发生规律 病菌主要以分生孢子器或菌丝的形式在病部越冬。翌年春季，遇雨或灌溉水，释放出分生孢子，借水传播蔓延，从枝干枯损处侵入，可长期腐生生存。树势弱及结果过多的树于第二年发病的较多。冻害也易引发该病。

图53-12　柿干枯病为害枝干症状

防治方法 及时清除修剪下的树枝，以防病菌生存。在冬季涂白，防止冻害及日灼。剪除带病枝条，加强栽培管理，保持树势旺盛。

在分生孢子释放期，每半个月喷洒1次40%多菌灵悬浮剂或36%甲基硫菌灵悬浮剂500倍液、50%甲基硫菌灵·硫黄悬浮剂800倍液、50%混杀硫悬浮剂500倍液。

二、柿树虫害

为害柿树的害虫有20种左右，为害较重的有柿蒂虫、柿长绵粉蚧、柿星尺蠖、柿广翅蜡蝉、柿绒蚧等。

1. 柿蒂虫

分　布 柿蒂虫（*Stathmopoda masinissa*）分布于华北、华中及河南、山东、陕西、安徽、江苏等地。近年来，在河北中南部柿产区发生日趋严重，尤其在山区栽植分散、管理粗放的园区，柿蒂虫蛀果率为50%～70%，有的园区甚至绝产。

图53-13　柿蒂虫为害果实症状

为害特点　主要以幼虫为害果实（图53-13），多从柿蒂处蛀入，蛀孔处有虫粪并用丝缠绕，幼果被蛀，早期干枯，大果被蛀，比正常果早变黄20多天，俗称黄脸柿或红脸柿。被害果早期变黄，变软脱落，致使小果干枯，大果不能食用，从而造成减产。

形态特征　成虫：雌蛾头部黄褐色，略有金属光泽，复眼红褐色，触角丝状。全体呈紫褐色，但胸部中央为黄褐色。前、后翅均狭长，端部缘毛较长。前翅前缘近顶端处有1条由前缘斜向外缘的黄色带状纹。足和腹部末端呈黄褐色。后足长，静止时向后上方伸举。卵乳白色，近椭圆形。卵壳表面有细微小纵纹，上部有白色短毛。幼虫（图53-14）：老熟幼虫头部黄褐色，前胸背板及臀板暗褐色，胴部各节背面呈淡暗紫色。中、后胸背面有X形皱纹，并在中部有一横列毛瘤，毛瘤上有白色细长毛。胸足淡黄色。蛹全体褐色，化蛹于茧内。茧椭圆形，污白色（图53-15）。

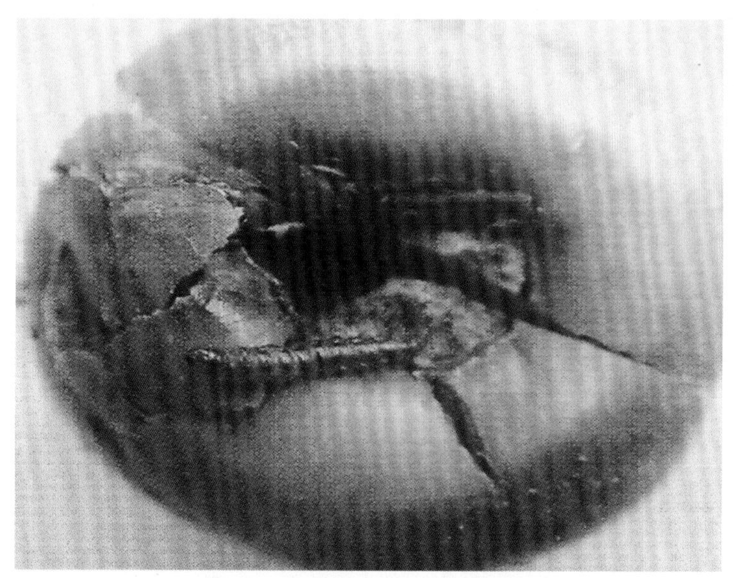
图53-14　柿蒂虫幼虫及为害果实症状

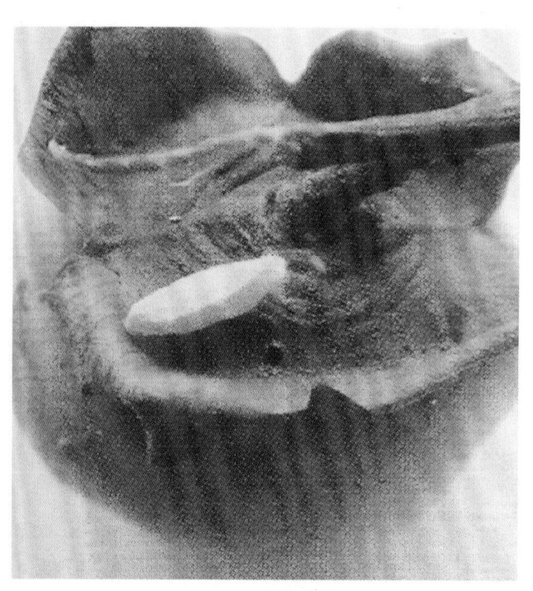
图53-15　柿蒂虫茧

发生规律　1年发生2代。老熟幼虫在树皮裂缝里，或树干基部附近土里结茧过冬。越冬幼虫于4月中、下旬化蛹，5月上旬成虫开始羽化，盛期在5月中旬。5月下旬第1代幼虫开始为害幼果，6月下旬至7月上旬幼虫老熟，一部分老熟幼虫在被害果内、一部分在树皮裂缝下结茧化蛹。第1代成虫在7月羽化，盛期在7月中旬。第2代幼虫自8月上旬至柿子采收期陆续为害柿果。8月上旬以后，幼虫陆续老熟越冬。成虫白天多静伏在叶片背面或其他阴暗处，夜间活动，交尾产卵。卵多产在果蒂与果梗的间隙处。第1代幼虫孵化后，多自果蒂与果梗相连处蛀入幼果为害，粪便排于蛀孔外。第2代幼虫一般在柿蒂下为害果肉，被害果提前变红、变软，脱落。多雨高温的天气，幼虫转果较多，造成大量落果。

防治方法　于冬季或早春刮除树干上的粗皮和翘皮，清扫地面的残枝、落叶、柿蒂等，与皮一起集中烧毁，以消灭越冬幼虫。在幼虫为害期及时摘除被害果（包括果柄、果蒂），幼虫脱果越冬前，在树干及主枝上束草诱集越冬幼虫，冬季在刮皮时将草解下烧毁。

越冬代成虫羽化初期，清除树冠下杂草后，在冠下地面撒施4%敌马粉剂0.4 ～ 0.7 kg，10 d后再施药1次，毒杀越冬幼虫、蛹及刚羽化的成虫。

5月下旬至6月上旬、7月下旬至8月中旬，正值幼虫发生高峰期，应各喷2遍药，每次施药间隔10 ～ 15 d。如虫量大，应增加防治次数。可用20%菊马乳油1 500 ～ 2 500倍液、20%甲氰菊酯乳油、20%氰戊菊酯乳油2 500 ～ 3 000倍液、2.5%溴氰菊酯乳油3 000 ～ 5 000倍液、50%马拉硫磷乳油1 000倍液、40%杀扑磷乳油1 500倍液、50%杀螟松乳油1 000倍液、50%敌敌畏乳油1 000倍液等。着重喷果实、果梗、柿蒂。毒杀成虫、卵及初孵化的幼虫，均有良好的防治效果。

2. 柿长绵粉蚧

为害特点 柿长绵粉蚧（*Phenacoccous pergandei*）雌成虫、若虫吸食叶片、枝梢的汁液，排泄蜜露诱发煤污病（图53-16）。

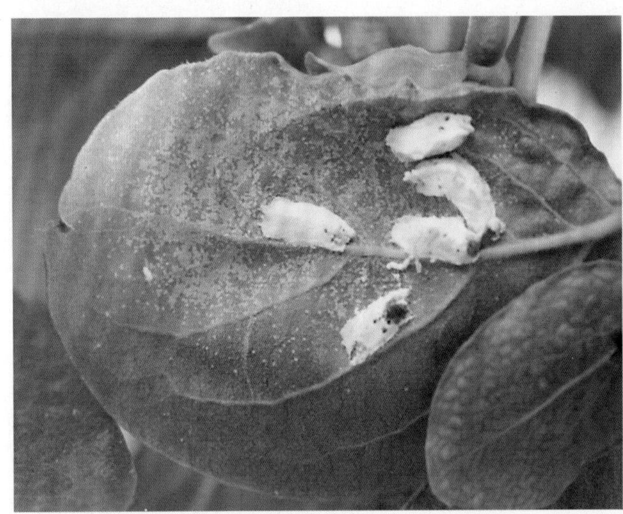

图53-16 柿长绵粉蚧为害叶片症状

形态特征 成虫：雌体椭圆形，扁平（图53-17），黄绿色至浓褐色，触角9节，丝状，3对足，体表布白色蜡粉，体缘具圆锥形蜡突10多对。成熟时后端分泌出白色、绵状长卵囊，形状似袋。雄体淡黄色，似小蚊。触角近念珠状，上生茸毛。前翅白色，透明，较发达，具1条翅脉（分成2叉）。后翅特化成平衡棒。卵淡黄色，近圆形。若虫椭圆形，与雌成虫相近，足、触角发达。雄蛹淡黄色。

发生规律 1年发生1代，3龄若虫在枝条上结大米粒状的白茧越冬。翌春寄主萌芽时开始活动。雄虫蜕皮成前蛹，再蜕1次皮变为蛹；雌虫不断取食发育，4月下旬羽化为成虫。交配后雄虫死亡，雌虫爬至嫩梢和叶片上为害，逐渐长出卵囊，至6月陆续成熟，卵产在卵囊中。于6月中旬开始孵化，6月下旬至7月上旬为孵化盛期。初孵若虫爬向嫩叶，多固着在叶背主脉附近吸食汁液，到9月上旬蜕第1次皮，10月蜕第2次皮后转移到枝干上，多在阴面群集，结茧越冬，常相互重叠堆聚成团。在5月下旬至6月上、中旬为害重。

图53-17 柿长绵粉蚧雌成虫

防治方法 于越冬期结合防治其他害虫刮树皮，用硬刷刷除越冬若虫。

落叶后或发芽前喷洒3 ～ 5波美度石硫合剂、45%晶体石硫合剂20 ～ 30倍液、5%柴油乳剂，杀死越冬若虫。

在若虫出蛰活动后和卵孵化盛期，喷施40%氧乐果乳油1 000 ~ 1 500倍液、30%乙酰甲胺磷乳剂1 000 ~ 1 500倍液、48%毒死蜱乳油1 000 ~ 1 500倍液、45%马拉硫磷乳油1 500 ~ 2 000倍液、25%喹硫磷乳油800 ~ 1 000倍液、25%速灭威可湿性粉剂600 ~ 800倍液、50%甲萘威可湿性粉剂600 ~ 800倍液、2.5%氯氟氰菊酯乳油1 000 ~ 2 000倍液、20%氰戊菊酯乳油1 000 ~ 2 000倍液、20%甲氰菊酯乳油2 000 ~ 3 000倍液、25%噻嗪酮可湿性粉剂1 000 ~ 1 500倍液。特别是用于杀灭初孵转移的若虫，效果很好。混用含油量1%的柴油乳剂有明显增效作用。

3. 柿星尺蠖

分　　布 柿星尺蠖（*Percnia giraffata*）分布于河北、河南、山西、山东、四川、安徽、台湾等省份。常造成严重灾害。

为害特点 初孵幼虫啃食背面叶肉，但不吃透，在叶片上形成孔洞，幼虫长大后分散为害，将叶片吃光，或吃成大缺口。影响树势，造成严重减产。

形态特征 成虫（图53-18）：体长约25 mm，复眼黑色。触角黑褐色，雌蛾丝状，雄蛾短羽状。头部及前胸背板黄色，胸背有4个黑斑，前、后翅均为白色，翅面分布许多不规则形、大小不等的黑斑，外缘黑斑较密，前翅顶角几乎成黑色。腹部金黄色，腹背每节两侧各有1个灰褐色斑纹，腹面各节均有不规则黑色横纹。卵：椭圆形，初产时翠绿色，近孵化时变为黑褐色。幼虫：初孵幼虫黑色。老熟幼虫头部黄褐色，有许多白色、颗粒状突起，单眼黑色，背线为暗褐色宽带，两侧为黄色宽带，背面有椭圆形、黑色眼状花纹1对，为明显特征。眼纹外侧还有一月牙形黑纹，故又称大头虫（图53-19）。蛹暗赤褐色（图53-20）。

图53-18 柿星尺蠖成虫

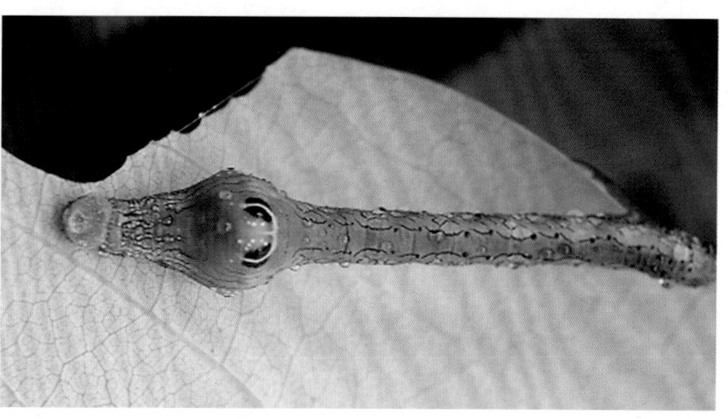
图53-19 柿星尺蠖幼虫

发生规律 在华北每年发生2代，蛹在树下土中越冬。越冬蛹于5月下旬至7月中旬羽化为成虫，成虫羽化后不久即交尾，交尾后1 ~ 2 d即开始产卵，成虫羽化盛期在6月下旬至7月上旬。产卵期在6月上旬开始，第1代幼虫孵化盛期在7月上、中旬，幼虫害为盛期在7月中、下旬。7月下旬老熟入土化蛹，蛹期15 d左右，7月末成虫羽化，8月中旬为羽化盛期。第2代幼虫为害盛期在8月末至9月上、中旬，于9月中、下旬老熟入土化蛹，10月上旬全部化蛹越冬。成虫有趋光性和弱趋水性，白天双翅平放，静止在树上或石块上，21—23时活动较多。幼虫化蛹多在阴暗的地方和较松软、潮湿的土壤里。

图53-20 柿星尺蠖蛹

防治方法 在秋末或初春结合翻树盘挖蛹。于幼虫发生期震落幼虫并捕杀。

于低龄幼虫期喷药防治，特别是第1代幼虫孵化期，可喷施90%晶体敌百虫800 ~ 1 000倍液、50%杀螟松乳油1 000倍液、50%辛硫磷乳油1 200倍液、50%马拉硫磷乳油800倍液、50%辛敌乳油1 500 ～ 2 000倍液、30%氧乐氰乳油2 000 ～ 3 000倍液、5%氯氰菊酯乳油3 000倍液、10%联苯菊酯乳油6 000 ～ 8 000倍液、20%氰戊菊酯乳油3 000 ～ 4 000倍液、20%甲氰菊酯乳油2 000 ～ 3 000倍液，喷药周到细致，防治效果可在95%以上。

4. 柿血斑叶蝉

分　　布　柿血斑叶蝉（*Erythroneura* sp.）分布于黄河及长江流域的柿产区。

为害特点　成虫或若虫群集在叶背面叶脉附近，刺吸汁液，使叶面出现失绿斑点（图53-21），严重为害时整个叶片呈苍白色，微上卷。

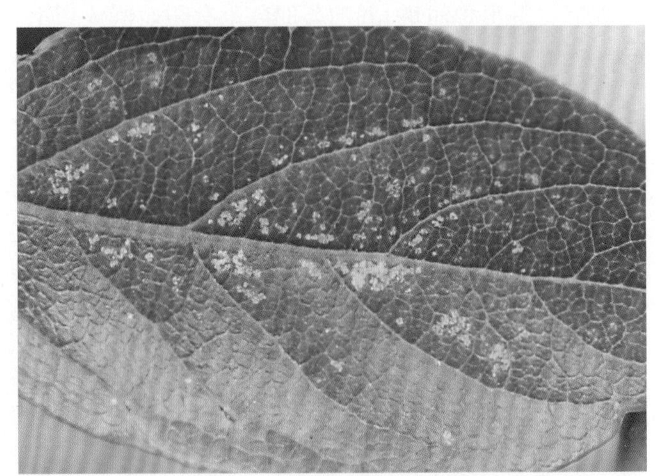

图53-21　柿血斑叶蝉为害叶片症状

形态特征　成虫全体浅黄白色，头部向前呈钝圆锥形突出，具淡黄绿色纵条斑2个，复眼浅褐色。前胸背板前缘有2个浅橘黄色斑，后缘具同色横纹，前胸背板中央具一浅色“山”字形斑纹。小盾片基部有橘黄色V形斑，横刻痕明显（图53-22）。卵白色，长形，略弯。若虫体与成虫相似，体略扁平，黄色，体毛白色、明显，前翅芽深黄色（图53-23）。初孵若虫淡黄白色，复眼红褐色。

图53-22　柿血斑叶蝉成虫

图53-23　柿血斑叶蝉若虫

发生规律　1年发生3代以上。卵在当年生枝条的皮层内越冬。翌年4月柿树展叶时孵化。于5月上、中旬出现成虫，不久交尾产卵。卵散产在叶背面叶脉附近。于6月上、中旬孵化。7月上旬第1代成虫出现。初孵若虫先集中在叶片的主脉两侧，吸食汁液，不活跃。随着龄期增长食量增大，逐渐分散为害。受害处叶片正面出现褪绿斑点，严重时斑点密集成片，叶呈苍白色甚至淡褐色，造成早期落叶。

防治方法　成虫出蛰前及时刮除翘皮，清除落叶及杂草，减少越冬虫源。

在越冬代成虫迁入果园后以及各代若虫孵化盛期，及时喷洒20%异丙威乳油800 ～ 1 000倍液、25%速灭威可湿性粉剂600 ～ 800倍液、40%氧乐果乳油1 000 ～ 2 000倍液、50%马拉硫磷乳油1 500 ～ 2 000倍液、20%菊·马乳油2 000 ～ 3 000倍液、2.5%溴氰菊酯乳油2 000 ～ 2 500倍液、30%乙酰甲胺磷乳油1 000 ～ 1 500倍液、25%喹硫磷乳油800 ～ 1 000倍液、50%嘧啶磷乳油600 ～ 1 000倍液、10%吡虫啉可湿性粉剂2 000 ～ 3 000倍液、25%噻虫嗪水分散粒剂4 000 ～ 6 000倍液、10%硫肟醚水乳剂1 000 ～ 1 500倍液等，均能收到较好效果。

5. 柿广翅蜡蝉

分　　布　柿广翅蜡蝉（*Ricania sublimbata*）分布在黑龙江、山东、河南、浙江等地。

为害特点　成、若虫刺吸枝条、叶的汁液，产卵于当年生枝条内，致产卵部以上枝条枯死（图53-24）。

图53-24　柿广翅蜡蝉为害叶片、枝条症状

形态特征　成虫体淡褐色，略显紫红色，被覆稀薄淡紫红色蜡粉（图53-25）。前翅宽大，底暗褐色至黑褐色，被稀薄淡紫红色蜡粉，使前翅呈暗红褐色，前缘外1/3处有1个纵向狭长形、半透明斑，斑内缘呈弧形。后翅淡黑褐色，半透明，前缘基部略呈黄褐色，后缘色淡。卵长椭圆形，微弯，初产乳白色，渐变为淡黄色。若虫体近卵圆形，翅芽处宽。初龄若虫（图53-26）体被白色蜡粉，腹末的4束蜡丝呈扇状，尾端多向上前弯曲，蜡丝覆于体背。

图53-25　柿广翅蜡蝉成虫

图53-26　柿广翅蜡蝉初龄若虫

发生规律　一年生1～2代，卵在枝条内越冬。于翌年5月间孵化，为害至7月底羽化为成虫，8月中旬进入羽化盛期，成虫经取食后交配、产卵，8月底田间始见卵，9月下旬至10月上旬进入产卵盛期，10月中、下旬结束。成虫白天活动，善跳，飞行迅速，喜于嫩枝、芽、叶上刺吸汁液。

防治方法　于冬、春季结合修剪，剪除有卵块的枝条，集中深埋或烧毁，以减少虫源。

在低龄若虫发生期喷药防治，可喷施20%氰戊菊酯乳油5 000倍液、21%增效氰马乳油5 000 ～ 6 000倍液、50%对硫磷乳油2 000倍液、10%吡虫啉可湿性粉剂1 000倍液、40%杀扑磷乳油1 000倍液等。因该虫被有蜡粉，在上述药剂中加0.3%～ 0.5%柴油乳剂，可提高防效。

6. 柿梢鹰夜蛾

分　　布　柿梢鹰夜蛾（*Hypocala moorei*）分布于河北、山东、北京、四川、贵州、云南等省份。

为害特点　主要以幼虫为害苗木，蚕食刚萌发的嫩芽和嫩梢，并用丝纵卷缀合梢顶嫩叶为害，使苗不能正常生长。

形态特征　成虫头、胸部灰色，有黑点和褐斑，触角褐色，下唇须灰黄色，向前下斜伸，状似鹰嘴。前翅灰褐色，有褐点，前半部在内线以内棕褐色，内、外线及后半部明显，亚端线黑色，中部外突，后翅黄色，中室有1个黑斑，外缘有1条黑带，后缘有2个黑纹。腹部黄色，各节背部有黑纹。卵馒头形，有明显的放射状条纹，横纹不显。顶部有淡赭色花纹两圈。老熟幼虫体色变化很大。有绿色、黄色、黑色3种色型。多数为绿色型，此型头和胴部绿色；黄色型，头部黑色，胴部黄色，两侧有2条黑线；黑色型，头部橙黄色，全体黑色，气门线由断续的黄白色斑组成（图53-27）。蛹棕红色，外被有土茧。

图53-27　柿梢鹰夜蛾幼虫

发生规律　1年发生2代。老熟幼虫在土内化蛹越冬。于5月中旬羽化。交尾产卵于叶背、叶柄或芽上。卵散产。5月下旬，孵化后蛀入芽内或新梢顶端，吐丝将顶端嫩叶粘连，潜身在内，蚕食嫩叶。幼虫受惊后，摇头摆尾，进退迅速，非常活泼，经1个月后入土化蛹。于6月中、下旬羽化，飞翔力不强，白天常静伏叶背。于6月下旬至7月上旬发生第2代幼虫，8月中旬以前入土化蛹开始越冬。

防治方法　发生数量不多时，可人工捕杀幼虫。

发现大量幼虫为害时，可喷施2.5%溴氰菊酯乳油2 000 ～ 3 000倍液、30%氟氰戊菊酯乳油1 000 ～ 3 000倍液、10%溴氟菊酯乳油800 ～ 1 000倍液、20%杀铃脲悬浮剂500 ～ 1 000倍液等。

7. 柿绒蚧

分　　布　柿绒蚧（*Eriococcus kaki*）分布于河北、河南、山东、山西、陕西、安徽、广东、广西、天津、北京等省份。轻者被害株率40%～ 50%，重者在80%以上，造成严重的落花落果，树势减弱，严重影响柿树的正常生长结实。

为害特点　若虫和成虫群集为害，嫩枝被害后，出现黑斑，轻者生长细弱，重者干枯，难以发芽。叶脉受害后亦有黑斑，严重时叶畸形，早落。为害果实时，在果肩或果实与蒂相接处发病，被害处出现凹陷，由绿色变为黄色，最后变为黑色（图53-28）。

图53-28　柿绒蚧为害果实症状

形态特征　雌成虫体节明显，紫红状色。触角3节，体背面有刺毛。腹部边缘有白色、弯曲、细毛状的蜡质分泌物。虫体背面覆盖白色、毛毡状介壳。正面隆起，前端椭圆形。尾部卵囊由白色絮状物构成，表面有稀疏的白色蜡毛。雄成虫体细长，紫红色。翅1对，透明。介壳长椭圆形。卵圆形，紫红色，表面附有白色蜡粉，藏于卵囊中。若虫卵圆形或椭圆形，体侧有若干对长短不一的刺状物。初孵化时血红色（图53-29）。随着身体增长，经过1次蜕皮后变为鲜红色，而后转为紫红色。雄蛹壳椭圆形，扁平，由白色绵状物构成。

图53-29　柿绒蚧若虫

发生规律　在河北、河南、山东、山西、陕西1年发生4代，广西5～6代，初龄若虫在二至五年生枝的皮缝中、柿蒂上越冬。在山东若虫于4月中、下旬出蛰，爬至嫩枝、叶上为害，5月中、下旬羽化交配，而后在雌成虫背面形成卵囊并产卵于其内，虫体缩向前方。各代卵孵化盛期：1代为6月上、中旬，2代为7月中旬，3代为8月中旬，4代为9月中、下旬。在前期为害嫩枝、叶，在后期主要害果实。第3代为害最重，致嫩枝出现黑斑，枯死，叶畸形早落，果实上现黄绿色小点，严重的凹陷，变黑或木栓化，幼果易脱落。10月中旬，第4代若虫转移到枝、柿蒂上越冬。

防治方法　认真、彻底清园。于秋、冬季结合冬管，进行一次全面、详细的清园。剪除虫枝，集中烧毁，树干刷白。

于早春喷布4～5波美度石硫合剂或5%柴油乳剂、45%晶体石硫合剂20～30倍液、煤油洗衣粉混合液，主干及枝条要全面喷布至流水，彻底消灭越冬害虫。

在各代虫卵孵化的盛末期喷药，可使用40%氧乐果乳油1 000～1 500倍液、50%杀螟硫磷乳油800～1 200倍液、40%水胺硫磷乳油1 500～2 000倍液、2.5%溴氰菊酯乳油3 000～3 500倍液、80%敌敌畏乳剂800～1 000倍液、40%杀扑磷乳油1 000～2 000倍液、5% S-氰戊菊酯乳油3 000～4 000倍液、50%马拉硫磷乳剂1 000～2 000倍液、90%晶体敌百虫800～1 000倍液等。

第五十四章　石榴病虫害原色图解

一、石榴病害

1. 石榴干腐病

症　状　由石榴鲜壳孢（*Zythia versoniana*，属无性型真菌）引起。主要为害果实，也侵染花器、果苔、新梢。花瓣受侵部分变褐，花萼受害初期产生黑褐色、椭圆形、凹陷小病斑，有光泽，病斑逐渐扩大，变为浅褐色，组织腐烂，在后期产生暗色颗粒体。幼果受害，一般在萼筒处发生不规则形、豆粒大小、浅褐色病斑，逐渐向四周扩展，直到整个果实腐烂，颜色由浅到深，形成中间黑、边缘浅褐色、界线明显的病斑（图54-1）。成果发病后较少脱落，果实腐烂，后失水变为僵果，红褐色（图54-2）。

图54-1　石榴干腐病为害果实症状

图54-2　石榴干腐病为害果实后期症状

发生规律　菌丝或分生孢子在病果、病果苔、病枝内越冬。可从花蕾、花、果实侵入，有伤口时，发病率高且快。于翌年4月中旬产生的孢子器，是此病的主要传播病原；主要靠雨水传播，从寄主的伤口或自然裂口侵入。一般年份发病始期在5月中、下旬，7月中旬进入发病高峰期，末期在8月下旬。在适宜的温度条件下，主要由6—7月的降雨量和田间湿度决定病情的轻重。

防治方法　于冬季结合修剪，将病枝、烂果等清除干净。夏季，要随时摘除病落果，深埋或烧毁。注意保护树体，防止其受冻或受伤。平衡施肥、人工授粉、抹钟状花蕾、合理修剪等措施。

冬季清园时，喷50%福美双可湿性粉剂400倍液、3～5波美度石硫合剂、30%碱式硫酸铜悬浮剂400倍液。

从3月下旬至采收前15 d，喷洒1 ∶ 1 ∶ 160波尔多液、80%代森锰锌可湿性粉剂800倍液、50%多菌灵可湿性粉剂800倍液、50%异菌脲可湿性粉剂1 000 ~ 1 500倍液、47%春雷霉素·氧氯化铜可湿性粉剂700倍液、50%甲基硫菌灵可湿性粉剂700倍液、10%苯醚甲环唑水分散颗粒剂2 000倍液、25%苯菌灵乳油800倍液等药剂，间隔10 ~ 15 d喷1次，连续喷4 ~ 5次。

2. 石榴褐斑病

症　状　由石榴尾孢（*Cercospora punicae*，属无性型真菌）引起。主要为害叶片和果实，引起前期落果和后期落叶。叶片受害后，初为褐色小斑点，扩展后呈近圆形，边缘黑色至黑褐色，微凸，中间有灰黑色斑点，叶背面与正面的症状相同（图54-3）。果实上的病斑近圆形或不规则形（图54-4），黑色，稍凹陷，亦有灰色绒状小粒点，果着色后病斑外缘呈淡黄白色。

图54-3　石榴褐斑病为害叶片症状

图54-4　石榴褐斑病为害果实症状

发生规律　病菌在带病的落叶上越冬。于翌年4月形成分生孢子。5月开始发病，6月下旬到7月中旬为发病高峰，7月下旬到8月上旬受害叶片（春季萌发）脱落。夏季萌发的病菌侵染叶片，8月中、下旬病叶开始脱落。

防治方法　冬季清园时，清除病残叶、枯枝，集中烧毁，以减少菌源。合理浇水，雨后及时排水，防止湿气滞留，增强抗病力。

在发芽前喷布5波美度石硫合剂，发芽后喷洒140倍等量式波尔多液。

于开花盛期（5月下旬）开始喷药，间隔10 d连续喷药6 ~ 8次。有效药剂有80%代森锰锌可湿性粉剂600 ~ 800倍液、70%丙森锌可湿性粉剂600 ~ 800倍液、70%甲基硫菌灵可湿性粉剂800 ~ 1 000倍液、50%多菌灵可湿性粉剂800 ~ 1 000倍液、50%异菌脲可湿性粉剂1 500 ~ 2 000倍液、50%嘧菌酯水分散粒剂5 000 ~ 7 000倍液、40%腈菌唑水分散粒剂6 000 ~ 7 000倍液等，防治4 ~ 6次，喷药时要注意喷匀、喷细，不能漏喷，叶背、叶面均要喷到，可以取得良好的防治效果。

3. 石榴叶枯病

症　状　由厚盘单毛孢（*Monochaetia pachyspora*，属无性型真菌）引起。主要为害叶片，病斑圆形至近圆形，褐色至茶褐色，后期病斑上生出黑色小粒点，即病原菌的分生孢子盘（图54-5）。

图54-5 石榴叶枯病为害叶片症状

发生规律 分生孢子盘或菌丝体在病组织中越冬。于翌年产生分生孢子，借风雨传播，进行初侵染和多次再侵染。夏、秋季多雨或石榴园湿气滞留容易发病。

防治方法 保证肥水充足，调节地温促根壮树，疏松土壤，抑制杂草生长，免于耕作。适当密植，通风透光好。

发病初期，喷洒1 ∶ 1 ∶ 200波尔多液、50％苯菌灵可湿性粉剂1 000倍液、47％春雷霉素·氧氯化铜可湿性粉剂700倍液、30％碱式硫酸铜悬浮剂400倍液、75％肟菌·戊唑醇（肟菌酯25％＋戊唑醇50％）水分散粒剂10 ～ 15/亩、75％戊唑·嘧菌酯（嘧菌酯25％＋戊唑醇50％）可湿性粉剂10 ～ 15 g/亩，间隔10 d左右喷1次，连续喷3 ～ 4次。

4. 石榴煤污病

症　状 由煤炱菌（*Capnodium* sp.）引起。主要为害叶片和果实，一般在叶片形成后就可感染此病。病树的枝干、叶片上挂满1层煤烟状的黑灰（图54-6），用手摸时有黏性。病树发芽稍晚，树势弱，正常花少，产量低，果实皮青黑色（图54-7）。

图54-6 石榴煤污病为害叶片症状

图54-7 石榴煤污病为害果实症状

发生规律 菌丝体在病部越冬。借风雨或介壳虫活动传播、扩散。该病发生主要原因是昆虫在寄主上取食，排泄粪便及其分泌物。此外，通风透光不良、温度高、湿气滞留发病重。

防治方法 发现介壳虫、蚜虫等刺吸式口器害虫为害时，及时喷洒1.8％阿维菌素乳油2 000倍液、48％毒死蜱乳油1 000倍液。

必要时喷洒40％氟硅唑乳油8 000 ～ 9 000倍液、25％腈菌唑乳油7 000倍液、75％肟菌·戊唑醇（肟菌酯25％＋戊唑醇50％）水分散粒剂10 ～ 15 g/亩、75％戊唑·嘧菌酯（嘧菌酯25％＋戊唑醇50％）可湿性粉剂10 ～ 15 g/亩，间隔10 d左右喷1次，连续喷2 ～ 3次。

5. 石榴疮痂病

图54-8　石榴疮痂病为害果实症状

症　　状　由石榴痂圆孢（*Sphaceloma punicae*，属无性型真菌）引起。主要为害果实和花萼。病斑初呈水渍状，渐变为红褐色、紫褐色，直至黑褐色，单个病斑圆形至椭圆形，后期多斑融合成不规则形、疮痂状、粗糙大斑，严重的龟裂（图54-8）。湿度大时，病斑内产生淡红色粉状物，即病原菌的分生孢子盘和分生孢子。

发生规律　病菌以菌丝体的形式在病组织中越冬。春季气温高，多雨、湿度大时，病部产生分生孢子，借助风雨或昆虫传播，经过几天的潜育，形成新病斑，又产生分生孢子进行再侵染。秋季阴雨连绵时，病害可再次发生或流行。

防治方法　精心养护，及时浇水施肥，增强抗病力。

必要时可选用1∶1∶160波尔多液、80%代森锰锌可湿性粉剂800倍液+50%多菌灵可湿性粉剂800倍液、70%甲基硫菌灵可湿性粉剂700倍液、75%肟菌·戊唑醇（肟菌酯25%＋戊唑醇50%）水分散粒剂10～15/亩、75%戊唑·嘧菌酯（嘧菌酯25%＋戊唑醇50%）可湿性粉剂10～15 g/亩、25%噻呋·嘧菌酯（噻呋酰胺5%＋嘧菌酯20%）悬浮剂30～40 mL/亩、30%啶氧·丙环唑（啶氧菌酯10%＋丙环唑20%）悬浮剂34～38 mL/亩等药剂，喷雾防治。

6. 石榴焦腐病

图54-9　石榴焦腐病为害果实症状

症　　状　由可可球二孢（*Botryodiplodia theobromae*，属无性型真菌）引起。有性阶段为柑橘葡萄座腔菌（*Botryosphaeria rhodina*，属子囊菌亚门真菌）。果实上或蒂部初生水渍状褐斑，后逐渐扩大变黑（图54-9），后期产生很多黑色小粒点，即病原菌的分生孢子器。

发生规律　病菌以分生孢子器或子囊的形式在病部或树皮内越冬。条件适宜时产生分生孢子和子囊孢子，借助风雨传播。

防治方法　精心养护，及时浇水施肥，增强抗病力。

必要时可选用1∶1∶160波尔多液、80%代森锰锌可湿性粉剂800倍液、50%多菌灵可湿性粉剂800倍液、50%甲基硫菌灵可湿性粉剂700倍液等药剂，喷雾防治。

7. 石榴病毒病

分布为害　石榴病毒病在我国各产区均有发生，其中以陕西、河南、山东等地发生最重。有些果园的病株率在30%以上，为害较严重。

症　　状　由石榴花叶病毒（*Pomegranate mosaic virus*）、李坏死环斑病毒石榴花叶株系（*Prunus nicrotic ringspot pomegranate mosaic strain virus*）引起。主要表现在叶片上，重型花叶，病叶上出现大型褪绿斑区，初为鲜黄色，后为白色，幼叶沿叶脉变色，老叶上常出现大型坏死斑。轻型花叶，病叶上出现黄色斑点。沿叶脉变色型花叶，主脉及侧脉变色，脉间多小黄斑，有时有坏死斑，落叶较少（图54-10）。

发生规律 病毒主要靠嫁接传播，砧木或接穗带毒，均可形成新的病株。此外，菟丝子可以传毒。树体感染病毒后，全身带毒，终生为害。萌芽后不久即表现症状，4—5月发展迅速，其后减缓，7—8月基本停止发展，甚至出现潜隐现象，11月完全停止。树势衰弱时，症状较重；幼树比成株易发病；幼叶表现症状，老叶不发生病斑；发病树逐年衰弱，高温多雨，症状较重，持续时间长。土壤干旱，水肥不足时发病重。

图54-10 石榴病毒病花叶型症状

防治方法 认真、彻底清园。于秋、冬季结合冬管，进行一次全面清园。剪除虫枝，集中烧毁，树干刷白。

于早春喷布4～5波美度石硫合剂、5%柴油乳剂、45%石硫合剂结晶体20～30倍液、煤油洗衣粉混合液，主干及枝条要全面喷布至流水，彻底消灭越冬害虫。

在各代虫卵孵化的盛末期进行喷药，可使用2.5%溴氰菊酯乳油3 000～3 500倍液、10%联苯菊酯乳油4 000～5 000倍液、80%敌敌畏乳剂800～1 000倍液、5% S-氰戊菊酯乳油3 000～4 000倍液、1.8%阿维菌素乳油2 000～4 000倍液等。

二、石榴虫害

石榴树上的主要害虫有棉蚜、石榴茎窗蛾、石榴绒蚧、石榴木蠹蛾、石榴巾夜蛾等。

1. 棉蚜

为害特点 棉蚜（*Aphis gossypii*）成虫、若虫均以口针刺吸汁液，大多栖息于花蕾上，为害幼嫩叶及生长点，造成叶片卷缩（图54-11）。

图54-11 棉蚜为害新梢、花蕾状

形态特征　有翅胎生雌蚜体呈黄色、浅绿色或绿色至蓝黑色。前胸背板及腹部呈黑色，腹部背面两侧有3～4对黑斑，触角6节，短于身体。无翅胎生雌蚜体在夏季以黄绿色居多，春、秋两季为深绿色或蓝黑色（图54-12）。体表覆薄蜡粉。腹管为黑色，较短，呈圆筒形，基部略宽，上有瓦状纹。卵椭圆形，初产时呈橙黄色，后变为漆黑色，有光泽。若蚜共5龄，体呈黄绿色或黄色，也有蓝灰色。有翅若蚜于第一次蜕皮出现翅芽，蜕皮4次后变成成蚜。

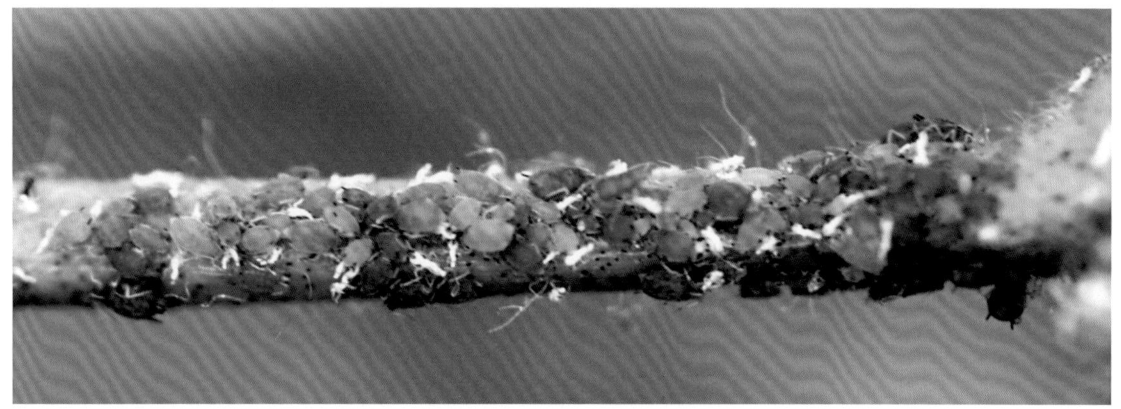

图54-12　棉蚜无翅胎生雌蚜

发生规律　在长江流域，卵在石榴、花椒、木槿、鼠李等木本寄主的枝条上，或夏枯草等草本植物的基部越冬。在南方一年四季都可生长繁殖。棉蚜的繁殖能力很强，当5 d平均气温稳定在6℃以上就开始繁殖，越冬卵孵化为干母，孤雌胎生的几代雌蚜被称为干雌，繁殖2～3代后产生有翅蚜。春季气候干燥，适于棉蚜繁殖，故石榴树往往受害严重。秋末冬初天气转冷时，有翅蚜迁回到越冬寄主上，雄蚜和雌蚜交配、产卵过冬，卵多产于芽腋处。

防治方法　于冬季清园。越冬卵数目多时，可喷95%机油乳剂，能兼治介壳虫。

越冬卵孵化及为害期，在棉蚜发生高峰前选晴天进行防治，可选用22%毒死蜱·吡虫啉乳油1 500～2 000倍液、15.5%甲维·毒死蜱（毒死蜱15%+甲氨基阿维菌素苯甲酸盐0.5%）微乳剂2 000～2 500倍液、45%吡虫·毒死蜱（吡虫啉5%+毒死蜱40%）乳油2 000～2 500倍液、41.5%啶虫·毒死蜱（毒死蜱40%+啶虫脒1.5%）乳油2 000～3 000倍液、10%吡虫啉可湿性粉剂2 000～3 000倍液、50%抗蚜威可湿性粉剂1 000～2 000倍液、2.5%氯氟氰菊酯乳油1 000～2 000倍液、2.5%高效氯氟氰菊酯乳油1 000～2 000倍液、5%氯氰菊酯乳油5 000～6 000倍液、2.5%高效氯氰菊酯水乳剂1 000～2 000倍液、2.5%溴氰菊酯乳油1 500～2 500倍液、48%毒死蜱乳油1 500倍液等，喷雾防治。

2. 石榴茎窗蛾

为害特点　石榴茎窗蛾（*Herdonia osacesalis*）为石榴树主要害虫之一，主要蛀食枝梢，削弱树势，造成枝梢枯死，降低结果率（图54-13）。

图54-13　石榴茎窗蛾为害枝条状

形态特征 成虫呈乳白色，微黄，前、后翅大部分透明，有丝光（图54-14）。前翅顶角略弯，呈镰刀形，顶角下微呈粉白色，前翅前缘有10～16条短纹。后翅外缘略褐，具3条褐色横带。卵瓶状，初产时呈白色，后变为枯黄色，孵化前呈橘红色。老熟幼虫体呈淡青黄色至土黄色，头部呈褐色，前胸背板呈淡褐色（图54-15）。

发生规律 1年发生1代，幼虫在被害枝的蛀道内越冬。翌年3月底越冬幼虫继续为害。5月上旬老熟幼虫在蛀道内化蛹，5月中旬为化蛹盛期。于6月上旬开始羽化，6月中旬为羽化盛期。田间于7月初出现症状，幼虫向下蛀达木质部，每隔一段距离向外开一排粪孔，随虫体增长，排粪孔间距加大，至秋季蛀入二年生以上的枝内，多在二至三年生枝交接处虫道下方越冬。

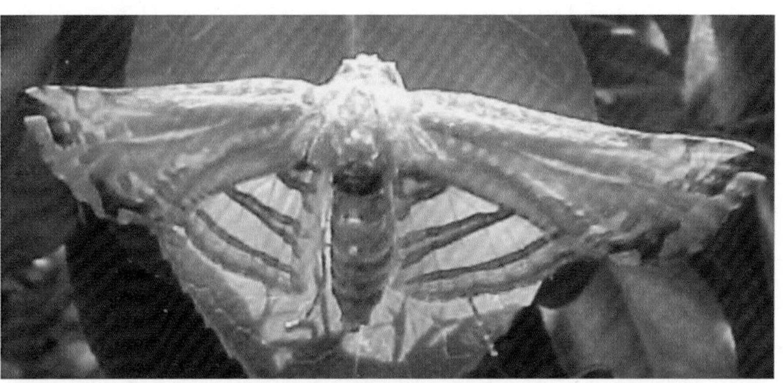
图54-14 石榴茎窗蛾成虫

图54-15 石榴茎窗蛾幼虫

防治方法 于越冬期结合防治其他害虫刮树皮，用硬刷刷除越冬若虫。

落叶后或发芽前喷洒3～5波美度石硫合剂、45%晶体石硫合剂20～30倍液、5%柴油乳剂，杀死越冬若虫。

若虫出蛰活动后和卵孵化盛期，喷施52.25%高氯·毒死蜱（高效氯氰菊酯2.25%+毒死蜱50%）乳油1 400～1 600倍液、15.5%甲维·毒死蜱（毒死蜱15%+甲氨基阿维菌素苯甲酸盐0.5%）微乳剂2 000～2 500倍液、1.8%阿维菌素乳油3 000～5 000倍液、48%毒死蜱乳油1 000～1 500倍液、45%马拉硫磷乳油1 500～2 000倍液、2.5%氯氟氰菊酯乳油1 000～2 000倍液、20%甲氰菊酯乳油2 000～3 000倍液。特别是杀灭初孵转移的若虫，效果很好。混用含油量1%的柴油乳剂有明显增效作用。

3. 石榴绒蚧

分　　布 石榴绒蚧（*Eriococcus lagerostroemiae*）分布于北京、天津、江苏、山东、山西、浙江、湖南、湖北等省份。

为害特点 若虫及雌成虫寄生于植株枝、干和芽腋处，吸食汁液。受害树枝瘦弱叶黄，树势衰弱，极易滋生煤污病，受害严重的树整株死亡。

形态特征 雌成虫体长卵圆形（图54-16）。活的虫体多为暗紫色或紫红色。老熟时被包于白色、毡状的蜡囊中，大小如稻米粒。雄成虫长形，呈紫红色。卵呈圆形，紫红色。若虫椭圆形，紫红色，四周具刺突。

图54-16 石榴绒蚧雌成虫及为害状

发生规律 1年发生3～4代，末

龄若虫在二至三年生枝皮层的裂缝、芽鳞处及老皮内越冬。于翌年4月上、中旬出蛰，吸食嫩芽、幼叶汁液，以后转移至枝条表面为害。5月上旬成虫交配，各代若虫孵化期分别为5月底至6月初、7月中、下旬、8月下旬至9月上旬。10月初若虫开始越冬。

防治方法 对苗木、插条要严格进行消毒杀虫，消毒杀虫药物同萌芽前处理。

4月上、中旬萌芽前，全树均匀喷洒3～5波美度石硫合剂，或喷22%毒死蜱·吡虫啉乳油1 500～2 000倍液、15.5%甲维·毒死蜱（毒死蜱15%+甲氨基阿维菌素苯甲酸盐0.5%）微乳剂2 000～2 500倍液、45%吡虫·毒死蜱（吡虫啉5%+毒死蜱40%）乳油2 000～2 500倍液、41.5%啶虫·毒死蜱（毒死蜱40%+啶虫脒1.5%）乳油2 000～3 000倍液、48%毒·矿物油（矿物油32%+毒死蜱16%）乳油1 200～2 400倍液。

4. 石榴木蠹蛾

为害特点 石榴木蠹蛾（*Zeuzera coffeae*）幼虫为害枝干，受害枝上的叶片凋萎枯干，最后脱落。遇到大风，受害枝易折断（图54-17）。

图54-17 石榴木蠹蛾为害枝条症状

形态特征 成虫体灰白色（图54-18），前胸背板有2～3对黑纹，呈环状排列。前翅密生有光泽的黑色斑点。幼虫体较大，前胸背板黑斑分开呈翼状，腹末臀板为暗红色（图54-19）。蛹红褐色（图54-20）。

图54-18 石榴木蠹蛾成虫

图54-19 石榴木蠹蛾幼虫

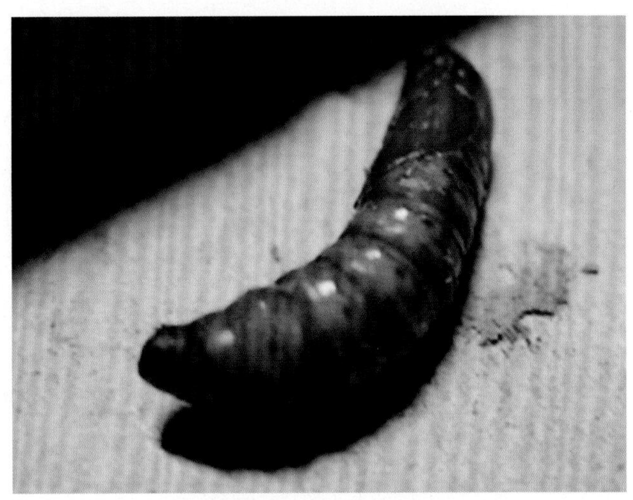
图54-20 石榴木蠹蛾蛹

发生规律 1年发生2代，幼虫在枝条内越冬。第1代成虫于5月上、中旬出现。第1代幼虫为害的枝干于6—7月出现症状，第2代成虫于8月初至9月底出现。成虫产卵于基部，卵孵化后，幼虫从梢上部蛀入，在皮层与木质部之间为害，后蛀入髓部并向上蛀食成直蛀道。老熟后在枝内化蛹。

防治方法 灯光诱杀。石榴木蠹蛾成虫具有趋光性，可在石榴园内安装黑光灯诱杀成虫。

药剂防治：在幼虫蛀入后，发现有新鲜虫粪排出时，向孔内注入80%敌敌畏乳油10倍液，然后用泥将孔封死。

幼虫孵化期，可用1.8%阿维菌素乳油2 000～4 000倍液、50%氯氰·毒死蜱（氯氰菊酯5%+毒死蜱45%）乳油1 500～2 500倍液、2.5%氯氟氰菊酯乳油1 000～3 000倍液、10%高效氯氰菊酯乳油1 000～2 000倍液、10%醚菊酯悬浮剂800～1 500倍液、5%氟苯脲乳油800～1 500倍液、20%虫酰肼悬浮剂1 000～1 500倍液，喷雾防治。

5. 石榴巾夜蛾

为害特点 石榴巾夜蛾（*Parallelia stuposa*）是石榴上常见的食叶害虫。幼虫为害石榴嫩芽、幼叶和成叶，发生较轻时，将叶片咬出许多孔洞和缺刻，发生严重时能将叶片吃光，最后只剩主脉和叶柄。

形态特征 成虫体呈褐色（图54-21），前翅中部有一灰白色带，中带的内、外均为黑棕色，顶角有2个黑斑。后翅呈暗棕色，中部有一白色带。端区呈灰褐色，顶角处缘毛呈白色。卵呈灰色，形似馒头。老熟幼虫头部呈灰褐色（图54-22）。腹部第1、第2节常弯曲呈桥形，体背呈茶褐色，布满黑褐色不规则斑纹。蛹呈黑褐色，覆以白粉。茧呈灰褐色，表面粗糙。

图54-21 石榴巾夜蛾成虫

图54-22 石榴巾夜蛾幼虫

发生规律 每年发生代数因地域不同而有差异，一般1年发生2代，以蛹越冬。5月底至6月初第1代成虫大量出现，产卵于树干上。于6月下旬可发现幼虫。幼虫以为害石榴芽叶为主，白天静止，夜间取食，一般果园外围受害重，中间受害轻。8月是第2代幼虫的严重为害期。到深秋（9月底至10月），老熟幼虫在树下附近的土中化蛹越冬。

防治方法 成虫有较强的趋光性，在各代成虫盛发期，结合其他害虫的防治，在上半夜可用黑光灯进行诱杀。清除果园附近的灌木、杂草以及其他幼虫的寄主，冬季进行翻地，可消灭一部分越冬的虫蛹。

幼虫为害严重时，可适当选用50%氯氰·毒死蜱（氯氰菊酯5%+毒死蜱45%）乳油1 500～2 500倍液、2.5%氯氟氰菊酯乳油2 000倍液、5%顺式氯氰菊酯乳油2 000倍液、80%敌敌畏乳油800倍液、90%晶体敌百虫1 000倍液等，喷雾防治。

第五十五章　草莓病虫害原色图解

一、草莓病害

草莓的病害有20多种，其中为害较为严重的有灰霉病、蛇眼病、轮斑病、炭疽病、病毒病等，严重影响着草莓的品质与产量。

1. 草莓灰霉病

分　　布　草莓灰霉病为草莓的主要病害。分布广泛，发生普遍。于北方主要在保护地内发生，在南方露地亦可发病（图55-1）。

图55-1　草莓灰霉病为害果实症状

症　　状　由灰葡萄孢菌（*Botrytis cinerea*）引起。主要为害花器、果柄、果实。花器染病时（图55-2），花萼上初呈水渍状、针眼大的小斑点，后扩展成近圆形或不规则形的较大病斑，导致幼果湿软、腐烂，湿度大时，病部产生灰褐色霉状物。果柄受害，先产生褐色病斑，湿度大时，在病部产生1层灰色霉层（图55-3）。果实顶柱头现水渍状病斑，继而演变成灰褐色斑，空气潮湿时病果湿软、腐化，病部生灰色霉状物，天气干燥时病果呈干腐状，最终造成落果（图55-4）。

图55-2　草莓灰霉病为害花器症状

图55-3　草莓灰霉病为害果柄症状

图55-4 草莓灰霉病为害果实症状

发生规律 菌丝或菌核在病残体和病株上越冬。于翌年产生分生孢子，随气流、风雨传播。病菌以花器侵染为主，可直接侵入，也可从伤口侵入。在适温条件下，从伤口侵入，发病速度快且严重。借风雨及病果间的互相接触引起再侵染。低温、高湿利于病害的发生与流行。偏施氮肥发病也重。

防治方法 经常剔除烂果、病残老叶，并将其深埋或烧毁，减少病原菌的再侵染。及时摘除病叶、病花、病果及黄叶，保持棚室干净，通风透光，适当降低密度，选择透气，排灌方便的沙壤土，避免施用氮肥过多。地膜覆盖，防止果实与土壤接触，避免感染病害。

定植前撒施25%多菌灵可湿性粉剂5 ~ 6 kg/亩，而后耙入土中。

移栽或育苗整地前用65%甲霉灵（甲基硫菌灵+乙霉威）可湿性粉剂400倍液、50%多霉灵（多菌灵+乙霉威）可湿性粉剂600倍液、50%敌菌灵可湿性粉剂400倍液、80%克菌丹水分散粒剂600 ~ 800倍液、40%嘧霉胺悬浮剂600倍液，对棚膜、土壤及墙壁等表面喷雾，进行消毒灭菌。

草莓进入开花期后开始喷药防治，选用75%百菌清可湿性粉剂600 ~ 800倍液、70%甲基硫菌灵可湿性粉剂800 ~ 1 000倍液、50%腐霉利可湿性粉剂1 000倍液、50%乙烯菌核利可湿性粉剂600 ~ 800倍液、10%多氧霉素可湿性粉剂500 ~ 750倍液、50%异菌脲可湿性粉剂1 500倍液、40%嘧霉胺可湿性粉剂600倍液20% β-羽扇豆球蛋白多肽可溶液剂160 ~ 220 mL/亩、2 000亿CFU/g枯草芽孢杆菌可湿性粉剂20 ~ 30 g/亩、2亿孢子/g木霉菌可湿性粉剂100 ~ 300 g/亩、16%多抗霉素B可溶粒剂20 ~ 25 g/亩、50%啶酰菌胺水分散粒剂30 ~ 45 g/亩、50%吡唑醚菌酯水分散粒剂15 ~ 25 g/亩、400 g/L嘧霉胺悬浮剂45 ~ 60 mL/亩、25%嘧霉胺可湿性粉剂120 ~ 150 g/亩、45%啶酰·嘧菌酯（嘧菌酯30% +啶酰菌胺15%）悬浮剂40 ~ 60 mL/亩、500 g/L氟吡菌酰胺·嘧霉胺（嘧霉胺375 g/L+氟吡菌酰胺125 g/L）悬浮剂60 ~ 80 mL/亩、25%抑霉·咯菌腈（抑霉唑20% +咯菌腈5%）悬乳剂1 000 ~ 2 000倍液、38%唑醚·啶酰菌（啶酰菌胺25.2% +吡唑醚菌酯12.8%）水分散粒剂60 ~ 80 g/亩、42.4%唑醚·氟酰胺（吡唑醚菌酯21.2% +氟唑菌酰胺21.2%）悬浮剂20 ~ 30 mL/亩、43%氟菌·肟菌酯（肟菌酯21.5% +氟吡菌酰胺21.5%）悬浮剂20 ~ 30 mL/亩，每隔7 ~ 10 d喷1次，连续喷3 ~ 4次，重点喷花果。

防治大棚或温室草莓灰霉病，可采用熏蒸法，6.5%甲霉灵（甲基硫菌灵+乙霉威）粉尘剂1 kg/亩、20%嘧霉胺烟剂0.3 ~ 0.5 kg/亩、10%腐霉利烟剂200 ~ 250 g/亩、45%百菌清粉尘剂1 kg/亩熏烟，间隔9 ~ 11 d施1次，连续或与其他防治法交替使用2 ~ 3次，防治效果更理想。

2. 草莓蛇眼病

分布为害 草莓蛇眼病分布较广，常与叶部病害混合发生，保护地和露地均可发生。严重时发病率为40% ~ 60%。

症　状 由杜拉柱隔孢（*Ramularia tulasnei*，属无性型真菌）引起。主要为害叶片、果柄、花萼。叶片染病后，初形成小且不规则形的红色至紫红色病斑（图55-5），病斑扩大后，中心变成灰白色圆斑，边缘紫红色，似蛇眼状，后期病斑上产生许多小黑点（图55-6）。果柄、花萼染病后，形成边缘颜色较深的不规则形、黄褐色至黑褐色斑，干燥时易从病部断开。

图55-5　草莓蛇眼病为害叶片初期症状

发生规律　病菌以菌丝或分生孢子的形式在病斑上越冬。于翌春产生分生孢子或子囊孢子进行传播和初侵染，后于病部产生分生孢子进行再侵染。病苗和表土上的菌核是主要传播载体。秋、春季光照不足，天气阴湿发病重。

防治方法　控制施用氮肥，以防徒长，适当稀植，在发病期注意多放风，应避免浇水过量。收获后及时清理田园，集中烧毁被害叶。发病严重时，采收后全部割叶，随后加强中耕、施肥、浇水，促使植株及早长出新叶。

发病前期，可喷施75%百菌清可湿性粉剂剂500倍液、50%琥胶肥酸铜可湿性粉剂500倍液、77%氢氧化铜可湿性微粒粉剂500倍液、65%代森锌可湿性粉剂350倍液、50%敌菌灵可湿性粉剂500倍液、80%代森锰锌可湿性粉剂600倍液等药剂预防。

图55-6　草莓蛇眼病为害叶片后期症状

发病初期，喷施40%苯甲·肟菌酯（肟菌酯15%+苯醚甲环唑25%）水分散粒剂4 000～5 000倍液、45%戊唑·醚菌酯（戊唑醇15%+醚菌酯30%）水分散粒剂2 000～4 000倍液、30%苯甲·吡唑酯（苯醚甲环唑20%+吡唑醚菌酯10%）悬浮剂2 500～3 500倍液、30%吡唑·异菌脲（异菌脲10%+吡唑醚菌酯20%）悬浮剂3 000～4 000倍液、40%唑醚·甲硫灵（甲基硫菌灵32%+吡唑醚菌酯8%）悬浮剂1 000～3 000倍液、40%氟硅唑乳油5 000倍液、70%甲基硫菌灵可湿性粉剂800倍液，间隔10 d喷1次，共喷2～3次，采收前3 d停止用药。

3. 草莓白粉病

分布为害　草莓白粉病是草莓的重要病害，尤以大棚草莓受害严重。发生严重时，病叶率在45%以上，病果率在50%以上。

症　　状　由羽衣草单囊壳菌（*Sphaerotheca aphanis*，属子囊菌亚门真菌）引起。主要为害叶片、叶柄、花、梗及果实。叶片受侵染，初在叶背及茎上产生白色近圆形、星状小粉斑，后向四周扩展成边缘不明显的连片白粉，严重时整片叶布满白粉，叶缘向上卷曲、变形（图55-7），叶质变脆，最后病叶逐渐枯黄。花蕾受害，不能开放或开花不正常。果实早期受害，幼果停止发育，其表面明显覆盖白粉，严重影响果实质量（图55-8）。

图55-7　草莓白粉病为害叶片症状

图55-8　草莓白粉病为害果实症状

发生规律　在北方以闭囊壳的形式随病残体留在地上，或在塑料大棚瓜类作物上越冬；在南方多以菌丝或分生孢子的形式在寄主上越冬或越夏 。翌年，作为初侵染源，借气流或雨水传播。经7 d成熟，形成分生孢子飞散传播，进行再侵染。湿度大利其流行，在低湿环境下也可萌发，当高温、干旱与高温、高湿交替出现且有大量白粉菌菌源时易流行。一般于10月上、中旬（盖膜前）初发，至12月下旬盛发。

防治方法　在草莓定植缓苗后至扣棚前，彻底摘除老、残、病叶，带出田外烧毁或深埋。在生长季节及时摘除地面上的老叶及病叶、病果，集中深埋，切忌随地乱丢；要注意园地的通风条件，雨后要及时排水。

在草莓生长中、后期，白粉病发生时，可用20%吡唑醚菌酯水分散粒剂38 ~ 50 g/亩、300 g/L醚菌·啶酰菌胺悬浮剂1 000 ~ 2 000倍液、12.5%烯唑醇可湿性粉剂1 500 ~ 2 000倍液、10%苯醚甲环唑水分散粒剂2 000 ~ 3 000倍液、40%氟硅唑乳油8 000 ~ 9 000倍液、12.5%腈菌唑乳油2 000 ~ 4 000倍液、60%噻菌灵可湿性粉剂1 500 ~ 2 000倍液、50%嘧菌酯水分散粒剂5 000 ~ 7 500倍液、20%唑菌胺酯水分散性粒剂1 000 ~ 2 000倍液、25%三唑酮可湿性粉剂1 000 ~ 1 500倍液、40%环唑醇悬浮剂7 000 ~ 10 000倍液、25%氟喹唑可湿性粉剂5 000 ~ 6 000倍液、30%氟菌唑可湿性粉剂2 000 ~ 3 000倍液、6%氯苯嘧啶醇可湿性粉剂1 000 ~ 1 500倍液、2%嘧啶核苷类抗生素水剂200 ~ 400倍液、30%醚菌酯可湿性粉剂1 500 ~ 2 500倍液、50亿CFU/g解淀粉芽孢杆菌AT-332水分散粒剂100 ~ 140 g/亩、2 000亿芽孢/g枯草芽孢杆菌可湿性粉剂20 ~ 30 g/亩、9%萜烯醇（互生叶白千层提取物）乳油67 ~ 100 mL/亩、0.4%蛇床子素可溶液剂100 ~ 125 mL/亩等杀菌剂，喷雾防治。

在草莓生长中、后期，白粉病发生时，可用15%三唑酮可湿性粉剂1 500倍液、12.5%烯唑醇可湿性粉剂2 000倍液、10%苯醚甲环唑水分散粒剂2 000 ~ 3 000倍液、40%氟硅唑乳油8 000 ~ 9 000倍液、12.5%腈菌唑乳油2 000倍液、25%戊菌唑水乳剂7 ~ 10 mL/亩、25.0%四氟醚唑水乳剂10 ~ 12 g/

亩、25%粉唑醇悬浮剂20～40 g/亩、25%乙嘧酚悬浮剂80～100 mL/亩、30%氟菌唑可湿性粉剂10～20 g/亩、50%醚菌酯可湿性粉剂16～20 g/亩、20%四氟·醚菌酯（四氟醚唑8%+醚菌酯12%）悬乳剂40～50 mL/亩、38%唑醚·啶酰菌（吡唑醚菌酯12.8%+啶酰菌胺25.2%）悬浮剂30～40 mL/亩、40%粉唑·嘧菌酯（粉唑醇20%+嘧菌酯20%）悬浮剂20～30 mL/亩、42.4%唑醚·氟酰胺（吡唑醚菌酯21.2%+氟唑菌酰胺21.2%）悬浮剂10～20 mL/亩、300 g/L醚菌·啶酰菌（啶酰菌胺200 g/L+醚菌酯100 g/L）悬浮剂25～50 mL/亩、43%氟菌·肟菌酯（肟菌酯21.5%+氟吡菌酰胺21.5%）悬浮剂15～30 mL/亩、30%苯甲·嘧菌酯（苯醚甲环唑12%+嘧菌酯18%）悬浮剂1 000～1 500倍液等内吸性强的杀菌剂，喷雾防治。

对棚室栽培草莓可采用烟雾法，即用硫黄熏烟消毒，定植前几天，将草莓棚密闭，每100 m^3用硫黄粉250 g和锯末500 g掺匀后，分别装入小塑料袋分放在室内，于晚上点燃，熏一夜，也可用45%百菌清烟剂，每亩次200～250 g，分放在棚内4～5处，用香或卷烟点燃，发烟时闭棚，熏一夜，次日清晨通风。

4. 草莓轮斑病

分　布　草莓轮斑病是草莓主要病害，分布广泛，发生普遍，保护地、露地种植时都发生，以春、秋季发病较重。

症　状　由暗拟茎点霉（*Dendrophoma obscurans*，属无性型真菌）引起。主要为害叶片，于发病初期在叶片上产生红褐色的小斑点，逐渐扩大后，病斑中间呈灰褐色或灰白色，边缘褐色，外围呈紫黑色，病健分界处明显。叶尖部分的病斑常呈V形扩展，造成叶片组织枯死。发病严重时，病斑常常相互联合，致使全叶片变褐枯死（图55-9）。

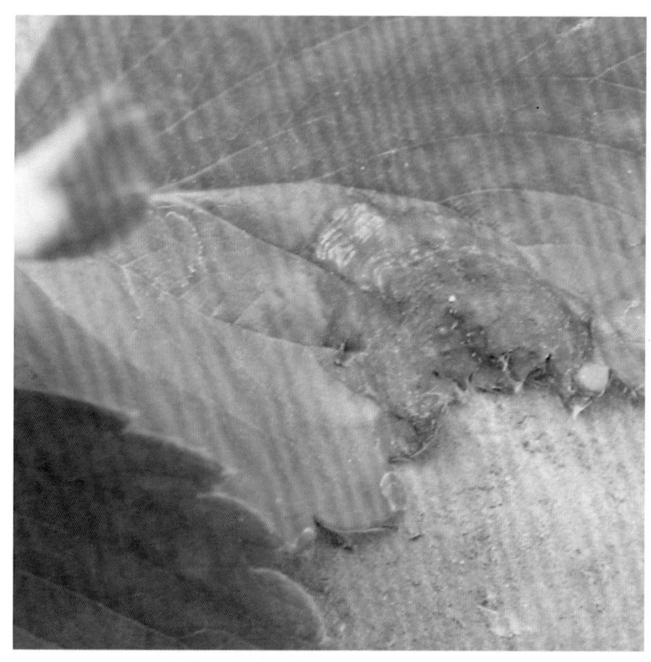

图55-9　草莓轮斑病为害叶片症状

发生规律　以菌丝体或分生孢子器的形式在病组织内越冬。翌春，气候条件适宜时产生分生孢子进行初次侵染，随气流、雨水、农事操作传播，进行多次侵染。多发生于12月至翌年4月，每年均发生，为害严重。连作地发病重，田间积水或植株过密的地块病害发生亦较重。植株在新叶时期极易受侵染，叶片湿度大时也易受侵染，特别是整株被淹没时和潮湿多雨期。

防治方法　及时发现和控制病情，及时清除、销毁病叶。收获后及时清洁田园，将病残体集中于田外烧毁埋葬，消灭越冬病菌。

于新叶时期使用适量的杀菌剂预防。用75%百菌清可湿性粉剂600～1 000倍液、50%多菌灵可湿性粉剂500倍液+80%代森锰锌可湿性粉剂600～800倍液、25%吡唑醚菌酯悬浮剂30～40 mL/亩、70%甲基硫菌灵可湿性粉剂800～1 000倍液，在移栽前浸苗10～20 min，晒干后移植。

发病初期，可喷施25%吡唑醚菌酯悬浮剂30 ~ 40 mL/亩、25%嘧菌酯悬浮剂1 500倍液、50%苯菌灵可湿性粉剂1 000 ~ 1 500倍液+70%代森锰锌可湿性粉剂800倍液、25%咪鲜胺乳油1 000 ~ 2 000倍液+70%代森锰锌可湿性粉剂800倍液、66.8%丙森·异丙菌胺可湿性粉剂800 ~ 1 000倍液、10%苯醚甲环唑水分散粒剂1 500倍液+70%代森锰锌可湿性粉剂700倍液、50%咪鲜胺悬浮剂60 ~ 80 mL/亩、60%唑醚·代森联（代森联55% +吡唑醚菌酯5%）水分散粒剂60 ~ 100 g/亩、30%唑醚·氟硅唑（吡唑醚菌酯20% +氟硅唑10%）乳油25 ~ 35 mL/亩、60%甲硫·异菌脲（异菌脲20% +甲基硫菌灵40%）可湿性粉剂40 ~ 60 g/亩、27%春雷·溴菌腈（春雷霉素2% +溴菌腈25%）可湿性粉剂80 ~ 100 g/亩、35%氟菌·戊唑醇（戊唑醇17.5% +氟吡菌酰胺17.5%）悬浮剂25 ~ 30 mL/亩、33%咪鲜·甲硫灵（甲基硫菌灵20.5% +咪鲜胺12.5%）悬浮剂80 ~ 100 mL/亩、30%戊唑·嘧菌酯（戊唑醇20% +嘧菌酯10%）悬浮剂30 ~ 40 mL/亩、50%异菌脲可湿性粉剂600 ~ 800倍液+50%敌菌灵可湿性粉剂400倍液、70%甲基硫菌灵可湿性粉剂500倍液+65%代森锌可湿性粉剂500 ~ 600倍液，间隔10 d左右喷1次，连续喷2 ~ 3次。

5. 草莓炭疽病

症　状　由草莓炭疽菌（*Colletotrichum fragariae*，属无性型真菌）引起。主要为害匍匐茎、叶柄、叶片、果实。叶片受害，初生黑色、纺锤形或椭圆形溃疡斑，稍凹陷（图55-10）；匍匐茎和叶柄上的病斑为环形圈状，扩展后病斑以上部分萎蔫枯死，湿度高时病部可见肉红色、黏质孢子堆。随着病情加重，全株枯死（图55-11）。根茎部横切面观察，可见自外向内发生的局部褐变。果实受害，产生近圆形病斑，淡褐色至暗褐色，呈软腐状并凹陷，在后期可长出肉红色、黏质孢子堆（图55-12）。

图55-10　草莓炭疽病为害叶片症状

图55-11　草莓炭疽病为害匍匐茎、叶柄症状

图55-12 草莓炭疽病为害果实症状

发生规律 病菌以分生孢子的形式在染病组织或落地病残体中越冬。于翌年现蕾期开始在近地面幼嫩部位侵染发病。主要由雨水等分散传播。盛夏高温雨季此病易流行。一般从7月中旬至9月底发病，气温高的年份发病时间可延续到10月。连作田发病重，老残叶多，或氮肥过量致植株柔嫩或密度过大，造成郁闭易发病。

防治方法 避免苗圃地多年连作，尽可能实施轮作。注意清园，及时摘除病叶、病茎、枯老叶等带病残体。连续出现高温天气时灌“跑马水”，并用遮阳网遮阳降温。

喷药预防，应在匍匐茎开始伸长时，对苗床进行喷药保护，可喷施80%代森锰锌可湿性粉剂800 ～ 1 000倍液、80%炭疽福美（福美双·福美锌）可湿性粉剂800 ～ 1 200倍液、30%碱式硫酸铜悬浮剂700 ～ 800倍液等药剂。定植前1周左右，向苗床再喷药1次，再将草莓苗移栽到大田，可减少防治面积和传播的速度。

大田有发病中心时，可选用10%苯醚甲环唑水分散粒剂10 ～ 120 g/亩、25%嘧菌酯悬浮剂40 ～ 60 mL/亩、450 g/L咪鲜胺水乳剂35 ～ 55 mL/亩、25%戊唑醇水乳剂20 ～ 28 mL/亩、30%苯甲·嘧菌酯（苯醚甲环唑18.5%＋嘧菌酯11.5%）悬浮剂50 ～ 60 mL/亩、50%嘧酯·噻唑锌（噻唑锌30%＋嘧菌酯20%）悬浮剂40 ～ 60 mL/亩、60%噻菌灵可湿性粉剂1 500 ～ 2 000倍液、40%氟硅唑乳油8 000 ～ 10 000倍液、5%己唑醇悬浮剂800 ～ 1 500倍液、40%腈菌唑水分散粒剂6 000 ～ 7 000倍液、50%咪鲜胺锰盐可湿性粉剂1 000 ～ 1 500倍液、6%氯苯嘧啶醇可湿性粉剂1 000 ～ 1 500倍液、2%嘧啶核苷类抗生素水剂200 ～ 400倍液、1%中生菌素水剂250 ～ 500倍液、25%咪鲜胺乳油1 000 ～ 1 500倍液，喷雾，间隔5 ～ 7 d喷1次，连续喷3 ～ 4次。注意交替用药，延缓抗药性的产生。药液要喷均匀，药液量要喷足，棚架上最好也要喷到，可提高防病效果。

6. 草莓褐斑病

症　　状 由暗拟茎点霉（*Dendrophoma obscurans*）引起。主要为害叶片，于发病初期在叶上产生紫红色小斑点，逐渐扩大后，中间呈灰褐色或白色，边缘褐色，外围呈紫红色或棕红色，病健交界明显，叶部的病斑常呈V形扩展（图55-13），有时呈U形病斑（图55-14），造成叶片组织枯死，病斑多互相愈合，致使叶片变褐、枯黄。后期病斑上可生不规则形、轮状排列的褐色至黑褐色小点，即分生孢子器。

图55-13 草莓褐斑病叶片上的V形病斑

图55-14 草莓褐斑病叶片上的U形病斑

发生规律 菌丝体和分生孢子器在病叶组织内越冬，或随病残体遗落土中越冬，为翌年初侵染源。越冬病菌产生分生孢子，借雨水溅射传播进行初侵染，后病部不断产生分生孢子进行多次再侵染，使病害逐步蔓延扩大。4月下旬均温17℃，相对湿度达80%时即可发病，5月中旬后病情逐渐扩展，5月下旬至6月进入盛发期，7月下旬后，遇高温干旱，病情受抑制，但如遇温暖多湿，特别是时晴时雨天气反复出现时，病情又扩展。

防治方法 发现病叶及时摘除，加强田间管理，通风透光，合理施肥，增强抗逆能力。

草莓移栽时摘除病叶后，用70%甲基硫菌灵可湿性粉剂500倍液浸苗15 ～ 20 min，待药液晾干后栽植。

在发病初期，向田间喷洒80%代森锰锌可湿性粉剂700倍液、70%甲基硫菌灵超微可湿性粉剂1 000倍液、250 g/L嘧菌酯悬浮剂60 ～ 90 mL/亩、30%苯甲·咪鲜胺（咪鲜胺25%＋苯醚甲环唑5%）悬浮剂60 ～ 80 mL/亩、75%百菌清可湿性粉剂600倍液+36%甲基硫菌灵悬浮剂400 ～ 500倍液+50%乙烯菌核利干悬浮剂800倍液、65%代森锌可湿性粉剂500倍液+50%多菌灵可湿性粉剂500倍液、25%腈菌唑乳油2 500倍液、65%代森锌可湿性粉剂500倍液+40%氟硅唑乳油4 000 ～ 5 000倍液、70%丙森锌可湿性粉剂600倍液+70%甲基硫菌灵可湿性粉剂600倍液＋50%异菌脲可湿性粉剂800倍液、50%异菌脲可湿性粉剂1 000倍液、10%苯醚甲环唑水分散粒剂1 500倍液，间隔10 d左右喷1次，连续喷2 ～ 3次，以后根据病情喷药，有一定防治效果。

7. 草莓黑斑病

症　状 由链格孢菌引起。主要侵害叶、叶柄、茎和浆果。一般发病时，在叶面上产生黑色、不定形病斑，略呈轮纹状（图55-15），病斑中央呈灰褐色，有蛛网状霉层，病斑外常有黄色晕圈。在叶柄及匍匐茎上发病，常呈褐色小凹斑，当病斑围绕1周时，柄或茎部因病部缢缩、干枯，易折断。贴地果实染病较多，果实上的病斑为黑色，上有灰黑色烟灰状霉层，病斑仅在皮层，一般不深入果肉，但因黑霉层污染，使果实丧失商品价值。

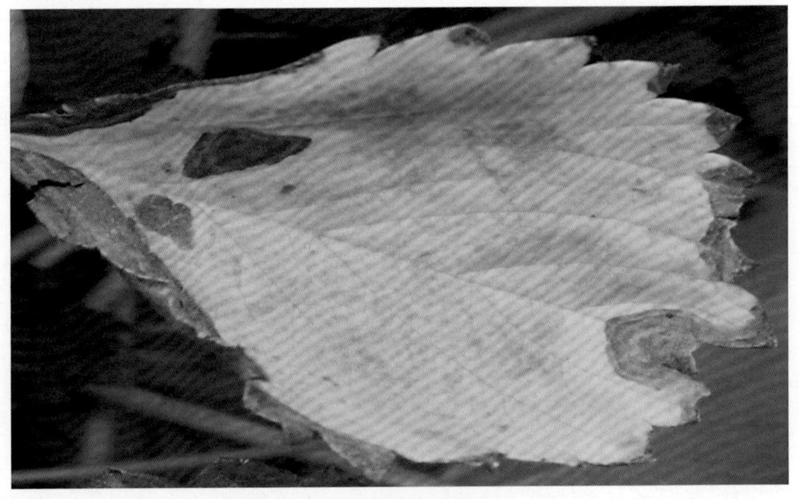

图55-15 草莓黑斑病为害叶片症状

发生规律 病菌以菌丝体等形式在植株上或落地病组织上越冬。借种苗等传播，环境中的病菌孢子也可侵染，导致发病。高温、高湿天气有利于黑斑病的侵染和蔓延，田间小气候潮湿有利于发病。重茬田发病加重。

防治方法 及早摘除病老叶片并集中烧毁；清扫园地，烧毁腐烂枝叶，在生长季及时摘除病、老、残叶及染病果实并销毁。

发病初期，可用10%多抗霉素可湿性粉剂400 ~ 600倍液、2%嘧啶核苷类抗生素水剂300 ~ 500倍液、70%甲基硫菌灵可湿性粉剂1 000 ~ 1 200倍液、12%苯甲·氟酰胺（苯醚甲环唑5%＋氟唑菌酰胺7%）悬浮剂56 ~ 70 mL/亩、44%苯甲·百菌清（苯醚甲环唑4%＋百菌清40%）悬浮剂100 ~ 140 mL/亩、42.4%唑醚·氟酰胺（吡唑醚菌酯21.2%＋氟唑菌酰胺21.2%）悬浮剂10 ~ 20 mL/亩、43%氟菌·肟菌酯（肟菌酯21.5%＋氟吡菌酰胺21.5%）悬浮剂5 ~ 10 mL/亩、3%多氧霉素水剂400 ~ 600倍液、24%腈苯唑悬浮剂2 500 ~ 3 200倍液喷雾，间隔7 d施1次，连喷2 ~ 3次。采收前3 d停止用药。

8. 草莓叶枯病

症　　状　由凤梨草莓褐斑病菌（*Marssonina potentillae*，属无性型真菌）引起。主要为害叶、叶柄、果梗和花萼。叶片受害后产生紫褐色、无光泽小斑，逐渐扩大成不规则形病斑，病斑中央与周缘颜色变化不大，病斑有沿叶脉分布的倾向，严重发病时叶面布满病斑，后期全叶黄褐色至暗褐色，直至枯死（图55-16）。在病部枯死部分长出褐色小粒点，叶柄和果梗染病后，出现黑褐色、凹陷病斑，病部组织变脆，易折断。

图55-16　草莓叶枯病为害叶片症状

发生规律　病菌以子囊壳或分生孢子器的形式，在植株染病组织或落地病残体上越冬。于春季释放出子囊孢子或分生孢子，借空气扩散传播，侵染发病，也可由带病种苗进行远距离传播。早春和晚秋雨露较多的天气有利发病。健壮植株易发病。

防治方法　注意清园，尽早摘除病老叶片，减少病源传染。加强田间肥水管理，使植株生长健壮，减少氮肥使用量，避免徒长。

于发病初期，喷施50%多菌灵可湿性粉剂600 ~ 800倍液、70%甲基硫菌灵可湿性粉剂1 500倍液、40%甲硫·噻唑锌（甲基硫菌灵24%＋噻唑锌16%）悬浮剂120 ~ 180 mL/亩、38%唑醚·啶酰菌（啶酰菌胺25.2%＋吡唑醚菌酯12.8%）悬浮剂30 ~ 40 mL/亩、43%氟嘧·戊唑醇（氟嘧菌酯18%＋戊唑醇25%）悬浮剂20 ~ 30 mL/亩、30%肟菌·戊唑醇（肟菌酯10%＋戊唑醇20%）悬浮剂25 ~ 37.5 mL/亩、35%氟菌·戊唑醇（戊唑醇17.5%＋氟吡菌酰胺17.5%）悬浮剂5 ~ 10 mL/亩、50%苯菌灵可湿性粉剂2 000倍液等药剂。

9. 草莓黄萎病

症　　状　由大丽花轮枝孢（*Verticillium dahliae*）引起。

分布为害　草莓黄萎病在我国辽宁丹东等地区已成为严重病害。发病时，首先侵染外围叶片、叶柄，在叶片上产生黑褐色小型病斑，使叶片失去光泽，从叶缘和叶脉间开始变成黄褐色，萎蔫，干燥时枯死。新叶感病表现为无生气，变为灰绿色或淡褐色，下垂，继而从下部叶片开始变成青枯状萎蔫，直至整株枯死（图55-17）。被害株叶柄、果梗和根茎横切面可见维管束的部分或全部变褐。根在发病初期无异常，病株死亡后地上部分变为黑褐色，腐败。当病株下部叶子变为黄褐色时，根便变为黑褐色且腐败，有时在植株的一侧发病，而另一侧健在，呈现所谓的“半身枯萎”症状，病株基本不结果或果实不膨大。在夏季高温季节不发病。心叶不畸形、黄化，中心柱维管束不变为红褐色。

发生规律 病菌以菌丝体、厚壁孢子或拟菌核的形式在病残体内或在土中越冬，一般可存活6 ~ 8年。带菌土壤是病害侵染的主要来源。病菌从草莓根部侵入，并在维管束里移动，向上扩展引起发病，母株体内病菌还可沿匍匐茎扩展到子株上，引起子株发病。在多雨的夏季，此病发生严重。在病田育苗、采苗，或在重茬地、有茄科黄萎病发生的地定植发病均重。在发病地上种植水稻，保持水渍状态，虽不能根除此病，但可以减轻为害。

图55-17 草莓黄萎病为害植株症状

防治方法 实行3年以上轮作，避免连作重茬。清除病残体，及时销毁。在夏季利用太阳能消毒土壤。栽种无病健壮秧苗，在无病母株匍匐茎的先端着地以前，切取匍匐茎并插入无病土壤中，使其生根，作为母株育苗即可。

草莓移栽时，用40%氟硅唑乳油8 000倍液、50%福美双可湿性粉剂500 ~ 600倍液、50%苯菌灵可湿性粉剂1 000倍液+50%福美双可湿性粉剂500倍液、50%多菌灵可湿性粉剂500倍液+50%福美双可湿性粉剂500倍液等药剂浸根，栽后可用上述药剂灌根。

大田发病初期，可用50%多菌灵可湿性粉剂700 ~ 800倍液、70%敌磺钠可溶粉剂250 ~ 500 g/亩、3%氨基寡糖素水剂600 ~ 1 000倍液、10%混合氨基酸铜水剂200 ~ 300 mL/亩、70%甲硫·福美双（福美双55% +甲基硫菌灵15%）可湿性粉剂500 ~ 700倍液、70%甲基硫菌灵可湿性粉剂600 ~ 800倍液、70%噁霉灵可湿性粉剂2 000倍液、80%多·福·多福锌可湿性粉剂700倍液、70%甲基硫菌灵可湿性粉剂800倍液灌根250 g/株。

10. 草莓病毒病

症 状 由多种病毒单独或复合侵染引起。在我国草莓主栽区主要由草莓斑驳病毒（SMOV）、草莓轻型黄边病毒（SMYEV）、草莓镶脉病毒（SVBV）、草莓皱缩病毒（SCrV）4种病毒引起。草莓斑驳病毒：单独侵染时，草莓无明显症状，但病株长势衰退，与其他病毒复合侵染时，可致草莓植株严重矮化，叶片变小，产生褪绿斑，叶片皱缩扭曲。草莓轻型黄边病毒：植株稍微矮化，复合侵染时引起叶片黄化或失绿（图55-18），老叶变红，植株矮化，叶缘呈不规则形并上卷，叶脉下弯或全叶扭曲。草莓镶脉病毒：植株生长衰弱，匍匐茎抽生量减少；复合侵染后叶脉皱缩，叶片扭曲，同时沿叶脉形成黄白色或紫色病斑（图55-19），叶柄也有紫色病斑，植株极度矮化，匍匐茎发生量减少。草莓皱缩病毒：植株矮化，叶片上产生不规则黄色斑点，扭曲变形，匍匐茎数量减少，繁殖率下降，果实变小（图55-20）；与草莓斑驳病毒复合侵染时，植株严重矮化。

图55-18 草莓轻型黄边病毒叶片黄化症状

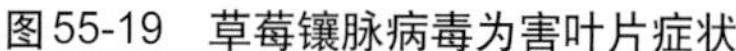

图55-19　草莓镶脉病毒为害叶片症状

图55-20　草莓皱缩病毒为害花器症状

发生规律　病毒主要在草莓种株上越冬，通过蚜虫传毒。在一些栽培品种上症状不明显，但在野生草莓上则表现出明显的特异症状。草莓病毒病的发生程度与草莓栽培年限成正比，品种间抗性有差异，但品种抗性易退化。重茬地由于土壤中积累的传毒线虫及昆虫的数量多，发生加重。

防治方法　选用抗病品种。发展草莓茎尖脱毒技术，建立无毒苗培育供应体系，栽植无毒种苗。严格剔除带病种苗。加强田间检查，一经发现立即拔除病株并烧掉。

蚜虫是主要的传染源，在蚜虫为害初期，可喷施10%吡虫啉可湿性粉剂2 000倍液、50%抗蚜威可湿性粉剂1 500倍液、25%噻虫嗪可湿性粉剂2 000 ～ 3 000倍液、3.2%苦·氯乳油1 000 ～ 2 000倍液、20%高氯·噻嗪酮乳油1 500 ～ 3 000倍液、10%吡丙·吡虫啉悬浮剂1 500倍液等药剂。

发病初期，喷洒20%盐酸吗啉胍·乙酸铜可湿性粉剂500 ～ 1 000倍液、20%盐酸吗啉胍可湿性粉剂400 ～ 600倍液、10%混合脂肪酸水剂200 ～ 300倍液、0.5%菇类蛋白多糖水剂250 ～ 300倍液、4%嘧肽霉素水剂200 ～ 250倍液、2%氨基寡糖素水剂200 ～ 300倍液，间隔10 ～ 15 d喷1次，连续喷2 ～ 3次。

11. 草莓芽线虫病

症　　状　为害草莓的线虫有10余种之多。但寄生在草莓芽上的主要是草莓芽线虫和南方根结线虫 。主要为害叶、芽以及花、花蕾、花托。新叶歪曲呈畸形，叶色变浓，光泽增加，植株活力降低，易受真菌、细菌等病菌的侵染，严重受害则植株萎蔫，芽和叶柄变成黄色或红色。主芽受害后腋芽可以生长，造成植株芽的数量明显增多；为害花芽时，轻者使花蕾、萼片以及花瓣畸形，严重时，花芽退化、消失，不开花或坐果差。被害植株不能抽生花序，不结果，严重的甚至造成绝收（图55-21）。

图55-21　草莓芽线虫病为害植株症状

发生规律　草莓芽线虫的初侵染源主要是带虫种苗，连作地则主要是土壤中残留的芽线虫再次为害所致。在田间，芽线虫主要在草莓的叶腋、生长点、花器上寄生，靠雨水和灌溉水传播。在夏、秋季常造成严重为害。南方根结线虫以卵或2龄幼虫的形式随病残体遗留在土壤中越冬。病土、病苗和灌溉水是主要传播途径。翌春条件适宜时，雌虫产卵，孵化后以2龄幼虫为害，形成根结。草莓重茬、杂草丛生、低洼漫灌等生育环境有利于芽线虫的发生。

防治方法 培育无虫苗，切忌在被害园繁殖种苗。繁殖种苗时，如发现有被害症状的幼苗，及时拔除并烧毁，必要时进行检疫，严防传播。在发病重的地块进行2～3年轮作。加强夏季苗圃的管理，消除病残体及杂草，集中烧毁。

草莓栽植前，将休眠母株在46～55℃热水中浸泡10 min，可消除线虫。或用50%多菌灵·辛硫磷乳油800倍液浸洗后，摊开晾干水分后种植。每亩用10%噻唑膦颗粒剂2～5 kg/亩，与细土或沙拌和成毒土，于栽前15 d撒入穴中，浇水并覆无病、虫的土壤。

在定植成活期，可用1.8%阿维菌素乳油3 000～4 000倍液、50%辛硫磷乳油500～1 000倍液，间隔7～10 d喷1次，连续喷2次。

12. 草莓根腐病

分布为害 草莓根腐病是草莓的常见病，各地均有分布，以冬季和早春发生严重。近几年，有发展的趋势，尤其在平原、湖滨连作草莓种植区，已渐成常见病。一般发病率在10%以下，严重时在50%以上，能造成死苗，对产量有明显影响。

症　状 由草莓疫霉（*Phytophthora fragariae*，属鞭毛菌亚门真菌）引起。主要表现在根部。发病时由细小侧根或新生根开始，初现浅红褐色、不规则形斑块，颜色逐渐变深，呈暗褐色（图55-22）。随病害发展，全部根系迅速坏死变褐。地上部分发病，先是外叶叶缘发黄、变褐、坏死，病株呈缺水状，后逐渐向心叶发展，至全株枯黄、死亡（图55-23）。

图55-22 草莓根腐病为害根部症状

图55-23 草莓根腐病为害植株症状

发生规律 病菌主要以卵孢子的形式在地表病残体或土壤中越夏。卵孢子在土壤中可存活多年，条件适应时即萌发形成孢子囊，释放出游动孢子，进行再侵染。在田间也可通过病株、土壤、水、种苗和农具带菌传播。发病后，在病部长出大量孢子囊，借灌溉水或雨水传播、蔓延。本病为低温病害，地温高于25℃时不发病或发病轻。一般春、秋季多雨年份，排水不良或大水漫灌地块，发病重。在闷湿情况下极易发病，重茬连作地，植株长势衰弱，发病重。

防治方法 合理轮作，轮作是减少病原积累的主要途径，最好与十字花科、百合科蔬菜轮作。草莓生长期和采收后，及时清除田间病株和病残体，集中烧毁。选择地势较高、排水良好、肥沃的沙质壤土田块。定植前，深翻晒土，采取高垄地膜栽培。合理施肥，提高植株抗病力。栽培后及时浇水或向叶面喷水，可提高成活率。严禁大水漫灌，避免灌后积水，有条件的可进行滴灌或渗灌。

种苗处理：从外地引进的种苗应及时摊开，防止发热烧苗，栽前用50%多菌灵可湿性粉剂+50%辛硫磷乳油800倍液浸洗后，摊开晾干后种植。也可用50%敌磺钠可湿性粉剂、98%棉隆微粒剂30～45 g/m^2、70%噁霉灵可湿性粉剂2～3 kg/亩，拌细土或细沙50～60 kg，沟施或穴施。

定植成活期，可用75%百菌清可湿性粉剂500～800倍液、80%代森锰锌可湿性粉剂600～800倍液，连喷2次，每隔10 d 1次。

开花前盖膜前，行间撒施石灰，或喷施58%甲霜灵·锰锌可湿性粉剂500～800倍液，在有病株的田块用药液淋根以防治病害。

13. 草莓青枯病

症　　状 由青枯劳尔氏菌（*Ralstohia solanacearum*）引起。主要发生在定植初期。最初发病时下位叶1～2片凋萎，叶柄下垂呈烫伤状，烈日下更为严重。在夜间可恢复，发病数天后整株枯死（图55-24）。根系外表无明显症状，但将根冠纵切，可见根冠中央有明显褐化现象。发病初期，叶柄变为紫红色，植株生长不良，发病严重时基部叶凋萎脱落，最后整株枯死。叶柄基部感病后，叶片呈青枯状凋萎。根部感病不青枯，横切根茎可见维管束呈环状褐变，并有白色混浊黏液溢出。

图55-24 草莓青枯病为害植株症状

发生规律 病原细菌主要随病残体残留于草莓园或在病株上越冬。通过雨水和灌溉水传播，带病草莓苗也可带菌，从伤口侵入，病菌具潜伏侵染特性，有时可潜伏10个月以上。病菌发育温度范围是10～40℃，最适温度是30～37℃。久雨或大雨后转晴发病重。

防治方法 严禁用罹病田作为育苗圃；栽植健康苗，连续种植2年，病菌感染率下降。忌连作，避免和茄科作物连作。施用充分腐熟的有机肥或草木灰。

在发病初期开始喷洒或浇灌药剂，可用72%农用硫酸链霉素可溶性粉剂3 000～4 000倍液、14%络氨铜水剂350～500倍液、50%琥胶肥酸铜可湿性粉剂500～600倍液、77%氢氧化铜可湿性微粒粉剂500～800倍液、50%甲霜·铜可湿性粉剂600倍液、47%春·氧氯化铜可湿性粉剂700～900倍液、2%中生·四霉素（四霉素0.3%+中生菌素1.7%）可溶液剂40～60 mL/亩、27%春雷·溴菌腈（溴菌腈25%+春雷霉素2%）可湿性粉剂60～80 g/亩、33%春雷·喹啉铜（喹啉铜30%+春雷霉素3%）悬浮剂40～50 mL/亩、5%春雷·中生（中生菌素2%+春雷霉素3%）可湿性粉剂70～80 g/亩、50%氯溴异氰尿酸可溶性粉剂1 200～1 500倍液、20%噻森铜悬浮剂500～800倍液，隔7～10 d喷1次，连续防治2～3次。

14. 草莓枯萎病

症　　状 由尖孢镰孢草莓专化型（*Fusarium oxysporum* f. sp. *fragariae*，属无性型真菌）引起。多在苗期或开花至收获期发病。发病初期，心叶变为黄绿色或黄色，有的卷缩或产生畸形叶，病株叶片失去光泽，植株生长衰弱，在3片小叶中往往有1～2片畸形或小叶化，且多发生在一侧（图55-25）。老叶呈紫红色，萎蔫，后叶片枯黄至全株枯死（图55-26）。剖开根冠，可见叶柄、果梗维管束变成褐色至黑褐色。根部变褐后，纵剖镜检可见很长的菌丝。

图55-25 草莓枯萎病为害植株前期症状

图55-26 草莓枯萎病为害植株后期枯死症状

发生规律 病原菌主要以菌丝体和厚垣孢子的形式随病残体遗落土中，或在未腐熟的带菌肥料及种子上越冬。在病土和病肥中存活的病原菌，成为第二年主要初侵染源。病原菌在病株分苗时传播、蔓延。病原菌从根部自然裂口或伤口侵入，在根茎维管束内生长发育，通过堵塞维管束和分泌毒素，破坏植株正常输导机能引起萎蔫。连作、土质黏重、地势低洼、排水不良、地温低、耕作粗放、土壤过酸、施肥不足、偏施氮肥、施用未腐熟肥料，均能引起植株根系发育不良，都会使病害加重。

防治方法 从无病田分苗，栽植无病苗。栽培草莓田与禾本科作物进行3年以上轮作，最好能与水稻等水生作物轮作，效果更好。发现病株及时拔除，集中烧毁或深埋，病穴施用生石灰消毒。

在发病初期喷药，常用药剂有2亿孢子/g木霉菌可湿性粉剂330 ～ 500倍液、50%多菌灵可湿性粉剂600 ～ 700倍液、50%福美双可湿性粉剂500倍液、50%苯菌灵可湿性粉剂1 500倍液喷淋茎基部。每隔15 d左右防治1次，共防治5 ～ 6次。

二、草莓虫害

1. 同型巴蜗牛

分　　布 同型巴蜗牛（*Bradybaena similaris*）分布于我国黄河流域、长江流域及华南各省份。

为害特点 初孵幼螺取食叶肉，留下表皮，稍大个体则用齿舌将叶、茎秆磨出小孔或将其吃断，严重者将苗咬断，造成缺苗。

形态特征 成贝体型与颜色多变，扁球形，成体爬行时体长约33 mm，体外具一扁圆形螺壳，具5 ～ 6个螺层，顶部螺层增长稍慢，略膨胀，螺旋部低矮，体部螺层生长迅速，膨大快（图55-27）。头发达，上有2对可翻转缩回的触角。壳面红褐色至黄褐色，具细致且稠密生长线。卵圆球形，初为乳白色后变为浅黄色，近孵化时呈土黄色，具光泽。幼贝体较小，形似成贝。

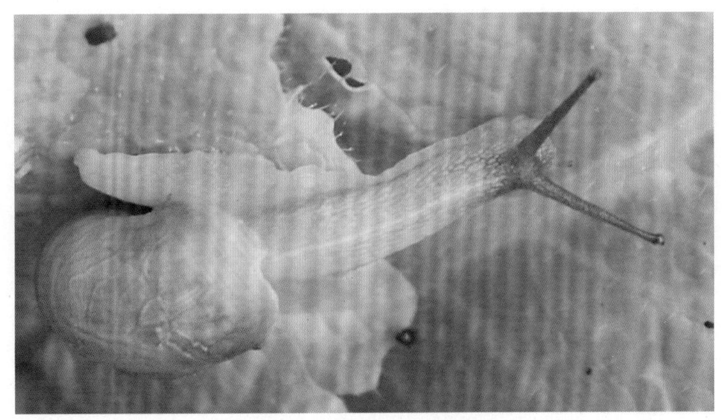

图55-27　同型巴蜗牛成贝

发生规律 1年发生1代，成贝、幼贝在菜田、绿肥田、灌木丛及作物根部、草堆石块下及房前屋后等潮湿阴暗处越冬，壳口有白膜封闭。于翌年3月初逐渐开始取食，4—5月成贝交配、产卵，可为害多种植物幼苗。夏季干旱或遇不良气候条件，便隐蔽起来，常常分泌黏液形成蜡状膜将口封住，暂时不吃、不动。干旱季节过后，恢复活动继续为害，最后转入越冬状态。每年以4—5月和9月的产卵量较大。于11月下旬进入越冬状态。

防治方法 采用清洁田园、铲除杂草、及时中耕、排干积水等措施。于秋季耕翻，使部分越冬成贝、幼贝暴露于地面冻死或被天敌啄食，卵被晒爆裂。用树叶、杂草、菜叶等在菜田做诱集堆，天亮前集中捕捉。撒石灰带保苗，在沟边、地头或作物间撒石灰带（生石灰50 ～ 75 kg/亩），保苗效果良好。

在种子发芽时或苗期为害初期，施用6%杀螺胺颗粒剂（0.5 ～ 0.6 kg/亩），拌细沙5 ～ 10 kg，均匀撒施，最好在雨后或傍晚进行。施药后24 h内如遇大雨，药粒易冲散，需酌情补施。

在田间蜗牛为害初期，可将10%多聚乙醛颗粒剂2 kg/亩撒于田间。当清晨蜗牛未潜入土时，用硫酸铜800 ～ 1 000倍液、氨水70 ～ 100倍液、1%食盐水，喷洒防治。

2. 野蛞蝓

分　　布 野蛞蝓（*Agriolimax agrestis*）主要分布于长江以南各省份及河南、河北、新疆、黑龙江等地，近年来，在北方塑料大棚内常有发生。

为害特点 草莓叶片被食出孔洞，并被其排泄的粪便污染。刮食草莓果实，影响商品价值。

图55-28　野蛞蝓成虫及为害果实症状

形态特征　成虫体长梭形（图55-28），柔软、光滑，无外壳，体表暗黑色、暗灰色、黄白色或灰红色。触角2对，暗黑色，下边一对短，称前触角，有感觉作用，口腔内有角质齿舌。体背前端具外套膜，为体长的1/3，边缘卷起，其内有退化的贝壳，上有明显的同心圆线，即生长线。同心圆线中心在外套膜后端偏右。呼吸孔在体右侧前方，其上有细小的色线环绕。崎钝。黏液无色。卵椭圆形，韧且富有弹性。白色，透明，可见卵核，近孵化时色变深。初孵幼虫体淡褐色；体形同成体。

发生规律　成虫或幼虫在作物根部湿土下越冬。于5—7月在田间大量活动为害，入夏气温升高，活动减弱，秋季气候凉爽后，又活动为害。成虫产卵期可长达160 d。野蛞蝓雌雄同体，异体受精，亦可同体受精繁殖。野蛞蝓怕光，强光下2 ～ 3 h即死亡，因此均在夜间活动，从傍晚开始出动，22—23时达高峰，清晨之前又陆续潜入土中或隐蔽处。耐饥力强。阴暗潮湿的环境易大发生。

防治方法　提倡高畦栽培、破膜提苗、地膜覆盖栽培，采用清洁田园、铲除杂草、及时中耕、排干积水等措施，破坏栖息和产卵场所。进行秋季耕翻，使部分越冬成虫、幼虫暴露地面冻死或被天敌啄食，卵被晒爆裂。施用充分腐熟的有机肥，创造不适于野蛞蝓发生和生存的条件。

药剂防治可参考第五十五章二、1.“同型巴蜗牛”。

3. 肾毒蛾

图55-29　肾毒蛾为害叶片症状

分　　布　肾毒蛾（*Cifuna locuples*）分布广，北起黑龙江、内蒙古，南至台湾、广东、广西、云南，东近国境线，西自陕西、甘肃折入四川、云南，并再西延至西藏。

为害特点　幼虫取食叶片，将叶片吃出缺刻、孔洞，严重时吃光，仅剩叶脉（图55-29）。

形态特征　参考豆毒蛾。

发生规律　长江流域每年发生3代。幼虫在枯枝落叶或树皮缝隙等处越冬。在长江流域，4月开始为害，5月幼虫老熟化蛹，6月第1代成虫出现。成虫具有趋光性，常产卵于叶片背面。幼虫3龄前群聚于叶背剥食叶肉，将叶片吃成网状或孔洞状。3龄以后分散为害，4龄幼虫食量大增，5 ～ 6龄幼虫进入暴食期，蚕食叶片。老熟幼虫在叶背吐丝结茧化蛹。

防治方法　清除田间枯枝落叶，减少越冬幼虫数量。掌握在各代幼虫分散为害之前，及时摘除群集为害虫叶，杀灭低龄幼虫。

幼虫在3龄以前多群聚，不甚活动，抗药力弱。可喷施20%除虫脲悬浮剂2 000 ～ 3 000倍液、25%灭幼脲悬浮剂2 000 ～ 2 500倍液、1%阿维菌素乳油3 000 ～ 4 000倍液、10%二氯苯醚菊酯乳油4 000 ～ 6 000倍液、2.5%溴氰菊酯乳油2 000 ～ 3 000倍液、10%联苯菊酯乳油2 000 ～ 2 500倍液。

4. 棕榈蓟马

为害特点　棕榈蓟马（*Thrips palmi*）成虫和若虫唑吸寄主的心叶、嫩芽、花和幼果的汁液，被害的生长点萎缩变黑，出现丛生现象，叶片受害后在叶脉间留下灰色斑，并可连成片，叶片上卷，心叶不能展开，植株矮小，发育不良（图55-30、图55-31）。

图55-30 棕榈蓟马为害叶片症状

图55-31 棕榈蓟马为害花器症状

形态特征 成虫体细长，褐色至橙黄色，头近方形，复眼稍凸出，单眼3个，红色，三角形排列，单眼前鬃1对，位于前单眼之前，单眼间有鬃1对，位于单眼三角形连线的外缘，即前单眼的两侧各1根（图55-32）。触角7节。翅狭长，周缘具长毛。前翅前脉基半部有鬃7根，端半部有鬃3根，前胸盾片后缘角上有长鬃2对。卵长椭圆形，黄白色，在被害叶上针点状白色卵痕内，卵孵化后卵痕为黄褐色。若虫黄白色，复眼红色，初孵幼虫极微细，体白色，1、2龄若虫无翅芽和单眼，体色逐渐由白转黄；3龄若虫（前蛹）翅芽伸达第3、第4腹节；4龄若虫称伪蛹，体金黄色，不取食，翅芽伸达腹部末端。

图55-32 棕榈蓟马成虫

发生规律 在广东1年发生20～21代，周年繁殖，世代严重重叠。多以成虫在茄科、豆科蔬菜或杂草上、土块下、土缝中、枯枝落叶间越冬，少数以若虫越冬。翌年气温升至12℃时越冬成虫开始活动。于4月初在田间发生，7月下旬至9月进入发生为害高峰，秋收后成虫向越冬寄主转移。成虫具迁飞性和喜嫩绿习性，爬行敏捷、善跳，有趋蓝色特性，以孤雌生殖为主。卵多在傍晚孵化。初孵若虫有群集性，1～2龄若虫在嫩叶幼果上活动取食，2龄末期若虫有自然落地习性，从土缝中钻入地下3～5 cm处静伏后蜕皮成前蛹，经数日再蜕皮成伪蛹。此虫较耐高温，在15～32℃条件下均可正常发育，土壤含水量8%～18%最适宜其生长，夏、秋两季发生较严重。

防治方法 清除田间残株落叶、杂草，消灭虫源，在春季适期早播、早育苗，采用营养方法育苗，加强水肥管理等栽培技术，促进植株生长，栽培时采用地膜覆盖，可减少出土成虫为害和幼虫落地入土化蛹。

当每片嫩叶上有虫2～3头时进行防治。可选用10%吡虫啉可湿性粉剂2 000～3 000倍液、2%阿维菌素乳油1 000～2 000倍液、2.5%溴氰菊酯乳油2 000～3 000倍液、25%噻虫嗪水分散粒剂3 000～4 000倍液，喷雾，每隔7～10 d喷1次，连续防治2～3次。

第五十六章　核桃病虫害原色图解

一、核桃病害

核桃病害有30多种，其中炭疽病、枝枯病、黑斑病、腐烂病对核桃为害较严重。

1. 核桃炭疽病

分　布　核桃炭疽病在河南、山东、河北、山西、陕西、四川、江苏、辽宁等地均有不同程度发生，在新疆为害较严重。

症　状　由围小丛壳菌（*Glomerella cingulata*）引起。主要为害果实，亦为害叶、芽、嫩枝，苗木及大树均可受害。果实受害后，病斑初为黑褐色，近圆形，后变为黑色凹陷，由小逐渐扩大为近圆形或不规则形。发病条件适宜，病斑扩大，整个果实变为暗褐色，最后腐烂、变黑、发臭，果仁干瘪（图56-1）。叶片感病后产生黄色、不规则形病斑，在叶脉两侧呈长条状枯斑，在叶缘发病呈枯黄色病斑。严重时全叶变黄，造成早期落叶（图56-2）。

图56-1　核桃炭疽病为害果实症状

图56-2　核桃炭疽病为害叶片症状

发生规律　菌丝体在病果、病叶、病枝和芽鳞中越冬。于翌年4—5月形成分生孢子，借风雨及昆虫传播，从伤口和自然孔口侵入。一般从7月至9月初均能发病，其病原菌在7月出现于林间，8月上旬开始产生孢子，8月底为发病和分生孢子流行高峰期，9月初采果前果实迅速变黑，品质大大下降。

防治方法　及时从园中捡出落地病果，扫除病落叶，结合冬剪，剪除病枝，集中烧毁。栽植早实矮冠品种时，注意合理密植和株、行距，保证通风透光。

发芽前喷洒3～5波美度石硫合剂，消灭越冬病菌。在展叶期和6—7月各喷洒1：0.5：200波尔多液1次。

花后3周开始喷药，可用50%福美双可湿性粉剂500倍液、50%多菌灵可湿性粉剂600倍液、75%百菌清可湿性粉剂600倍液，间隔10～15 d喷1次，连喷2～3次。

病害发生初期，可喷施60%噻菌灵可湿性粉剂1 500～2 000倍液、70%甲基硫菌灵可湿性粉剂800～1 000倍液、10%苯醚甲环唑水分散粒剂2 500～3 000倍液、40%氟硅唑乳油8 000～10 000倍液、5%己唑醇悬浮剂800～1 500倍液、40%腈菌唑水分散粒剂6 000～7 000倍液、25%咪鲜胺乳油800～1 000倍液、50%咪鲜胺锰络化合物可湿性粉剂1 000～1 500倍液、6%氯苯嘧啶醇可湿性粉剂1 000～1 500倍液、2%嘧啶核苷类抗生素水剂200～300倍液、1%中生菌素水剂250～500倍液等。

2. 核桃枝枯病

分　　布　核桃枝枯病在河南、山东、河北、陕西、山西、江苏、浙江、云南、黑龙江、吉林、辽宁等地均有发生和为害。

症　　状　病菌有性阶段为核桃黑盘壳菌（*Melanconium juglandis*，属子囊菌亚门真菌）。多发生在1～2年生枝条上，造成大量枝条枯死，影响树体发育和核桃产量。该病为害枝条及干，尤其是1～2年生枝条，病菌先侵害幼嫩的短枝，从顶端开始渐向下蔓延至主干。被害枝条皮层初呈暗灰褐色，后变为浅红褐色或深灰色，大枝病部下陷，在病死枝干的木栓层上散生很多黑色小粒点。受害枝上叶片逐渐变黄脱落，枝皮失绿，变成灰褐色，逐渐干燥开裂，病斑围绕枝条1周，枝干枯死，甚至全树死亡（图56-3）。

图56-3　核桃枝枯病为害枝条症状

发生规律　分生孢子盘或菌丝体在枝条、树干的病部越冬。翌春条件适宜时，产生的分生孢子借风雨、昆虫传播，从伤口或嫩梢进行初侵染，发病后又产生孢子进行再侵染。5—6月发病，7—8月为发病盛期，9月后停止发病。空气湿度大和雨水多年份发病较重，受冻和抽条严重的幼树易感病。

防治方法　加强核桃园栽培管理，增施肥水，增强树势，提高抗病能力。彻底清除病株、枯死枝，集中烧毁。核桃剪枝应在展叶后、落叶前进行，休眠期间不宜剪锯枝条，以免引起伤流，导致死枝、死树。

于冬季或早春涂白树干。涂白剂配方：生石灰12.5 kg、食盐1.5 kg、植物油0.25 kg、硫黄粉0.5 kg、水50 kg。

刮除病斑，如发现主干上有病斑，可用利刀刮除病部，并用1%硫酸铜消毒伤口后，涂刷50%福美双可湿性粉剂30～50倍液、3～5波美度石硫合剂、5%菌毒清水剂30倍液消毒。

发芽前，可喷3波美度石硫合剂、50%福美双可湿性粉剂100倍液。

在生长季节，可喷30%苯甲·锰锌（代森锰锌20%+苯醚甲环唑10%）悬浮剂4 000～6 000倍液、45%吡醚·甲硫灵（吡唑醚菌酯5%+甲基硫菌灵40%）悬浮剂1 000～2 000倍液、55%硅唑·多菌灵（氟硅唑5%+多菌灵50%）可湿性粉剂800～1 200倍液、60%唑醚·代森联（代森联55%+吡唑醚菌酯5%）水分散粒剂1 000～2 000倍液、70%甲基硫菌灵可湿性粉剂1 000倍液+70%代森锰锌可湿性粉剂1 000～1 200倍液，间隔10～15 d喷1次，共喷2～3次，交替使用。

3. 核桃黑斑病

分　　布　核桃黑斑病遍及河南全省，在其他各省份的核桃产区均有发生。

症　　状　由野油菜黄单胞杆菌核桃致病变种（*Xanthomonas campestris* pv. *juglandis*，属细菌）引起。主要为害叶片、新梢、果实及雄花。在嫩叶上病斑褐色，多角形，在较老的叶片上病斑呈圆形，中央灰褐色，边缘褐色，有时外围有黄色晕圈，中央灰褐色部分有时形成穿孔，严重时病斑互相连接（图56-4）。有时叶柄也可出现边缘褐色，中央灰色，外围有黄晕圈的病斑。枝梢上病斑长形，褐色，稍凹陷，严重时病斑包围枝条，使上部枯死（图56-5）。果实受害初期，在表面出现小、稍隆起、油浸状、褐色软斑，后迅速扩大，渐凹陷变黑，外围有水渍状晕纹，果实由外向内腐烂至核壳（图56-6）。

图56-4　核桃黑斑病为害叶片症状

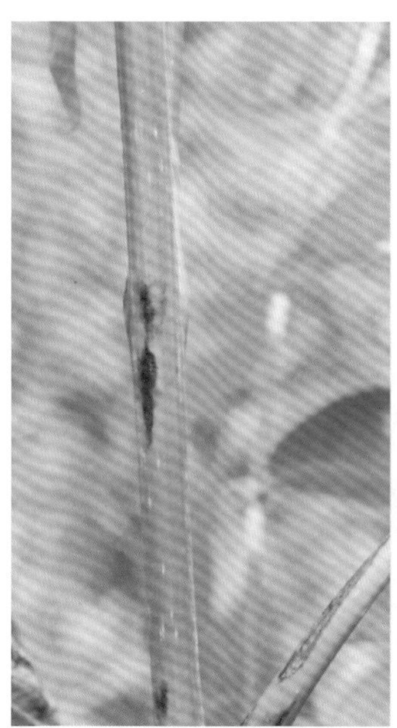

图56-5　核桃黑斑病为害新梢症状

图56-6　核桃黑斑病为害果实症状

发生规律　病原菌在感病果实、枝梢、芽或茎的病斑上越冬。翌春病菌自病斑内溢出，借风雨和昆虫传到叶、果及嫩枝上，也可入侵花粉后借花粉传播。病菌自气孔、皮孔、蜜腺及各种伤口侵入。发病状况与雨水关系密切，雨后病害常迅速蔓延。展叶及花期最易感病。

防治方法　选择抗病品种，加强土、肥、水管理，山区注意刨树盘，蓄水保墒，保持树体健壮生长，增强抗病能力。及时清除病叶、病果、病枝和核桃采收后脱下的果皮，集中烧毁或深埋。

谨防蛀果害虫核桃举肢蛾，在幼虫发生期，可用20%溴氰菊酯乳油2 000 ～ 2 500倍液喷雾防治，减少蛀果，减轻病害。

核桃发芽前喷洒1次3 ～ 5波美度石硫合剂。展叶时喷洒1 ：0.5 ：200波尔多液、30%琥胶肥酸铜可湿性粉剂500倍液、30%碱式硫酸铜胶悬剂300 ～ 500倍液、77%氢氧化铜可湿性粉剂500 ～ 800倍液。

落花后7 ～ 10 d为侵染果实的关键时期，可喷施2%春雷霉素·四霉素（春雷霉素1.8% +四霉素0.250 ～ 150 g/亩，喷雾）可溶液剂67 ～ 100 mL/亩、35%喹啉铜·四霉素（喹啉铜34.5% +四霉素0.5%）悬浮剂32 ～ 36 mL/亩、2%中生·四霉素（四霉素0.3% +中生菌素1.7%）可溶液剂40 ～ 60 mL/亩、27%春雷·溴菌腈（溴菌腈25% +春雷霉素2%）可湿性粉剂60 ～ 80 g/亩、33%春雷·喹啉铜（喹啉铜30% +春雷霉素3%）悬浮剂40 ～ 50 mL/亩、5%春雷·中生（中生菌素2% +春雷霉素3%）可湿性粉剂70 ～ 80 g/亩、50%氯溴异氰尿酸可溶性粉剂1 200倍液等药剂，每隔10 ～ 15 d喷1次，连喷2 ～ 3次。

4. 核桃腐烂病

分　布 核桃腐烂病在西北、华北地区各省份及山东、安徽等省份的核桃产区均有发生和为害。

症　状 由胡桃壳囊孢（*Cytospora juglandicola*，属无性型真菌）引起。主要为害枝干树皮，因树龄和感病部位不同，其病害症状也不同，大树主干感病后，病斑初期隐藏在皮层内，俗称“湿囊皮”（图56-7），树皮纵裂，沿树皮裂缝流出黑水，干后发亮，似刷了一层黑漆。幼树主干和侧枝受害后，病斑初期近于梭形，呈暗灰色，水浸状，微肿起，用手指按压病部，流出带泡沫的液体，有酒糟味。病斑沿树干纵横方向发展，后期病斑皮层纵向开裂，流出大量黑水，当病斑环绕树干1周时，幼树侧枝或全株枯死。

图56-7　核桃腐烂病为害主干症状

发生规律 以菌丝体、子座及分生孢子器的形式在病部越冬。翌春核桃树液流动后，遇适宜的发病条件，产出分生孢子，分生孢子通过风雨或昆虫传播，从嫁接口、伤口等处侵入，病害发生后逐渐扩展。生长期可发生多次侵染。春、秋两季为发病高峰期，特别是在4月中旬至5月下旬为害最重。一般在管理粗放、土层瘠薄、排水不良、肥水不足的地块，以及树势衰弱或遭受冻害及盐害的核桃树易感染此病。

防治方法 对于土壤结构不良、土层瘠薄、盐碱重的果园，应先改良土壤，增施有机肥，促进根系发育良好。合理修剪，及时清理、剪除病枝、死枝，刮除病皮，集中销毁。增强树势，提高抗病能力。

早春发芽前、6—7月和9月，在主干和主枝的中下部喷2～3波美度石硫合剂、50%福美双可湿性粉剂50～100倍液，以铲除核桃腐烂病。

刮治病斑，在病斑外围1.5 cm左右处划一“隔离圈”，深达木质部，然后在圈内相距0.5～1.0 cm处划交叉平行线，再涂药保护。常用药剂有4～6波美度石硫合剂、50%福美双50倍液+70%甲基硫菌灵可湿性粉剂500倍液等，亦可直接在病斑上敷3～4 cm厚的稀泥，超出病斑边缘3～4 cm，用塑料纸裹紧即可。

二、核桃虫害

核桃害虫有20多种，其中，核桃举肢蛾、木橑尺蠖、云斑天牛、芳香木蠹蛾是核桃的重要害虫，由于各地环境、气候、管理措施的差异，重点防治的对象也不尽相同，在制订防治方法时，应尽量将能够进行地面防治的害虫控制在其上树以前。

1. 核桃举肢蛾

分　布 核桃举肢蛾（*Atrijuglans hetaohei*）分布于河南、河北、山西、陕西、甘肃、四川、贵州等核桃产区。

为害特点 幼虫蛀入果实后，蛀孔现水珠，初期透明，后变为琥珀色。幼虫在表皮内纵横穿食为害，虫道内充满虫粪，一个果内幼虫可达几头。被害处果皮发黑，并逐渐凹陷、皱缩，使整个果皮全部变黑，皱缩变成黑核桃，有的果实呈片状或条状黑斑。核桃仁发育不良，干缩，呈黑色，故又称为“核桃黑”。早期钻入硬壳内的部分幼虫可蛀食种仁，有的蛀食果柄，破坏维管束组织，引起早期落果。有的被害果全部变黑，干缩在枝条上。

形态特征 雌虫体长5～8 mm，翅展13 mm；雄虫较小，全体黑褐色，有光泽。复眼红色，触角丝状，下唇须发达，从头部前方向上弯曲。头部褐色，被银灰色大鳞片。腹部有黑白相间的鳞毛。前翅黑褐色，端部1/3处有一月牙形白斑，后缘基部1/3处有一椭圆形白斑；后翅褐色，有金光（图56-8）。足白色有褐斑，后足较长，静止时向侧后上方举起，故称举肢蛾。卵长圆形，初产时为乳白色，后渐变为黄白色、黄色或淡红色，孵化前呈红褐色。初孵幼虫体乳白色，头部黄褐色；老熟幼虫体淡黄白色，各节均有白色刚毛，头部暗褐色。蛹纺锤形，被蛹，黄褐色。茧椭圆形，褐色。

图56-8　核桃举肢蛾成虫

发生规律　在河南1年发生2代，老熟幼虫在树冠下1～3 cm深的土内、石块与土壤间或树干基部皮缝内结茧越冬。于翌年6月上旬至7月化蛹，6月下旬为化蛹盛期。6月下旬至7月上旬为羽化盛期。于7月中旬开始咬穿果皮，脱果入土结茧越冬。第2代幼虫蛀果时核壳已经硬化，主要在青果皮内为害，于8月上旬至9月上旬脱果结茧越冬。一般深山区被害重，川边河谷地和浅山区受害轻，阴坡比阳坡被害重，沟里比沟外重，荒坡地比耕地被害重，干旱年份的5—6月发生较轻，成虫羽化期多雨潮湿的年份发生严重。

防治方法　于冬、春季细致耕翻树盘，消灭土中越冬成虫或虫蛹。于7月上旬摘除树上被害果并集中处理。

成虫羽化出土前，可用50%辛硫磷乳油或48%毒死蜱磷乳油500～800倍液，向树下喷洒，然后浅锄或盖1薄层土。

5月下旬至6月上旬和6月中旬至7月上旬为两个防治关键期。可用1.8%阿维菌素乳油3 000倍液、5%高效氯氰菊酯乳油3 000倍液、2.5%溴氰菊酯乳油3 000倍液、20%甲氰菊酯乳油2 500倍液、50%辛硫磷乳油1 500倍液、48%毒死蜱磷乳油500～800倍液喷洒树冠和树干，间隔10～15 d喷1次，连喷2～3次，可杀死羽化成虫、卵和初孵幼虫。

2. 木橑尺蠖

分　　布　木橑尺蠖（*Culcula panterinaria*）分布于河北、河南、山东、山西、陕西、四川、台湾、北京等省份。

为害特点　主要以幼虫为害叶片，小幼虫将叶片吃出缺刻与孔洞，是一种暴食性害虫，发生量大时，3～5 d即可将叶片全部吃光，只留下叶柄，故又称其为“一扫光”。此虫发生密度大时，大片果园叶片被吃光，造成树势衰弱，核桃大量减产。

形态特征　成虫体白色，头棕黄色，复眼暗褐色。雌虫触角丝状，雄虫短羽状。胸背有棕黄色鳞毛，中央有1个浅灰色斑纹，前、后翅均有不规则形的灰色和橙色斑点，中室端部呈灰色、不规则形块状，在前、后翅外线上各有1串橙色和深褐色圆斑，但隐显差异大，前翅基部有1个橙色大圆斑（图56-9）。雌虫腹部肥大，末端具棕黄色毛丛；雄虫腹瘦，末端鳞毛稀少。卵椭圆形，初为绿色，渐变为灰绿色，近孵化前黑色，数十粒成块，上覆棕黄色鳞毛。幼虫体色似树皮，体上布满灰白色颗粒小点。蛹初绿色，后变为黑褐色，表面光滑。

图56-9　木橑尺蠖成虫

发生规律　在山西、河南、河北每年发生1代。蛹隐藏在石堰根、梯田石缝内，以及树干周围土内3 cm深处越冬，也有在杂草、碎石堆下越冬的。于翌年5月上旬羽化为成虫，7月中、下旬为盛期，8月底为末期。于7月上旬孵化出幼虫，幼虫爬行很快，并能吐丝下垂，借风力转移为害。8月中旬老熟幼虫坠地上，少数幼虫顺树干下爬，或吐丝下垂着地化蛹。5月降雨较多，成虫羽化率高，幼虫发生量大，为害严重。

防治方法 用黑光灯诱杀或清晨人工捕捉成虫，也可在早晨成虫翅受潮时扑杀。成虫羽化前，在虫口密度大的地区组织人工于早春、晚秋挖蛹，集中杀死。

在3龄前用药防治，各代幼虫孵化盛期，特别是第1代幼虫孵化期，喷施90%晶体敌百虫800 ~ 1 000倍液、50%辛硫磷乳油1 200倍液、2.5%氯氟氰菊酯乳油5 000倍液、20%甲氰菊酯乳油2 000倍液、25%亚胺硫磷乳油1 000倍液、1.8%阿维菌素乳油3 000倍液、10%联苯菊酯乳油6 000 ~ 8 000倍液、20%氰戊菊酯乳油3 000 ~ 4 000倍液等药剂。

3. 云斑天牛

分　　布 云斑天牛（*Batocera horsfiedi*）在我国各地均有发生。

为害特点 幼虫先在树皮下蛀食，经皮层、韧皮部，后逐渐深入木质，蛀成粗大的、纵或斜的隧道，破坏输导组织，从蛀孔排出粪便和木屑，树干被害后流出黑水（图56-10），树干被蛀空，导致全树衰弱或枯死。成虫啃食新枝嫩皮，使新枝枯死，易受风折。严重受害树可整枝、整株枯死。

图56-10 云斑天牛为害枝干症状

形态特征 成虫体黑色或黑褐色，密披灰色绒毛，前胸背中央有一对肾形白色毛斑，小盾片披白毛。翅鞘具不规则形白斑，一般排成2 ~ 3行，每行由2 ~ 4块小斑组成（图56-11）。雌虫触角较身体略长，雄虫触角超过体长3、4节。触角从第3节起，每节下沿都有许多细齿，雄虫尤为显著。前胸背平坦，侧刺突向后弯曲，肩刺上翘，鞘翅基部密布瘤状颗粒，两翅鞘的后缘有1对小刺。卵长椭圆形，略扁，稍弯曲，土黄色，表面坚韧光滑。幼虫体略扁，淡黄白色，头部扁平，半截缩于胸部。蛹初为乳白色，后变为黄褐色。

图56-11 云斑天牛成虫

发生规律 2 ~ 3年发生1代，成虫或幼虫在蛀道中越冬。越冬成虫于5—6月咬羽化孔钻出树干，在树干或斜枝下面产卵，6月中旬进入孵化盛期，初孵幼虫把皮层蛀成三角形蛀道，木屑和粪便从蛀孔排出，致树皮外胀纵裂。深秋时节，蛀一休眠室休眠越冬，翌年4月继续活动，8—9月老熟幼虫在肾状蛹室里化蛹。羽化后于蛹室内越冬，第3年5—6月才出树。3年1代者，第4年5—6月成虫出树。

防治方法 果园内及附近最好不种植桑树，以减少虫源。结合修剪除掉虫枝，集中处理。利用成虫有趋光性，不喜飞翔，行动慢，受惊后发出声音的特点，在5—6月成虫发生盛期及时捕杀成虫，消灭在产卵之前。

在成虫发生期结合防治其他害虫，喷洒残效期长的触杀剂，如1.8%阿维菌素乳油2 000 ~ 4 000倍液、48%毒死蜱磷乳油800 ~ 1 500倍液，枝干上要喷周到。

毒杀幼虫：对蛀入木质部的幼虫，可从新鲜排粪孔注入药液，如50%辛硫磷乳油10 ~ 20倍液、80%敌敌畏乳剂100倍液，每孔最多注10 mL药液，然后用湿泥封孔，杀虫效果很好。

4. 草履蚧

为害特点 近年来，草履蚧（*Drosicha corpulenta*）为害日趋严重，致使树势衰弱，面积减少，产量下降。若虫早春上树后，群集在嫩芽上吸食叶汁液，大龄若虫喜于2年生枝上刺吸为害，常导致枝枯萎，不能萌发成梢。

形态特征 雌成虫无翅（图56-12），扁平，椭圆形，背面灰褐色，腹面黄褐色，触角和足为黑色，

第1脚节腹面生丝状口器。雄成虫体有翅（图56-13），淡红色。若虫体形似雌成虫，较小，色深。卵椭圆形，近孵化时呈褐色，包裹于白色绵状卵囊中。

图56-12　草履蚧雌成虫

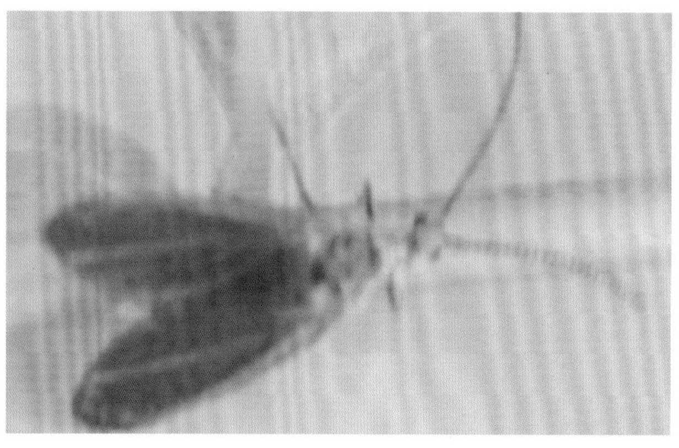

图56-13　草履蚧雄成虫

发生规律　1年发生1代，卵在距树干基部附近5 ～ 7 cm深的土中越冬。于翌年2月下旬开始孵化，初孵幼虫在卵囊中或其附近活动。一般年份，在3月上旬天气稍暖时，即开始出土爬到树上，沿树干成群爬到幼枝嫩芽上吸食汁液，若天气寒冷，于傍晚下树钻入土逢等处潜伏，也有藏于树皮裂缝中的，次日中午前后温度高时再上树活动取食。4月下旬，在树皮裂缝中分泌白色蜡毛化蛹，雌虫交尾后，于5月上旬羽化为成虫。雌若虫蜕皮3次变为成虫，于5月中旬开始下树，钻入树干基部附近5 ～ 7 cm深的土中，分泌出绵状卵囊并产卵于其中，产卵后雌成虫干缩死亡，以卵越夏、越冬。

防治方法　结合秋施基肥、翻树盘等管理措施，收集树干周围土壤中的卵囊，集中烧毁。5月中旬雌成虫下树产卵前，在树干基部周围挖半径100 cm、深15 cm的浅坑，放置树叶、杂草，诱集雌成虫产卵。

2月初若虫上树前，刮除树干基部粗皮，并涂黏虫胶带，阻止若虫上树。粘虫胶可用废机油、柴油1.0 kg，加热后放入松香料0.5 kg配制而成；也可刷涂用48%毒死蜱磷乳油1份与废机油5份，充分搅拌均匀配成的药油；在树干周围采用反漏斗式绑塑料薄膜，效果也很好。

1月下旬，对树干基部喷洒40%辛硫磷乳油150倍液，杀死初孵若虫。

5. 核桃缀叶螟

分　　布　核桃缀叶螟（*Locastra muscosalis*）分布在华北、西北和中南等地。

为害特点　初龄幼虫群居在叶面吐丝结网，稍长大，由一窝分为几群，把叶片缀在一起，使叶片呈筒形，幼虫在其中取食为害，并把粪便排在里面，最初卷食复叶，后复叶卷的越来越多，最后呈团状。

形态特征　成虫全体黄褐色（图56-14）。触角丝状，复眼绿褐色。前翅色深，稍带淡红褐色。后翅灰褐色，接近外缘颜色逐渐加深。卵球形，密集排列成鱼鳞状。老熟幼虫头黑褐色（图56-15），有光泽。前胸背板黑色，背中线较宽，杏红色，全体疏生短毛。蛹深褐色至黑色。茧深褐色，扁椭圆形（图56-16）。

图56-14　核桃缀叶螟成虫

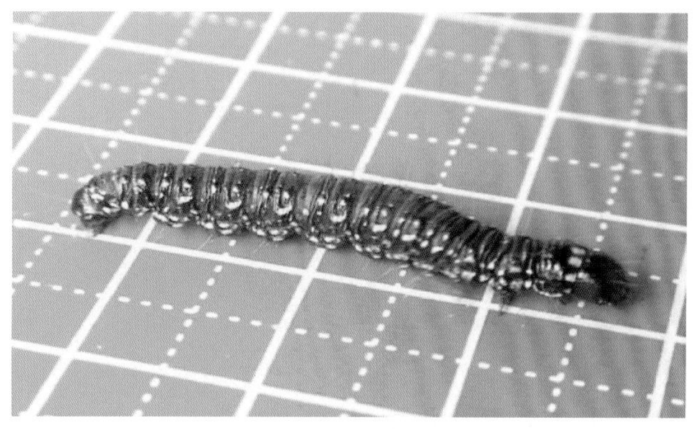

图56-15　核桃缀叶螟幼虫

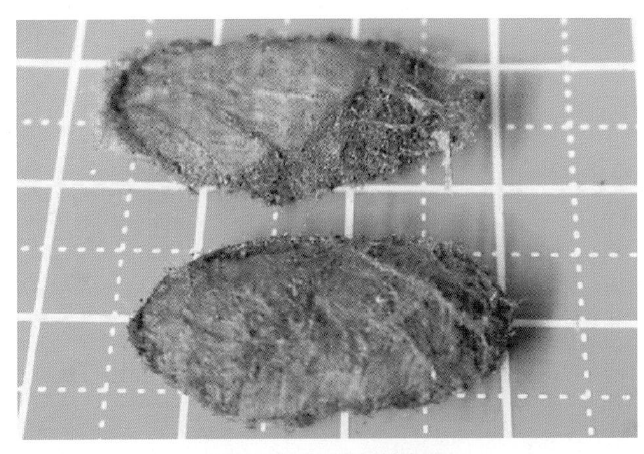
图56-16　核桃缀叶螟茧

发生规律　1年发生1代，老熟幼虫在根茎部及土中结茧越冬。翌年6月中旬越冬幼虫开始化蛹，化蛹盛期在6月底至7月中旬，末期在8月上旬。于6月下旬开始羽化为成虫，7月中旬为羽化盛期，末期在8月上旬。于7月上旬孵化幼虫，7月末至8月初为盛期。于8—9月入土越冬。

防治方法　挖除虫茧，虫茧在树根旁或松软土里比较集中，在封冻前或解冻后挖虫茧。幼虫多在树冠上部和外围结网卷叶为害，可以用钩镰把虫枝砍下，消灭幼虫。

在7月中、下旬幼虫为害初期，喷施20%虫酰肼悬浮剂1 500倍液、15%茚虫威悬浮剂3 500 ～ 4 500倍液、5%氟啶脲乳油1 500倍液、48%毒死蜱磷乳油2 000倍液、50%辛硫磷乳油2 000 ～ 3 000倍液等药剂。

6. 芳香木蠹蛾

分　　布　芳香木蠹蛾（*Cossus orientalis*）分布于东北、华北、西北、华东各地的核桃产区。

为害特点　幼虫为害树干根颈部和根部的皮层和木质部，被害树叶片发黄，叶缘焦枯，树势衰弱，根颈部皮层剥离，敲击树皮，有内部变空的感觉，根颈部有虫粪露出，剥开皮有很多虫粪和成群的幼虫。为害严重时，核桃整株枯死。

形态特征　成虫体灰褐色，触角单栉状（图56-17），中部栉齿宽，末端渐小；翼片及头顶毛丛鲜黄色，翅基片、胸部背部土褐色；后胸具1条黑横带。前翅灰褐色，基半部银灰色，前缘生8条短黑纹，中室内3/4处及稍向外处具2条短横线；翅端半部褐色，横条纹多变化。雌蛾触角单栉状，体翅灰褐色。卵近卵圆形，表面有纵脊与横道，初乳白色，孵化前为暗褐色。幼虫体略扁，背面紫红色，有光泽，体侧红黄色，腹面淡红色至黄色，头紫黑色（图56-18）。蛹暗褐色，刺较粗，后列短（不达气门），刺较细。茧长椭圆形（图56-19）。

图56-17　芳香木蠹蛾成虫

图56-18　芳香木蠹蛾幼虫

图56-19　芳香木蠹蛾蛹及茧

发生规律　在东北、华北地区2年发生1代，幼虫于树干内或土中越冬。常数头乃至数十头在一起过冬，常由一窝幼虫将根颈、树干蛀成大孔洞。于4—6月陆续老熟结茧化蛹，将根颈蛀出粗大虫孔。于5月中旬开始羽化，6—7月为成虫盛发期。羽化后次日开始交配、产卵，卵多产在干基部皮缝内，堆生或块生，每堆有卵数十粒。初孵幼虫群集蛀入皮内，多在韧皮部与木质部之间及边材部筑出不规则形隧道，常造成树皮剥离，至秋后越冬。于翌年春季分散蛀入木质部内为害，隧道多从上向下，至秋末越冬，2年1代者，有钻出树外在土中越冬的。于第3年4—6月陆续化蛹羽化。3年1代者，幼虫于第3年7月上旬至9月上、中旬老熟，蛀至边材，于皮下蛀羽化孔，或爬出树外，于土中结薄茧，卷曲居内越冬，于第4年春化蛹羽化。

防治方法　在树干基部被害处挖出幼虫并杀死。严冬季节，把被虫蛀伤的植株的树皮剥去，用火烧掉。树干涂白，防止成虫产卵为害。

毒杀幼虫，用50%敌敌畏乳油、48%毒死蜱磷乳油、50%辛硫磷乳油100倍液、80%晶体敌百虫20 ~ 30倍液、56%磷化铝片剂（每孔放1/5片），注入虫道后，用泥堵住虫孔，以毒杀幼虫。

于成虫产卵期，向树干基部及2 m以下树干喷35%高效氯氰菊酯乳油3 000 ~ 4 000倍液、2.5%溴氰菊酯乳油2 000 ~ 4 000倍液、20%氰戊菊酯乳油2 000 ~ 3 000倍液、20%甲氰菊酯乳油2 000 ~ 3 000倍液、50%辛硫磷乳油1 000倍液，毒杀卵和初孵幼虫。

7. 核桃扁叶甲

分　　布　从东北南部到华北各省份，南至江西、四川、云南等地均有核桃扁叶甲（*Gastrolina depressa*）分布。

为害特点　成虫、幼虫群集取食叶肉，受害叶呈网状，很快变黑枯死。

形态特征　成虫体扁平，略呈长方形，青蓝色至紫蓝色（图56-20）。头部有粗大的点刻。前胸背板的点刻不显著，两侧黄褐色，且点刻较粗。翅鞘点刻粗大，纵列于翅面，有纵、横棱纹，翅基部两侧较隆起，翅边缘有折缘。卵黄绿色。初龄幼虫体黑色，老熟幼虫胴部暗黄色，前胸背板淡红色，以后各节背板淡黄色，沿气门上线有突起。蛹黑褐色，胸部有灰白纹，背面中央为黑褐色，腹末附有幼虫蜕的皮。

图56-20　核桃扁叶甲成虫

发生规律　1年发生1代，成虫在地面被覆盖物中及树干基部的皮缝过冬。在华北于翌年5月初开始活动，成虫群集在嫩叶上，将嫩叶食为网状，有的破碎。成虫特别贪食，腹部膨胀成鼓囊状，露出翅鞘一半以上，仍不停取食。产卵于叶背。幼虫孵化后群集在叶背取食，使叶呈现一片枯黄。6月下旬幼虫老熟，以腹部末端附于叶上，倒悬化蛹。经4 ~ 5 d后羽化为成虫，进行短期取食后即潜伏越冬。

防治方法　冬季人工刮树干基部老皮，消灭越冬成虫，或在翌年上树为害期捕捉成虫。

幼虫发生期，可喷施48%毒死蜱磷乳油800倍液、80%敌敌畏乳油800倍液、50%辛硫磷乳油1 000倍液等药剂。

第五十七章　板栗病虫害原色图解

一、板栗病害

1. 板栗干枯病

分布为害　板栗干枯病为世界性栗树病，在欧美各国广为流行，几乎毁灭了所有的栗林，造成巨大损失。我国板栗为高度抗病的树种。近年来，板栗干枯病在四川、重庆、浙江、广东、河南等地均有发生，在部分地区已造成严重为害。

症　　状　由寄生内座壳菌（*Endothia parasitica*，属子囊菌亚门真菌）引起。主要为害主干和枝条，发病初期病部表皮出现圆形或不规则形的褐色病斑，病部皮层组织松软，稍隆起，有时流出黄褐色汁液，剥开病皮可见病部皮层组织溃烂，木质部变红褐色、水浸状，有浓酒糟味。以后病斑不断增大，可侵染树干1周，并上下扩展（图57-1、图57-2）。

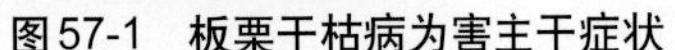

图57-1　板栗干枯病为害主干症状

图57-2　板栗干枯病为害枝条症状

发生规律　病菌以子座和扇状丝层的形式在病皮内越冬，分生孢子和子囊孢子均能侵染，分生孢子于5月开始释放，借雨水、昆虫、鸟类从伤口侵入，子囊孢子于3月上旬成熟释放，借风传播，从伤口侵入寄主。新病斑始现于3月底或4月初，扩展很快，至10月逐渐停止。栗园管理不善，过度修枝，树势衰弱，人、畜破坏，都会引起树势衰退，从而诱发此病。

防治方法 禁止将病区的苗木、接穗运往无病区，可阻止有毒菌系的侵染。加强栗园管理，适时施肥、灌水、中耕、除草，以增强树势，提高抗病力，并及时防治蛀干害虫，严防人、畜损伤枝干，减少伤口。及时剪除病死枝，对病皮、病枝，应带出栗园，彻底烧毁，防止病菌在园内飞散传播。

刮除主干和大枝上的病斑，深达木质部，涂抹10波美度石硫合剂、21%过氧乙酸水剂400～500倍液、60%腐殖酸钠50～75倍液、50%多菌灵可湿性粉剂、50%甲基硫菌灵可湿性粉剂600～800倍液、80%乙蒜素乳油200～400倍液，并涂波尔多液作为保护剂。

发芽前，喷1次2～3波美度石硫合剂，在树干和主枝基部涂刷50%福美双可湿性粉剂80～100倍液。

4月中、下旬，可用50%福美双可湿性粉剂100～200倍液喷树干。发芽后，再喷1次0.5波美度石硫合剂，保护伤口不被侵染，降低发病概率。

2. 板栗溃疡病

症　　状 由丁香假单胞杆菌栗溃疡病致病型（*Pseudomonas syringae* pv. *castaneae*，属细菌）引起。又称芽枯病，主要为害嫩芽。初春，刚萌发的芽呈水浸状，变褐、枯死（图57-3）。幼叶受染，产生水浸状、暗绿色、不规则形病斑，后变为褐色，周围有黄绿色晕圈（图57-4）。病斑扩大后，新梢扩大后蔓延到叶柄。最后叶片变褐并内卷，花穗枯死脱落。

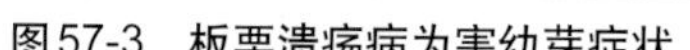

图57-3 板栗溃疡病为害幼芽症状

图57-4 板栗溃疡病为害新叶症状

发生规律 病原细菌在病组织内越冬。于板栗萌芽期开始侵染，在病部增殖的细菌经雨水向各部传染，展叶期为发病高峰期。遇大风天气发病较重。

防治方法 发现病芽、病枝及时剪除、销毁。

栗树萌芽前，涂1：1：20波尔多液或3～5波美度石硫合剂、30%碱式硫酸铜悬浮剂300～400倍液等药剂，以减少越冬病原。

病害发生初期，可喷施77%氢氧化铜可湿性粉剂500～800倍液、14%络氨铜水剂300倍液、27%春雷·溴菌腈（溴菌腈25%+春雷霉素2%）可湿性粉剂60～80 g/亩、33%春雷·喹啉铜（喹啉铜30%+春雷霉素3%）悬浮剂40～50 mL/亩、5%春雷·中生（中生菌素2%+春雷霉素3%）可湿性粉剂70～80 g/亩、47%春雷·氧氯化铜可湿性粉剂700倍液、50%氯溴异氰尿酸可溶性粉剂1 200倍液等药剂。

3. 板栗炭疽病

症　　状 由胶孢炭疽菌（*Colletotrichum gloeosporioides*）引起。主要为害芽、枝梢、叶片。叶片上病斑不规则形至圆形（图57-5），褐色或暗褐色，常有红褐色的细边缘，上生许多小黑点。芽被害后，病部变褐、腐烂，新梢最终枯死。小枝被害，易遭风折，受害栗蓬主要在基部出现褐斑。受害栗果主要在种仁上发生近圆形、黑褐色或黑色的坏死斑，后果肉腐烂、干缩，外壳的尖端常变黑。

图57-5 板栗炭疽病为害叶片症状

发生规律 以菌丝态在活体的芽、枝内潜伏越冬，地面上的病叶、病果均为越冬场所。条件合适时，于10—11月便可长出子囊壳，于翌年4—5月在小枝或枝条上长出黑色分生孢子盘，分生孢子由风雨或昆虫传播，经皮孔或自表皮直接侵入。贮运期间无再侵染。采后栗蓬、栗果大量堆积，若不迅速散热，腐烂严重。

防治方法 结合冬季修剪，剪除病枯枝，集中烧毁；喷施灭病威、多菌灵、半量式波尔多液等药剂，特别是在4—5月，防止产生大量菌源。

冬季清园后喷施1次50%多菌灵可湿性粉剂600 ~ 800倍液、25%嘧菌酯悬浮剂1 500倍液、70%甲基硫菌灵可湿性粉剂700倍液、50%苯菌灵可湿性粉剂1 000 ~ 1 500倍液、50%福·异菌可湿性粉剂800倍液、25%咪鲜胺乳油1 000 ~ 2 000倍液。

4—5月和8月上旬，各喷1次0.2 ~ 0.3波美度石硫合剂、半量式波尔多液、65%代森锌可湿性粉剂800倍液。

严格掌握采收的各个环节，适时采收，不宜提早收获。应待栗蓬呈黄色，出现“十”字形开裂时，拾栗果与分次打蓬。采收期每2 ~ 3 d打蓬1次，因未成熟栗果易失水腐烂。打蓬后当日拾栗果，以10时以前拾果较好，重量损失少。

注意贮藏。采后将栗果迅速摊开散热，以产地沙藏较为实用。埋沙时，可先将沙以噻菌灵500 mg/kg液湿润，贮温以5 ~ 10℃为宜。

4. 板栗枝枯病

分　　布 板栗枝枯病板栗产区均有分布。

症　　状 由棒盘孢枝枯菌（*Coryneum kunzei* var. *castaneae*，属无性型真菌）引起。引起枝枯，在病部散生或群生小黑点，初埋生于表皮下，后外露（图57-6）。

图57-6 板栗枝枯病为害枝条症状

发生规律 病菌多以菌丝体、子座的形式在病组织中越冬，借风雨、昆虫及人为活动传播，从伤口和皮孔侵入。树势衰弱的树枝易发病。

防治方法 加强栽培管理，增强树势，提高抗病能力，是预防该病发生的根本措施。采收后深翻扩穴，并适当追施氮、磷、钾肥。加强修剪，促使通风透光，防止结果部位外移，控制大小年。及时剪除病梢，集中烧毁。

早春，于发芽前用3 ~ 5波美度石硫合剂、21%过氧乙酸水剂400 ~ 500倍液，喷雾，铲除越冬病菌。

5—6月，雨季开始时喷施50%多菌灵可湿性粉剂800 ~ 1 000倍液、36%甲基硫菌灵悬浮剂600 ~ 700倍液、25%嘧菌酯悬浮剂1 500倍液、70%甲基硫菌灵可湿性粉剂700倍液+75%百菌清可湿性粉剂800倍液、50%苯菌灵可湿性粉剂

1 000 ～ 1 500倍液+70%代森锰锌可湿性粉剂800倍液、50%福·异菌可湿性粉剂800倍液+75%百菌清可湿性粉剂700倍液、25%咪鲜胺乳油1 000 ～ 2 000倍液+70%代森锰锌可湿性粉剂800倍液、66.8%丙森·异丙菌胺可湿性粉剂800 ～ 1 000倍液、10%苯醚甲环唑水分散粒剂1 500倍液+70%代森锰锌可湿性粉剂700倍液、50%咪鲜胺悬浮剂60 ～ 80 mL/亩、50%咪鲜胺锰盐可湿性粉剂50 ～ 67 g/亩、50%甲硫·福美双（福美双30% +甲基硫菌灵20%）可湿性粉剂70 ～ 100 g/亩、60%唑醚·代森联（代森联55% +吡唑醚菌酯5%）水分散粒剂60 ~ 100 g/亩、30%唑醚·氟硅唑（吡唑醚菌酯20% + 氟硅唑10%）乳油25 ~ 35 mL/亩、50%苯菌灵可湿性粉剂1 000 ～ 1 500倍液，隔15 d喷1次，连续喷2 ～ 3次。

二、板栗虫害

板栗害虫有20多种，为害板栗最为严重的是栗实象甲、栗瘿蜂、栗大蚜等。

1. 栗实象甲

为害特点　栗实象甲（*Curculio davidi*）又名栗实象鼻虫，成虫取食嫩枝和幼果。成虫在栗蓬上咬一孔并产卵其中。幼虫在果内为害，幼蓬受害后易脱落，后期幼虫为害种仁，果内有虫粪，幼虫脱果后种皮上留有圆孔，被害果易霉烂（图57-7）。

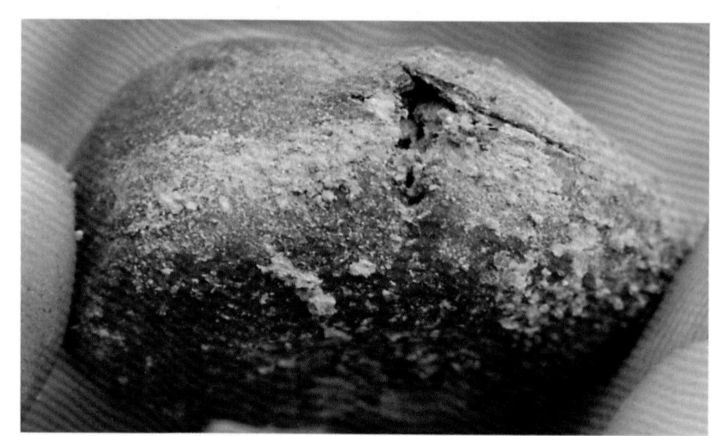

图57-7　栗实象甲为害栗果症状

形态特征　成虫体黑褐色（图57-8）。头管细长，尤以雌性突出，超过体长。触角膝状，着生于头管的1/2 ～ 1/3处。前胸背板及鞘翅上有由白色鳞片组成的斑块，翅长2/5处有1条白色横纹。腹部灰白色。卵椭圆形，初产时透明，近孵化时为乳白色。幼虫乳白色至淡黄色，头部黄褐色，无足，体常弯曲（图57-9）。蛹乳白色至灰白色，近羽化时灰黑色。

图57-8　栗实象甲成虫

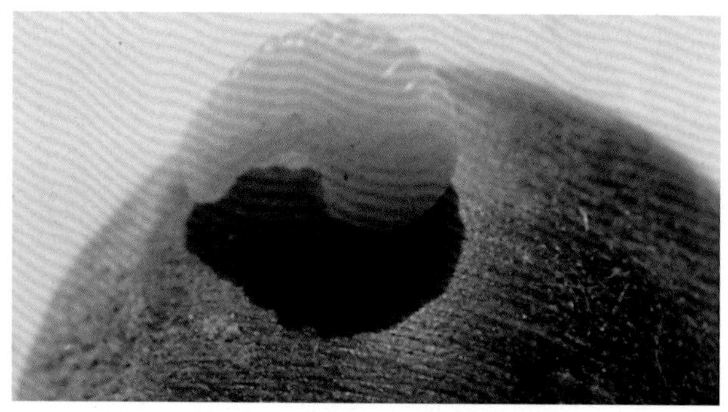

图57-9　栗实象甲幼虫及为害状

发生规律　2年发生1代。老熟幼虫在树冠下的土中越冬。于夏季化蛹，8月间羽化为成虫，成虫羽化后先在土室内潜伏5 ～ 10 d，而后钻出地面，成虫常在雨后1 ～ 3 d大量出土。先到栗树上取食嫩枝补充营养，产卵期在8月上旬，盛期在8月中、下旬。幼虫孵化后即取食种仁，前期被害果常早脱落，幼虫脱果后入土做土室越冬，后期蛀入果实的幼虫采收期仍在果内，采收后在堆积场脱果入土做土室越冬。

防治方法　于冬季深翻树下土壤，破坏越冬环境以杀死幼虫。板栗采收要及时，栗园采摘要干净，防止幼虫在栗园中随落果入土越冬。

7—8月，成虫发生期，向树上喷施农药以杀死成虫。可喷40%乐果乳油1 000倍液、50%杀螟松乳油800倍液、20%氰戊菊酯乳油2 500倍液、2.5%溴氰菊酯乳油2 000倍液、4.5%高效氯氰菊酯乳油1 500倍液，每10 d喷1次，共喷3次。

2. 栗瘿蜂

分　　布 栗瘿蜂（*Dryocosmus kuriphilus*）分布于河北、河南、山西、陕西、江西、安徽、浙江、江苏、湖北、湖南、云南、福建、北京等省份。

为害特点 幼虫为害栗树芽、新梢、叶片，发生严重的地区枝条受害率70%～90%，严重的影响栗树发育，造成减产（图57-10）。

图57-10 栗瘿蜂为害叶片症状

形态特征 成虫体黑褐色，具光泽。头横阔，与胸幅等宽。触角丝状，14节，每节着生稀疏细毛；柄节、梗节较粗，第3节较细，其余各节粗细相似。胸部光滑，中胸背板侧缘略具饰边，背面近中央有2条对称的弧形沟；小盾片近圆形，向上隆起，略具饰边，表面有不规则刻点，并被疏毛。卵椭圆形，乳白色，表面光滑。幼虫近老熟时为黄白色，老熟幼虫体乳白色（图57-11）。蛹体较圆钝，胸部背面圆形突出，初化蛹乳白色，近羽化时全体黑褐色。

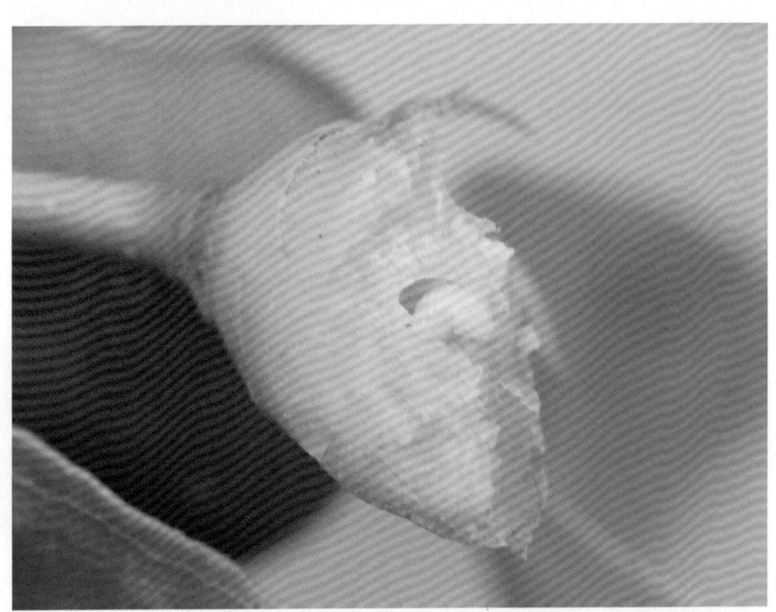

图57-11 栗瘿蜂幼虫及其为害症状

发生规律 每年发生1代，低龄幼虫在寄主芽内越冬。每年3月中、下旬栗芽萌动时，越冬幼虫开始活动，被害处逐渐肿大为瓢形、扁粒状的虫瘿。5月幼虫老熟化蛹，各地化蛹时间不同，江苏为5月上旬，山东为5月上、中旬，河北、北京为5月下旬至6月中旬。于6月中旬至7月上旬羽化成虫，开始产卵，幼虫孵出后在芽内为害，在被害处形成椭圆形小室，并于其内越冬。管理粗放，地势低洼、向阳背风的栗园受害一般都较重。

防治方法 加强综合管理，合理修剪，使树体通风透光可减少虫害发生。利用天敌防治害虫。冬季结合修剪，除去虫瘿枝条，并将剪下的枝条罩笼放置林内，待蜂羽化后再拿出栗园集中烧毁。5月底以前彻底摘除当年新生虫瘿，消灭越冬幼虫。

药剂喷杀刚出蛰的成虫。由于栗瘿蜂卵产在芽内，幼虫及蛹生活在瘿瘤中，只有成虫在外活动，以

8—12时最多。栗瘿蜂成虫抗药力差，对拟除虫菊酯类农药十分敏感，根据晴朗无风出蜂多、活动弱的特点，及时喷药。可选用0.5%甲氨基阿维菌素苯甲酸盐微乳剂2 000 ~ 3 000倍液+4.5%高效氯氰菊酯乳油2 000倍液、20%阿维·杀虫单微乳剂1 500倍液、80%灭蝇胺水分散粒剂15 ~ 18 g/亩、25%乙基多杀菌素水分散粒剂11 ~ 14 g/亩、1.8%阿维菌素乳油40 ~ 80 mL/亩、60%噻虫·灭蝇胺（噻虫嗪10% +灭蝇胺50%）水分散粒剂20 ~ 26 g/亩、35%阿维·灭蝇胺（灭蝇胺34% +阿维菌素1%）悬浮剂20 ~ 30 mL/亩、3%阿维·高氯（高效氯氰菊酯2.8% +阿维菌素0.2%）乳油33 ~ 66 mL/亩，间隔10 ~ 15 d再喷1次，连喷2 ~ 3次，防治效果较好。

3. 栗大蚜

为害特点　栗大蚜（*Lachnus tropicalis*）成、若虫群集在枝梢上或叶背面和栗蓬上吸食汁液为害，影响枝梢生长。

形态特征　有翅胎生雌蚜体黑色，被细短毛，腹部色较浅。翅色暗，翅脉黑色，前翅中部斜向后角处具白斑2个，前缘近顶角处具白斑1个。无翅胎生雌蚜体黑色，被细毛，头胸部窄小，略扁平，占体长1/3，腹部球形，肥大，足细长（图57-12）。卵长椭圆形，初暗褐色，后变为黑色，具光泽。若虫多为黄褐色，与无翅胎生雌蚜相似，但体较小，色淡，后渐变为深褐色至黑色，体平直，近长椭圆形。

发生规律　1年发生多代，卵在枝干皮缝处或表面越冬，阴面较多，常数百粒单层排在一起。于翌年4月孵化，群集在枝梢上繁殖为害，于5月产生有翅胎生雌蚜，迁飞扩散至嫩枝、叶、花及栗蓬上为害繁殖，常数百头群集吸食汁液，到10月中旬产生性蚜交配，产卵在树缝、伤疤等处，于11月上旬进入产卵盛期。

图57-12　栗大蚜无翅胎生雌蚜

防治方法　于冬季刮皮，消灭越冬卵。

早春发芽前，向树上喷施5%柴油乳剂或黏土柴油乳剂，以减少越冬虫卵。

越冬卵孵化后即开始为害，应及时喷洒60%呋虫胺水分散粒剂2 000 ~ 3 000倍液、25%噻虫嗪水分散粒剂2 000 ~ 3 000倍液、4.5%联苯菊酯水乳剂1 000 ~ 2 000倍液、40%啶虫脒可溶粉剂2 000 ~ 4 000倍液、10%吡虫啉可湿性粉剂1 000倍液等药剂。

4. 角纹卷叶蛾

分　　布　角纹卷叶蛾（*Archips xylosteana*）分布在东北、华北等地的果区。

为害特点　幼虫常吐丝将一张叶片先端横卷或纵卷成筒状，筒两端开放，幼虫转移频繁（图57-13）。

形态特征　成虫前翅棕黄色，斑纹暗褐色带紫铜色，基斑呈指状，中带上窄下宽，近中室外侧有一黑斑；端纹扩大呈三角形，顶角处有一黑色斑（图57-14）。卵扁椭圆形，灰褐色至灰白色，外被有胶质膜。老熟幼虫头部黑色（图57-15），前胸盾前半部黄褐色，后半部黑褐色，胸足黑褐色，臀栉8齿，胴部灰绿色。蛹黄褐色。

图57-13　角纹卷叶蛾为害叶片症状

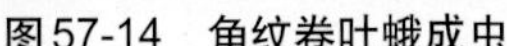

图57-14 角纹卷叶蛾成虫

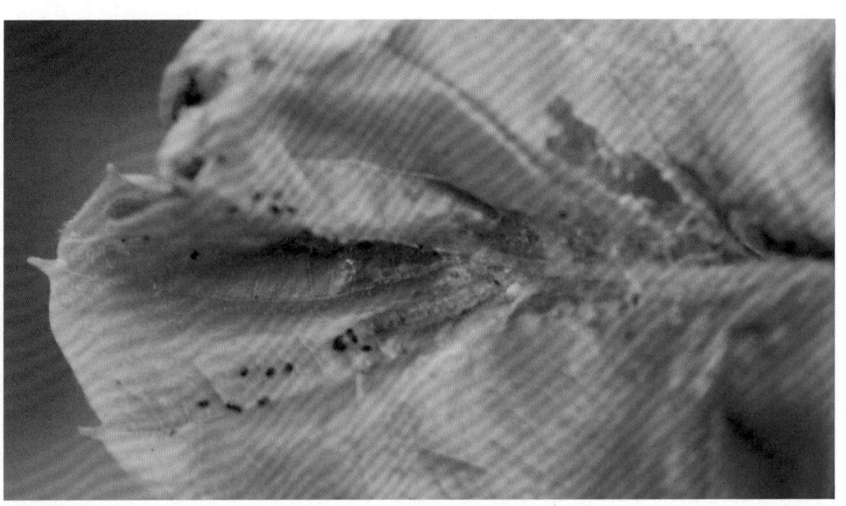

图57-15 角纹卷叶蛾幼虫

发生规律 在东北、华北地区1年发生1代，卵块在枝条分叉处或芽基部越冬。于4月下旬至5月中旬孵化，初孵幼虫常爬到枝梢顶端，群集为害，稍大后吐丝下垂，分散为害。6月下旬老熟幼虫在卷叶中化蛹，羽化后产卵越冬。

防治方法 结合冬剪剪除越冬卵块。

在越冬卵孵化盛期喷药防治初孵幼虫，可喷施24%甲氧虫酰肼悬浮剂2 500 ～ 3 750倍液、5%虱螨脲悬浮剂1 000 ～ 2 000倍液、20%虫酰肼悬浮剂1 500 ～ 2 000倍液、3%甲氨基阿维菌素苯甲酸盐微乳剂3 000 ～ 4 000倍液、20%虫酰肼悬浮剂1 500 ～ 2 000倍液、20%灭幼脲悬浮剂2 000倍液、50%马拉硫磷乳油500倍液、50%辛硫磷乳油2 000倍液、1.8%阿维菌素乳油3 000倍液、14%氯虫·高氯氟（高效氯氟氰菊酯4.7%＋氯虫苯甲酰胺9.3%）微囊悬浮剂3 000 ～ 5 000倍液、6%甲维·杀铃脲（杀铃脲5.5%＋甲氨基阿维菌素苯甲酸盐0.5%）悬浮剂1 500 ～ 2 000倍液等药剂。

5. 板栗透翅蛾

分　　布 板栗透翅蛾（*Aegeria molybdoceps*）在河北、山东、江西等地栗区均有发生。

为害特点 幼虫串食枝干皮层，主干下部受害重。

形态特征 成虫体形似黄蜂。触角两端尖细，基半部橘黄色，端半部赤褐色，顶端具一毛束。头部、下唇须、中胸背板及腹部1、4、5节皆具橘黄色带。翅透明，翅脉及缘毛茶褐色。卵淡褐色，扁卵圆形，一头较齐。老熟幼虫污白色（图57-16），头部褐色，前胸背板淡褐色，具一褐色、倒“八”字形纹。臀板褐色，尖端稍向体前弯曲。蛹体黄褐色，体形细长，两端略下弯。

图57-16 板栗透翅蛾幼虫及为害枝干状

发生规律 1年发生1代，极少数2年完成1代。2龄幼虫或少数3龄以上幼虫在枝干老皮缝内越冬。于3月中、下旬出蛰，7月中旬老熟幼虫开始作茧化蛹，8月上、中旬为作茧化蛹盛期，8月中旬成虫开始产卵，8月底至9月中旬为产卵盛期。8月下旬卵开始孵化，9月中、下旬为孵化盛期，10月上旬2龄幼虫开始越冬。

防治方法 刮树皮清除卵和初孵幼虫。适时中耕除草，及时防治病虫害，避免在树体上造成伤口，增强树势，均可减少为害。

3月上旬，幼虫出蛰。可用80%敌敌畏乳油50 g+煤油1 ～ 1.5 kg，混合均匀涂抹枝干。

在成虫产卵前（8月前）将树干涂白，可以阻止成虫产卵，对控制为害可起到一定作用。

6. 栗实蛾

为害特点 栗实蛾（*Laspeyresia splendana*）幼虫取食栗蓬，稍大后蛀入果内为害。有的咬断果梗，致栗蓬早期脱落（图57-17）。

形态特征 成虫体银灰色，前、后翅灰黑色，前翅前缘有向外斜伸的白色短纹，后缘中部有4条斜向顶角的波状白纹。后翅黄褐色，外缘为灰色（图57-18）。卵扁圆形，略隆起，白色，半透明。幼虫体圆筒形（图57-19），头黄褐色，前胸盾及臀板淡褐色，胴部暗褐色至暗绿色，各节毛瘤色深，上生细毛。蛹稍扁平，黄褐色。

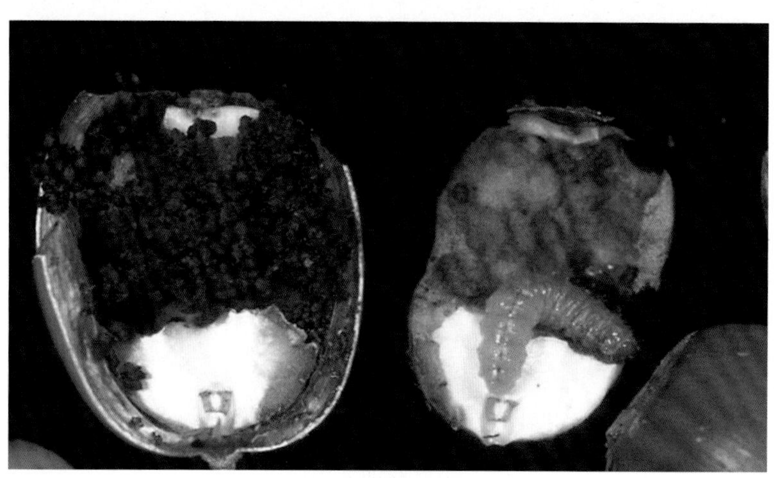

图57-17 栗实蛾危害栗果症状

图57-18 栗实蛾成虫

图57-19 栗实蛾幼虫

发生规律 1年发生1代，老熟幼虫结茧在落叶或杂草中越冬。于翌年6月化蛹，7月中旬后进入羽化盛期。成虫白天静伏在叶背，晚上交配产卵，卵多产在栗蓬刺上和果梗基部。7月中旬为产卵盛期，7月下旬幼虫孵化，9月上旬幼虫大量蛀入栗实内，9月下旬至10月上、中旬幼虫老熟后，将种皮咬出不规则形孔脱出，落入地面落叶、杂草、残枝中结茧越冬。

防治方法 加强管理，适时采收，清理果园。果实成熟后及时采收，拾净落地栗蓬。在11月中旬至翌年4月上旬均可火烧栗园内的落叶、杂草，以消灭越冬幼虫。

在7月中、下旬，全树喷布30%高氯·毒死蜱（高效氯氰菊酯3%+毒死蜱27%）水乳剂1 000 ～ 1 300倍液、20%甲维·除虫脲（甲氨基阿维菌素苯甲酸盐1%+除虫脲19%）悬浮剂2 000 ～ 3 000倍液、10%联苯菊酯乳油1 000 ～ 2 000倍液等。

第五十八章　果树杂草防治新技术

一、果园主要杂草种类及发生为害

我国北方果园栽植的果树种类主要有苹果、梨、葡萄、桃、李、杏、樱桃、山楂、柿子、板栗、核桃及红枣等。其中，苹果面积170万hm^2，山东、辽宁、河北最多，陕西、河南、甘肃、山东、江苏次之；梨约50万hm^2，其分布因品系而异，分别集中于河北、辽宁、山东、山西、甘肃、四川等地；葡萄12万hm^2，以新疆最多，山东、河北、辽宁次之。这些果园，因地理位置、气候条件、地形地貌、土壤组成和栽培方式的不同，形成了不同的杂草群落。

果园杂草，一般指为害果树生长、发育的非栽培草本植物及小灌木。这些杂草以其生长能力强、繁殖速度快、发生密度大、种类数量多等适应外界环境条件的生物学优势，与果树争夺营养和水分，影响园中通气和透光，并间接诱发或加重某些病虫害。在一般年份可以造成果树减产10%～20%，草荒严重的果园幼树不能适龄结果，或结果后树势衰弱、寿命缩短、果小色差、病虫害增加、果实品质产量下降（图58-1、图58-2）。

图58-1　果园苗圃杂草发生为害情况

图58-2　果园杂草发生为害情况

（1）杂草与果树争夺水分。杂草根系发达，如小蓟在其生长的第1年，根入土深度即达3.5 m，第2年5.7 m，第3年可超过7 m，所以它能从土壤中吸收大量水分。燕麦草形成1 g干物质，耗水400～500 L，而大久保桃形成1 g干物质的耗水量为369 L，祝光苹果耗水量为415 L。在干旱地区，杂草争夺水分是影响果树生长发育和造成幼树抽条的主要因素。

（2）杂草与果树争夺养分。杂草多为群体生长，要消耗大量养分。例如，当一年生双子叶杂草的混杂度为100～200株/m^2时，每亩吸收氮4～9.3 kg、磷1.3～2 kg、钾6.6～9.3 kg。据华中农业大学的研究数据，亩栽35株的温州蜜园，一年生苗需氮、磷、钾分别为2.7 kg、0.66 kg、1.4 kg。另据中国农业科学院果树研究所对马唐、苍耳、苋菜、藜等11种杂草的分析数据，其植株地上部分的氮、磷、钾、钙、镁、铁、锰、铜、锌9种元素的平均含量都成倍高于正常苹果的叶片。可见要保持地力就必须清除杂草。

（3）杂草影响果树的正常光照。杂草滋生，特别是一些植株高大的杂草，如苍耳、藜、苘麻等会遮光。光照不良直接影响到果树的光能利用和叶片的碳素同化作用，继而影响果树的生长发育、花芽形成和果实品质，尤其对喜光果树，如桃、苹果、梨、葡萄的影响更大。

（4）杂草的发生有利于果树病虫害滋生。杂草是多种病虫害的中间媒介和寄主。如田旋花是苹果啃皮卷叶蛾的寄主，为害苹果的黄刺蛾、苹果红蜘蛛、桃蚜等可在多种杂草上寄生。

总之，杂草严重制约着果树的生长和果实的品质。一般来说，果园人工除草占果园管理用工总量的20%左右。

北方果园杂草有100余种，其中，比较常见的约有50种，包括藜科、蓼科、苋科、茄科、十字花科、马齿苋科、唇形科、大戟科、蔷薇科、菊科、蒺藜科、车前科、鸭跖草科、豆科、旋花科、木贼科、禾本科、莎草科等。主要杂草有芦苇、稗草、马唐、牛筋草、狗尾草、碱茅、白茅、狗牙根、早熟禾、藜、马齿苋、苣荬菜、皱叶酸模、问荆、葎草、蒿、苍耳、刺儿菜、苋地锦、独行菜、香附子、柽柳等。

果树一般株行距大，幅地广阔，空地面积较大，适于杂草生长。果园杂草如果按生长期和为害情况来分，一般可以分为一年生杂草、二年生杂草和多年生深根性杂草，其中的一年生杂草、二年生杂草又可以按生长季节分为春草和夏草。春草自早春萌发、生长，晚春时生长发育速度达到高峰，然后开花结籽，以后渐渐枯死；夏草于初夏开始生长，盛夏生长发育迅速，于秋末冬初结籽，随之枯死。果园内杂草具有很强的生命力，一些杂草种子在土壤中经过多年仍能保持其生活能力。

华北地区历来春季干旱，夏季雨量集中，果园杂草一般有两次发生高峰。第一次出草高峰在4月下旬至5月上、中旬，第二次出草高峰出现在6月中、下旬至7月间，其中第二次出草高峰持续期较第一次出草高峰长。

果园杂草的发生受气温、雨量、灌溉、土质、管理等多种因素的影响，地区间、年度间杂草种类、发生期和发生量差别较大。多年来的实践表明，早春时果树行间杂草生长量小，且有充足的时间进行人工除草，因而不易形成草荒；夏季杂草发生时适逢雨季，生长很快，田间其他管理工作较多，如遇阴雨连绵，易造成草荒。

二、果园杂草防治技术

（一）果树苗圃杂草防治

果树苗圃面积不大，但防除苗圃的杂草比防除定植果园的杂草更为重要。因为苗圃一般需要精耕细作，如经常松土、施肥、浇水，这不仅为苗木健壮生长提供了保证，同时也给杂草创造了优良的繁殖场所。对这些苗圃杂草若防除不好，将严重干扰苗木的正常发育，进而影响苗木的出圃质量（图58-3）。

图58-3　果园苗圃杂草发生情况

果树苗圃杂草的化学防除，通常在育苗的不同阶段进行。可从适用于定植果园的除草剂种类中选取对苗木安全的品种。

1. 播种苗圃杂草防治

（1）播后苗前处理。树苗和杂草出苗前，可用48%氟乐灵乳油100 ～ 150 mL/亩、48%甲草胺乳油150 ～ 200 mL/亩、25%噁草酮乳油150 mL/亩、72%异丙甲草胺乳油150 ～ 200 mL/亩+50%扑草净可湿性粉剂75 ～ 100 g/亩。

任选上列除草剂之一，兑水50 kg配成药液，均匀喷于床面。其中，喷施氟乐灵后要立即将药混入浅土层中。此外，仁果、坚果的播种苗床，还可用40%莠去津悬浮剂150 mL/亩，配成药液处理。

果树出苗前、杂草出苗后可以用20%百草枯水剂150 ～ 200 mL/亩，兑水配成药液喷于苗床。该药残效期短，利用树和杂草出苗期不同的时间差进行处理。

（2）生长期处理。在果树实生幼苗长到5 cm后，为控制尚未出土或刚刚出土的杂草，可按照第五十八章二、（一）1.（1）“播后苗前处理”中所用的药剂及用量，掺拌40 kg/亩过筛细潮土，制成药土，堆闷4 h，然后再用筛子均匀筛于床面。用树条拨动等方法，清除落在树苗上的药土。

禾本科杂草发生较多时，在这些杂草3 ～ 5叶期，可用10.8%高效氟吡甲禾灵乳油50 ～ 80 mL/亩、5%精喹禾灵乳油50 ～ 100 mL/亩，兑水40 kg配成药液，喷于杂草茎叶。

在大距离行播和垄播苗圃，若阔叶杂草发生较多或混有禾本科杂草时，可在这些杂草2 ～ 4叶期，用24%乙氧氟草醚乳油30 mL/亩+10.8%高效氟吡甲禾灵乳油40 mL/亩，兑水配成药液，在喷头上加保护罩，定向喷于杂草茎叶。

2. 嫁接圃、扦插圃杂草防治

在苗木发芽前和杂草出苗前参照第五十八章二、（一）1.（1）“播后苗前处理”中所用的药剂及用量，加水配成药液，定向喷于地面。

在苗木生长期，参照第五十八章二、（一）1.（2）“生长期处理”中应用的药剂、药量与要求，以药液喷雾法定向喷洒。

（二）成株果园杂草防治

定植果园杂草的化学防除，与旱田近似，但又不同于旱田。地形比较平坦的果园，由于果树株行距大、生长年限长、前期遮阴面积小，导致杂草大量发生。在山地果园里，各种野草的丛生情况就更为复杂。据调查，河南果园杂草在400种以上。因此，果园化学除草，要求选择使用杀草谱较广的除草剂。旱田前期发生的杂草，对作物苗期生长影响较大，而后期发生的杂草，由于作物逐渐长大，其生长被抑制的程度不同，对作物影响较小。果树行间的杂草，前、后期就没有这种明显的互相克制现象，杂草的发生，前后比较一致。因此，对果园进行化学除草，要求使用长效性除草剂。同时，果树根系分布较深，因此，用于果园土壤处理的选择性除草剂，可适当加大剂量，以提高药效，延长持效期。

当前适用于北方果园的除草剂有草甘膦（农达）、氟乐灵、茅草枯、莠去津、西玛津、扑草净、敌草隆、伏草隆、利谷隆、磺草灵、敌草腈、二甲戊乐灵、五氯酚钠、乙氧氟草醚、噁草酮、达草灭、特草定、杀草强等。实际应用时，必须根据杂草种类和生长时期，因树、因地选择用药种类，建立行之有效的化学防除体系。

1. 仁果类果园杂草防治

苹果、梨等仁果类果树杂草发生、为害严重（图58-4），生产上应在春季杂草发生前（图58-5），施用封闭除草剂，一般可以用乙草胺、异丙甲草胺、扑草净、乙氧氟草醚等除草剂。在夏季杂草发生期，可以用草甘膦、精喹禾灵等除草剂。除草剂的具体使用方法如下。

图58-4 苹果园杂草发生情况

图58-5 早春苹果园土地平整情况

（1）莠去津。主要用于苹果和梨园，防除马唐、狗尾草、看麦娘、早熟禾、稗、牛筋草、苍耳、鸭跖草、藜、蓼、苋、繁缕、荠菜、酢浆草、车前、苘麻等一年生或二年生杂草，对小蓟、打碗花等多年生杂草也有一定的抑制作用。在早春杂草大量萌发出土前或整地后进行土壤处理。在北方春季土壤过旱而又没有灌溉条件的果园，前期施用这类药剂往往除草效果不佳，但可利用其持效期长的特点，酌情改在秋季翻地之后施用。有灌溉条件或秋季施药的，除配成药液喷洒，也可拌成药土撒施。在秋季施于地表的药液或药土，随后要混入3～5 cm的浅土层中，持效期长，为60～90 d。除了土壤处理，还可视杂草的发生情况，于幼苗期进行茎叶处理。在进行土壤处理和茎叶处理时，要撒、喷均匀，以免产生药害。莠去津的用量因土壤质地而异，沙质土用40%悬浮剂150～250 mL/亩，壤质土用250～350 mL/亩。

黏质土和有机质含量在3%以上的土壤，用400～500 mL/亩，含沙量过高、有机质含量过低的土壤，不宜使用。

（2）西玛津。除草对象、施用方法及注意事项均同莠去津。但其水溶性、杀草活性、作用速度、防除杂草效果，都不如莠去津。西玛津的用量因土壤质地和有机质含量而异，沙质土、壤质土，用量与莠去津相似；黏质土和有机质含量在3%以上的土壤，50%可湿性粉剂的用量要增加到500～600 g/亩。

（3）扑灭津。防除多种一年生阔叶杂草和禾本科杂草，对某些多年生杂草也有一定的抑制作用。扑灭津的杀草作用特点与莠去津类似，主要通过杂草根系吸收。持效期较短。在杂草出土前，以药液喷雾法喷于地面。50%可湿性粉剂用量为130～400 g/亩。

（4）扑草净。用于苹果和梨园防除一年生及某些多年生杂草。在早春敏感杂草萌发出土前，采用喷雾法进行土表处理。用药量为50%可湿性粉剂250～300 g/亩，减半与甲草胺、乙草胺等混用。在温暖湿润季节或有机质含量低的沙质土壤，用低量，反之用高量。施药时要注意避免喷到果树上。持效期因土质、气候而异，多为20～70 d。

（5）氟乐灵。用于果园防除一年生禾本科杂草与部分小粒种子阔叶杂草。用药量根据土壤有机质含量多少而增减。一般用48%乳油100～200 mL/亩，兑水25～50 kg，配成药液喷于土表，为扩大杀草谱，可与适合果园应用的其他药剂混用。用药后，用交叉耙将其混至2～7 cm浅土层中，再镇压保墒。

（6）二甲戊乐灵。在果园杂草萌芽出土前用33%乳油200～300 mL/亩，兑水配成药液喷于土表，可防除多种一年生禾本科杂草及部分阔叶杂草。为增强对阔叶杂草的防效，可与其他杀灭阔叶杂草的除草剂混用或搭配使用。

（7）地乐胺。用于梨等仁果果园，防除稗草、马唐、马齿苋、蓼等禾本科杂草和阔叶杂草，对刺儿菜、田旋花等多年生杂草防效很差。一般在杂草出土前用48%乳油200～250 mL/亩，兑水配成药液喷于土表，并耙入土中。

（8）乙氧氟草醚。杀草谱较广，用于果园防除一年生阔叶草、莎草和稗草等禾本科杂草，对多年生杂草只有抑制作用。在杂草出土前用24%乳油40～50 mL/亩，兑水配成药液喷于土表。

（9）禾草丹。用于土壤墒情较好的果园，防除稗、马唐、牛筋草、蓼、苋、繁缕等一年生禾本科杂草和阔叶杂草。禾草丹被杂草幼芽及幼根吸收并传导至生长点，使发芽初期杂草的生长受抑制而枯死。因此施药适期为杂草萌芽至1叶1心前，以药液喷雾法封闭土壤。

（10）萘丙酰草胺。在果园杂草出土前用50%可湿性粉剂250～350 g/亩，兑水配成药液定向喷施，可防除马唐、稗草、狗尾草、早熟禾、田芥等多种一年生禾本科杂草和阔叶杂草。萘丙酰草胺的用量因土壤质地而异，沙质土用下限量，黏质土用上限量。施药后遇干旱，应及时灌溉，使土壤表层保持湿润状态。

（11）噁草酮。在果园早春杂草大量萌发前，用25%乳油250～300 mL/亩，配成药液进行土壤处理，可防除稗草、马唐、牛筋草、马齿苋、苋、蓼、小蓟、苣荬菜、荠菜、藜等。

（12）伏草隆。对一年生禾本科杂草和阔叶杂草的防治效果较为理想，可用于定植4年以上的果园防除稗草、马唐、狗尾草、看麦娘、牛筋草、藜、蓼、苋、龙葵、苍耳、马齿苋等。主要在杂草出苗前进行土壤处理时使用，一般用80%伏草隆可湿性粉剂250 g/亩，加适量水配成药液喷洒。持效期100 d左右。除了单用，还可用80%伏草隆可湿性粉剂100 g/亩+40%莠去津悬浮剂150 mL/亩，再兑水配成药液喷于土表，而后混入土中。

（13）利谷隆。防除藜、苋、铁苋菜、马齿苋、苘麻、鬼针草、苍耳、蓼、猪殃殃、马唐、稗草、狗尾草、野燕麦、牛筋草等一年生阔叶杂草和禾本科杂草，对香附子等多年生杂草也有抑制作用。用于定植4年以上的果园，在早春杂草大量萌发出土前进行土表喷雾处理，还可于杂草3叶期定向茎叶喷雾。土表施药后不要翻动土壤。持效期2 ~ 3个月。土壤水分状态对利谷隆的除草效果影响较大，施药前期土壤含水量充足、杂草种子萌发整齐，有利于发挥药效。土壤处理时需用50%可湿性粉剂150 ~ 400 g/亩。

(14) 草甘膦。用于苹果和梨等果园防除各种禾本科、莎草科杂草和阔叶杂草，以及藻类、蕨类和某些小灌木。通常采用定向喷雾或顶端涂抹。草甘膦只能被植物的绿色部位吸收，而后传导至周身，因此只能用于茎叶处理。喷药时注意不要将药涂喷到树冠和萌芽枝条的绿色部位，以免造成药害。草甘膦用量视杂草种类和密度酌情确定。

以一至二年生阔叶杂草占优势的果园，用10%水剂750 ~ 1 000 mL/亩。

以一至二年生禾本科杂草为主的果园，用10%水剂650 ~ 900 mL/亩。

以多年生宿根性杂草为主的果园，用10%水剂1 200 ~ 2 000 mL/亩。

喷药时，可以在药液中加入适量表面活性剂，如0.1%的洗衣粉，可提高药效。涂抹用药液，以10%水剂按1 ：4的药水比配制。适宜的施药时期为杂草株高15 cm左右时，在北方大致为6月。施用过早，虽对多年生宿根性杂草的上部防效好，但杀不死根茎，杂草而后仍能再生；施用过晚，杂草生长旺期已过，大部分茎秆木质化，不利于药剂在植株体中传导，因此防效较差。施用草甘膦后，杂草受害症状表现较慢，一年生杂草需15 ~ 20 d，多年生杂草枯死需25 ~ 30 d（图58-6）。

图58-6 梨园杂草发生与施用草甘膦后的防治情况

(15) 磺草灵。杀草谱较广，可用于果园防除多种一年生单、双子叶杂草。因在土壤中的持效期较短，故多用于茎叶处理。敏感杂草着药后，表现为植株生长受抑制、叶片黄化，经20 ~ 35 d干枯死亡。气温高时，有利于药效的发挥。用药量为80%可湿性粉剂140 g/亩，兑水配成药液喷洒。

(16) 氟磺胺草醚。防除阔叶杂草极为有效。通常在果园阔叶杂草2 ~ 4叶期用25%水剂80 ~ 150 mL/亩，兑水配成药液喷于茎叶。在药液中加入0.1%的非离子表面活性剂或0.1% ~ 0.2%不含酶的洗衣粉，可提高防除效果。

(17) 敌草快。适用于阔叶杂草占优势的苹果和梨园，防除菊科、十字花科、茄科、唇形科杂草等效果较好，但对蓼科、鸭跖草科和旋花科杂草防效则差。敌草快为非选择性触杀型除草剂，其作用特点似百草枯，可被植物绿色组织迅速吸收，促使受药部位黄枯，对老化树皮无穿透能力，对地下根茎无破坏作用。落于土壤，迅速丧失活力。一般在杂草生长旺盛时期，用20%水剂200 ~ 300 mL/亩，兑水30 kg左右，配成药液进行茎叶处理。敌草快的有效作用时间较短，可作为搭配品种使用，或与三氮苯类、脲类及茅草枯等除草剂混用，但不能与激素型除草剂中的碱金属盐类化合物混用。

（18）精吡氟禾草灵。对禾本科杂草具有很强的杀伤作用。在以禾本科杂草为主的果园，于杂草3～5叶期，采用35%吡氟禾草灵乳油或15%高效氟吡甲禾灵乳油75～125 mL/亩，兑水配成药液喷施，防除一年生草效果较好；提高用量到160 mL/亩，对防除多年生芦苇、茅草等较有效。

百草枯可与莠去津、西玛津、敌草隆、利谷隆等混用。如20%百草枯水剂200 mL/亩+50%利谷隆可湿性粉剂100 g/亩。

2. 核果、坚果果园杂草防治

莠去津、西玛津、扑灭津可用于坚果果园。桃等核果较为敏感，不宜使用。

扑草净、禾草丹、特草定、毒草胺、草甘膦、除草通、噁草酮、氟乐灵、磺草灵、杀草强、敌草隆、氟磺胺草醚、乙氧氟草醚、茅草枯、伏草隆、利谷隆。上述除草剂的应用方法，与仁果类果园完全相同（图58-7）。

图58-7　桃园杂草发生与施用百草枯后的防治情况

氯氟吡氧乙酸，防除阔叶杂草。用量视杂草种类及生育期酌情确定。一般在果园杂草2～5叶期用20%乳油75～150 mL/亩，兑水配成药液进行茎叶处理。可防除红蓼、苋、酸模、田旋花、黄花棘豆、空心莲子草、卷茎蓼、猪殃殃、马齿苋、龙葵、繁缕、巢菜、鼬瓣花等。配制药液时，加入药液量0.2%的非离子表面活性剂，可提高防效。此外，喷药时要避免把药液喷到树叶上。

3. 葡萄园杂草防治

葡萄园除草剂可以用异丙甲草胺、萘丙酰草胺、杀草丹、氟乐灵、噁草酮、乙氧氟草醚、精喹禾灵、草甘膦、百草枯。

在早春葡萄发芽前（图58-8），可用50%乙草胺乳油100～150 mL/亩、72%异丙甲草胺乳油150～200 mL/亩、72%异丙草胺乳油150～200 mL/亩、33%二甲戊乐灵乳油150～200 mL/亩、50%乙草胺乳油100 mL/亩+24%乙氧氟草醚乳油10～15 mL/亩，兑水50～80 kg/亩，土表喷雾。土壤有机质含量低、沙质土、低洼地、水分足的地块，用药量低，反之，用药量高。土壤干旱条件下，施药时要加大用水量，或进行浅混土（2～3 cm），施药后如遇干旱，有条件的地块

图58-8　早春葡萄园土地平整情况

可以在灌水后施药，以提高除草效果。

对于前期未能封闭除草的田块（图58-9），在杂草基本出齐且杂草处于幼苗期时，应及时施药，可以用5%精喹禾灵乳油50 ~ 75 mL/亩、10.8%高效吡氟氯禾灵乳油20 ~ 40 mL/亩、12.5%稀禾啶乳油50 ~ 75 mL/亩、24%烯草酮乳油20 ~ 40 mL/亩，施药时，视草情、墒情确定用药量。草较大、墒差时，适当加大用药量。兑水30 kg均匀喷施。禾本科和阔叶杂草混杂的地块，在杂草基本出齐且杂草处于幼苗期时，应及时施药，可用5%精喹禾灵乳油50 ~ 75 mL/亩+48%苯达松水剂150 mL/亩、10.8%高效吡氟氯禾灵乳油20 ~ 40 mL/亩+25%三氟羧草醚水剂50 mL/亩、5%精喹禾灵乳油50 ~ 75 mL/亩+24%乳氟禾草灵乳油20 mL/亩。在葡萄园施药，宜定向施药，不能将药液喷洒至葡萄叶片上，喷洒时应采用保护罩或压低喷头定向喷施，严防将药液喷到葡萄的嫩枝和叶片上，否则会发生严重的药害，对葡萄的安全性差。施药后，遇低温、干旱会影响药效。

图58-9 葡萄生长期杂草发生情况

图书在版编目（CIP）数据

中国植保图鉴/张玉聚等主编．—北京：中国农业出版社，2023.8
ISBN 978-7-109-30538-0

Ⅰ.①中… Ⅱ.①张… Ⅲ.①植物保护-中国-图集 Ⅳ.①S4-64

中国国家版本馆CIP数据核字（2023）第049873号

中国农业出版社出版
地址：北京市朝阳区麦子店街18号楼
邮编：100125
策划编辑：刁乾超　王进宝
责任编辑：刁乾超　李昕昱　　文字编辑：赵冬博　黄璟冰
版式设计：李文革　　责任校对：刘丽香　周丽芳　　责任印制：王　宏
印刷：鸿博昊天科技有限公司
版次：2023年8月第1版
印次：2023年8月北京第1次印刷
发行：新华书店北京发行所
开本：889 mm × 1194 mm　1/16
印张：64.5
字数：2278千字
定价：498.00元